COLEÇÃO BIOTECNOLOGIA INDUSTRIAL

Blucher

Coordenadores da coleção

Flávio Alterthum

Willibaldo Schmidell

Urgel de Almeida Lima

Iracema Moraes

COLEÇÃO BIOTECNOLOGIA INDUSTRIAL

VOLUME 2

ENGENHARIA BIOQUÍMICA

2ª edição

Organizador deste volume

Willibaldo Schmidell

Coleção Biotecnologia Industrial, Volume 2 - Engenharia bioquímica, 2ª edição

Flávio Alterthum, Willibaldo Schmidell, Urgel de Almeida Lima e Iracema de Oliveira Moraes (coordenadores da coleção)
Editora Edgard Blücher Ltda.

Imagem da capa: iStockphoto

Publisher Edgard Blücher
Editor Eduardo Blücher
Coordenação editorial Jonatas Eliakim
Produção editorial Isabel Silva, Luana Negraes
Preparação de texto Maurício Katayama, Cátia de Almeida
Diagramação Roberta Pereira de Paula
Revisão de texto Bárbara Waida
Capa Leandro Cunha

Blucher

Rua Pedroso Alvarenga, 1245, 4º andar
04531-934 - São Paulo - SP - Brasil
Tel.: 55 11 3078-5366
contato@blucher.com.br
www.blucher.com.br

Segundo o Novo Acordo Ortográfico, conforme 5. ed. do *Vocabulário Ortográfico da Língua Portuguesa*, Academia Brasileira de Letras, março de 2009.

Dados Internacionais de Catalogação na Publicação (CIP)
Angélica Ilacqua CRB-8/7057

Schmidell, Willibaldo
Engenharia bioquímica / organização de Willibaldo Schmidell. - 2. ed. - São Paulo : Blucher, 2021.
(Coleção Biotecnologia Industrial - v. 2)
748 p. il. (Coleção biotecnologia industrial, coordenada por Flávio Alterthum, Willibaldo Schmidell, Urgel de Almeida Lima, Iracema de Oliveira Moraes)

Bibliografia
ISBN 978-65-5506-018-8 (impresso)
ISBN 978-65-5506-019-5 (eletrônico)

1. Biotecnologia - Industriais. 2. Microbiologia industrial. I. Alterthum, Flávio. II. Schmidell, Willibaldo. III. Lima, Urgel de Almeida. IV Moraes, Iracema de Oliveira. V. Série.

20-0385 CDD 606.6

Índices para catálogo sistemático:
1. Biotecnologia

Dedicamos este livro à memória dos professores Eugênio Aquarone e Walter Borzani, predecessores desta série.

APRESENTAÇÃO

Esta é a segunda edição da coleção Biotecnologia Industrial. A primeira foi publicada em 2001, em quatro volumes, e coordenada por quatro professores da Universidade de São Paulo (USP). Ela secundou a coleção Biotecnologia, iniciada em 1975 e continuada em 1983, com cinco volumes editados.

Coordenada por três professores da USP e por uma professora da Universidade Estadual de Campinas (Unicamp), esta edição segue a orientação inicial, tratando de assuntos de natureza multidisciplinar, visando satisfazer aos interesses de profissionais engajados com temas de biotecnologia, de candidatos a uma especialização profissional, e de estudantes de pós-graduação e de graduação de diferentes formações.

O termo "biotecnologia" tem três origens: *bios* (vida), *tecno* (técnica) e *logos* (razão), e significa, conforme a primeira edição, "conjunto de conhecimentos, especialmente princípios científicos, que se aplicam a uma determinada atividade biológica". O significado é genérico, pois a tecnologia está presente em todas as atividades em que há vida e qualquer definição estará limitada a um setor de conhecimentos.

Como dizia a primeira edição, "para o estudo de tecnologias de transformação de matérias-primas há diversas definições aplicáveis, emitidas por profissionais ou por instituições". "A característica multidisciplinar não significa a justaposição de conhecimentos de profissionais especializados em áreas específicas, mas a integração das técnicas de cada campo de atuação". Observa-se na biotecnologia uma integração entre ciência e técnicas e, para entendê-la, é necessário identificar quais são as atividades envolvidas e a estudar.

Nesta edição, procuramos ater-nos à "Biotecnologia Industrial, em que as matérias-primas a trabalhar são produtos ao natural ou são um material derivado de processamento biotecnológico prévio. Como exemplo, a transformação direta de sucos de frutas em bebidas alcoólicas fermentadas e, posteriormente, seu uso como matérias-primas elaboradas, para obter outros produtos, tais como os fermentados acéticos".

Nosso objetivo foi atualizar os itens abordados pela primeira edição que sofreram modernização e introduzir novos temas de interesse imediato, bem como distribuir a matéria de forma mais ajustada a cada volume. São ainda apresentados novos assuntos de responsabilidade de colaboradores especializados e altamente capacitados.

Em muitos capítulos deixou de ser usada a terminologia "fermentação", a qual foi substituída por "bioprocesso", mais consentânea com as técnicas utilizadas na conservação de produtos e na obtenção de novos manufaturados e com a ação de agentes causadores das modificações da matéria-prima ou de sua transformação em produtos econômica e tecnicamente adequados. O termo "fermentação" continua a ser usado na descrição dos processos clássicos, como a obtenção de etanol, vinho, cerveja, vinagre e produtos correlatos.

As fermentações propriamente ditas são bioprocessos com intervenção de microrganismos, mas as atividades que levam à produção de enzimas comerciais e os processos enzimáticos que presidem determinadas atividades do processo biológico, que propiciam transformações sem ação direta de microrganismos, são bioprocessos não caracterizados como fermentação. São exemplos o escurecimento do chá durante seu beneficiamento, a alteração de produtos alimentares, a obtenção de macromoléculas, como antibióticos e vitaminas, e processos de multiplicação celular e síntese de lipídeos, polissacarídeos e surfactantes.

A presente coleção, como a sua primeira edição, é constituída de quatro volumes.

O primeiro – *Fundamentos* – aborda temas fundamentais, indispensáveis ao estudo de bioprocessos.

O segundo – *Engenharia bioquímica* – engloba problemas de engenharia envolvidos nos bioprocessos e outros complementares para o desenvolvimento industrial.

O terceiro – *Processos fermentativos e enzimáticos* – e o quarto – *Biotecnologia na produção de alimentos* – volumes, como na edição anterior, foram destinados à descrição de bioprocessos de interesse e importância industrial.

Todos os temas foram tratados de modo a fornecer informações julgadas relevantes para os que desejam conhecimentos técnicos sobre processos biotecnológicos, para a iniciação e a formação de profissionais e para o aperfeiçoamento de técnicos já engajados na industrialização de produtos obtidos por meio de bioprocessos.

Os coordenadores

2020

CONTEÚDO

CAPÍTULO 1

Engenharia bioquímica: uma aplicação *sui generis* da engenharia química

Walter Borzani

Durante a Segunda Grande Guerra (1939-1945), os chamados "aliados" concentraram esforços consideráveis na consecução de um objetivo muito específico: transferir para escala industrial o processo de laboratório então conhecido de produção de penicilina por fermentação. Ao lado de profissionais já de longa data envolvidos no estudo de atividades microbianas, passaram a atuar engenheiros químicos, com vistas à solução de questões bastante complexas inerentes à desejada ampliação de escala.

Foi nesse período que nasceu o ramo da engenharia química que, mais tarde, por suas peculiaridades, receberia o nome de engenharia bioquímica. Nestes quase 80 anos, esse novo ramo da engenharia química progrediu rapidamente, conduzindo a muitos resultados de indiscutível importância prática.

O objetivo da engenharia bioquímica é a aplicação dos conhecimentos da engenharia química na solução de problemas que se apresentam na implantação de processos biotecnológicos em larga escala e em sua otimização. Segundo Aiba, Humphrey e Millis (1973):

> Biochemical engineering is concerned with conducting biological processes on an industrial scale, providing the links between biology and chemical engineering. The authors believe, moreover, that the heart of biochemical engineering lies in the scale-up and management of cellular processes.

Bailey e Ollis (1986), por sua vez, dizem:

> Processing of biological materiais and processing using biological agents such as cells, enzymes or antibodies are the central domain of biochemical engineering. Success in biochemical engineering requires integrated knowledge of governing biological properties and principles of chemical engineering methodology and strategy. [...] Reaching this objective clearly requires years of careful study and practice.

Convém ainda citar que o primeiro livro dedicado à engenharia bioquímica foi publicado em 1958, por Robert Steel.

Os problemas que se apresentam no âmbito da engenharia bioquímica são, com alguma frequência, de difícil solução, dadas as peculiaridades e a complexidade dos sistemas em que se desenvolvem os processos biotecnológicos. O estudo de vários desses problemas constitui o principal objetivo deste volume, mas parece-nos aconselhável, neste primeiro capítulo, comentar alguns deles, com a única finalidade de dar aos alunos uma ideia das questões que serão examinadas.

Comecemos tecendo alguns comentários a respeito dos balanços materiais em processos fermentativos. A célula microbiana responsável pela transformação que nos interessa em um dado processo realiza, além dessa transformação, um grande número de outras reações com o objetivo, para ela absolutamente primordial, de manter-se viva e multiplicar-se. Isso pode dificultar o estabelecimento de balanços materiais, além de afetar o rendimento do processo considerado. O conhecimento das prováveis vias metabólicas que se desenvolvem nas células é, neste particular, de grande auxílio, fornecendo muitas vezes informações que indicam a maneira mais adequada de conduzir o processo que nos interessa.

O fato inevitável, apontado há pouco, de a célula ter a única "preocupação" de manter-se viva e multiplicar-se também pode acarretar sérios problemas no estudo da cinética da transformação que se tem em vista, uma vez que a velocidade de formação do produto que nos interessa pode ser profundamente afetada pelas velocidades de outras reações integrantes do metabolismo do microrganismo. Isso pode dificultar o estabelecimento de modelos matemáticos, cuja importância na otimização e no controle de processos já foi constatada muitas vezes.

A manutenção de um razoável grau de "homogeneidade" no reator, para que todos os agentes da transformação se encontrem, pelo menos aproximadamente, nas mesmas condições (temperatura, pH, concentrações de substâncias do meio), é outro problema a ser considerado, principalmente em reatores industriais.

Consideremos, agora, a operação de esterilização de grandes volumes de meio, muito frequente em indústrias de fermentação. Como proceder: eliminar os microrganismos por filtração do meio ou destruí-los por aquecimento? Se a esterilização por aquecimento tiver sido escolhida, que processo será utilizado: o descontínuo ou o contínuo? Que temperatura de esterilização será adotada e qual o correspondente tempo do tratamento térmico? Quais serão as dimensões dos equipamentos e os controles necessários em cada caso?

O meio, uma vez esterilizado, será encaminhado ao fermentador, onde será transformado pela ação das células microbianas. Aqui depararemos com muitas alternativas. Serão utilizados microrganismos em suspensão no meio ou células imobilizadas em suportes inertes? Que processo de fermentação será utilizado: o descontínuo, o semicontínuo ou o contínuo? Com ou sem recirculação do microrganismo? Se for escolhido o processo descontínuo, será o descontínuo simples ou o descontínuo alimentado? Se o processo adotado for o semicontínuo, que fração de meio fermentado será periodicamente retirada do reator e substituída por igual volume de meio novo? No caso de se ter optado pelo processo contínuo, será adotado um único reator de mistura, vários reatores de mistura ligados em série ou um reator pistonado? Quais serão as dimensões e o formato do reator? Como controlar as condições de fermentação? Como adicionar alguns nutrientes: todos de uma só vez no preparo do meio, ou de maneira programada durante o andamento do processo?

No caso de se tratar de um processo enzimático contínuo com enzimas imobilizadas, será usado um reator de leito fixo ou de leito fluidizado?

Outro tópico a ser lembrado é o da ampliação da escala de trabalho (*scale-up*): se bons resultados foram obtidos em certas condições em um reator de pequena capacidade, como operar um reator industrial para que os mesmos resultados sejam alcançados?

Finalmente, para não alongarmos demasiadamente estes comentários, nunca será demais ressaltar a importância da escolha dos processos que serão utilizados, tanto na separação de produtos e subprodutos como no tratamento, ou no aproveitamento, dos resíduos.

A solução adequada de muitas das questões com que se defronta a engenharia bioquímica passa, necessariamente, pelo estabelecimento de modelos matemáticos, como se constatará ao longo deste volume. Parece-nos oportuno, por esse motivo, ressaltar a utilidade desses modelos, valendo-nos de um artigo publicado por Fredrickson et al. (1970):

> 1. Models serve to correlate data and to provide a concise way of thinking about a system or process.
>
> 2. Models allow one – within limits – to predict quantitatively the performance of a system or process. Thus, they can reduce the amount of experimental labor necessary to design and/or optimize a process.
>
> 3. Models help to sharpen thinking about a system or process and can be used to guide one's reasoning in the design of experiments, to isolate important parameters and elucidate the nature of the system or process. That is to say, the combinations of mathematical modelling and experimental research often suggests new experiments that need to be done.

REFERÊNCIAS

AIBA, S.; HUMPHREY, A. E.; MILLIS, N. F. *Biochemical engineering.* Tokyo: University of Tokyo Press, 1973.

BAILEY, J. E.; OLLIS, D F. *Biochemical engineering fundamentals.* New York: McGraw--Hill Book Company, 1986.

SIMON, P.; MEUNIER, R. *Microbiologie industrielle et génie biochimique.* Paris: Masson et Cie., 1970.

CAPÍTULO 2

Microrganismos e meios de cultura para utilização industrial

Willibaldo Schmidell

Kellen Zanfonato

2.1 INTRODUÇÃO

O objetivo central do presente capítulo é a descrição das características gerais que microrganismos e meios de cultura devem apresentar para que seja possível utilizá-los em uma operação industrial, ou seja, executada em biorreatores com volumes de dezenas de milhares de litros. Apesar de se procurar mencionar ao longo do texto alguns exemplos, não há a preocupação em descrever características particularmente importantes para um determinado bioprocesso, pois isso tornaria o tema extremamente longo, além de sua importância ser questionável, tendo em vista o escopo geral deste capítulo.

Na Figura 2.1 encontra-se um esquema geral de um bioprocesso, no qual se buscou ressaltar alguns pontos essenciais que permitem um início de discussão dentro do objetivo acima traçado. Conforme se pode observar na figura, o sucesso de um dado bioprocesso depende da definição adequada de quatro pontos básicos: o microrganismo, o meio de cultura, a forma de condução do processo e as etapas envolvidas na recuperação do produto.

Na verdade, esses quatro pilares de um bioprocesso interagem enormemente, sendo necessário defini-los de forma conjunta, levando em consideração aspectos biológicos e econômicos, o que torna bastante complexa a adequada definição. Para tornar clara essa ideia, pode-se mencionar que, apesar de sempre se pretender empregar meios de cultura baratos, o microrganismo deve encontrar nesse meio condições adequadas para realizar a conversão pretendida.

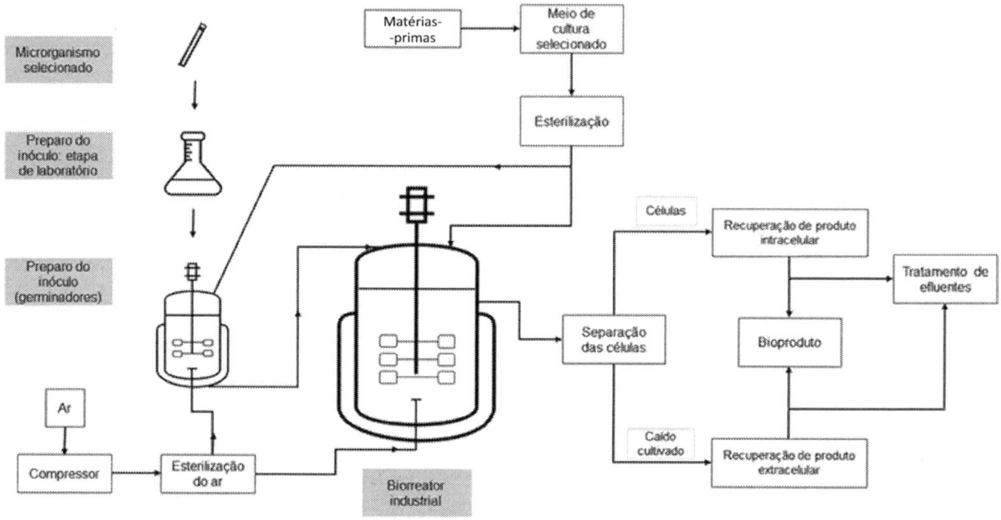

Figura 2.1 Esquema geral de um bioprocesso.

Em termos de formas de condução de processo, seria difícil imaginar a produção de etanol no Brasil (algo em torno de 35 bilhões de litros por ano) caso não se operassem os biorreatores em sistema descontínuo alimentado, ou mesmo contínuo, porém com o reciclo das células. Da mesma forma, os avanços alcançados pela digestão anaeróbia no tratamento biológico de águas residuais deveu-se especialmente ao surgimento dos reatores contínuos operados com fluxo ascendente e reciclo interno de células.

As operações finais para a recuperação do produto (operações de *downstream*) são igualmente de alta importância. Sabe-se que a melhor maneira para a recuperação do etanol, após a fermentação alcoólica, é a operação de destilação, mas ela incide significativamente no custo do produto final, em virtude da energia necessária para a sua execução. No entanto, a importância de uma adequada definição das operações de recuperação do produto fica mais clara quando se aborda a produção de produtos de alto valor agregado, como antibióticos, enzimas ou outras proteínas; nesses casos, as operações de recuperação do produto podem ser responsáveis por 40% a 70% do custo do produto final, indicando claramente a sua importância em termos de uma adequada definição.

Os aspectos relacionados com a forma de condução de biorreatores, bem como as operações de recuperação de produtos, serão abordados em vários capítulos do presente volume. Cabe, portanto, conforme salientado anteriormente, alguma reflexão sobre microrganismos e meios de cultura que podem ser eventualmente empregados em um bioprocesso.

2.2 FONTES DE MICRORGANISMOS DE INTERESSE

Microrganismos de possível interesse industrial podem ser obtidos das seguintes formas:

- isolamento a partir de recursos naturais;
- aquisição em coleções de culturas;
- obtenção de mutantes naturais;
- obtenção de mutantes induzidos;
- obtenção de microrganismos recombinantes com uso de ferramentas de engenharia genética.

O isolamento de microrganismos a partir de recursos naturais, como solo, água, plantas etc., é uma atividade de grande importância para a obtenção de novas linhagens. Trata-se de uma atividade que envolve muito trabalho experimental, significando um custo relativamente elevado, porém pode conduzir ao isolamento de linhagens mais eficientes na produção de um dado produto e, mais importante que isso, à descoberta de novos produtos, o que lhe confere uma relevância inquestionável.

Cumpre lembrar que empresas produtoras de bioprodutos com alto valor agregado mantêm programas de isolamento de linhagens de recursos naturais, justamente com o objetivo de incrementar a produção de certos produtos ou de encontrar linhagens produtoras de novos antibióticos, por exemplo. É claro que esse isolamento deve ter início com certas premissas, definindo-se o que se pretende obter, pois o simples isolamento poderá levar à disponibilidade de um número inimaginável de culturas, o que dificulta a convergência para o processo ou o produto pretendido.

Por sua vez, a compra em coleções de culturas é presentemente bastante viável, tendo em vista a existência de muitas delas, sendo mais de 450 coleções distribuídas em diversos países. Entre as coleções de cultura existentes, podemos destacar: Agricultural Research Service Culture Collection (https://nrrl.ncaur.usda.gov); American Type Culture Collection (https://www.atcc.org); World Federation for Culture Collections (http://www.wfcc.info); Belgian Coordinated Collections of Microorganisms (http://bccm.belspo.be); German Collection of Microorganisms and Cell Cultures (https://www.dsmz.de) e Coleção de Culturas Tropical (http://fat.org.br). O contato com essas coleções é facilitado, podendo-se utilizar a internet para tal tarefa.

Contudo, é de se esperar que o microrganismo utilizado para a produção de um dado químico ou medicamento não estará disponível em uma coleção de culturas, sendo, com muita frequência, oriundo de melhoramento genético.

Quanto à obtenção de mutantes, como se sabe, quando uma dada célula prolifera, há sempre uma pequena possibilidade de surgimento de mutantes naturais, os quais podem ser isolados e cultivados com o objetivo de verificar sua potencialidade de produção. Conforme se verá adiante, essas alterações naturais não são interessantes do ponto de vista de um processo, mas eventualmente podem gerar novas linhagens que apresentem interesse prático.

No entanto, aguardar o surgimento de mutantes naturais de interesse prático poderá significar o dispêndio de muito tempo, razão pela qual se prefere utilizar métodos que forcem o aparecimento de células mutadas, como é o caso de submeter suspensões de células ou esporos a radiações ultravioleta ou a substâncias químicas mutagênicas, como a nitrosoguanidina, por exemplo. Ao se permitir essa exposição ou contato, ocorre uma drástica destruição da maioria das células, recuperando-se a seguir aquelas que sobreviveram e verificando se mutaram na direção desejada. Essa técnica para a obtenção de mutantes é aleatória, tratando-se de recuperar as células sobreviventes em meios ou condições específicos, de forma a dirigir esse isolamento para as células pretendidas.

Essa abordagem foi muito popular e extensivamente aplicada a cepas industriais, com uma longa lista de organismos que anunciaram o início da microbiologia industrial, incluindo o exemplo de produção de penicilina em *Penicillium chrysogenum* para 50 g/L, uma melhoria de 4 mil vezes em relação à cepa original (GONZALEZ; FERNANDEZ; TOMASINI, 2003). Assim, progressos significativos podem ser atribuídos a programas de mutação/seleção, mas é conveniente lembrar o necessário trabalho de adaptação do meio de cultivo, da forma de conduzir o processo e das etapas de recuperação do produto, a fim de propiciar o real surgimento das vantagens em nível de produção industrial (SCHMIDELL; FERNANDES, 1993).

Por último, há aproximadamente 20 anos, uma abordagem denominada engenharia do metabolismo inverso ampliou o alcance da engenharia metabólica combinatória. A engenharia do metabolismo inverso pode ser vista como uma estratégia em que: a) identifica-se ou constrói-se um fenótipo desejado; b) determinam-se os fatores genéticos ou ambientais que conferem esse fenótipo; e c) dota-se com esse fenótipo outra cepa, por manipulação genética. Essa abordagem foi aplicada com sucesso em vários contextos, incluindo culturas de células bacterianas e células animais (BAILEY et al., 2002).

A engenharia metabólica, com o uso de ferramentas da engenharia genética (vide o Capítulo 4 do Volume 1), trouxe um imenso avanço nas possibilidades de obtenção de novas linhagens e de melhoramento das já existentes. A maioria dos esforços iniciais nesse campo baseou-se em análises das vias metabólicas e otimização do fluxo para manipular o metabolismo e mudar o fluxo para o produto desejado.

A manipulação das informações genéticas permite a obtenção de células geneticamente modificadas, porém de forma mais dirigida que as metodologias convencionais, sendo possível executá-la não apenas com microrganismos, mas igualmente com células animais e vegetais. Esta área visa dotar um organismo para percorrer uma nova via metabólica, ampliar uma via já existente, desativar uma indesejada ou ainda alterar a regulação de uma via.

Para se ter uma ideia simples acerca dessas técnicas, imaginemos que se conheça a sequência metabólica que leva ao acúmulo de um dado produto de interesse, por exemplo, o produto *P* na sequência genérica:

$$A \xrightarrow{a} B \xrightarrow{b} C \xrightarrow{c} D \xrightarrow{d} \ldots \xrightarrow{o} P$$

Um estudo mais aprofundado dessa sequência, por meio da determinação das concentrações dos compostos intermediários (B, C, D etc.), pode levar à determinação da reação limitante da sequência (aquela que determina a velocidade do fluxo metabólico em estudo, por exemplo, a reação C → D) e, portanto, da enzima responsável pela reação específica (enzima c). As etapas seguintes são a identificação do gene que codifica para a síntese dessa enzima e expressá-lo na célula produtora. Com esse procedimento, aumenta-se o número de cópias do gene responsável pela síntese da enzima, o que permite aumentar a velocidade da reação limitante, pela presença de uma maior concentração da enzima responsável (no caso, a enzima c). Pode-se citar como exemplo do emprego dessa estratégia o incremento na produção de lisina por *Corynebacterium glutamicum* (KOFFAS; JUNG; STEPHANOPOULOS, 2003).

Além disso, uma etapa intermediária poderia ser imaginada. Uma vez identificada a enzima responsável pela catálise da reação limitante, esta poderia ser manipulada, por meio do conhecimento de sua estrutura e da alteração de determinados aminoácidos, por técnicas de engenharia de proteínas, objetivando obter uma nova proteína com atividade aumentada. O gene correspondente a essa nova enzima seria, então, introduzido na célula produtora.

A potencialidade dessas técnicas é enorme, pois, uma vez solucionado o problema de uma dada reação limitante, outra reação da sequência metabólica passará a ser limitante, o que permite imaginar a realização de igual estratégia para essa nova reação. Claro está que tais procedimentos não são de simples execução, pois inclusive exigem um amplo conhecimento do metabolismo e das informações genéticas do microrganismo-alvo e o domínio das ferramentas e das técnicas utilizadas, mas apresentam inquestionável interesse prático.

A engenharia metabólica vem se consolidando nas últimas décadas e possui uma vasta gama de casos bem-sucedidos. Um exemplo, na área dos biocombustíveis, é a *Saccharomyces cerevisiae* geneticamente modificada para o uso de xilose, um substrato que não é naturalmente metabolizado por essa levedura. Isso resultou em cepas bastante eficientes, que convertem xilose em etanol. Para aumentar o uso simultâneo de glicose e xilose, pesquisadores procuraram evitar a repressão catabólica, que faz com que a xilose somente seja assimilada após o esgotamento da glicose. Para esse fim, fez-se uso de um transportador, que levou ao consumo concomitante de glicose e xilose e a um processo global mais rápido (HA et al., 2011). Na mesma área, pode-se mencionar a *Escherichia coli* mais eficiente na conversão de glicose (e xilose) em etanol, com a introdução de enzimas de *Zymomonas mobilis* (OHTA et al., 1991).

É inclusive possível imaginar o emprego de um pequeno número de microrganismos bem conhecidos em termos de necessidades nutricionais e características de crescimento, como é caso de *E. coli* ou *S. cerevisiae*, para a síntese de uma grande variedade de bioprodutos, no lugar de se ter como problema o cultivo de uma linhagem para cada composto a ser produzido. Claramente isso pode contribuir para uma certa simplificação dos processos produtivos, desde que se consiga obter as cepas recombinantes adequadas.

2.3 CARACTERÍSTICAS DESEJÁVEIS DE MICRORGANISMOS E MEIOS DE CULTURA PARA APLICAÇÃO INDUSTRIAL

Conforme já anunciado, na presente seção pretende-se apresentar características gerais que microrganismos e meios devem apresentar a fim de que seja possível o estabelecimento de um processo produtivo industrial. Buscaremos enunciar as características desejáveis de microrganismos e, em seguida, aquelas relacionadas aos meios de cultivo, lembrando, no entanto, que o desempenho de um dado microrganismo depende muito da composição do meio de cultura em que é colocado.

Como se pretende expor características gerais quando da análise de um dado bioprocesso, é possível que algumas dessas características não se apliquem em todos os casos, enquanto outras não abordadas no presente texto poderão ser de grande importância. No entanto, espera-se estabelecer certas reflexões que permitam essa análise crítica.

2.3.1 CARACTERÍSTICAS DESEJÁVEIS DE MICRORGANISMOS

Para uma aplicação industrial, espera-se que os microrganismos tenham as seguintes características gerais:

- apresentar elevada eficiência na conversão do substrato em produto;
- permitir o acúmulo do produto no meio, de forma a se ter elevada concentração do produto no caldo cultivado ou elevada concentração celular – para casos de produtos acumulados intracelularmente;
- não produzir substâncias incompatíveis com o produto;
- apresentar constância quanto ao comportamento fisiológico;
- não ser patogênico;
- não exigir condições de processo muito complexas;
- não exigir meios de cultura dispendiosos;
- permitir a rápida liberação do produto para o meio – salvo no caso de produtos intracelulares.

As duas primeiras características serão discutidas conjuntamente, pois, apesar de distintas, concorrem para o mesmo objetivo geral de extrema importância.

De fato, uma célula deve permitir elevada conversão do substrato em produto, pois, com muita frequência, as matérias-primas incidem pesadamente no custo do produto final, podendo-se mencionar uma incidência de mais de 50% do custo total de produção como devido às matérias-primas, em particular a fonte orgânica de carbono.

Por outro lado, é sempre desejável que o microrganismo permita um elevado acúmulo do produto, sem sofrer inibição mais acentuada em virtude desse acúmulo, pois isso concorre para uma redução nos custos de recuperação, os quais também podem ser muito acentuados.

Tome-se como exemplo o caso da fermentação alcoólica, aqui representada simplificadamente pela equação química final (glicose em anaerobiose sendo convertida em etanol e dióxido de carbono):

$$C_6H_{12}O_6 \rightarrow 2C_2H_5OH + 2CO_2$$

Como se pode observar, o fator estequiométrico é igual a 0,51, ou seja, cada grama de glicose convertido gera 0,51 g de etanol, sendo que *S. cerevisiae*, normalmente empregado nessa fermentação, com frequência permite obter um rendimento da ordem de 90% desse valor estequiométrico, o que torna esse microrganismo o mais importante para realizar essa conversão – lembrando que vários outros também podem acumular etanol a partir da glicose, porém não com esse rendimento.

Obviamente, não se consegue manter um processo de fermentação alcoólica obtendo-se 100% de rendimento, pois as células têm de proliferar, o que significa a síntese de muitos outros compostos intermediários, sendo o acúmulo de etanol a via metabólica que permite a geração de energia na forma de ATP (glicólise). Claro está que esse é um ponto fundamental, pois a matéria-prima incide no custo do etanol e, dessa forma, baixos rendimentos tornariam inviável a produção desse produto de baixo valor agregado.

Por outro lado, sabe-se que, quando se atinge 8% a 10% (em volume) de etanol no caldo fermentado, ocorre uma clara inibição do microrganismo, o que faz com que a velocidade da conversão do açúcar em etanol fique prejudicada, razão pela qual se procura não ultrapassar esses valores, pelo menos na produção de álcool combustível (não se está aqui comentando o caso de bebidas alcoólicas). Isso significa a necessidade de destilar um líquido que contém 10% de etanol, o que, além do dispêndio de energia, ainda gerará 90% de resíduo na forma de vinhaça, que necessita encontrar um destino adequado.

O ideal seria encontrar leveduras mais resistentes ao etanol, porém sem que ocorra queda na velocidade da fermentação alcoólica (queda na produtividade), o que não é tarefa simples. De qualquer forma, fica claro que a conversão da matéria-prima em produto já é elevada, lembrando novamente a necessidade de manter a viabilidade celular para que a fermentação não seja interrompida.

Uma situação bem diversa é a que ocorre com os processos aeróbios, por exemplo, na produção de enzimas ou antibióticos. Nesse caso, a conversão do açúcar pode ser representada esquematicamente da seguinte forma:

Açúcar + O_2 → Células + CO_2 + H_2O + Intermediários + Produto

Nesse caso, por se operar em aerobiose, a quantidade de células geradas costuma ser grande em relação ao açúcar consumido, em comparação a uma quantidade relativamente pequena do produto-alvo. Se, por um lado, o custo da matéria-prima incide menos pesadamente no custo do produto final, por outro as operações de recuperação do produto são necessariamente mais onerosas, mas o produto-alvo é de mais alto valor agregado.

Assim, ao se encontrarem linhagens que cresçam relativamente menos, ou que acumulem menos compostos intermediários, é possível visualizar grandes incrementos na síntese do produto. Mesmo permitindo o acúmulo do produto, a célula produtora deve, ainda, contar com a característica de não produzir substâncias que sejam incompatíveis com o produto, pois isso pode levar a uma situação de desinteresse pelo processo produtivo.

Esse é o caso, por exemplo, de se estar interessado na produção de uma dada enzima, ou proteína, mas utilizar uma linhagem que também seja uma boa produtora de proteases extracelulares. Assim, ao produzir a enzima, separar as células e armazenar o produto, pode-se ter uma redução sensível da atividade enzimática em virtude da ação das proteases.

Um exemplo adicional, mais específico, é sobre a produção de glicoamilase por *Aspergillus*. Como se sabe, a glicoamilase é a enzima que hidrolisa o amido gerando glicose, sendo, pois, de muito interesse em várias aplicações, destacando-se o preparo de xaropes de glicose para a indústria de alimentos. Ocorre que alguns microrganismos produtores de glicoamilase também sintetizam a transglicosidase, enzima esta que, quando na presença de glicose, volta a polimerizá-la, gerando moléculas que não são mais hidrolisadas pela glicoamilase.

Na realidade, a presente característica desejável em uma célula pode ser bem mais generalizada. Um microrganismo ideal, quanto ao aspecto agora abordado, deve produzir o mínimo de outras substâncias, ao mesmo tempo que sintetiza o composto pretendido. Isso leva a uma maior disponibilidade de nutrientes para a síntese do produto (voltando-se à discussão anterior), mas também permite vislumbrar uma maior facilidade na recuperação desse produto.

Outra característica, da mais alta importância refere-se à estabilidade fisiológica da linhagem a ser empregada industrialmente. Isso significa que não basta que se tenha uma linhagem hiperprodutora de uma dada substância de interesse, é necessário que se conheçam as técnicas mais adequadas para a sua conservação e, mais ainda, que ela se mantenha como excelente produtora da substância de interesse ao longo de todas as etapas envolvidas desde sua proliferação em nível de laboratório, germinadores e biorreator principal (Figura 2.1).

Assim o constante estudo dessas formas de conservação mais adequadas das linhagens é tarefa das mais importantes, mantendo-se, na indústria, aquelas realmente de interesse. Para a célula há sempre a tendência de otimizar o crescimento em detrimento da síntese do produto, motivo pelo qual não basta verificar, em termos de metodologias de conservação, se a célula cresce, mas se ela continua a acumular o produto de maneira eficaz.

Conforme já mencionado, quando uma célula prolifera, há sempre alguma probabilidade de ocorrerem mutações naturais. Em um bioprocesso típico, normalmente parte-se de uma massa pequena de células nas etapas iniciais de preparo do inóculo (Figura 2.1), chegando-se a biorreatores de dezenas de milhares de litros contendo concentrações celulares com frequência acima de 10 g de matéria seca de células/L, o que significa gerar, em termos de massa de matéria seca, algo em torno de toneladas de células. Isso mostra claramente a necessidade de se operar com material genético que seja estável, a fim de se contar com células competentes em termos de acúmulo do produto.

O emprego de linhagens relativamente instáveis pode, inclusive, limitar o emprego de sistemas de cultivo mais eficientes, como os processos contínuos, pois poderá ocorrer ao longo do tempo a seleção de células que privilegiem o crescimento em detrimento do acúmulo do produto.

O fenômeno da atenuação do acúmulo do produto de interesse pode ocorrer tanto com linhagens naturais como, em especial, com as geneticamente modificadas. Na literatura está bem documentada a viabilidade de se produzir lisina por mutantes auxotróficos, em processo contínuo, apenas quando se empregam mutantes auxotróficos em dois aminoácidos, e não em apenas um, a fim de evitar os mecanismos de controle da célula e obter o acúmulo intenso do aminoácido de interesse (STANBURY; WHITAKER; HALL, 1995). Nessa condição, é mais difícil o retorno às características da linhagem original, em virtude de uma maior alteração a que a célula foi submetida.

É necessário lembrar que a introdução de novas codificações genéticas pode, eventualmente, significar um ônus adicional para a célula, a qual está interessada em aprimorar o seu crescimento. Inclusive, a integração de uma codificação genética ao cromossomo da célula pode ainda não resultar na obtenção de uma hiperprodutora, em virtude da existência de um número limitado de cópias do gene de interesse.

A operação de biorreatores de grande porte, do ponto de vista técnico e econômico, praticamente exige o emprego de microrganismos não patogênicos, os quais possam ser manuseados sem riscos ambientais, particularmente nas etapas seguintes ao término do bioprocesso. Mesmo durante o cultivo, caso se manuseassem microrganismos patogênicos em reatores de dezenas de milhares de litros, os cuidados teriam de ser bastante aumentados, o que acarretaria custos adicionais.

O cultivo de patogênicos é efetuado, por exemplo, para a produção de vacinas, em reatores de pequeno porte (da ordem de centenas ou poucos milhares de litros), porém confinados em câmaras assépticas, tomando-se precauções necessárias para a não ocorrência de contaminação do meio ambiente. Isso, logicamente, significa custo adicional, o qual pode ser justificado no caso de produção de vacinas, mas tornaria inviável a produção de uma enzima ou mesmo um antibiótico.

Um microrganismo também não deve exigir condições de processo muito complexas, por motivos claros de economicidade da produção, sendo que dentro deste tópico muitos aspectos podem ser abordados.

Como se sabe, sempre existem valores ótimos do pH e da temperatura, por exemplo, em termos do acúmulo do produto. No entanto, também se sabe que o controle preciso do pH e da temperatura apenas é possível em reatores de bancada, sendo que em reatores de grande porte (dezenas de milhares de litros) deverá ocorrer uma certa heterogeneidade ao longo da altura do reator, de forma que a célula deverá manter o seu desempenho apesar de uma certa flutuação nos valores dessas grandezas tomadas como exemplo. Em outras palavras, o ideal é que o microrganismo tenha uma faixa de valores ótimos dessas grandezas, e não valores pontuais, particularmente no que se refere ao acúmulo do produto.

Nessa direção, são igualmente interessantes os microrganismos que conseguem manter um bom desempenho quando cultivados em baixas concentrações de oxigênio dissolvido. Como ficará claro no capítulo sobre transferência de oxigênio, a necessidade de manutenção de altas concentrações de oxigênio dissolvido traz problemas bastante sérios no tocante a um maior dispêndio de energia, em virtude de maiores agitação e aeração do meio. Nesse sentido, os microrganismos que crescem de forma aglomerada (forma miceliar, por exemplo) são mais complicados quando comparados às células que crescem isoladamente, pois a concentração de oxigênio no meio de cultivo terá de ser mais elevada a fim de que as células mais internas desses aglomerados tenham acesso ele.

Já foi abordada anteriormente a inconveniência de operar com linhagens que excretem quantidades exageradas de proteínas para o meio, mas ainda há uma questão adicional, pois a geração de espuma é frequentemente atribuída à presença de proteínas no meio de cultivo, situação ainda mais complexa para os processos aeróbios, em virtude da necessidade de aerar e agitar o conteúdo do biorreator.

Normalmente, a geração de espuma pode ocorrer no início de um bioprocesso aeróbio, quando se empregam meios de cultivo contendo extratos de carne ou de levedura, ou água de maceração de milho (*corn steep liquor*), e nas etapas mais avançadas de um processo em virtude da presença de proteínas. Isso causa problemas, como a necessidade de empregar um menor volume útil do reator, a fim de ter condições de controlar a espuma, além do uso frequente de antiespumantes que, além de onerarem o produto final, ainda podem causar dificuldades nas etapas de recuperação do produto e uma redução na transferência de oxigênio, o que exige o aumento da agitação e da aeração, agravando a situação. Assim, é importante a seleção de microrganismos que excretem poucas proteínas junto com o produto desejado.

As características que um meio de cultivo deve apresentar serão discutidas na próxima seção, mas neste momento convém mencionar que o microrganismo selecionado para um processo industrial não deve exigir meio de cultura extremamente oneroso, por questões claramente de economia do processo produtivo. Essa é a razão pela qual um maior conhecimento das necessidades nutricionais de uma linhagem é de vital importância, objetivando o fornecimento apenas dos nutrientes necessários. Em algumas circunstâncias, esse desconhecimento leva à necessidade da adição de certas substâncias, como extrato de levedura, extrato de carne, peptona etc., as quais costumam ser bastante dispendiosas.

Particularmente na área de produção de vacinas, costumam-se utilizar meios de cultura bastante complexos e onerosos, bem como nos cultivos envolvendo células animais, mas aqui, novamente, os volumes de reação são relativamente pequenos e os produtos gerados podem ser considerados de alto valor agregado.

Finalmente, como se imagina a produção de produtos extracelulares, há todo o interesse em que a linhagem selecionada libere fácil e rapidamente o produto para o meio, de onde ele será recuperado nas etapas seguintes ao processo fermentativo.

Além do aspecto ligado a uma eventual inibição do próprio microrganismo pela retenção de um dado produto do metabolismo, ainda cumpre lembrar que, com frequência, a primeira etapa de recuperação do produto significa a separação do microrganismo (por centrifugação ou filtração), trabalhando, a seguir, com o caldo isento de células, sendo estas descartadas. Diferentemente, para os produtos acumulados de forma intracelular, após a separação do microrganismo, o caldo cultivado é que será descartado.

Nessa direção, um exemplo interessante foi o apresentado por Aguero et al. (1990) sobre a produção de glicoamilase por *Aspergillus niger* NRRL 337 e *Aspergillus awamori* NRRL 3112, sendo essa segunda linhagem, sem dúvida, melhor produtora que a primeira. Esses autores indicaram que, a um pH de 4,0, *A. niger* reteve cerca de 30% da atividade associada às células, enquanto *A. awamori*, apenas algo em torno de 10%, indicando que a linhagem melhor produtora tende a ser mais eficiente na excreção do produto de interesse. Já a pH 6,0, as células de *A. niger* retiveram cerca de 70% da atividade enzimática, enquanto nas células de *A. awamori* essa retenção foi da ordem de 40% em relação à atividade total (soma da atividade enzimática extracelular, encontrada no caldo, com a atividade intracelular, ou seja, a atividade encontrada nas células – atividades enzimáticas expressas por unidade de volume de amostra), mostrando de forma clara a influência do pH na eficiência da capacidade de excreção das células. Indicaram ainda que as atividades totais obtidas com cada uma das linhagens atingiram valores muito próximos tanto a pH 4,0 como 6,0, indicando que o pH interferiu na excreção, mas não na síntese propriamente dita.

Esses resultados indicam a necessidade de se verificar com a devida atenção a retenção do produto de interesse pelas células quando se procura efetuar trabalhos de seleção de linhagens, ou se estudam diferentes condições de cultivo, mesmo que o interesse resida na recuperação de produtos extracelulares. Caso contrário, corre-se o risco de descartar linhagens, ou condições de cultivo, que poderiam ser potencialmente interessantes.

2.3.2 CARACTERÍSTICAS DESEJÁVEIS DE MEIOS DE CULTIVO

Conforme já comentado no início da Seção 2.3, é sempre muito difícil mencionar as características de microrganismos sem associá-las a um determinado meio de cultivo. Dessa forma, as características anteriormente indicadas, na verdade, em muitos casos dependem do meio utilizado, de maneira que se poderia repetir na presente seção características como permitir o acúmulo de produto no meio, não permitir a síntese de substâncias incompatíveis com o produto etc. Claramente isso não teria um maior interesse, além de tornar-se monótono, preferindo-se descrever algumas características mais específicas, mas que agora, obviamente, dependerão do microrganismo a ser utilizado. Igualmente, não será apresentada uma discussão item a item, mas será efetuada uma abordagem mais geral.

Algumas características gerais do meio que devem ser consideradas são:

- ser o mais barato possível;
- atender às necessidades nutricionais do microrganismo;
- auxiliar no controle do processo, como é o caso de ser ligeiramente tamponado, o que evita variações drásticas de pH ou uma excessiva formação de espuma;
- não provocar problemas na recuperação do produto;
- ter componentes que permitam algum tempo de armazenagem, a fim de estarem disponíveis todo o tempo;
- ter composição razoavelmente fixa;
- não causar dificuldades no tratamento final do efluente.

Todas essas são características importantes, destacando-se o custo do meio de cultura, que deve ser o menor possível, desde que atenda às necessidades do microrganismo selecionado. E é justamente essa combinação de atender às necessidades nutricionais do microrganismo, a fim de que o produto possa ser sintetizado, e ser minimamente oneroso que, com frequência, acaba por causar certas complicações, que merecem ser mais detidamente discutidas.

Como se sabe, os microrganismos utilizam diversos açúcares, como glicose, sacarose e frutose, ou ainda polissacarídeos, como o amido e a celulose, como fonte de carbono e, frequentemente, de energia. Como fonte de nitrogênio são frequentemente utilizados sais, como o $(NH_4)_2SO_4$ (o qual costuma provocar reduções significativas do pH e, em alguns casos, fenômenos de inibição pelo sulfato) e o $(NH_4)_2HPO_4$, aminoácidos ou a ureia (a qual permite reduzir os problemas de controle do pH). Como fonte de fósforo utilizam-se os fosfatos solúveis, como o monoamônio fosfato (MAP) ou o diamônio fosfato (DAP), os quais passam a ser fontes de nitrogênio e fósforo simultaneamente. Além disso, necessita-se adicionar outros elementos, como: Na, K, Ca, Fe, Cu, Mg, Mn, Co etc., em concentrações frequentemente reduzidas, na forma de seus sais solúveis.

Meios de cultura constituídos apenas por essas substâncias costumam ser chamados de meios definidos, ou meios sintéticos, cuja composição química é sempre bem conhecida e pode ser reproduzida a qualquer instante. Por essa razão, para as células que apresentam bom desempenho em meios desse tipo, espera-se a ocorrência de um sistema produtivo estável, além de, em geral, não apresentarem problemas quanto à recuperação e à purificação do produto final. Esses meios, mesmo sendo mais onerosos, podem ser preferidos caso permitam uma maior economia nas etapas de recuperação do produto.

No entanto, para uma grande variedade de linhagens, há a necessidade da adição de certos "fatores de crescimento", ou seja, alguns aminoácidos específicos ou vitaminas (como biotina, tiamina, riboflavina etc.). Claro está que, quando se conhecem essas necessidades específicas, o que nem sempre é o caso, é possível adicionar essas substâncias puras a fim de manter o meio em sua forma mais definida, mas seu custo pode tornar-se inviável, particularmente para instalações de grande porte, a menos que isso signifique um enorme ganho econômico na recuperação do produto ou a preservação de alguma característica fundamental deste, necessariamente de alto valor agregado.

Alternativamente, para suprir as necessidades de linhagens mais exigentes e, em geral, com características nutricionais mal conhecidas, podem-se adicionar certos materiais complexos como: extrato de levedura, extrato de carne, extrato de malte, peptona (hidrolisado de proteínas) etc. Esses materiais (adicionados individual ou conjuntamente) permitem introduzir no meio de cultura os fatores faltantes em um meio definido, mas, além de onerosos, são complexos e de composição variável ao longo do tempo de armazenagem e dependendo do fabricante e do lote empregado. Assim, pode-se imaginar a ocorrência de oscilações no bioprocesso, além de possíveis dificuldades nas operações de recuperação do produto final, dependendo das características desse produto e dessas operações.

É frequente observar, nos trabalhos básicos de isolamento ou seleção de linhagens, o emprego de meios contendo grandes quantidades desses extratos ou hidrolisados (vários gramas por litro, ou mesmo dezenas de gramas por litro). Dessa forma, no desenvolvimento do processo produtivo, uma das tarefas iniciais é verificar a possibilidade da obtenção de iguais desempenhos em meios isentos desses materiais ou com a adição de quantidades mínimas, tendo em vista o custo envolvido.

Na direção dos meios mais complexos e, igualmente, menos onerosos, razão pela qual são empregados na maioria dos processos fermentativos em grande escala, cumpre mencionar o uso de matérias-primas naturais, como caldo de cana-de-açúcar, melaços, farinhas diversas (de trigo, milho, soja, cevada), água de maceração de milho (*corn steep liquor*) etc. Essas matérias-primas são de composição química desconhecida, podendo-se determinar os teores de açúcares disponíveis, nitrogênio, fósforo, mas não os teores dos sais minerais, pois certamente há sempre um número muito grande de constituintes. Meios de cultura contendo esses materiais naturais com frequência são completados com alguns sais (particularmente contendo nitrogênio e fósforo).

Claro está que a composição química estará na dependência de uma série de fatores, como solo, variedade do vegetal, safra, clima, processamento durante a colheita, estocagem etc. Esses fatos indicam a expectativa de que ocorram oscilações no bioprocesso que emprega essas matérias-primas, além de obrigarem as empresas produtoras de antibióticos ou enzimas a manterem instalações-piloto para o ajuste da composição do meio a cada novo lote de matéria-prima que a empresa recebe (particularmente aquelas que usam a água de maceração de milho), a fim de evitar maiores surpresas nos biorreatores de grande porte.

Essas matérias-primas naturais podem inclusive causar problemas adicionais na recuperação e na purificação do produto final, bem como nos tratamentos das águas residuais. No entanto, ainda continuam a ser as matérias-primas preferidas em grande número de casos, pela simples razão de serem as mais baratas.

2.4 CONSIDERAÇÕES FINAIS

A definição adequada do microrganismo a ser empregado, assim como do meio de cultura para esse microrganismo, é etapa fundamental para o sucesso de um bioprocesso. No entanto, é sempre importante lembrar que a definição de um bioprocesso, assim como as preocupações com a recuperação do produto, são etapas da mais alta importância.

Em alguns casos, o emprego de microrganismos disponíveis em coleções de cultura pode levar ao desenvolvimento de processos produtivos que sejam atraentes. É necessário lembrar, no entanto, que presentemente se dispõe de muitos recursos para o aprimoramento de linhagens produtivas, o que torna os processos fermentativos cada vez mais promissores.

Essas considerações trazem também um importante alerta sobre a constante necessidade de desenvolvimento do processo produtivo já instalado, justamente por essa grande variedade de desenvolvimentos possíveis. Presentemente é bastante difícil imaginar que uma dada empresa disponha do microrganismo "ótimo", ou do meio de cultura "otimizado". É da mais alta importância que essa empresa continue a busca por melhores condições em termos de microrganismo e meio; caso contrário, poderá ser ultrapassada por outras com ofertas de produtos de menor custo ou melhor qualidade.

REFERÊNCIAS

AGUERO, J. M. Z et al. Influência do pH na síntese e liberação de glicoamilase por *Aspergillus awamori* NRRL 3112 e *Aspergillus niger* NRRL 337. *Revista de Microbiologia*, v. 21, n. 4, p. 355-360, 1990.

BAILEY, J. E. et al. Inverse metabolic engineering: a strategy for directed genetic engineering of useful phenotypes. *Biotechnology and Bioengineering*, p. 568-579, 2002.

GONZALEZ, J. B.; FERNANDEZ, F. J.; TOMASINI, A. Microbial secondary metabolites production and strain improvement. *Indian Journal of Biotechnology*, v. 2, p. 322-333, 2003.

HA, S. et al. Engineered *Saccharomyces cerevisiae* capable of simultaneous cellobiose and xylose fermentation. *Proceedings of the National Academy of Sciences*, v. 108, n. 2, p. 504-509, 2011.

KOFFAS, M. A.; JUNG, G. Y.; STEPHANOPOULOS, G. Engineering metabolism and product formation in *Corynebacterium glutamicum* by coordinated gene overexpression. *Metabolic Engineering*, v. 5, p. 32-41, 2003.

OHTA, K. et al. Genetic improvement of *Escherichia coli* for ethanol production: chromosomal integration of *Zymomonas mobilis* genes encoding pyruvate decarboxylase and alcohol dehydrogenase II. *Applied and Environmental Microbiology*, v. 57, n. 4, p. 893-900, 1991.

SCHMIDELL, W.; FERNANDES, O. L. O aspecto evolutivo dos processos industriais biotecnológicos. *Revista Politécnica*, n. 209, p. 31-33, 1993.

STANBURY, P. F.; WHITAKER, A.; HALL, S. J. *Principles of fermentation technology*. 2. ed. United Kingdom: Elsevier Science, 1995.

CAPÍTULO 3
Esterilização de equipamentos

José Geraldo da Cruz Pradella

Maria Filomena de Andrade Rodrigues

3.1 INTRODUÇÃO

Esterilizar um equipamento significa eliminar todas as formas de vida de seu interior ou superfície. Entretanto, antes de prosseguirmos, uma observação é importante. O termo "esterilização" será utilizado neste capítulo com uma certa liberdade, já que o verbo "esterilizar" está associado à *eliminação total* de toda forma de vida. Assim, em contraposição, a *eliminação parcial* de formas de vida estará associada a um nível adequado de esterilização, à desinfecção ou à assepsia de um equipamento. Outro aspecto importante é que, em uma planta de bioprocesso, a esterilização (ou assepsia) deve se dar, certamente, nos meios de cultura e outros insumos, nos tanques para seu armazenamento e nos biorreatores onde normalmente se processa o crescimento microbiano e a formação do produto desejado. Mas tão importante quanto (e muitas vezes negligenciada) é a assepsia de tubulações, válvulas e sistemas de condução de meios de cultura e outros insumos, como ácidos e bases para controle de pH e gases de entrada e saída de biorreatores e sistemas. Muitas vezes também os sistemas de separação e recuperação de células e produtos, incluindo centrífugas, filtros, decantadores, colunas cromatográficas, entre outros sistemas, devem ser objeto de rigoroso controle de contaminação para garantia de adequação do produto às suas especificações (BAILEY; OLLIS, 1986; SCRAGG, 1991; ASENJO; MERCHUCK, 1995).

Na prática industrial, a eliminação parcial de organismos presentes no sistema até um determinado nível é suficiente para garantia de sucesso de um bioprocesso. O nível de desinfecção industrial requerido para cada bioprocesso é variável e estabelecido segundo o produto a ser obtido. Muitas vezes esse nível de contaminação aceitável é definido por normas técnicas estabelecidas por organismos governamentais de controle de processos e produtos. Assim, produtos farmacêuticos e para consumo humano são produzidos com nível de controle de assepsia bem rigorosos, em que o nível de esterilização exigido deve ser de 100%, ou seja, eliminação total de toda forma de vida presente nos equipamentos de processo e nos produtos obtidos. Por outro lado, em alguns processos biotecnológicos industriais, como a produção de etanol, a eliminação parcial da população microbiana dos equipamentos é suficiente para garantir a qualidade que se deseja no produto ou para atingir níveis adequados de rendimento e produtividade de um determinado bioprocesso.

Dessa maneira, têm sido desenvolvidos processos de desinfecção para bioprocessos que são adequados para os diferentes níveis de assepsia por eles exigidos.

3.2 MÉTODOS DE DESINFECÇÃO

A morte celular pode ser causada por uma ou mais lesões. Na célula viva normal existem inúmeros alvos – sistemas celulares possíveis de lesão celular. Dentre eles podemos destacar: a) enzimas, responsáveis pelos processos metabólicos; b) membrana citoplasmática, responsável pela manutenção da integridade do conteúdo celular e do controle do transporte de substratos e produtos do metabolismo; c) parede celular, que dá rigidez e resistência mecânica aos microrganismos; e d) material genético. Uma lesão em qualquer um desses níveis pode desencadear alterações irreversíveis que levam à destruição ou à incapacidade reprodutiva celular.

É clássica a divisão dos métodos de desinfecção químicos e físicos. Os métodos químicos são aqueles que utilizam substâncias químicas que destroem ou inativam os microrganismos contaminantes de equipamentos e sistemas. Tradicionalmente, os produtos químicos usados para tanto são: hipoclorito, fenóis, formaldeído, glutaraldeído, óxido de etileno, ozônio e dióxido de enxofre. Contudo, uma série de novos produtos químicos tem sido comercializada recentemente para desinfecção eficiente de equipamentos e sistemas. Os métodos físicos mais frequentemente empregados são: calor seco, calor úmido, radiação ultravioleta, radiação gama, ultrassom e, mais recentemente, plasma.

Entre os métodos de esterilização utilizados na indústria de bioprocessamento, a esterilização por calor úmido e a (micro)filtração dos gases de entrada e saída dos biorreatores são, de longe, os mais importantes. O leitor encontrará nos Capítulos 4 e 5, respectivamente, uma abordagem mais detalhada desses dois métodos de esterilização.

Sem a intenção de esgotar o tema, mas atendo-se a uma introdução o mais didática possível ao tema, descrevemos a seguir os principais métodos químicos e físicos utilizados na prática de esterilização industrial dos bioprocessos. Os autores sugerem que sejam consultadas outras referências, como Block (2000) e Fraise, Lambert e Maillard (2004).

3.3 USO DE AGENTES QUÍMICOS

3.3.1 GERMICIDAS QUÍMICOS

Como visto, a utilização do calor úmido é, de longe, a técnica mais utilizada para proporcionar a esterilização e a desinfecção de equipamentos dentro de uma indústria de biotecnologia. Assim, os agentes químicos de esterilização e desinfecção são utilizados quando equipamentos de operações unitárias, ou componentes de uma instalação industrial, não admitem esterilização pelo calor úmido. Isso pode ocorrer em virtude da incompatibilidade dos materiais de construção desses componentes com temperaturas elevadas (por exemplo, filtros, bombas, centrífugas, secadores, válvulas, linhas de transferências de fluidos, equipamentos de medição etc.). Nesses casos, para atingir o grau de sanitização necessário a um dado processo, faz-se uso de agentes sanitizantes líquidos denominados germicidas químicos.

Diferentemente da esterilização pelo calor, essas substâncias agem à temperatura ambiente, necessitando, entretanto, de tempos maiores de contato para produzir o efeito desejado. Além disso, sua capacidade sanitizante está fortemente relacionada às propriedades físicas do material a ser tratado (material plástico ou metálico, superfície lisa ou rugosa, porosidade do material, ausência ou presença de locais de difícil acesso) e às características químicas do ambiente (pH, presença de matéria orgânica contaminante, formação de filmes e depósitos no material, dureza da água utilizada na diluição do princípio ativo). Todos esses fatores podem afetar negativamente o processo de desinfecção, e somente a prática pode dar ensejo a um procedimento padronizado que conduza a um nível de sanitização adequado a determinado processo industrial.

De uma maneira geral, um ciclo de desinfecção utilizando germicidas químicos compreende as seguintes etapas:

a) desmontagem do sistema (se for o caso);

b) limpeza dos componentes, procedendo-se à remoção física de resíduos de meio de cultura, biomassa e produtos, fazendo uso de detergentes, esponja de limpeza ou outro instrumento para remoção de sujidades, se necessário;

c) lavagem dos componentes com água com baixo teor de dureza para remoção dos detergentes utilizados;

d) montagem do sistema (se for o caso) e introdução da solução aquosa do germicida, propiciando o tempo de exposição preestabelecido para a ação germicida;

e) remoção dos resíduos do germicida por meio de circulação cuidadosa de água ou outro fluido estéril.

A Agência Nacional de Vigilância Sanitária (Anvisa) tem definido regulamentos para assepsia por meio de resoluções como a RDC n. 14 de 2007 e RDC n. 35 de 2010, que, embora estabelecidas para o setor hospitalar, em que o nível de esterilização exigido é extremo, podem auxiliar no controle de desinfecção das práticas industriais de bioprocesso. A primeira trata de desinfecção de nível intermediário, útil para instrumentos de procedimentos não invasivos ou superfícies de móveis, entre outros, e a segunda trata da desinfecção dita "de alto nível" ou esterilização, usada para instrumentos em procedimentos invasivos (cateteres, agulhas e instrumentos cirúrgicos).

Estão disponíveis no mercado várias preparações com características semelhantes às formulações de germicidas químicos descritas na Tabela 3.1, que se ajustam aos princípios dessas resoluções e às normas estabelecidas pelo Center for Disease Control and Protection (CDC) dos Estados Unidos (RUTALA; WEBER, 2008, 2016) para o controle de contaminação.

Tabela 3.1 Formulações de germicidas químicos e sua utilização

Germicida químico	Atividade e características	Utilização típica
Compostos quaternários de amônio, sol. aq. até 0,2%	Bactérias vegetativas e fungos, N.A. baixo	Limpeza geral e manutenção
Compostos fenólicos, sol. aq. até 5%	Pode ser ativo contra vírus não lipídicos, N.A. baixo a intermediário	Desinfecção de áreas de laboratório e produção
Etanol ou isopropanol, sol. aq. 70%	Bactéris vegetativas, fungos e vírus, N.A. intermediário	Desinfecção de superfícies e materiais por imersão na solução
Cloro livre, sol. aq. 0,5%	Amplo espectro, pode inativar esporos bacterianos, corrosivo, irritante, N.A. intermediário	Desinfecção de equipamentos, áreas de laboratório e produção
Glutaraldeido, sol. aq. 2%	Amplo espectro, ação contra micobactérias e esporos bacterianos, irritante, N.A. alto	Esterilização de equipamentos, dependendo do tempo de exposição
Formulação contendo peróxido de hidrogênio 6 a 10%	Amplo espectro, ação contra micobactérias e esporos bacterianos, N.A. alto	Esterilização de equipamentos, dependendo do tempo de exposição
Ácido peracético, sol. aq. 0,2%	Amplo espectro, ação contra esporos bacterianos, compatível com a maioria dos materiais, N.A. alto	Esterilização de materiais por imersão

N.A.: nível de atividade.
Sol. aq.: solução aquosa.

Pode-se depreender que a desinfecção de nível intermediário é alcançada com as formulações de compostos de quaternário de amônio, solução de etanol tipicamente de 70% em água e solução de cloro livre. Compostos que contêm glutaraldeído e formulações que contenham ou liberem peróxido de hidrogênio são recomendados quando se deseja atingir o nível de esterilização. As formulações que contêm compostos fenólicos estão em desuso pelos efeitos tóxicos associados a essas substâncias.

Desde que as operações preliminares de limpeza das partes a serem desinfetadas ou esterilizadas tenham sido feitas cuidadosamente, o tempo de exposição para se atingir um determinado nível de destruição microbiana em um dado equipamento vai depender fundamentalmente do germicida escolhido e das características da população microbiana remanescente, ou seja, tipo e número de microrganismos presentes. Embora a temperatura seja um fator relevante nos processos de destruição microbiana, não estamos levando isso em conta, pois supõe-se que o procedimento de desinfecção/esterilização seja realizado à temperatura ambiente, com exceção do ácido peracético a 0,2%, cuja atividade é em torno de 50-56 °C (RUTALA; WEBER, 2016).

O tempo necessário para se atingir um determinado nível de sanitização, dessa forma, varia bastante. Uma simples desinfecção, com a qual se pretenda destruir a população ativa de bactérias vegetativas, a maioria dos fungos e os vírus lipídicos, pode ser conseguida utilizando-se etanol 70% v/v em água em cerca de 10 minutos de exposição. Uma população de esporos de bactérias aeróbias bastante elevada (10^8 esporos) pode ser destruída em 60 minutos de exposição a uma solução de peróxido de hidrogênio a 10% v/v. Por outro lado, uma solução de formaldeído 8% e isopropanol 70% v/v pode levar até 18 horas para a eliminação de uma alta concentração de esporos bacterianos (BLOCK, 2000). A escolha de um germicida químico particular vai se basear, dessa maneira, no nível de desinfecção requerido pelo processo e em aspectos econômicos.

3.3.2 AGENTES GASOSOS

Os agentes de esterilização gasosos mais importantes são óxido de etileno, óxido de propileno, formaldeído e beta-propiolactona.

Óxido de etileno (EtO) é um éter cíclico que destrói células microbianas agindo como agente alquilante. A sua ação consiste na substituição de um átomo de hidrogênio (por reação de alquilação) de grupos funcionais de proteínas, ácidos nucleicos e outras moléculas (carboxila livre, amino ou sulfidrila) pela molécula de EtO aberta (CH_2CH_2O-), como exemplificado na Figura 3.1. O óxido de etileno é utilizado principalmente na esterilização de artigos plásticos de laboratório e outros materiais. O processo se dá em câmaras especiais semelhantes a autoclaves de esterilização por vapor.

Embora pouco utilizado na indústria de biotecnologia, o EtO possui grande poder de esterilização. Por exemplo, uma população de 10^6 esporos de *Bacillus subtilis* var. *niger* pode ser inativada a 50% de umidade, 47,5 °C e 500 ppm de óxido de etileno em cerca de 50 minutos, sendo que outros microrganismos possuem resistências ainda menores ao EtO (BLOCK, 2000; RUTALA; WEBER, 2008).

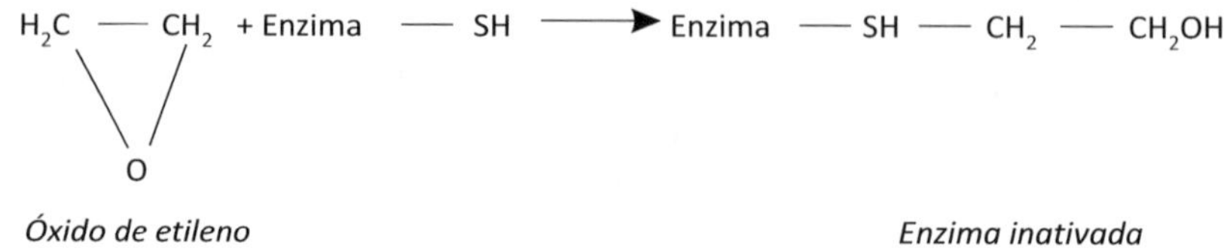

Figura 3.1 Reação de alquilação de enzima por óxido de etileno.

3.4 USO DE MÉTODOS FÍSICOS

3.4.1 IRRADIAÇÃO POR LUZ ULTRAVIOLETA

Radiação ultravioleta (UV) é usada para esterilização de materiais de laboratório, vidrarias, embalagens e equipamentos como cabines de fluxo laminar para manipulação asséptica de culturas microbianas, amostras e meios de cultura (BLOCK, 2000). Ela age diretamente sobre o DNA e o RNA, alterando a estrutura dessas moléculas e provocando danos ao processo de manutenção e divisão celular e sua morte. A fonte de radiação UV é normalmente uma lâmpada emissora dessa radiação. A emissão diminui com o tempo, exigindo um controle sobre a vida útil dessas lâmpadas.

A esterilização é feita simplesmente expondo-se os materiais à radiação em ambiente fechado pelo tempo adequado, que pode chegar a várias horas. Como a capacidade de penetração da radiação UV é muito baixa, apenas a superfície do material é atingida. A radiação UV é absorvida por muitas substâncias celulares, mas de modo mais significativo pelos ácidos nucleicos. A região do espectro de UV com ação esterilizante é de 220 a 300 nm. Os aminoácidos aromáticos, como triptofano, fenilalanina e tirosina, absorvem radiação UV a 280 nm.

Entre os componentes dos ácidos nucleicos, as pirimidinas são muito mais sensíveis à radiação UV que as purinas, por isso, os efeitos letais e de mutagênese nos sistemas biológicos são atribuídos a transformações fotoquímicas das bases pirimídicas timina e citosina. A ação esterilizante da radiação UV ocorre primeiramente pela produção de ligações cruzadas entre pirimidinas adjacentes na mesma fita de DNA (ácido desoxirribonucleico), formando dímeros. Essa reação ocorre principalmente entre resíduos de timina, formando dímeros de timina e levando à perda da integridade do DNA celular (Figura 3.2). Essas ligações podem causar erros de leitura do código genético, resultando em mutações que prejudicam funções vitais do organismo e, consequentemente, levam à morte celular.

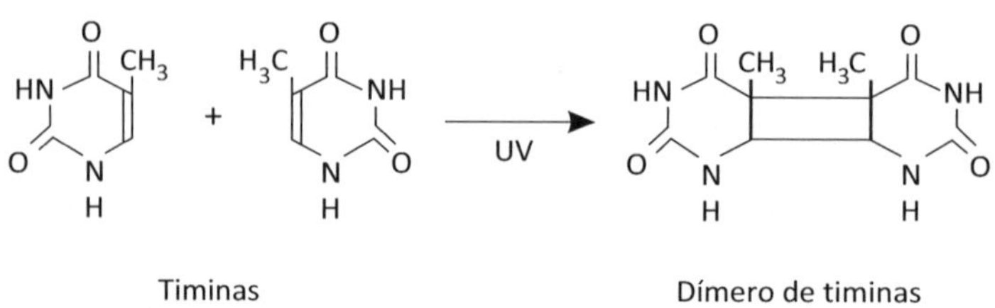

Figura 3.2 Formação do dímero de timina.

3.4.2 RADIAÇÃO IONIZANTE

As radiações ionizantes são principalmente alfa (α), beta (β), gama (γ), raios X, raios catódicos, além de prótons, nêutrons e elétrons de alta energia. Radiações ionizantes podem causar uma grande variedade de efeitos físicos e bioquímicos em microrganismos. O principal alvo que leva à perda de viabilidade é a molécula de DNA.

Na radiação ionizante, um átomo emite elétrons de alta energia, que ionizam a molécula de DNA. O elétron é ejetado e absorvido por outro átomo, criando uma cadeia de ionizações na substância irradiada. Essa atividade excita grupos químicos no DNA, causando a produção de radicais altamente reativos, os quais podem alterar grupos químicos e romper as cadeias de DNA, causando alterações químicas que podem levar à inviabilidade celular.

Geralmente, a sensibilidade dos diferentes organismos a radiações ionizantes varia com o volume de DNA. Em geral, formas multicelulares são mais sensíveis que organismos unicelulares.

A esterilização por radiação gama é industrialmente a mais utilizada. Em geral é produzida por cobalto 60 ou césio 137 e tem poder de penetração extremamente alto. O bombardeio de microrganismos por radiação gama gera grande quantidade de alterações nas moléculas de DNA, danificando-as, em geral irreversivelmente. Adicionalmente, inúmeras moléculas internas aos microrganismos são ionizadas (a água, por exemplo), dando origem a espécies químicas altamente reativas, como os peróxidos e vários radicais livres. Essas moléculas desestruturam o equilíbrio bioquímico dos microrganismos, mesmo esporulados. Os materiais expostos à radiação gama não guardam resquícios radiativos, daí ser um método seguro de esterilização.

O bombardeio com radiação gama é feito em câmaras especiais. A esterilização é feita dispondo-se o material a ser esterilizado em embalagens que são colocadas em esteira que circula pelo interior da câmara de irradiação. Dessa forma, a embalagem circula várias vezes pela câmara, com a finalidade de se atingir o nível de irradiação adequado. A unidade de medida da irradiação no sistema internacional (SI) é o gray (Gy), sendo que 1 gray corresponde a 100 rad. Materiais pouco contaminados são submetidos a doses de 10 a 30 quilograys. Materiais mais contaminados requerem doses maiores, como 50 a 75 quilograys. O microrganismo mais resistente à radiação gama é *Deinococcus radioaurans* e exige cerca de 60 quilograys para ser inativado. Esporos de *Clostridium botulinum* demandam 5 a 22 quilograys para serem inativados (BLOCK, 2000).

3.4.3 PLASMA

Define-se plasma como um meio que contém espécies neutras e espécies eletricamente carregadas, como elétrons, íons positivos, íons negativos, átomos e moléculas, onde a densidade de íons positivos deve ser neutralizada pelo conjunto formado pelas densidades de elétrons e íons negativos, garantindo assim a neutralidade macroscópica de carga (BITTENCOURT, 2004). Plasmas podem ser gerados a partir de descargas elétricas em gás, que são excitadas por fontes de corrente contínua (CC) ou corrente alternada (CA). As espécies reativas que são formadas no plasma (íons hidroxônios) reagem com sítios nucleofílicos presentes na membrana celular e no material genético dos microrganismos, promovendo sua destruição.

A vantagem do uso do método é que a destruição microbiana, mesmo de espécies resistentes como esporos bacterianos, se dá em temperaturas próximas à do ambiente, podendo, dessa forma, ser utilizado para esterilização de materiais termossensíveis.

O processo é bastante simples e opera como se segue (RUTALA; WEBER, 2008). A câmara de esterilização é evacuada (7 bars de pressão negativa) e injetada com solução de peróxido de hidrogênio, vaporizada à concentração de 6 mg/L. O vapor de peróxido de hidrogênio difunde-se através da câmara (50 minutos), expõe todas as superfícies da carga ao esterilizante e inicia a inativação dos microrganismos. Um campo elétrico é aplicado à câmara para criar um plasma de gás. Geram-se radicais livres no plasma (por exemplo, hidroxila, $OH^•$, e hidroperoxila, $HO_2^•$), que vão provocar a destruição dos microrganismos contaminantes. O excesso de gás é removido e na fase final do processo a pressão da câmara de esterilização é retomada até a atmosférica por introdução de ar filtrado estéril. Os subprodutos do ciclo são não tóxicos: vapor de água, oxigênio e CO_2. Assim, os materiais esterilizados podem ser manuseados com segurança, quer para uso imediato, quer para armazenamento. O processo opera na faixa de 37-44 °C e tem ciclo operacional ao redor de 75 minutos. Materiais e dispositivos que não podem tolerar altas temperaturas e umidade, como alguns plásticos, dispositivos elétricos e ligas metálicas suscetíveis à corrosão, podem ser esterilizados por plasma de gás peróxido de hidrogênio.

3.4.4 CALOR SECO

O calor seco destrói os microrganismos por meio da oxidação de seus constituintes químicos. Ao contrário do calor úmido, nesse tipo de esterilização o calor é transferido muito lentamente pela ausência de água. Durante o processo o nível de hidratação das células tende a diminuir, conferindo uma certa proteção às proteínas. Apesar de a esterilização pelo calor seco ser principalmente um processo oxidativo, dependendo do conteúdo de água nas células, pode ocorrer também a coagulação de proteínas e a inviabilização dos sistemas microbianos.

Esse processo é efetuado em fornos ou estufas especiais que atingem temperaturas superiores a 150 °C. Por conta da diminuição da velocidade de transferência de calor pela ausência de água, os tempos de exposição devem ser então da ordem de 3 a 4 horas para se atingir o grau de assepsia desejado (SCRAGG, 1991). A esterilização por calor seco é empregada para vidrarias, metais e sistemas sólidos resistentes ao calor.

3.4.5 CALOR ÚMIDO

O calor úmido certamente é o mais importante método usado na indústria de bioprocessamento para obtenção de grau adequado de esterilidade de equipamentos e linhas de condução de líquidos e gases. A temperatura elevada, associada ao alto grau de umidade, representa um dos métodos mais efetivos para a destruição dos microrganismos, constituindo-se no agente de desinfecção e esterilização mais usado na indústria biotecnológica.

O calor úmido mata os microrganismos principalmente pela desnaturação irreversível de suas proteínas, destruindo, portanto, elementos essenciais para a sobrevivência e a multiplicação celular, como enzimas e membranas celulares. A resistência das proteínas ao calor é uma função da hidratação da célula. Quanto maior a quantidade de água, mais facilmente esta entrará nos domínios internos das moléculas de proteína, causando mudanças conformacionais irreversíveis. Além das proteínas, os carboidratos também podem sofrer alterações sob o tratamento de calor, sendo muitas vezes caramelizados ou reagindo com proteínas pela reação de Maillard, gerando produtos que podem ser inibitórios ao crescimento dos microrganismos usados nos bioprocessos (HELOU et al., 2014). A esterilização pelo calor exerce, portanto, um papel importante na qualidade do meio de cultura.

O agente de uso mais frequente é o calor úmido fornecido por vapor de água saturado. A facilidade de obtenção e de manuseio, sua eficácia e seu custo relativamente baixo explicam isso. O vapor é obtido em caldeiras e distribuído por dutos de aço galvanizado ou aço inoxidável isolados termicamente, munidos de purgadores para retirada de condensados e de filtro para remoção de sujidades. Pelas altas temperaturas e pressões nas caldeiras, o vapor é considerado estéril. No entanto, em alguns casos mais críticos, utiliza-se filtração em cartuchos esterilizantes imediatamente antes da entrada de vapor no processo. Tubulações e reatores (biorreatores), vazios ou carregados com meio de cultura, são esterilizados com vapor de água saturado a 121 °C e aproximadamente 1 atmosfera de pressão manométrica.

3.4.5.1 Esterilização de biorreator de pequeno volume

A esterilização por calor úmido de reatores de pequeno porte (até cerca de 30 L) e de vidrarias e outros materiais, inclusive meios de cultura, geralmente é feita em autoclaves. A Figura 3.3 apresenta simplificadamente um reator sendo esterilizado em uma autoclave. Existem autoclaves das mais diversas dimensões e, em geral, são verticais ou horizontais. Nas verticais (como na figura), a porta de acesso localiza-se na parte superior. As horizontais podem ter uma ou duas portas de acesso. O aquecimento para geração de vapor pode ser elétrico (mais comum) ou a gás. O vapor pode também ser gerado externamente numa caldeira e em seguida injetado na autoclave. Algumas autoclaves de grande porte podem ter sistemas internos para circulação do vapor e operar continuamente, em vez da operação tradicional por ciclos.

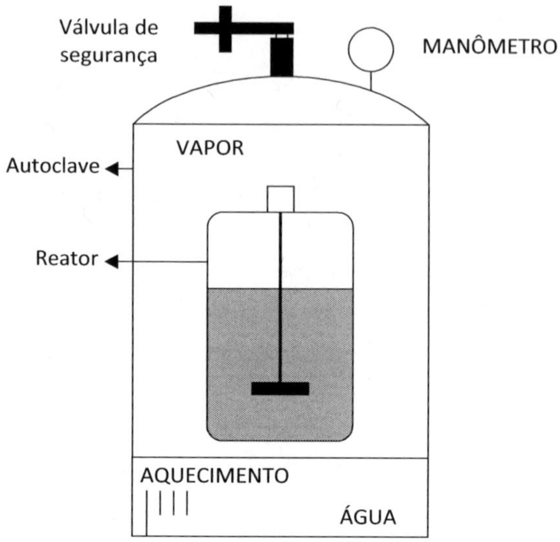

Figura 3.3 Esterilização de biorreator de pequeno volume em autoclave.

A operação é simples. Se o vapor é gerado internamente, a primeira providência é completar o nível de água até a marca indicada pelo fabricante. Em seguida, o material ou equipamento a ser esterilizado é colocado na autoclave e a porta é fechada. O vapor gerado ocupa todo o espaço interno e deve fluir para o exterior, por uma válvula de descarga, expulsando assim todo o ar contido na autoclave e nos materiais e equipamentos presentes. Após a expulsão do ar (10 a 20 minutos, em geral), a válvula de descarga é fechada e a temperatura interna é elevada até 121 °C. Itens comuns de laboratório devem ser esterilizados por 15 a 30 minutos. Reatores necessitam de um tempo de esterilização maior (40 a 60 minutos), já que a região central do vaso demora mais para atingir a temperatura de 121 °C. A Figura 3.4 apresenta a curva de aquecimento em autoclave de um reator com volume útil de 10 litros. O sensor de temperatura foi colocado próximo ao centro geométrico do reator. Pode-se notar que, cerca de 1 hora após o termômetro da autoclave indicar a temperatura de 121 °C, o centro do reator ainda não havia atingido essa temperatura.

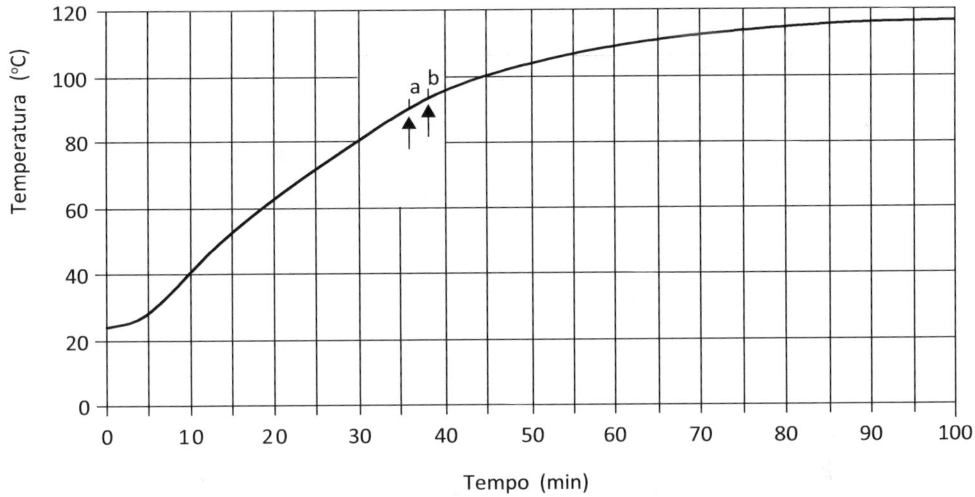

Figura 3.4 Variação da temperatura no centro de um biorreator com volume útil de 10 L sendo esterilizado em autoclave. O ponto "a" indica o momento em que o sensor de temperatura da autoclave marcava 121 °C. O ponto "b" indica o momento em que o controle automático de temperatura passou a ser acionado para manutenção da temperatura a 121 °C.

3.4.5.2 Esterilização de biorreator de grande volume

Biorreatores de grande volume, usualmente acima de 10 L, são esterilizados por circulação de vapor saturado no local de instalação do equipamento, a denominada esterilização *in place*. A Figura 3.5 apresenta uma visão esquemática de um biorreator que possui essa característica.

A entrada de ar (1) deve conter um filtro esterilizante adequado (2). Toda a linha, incluindo o filtro, deve ser esterilizada por vapor saturado (V). A linha de exaustão de gases também deve conter um filtro esterilizante adequado (4), que evite tanto a contaminação do reator por microrganismos do ambiente como a contaminação do ambiente por microrganismos e aerossóis originados no reator.

O sistema de agitação do líquido pode ser na parte superior ou na parte inferior do tanque. Dessa maneira, o selo que proporciona a vedação do orifício por onde penetra o eixo (5) deverá ser projetado para reter gases quando o selo é superior e para reter líquidos quando a colocação do eixo for efetuada pelo fundo do reator. Assim, o selo mecânico é um ponto bastante sensível do sistema. Em relação a esse item, maiores detalhes podem ser encontrados no Capítulo 17. As linhas de inoculação (6), amostragem (7) e esgotamento (9) devem também ser esterilizadas pela passagem de vapor saturado. A linha de amostragem deve ser esterilizada após cada retirada de amostra.

Um procedimento comum para esterilização descontínua desse reator é descrita a seguir: a) o reator recebe o meio de cultura e é submetido a uma baixa velocidade de rotação; b) aquece-se o meio pela serpentina ou camisa (8, 10) até cerca de 96-97 °C; c) simultaneamente ao item b, injeta-se vapor pelas linhas de entrada superior de ar

(11) e de inoculação (6), deixando o vapor fluir pela linha de exaustão (4) e, se possível, pela válvula de segurança (3); d) inicia-se a aplicação de vapor vivo ao tanque pela linha de entrada inferior de ar (12) e, se necessário, pelas linhas de esgotamento do tanque (9) e de amostragem (7); e) quando o meio de cultura atingir 100 °C, as válvulas de exaustão, de segurança, de entrada superior de ar (12) e de inoculação (6) são fechadas; f) quando a temperatura e a pressão internas atingirem os valores indicados para esterilização (em geral, 121 °C e 1 atm), as válvulas de entrada inferior (12), de esgotamento do tanque (9) e de amostragem (7) devem ser fechadas; g) em seguida, mantém-se a pressão e a temperatura de esterilização pelo tempo necessário por meio da aplicação de calor pela serpentina ou camisa do tanque; h) atingido o tempo necessário de esterilização, inicia-se o resfriamento do sistema pela circulação de água fria na serpentina ou camisa do reator; i) quando a temperatura do meio de cultura atingir 100 °C, inicia-se a pressurização do tanque com ar estéril (1, 11), o suficiente para evitar formação de vácuo no reator; j) quando a temperatura atingir cerca de 85 °C, abre-se a válvula de exaustão de gases (4) e procede-se ao esfriamento do tanque até a temperatura desejada.

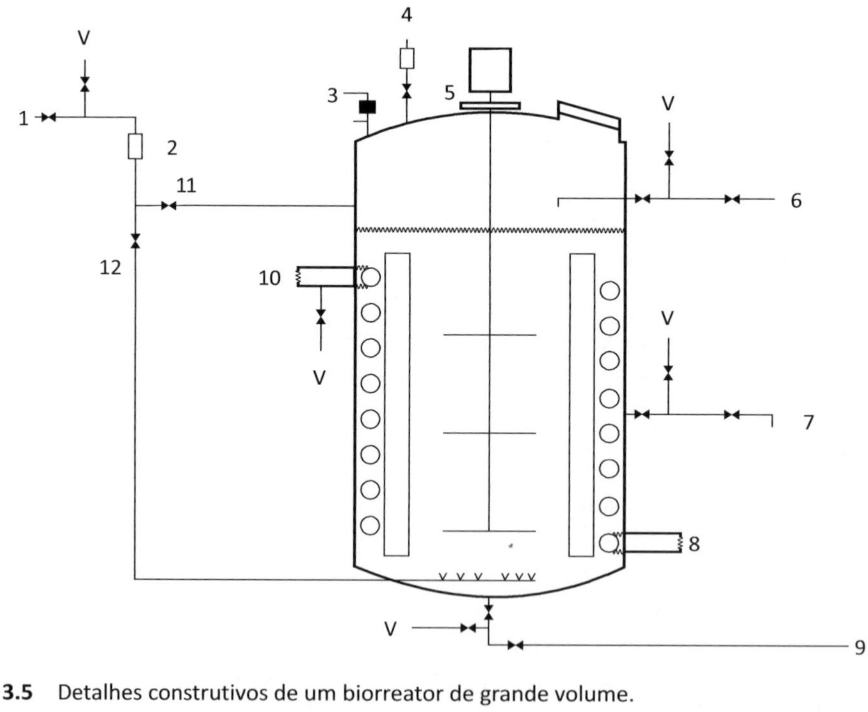

Figura 3.5 Detalhes construtivos de um biorreator de grande volume.

A manutenção periódica do reator deve incluir a limpeza e a eventual substituição de todas as válvulas que tenham contato direto com fluidos, vapor, água, ar e meio de cultura. Outros pontos sensíveis são o sistema de selagem do eixo do agitador e as soldas e as conexões do reator. Pequenos vazamentos em válvulas, selos, conexões e soldas podem ser detectados fechando-se todas as saídas do reator e pressurizando com ar até cerca de 1 atm. Fecha-se, então, a entrada de ar e verifica-se se a pressão é mantida por um longo período, usualmente 12 a 24 horas. A perda de pressão no tanque pode ser indicação de vazamentos, que devem ser buscados e corrigidos. Vazamentos na serpentina ou camisa podem ser detectados secando-se totalmente o reator e circulando-se água sob pressão no sistema de aquecimento/resfriamento por um período longo, até cerca de 24 horas. Se houver vazamento, aparecerá água no interior do reator. A injeção direta de vapor pode, em alguns casos, provocar a formação de espuma em grande quantidade no reator. Se o problema for crítico, a esterilização deve ser levada a cabo apenas por meio da camisa ou serpentina.

Equipamentos mais sofisticados, completamente automatizados, trazem incorporada a função de esterilização em seu *software* de controle. Nesse caso, para proceder à operação de esterilização, basta um comando do operador num painel ou em um microcomputador de controle. Em geral, pode-se escolher o tempo e a temperatura de esterilização. Esses equipamentos são disponíveis em qualquer capacidade, desde os biorreatores de bancada até os industriais.

O tempo de esterilização é função das condições do próprio reator e do processo. Se um reator é usado sempre com o mesmo microrganismo, e se ele estiver em bom estado (perfeitamente limpo, sem fissuras, sem vazamentos em válvulas ou conexões de sensores), 20 a 40 minutos a 121 °C e 1 atm devem ser suficientes para sua esterilização. Se for um reator multipropósito, utilizado com bactérias ou fungos formadores de esporos resistentes ao calor, ele deve passar por assepsia química antes da esterilização por vapor. Nesse caso, a manutenção a 121 °C e 1 atm deve se estender por um tempo que pode ser maior que 60 minutos, desde que não prejudique o meio de cultura.

Uma etapa crítica da esterilização *in place* é o tempo de aquecimento do meio de cultura dentro do biorreator desde a temperatura ambiente até atingir 96-97 °C, quando o processo de aquecimento é efetivado por circulação de vapor na serpentina ou camisa do tanque de fermentação. Como exemplo típico do problema, a Figura 3.6 apresenta curvas de aquecimento do meio de cultura em reatores de volume útil de 200 L e de 2.000 L. O tanque de 200 L possui 6,5 m^2 de área de troca térmica por m^3 de meio de cultura. O tanque de 2.000 L, 1,8 m^2 de área por m^3 de meio de cultura. Nesse caso, uma relação maior de área de troca térmica por volume de meio de cultura favoreceu o rápido aquecimento para o tanque de 200 L de volume útil.

Para tanques industriais de volumes muito grandes, é obvio que esse problema se acentua, uma vez que a relação área de troca/volume de meio de cultura é muito baixa. Na prática, o que se faz nessa situação é a esterilização desses biorreatores com um pequeno volume de meio de cultura (ou de água) com a finalidade de esterilizar o próprio equipamento e suas linhas periféricas, como descrito anteriormente. O meio de cultura é esterilizado separadamente, por exemplo, em esterilizadores contínuos (vide Capítulo 4). Em seguida, o meio de cultura estéril é transferido para os reatores já esterilizados. Ajustam-se as condições operacionais do bioprocesso e procede-se à inoculação do microrganismo apropriado no meio de cultura, dando-se início à corrida.

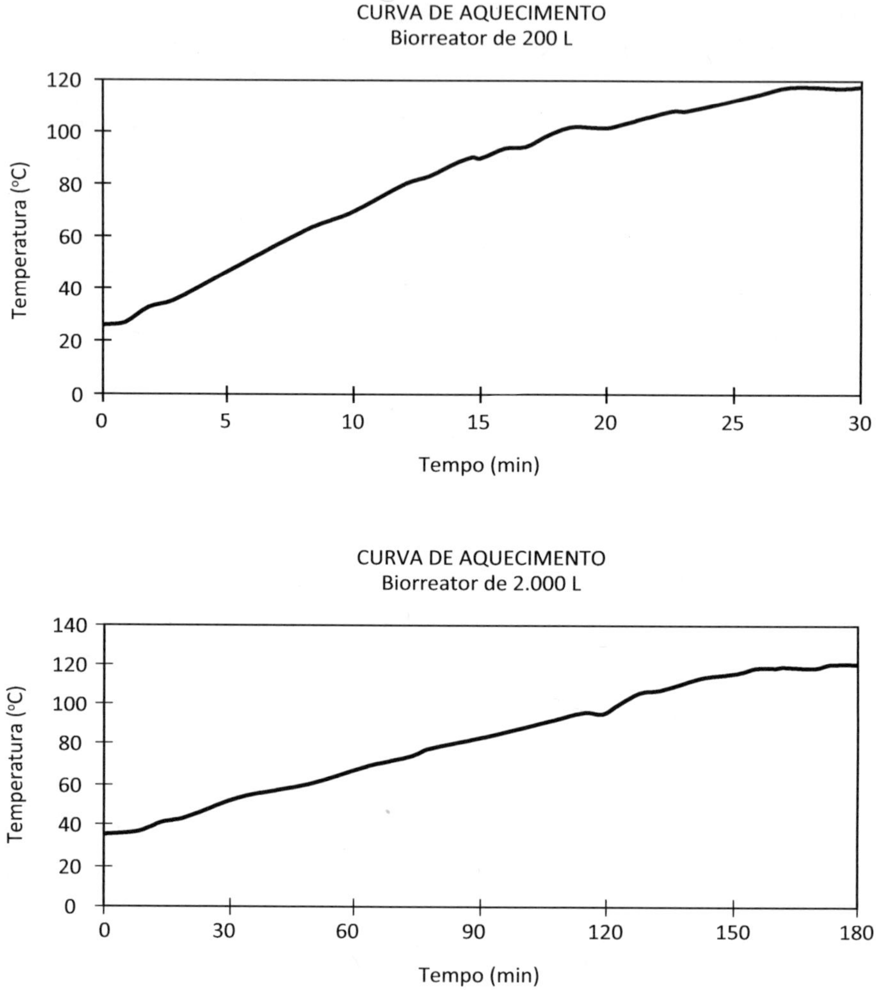

Figura 3.6 Curvas típicas de aquecimento para biorreatores de volumes de 200 L e de 2.000 L.

3.5 SISTEMAS DE BIOPROCESSAMENTO DE DESCARTÁVEIS (*DISPOSABLE BIOPROCESSING SYSTEMS*)

Embora os métodos químicos e físicos descritos tenham sido por longo tempo os mais utilizados na indústria biotecnológica, o uso de sistemas descartáveis tem recentemente sido proposto como alternativa. Trata-se de itens de bioprocessamento de uso único, comercializados em grau de esterilidade e ausência de contaminantes químicos e biológicos compatíveis com bioprodutos principalmente farmacêuticos. Com o advento do uso de tecnologias de DNA recombinante, aplicadas principalmente nesse setor, os requisitos de controle de qualidade durante os bioprocessos e do produto final têm aumentado bastante. Com efeito, para atender a essa demanda, a oferta de sistemas comerciais tem acontecido principalmente na última década e encontrado uso nesse tipo de indústria.

Dessa maneira, um grande número de aparatos de uso único, que vão desde microfiltros e ultrafiltros para obtenção dos mais diversos graus de água usados na indústria farmacêutica – um item extremamente oneroso –, passando por *disposable bioreactors* (biorreatores de uso único) até itens relativos à purificação de bioprodutos, como os sistemas de cromatografia líquida, tem sido proposto e usado com menor ou maior grau de adesão pelos fabricantes. Maiores informações podem ser encontradas em literatura especializada (NIAZI, 2012), bem como no Capítulo 17 deste volume.

REFERÊNCIAS

ANVISA. Resolução – RDC n. 14, de 28 de fevereiro de 2007. Aprova o regulamento técnico para produtos saneantes com ação antimicrobiana, harmozinado no âmbito do Mercosul, e dá outras providências. *Diário Oficial da União*, Brasília, DF, 5 mar. 2007.

ANVISA. Resolução – RDC n. 35, de 16 de agosto de 2010. Dispõe sobre o Regulamento Técnico para produtos com ação antimicrobiana utilizados em artigos críticos e semicríticos. *Diário Oficial da União*, Brasília, DF, 18 ago. 2010.

ASENJO, J. A.; MERCHUCK, J. C. *Bioreactor system design*. New York: Marcel Dekker Inc., 1995.

BAILEY, J. E.; OLLIS, D. F. *Biochemical engineering fundamentals*. 2. ed. New York: McGraw-Hill Book, 1986.

BITTENCOURT, J. A. *Fundamentals of plasma physics*. 3. ed. New York: Springer-Verlag, 2004.

BLOCK, S. S. *Disinfection, sterilization, and preservation*. 5. ed. Philadelphia: LWW, 2000.

FRAISE, A. P.; LAMBERT, P. A.; MAILLARD, J. Y. *Principles and practice of disinfection, preservation and sterilization*. 4. ed. Malden: Blackwell Pub., 2004.

HELOU C. et al. Microorganisms and Maillard reaction products: a review of the literature and recent findings. *Amino Acids*, v. 46, p. 267-277, 2014.

NIAZI, S. K. *Disposable bioprocessing systems*. Boca Raton: CRC Press, 2012.

RUTALA, W. A.; WEBER, D. J. *Guideline for disinfection and sterilization in healthcare facilities*. USA: Center for Disease Control and Protection, 2008.

RUTALA, W. A.; WEBER, D. J. Disinfection, sterilization, and antisepsis: an overview. *American Journal of Infection Control*, v. 44, p. e1-e6, 2016.

SCRAGG, A. H. *Bioreactors in biotechnology*. A practical approach. New York: Ellis Horwood, 1991.

CAPÍTULO 4

Esterilização de meios de fermentação por aquecimento com vapor

Walter Borzani

4.1 INTRODUÇÃO

Em muitos processos fermentativos, a presença de microrganismos estranhos (e, às vezes, de vírus) denominados, genericamente, "contaminantes" pode levar a prejuízos consideráveis. No caso da produção de penicilina, por exemplo, os contaminantes podem produzir penicilinase, enzima que decompõe a penicilina, resultando em meios fermentados com concentração baixa ou mesmo nula do antibiótico. Outro exemplo que merece citação é o da fermentação acetona-butanólica, cuja bactéria responsável pode ser rapidamente destruída por vírus bacteriófagos, paralisando completamente a fermentação.

Outras vezes os contaminantes afetam negativamente o processo, principalmente pelo fato de consumirem nutrientes do meio, competindo assim com os microrganismos responsáveis pela fermentação desejada. É o que acontece, por exemplo, na produção de enzimas, vitaminas, antibióticos, etanol etc.

Há, porém, casos em que a presença de contaminantes pouco ou nada interfere no processo. Assim, por exemplo, na fermentação lática de hortaliças, no tratamento biológico de resíduos, na produção de vinagres e na lixiviação bacteriana de minérios, a boa marcha do processo é assegurada pelas próprias condições de trabalho, sendo dispensável eliminar eventuais contaminantes.

Entre os dois casos extremos, isto é, os processos em que a presença de contaminantes compromete seriamente o resultado e aqueles em que os contaminantes praticamente não interferem no bom andamento da fermentação, há um grande número de situações intermediárias. Assim, o grau de eliminação de contaminantes com o objetivo de obter bons resultados depende de cada caso. Informações pormenorizadas a respeito desse assunto serão fornecidas, quando necessário, no Volume 3 desta coleção, ao se estudarem vários processos fermentativos industriais.

Não podemos deixar de lembrar que, às vezes, a operação de eliminação total de contaminantes pode inviabilizar economicamente o processo, como é o caso da fermentação para produção de etanol a partir de caldo de cana-de-açúcar.

No presente capítulo, examinaremos apenas os processos de destruição de contaminantes por aquecimento com vapor, também chamados de "esterilização por calor úmido".

4.2 DESCRIÇÃO SUMÁRIA DOS PROCESSOS DE ESTERILIZAÇÃO POR CALOR ÚMIDO

Consideraremos aqui apenas os dois processos mais importantes de esterilização de meios em escala industrial, utilizando-se vapor como fluido de aquecimento: o descontínuo (também chamado de processo de batelada) e o contínuo.

No processo descontínuo, o meio é quase sempre colocado no fermentador e, a seguir, aquecido com vapor. Nessas condições, esterilizam-se simultaneamente o meio e o fermentador. O aquecimento do sistema pode ser efetuado quer borbulhando-se diretamente vapor no meio (é o chamado aquecimento com "vapor direto"), quer passando-se vapor por uma serpentina mergulhada no meio ou por uma camisa que envolve o fermentador (é o aquecimento com "vapor indireto"). Em qualquer dos casos, o meio é agitado mecanicamente, a fim de assegurar, tanto quanto possível, a mesma temperatura em todos os pontos do sistema. O aquecimento com vapor direto acarreta, obviamente, diluição do meio (da ordem de 10% a 15%), como consequência da condensação do vapor injetado.

Na esterilização descontínua distinguem-se nitidamente três fases (ver Figuras 4.1, 4.9 e 4.10):

a) *aquecimento*, que eleva a temperatura inicial do meio (sempre próxima da temperatura de preparo do meio) até a temperatura de esterilização (geralmente da ordem de 120 °C);

b) *esterilização*, na qual a temperatura é mantida aproximadamente constante durante um intervalo de tempo adequado, chamado de *tempo de esterilização*;

c) *resfriamento*, quando, com auxílio de água fria passando pela serpentina ou pela camisa, a temperatura é reduzida até se atingir a temperatura de fermentação.

A rigor, a destruição térmica dos microrganismos não se dá apenas na fase chamada de "esterilização". No aquecimento, e também durante o resfriamento, enquanto a temperatura for superior à denominada "temperatura mínima letal" (da ordem de 80 °C a 100 °C), também há destruição de microrganismos (ver Figura 4.1). Voltaremos a examinar esse assunto mais adiante.

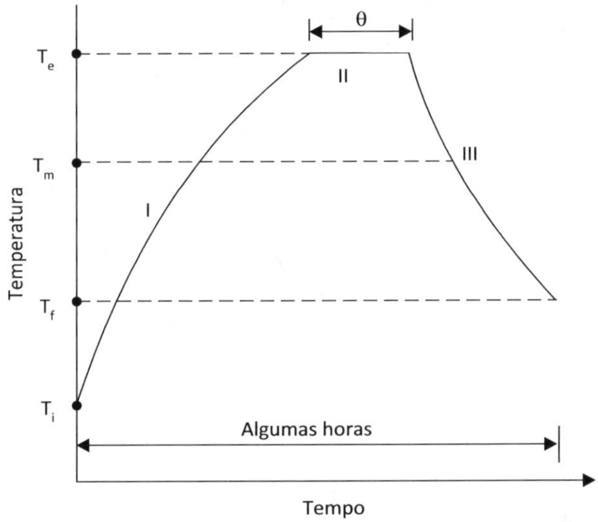

Figura 4.1 Representação esquemática da variação de temperatura do meio durante sua esterilização por processo descontínuo. I: aquecimento; II: esterilização; III: resfriamento; T_e: temperatura de esterilização; T_i: temperatura inicial; T_f: temperatura final do meio esterilizado = temperatura de fermentação; T_m: temperatura mínima letal; θ: tempo de esterilização.

Se, por um lado, a esterilização descontínua apresenta a vantagem de esterilizar simultaneamente o meio e o fermentador, reduzindo assim os perigos de contaminação nas operações de transferência do meio para a dorna, por outro, ela apresenta algumas sérias desvantagens, a saber:

a) manutenção do meio em temperaturas relativamente altas (acima de 100 °C), por períodos bastantes longos (da ordem de algumas horas), favorecendo o desenvolvimento de reações químicas com possíveis alterações indesejáveis em sua composição (decomposição de nutrientes, por exemplo);

b) elevados consumos de vapor (no aquecimento) e de água (no resfriamento), consequência da eficiência relativamente baixa do sistema de troca de calor;

c) problemas de corrosão ocasionados pelo contato prolongado do fermentador com o meio aquecido;

d) tempo "não produtivo" relativamente elevado, uma vez que o fermentador é utilizado apenas como um tanque de esterilização durante o processo de destruição dos contaminantes.

Passemos agora ao exame da esterilização por processo contínuo, representada esquematicamente na Figura 4.2: o meio recentemente preparado é enviado pela bomba B ao trocador de calor TC 1 (de tubos, ou de placas), onde atua como fluido de resfriamento do meio já esterilizado e ainda quente; desse trocador de calor, o meio, agora preaquecido, mistura-se com vapor enviado ao injetor I, onde a temperatura sobe quase instantaneamente, até alcançar a temperatura de esterilização; a essa temperatura praticamente constante, o meio percorre o tubo de retenção ou de espera TE (quase sempre termicamente isolado), dimensionado de modo que o tempo de residência do meio no tubo seja igual ao tempo de esterilização; o meio já esterilizado, mas ainda a uma temperatura muito alta, passa pela válvula de redução de pressão V e vai, em seguida, ao trocador de calor TC 1 já citado; desse último, o meio esterilizado é encaminhado a um segundo trocador de calor (TC 2), onde sua temperatura é reduzida até alcançar o valor desejado (o fluido de resfriamento no trocador TC 2 é água fria). Tratando-se, pelo que foi descrito, de aquecimento com vapor direto, haverá diluição do meio, da ordem de 10% a 15%. O mosto esterilizado, e já na temperatura de fermentação, é então enviado ao fermentador.

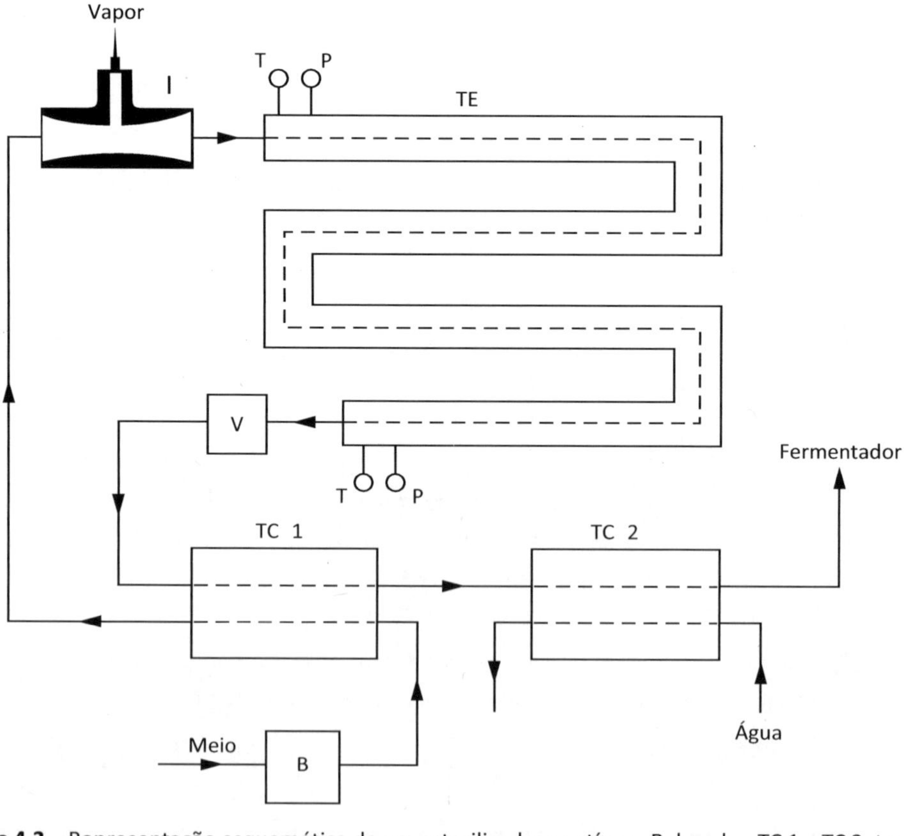

Figura 4.2 Representação esquemática de um esterilizador contínuo. B: bomba; TC 1 e TC 2: trocadores de calor; I: injetor de vapor; T: termômetro; P: manômetro; TE: tubo de retenção ou de espera; V: válvula de redução de pressão.

A Figura 4.3 mostra, esquematicamente, a variação da temperatura do meio durante a esterilização contínua. Nesse caso, a destruição de microrganismos durante o aquecimento e o resfriamento pode ser desprezada.

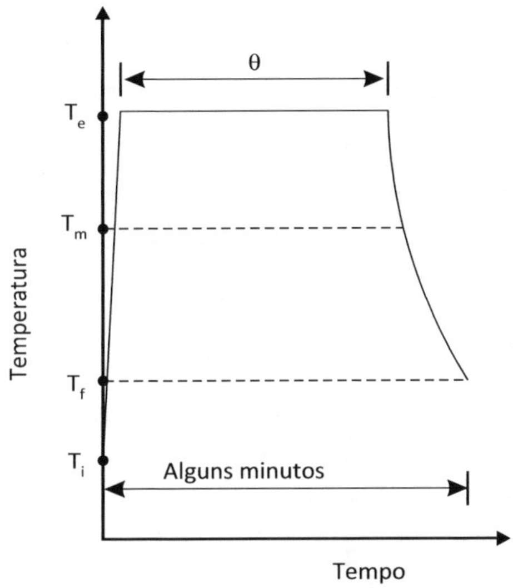

Figura 4.3 Representação esquemática da variação de temperatura do meio durante sua esterilização por processo contínuo. T_i: temperatura inicial; T_f: temperatura final do meio esterilizado = temperatura de fermentação; T_e: temperatura de esterilização; T_m: temperatura mínima letal; θ: tempo de esterilização.

Na esterilização contínua, o aquecimento do meio até a temperatura de esterilização também pode ser efetuado com vapor indireto, substituindo-se o injetor de vapor I (Figura 4.2) por um trocador de calor. Nesse caso, não haverá diluição do meio.

A Figura 4.4 representa, de maneira esquemática, um tubo de espera. Um tubo como esse, desde que adequadamente projetado (o número de ramos em U deve ser sempre maior que o necessário, para assegurar a esterilização do meio), permite, por um lado, a execução de eventuais reparos sem interromper o processo e, por outro, a alteração, dentro de certos limites, do tempo de permanência do meio na temperatura de esterilização sem variar a vazão.

Seguem alguns valores numéricos relativos às condições de operação dos esterilizadores contínuos:

a) vapor de aquecimento: vapor saturado com pressão de 6,8 atm a 8,5 atm;

b) bomba de recalque do mosto não esterilizado: podem ser utilizadas bombas centrífugas, rotativas ou de pistão;

c) diâmetro do tubo de espera: 4 a 12 polegadas (10 cm a 30 cm, aproximadamente);

d) tempo de enchimento do fermentador: não superior a 8 horas;

e) velocidade do meio no tubo de espera: 3 cm/s a 60 cm/s, sendo mais utilizado o intervalo de 6 cm/s a 12 cm/s;

f) número de Reynolds no tubo de espera: 36.000 a 80.000;

g) temperatura de esterilização: 130 °C a 165 °C.

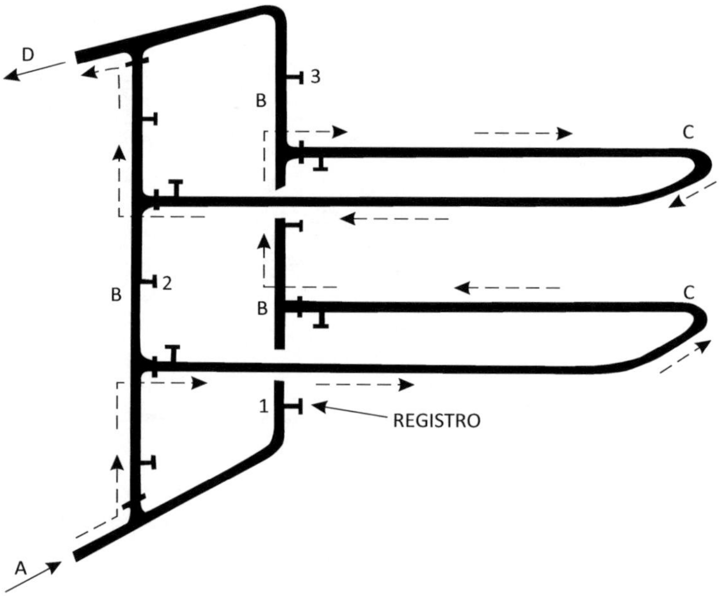

Figura 4.4 Representação esquemática de um tubo de espera. A: meio à temperatura de esterilização; B: tubos verticais; C: tubos em U dispostos em planos horizontais; D: meio esterilizado. As setas indicam o percurso do meio no tubo de espera com os registros 1, 2 e 3 fechados.

Para se colocar em funcionamento um aparelho de esterilização contínua, procede-se do seguinte modo: primeiro, injeta-se em todo o sistema, incluindo o fermentador, vapor a 1 atm (aproximadamente 121 °C) durante 2 horas; a seguir, injeta-se ar esterilizado no fermentador de modo a nele se ter uma sobrepressão de 0,3 atm; então, regulam-se as condições de trabalho utilizando água em vez de mosto; quando as condições estiverem ajustadas, começa-se a bombear o meio a ser esterilizado; uma vez eliminada toda a água existente no aparelho, abre-se o registro para o fermentador, que é então carregado com meio esterilizado.

O processo contínuo de esterilização apresenta, em relação ao descontínuo, algumas vantagens, a saber:

a) Por se trabalhar a temperaturas mais elevadas, e também por serem muito rápidas as operações de aquecimento e resfriamento do mosto, o tempo de permanência do meio em alta temperatura é relativamente pequeno (da ordem de 5 a 15 minutos), o que acarreta menor destruição de nutrientes (como veremos mais adiante); como consequência desse fato, a prática tem mostrado, em vários casos, que a fermentação de um meio esterilizado por processo contínuo apresenta rendimento substancialmente maior que o obtido na fermentação do meio esterilizado por processo descontínuo (cinco a seis vezes maior na produção de riboflavina, e cerca de dez vezes maior na produção de vitamina B12, por exemplo).

b) Por suas dimensões relativamente pequenas, o tubo de espera pode ser construído com ligas especiais, evitando a contaminação metálica (muitas vezes prejudicial à fermentação) do mosto, que poderia resultar do ataque da parede do tubo pelo meio.

c) Quando o meio apresenta densidade ou viscosidade relativamente alta, como no caso de mostos de cereais, o processo contínuo dispensa os motores de potência elevada que seriam necessários para o acionamento dos agitadores no processo descontínuo de esterilização.

d) Economia de vapor e de água de resfriamento em relação ao processo descontínuo, desde que os trocadores de calor e o isolamento térmico da tubulação sejam adequadamente dimensionados.

e) Os esterilizadores contínuos podem ser também utilizados nos processos de cozimento e sacarificação de matérias-primas amiláceas.

É importante, contudo, lembrar que as viabilidades técnica e econômica do processo contínuo dependem das dimensões e do regime de trabalho dos fermentadores da instalação industrial.

4.3 CINÉTICA DA DESTRUIÇÃO TÉRMICA DE MICRORGANISMOS

A velocidade de destruição de microrganismos presentes em um dado meio pelo "calor úmido" depende de vários fatores, a saber:

a) do microrganismo (gênero, espécie, linhagem, idade da cultura, existência ou não de esporos);

b) do meio (composição, pH, presença de sólidos em suspensão);

c) da temperatura.

Imaginemos um experimento em que um determinado microrganismo, em suspensão em um dado meio, é mantido a uma temperatura constante e superior à temperatura mínima letal. Se durante o ensaio determinarmos o número de microrganismos vivos existentes no sistema, como a temperatura é superior à mínima letal, esse número será uma função descrescente do tempo. A experiência mostra que, com boa aproximação, os resultados podem ser representados como indica a Figura 4.5.

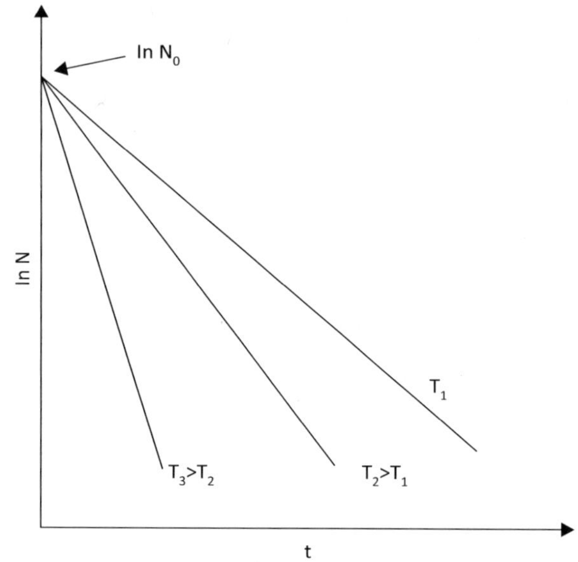

Figura 4.5 Representação esquemática da variação do número de microrganismos vivos (N) após um tempo *t* de manutenção do meio a uma temperatura letal constante *T*.N_0 = número de microrganismos vivos no instante *t* = 0. ln: logaritmo neperiano.

Isso nos mostra que, do ponto de vista cinético, a destruição do microrganismo se comporta como se fosse uma reação de primeira ordem, isto é:

$$\frac{dN}{dt} = -k.N \tag{4.1}$$

sendo *N* o número de microrganismos vivos existentes no meio após um tempo *t* de aquecimento do sistema a uma dada temperatura constante. A constante *k* é denominada constante de velocidade de destruição térmica do microrganismo e seu valor depende dos fatores citados no início deste item. Para um *dado* microrganismo em um *dado* meio, *k* dependerá apenas da temperatura.

Sendo N_0 o número de microrganismos vivos no instante $t = 0$, a Equação (4.1) nos dá:

$$\ln N = \ln N_0 - k.t \tag{4.2}$$

o que nos permite, a partir de valores experimentais resultantes de medidas de *N* para diferentes valores de *t*, calcular a constante *k* do microrganismo em estudo, no meio considerado, na temperatura ensaiada.

A título de exemplo, consideremos os valores da Tabela 4.1, obtidos de experimentos realizados com esporos de *Bacillus stearothermophilus* suspensos em solução tampão de pH = 7,0, à temperatura de 105 °C.

Tabela 4.1 Destruição térmica de esporos de *Bacillus stearothermophilus* a 105 °C

t (minutos)	*N*
25	$8,5 \cdot 10^4$
50	$3,5 \cdot 10^4$
100	$6,0 \cdot 10^3$
200	$2,0 \cdot 10^2$
250	40

A partir dos valores da Tabela 4.1, por regressão linear obtemos (ver Figura 4.6), no intervalo de 25 a 250 minutos:

$$\ln N = 12{,}1626 - 0{,}0341.t$$
$$(r = -0{,}9998)$$

sendo r o coeficiente de correlação. Nesse caso, o valor de k é 0,0341 min^{-1}.

Se o experimento tivesse sido realizado não a 105 °C, mas a 121 °C, valores de k próximos de 3 min^{-1} poderiam ser obtidos, dependendo da variedade do *Bacillus stearothermophilus* utilizada (ver Figura 4.8). A influência da temperatura no valor de k será considerada mais adiante.

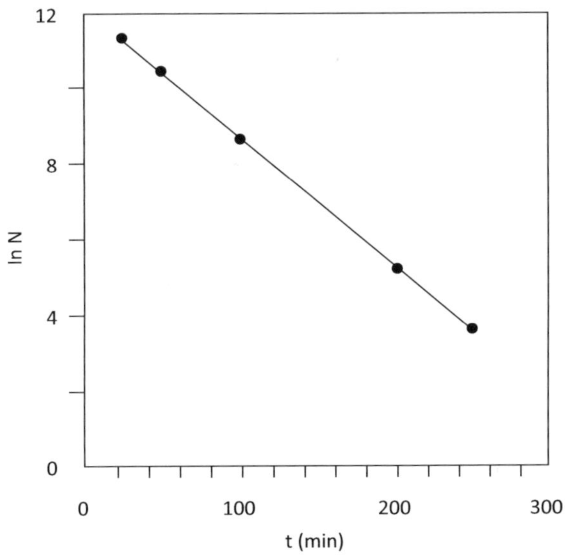

Figura 4.6 Representação gráfica dos resultados da Tabela 4.1.

Mostra a experiência que os esporos são bastante mais resistentes à destruição térmica que as células vegetativas. Além disso, observa-se que não há, nesse caso, obediência à Equação (4.2) no intervalo de tempo inicial de exposição da suspensão de esporos à temperatura considerada, como indica a Figura 4.7. Não cabe neste livro o exame desse problema. Considerando-se, porém, que a destruição térmica de esporos é, na prática, sempre realizada em temperaturas elevadas (pelo menos 120 °C), e considerando-se que, nessas temperaturas, o desvio da curva experimental em relação à Equação (4.2) é geralmente pequeno, pode-se, para fins de cálculos de interesse industrial, considerar aplicável a Equação (4.2).

No estudo da destruição térmica de microrganismos, costuma-se definir também outro parâmetro: o tempo de redução decimal, indicado por *D*. É o tempo necessário para reduzir o número de microrganismos a 1/10 do valor inicial (em outras palavras, para destruir 90% dos microrganismos vivos existentes). Se na Equação (4.2) fizermos $N = 0{,}1 - N_0$, teremos, de acordo com a definição de tempo de redução decimal, $t = D$. Logo:

$$\ln\left(0{,}1.N_0\right) = \ln N_0 - k.D$$

e, portanto:

$$D = \frac{2{,}303}{k} \qquad (4.3)$$

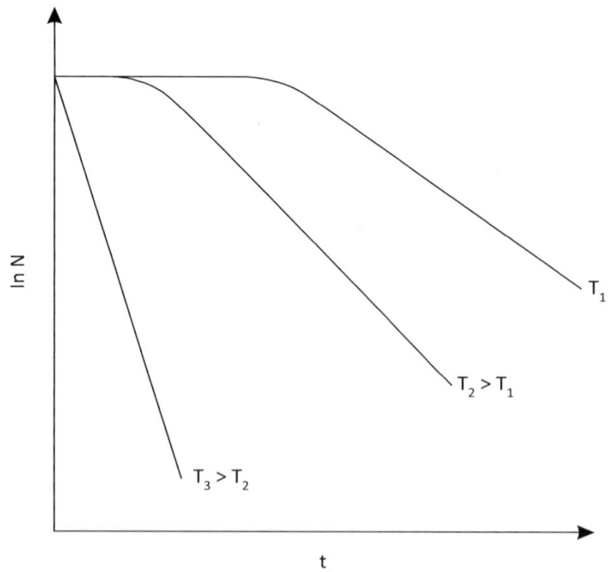

Figura 4.7 Representação esquemática de curvas de destruição térmica de esporos a diferentes temperaturas (T_1, T_2 e T_3).

No exemplo indicado na Tabela 4.1, teremos:

$D = 67{,}5$ min

isto é, à temperatura de 105 °C, 90% dos microrganismos presentes no meio considerado serão destruídos em 67,5 min. A Equação (4.3) mostra, ainda, que os fatores que afetam o valor de k afetam também D.

Uma vez fixados o microrganismo e o meio, vejamos de que maneira a temperatura afeta o valor de k. Duas equações foram propostas com o objetivo de correlacionar k e a temperatura, a saber:

a) Equação de Arrhenius

$$k = A.\exp\left(-\alpha/RT\right) \tag{4.4}$$

em que A é uma constante empírica, R é a constante universal dos gases perfeitos, T é a temperatura absoluta e α é a denominada energia aparente de ativação de destruição térmica do microrganismo (ou simplesmente energia de ativação de destruição do microrganismo).

b) Equação de Bigelow

$$k = A'.\exp\left(\beta.T'\right) \tag{4.5}$$

em que A' e β são constantes empíricas e T' é a temperatura medida em °C ou em °F.

As Equações (4.4) e (4.5) conduzem, respectivamente, a:

$$\ln k = \ln A - \frac{\alpha}{R} \cdot \frac{1}{T} \tag{4.6}$$

$$\ln k = \ln A' + \beta.T' \tag{4.7}$$

Conhecendo-se os valores de k para diferentes temperaturas, as Equações (4.6) e (4.7) permitem calcular, por regressão linear, os valores das constantes nelas indicadas. Em particular, a Equação (4.6) nos dará o valor da energia de ativação α.

A Figura 4.8 mostra a influência da temperatura no valor da constante de velocidade de destruição térmica de esporos de *Bacillus stearothermophilus*. Observa-se a obediência à Equação (4.4). Neste exemplo, os valores experimentais representados na Figura 4.8 conduzem a um valor de α igual a 68,7 kcal/mol. Para muitos microrganismos encontram-se valores de α entre 65 kcal/mol e 85 kcal/mol.

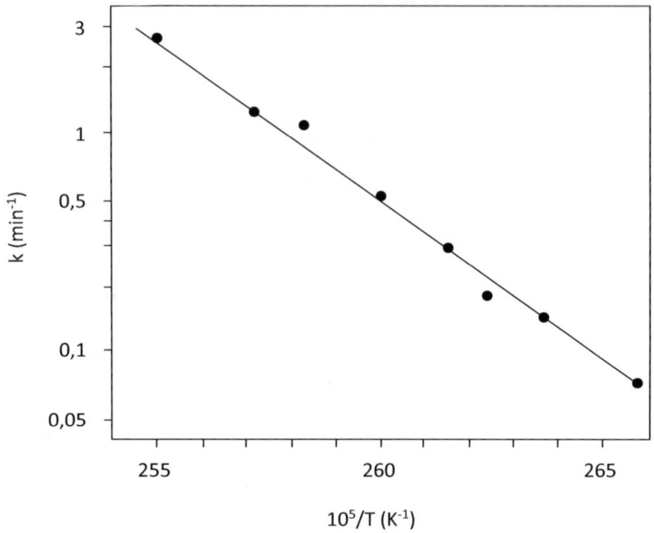

Figura 4.8 Influência da temperatura (T) na constante de velocidade de destruição térmica (k) de esporos de *Bacillus stearothermophilus*.

Se aplicarmos as equações de Arrhenius e de Bigelow a um mesmo microrganismo, no mesmo meio e à mesma temperatura, teremos:

$$A.\exp\left(-\alpha/RT\right) = A'.\exp\left(\beta.T'\right)$$

Logo:

$$T' = \frac{1}{\beta}\cdot\ln\frac{A}{A'} - \frac{\alpha}{\beta.R}\cdot\frac{1}{T} \qquad (4.8)$$

Lembrando que A, A', α, β e R são constantes, a Equação (4.8) nos diz que T' varia linearmente com $1/T$, o que é um absurdo, uma vez que T' (expressa em °C) é igual a $T - 273$. Acontece, porém, que a Equação (4.8) permite, com boa aproximação, calcular T' em função de T, desde que não se considerem intervalos de temperatura muito amplos. Assim, por exemplo, no intervalo de 100 °C a 160 °C, a seguinte equação pode ser obtida por regressão linear:

$$T' = 532{,}9 - 1{,}620\left(10^5/T\right) \qquad (4.9)$$
$$\left(r = -0{,}9992\right)$$

em que T' é a temperatura em °C, T é a temperatura absoluta e r é o coeficiente de correlação.

Se considerarmos apenas o intervalo de 120 °C a 160 °C, que, do ponto de vista de aplicações práticas, é o mais importante, teremos:

$$T' = 552{,}4 - 1{,}701\left(10^5/T\right) \quad (r = -0{,}9995) \tag{4.10}$$

A Tabela 4.2 mostra, para vários valores de T, os valores de T' calculados por $T - 273$ e pelas Equações (4.9) e (4.10).

Tabela 4.2 Aplicação das Equações (4.9) e (4.10)

T (K)	T' (°C)		
	$T - 273$	Eq. (4.9)	Eq. (4.10)
373	100	98,6	–
383	110	109,9	–
393	120	120,7	119,6
403	130	130,9	130,3
413	140	140,6	140,5
423	150	149,9	150,3
433	160	158,8	159,6

Explica-se, portanto, levando-se em conta os erros experimentais que afetam os valores de k (principalmente os inerentes às medidas dos números de células vivas), a possibilidade de correlacionar k com a temperatura, tanto pela Equação (4.4) quanto pela (4.5).

4.4 DESTRUIÇÃO DE NUTRIENTES DO MEIO COMO CONSEQUÊNCIA DA ESTERILIZAÇÃO

O aquecimento de um meio com o objetivo de destruir microrganismos nele existentes acarreta, simultaneamente, alterações em sua composição. Reações indesejáveis (por exemplo, decomposição de vitaminas e reações entre glicose e aminoácidos), cujas velocidades aumentam com a temperatura, podem prejudicar a posterior atividade dos microrganismos da fermentação, conduzindo a rendimentos ou produtividades menores que os esperados.

A temperatura escolhida para a esterilização do meio desempenha, nesse particular, papel relevante. A experiência mostra que, quanto mais elevada for a temperatura escolhida para se conseguir a destruição de uma dada quantidade de microrganismos do meio, menor será a destruição de nutrientes existentes nesse meio e, consequentemente, melhores serão os resultados obtidos na fermentação posterior. Isso é uma consequência do fato de ser a energia de ativação da destruição térmica dos microrganismos (65 kcal/mol a 85 kcal/mol) maior que a da destruição térmica de nutrientes. A Tabela 4.3 mostra valores da energia de ativação de destruição térmica de alguns nutrientes.

Tabela 4.3 Energia de ativação de destruição térmica de alguns nutrientes

Substância	Energia de ativação (kcal/mol)
Vitamina C	23,1
Ácido fólico	16,8
Vitamina B12	23,1
Vitamina A	14,6
Vitamina B1	26,0

Por sua importância prática, tanto na esterilização de meios de fermentação como na esterilização de alimentos, essa afirmativa deve ser demonstrada.

Consideremos um dado volume de meio contendo N_0 microrganismos vivos, número este que deve ser reduzido a $N_f < N_0$. Seja S_0 a concentração de um nutriente termolábil no meio antes do tratamento térmico. Suponhamos que esse tratamento térmico seja realizado a duas temperaturas constantes T_1 e T_2, com $T_2 > T_1$. Sejam:

t_1 = tempo para reduzir o número de microrganismos vivos de N_0 a N_f quando a temperatura é T_1;

t_2 = tempo para reduzir o número de microrganismos vivos de N_0 a N_f quando a temperatura é T_2;

k_1 = constante de velocidade de destruição dos microrganismos à temperatura T_1;

k_2 = constante de velocidade de destruição dos microrganismos à temperatura T_2;

α = energia de ativação de destruição dos microrganismos;

S_1 = concentração final do nutriente após o tratamento do meio à temperatura T_1;

S_2 = concentração final do nutriente após o tratamento do meio à temperatura T_2;

k_1' = constante de velocidade de destruição do nutriente à temperatura T_1;

k_2' = constante de velocidade de destruição do nutriente à temperatura T_2;

α' = energia de ativação de destruição do nutriente.

A Equação (4.2) nos permite calcular t_1 e t_2:

$$t_1 = \frac{1}{k_1}.\ln\frac{N_0}{N_f}$$

$$t_2 = \frac{1}{k_2}.\ln\frac{N_0}{N_f}$$

Logo:

$$\frac{t_1}{t_2} = \frac{k_1}{k_2} \tag{4.11}$$

Mas, pela Equação (4.4), temos:

$$k_1 = A.\exp\left(-\alpha/R.T_1\right) \tag{4.12}$$

$$k_2 = A.\exp\left(-\alpha/R.T_2\right) \tag{4.13}$$

Substituindo-se, na Equação (4.11), os valores de k_1 e k_2 dados pelas Equações (4.12) e (4.13), teremos:

$$\frac{t_1}{t_2} = \exp\left(\frac{\alpha}{R}\cdot\frac{T_2 - T_1}{T_1.T_2}\right) \tag{4.14}$$

Vejamos, agora, o que aconteceu com a concentração do nutriente. Admitindo, apenas para simplificar a demonstração, que a destruição térmica do nutriente seja de primeira ordem, teremos:

$$t_1 = \frac{1}{k_1'}\cdot\ln\frac{S_0}{S_1}$$

$$t_2 = \frac{1}{k_2'}\cdot\ln\frac{S_0}{S_2}$$

$$\frac{t_1}{t_2} = \frac{k_2'}{k_1'}\cdot\frac{\ln\left(S_0/S_1\right)}{\ln\left(S_0/S_2\right)} \tag{4.15}$$

Pela equação de Arrhenius:

$$\frac{k_2}{k_1} = \exp\left(\frac{\alpha'}{R}\cdot\frac{T_2 - T_1}{T_1.T_2}\right)$$

Logo, a Equação (4.15) nos dá:

$$\frac{t_1}{t_2} = \ln\frac{(S_0/S_1)}{(S_0/S_2)} \cdot \exp\left(\frac{\alpha}{R} \cdot \frac{T_2 - T_1}{T_1 . T_2}\right) \tag{4.16}$$

As Equações (4.14) e (4.16) permitem, então, escrever:

$$\exp\left(\frac{\alpha}{R} \cdot \frac{T_2 - T_1}{T_1 . T_2}\right) = \ln\frac{(S_0/S_1)}{(S_0/S_2)} \cdot \exp\left(\frac{\alpha'}{R} \cdot \frac{T_2 - T_1}{T_1 . T_2}\right)$$

Lembrando que $\alpha > \alpha'$, teremos:

$$\ln\frac{(S_0/S_1)}{(S_0/S_2)} > 1 \qquad \therefore S_2 > S_1$$

Fica assim demonstrado que a concentração final do nutriente no tratamento térmico do meio, à temperatura T_2, é maior que a concentração final do nutriente no tratamento térmico do meio à temperatura $T_1 < T_2$, isto é, a destruição do nutriente é menor quando o meio é termicamente tratado a temperatura mais alta.

4.5 CONSIDERAÇÕES GERAIS A RESPEITO DO CÁLCULO DO TEMPO DE ESTERILIZAÇÃO

Já vimos que a Equação (4.2) nos dá:

$$t = \frac{1}{k} \cdot \ln\frac{N_0}{N} \tag{4.17}$$

expressão esta que nos permite, conhecido o valor de k, calcular o tempo necessário para reduzir o número de microrganismos vivos de N_0 até N. Contudo, a aplicação dessa equação a cálculos de tempos de esterilização não é tão simples como pode parecer à primeira vista.

O primeiro problema que se apresenta decorre do fato de que os meios de fermentação a esterilizar não possuem uma única espécie de microrganismo a ser destruída. Nos meios utilizados na prática encontramos microrganismos vivos pertencentes a diferentes gêneros e espécies, alguns esporulados e outros não, que devem ser eliminados para assegurar a inexistência de contaminantes na fermentação posterior. Lembrando que o valor de k depende do microrganismo, a aplicação da Equação (4.17) torna-se praticamente impossível. Contorna-se esse problema escolhendo-se um microrganismo de referência conhecido, altamente resistente ao calor, e admitindo-se que todos os microrganismos existentes no meio a ser esterilizado apresentam uma resistência à destruição térmica igual à do microrganismo de referência. É bastante frequente a escolha do *Bacillus stearothermophilus* esporulado como microrganismo de referência.

O segundo problema que surge ao tentarmos aplicar a Equação (4.17) a casos reais reside no fato de a constante de velocidade k depender também do meio e da temperatura. Uma vez escolhido o microrganismo de referência, é preciso, portanto, conhecer os valores de k desse microrganismo em suspensão no meio a ser esterilizado e a diversas temperaturas, o que pode, com frequência, implicar a realização de experimentos preliminares de determinação de k. Como primeira aproximação, quando não se conhecem valores de k, pode-se admitir $k \cong 1$ min^{-1} (a 121 °C) e $\alpha \cong 75$ kcal/mol.

O terceiro problema a ser considerado é consequente do fato de, nos meios a esterilizar, as células microbianas a serem destruídas poderem se encontrar na forma de aglomerados, ou ainda protegidas por partículas sólidas em suspensão no meio. Isso acarreta um verdadeiro aumento da resistência dos microrganismos à destruição térmica, aumento este de quantificação muito difícil.

Finalmente, outro problema na aplicação da Equação (4.17) ao cálculo do tempo de esterilização decorre da própria definição de esterilização. De fato, lembrando que essa operação tem por finalidade destruir *todos* os microrganismos vivos existentes no meio, o número final de microrganismos vivos deverá ser $N = 0$ e, nesse caso, a Equação (4.17) deixa de ser aplicável.

Esse último problema pode, porém, ser resolvido a partir da definição de *probabilidade de falha* de uma esterilização. Sendo:

E_t = número total de operações de esterilização realizadas nas mesmas condições;

E_f = número de operações de esterilização que falharam, isto é, que não conduziram a um meio esterilizado;

define-se a probabilidade de falha (P) dessa esterilização pela relação:

$$P = E_f - E_t \tag{4.18}$$

Multiplicando-se por 100 essa última fração, a probabilidade de falha será expressa em porcentagem.

Suponhamos, para facilitar a exposição, que uma dada esterilização apresente probabilidade de falha igual a 0,03 (ou 3%). Isso significa que, de 100 partidas de meio tratadas termicamente nas mesmas condições, serão obtidas, em média, 97 partidas esterilizadas e 3 partidas não esterilizadas. Se indicarmos por N_0 *o* número de microrganismos vivos em cada partida de meio a esterilizar, o número de microrganismos nas 100 partidas de meio a esterilizar será $100N_0$. Acontece, nesse caso, que 3 partidas não se encontravam esterilizadas após o tratamento térmico do meio. Se considerarmos que a condição necessária e suficiente para que falhe a esterilização de uma partida de meio é que nele exista, após o tratamento térmico, um microrganismo vivo, o número final de microrganismos vivos nas 100 partidas será, no mínimo, igual a 3 (um em cada partida em que a esterilização falhou). Aplicando-se a Equação (4.17) ao conjunto das 100 partidas, teremos:

$$t = \frac{1}{k} \cdot \ln \frac{100N_0}{3} = \frac{1}{k} \cdot \ln \frac{N_0}{0{,}03}$$

De um modo geral, sendo P a probabilidade de falha, podemos escrever:

$$t = \frac{1}{k} \cdot \ln \frac{N_0}{P} \tag{4.19}$$

Para fixar ideias, consideremos o seguinte exemplo numérico: um dado volume de meio a esterilizar contém $2{,}5.10^{10}$ microrganismos vivos; o valor de k é 3,4 min^{-1}; e deve-se calcular os tempos de esterilização para que as probabilidades de falha sejam iguais a 0,1 (ou 10%), 0,01 (ou 1%) e 0,001 (ou 0,1%). Aplicando-se a Equação (4.19), teremos:

a) Para $P = 0{,}1$ (10%)

$$t = \frac{1}{3{,}4} \cdot \ln \frac{2{,}5.10^5}{0{,}1} = 7{,}7 \text{ min}$$

b) Para $P = 0{,}01$ (1%)

$$t = \frac{1}{3{,}4} \cdot \ln \frac{2{,}5.10^5}{0{,}01} = 8{,}4 \text{ min}$$

c) Para $P = 0{,}001$ (0,1%)

$$t = \frac{1}{3{,}4} \cdot \ln \frac{2{,}5.10^5}{0{,}001} = 9{,}1 \text{ min}$$

4.6 CÁLCULO DO TEMPO DE ESTERILIZAÇÃO POR PROCESSO DESCONTÍNUO

Suponhamos que, na esterilização descontínua de um dado volume de meio, a curva da Figura 4.9 represente a variação da temperatura do meio com o tempo.

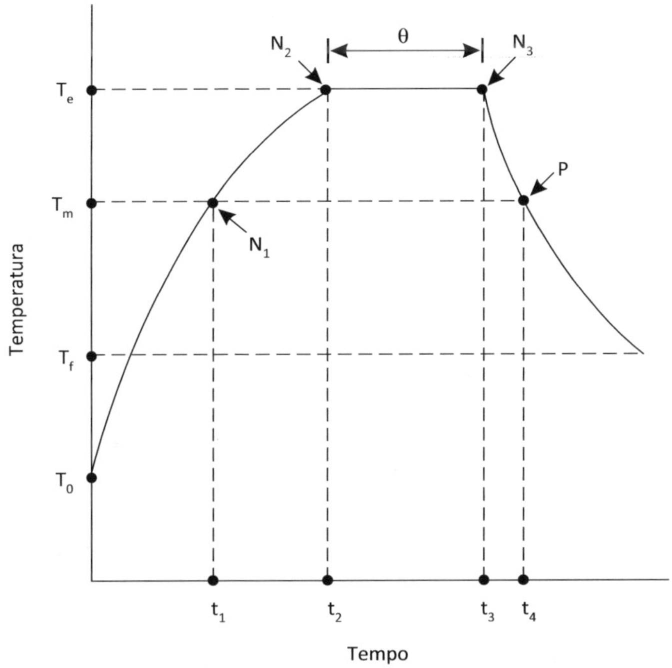

Figura 4.9 Variação de temperatura do meio com o tempo durante sua esterilização por processo descontínuo. T_e: temperatura de esterilização; T_m: temperatura mínima letal; T_f: temperatura final do meio esterilizado = temperatura de fermentação; T_0: temperatura inicial do meio a esterilizar; N_1: número de células vivas no instante t_1; *P:* probabilidade de falha.

Para calcularmos o tempo de esterilização (θ) precisamos conhecer:

a) o número inicial de células vivas no meio (N_1);

b) a probabilidade de falha (P);

c) as curvas de aquecimento e de resfriamento do meio;

d) a temperatura mínima letal (T_m);

e) a temperatura de esterilização (T_e);

f) a variação de k com a temperatura.

Na Figura 4.9, N_2 e N_3 são, respectivamente, os números de microrganismos vivos no fim da fase de aquecimento e no início da fase de resfriamento. Como veremos logo mais, N_2 e N_3 não precisam ser conhecidos.

Tanto no aquecimento como no resfriamento, o valor de k varia como consequência da variação da temperatura. Nesses casos, a Equação (4.1) nos dará:

a) No aquecimento

$$\ln\frac{N_1}{N_2}=\int_{t_1}^{t_2}k.dt \tag{4.20}$$

b) No resfriamento

$$\ln\frac{N_3}{P}=\int_{t_3}^{t_4}k.dt \tag{4.21}$$

Essas integrais podem, por exemplo, ser calculadas do seguinte modo: escolhem-se diversos valores de *t* na fase de aquecimento (ou de resfriamento); para cada valor escolhido de *t*, a curva de aquecimento (ou de resfriamento) nos dá a temperatura correspondente; para cada valor da temperatura, lembrando que a variação de *k* com a temperatura é conhecida, calcula-se o correspondente valor de *k*; teremos, assim, a variação de *k* com o tempo no aquecimento (ou no resfriamento); tendo-se $k = f(t)$, podemos calcular as integrais das Equações (4.20) e (4.21).

Sendo k_e o valor de *k* na temperatura de esterilização, podemos então escrever:

$$\ln\frac{N_1}{N_2}=\int_{t_1}^{t_2}k.dt$$

$$\ln\frac{N_1}{N_2}=\int_{t_1}^{t_2}k.dt$$

$$\ln\frac{N_2}{N_3}=k_e.\theta$$

$$\ln\frac{N_3}{P}=\int_{t_3}^{t_4}k.dt$$

Logo:

$$\ln\frac{N_1}{P}=k_e.\theta+\int_{t_1}^{t_2}k.dt+\int_{t_3}^{t_4}k.dt \tag{4.22}$$

A Equação (4.22) nos permite calcular θ.

A título de exemplo numérico, consideremos o cálculo do tempo de esterilização de um mosto, sendo dados:

a) volume do mosto = 100 m^3 (10^5 litros);

b) concentração de microrganismos vivos no mosto = $7{,}2 \cdot 10^9$ células/litro;

c) temperatura de esterilização = 120 °C;

d) temperatura mínima letal = 80 °C;

e) probabilidade de falha = 0,001 (ou 0,1%);

f) curvas de aquecimento e de resfriamento: ver Figura 4.10;

g) variação de k (em min^{-1}) com a temperatura T' (em °C):

$$k = 6{,}04 \cdot 10^{-11} \cdot e^{0{,}200 \cdot T'} \text{(equação de Bigelow)} \quad (4.23)$$

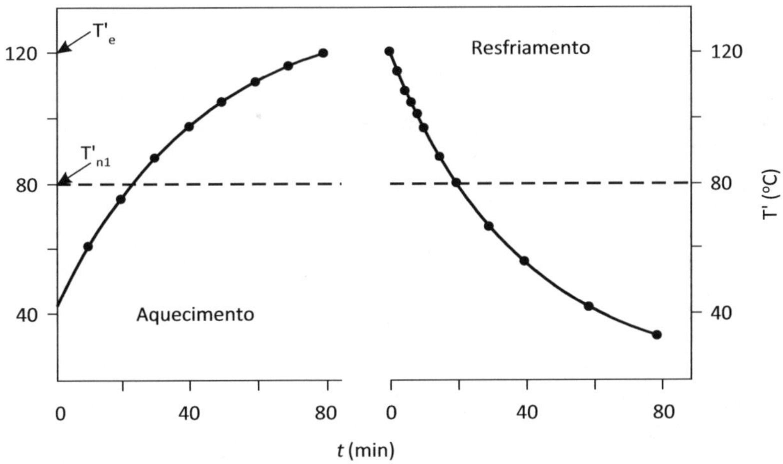

Figura 4.10 Curvas de aquecimento e de resfriamento do meio (exemplo numérico).

A partir das curvas da Figura 4.10 e da equação que relaciona k com a temperatura T', montamos as Tabelas 4.4 e 4.5, que nos permitem representar graficamente a variação de k com o tempo (ver Figura 4.11).

Tabela 4.4 Valores de *k* durante o aquecimento do meio (exemplo numérico)

t (min)	*T* (°C)	*k* (min^{-1})
20	75	0,0002
30	87	0,0022
40	97	0,016
50	105	0,080
60	112	0,32
70	116	0,72
80	120	1,60

Tabela 4.5 Valores de *k* durante o resfriamento do meio (exemplo numérico)

t (min)	*T'* (° C)	*k* (min^{-1})
0	120	1,60
2	114	0,48
4	109	0,18
6	105	0,080
8	101	0,036
10	97	0,016
15	88	0,0026
20	80	0,0005

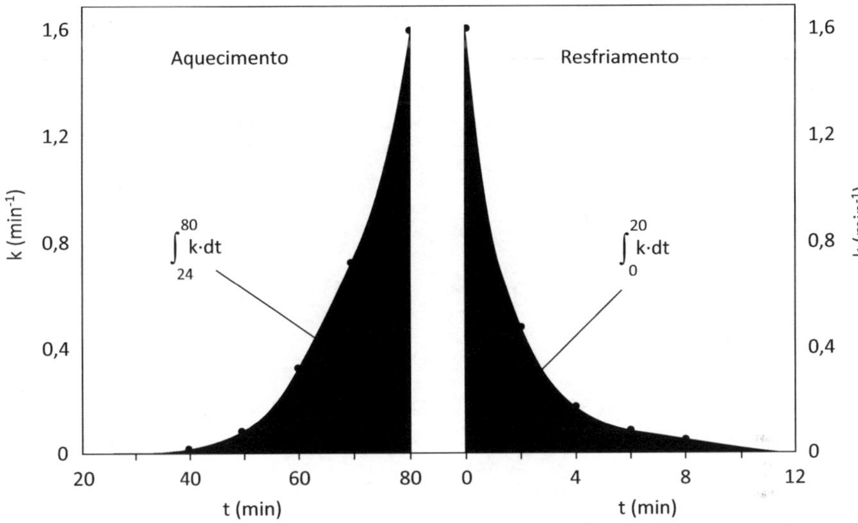

Figura 4.11 Variação de *k* durante o aquecimento e o resfriamento do meio (exemplo numérico).

Teremos então:

$$N_1 = 10^5.7,2.10^9 = 7,2.10^{14}$$

$$P = 0,001$$

$$\ln\left(N_1/P\right) = 41,12$$

$$k_e = 1,60 \text{ min}^{-1}$$

$$\int_{24}^{80} k.dt \cong 19,40 \text{ (ver Figura 4.11; fase de aquecimento)}$$

$$\int_{0}^{20} k.dt \cong 3,23 \text{ (ver Figura 4.11; fase de resfriamento)}$$

Substituindo esses valores na Equação (4.22), calculamos θ:

$$41,12 = 1,60\theta + 19,40 + 3,23$$
$$\theta = 11,6 \text{ min} \cong 12 \text{ min}$$

Suponhamos, agora, que tivéssemos:

a) concentração de microrganismos vivos no mosto = $4,3 \cdot 10^2$ células/litro;

b) probabilidade de falha = 0,1 (10%).

Nesse último caso:

$N_1 = 10^5 \cdot 4{,}3 \cdot 10^2 = 4{,}3 \cdot 10^7$

$P = 0{,}1$

$\ln (N_1 / P) = 19{,}88$

A Equação (4.22) nos daria, então:

$19{,}88 = 1{,}60\theta + 19{,}40 + 3{,}23$

$\theta = -1{,}7$ min

Esse resultado indica que, nesse último exemplo numérico, o aquecimento e o resfriamento são mais que suficientes para conseguirmos a esterilização desejada.

4.7 CÁLCULO DO TEMPO DE ESTERILIZAÇÃO POR PROCESSO CONTÍNUO

Lembrando que, no processo contínuo, tanto o aquecimento quanto o resfriamento do meio são muito rápidos, as integrais representadas nas Equações (4.20) e (4.21) podem ser desprezadas, e o cálculo do tempo de esterilização θ se resume na aplicação da equação:

$$\ln\frac{N_1}{P} = k_e.\theta$$

Voltemos ao exemplo numérico citado no item anterior, mas com temperatura de esterilização igual a 130 °C. Teremos, pela Equação (4.23):

$k_e = 11{,}8 \text{ min}^{-1}$

Logo, o valor de θ será:

$41{,}12 = 11{,}8 \cdot \theta \therefore \theta = 3{,}5$ min

Resta-nos, finalmente, considerar o dimensionamento do tubo de espera. Sejam:

V = volume de meio necessário para encher um fermentador;

t_e = tempo de carga do fermentador;

ρ = massa específica do meio à temperatura de esterilização;

μ = viscosidade do meio à temperatura de esterilização;

θ = tempo de esterilização = tempo de residência do meio no tubo de espera;

Re = número de Reynolds no tubo de espera;

D = diâmetro interno do tubo de espera;

v = velocidade do meio no tubo de espera;

L = comprimento do tubo de espera.

Os valores de V, t_e, ρ, μ e θ são conhecidos e, além disso, sabemos que Re e v devem estar compreendidos nos intervalos de 36.000 a 80.000 e 3 cm/s a 60 cm/s, respectivamente. Interessa-nos calcular D e L, lembrando que o valor de D deve estar contido, *aproximadamente*, no intervalo de 10 cm a 30 cm.

Sendo $F = V/t_e$ a vazão do meio no tubo de espera, podemos escrever:

$$F = \frac{\pi.D^2}{4} \cdot v \quad \therefore D^2.v = \frac{4.F}{\pi} \tag{4.24}$$

Por outro lado:

$$Re = \frac{D.v.\rho}{\mu} \cdot v \quad \therefore D.v = \frac{\mu.\mathrm{Re}}{\rho} \tag{4.25}$$

As Equações (4.24) e (4.25) nos dão:

$$D = \frac{4.F.\rho}{\pi.\mu} \cdot \frac{1}{\mathrm{Re}} \tag{4.26}$$

Para cada valor de Re, a Equação (4.26) permite calcular D e, então, a Equação (4.24) nos dá o correspondente valor de v. Considerando que $L = v \cdot \theta$, calculamos o correspondente valor de L.

A título de exemplo numérico, imaginemos um caso no qual:

$V = 100 \text{ m}^3 = 1{,}00 \cdot 10^8 \text{ cm}^3$

$t_e = 4 \text{ h} = 1{,}44 \cdot 10^4 \text{ s}$

$\rho = 1{,}06 \text{ g/cm}^3$

$\mu = 0{,}55 \text{ cp} = 5{,}5 \cdot 10^{-3} \text{ p}$

$\theta = 3{,}5 \text{ min} = 2{,}1 \cdot 10^2 \text{ s}$

A partir dos valores de V e t_e, calculamos a vazão do meio:

$F = V/t_e = 6{,}94 \cdot 10^3 \text{ cm}^3\text{/s}$

Com esses valores numéricos, poderemos calcular D, v e L para cada valor de Re (ver Tabela 4.6).

A escolha do valor de D (e do correspondente L) dependerá, obviamente, dos diâmetros de tubos existentes no mercado, dos preços desses tubos, de alguma característica peculiar do meio e de outros requisitos ou limitações inerentes ao projeto global. Por segurança, o projeto poderá prever, no tubo de espera, um "tubo em U" (ver Figura 4.4) suplementar.

Tabela 4.6 Valores do diâmetro (D) e do comprimento (L) do tubo de espera e da velocidade (v) do meio no tubo de espera para diferentes valores do número de Reynolds (Re), no exemplo numérico considerado

Re	*D* (cm)	*v* (cm/s)	*L* (m)
40.000	42,6	4,87	10,2
50.000	34,1	7,60	16,0
60.000	28,4	10,96	23,0
70.000	24,3	14,97	31,4
80.000	21,3	19,49	40,9

REFERÊNCIAS

AIBA, S.; HUMPHREY, A. E.; MILLIS, N. F. *Biochemical engineering.* Tokyo: University of Tokyo Press, 1973.

BAILEY, J. E.; OLLIS, D. F. *Biochemical engineering fundamentals.* New York: McGraw-Hill Book Company, 1986.

BLAKEBROUGH, N. *Biochemical and biological engineering science.* New York: Academic Press, 1967/1968.

SIMON, P.; MEUNIER, R. *Microbiologie industrielle et génie biochimique.* Paris: Masson et Cie., 1970.

SOLOMONS, G. L. *Materials and methods in fermentation.* London: Academic Press, 1969.

CAPÍTULO 5
Esterilização por filtração

Sergio Luiz Moreira

Celso Santi Junior

Willibaldo Schmidell

5.1 INTRODUÇÃO

Com o surgimento da engenharia bioquímica e, consequentemente, da biotecnologia industrial, algumas mudanças importantes foram implementadas nos processos industriais químicos convencionais. E é nesse contexto que a esterilização de materiais, reatores, ar e meios reacionais aparece. Por serem, de modo geral, processos relativamente rápidos sob condições extremas (temperatura, pH, entre outros) e utilizarem meios reacionais isentos de nutrientes adequados e/ou assimiláveis por microrganismos, esses processos químicos não necessitam prever etapas de esterilização ou prevenção de contaminação microbiológica ambiental.

Mesmo dentro do âmbito dos bioprocessos há diferenças significativas no nível de assepsia durante as etapas, quando segmentamos esses processos em fermentativos e enzimáticos. Embora os processos industriais enzimáticos utilizem, em sua maioria, condições amenas de pH e temperatura e potenciais nutrientes para microrganismos, a possibilidade da adição de antibióticos e desacopladores da respiração microbiana (por exemplo, azida sódica) permite que eles sejam realizados de forma satisfatória, mesmo sem que métodos eficientes de esterilização sejam aplicados.

Assim, chegamos ao consenso de que, no que diz respeito à assepsia e à tecnologia aplicada à esterilização, são os processos fermentativos aqueles que exigem maior atenção. Logo, são os responsáveis por demandar do mercado especializado o desenvolvimento de novos produtos e processos, ano após ano.

Considerando um processo fermentativo industrial genérico (Figura 5.1), podemos identificar, no mínimo, três etapas diferentes nas quais a esterilização por filtração se faz necessária: esterilização de insumos termossensíveis, esterilização dos gases de entrada e esterilização dos gases de exaustão. Essas diferentes matrizes demandam um suprimento de filtros com diferentes propriedades (hidrofobicidade/hidrofilicidade, resistência a vapor, entre outros). Adicionalmente, vale ressaltar que, quanto maior o volume do fermentador principal – aquele do qual o produto será extraído –, mais etapas de propagação são necessárias e, consequentemente, maior a variedade (volume e design) de biorreatores utilizados no processo. Ou seja, além de diferentes propriedades, um processo fermentativo demanda diferentes tamanhos de filtros.

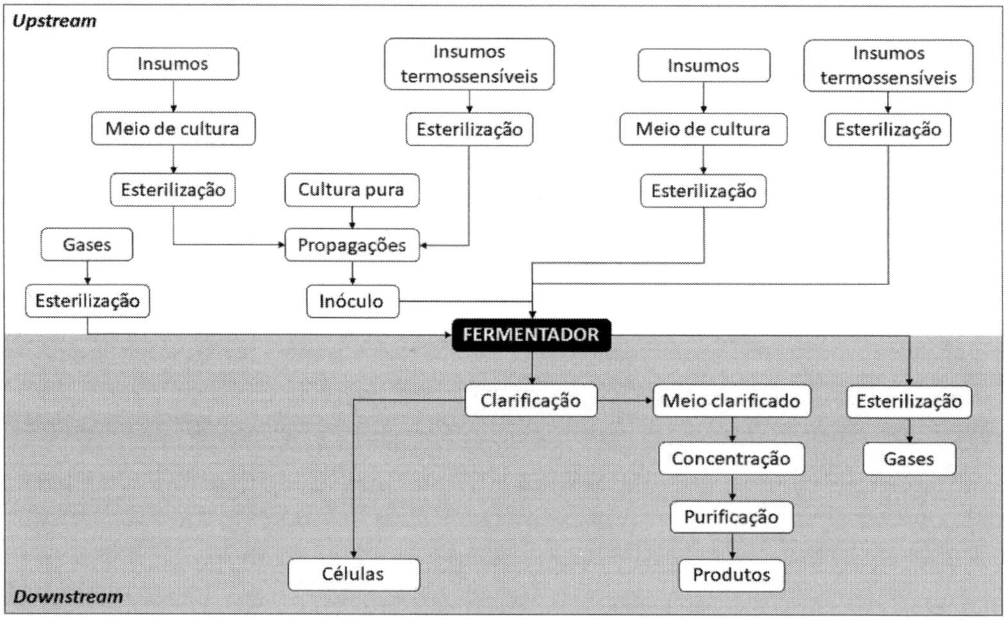

Figura 5.1 Fluxograma de um processo fermentativo industrial genérico.

Seguindo a linha do tempo da evolução dos processos fermentativos, é fato conhecido que, até a Segunda Guerra Mundial, não se dispunha de tecnologias adequadas para a condução de processos fermentativos em grande escala e em condições de assepsia, motivo pelo qual não havia a possibilidade de se fabricarem produtos como antibióticos, vitaminas, enzimas etc. Registros apontam que a primeira produção industrial de membranas de nitrato de celulose foi realizada em 1929, pela empresa alemã Sartorius Stedim.

Os produtos elaborados por processos fermentativos eram aqueles cuja geração, no caldo em fermentação, tornassem o meio não adequado para a proliferação de possíveis contaminantes, determinando, dessa forma, uma proteção natural ao meio (etanol, acetona, ácidos orgânicos etc.).

O grande avanço observado durante a Segunda Guerra Mundial foi exatamente o desenvolvimento dessas estratégias que permitiram a condução de processos em larga escala em condições de assepsia, em particular a possibilidade de se efetuar a esterilização de grandes volumes de ar, necessária aos processos biológicos aeróbios.

De lá para cá, a aparição de um novo segmento de biorreatores impulsionou a tecnologia de esterilização por filtração, os denominados biorreatores *single-use* (termo em inglês que remete a utilização única). Trata-se de fermentadores descartáveis, os quais saem estéreis de fábrica; assim, as adições, seja de líquido ou gás, são feitas prioritariamente via filtração. Atualmente, o aumento da oferta desses filtros esterilizantes permitiu que vários bioprocessos fossem operacionalmente viabilizados, os quais apresentam vários benefícios em relação ao método tradicional (tanques de aço inoxidável). Por exemplo, no *12º Relatório e Levantamento Anual da Capacidade de Fabricação e Produção Biofarmacêutica* (LANGER, 2015), cinco pontos positivos em relação ao uso da "tecnologia descartável" foram destacados: eliminação do uso do vapor para esterilização de tanques, eliminação de validações de limpeza e respectivos gastos com químicos para limpeza no local (*clean in place* – CIP), redução de risco de contaminação cruzada, rapidez na troca de processos produtivos na planta industrial e redução do tempo para que uma nova unidade fabril se torne operacional (SHUKLA; GOTTSCHALK, 2013).

O biorreator Wave é reconhecido como o primeiro sistema *single-use* para a produção de produtos biotecnológicos, construído em 1996. Já o primeiro biorreator agitado *single-use* foi produzido pela empresa HyClone (posteriormente absorvida em parte pela Thermo Fisher e em parte pela GE Healthcare), em 2004, com volume útil de 250 L. Mais recentemente, biorreatores maiores foram desenvolvidos: 1.000 L e 2.000 L, em 2006 e 2009, respectivamente (SHUKLA; GOTTSCHALK, 2013).

De modo a ilustrar a importância dos procedimentos de esterilização por filtração na garantia de qualidade de processos fermentativos, seguem dois exemplos práticos:

a) Imagine a necessidade de fornecer ar esterilizado para um reator de 100 m^3 a uma vazão específica de 0,5 min^{-1} (ou, como frequentemente mencionado, 0,5 v.v.m., ou seja, volume de ar por volume de meio por minuto). Esse problema, que nada tem de extraordinário, sendo mesmo bastante frequente, pode ser resumido à necessidade de esterilizar 50 m^3 de ar/min. Admitindo-se uma contaminação do ar ambiente da ordem de 10^3 partículas/m^3 (PARIS; SCHIMIDELL; BORZANI, 1987), dados da atmosfera da capital de São Paulo, caso não houvesse a esterilização do ar, 5×10^4 partículas/min seriam introduzidas no reator. Lembrando que um processo fermentativo pode frequentemente ocorrer durante 50 ou 100 horas, isso significaria introduzir um total de 3×10^8 partículas contendo microrganismos, ao longo de 100 horas de fermentação.

b) Já em relação à esterilização de soluções e meios de cultura, tomaremos como base os parâmetros de aceitação dos tipos de água utilizados na indústria farmacêutica, o setor mais exigente do âmbito dos bioprocessos. De acordo com a United States Pharmacopeia (USP), água purificada (*purified water* – PW) pode conter até 1×10^2 UFC/mL (unidades formadoras de colônias por mililitro de meio) de bactérias, enquanto água para injeção (*water for injection* – WFI), apenas 1×10^{-1} UFC/mL. Portanto, em uma fermentação com volume útil de 2.000 L, por exemplo, teríamos dentro do fermentador de 2×10^5 UFC a 2×10^8 UFC de bactérias, antes mesmo de ele ser inoculado com o organismo de interesse. Considerando, claro, os casos nos quais o meio não pode ser esterilizado por calor.

Caso ambos os exemplos mencionados se tratassem de processos descontínuos de fermentação, os instantes mais problemáticos seriam os instantes iniciais do processo, pois aí se tem baixa concentração do microrganismo e do produto e alta concentração de substratos, o que significa alta potencialidade de contaminação do sistema. Já nos instantes mais avançados, tem-se uma alta concentração do microrganismo responsável pelo processo produtivo e uma baixa concentração de substratos, o que torna o caldo em fermentação menos suscetível a contaminações. Isso não significa que se possa conduzir o processo de forma menos atenta, pois a ocorrência de contaminações que produzam substâncias que destruam o produto gerado pode comprometer o processo, como é o caso de células produtoras de proteases em um processo de produção de uma dada enzima.

Por último, mas não menos importante, tem-se o papel da filtração esterilizante para a clarificação de caldos fermentados (Figura 5.1). Em diversos processos, por exemplo, o de produção de anticorpos monoclonais, é necessário que as etapas de *downstream* sejam realizadas com material estéril. Portanto, a etapa de clarificação necessita, invariavelmente, ser esterilizante, ou seja, remover por completo os organismos utilizados como agentes de fermentação. Por se tratar de moléculas sensíveis, a única operação unitária cabível é a filtração.

Neste capítulo pretende-se abordar as técnicas e os materiais comumente utilizados para a esterilização de líquidos (soluções e meios de cultura) e gases, de modo a conduzir processos fermentativos em condições assépticas, independentemente da forma de condução (batelada simples, batelada alimentada, contínuo etc.).

5.2 ESTERILIZAÇÃO DE SOLUÇÕES E MEIOS DE CULTURA

Os recentes avanços tecnológicos dos bioprocessos permitiram que eles se difundissem em áreas mais nobres, as quais exigem a utilização de materiais e insumos de qualidade superior. No que se refere especificamente aos insumos, o termo qualidade está atrelado à necessidade de meios de cultura mais definidos, ou seja, uma formulação com maior grau de padronização. Essa padronização é obtida, idealmente, por meio do desenvolvimento de meios de cultura quimicamente definidos.

A título de contextualização: a) meios quimicamente definidos são aqueles cujos componentes são moléculas com a composição totalmente conhecida, por exemplo: aminoácidos (arginina, glutamato, serina etc.), sais (sulfato de amônio, sulfatos de magnésio, cloreto de cálcio etc.), vitaminas (tiamina, riboflavina etc.), entre outros;

b) meios complexos são aqueles que contêm ao menos um componente cuja composição não é totalmente conhecida, por exemplo: extratos de levedura (fabricação direcionada, excedente sucroalcooleiro e resíduo cervejeiro), peptonas (de soja, caseína, peixe etc.), soro de leite, entre outros.

Áreas como a farmacêutica e a alimentícia demandam um nível de garantia de qualidade de processo elevado. Essa garantia é obtida por meio da padronização de todas as entradas (insumos, matéria-prima, utilidades etc.) e todas as etapas do processo (propagações, esterilizações, *downstream*, *upstream* etc.). Com insumos, procedimentos e operações unitárias reprodutíveis é possível mapear os pontos críticos do processo, realizar amostragens desses pontos e definir o Controle Estatístico de Processo (CEP).

Mas onde a esterilização por filtração de meios de cultura e soluções entra nesse conceito? Ao contrário do método de esterilização por temperatura (vapor direto ou indireto, em temperaturas de cerca de 123 °C), a filtração esterilizante é capaz de remover fisicamente todas as partículas com tamanhos superiores a 0,22 μm, ou seja, bactérias e microrganismos maiores, e, ao mesmo tempo, não promover alterações químicas nos componentes do meio.

Proteínas, peptídeos, carboidratos complexos e monoméricos têm certa resistência à degradação sob temperaturas de até 123 °C, considerando a faixa de pH entre 6,0 e 9,0 (a qual engloba a maioria dos processos fermentativos), bem como os tempos de esterilização comumente utilizados em processos fermentativos. No entanto, moléculas como vitaminas, aminoácidos e demais fatores de crescimento podem apresentar alta sensibilidade à degradação. Assim, em processos cujos meios de cultura são compostos por essas moléculas termossensíveis, a esterilização por filtração é a única alternativa para manter a composição quimicamente definida e, consequentemente, obter a padronização de processo desejada.

Destacamos ainda outra vantagem do uso de filtros esterilizantes que agrega qualidade aos bioprocessos, que é a mitigação da formação de subprodutos via degradação térmica. Muitos desses subprodutos são tóxicos ao crescimento de microrganismos e células animais. Um exemplo clássico é a formação de 5-hidroximetilfurfural via desidratação de uma molécula de hexose. Ou seja, prevenir a degradação de componentes do meio de cultura impede tanto a alteração da composição do meio como a possível formação de compostos que prejudicarão o desenvolvimento do agente de fermentação, seja ele procarioto ou eucarioto.

Ainda em relação aos processos fermentativos, a filtração esterilizante traz alguns benefícios para os processos de batelada alimentada. Nessa forma de condução de processo, o convencional é a necessidade de se ter ao menos um tanque encamisado, além do fermentador, para que o meio de alimentação possa ser esterilizado a 121 °C com vapor. Ou seja, caso o projeto construtivo da planta industrial não comporte a inserção desses equipamentos, com o devido suprimento das utilidades necessárias, esse *upgrade* tão importante – em termos de produtividade, rendimento e rentabilidade – seria inviável.

Nesse contexto, a utilização de filtros esterilizantes praticamente não demanda alterações estruturais; basta adquirir conexões e válvulas para adaptar o filtro ao fermentador.

A única ressalva a ser feita é: caso o filtro seja conectado ao fermentador após a realização do processo de esterilização, faz-se necessária a vaporização dessa linha que conecta o filtro ao fermentador para eliminar os contaminantes provenientes do ar.

Esses filtros utilizados para a esterilização de líquidos têm composição diferente daqueles utilizados para a esterilização de ar (ver a Seção 5.3.2). O polímero mais comumente utilizado para a fabricação desses filtros é a polietersulfona hidrofilizada. Basicamente, o que rege as diferenças de composição química entre as membranas utilizadas para líquidos e aquelas utilizadas para ar e outros gases é a sua afinidade com a água; filtros para líquidos utilizam membranas hidrofílicas, filtros para ar e gases utilizam membranas hidrofóbicas.

Atualmente, no mercado, existe uma grande variedade de tamanhos, formatos e conexões de filtros. A combinação dessas diferentes características permitiu o lançamento de produtos específicos para a filtração de soluções tampão, soluções de ajuste de pH, meios de cultura, caldos fermentados (visando à clarificação), e até para preservar colunas e membranas utilizadas no *downstream* de certos processos (Figura 5.2).

(a) (b)

Figura 5.2 (a) Filtros Sartopore® 2 XLG da Sartorius Stedim; e (b) filtros Opticap® XL da Millipore.

Fonte: Sartorius (s.d.)b; Millipore Sigma (s.d.)b.

Os filtros utilizados para esterilização de líquidos podem ser tanto descartáveis (*single-use*) quanto reutilizáveis (autoclavados após cada utilização). No caso desses últimos é necessário, no entanto, a realização de testes de integridade, de modo a comprovar que ainda têm a capacidade de reter as células de microrganismos (em processos industriais registrados, trata-se de uma obrigatoriedade em termos de garantia de qualidade). O teste mais comum para filtros hidrofílicos é o teste de ponto de bolha, baseado na premissa de que o ar precisa de uma determinada pressão para extravasar um poro de tamanho definido, quando este está completamente intumescido.

No teste de ponto de bolha, o filtro a ser testado é disposto dentro de uma cápsula/carcaça e, posteriormente, submerso em água ou álcool isopropílico (dependendo do fornecedor e do tipo de filtro). Em seguida, faz-se a intrusão de ar comprimido, aumentando gradativamente e medindo a sua pressão. Quando o ar extravasa o poro, há um alívio de pressão. Neste ponto, compara-se a pressão que foi necessária para a passagem da primeira bolha de ar pelo filtro com o especificado pelo fabricante. Caso a bolha tenha sido formada com uma pressão menor, consideramos que o filtro não está íntegro, pois pode-se inferir que a menor resistência encontrada é proveniente de uma porosidade maior que a especificada.

Embora a aplicação mais frequentemente comentada da filtração esterilizante seja a destinada para meios de cultura e demais soluções que entrarão no processo antes ou durante o processo fermentativo, a sua aplicação após a fermentação é de grande importância para diferentes processos. Uma vez que o produto de interesse seja solúvel, uma etapa de separação líquido/sólido se faz necessária para a sua recuperação. Entre as técnicas que podem ser utilizadas na clarificação do meio fermentado, ou seja, a separação do microrganismo (fração sólida) do meio líquido, pode-se citar a filtração e a centrifugação como as mais utilizadas.

Embora as centrífugas de disco de última geração apresentem uma elevada capacidade de separar sólidos do meio líquido, a validação dessa operação unitária como etapa de esterilização não é recorrente no registro de processos. Assim, sobra a filtração como a única alternativa viável e adequada para esse fim. Praticamente todas as biomoléculas de interesse farmacêutico produzidas por fermentação necessitam passar por etapas de purificação. Toda essa rota de *downstream*, na maioria dos casos, leva mais tempo que o próprio processo fermentativo e envolve refinadas e complexas etapas de micro e ultrafiltração, além de técnicas de cromatografia, desnaturação e renaturação (*refolding*). Dessa forma, fica evidenciada a necessidade de se trabalhar com produtos, materiais e procedimentos assépticos, visando tanto à manutenção da qualidade/integridade da molécula de interesse como às exigências sanitárias para o produto final.

Aqui, mais uma vez, engana-se quem acha que a escolha do método de filtração e do tipo de filtro a ser utilizado é um trabalho simples, começando pelo tipo de filtração: de fluxo perpendicular (*dead-end*) ou de fluxo tangencial (*crossflow*) (Figura 5.3).

Embora muito eficiente e amplamente utilizada em laboratórios para soluções, a filtração de fluxo perpendicular não é adequada para a clarificação e a remoção absoluta de microrganismos, considerando os volumes dos processos fermentativos industriais. Isso se deve ao fato de que, nesse tipo de filtração, há um acúmulo do concentrado (material retido na membrana), o qual ocasiona a queda progressiva do fluxo do permeado e, logo, o entupimento do sistema de filtração. A resolução desse inconveniente por meio da troca de membranas é inviável operacionalmente, em virtude do comprometimento da assepsia.

Portanto, a filtração de fluxo tangencial aparece como a alternativa mais adequada para a clarificação de caldos fermentados. A remoção absoluta dos microrganismos é garantida pela porosidade inferior a 0,2 μm, e a redução de fluxo de permeado (logo, entupimento) é mitigada pela direção do fluxo da solução. Como a solução é direcionada de forma tangencial (paralela) à membrana, a espessura do acumulado de concentrado permanece reduzida e constante, o que permite a manutenção de um fluxo constante de líquido livre de microrganismos. Vale ressaltar que essa condição ideal de processo requer um significativo trabalho de ajuste de várias grandezas, como: velocidade do fluxo da solução, restrição do fluxo do concentrado, taxa de cisalhamento, entre outros.

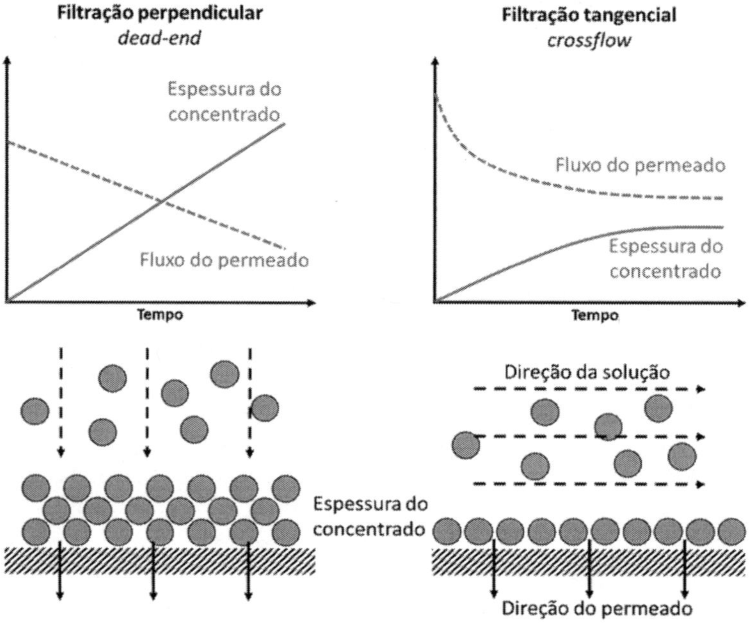

Figura 5.3 Diferenças de fluxo de permeado e de espessura de concentrado entre os dois tipos de filtração: perpendicular e tangencial.

Mas como o líquido passa pela membrana se ele é direcionado de forma paralela a ela? É simples: os parâmetros listados definem a pressão transmembrana (*transmembrane pressure* – TMP), e ela é responsável por fazer com que o fluxo tangencial seja desviado para um fluxo cruzado (tendo como referência a membrana). Imagine a seguinte situação: você fez vários furos em um canudo utilizando uma agulha. Agora você coloca o canudo embaixo da água corrente da torneira e observa que toda a água entra e sai pelas extremidades, sem extravasar pelos furos. Então você tampa levemente a extremidade inferior do canudo e observa que a água passa a sair por esses furos. Quanto mais você restringe a extremidade inferior, mais água sai pelos furos laterais. Pronto, você está aumentando a pressão transmembrana, logo, aumentando o fluxo cruzado e a velocidade de filtração.

Nos equipamentos de filtração tangencial, as linhas de concentrado (fração que contém os microrganismos) e permeado (líquido livre de microrganismos) são independentes. Ou seja, o descarte de contaminantes pode ser feito concomitantemente à obtenção do filtrado.

Uma membrana de filtração tangencial é composta por vários capilares ou canais (dependendo se é uma fibra oca ou uma placa, respectivamente) (Figura 5.4), os quais otimizam o tempo da filtração. Essas membranas podem ser feitas de diferentes materiais, como: celulose estabilizada, polissulfona, polipropileno, polietersulfona, entre outros.

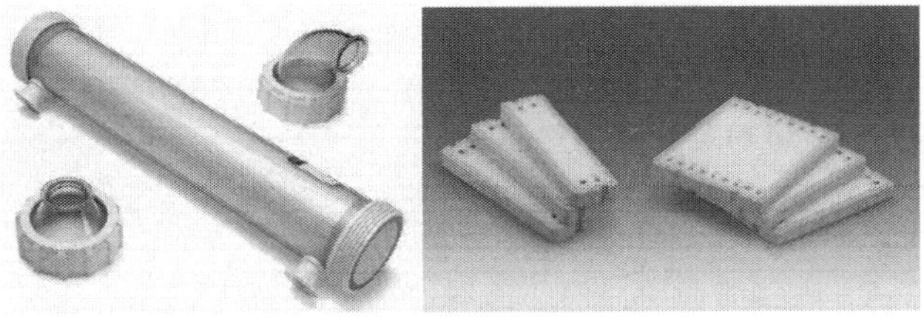

(a) (b)

Figura 5.4 (a) Membrana de fibra oca MaxCell® da GE Healthcare Life Sciences; e (b) membrana de placa Hydrosart® Microfiltration Cassettes da Sartorius Stedim.

Fonte: GE Healthcare Life Sciences (2013); Sartorius (2012).

Atualmente, essas membranas são comercializadas em diferentes tamanhos, porosidades e áreas superficiais, o que aumenta a versatilidade da utilização da filtração esterilizante para a clarificação de diferentes caldos fermentados, sejam eles de origem microbiana ou animal. Além disso, no mercado, são comercializados diferentes *skids* completos, contendo membranas, sensores, bombas e válvulas, cuja operação é facilitada por sistemas de automação (Figura 5.5).

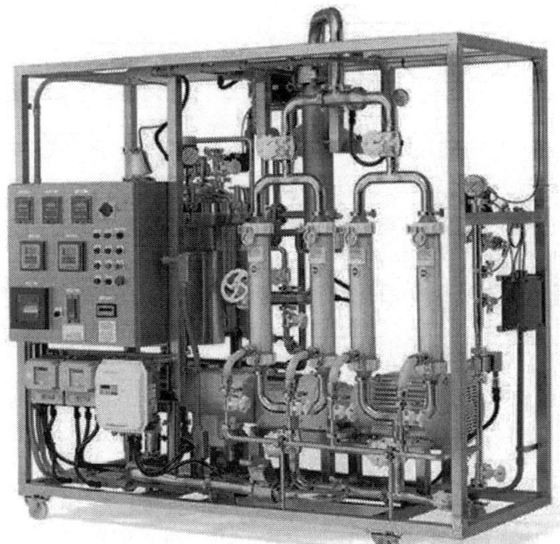

Figura 5.5 Sistema de filtração tangencial da GE Healthcare Life Sciences utilizando membranas de fibra oca MaxCell®.

Fonte: GE Healthcare Life Sciences (2013).

5.3 ESTERILIZAÇÃO DE AR E GASES

O desenvolvimento e a evolução da biotecnologia industrial abriram novos horizontes para os processos fermentativos, aumentando sua área de aplicação e, consequentemente, exigindo cada vez mais mudanças e adequações nos seus padrões de qualidade. Atualmente, esses processos fazem parte da cadeia produtiva de moléculas e produtos nobres, por exemplo, anticorpos e enzimas terapêuticas. Dentro desse contexto, uma afirmativa óbvia é que os bioprocessos inseridos na indústria farmacêutica devem apresentar padrões de assepsia e qualidade superiores àqueles inseridos na indústria de biocombustíveis.

5.3.1 FILTRAÇÃO DE AR E MONITORAMENTO AMBIENTAL

Um desses padrões citados refere-se à qualidade do ar das áreas produtivas. Enquanto em ambientes fabris de produção de etanol não há normativas rígidas com relação ao número de partículas em suspensão, ou pelo menos a qualidade do ar não exerce influência significativa no produto final, nas indústrias farmacêutica e alimentícia existem normas a serem seguidas. Nesses ambientes a instalação de sistemas de aquecimento, ventilação e ar condicionado (AVAC), também referidos como HVAC (do inglês *heat, ventilation and air-conditioning*), é indispensável para a manutenção da qualidade do ar dentro dos níveis exigidos.

Nessas indústrias, uma ou mais salas da planta produtiva devem cumprir com as diretrizes de classificação de áreas, as quais levam em consideração outras necessidades. É nesse contexto que a unidade de tratamento de ar (UTA) está inserida, pois é responsável por várias funções de um sistema de AVAC, como: ventilação, troca de calor, controle do teor de umidade e filtração do ar. Essas unidades são compostas, genericamente, por: ventiladores para fornecimento e exaustão, dispositivos para aquecimento e arrefecimento, filtros de ar, atenuadores de ruído e grelhas de admissão e saída de ar.

O aparato de filtração da UTA conta com diferentes tipos de filtros de ar, sendo que os menos eficientes são os chamados pré-filtros e os mais eficientes são os filtros finais, como os filtros Hepa (*high efficiency particulate air*). Os pré-filtros protegem os filtros de maior eficiência, permitindo que estes tenham uma vida útil maior. Além disso, a vida útil dos filtros Hepa, por exemplo, depende das condições ambientais, como: nível de limpeza das salas atendidas, nível de contaminação do ar externo, porcentagem de renovação do ar pelo sistema, condições da instalação e condições de manutenção da UTA (incluindo o programa de troca de pré-filtros) (ANVISA, 2013).

Os filtros Hepa são requisitos impreteríveis para o tratamento de ar de áreas limpas farmacêuticas. Atualmente, seguindo determinação da Anvisa, essas áreas requerem elementos filtrantes mais eficientes, exigindo que filtros Hepa H13 (eficiência > 99,95%) estejam instalados terminalmente na UTA. Para o cumprimento dos requisitos de boas práticas vigentes para a fabricação de medicamentos, a classificação de uma área limpa depende da quantidade de partículas não viáveis e viáveis quando a sala está em "operação" e em "repouso". Essa classificação divide as salas em graus A, B, C e D, seguindo os limites de contaminação do ar por partículas não viáveis de duas diferentes dimensões, e também os limites de contaminação microbiana (Tabela 5.1).

Tabela 5.1 Limites de partículas não viáveis e para avaliação de contaminação microbiológica em áreas classificadas como graus A, B, C e D

Limites de partículas não viáveis				
Grau	**Nº máximo permitido de partículas/m³**			
	Repouso		**Operação**	
	≥ 0,5 µm	**≥ 5 µm**	**≥ 0,5 µm**	**≥ 5 µm**
A	3.520	20	3.520	20
B	3.520	29	352.000	2.900
C	352.000	2.900	3.520.000	29.000
D	3.520.000	29.000	Não definido	Não definido
Limites recomendados para avaliação de contaminação microbiológica				
Grau	**Amostra de ar (UFC/m³)**	**Placas (diâmetro de 90 mm) (UFC/4 horas)**	**Placas de contato (diâmetro de 55 mm) (UFC/placa)**	**Impressão de luva de 5 dedos (UFC/luva)**
A	< 1	< 1	< 1	< 1
B	10	5	5	5
C	100	50	25	–
D	200	100	50	–

Fonte: Anvisa (2013).

Por definição, uma partícula viável é aquela que contém um ou mais microrganismos vivos, o(s) qual(is) detém(êm) capacidade de proliferar, impactando assim a assepsia do processo e/ou produto. A faixa de tamanho considerada para essas partículas vai de 0,2 µm a 30 µm.

A maioria das partículas viáveis não se move em suspensão, precisando, portanto, de um transportador para se movimentar entre diferentes áreas, papel realizado pelas partículas não viáveis. Assim, a medida de partículas não viáveis serve de medida indireta do teor de contaminação por partículas viáveis, e as faixas de tamanho expostas na Tabela 5.1 seguem o seguinte raciocínio: bactérias e fungos apresentam tamanho entre 0,5 µm e 5,0 µm, logo, partículas não viáveis com tamanho ≤ 0,5 µm são pequenas demais para transportar partículas viáveis. Em contrapartida, partículas maiores que 5,0 μm não são facilmente transportadas pelo ar, logo, tendem a se depositar na superfície.

Como os equipamentos utilizados para a contagem não têm a capacidade de mensurar a viabilidade de uma partícula, toda partícula é designada como não viável. Esses equipamentos são os chamados contadores eletrônicos de partículas e determinam a distribuição de tamanho e as respectivas quantidades das partículas capturadas pelo bocal de entrada de ar (parte superior do equipamento – Figura 5.6). Seguindo a metodologia estabelecida nas normas de boas práticas de fabricação da União Europeia (EC, 2017; ECA, 2018), a contagem deve ser realizada a partir de uma amostragem de 1 m^3 de ar.

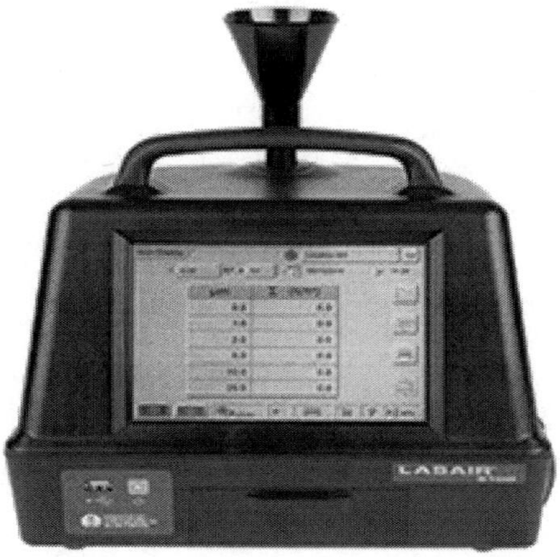

Figura 5.6 Contador de partículas aerossol Lasair® III.

Fonte: Particle Measuring Systems (s.d.).

De acordo com a Anvisa (2013), o plano de monitoramento ambiental de partículas não viáveis varia em relação ao grau de classificação da área, conforme descrito na Tabela 5.2.

De forma complementar à determinação da quantidade de partículas não viáveis, deve-se realizar a contagem de microrganismos. Esse monitoramento é feito nas áreas classificadas da indústria farmacêutica e deve ser realizado tanto em condições de repouso (estático) como em operação (dinâmico) durante os estudos de classificação. Para isso, quatro técnicas podem ser utilizadas: amostragem ativa do ambiente, amostragem passiva do ambiente, amostragem de superfície e amostragem de pessoas. Entretanto, apenas as duas primeiras são utilizadas para a determinação da qualidade do ar.

Tabela 5.2 Frequência do monitoramento de partículas durante operações de rotina

Classificação	Amostragem rotineira de partículas não viáveis (em operação)
Grau A (operações de envase asséptico)	Por toda a duração da operação
Grau B	Dias em que são executadas operações
Grau C	Semanalmente
Grau D	Não requerido
Estações de fluxo de ar unidirecional em áreas grau B	Dias em que são executadas operações
Estações de fluxo de ar unidirecional em áreas grau C	Semanalmente
Estações de fluxo de ar unidirecional em áreas grau D	Mensalmente
Estações de fluxo de ar unidirecional em áreas não classificadas	Requalificações periódicas são suficientes

Fonte: Anvisa (2013).

Na amostragem ativa ou amostragem volumétrica de ar, um equipamento (Figura 5.7) aspira um determinado volume de ar padrão (comumente 1 m^3), direcionando-o para uma placa de Petri preenchida com meio de cultura ágar triptona de soja (*triptone soy agar* – TSA) ou ágar nutriente; após o procedimento as placas são incubadas. A amostragem passiva, também chamada de amostragem por sedimentação, só contará microrganismos presentes na coluna de ar acima da placa (contendo o mesmo meio de cultura). As placas são espalhadas em locais predefinidos e, após um período máximo de 4 horas, são recolhidas e incubadas. Após a incubação, o número de unidades formadoras de colônia (UFC) é determinado e comparado com os limites estabelecidos (Tabela 5.1) (XAVIER et al., 2013).

Figura 5.7 Dispositivo de monitoramento de ar ativo MAS-100 Eco®.

Fonte: Millipore Sigma (s.d.)a.

5.3.2 ESTERILIZAÇÃO DE AR PARA PROCESSOS FERMENTATIVOS EM AEROBIOSE

A esterilização de ar pode ser realizada por diversos processos. No entanto, a filtração é, sem dúvida, a solução mais conveniente, motivo pelo qual se dará a ela maior ênfase.

5.3.2.1 Esterilização por aquecimento

Sabe-se que a resistência à destruição de microrganismos, quando submetidos ao calor seco, é bem superior que a resistência ao calor úmido. Por esse motivo, a esterilização do ar pelo calor seco exige temperaturas relativamente elevadas, bem como tempos de permanência nessas temperaturas também elevados (Tabela 5.3). Ainda, o transporte de microrganismos por partículas sólidas de poeira, em virtude da possibilidade de alguma proteção térmica, acaba contribuindo para a necessidade de condições de esterilização mais drásticas.

Quando se raciocina em termos de aplicação industrial, constituída de reatores de grande porte, há a necessidade de vazões de ar bastante elevadas (observe o que foi descrito na Seção 5.1). Isso dificulta imaginar o aquecimento de todo esse ar para atingir essas elevadas temperaturas, bem como é impossível projetar tubos de retenção ou de espera suficientemente longos, a fim de se contar com os tempos de residência prolongados a essas temperaturas.

Por causa desses problemas, a esterilização de ar por calor seco encontra aplicação apenas para pequenas instalações, como é o caso da esterilização do ar para equipamentos de laboratório ou escala piloto. Acrescente-se ainda que, com o surgimento de sistemas de esterilização muito confiáveis, como é o caso das membranas filtrantes, a esterilização por aquecimento tornou-se alternativa muito pouco utilizada.

Tabela 5.3 Esterilização de ar por calor seco; ensaios com esporos de *Bacillus globigii*

Temperatura (°C)	Tempo de permanência* (s)
218	24
246	10
274	5
300	3

* Para destruição superior a 99,9999%.

Fonte: Decker et al. (1954).

Conforme pode ser observado, apenas temperaturas relativamente elevadas permitem tempos de exposição da ordem de alguns segundos, o que claramente limita a utilização dessa técnica, em se tratando de elevadas vazões de ar.

Em virtude da facilidade de construção e de controle, a esterilização de ar por aquecimento por meio de resistores elétricos ainda encontra possíveis aplicações para o caso de ar de exaustão de câmaras assépticas, especialmente quando se trabalha com microrganismos patogênicos, ou para o fornecimento de ar esterilizado para instalações de laboratório ou plantas-piloto de pequenas dimensões.

O processo consiste em forçar a passagem do ar através de resistores elétricos, onde o ar é aquecido, e, por meio de sistema adequado, obrigá-lo a permanecer o tempo necessário a altas temperaturas. Um exemplo desse tipo de equipamento é o proposto pela New Brunswick Sci. Co. (NEW BRUNSWICK SCI. CO, 1967), que permite vazões de até 200 litros de ar/min, o que poderia satisfazer a necessidade de um reator de 100 litros aerado com até 2 min^{-1}. É também possível esterilizar o ar que sai do reator, fazendo-o passar por um segundo sistema, o que pode ser de interesse quando se trabalha com patogênicos.

Na Figura 5.8 encontra-se um desenho esquemático de um equipamento desse tipo, observando-se que o ar, ao entrar no sistema, é preaquecido pelo ar que deixa o equipamento, sendo, a seguir, conduzido para o contato direto com os resistores, atingindo temperaturas da ordem de 370 °C. O ar esterilizado, além de trocar calor com o ar que entra, ainda é resfriado por água em uma serpentina adicional.

Todo o trajeto do ar deve ser inicialmente esterilizado por vapor. Quando em operação, o sistema é controlado por pares termelétricos que comandam válvulas solenoides, que apenas permitem a passagem do ar para o tanque ou a descarga de gases para a atmosfera caso a temperatura das câmaras de esterilização se mantenha em valores adequados.

Um aspecto interessante a ser abordado neste momento, em se tratando de reatores de grande porte, diz respeito à necessidade de se comprimir o ar que é enviado aos reatores até pressões efetivas da ordem de 3 kgf/cm^2, a fim de vencer uma série de perdas de carga, como a existente nos filtros para a esterilização do ar, no dispersor do ar no fundo do reator, e as devidas à altura da coluna líquida de meio de cultivo e à sobrepressão mantida na "cabeça" do reator (da ordem de 0,2 kgf/cm^2 a 0,5 kgf/cm^2), a fim de evitar a entrada do ar ambiente, que proporcionaria contaminações (entende-se por "cabeça" do reator o volume interno acima do líquido).

Essa compressão obrigatória do ar provoca inevitavelmente o seu aquecimento, atingindo-se valores que não são desprezíveis. Assim, um compressor estacionário tipo helicoidal provoca, para uma vazão de ar de 170 m^3/min e descarga a 3 kgf/cm^2, um aquecimento do ar de 20 °C a cerca de 180 °C, além de ser necessária uma certa filtração do ar na entrada do compressor para evitar um maior desgaste de suas partes móveis.

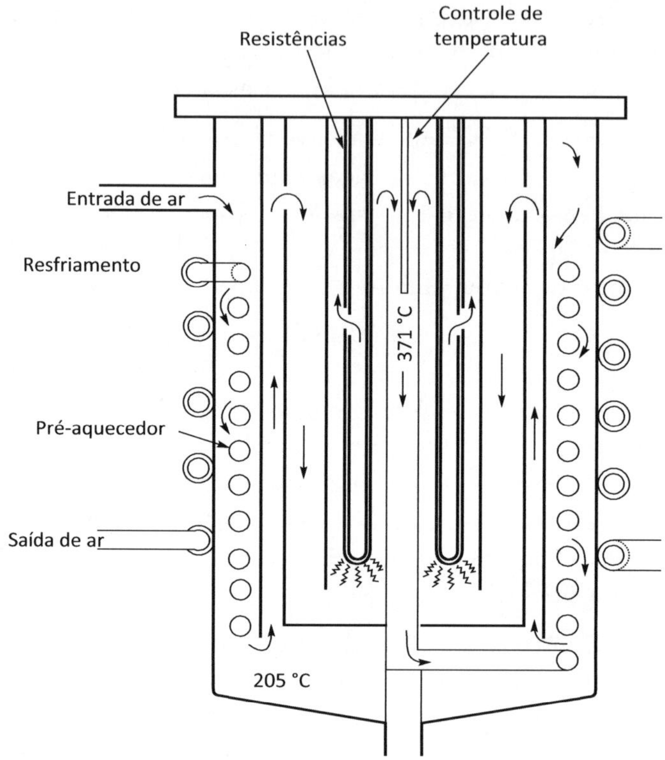

Figura 5.8 Equipamento para esterilização de ar por aquecimento por meio de resistores elétricos.

Fonte: New Brunswick Sci. Co. (1967).

Justamente por esse motivo é necessária a instalação de um sistema de resfriamento do ar após a compressão, para evitar a circulação do ar aquecido, bem como a introdução de ar quente nos reatores, o que complicaria o controle de temperatura, além de possivelmente causar gradientes de temperatura ao longo da altura da coluna líquida em fermentação. Esse resfriamento é efetuado logo à saída do compressor, de forma que o ar permanece aquecido por um pequeno intervalo de tempo (frequentemente inferior a 1 segundo).

Conforme já mencionado, temperaturas inferiores a 200 °C são pouco efetivas para a obtenção de ar esterilizado. Sabe-se, no entanto, que as temperaturas citadas são suficientes para inativar células vegetativas, apesar do baixo tempo de permanência, restando, dessa maneira, os esporos e as células que possam estar protegidas de alguma forma. Por outro lado, caso se imaginasse atingir temperaturas da ordem de 300 °C, a fim de obter ar esterilizado em poucos segundos de permanência (vide Tabela 5.3), isso significaria, dependendo do tipo de compressor e da vazão de ar necessária, comprimir o ar a pressões bem mais elevadas (da ordem de 10 kgf/cm^2 a 12 kgf/cm^2), o que traria um encarecimento excessivo tanto do equipamento quanto no que se refere ao consumo de energia, não sendo, portanto, uma solução de interesse.

Paris, Schmidell e Borzani (1987) efetuaram a determinação da concentração de microrganismos após a compressão e o resfriamento do ar, em uma instalação industrial dotada de um compressor helicoidal operando à vazão de 145 m^3/min e à pressão de descarga de 2,5 kgf/cm^2, o que permitia atingir cerca de 160 °C. Esses autores obtiveram valores médios da ordem de 1 a 2 partículas/m^3.

Assim, a redução observada é extremamente significativa quando comparada ao valor da concentração de microrganismos suspensos no ar (vide a Seção 5.1), o que sugere que o ar, após a compressão em instalações de grande porte, deve ser manuseado com certos cuidados, tendo em vista sua razoável desinfecção, evitando-se que venha a ser contaminado novamente pelo ar atmosférico. Outra sugestão seria efetuar, quando possível, o resfriamento do ar em local mais próximo de sua utilização final, e não imediatamente após a compressão, aumentando-se o tempo de residência a altas temperaturas.

Existe, inclusive, menção na literatura a respeito da condução bem-sucedida de processos fermentativos sem a presença de sistemas para a esterilização do ar, contando-se apenas com essa destruição de contaminantes durante a compressão (STARK; POHLER, 1950). Isso, de forma alguma, deve significar que essa ideia deva ser generalizada e que seriam dispensáveis os sistemas adicionais para a esterilização do ar, especialmente quando se está diante de processos de longa duração e empregando condições e meios de cultivo pouco seletivos.

5.3.2.2 Esterilização por radiações

Teoricamente, muitos tipos de radiações podem ser utilizados para a esterilização do ar. Entretanto, o emprego de uma determinada radiação deve levar em conta uma série de importantes fatores, como: a eficiência na destruição de microrganismos, o custo envolvido na obtenção da radiação, a periculosidade ou os efeitos colaterais de sua utilização. Assim, excluem-se para esse tipo de aplicação partículas α, prótons e nêutrons, por serem excessivamente dispendiosos quanto a sua obtenção e sua aplicação prática, o mesmo ocorrendo com as radiações γ.

Quando se visa à esterilização de ar, apenas as radiações ultravioleta (UV) encontram aplicação prática. Em virtude de seu baixo poder de penetração, os raios UV necessitam de tempos de exposição relativamente longos, fato este que, novamente, impede o uso desse tipo de radiação para a esterilização de ar para um processo fermentativo.

Em se tratando do fornecimento de ar esterilizado para câmaras asssépticas, imaginou-se instalar lâmpadas UV em certos trechos do duto que leva o ar para a câmara. No entanto, mesmo para esse caso, dependendo das dimensões dessa câmara, as vazões de ar já podem ser muito elevadas, não permitindo tempo suficiente de exposição ao ultravioleta, havendo, assim, a necessidade da instalação de sistemas adicionais (filtros) para a efetiva esterilização do ar.

Com frequência, observa-se a instalação de lâmpadas UV no interior de salas assépticas, especialmente sobre os locais de trabalho, visando à esterilização do ar circundante, das superfícies das mesas e dos instrumentos empregados (por exemplo, no preenchimento asséptico de medicamentos). Como o ar que se introduz nessas câmaras é previamente esterilizado e se procura manter o ar o menos movimentado possível, o emprego da radiação UV, para este caso, é mais efetivo.

5.3.2.3 Esterilização por filtração

A esterilização do ar por filtração é, sem dúvida, a solução mais adequada para a obtenção de altas vazões de ar esterilizado, em virtude dos baixos custos envolvidos nessa operação, além de se dispor, presentemente, de filtros bastante confiáveis. Por esses motivos, a filtração é encontrada em praticamente todas as instalações industriais, tendo também dominado as aplicações em instalações de pequeno porte, como é o caso de instalações-piloto ou de laboratório.

Historicamente, muitos materiais filtrantes foram empregados, como carvão, algodão ou papel. Posteriormente eles foram substituídos por outros materiais fibrosos, como é o caso de filtros de lã de vidro. Esses últimos encontraram enorme aplicação, constituindo-se na solução mais adequada até meados da década de 1970.

No início dos anos 1970, surgiram os filtros de materiais sinterizados, como vidro, metais (bronze, aço inoxidável) e materiais cerâmicos, aparecendo também os filtros de membranas ou placas porosas de materiais poliméricos, como o náilon, o teflon ou ésteres de celulose. De fato, era possível prever, já nessa época, que os filtros de membranas poliméricas porosas poderiam dominar essa operação (SCHMIDELL, 1975), o que de fato acabou ocorrendo, havendo uma gradual substituição dos filtros de lã de vidro pelos filtros de membranas hidrofóbicas, especialmente a partir de meados da década de 1980.

Mencionando-se o passado e o presente, seria possível também imaginar que, no futuro, se passe a empregar membranas seletivas, ou seja, membranas que, além de esterilizar o gás a ser introduzido no reator, também possam provocar um enriquecimento do gás em oxigênio (WANG; LAWLESS; LIN, 1988). Na verdade, o principal objetivo da aeração em reatores aerados e agitados consiste na transferência do oxigênio da fase gasosa para a fase líquida, não tendo sentido a introdução no reator de enormes quantidades de nitrogênio. Assim, o uso de membranas poliméricas (como o polietileno ou o silicone), além do possível emprego de membranas líquidas, poderá significar um enorme avanço nesse campo, como já ocorre presentemente no cultivo de células animais.

Antes de se passar ao detalhamento dos filtros disponíveis, convém alertar que, qualquer que seja o sistema de esterilização do ar que se pretenda empregar, deve-se prever um filtro para cada reator, não se devendo optar, no projeto da instalação, por um sistema centralizado de esterilização, seguido da distribuição do ar para os vários reatores. Esse procedimento centralizado não é conveniente, independentemente das dimensões dos reatores e, portanto, das vazões de ar necessárias, pois coloca-se em risco todo o conjunto de reatores caso ocorra a falha do sistema de filtração. A eventual economia que se possa fazer quanto ao investimento inicial não justifica o risco que se correrá ao longo da operação da planta.

5.3.2.3.1 Filtros de membranas

Os filtros de membranas microporosas elaboradas a partir de materiais poliméricos, em geral apresentando características hidrofóbicas, proporcionam a retenção dos aerossóis microbianos na superfície do elemento filtrante, havendo, portanto, a retenção apenas por impacto direto das partículas contra o filtro, o qual apresenta poros de dimensões menores que as dos microrganismos a serem retidos. Normalmente utilizam-se membranas com poros de 0,2 μm ou 0,22 μm, ou ainda membranas de 0,45 μm. Essa é a razão pela qual esses filtros são também chamados de filtros absolutos.

Na realidade, no início do surgimento de alternativas aos filtros de materiais fibrosos, uma série de outros materiais foram empregados, como é o caso de metais sinterizados (como o bronze e o aço inoxidável), materiais cerâmicos e vidro sinterizado. No entanto, com o decorrer do tempo, os materiais poliméricos praticamente dominaram esse tipo de aplicação, encontrando-se especialmente filtros esterilizantes elaborados a partir de politetrafluoretileno (PTFE – "teflon") e polietersulfona (PES).

O emprego de materiais poliméricos hidrofóbicos é aspecto de importância, pois esses filtros também devem ser esterilizados por vapor antes do início da operação de esterilização do ar, havendo ainda a possibilidade da presença de umidade no ar a ser esterilizado. Assim, essa água não deve permanecer no filtro, pois isso poderia causar o crescimento de microrganismos na superfície do elemento filtrante, colocando em risco a obtenção de ar esterilizado, além de provocar um certo bloqueio à passagem do ar pelos poros, o que significaria um aumento inconveniente da perda de carga (LEAHY; GABLER, 1984).

Esses filtros são fornecidos em tamanhos e formatos diferentes, de acordo com a escala do processo e, consequentemente, o volume de ar a ser filtrado por unidade de tempo. Para frascos e reatores de até 7,5 L, cujo fluxo de ar dificilmente ultrapassa o valor de 10 L/minuto, utilizam-se filtros em formato de disco com cerca de 50 mm de diâmetro (Figura 5.9).

Figura 5.9 Filtro Midisart® da Sartorius Stedim.

Fonte: Sartorius (s.d.)a.

Para fluxos maiores, aqueles utilizados para reatores com volumes superiores a 20 L, há a necessidade do emprego de cartuchos filtrantes. Esses cartuchos serão aplicados desde reatores de 20-100 L até 50.000 L, variando apenas o número de filtros necessários (sistemas de *manifold* podem ser montados para adaptar o uso de um número elevado de filtros). Atualmente, é possível encontrar cartuchos com comprimentos de 5", 10", 20", 30" e 40" (Figura 5.10). Nesses cartuchos, o ar de processo entra na parte externa e sai filtrado pela parte interna. Eles são dispostos, nos fermentadores, em cápsulas/carcaças de aço inoxidável, as quais contêm conexões que permitem a sua instalação na própria linha da tubulação de ar. Essas carcaças são removíveis, o que facilita a instalação e a remoção dos cartuchos, seja para manipulação ou para troca.

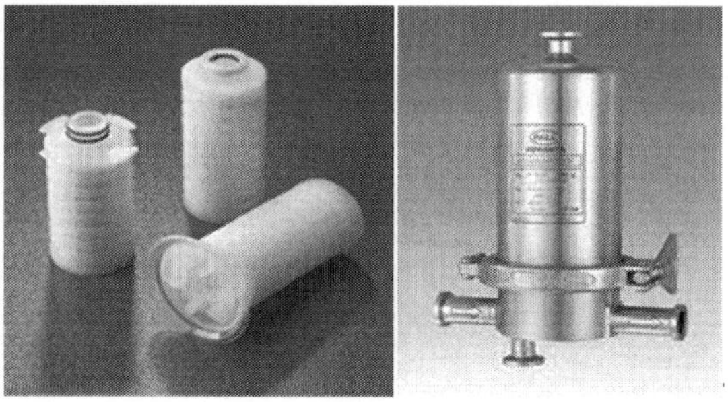

(a) (b)

Figura 5.10 (a) Cartucho de filtração de ar Emflon® PFR Junior Style da Pall e (b) carcaça para filtro de ar Advanta™ Junior da Pall.

Fonte: Pall (s.d.).

Esses cartuchos são resistentes à esterilização por vapor, no entanto, sua vida útil é limitada justamente pelo número de horas de exposição ao vapor acima de 140° C. Comumente essa vida útil está entre 50 e 165 horas, ou seja, considerando que um ciclo de esterilização convencional dura 0,5 hora e que é necessário realizar um antes do processo e outro após o término (totalizando 1 hora), um cartucho filtrante pode durar entre 50 e 165 processos fermentativos.

Tratando-se de filtros absolutos, em princípio, a retenção dos microrganismos independe da velocidade de passagem do ar, ao contrário dos filtros de camadas fibrosas, mas o aumento da velocidade superficial do ar acarreta um aumento da perda de carga no elemento filtrante. Além disso, velocidades excessivas podem provocar vibrações inconvenientes, comprometendo os sistemas de vedação.

O dimensionamento de um sistema de filtração é tarefa bastante simplificada, pois, sabendo-se a vazão máxima de ar a ser empregada no processo (lembrando sempre a necessidade de se prever um filtro para cada reator), pode-se especificar um número adequado de elementos filtrantes (cartuchos) que deverão ser acomodados no filtro, definindo dessa forma uma área adequada de passagem desse ar a fim de se ter baixa velocidade superficial e, portanto, baixa perda de carga no filtro (lembrando também que a pressão do ar na descarga do compressor deve ser suficiente para vencer a coluna líquida no interior do reator, a sobrepressão na cabeça do reator e, ainda, as perdas de carga distribuídas em válvulas e tubulações). Dessa forma, essa perda de pressão no filtro deve ser a mínima possível, por meio da manutenção de velocidades relativamente baixas: $Q = V_S.S$, em que: Q = vazão de ar, V_S = velocidade superficial do ar e S = área do(s) elemento(s) filtrante(s) para a passagem do ar.

As várias empresas capacitadas para fornecer esse tipo de filtro já dispõem de propostas adequadas às necessidades de uma determinada planta, indicando-se nas Figuras 5.11 e 5.12 alguns dados a respeito dessa perda de pressão em função da vazão de ar para elementos filtrantes de 25 cm (10") ou 100 cm (40") de comprimento, respectivamente (MILLIPORE CO., 1990).

Conforme fica evidente nessas figuras, as perdas de carga são realmente reduzidas, e o aumento do comprimento do elemento filtrante, o que significa aumentar a área de passagem do ar, permite o emprego de vazões mais elevadas com menores perdas de carga. Observa-se também, em ambas as figuras, que um aumento da pressão de entrada do ar para uma mesma vazão acarreta uma menor perda de pressão, o que é devido a um aumento da densidade do gás com o aumento da pressão.

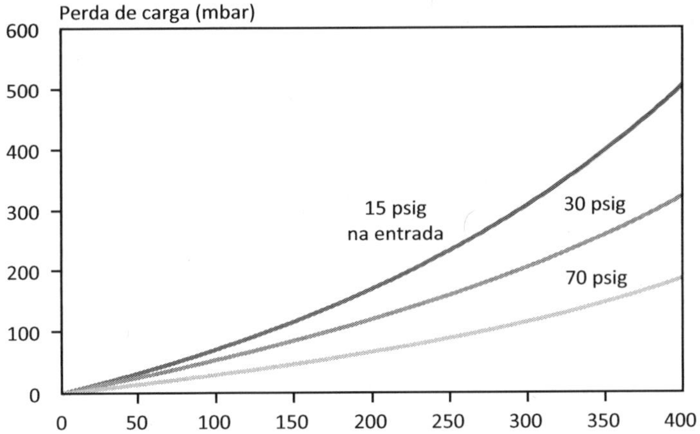

Figura 5.11 Perda de carga em função da vazão de ar (expressa em metros cúbicos de ar, nas condições normais, por hora), para filtro tipo cartucho de 10" de comprimento, da Millipore.

Fonte: adaptada de Millipore Co. (1990).

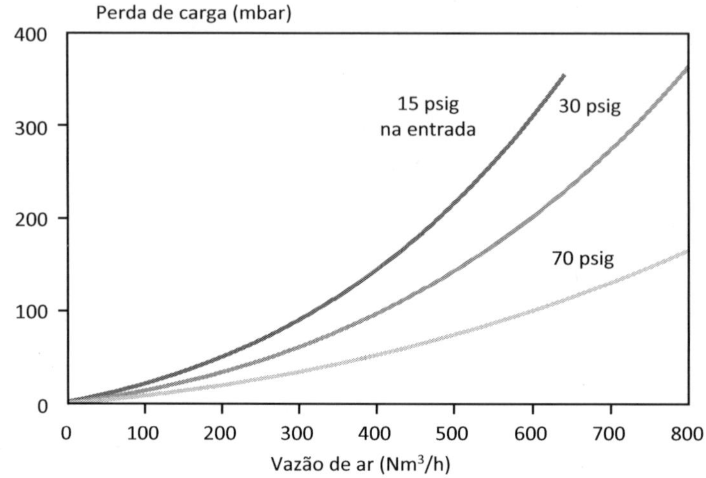

Figura 5.12 Perda de carga em função da vazão de ar, para filtro tipo cartucho de 40" de comprimento, da Millipore.

Fonte: adaptada de Millipore Co. (1990).

A Figura 5.13 permite uma ideia simplificada a respeito da forma de instalar um filtro de membrana em uma linha de fornecimento de ar esterilizado para um biorreator. Normalmente, com a finalidade de aumentar a vida útil do filtro, sugere-se a instalação de pré-filtros, construídos com materiais mais grosseiros e de baixo custo, a fim de retirar do ar partículas de poeira de maiores dimensões.

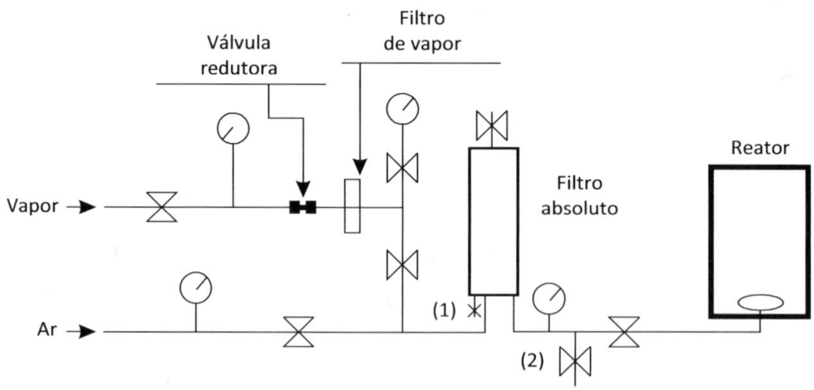

Figura 5.13 Esquema geral para a instalação de um filtro de membrana polimérica (absoluto).

Como se pode observar, deve-se prever a entrada de vapor a fim de esterilizar o filtro, devendo esse vapor ser devidamente filtrado para evitar o acúmulo de sólidos na superfície do elemento filtrante. Nos instantes iniciais, a válvula de dreno do recipiente que contém o filtro (detalhe 1 na Figura 5.13) deve ser mantida aberta para a expulsão do ar, para que se possa atingir a temperatura adequada de esterilização. Também, após a esterilização, passa-se ar pelo sistema, permitindo que esse ar saia pelo dreno de linha (detalhe 2 na Figura 5.13), a fim de drenar a água que tenha ficado retida. Finalmente, pode-se fechar esse dreno e abrir a válvula que comunica o filtro com o reator. Não se procede à esterilização de pré-filtros.

A troca dos elementos esterilizantes é muito simples, requerendo pouco tempo para a sua realização. No entanto, tal operação deve ser efetuada com todo o cuidado, a fim de não danificar a membrana filtrante, além de posicionar adequadamente os anéis de vedação do sistema. Após a operação de troca de cartuchos, deve-se efetuar testes de manutenção de pressão interna, a fim de verificar a existência de vazamentos, bem como é recomendável a realização de testes de efetiva obtenção de ar esterilizado, por meio do uso de amostradores.

As diversas empresas fornecedoras desse tipo de filtro normalmente garantem a integridade dos seus produtos, pois efetuam testes antes da entrega do material, de forma que falhas eventuais, mais frequentemente, são atribuídas a um manuseio não adequado dos elementos filtrantes.

5.3.2.3.2 Filtros Hepa

Os filtros Hepa são os filtros especialmente empregados em câmaras assépticas ou áreas limpas, conforme descrito no início da Seção 5.3.1. Por definição, esses filtros devem remover, no mínimo, 99,97% das partículas em suspensão com diâmetro médio de 0,3 μm e ocasionar uma perda de carga (resistência do filtro ao fluxo de ar) em torno de 300 Pa no seu fluxo nominal. Atualmente, todos os filtros Hepa são feitos de fibra de vidro, as quais se apresentam como malhas dispostas aleatoriamente.

Atualmente, com a vigência da NBR 16.401, o Brasil não possui uma normativa para classificar esses filtros. Assim, passou-se a utilizar a norma europeia EN 1822, a qual corrobora com as recomendações publicadas pela Organização Mundial da Saúde. A norma EN 1822 descreve o método de ensaio e classificação dos filtros EPA, Hepa e Ulpa. A atualização de 2009 alterou a antiga categoria de filtros Hepa (*high efficiency particulate air filters*), criando subdivisões, nas quais os filtros Hepa estão em categoria separada da nova categoria de filtros, os EPA (*efficient air filters*) (Tabela 5.4). A classificação dos filtros Ulpa permaneceu inalterada (eficiência acima de 99,9995%) (ANVISA, 2013).

Normalmente esses filtros são montados com vários elementos filtrantes separados por folhas de alumínio, de forma a se obter uma grande área para a passagem do ar e, assim, possibilitar o uso de ventiladores, evitando a necessidade de compressores, em virtude da baixa perda de pressão na passagem através do leito filtrante.

Tabela 5.4 Comparação entre nomenclaturas de diferentes normas, considerando a eficiência dos filtros absolutos

EM 1822:2009		EM 1822:2002		ABNT NBR 6401:1980	
Nomenclatura	Eficiência (%)	Nomenclatura	Eficiência (%)	Nomenclatura	Eficiência (%)
E10	> 85	H10	> 85	A1	85 ≤ Ef ≤ 94,9
E11	> 95	H11	> 95	A2	95 ≤ Ef ≤ 99,6
E12	> 99,5	H12	> 99,5	–	–
H13	> 99,95	H13	> 99,95	A3 (Hepa)	Ef > 99,7
H14	> 99,995	H14	> 99,995		

Fonte: Anvisa (2013).

Conforme salientado, esses filtros são empregados especialmente em câmaras assépticas, registrando-se que presentemente predominam aquelas de fluxo laminar, ou seja, câmaras nas quais a velocidade de circulação do ar é baixa, de forma a se contar com um fluxo em regime laminar. Dessa forma, imagina-se que os contaminantes gerados no interior da câmara possam ser retirados desse ambiente pelo próprio fluxo de ar, impedindo que um fluxo turbulento cause um acúmulo de contaminantes.

Um exemplo de uma câmara desse tipo está indicado na Figura 5.14, a qual ilustra um sistema com circulação vertical de ar. O ar penetra pelo teto da câmara, saindo pelo piso desta, circulando a uma velocidade da ordem de 50 cm/s (NORRIS; RIBBONS, 1970).

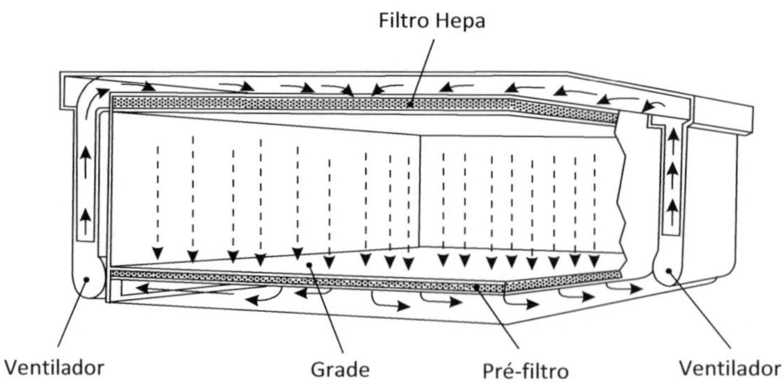

Figura 5.14 Câmara asséptica com fluxo laminar vertical de ar.

Fonte: adaptada de Norris e Ribbons (1970).

Existem muitas outras ideias a respeito do assunto, conforme o tipo de trabalho a ser executado. Assim, há câmaras de fluxo horizontal, nas quais o ar entra por uma das paredes e sai pelo lado oposto.

Em uma câmara de fluxo laminar, não se deve contar com a presença de um número exagerado de equipamentos, ou mesmo de pessoas circulando, pois é fácil compreender que qualquer obstáculo provoca turbilhões no ar, não se obtendo um fluxo em uma determinada direção. Por esse motivo, nas câmaras onde se executa a embalagem de produtos com assepsia, não se pode imaginar um fluxo laminar em toda a câmara, em virtude de suas dimensões.

Em alguns casos, tanto quanto possível, introduz-se no interior de uma câmara convencional, no local onde se executa uma determinada operação mais delicada, um gabinete ou capela de fluxo laminar, o que torna a operação mais segura. Tais capelas são presentemente muito comuns em laboratórios que manuseiam culturas puras de microrganismos, ou mesmo para a execução de transferências de meios de cultura previamente submetidos à esterilização. Na Figura 5.15 indica-se um esquema geral de uma capela desse tipo (NORRIS; RIBBONS, 1970).

Em instantes anteriores à utilização da capela, recomenda-se efetuar uma desinfecção das superfícies, empregando-se etanol ou outras soluções desinfetantes, permitindo-se ainda que a capela permaneça fechada durante algum tempo e, adicionalmente, ligando-se uma lâmpada UV para a desinfecção do seu interior. Ao iniciar a operação asséptica, desliga-se a lâmpada e aciona-se a circulação do ar, tomando-se sempre a precaução de evitar um excesso de movimentação no interior da capela.

O conceito de fluxo laminar encontrou várias aplicações, havendo diferentes sistemas operando em distintas condições, como é o caso de operar com velocidades de circulação do ar muito baixas, da ordem de 0,1 m/s e até 0,075 m/s (BLAKEMORE, 1970).

Pode-se, inclusive, contar com câmaras de fluxo laminar portáteis, ou seja, que podem ser facilmente deslocadas para locais da indústria onde seja necessária uma dada operação asséptica. Essas câmaras são fechadas por uma cortina de material plástico, havendo no teto um sistema de distribuição do ar. Esse ar é fornecido por uma unidade colocada ao lado da cabine, que contém o filtro Hepa. Dessa forma, o ar circula verticalmente, saindo pela parte debaixo das cortinas. Quando adequadamente operados, esses sistemas portáteis permitem a obtenção de ambientes protegidos, em princípio, em qualquer lugar da indústria.

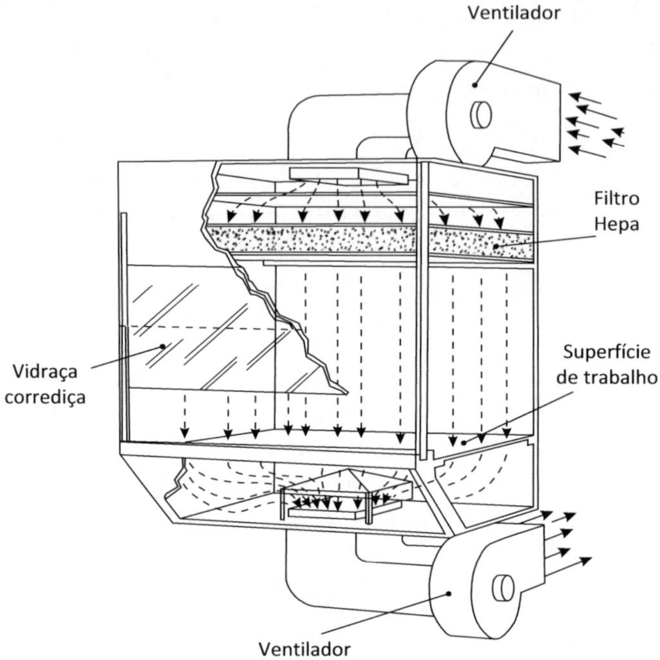

Figura 5.15 Capela de fluxo laminar.

Fonte: adaptada de Norris e Ribbons (1970).

5.4 CONSIDERAÇÕES FINAIS

Conforme apresentado, a esterilização por filtração tem grande impacto não só nos processos fermentativos, mas também na certificação de processos industriais baseados em fermentação. Atualmente, é impossível pensar em um produto comercial dessa origem sem a presença de filtros para a remoção de microrganismos.

Os bioprocessos entraram em diferentes ramos industriais a partir dos anos 2000, além de aumentarem sua participação nos quais já estavam presentes. Essa nova realidade exigiu, e ainda exige, uma evolução constante de materiais e processos. O avanço em engenharia de materiais e tecnologias de filtração permitiram que muitos processos se tornassem viáveis em termos de garantia de qualidade. Hoje é possível montar uma fábrica de anticorpos ou antibióticos em uma estrutura modular, semelhante a *containers*. A eficiência de filtração de ar e líquidos chega a dispensar aquelas grandes centrais de utilidades (geradores de vapor, tratamento de água, entre outros).

O advento de filtros absolutos com características químicas e tamanhos variados permite que os longos e árduos processos de validação da indústria farmacêutica sejam encurtados, pois atualmente conseguimos não apenas remover microrganismos do ar e de soluções, mas também comprovar a integridade dos filtros de forma imediata.

Esses avanços foram promovidos por meio de tecnologias desenvolvidas por um grupo seleto de empresas. Essa concorrência permite que hoje possamos escolher o filtro que melhor se adequa ao nosso processo. Dentro de certa especificidade, há a possibilidade da escolha entre diferentes marcas. Nos anos 1990, isso era inimaginável.

Em relação à filtração de meios de cultura e soluções, sempre devemos ponderar os volumes a serem filtrados, além da carga de partículas insolúveis. Uma solução pouco homogênea certamente demandará a utilização de pré-filtros, ou então a substituição do tipo de filtração: da perpendicular para a tangencial.

Boa parte dos cartuchos de filtros para líquidos podem ser reutilizados. No entanto, obviamente, algumas recomendações devem ser seguidas para garantir a sua longevidade, como: realizar a filtração respeitando os limites de pressão, implementar métodos e rotinas de limpeza adequados e, por fim, impedir o crescimento de contaminantes na superfície das membranas filtrantes (seja por esterilização química ou por vapor úmido).

Em relação aos filtros de ar, devemos lembrar que esses filtros devem ser adequadamente projetados, evitando-se o emprego de velocidades excessivas de ar através da membrana esterilizante, a fim de se contar com baixas perdas de pressão. Igualmente, deve haver todo o cuidado com a instalação, buscando uma efetiva vedação do sistema, para que não ocorra contato entre o ar esterilizado e o ar atmosférico (perfeita vedação do recipiente que contém os cartuchos, perfeita instalação dos cartuchos no recipiente, emprego de cartuchos íntegros, utilização de registros apropriados no trajeto do ar esterilizado etc.). É sempre útil o emprego de pré-filtros, os quais deverão ser substituídos com uma maior frequência, a fim de ampliar o tempo de operação da membrana esterilizante.

Deve-se, inclusive, lembrar que tanto os pré-filtros como os filtros deverão ser substituídos, havendo a necessidade de um fácil acesso ao sistema a fim de que essa operação possa ser rápida e segura. No caso dos processos fermentativos contínuos, nos quais se espera operação ininterrupta por várias semanas, é interessante a instalação de dois filtros em paralelo para cada reator. Dessa forma, pode-se providenciar a esterilização de um filtro após certo tempo de operação (uma ou duas semanas, por exemplo) sem interromper o processo.

Finalmente, vale destacar a expectativa do surgimento de novos materiais e tecnologias que permitam o aumento da produtividade industrial e a otimização de recursos. Ou seja, ainda há margem para os processos de filtração serem mais rápidos e o custo dos filtros serem mais baixos (dependendo do produto fabricado, os gastos com filtros podem atingir até 50% dos custos).

REFERÊNCIAS

ANVISA. *Guia da qualidade para sistemas de tratamento de ar e monitoramento ambiental na indústria farmacêutica*. Brasília, DF, 2013.

BLAKEMORE, W. S. Symposium. Filtered laminar air flow technology. *Develop. Ind. Microbiol.*, v. 11, p. 45 , 1970.

DECKER, H. M. et al. Time temperature studies of spore penetration through an electric air sterilizer. *Journal of Applied Microbiology*, v. 2, n. 1, p. 33 , 1954.

ECA. *The new Annex 1 and 5 µm Particles*. Mannheim, 2017. Disponível em: <https://www.gmp-compliance.org/gmp-news/the-new-annex-1-and-5-um-particles>. Acesso em: 7 dez. 2020.

EU. *Annex 1*: Manufacture of Sterile Medicinal Products: Document map. Brussels, 2018. Disponível em: <https://ec.europa.eu/health/sites/health/files/files/gmp/2017_12_pc_annex1_consultation_document.pdf>. Acesso em: 7 dez. 2020.

GE HEALTHCARE Life Sciences. *MaxCell™ process-scale hollow fiber cartridges.* Uppsala, 2013. Disponível em: <https://www.cytivalifesciences.co.jp/catalog/pdf/18116802AD.pdf>. Acesso em: 7 dez. 2020.

LANGER, E. S. *12th Annual Report and Survey of Biopharmaceutical Manufacturing Capacity and Production*: a study of biotherapeutic developers and contract manufacturing organizations. [S.l.]: BioPlan Associates, 2015.

LEAHY, T. J.; GABLER, R. Sterile filtration of gases by membrane filters. *Biotechnology and Bioengineering*, v. 26, n. 8, p. 836-843, 1984.

MILLIPORE CO. Aerex-FC Cartridge filters. *Catálogo no. PF001*, 1990.

MILLIPORE SIGMA. *MAS-100 Eco.* [s.d.]a. Disponível em: <http://www.merckmillipore.com/BR/pt/product/MAS-100-Eco,MM_NF-C150448>. Acesso em: 7 jan. 2019.

MILLIPORE SIGMA. *Opticap Gamma Compatible XL 150 Millipore Express SHC 0.5/0.2 µm 9/16 in. HB/HB.* [s.d.]b. Disponível em: <http://www.merckmillipore.com/BR/pt/product/Opticap-Gamma-Compatible-XL-150-Millipore-Express-SHC--0.5/0.2m--9/16in.-HB/HB,MM_NF-KHGEG015HH3>. Acesso em: 19 jan. 2019.

NEW BRUNSWICK SCI. CO. NBS air incinerator-series CN-10 and CN-20. *Catálogo n. 86*, 1967.

NORRIS, J. R.; RIBBONS, D. W. *Methods in microbiology.* Vol. 1. London: Academic Press, 1970.

PALL. *Advanta Junior Gas Filter Housings.* [s.d.]. Disponível em: <https://shop.pall.com/us/en/biotech/filtration/air-filters/emflon-pfr-junior-style-filter-cartridges-zidgri78lwd e https://shop.pall.com/us/en/biotech/filtration/air-filter-housings/advanta--junior-gas-filter-housings-zidgri78m9z>. Acesso em: 7 jan. 2019.

PARIS, R. G.; SCHMIDELL, W.; BORZANI, W. Destruction of airborne microorganisms by the heat generated during air compression. *Biotechnology Techniques*, v. 1, n. 2, p. 141-142, 1987.

PARTICLE MEASURING Systems. Lasair III Airborne Portable Particle Counter. [s.d.]. Disponível em: <https://www.pmeasuring.com/en/products/air-and-condensation/lasair-iii-aerosol-particle-counter >. Acesso em: 7 jan. 2019.

SARTORIUS. *Midisart*. Goettingen, [s.d.]a. Disponível em: <https://www.sartorius.com/sartorius/en/EUR/BioProcess/Products-and-Services/Filtration-and-Purification-Technologies/Air%7CGas-Filtration/Small-Scale-Sterile-Venting/Midisart%C2%AE/p/M_Midisart>. Acesso em: 7 jan. 2019.

SARTORIUS. *Sartopore 2*. Goettingen, [s.d.]b. Disponível em: <https://www.sartorius.com/sartorius/en/EUR/BioProcess/Products-and-Services/Filtration-and-Purification--Technologies/Sterile-Filtration/Process-Economy/Sartopore%C2%AE-2/p/M_Sartopore_2>. Acesso em: 6 jan. 2019.

SARTORIUS. *Hydrosart® Open Channel Microfiltration Cassettes*: Cell harvest and bacteria concentration. Goettingen, 2012. Disponível em: <https://www.sartorius.com/shop/medias/-datasheet-en-Data-Hydrosart-Microf-OpenChannel-SPC2028-e.pdf?context=bWFzdGVyfGRvY3VtZW50c3wyMDE2MTh8YXBwbGljYXRpb24vcGRmfGRvY3VtZW50cy9oMGUvaDc0Lzg5Mzc1NDUxMDU0MzgucGRmfGNlNzIwM2RkNDE1OWM3NTU5ZmRkNjNiMDU3ZjBhNTVlYWQzODhjOWIwZDM5ODI5NWUwZTNkMTUwMTU1M2ZkMWY>. Acesso em 7 dez. 2020.

SCHMIDELL, W. Esterilização de ar. In: BORZANI, W. et al. *Engenharia bioquímica*. São Paulo: Blucher, 1975. Coleção Biotecnologia, v. 3. p. 44-95.

SHUKLA, A. A.; GOTTSCHALK, U. Single-use disposable technologies for biopharmaceutical manufacturing. *Trends in Biotechnology*, v. 31, n. 3, p. 147-154, 2013.

STARK, W. H.; POHLER, G. M. Sterile air for industrial fermentations. *Industrial & Engineering Chemistry*, v. 42, n. 9, p. 1789 , 1950.

WANG, H. Y.; LAWLESS JR., R. J.; LIN, J. Use of membrane oxygenator to increase oxygen transfer capacity of a bioreactor. *Process Biochemistry*, v. 23, n. 1, p. 23-27, 1988.

XAVIER, M. P. et al. Importância do monitoramento ambiental em áreas classificadas. *Revista de Biologia e Farmácia*, v. 9, n. 4, 2013.

CAPÍTULO 6
Tipos de biorreatores e formas de operação

Aldo Tonso

Alberto Colli Badino Junior

Willibaldo Schmidell

6.1 INTRODUÇÃO

Biorreatores, ou reatores para processos biológicos, podem ser definidos como sistemas desenvolvidos para realizar um bioprocesso, que apresentam um ambiente propício ao crescimento celular e à síntese do bioproduto de interesse. Pode-se considerar um simples frasco de vidro como um biorreator, mas normalmente esse termo é aplicado a equipamentos mais complexos, que permitem a homogeneização do meio de cultura com células, mantendo controladas (ou às vezes apenas monitoradas) variáveis de processo, como temperatura, pH e oxigênio dissolvido. Alguns autores incluem na classificação de biorreatores os reatores enzimáticos, onde ocorrem reações químicas catalisadas por enzimas, que são catalisadores de origem biológica (vide o Capítulo 13). No entanto, no presente texto serão considerados como biorreatores apenas aqueles empregados em cultivos de microrganismos ou de células.

Neste capítulo serão apresentados os principais tipos de biorreatores associados às suas aplicações para diferentes bioprocessos e definidas as formas de operação do sistema, como descontínua e contínua. No Capítulo 7, essas formas serão devidamente analisadas, sendo apresentados seus equacionamentos.

Apesar de a humanidade realizar bioprocessos há milhares de anos com a produção de pão, queijo, vinho, iogurte e cerveja, do ponto de vista industrial, os primeiros biorreatores começaram a ser empregados na primeira metade do século XX (BUCHHOLZ; COLLINS, 2013; SHULER; KARGI, 2002), inicialmente na produção de ácido cítrico (1923), ácido acético e penicilina (1941) pela Pfizer e por outras empresas. A partir daí, ocorreu um grande desenvolvimento no projeto de biorreatores para a produção de antibióticos, vitaminas, enzimas, aminoácidos, fármacos, vacinas etc.

Com relação à escala, os biorreatores se dividem em três grupos principais. Há os biorreatores de bancada para pesquisa em laboratório, com volumes úteis de trabalho desde frações de litro até alguns litros. Na escala piloto, fundamental na transferência do processo para a escala industrial, empregam-se reatores de dezenas a centenas de litros. A etapa de produção industrial se utiliza de sistemas de tamanhos bastante variados, dependendo do processo (Tabela 6.1).

Tabela 6.1 Escalas típicas de biorreatores industriais

Capacidade do reator (litros)	Emprego usual	Observações
100-2.000	Microrganismos patogênicos	Preocupação com biossegurança
100-20.000	Células animais e vegetais	Produção de produtos de alto valor agregado e baixa demanda
50.000-500.000	Produção de enzimas, antibióticos, vitaminas e aminoácidos	Equilíbrio entre economia de escala e limitações de transferência de massa e energia
100.000-2.000.000	Fermentação alcoólica; tratamento de resíduos	Menor ou nenhuma exigência de assepsia; produtos de baixo valor agregado

Historicamente, os primeiros biorreatores industriais utilizavam microrganismos para a produção de produtos que as células naturalmente produzem, como etanol por leveduras, antibióticos e enzimas por fungos filamentosos e ácidos orgânicos por bactérias. No final do século XX, iniciou-se a produção industrial de proteínas heterólogas, como a insulina humana por bactérias modificadas geneticamente com a inclusão da codificação dessa proteína pela técnica do DNA recombinante (JOHNSON, 1983) e a eritropoietina humana por células animais capazes de realizar a correta modificação pós-traducional de proteínas para fins terapêuticos (WURM, 2004). Mais recentemente, tem-se a produção de compostos de variadas naturezas por microrganismos (diferentes de proteínas), por meio da inserção de inúmeras modificações genéticas.

No desenvolvimento dos biorreatores para cultivo de microrganismos, muito se focou na transferência de oxigênio, de modo a permitir o suprimento para concentrações cada vez maiores de células: cultivos com alta concentração celular (*high cell density*) atingem mais de 100 g de células secas por litro (LEE, 1996; BERLEC; STRUNKELJ, 2013). No caso de células animais (vide o Capítulo 22 do Volume 3, "Processos com células animais"), foi necessário o desenvolvimento de sistemas que gerassem pouco estresse mecânico e permitissem a retenção de células e a facilidade de validação do processo de produção de fármacos (como os biorreatores descartáveis)

A produção de um bioproduto é um processo bastante complexo, exigindo muitos equipamentos e etapas, como a preparação de meio e inóculo, o crescimento celular, a purificação dos produtos e o tratamento de efluentes. Mesmo assim, pode-se entender o biorreator como o equipamento central da produção, pois é nele que o produto efetivamente é sintetizado, como pode ser visto na Figura 2.1 do Capítulo 2.

6.2 TIPOS DE BIORREATORES

Há várias formas de classificar os diferentes tipos de biorreatores, dependendo do critério utilizado:

- células livres ou imobilizadas/confinadas;
- agitação mecânica ou pneumática;
- cultivo submerso ou no estado sólido;
- reatores para microrganismos ou para células superiores.

Convém observar que, apesar de os reatores para processos anaeróbios terem volumes maiores, como fermentação alcoólica e tratamento de efluentes, os cultivos aeróbios são industrialmente os mais empregados. Nesse sentido, no projeto desses biorreatores a transferência de oxigênio assume uma importância fundamental, pois muitas vezes a limitação da oferta de oxigênio às células reduz as produtividades em células e em produto. Dessa forma, pode-se observar que o projeto dos biorreatores é muito influenciado pelo sistema de transferência de oxigênio às células (vide o Capítulo 9).

6.2.1 CLASSIFICAÇÃO DOS BIORREATORES

Os primeiros tanques de mistura usados em bioprocessos derivaram diretamente daqueles empregados em processos químicos. Alternativamente, foram desenvolvidos diversos outros tipos de biorreatores para diferentes aplicações. Encontram-se na literatura várias formas de classificar os biorreatores (NIELSEN; VILLADSEN; LIDÉN, 2003; SHULER; KARGI, 2002), sendo usada aqui uma combinação dessas classificações, conforme apresentado no Quadro 6.1. Na Figura 6.1, são apresentados esquemas básicos desses reatores, conforme descrito a seguir.

Quadro 6.1 Classificação geral dos biorreatores

- A – Reatores em fase aquosa (cultivo submerso)
  - A.1 – Células livres
    - A.1.a – Agitados mecanicamente (tanque de mistura – STR) (Figura 6.1a)
    - A.1.b – Agitados pneumaticamente
      - – Coluna de bolhas (*bubble-column*) (Figura 6.1.b)
      - – *Air-lift* (Figura 6.1c)
  - A.2 – Células imobilizadas
    - A.2.a – Em suportes em leito fixo (Figura 6.1d)
    - A.2.b – Em suportes em leito fluidizado (Figura 6.1e)
    - A.2.c – Confinadas entre membranas (Figura 6.1f)
- B – Reatores em fase não aquosa (cultivo em estado sólido)
  - B.1 – Estáticos (bandejas)
  - B.2 – Com agitação

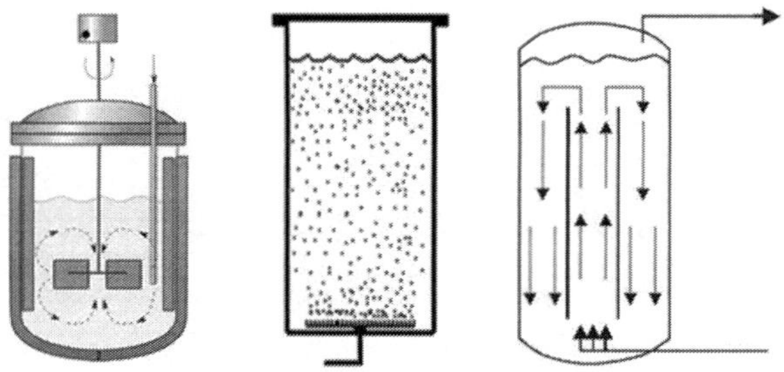

a) Tanque de mistura   b) Coluna de bolhas   c) *Air-lift*

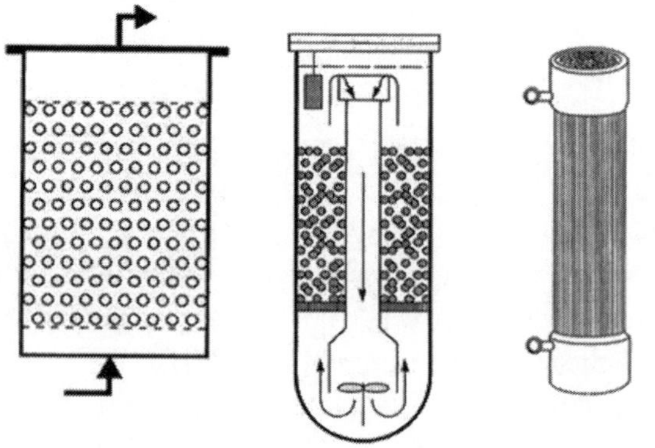

d) Leito fixo   d) Leito fluidizado   f) Fibra oca

Figura 6.1 Principais tipos de biorreatores.

6.2.2 BIORREATORES COM CÉLULAS LIVRES

A maior parte dos sistemas industriais utiliza células livres em suspensão no meio de cultura, de modo que a retirada de meio leve consigo as células.

6.2.2.1 Tanque agitado mecanicamente

Indubitavelmente, o tipo de biorreator mais utilizado, seja em pesquisa de laboratório, seja em instalações industriais, é o tanque mecanicamente agitado e aerado (*stirred tank reactor* - STR), também conhecido como tanque de mistura (Figura 6.1a).

Trata-se de um tanque cilíndrico, confeccionado normalmente em aço inox, aço carbono ou vidro (escala laboratorial), no qual o meio de cultura é agitado pela ação de impelidores fixados num eixo central, cuja rotação é proporcionada por um motor acoplado ao eixo e posicionado acima ou abaixo do tanque. Tendo em vista a necessidade frequente de se manter a assepsia no sistema, foram desenvolvidos sistemas de acoplamento do eixo do motor usando selos mecânicos ou ainda magnéticos (quando não há parte móvel ligando o motor na parte externa com o eixo na parte interna do biorreator). O tanque cilíndrico apresenta relação altura do líquido/diâmetro que depende da escala do reator, sendo da ordem de 3 a 5 para 1 em reatores industriais e de 1 a 2 para 1 na escala de bancada (laboratório). Comumente são adicionadas chicanas (*baffles*) verticais na parede do reator para evitar a formação de vórtices e promover melhores homogeneização e turbulência e maior transferência de oxigênio. Há diversos tipos de impelidores, sendo mais comuns as turbinas tipo Rushton ou de disco com pás planas (*flat blade*) para a operação com microrganismos que requerem maior oxigenação, e hélices marinhas para cultivos de células mais sensíveis ao cisalhamento. Para maiores detalhes da construção dos biorreatores, sugere-se a consulta do Capítulo 17.

No tanque de mistura em processos aeróbios, frequências de agitação relativamente baixas são capazes de garantir a homogeneização do sistema, porém não a suficiente transferência de oxigênio. Esta é resultado de uma série de fatores, incluindo as dimensões do tanque e dos impelidores, o formato dos aspersores de gás, a frequência de agitação, a vazão e a composição dos gases alimentados ao líquido, conforme será visto no Capítulo 9. É comum nos tanques agitados a existência de sistemas para evitar o acúmulo de espuma por meio de quebradores de espuma ou adição de substâncias antiespumantes. Por outro lado, quando se deseja atingir anaerobiose total, pode-se aspergir o gás nitrogênio para a remoção do oxigênio presente.

6.2.2.2 Tanque agitado pneumaticamente

Os reatores agitados pneumaticamente funcionam sem partes móveis internas, promovendo a homogeneização simplesmente pela injeção de gás e pela consequente movimentação do líquido. No modelo coluna de bolhas (Figura 6.1b) há um escoamento aleatório das fases líquida e gasosa (SONEGO et al., 2016; OZCAN; SARGIN;

GOKSUNGUR, 2014; WANG et al., 2014), enquanto no *air-lift* (Figura 6.1c) há um escoamento bem definido, em determinadas direções, através de canais construídos especialmente para esse propósito, por exemplo, através de um cilindro interno concêntrico (*riser*) (MERCHUK, 2003; CERRI et al., 2016; BADINO et al., 2016). Neste, a massa de líquido aerada, por apresentar uma densidade aparente menor que o restante do líquido localizado no espaço anular (*downcomer*), é movimentada para o alto do cilindro interno, onde ocorre uma separação de uma parcela do gás, e o líquido com menor conteúdo de gás retorna escoando para baixo pelo cilindro externo, garantindo uma eficiente mistura das fases líquida e gasosa.

Tais reatores, que apresentam relação altura do líquido/diâmetro da ordem de 4/1, permitem a homogeneização com menores gasto de energia e grau de cisalhamento, sendo particularmente adequados para processos com células sensíveis que não requerem transferência de oxigênio muito elevada (FONTANA; POLIDORO; DA SILVEIRA, 2009). Entre suas vantagens, convém salientar que, pela ausência de partes móveis internas, reduzem riscos de contaminação por falhas no selo mecânico e requerem menos manutenção.

6.2.3 BIORREATORES COM CÉLULAS IMOBILIZADAS

Alternativamente aos sistemas com células livres, que ficam em suspensão no meio de cultura, foram criados aqueles em que as células se encontram confinadas, ora imobilizadas em suportes, ora entre membranas, de forma que se possa manter no reator um maior número de células. Como as células são os agentes das transformações que produzirão o bioproduto, tal alternativa pode aumentar a produtividade, pelo uso contínuo ou reaproveitamento das células, além de facilitar as etapas posteriores de purificação dos produtos.

A imobilização pode ser definida como o confinamento físico de células intactas em determinada região com a preservação de desejada ação catalítica (KAREL; LIBICKI; ROBERTSON, 1985). Podem-se empregar diferentes suportes, como alginato, κ-carragena, vidro, entre outros (PÉREZ-BIBBINS et al., 2016; GUNGORMUSLER-YILMAZ et al., 2016), conforme será visto no Capítulo 14. Dessa forma, consegue-se que as células sejam represadas dentro do reator quando houver troca de líquidos, que de outra forma arrastaria junto as células livres. Tais suportes (fase sólida) podem estar dispostos em um leito fixo (Figura 6.1d) ou fluidizados pela circulação de meio de cultura (Figura 6.1e). Adicionalmente, células animais dependentes de aderência têm sido cultivadas em microcarregadores, que são partículas sólidas ou porosas desenvolvidas especificamente para imobilizá-las, mantendo-se os microcarregadores em suspensão.

Outra forma de manter as células dentro do biorreator é por meio do confinamento em regiões delimitadas por membranas (Figura 6.1f), que permitem a passagem de componentes do meio de cultura (como glicose e oxigênio) e produtos e/ou subprodutos do metabolismo (como ácido acético e gás carbônico), impedindo, no entanto, a passagem das células. Essas membranas, que agem como filtros moleculares, permitem a obtenção de altas concentrações celulares, sendo particularmente indicadas em processos lentos, como os de tratamento de resíduos e com células animais. Além disso, expõem as células a baixíssimas tensões de cisalhamento, sendo, portanto, indicadas para organismos mais sensíveis. Como o meio passa através das células, podem ser chamados de reatores de perfusão, apesar de esse termo ter sido utilizado de modo geral para cultivos contínuos com reciclo interno ou externo de células. Dependendo de suas características, as membranas permitem separar os nutrientes do produto em diferentes regiões do biorreator (por exemplo, pelo diâmetro dos poros) e, com isso, obter altas concentrações de produtos, facilitando as etapas de purificação. Reatores de membranas têm sido muito utilizados industrialmente no tratamento de águas residuais (AHMED; LAN, 2012; CASEY; GLENNON; HAMER, 1999), bem como nas escalas de laboratório e piloto com células animais, por exemplo com o uso de fibras ocas (*hollow fiber*) (TAPIA et al., 2014).

6.2.4 REATORES PARA CULTIVOS EM ESTADO SÓLIDO

Conforme visto no Quadro 6.1, além dos cultivos submersos, outra categoria de biorreatores são aqueles para cultivos em fase não aquosa, também conhecidos como fermentação em estado sólido (FES) ou fermentação semissólida (FSS). Trata-se de cultivos em que não existe água livre e as células se encontram misturadas em substratos com teor de umidade entre 30% e 80%. São particularmente comuns na Ásia (Japão, China e Índia) e costumam ser utilizados para produção industrial de enzimas e alguns metabólitos secundários como pigmentos, normalmente por fungos filamentosos. Frequentemente, as etapas de purificação ficam facilitadas pelo fato de o produto poder ser retirado em pequena quantidade de água ou ainda ser utilizado junto ao substrato remanescente. No entanto, como os principais desafios estão na eficiente remoção de calor e na transferência de oxigênio, ainda estão em desenvolvimento soluções eficientes para aumento de escala, limitando-se muitas vezes à produção em bandejas (*stationary trays*) (RUIZ et al., 2012). Para melhorar a dissipação da energia gerada pelo metabolismo, alguns sistemas agitados têm sido propostos, como tambor rotativo, reator de leito empacotado e leito fluidizado (YOON et al., 2014; HANSEN et al., 2015). Uma descrição mais detalhada dos biorreatores utilizados em cultivos em fase não aquosa pode ser vista no Capítulo 15.

6.2.5 OUTROS TIPOS DE BIORREATORES

Além dos sistemas mais comuns citados anteriormente, há outros tipos de biorreatores, como os descritos a seguir.

a) *Reatores tubulares de fluxo pistonado* (*plug-flow*): reatores nos quais meio de cultura e inóculo são alimentados numa extremidade do sistema, ocorrendo consumo de substrato, crescimento celular e geração de produto ao longo do escoamento nos tubos (Figura 6.2). Esse reator não é homogêneo, de modo que se pode observar a evolução do processo ao longo do trajeto do fluido (espaço) em vez de ao longo do tempo, como ocorre com reatores agitados em cultivo descontínuo. O emprego mais frequente de reatores de fluxo pistonado é no cultivo de microalgas e no tratamento biológico de efluentes, em que o objetivo principal do processo não é a geração de algum bioproduto, e sim a degradação de componentes do meio (GE et al., 2014), conforme pode-se observar no Capítulo 18.

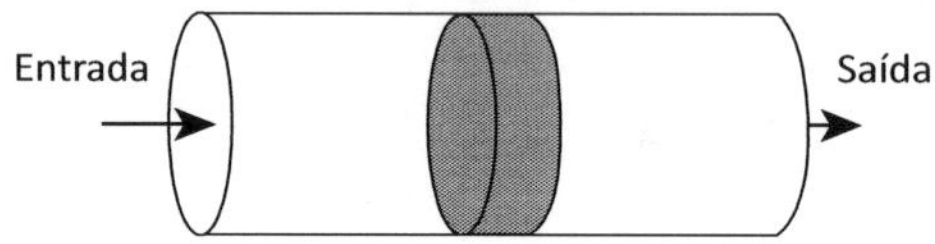

Figura 6.2 Esquema de reator de fluxo pistonado.

b) *Fotobiorreatores* (Figura 6.3): são para sistemas que utilizam organismos fotossintetizantes que requerem luz como fonte de energia no seu metabolismo. Tipicamente são adaptações de reatores tradicionais, que precisam prover espaço físico para a instalação de lâmpadas (escala laboratorial) ou para serem naturalmente iluminados (processos industriais). Entre eles, podem-se citar os modelos coluna de bolhas, *air-lift*, tanque agitado e *plug-flow* (SINGH; SHARMA, 2012). Sua aplicação mais comum atualmente é para cultivo de microalgas, que requer sistemas de adição de gás carbônico e saída do oxigênio produzido.

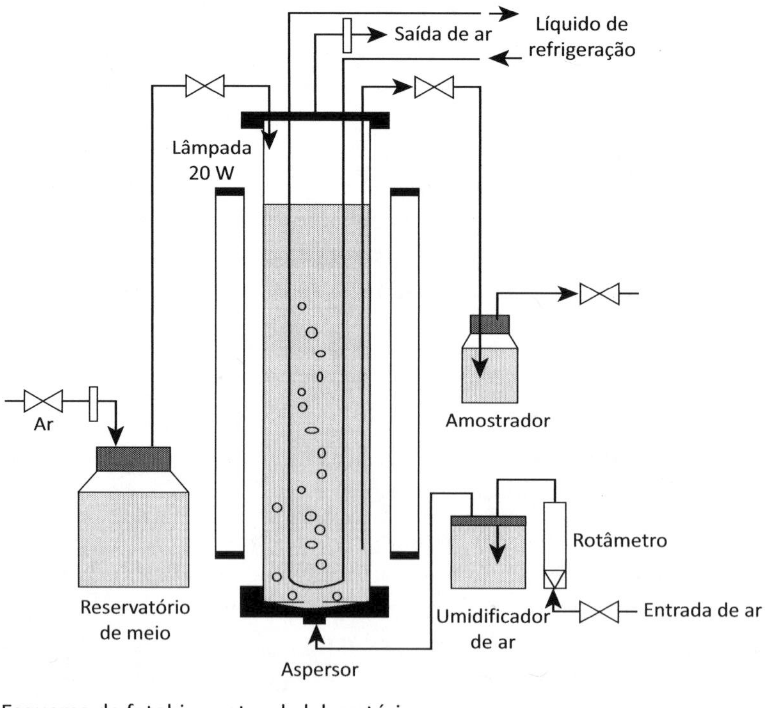

Figura 6.3 Esquema de fotobiorreator de laboratório.

c) *Reatores para cultivo de células animais*: atualmente, muitos produtos farmacêuticos, tipicamente proteínas terapêuticas, necessitam ser produzidos por células animais, capazes de realizar adequadamente uma série de modificações pós-traducionais na proteína de modo a lhes conferir atividade biológica efetiva. Essas células, em virtude de suas características, podem requerer sistemas específicos de transferência de oxigênio sem a presença de bolhas (por meio de difusão de oxigênio por membranas) e impelidores tipo hélice marinha, ambas estratégias para evitar estresse por cisalhamento. Além disso, podem requerer suportes, no caso de células dependentes de aderência. Exemplos desses biorreatores são: *roller bottles*, microcarregadores, fibras ocas (*hollow fiber*), reatores oscilantes (tipo Wave®, Figura 6.4) e frascos Spinner. Tais sistemas serão vistos no Capítulo 22 do Volume 3: "Processos com células animais".

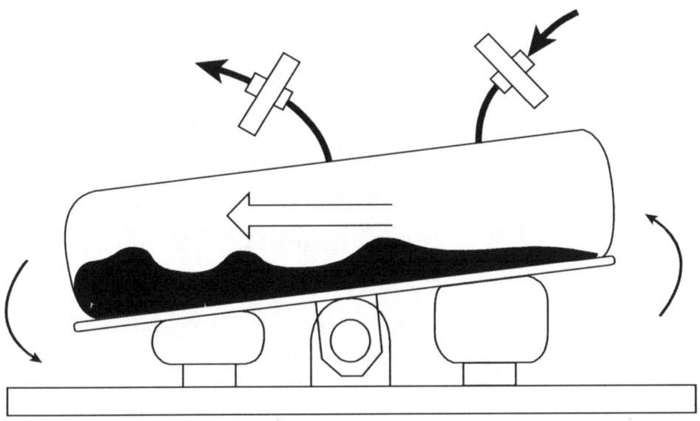

Figura 6.4 Biorreator de oscilação.

d) *Reatores descartáveis (single-use)*: em virtude dos custos envolvidos na validação de processos de produção de fármacos de alto valor agregado nas agências reguladoras de medicamentos como Agência Nacional de Vigilância Sanitária (Anvisa), Food and Drug Administration (FDA) e European Medicines Agency (EMA), foram desenvolvidos sistemas cujo processo de esterilização é terceirizado (tipicamente por radiação gama) e em que todas as partes que entram em contato com o produto final são descartáveis. Tais reatores requerem projeto particular, considerando-se que os sensores que entram em contato com o meio de cultura (tipicamente pH e oxigênio) também são descartáveis, bem como o sistema de agitação e aeração (vide Capítulo 17). Dessa forma, é possível observar nos catálogos de vários fabricantes de biorreatores que há uma linha própria para biorreatores descartáveis, em paralelo com sistemas autoclaváveis (normalmente na escala de laboratório) e esterilizáveis *in situ* com vapor (EIBL et al., 2010).

e) *Minibiorreatores*: apesar de não terem aplicações industriais, tem havido um grande desenvolvimento de biorreatores para pequenos volumes de meio, da ordem de um a centenas de mililitros. Tais sistemas têm sido usados para triagem (*screening*) de cepas ou meio de cultura, permitindo a realização simultânea de vários cultivos (BETTS; BAGANZ, 2006; KUMAR; WITTMANN; HEINZLE, 2004). Nesta categoria podem-se incluir ainda biorreatores de microfluídica, nos quais são implementados pequenos canais e poços (normalmente fabricados em polimetilmetacrilato e polidimetilsiloxano) para gerar uma solução econômica para microrreatores (OLIVEIRA et al., 2016).

Como visto, há uma grande variedade de biorreatores que podem ser utilizados e a escolha por um sistema dependerá do tipo de organismo que se pretende cultivar, do produto-alvo e de outras características do processo. Além disso, para um determinado biorreator, são possíveis diferentes formas de operação, conforme será visto a seguir.

6.3 FORMAS DE OPERAÇÃO

Além dos diferentes tipos de biorreatores, é muito importante na biotecnologia industrial o modo de operar esses equipamentos. Num mesmo tanque agitado e aerado, modelo de biorreator mais amplamente utilizado, é possível conduzir o bioprocesso de forma que todos os nutrientes sejam disponibilizados às células no instante inicial ou, alternativamente, pode-se introduzir meio de cultura no sistema ao longo do tempo, num processo denominado descontínuo alimentado ou batelada alimentada. Outra forma de operação é a contínua, na qual se alimenta o reator e se retira continuamente o caldo contendo as células e o produto desejado, mantendo-se o volume constante. Essas formas são apresentadas qualitativamente a seguir (Figura 6.5). No Capítulo 7 são realizados os equacionamentos dos diferentes tipos de cultivo, com base nos balanços de massa para substrato, células e produto. Tais equacionamentos se baseiam na lei da conservação da massa: todo o acúmulo de massa dentro de um sistema (seja de células, substrato ou produto) equivale à soma dos efeitos de entrada, saída, geração e consumo dessa massa.

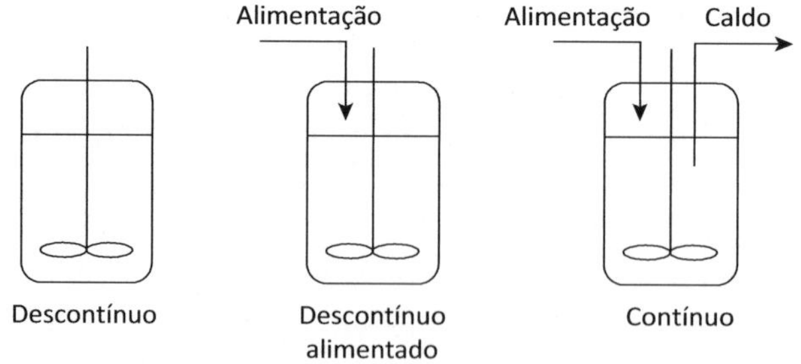

Figura 6.5 Esquema básico das principais formas de operação de biorreatores.

Conhecendo-se as cinéticas de crescimento celular e de geração de produto, com base nos balanços materiais, podem-se prever variações nas concentrações de células (X), de substrato (S) e de produto (P) ao longo do tempo de cultivo, durante processos em regime transiente (estado não estacionário). Também é possível equacionar os valores dessas variáveis nas correntes de processos contínuos operados em regime permanente (estado estacionário). As análises das diferentes formas de operação conduzem a sistemas de equações algébricas ou diferenciais, cujas soluções permitem obter as concentrações de X, S e P.

6.3.1 PROCESSO DESCONTÍNUO

A forma mais simples de se operar um biorreator é aquela em que, iniciado o processo, não se adicionam novos nutrientes nem se retira meio metabolizado (caldo) do tanque. Esse modo de operação é conhecido por descontínuo ou batelada (*batch*). Nele, todos os nutrientes são adicionados ao tanque apenas no início do processo, momento em que as células inoculadas ao biorreator começam a metabolizá-los. A partir desse momento, ocorre tipicamente uma queda gradual na concentração dos substratos, à medida que as células se multiplicam (crescem) e geram produtos. Dessa forma, segue-se uma cinética característica, com fases de crescimento como adaptação ou *lag*, exponencial, desaceleração, estacionária e eventualmente declínio, conforme é analisado no Capítulo 11 do Volume 1, "Estequiometria e cinética de bioprocessos". De particular interesse é a fase exponencial, também chamada de fase log, em que a velocidade específica de crescimento é constante e máxima e o logaritmo neperiano da concentração celular aumenta linearmente com o tempo. Durante a fase log, as células se duplicam em intervalo de tempo fixo (e mínimo), indicando uma constância em seu comportamento fisiológico. Costuma-se determinar o término dessa fase como o instante em que ocorre alguma limitação do crescimento pela falta de um substrato como glicose. Alternativamente, as células deixam de crescer exponencialmente pela inibição causada pelo excesso de algum produto do metabolismo, como etanol, ácido acético ou ácido láctico, ou até mesmo pela queda do pH. Com base nessa análise, pode-se definir a estratégia de alimentação de um cultivo descontínuo alimentado para evitar esse fato, como será visto mais adiante.

Como principais vantagens do processo descontínuo, podem-se mencionar a facilidade de operação e manutenção da assepsia (por ser um sistema fechado, sem correntes de entrada e saída) e a reduzida possibilidade da ocorrência de mutações, em virtude do reduzido número de duplicações da população, uma vez que cada batelada de produção parte de um frasco do banco de células, armazenado em condições que mantêm as células estáveis geneticamente (congelado ou liofilizado).

Apesar de ser facilmente operado, o processo descontínuo, uma vez definidos microrganismo e meio de cultura, não permite qualquer manipulação do metabolismo celular, de modo que frequentemente se obtêm assim baixas produtividades, tanto em células como em produto. Observa-se que o caldo permanece grande parte do tempo de cultivo com concentrações baixas de células, portanto com produção limitada de produtos. Além disso, entre duas bateladas consecutivas, há a necessidade de se esvaziar, limpar, esterilizar e novamente encher o tanque, resultando em tempos mortos. Ao se projetar industrialmente o número de bateladas possível num período de produção, deve-se levar em consideração os tempos mortos, que diminuem a produtividade global do processo.

Mesmo assim, convém observar que os cultivos descontínuos são os mais utilizados em escala laboratorial, por não exigirem bombas para manipulação dos líquidos e por permitirem estudo da cinética básica do crescimento celular, e ainda bastante utilizados em escala industrial, pelos motivos já expostos.

6.3.2 PROCESSO DESCONTÍNUO ALIMENTADO

Alternativamente ao processo descontínuo, o processo descontínuo alimentado (também chamado de batelada alimentada ou *fed-batch*) se caracteriza pela adição de nutrientes ao longo do cultivo. Isso pode ser feito de diversas formas, como uma adição em pulso, em que uma quantidade de nutrientes é adicionada quase que instantaneamente, ou por meio de bombeamento contínuo de meio em vazão constante ou variável. De acordo com a estratégia de alimentação, pode-se, por exemplo, manter a concentração do substrato limitante praticamente constante no interior do biorreator, fazendo com que as células se mantenham em velocidade específica de crescimento quase constante, num estado pseudoestacionário. Nos cultivos descontínuos alimentados, não há a retirada de meio, havendo, portanto, um aumento gradativo do volume no interior do reator. Caso a concentração de nutrientes na alimentação seja bastante elevada, a vazão de alimentação pode ser muito pequena, chegando-se, às vezes, a se desprezar a variação de volume nos cálculos de balanço de massa.

Nos cultivos descontínuos alimentados, as concentrações de células (X), substrato (S) e produto (P) variam em função do tempo, de acordo com o metabolismo (crescimento de células, consumo de substrato e formação de produto) e com a alimentação de meio de cultura suplementar. O equacionamento desse cultivo será apresentado no Capítulo 7.

Situações clássicas em que cultivos descontínuos alimentados são empregados:

a) *Crescimento celular com inibição por substrato*: nesse caso, deve-se manter baixas as concentrações do(s) substrato(s) inibidor(es) no caldo de cultivo, de forma a contornar esse problema.

b) *Obtenção de altas concentrações celulares* (high cell density cultures): utiliza-se a batelada alimentada para atingir concentrações celulares superiores a 100 gramas de massa seca por litro, no menor tempo de cultivo, de forma a obter altas produtividades em células e em produto, normalmente intracelular. Controlando-se a alimentação, pode-se limitar a velocidade específica de crescimento e de respiração, contornando-se eventual limitação pela transferência de oxigênio.

c) *Repressão por glicose*: efeito observado durante a produção de levedura de panificação (fermento: *baker's yeast*). Nesse processo aeróbio, observa-se que o fator de conversão de substrato a células ($Y_{X/S}$) diminui quando há alta concentração de substrato (*S*) no biorreator. Como decorrência, verifica-se o indesejado acúmulo de etanol, pois parte do substrato que seria consumido para gerar células é consumido para gerar etanol. Logo, devem-se manter baixas concentrações de substrato (*S*) no caldo, o que pode ser realizado por meio da alimentação controlada de substrato.

d) *Transbordamento metabólico* (overflow metabolism): catabólitos são produtos da degradação do substrato. Caso o substrato seja de fácil assimilação e se encontre em alta concentração, seu rápido consumo gera o acúmulo de catabólitos que podem inibir o metabolismo, como ácido acético no crescimento de bactérias ou ácido lático em cultivos de células animais. O fornecimento controlado do substrato, realizável por meio de cultivo descontínuo alimentado, pode evitar a formação desses inibidores. Casablancas et al. (2013) demonstraram a importância de manter baixos níveis de glicose durante o crescimento de um hibridoma para a produção de um anticorpo monoclonal, evitando o acúmulo de ácido lático. Em relação ao cultivo em batelada, o controle da concentração de glicose no cultivo descontínuo alimentado permitiu atingir concentração celular 110% maior e de produto 170% maior. Para tanto, desenvolveram por meio de um sistema de análise de injeção de fluxo (*flow injection analysis* – FIA) um monitoramento avançado em tempo real da concentração de glicose, que foi usado no controle da bomba de alimentação de meio de cultura. Para mais informações, veja também o Capítulo 11.

e) *Reposição da água arrastada por evaporação*: em processos aeróbios ocorre o arraste de água devido à vazão de injeção de ar ou de O_2 na dorna de cultivo. Logo, torna-se necessário repor água, o que pode ser feito com a alimentação de meio de cultura suplementar.

f) *Redução da viscosidade do caldo de cultivo*: em alguns bioprocessos envolvendo caldos viscosos, a viscosidade do caldo pode ser controlada pela diluição deste, o que ocorre com a alimentação de meio de cultura suplementar.

Como visto, o processo descontínuo alimentado permite um grande leque de variações, considerando-se que se pode alimentar com meio em vazão variável, seguindo modelos cinéticos ou sensores em tempo real. No caso em que se deseja manter um estado pseudoestacionário, com concentração de substrato praticamente constante, deve-se elevar a vazão de alimentação seguindo uma função exponencial com o tempo. Dessa forma, a adição de cada vez mais substrato é compensada pelo consumo cada vez maior pelas células que crescem exponencialmente, tornando inalterada a concentração de substrato e, consequentemente, o metabolismo celular.

Além disso, é possível, ao final do crescimento, retirar parte do volume do tanque e continuar a alimentação, em variantes denominados descontínuos alimentados repetido e semicontínuo. Um caso típico de descontínuo alimentado repetido ocorre em fermentação alcoólica, no qual, consumido o substrato, o meio com células é centrifugado e o caldo rico em células é reconduzido ao reator, que servirá de inóculo para a próxima repetição, com a adição de caldo de cana fresco, no processo conhecido como Melle-Boinot.

6.3.3 PROCESSO CONTÍNUO

Processos contínuos são aqueles em que há uma entrada constante de meio de cultura e saída do caldo de cultivo na mesma vazão, de modo que o volume preenchido do biorreator se mantém constante por longos períodos. Tipicamente são iniciados com um cultivo descontínuo no qual, a partir de determinado instante (como o fim da fase exponencial), inicia-se o bombeamento de meio de cultura e a retirada de caldo.

Conforme será visto no próximo capítulo, após um dado intervalo de tempo atinge-se normalmente um estado estacionário no processo contínuo. Esse estado estacionário caracteriza-se pelo fato de que todas as grandezas permanecem inalteradas com o passar do tempo, por exemplo, concentração de células, de substrato e de produto. No estado estacionário, a quantidade de células novas que são geradas pelo crescimento se iguala à quantidade retirada do sistema pela corrente de saída. Nessa situação, continuamente as células crescem limitadas pela concentração de substrato e seu metabolismo dessa forma é controlado em uma velocidade específica de crescimento inferior àquela atingida na fase exponencial de um cultivo descontínuo. Tais cultivos são conhecidos como quimiostatos. Cabe lembrar que há outras variantes possíveis para cultivos contínuos, como o turbidostato e o pH-auxostato, aplicados apenas em pesquisa.

Muitos exemplos de cultivos contínuos podem ser encontrados na literatura, como no trabalho de Wunderlich et al. (2014), que cultivaram a bactéria *E. coli* para produção de plasmídeos de DNA, e Vieira et al. (2015), que utilizaram células de inseto para a produção de uma glicoproteína do vírus da raiva.

Dessa forma, por longos períodos, reside uma grande concentração de células sintetizando o produto de interesse e, com isso, costuma-se obter alta produtividade, que é diretamente influenciada pela vazão de meio de cultura que entra e sai continuamente. A operação do biorreator em processo contínuo permite a escolha dessa vazão. No entanto, em virtude da limitação do metabolismo celular e de sua máxima velocidade específica de crescimento, se a vazão ultrapassar um dado limite, ocorre o fenômeno de lavagem (*wash-out*), no qual a saída de células supera o crescimento celular, deixando de existir estado estacionário. Nessa condição, a concentração de células decai exponencialmente, em virtude de uma cinética de primeira ordem proporcional à diferença entre a vazão específica de alimentação e a máxima velocidade específica de crescimento.

Para se contornar essa limitação, foram desenvolvidos sistemas alternativos que reaproveitam as células que saem do tanque, em processos chamados contínuos com reciclo (interno ou externo) de células. Várias tecnologias são empregadas para separar as células da corrente de saída de modo a se poder reaproveitá-las no processo, utilizando técnicas como sedimentação, centrifugação e filtração (CASTILHO; MEDRONHO, 2002).

Por meio dos cultivos contínuos com reciclo, é possível obter altas concentrações celulares no interior do biorreator, mesmo nos casos em que as células crescem em baixas velocidades, como é o caso de cultivos de células animais. Dessa forma, obtém-se maior produtividade e processos economicamente inviáveis na forma descontínua podem passar a ser viáveis. Além disso, no caso de produtos altamente instáveis, a utilização de processos contínuos com reciclo permite reduzir o tempo de residência do produto no biorreator nas condições do processo, evitando, por exemplo, sua degradação.

Os cultivos contínuos apresentam como vantagens a redução dos tempos não produtivos (carga, descarga e limpeza do biorreator), a obtenção de produtos com maior uniformidade (mais homogêneos) e a maior facilidade de aplicação de controle automático do processo. Além disso, a operação pode ser associada a outros processos contínuos, como a esterilização do meio de cultura e a extração do produto.

Como desvantagens tem-se a dificuldade de se manter a assepsia por longos períodos e a maior probabilidade de ocorrência de mutações genéticas, já que as células se duplicam inúmeras vezes sob pressão seletiva (limitação nutricional), podendo levar à diminuição da produção inicialmente estabelecida pela linhagem original.

6.3.4 CONSIDERAÇÕES FINAIS SOBRE AS DIFERENTES FORMAS DE OPERAÇÃO DE BIORREATORES

Vários trabalhos mostram comparações no desempenho de biorreatores operados de diferentes formas: descontínuo, descontínuo alimentado e contínuo (IENCZAK; SCHMIDELL; ARAGÃO, 2013; TREICHEL et al., 2010; LIM et al., 2006), com e sem reciclo, e permitem concluir que não há uma forma única de operá-los e, dependendo do processo, uma ou outra forma poderá ser a mais vantajosa.

Tipicamente pode-se imaginar que, mantidas as demais condições constantes, como organismo, meio de cultura, pH, temperatura e oxigênio dissolvido, são obtidas cinéticas como indicado na Figura 6.5. Nela se observa, para cada modo de operação, como as principais variáveis, no caso as concentrações de células (X), de substrato limitante (S) e de produto (P), variam ao longo do cultivo. Apesar da simplicidade de operação, o cultivo descontínuo frequentemente atinge produtividades menores, pois na maior parte do tempo do cultivo o reator conta com baixa concentração de células formando o produto. No modo descontínuo alimentado, pode-se prolongar o crescimento por meio da contínua alimentação de substrato. Nos cultivos contínuos, atingindo-se um estado estacionário, o reator passa a produzir grande quantidade de produto pelo fato de manter por longos períodos altas concentrações de células. Em particular, existindo um reciclo, parte das células que sairiam no processo contínuo sem reciclo retornam ao reator, aumentando ainda mais a produtividade. Tal sistema é particularmente importante quando as células crescem em baixa velocidade, pois as vazões de entrada e saída ficam limitadas para se evitar a lavagem do reator.

No próximo capítulo, esses diferentes modos de operação serão equacionados e cada uma dessas situações será analisada matematicamente.

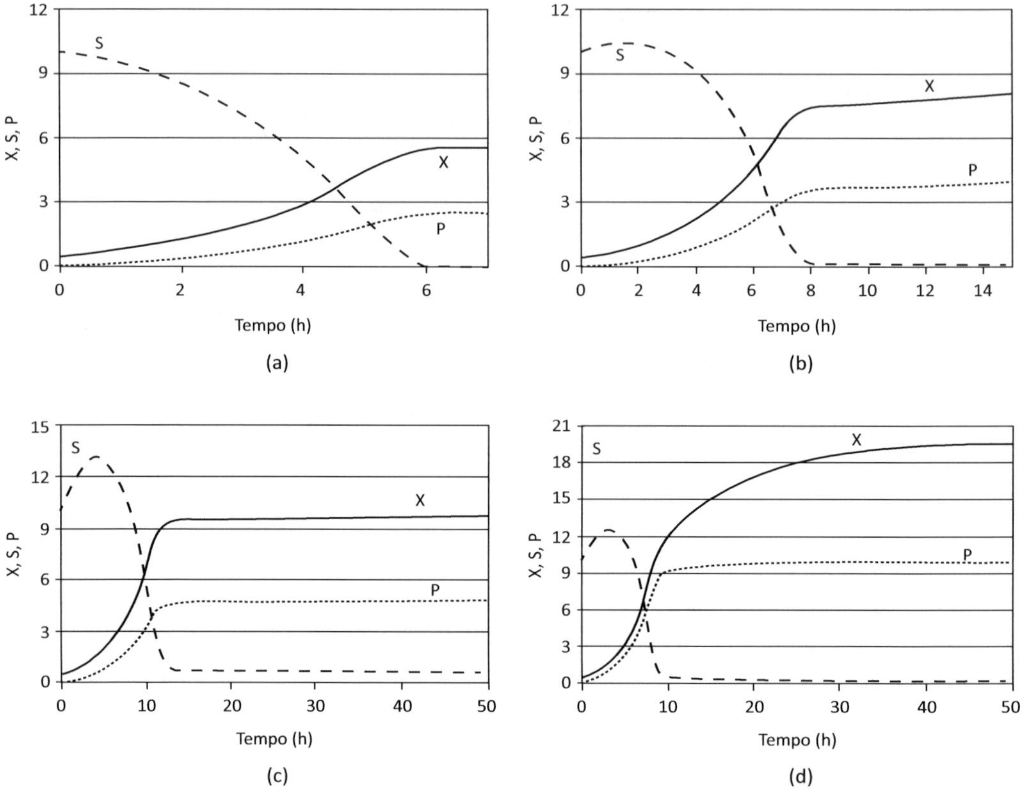

Figura 6.5 Esquema típico da cinética obtida nas principais formas de operação de biorreatores, gerada por simulação de modelos: (a) descontínuo; (b) descontínuo alimentado (vazão constante); (c) contínuo; (d) contínuo com reciclo de células (X: concentração celular; S: concentração do substrato limitante; e P: concentração do produto).

REFERÊNCIAS

AHMED, F.; LAN, C. Treatment of landfill leachate using membrane bioreactors: A review. *Desalination*, v. 287, p. 41-54, 2012.

BADINO, A. C. et al. Biorreatores pneumáticos: simples e eficientes. *Revista Brasileira de Engenharia Química*, v. 32, n. 1, p. 24-33, 2016.

BERLEC, A.; STRUKELJ, B. Current state and recent advances in biopharmaceutical production in Escherichia coli, yeasts and mammalian cells. *J. Ind. Microbiol. Biotechnol.*, v. 40, n. 3-4, p. 257-274, 2013.

BETTS, J.; BAGANZ, F. Miniature bioreactors: current practices and future opportunities. *Microbial Cell Factories*, v. 5, p. 1-14, 2006.

BUCHHOLZ, K.; COLLINS, J. The roots--a short history of industrial microbiology and biotechnology. *Appl. Microbiol. Biotechnol.*, v. 97, n. 9, p. 3747-3762, 2013.

CASABLANCAS, A. et al. Comparison of control strategies for fed-batch culture of hybridoma cells based on on-line monitoring of oxygen uptake rate, optical cell density and glucose concentration. *Journal of Chemical Technology and Biotechnology*, v. 88, n. 9, p. 1680-1689, 2013.

CASEY, E.; GLENNON, B.; HAMER, G. Review of membrane aerated biofilm reactors. *Resources Conservation and Recycling*, v. 27, n. 1-2, p. 203-215, 1999.

CASTILHO, L. R.; MEDRONHO, R. A. Cell retention devices for suspended-cell perfusion cultures. *Adv. Biochem. Eng. Biotechnol.*, v. 74, p. 129-169, 2002.

CERRI, M. O. et al. A new approach for k_La determination by gassing-out method in pneumatic bioreactors. *Journal of Chemical Technology and Biotechnology*, v. 91, p. 3061-3069, 2016.

EIBL, R. et al. Disposable bioreactors: the current state-of-the-art and recommended applications in biotechnology. *Appl. Microbiol. Biotechnol.*, v. 86, n. 1, p. 41-49, 2010.

FONTANA, R. C.; POLIDORO, T. A.; DA SILVEIRA, M. M. Comparison of stirred tank and airlift bioreactors in the production of polygalacturonases by Aspergillus oryzae. *Bioresour. Technol.*, v. 100, n. 19, p. 4493-4498, 2009.

GE, S. et al. Complete nitrogen removal from municipal wastewater via partial nitrification by appropriately alternating anoxic/aerobic conditions in a continuous plug-flow step feed process. *Water Res.*, v. 55, p. 95-105, 2014.

GUNGORMUSLER-YILMAZ, M. et al. Cell immobilization for microbial production of 1,3-propanediol. *Crit. Rev. Biotechnol.*, v. 36, n. 3, p. 482-494, 2016.

HANSEN, G. et al. Production of cellulolytic enzymes from ascomycetes: Comparison of solid state and submerged fermentation. *Process Biochemistry*, v. 50, n. 9, p. 1327-1341, 2015.

IENCZAK, J. L.; SCHMIDELL, W.; ARAGÃO, G. M. High-cell-density culture strategies for polyhydroxyalkanoate production: a review. *J. Ind. Microbiol. Biotechnol.*, v. 40, n. 3-4, p. 275-286, 2013.

JOHNSON, I. S. Human insulin from recombinant DNA technology. *Science*, v. 219, n. 4585, p. 632-637, 1983.

KAREL, S.; LIBICKI, S.; ROBERTSON, C. The immobilization of whole cells: engineering principles. *Chemical Engineering Science*, v. 40, n. 8, p. 1321-1354, 1985.

KUMAR, S.; WITTMANN, C.; HEINZLE, E. Minibioreactors. *Biotechnology Letters*, v. 26, n. 1, p. 1-10, 2004.

LEE, S. Y. High cell-density culture of Escherichia coli. *Trends Biotechnol.*, v. 14, n. 3, p. 98-105, 1996.

LIM, A. et al. A computer-aided approach to compare the production economics of fed-batch and perfusion culture under uncertainty. *Biotechnology and Bioengineering*, v. 93, n. 4, p. 687-697, 2006.

MERCHUK, J. Airlift bioreactors: Review of recent advances. *Canadian Journal of Chemical Engineering*, v. 81, n. 3-4, p. 324-337, 2003.

NIELSEN, J.; VILLADSEN, J.; LIDÉN, G. *Bioreaction Engineering Principles*. 2. ed. New York: Kluwer, 2003.

OLIVEIRA, A. F. et al. Microfluidic tools toward industrial biotechnology. *Biotechnology Progress*, v. 32, p. 1372-1389, 2016.

OZCAN, E.; SARGIN, S.; GOKSUNGUR, Y. Comparison of pullulan production performances of air-lift and bubble column bioreactors and optimization of process parameters in air-lift bioreactor. *Biochemical Engineering Journal*, v. 92, p. 9-15, 2014.

PÉREZ-BIBBINS, B. et al. Xylitol production in immobilized cultures: a recent review. *Crit. Rev. Biotechnol.*, v. 36, n. 4, p. 691-704, 2016.

RUIZ, H. et al. Pectinase production from lemon peel pomace as support and carbon source in solid-state fermentation column-tray bioreactor. *Biochemical Engineering Journal*, v. 65, p. 90-95, 2012.

SHULER, M. L.; KARGI, F. *Bioprocess Engineering – Basic Concepts*. 2. ed. Upper Saddle River: Prentice-Hall, 2002.

SINGH, R.; SHARMA, S. Development of suitable photobioreactor for algae production – A review. *Renewable & Sustainable Energy Reviews*, v. 16, n. 4, p. 2347-2353, 2012.

SONEGO, J. et al. Extractive Fed-Batch Ethanol Fermentation with CO2 Stripping in a Bubble Column Bioreactor: Experiment and Modeling. *Energy & Fuels*, v. 30, n. 1, p. 748-757, 2016.

TAPIA, F. et al. Production of high-titer human influenza A virus with adherent and suspension MDCK cells cultured in a single-use hollow fiber bioreactor. *Vaccine*, v. 32, n. 8, p. 1003-1011, 2014.

TREICHEL, H. et al. A Review on Microbial Lipases Production. *Food and Bioprocess Technology*, v. 3, n. 2, p. 182-196, 2010.

VIEIRA, P. et al. Culturing Drosophila melanogaster (S2) in a chemostat. *Biotechnology Letters*, v. 37, n. 3, p. 533-538, 2015.

WANG, S. et al. Scale-up cultivation of Chlorella ellipsoidea from indoor to outdoor in bubble column bioreactors. *Bioresource Technology*, v. 156, p. 117-122, 2014.

WUNDERLICH, M. et al. Effect of growth rate on plasmid DNA production and metabolic performance of engineered Escherichia coli strains. *J. Biosci. Bioeng.*, v. 117, n. 3, p. 336-342, 2014.

WURM, F. M. Production of recombinant protein therapeutics in cultivated mammalian cells. *Nat. Biotechnol.*, v. 22, n. 11, p. 1393-1398, 2004.

YOON, L. et al. Fungal solid-state fermentation and various methods of enhancement in cellulase production. *Biomass & Bioenergy*, v. 67, p. 319-338, 2014.

CAPÍTULO 7
Análise de biorreatores

Alberto Colli Badino Junior

Aldo Tonso

Willibaldo Schmidell

7.1 INTRODUÇÃO

Uma das etapas principais no desenvolvimento de bioprocessos é a escolha do modelo ou tipo do biorreator a ser utilizado, bem como a forma em que este deve ser operado. No capítulo anterior foram apresentadas as principais configurações de biorreatores. Neste capítulo são apresentadas e discutidas formas mais comuns de condução de cultivos.

A análise de biorreatores aborda as diferentes formas como esses equipamentos podem ser operados, com base nos procedimentos de entrada e de saída de matéria, tomando o biorreator como volume de controle e considerando esse volume como homogêneo. Cultivos celulares podem ser conduzidos em biorreatores nas formas descontínua (batelada), descontínua alimentada (batelada alimentada) e contínua (com ou sem reciclo de células) em um único tanque ou tanques ligados em série. A forma adequada de condução de um cultivo depende da natureza do bioprocesso, ou seja, de sua cinética (vide o Capítulo 11 do Volume 1, "Estequiometria e cinética de bioprocessos"). Assim, a análise das diferentes formas de operação do biorreator permite escolher a mais adequada, com base em dados de desempenho do cultivo como as produtividades volumétricas em células (P_X) ou em produto (P_P).

7.2 EQUAÇÃO GERAL DE BALANÇO DE MASSA

Considere o sistema genérico de cultivo que segue:

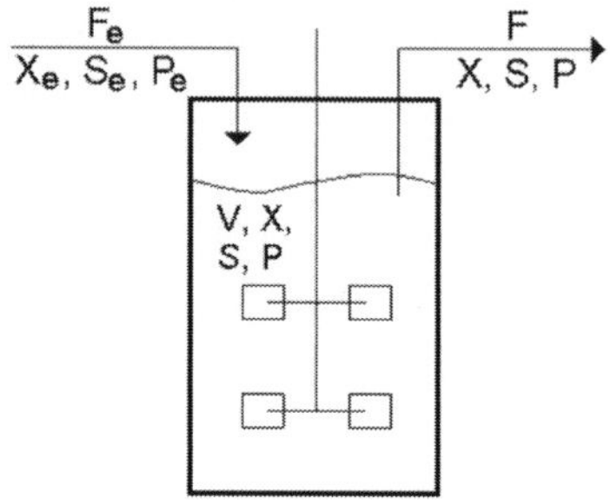

Figura 7.1 Representação de um sistema genérico de cultivo.

A análise de biorreatores nas diferentes formas de operação baseia-se na aplicação da equação geral de balanço de massa:

$$\text{ACUMULA} = \text{ENTRA} - \text{SAI} + \text{GERA} - \text{CONSOME} \tag{7.1}$$

Com base na Equação (7.1), podem-se escrever os balanços materiais para células (X), substrato limitante (S) e produto (P) na sua forma geral, ou seja, considerando todos os termos da equação geral de balanço de massa.

Para o balanço de massa para as células, temos:

$$\frac{d(XV)}{dt} = F_e X_e - FX + \mu XV - k_d XV \tag{7.2}$$

em que:

X_e e X: concentrações celulares na entrada (alimentação) e na saída do biorreator ($g_X L^{-1}$);

F_e e F: vazões volumétricas de entrada (alimentação) e de saída do biorreator (Lh^{-1});

μ: velocidade específica de crescimento celular ($= r_X/X$) (h^{-1});

r_X: velocidade de crescimento celular ($g_X L^{-1} h^{-1}$);

k_d: constante de morte celular ($= r_d/X$) (h^{-1});

r_d: velocidade de morte celular ($g_X L^{-1} h^{-1}$);

V: volume do biorreator (L).

Sendo:

$$\frac{d(XV)}{dt} = X\frac{dV}{dt} + V\frac{dX}{dt} \tag{7.3}$$

podemos substituir a Equação (7.3) na Equação (7.2) e, rearranjando, tem-se:

$$\frac{dX}{dt} = \frac{F_e}{V}X_e - \frac{F}{V}X + \left(\mu - k_d - \frac{1}{V}\frac{dV}{dt}\right)X \tag{7.4}$$

Definindo a vazão específica de alimentação (D) como o inverso do tempo de residência hidráulico (t_R):

$$D = \frac{F}{V} = \frac{1}{t_R} \tag{7.5}$$

e substituindo na Equação (7.4), tem-se:

$$\frac{dX}{dt} = D_e X_e - DX + \left(\mu - k_d - \frac{1}{V}\frac{dV}{dt}\right)X \tag{7.6}$$

No caso, D_e é a vazão específica de alimentação na entrada e D é a vazão específica de saída. Nas situações comuns, $F_e = F$ e, portanto, $D_e = D$. Logo:

$$\frac{dX}{dt} = D(X_e - X) + \left(\mu - k_d - \frac{1}{V}\frac{dV}{dt}\right)X \tag{7.7}$$

Analogamente, podem-se escrever as equações gerais de balanço de massa para o substrato (S) e para o produto (P):

$$\frac{dS}{dt} = D_e S_e - DS - \mu_S X - \frac{1}{V}\frac{dV}{dt}S \tag{7.8}$$

$$\frac{dP}{dt} = D_e P_e - DP + \mu_P X - \left(k_{dP} + \frac{1}{V}\frac{dV}{dt}\right)P \tag{7.9}$$

em que:

S_e e S: concentrações de substrato na entrada (alimentação) e na saída do biorreator ($g_S L^{-1}$);

μ_S: velocidade específica de consumo de substrato ($= r_S/X$) ($g_S g_X^{-1} h^{-1}$);

r_S: velocidade de consumo de substrato ($g_S L^{-1} h^{-1}$);

k_{dP}: constante de degradação de produto ($= r_{dP}/P$) (h^{-1});

r_{dP}: velocidade de degradação de produto ($g_P L^{-1} h^{-1}$);

P_e e P: concentrações de produto na entrada (alimentação) e na saída do biorreator (gL^{-1});

μ_P: velocidade específica de produção ($= r_P/X$) ($g_P g_X^{-1} h^{-1}$);

r_P: velocidade de produção ($g_P L^{-1} h^{-1}$).

Na maioria dos bioprocessos, a morte celular e a degradação de produto são desprezíveis, ou seja, $k_d = k_{dP} = 0$. Logo, as Equações (7.6), (7.8) e (7.9) são escritas como segue:

$$\frac{dX}{dt} = D_e X_e - DX + \mu X - \frac{1}{V}\frac{dV}{dt}X \tag{7.10}$$

$$\frac{dS}{dt} = D_e S_e - DS - \mu_S X - \frac{1}{V}\frac{dV}{dt}S \tag{7.11}$$

$$\frac{dP}{dt} = D_e P_e - DP + \mu_P X - \frac{1}{V}\frac{dV}{dt}P \tag{7.12}$$

Observe que, nas Equações (7.10), (7.11) e (7.12), as concentrações de X, S e P no interior do biorreator são as mesmas da corrente de saída. Isso só é válido quando se considera a condição de mistura perfeita no interior do biorreator.

De posse das equações gerais de balanço de massa para células (X), substrato (S) e produto (P), pode-se analisar as diferentes formas de operação do biorreator.

7.3 CULTIVO DESCONTÍNUO OU EM BATELADA

Nos cultivos descontínuos, também mencionados como em batelada, o biorreator com meio de cultura contendo o substrato limitante é inoculado com uma quantidade conhecida de células. Após a inoculação, durante todo o processo não há entrada ou saída de material do biorreator, exceto a alimentação de oxigênio e a saída de gases em bioprocessos aeróbios.

Como se trata da mais simples forma de cultivo, o cultivo em batelada é amplamente utilizado nas escalas de laboratório, piloto e industrial, em que as variações de concentração resultam da cinética do processo.

No cultivo descontínuo ou em batelada, $F = F_e = 0$, logo $D = D_e = 0$. Como não há alimentação ou retirada de massa do biorreator, o volume de caldo de fermentação (V) permanece constante durante o cultivo. Portanto, num cultivo descontínuo ou em batelada, as Equações (7.10), (7.11) e (7.12) se reduzem a:

$$\frac{dX}{dt} = \mu X \tag{7.13}$$

$$\frac{dS}{dt} = -\mu_S X \tag{7.14}$$

$$\frac{dP}{dt} = \mu_P X \tag{7.15}$$

Um critério para avaliação do desempenho de cultivos é a produtividade volumétrica, tanto em células (P_X) quanto em produto (P_P). No caso de cultivos em batelada, P_X e P_P são calculados pelas Equações (7.16) e (7.17):

$$P_X = \frac{X - X_0}{t} \tag{7.16}$$

$$P_P = \frac{P - P_0}{t} \tag{7.17}$$

em que X_0 e P_0 são as concentrações iniciais de células e de produto.

Outro critério que também deve ser levado em consideração nos cultivos descontínuos é a conversão do substrato limitante, que é função do tempo de cultivo. Em cultivos em batelada, a conversão do substrato limitante ($X_{Sb}(t)$) é definida como a razão entre as quantidades reagida e inicial de substrato limitante, ou seja, a parcela da massa de substrato inicial que reagiu no intervalo de tempo considerado. Em qualquer instante do cultivo, a quantidade reagida de S é calculada como a diferença entre as massas inicial (s_0) e naquele dado instante ($s(t)$). Logo, a conversão do substrato limitante ($X_{Sb}(t)$) em biorreatores em batelada, num dado instante do cultivo, é calculada como:

$$X_{Sb}(t) = \frac{s_0 - s(t)}{s_0} \tag{7.18}$$

Como em qualquer instante do cultivo $s = SV$, sendo o volume V constante ao longo do cultivo, pode-se expressar $X_{Sb}(t)$ em função das concentrações de substrato limitante inicial (S_0) e num instante qualquer do cultivo ($S(t)$), da seguinte forma:

$$X_{Sb}(t) = \frac{S_0 - S(t)}{S_0} \tag{7.19}$$

Durante a fase de crescimento celular em que as concentrações de nutrientes presentes no meio de cultura são suficientemente altas, a velocidade específica de crescimento celular é praticamente constante, ou seja, $\mu = \mu_c$, sendo:

$$\frac{dX}{dt} = \mu_c X \tag{7.20}$$

Integrando a Equação (7.20), considerando que para $t_0 = 0$, $X = X_0$, tem-se que:

$$\ln \frac{X}{X_0} = \mu_c t \tag{7.21}$$

ou

$$X = X_0 e^{\mu_c t} \tag{7.22}$$

A partir de dados experimentais de concentração celular (X) ao longo do tempo (t) durante um cultivo em batelada, pode-se obter o valor de μ_c como o coeficiente angular do trecho de linha reta do gráfico de $\ln X$ em função do tempo (t).

Na fase de crescimento exponencial, pode-se calcular o "tempo de geração" (t_g), ou o tempo no qual o microrganismo duplica a sua massa ou a concentração, se o volume for constante. Substituindo $X/X_0 = 2$ na Equação (7.21), tem-se:

$$t_g = \frac{\ln 2}{\mu_c} = \frac{0{,}693}{\mu_c} \tag{7.23}$$

No entanto, deve-se ressaltar que as Equações (7.21) a (7.23) são estritamente válidas para o caso em que μ é constante.

O tempo de um cultivo em batelada (t_b), ou seja, o tempo decorrido para a concentração celular variar de X_0 até X, pode ser obtido pelo rearranjo da Equação (7.13) e pela integração da Equação (7.24), da forma que segue:

$$t_b = \int_{X_0}^{X} \frac{1}{\mu X} dX \tag{7.24}$$

Considerando o cultivo de um microrganismo em batelada cuja cinética de crescimento segue o modelo de Monod (1942):

$$\mu = \mu_{max} \frac{S}{K_S + S} \tag{7.25}$$

Logo:

$$t_b = \int_{X_0}^{X} \frac{K_S + S}{\mu_{max} S X} dX \tag{7.26}$$

Escrevendo a concentração celular (X) em termos do consumo total de substrato ($S_0 - S$):

$$X = X_0 + Y_{X/S}\left(S_0 - S\right) \tag{7.27}$$

em que $Y_{X/S}$ é o fator de conversão de substrato a células ($g_X g_S^{-1}$). Derivando, tem-se:

$$dX = -Y_{X/S} dS \tag{7.28}$$

Substituindo as Equações (7.27) e (7.28) na Equação (7.26) e integrando, tem-se:

$$t_b = \frac{1}{\mu_{max}}\left[\left(\frac{K_S}{S_0 + \left(X_0/Y_{X/S}\right)} + 1\right)\ln\frac{X}{X_0} + \frac{K_S}{S_0 + \left(X_0/Y_{X/S}\right)}\ln\frac{S_0}{S}\right] \tag{7.29}$$

Utilizando a Equação (7.29) é possível calcular o tempo decorrido de um crescimento celular num cultivo em batelada (t_b) sem fase *lag*, com condições iniciais X_0 e S_0 cuja cinética de crescimento segue o modelo de Monod (1942) e para que se atinja uma dada concentração de substrato S.

Caso outros modelos cinéticos fossem utilizados, seria necessária a integração numérica da Equação (7.24) para prever o tempo de cultivo em batelada (t_b), uma vez que, na maioria dos casos, não há solução analítica da equação. Nesses casos, deve-se desenvolver um algoritmo próprio ou utilizar programas computacionais disponíveis como o *software* SimulaFerm do pacote computacional AnaBioPlus (OLIVEIRA et al., 2017).

Pode-se observar, com base no equacionamento apresentado, que a dinâmica dos cultivos em batelada (variações de S, X e P com o tempo) é comandada exclusivamente pelas condições iniciais (S_0, X_0 e P_0) e pela cinética do processo. Para visualizar as influências desses fatores na dinâmica de um processo em batelada, vamos supor o crescimento de um dado microrganismo em meio contendo glicose como substrato limitante, em que é gerado um produto associado ao crescimento ($\mu_P = \alpha\mu$, vide a Equação (7.47)). O crescimento celular segue o modelo de Monod (1942) e os coeficientes de rendimento de substrato a células ($Y_{X/S}$) e a produto ($Y_{P/S}$) são conhecidos.

A Figura 7.2 ilustra as influências dos parâmetros cinéticos (μ_{max} e K_S) e da concentração de inóculo (X_0) na dinâmica do processo. Na Figura 7.2a observa-se o impacto do tamanho do inóculo (concentração inicial de células) na cinética do cultivo. Nesse caso, dobrar o valor de X_0 (X_0 = 2,0 gL^{-1}) significa diminuir o tempo de cultivo em cerca de 30%, o que equivale a aumentos de produtividades máximas em células (P_{Xmax}) e em produto (P_{Pmax}) de aproximadamente 43%.

A Figura 7.2b ilustra o efeito da velocidade específica máxima de crescimento celular (μ_{max}) na dinâmica do cultivo. Dobrar μ_{max} significa reduzir o tempo de cultivo praticamente pela metade e, consequentemente, dobrar os valores de P_{Xmax} e P_{Pmax}.

Na Figura 7.2c é apresentada a influência da constante de saturação (K_S) na cinética do cultivo, a partir da qual se pode observar que o efeito de K_S é menos representativo que os de X_0 e μ_{max}. Nesse caso, uma mudança significativa na dinâmica do cultivo pode ser observada apenas com um valor de K_S dez vezes maior que o original.

Cabe salientar que valores de μ_{max} e K_S, além do modelo cinético utilizado, são características do microrganismo empregado no bioprocesso.

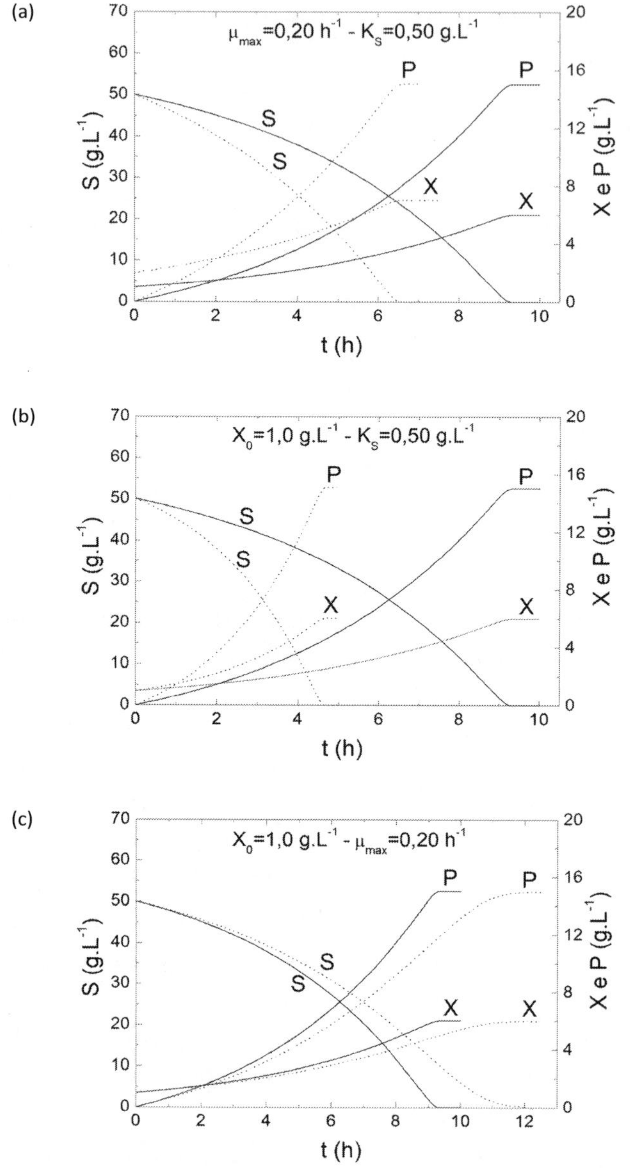

Figura 7.2 Efeito das condições iniciais e da cinética do processo na dinâmica de um cultivo em batelada, considerando modelo de crescimento celular de Monod (1942), sendo S_0 = 50 gL^{-1}, $Y_{X/S}$ = 0,10 $g_X g_S^{-1}$ e $Y_{P/S}$ = 0,30 $g_P g_S^{-1}$. (a) Efeito de X_0: (—) X_0 = 1,0 gL^{-1} e (---) X_0 = 2,0 gL^{-1}. (b) Efeito de μ_{max}: (—) μ_{max} = 0,20 h^{-1} e (---) μ_{max} = 0,40 h^{-1}. (c) Efeito de K_S: (—) K_S = 0,5 gL^{-1} e (---) K_S = 5,0 gL^{-1}.

Como em cultivos em batelada pode haver fase *lag* (fase de adaptação das células ao meio de cultivo), o tempo t_{lag} deve ser contabilizado no tempo total do processo. Ainda, num processo em batelada industrial, deve-se prever o tempo inoperante do processo (t_i), que inclui os tempos de enchimento e esvaziamento da dorna, bem como o tempo de limpeza e assepsia ou de limpeza no local (*clean in place* – CIP) da dorna.

Logo, o tempo total de um processo em batelada (t_{bt}), que deve ser o utilizado nos cálculos das produtividades volumétricas em células (P_X) e em produto (P_P), é dado por:

$$t_{bt} = t_{lag} + t_b + t_i \tag{7.30}$$

7.4 CULTIVO DESCONTÍNUO ALIMENTADO OU EM BATELADA ALIMENTADA

Um cultivo descontínuo alimentado pode ser visualizado a partir da Figura 7.1, considerando apenas a corrente de alimentação do biorreator.

Com base no equacionamento do cultivo em batelada alimentada, a concentração de substrato limitante (S) é uma função do tempo de cultivo, sendo controlada pelas condições de alimentação (F_e e S_e) e pela cinética do processo.

Classicamente, nos cultivos em batelada alimentada, a alimentação contínua pode ocorrer de duas formas, à vazão constante ou à vazão variando exponencialmente com o tempo. No entanto, em algumas situações a alimentação pode ser linear com o tempo ou até intermitente. Equacionaremos aqui o cultivo para as situações de alimentação com vazões constante e exponencial.

Define-se a vazão de alimentação (F_e) como:

$$F_e = \frac{dV}{dt} \tag{7.31}$$

Quando F_e é constante, o volume do meio reacional varia linearmente com o tempo:

$$V = V_0 + F_e t \tag{7.32}$$

No caso de F_e exponencial, o volume varia também exponencialmente com o tempo, de forma que a vazão específica de alimentação D_e permaneça constante:

$$V = V_0 e^{D_e t} \tag{7.33}$$

Lembrando que:

$$D_e = \frac{F_e}{V} = \frac{1}{t_R} \tag{7.5}$$

As equações de balanço de massa para células, substrato limitante e produto, em biorreatores operados em batelada alimentada, são obtidas a partir das equações gerais de balanço (7.10), (7.11) e (7.12), considerando que não haja alimentação de células ou produto nem corrente de saída ($F = 0 \rightarrow D = 0$):

$$\frac{dX}{dt} = (\mu - D_e)X \tag{7.34}$$

$$\frac{dS}{dt} = D_e(S_e - S) - \mu_S X \tag{7.35}$$

$$\frac{dP}{dt} = \mu_P X - D_e P \tag{7.36}$$

Genericamente, para obter valores de X, S e P ao longo de cultivos em batelada alimentada, deve-se escolher os modelos cinéticos de crescimento celular e de produção do produto de interesse, o que permite resolver o sistema de equações diferenciais parciais dado pelas Equações (7.34), (7.35) e (7.36). Alguns programas computacionais como o SimulaFerm do pacote computacional AnaBioPlus (OLIVEIRA et al., 2017) auxiliam nessa tarefa.

7.4.1 CULTIVO EM BATELADA ALIMENTADA NO ESTADO QUASE ESTACIONÁRIO

O conceito de estado quase estacionário foi introduzido originalmente por Pirt (1974) e utilizado para analisar o processo de produção de penicilina.

De acordo com a teoria, considere inicialmente um cultivo em batelada cujo crescimento celular é limitado por um substrato. Escrevendo a concentração celular em termos do consumo total de substrato, tem-se:

$$X_b = X_{b0} + Y_{X/S}(S_{b0} - S) \tag{7.37}$$

em que X_{b0} e S_{b0} são as concentrações iniciais de células e substrato do cultivo em batelada.

Ao final do crescimento celular, quando o substrato for totalmente consumido ($S \cong 0$) e a concentração celular for máxima, ou seja, $X_b = X_m$, considerando a concentração celular final muito superior à inicial ($X_m >> X_{b0}$), tem-se que:

$$X_m \cong Y_{X/S} S_{b0} \tag{7.38}$$

Considere agora que, ao final do cultivo em batelada, se inicie uma alimentação de meio de cultura suplementar ao biorreator, com vazão volumétrica F_e e concentração de substrato S_e, de modo que $S_e = S_{b0}$, dando início ao cultivo em batelada alimentada, quando $S \cong 0$. Rearranjando a equação de balanço de massa para o substrato limitante no cultivo em batelada alimentada, Equação (7.35), tem-se:

$$\frac{dS}{dt} = D_e(S_e - S) - \mu_S X = \frac{F_e}{V}(S_e - S) - \frac{\mu}{Y_{X/S}} X = \frac{1}{V}\frac{dV}{dt}(S_e - S) - \frac{\mu}{Y_{X/S}} X$$

$$\frac{ds}{dt} = \frac{d(SV)}{dt} = V\frac{dS}{dt} + S\frac{dV}{dt} = F_e S_e - \frac{\mu}{Y_{X/S}} XV = \left(D_e S_e - \frac{\mu}{Y_{X/S}} X\right)V$$

Quando $X = X_m \cong Y_{X/S}S_{b0} = Y_{X/S}S_e$, virtualmente todo substrato alimentado é consumido. Caso a alimentação de substrato (F_eS_e) não exceda a capacidade de consumo de substrato pelas células ($\mu_S XV$), todo o substrato alimentado é consumido e as variações da massa (*s*) e da concentração de substrato (*S*) com o tempo no biorreator são aproximadamente iguais a zero ($ds/dt = dS/dt \cong 0$), com $S \cong 0$. Nesse caso:

$$F_e S_e = \frac{\mu X}{Y_{X/S}} V \tag{7.39}$$

Logo:

$$\mu = \frac{Y_{X/S} S_e D_e}{X} = \frac{Y_{X/S} S_e F_e}{XV} \tag{7.40}$$

Portanto, como $X = Y_{X/S}S_e$:

$$\mu = D_e \tag{7.41}$$

Ou seja, no estado quase estacionário é possível controlar o crescimento celular a partir da definição das condições de alimentação (F_e e S_e), pois as células consomem apenas a quantidade de substrato oferecida (alimentada). Deve-se ter claro que a condição de estado quase estacionário deixa de ser válida quando a quantidade alimentada de substrato (F_eS_e) superar a capacidade máxima de consumo pelas células, situação em que $ds/dt > 0$.

Substituindo a Equação (7.40) no balanço de massa para células, Equação (7.34), e rearranjando, tem-se que:

$$\frac{dX}{dt} + D_e X = Y_{X/S} S_e D_e \tag{7.42}$$

A Equação (7.42) é uma equação diferencial de primeira ordem do tipo:

$$\frac{dz}{dy} + P(y)z = Q(y)$$

Essa equação apresenta a seguinte solução analítica:

$$ze^{\int P dy} = \int Q e^{\int P dy} dy + constante \tag{7.43}$$

definindo-se a seguinte condição inicial em que $t = 0 \rightarrow V = V_0$ e $X = X_0$; para F_e constante, a solução da Equação (7.42) é dada por:

$$X = \frac{X_0 V_0 + Y_{X/S} S_e F_e t}{V_0 + F_e t} \tag{7.44}$$

Para D_e constante, a solução da Equação (7.42) é dada por:

$$X = Y_{X/S} S_e + \left(X_0 - Y_{X/S} S_e \right) e^{-D_e t} \tag{7.45}$$

Rearranjando a Equação (7.42), tem-se que:

$$\frac{dX}{dt} = Y_{X/S} D_e \left(S_e - \frac{X}{Y_{X/S}} \right) \tag{7.46}$$

Analisando-se a Equação (7.46), se:

$S_e > X / Y_{X/S} \rightarrow dX/dt > 0 \therefore X$ aumenta com o tempo.

$S_e < X / Y_{X/S} \rightarrow dX/dt < 0 \therefore X$ diminui com o tempo.

$S_e = X / Y_{X/S} \rightarrow dX/dt = 0 \therefore X$ permanece constante.

Retornando ao balanço de massa para o produto, tem-se que:

$$\frac{dP}{dt} = \mu_P X - D_e P \tag{7.36}$$

De forma análoga à resolução para a concentração celular (X), podem-se obter as funções que descrevem o comportamento da concentração de produto (P) em função do tempo de cultivo para as seguintes situações:

a) *Estado quase estacionário, vazão (F_e) constante*

Na condição de F_e constante, tem-se que:

$$V = V_0 + F_e t \tag{7.32}$$

e

$$X = \frac{X_0 V_0 + Y_{X/S} S_e F_e t}{V_0 + F_e t} \tag{7.44}$$

a1) *Produção associada ao crescimento*

Neste caso, a velocidade específica de produção (μ_p) é proporcional à velocidade específica de crescimento (μ):

$$\mu_P = \alpha\mu \tag{7.47}$$

Lembrando que no estado quase estacionário:

$$\mu = \frac{Y_{X/S}S_e D_e}{X} \tag{7.40}$$

Assim, retornando ao balanço de massa para o produto, Equação (7.36), e substituindo as Equações (7.47) e (7.40), tem-se:

$$\frac{dP}{dt} + D_e P = \alpha Y_{X/S} S_e D_e \tag{7.48}$$

quando $t = 0 \rightarrow V = V_0$ e $P = P_0$. Para essa condição inicial, a solução da integração da Equação (7.48) é dada por:

$$P = \frac{P_0 V_0 + \alpha Y_{X/S} S_e F_e t}{V_0 + Ft} \tag{7.49}$$

ou

$$P = P_0 \frac{V_0}{V} + \alpha Y_{X/S} S_e D_e t \tag{7.50}$$

a2) *Produção não associada ao crescimento*

Neste caso, a velocidade específica de produção (μ_p) é constante:

$$\mu_P = \beta \tag{7.51}$$

Substituindo a Equação (7.51) na Equação (7.36) e rearranjando, tem-se:

$$\frac{dP}{dt} + D_e P = \beta Y_{X/S} S_e \tag{7.52}$$

Considerando a mesma condição inicial, a solução da Equação (7.52) é dada por:

$$P = \frac{P_0 V_0 + \beta\left(X_0 V_0 t + Y_{X/S} S_e F_e \dfrac{t^2}{2}\right)}{V_0 + Ft} \tag{7.53}$$

ou

$$P = P_0\frac{V_0}{V} + \beta\left(X_0\frac{V_0}{V}t + Y_{X/S}S_eD_e\frac{t^2}{2}\right) \tag{7.54}$$

b) *Estado quase estacionário, vazão específica de alimentação (D_e) constante*

Na condição de D_e constante, tem-se que:

$$V = V_0e^{D_et} \tag{7.33}$$

e

$$X = Y_{X/S}S_e + \left(X_0 - Y_{X/S}S_e\right)e^{-D_et} \tag{7.45}$$

b1) *Produção associada ao crescimento*

Nesse caso, sendo $\mu_P = \alpha\mu$, a solução da Equação (7.52) é dada por:

$$P = \frac{P_0V_0 + \alpha Y_{X/S}S_eV_0e^{D_et} - \alpha Y_{X/S}S_eV_0}{V_0e^{D_et}} \tag{7.55}$$

ou

$$P = \alpha Y_{X/S}S_e + \left(P_0 - \alpha Y_{X/S}S_e\right)e^{-D_et} \tag{7.56}$$

b2) *Produção não associada ao crescimento*

Nesse caso, sendo $\mu_P = \beta$, a solução da Equação (7.52) é dada por:

$$P = \frac{\beta Y_{X/S}S_e}{D_e} + \left(P_0 - \frac{\beta Y_{X/S}S_e}{D_e}\right)e^{-D_et} + \beta\left(X_0 - Y_{X/S}S_e\right)e^{-D_et}t \tag{7.57}$$

Como apresentado, com base no conceito de estado quase estacionário em cultivos em batelada alimentada com F_e ou D_e constantes, são obtidas equações de previsão da variação do volume (V) e das concentrações de células (X) e de produto (P) ao longo do tempo. Essas equações têm sido utilizadas ao longo dos anos para análise de diferentes bioprocessos, entre os quais se podem destacar os de produção de metabólitos secundários, em especial os antibióticos beta-lactâmicos, sendo o processo de produção de penicilina o exemplo clássico.

Com base no equacionamento apresentado, a Figura 7.3 ilustra perfis de V, X, μ, P_A (associado) e P_{NA} (não associado) ao longo do tempo em cultivos operados em batelada alimentada na condição de estado quase estacionário. Na simulação foi utilizado um valor de concentração de substrato na alimentação S_e superior a S_{b0}.

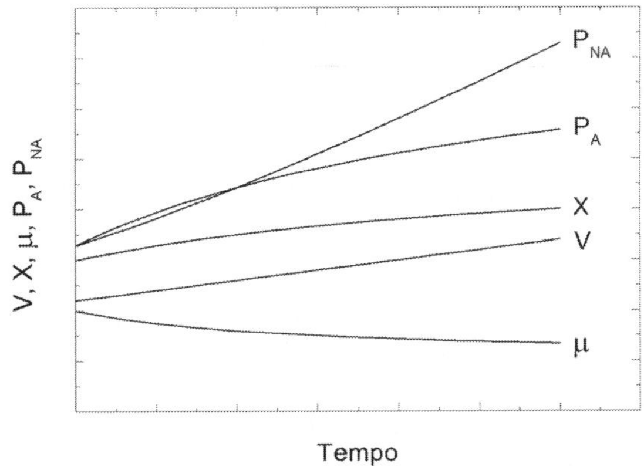

Figura 7.3 Variação de volume (V), Equação (7.32), concentração celular (X), Equação (7.44), velocidade específica de crescimento (μ), Equação (7.40), concentração de produto associado ao crescimento (P_A), Equação (7.50), e concentração de produto não associado ao crescimento (P_{NA}), Equação (7.54), ao longo do tempo em cultivo em batelada alimentada, na condição de estado quase estacionário com vazão de alimentação (F_e) constante.

Podem-se observar perfis esperados de V, X e μ e que os valores de concentração de produto não associado ao crescimento (P_{NA}) apresentam-se superiores aos valores de produto associado ao crescimento (P_A). No entanto, tal fato ocorreu em virtude dos valores considerados das constantes α e β. Outro conjunto de valores escolhidos poderia mudar tal tendência.

Cultivos em batelada alimentada são também muito empregados na obtenção de proteínas heterólogas para diversas finalidades, como a produção de enzimas, fármacos e vacinas. Por serem intracelulares, para se alcançarem quantidades razoáveis do produto de interesse, devem-se obter grandes quantidades das células hospedeiras que expressam essas proteínas. Tradicionalmente, *Escherichia coli* e *Saccharomyces cerevisiae* são utilizadas como células hospedeiras, sendo empregadas em cultivos de alta densidade celular (*high cell-density culture* – HCDC).

Uma estratégia para obter altas concentrações celulares num curto período é impor que as células cresçam exponencialmente ao longo do tempo. Isso é possível em cultivos operados em batelada alimentada, como veremos a seguir.

Rearranjando a equação de balanço de massa para as células num cultivo em batelada alimentada, Equação (7.34), tem-se:

$$\frac{dX}{dt} = (\mu - D_e)X = \left(\mu - \frac{F_e}{V}\right)X = \left(\mu - \frac{1}{V}\frac{dV}{dt}\right)X$$

$$V\frac{dX}{dt} + X\frac{dV}{dt} = \frac{dXV}{dt} = \mu XV \qquad (7.34)$$

Sendo o produto XV igual à massa de células (x), tem-se que:

$$\frac{dx}{dt} = \mu x \tag{7.58}$$

Considerando um crescimento celular com velocidade específica de crescimento constante ($\mu = \mu_c$), integrando a Equação (7.58), tem-se:

$$x = XV = x_0 e^{\mu_c t} = X_0 V_0 e^{\mu_c t} \tag{7.59}$$

Substituindo a Equação (7.59) na Equação (7.40) e rearranjando, tem-se:

$$F_e(t) = \frac{\mu_c}{Y_{X/S} S_e} X(t) V(t)$$

ou

$$F_e(t) = \frac{\mu_c}{Y_{X/S} S_e} X_0 V_0 e^{\mu_c t} \tag{7.60}$$

A Equação (7.60) tem sido utilizada com sucesso na literatura para controlar a vazão de alimentação de meio de cultura suplementar, $F_e(t)$, de forma que a condição de crescimento celular exponencial ocorra. Lee (1996) cita vários trabalhos de literatura que empregam tal técnica em cultivos de *Escherichia coli* para a produção de diferentes produtos, obtendo-se concentrações celulares (X) de até 175 $g.L^{-1}$. Embora essa técnica tenha sucesso em cultivos de alta densidade celular, são frequentes os problemas relacionados com o controle da temperatura do caldo e a manutenção de concentrações de oxigênio dissolvido acima da crítica, em virtude do intenso crescimento celular.

Para ilustrar a aplicação da Equação (7.60), vamos considerar um cultivo em batelada alimentada de *E. coli* impondo um crescimento celular com $\mu = \mu_c = 0{,}20\ h^{-1}$, em que é possível obter os perfis de F_e, V e X ao longo do tempo até completar o enchimento do biorreator de 100 L de capacidade útil, ilustrados na Figura 7.4, lembrando que $dV/dt = F_e$. Nas condições simuladas, com valores típicos de $Y_{X/S}$, condições iniciais (V_0 e X_0) e de operação (S_e), observam-se concentrações celulares de aproximadamente 150 $g.L^{-1}$ após aproximadamente 17 horas de alimentação.

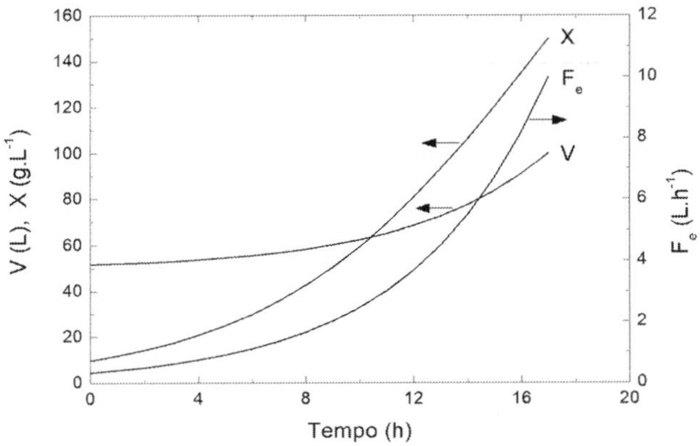

Figura 7.4 Perfis de F_e, V e X ao longo do tempo de um cultivo em batelada alimentada para a obtenção de alta concentração celular (*high cell-density culture*), considerando V_0 = 52 L, X_0 = 10 gL^{-1}, $Y_{X/S}$ = 0,50 $g_X g_S^{-1}$, S_e = 600 gL^{-1} e μ_c = 0,20 h^{-1}.

7.5 CULTIVO CONTÍNUO SEM RECICLO DE CÉLULAS

Um cultivo contínuo sem reciclo de células pode ser visualizado a partir da Figura 7.1, considerando as correntes de alimentação e saída do biorreator.

Na sua forma geral, nos cultivos contínuos sem reciclo de células, uma corrente de entrada (F_e) contendo o substrato limitante e, eventualmente, células e produto com concentrações S_e, X_e e P_e é alimentada ao tanque que contém um dado volume de caldo (V), e uma corrente com vazão volumétrica (F) contendo células (X), produto (P) e substrato não consumido (S) é retirada do biorreator. Nas situações comuns, $F_e = F$ e, portanto, $D_e = D$, pois $D_e = F_e/V$ e $D = F/V$.

As equações de balanço de massa para células, substrato limitante e produto em biorreatores operados na forma contínua sem reciclo de células são dadas por:

$$\frac{dX}{dt} = D\left(X_e - X\right) + \left(\mu - \frac{1}{V}\frac{dV}{dt}\right)X \tag{7.10}$$

$$\frac{dS}{dt} = D\left(S_e - S\right) - \mu_S X - \frac{1}{V}\frac{dV}{dt}S \tag{7.11}$$

$$\frac{dP}{dt} = D\left(P_e - P\right) + \mu_P X - \frac{1}{V}\frac{dV}{dt}P \tag{7.12}$$

Considerando densidades constantes e iguais nas correntes de entrada e saída, tem-se um regime permanente para a massa total, ou seja, volume do reator (V) constante. Portanto, $dV/dt = 0$. Em situações mais comuns, a alimentação é isenta de células e de produto ($X_e = P_e = 0$) e considera-se mistura perfeita no interior do biorreator, o que garante que as concentrações X, S e P no interior do biorreator sejam iguais às respectivas concentrações da corrente de saída.

Com base nessas considerações, as equações de balanço de massa para células, substrato limitante e produto são dadas por:

$$\frac{dX}{dt} = (\mu - D)X \tag{7.61}$$

$$\frac{dS}{dt} = D(S_e - S) - \mu_S X = D(S_e - S) - \frac{\mu}{Y_{X/S}} X \tag{7.62}$$

$$\frac{dP}{dt} = \mu_P X - DP \tag{7.63}$$

Para obter perfis ou valores de X, S e P em função do tempo de cultivo numa simulação de um processo contínuo sem reciclo de células em regime transiente, deve-se escolher os modelos cinéticos de crescimento celular e de produção e resolver o sistema de equações diferenciais parciais composto pelas Equações (7.61), (7.62) e (7.63). Alguns programas computacionais, como o SimulaFerm do pacote AnaBioPlus (OLIVEIRA et al., 2017), auxiliam nessa tarefa.

7.5.1 COMPORTAMENTO DO SISTEMA NO ESTADO ESTACIONÁRIO

Considerando estado estacionário, ou seja, $dX/dt = dS/dt = dP/dt = 0$, as equações de balanço de massa para células, substrato limitante e produto ficam reduzidas a:

$$D = \mu \tag{7.64}$$

$$D(S_e - S) = \frac{\mu}{Y_{X/S}} X \tag{7.65}$$

$$DP = \mu_P X \tag{7.66}$$

No estado estacionário, tem-se um sistema de equações algébricas para ser resolvido. Deve-se então escolher os modelos cinéticos de crescimento celular e de produção e resolver um sistema de equações algébricas envolvendo as Equações (7.64), (7.65) e (7.66). Observe que, dependendo dos modelos cinéticos escolhidos, o sistema de equações pode não ter solução analítica, com equações explícitas em termos de X, S e P. Nesses casos, deve-se utilizar programas computacionais para a resolução numérica do problema, como a ferramenta *Solver* do Microsoft Excel® ou o programa SimulaFerm do pacote AnaBioPlus (OLIVEIRA et al., 2017).

Analisando o cultivo contínuo sem reciclo de células no estado estacionário (regime permanente), a Equação (7.64) define que a velocidade específica de crescimento celular (μ) é controlada pela condição de alimentação (D), ou seja, quanto maior o valor de D, maior o valor de μ. No entanto, não se pode aumentar indefinidamente a vazão específica de alimentação (D), uma vez que a velocidade com que as células crescem não acompanha ininterruptamente esse aumento, ou seja, a Equação (7.64) não será sempre obedecida.

Considere que uma dada cultura celular cresça obedecendo à cinética de crescimento de Monod (1942):

$$\mu = \mu_{max} \frac{S}{K_S + S} \tag{7.25}$$

O tempo de residência relacionado ao cultivo contínuo sem reciclo de células (θ) é dado pelo inverso da vazão específica de alimentação (D):

$$\theta = \frac{1}{D} = \frac{1}{\mu} = \frac{V}{F} \tag{7.67}$$

Num cultivo contínuo sem reciclo, a concentração de substrato limitante (S) no estado estacionário varia entre 0 e S_e, dependendo da vazão específica de alimentação (D) adotada.

Para cultivos contínuos sem reciclo de células, define-se a conversão do substrato limitante (X_{Sc}) em função do tempo de residência (θ):

$$X_{Sc}(\theta) = \frac{S_e - S(\theta)}{S_e} \tag{7.68}$$

Observe que a Equação (7.68), proposta para cultivos contínuos, é similar à Equação (7.18), válida para cultivos em batelada.

Para uma vazão específica de alimentação (D) pequena, que define um alto tempo de residência (θ), as moléculas de substrato permanecerão ou "residirão" por um tempo maior no interior do biorreator. Portanto, a conversão do substrato em células e em produto (X_S) será maior, definindo no interior do biorreator e na sua saída uma concentração de substrato (S) pequena ou até nula, dependendo das condições de cultivo.

Analisando o outro extremo, caso D seja alta, essa condição definirá um tempo de residência (θ) pequeno, não havendo praticamente nenhuma conversão do substrato limitante em células ou produto. Logo na saída teremos $S \cong S_e$ e, portanto, $X_{Sc}(\theta) \cong 0$.

Como o modelo cinético de crescimento celular proposto por Monod (1942), bem como outros, estabelece que μ é uma função de S ($\mu = \mu(S)$), nas duas situações pode-se definir como será a velocidade específica de crescimento celular (μ). Quando D é pequena, θ é alto e $S \cong 0$, logo, μ é igualmente pequena ($\mu \cong 0$). No outro extremo, quando D é alta, θ é pequeno e $S \cong S_e$. Nesse caso temos a condição de máximo crescimento celular ($\mu = \mu(S_e)$) que o cultivo pode apresentar.

Deve-se tomar cuidado para não confundir "máxima velocidade específica de crescimento celular" ($\mu = \mu(S_e)$), uma condição de cultivo, com velocidade específica máxima de crescimento celular (μ_{max}), um parâmetro cinético.

Multiplicando-se ambos os lados da Equação (7.64) por X, tem-se que:

$$DX = \mu X = r_X \tag{7.69}$$

A Equação (7.69) expressa que as células são retiradas do biorreator na mesma velocidade (DX) com que são geradas pelo crescimento celular ($\mu X = r_X$), definindo um valor constante de X no biorreator, estabelecido pelo estado estacionário.

Observe que a condição de máxima velocidade específica de crescimento celular, definida por $\mu = \mu(S_e)$, é o limite máximo no qual as Equações (7.64) ou (7.69) são obedecidas. Ou seja, as células podem crescer no máximo na condição em que $\mu = \mu(S_e)$. Nesta condição, considerando crescimento segundo a cinética de Monod (1942), tem-se a vazão específica de alimentação máxima de operação (D_{max}) dada por:

$$D_{max} = \mu_{max} \frac{S_e}{K_S + S_e} \tag{7.70}$$

Caso D supere o valor de $\mu = \mu(S_e)$, a velocidade de retirada (saída) de células do biorreator superará a capacidade máxima de crescimento celular do cultivo. Para situações em que $D > \mu(S_e)$, o comportamento do cultivo não pode ser mais expresso pela Equação (7.64), pois tem-se, a partir desse ponto, um regime transiente com diminuição da concentração celular com o tempo. Esta situação, que deve ser evitada nos cultivos contínuos, é conhecida como condição de arraste ou de lavagem de células (*wash-out*).

Para situações em que $D > \mu(S_e)$, a Equação (7.61) passa a expressar o comportamento do cultivo contínuo sem reciclo de células em regime transiente:

$$\frac{dX}{dt} = (\mu - D)X \tag{7.61}$$

Observe que, como $D > \mu(S_e)$, $dX/dt < 0$. Nessa situação, tem-se uma diminuição da concentração celular com o tempo, até o total arraste de células do biorreator.

Na sequência são apresentadas as equações que expressam as concentrações de substrato (S) e de células (X), em função das condições de cultivo, para o processo contínuo sem reciclo de células, cujo crescimento celular obedece ao modelo de Monod (1942). Substituindo esse modelo na Equação (7.64), tem-se que:

$$D = \mu_{max} \frac{S}{K_S + S}$$

ou

$$S = \frac{K_S D}{\mu_{max} - D} \tag{7.71}$$

Com base na definição do fator de conversão de substrato a células ($Y_{X/S}$), a concentração celular no interior do biorreator ou na corrente de saída (X) num cultivo contínuo sem reciclo de células é calculada como segue:

$$X = Y_{X/S}\left(S_e - S\right) \tag{7.72}$$

ou

$$X = Y_{X/S}\left(S_e - \frac{K_S D}{\mu_{max} - D}\right) \tag{7.73}$$

Considerando a situação de produção associada ao crescimento celular ($\mu_P = \alpha\mu$), sendo nesse caso a concentração de produto igual a P_A, a Equação (7.66) se resume a:

$$P_A = \alpha X \tag{7.74}$$

Substituindo a Equação (7.72) na Equação (7.74), tem-se que:

$$P_A = \alpha Y_{X/S}\left(S_e - S\right) \tag{7.75}$$

Nesse caso (produto associado ao crescimento celular), $\alpha = \mu_P / \mu = Y_{P/X} = Y_{P/S} / Y_{X/S}$. Assim, $Y_{P/S} = \alpha Y_{X/S}$, logo:

$$P_A = Y_{P/S}\left(S_e - S\right) \tag{7.76}$$

ou

$$P_A = Y_{P/S}\left(S_e - \frac{K_S D}{\mu_{max} - D}\right) \tag{7.77}$$

No caso de uma produção não associada ao crescimento celular ($\mu_P = \beta$), sendo nesse caso a concentração de produto igual a P_{NA}, a Equação (7.66) se resume a:

$$P_{NA} = \frac{\beta X}{D} \tag{7.78}$$

Tem-se analogamente que:

$$P_{NA} = \frac{\beta Y_{X/S}}{D}\left(S_e - S\right) \tag{7.79}$$

e

$$P_{NA} = \frac{\beta Y_{X/S}}{D}\left(S_e - \frac{K_S D}{\mu_{max} - D}\right) \tag{7.80}$$

Pode-se também expressar a produtividade em células ($P_X = r_X$) como:

$$P_X = DX = \mu X = DY_{X/S}\left(S_e - \frac{K_S D}{\mu_{max} - D}\right) \tag{7.81}$$

A Figura 7.5 ilustra as variações de S, X, P_A, P_{NA} e P_X em função da vazão específica de alimentação (D).

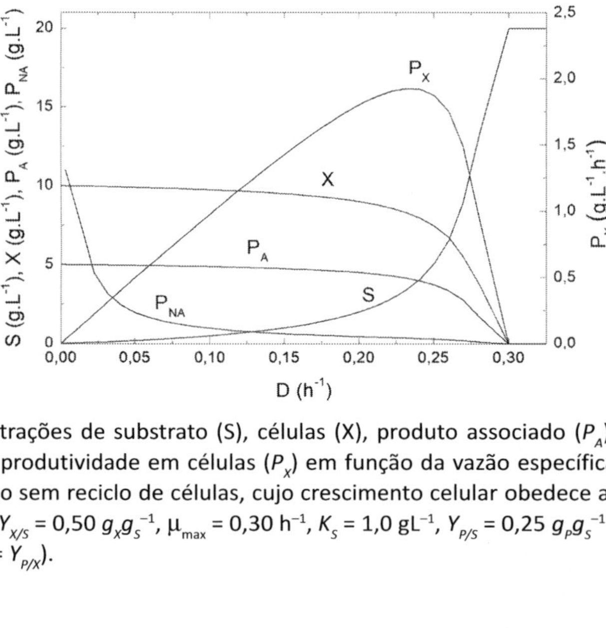

Figura 7.5 Concentrações de substrato (S), células (X), produto associado (P_A) e não associado ao crescimento (P_{NA}) e produtividade em células (P_X) em função da vazão específica de alimentação (D) num cultivo contínuo sem reciclo de células, cujo crescimento celular obedece ao modelo de Monod (1942) (S_e = 20 gL^{-1}, $Y_{X/S}$ = 0,50 $g_X g_S^{-1}$, μ_{max} = 0,30 h^{-1}, K_S = 1,0 gL^{-1}, $Y_{P/S}$ = 0,25 $g_P g_S^{-1}$ e β = 0,010 $g_P g_X^{-1}$h^{-1}, sendo $\alpha = Y_{P/S} / Y_{X/S} = Y_{P/X}$).

Observa-se no gráfico da Figura 7.5 que, à medida que D aumenta, S varia inicialmente de forma praticamente linear com D e, num segundo momento, de forma mais acentuada. Quando D tende a $\mu(S_e)$, X decresce com o mesmo comportamento. Existe um ponto em que, com D aproximando-se de $\mu(S_e)$, X tende a zero. Essa é a condição em que $D = D_{max}$. A vazão específica de alimentação (D) supera a máxima velocidade de crescimento possível $\mu(S_e)$ e a solução do estado estacionário nesse ponto é $X = 0$. A partir desse ponto ($D > D_{max}$), ocorre o arraste ou lavagem de células (*wash-out*). Nota-se que, próximo ao ponto de lavagem do biorreator, X e S são muito sensíveis às variações de D. Pequenas mudanças em D geram grandes variações em S e em X. Caso o objetivo do cultivo seja a produção de células, a produtividade em células máxima ($P_{Xmax} = r_{Xmax}$) é calculada como o ponto de máximo da função $P_X = f(D)$. Como $P_X = r_X = DX$, o valor da vazão específica de alimentação em que $P_X = P_{Xmax} = r_{Xmax}$, ou seja, $D(r_{Xmax})$, é obtido da seguinte forma:

$$\frac{dP_X}{dD} = \frac{d(DX)}{dD} = 0, \text{ quando } D = D(r_{Xmax})$$

Logo:

$$D(r_{Xmax}) = \mu_{max}\left(1 - \sqrt{\frac{K_S}{K_S + S_e}}\right) \tag{7.82}$$

A produtividade máxima em células ($P_{Xmax} = r_{Xmax}$) é, portanto, expressa pela Equação (7.83):

$$P_{Xmax} = D(r_{Xmax})Y_{X/S}\left(S_e - \frac{K_S D(r_{Xmax})}{\mu_{max} - D(r_{Xmax})}\right) \tag{7.83}$$

Pode-se ainda observar na Figura 7.6 os comportamentos das produções associada e não associada ao crescimento celular, em que o perfil de P_A acompanha o da concentração celular (X), pois nesse caso $\mu_P = \alpha\mu$. No caso da produção não associada, a concentração P_{NA} é proporcional à de células (X), obedecendo ao modelo que define que $\mu_P = \beta$.

7.5.2 DESVIOS DO COMPORTAMENTO IDEAL DEVIDOS A MANUTENÇÃO E MORTE CELULAR

Na seção anterior foi analisado o comportamento de um cultivo contínuo sem reciclo de células, operado no estado estacionário denominado ideal, em que se desconsiderou a existência de consumo de substrato para a manutenção e a existência de morte celular. Vamos agora analisar essas influências no comportamento da concentração celular (X) e de substrato (S) em função da vazão específica de alimentação (D).

Em bioprocessos, o substrato é consumido pelas células para crescimento, síntese de produtos e manutenção celular. Supondo que, majoritariamente, o substrato seja consumido para crescimento e manutenção celular, incorporando os termos de manutenção e morte celular nas equações de balanço de massa para células e substrato limitante, num cultivo contínuo sem reciclo de células, tem-se:

$$\frac{dX}{dt} = (\mu - D - k_d)X \tag{7.84}$$

$$\frac{dS}{dt} = D(S_e - S) - \mu_S X = D(S_e - S) - \left(\frac{\mu}{Y_G} + m_S\right)X \tag{7.85}$$

em que:

k_d: constante de morte celular ($= r_d / X$) (h^{-1});

Y_G: fator estequiométrico ou verdadeiro de conversão de substrato a células ($g_X g_S^{-1}$);

m_S: coeficiente de manutenção celular ($g_S g_X^{-1} h^{-1}$).

Observe que Y_G difere de $Y_{X/S}$. Enquanto $Y_{X/S}$ relaciona o crescimento celular com o consumo total de substrato para crescimento, manutenção e produção, Y_G relaciona o crescimento celular com a quantidade de substrato consumida exclusivamente para o crescimento celular, sendo que o restante, no caso em análise, será destinado à manutenção celular. Logo, $Y_G \geq Y_{X/S}$. Quando $m_S = 0, Y_G = Y_{X/S}$.

Na condição de estado estacionário ($dX/dt = dS/dt = 0$) e considerando válida a cinética de crescimento de Monod (1942), rearranjando, obtêm-se as Equações (7.86) e (7.87) para os cálculos de S e X em função de D.

$$S = \frac{K_S(D+k_d)}{\mu_{max} - (D+k_d)} \tag{7.86}$$

$$X = \frac{Y_G D(S_e - S)}{Y_G m_S + (D+k_d)} \tag{7.87}$$

A Figura 7.6. ilustra as curvas de S e X obtidas a partir das Equações (7.86) e (7.87) para diferentes valores de m_S e k_d. Pode-se observar que a ocorrência tanto de morte quanto de manutenção celular faz com que a concentração celular (X) diminua em relação ao cultivo ideal quando $k_d = m_S = 0$. No entanto, a ocorrência de morte celular ($k_d \neq 0$) limita a faixa de operação (D) do cultivo contínuo.

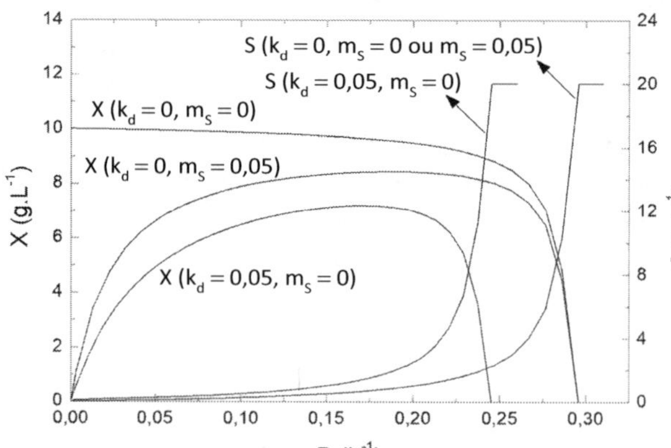

Figura 7.6 Influências da manutenção e da morte celular num cultivo contínuo sem reciclo de células. Simulações das Equações (7.86) e (7.87) considerando: S_e = 20 gL^{-1}, $Y_{X/S}$ = 0,50 $g_X g_S^{-1}$, μ_{max} = 0,30 h^{-1}, K_S = 0,50 gL^{-1}, m_S = 0,050 h^{-1} e k_d = 0,050 h^{-1}.

7.6 CULTIVO CONTÍNUO COM RECICLO EXTERNO DE CÉLULAS

No cultivo contínuo com reciclo externo de células, uma corrente de entrada de vazão volumétrica F_e contendo substrato (S_e), isenta de células e de produto ($X_e = P_e = 0$), é alimentada ao tanque que contém um dado volume de caldo (V) constante. A corrente que deixa o biorreator (saída) de vazão volumétrica F_1, contendo células (X_1), produto (P_1) e substrato (S_1), é alimentada numa unidade de separação onde as células podem ser filtradas, centrifugadas ou sedimentadas num tanque cônico.

Duas correntes deixam a unidade de separação. A primeira corrente, definida como corrente de produto, apresenta vazão volumétrica F_2 e contém células não recicladas (X_2), produto (P_2) e substrato residual (S_2). A segunda corrente, definida como corrente de reciclo, apresenta vazão volumétrica F_3, células recicladas (X_3), produto (P_3) e substrato residual (S_3). A Figura 7.7 ilustra um esquema de cultivo contínuo com reciclo externo de células.

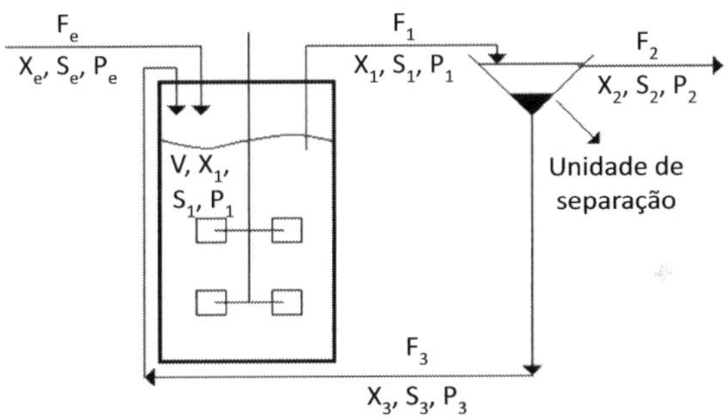

Figura 7.7 Representação de um cultivo contínuo com reciclo externo de células.

Considere densidades constantes e iguais em todas as correntes do processo e regime permanente, tanto no biorreator quanto na unidade de separação. Logo, tem-se que:

$$F_1 = F_2 + F_3 \tag{7.88}$$

e

$$F_2 = F_e \tag{7.89}$$

Considerando mistura perfeita, a composição da corrente de saída é a mesma que a do interior do biorreator, e tem-se que:

$$S_1 = S_2 = S_3 = S$$

e

$$P_1 = P_2 = P_3 = P$$

Vamos agora definir duas grandezas importantes nesse tipo de sistema. A primeira é a razão de reciclo (r), que relaciona a vazão de reciclo (F_3) com a vazão que deixa o sistema (F_2):

$$r = \frac{F_3}{F_2} = \frac{F_3}{F_e} \tag{7.90}$$

A segunda grandeza é o fator de concentração celular (c) da unidade de separação, que relaciona a concentração celular da corrente de reciclo (X_3) com a concentração celular que deixa o biorreator e alimenta a unidade de separação (X_1). Essa grandeza está relacionada com a eficiência da unidade de separação em relação à sua capacidade de concentrar células:

$$c = \frac{X_3}{X_1} \tag{7.91}$$

Dessa forma, tem-se que:

$$F_3 = rF_e \tag{7.92}$$

$$F_1 = (1+r)F_e \tag{7.93}$$

e

$$X_3 = cX_1 \tag{7.94}$$

As equações de balanço de massa para células, substrato limitante e produto no biorreator operado na forma contínua com reciclo externo de células são dadas por:

$$\frac{dX_1}{dt} = \frac{F_e}{V}X_e + \frac{F_3}{V}X_3 + \mu X_1 - \frac{F_1}{V}X_1 \tag{7.95}$$

$$\frac{dS}{dt} = D(S_e - S) - \frac{\mu}{Y_{X/S}}X_1 \tag{7.96}$$

$$\frac{dP}{dt} = \mu_P X_1 - DP \tag{7.97}$$

Considerando $X_e = 0$ e $P_e = 0$, substituindo as Equações (7.92), (7.93) e (7.94) na Equação (7.95) e rearranjando, tem-se que:

$$\frac{dX_1}{dt} = \left(\mu - D\left(1 + r(1-c)\right)\right)X_1 \tag{7.98}$$

em que:

$$D = \frac{F_e}{V} \tag{7.99}$$

Para obter valores de concentração num dado tempo de cultivo em processos contínuos com reciclo externo de células em regime transiente, deve-se escolher as cinéticas de crescimento celular e de produção e resolver o sistema de equações diferenciais parciais formado pelas Equações (7.96), (7.97) e (7.98), utilizando programas computacionais como o SimulaFerm do pacote computacional AnaBioPlus (OLIVEIRA et al., 2017).

Considerando estado estacionário, ou seja, $dS/dt = dX_1/dt = dP/dt = 0$, as equações de balanço de massa se resumem a:

$$D = \frac{\mu}{1 + r(1 - c)} \tag{7.100}$$

$$D = \frac{\mu X_1}{Y_{X/S}(S_e - S)} \tag{7.101}$$

$$D = \frac{\mu_P X_1}{P} \tag{7.102}$$

No estado estacionário, temos um sistema de equações algébricas para ser resolvido. Devemos novamente escolher as cinéticas de crescimento celular e de produção e resolver o sistema compreendendo agora as Equações (7.100), (7.101) e (7.102) utilizando programas computacionais.

Analisando o cultivo contínuo com reciclo de células em regime permanente, como $c = X_3/X_1 > 1$, tem-se que $r(1-c) < 0$ e $(1 + r(1-c)) < 1$, portanto:

$$D > \mu \tag{7.103}$$

Isso indica que cultivos contínuos com reciclo externo de células podem ser operados com vazão específica de diluição (D) superior à velocidade específica de crescimento celular (μ).

Para obter as concentrações celulares X_3 e X_2, realiza-se o balanço de massa para as células na unidade de separação:

$$F_2 X_2 + F_3 X_3 = F_1 X_1 \tag{7.104}$$

$$\begin{gathered} F_e X_2 + r F_e c X_1 = (1 + r) F_e X_1 \\ X_2 = (1 + r(1 - c)) X_1 \end{gathered} \tag{7.105}$$

Relacionando as Equações (7.94) e (7.105), tem-se que:

$$X_3 = \frac{c}{1+r(1-c)} X_2 \tag{7.106}$$

Como $(1 + r(1 - c)) < 1$, logo $X_3 > X_1 > X_2$.

Rearranjando a Equação (7.101), tem-se que:

$$X_1 = \frac{D}{\mu} Y_{X/S}(S_e - S) \tag{7.107}$$

Comparando-se a Equação (7.107) com a Equação (7.72), como $D > \mu$, constata-se que a concentração celular no interior do biorreator em cultivos contínuos com reciclo externo de células (X_1) é superior à concentração celular em cultivos contínuos sem reciclo de células (X). Daí a grande vantagem desse tipo de cultivo. Como a concentração celular (ou do catalisador) no interior do biorreator é maior, a velocidade de síntese de produto ou a produtividade em produto é superior à de cultivos contínuos sem reciclo de células.

Considerando que o crescimento celular obedeça ao modelo de Monod (1942), substituindo-se a Equação (7.25) na Equação (7.100) e rearranjando, tem-se que:

$$S = \frac{K_S D(1+r(1-c))}{\mu_{max} - D(1+r(1-c))} \tag{7.108}$$

Substituindo-se as Equações (7.100) e (7.108) na Equação (7.107), tem-se que:

$$X_1 = \frac{Y_{X/S}}{(1+r(1-c))}\left(S_e - \frac{K_S D(1+r(1-c))}{\mu_{max} - D(1+r(1-c))}\right) \tag{7.109}$$

A Figura 7.8 ilustra curvas de concentração celular (X) e de produtividade em células (P_X) em função da vazão específica de alimentação (D) para diferentes cultivos contínuos com reciclo externo de células, em comparação com o cultivo contínuo sem reciclo de células em que $D = \mu$.

Mesmo que as simulações mostradas na Figura 7.8 não correspondam a condições otimizadas de um cultivo, pode-se observar a superioridade do cultivo com reciclo externo de células em relação ao cultivo sem reciclo. Os valores de X e de P_X aumentam em função da taxa de reciclo (r) e do fator de concentração celular (c), sendo mais sensíveis ao segundo parâmetro.

Observa-se que o reciclo externo de células permite operar o sistema com maiores valores de D em relação ao cultivo contínuo sem reciclo, em que $D = \mu$, chegando na condição 4 num valor de $D_4 = 2{,}50D$. Ainda, em todas as condições simuladas, os sistemas podem operar numa ampla faixa de valores de D superiores até a μ_{max}, sem que ocorra lavagem (*wash-out*) do biorreator.

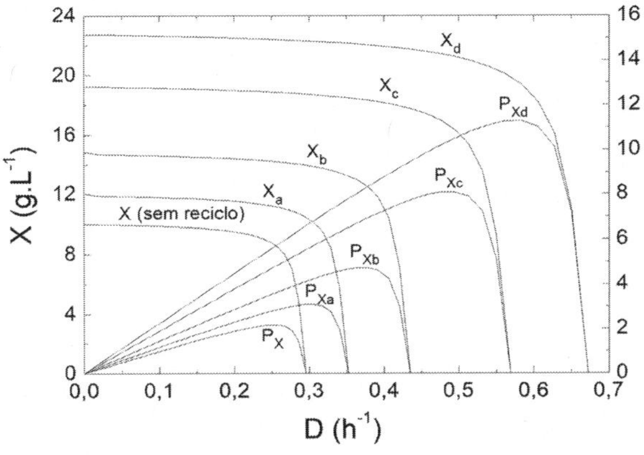

Figura 7.8 Concentração celular (X) e de produtividade em células (P_X) em função da vazão específica de alimentação (D) em cultivos contínuos com distintas condições de reciclo externo de células (S_e = 20 gL^{-1}, $Y_{X/S}$ = 0,50 $g_X g_S^{-1}$, μ_{max} = 0,50 h^{-1} e K_S = 0,10 gL^{-1}). Condições: X_a e P_{Xa} (r_a = 0,2; c_a = 2 e D_a = 1,25D), X_b e P_{Xb} (r_b = 0,3; c_b = 2 e D_b = 1,43D), X_c e P_{Xc} (r_c = 0,2; c_c = 3 e D_c = 1,67D), X_d e P_{Xd} (r_d = 0,3; c_d = 3 e D_d = 2,50D).

7.7 CULTIVO CONTÍNUO COM RECICLO INTERNO DE CÉLULAS

No cultivo contínuo com reciclo interno de células, uma corrente de entrada de vazão volumétrica F_e contendo substrato (S_e) e isenta de células ($X_e = 0$) e de produto ($P_e = 0$) é alimentada a um tanque que contém um dado volume de caldo (V) constante e uma unidade interna de separação de células. A corrente que deixa o biorreator (saída) com vazão volumétrica F_1 contém células, substrato e produto com concentrações X_1, S_1 e P_1. A corrente de permeado que deixa a unidade de separação com vazão volumétrica F_2 contém células, substrato e produto com concentrações X_2, S_2 e P_2. A Figura 7.9 ilustra um cultivo contínuo com reciclo interno de células.

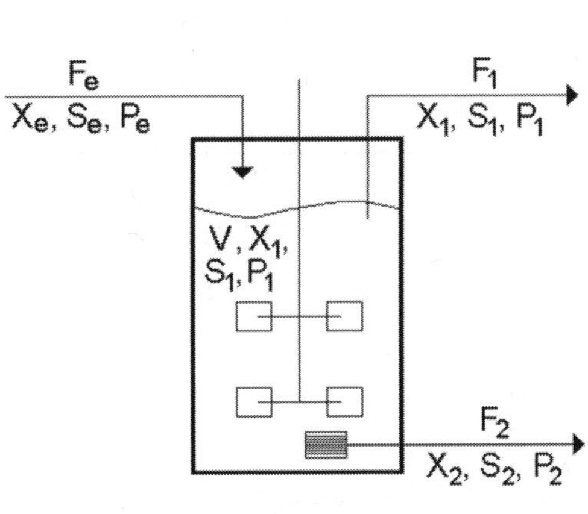

Figura 7.9 Representação de um cultivo contínuo com reciclo interno de células.

Considerando densidades constantes e iguais em todas as correntes do processo, no regime permanente tem-se que:

$$F_e = F_1 + F_2 \tag{7.110}$$

Sendo f a razão entre as vazões F_1 e F_e, logo:

$$F_1 = fF_e \tag{7.111}$$

Portanto:

$$F_2 = (1 - f)F_e \tag{7.112}$$

Considerando mistura perfeita, as composições das correntes de saída (F_1 e F_2) em termos das espécies solúveis S e P são iguais às do interior do biorreator, logo:

$$S_2 = S_1 = S \tag{7.113}$$

e

$$P_2 = P_1 = P \tag{7.114}$$

Define-se o fator h como um parâmetro relacionado com a retenção celular na unidade de separação. Quando $h = 1$, tem-se retenção nula de células. Quando $h = 0$, tem-se retenção total de células. Logo:

$$X_2 = hX_1 \tag{7.115}$$

O balanço de massa para as células é dado por:

$$\frac{dX_1}{dt} = \mu X_1 - \left(\frac{F_1 X_1 + F_2 X_2}{V}\right) \tag{7.116}$$

Substituindo as Equações (7.111), (7.112) e (7.115) na Equação (7.116) e rearranjando, tem-se que:

$$\frac{dX_1}{dt} = \big(D\big(h(f-1) - f\big) + \mu\big)X_1 \tag{7.117}$$

em que $D = F_e / V$.

O balanço de massa para o substrato limitante é dado por:

$$\frac{dS}{dt} = D(S_e - S) - \frac{\mu X_1}{Y_{X/S}} \tag{7.118}$$

O balanço de massa para o produto é dado por:

$$\frac{dP}{dt} = r_P - PD \tag{7.119}$$

No estado estacionário, tem-se que:

$$D = \frac{\mu}{f + h(1-f)} \tag{7.120}$$

$$D = \frac{\mu X_1}{Y_{X/S}(S_e - S)} \tag{7.121}$$

$$D = \frac{\mu_P X}{P} \tag{7.122}$$

A Figura 7.10 ilustra curvas de concentração celular (X) e de produtividade em células (P_X) em função da vazão específica de alimentação (D) para diferentes cultivos contínuos com reciclo interno de células em comparação com o cultivo contínuo sem reciclo, em que $D = \mu$. Observe que aumentos tanto em h quanto em f, definidos nas Equações (7.111) e (7.115), afetam negativamente e em igual proporção tanto X quanto P_X.

Pode-se ainda observar que o reciclo interno de células também permite operar o sistema com maiores valores de D em relação ao cultivo contínuo sem reciclo, em que $D = \mu$, chegando na condição "d" num valor de $D_d = 2{,}27D$, bem como operar numa ampla faixa de valores de D superiores até a μ_{max}, sem que ocorra lavagem (*wash-out*) do biorreator.

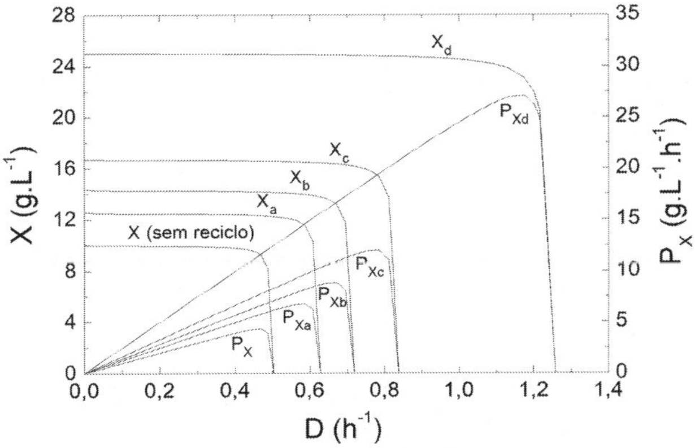

Figura 7.10 Concentração celular (X) e de produtividade em células (P_X) em função da vazão específica de alimentação (D) em cultivos contínuos com distintas condições de reciclo interno de células (S_e = 20 gL^{-1}, $Y_{X/S}$ = 0,50 $g_X g_S^{-1}$, μ_{max} = 0,30 h^{-1} e K_S = 0,50 gL^{-1}). Condições: X_a e P_{Xa} (h_a = 0,2; f_a = 0,8 e D_a = 1,19D), X_b e P_{Xb} (h_b = 0,6; f_b = 0,2 e D_b = 1,47D), X_c e P_{Xc} (h_c = 0,2; f_c 0,4 e D_c = 1,92D), X_d e P_{Xd} (h_d = 0,3; f_d = 0,2 e D_d = 2,27D).

7.8 CULTIVO CONTÍNUO COM TANQUES EM SÉRIE

Neste tipo de cultivo, a corrente de saída do primeiro tanque é a mesma de entrada do segundo, a corrente de saída do segundo tanque é a mesma de entrada do terceiro e assim consecutivamente. A Figura 7.11 ilustra um cultivo com tanques ligados em série.

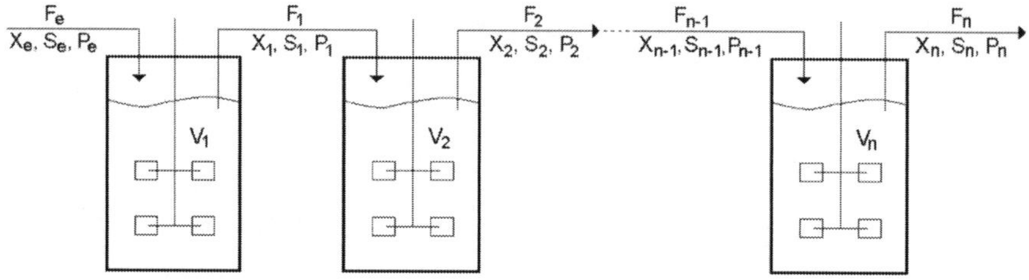

Figura 7.11 Representação de um cultivo contínuo com tanques ligados em série.

Considerando mistura perfeita, a composição da corrente de saída é igual ao conteúdo de cada biorreator.

As equações de balanços de massa para células, substrato e produto em cada tanque são similares às apresentadas para o cultivo contínuo sem reciclo de células, ou seja, as Equações (7.61), (7.62) e (7.63).

Considerando $X_e = 0$, $P_e = 0$ e $F_e = F_1 = F_2 = F_{n-1} = F_n = F$, no tanque 1 tem-se que:

$$\frac{dX_1}{dt} = (\mu_1 - D_1)X_1 \tag{7.123}$$

$$\frac{dS_1}{dt} = D_1(S_e - S_1) - \frac{\mu}{Y_{X/S}} X_1 \tag{7.124}$$

$$\frac{dP_1}{dt} = \mu_P X_1 - D_1 P_1 \tag{7.125}$$

em que $D_1 = F/V_1$.

Num tanque n qualquer, as equações de balanço são dadas por:

$$\frac{dX_n}{dt} = \mu_n X_n - D_n(X_n - X_{n-1}) \tag{7.126}$$

$$\frac{dS_n}{dt} = D_n(S_{n-1} - S_n) - \frac{\mu_n}{Y_{X/S}} X_n \tag{7.127}$$

$$\frac{dP_n}{dt} = \mu_{Pn} X_n + D_n \left(P_{n-1} - P_n \right) \tag{7.128}$$

em que $D_n = F/V_n$.

Para obter valores de concentração em função do tempo de cultivo num tanque n, deve-se escolher as cinéticas de crescimento celular e de produção e resolver um sistema de equações diferenciais parciais, formado pelas Equações (7.126), (7.127) e (7.128), utilizando programas computacionais, conforme mencionado anteriormente.

Considerando estado estacionário, ou seja, $dS_n/dt = dX_n/dt = dP_n/dt = 0$, as equações de balanço se resumem a:

$$D_n = \frac{\mu_n X_n}{X_n - X_{n-1}} \tag{7.129}$$

$$D_n \left(S_{n-1} - S_n \right) = \frac{\mu_n X_n}{Y_{X/S}} \tag{7.130}$$

$$D_n \left(P_n - P_{n-1} \right) = \mu_{Pn} X_n \tag{7.131}$$

Tem-se, portanto, um sistema de equações algébricas para ser resolvido. Deve-se escolher as cinéticas de crescimento celular e de produção e resolver o sistema de equações utilizando programas computacionais.

Como exemplo de aplicação de cultivos contínuos com tanques em série, suponha um microrganismo cuja cinética de crescimento celular obedeça ao modelo de Monod (1942) com $\mu_{max} = 0{,}25\ h^{-1}$, $K_S = 0{,}50\ gL^{-1}$ e $Y_{X/S} = 0{,}20\ g_X g_S^{-1}$. O cultivo gera um produto associado ao crescimento celular com $Y_{P/S} = 0{,}40\ g_P g_S^{-1}$. Sendo a concentração de alimentação de substrato $S_e = 50{,}0\ gL^{-1}$, o objetivo é comparar a produtividade em produto ($P_P = PD$ em $gL^{-1}h^{-1}$) de um cultivo contínuo sem reciclo de células, realizado em biorreator de 3.000 L, com a produtividade de um sistema contínuo com dois tanques de 1.500 L em série, ambos operados no estado estacionário, para uma conversão de substrato (X_S) superior a 99%.

Independentemente do tipo de cultivo, é importante alcançar altas conversões do substrato limitante, próximas a 100%, de forma que não se perca substrato no processo. Nos dois casos em questão, para $X_S \geq 99\%$, a concentração de substrato na saída deve ser $S \leq 0{,}50\ gL^{-1}$, uma vez que $S_e = 50{,}0\ gL^{-1}$. Logo, deve-se aliar alta produtividade em produto com alta conversão do substrato.

Para o cultivo contínuo sem reciclo de células, com base nas Equações (7.5) e (7.71), para atender à condição em que $X_S = 99\%$ e, portanto, $S = 0{,}50\ gL^{-1}$, obtém-se uma vazão específica de alimentação $D = 0{,}125\ h^{-1}$ e uma vazão volumétrica de alimentação $F = 375\ Lh^{-1}$. Aplicando-se a Equação (7.76), calcula-se $P = 19{,}8\ gL^{-1}$. Sendo a produtividade em produto $P_{PA} = PD$, logo:

$$P_{PA}\left(contínuo\ sem\ reciclo\ celular\right) = 2,48\ gL^{-1}h^{-1} \tag{7.132}$$

No cultivo contínuo com dois tanques de 1.500 L em série, utilizando as Equações (7.129), (7.130) e (7.131), pode-se obter por tentativas a vazão específica de alimentação (D) que define uma conversão de substrato acima de 99% ($X_S \geq 99\%$) na saída do 2º tanque. Como já informado anteriormente, alguns *softwares* auxiliam nessa tarefa.

Nesse caso, uma vazão volumétrica de alimentação $F = 300\ Lh^{-1}$ define uma vazão específica de alimentação $D = 0,200\ h^{-1}$ e estabelece uma concentração de produto na saída $P \cong 20\ gL^{-1}$ (muito próxima à obtida no cultivo contínuo sem reciclo de células) e uma conversão de substrato $X_S \approx 100\%$. Nessa condição, tem-se na saída do 2º tanque a seguinte produtividade em produto:

$$P_{PA}\left(contínuo\ com\ 2\ tanques\ em\ série\right) \cong 4,0\ gL^{-1}h^{-1} \tag{7.133}$$

Observe que a produtividade obtida no cultivo contínuo com 2 tanques em série é cerca de 60% superior à obtida no cultivo contínuo sem reciclo de células para um mesmo volume reacional total e para uma mesma conversão do substrato limitante. Essa é a vantagem de se operar um cultivo contínuo com tanques em série.

Salienta-se que nas condições de cultivo adotadas não há a necessidade de mais unidades em série, uma vez que, com o arranjo de 2 biorreatores em série de mesmo volume (1.500 L), a conversão do substrato limitante encontra-se próxima a 100%.

Ainda há a possibilidade de outros arranjos de biorreatores em série com diferentes volumes. Nesse caso, o número de tanques, os volumes de cada unidade e a condição de alimentação mais adequada para uma conversão de substrato limitante estabelecida dependerão das cinéticas de crescimento celular e de geração de produto, recaindo num problema de otimização de processo.

7.9 ASSOCIAÇÃO DE CULTIVOS EM BATELADA E CONTÍNUO

Suponha um biorreator para cultivo em batelada com concentração inicial de substrato S_0 e concentração inicial de microrganismo X_0. Da mesma forma, suponha um segundo biorreator para cultivo contínuo, sem reciclo de células, operando em estado estacionário, sendo alimentado com meio contendo substrato na concentração S_e, de tal forma que $S_0 = S_e$. Deve-se obter ao final do cultivo em batelada ou na saída do cultivo contínuo uma concentração S_i. A análise apresentada a seguir possibilita obter a melhor associação de biorreatores em batelada e contínuo sem reciclo, que minimize o tempo de processo e, portanto, maximize a produtividade em células (P_X).

Considerando a cinética de Monod (1942), a velocidade de crescimento celular (r_X) é expressa pela Equação (7.134):

$$r_X = \mu X = \mu_{max} \frac{S}{K_S + S} X \tag{7.134}$$

Num cultivo em batelada, tem-se que:

$$X = X_0 + Y_{X/S}\left(S_0 - S\right) \tag{7.27}$$

Logo:

$$r_X = \mu X = \mu_{max}\frac{S}{K_S + S}\left(X_0 + Y_{X/S}\left(S_0 - S\right)\right) \tag{7.135}$$

A Figura 7.12 mostra a variação da velocidade de crescimento celular (r_X) em função da concentração de substrato limitante (S).

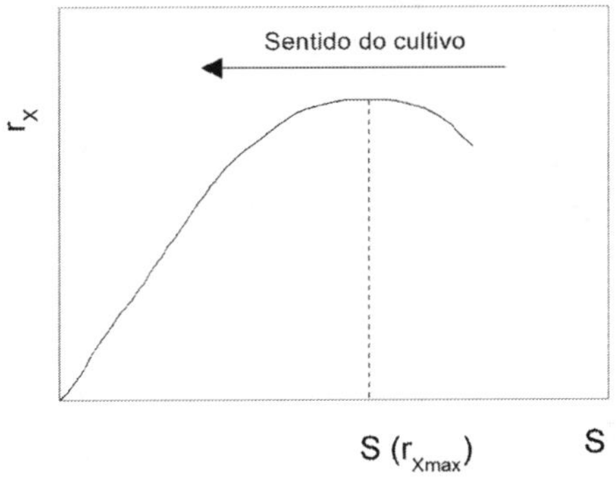

Figura 7.12 Velocidade de crescimento celular (r_X) em função da concentração de substrato limitante (S) para um cultivo descontínuo.

Observa-se que a função $r_X = f\left(S\right)$ apresenta um ponto de máximo.

Derivando-se a Equação (7.135) em relação a S e igualando a derivada a zero ($dr_X / dS = 0$), obtém-se o valor da concentração de substrato S na qual $r_X = r_{Xmax}$, logo:

$$S\left(r_{Xmax}\right) = \sqrt{K_S^2 + K_S S_0 + \frac{X_0 K_S}{Y_{X/S}}} - K_S \tag{7.136}$$

Desconsiderando a morte celular, o tempo de cultivo num biorreator em batelada (t_b) é dado por:

$$t_b = \int_{X_0}^{X} \frac{1}{\mu X} dX = \int_{X_0}^{X} \frac{1}{r_X} dX \tag{7.24}$$

Sendo $dX = -Y_{X/S} dS$, logo:

$$t_b = Y_{X/S}\int_{S_0}^{S} \frac{1}{r_X}\left(-dS\right) = Y_{X/S}\int_{S}^{S_0} \frac{1}{r_X} dS \tag{7.137}$$

De acordo com a Equação (7.67), o tempo de residência de um cultivo contínuo sem reciclo (θ) é dado pelo inverso da vazão específica de alimentação (D):

$$\theta = \frac{1}{D} \tag{7.67}$$

Substituindo a Equação (7.69) na Equação (7.67) e rearranjando, sendo no cultivo contínuo $X_0 = 0$, tem-se que:

$$\theta = \frac{1}{D} = \frac{X}{r_X} = -Y_{X/S}\frac{\Delta S}{r_X} = Y_{X/S}\frac{\left(S_e - S\right)}{r_X} \tag{7.138}$$

Na sequência serão comparados os tempos dos cultivos em batelada (t_b) e contínuo sem reciclo (θ), com concentração de substrato variando de S_0 (batelada) ou S_e (contínuo) até S_i, lembrando que $S_0 = S_e$.

O gráfico da Figura 7.13 ilustra a função $1/r_X = f\left(S\right)$, situação de um cultivo em batelada. A área A_b abaixo da curva $1/r_X$ *vs.* S é igual a:

$$A_b = \int_{S_i}^{S_0} \frac{1}{r_X} dS \tag{7.139}$$

Logo, substituindo a Equação (7.139) na Equação (7.137), tem-se o tempo de um cultivo em batelada (t_b) com S variando de S_0 a S_i:

$$t_b = Y_{X/S} A_b \tag{7.140}$$

Pode-se observar que, quanto maior o tamanho do inóculo ou o valor da concentração inicial de células (X_0), menor a área sob a curva $1/r_X$ *vs.* S, ou seja, menor o tempo de cultivo e, por consequência, maior a produtividade em células (P_X).

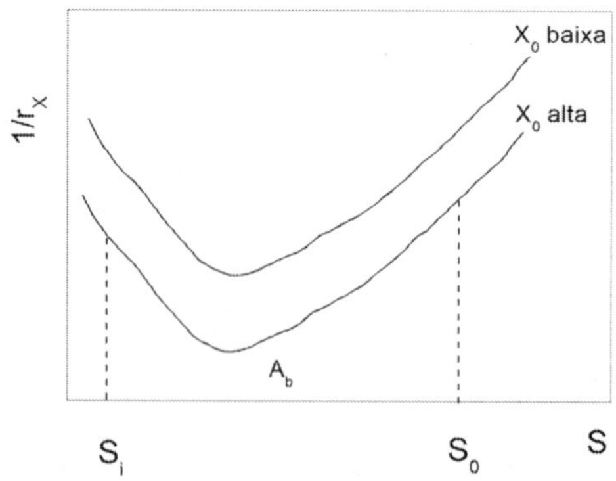

Figura 7.13 Inverso da velocidade de crescimento celular ($1/r_X$) em função da concentração de substrato limitante (S) para um cultivo descontínuo. A_b refere-se à área abaixo da função $1/r_X$ *vs.* S de S_0 a S_i.

Por outro lado, se realizarmos um cultivo contínuo sem reciclo de células, tendo como concentração de substrato na entrada $S = S_e$ e na saída uma concentração $S = S_i$, o tempo de residência (θ) é dado por:

$$\theta = Y_{X/S} A_C \tag{7.141}$$

O gráfico da Figura 7.14 ilustra a função $1/r_X$ *vs.* S, em que a área A_C é igual a:

$$A_C = \frac{-\Delta S}{r_X} = \frac{S_e - S_i}{r_X} \tag{7.142}$$

ou seja, A_C corresponde à área do retângulo de $1/r_X(S_i) = \mathit{constante}$ com S variando de S_e até S_i.

Observe que, no cultivo contínuo em regime permanente, a concentração de substrato no interior do biorreator e na corrente de saída é igual a S_i. Portanto, $r_X(S_i) = \mu X = DX = \mathit{constante}$. Para uma variação $\Delta S = S_e - S_i$, tem-se que:

$$X = Y_{X/S}(S_e - S_i) \tag{7.143}$$

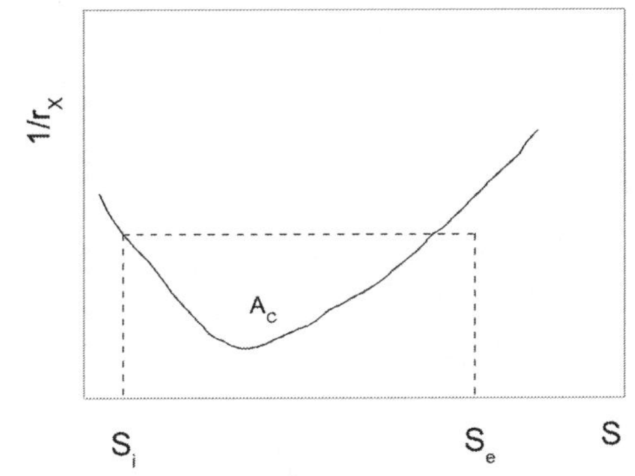

Figura 7.14 Inverso da velocidade de crescimento celular ($1/r_X$) em função da concentração de substrato (S) para um cultivo contínuo. Área: $A_C = (S_e - S_i)/r_X$.

Com base nas Figuras 7.13 e 7.14, conclui-se que, num processo em que S_e ou $S_0 > S(r_{Xmax})$ e $S_i < S(r_{Xmax})$, o cultivo em batelada seria a melhor opção, pois determina um tempo menor de cultivo se comparado ao contínuo sem reciclo, uma vez que $A_b < A_C$. Deve-se, no entanto, levar em conta o tempo inoperante do cultivo em batelada. Caso $S_e > S(r_{Xmax})$ e $S_i \geq S(r_{Xmax})$, pode-se notar que o cultivo que levará menor tempo é o cultivo contínuo, como pode ser observado na Figura 7.15.

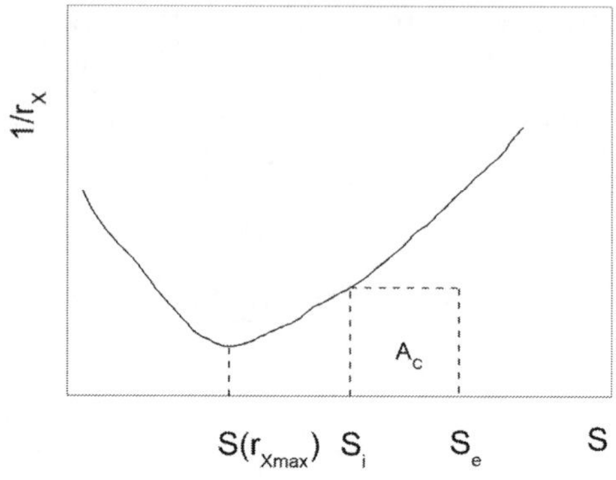

Figura 7.15 Inverso da velocidade de crescimento celular ($1/r_X$) em função da concentração de substrato limitante (S). Área: $A_C = (S_e - S_i)/r_X$.

No caso em que $S_0 < S(r_{Xmax})$ e, consequentemente, $S_i < S(r_{Xmax})$, o cultivo em batelada levará o menor tempo, como se pode observar na Figura 7.16. Para o cultivo contínuo, a área dada por $A_C = (S_e - S_i)/r_X$ é maior que a área para o cultivo em batelada (A_b), lembrando que $S_0 = S_e$.

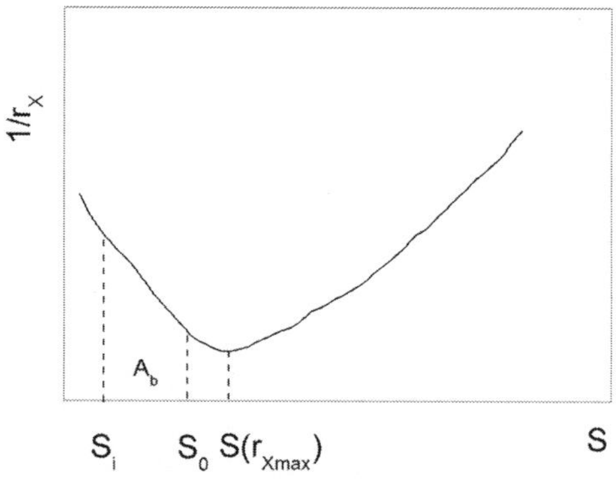

Figura 7.16 Inverso da velocidade de crescimento celular ($1/r_X$) em função da concentração de substrato limitante (S) para cultivo em batelada. A_b refere-se à área abaixo da função $1/r_X$ *vs.* S.

Retornando à situação da Figura 7.13, numa eventual situação em que S_0 ou $S_e > S(r_{Xmax})$ e $S_i < S(r_{Xmax})$, a associação adequada de biorreatores que define um menor tempo de cultivo é o contínuo sem reciclo de $S_e \rightarrow S(r_{Xmax})$ seguido do cultivo em batelada de $S(r_{Xmax}) \rightarrow S_i$. A Figura 7.17 ilustra essa situação.

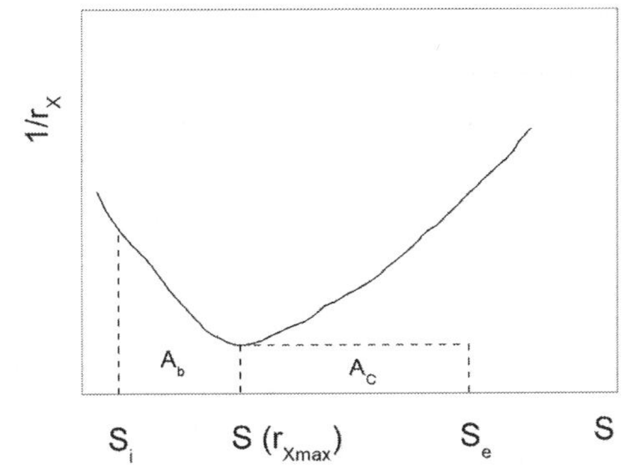

Figura 7.17 Inverso da velocidade de crescimento celular ($1/r_X$) em função da concentração de substrato limitante (*S*), mostrando a associação adequada entre cultivos contínuo sem reciclo de células e batelada.

Como ilustração da escolha da melhor forma de cultivo, vamos considerar o processo de biodegradação de fenol pela bactéria *Pseudomonas putida* F1. A cinética de crescimento dessa bactéria, numa ampla faixa de concentração de fenol, foi estudada por Abuhamed et al. (2004). O modelo cinético de crescimento de *P. putida* F1 em fenol que melhor se ajustou aos valores experimentais foi o de inibição pelo substrato proposto por Andrews (1968), dado pela Equação (7.144):

$$\mu = \mu_{max} \frac{S}{K_S + S + \dfrac{S^2}{K_{IS}}} \tag{7.144}$$

em que:

μ_{max}: velocidade específica máxima de crescimento celular (h^{-1});

K_S: constante de saturação (mgL^{-1});

K_{IS}: constante de inibição pelo substrato (mgL^{-1}).

Para o crescimento de *P. putida* em fenol, os mencionados autores obtiveram os seguintes valores das constantes cinéticas: $\mu_{max} = 0,051\,h^{-1}$, $K_S = 18\,mgL^{-1}$ e $K_{IS} = 430\,mgL^{-1}$, além do fator de conversão de substrato em células, $Y_{X/S} = 0,44\,mg_X mg_S^{-1}$. O objetivo é escolher a melhor forma de cultivo, ou associação de cultivos, para reduzir a concentração de fenol de uma água residuária de 190 mgL^{-1} para 2 mgL^{-1} (conversão de aproximadamente 99%), para ser descartada, sendo que a escolha se baseia no menor tempo de cultivo.

Considerando a cinética de Andrews (1968), a velocidade de crescimento celular (r_X) é expressa pela Equação (7.145):

$$r_X = \mu X = \mu_{max} \frac{S}{K_S + S + \frac{S^2}{K_{IS}}} X \tag{7.145}$$

Supondo no cultivo em batelada uma concentração inicial de células $X_0 = 5\ mgL^{-1}$, logo:

$$r_X = \mu X = \mu_{max} \frac{S}{K_S + S + \frac{S^2}{K_{IS}}} \left(X_0 + Y_{X/S}\left(S_0 - S_i\right)\right) \tag{7.146}$$

Nesse caso, o tempo de cultivo (t_b) é calculado com base na área abaixo da curva $1/r_X$ *vs.* S (A_b). De acordo com as Equações (7.139) e (7.140), tem-se que:

$$t_b = Y_{X/S} \int_{S_i}^{S_0} \frac{1}{r_X} dS = Y_{X/S} A_b \tag{7.147}$$

Logo, para as condições estabelecidas:

$$A_b = 129{,}5\ mg_S mg_X^{-1} h$$

Assim, o tempo do cultivo em batelada é dado por:

$$t_b = 57\ h$$

No caso do cultivo contínuo sem reciclo de células:

$$r_X = \mu X = \mu_{max} \frac{S}{K_S + S + \frac{S^2}{K_{IS}}} Y_{X/S}\left(S_e - S_i\right) \tag{7.147}$$

De acordo com as Equações (7.141) e (7.143), o tempo de residência para o cultivo contínuo (θ_a) é dado por:

$$\theta_a = Y_{X/S} A_C = Y_{X/S} \frac{S_e - S_i}{r_X} \tag{7.148}$$

Para as condições estabelecidas:

$$A_C = 445{,}8\ mg_S mg_X^{-1} h$$

Portanto, o tempo do cultivo contínuo é dado por:

$$\theta_a = 196{,}2\ h$$

Comparando as duas formas individuais de cultivo, observa-se que no cultivo em batelada é possível converter cerca de 99% de fenol em aproximadamente 1/4 do tempo do cultivo contínuo. No entanto, a melhor forma de cultivo é a associação dos cultivos contínuo, com S variando de $S_e = 190\ mgL^{-1}$ a $S(r_{Xmax}) = 50\ mgL^{-1}$ (valor obtido pelo gráfico), e batelada, com S variando de $S(r_{Xmax}) = 50\ mgL^{-1}$ a $S_i = 2\ mgL^{-1}$. A Figura 7.18 ilustra a associação dos cultivos contínuo e em batelada para a biodegradação de fenol por *P. putida* F1.

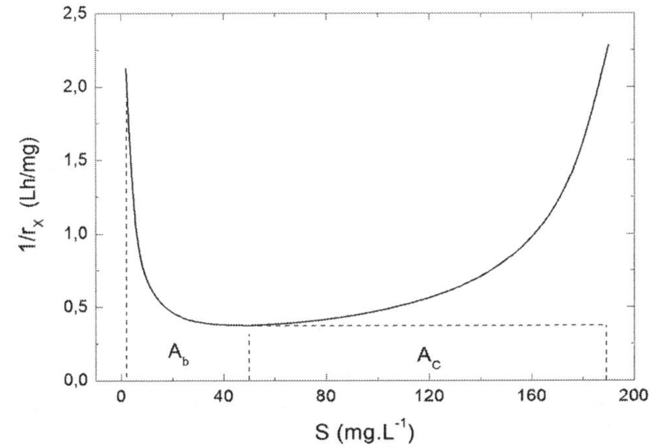

Figura 7.18 Inverso da velocidade de crescimento celular ($1/r_X$) em função da concentração de substrato limitante (S), mostrando a associação adequada entre cultivos para a biodegradação de fenol.

Nesse caso, tem-se os tempos dos cultivos contínuo e em batelada associados, θ_a e t_{ba}, sendo o tempo do cultivo associado a soma $t_a = \theta_a + t_{ba}$. Na etapa contínua, para S variando de $S_e = 190\ mgL^{-1}$ a $S(r_{Xmax}) = 50\ mgL^{-1}$, tem-se que $A_{Ca} = 65{,}8\ mg_S mg_X^{-1} h$ e $\theta_a = 28{,}9\ h$. Para a etapa em batelada, com S variando de $S(r_{Xmax}) = 50\ mgL^{-1}$ a $S_i = 2\ mgL^{-1}$, tem-se que $A_{ba} = 25{,}8\ mg_S mg_X^{-1} h$ e $t_{ba} = 11{,}4\ h$.

Logo, o tempo total da associação de cultivos (t_a) é dado por:

$$t_a = \theta_a + t_{ba} = 40{,}3\ h$$

Observe que o tempo total da associação de cultivos (t_a) é cerca de 70% do tempo do cultivo em batelada (t_b), indicando ser essa alternativa a adequada para o processo de biodegradação de fenol por cultivo pela bactéria *P. putida* F1 nas condições analisadas.

Industrialmente, a associação de cultivos também é uma prática comum. Na produção de antibióticos como a penicilina, o cultivo é iniciado em batelada, de forma que o fungo (*Penicillium chrysogenum*) possa crescer consumindo uma fonte de carbono facilmente assimilável. Após a etapa de crescimento (trofofase), segue a etapa de produção do antibiótico (idiofase), em que o cultivo é conduzido em batelada alimentada até o seu final para evitar os fenômenos de inibição e repressão catabólica, de forma a maximizar a produção do antibiótico.

Além disso, uma complementação dessa forma de operar a produção do antibiótico poderia ser, ao final do consumo do substrato limitante, efetuar a retirada de um dado volume do biorreator (algo como 25% a 30%), volume este encaminhado para a recuperação do produto, efetuando-se a seguir a alimentação adicional de meio de cultivo, novamente em batelada alimentada. Tal procedimento pode ser repetido um certo número de vezes, sendo que, para o caso da produção de antibióticos, deve ser feito com muita cautela, tendo em vista a possibilidade de contaminação do volume de reação.

Outro processo clássico em que se utiliza a associação de cultivos é a fermentação alcoólica a partir de sacarose de cana de açúcar. No processo tradicional utilizado por cerca de 85% das unidades produtoras do Brasil (GODOY et al., 2008), a dorna é inicialmente alimentada com um volume de inóculo entre 10% e 30% do seu volume útil. Este inóculo formado por uma suspensão concentrada da levedura *Saccharomyces cerevisiae* (creme de levedura) é denominado "pé de cuba". Na sequência, o cultivo é operado em batelada alimentada com alimentação de mosto (melaço diluído com água ou caldo de cana de açúcar) até o enchimento da dorna. A operação em batelada alimentada tem por objetivo controlar a concentração de açúcar no interior da dorna e evitar a inibição da produção de etanol pelo substrato. Após completar o volume da dorna, procede-se ao cultivo em batelada até o total consumo dos açúcares, em que se verifica o máximo acúmulo de etanol na dorna.

Concluindo, o que se busca mostrar no presente capítulo são algumas formas de que se dispõe para a operação de biorreatores, tendo em vista a enorme diversidade de possibilidades em função da cinética do bioprocesso de interesse, definida pelo microrganismo a ser utilizado e pelo produto gerado, a fim de que se possa atingir elevadas produtividades dos produtos desejados, além de adequado consumo dos substratos empregados.

REFERÊNCIAS

ABUHAMED, T. et al. Kinetics model for growth of *Pseudomonas putida* F1 during benzene, toluene and phenol biodegradation. *Process Biochemistry*, v. 39, p. 983-988, 2004.

ANDREWS, J. F. A. Mathematical model for the continuous culture of microorganisms utilizing inhibitory substrates. *Biotechnology and Bioengineering*, v. 10, p. 707-723, 1968.

GODOY, A. et al. Continuous and batch fermentation processes: advantages and disadvantages of these processes in the Brazilian ethanol production. *International Sugar Journal*, v. 110, p. 175-181, 2008.

LEE, S. U. High cell-density culture of *Escherichia coli*. *Trends in Biotechnology*, v. 14, p. 98-105, 1996.

MONOD, J. *Recherches sur la croissance des cultures bactériennes*. Paris: Hermann & Cie., 1942.

OLIVEIRA, C. M. et al. AnaBioPlus: a new package for parameter estimation and simulation of bioprocesses. *Brazilian Journal of Chemical Engineering*, v. 34, n. 4, p. 1065-1082, 2017.

PIRT, S. J. The theory of fed-batch culture with reference to the penicillin fermentation. *Journal of Applied Chemistry and Biotechnology*, v. 24, p. 415-424, 1974.

CAPÍTULO 8

Modelagem matemática e simulação de bioprocessos

Edvaldo Rodrigo Morais

Antonio Bonomi

8.1 INTRODUÇÃO

Apesar de a engenharia bioquímica compreender diferentes tipos de processos, como transporte de calor e massa e recuperação de produtos, incluindo vários constituintes e fenômenos dominantes, a pesquisa em modelagem matemática reportada na literatura técnica especializada refere-se basicamente às reações biológicas e, recentemente, às reações que ocorrem no interior das células. Dessa forma, a modelagem matemática dos processos biotecnológicos, ou bioprocessos, pode ser definida como a tentativa de representar, por meio de equações matemáticas, os balanços de massa para cada componente no biorreator, associados às complexas transformações bioquímicas que ocorrem no processo e às velocidades com que estas se processam.

Em razão da complexidade do processo real (que envolve leis físico-químicas, bioquímicas e genéticas), somada às limitações matemáticas, geralmente os modelos são baseados na idealidade e fornecem uma representação fiel de apenas algumas das propriedades do processo (VOLESKY; VOTRUBA, 1992). A formulação de um modelo matemático deve, segundo os autores, possuir um comprometimento entre grau de complexidade razoável e solução (esforço computacional) economicamente desejável. Por sua vez, a simulação do processo corresponde à sua análise (por exemplo, sua otimização) por meio da utilização do modelo matemático proposto.

Do ponto de vista da engenharia bioquímica, o desenvolvimento da modelagem matemática dos bioprocessos permite atingir, entre outros, os seguintes objetivos:

organizar informações desconexas a respeito dos fenômenos biológicos num conjunto coerente; pensar (e calcular) logicamente a respeito de quais componentes e interações são importantes num sistema complexo; descobrir novas estratégias para explicar o comportamento das células submetidas a determinados ambientes; corrigir falhas eventualmente existentes no entendimento convencionado de determinados fenômenos; e, finalmente, entender as características qualitativamente essenciais de determinados processos (BAILEY, 1998).

O objetivo principal da modelagem matemática e da simulação computacional, como ferramentas de desenvolvimento tecnológico de bioprocessos, é prever o comportamento dinâmico e estacionário do processo, inclusive em condições não testadas empiricamente, possibilitando a determinação das condições operacionais economicamente ótimas do sistema e auxiliando no projeto e no ajuste de algoritmos de controle, dos quais o modelo matemático formulado é parte integrante (HEINZLE; SANER, 1991).

Os bioprocessos incorporam uma série de características que os diferenciam dos processos químicos, o que pode explicar as dificuldades encontradas na formulação de modelos matemáticos que os representem adequadamente, ao contrário do que ocorre com os processos químicos convencionais. Entre essas características podem ser citadas as seguintes: baixas concentrações e baixas velocidades de reação, como resultado de um meio diluído; complexidade da mistura reagente e capacidade do sistema (células microbianas) de sintetizar seu próprio catalisador; conhecimento insuficiente de vários fenômenos limitantes das velocidades de produção e falta de sensores para automação *online*; problemas de esterilidade, segurança e eventualmente toxicidade dos bioprocessos (ENGASSER, 1988).

Neste capítulo serão apresentados os principais tipos de modelos empregados para representar os bioprocessos, destacando as estratégias empregadas na formulação dos modelos matemáticos conhecidos como fenomenológicos não estruturados, bem como as metodologias utilizadas no ajuste desses modelos a um conjunto de dados experimentais. Posteriormente, serão introduzidas e aplicadas técnicas estatísticas, que permitem discriminar diversos modelos ajustados, definindo sua validade. Finalmente, será discutida brevemente a utilização dos modelos matemáticos visando otimizar um processo, por meio da definição de uma função objetivo e do emprego de diversas técnicas de otimização.

8.2 FORMULAÇÃO DOS MODELOS MATEMÁTICOS DE BIOPROCESSOS

Inicialmente, deve-se reconhecer que, num processo biotecnológico, estão envolvidos dois sistemas que interagem continuamente: a fase biológica (ou biótica), composta pela população microbiana ou pela cultura de células animais ou vegetais, e a fase ambiental (ou abiótica) ou meio de cultura, como é comumente conhecido, que contém os substratos e os produtos do processo. A Figura 8.1 resume os principais parâmetros, fenômenos e interações que influenciam o comportamento cinético de uma população microbiana ou de células na presença de seu meio de cultura (BAILEY; OLLIS, 1986).

As células consomem nutrientes e convertem substratos do ambiente em produtos. Nesse processo, elas geram calor, que é dissipado para o meio e, em contrapartida, a temperatura do meio define a temperatura das células. Interações mecânicas ocorrem por meio de pressão hidrostática, de fluxo do meio para as células, de choque entre partículas (células ancoradas em suporte) e de mudanças na viscosidade do meio em função do acúmulo de células e de produtos metabólicos.

Há de se considerar ainda as características de operação do processo biotecnológico empregado, como:

- batelada, batelada alimentada, contínuo etc.;
- submerso ou semissólido;
- alta densidade celular (reciclo, imobilização de células etc.).

Essas características operacionais permitem intervir na relação população microbiana/meio de cultura, no sentido de controlar e, se possível, aumentar as velocidades e os rendimentos dessa interação.

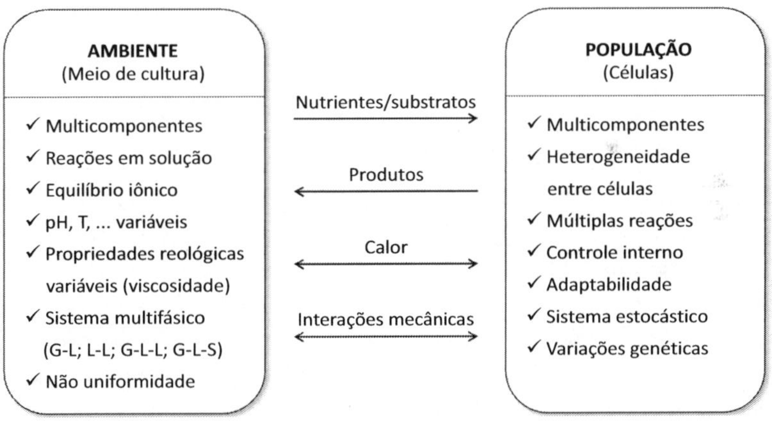

Figura 8.1 Esquema das principais características da interação entre a população microbiana/de células animais ou vegetais e o meio de cultura.

Pelo exposto, fica claro que em um desenvolvimento de processo, quando se utilizam técnicas de modelagem matemática e simulação computacional para o projeto e o dimensionamento de biorreatores otimizados, devem ser analisados, da forma mais abrangente e integrada possível, os principais fenômenos que caracterizam as interações população microbiana/meio de cultura/tipo de bioprocesso. A seguir são listados alguns desses fenômenos característicos:

- influência da "história" da população microbiana no processo (fase *lag* e de adaptação, mutações, perda de viabilidade etc.);
- influência da composição do meio de cultivo nas velocidades de crescimento ou de produção da população microbiana (substratos limitantes, substratos inibitórios, substratos que provocam os fenômenos de indução e repressão etc.);

- consumo de substratos para crescimento e também, na maioria dos casos, para manutenção da viabilidade celular;
- geração de produtos associada ou não ao crescimento celular;
- transferência de substratos do meio para o interior das células e de produtos da célula para o meio;
- velocidades de respiração em processos aeróbios (transferência de oxigênio da fase gasosa para a fase líquida por meio da agitação e da aeração do biorreator);
- tipo de processo (submerso ou semissólido; batelada, batelada alimentada ou contínuo; com ou sem reciclo; células imobilizadas ou livres; uma ou múltiplas fases de processo etc.);
- influência de variáveis físico-químicas no processo (temperatura, pH, pressão interna do biorreator, viscosidade, densidade, umidade do meio de cultivo, umidade relativa do ar etc.);
- influência das variações na síntese dos componentes celulares – necessidade de incluir "estrutura" nos modelos matemáticos dos processos;
- homogeneidade ou heterogeneidade do processo;
- influência das condições operacionais na morfologia da população microbiana.

Idealmente, que a modelagem de um processo biotecnológico deveria predizer o resultado de milhares de transformações químicas que ocorrem pela ação de uma população microbiana, ou de uma cultura de células animais ou vegetais. Sem dúvida, uma descrição completa de todas as vias e as interações metabólicas pertinentes ao desenvolvimento microbiano seria extremamente complexa e mesmo impossível. Felizmente, sabe-se que, ao menos na área das ciências exatas, muitos problemas podem ser estudados usando uma média das várias propriedades das diversas entidades em questão. Nesse sentido, é importante lembrar que o modelo ainda pode ser válido se somente um número limitado de mecanismos governantes é considerado em detalhe. Portanto, na elaboração de modelos para bioprocessos, geralmente são introduzidas simplificações, de maneira a obter modelos passíveis de serem manuseados e generalizados (ROELS; KOSSEN, 1978).

8.2.1 CLASSIFICAÇÃO DOS MODELOS MATEMÁTICOS DE BIOPROCESSOS

Vários autores apresentam classificações para os diversos tipos de modelos comumente usados em engenharia bioquímica (BAILEY; OLLIS, 1986; ROELS; KOSSEN, 1978; FREDRICKSON; TSUCHIYA, 1977). Essa classificação pode ser definida, inicialmente, a partir de dois grandes grupos de modelos matemáticos de bioprocessos, conforme apresentado a seguir:

- *Modelos fenomenológicos*: baseiam-se na formulação de hipóteses e correlações teóricas ou empíricas para explicar os fenômenos e o comportamento das variáveis do processo observados experimentalmente.
- *Modelos entrada-saída*: estabelecem relações empíricas para correlacionar o efeito de variações nas variáveis de entrada ou manipuláveis (por exemplo, as concentrações iniciais em sistemas operados em batelada ou as concentrações e as vazões de alimentação nos sistemas operados de forma contínua) nos valores das variáveis de saída ou medidas do processo (como o perfil de concentrações possíveis de serem medidas no interior do biorreator, ou no seu efluente, ao longo do tempo).

8.2.1.1 Modelos fenomenológicos

Um modelo fenomenológico é constituído por um conjunto de relações matemáticas entre as variáveis de interesse do sistema em estudo. É desejável que esses modelos sejam, na medida do possível, fundamentais, ou seja, baseados nas equações de conservação de massa, energia e quantidade de movimento e em princípios físico-químicos, uma vez que isso confere maior confiança em interpolações e extrapolações quando comparado com modelos puramente empíricos. Entretanto, mesmo em modelos fundamentais, é frequente que o cálculo de um ou mais parâmetros seja baseado em equações empíricas.

Na formulação de um modelo matemático fenomenológico convencional, são normalmente utilizadas equações que podem ser classificadas em:

- equações de balanço ou de conservação (de massa, energia, quantidade de movimento), baseadas em princípios físico-químicos fundamentais;
- equações de velocidade, que podem ser: a) equações de velocidade de transporte de massa, energia e componentes através das fronteiras do sistema considerado ou b) equações de velocidade de geração ou consumo de espécies dentro do sistema; as equações de velocidade são normalmente equações empíricas, construídas a partir do conhecimento advindo de ensaios realizados em laboratório;
- equações termodinâmicas, que relacionam propriedades termodinâmicas do sistema (pressão, temperatura, densidade, concentração), por exemplo, equações de estado e relações de equilíbrio termodinâmico (como é o caso da lei de Henry para transferência de oxigênio na fase gasosa para a fase líquida).

Enquanto as equações de balanço, de velocidade de transporte e termodinâmicas são passíveis de padronização por meio de estudos teóricos de fenômenos de transporte e termodinâmica aplicados há décadas na engenharia química, as equações de velocidade de transformação, ou equações cinéticas, são específicas para os bioprocessos em questão e constituem os chamados modelos cinéticos.

Frequentemente, em processos com células livres, as informações sobre a cinética de bioprocessos são obtidas a partir de ensaios em laboratório realizados em reatores operados de forma descontínua, descontínua alimentada ou contínua. Na proposição de um modelo cinético para um bioprocesso, diversos níveis de detalhamento podem e devem ser adotados. Algumas das aproximações permitem simplificar a representação da cinética dos bioprocessos:

- considerando-se que, na formulação do meio de cultura, todos os componentes, menos um número preestabelecido, estão em concentrações suficientemente elevadas (mas não inibitórias), de modo que apenas as concentrações desses outros componentes, previamente escolhidos, sejam limitantes e/ou inibitórias para a velocidade do processo; eventualmente, é necessário incluir no equacionamento outros componentes do meio, por exemplo, um produto inibidor que se acumula no meio de cultura ao longo do processo;
- considerando-se, em geral, que as alterações em outras variáveis detectadas em um experimento de um processo típico não afetam significativamente a cinética do intervalo de tempo escolhido para a modelagem; além disso, controles do biorreator podem regular e manter constantes alguns parâmetros do ambiente, por exemplo, pH, temperatura e concentração de oxigênio dissolvido;
- introduzindo-se no modelo, se necessário, uma descrição multicomponente e multivariável da população microbiana ou de células, para representar adequadamente o comportamento cinético desejado.

Os modelos cinéticos dos bioprocessos podem ser classificados, quanto ao número de componentes usados na representação celular, em dois tipos, conforme se detalha a seguir:

- *Modelos não estruturados*: o material celular é representado por uma única variável, por exemplo, a massa celular ou o número de células, sem considerar variações de componentes intracelulares, ou usar tais variações na previsão do comportamento cinético do processo.
- *Modelos estruturados:* as células são descritas com maiores detalhes, considerando, por exemplo, componentes intracelulares, permitindo descrever o estado das células e sua adaptação às mudanças do meio de cultura.

Quanto à heterogeneidade da população microbiana, os modelos cinéticos também são classificados em duas categorias, descritas a seguir:

- *Modelos não segregados:* a população celular é considerada homogênea, isto é, todas as células apresentam o mesmo comportamento.
- *Modelos segregados:* as células são consideradas discretas, como indivíduos de uma população heterogênea, com distribuição de idade, de tamanho e de propriedades celulares.

Obviamente, os modelos segregados e estruturados oferecem uma descrição mais detalhada do comportamento cinético do processo biotecnológico que os não segregados e não estruturados, mas à custa de maior complexidade e maior esforço computacional requerido – em muitos casos, a qualidade e a reprodutibilidade dos resultados obtidos não justificam a complexidade e a perda de generalidade introduzidas.

É possível encontrar na literatura algumas tentativas de generalizar a modelagem matemática dos bioprocessos utilizando proposições não estruturadas de modelos, visando à utilização em módulos da etapa de fermentação em simuladores de processo (KLEI et al., 1987; SHANKLIN et al., 2001). Verifica-se, entretanto, que essas proposições, por não acoplarem etapas de ajuste de parâmetros e de otimização de processo, são extremamente limitadas, uma vez que exigem do usuário um conhecimento aprofundado do processo, o que geralmente não ocorre.

8.2.1.2 Modelos entrada-saída (*black-box models*)

Denomina-se modelo entrada-saída de um processo a correlação que permite calcular uma ou mais respostas do sistema (suas saídas) a partir de um número definido de variáveis de entrada medidas. Um dos principais exemplos de modelos entrada-saída, utilizados para representar sistemas complexos (caso dos bioprocessos), são as redes neurais artificiais (RNA). Essas redes foram concebidas a partir de uma analogia com o funcionamento do cérebro humano. Neste, a informação é processada em unidades chamadas neurônios. Cada neurônio recebe a informação proveniente de inúmeros outros neurônios através de terminais de entrada chamados dendritos. Essas informações são sintetizadas no núcleo e, se forem suficientemente fortes, produzirão um sinal que se propaga através do axônio até seus terminais de saída, chamados de sinapses. Finalmente, estas se ligarão a uma nova camada de neurônios (CASTRO, 2006).

As redes neurais artificiais têm uma estrutura análoga à descrita, sendo que a síntese das informações de entrada é feita por uma ponderação dos diversos sinais, por meio de ajustes de coeficientes e uma posterior transformação não linear, comumente do tipo sigmoide. Há diversas proposições de como interconectar os diversos neurônios, cada um definindo uma arquitetura de rede (CASTRO, 2006). A escolha da arquitetura, bem como o número de neurônios e de camadas intermediárias, será feita sempre empiricamente, a partir dos resultados fornecidos pela rede.

A rede passa a descrever o sistema corretamente quando o erro entre o resultado medido e o calculado por ela, a partir dos mesmos dados de entrada, estiver dentro do especificado. Para uma predição correta é necessário que se forneça antes à rede uma combinação de dados de entrada-saída, a qual propiciará o ajuste dos coeficientes descritos anteriormente. Esse ajuste, que tem como critério a minimização do erro medida-predição, é também designado por fase de treinamento. Finalizada essa etapa, faz-se sua validação submetendo-se a análise um conjunto de dados ainda não apresentados à rede.

Em virtude do escopo introdutório do presente capítulo, não se pretende apresentar em detalhes a aplicação de redes neurais à modelagem de bioprocessos. O leitor interessado poderá encontrar na literatura várias aplicações: na modelagem do crescimento de células em processo batelada (SYU; TSAO, 1993); na utilização de redes neurais híbridas para modelagem da etapa fermentativa do processo de produção de vitamina C (ZORZETTO, 1995); e na identificação e no controle de sistemas dinâmicos não lineares aplicados ao processo de fermentação alcoólica utilizando modelos de redes neurais tradicionais, algoritmos neurais construtivos e modelos nebulosos com estrutura hierárquica (MELEIRO, 2002).

8.2.2 FORMULAÇÃO DOS MODELOS FENOMENOLÓGICOS NÃO ESTRUTURADOS

O primeiro passo na formulação de um modelo matemático fenomenológico é o estabelecimento das variáveis de estado do processo, isto é, aquelas variáveis que definem em cada instante o estado do sistema (por exemplo, concentrações de substratos e produtos). Inclui-se também na definição do estado de um processo biotecnológico a capacidade (velocidade) das células presentes de executar suas funções vitais, quais sejam: crescimento ou morte celular, geração de produtos e consumo de substratos. Em sistemas mais complexos, o estado dos bioprocessos pode incluir a fração de células que preservam a capacidade de gerar um determinado produto (capacidade esta introduzida, por exemplo, por meio de técnicas de engenharia genética e que pode ser perdida em função da instabilidade do microrganismo gerado), a concentração de um substrato necessário ao crescimento celular e que é gerado pela ação de uma enzima introduzida no processo, a ação de populações mistas de células, entre outros fenômenos.

Para estudar a dinâmica de um processo biotecnológico, deve-se buscar identificar:

- os processos que alteram o estado das populações envolvidas (crescimento celular, reprodução celular, manutenção da viabilidade celular, morte celular, lise celular, motilidade celular, alterações morfológicas das células, como é o caso da formação de esporos, e, finalmente, os processos físicos que incluem, entre outros, a aderência das células a superfícies sólidas);
- os fenômenos ambientais que afetam as velocidades de alteração do estado das populações;
- como as velocidades de alteração do estado das populações são afetadas;
- como o ambiente é afetado pelos processos de alteração do estado de populações.

8.2.2.1 Equações de balanço

As equações de balanço do processo devem ser formuladas para cada variável de estado e para o volume de controle do sistema em estudo. Para os bioprocessos realizados em biorreatores homogêneos, o volume de controle corresponde ao próprio volume útil do biorreator.

Como a formulação e o detalhamento das equações de balanço serão vistos nos capítulos que tratam de biorreatores, será apresentada apenas a equação geral do balanço a título de revisão:

Velocidade de acúmulo no volume de controle	=	Velocidade de entrada no volume de controle	–	Velocidade de saída do volume de controle

Termos de entrada:

- fluxo global através das fronteiras geométricas do sistema;
- difusão através das fronteiras geométricas do sistema (importante apenas para biorreatores heterogêneos, onde os volumes de controle são infinitesimais);
- transporte através das fronteiras entre fases (caso do transporte de oxigênio da fase gasosa para a fase líquida);
- geração dentro do volume de controle (geralmente crescimento celular e produção de produtos metabólicos).

Termos de saída:

- fluxo global através das fronteiras geométricas do sistema;
- difusão através das fronteiras geométricas do sistema;
- transporte através das fronteiras entre fases;
- consumo dentro do volume de controle (geralmente morte celular e consumo de substratos).

Desse modo, para um bioprocesso homogêneo, as equações de balanço podem ser escritas na seguinte forma generalizada (SINCLAIR; KRISTIANSEN, 1987; DORAN, 2012):

$$\frac{1}{V}\frac{d\left(VC_i\right)}{dt} = DC_{i,0} - \gamma DC_i + \sum r_{ger} - \sum r_{cons} \tag{8.1}$$

em que:

V: volume do biorreator;

$C_{i,0}$: concentração do componente *i* na alimentação do biorreator;

C_i: concentração do componente *i* no biorreator;

D: vazão específica de alimentação (F/V);

r_{ger}: velocidades de geração do componente *i*;

r_{cons}: velocidades de consumo do componente *i*;

γ: relação entre as vazões de alimentação e de retirada do biorreator.

Em função dos balanços de conservação de massa, os modelos matemáticos fenomenológicos dos bioprocessos podem ser constituídos pelos seguintes tipos de equações:

- *Equações algébricas*: neste caso, os modelos representam apenas os estados estacionários de sistemas homogêneos.
- *Equações diferenciais ordinárias*: neste caso, os modelos representam o comportamento dinâmico de sistemas homogêneos ou os estados estacionários de sistemas heterogêneos em uma única direção espacial.
- *Equações diferenciais parciais*: neste caso, os modelos representam o comportamento dinâmico de sistemas heterogêneos.

8.2.2.2 Identificação do sistema de reações metabólicas

Inicialmente, para a construção das equações de balanço de massa do processo e, posteriormente, a elaboração das equações cinéticas que representam a influência das variáveis de estado nas suas velocidades de geração e consumo, é fundamental identificar os sistemas de reações metabólicas inerentes ao processo em estudo (NELSON; COX, 2014). Por sistema de reações metabólicas entende-se o conjunto simplificado de reações que permite correlacionar os substratos consumidos aos produtos gerados (entre os quais está incluída a população microbiana).

Considere-se, a título de exemplo, um processo fermentativo no qual foram identificadas, a partir de um conjunto de experimentos realizados, seis variáveis de estado: a concentração celular (X), as concentrações de três substratos (S_1, S_2 e S_3) e as concentrações de dois produtos (P_1 e P_2). Podem-se formular três proposições de modelo de reações metabólicas, conforme indicado a seguir. Os parâmetros a_i, b_i e c_i representam os coeficientes estequiométricos desses sistemas de reações.

Proposta 1

Nesta proposta assume-se que o substrato S_1 é consumido pela população microbiana para crescer e, junto com o substrato S_2, produzir o produto metabólico P_1; o substrato S_3 é consumido pela população microbiana para produzir o produto P_2, como ilustrado a seguir:

$$a_1 S_1 \xrightarrow{X} X$$

$$a_2 S_1 + b_2 S_2 \xrightarrow{X} P_1$$

$$a_3 S_3 \xrightarrow{X} P_2$$

Nas propostas 2 e 3, detalhadas a seguir, são apresentadas outras duas alternativas para o sistema de reações metabólicas representativas do processo.

Proposta 2

$$a_1S_1 + b_1S_2 \xrightarrow{X} X$$

$$a_2S_1 + b_2S_2 + c_2S_3 \xrightarrow{X} P_1$$

$$a_3S_3 \xrightarrow{X} P_2$$

Proposta 3

$$a_1S_1 + b_1S_2 + c_1S_3 \xrightarrow{X} X$$

$$a_2S_1 + b_2S_2 \xrightarrow{X} P_1$$

$$a_3S_3 \xrightarrow{X} P_2$$

A partir das três propostas de modelo de reação metabólica apresentadas, elaboram-se os balanços para os três substratos.

Proposta 1

$$\frac{dS_1}{dt} = -\frac{1}{\Upsilon_{x/s_1}}\frac{dX}{dt} - \frac{1}{\Upsilon_{p_1/s_1}}\frac{dP_1}{dt} \tag{8.2}$$

$$\frac{dS_2}{dt} = -\frac{1}{\Upsilon_{p_1/s_2}}\frac{dP_1}{dt} \tag{8.3}$$

$$\frac{dS_3}{dt} = -\frac{1}{\Upsilon_{p_2/s_3}}\frac{dP_2}{dt} \tag{8.4}$$

Integrando as Equações (8.2) a (8.4) do instante "0" até o instante "*i*" correspondente a um ponto experimental, obtém-se:

$$S_1(t_i) = S_1(t_0) - \frac{1}{\Upsilon_{x/s_1}}\left[X(t_i) - X(t_0)\right] - \frac{1}{\Upsilon_{p_1/s_1}}\left[P_1(t_i) - P_1(t_0)\right] \tag{8.5}$$

$$S_2(t_i) = S_2(t_0) - \frac{1}{\Upsilon_{p_1/s_2}}\left[P_1(t_i) - P_1(t_0)\right] \tag{8.6}$$

$$S_3(t_i) = S_3(t_0) - \frac{1}{\Upsilon_{p_2/s_3}}\left[P_2(t_i) - P_2(t_0)\right] \tag{8.7}$$

Proposta 2

$$\frac{dS_1}{dt} = -\frac{1}{\Upsilon_{x/s_1}}\frac{dX}{dt} - \frac{1}{\Upsilon_{p_1/s_1}}\frac{dP_1}{dt} \tag{8.8}$$

$$\frac{dS_2}{dt} = -\frac{1}{\Upsilon_{x/s_2}}\frac{dX}{dt} - \frac{1}{\Upsilon_{p_1/s_2}}\frac{dP_1}{dt} \tag{8.9}$$

$$\frac{dS_3}{dt} = -\frac{1}{\Upsilon_{p_1/s_3}}\frac{dP_1}{dt} - \frac{1}{\Upsilon_{p_2/s_3}}\frac{dP_2}{dt} \tag{8.10}$$

Integrando as Equações (8.8) a (8.10) do instante "0" até o instante "*i*" correspondente a um ponto experimental, obtém-se:

$$S_1(t_i) = S_1(t_0) - \frac{1}{\Upsilon_{x/s_1}}\left[X(t_i) - X(t_0)\right] - \frac{1}{\Upsilon_{p_1/s_1}}\left[P_1(t_i) - P_1(t_0)\right] \tag{8.11}$$

$$S_2(t_i) = S_2(t_0) - \frac{1}{\Upsilon_{x/s_2}}\left[X(t_i) - X(t_0)\right] - \frac{1}{\Upsilon_{p_1/s_2}}\left[P_1(t_i) - P_1(t_0)\right] \tag{8.12}$$

$$S_3(t_i) = S_3(t_0) - \frac{1}{\Upsilon_{p_1/s_3}}\left[P_1(t_i) - P_1(t_0)\right] - \frac{1}{\Upsilon_{p_2/s_3}}\left[P_2(t_i) - P_2(t_0)\right] \tag{8.13}$$

Proposta 3

$$\frac{dS_1}{dt} = -\frac{1}{\Upsilon_{x/s_1}}\frac{dX}{dt} - \frac{1}{\Upsilon_{p_1/s_1}}\frac{dP_1}{dt} \tag{8.14}$$

$$\frac{dS_2}{dt} = -\frac{1}{\Upsilon_{x/s_2}}\frac{dX}{dt} - \frac{1}{\Upsilon_{p_1/s_2}}\frac{dP_1}{dt} \tag{8.15}$$

$$\frac{dS_3}{dt} = -\frac{1}{\Upsilon_{x/s_3}}\frac{dX}{dt} - \frac{1}{\Upsilon_{p_2/s_3}}\frac{dP_2}{dt} \tag{8.16}$$

Integrando as Equações (8.14) a (8.16) do instante "0" até o instante "i" correspondente a um ponto experimental, obtém-se:

$$S_1(t_i) = S_1(t_0) - \frac{1}{Y_{x/s_1}}\left[X(t_i) - X(t_0)\right] - \frac{1}{Y_{p_1/s_1}}\left[P_1(t_i) - P_1(t_0)\right] \quad (8.17)$$

$$S_2(t_i) = S_2(t_0) - \frac{1}{Y_{x/s_2}}\left[X(t_i) - X(t_0)\right] - \frac{1}{Y_{p_1/s_2}}\left[P_1(t_i) - P_1(t_0)\right] \quad (8.18)$$

$$S_3(t_i) = S_3(t_0) - \frac{1}{Y_{x/s_3}}\left[X(t_i) - X(t_0)\right] - \frac{1}{Y_{p_2/s_3}}\left[P_2(t_i) - P_2(t_0)\right] \quad (8.19)$$

Para cada proposta e para cada uma das nove equações lineares, Equações (8.5) a (8.7), (8.11) a (8.13) e (8.17) a (8.19), obtidas para as três propostas de modelo metabólico formuladas, calcula-se a regressão linear ou multilinear, dependendo do caso, obtendo-se os coeficientes de correlação para cada ensaio e para o conjunto de ensaios disponíveis. Escolhe-se como a mais apropriada a proposta que apresenta o melhor conjunto de coeficientes de correlação, analisando as duas situações (por ensaio e global).

EXEMPLO NUMÉRICO

Será desenvolvido ao longo deste capítulo, como estudo da modelagem matemática de bioprocessos, a modelagem do processo de produção de etanol a partir de hidrolisado de mandioca (ABOUTBOUL; SCHMIDELL; BONOMI, 1985).

Nesse processo foram identificadas três variáveis de estado: a concentração de leveduras (X), a concentração de etanol (P) e a concentração de substrato limitante, a glicose de hidrolisado de amido de mandioca (S). São apresentados na Tabela 8.1 os dados experimentais obtidos em quatro ensaios realizados no laboratório, num biorreator operado em batelada, partindo de diferentes concentrações iniciais de açúcares redutores. Observe-se que esses dados experimentais foram ligeiramente modificados em relação aos originais (reportados nos trabalhos referenciados), com o intuito de tornar mais didáticos alguns aspectos dos exemplos apresentados ao longo deste capítulo.

Tabela 8.1 Dados experimentais* do processo de produção de etanol a partir de hidrolisado de mandioca – exemplo numérico

Ensaio 1			
Tempo (h)	X (g.L^{-1})	P (g.L^{-1})	S (g.L^{-1})
0,0	0,378	1,92	20,8
1,0	0,652	2,54	17,6
2,0	1,17	3,54	14,8
3,0	1,54	4,65	10,3
4,0	1,84	5,96	5,80
5,0	2,36	6,64	2,34
6,0	2,20	7,19	0,512
7,0	2,23	6,74	0,088

Ensaio 2			
Tempo (h)	X (g.L^{-1})	P (g.L^{-1})	S (g.L^{-1})
0,0	0,845	2,44	85,1
1,0	1,08	2,88	76,8
2,0	1,88	3,54	76,3
3,0	2,98	5,34	74,8
4,0	3,92	7,52	56,9
5,0	5,77	10,5	42,2
6,0	7,14	17,6	28,8
7,0	10,6	22,8	7,65
8,0	10,3	24,7	0,198
9,0	7,70	24,4	0,002

Ensaio 3			
Tempo (h)	X (g.L^{-1})	P (g.L^{-1})	S (g.L^{-1})
0,0	0,410	2,71	136
1,0	0,819	2,78	130
2,0	1,14	3,06	131
3,0	1,72	3,43	134
4,0	2,57	4,78	130
5,0	4,01	6,78	120
6,0	4,68	8,34	106
7,0	6,60	11,7	100
8,0	9,51	15,4	69,8
9,0	12,6	23,0	47,5
10,0	12,3	28,1	18,3
11,0	14,2	38,2	0,812
12,0	15,2	37,7	0,003

Ensaio 4			
Tempo (h)	X (g.L^{-1})	P (g.L^{-1})	S (g.L^{-1})
0,0	1,12	2,02	227
1,0	1,29	2,56	236
2,0	2,29	2,90	221
3,0	2,68	3,82	213
4,0	4,36	4,44	198
5,0	6,18	6,69	198
6,0	7,70	9,31	195
7,0	11,1	11,3	178
8,0	13,6	15,2	160
9,0	18,3	21,0	123
10,0	18,6	31,2	76,4
11,0	22,3	39,4	46,2
12,0	29,9	53,8	11,9
13,0	25,2	54,4	0,054

* Dados experimentais foram gerados considerando um erro experimental aleatório obedecendo uma distribuição normal (média = 0,0 e desvio-padrão = 1,0) de 10% para as medidas de X e 5% para as medidas de S e P.

EXEMPLO NUMÉRICO – ETAPA 1

Considerem-se duas propostas de modelo de reações metabólicas para representar o processo em estudo.

Proposta 1:

$$a_1S \xrightarrow{X} X$$

$$a_2S \xrightarrow{X} P_1$$

Nessa primeira proposta, considera-se que a glicose é consumida pela levedura para crescer e para produzir etanol.

Proposta 2:

$$a_3S \xrightarrow{X} P_1$$

Na segunda proposta, as leveduras não consomem glicose para seu crescimento (crescem a partir de outra fonte de carbono não limitante no processo e, portanto, não incluída como variável de estado, por exemplo, o extrato de levedura).

Elaborando os balanços de massa do substrato *S* para as duas propostas de modelo metabólico, obtêm-se:

Proposta 1:

$$\Delta S = -a\Delta X - b\Delta P$$

Proposta 2:

$$\Delta S = -c\Delta P$$

Realizando a regressão multilinear para o balanço de massa obtido com a Proposta 1 e a regressão linear para a Proposta 2 com os dados experimentais apresentados (Tabela 8.1), obtém-se o resultado sintetizado na Tabela 8.2. Essas regressões são realizadas considerando, em cada instante de tempo "*i*", o substrato consumido e as células e o produto produzidos desde o instante "0" até o instante "*i*".

Pelos resultados obtidos, verifica-se que a Proposta 1 é a mais adequada, pois todos os coeficientes de correlação obtidos para cada ensaio são melhores ou iguais (caso do Ensaio 1), o mesmo ocorrendo com o coeficiente de correlação obtido quando é considerado o conjunto dos quatro ensaios. A discrepância dos valores de a e b obtidos para o Ensaio 1 (estimativas de $1/Y_{x/s}$ e $1/Y_{p/s}$ respectivamente) em relação aos outros três ensaios é explicada pelo erro experimental introduzido nos dados. Uma possível estimativa preliminar dos valores de $Y_{x/s}$ e $Y_{p/s}$ num futuro ajuste de um modelo matemático aos dados apresentados na Tabela 8.1 serão os valores de a e b ajustados na regressão obtida com o conjunto de quatro ensaios. Deve-se destacar que, na presente análise, considerou-se que o erro experimental e as ineficiências do processo estão distribuídas entre X e P, o que explica por que o valor de $Y_{p/s}$ obtido não é o valor estequiométrico 0,511.

Tabela 8.2 Resultado das regressões multilinear e linear para as duas propostas do exemplo numérico – etapa 1

Ensaio	Proposta 1 $\Delta S = -a\,\Delta X - b\,\Delta P$	Proposta 2 $\Delta S = -c\,\Delta P$
1	$a = 0,745$; $b = 3,66$ $R = 0,992$	$c = 3,95$ $R = 0,992$
2	$a = 2,31$; $b = 2,94$ $R = 0,987$	$c = 3,90$ $R = 0,983$
3	$a = 2,73$; $b = 2,84$ $R = 0,994$	$c = 4,11$ $R = 0,989$
4	$a = 2,39$; $b = 3,19$ $R = 0,993$	$c = 4,53$ $R = 0,988$
Global	$a = 2,81$; $b = 2,88$ $R = 0,993$	$c = 4,33$ $R = 0,987$

8.2.2.3 Equações cinéticas

Conforme já indicado anteriormente, é na construção das equações cinéticas que reside toda a dificuldade e, portanto, toda a arte da formulação dos modelos fenomenológicos dos bioprocessos. São as equações cinéticas que indicam como as variáveis de estado do processo em estudo interferem nas velocidades de crescimento e morte celulares, de geração de produtos metabólicos e de consumo de substrato.

Para formular os modelos cinéticos a partir de dados experimentais, é necessário executar três etapas básicas, descritas a seguir.

Tratamento dos dados experimentais

Entende-se por tratamento dos dados experimentais, medidos em laboratório, a correção ou transformação destes buscando adequá-los à análise desejada. Quando os ensaios são conduzidos em processos batelada e contínuo, a volume constante, deve-se tratá-los, por exemplo, desprezando pontos experimentais que apresentem erros grosseiros, podendo-se, geralmente, trabalhar na análise dos dados experimentais com base nas concentrações dos componentes (ou seja, as próprias variáveis de estado medidas). Em bioprocessos, em que se obtêm altas concentrações celulares de microrganismos em biorreatores, são empregados processos operados em bateladas sucessivas ou bateladas alimentadas (volume variável) e, neste segundo caso, costuma-se tratar os dados medidos em concentração, transformando-os em massa. Para o cálculo das velocidades específicas e dos fatores de conversão, utiliza-se, efetivamente, a massa consumida ou produzida ao longo do processo. Normalmente, quando é realizada uma correção dos valores medidos, corrige-se apenas o volume do reator considerando os volumes evaporado, alimentado, da amostragem e da adição de ácido ou base para o controle de pH. Contudo, não é considerado que, com a retirada de meio para amostragem, ocorram modificações no estado do processo, pois as massas de todos os componentes do biorreator (substrato, produtos e células) são alteradas.

Para tanto, necessita-se corrigir os valores experimentais das variáveis de estado, reproduzindo uma situação de ausência de perturbações, ou seja, a situação na qual nenhuma massa de produto, substrato e célula estivesse sendo retirada. Por meio de balanços de massa, aplicados a cada variável de estado inerente ao processo, obtêm-se os valores em massa dessas variáveis, já devidamente corrigidos. Quando ocorrem grandes perturbações do sistema, deve-se corrigir os dados experimentais antes de proceder ao cálculo das velocidades específicas e dos fatores de conversão, pois o erro desses parâmetros do processo torna-se significativo, podendo causar problemas quando da formulação e do ajuste dos parâmetros do modelo matemático, ou quando esses parâmetros do processo forem utilizados para o projeto do biorreator em escala industrial.

Uma vez tratados os dados experimentais, procede-se à identificação do sistema de reações metabólicas, obtendo-se uma primeira estimativa dos fatores de conversão, conforme ilustrado na Etapa 1 do exemplo numérico.

Cálculo das velocidades específicas

Nesta etapa são calculadas as velocidades específicas de crescimento e de geração de produtos necessárias para identificar o comportamento cinético da população microbiana; além disso, o cálculo das velocidades específicas de consumo dos substratos limitantes do processo é importante para identificar possíveis consumos desses substratos para manutenção. O cálculo das velocidades específicas de crescimento e produção é o primeiro passo para boa formulação e um ajuste bem feitos de um modelo matemático de bioprocesso. Sua importância reside fundamentalmente em dois aspectos:

- formulação de relações cinéticas que, junto com os balanços de massa, são a base para a construção do modelo;
- obtenção de estimativas preliminares dos parâmetros por meio de simplificações e linearizações do modelo a serem usadas, posteriormente, como ponto de partida nas metodologias para ajuste de parâmetros (HIMMELBLAU, 1972).

Dessa forma, caracteriza-se a importância do cálculo cuidadoso das velocidades específicas de crescimento e de produção de produtos metabólicos a partir dos dados experimentais, sendo este dificultado pela forte influência que pequenas alterações das variáveis exercem sobre o cálculo da sua velocidade. A seguir são listadas as etapas de uma metodologia que pode ser empregada para o cálculo da velocidade específica de crescimento.

a) *Detecção da fase de crescimento exponencial*: traça-se o gráfico (ln X) *vs.* (t) para diferentes limites iniciais e finais de tempo, determinando-se, por meio do melhor coeficiente de correlação, o início e a duração da fase exponencial de crescimento; o coeficiente angular da melhor correlação fornecerá o valor de μ_m – velocidade específica máxima de crescimento.

b) *Aprimoramento da curva de* (X) *vs.* (t): recuperando-se os valores de X que satisfazem a regressão linear escolhida na etapa anterior, aprimora-se a curva de (X) *vs.* (t) durante a fase exponencial.

c) *Cálculo da velocidade específica de crescimento*: com a nova curva (X) *vs.* (t), obtém-se a curva da velocidade específica de crescimento, utilizando-se um dos três métodos descritos as seguir.

- *Método de ajuste polinomial*: ajusta-se um polinômio de grau n no tempo aos valores de X disponíveis, obtendo-se, dessa forma, a função de X com o tempo. Análises visuais e quantitativas (por meio do coeficiente de correlação) definem o grau do polinômio a ser ajustado. Obtido o polinômio, sua derivada fornece os valores da velocidade de crescimento, permitindo o cálculo das velocidades específicas em cada instante de tempo (RIGGS, 1994).

- *Método "spline"*: existem diferentes métodos ditos *spline* na literatura técnica. Um dos métodos *spline* que podem ser empregados ajusta um polinômio de grau n a um intervalo de dois pontos de X, incorporando um número de pontos "à frente" do intervalo a ser definido; além disso, obriga a que a derivada do polinômio ajustado no intervalo anterior seja igual à derivada do polinômio ajustado no novo intervalo, no ponto de interseção (característica dos métodos *spline*). Por meio de testes visuais define-se o grau do polinômio a ser ajustado, bem como o número de pontos "à frente" incluídos no ajuste (RIGGS, 1994).

- *Método geométrico*: esse método calcula a circunferência que passa por três pontos (o valor de X correspondente ao instante de tempo no qual se quer calcular a velocidade de crescimento, o anterior e o posterior). A derivada é calculada pela tangente à circunferência no ponto (LE DUY; ZAJIC, 1973).

Para o cálculo das velocidades específicas de geração de produtos metabólicos, utiliza-se um procedimento semelhante ao descrito para o cálculo da velocidade específica de crescimento. É evidente que, quando a geração do produto não é totalmente associada ao crescimento, não é possível realizar as etapas (a) e (b) descritas para o crescimento, na medida em que não existe uma fase de produção exponencial.

EXEMPLO NUMÉRICO – ETAPA 2

Será exemplificado o cálculo da velocidade específica de crescimento para o Ensaio 1, cujos dados foram fornecidos na Tabela 8.1. Sendo o Ensaio 1, dos quatro ensaios fornecidos, aquele em que a quantidade de produto formada é menor, será também o ensaio com possibilidade de apresentar o mais próximo de uma fase exponencial de crescimento. A seguir, serão aplicadas as três etapas descritas anteriormente para o cálculo da velocidade específica de crescimento.

a) Determinação da fase exponencial de crescimento – regressão linear dos dados de (ln X) *vs.* (t) – Figura 8.2.

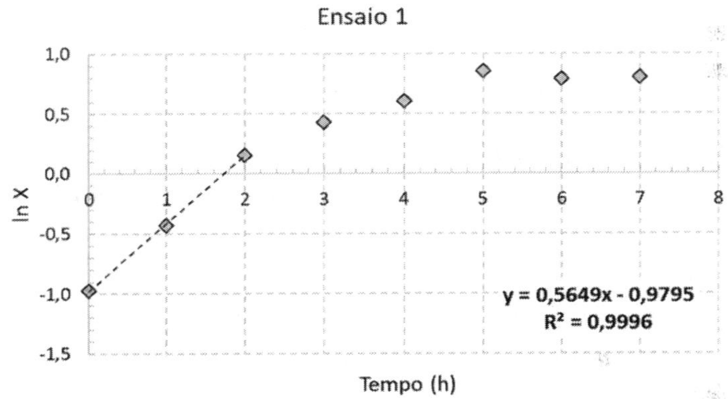

Figura 8.2 Definição da fase exponencial de crescimento para o Ensaio 1 (X: concentração celular em g.L^{-1}).

Para a definição da fase exponencial de crescimento, assumiu-se que ela tem início no instante $t = 0$ h, na medida em que o Ensaio 1 foi realizado com S_0 baixo, portanto, sem inibição pelo substrato. Assumiu-se também como desprezível a fase de adaptação.

A Tabela 8.3 apresenta o resultado da determinação da fase exponencial de crescimento.

Tabela 8.3 Resultados da determinação da fase exponencial de crescimento para o Ensaio 1 (Tabela 8.1)

Duração da fase exponencial (h)	μ_m (h^{-1})	R^2	R
2,0	0,565	0,999	0,999
3,0	0,480	0,979	0,989
4,0	0,403	0,951	0,975
5,0	0,358	0,946	0,972

b) Determinação da curva de (X) *vs.* (t), obtendo-se um melhor detalhamento ao longo da fase exponencial, utilizando sua definição (regressão linear) obtida na etapa anterior. O gráfico de (X) *vs.* (t) é apresentado na Figura 8.3.

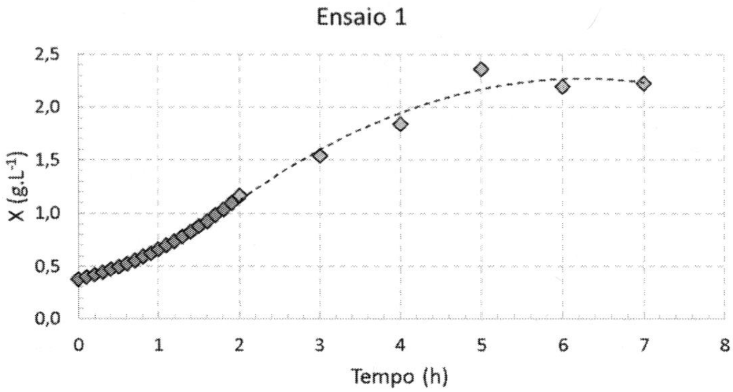

Figura 8.3 Gráfico de X em função do tempo, em que os símbolos representam os valores experimentais e os valores obtidos a partir da definição da fase exponencial (Figura 8.2). A linha tracejada representa o ajuste polinomial dos pontos.

c) A partir dos dados de (X) *vs.* (t) obtidos com base na curva traçada na Figura 8.3, é obtido o gráfico de (μ) *vs.* (t), utilizando o método geométrico (LE DUY; ZAJIC, 1973). A Figura 8.4 apresenta o resultado dos valores de μ calculados, verificando-se a concordância da fase exponencial previamente definida com o valor de $\mu = \mu_m$ (patamar da Figura 8.4).

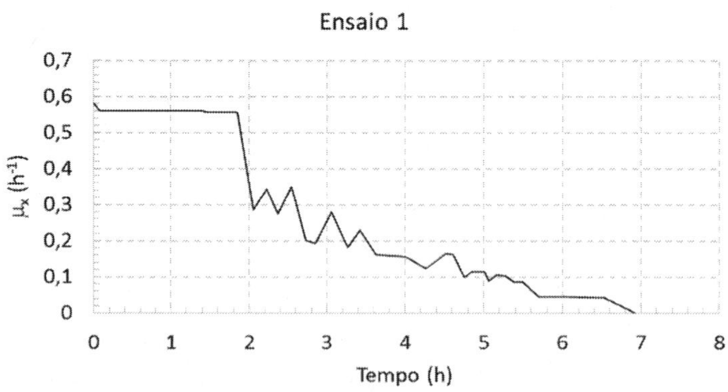

Figura 8.4 Gráfico da velocidade específica de crescimento calculada a partir da curva de X (Figura 8.3) utilizando o método geométrico.

Fonte: adaptada de Le Duy e Zajic (1973).

Identificação dos fenômenos

Nesta etapa busca-se definir os principais fenômenos que interferem no processo produtivo em análise: limitações e inibições por substratos, principalmente no que se refere à existência e ao número de substratos limitantes e/ou inibidores; tipo de produto gerado – existência ou não de associação com o crescimento; entre outros. Uma vez obtidos gráficos que permitam analisar o comportamento das velocidades específicas de crescimento, de geração de produto metabólico e de consumo de substratos, é possível identificar os principais fenômenos a serem incluídos na construção de um modelo matemático não estruturado de bioprocessos.

Na literatura, estão disponíveis diferentes modelos que descrevem o comportamento dos bioprocessos. Esses modelos consideram como fatores relevantes o efeito do substrato limitante (MONOD, 1942; MOSER, 1958; CONTOIS, 1959), o efeito do substrato limitante e a inibição pelo substrato (AIBA; SHODA; NAGATANI, 1968; AIBA; SHODA, 1969; ANDREWS, 1968; EDWARDS, 1970; WEBB, 1963), o efeito do substrato limitante e a inibição pelo produto (AIBA; SHODA; NAGATANI, 1968; GHOSE; TYAGI, 1979) e a morte celular (SINCLAIR; KRISTIANSEN, 1987). Modelos mais complexos levam em consideração o crescimento com múltiplos substratos limitantes (DUNN et al., 1992; MEGEE et al., 1972) e as inibições pelo produto, pela concentração celular e pelo substrato limitante (LEE; POLLARD; COULMAN, 1983). O Quadro 8.1 sintetiza alguns dos modelos cinéticos empregados para representar os fenômenos comumente identificados nos bioprocessos.

Quadro 8.1 Modelos cinéticos não estruturados descritos na literatura para representação de diversos fenômenos identificados em bioprocessos

(1) Crescimento num único substrato limitante:		
$\mu_x = \dfrac{\mu_m S}{K_s + S}$	(MONOD, 1942)	(8.20)
$\mu_x = \dfrac{\mu_m S^n}{K_s + S^n}$	(MOSER, 1958)	(8.21)
$\mu_x = \dfrac{\mu_m S}{K_s X + S}$	(CONTOIS, 1959)	(8.22)
$\mu_x = \dfrac{\mu_m S}{K_s + S}\left[1 - \exp\left(-\dfrac{t}{T}\right)\right]$	(BERGTER, 1983)	(8.23)
(2) Morte celular:		
$\mu_d = -K_d$	(SINCLAIR; KRISTIANSEN, 1987)	(8.24)

(continua)

Quadro 8.1 Modelos cinéticos não estruturados descritos na literatura para representação de diversos fenômenos identificados em bioprocessos (*continuação*)

(3) Crescimento num único substrato limitante e inibidor:		
$\mu_x = \frac{\mu_m S}{K_s + S} \exp\left(-\frac{S}{K_i}\right)$	(AIBA; SHODA; NAGATANI, 1968)	(8.25)
$\mu_x = \frac{\mu_{xa} S}{1 + \left(\frac{K_s}{S}\right) + \left(\frac{S}{K_i}\right)}$	(HALDANE, 1930)	(8.26)
$\mu_x = \frac{\mu_{xa} S}{S + K_s + \left(\frac{S^2}{K_i}\right)}$	(ANDREWS, 1968)	(8.27)
$\mu_x = \frac{\mu_{xa} S}{S + K_s + \left(\frac{S^2}{K_i}\right)\left(1 + \frac{S}{K_s}\right)}$	(EDWARDS, 1970)	(8.28)
$\mu_x = \frac{\mu_{xa} S \left(1 + \frac{S}{K_i}\right)}{S + K_s + \left(\frac{S^2}{K_i}\right)}$	(WEBB, 1963)	(8.29)
$\mu_x = \mu_m \left[\exp\left(-\frac{S}{K_i}\right) - \exp\left(-\frac{S}{K_s}\right)\right]$	(TEISSIER, 1942)	(8.30)
$\mu_x = \frac{\mu_{xa}}{1 + \frac{K_S}{S} + \left(\frac{S}{K_i}\right)^n}$	(WU et al., 1988)	(8.31)
(4) Crescimento com múltiplos substratos limitantes (uso preferencial de S_1):		
$\mu_x = \frac{\mu_{m1} S_1}{K_{s1} + S_1} + \frac{\mu_{xa2} S_2}{K_{s2} + S_2 + \frac{S_1^2}{K_i}}$	(DUNN et al., 1992)	(8.32)
(5) Crescimento com múltiplos substratos limitantes (uso simultâneo de S_1 e S_2):		
$\mu_x = \frac{\mu_m S_1 S_2}{(K_{s1} + S_1)(K_{s2} + S_2)}$	(MEGEE et al., 1972)	(8.33)

(*continua*)

Quadro 8.1 Modelos cinéticos não estruturados descritos na literatura para representação de diversos fenômenos identificados em bioprocessos (*continuação*)

$\mu_x = \left(\mu_0 + \frac{\mu_1 S_1}{K_{s1} + S_1} + \frac{\mu_2 S_2}{K_{s2} + S_2}\right)\left(\frac{S_3}{K_{s3} + S_3}\right)$	(TSAO; HANSON, 1975)	(8.34)
(6) Consumo do substrato limitante para manutenção:		
$\mu_s = \frac{1}{\Upsilon_{x/s}}\mu_x + m_s$	(PIRT, 1965)	(8.35)
$\mu_s = \frac{1}{\Upsilon_{x/s}}\mu_x + m_s + \Delta\mu_s^{max}\frac{S - S^*}{K^* + S - S^*}$	(ZENG; DECKWER, 1995)	(8.36)
(7) Produção de produto metabólico associado e não associado ao crescimento:		
$\mu_p = \alpha\mu_x + \beta_m$	(LUEDEKING; PIRET, 1959)	(8.37)
$\mu_p = \alpha\mu_x + \frac{\beta_m S}{K_{\beta s} + S}$	(BONOMI; SCHMIDELL, 2001)	(8.38)
(8) Produção de produto metabólico inibitório:		
$\mu_x = \frac{\mu_m S}{K_s + S}\frac{K_p}{K_p + P}$	(AIBA; SHODA, 1969)	(8.39)
$\mu_p = \frac{\mu'_m S}{K'_s + S}\frac{K'_p}{K'_p + P}$	(AIBA; SHODA, 1969)	(8.40)
$\mu_x = \frac{\mu_m S}{K_s + S}\exp - K_p P$	(AIBA; SHODA; NAGATANI, 1968)	(8.41)
$\mu_p = \frac{\mu'_m S}{K'_s + S}\exp - K'_p P$	(AIBA; SHODA; NAGATANI, 1968)	(8.42)
$\mu_x = \frac{\mu_m S}{K_s + S}\left(1 - \frac{P}{P_m}\right)$	(AIBA; SHODA; NAGATANI, 1968)	(8.43)
$\mu_p = \frac{\mu'_m S}{K'_s + S}\left(1 - \frac{P}{P'_m}\right)$	(GHOSE; TYAGI, 1979)	(8.44)

(*continua*)

Quadro 8.1 Modelos cinéticos não estruturados descritos na literatura para representação de diversos fenômenos identificados em bioprocessos (*continuação*)

$\mu_x = \frac{\mu_m S}{K_s + S}\left(1 - \frac{P}{P_m}\right)^n$		(8.45)
$\mu_p = \frac{\mu'_m S}{K'_s + S}\left(1 - \frac{P}{P'_m}\right)^n$	(LEVENSPIEL, 1980)	(8.46)
(9) Inibição pelo produto e com substrato limitante e inibidor:		
$\mu_x = \frac{\mu_{xa} S}{K_s + S + \frac{S^2}{K_i}}\left(1 - \frac{P}{P_m}\right)$		(8.47)
$\mu_p = \frac{\mu_{pa} S}{K'_s + S + \frac{S^2}{K'_i}}\left(1 - \frac{P}{P'_m}\right)$	(GHOSE; TYAGI, 1979)	(8.48)
(10) Inibições pelo produto, pela concentração celular e com substrato limitante:		
$\mu_x = \frac{\mu_m S}{K_s + S}\left(1 - \frac{P}{P_m}\right)^n\left(1 - \frac{X}{X_m}\right)^m$		(8.49)
$\mu_p = \frac{\mu'_m S}{K'_s + S}\left(1 - \frac{P}{P'_m}\right)^n\left(1 - \frac{X}{X'_m}\right)^m$	(LEE; POLLARD; COULMAN, 1983)	(8.50)

Legenda:
μ_m: velocidade específica de crescimento;
μ_d: velocidade específica de morte;
μ_p: velocidade específica de produção;
μ_s: velocidade específica de consumo de substrato;
S, S_1, S_2, S_3: concentrações de substratos limitantes;
S^*: concentração de S para manter μ_x;
X: concentração celular;
P: concentração de produto;
t,T: desaceleração durante a fase *lag* com t para o tempo e T para tempo de atraso;
$Y_{X/S}$: fator de conversão de substrato em células;
m_s: consumo de substrato para manutenção;
$\mu_m, K_s, m, n, K_d, \mu_{xa}, \mu_{pa}, K_i, \mu_{m1}, \mu_{xa2}, K_{s1}, K_{s2}, K_{s3}, \mu_0, \mu_1, \mu_2, \Delta\mu_s^{max}, K^*, \alpha, \beta, K_{\beta s}, K_p$: parâmetros cinéticos.

EXEMPLO NUMÉRICO – ETAPA 3

Com o intuito de exemplificar a identificação dos fenômenos necessária à construção do modelo matemático, será definido qual tipo de inibição do crescimento celular pelo produto (etanol) ocorre na fermentação alcoólica utilizada como caso de estudo neste capítulo. A Tabela 8.4 apresenta os dados de μ_x e P obtidos (por interpolação) para os ensaios definidos na Tabela 8.1, no instante em que a quantidade de S residual no biorreator é igual para todos os quatro ensaios – foram consideradas duas situações, $S = 20$ g.L^{-1} e 10 g.L^{-1}.

Tabela 8.4 Valores de μ_x e P quando $S_{residual} = 20$ g.L^{-1} e 10 g.L^{-1}

Ensaio	$S_{residual} = 20$ g.L^{-1}		$S_{residual} = 10$ g.L^{-1}	
	P (g.L^{-1})	μ_x (h^{-1})	P (g.L^{-1})	μ_x (h^{-1})
1	2,12	0,565	4,78	0,255
2	18,0	0,219	21,2	0,161
3	30,0	0,129	33,7	0,0901
4	50,5	0,0523	54,7	0,0364

As Figuras 8.5 a 8.7 apresentam a representação das formas linearizadas para três diferentes alternativas de modelo para a inibição do crescimento celular pelo produto consideradas neste capítulo (vide Quadro 8.1).

a) Inibição hiperbólica (AIBA; SHODA, 1969):

$$\frac{1}{\mu_x} = \frac{1}{\mu_s^*} + \frac{1}{\mu_s^* K_p} P \tag{8.51}$$

em que:

$$\mu_s^* = \frac{\mu_m S}{K_s + S}$$

b) Inibição exponencial (AIBA; SHODA; NAGATANI, 1968):

$$-\ln \mu_x = -\ln \mu_s^* + K_p P \tag{8.52}$$

c) Inibição linear (GHOSE; TYAGI, 1979):

$$\mu_x = \mu_s^* - \frac{\mu_s^*}{P_m} P \qquad (8.53)$$

Pelos resultados apresentados nas Figuras 8.5 a 8.7, é evidente que o modelo cinético de inibição do crescimento microbiano pelo produto que representa adequadamente os dados experimentais de fermentação alcoólica é o modelo de inibição exponencial (AIBA; SHODA; NAGATANI, 1968) (Figura 8.6).

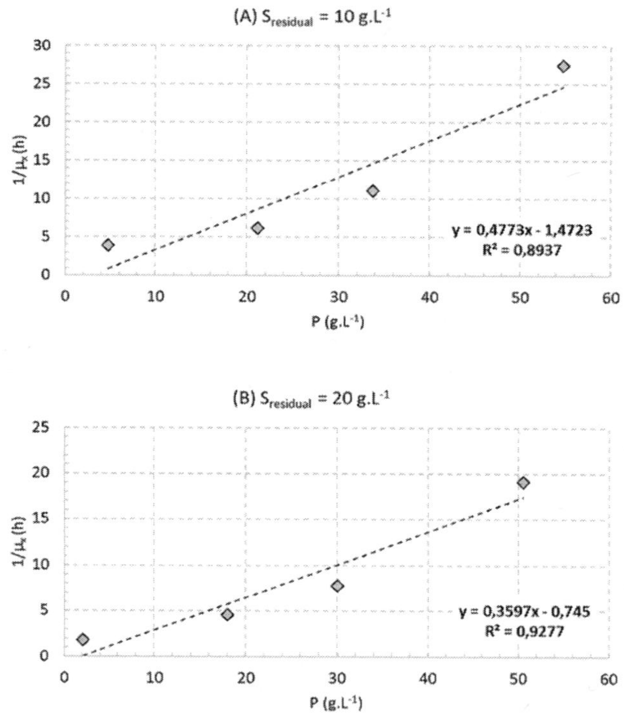

Figura 8.5 Tentativa de representação da inibição pelo produto a partir do modelo hiperbólico (AIBA; SHODA, 1969).

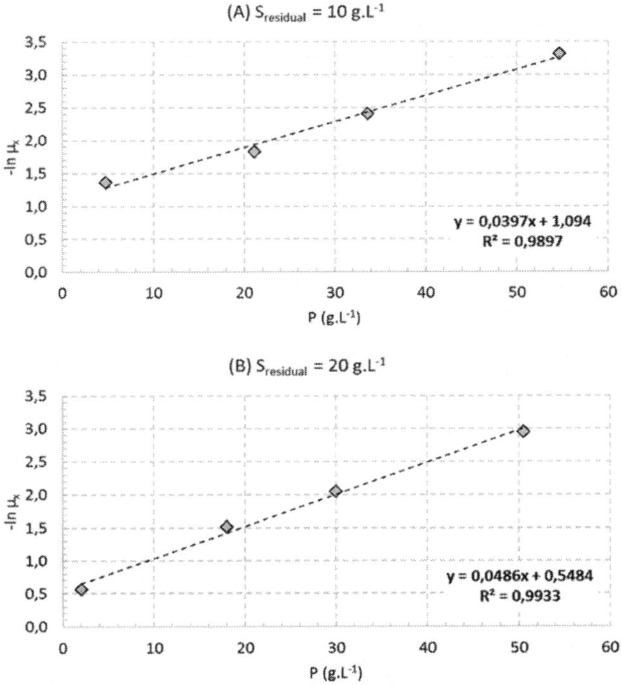

Figura 8.6 Tentativa de representação da inibição pelo produto a partir do modelo exponencial (AIBA; SHODA; NAGATANI, 1968).

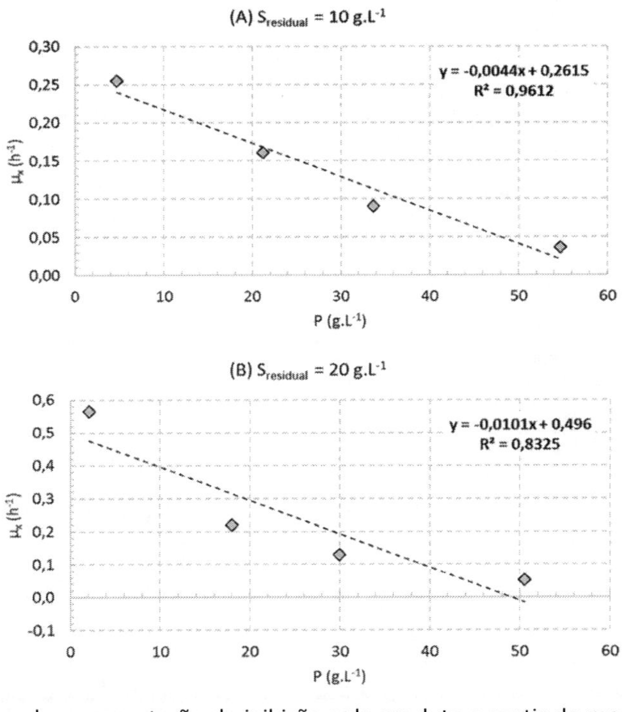

Figura 8.7 Tentativa de representação da inibição pelo produto a partir do modelo linear (GHOSE; TYAGI, 1979).

8.2.2.4 Modelos fenomenológicos não estruturados com culturas mistas

A existência de múltiplas populações de microrganismos num processo biotecnológico provocará o aparecimento de interações nas quais uma população exercerá algum efeito sobre as outras. Considerando duas espécies microbianas *A* e *B*, três tipos de interações poderão ocorrer entre elas: um efeito positivo (+) (benéfico), um efeito negativo (-) ou um efeito neutro (0). O Quadro 8.2 ilustra as diferentes alternativas de interações entre as diversas populações microbianas presentes num processo biotecnológico.

A formulação dos modelos não estruturados com culturas mistas segue a mesma estratégia já apresentada para os modelos com culturas puras, sendo a óbvia e única dificuldade adicional a necessidade de medir e identificar os fenômenos inerentes a cada população integrante do sistema. O leitor interessado poderá encontrar mais detalhes sobre modelos não estruturados com culturas mistas em Fredrickson e Tsuchiya (1977).

Quadro 8.2 Diferentes interações entre populações microbianas

Tipo de interação	População microbiana	
	A	B
Neutralismo	0	0
Mutualismo	+	+
Competição	-	-
Comensalismo	0	+
Parasitismo ou predação	+	0
	+	-
	-	+
Amensalismo	0	-
	-	0

8.2.3 MODELOS FENOMENOLÓGICOS ESTRUTURADOS

Entende-se por crescimento balanceado o crescimento microbiano no qual a velocidade de produção de um componente da biomassa por unidade de biomassa é constante, igual para todos os componentes da biomassa e igual à velocidade específica de crescimento da própria biomassa. Somente nessa condição de crescimento é que a formulação de modelos não estruturados é perfeitamente justificada. Na prática, o crescimento balanceado só ocorre no estado estacionário em bioprocessos contínuos e durante a fase exponencial de crescimento em bioprocessos em batelada. Dessa forma, na maioria dos casos, a caracterização da atividade biológica simplesmente pela concentração total de biomassa é insuficiente para uma representação adequada de dados experimentais pelo modelo matemático formulado (MOSER, 1988).

Vários experimentos têm mostrado que a composição da biomassa de uma população microbiana varia em resposta a alterações nas condições do meio de cultura. Variações na composição da biomassa são acompanhadas por alterações na natureza de processos subcelulares. Essas variações na atividade da biomassa por unidade de concentração de biomassa podem ser causadas por:

- perda de plasmídeos;
- indução e repressão de genes;
- variação no conteúdo de RNA da célula microbiana;
- variação no conteúdo enzimático da célula microbiana;
- acúmulo de materiais de reserva da célula microbiana;
- alterações morfológicas, por exemplo, ramificação de organismos filamentosos, relação volume/superfície de células de leveduras e bactérias etc.

Essas variações na atividade e na composição da biomassa microbiana requerem uma descrição mais complexa do metabolismo celular e uma estratégia mais estruturada para modelar a cinética microbiana. Em geral, é muito difícil obter experimentalmente um conhecimento mecanístico a respeito do metabolismo celular para o desenvolvimento de um modelo estruturado "realista". A estimativa de parâmetros pode ser muito difícil e a aplicação de métodos numéricos complexos pode facilmente levar a resultados sem significado físico. Por esse motivo, modelos estruturados de bioprocessos raramente são utilizados com vistas à utilização no projeto de biorreatores e na implementação de uma estratégia de controle.

Além das dificuldades já expostas, um cuidado adicional deve ser tomado na formulação dos modelos estruturados quando da montagem das equações de balanço para os componentes intracelulares – deve ser considerado um termo de diluição do componente provocada pelo crescimento celular (FREDRICKSON, 1976).

Não serão apresentados mais detalhes dos modelos estruturados de bioprocessos, em função da sua complexidade e das questões práticas já apontadas, que dificultam sua utilização. O leitor interessado poderá encontrar na literatura especializada excelentes revisões e textos que lhe permitirão aprofundar seus conhecimentos nessa categoria de modelos (FREDRICKSON, 1976).

8.3 AJUSTE DE PARÂMETROS DO MODELO FORMULADO

Em um processo biotecnológico conduzido num biorreator homogêneo, o modelo formulado, conforme detalhado no item anterior, é representado por um sistema de equações diferenciais ordinárias (EDO) de condição inicial. O ajuste do modelo aos dados é feito pelo cálculo do melhor conjunto de parâmetros, que torne mínima a diferença entre os dados previstos pelo modelo e os dados experimentais.

O problema de estimação de parâmetros envolvendo um sistema de EDO pode ser resolvido, em princípio, por duas abordagens distintas (MOSER, 1988):

- Diferenciação dos dados experimentais para obtenção direta dos valores das velocidades de reação; neste caso, o problema transforma-se em um problema de estimação de parâmetros baseado em equações algébricas – é o chamado "método diferencial"; dependendo do modelo, as equações podem ser linearizadas, facilitando a obtenção dos parâmetros (vide a Seção 8.3.1).
- Integração analítica (quando o modelo é simples) ou numérica das EDO do modelo, ajustando-se o modelo aos dados diretamente medidos – é o chamado "método integral indireto" (vide as Seções 8.3.2 e 8.3.3).

A primeira técnica é conceitualmente simples, mas apresenta um inconveniente bastante sério na operação de diferenciação de dados experimentais. Essa operação costuma ampliar drasticamente os erros experimentais, levando a valores pouco confiáveis das derivadas, especialmente se o conjunto de dados não for denso e se a dispersão dos dados não for pequena. A segunda técnica é conceitualmente mais adequada, mas requer maior esforço computacional.

8.3.1 LINEARIZAÇÃO DO MODELO

Essa técnica, conceitualmente simples, de ajuste de parâmetros de um modelo matemático de um processo biotecnológico exige a diferenciação dos dados experimentais, obtendo-se valores das velocidades específicas de crescimento e/ou produção. Se for tomado como exemplo um crescimento microbiano num biorreator operado em batelada e que obedece à cinética de Monod (1942), obtém-se o seguinte modelo matemático:

$$\frac{dX}{dt} = \frac{\mu_m S}{K_s + S} X \tag{8.54}$$

$$\frac{dS}{dt} = -\frac{1}{Y_{x/s}} \frac{dX}{dt} \tag{8.55}$$

Nesse modelo existem três parâmetros a serem ajustados a um conjunto de dados experimentais: μ_m, K_S e $Y_{x/s}$. Esse ajuste pode ser obtido por meio de duas regressões lineares. A primeira correlaciona o inverso da velocidade específica de crescimento $(1/\mu)_0$ com o inverso da concentração de substrato $(1/S)_0$ no instante inicial, sendo conhecida como o gráfico de Lineweaver-Burk, em que o coeficiente angular é igual a (K_s/μ_m) e o coeficiente linear é igual a $(1/\mu_m)$ (Figura 8.8).

Geralmente, sugere-se construir o gráfico de Lineweaver-Burk a partir de valores iniciais de $1/\mu$ e $1/S$ obtidos para diferentes ensaios (nos quais é determinada a velocidade específica de crescimento inicial para diferentes valores de S no instante inicial), visando reduzir possíveis efeitos inibitórios de produtos metabólicos gerados durante o crescimento microbiano na velocidade específica calculada. É claro que, se o intuito for determinar a existência ou não desses efeitos, é interessante traçar o gráfico de Lineweaver-Burk a partir de um ou mais ensaios, mas considerando relações entre $1/\mu$ e $1/S$ em diferentes tempos de crescimento.

A partir do gráfico da Figura 8.8, é possível obter a estimativa dos valores de μ_m e K_S.

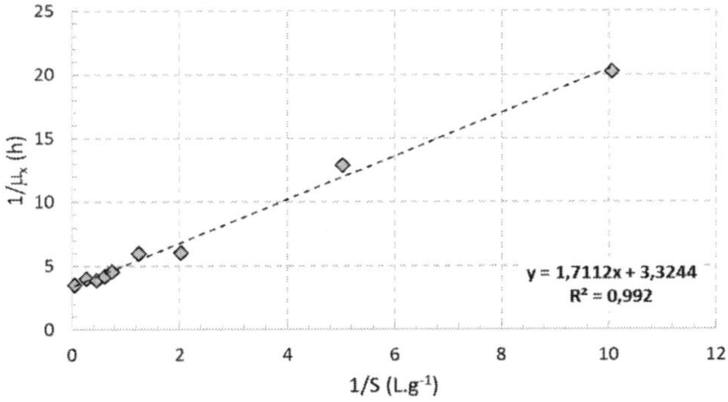

Figura 8.8 Gráfico de Lineweaver-Burk para o cálculo de μ_m e K_s para o crescimento em batelada segundo o modelo cinético de Monod (1942). Os dados do gráfico são apenas ilustrativos, não refletindo valores obtidos experimentalmente.

$$\mu_m = \frac{1}{3,3244} = 0,301\ \text{h}^{-1}$$

$$K_s = 1,7112 * \mu_m = 0,515\ \text{g.L}^{-1}$$

A segunda regressão linear para ajuste dos parâmetros do modelo proposto correlaciona os dados disponíveis de X produzido em relação ao consumo de S para diferentes intervalos de tempo. O coeficiente angular dessa correlação é igual ao parâmetro $Y_{x/s}$ (Figura 8.9).

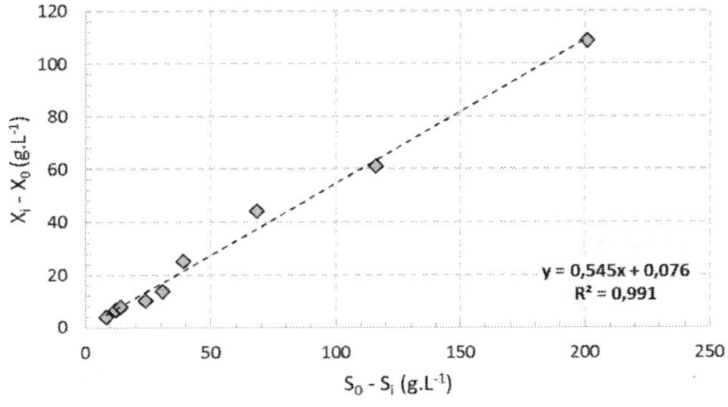

Figura 8.9 Gráfico para obtenção de $Y_{x/s}$. Os dados do gráfico são apenas ilustrativos, não refletindo valores obtidos experimentalmente.

A regressão linear representada pelo gráfico da Figura 8.9 permite obter o valor de $Y_{x/s}$:

$$Y_{x/s} = 0,545\ g.g^{-1}$$

sendo que o coeficiente linear da regressão deveria ser nulo; o valor 0,076 obtido reflete imprecisões do modelo e erro experimental inerente a dados obtidos em laboratório.

Ritchie e Prvan (1996) avaliaram estatisticamente qual a melhor forma de linearizar a equação de Michaelis-Menten para a cinética enzimática, aplicável, por analogia, ao ajuste do modelo de crescimento segundo Monod (1942). Em seu trabalho, foram avaliadas três formas diferentes de linearização:

$$\textit{Eadie-Hofstee: } \mu = \mu_m - K_s\left(\frac{\mu}{S}\right) \tag{8.56}$$

$$\textit{Hanes-Woolf: } \left(\frac{S}{\mu}\right) = \left(\frac{K_s}{\mu_m}\right) + \left(\frac{1}{\mu_m}\right)S \tag{8.57}$$

$$\textit{Lineweaver-Burk: } \left(\frac{1}{\mu}\right) = \left(\frac{1}{\mu_m}\right) + \left(\frac{K_s}{\mu_m}\right)\left(\frac{1}{S}\right) \tag{8.58}$$

Nesse estudo realizado por Ritchie e Prvan (1996) sobre métodos estatísticos para estimação de parâmetros cinéticos, foram utilizados três conjuntos diferentes de dados. No primeiro conjunto de dados, os valores de concentração de substrato (S) distribuíam-se próximos ao valor de K_s; no segundo conjunto, a maior parte dos dados se distribuía abaixo de K_s; e, no terceiro, acima. Com esse estudo, os autores concluíram:

- A transformação de Lineweaver-Burk origina determinações enviesadas (*biased*) e imprecisas de K_s e μ_m, mesmo quando as concentrações de substrato são previamente escolhidas de forma que os valores de $(1/S)$ sejam, tanto quanto possível, uniformemente espaçados; as estimativas obtidas por meio dessa transformação são, portanto, as menos confiáveis.
- O uso da transformação de Eadie-Hofstee fornece melhores estimativas para K_s e μ_m quando comparada à transformação de Lineweaver-Burk, porém as fórmulas-padrão para determinação dos erros dos coeficientes de inclinação e intercepção, utilizados para calcular os erros-padrão de K_s e μ_m, não são estritamente válidas, gerando valores exagerados para esses desvios; no entanto, essa transformação tem a vantagem adicional de avisar o pesquisador quando os seus dados desviam da relação teórica.
- A transformação de Hanes-Woolf é ligeiramente melhor que a de Eadie-Hofstee quando o erro nos valores de μ é pequeno, mas o inverso ocorre quando o erro é grande (situação que geralmente ocorre nos bioprocessos); quando o

objetivo é utilizar o ajuste linear para a inspeção visual dos resultados experimentais e para a identificação de diferenças entre os tratamentos experimentais, a transformação de Hanes-Woolf é, provavelmente, a melhor opção.

- Os autores atribuem a popularidade da transformação de Lineweaver-Burk ao fato de essa linearização possibilitar a obtenção de um bom ajuste, mesmo com um grande erro experimental associado aos dados experimentais.

EXEMPLO NUMÉRICO – ETAPA 4

Ajuste para o modelo de fermentação alcoólica (ABOUTBOUL; SCHMIDELL; BONOMI, 1985) a partir de hidrolisado de mandioca em um sistema batelada. O modelo matemático não estruturado, proposto após a identificação dos principais fenômenos envolvidos no processo (vide discussões nas etapas 2 e 3), é composto pelas Equações (8.59) a (8.63).

$$\frac{dX}{dt} = \mu_x X \tag{8.59}$$

$$\frac{dS}{dt} = -\left(\frac{1}{\Upsilon_{x/s}} \mu_x X + \frac{1}{\Upsilon_{p/s}} \mu_p X \right) \tag{8.60}$$

$$\frac{dP}{dt} = \mu_p X \tag{8.61}$$

em que:

$$\mu_x = \frac{\mu_{xa} S}{K_s + S + \dfrac{S^2}{K_i}} \exp\left(-K_p P\right) \tag{8.62}$$

$$\mu_p = \frac{\mu_{pa} S}{K_s' + S + \dfrac{S^2}{K_i'}} \exp\left(-K_p' P\right) \tag{8.63}$$

A seguir será exemplificada a obtenção da estimativa preliminar dos parâmetros por meio da linearização e da simplificação do modelo, e seu ajuste aos dados experimentais (Tabela 8.1).

a) *Estimativa de K_p e K_p'*

A partir das Equações (8.62) e (8.63), obtêm-se:

$$-\ln \mu_x = -\ln \mu_s^* + K_p P \tag{8.64}$$

$$-\ln \mu_p = -\ln \mu_s'^{*} + K_p' P \tag{8.65}$$

em que: μ_s^* e $\mu_s'^*$ são os termos funções de S em μ_x e μ_p, quando S é constante.

Para um valor de S constante, por exemplo, $S = 10$ g.L^{-1} (utilizando o mesmo procedimento exemplificado na etapa 3 para identificação do tipo de inibição pelo produto), são traçados os gráficos de ln (μ_x) *vs.* P (Figura 8.6A – etapa 3) e ln (μ_p) *vs.* P (Figura 8.10) com os dados de μ_x, μ_p e P correspondentes a esse valor de S nos quatro ensaios disponíveis. Os coeficientes angulares das retas ajustadas são as estimativas de K_p e K_p'. Pela metodologia proposta, torna-se evidente que a estimativa obtida será tão mais precisa quanto maior for o número de ensaios disponíveis.

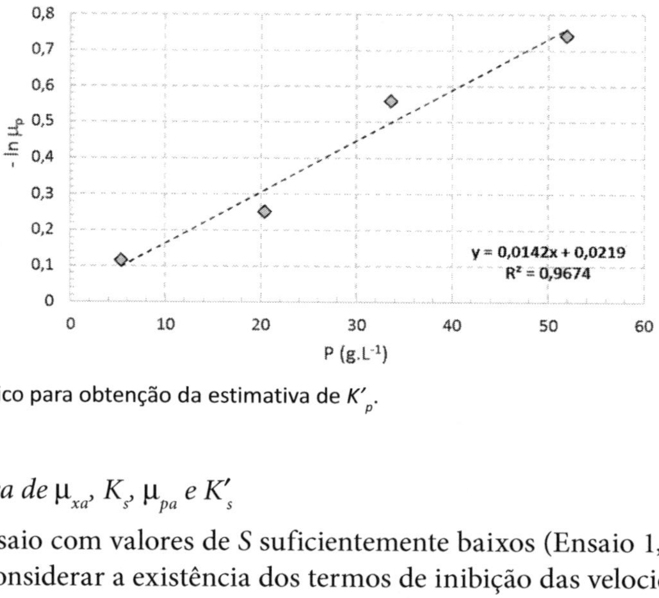

Figura 8.10 Gráfico para obtenção da estimativa de K'_p.

b) *Estimativa de* μ_{xa}, K_s, μ_{pa} *e* K_s'

Para um ensaio com valores de S suficientemente baixos (Ensaio 1, por exemplo), é possível desconsiderar a existência dos termos de inibição das velocidades específicas de crescimento e produção pelo substrato: Equações (8.62) e (8.63), termos S^2/K_i e S^2/K_i'. Dessa forma, é possível linearizar essas equações.

$$\frac{e^{-K_p P}}{\mu_x} = \frac{K_s}{\mu_{xa}} \frac{1}{S} + \frac{1}{\mu_{xa}} \tag{8.66}$$

$$\frac{e^{-K_p' P}}{\mu_p} = \frac{K_s'}{\mu_{pa}} \frac{1}{S} + \frac{1}{\mu_{pa}} \tag{8.67}$$

Como os valores de K_p e K_p' estimados no item anterior, é possível traçar os gráficos de ($e^{-K_p P}/\mu_x$) *vs.* (1/S) – Figura 8.11A – e ($e^{-K'_p P}/\mu_p$) *vs.* (1/S) – Figura 8.11B –, com os dados de P, S, μ_x e μ_p disponíveis para o Ensaio 1. Os coeficientes lineares e angulares das retas ajustadas fornecerão as estimativas de μ_{xa}, K_S, μ_{pa} e K_s'.

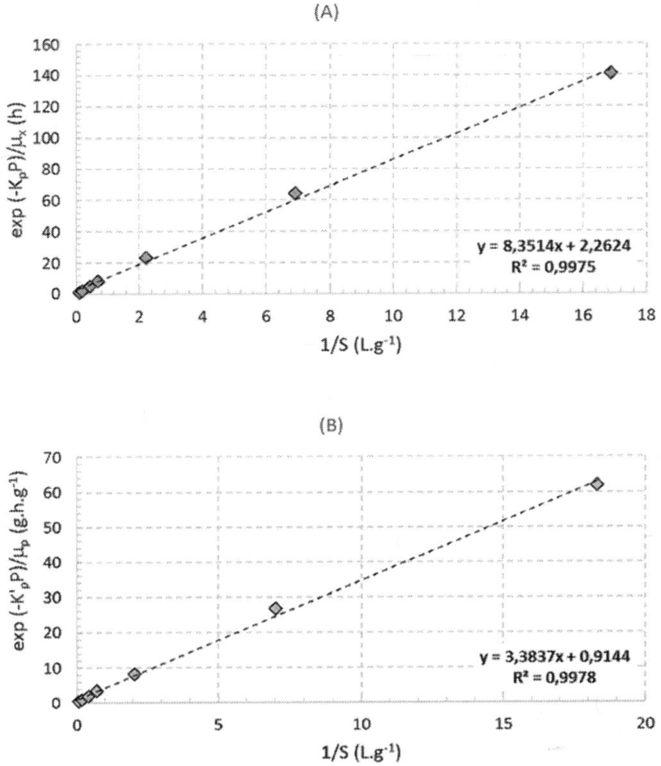

Figura 8.11 Gráficos para obtenção das estimativas de (A) μ_{xa} e K_s e (B) μ_{pa} e K'_s.

c) *Estimativa de K_i e K'_i*

Para um ensaio com valores de *S* suficientemente elevados (início do Ensaio 4, por exemplo), é possível desprezar os valores de K_s e K'_s nas equações das velocidades específicas, Equações (8.62) e (8.63). Dessa forma, é possível linearizar essas equações.

$$\frac{e^{-K_p P}}{\mu_x} = \frac{1}{K_i \mu_{xa}} S + \frac{1}{\mu_{xa}} \tag{8.68}$$

$$\frac{e^{-K'_p P}}{\mu_p} = \frac{1}{K'_i \mu_{pa}} S + \frac{1}{\mu_{pa}} \tag{8.69}$$

Com os valores de K_p e K'_p, estimados anteriormente, é possível traçar os gráficos de $(e^{-K_p P}/\mu_x)$ *vs.* *S* – Figura 8.12A – e $(e^{-K'_p P}/\mu_p)$ *vs.* *S* – Figura 8.12B – com os dados de *P*, *S*, μ_x e μ_p disponíveis para valores elevados de *S* no início do Ensaio 4. Os coeficientes angulares das retas ajustadas fornecerão as estimativas de K_i e K'_i, considerando os valores de μ_{xa} e μ_{pa} estimados novamente por meio dos coeficientes lineares das retas ajustadas.

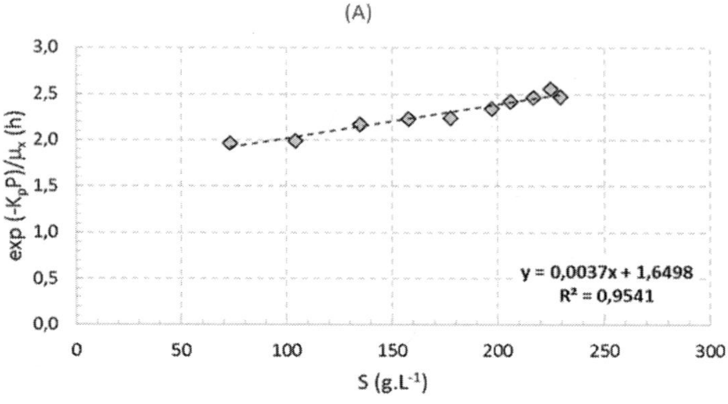

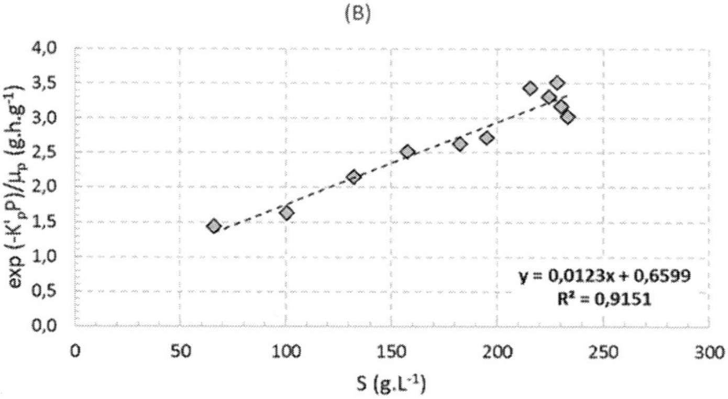

Figura 8.12 Gráficos para obtenção das estimativas de (A) K_i e (B) K'_i.

d) *Estimativa de* $Y_{x/s}$ *e* $Y_{p/s}$

Na construção do modelo assumiu-se que $Y_{p/s}$ é um parâmetro fixo e igual a 0,511 (conversão estequiométrica de glicose em etanol). Dessa forma, todas as "ineficiências" do sistema estarão incluídas no valor de $Y_{x/s}$ estimado. A estimativa de $Y_{x/s}$ é obtida correlacionando o ΔX produzido com o ΔS_x consumido (substrato consumido para produzir *X*, obtido descontando do total de substrato consumido a quantidade de substrato consumida para produzir *P*) para os ensaios disponíveis. A Figura 8.13 apresenta o gráfico de (ΔX) *vs.* (ΔS_x), cujo coeficiente angular da reta que passa pela origem fornece a estimativa de $Y_{x/s}$.

A Tabela 8.5 apresenta o resultado da estimativa dos parâmetros para o modelo matemático da fermentação alcoólica do hidrolisado de mandioca operada em batelada, ajustado preliminarmente aos dados experimentais disponíveis (Tabela 8.1).

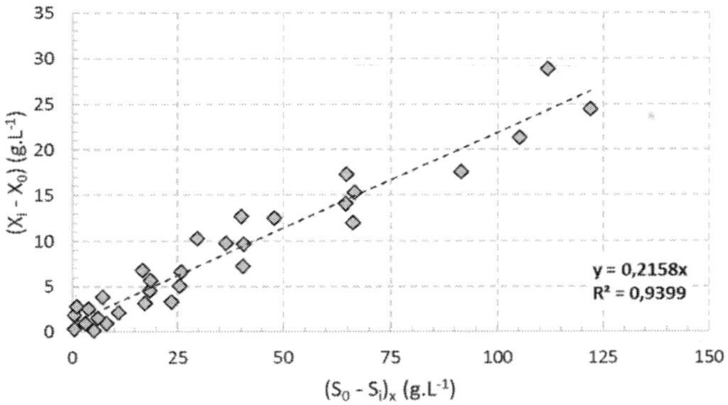

Figura 8.13 Gráfico para obtenção da estimativa de $Y_{x/s}$.

Tabela 8.5 Estimativa preliminar dos parâmetros cinéticos do modelo obtidos por linearização e simplificação do modelo

Parâmetro	Valor estimado
μ_{xa} (h^{-1})	0,524 [a]
μ_{pa} (h^{-1})	1,305 [a]
K_s ($g.L^{-1}$)	3,69
K'_s ($g.L^{-1}$)	3,70
K_i ($g.L^{-1}$)	446
K'_i ($g.L^{-1}$)	53,7
K_p ($L.g^{-1}$)	0,0442
K'_p ($L.g^{-1}$)	0,0142
$Y_{x/s}$ ($g.g^{-1}$)	0,216
$Y_{p/s}$ ($g.g^{-1}$)	0,511 (fixo)

(a) Média dos valores estimados quando da estimativa de K_s, K'_s, K_i e K'_i.

8.3.2 INTEGRAÇÃO ANALÍTICA DO MODELO

Essa técnica para a estimativa de parâmetros só é aplicável para casos em que o modelo matemático é bastante simples, permitindo uma integração analítica do seu sistema de equações diferenciais ordinárias. Ong (1983) desenvolveu o ajuste de parâmetros para um crescimento microbiano num biorreator operado em batelada e que obedece à cinética de Monod (1942), Equações (8.54) e (8.55).

Integrando a Equação (8.55), obtém-se:

$$X = X_0 + \Upsilon_{x/s}(S_0 - S) \tag{8.70}$$

Substituindo as Equações (8.54) e (8.70) na Equação (8.55), rearranjando e integrando, obtém-se:

$$\int_{S_0}^{S} \frac{K_s + S}{S\left[X_0 + \Upsilon_{x/s}(S_0 - S)\right]} dS = -\frac{\mu_m}{\Upsilon_{x/s}} \int_0^t dt \tag{8.71}$$

$$\frac{1}{t}\ln\frac{S}{S_0} = b\left\{\ln\frac{\left[1 + a(S_0 - S)\right]}{t}\right\} - d \tag{8.72}$$

em que:

$$a = \frac{\Upsilon_{x/s}}{X_0} \tag{8.73}$$

$$b = 1 + \frac{X_0 + \Upsilon_{x/s}S_0}{\Upsilon_{x/s}K_s} \tag{8.74}$$

$$d = \frac{\mu_m\left(X_0 + \Upsilon_{x/s}S_0\right)}{\Upsilon_{x/s}K_s} \tag{8.75}$$

Portanto, b e d podem ser obtidos por regressão linear da Equação (8.72) desde que se conheça a.

Estatisticamente, uma regressão linear pode ser avaliada pelo valor do coeficiente de determinação, dado por:

$$R^2 = \frac{n\sum xy - \sum x \sum y}{\left[n\sum x^2 - \left(\sum x\right)^2\right]\left[n\sum y^2 - \left(\sum y\right)^2\right]} \tag{8.76}$$

em que n é o número de pares de pontos (x, y) a serem ajustados.

$$x = \ln\frac{\left[1 + a(S_0 - S)\right]}{t} \tag{8.77}$$

$$y = \ln\frac{S - S_0}{t} \tag{8.78}$$

A solução do ajuste de parâmetros do modelo (μ_m, K_s e $Y_{x/s}$) reduz-se, então, à solução do seguinte problema de otimização: "minimizar a função objetivo: $-R^2 = f(a)$, sujeita às condições $a > 0$ e Equações (8.77) e (8.78)".

Os valores de b e d são obtidos pelas equações:

$$b = \frac{n\sum xy - \sum x \sum y}{n\sum x^2 - \left(\sum x\right)^2} \tag{8.79}$$

$$d = \frac{\sum y - b\sum x}{n} \tag{8.80}$$

Como o método de ajuste do modelo por linearização, o método por integração deve ser utilizado com ressalvas, pois também resume o problema de estimativa de parâmetros numa linearização por transformação de variáveis. Há alguns sérios inconvenientes em utilizar transformações de variáveis, entre os quais podemos destacar:

- as faixas de variações de logaritmos (muitas vezes utilizados na transformação de variáveis) podem ser muito diferentes das faixas de variações das variáveis de origem (no caso dos logaritmos, muito menores);
- ao utilizar a equação linearizada, o que estará sendo minimizado é a diferença quadrática (quando esta for a forma de cálculo dos resíduos) entre a forma transformada "experimental" e a calculada; os parâmetros assim obtidos não serão necessariamente ótimos em relação aos desvios da variável original;
- as variáveis transformadas podem não preservar as propriedades da distribuição de erros das variáveis originais do problema, o que pode constituir uma objeção muito séria sobre a validade do procedimento.

8.3.3 ESTIMATIVA DE PARÂMETROS CINÉTICOS POR TÉCNICAS DE OTIMIZAÇÃO

Problemas que necessitam de otimização são comuns em diversas áreas do conhecimento. Tais problemas, quando modelados matematicamente, podem ser solucionados por meio de técnicas de otimização que utilizam procedimentos iterativos para minimizar ou maximizar uma *função objetivo* em um *espaço de busca* e que têm como objetivo encontrar o melhor conjunto viável para as variáveis do problema (EDGAR; HIMMELBLAU; LASDON, 2001).

Os modelos matemáticos empregados na representação de bioprocessos normalmente apresentam equações cinéticas não lineares com um número elevado de parâmetros, que devem ser estimados a partir de um conjunto de dados experimentais. Na maioria dos casos, a estimativa desses parâmetros envolve a minimização da diferença entre os valores preditos pelo modelo e os dados experimentais disponíveis.

Essa função objetivo fornece um valor quantitativo relacionado com a qualidade desse conjunto de variáveis em relação à propriedade que se deseja otimizar (neste caso, a proximidade dos dados gerados pelo modelo com os valores experimentais). Dessa forma, uma solução candidata de um problema de otimização, no contexto da estimativa de parâmetros, é um ponto no espaço de busca que representa um conjunto de valores para os parâmetros que aproximam as variáveis calculadas dos pontos experimentais.

8.3.3.1 Métodos para a solução

Atualmente, diversas metodologias podem ser empregadas para a solução de problemas de otimização envolvendo programação não linear. Fundamentalmente, essas metodologias podem ser divididas em duas amplas categorias:

- *Métodos determinísticos*: são métodos de otimização utilizados para solução de problemas matemáticos nos quais as funções objetivo são contínuas e diferenciáveis ao longo do espaço de busca, sendo possível, portanto, prever todos os "passos" até a obtenção da solução final. Desse modo, o método sempre leva à mesma resposta se partir do mesmo ponto inicial. Consequentemente, a solução ótima encontrada é fortemente dependente da estimativa inicial fornecida, convergindo, na maioria das vezes, para um mínimo ou máximo local. Os métodos pertencentes a essa categoria são subdivididos em duas subcategorias: métodos diretos e indiretos. Os métodos diretos utilizam apenas o valor da função objetivo, enquanto os métodos indiretos utilizam também o valor das derivadas da função objetivo. Entre os métodos determinísticos destacam-se: método de Newton, método quasi-Newton, métodos do gradiente conjugado, método de Levenberg-Marquardt, entre outros.
- *Métodos estocásticos*: são métodos de otimização utilizados nas soluções de problemas matemáticos envolvendo diferentes tipos de funções objetivo e restrições ao longo do espaço de busca. Sua principal característica é a busca pelo ótimo por meio de regras probabilísticas. Eles podem ser aplicados a problemas envolvendo elevado número de parâmetros a serem estimados, são pouco sensíveis às estimativas iniciais dos valores dos parâmetros, não exigem a solução das derivadas da função objetivo e tendem a encontrar a melhor solução do conjunto entre "todas" as soluções possíveis, o "ótimo global", independentemente das condições iniciais. Entre os métodos estocásticos destacam-se os algoritmos inspirados em processos encontrados na natureza e baseados em população como: algoritmos genéticos (GA), evolução diferencial (DE), enxame de partículas (PSO), colônia de formigas (ACO), entre outros.

Em virtude da não linearidade dos modelos cinéticos desenvolvidos para os bioprocessos, a minimização da função objetivo utilizando métodos determinísticos de otimização baseados em gradiente (por exemplo, quasi-Newton ou Levenberg-Marquardt) torna-se mais difícil numericamente, principalmente quanto a:

- definição de estimativas iniciais adequadas para os parâmetros;
- existência de mínimos locais no espaço de busca;

- escolha da função objetivo mais adequada (mínimos quadrados, máxima verossimilhança etc.);
- aproximação numérica das derivadas parciais da função objetivo;
- interações entre os parâmetros, que podem resultar em grandes intervalos de confiança para os valores destes.

Esse último problema torna-se ainda mais acentuado quando o modelo cinético empregado contém expressões hiperbólicas, como no caso dos modelos derivados da expressão de Monod, normalmente empregados em bioprocessos (JOHNSON; BERTHOUEX, 1975a).

Um aspecto que tem se mostrado determinante no ajuste de parâmetros cinéticos, por diferentes métodos de regressão não linear, é o da definição da função objetivo, isto é, a forma de calcular o resíduo entre os valores preditos pelo modelo e os valores experimentais (BONOMI et al., 1993). A Tabela 8.6 apresenta várias formas para o cálculo dos resíduos entre os valores preditos e os valores experimentais, indicando, quando for o caso, os problemas observados quando da sua utilização.

Tabela 8.6 Diferentes fórmulas para cálculo dos resíduos

Número	Fórmula de cálculo	Problemas na utilização
1	$R=\sum_i(\hat{y}_i-y_i)^2$	Variáveis com elevado valor absoluto privilegiadas no ajuste.
2	$R=\sum_i\left(\frac{\hat{y}_i}{(y_i)_m}-\frac{y_i}{(y_i)_m}\right)^2$	Tendência a ajustar melhor as variáveis próximas aos valores máximos.
3	$R=\sum_i\left(\frac{\hat{y}_i-y_i}{\hat{y}_i}\right)^2$	Resíduos muito elevados para valores muito pequenos da variável calculada.
4	$R=\sum_i\left(\frac{\hat{y}_i-y_i}{y_i}\right)^2$	Resíduos muito elevados para valores muito pequenos da variável experimental.
5	$R=\sum_i\left[\frac{\hat{y}_i-y_i}{\left(\frac{\hat{y}_i+y_i}{2}\right)}\right]^2$	Resíduos elevados para valores muito pequenos e diferentes das variáveis calculada e experimental.
6	*Idem* à Fórmula 5, com R é calculado somente quando $y_i > \varepsilon\,(y_i)_m$	–

(*continua*)

Tabela 8.6 Diferentes fórmulas para cálculo dos resíduos (*continuação*)

Número	Fórmula de cálculo	Problemas na utilização
7	$R = \Sigma \|r - 1\| + \Sigma \|a - 1\|$ (*r* e *a* são calculados para cada variável e para cada ensaio)	–
8	$R = \|r - 1\| + \|a - 1\|$ (*r* e *a* são calculados com todas as variáveis normalizadas e todos os ensaios ajustados por uma única reta)	–

R: resíduo; y_i: valor experimental da variável; $\hat{y}_i$: valor calculado da variável; $(y_i)_m$: máximo valor da variável experimental; *r*: coeficiente de regressão linear entre as variáveis experimentais e calculadas; *a*: coeficiente angular combinado entre as variáveis experimentais e calculadas.

Fonte: adaptada de Bonomi e Schmidell (2001).

Nas últimas décadas, o uso de algoritmos de otimização pertencentes à classe dos métodos estocásticos tem-se mostrado bastante promissor no estudo da estimativa de parâmetros cinéticos de processo biotecnológicos (DA ROS; COLUSSO; WESCHENFELDER, 2013; LUNELLI; ATALA; WOLF MACIEL, 2010; CHIOU; WANG, 2001). A seguir é apresentado um breve histórico do desenvolvimento da computação evolucionária, uma das principais ramificações dos algoritmos estocásticos, suas principais subcategorias e um exemplo numérico utilizando uma das suas mais recentes implementações, a evolução diferencial, aplicada à estimativa dos parâmetros cinéticos de um bioprocesso.

8.3.4 COMPUTAÇÃO EVOLUCIONÁRIA

Embora o termo "computação evolucionária" tenha sido idealizado no início da década de 1990, a ideia de aplicar os princípios de seleção natural da teoria evolutiva de Darwin como um paradigma de solução de problemas a partir de sua implementação em computador tem origem ainda no final da década de 1950, nos trabalhos publicados por Box (1957), Friedberg (1958), Friedberg, Dunham e North (1959) e Bremermann (1962). Durante a década de 1960, três abordagens diferentes de algoritmos evolucionários (AE), baseadas nesse mesmo conceito, foram desenvolvidas paralelamente em lugares distintos. Nos Estados Unidos, Fogel (1962) introduziu as bases para o desenvolvimento da programação evolutiva, enquanto Holland (1962) iniciava o desenvolvimento dos algoritmos genéticos. Na Alemanha, Rechenberg (1965) e Schwefel (1965) criavam a estratégia evolutiva. Por mais de 15 anos, essas áreas se desenvolveram separadamente, até o início da década de 1990, quando foram agrupadas como diferentes "dialetos" dentro de um mesmo conceito, dando origem à computação evolucionária (EIBEN; SCHOENAUER, 2002).

Ao longo das últimas décadas, inúmeros trabalhos importantes envolvendo a computação evolucionária sob diferentes aspectos foram publicados: Castro (2006); Michalewicz e Fogel (2000); Bäck, Fogel e Michalewicz (1997); Holland (1992), entre outros. O leitor interessado pode encontrar nessas referências uma rica fonte de informação e um extenso material sobre os conceitos envolvidos e as aplicações desses algoritmos em problemas de otimização.

A ideia básica por trás dos AE é a hipótese de que, dada uma população inicial de indivíduos, contendo um conjunto de soluções, essa população evolui sucessivamente para melhores regiões no espaço de busca, por meio de um processo estocástico de mutação, cruzamento e seleção. Uma representação geral de um AE típico pode ser vista no fluxograma apresentado na Figura 8.14.

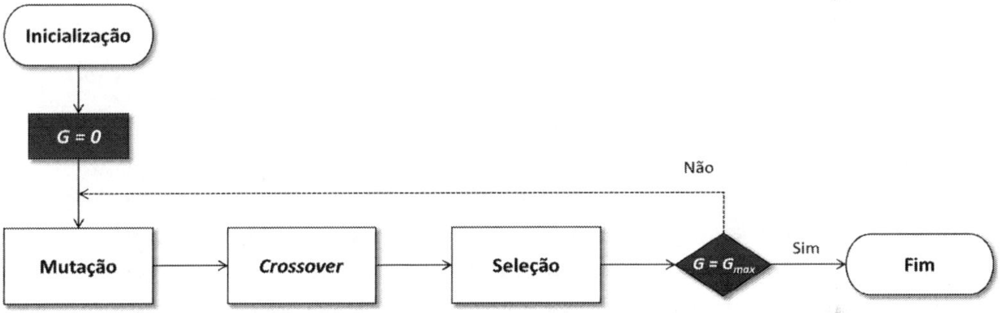

Figura 8.14 Fluxograma com as operações típicas dos AE.

Nesse processo, novas soluções são criadas aleatoriamente variando as soluções existentes. Um critério de desempenho é utilizado para avaliar a aptidão (*fitness*) de cada solução candidata, e um mecanismo de seleção baseado nos princípios da seleção natural (sobrevivência do mais adaptado) determina quais soluções candidatas (chamadas pais) serão mantidas para a geração das soluções subsequentes (chamadas descendentes ou filhos). A diferença entre os AE é caracterizada, basicamente, pela representação dos dados, pelos tipos de variações impostas para a criação dos novos indivíduos e pelos métodos utilizados para a seleção dos mais adaptados.

8.3.4.1 Evolução diferencial

A evolução diferencial (*differential evolution* - DE) é um algoritmo de otimização estocástico baseado em população. Esse algoritmo foi inicialmente desenvolvido por Storn e Price (1995) em meados da década de 1990. Apesar de ser um algoritmo de otimização relativamente novo, ele apresenta diversas vantagens, entre as quais: simplicidade e facilidade de implementação; elevada acurácia e robustez na resolução de problemas com funções objetivos separáveis, não separáveis, unimodais e multimodais; e reduzido número de parâmetros de controle (MACIEL, 2012).

A DE opera essencialmente de forma similar a outros algoritmos evolucionários (Figura 8.14). Durante a inicialização do algoritmo, uma população inicial de indivíduos (soluções) é gerada aleatoriamente, devendo cobrir todo o espaço de busca $\Re^D$ possível. Assume-se uma população inicial contendo *Np* indivíduos, em que $\vec{x}_{i,G}$ representa o *i*-ésimo indivíduo da geração da população.[1]

$$\vec{X}_{i,G} = \left[x_{1,i,G}, x_{2,i,G}, \ldots, x_{D,i,G} \right], i = 1,2,\ldots,Np \tag{8.81}$$

Na proposta clássica do algoritmo da DE (STORN; PRICE, 1995), a população inicial é gerada aleatoriamente dentro da faixa de valores preestabelecida para os limites inferiores ($x_{j,G}^L$) e superiores ($x_{j,G}^U$) dos parâmetros.

$$x_{j,i,G} = x_{j,G}^L + rand(\ ) \times \left(x_{j,G}^U - x_{j,G}^L \right) j = 1,2,3,\ldots,D; i = 1,2,3,\ldots,Np \text{ e } G = 0 \tag{8.82}$$

em que os sobrescritos *G*, *j* e *i* representam os índices da geração, do parâmetro e da população, respectivamente.

O algoritmo realiza então, por meio de um processo iterativo, sucessivas modificações na população inicial, dando lugar a uma nova população de indivíduos do mesmo tamanho. Na implementação clássica do algoritmo da DE, três vetores distintos: $\vec{X}_{r_1^i,G}$, $\vec{X}_{r_2^i,G}$ e $\vec{X}_{r_3^i,G}$, são selecionados aleatoriamente na população atual. Os índices desses vetores, gerados de forma aleatória no intervalo [1; *Np*], são inteiros mutuamente exclusivos e diferentes do índice *i* do *vetor alvo* ($\vec{X}_{i,G}$). A diferença entre quaisquer dois desses vetores é multiplicada por um fator de ponderação *F* e, posteriormente, somada a um terceiro vetor para formar um *vetor doador* ($\vec{V}_{i,G}$) para cada *i*-ésimo vetor alvo (DAS; PONNUTHURAI, 2011).[2] A Figura 8.15 ilustra o processo de mutação em um espaço paramétrico bidimensional considerando uma função objetivo arbitrária.

Esse procedimento pode ser representado pela equação a seguir:

$$\vec{V}_{i,G} = \vec{X}_{r_1^i,G} + F\left(\vec{X}_{r_2^i,G} - \vec{X}_{r_3^i,G} \right), i = 1,2,\ldots,Np \tag{8.83}$$

---

1 Tipicamente entre 5 × *D* e 10 × *D* (STORN; PRICE, 1995). De acordo com Ronkkonen, Kukkonen e Price (2005), o tamanho da população pode variar entre 2 × *D* a 40 × *D*. Funções separáveis e unimodais exigem tamanhos populacionais menores, enquanto funções com parâmetros dependentes e multimodais exigem tamanhos maiores.

2 Ronkkonen, Kukkonen e Price (2005) sugerem que o operador *F* deve estar contido no intervalo [0,4; 0,9], com F = 0,9 como primeira escolha.

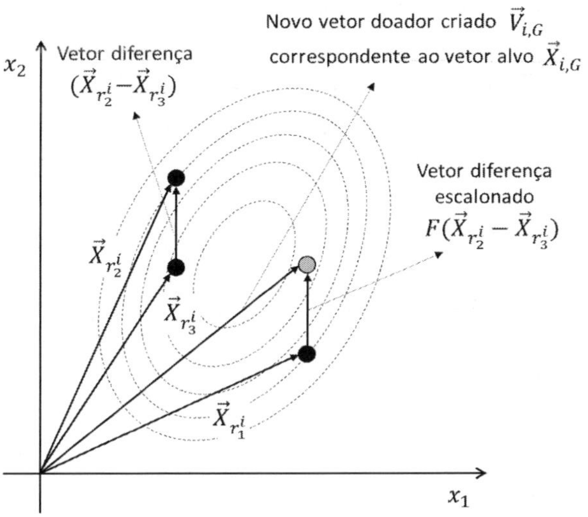

Figura 8.15 Ilustração do esquema clássico de mutação em um espaço paramétrico bidimensional.

Fonte: adaptada de Das e Ponnuthurai (2011).

Além dessa equação, outros cinco diferentes esquemas de mutação, sugeridos por Price, Storn e Lampinen (2005), tornaram-se muito populares na literatura, os quais são apresentados a seguir:

$$DE/best/1:\ \vec{V}_{i,G} = \vec{X}_{best,G} + F\left(\vec{X}_{r_1^i,G} - \vec{X}_{r_2^i,G}\right) \tag{8.84}$$

$$DE/best/2:\ \vec{V}_{i,G} = \vec{X}_{best,G} + F\left(\vec{X}_{r_1^i,G} - \vec{X}_{r_2^i,G}\right) + F\left(\vec{X}_{r_3^i,G} - \vec{X}_{r_4^i,G}\right) \tag{8.85}$$

$$DE/target\text{-}to\text{-}best/1:\ \vec{V}_{i,G} = \vec{X}_{i,G} + F\left(\vec{X}_{best,G} - \vec{X}_{i,G}\right) + F\left(\vec{X}_{r_1^i,G} - \vec{X}_{r_2^i,G}\right) \tag{8.86}$$

$$DE/rand/1:\ \vec{V}_{i,G} = \vec{X}_{r_1^i,G} + F\left(\vec{X}_{r_2^i,G} - \vec{X}_{r_3^i,G}\right) \tag{8.87}$$

$$DE/rand/2:\ \vec{V}_{i,G} = \vec{X}_{r_1^i,G} + F\left(\vec{X}_{r_2^i,G} - \vec{X}_{r_3^i,G}\right) + F\left(\vec{X}_{r_4^i,G} - \vec{X}_{r_5^i,G}\right) \tag{8.88}$$

em que $\vec{X}_{best,G}$ é o indivíduo da população mais bem adaptado (*fitness*) na geração G.

Uma vez completada a fase de mutação, inicia-se o processo de cruzamento (*crossover*), em que um operador de recombinação (Cr) é aplicado para aumentar a diversidade da população.[3] Como F, o operador de recombinação é um parâmetro de controle predefinido contido no intervalo [0; 1]. Nesse processo, o *vetor doador* troca alguns de seus componentes, escolhidos de forma aleatória, com o *vetor alvo* para gerar o *vetor experimental* $\vec{U}_{i,G} = \left[u_{1,i,G}, u_{2,i,G}, \ldots, u_{D,i,G}\right]$ (Figura 8.16). Segundo a implementação clássica do algoritmo da DE, dois métodos de recombinação podem ser utilizados: exponencial e binomial. No presente texto, somente a implementação binomial será abordada. Informações sobre o método exponencial podem ser obtidas nos trabalhos originais (STORN; PRICE, 1995).

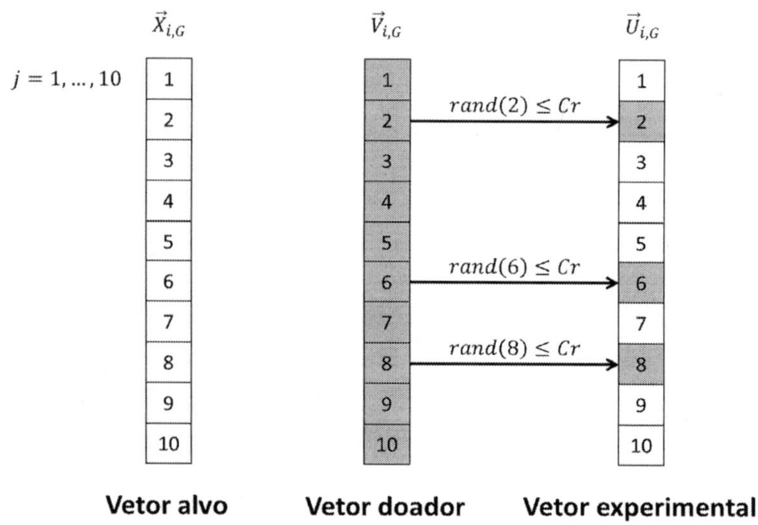

Figura 8.16 Exemplo do processo de cruzamento binomial (*crossover*).

No cruzamento binomial, a troca é realizada entre cada uma das variáveis D sempre que um número gerado aleatoriamente entre 0 e 1 for menor ou igual ao valor de Cr (Figura 8.16). Nesse caso, o número de parâmetros herdados do *vetor doador* apresenta uma distribuição próxima à distribuição binomial. O cruzamento binominal pode ser definido como:

$$\vec{u}_{i,G} = \begin{cases} v_{j,i,G}, \text{ se}\left(rand_{i,j}\left[0,1\right] \leq Cr \text{ ou } j = j_{rand}\right) \\ x_{j,i,G}, \text{ caso contrário} \end{cases} \tag{8.89}$$

[3] Ronkkonen, Kukkonen e Price (2005) argumentam que o operador Cr deve ser selecionado de forma apropriada no intervalo [0,3; 0,9]. Segundo os autores, esse parâmetro deve ser tal que $0{,}0 \leq Cr \leq 0{,}2$ para funções separáveis e $0{,}9 \leq Cr \leq 1{,}0$ quando houver dependência entre os parâmetros das funções.

em que $rand_{i,j}$ é um número aleatório com distribuição uniforme com valores entre 0 e 1, considerado para cada *j*-ésimo componente do *i*-ésimo vetor de parâmetros; e $j_{rand} \in [1,2,\ldots,D]$ é um índice escolhido aleatoriamente, garantindo que $\vec{U}_{i,G}$ tenha pelo menos um componente de $\vec{V}_{i,G}$ (DAS; PONNUTHURAI, 2011).

Para manter o tamanho população constante ao longo do processo de otimização, uma etapa de seleção é utilizada. É a etapa de seleção que determina se é o *vetor alvo* ou o *vetor experimental* que sobreviverá para a próxima geração. A operação de seleção pode ser descrita como:

$$\vec{X}_{i,G+1} = \begin{cases} \vec{U}_{i,G}, \text{ se}\left[f\left(\vec{U}_{i,G}\right) \leq f\left(\vec{X}_{i,G}\right)\right] \\ \vec{X}_{i,G}, \text{ se}\left[f\left(\vec{U}_{i,G}\right) > f\left(\vec{X}_{i,G}\right)\right] \end{cases} \quad (8.90)$$

em que $f\left(\vec{X}\right)$ representa a função objetivo a ser minimizada. Portanto, caso o vetor experimental seja menor ou igual à avaliação da função objetivo, ele substituirá o vetor alvo na próxima geração, caso contrário, o vetor alvo é mantido. Dessa forma, a substituição de vetores com melhor avaliação (com relação à minimização da função objetivo) garante populações melhores ou igualmente adaptadas ao longo das gerações. Esse critério permite que os vetores do algoritmo da DE se movam ao longo da superfície da função objetivo em busca da solução desejável (DAS; PONNUTHURAI, 2011).

Desde a versão original, variações aperfeiçoadas do algoritmo da DE foram criadas, como: algoritmo DE autoadaptativo (SaDE), criado por Qin, Huang e Suganthan (2009); DE com vizinhança global e local (DEGL), apresentado por Das et al. (2009); entre outros.

Para efeito didático, será apresentada a seguir a aplicação do algoritmo clássico da DE ao ajuste dos parâmetros cinéticos do processo de produção de etanol a partir de hidrolisado de mandioca (ABOUTBOUL; SCHMIDELL; BONOMI, 1985).

EXEMPLO NUMÉRICO – ETAPA 5

Nesta etapa do exemplo, é apresentado o ajuste utilizando o algoritmo clássico da DE, dos parâmetros cinéticos do modelo matemático, Equações (8.59) a (8.63), desenvolvido para a fermentação alcoólica do hidrolisado de mandioca em um sistema batelada. O modelo foi ajustado simultaneamente ao conjunto de quatro ensaios experimentais ilustrado na Tabela 8.1. Esse ajuste foi realizado utilizando um *software* desenvolvido em linguagem Fortran. As principais características do ajuste realizado e o resultado obtido são listados a seguir.

a) Parâmetros do método:

- $Np = 63$ (ou $7 \times D$)
- $F = 0{,}5$

- $Cr = 0{,}9$
- $G_{max} = 2.000$ (número máximo de gerações)

b) Estratégia do algoritmo de otimização:

- *DE/best/2*: $\vec{V}_{i,G} = \vec{X}_{best,G} + F\left(\vec{X}_{r_1^i,G} - \vec{X}_{r_2^i,G}\right) + F\left(\vec{X}_{r_3^i,G} - \vec{X}_{r_4^i,G}\right)$

c) Parâmetros ajustados:

- 9 ($\mu_{xa}, \mu_{pa}, K_s, K_s', K_i, K_i', K_p, K_p', Y_{x/s}$)

d) Parâmetros fixos do modelo:

- $Y_{p/s} = 0{,}511$ (g.g^{-1})

e) Estimativa inicial dos parâmetros empregada: resultado do ajuste preliminar dos parâmetros (Tabela 8.5).

f) Fórmula empregada para o cálculo dos resíduos:

- $R = \sum_k \sum_i \sum_j \left(\frac{\hat{y}_{i,j,k}}{\left(y_{i,j,k}\right)_m} - \frac{y_{i,j,k}}{\left(y_{i,j,k}\right)_m} \right)^2$ (Fórmula 2 da Tabela 8.6)

em que os índices *k, i* e *j* representam, respectivamente, o número de ensaios, o número de pontos experimentais e o número de variáveis de estado avaliadas.

g) Valor do resíduo com a estimativa preliminar dos parâmetros (obtidos por técnicas de linearização) – condição inicial do programa de ajuste:

- Resíduo: 2,59
- Coeficiente angular da regressão linear entre todos os valores calculados e observados: 0,98
- Coeficiente de determinação ajustado (R^2_{adj}) da regressão linear entre todos os valores calculados e observados: 0,845
- Coeficiente de correlação global (*R*) da regressão linear entre todos os valores calculados e observados: 0,92

h) Resultados do ajuste obtido:

- Resíduo: 0,35

- Coeficiente angular da regressão linear entre todos os valores calculados e observados: 1,008
- Coeficiente de determinação ajustado (R^2_{adj}) da regressão linear entre todos os valores calculados e observados: 0,979
- Coeficiente de correlação global (R) da regressão linear entre todos os valores calculados e observados: 0,99

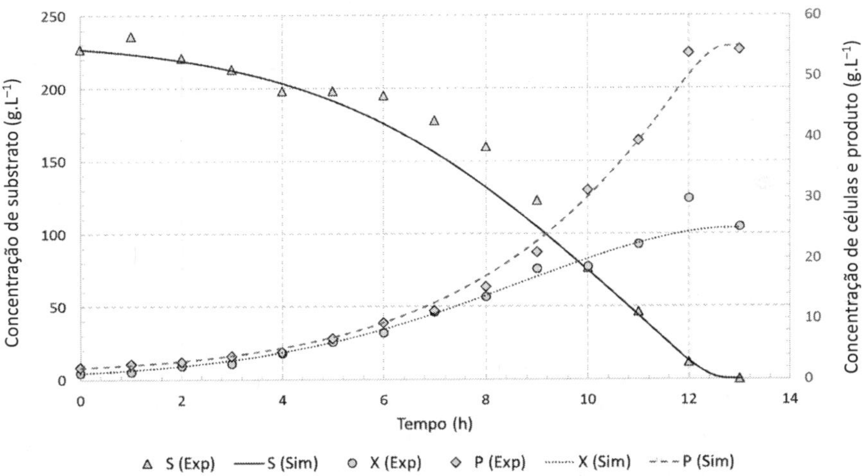

Figura 8.17 Resultado do ajuste global dos ensaios (Tabela 8.7) utilizando o método da DE para o Ensaio 4.

Tabela 8.7 Parâmetros cinéticos do modelo estimados pelo método da DE

Parâmetro	Valor estimado
μ_{xa} (h^{-1})	0,603
μ_{pa} (h^{-1})	2,26
K_s $(g.L^{-1})$	3,93
K'_s $(g.L^{-1})$	7,03
K_i $(g.L^{-1})$	425
K'_i $(g.L^{-1})$	39,6
K_p $(L.g^{-1})$	0,041
K'_p $(L.g^{-1})$	0,020
$Y_{x/s}$ $(g.g^{-1})$	0,193
$Y_{p/s}$ $(g.g^{-1})$	0,511 (fixo)

8.3.5 ANÁLISE ESTATÍSTICA

O ajuste dos parâmetros do(s) modelo(s) proposto(s) a um conjunto de ensaios experimentais é normalmente avaliado e considerado satisfatório ou não por simples inspeção visual do conjunto de ensaios, além da análise do resíduo mínimo obtido (conforme descrito na seção anterior). Essa avaliação é tanto mais válida na medida em que for levada em conta a falta de reprodutibilidade e o grande erro experimental inerente aos bioprocessos. Apesar dessa constatação, é importante submeter os ajustes obtidos a uma análise estatística específica, com dois objetivos básicos:

- verificar se é possível discriminar um ou mais modelos propostos em relação aos outros, nos casos em que foi possível ajustar mais de um modelo matemático ao conjunto de dados experimentais disponíveis (teste do χ^2 de Bartlett);
- verificar se o(s) modelo(s) remanescente(s) representam adequadamente o conjunto de dados experimentais disponíveis (teste F e teste de randomicidade).

8.3.5.1 Teste de χ^2 de Bartlett

Para saber se há modelos não adequados entre um conjunto de modelos ajustados, testa-se a homogeneidade das estimativas do erro experimental, ou seja, se o valor da variância de algum modelo é estatisticamente diferente dos demais. Isso é feito usando o teste do χ^2, calculando o χ^2_{calc} por meio da fórmula de Bartlett (FROMENT; BISCHOFF; DE WILDE, 2010):

$$\chi^2_{calc} = \frac{\ln(\bar{s}^2)\sum_{i=1}^{m}(\text{d.f.})_i - \sum_{i=1}^{m}(\text{d.f.})_i\, s_i^2}{1 + \frac{1}{3(m-1)}\left[\sum_{i=1}^{m}\frac{1}{(\text{d.f.})_i} - \frac{1}{\sum_{i=1}^{m}(\text{d.f.})_i}\right]} \tag{8.91}$$

$$s_i^2 = \sum_{j=1}^{n}\frac{\left(y_j - \breve{y}_{ij}\right)^2}{(\text{d.f.})_i} \tag{8.92}$$

$$\bar{s}^2 = \frac{\sum_{i=1}^{m}(\text{d.f.})_i\, s_i^2}{\sum_{i=1}^{m}(\text{d.f.})_i} \tag{8.93}$$

em que:

s_i^2: estimativa da variância do modelo "i";

$\bar{s}^2$: estimativa combinada da variância;

y_j: valor experimental da variável;

$\hat{y}_{ij}$: valor calculado da variável calculada pelo modelo "i";

n: número de pontos experimentais;

p_i: número de parâmetros do modelo "i";

m: número de modelos ajustados;

$(d.f.)_i = n - p_i$: graus de liberdade do modelo "i".

Se $\chi^2_{calc} > \chi^2_{tab\,(\alpha,m-1)}$, o modelo ao qual corresponde o maior valor de s_i^2 é descartado, e assim sucessivamente, até restar apenas um modelo. O valor de $\chi^2_{tab\,(\alpha,m-1)}$ é obtido em tabelas estatísticas (MONTGOMERY; RUNGER, 2011), em que o nível de significância geralmente escolhido corresponde a 5% ($\alpha = 0{,}05$).

Se $\chi^2_{calc} < \chi^2_{tab\,(\alpha,m-1)}$, nenhum dos modelos pode ser descartado; fazem-se novos experimentos, até ser possível definir a não adequação de algum modelo pelo critério do χ^2.

8.3.5.2 Análise de variância e teste F

A análise estatística realizada na seção anterior não garante que o(s) modelo(s) aprovado(s) represente(m) satisfatoriamente o conjunto de ensaios ajustados. Assim, o exame dos resíduos é fundamental para determinar a qualidade do ajuste obtido por qualquer modelo. Se o modelo apresenta resíduos consideráveis, é um modelo ruim. Para que um modelo se aproxime da idealidade, os seus resíduos devem estar o mais próximo possível de zero (modelo ideal). Na idealidade, todas as predições do modelo coincidem exatamente com as respostas observadas, não apresentando, portanto, resíduos (BARROS NETO; SCARMINIO; BRUNS, 2007).

Em um modelo de regressão que relaciona linearmente os dados preditos e observados, por exemplo, o resíduo deixado pelo modelo é dado por:

$$e_i = \hat{y}_i - y_i \tag{8.94}$$

com

$$y_i = \beta_0 + \beta_1 X_i + \varepsilon_i \tag{8.95}$$

$$\hat{y}_i = \hat{\beta}_0 + \hat{\beta}_1 X_i \tag{8.96}$$

em que $\beta_0, \hat{\beta}_0$ e $\beta_1, \hat{\beta}_1$ são, respectivamente, os coeficientes linear e angular que definem a localização das retas, y_i são os dados observados com erro aleatório associado ε_i (quando realizado em replicata) e $\hat{y}_i$ é a predição realizada pelo modelo.

Diferentes métodos podem ser empregados para avaliar numericamente a qualidade do ajuste de um modelo; no entanto, o método mais utilizado é a análise de variância.

Para realizar a análise de variância, os desvios das respostas observadas em relação à média de todas as respostas observadas, $(y_i - \bar{y}_i)$, devem ser decompostos algebricamente em duas parcelas, conforme a expressão a seguir:

$$(y_i - \bar{y}) = (\hat{y}_i - \bar{y}) + (\hat{y}_i - y_i) \tag{8.97}$$

A primeira parcela, $(\hat{y}_i - \bar{y}_i)$, representa o desvio da predição realizada pelo modelo em relação à média global, e a segunda representa a diferença entre o valor predito e o valor observado. Em um modelo bem ajustado, essa diferença deve ser muito pequena, o que equivale a dizer que o desvio $(\hat{y}_i - \bar{y}_i)$ deve ser aproximadamente igual ao desvio $(y_i - \bar{y}_i)$ (BARROS NETO; SCARMINIO; BRUNS, 2007).

Para expressar em termos quantitativos a comparação entre os desvios, a Equação (8.97) deve ser elevada ao quadrado e somada a todos os n pontos, resultando em:

$$\sum_{i=1}^{n} (y_i - \bar{y})^2 = \sum_{i=1}^{n} (\hat{y}_i - \bar{y})^2 - \sum_{i=1}^{n} (\hat{y}_i - y_i)^2 \tag{8.98}$$

As somas dos quadrados das médias costumam ser chamadas de somas quadráticas. Em uma notação mais compacta, essa soma pode ser expressa como:

$$SQT = SQR + SQE \tag{8.99}$$

em que:

SQT: soma quadrática em torno da média;

SQR: soma quadrática devida à regressão;

SQE: soma quadrática residual.

As duas últimas equações mostram que uma parte da variação total das observações (y_i) em torno da média ($\bar{y}$) pode ser explicada pela equação da regressão e o restante por seus resíduos. Fica claro que, quanto menor for o resíduo, melhor é a regressão do modelo. A qualidade da regressão pode, portanto, ser quantificada pela razão:

$$R^2 = \frac{SQR}{SQT} = \frac{\Sigma(\breve{y}_i - \bar{y})}{\Sigma(y_i - \bar{y})} \quad \text{ou} \quad R^2 = 1 - \frac{SQE}{SQT} = 1 - \frac{\Sigma(\breve{y}_i - y_i)}{\Sigma(y_i - \bar{y})} \tag{8.100}$$

Essa razão é denominada coeficiente de determinação e pode assumir valores no intervalo entre [0;1], sendo que, quanto maior o valor de R^2, maior é a parcela das variações das observações (y_i) explicada pelo modelo de regressão.

Associado a cada uma das somas quadráticas existe um respectivo número de graus de liberdade, que indica quantos valores independentes envolvendo as n observações de $y_1, y_2, ..., y_n$ são necessários para determiná-las. Além disso, seus quocientes fornecem as chamadas médias quadráticas (*MQ*). Tais resultados são usualmente expostos em uma tabela de análise de variância, ou simplesmente ANOVA, como apresenta a Tabela 8.8.

Tabela 8.8 Tabela de análise de variância para o ajuste de um modelo linear com dois parâmetros

Fonte de variação	Soma dos quadrados		Graus de liberdade	Média dos quadrados	F_{calc}
Regressão	*SQR*	$\Sigma(\hat{y}_i - \bar{y})$	$p-1$	*MSQR*	*MSQR*/*MSQE*
Resíduo	*SQE*	$\Sigma(\hat{y}_i - y_i)$	$n-p$	*MSQE*	
Total	*SQT*	$\Sigma(y_i - \bar{y})$	$n-1$		

As médias quadráticas são utilizadas para testar se a equação do modelo de regressão é estatisticamente significativa por meio do teste F.

Teste de significância do modelo de regressão

O teste de significância para um modelo de regressão que relaciona linearmente os dados preditos e observados equivale ao teste da hipótese da nulidade de $\hat{\beta}_1$, Equação (8.96). Se não há relação linear entre as variáveis dependente (y) e independente (X), a média em torno de y não varia linearmente com relação a X, logo, $\hat{\beta}_1 = 0$. Quando essa condição é satisfeita, a razão entre as médias quadráticas *MSQR* e *MSQE* segue uma distribuição F (distribuição de Fisher-Snedecor):

$$\frac{MSQR}{MSQE} = F_{[\alpha, p-1, n-p]} \tag{8.101}$$

em que $(p - 1)$ e $(n - p)$ são os graus de liberdade da média quadrática devida à regressão e da média quadrática residual, respectivamente, e α é o nível de significância considerado.

A razão entre as médias quadráticas, no entanto, só é válida para $\hat{\beta}_1 = 0$. Desse modo, seu resultado pode ser empregado no teste da hipótese nula. Para isso, é necessário compará-lo ao valor tabelado de $F_{1, n-2}$, no nível de confiança desejado. Se o valor calculado for maior que o tabelado, descarta-se a possibilidade de que β_1 seja nulo. Esse teste garante, estatisticamente, a existência de uma relação linear entre as variáveis y e X e, quanto maior o valor de *MSQR*/*MSQE*, melhor (BARROS NETO; SCARMINIO; BRUNS, 2007).

Contudo, existem situações em que um modelo de regressão dado como significativo pelo teste F não é aplicável para realizar predições. Uma forma prática para garantir a validade do modelo de regressão é considerar que os valores de *MSQR*/*MSQE* sejam pelo menos cerca de dez vezes maiores que o valor de F tabelado para um dado número de graus de liberdade no nível de confiança desejado (BOX; DRAPER, 1987 apud BARROS NETO; SCARMINIO; BRUNS, 2007).

Falta de ajuste e erro puro

Quando houver a disponibilidade de alguma medida de erro experimental aleatória, geralmente obtida a partir de uma série de repetições do mesmo ensaio em pelo menos uma condição experimental, é conveniente realizar o teste F para a falta de ajuste (BARROS NETO; SCARMINIO; BRUNS, 2007). Essa análise fornece a soma quadrática residual deixada pelo modelo, que pode ser decomposta em duas partes: uma causada pelos erros aleatórios (estritamente experimental) e outra devida à falta de ajuste do modelo. No caso dos bioprocessos, a estimativa do erro experimental aleatório deve levar em conta a falta de reprodutibilidade (devida principalmente à influência da "história" da população microbiana), a dificuldade em manter condições homogêneas dentro do biorreator, os próprios erros analíticos e de amostragem comuns na atividade laboratorial, entre outros.

Assim, definindo-se F_{calc} como a relação entre o erro obtido pela falta de ajuste e a estimativa do erro experimental aleatório, obtém-se para a formulação do teste F:

$$F_{calc} = \frac{s_c^2}{s_e^2} \tag{8.102}$$

$$s_c^2 = \frac{\sum_{i=1}^{\nu}\sum_{j=1}^{n}\left(\hat{y}_{ij} - y_{ij}\right)^2}{n_c - p} \tag{8.103}$$

$$s_e^2 = \frac{\sum_{i=1}^{\nu}\sum_{j=1}^{n}\left(y_{ij} - \bar{y}_i\right)^2}{n_e - \nu} \tag{8.104}$$

em que:

s_c^2: estimativa da variância do erro do modelo;

s_e^2: estimativa da variância do erro experimental;

$\hat{y}_{ij}$: valor da variável calculada pelo modelo;

y_{ij}: valor experimental da variável;

$\bar{y}_i$: média da variável para os ensaios repetidos;

n: número de pontos por variável;

p: número de parâmetros do modelo;

ν: número de variáveis de estado (concentrações de células, produtos e substratos);

n_c: número de pontos ajustados (para todos os ensaios e variáveis);

n_e: número de pontos experimentais (para todos os ensaios repetidos e variáveis).

Como o valor da distribuição F, F_{tab} (α, $n_c - p$, $n_e - v$) $\approx$ 1 (quando $\alpha = 0{,}05$, $n_c \rightarrow \infty$ e $n_e \rightarrow \infty$) (COSTA NETO, 1987), uma vez que n_c e n_e são normalmente elevados. Então, para que o modelo represente adequadamente os dados experimentais ajustados (ou, em outras palavras, não apresente falta de ajuste), é necessário que:

$$F_{calc} < 1 \text{ ou } s_c^2 < s_e^2 \tag{8.105}$$

8.3.5.3 Teste de randomicidade

O teste de randomicidade é útil na verificação de eventuais tendências no ajuste de um modelo matemático a um conjunto de dados experimentais (CONSTANTINIDES, 1987). Os resíduos verificados entre os dados experimentais e os dados do modelo podem ser positivos ou negativos, mas, se eles são verdadeiramente aleatórios, seu sinal deve mudar de maneira randômica. Essa randomicidade, ou ausência dela, pode ser detectada visualmente plotando, por exemplo, os resíduos *versus* a variável independente (tempo), ou *versus* as variáveis dependentes (variáveis de estado). A seguir, revisaremos alguns conceitos estatísticos necessários para o entendimento do teste.

Distribuição normal – distribuição contínua de probabilidades, também chamada de distribuição gaussiana, dada por:

$$f(y) = \frac{1}{\sigma\sqrt{2\pi}} \exp\left[-\frac{(y-\bar{y})^2}{2\sigma^2}\right] \tag{8.106}$$

em que:

$\bar{y}$: média da distribuição;

σ: desvio-padrão da distribuição.

Variável Z – variável padronizada correspondente a y, que possui média 0 e desvio-padrão 1 e, portanto, é dada por:

$$Z = \frac{y - \bar{y}}{\sigma} \tag{8.107}$$

Nível de significância (α): probabilidade máxima com que desejamos arriscar um erro do tipo 1 (rejeitamos a hipótese quando ela deveria ser aceita) ao testar uma hipótese; na prática, costuma-se adotar um nível de significância de 0,05 ou 0,01, embora outros valores possam também ser usados; no caso do teste de randomicidade, será adotado um valor de 0,05 para o nível de significância.

Região crítica: conjunto de valores de Z exteriores ao intervalo de –1,96 a 1,96.

Região de aceitação: conjunto de valores de Z interiores ao intervalo de –1,96 a 1,96.

A randomicidade dos resíduos entre os valores das variáveis calculadas, utilizando o modelo ajustado e os valores experimentais, é quantificada, medida e testada segundo o procedimento descrito a seguir.

Definindo:

N_l: número de resíduos positivos $(\overline{y}_l > y_i)$;

N_2: número de resíduos negativos $(\hat{y}_l < y_i)$;

R: número de vezes que a sequência de resíduos muda de sinal;

a distribuição de R é então aproximada pela distribuição normal. A média e o desvio-padrão dessa distribuição são calculados por meio das Equações (8.108) e (8.109), apresentadas a seguir.

$$\overline{R} = \frac{2N_1N_2}{N_1 + N_2} + 1 \tag{8.108}$$

$$\sigma_R = \sqrt{\frac{2N_1N_2(2N_1N_2 - N_1 - N_2)}{(N_1 + N_2)^2(N_1 + N_2 - 1)}} \tag{8.109}$$

A forma padronizada Z da variável R é dada pela Equação (8.110):

$$Z = \frac{R - \overline{R}}{\sigma_R} \tag{8.110}$$

sendo distribuída com média 0 e desvio-padrão 1.

Para testar a hipótese de que os desvios são randômicos, Z é comparado com a distribuição normal padrão. Se o valor de Z é muito baixo, o modelo é inadequado; por outro lado, se o valor de Z é muito alto, os dados experimentais contêm oscilações que precisam ser consideradas pelo modelo. Se o valor de Z cair na região de aceitação, então a hipótese de randomicidade pode ser aceita. Dessa forma, existem três casos possíveis exemplificados a seguir.

Caso randômico: $N_l = 21$; $N_2 = 30$; $R = 29$; $\overline{R} = 25{,}7$; $\sigma_{\overline{R}} = 3{,}42$

$Z = 0{,}965$ (dentro da região de aceitação) – ajuste satisfatório

Caso oscilante: $N_l = 26$; $N_2 = 25$; $R = 50$; $\overline{R} = 26{,}5$; $\sigma_R = 3{,}5$

$Z = 6{,}7$ (fora da região de aceitação)

À primeira vista, esse seria um bom ajuste. Entretanto, um exame mais criterioso detectaria uma oscilação-padrão do resíduo em relação a zero. A adição de um termo que introduza comportamento oscilatório ao modelo em questão poderia melhorar consideravelmente o seu ajuste aos dados experimentais.

Caso positivo/negativo: $N_1 = 32$; $N_2 = 19$; $R = 3$; $\overline{R} = 24{,}8$; $\sigma_R = 3{,}3$

$Z = -6{,}6$ (fora da região de aceitação)

Clara tendência dos resíduos de positivo para negativo ou vice-versa, detectada pelo fato de R ser baixo. Por exemplo, para baixos valores da variável independente, o resíduo é positivo, e para altos valores da variável independente, o resíduo é negativo. O modelo deve ser corrigido para minimizar a distorção.

EXEMPLO NUMÉRICO – ETAPA 6

Nesta etapa é apresentada a análise estatística do modelo ajustado (Etapa 5) para a fermentação alcoólica de hidrolisado de mandioca em sistema batelada ao conjunto de 4 ensaios (Tabela 8.1).

Na medida em que existe um único modelo ajustado aos dados experimentais, serão aplicados apenas os testes estatísticos para verificar a adequação desse modelo. As Figuras 8.18 a 8.21 mostram os ajustes do modelo e a distribuição dos resíduos para os quatro ensaios empregando os dados cinéticos das Tabelas 8.5 e 8.7, respectivamente.

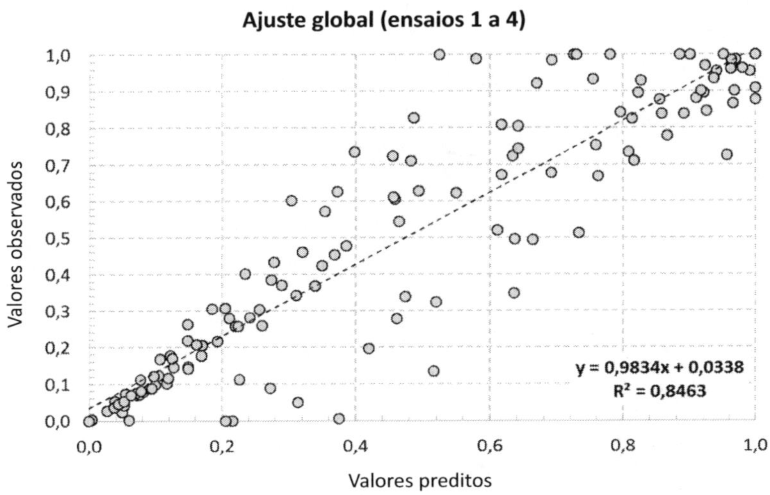

Figura 8.18 Ajuste do modelo para todos os ensaios (1-4) utilizando os parâmetros cinéticos da Tabela 8.5.

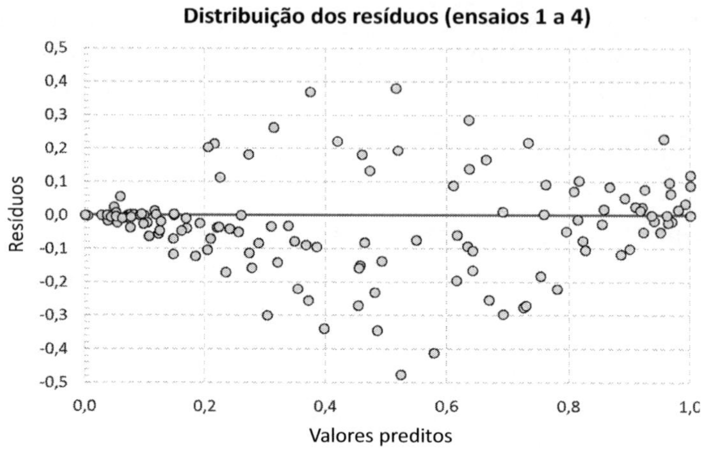

Figura 8.19 Distribuição dos resíduos para todos os ensaios (1-4) obtida a partir dos parâmetros cinéticos da Tabela 8.5.

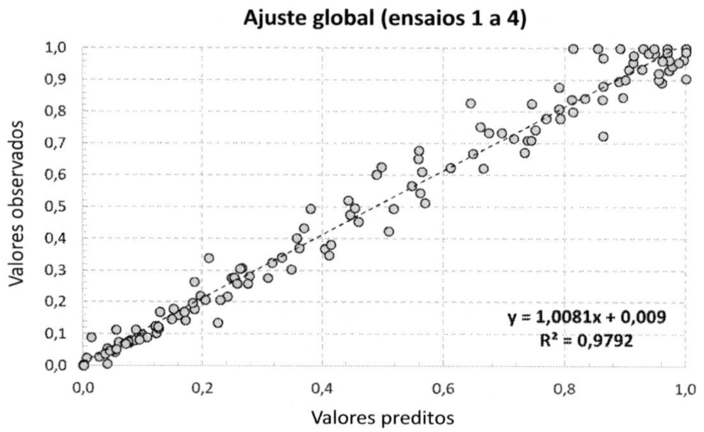

Figura 8.20 Ajuste do modelo para todos os ensaios (1-4) utilizando os parâmetros cinéticos da Tabela 8.7.

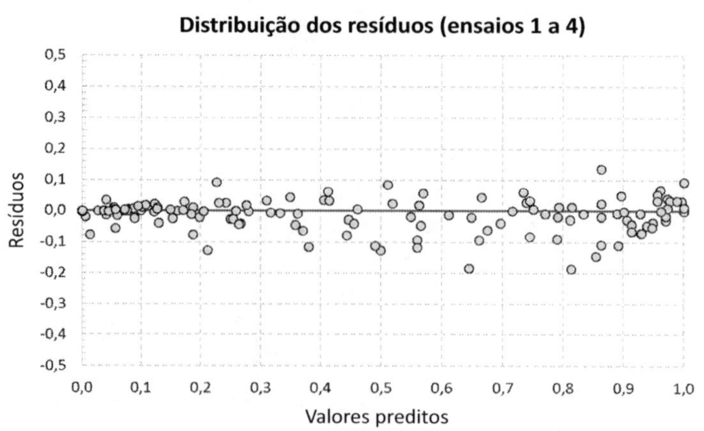

Figura 8.21 Distribuição dos resíduos para todos os ensaios (1-4) obtida a partir dos parâmetros cinéticos da Tabela 8.7.

A análise gráfica das distribuições dos resíduos *versus* os valores preditos, antes e depois da estimativa dos parâmetros cinéticos para os quatro ensaios, mostra claramente uma forte dispersão dos dados em torno do eixo x quando utilizados os dados cinéticos da Tabela 8.5, obtidos a partir de técnicas de linearização (Figura 8.19). Essa situação caracteriza uma condição de heterocedasticidade (heterogeneidade de variância), com a presença de resíduos muito elevados e um ajuste não adequado do modelo (Figura 8.18). Já os resíduos do modelo obtidos utilizando os dados cinéticos da Tabela 8.7, estimados pelo método da evolução diferencial (DE), apresentam-se dispersos aleatoriamente sem qualquer indicação de heterogeneidade de variância (menos dispersos), indicando, portanto, que houve um bom ajuste do modelo (Figuras 8.20 e 8.21). Para comprovar esse resultado, é realizada a seguir uma análise estatística mais rigorosa para o ajuste do modelo por meio da análise de variância e do teste F.

a) Análise de variância e teste F

Para verificar a qualidade do ajuste do modelo, avalia-se quanto da variação original dos dados é explicado pela reta de regressão (Figura 8.20). A reta de regressão é obtida correlacionando todos os dados observados das variáveis de estado, obtidas experimentalmente (Ensaios 1-4), com os dados preditos pelo modelo ajustado, ambos normalizados. Como critério de normalização, utilizou-se o maior valor obtido entre os dados observados e preditos para cada ensaio, Equações (8.111) a (8.113). Calculam-se então as somas quadráticas em torno da média (*SQT*), em torno da regressão (*SQR*) e residual (*SQE*):

$$SQT = \sum_{i=1}^{135} \left(\frac{y_i - \bar{y}}{\max(\phi_1, \phi_2)} \right)^2 = 17{,}019 \tag{8.111}$$

em que: $\phi_1 = \max\left(\{y(X) : X = 1, \ldots, n\}\right)$ e $\phi_2 = \max\left(\{\hat{y}(X) : X = 1, \ldots, n\}\right)$;

$$SQR = \sum_{i=1}^{135} \left(\frac{\hat{y}_i - \bar{y}}{\max(\phi_1, \phi_2)} \right)^2 = 16{,}664 \tag{8.112}$$

$$SQE = \sum_{i=1}^{135} \left(\frac{y_i - \hat{y}_i}{\max(\phi_1, \phi_2)} \right)^2 = 0{,}354 \tag{8.113}$$

Dividindo as somas quadráticas por seus respectivos números de graus de liberdade, obtêm-se as médias das somas quadráticas para a regressão e para os resíduos:

$$MSQR = \frac{1}{p-1} \sum_{i=1}^{135} (\hat{y}_i - \bar{y})^2 = \frac{16{,}664}{9-1} = 2{,}083 \tag{8.114}$$

$$MSQE = \frac{1}{(n\nu)-p}\sum_{i=1}^{135}(y_i - \hat{y}_i)^2 = \frac{0,354}{135-9} = 2,813\times10^{-3} \quad (8.115)$$

A partir das médias quadráticas obtidas, é verificado se a equação do modelo de regressão é estatisticamente significativa por meio do teste F:

$$F_{calc} = \frac{MSQR}{MSQE} = \frac{2,083}{2,813\times10^{-3}} = 740,5 \quad (8.116)$$

Comparando o valor de F_{calc} ao valor de $F_{8,126}$ tabelado (3,84), para um intervalo de confiança de 95% ($\alpha = 0,05$), verifica-se que o modelo é altamente significativo, uma vez que o valor obtido é pelo menos 190 vezes maior que o valor tabelado. A qualidade da regressão pode também ser quantificada pelo coeficiente de determinação:

$$R^2 = \frac{SQR}{SQT} = \frac{16,664}{17,019} = 0,979 \quad (8.117)$$

Esses resultados, junto com os coeficientes de determinação ajustado (R^2_{adj}), de correlação (R), angular (β_1) e linear do modelo (β_0), são apresentados na tabela da análise de variância (ANOVA) a seguir (Tabela 8.9).

Tabela 8.9 Análise de variância do modelo ajustado utilizando os parâmetros cinéticos da Tabela 8.7

Fonte de variação	Soma dos quadrados		Graus de liberdade	Média dos quadrados		F_{calc}
Regressão	*SQR*	16,66	8	*MSQR*	2,08	740,51
Resíduo	*SQE*	0,35	126	*MSQE*	0,003	
Total	*SQT*	17,02	134			
R^2		0,979	$\hat{\beta}_1$	1,008		$F_{tab\ (\alpha = 0,05,\ 8,\ 126)}$
R^2_{adj}		0,978	$\hat{\beta}_0$	0,009		3,84
R		0,990				

Para aplicar o teste F para a falta de ajuste, é calculada a estimativa do erro do modelo ajustado na Etapa 5 deste exemplo numérico (Tabela 8.7 e Figura 8.15). Calcula-se a estimativa da variância do erro do modelo (s_c^2) comparando os valores das variáveis de estado obtidas pelo modelo ajustado com os dados experimentais disponíveis:

$$s_c^2 = \frac{1}{(n\nu)_c - p}\sum_{i=1}^{\nu}\sum_{j=1}^{n}\left(\hat{y}_{ij} - y_{ij}\right)^2 = \frac{3023,74}{135-9} = 24,12 \tag{8.118}$$

Na medida em que não se dispõe de uma medida precisa da estimativa do erro experimental aleatório (ε), uma vez que não foram fornecidas repetições de um mesmo ensaio a partir das quais essa estimativa seria obtida, a aplicação do teste F será modificada calculando-se o erro experimental que, se existente, garante que o modelo ajustado representa adequadamente os dados experimentais disponíveis. Para tanto obtém-se, a partir dos valores das variáveis de estado medidas experimentalmente, a soma quadrática de seus respectivos desvios em relação à média de todas as variáveis:

$$\sum_{i=1}^{n}\left(y_i - \bar{y}\right)^2$$

e a estimativa da variância do erro experimental (s_e^2) é dada, então, por:

$$s_e^2 = \frac{1}{(n\nu)_e - \nu}\sum_{i=1}^{n}\left(y_i - \bar{y}\right)^2 \times \varepsilon^2 = \frac{582715}{135-3}\times\varepsilon^2 \tag{8.119}$$

em que: ε é a estimativa do erro experimental aleatório.

Como é necessário, para que o modelo seja adequado para representar os dados experimentais disponíveis, que $s_c^2 < s_e^2$, então:

$$\varepsilon > \sqrt{\frac{24,12\times(135-3)}{582715}} > 0,074$$

O resultado obtido indica que, se o erro experimental dos dados disponíveis for maior que 7,4%, o modelo ajustado é adequado, segundo o teste F modificado. Na medida em que 7,4% é um erro experimental baixo para variáveis medidas em processos fermentativos (principalmente se for levada em conta a falta de reprodutibilidade inerente a esses processos), conclui-se que o modelo ajustado é adequado.

b) Teste de randomicidade

Para aplicar o teste de randomicidade, descrito em detalhes neste capítulo, verifica-se o número de resíduos $(\hat{y}_i - y_i)$ positivos e negativos, além do número de vezes que o resíduo troca de sinal (nesta análise, considerou-se o resíduo "0" equivalente a uma troca de sinal em relação aos resíduos positivos e negativos). Várias formas de aplicação desse método são possíveis – na presente etapa do exemplo numérico, verifica-se a randomicidade das três variáveis de estado do processo (X, P e S) separadamente, considerando-se, na análise de cada uma a sequência de quatro ensaios da Tabela 8.1. Repete-se o teste para as três variáveis de estado de forma conjunta, ainda seguindo a sequência de ensaios da Tabela 8.1. A Tabela 8.8 apresenta o resultado dessa análise.

Tabela 8.8 Resultados do teste de randomicidade – região de aceitação: $-1{,}96 < Z < 1{,}96$

	Teste por variável			Teste conjunto
	X	***S***	***P***	
N_1	15	15	23	53
N_2	26	26	18	70
"0"	4	4	4	12
R	21	16	13	52
$\overline{R}$	20	20	21,2	61,3
σ_R	2,9	2,9	3,1	5,4
Z	0,33	–1,37	–2,63	–1,72

Pelo resultado apresentado na Tabela 8.8, pode-se concluir – na medida em que os valores de Z obtidos ficaram contidos na região de aceitação ($-1{,}96 < Z < 1{,}96$) para quase todos os casos – que a hipótese de randomicidade dos desvios entre os valores das variáveis de estado do processo calculadas pelo modelo e os valores medidos experimentalmente pode ser aceita, indicando, mais uma vez, a adequação do modelo formulado e ajustado. Deve-se ressaltar ainda que a análise de randomicidade global das três variáveis de estado (X, S e P) em relação ao tempo apresentou um valor de $Z = -1{,}72$, também contido na região de aceitação. A única exceção diz respeito à variável P em relação ao tempo ($Z = -2{,}63$), cujos resíduos apresentam uma leve tendência a valores positivos ($N_1 > N_2$) em virtude do baixo valor de R obtido. Essa distorção poderia ser corrigida alterando-se o modelo matemático ou repetindo-se o Ensaio 1, uma vez que, quando o teste de randomicidade é realizado individualmente para cada ensaio, o valor de Z obtido para a variável P em relação ao tempo fica fora da faixa de aceitação apenas para o Ensaio 1 ($Z = 2{,}06$).

8.3.6 PROJETO DE EXPERIMENTOS

Esta técnica relaciona o procedimento para estimar parâmetros e o trabalho experimental de obtenção das medidas a serem usadas nele, bem como na própria proposição e, principalmente, na confirmação dos modelos matemáticos.

"Projetar" um experimento significa escolher, de forma organizada e sistemática, as condições experimentais que serão usadas nele, visando a um objetivo. Esse planejamento de experimentos pode ser feito *a priori*, como no projeto fatorial, ou sequencialmente (e iterativamente) com os experimentos, como no projeto sequencial.

No projeto de experimentos, o que se procura fazer é otimizar o trabalho experimental, ou seja, minimizar o número de experimentos necessários para se obter uma dada informação. Portanto, procura-se diminuir o esforço de experimentação e os custos envolvidos na sua execução (seja esta realizada em laboratório, em planta piloto ou no equipamento industrial). A técnica permite também planejar experimentos sob condições tais que levem a uma melhoria na informação procurada.

O mais utilizado entre esses projetos é o planejamento fatorial, seja como um planejamento fatorial completo, quando o número de variáveis do processo a serem testadas é relativamente pequeno, seja como um planejamento fatorial fracionário, quando o número de variáveis é maior (BARROS NETO; SCARMINIO; BRUNS, 2007). Essa técnica não será detalhada neste texto, pois existem várias publicações especializadas que tratam desse assunto em grande profundidade, e a sua utilização não apresenta qualquer especificidade para o caso dos bioprocessos (BOX; HUNTER; HUNTER, 2005).

O projeto sequencial é feito iterativamente com a experimentação, ou seja, a escolha das condições do próximo experimento é feita a partir da análise de todos os ensaios até então realizados e das primeiras versões do modelo elaboradas (uma vez que esta técnica exige a existência de um modelo matemático). A informação obtida em cada ensaio é adicionada às informações anteriores e toda a análise é refeita para projetar o novo experimento. O objetivo a ser buscado pode ser:

- a discriminação entre modelos rivais;
- a estimação precisa dos parâmetros de um dado modelo.

Na elaboração de um modelo matemático são testados vários possíveis modelos cinéticos para os processos em estudo, buscando-se aquele que melhor represente as condições reais na faixa operacional de interesse. Para o modelo cinético mais adequado, busca-se então que seus parâmetros sejam estimados com a máxima precisão possível.

As ferramentas estatísticas envolvidas em um projeto sequencial de experimentos são:

- um critério de projeto, isto é, como escolher adequadamente as condições do próximo experimento;
- um critério de parada, ou seja, quando o programa de experimentos pode ser interrompido em virtude de já se ter atingido o objetivo desejado.

As técnicas de projeto sequencial de experimentos foram aplicadas principalmente no estudo da cinética de reações catalíticas heterogêneas. No entanto, têm sido pouco exploradas no âmbito dos bioprocessos, em que poderiam ser muito úteis, dado o grande esforço envolvido na parte experimental do estudo desses processos (JOHNSON; BERTHOUEX, 1975b).

Exemplos de aplicação dessas técnicas, como os apresentados por Froment, Bischoff e De Wilde (2010) e por Himmelblau (1970), entre outros, mostram uma redução significativa (em torno de 50%) no número de experimentos necessários para a discriminação entre modelos rivais ou para a estimação precisa dos parâmetros.

8.4 SIMULAÇÃO COMPUTACIONAL DE BIOPROCESSOS

Simular nada mais é que utilizar os modelos gerados matematicamente de maneira que reproduzam o comportamento real do sistema, com vistas à sua otimização, e ainda permitam extrapolações válidas desse comportamento. Do ponto de vista do problema matemático a ser resolvido, existem dois tipos básicos de simulação computacional, descritos a seguir.

Simulação estática: refere-se a sistemas que estão operando em regime permanente, isto é, independentemente do tempo. Por exemplo, a simulação ou o projeto de uma planta de processo ou de um equipamento (biorreator) operando em regime contínuo são realizados em regime permanente, ou seja, por meio de uma simulação estática.

Simulação dinâmica: neste caso, a preocupação é com a representação de sistemas que variam no tempo. Normalmente, trabalha-se com equações diferenciais ordinárias no tempo para biorreatores operando em batelada ou durante o transiente de sistemas contínuos; pode-se trabalhar, ainda, com equações diferenciais parciais no tempo e no espaço, quando é analisado o comportamento de biorreatores tubulares ou mesmo de biorreatores completamente heterogêneos.

Evidentemente, a qualidade da simulação realizada vai depender dos seguintes aspectos:

- qualidade dos modelos utilizados na simulação;
- confiabilidade das propriedades físicas e biológicas empregadas na formulação dos modelos;
- bom senso na seleção dos métodos numéricos a serem empregados, bem como na análise dos resultados de uma simulação – muitas vezes os modelos são confiáveis, as condições operacionais são adequadas, mas um problema numérico qualquer gera resultados inconsistentes.

Mais detalhes sobre modelagem matemática e simulação computacional aplicadas à engenharia química podem ser encontrados em Franks (1972) e Luyben (1999).

8.4.1 TÉCNICAS MATEMÁTICAS

Na simulação de bioprocessos homogêneos e heterogêneos, existem quatro técnicas matemáticas de cálculo numérico largamente empregadas e que são adequadas para resolver a maioria dos problemas a serem enfrentados:

- métodos de solução de equações algébricas não lineares (métodos de convergência) (BURDEN; FAIRES, 2008);

- métodos de solução de sistemas de equações algébricas não lineares (BURDEN; FAIRES, 2008);
- métodos de solução de sistemas de equações diferenciais ordinárias de 1ª ordem – problemas de valor inicial (RICE; DO, 1995; CHAPRA; CANALE, 2014);
- métodos de solução de sistemas de equações diferenciais parciais – problemas de valor de contorno (RICE; DO, 1995; CHAPRA; CANALE, 2014).

Por fugirem do escopo deste capítulo, não serão detalhadas essas técnicas, mas o leitor interessado poderá encontrar as informações necessárias à sua adequada utilização na solução de problemas de simulação nas referências apresentadas.

REFERÊNCIAS

ABOUTBOUL, H.; SCHMIDELL, W.; BONOMI, A. Modelagem matemática da fermentação alcoólica de hidrolisado de mandioca. *Revista Politécnica*, v. 81, n. 189, p. 35-38, 1985.

AIBA, S.; SHODA, M. Reassessment of product inhibition in alcohol fermentation. *Journal of Fermentation Technology*, v. 47, p. 790-794, 1969.

AIBA, S.; SHODA, M.; NAGATANI, M. Kinetics of product formation in alcohol fermentation. *Biotechnology and Bioengineering*, v. 10, n. 6, p. 845-864, 1968.

ANDREWS, J. F. A mathematical model for the continuous culture of microorganisms utilizing inhibitory substrate. *Biotechnology and Bioengineering*, v. 10, p. 707-723, 1968.

BÄCK, T.; FOGEL, D. B.; MICHALEWICZ, Z. *Handbook of evolutionary computation*. Bristol: Institute of Physics Publishing and Oxford University Press, 1997.

BAILEY, J. A. Mathemathical modeling and analysis in biochemical engineering: past accomplishments and future opportunities. *Biotechnology Progress*, v. 14, n. 1, p. 8-20, 1998.

BAILEY, J. A.; OLLIS, D. F. *Biochemical engineering fundamentals*. 2. ed. New York: McGraw-Hill, 1986.

BARROS NETO, B.; SCARMINIO, I. S.; BRUNS, R. E. *Como fazer experimentos*: pesquisa e desenvolvimento na ciência e na indústria. 3. ed. Campinas: Unicamp, 2007.

BERGTER, F. *Wachstum von Mikroorganismen*: Experimente und Modelle. 2. ed. Jena: VEB Gustav Fischer Verlag, 1983.

BONOMI, A.; SCHMIDELL, W. Modelagem matemática e simulação de processos fermentativos. *Biotecnologia Industrial*, v. 2, p. 123-178, 2001.

BONOMI, A. et al. Unstructured model proposal for microbial oxidation of D-sorbitol to L-sorbose. *Journal of Biotechnology*, v. 31, p. 39-59, 1993.

BOX, G. E. P. Evolutionary operation: a method for increasing industrial productivity. *Journal of Applied Statistics*, v. 6, p. 81-101, 1957.

BOX, G. E. P.; HUNTER, J. S.; HUNTER, W. G. *Statistics for experimenters*: design, innovation, and discovery. 2. ed. New York: John Wiley & Sons, 2005.

BREMERMANN, H. J. Optimization through evolution and recombination. In: YOVITS, M. C.; JACOBI, G. T.; GOLDSTINE, G. D. (ed.). *Self-Organizing Systems*. Washington: Spartan, 1962. p. 106.

BURDEN, R. L.; FAIRES, J. D. *Análise numérica*. 8. ed. São Paulo: Cengage Learning, 2008.

CASTRO, L. N. *Fundamentals of natural computing*: basic concepts, algorithms, and applications. Boca Raton: Chapman and Hall/CRC, 2006.

CHAPRA, S. C.; CANALE, R. P. *Métodos numéricos para engenharia*. 5. ed. São Paulo: McGraw Hill, 2014.

CHIOU, J. P.; WANG, F. S. Estimation of Monod model parameters by hybrid differential evolution. *Bioprocess and Biosystems Engineering*, v. 24, n. 2, p. 109-113, 2001.

CONSTANTINIDES, A. *Applied numerical methods with personal computers*. New York: McGraw-Hill, 1987.

CONTOIS, D. E. Kinetics of bacterial growth: relationship between population density and specific growth rate of continuous cultures. *Journal of General Microbiology*, v. 21, p. 40-50, 1959.

COSTA NETO, P. L. O. *Estatística*. 7. ed. São Paulo: Blucher, 1987.

DA ROS, S.; COLUSSO, G.; WESCHENFELDER, T. A. et al. A comparison among stochastic optimization algorithms for parameter estimation of biochemical kinetic models. *Applied Soft Computing*, v. 13, n. 5, p. 2205-2214, 2013.

DAS, S.; PONNUTHURAI, N. S. Differential evolution: a survey of the state-of-the-art. *IEEE Transactions on Evolutionary Computation*, v. 15, n. 1, p. 4-31, 2011.

DAS, S. et al. Differential evolution using a neighborhood-based mutation operator. *IEEE Transactions on Evolutionary Computation*, v. 13, n. 3, p. 526-553, 2009.

DORAN, P. M. *Bioprocess engineering principles*. 2. ed. Cambridge: Academic Press, 2012.

DUNN, I. J. et al. *Biological reaction engineering*: dynamic modelling fundamentals with simulation examples. 2. ed. New York: VCH, 1992.

EDGAR, T. F.; HIMMELBLAU, D. M.; LASDON, L. S. *Optimization of chemical processes*. 2. ed. New York: McGraw-Hill, 2001.

EDWARDS, V. H. The influence of high substrate concentrations on microbial kinetics. *Biotechnology and Bioengineering*, v. 12, n. 5, p. 679-712, 1970.

EIBEN, A. E.; SCHOENAUER, M. Evolutionary computing. *Information Processing Letters*, v. 82, p. 1-6, 2002.

ENGASSER, J. M. Bioreactor engineering: the design and optimization of reactors with living cells. *Chemical Engineering Science*, v. 43, n. 8, p. 1739-1748, 1988.

FOGEL, L. J. Autonomous automata. *Industrial Research Magazine*, v. 4, p. 14-19, 1962.

FRANKS, R. G. E. *Modeling and simulation in chemical engineering*. New York: John Wiley & Sons. 1972.

FREDRICKSON, A. G. Formulation of structured growth models. *Biotechnology and Bioengineering*, v. 18, p. 1481-1486, 1976.

FREDRICKSON, A. G.; TSUCHIYA, H. M. Microbial kinetics and dynamics. In: LAPIDUS, L.; AMUDSON, N. R. (ed.). *Chemical reactor theory*: a review. Englewood Cliffs: Prentice-Hall, 1977. p. 405-483.

FRIEDBERG, R. M. A learning machine: part I. *IBM J.*, v. 2, p. 2-13, 1958.

FRIEDBERG, R. M.; DUNHAM, B.; NORTH, J. H. A learning machine: part II. *IBM J.*, v. 3, p. 282-287, 1959.

FROMENT, G. F.; BISCHOFF, K. B.; DE WILDE, J. *Chemical reactor analysis and design*. 3. ed. New York: John Wiley & Sons, 2010.

GHOSE, T. K.; TYAGI, R. D. Rapid ethanol fermentation of cellulose hydrolysate. II. Product and substrate inhibition and optimization of fermentor design. *Biotechnology and Bioengineering*, v. 21, n. 8, p. 1401-1420, 1979.

HALDANE, J. B. S. *Enzymes*. London: Longmans, 1930.

HEINZLE, E.; SANER, U. Methodology for process control in research and development. In: PONS, M.-H. *Bioprocess Monitoring and Control*. Munich: Hanser, 1991.

HIMMELBLAU, D. M. *Process analysis by statistical methods*. New York: John Wiley, 1970.

HIMMELBLAU, D. M. *Applied nonlinear programing*. New York: McGraw Hill, 1972.

HOLLAND, J. H. Outline for a logical theory of adaptive systems. *Journal of the ACM*, v. 9, p. 297-314, 1962.

HOLLAND, J. H. *Adaptation in natural and artificial systems*. 2. ed. Ann Arbor: The MIT Press, 1992.

JOHNSON, D. B.; BERTHOUEX, P. M. Using multiresponse data to estimate biokinetic parameters. *Biotechnology and Bioengineering*, v. 17, p. 571-583, 1975a.

JOHNSON, D. B.; BERTHOUEX, P. M. Efficient biokinetic experimental design. *Biotechnology and Bioengineering*, v. 17, p. 557-570, 1975b.

KLEI, H. E. et al. Scale-up using a biochemical process simulator. In: HO, C. S.; OLDSHUE, J. Y. *Biotechnology processes*: scale-up and mixing. New York: AIChE, 1987.

LE DUY, A.; ZAJIC, J. E. A geometrical approach for differentiation of an experimental function at point applied to growth and product formation. *Biotechnology and Bioengineering*, v. 15, p. 805-810, 1973.

LEE, J. M.; POLLARD, J. F.; COULMAN, G. A. Ethanol fermentation with cell recycling: computer simulation. *Biotechnology and bioengineering*, v. 25, n. 2, p. 497-511, 1983.

LEVENSPIEL, O. The Monod equation: a revisit and a generalization to product inhibition situations. *Biotechnology and Bioengineering*, v. 22, n. 8, p. 1671-1687, 1980.

LUEDEKING, R.; PIRET, E. L. A kinetic study of the lactic acid fermentation: batch process at controlled pH. *Journal of Biochemical and Microbiological Technology Engineering*, v. 1, n. 4, p. 393-412, 1959.

LUNELLI, B. H.; ATALA, D. I. P.; WOLF MACIEL, M. R. et al. Estimation of kinetic parameters of a lactic acid production process from sugar cane molasses using genetic algorithm. *Journal of Biotechnology*, v. 150, n. 1, p. S569-S569, 2010.

LUYBEN, W. L. *Process modeling, simulation and control for chemical engineers*. 2. ed. New York: McGraw-Hill, 1999.

MACIEL, L. S. *Estimação e previsão da estrutura a termo das taxas de juros usando técnicas de inteligência computacional*. Dissertação (mestrado) – Universidade Estadual de Campinas, Campinas, 2012.

MEGEE, R. D. et al. Studies in intermicrobial symbiosis. *S. cerevisiae* and *L. case*. *Canadian Journal of Microbiology*, v. 18, p. 1733-1742, 1972.

MELEIRO, L. A. C. *Projeto e aplicação de controladores baseados em modelos lineares, neurais e nebulosos*. Tese (doutorado) – Universidade Estadual de Campinas, Campinas, 2002.

MICHALEWICZ, Z.; FOGEL, D. B. *How to solve it*: modern heuristics. Berlin: Springer, 2000.

MONOD, J. *Recherches sur la croissance des cultures bacteriennes*. Paris: Hermann & Cie, 1942.

MONTGOMERY, D. C.; RUNGER, G. C. *Applied statistics and probability for engineers*. 5. ed. Hoboken: John Wiley & Sons, 2011.

MOSER, A. *Bioprocess technology*. New York: Springer, 1988.

MOSER, H. *The dynamics of bacterial populations maintained in the chemostat*. Washington: Carnegie Institution, 1958.

NELSON, D. L.; COX, M. M. *Princípios de bioquímica de Lehninger*. 6. ed. Porto Alegre: Artmed, 2014.

ONG, S. L. Least squares estimation of batch culture kinetic parameters. *Biotechnology and Bioengineering*, v. 25, p. 2347-2358, 1983.

PIRT, S. J. The maintenance energy of bacteria in growing cultures. *Proceedings of the Royal Society of London*, v. 163, n. 991, p. 224-231, 1965.

PRICE, K. V.; STORN, R.; LAMPINEN, J. *Differential evolution* – a practical approach to global optimization. Berlin: Springer, 2005.

QIN, A. K.; HUANG, V. L.; SUGANTHAN, P. N. Differential evolution algorithm with strategy adaptation for global numerical optimization. *IEEE Transactions on Evolutionary Computation*, v. 13, n. 2, p. 398-417, 2009.

RECHENBERG, I. *Cybernetic solution path of an experimental problem*. Royal Aircraft Establishment, Library Translation n. 1122, 1965.

RICE, R. G.; DO, D. D. *Applied mathematics and modeling for chemical engineers*. Chichester: John Wiley & Sons, 1995.

RIGGS, J. B. *An introduction to numerical methods for chemical engineers*. Lubbock: Texas Tech University Press, 1994.

RITCHIE, R. J.; PRVAN, T. Current statistical methods for estimating the Km and Vmax of Michaelis-Menten kinetics. *Biochemical Education*, v. 24, n. 4, p. 196-206, 1996.

ROELS, J. A.; KOSSEN, N. W. F. On the modeling of microbial metabolism. *Progress in Industrial Microbiology*, v. 14, p. 97-203, 1978.

RONKKONEN, J.; KUKKONEN, S.; PRICE, K. V. Real-parameter optimization with differential evolution. *IEEE Congress on Evolutionary Computation*, v. 1, p. 506-513, 2005.

SCHWEFEL, H. P. *Kybernetische Evolution als Strategie der experimentellen Forschung in der Strömungstechnik*. Dipl.-Ing. Thesis – Technical University of Berlin, Hermann Föttinger Institute for Hydrodynamics, 1965.

SHANKLIN, T. et al. Selection of bioprocess simulation software for industrial applications. *Biotechnology and Bioengineering*, v. 72, n. 4, p. 483-489, 2001.

SINCLAIR, C. G.; KRISTIANSEN, B. *Fermentation kinetics and modelling*. Maidenhead: Open University Press, 1987.

STORN, R.; PRICE, K. V. Differential evolution – a simple and efficient adaptive scheme for global optimization over continuous spaces. *Technical Report* TR-95-012, ICSI, March 1995.

SYU, M. J.; TSAO, G. T. Neural network modeling of batch cell growth pattern. *Biotechnology and Bioengineering*, v. 42, p. 376-380, 1993.

TEISSIER, G. Growth of bacterial populations and the available substrate concentration. *Review of Scientific Instruments*, v. 3208, p. 209-214, 1942.

TSAO, G. T.; HANSON, T. P. Extended Monod equation for batch cultures with multiple exponential phases. *Biotechnology and Bioengineering*, v. 23, p. 1591-1598, 1975.

VOLESKY, B.; VOTRUBA, J. *Modeling and optimization of fermentative processes*. Amsterdam: Elsevier Science Publishers, 1992.

WEBB, J. L. *Kinetics of some complex enzyme reaction types*. New York: Academic Press, 1963.

WU, Y. C. et al. Treatment of leachate from solid waste landfill site using a two-stage anaerobic filter. *Biotechnology and Bioengineering*, v. 31, p. 257-266, 1988.

ZENG, A. P.; DECKWER, W. D. A kinetic model for substrate and energy consumption of microbial growth under substrate-sufficient conditions. *Biotechnology Progress*, v. 11, n. 1, p. 71-79, 1995.

ZORZETTO, L. F. M. *Bioprocess monitoring with hybrid neural network/mechanistic model based state estimators.* Tese (doutorado) – University if Nottingham, 1995.

CAPÍTULO 9

Agitação e aeração em bioprocessos

Alberto Colli Badino Junior

Willibaldo Schmidell

9.1 A IMPORTÂNCIA DA TRANSFERÊNCIA DE OXIGÊNIO

Entre os bioprocessos de interesse industrial envolvendo o cultivo de células microbianas, sem dúvida os processos conduzidos em aerobiose apresentam enorme destaque. Por exemplo, as produções de antibióticos, enzimas, vitaminas, fermentos, inoculantes e proteínas recombinantes (hormônios de crescimento, insulina etc.) são, em sua grande maioria, processos aeróbios. Igualmente, os cultivos de células animais visando à produção de produtos ou à posterior infecção por vírus para a obtenção de vacinas são também processos aeróbios.

Os bioprocessos envolvendo o cultivo de células aeróbias, ou aeróbias facultativas, para a produção de produtos como os exemplificados, ou ainda para a realização do tratamento biológico de águas residuárias, têm o aspecto comum de exigirem um adequado dimensionamento do sistema de transferência de oxigênio, ou seja, da operação de dissolução do oxigênio contido na fase gasosa (ar ou ar enriquecido com oxigênio) para a fase líquida, na qual as células consumirão esse oxigênio para a respiração.

Do ponto de vista bioquímico, o oxigênio é o último elemento a aceitar elétrons ao final da cadeia respiratória, sendo então reduzido a água, permitindo que ocorra a reoxidação das coenzimas que participam das reações de desidrogenação ao longo da glicólise e do ciclo de Krebs, de forma a possibilitar o armazenamento de energia por meio da fosforilação oxidativa de moléculas de ADP a ATP. Essas últimas são fundamentais nas reações de síntese de moléculas para a sobrevivência das células, o surgimento de novas células no processo de proliferação da biomassa microbiana e a geração de produtos de interesse pelas células.

Assim, um cultivo altamente eficiente ocorrendo com elevada velocidade de crescimento celular significa alta velocidade de consumo da fonte de carbono, para que haja abundância de elétrons transportados na cadeia respiratória (geração de ATP). Nesse caso há, obrigatoriamente, a necessidade da existência de oxigênio dissolvido suficiente, a fim de que esses elétrons sejam drenados ao final dessa cadeia.

A equação estequiométrica de oxidação completa da glicose ilustra bem essa situação:

$$C_6H_{12}O_6 + 6O_2 \rightarrow 6CO_2 + H_2O$$

ou seja, para que ocorra a oxidação de 1 mol de glicose, é necessário o consumo de 6 mols de O_2.

Essas considerações tornam óbvia a necessidade de se agitar e aerar um meio de cultivo para que se possa efetuar um bioprocesso aeróbio. No entanto, ainda resta entender a necessidade de se executar essa operação ao longo de todo um processo fermentativo, e não apenas em seus instantes iniciais.

Para que essa necessidade fique clara, é preciso lembrar que é sempre possível dissolver quantidades significativas das fontes de carbono, nitrogênio, fósforo e demais nutrientes necessários. De fato, sabe-se que a glicose é bastante solúvel em água, sendo possível solubilizar centenas de gramas por litro de solução sem maiores dificuldades. Igualmente, para os demais nutrientes necessários, é possível encontrar espécies químicas razoavelmente solúveis, de forma a se colocar à disposição das células dezenas de gramas por litro.

Para o oxigênio, no entanto, essa situação é bastante distinta, pois esse elemento é muito pouco solúvel em água. De fato, a concentração de saturação de oxigênio dissolvido é da ordem de apenas 7 mgO_2/L (7 ppm) à pressão de 1 atm e 35 °C.

Conclui-se, portanto, que de nada adiantaria dissolver centenas de gramas de glicose por litro, além das quantidades necessárias dos demais nutrientes para efetuar um bioprocesso descontínuo aeróbio, sem a possibilidade de oferecer o oxigênio necessário para atender a essa demanda de aerobiose, tendo em vista a baixíssima capacidade de armazenar o O_2 na solução. É por isso que a extensão de um bioprocesso descontínuo aeróbio e, por conseguinte, a obtenção de elevadas concentrações do produto desejado dependem enormemente da capacidade de se transferir o O_2 para a fase líquida, especialmente nos instantes mais avançados do processo, em que a concentração celular é normalmente elevada.

Da mesma forma, no que se refere aos bioprocessos contínuos e descontínuos alimentados, o emprego de elevadas vazões de alimentação de nutrientes só será efetivo caso se tenha sistemas bem dimensionados de transferência de oxigênio. Em outras palavras, pode-se ter situações em que a capacidade de transferência de oxigênio é que ditará as condições de operação.

Como se sabe, existem vários trabalhos publicados que citam as vantagens em se operar biorreatores com altíssimas densidades celulares (algo como 100 g/L) empregando-se células mantidas em altas velocidades específicas de crescimento e, por decorrência, com elevadas velocidades específicas de respiração. Tais situações devem ser observadas com certa cautela, pois será sempre muito complicado efetuar a ampliação de escala, tendo em vista justamente as enormes capacidades de transferência de oxigênio que seriam necessárias.

Igualmente, sabe-se das frequentes críticas elaboradas com relação aos sistemas aeróbios de tratamento de resíduos, os quais são sempre muito mal monitorados e controlados. Deve-se, antes, buscar explicações no dimensionamento do sistema de transferência de O_2, pois frequentemente se superestima essa capacidade, a fim de reduzir o tamanho dos reatores, ou observar a forma de operar, a qual deve ser compatível com a capacidade de manter o sistema biológico em condições de aerobiose.

9.2 SISTEMAS PARA A TRANSFERÊNCIA DE OXIGÊNIO

Tendo em vista a importância da operação de transferência de oxigênio, é de se esperar que existam muitas formas de executá-la, obviamente umas mais eficientes que outras. Aquelas menos eficientes em termos de transferência de oxigênio podem ser interessantes sob outros aspectos, por exemplo, o de submeterem as células a um menor cisalhamento.

Na Figura 9.1 estão ilustradas algumas formas de se transferir oxigênio em biorreatores.

Os esquemas (A) e (B) indicam o que se costuma chamar de aeração superficial (designação não apropriada, pois toda transferência ocorre em uma superfície). O esquema (A) procura ilustrar a operação de bandejas ou lagoas de oxidação para o tratamento biológico de resíduos, nas quais a transferência de oxigênio ocorre por simples difusão no líquido em contato com o ar atmosférico. Já o esquema (B) sugere a transferência de oxigênio em reatores com células imobilizadas em um leito fixo constituído por cavacos de madeira, no caso de reatores para a produção de vinagre, ou cascalho, no caso de filtros aeróbios para o tratamento de águas residuárias.

As demais ilustrações da Figura 9.1 referem-se à chamada aeração em profundidade, ou seja, na qual se procura transferir oxigênio por meio do borbulhamento de ar ou gás enriquecido por oxigênio.

Os detalhes (C) e (D) sugerem a possibilidade de se transferir oxigênio apenas por borbulhamento de ar.

O biorreator indicado em (C), também conhecido como coluna de bolhas ou torre, utilizado para a produção de fermento, entre outros produtos, consiste simplesmente de um aspersor de ar tipo anel perfurado localizado no fundo do reator, através do qual bolhas de gás de pequeno diâmetro são alimentadas e ascendem axialmente pelo biorreator, provocando agitação e transferindo oxigênio. Uma alternativa ao anel perfurado é o uso de calotas de aço sinterizado pelas quais flui o ar, o qual passa para o líquido na forma de pequenas bolhas (sistema *air-blown*), em virtude dos poros diminutos do elemento sinterizado.

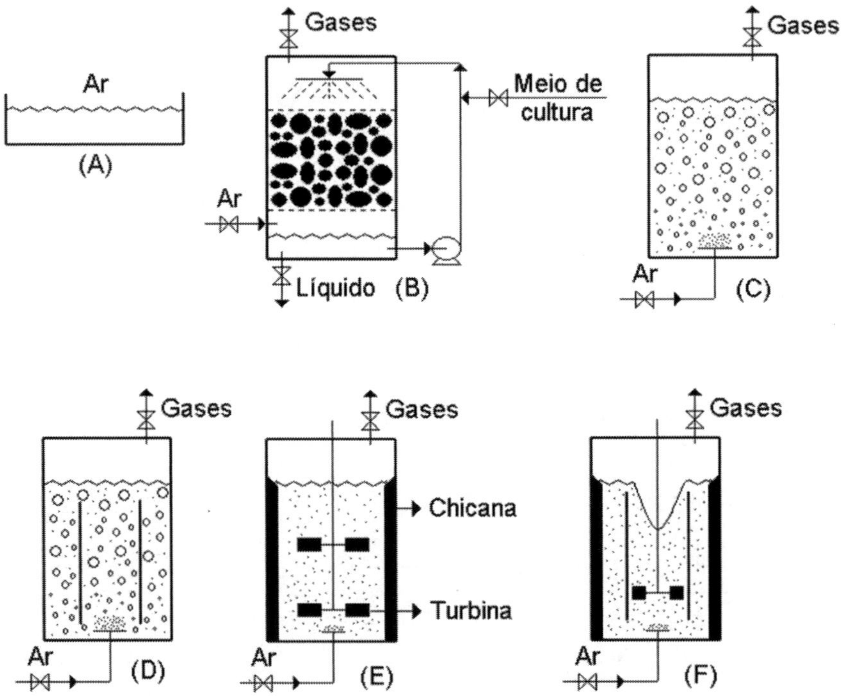

Figura 9.1 Sistemas diversos para a transferência de oxigênio em biorreatores. (A) Bandeja ou lagoa, (B) leito fixo, (C) coluna de bolhas, (D) *airlift*, (E) tanque agitado e aerado e (F) *draught-tube*.

O esquema (D) ilustra a forma mais convencional dos biorreatores pneumáticos conhecidos como *airlift*, de cilindros concêntricos (existem outras variantes desse tipo de reator), nos quais o ar é introduzido no biorreator através de um aspersor (anel perfurado ou material sinterizado de pequenos poros), provocando agitação e recirculação da dispersão gás-líquido.

Biorreatores pneumáticos (apenas gaseificados) têm merecido muita atenção (SCHUGERL; LUCKE; OELS, 1977; CHISTI; MOO-YOUNG, 1994), não apenas pelo menor cisalhamento em condições adequadas de aeração, mas também por evitarem o emprego de sistemas de agitação, o que simplifica a construção do biorreator e minimiza problemas com contaminação, além de proporcionar uma eventual economia de energia. Por outro lado, esses biorreatores normalmente exigem vazões de alimentação de ar mais elevadas a fim de manterem um bom nível de agitação e transferência de oxigênio, o que significa um maior dispêndio de energia na compressão do ar. Para se ter uma ideia, os biorreatores pneumáticos são normalmente operados com vazões específicas de alimentação de ar superiores a 1 *vvm* (volume de ar por volume de meio por minuto ou min^{-1}), enquanto os convencionais agitados e aerados são alimentados próximos a 0,5 *vvm*.

Outro detalhe importante é que os reatores apenas aerados (pneumáticos) costumam ser projetados com uma relação altura do líquido (H_L)/diâmetro do tanque (D_T) bem superior à unidade ($H_L/D_T = 4$), contrariamente aos agitados e aerados ($H_L/D_T = 2$), a fim de permitirem um maior tempo de residência do gás em contato com o líquido.

Finalmente, os esquemas indicados por (E) e (F) na Figura 9.1 referem-se justamente aos reatores agitados e aerados. O detalhe (E) ilustra o tradicional tanque agitado e aerado, que continua sendo o tipo de reator mais frequente na indústria.

O biorreator convencional tipo tanque agitado e aerado padrão Rushton (RUSHTON et al., 1950a, 1950b) apresenta relação H_L/D_T (altura/diâmetro) do tanque igual à unidade, sendo normalmente agitado por um impelidor tipo turbina com disco com seis pás planas (*flat-blade disc turbine*), também conhecido como turbina de Rushton, apresentando um diâmetro (D_i) igual a 1/3 do diâmetro do tanque ($D_i/D_T = 0,33$). A fim de evitar a formação de vórtice, usa-se um sistema de quatro chicanas ou hastes defletoras, diametralmente opostas, apresentando cada uma a largura de 1/10 ou 1/12 do diâmetro do tanque.

Apesar de existir a descrição desse tanque-padrão, na verdade raramente verifica-se obediência a essas relações geométricas, observando-se frequentemente, no caso de bioprocessos, tanques com altura maior que o diâmetro, conforme mencionado anteriormente, ($H_L/D_T = 2$), bem como turbinas com dimensões superiores à indicada, além do emprego de múltiplos impelidores. Justifica-se tal procedimento pela necessidade de se obter maior homogeneização do conteúdo do biorreator, bem como transferência de oxigênio mais efetiva. Esse fato dificulta um correto dimensionamento da transferência de oxigênio, por ausência de dados em geometrias distintas, conforme se verá mais adiante.

O esquema indicado na Figura 9.1 por (F) propõe a colocação do impelidor no interior de um duto, objetivando a formação de vórtice e, com isso, a ampliação da efetividade na transferência de oxigênio. O sistema *draught-tube* de fato encontra alguma aplicação industrial, mas é entendido como o que causa maior cisalhamento às células, em relação ao tanque agitado e aerado convencional.

9.3 CONCENTRAÇÃO DE OXIGÊNIO DISSOLVIDO EM SOLUÇÕES SATURADAS

Conforme apontado anteriormente, o oxigênio é muito pouco solúvel em água ou meios aquosos, o que acaba causando a necessidade de se fornecer esse elemento ao longo de todo o bioprocesso.

Na Tabela 9.1 encontram-se dados de solubilidade do oxigênio, na condição de saturação, para diferentes temperaturas, pressões parciais de oxigênio na fase gasosa e concentrações de sais dissolvidos (BAILEY; OLLIS, 1986). A observação desses valores evidencià a baixa solubilidade do oxigênio em meio aquoso, pois a concentração de saturação em água é de apenas 7 mg/L a 35 °C quando em equilíbrio com o ar atmosférico a 1 atm, o qual apresenta uma fração molar ou volumétrica de 20,9% de oxigênio, ou seja, uma pressão parcial de oxigênio de 0,209 atm.

Tabela 9.1 Valores da concentração de saturação de oxigênio dissolvido em diferentes condições

T (°C)	C_{NaCl} (M)	p_g (atm)	C_S (mg/L)	$H\left(\frac{mg}{L\,atm}\right)$
25	0,0	0,209	8,10	38,8
35	0,0	0,209	6,99	33,4
25	0,0	1,000	40,3	
25	0,5	1,000	34,2	
25	1,0	1,000	28,5	
25	2,0	1,000	22,7	

Fonte: adaptada de Bailey e Ollis (1986).

Observa-se que a concentração de oxigênio dissolvido diminui com o aumento da temperatura, bem como com o aumento da concentração de um sal dissolvido. Por outro lado, a concentração de saturação de O_2 (C_S) aumenta com a elevação da pressão parcial de oxigênio na fase gasosa (p_g). Quando se satura água com oxigênio puro (p_g = 1 atm), atinge-se a concentração de 40,3 mg/L no equilíbrio (saturação) a 25 °C.

Os números apontados na Tabela 9.1 permitem refletir sobre alguns pontos importantes, considerando a necessidade de se ter valores da concentração de saturação mais elevados. Em primeiro lugar, a diminuição da temperatura não seria a solução mais adequada, pois na maioria dos bioprocessos de importância trabalha-se na faixa mesofílica de temperaturas, ou seja, da ordem de 35 °C.

A operação com pressões parciais de oxigênio no gás mais elevadas é uma alternativa interessante, sendo praticada por meio do enriquecimento do ar atmosférico com oxigênio puro. No entanto, essa operação deve ser efetuada com muito cuidado, pois grande parte das células aeróbias apresenta tendência à inibição por elevadas concentrações de oxigênio dissolvido, inibição esta observada para valores não muito distintos da concentração de saturação com o ar atmosférico (7 mg/L). Há até mesmo indícios de inibição para algumas espécies para valores da ordem de 7 a 8 mg/L, ou mesmo inferiores (STANIER et al., 1986).

O fato haver uma redução da concentração de saturação de oxigênio dissolvido (C_S) quando se dissolvem outras espécies químicas em um líquido permite lembrar que os meios de cultura são soluções de nutrientes, o que significa a presença de muitas substâncias dissolvidas, as quais reduzem a concentração de saturação do oxigênio em relação ao valor observado para a água.

Esse problema é ainda agravado ao longo dos cultivos, lembrando-se que as células consomem parte dos nutrientes dissolvidos, lançando no caldo de cultivo produtos do metabolismo. Isso significa que a composição química do meio de cultura é alterada a cada instante do processo, o que causa alteração na concentração de saturação do oxigênio dissolvido (C_S).

Por esse motivo, existem na literatura propostas para o cálculo de C_S a partir do conhecimento da composição química do meio (SCHUMPE, 1985), o que, além de conduzir a cálculos relativamente tediosos, ainda exige determinações analíticas detalhadas, não muito frequentes em processos fermentativos. Existe também uma proposta para a determinação experimental de C_S, a qual apresenta particular utilidade para o conhecimento do valor da concentração de saturação de O_2, pelo menos no instante inicial do processo (KAPPELI; FIECHTER, 1981). Baseados nessa metodologia, Vendruscolo et al. (2012) determinaram a concentração de saturação do oxigênio dissolvido (C_S) em meio de cultivo de *Monascus ruber* para a produção de pigmentos a 30 °C. Os autores encontram valores de C_S de 7,68 e 6,77 mg/L em água destilada e em meio de cultura, respectivamente. Segundo os autores, a correta estimativa de C_S minimiza os erros na estimativa da velocidade específica de respiração celular (Q_{O_2}).

Em se tratando de uma solução bastante diluída, é válida a aplicação da lei de Henry, segundo a qual a concentração de oxigênio dissolvido no equilíbrio (saturação) é proporcional à pressão parcial de oxigênio no gás, ou seja:

$$C_S = Hp_g \tag{9.1}$$

em que:

C_S: concentração de oxigênio na saturação (g_{O_2}/m^3);

H: constante de Henry ($g_{O_2}/(m^3 atm)$);

p_g: pressão parcial de O_2 na fase gasosa (atm) ($p_g = y_{O_2} P$);

y_{O_2}: fração molar ou volumétrica do O_2 no gás (-);

P: pressão total do gás (atm).

Dessa forma, ao variar a composição química de um dado líquido, o que varia é a constante de Henry (H) e, portanto, a concentração de saturação (C_S) para um dado valor da pressão parcial do oxigênio no gás p_g. Na Tabela 9.1 encontram-se alguns dados para a constante de Henry.

Durante um bioprocesso, a concentração de oxigênio dissolvido (*C*) pode ser monitorada por eletrodos ou sensores de O_2 dissolvido polarográficos ou galvânicos (LEE; TSAO, 1979). Esses eletrodos são calibrados no instante inicial, antes de se efetuar a inoculação do biorreator, saturando-se o líquido com O_2 por meio de agitação e aeração, fixando-se na escala do aparelho o valor 100%. Caso não se conheça a constante de Henry para o sistema em estudo, é possível calcular o valor absoluto da concentração de saturação (C_S), sendo que durante o processo fermentativo o eletrodo indicará valores intermediários entre 0% e 100%, o que significa, para um dado instante, a concentração de oxigênio dissolvido (*C*) em relação ao valor de saturação inicial (C_{S0}).

Como esses eletrodos respondem à pressão parcial do oxigênio, a fim de se efetuar medidas confiáveis, deve-se manter constante a pressão no interior do reator, pois, caso ela varie, o eletrodo indicará variações que não são devidas ao fenômeno biológico que está ocorrendo. Igualmente, deve-se lembrar que o eletrodo não indicará variações em virtude de alterações na composição do meio, sendo, portanto, um dado valor indicado sempre correspondente a uma porcentagem do valor inicial da saturação (C_{S0}). Dessa maneira, é possível ocorrer a indicação de valores até superiores a 100%, caso ocorra um aumento de pressão no reator, ou caso se introduza oxigênio na corrente gasosa.

Tendo em vista as dificuldades apontadas, alguns autores preferem, quando há a necessidade do conhecimento do valor absoluto da concentração de oxigênio dissolvido, supor que se trata de água, utilizando então valores tabelados na literatura. Também encontram-se alguns trabalhos nos quais se observam concentrações de oxigênio dissolvido expressas em pressão parcial de oxigênio (mmHg), lembrando que, para o ar sob 1 atm de pressão total, tem-se que $p_g = 159\ mmHg$.

9.4 DEMANDA DE OXIGÊNIO EM BIOPROCESSOS: RESPIRAÇÃO MICROBIANA

Como abordado anteriormente, a solubilidade do oxigênio apresenta valores baixos quando comparada à de outros nutrientes presentes nos meios de cultura. Nos bioprocessos aeróbios, esse problema torna-se mais crítico quando se leva em consideração a velocidade de consumo de oxigênio pela respiração celular.

A demanda de oxigênio em cultivos aeróbios pode ser quantificada pela velocidade de respiração ($Q_{O_2}X$ em $g_{O_2}/\left(m^3h\right)$), definida como o produto da velocidade específica de respiração (Q_{O_2} em $g_{O_2}/\left(g_Xh\right)$) pela concentração celular (*X* em g_X/m^3). Tal qual a velocidade de crescimento celular (r_X), $Q_{O_2}X$ é o produto de uma grandeza qualitativa ou específica (Q_{O_2}) que depende do tipo de célula, pois cada ser vivo consome (respira) uma quantidade específica de O_2, e da população de células (*X*), uma grandeza quantitativa. A velocidade específica de respiração (Q_{O_2}) está diretamente relacionada com a velocidade específica de crescimento celular (μ). Em outras palavras, quanto mais as células crescem, maior é a demanda por O_2, pois o crescimento depende da energia gerada pelo metabolismo aeróbio das células, que é função do tipo de célula, da composição do meio e das condições de cultivo, como pH e temperatura.

Como a relação entre μ e *S*, para uma dada célula, Q_{O_2} é função da concentração de oxigênio dissolvido no meio líquido (*C*), seguindo uma equação tipo Monod:

$$Q_{O_2} = Q_{O_2max} \frac{C}{K_O + C} \tag{9.2}$$

em que:

Q_{O_2max}: máximo valor de Q_{O_2} $(g_{O_2}/(g_X h))$;

K_O: constante de saturação para o O_2 (g_{O_2}/m^3).

Na Figura 9.2 ilustra-se a variação de Q_{O_2} com a concentração de oxigênio dissolvido no meio (*C*), segundo o proposto pela Equação (9.2).

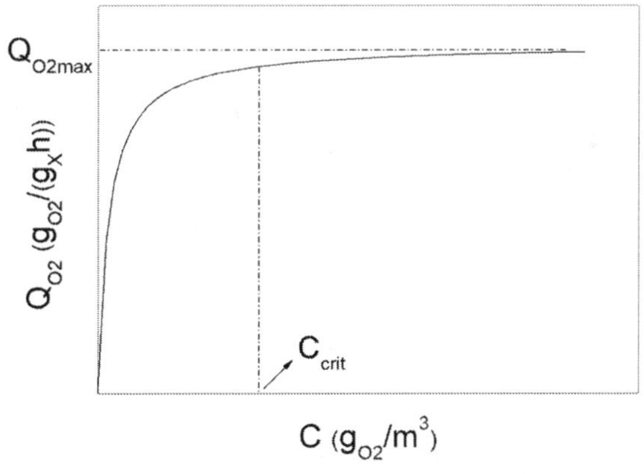

Figura 9.2 Representação esquemática da variação de Q_{O_2} com *C*, segundo a equação de Monod.

Nessa figura observa-se que, acima de uma dada concentração de O_2 dissolvido, definida como concentração crítica (C_{crit}), o valor de Q_{O_2} é constante e máximo. Isso significa que o dimensionamento de um sistema de agitação e aeração, caso tenha como objetivo permitir a máxima velocidade específica de respiração (situação frequente), deve buscar a manutenção da concentração de O_2 dissolvido acima da concentração crítica, a fim de que o O_2 não seja limitante.

Alguns valores de concentração crítica de O_2 (C_{crit}) são encontrados na literatura, como os apresentados na Tabela 9.2.

Tabela 9.2 Valores da concentração crítica de O_2 dissolvido (C_{crit}) para alguns microrganismos

Microrganismo	Temperatura (°C)	C_{crit} (g_{O_2}/m^3)
Aspergillus oryzae	30,0	0,64
Escherichia coli	37,8	0,26
Levedura	34,8	0,15
Penicillium chrysogenum	24,0 30,0	0,70 0,29
Serratia marcescens	31,0	0,48

Fonte: adaptada de Bailey e Ollis (1986).

Como se pode observar, os valores de C_{crit} situam-se entre 0,3 ppm e 0,7 ppm, ou seja, valores abaixo de 10% da concentração de saturação (da ordem de 7 ppm a 35 °C e 1 atm, empregando-se ar atmosférico – vide Tabela 9.1). São valores, portanto, extremamente baixos, o que indica igualmente valores muito baixos para a constante de saturação (K_O).

Caso a produção de um dado produto seja máxima para condições de limitação de oxigênio dissolvido (entre 0% e 10% da saturação), isso significa uma certa dificuldade no controle da concentração de O_2 dissolvido, dentro de limites bastante restritos. Normalmente esse tipo de condição é obtido naturalmente, por meio da imposição de uma transferência de O_2 sabidamente insuficiente para a manutenção de Q_{O_2max}.

É necessário mencionar que os valores indicados de C_{crit} são característicos de células que crescem isoladamente. No caso de células que crescem na forma de aglomerados (*clumps*) ou de *pellets*, como é o caso de fungos filamentosos, C_{crit} pode atingir valores da ordem de 30% a 50% da concentração de saturação. Obviamente, para esses casos, a situação é também mais complicada, pois, para que se possa manter altas velocidades específicas de respiração, são necessárias altas concentrações de O_2 dissolvido, a fim de que o O_2 possa ser transportado para o interior dessas formas morfológicas.

Conforme comentado anteriormente, não é apenas a concentração de O_2 dissolvido que interfere em Q_{O_2}, mas também as condições de cultivo. Portanto, mesmo intuitivamente, pode-se entender que células que estejam crescendo em altas velocidades necessariamente têm de apresentar elevadas velocidades de consumo da fonte de carbono, bem como elevadas velocidades de respiração.

Essa reflexão permite concluir que existe uma relação entre a velocidade específica de respiração (Q_{O_2}) e a velocidade específica de crescimento (μ). Normalmente admite-se a existência de uma relação linear, conforme sugerido por Pirt (1975), ou seja:

$$Q_{O_2} = m_o + \frac{1}{Y_O}\mu \tag{9.3}$$

em que:

m_o: coeficiente de manutenção celular em relação ao O_2 $(g_{O_2}/(g_X h))$;

Y_O: fator de conversão de O_2 a células (g_X/g_{O2});

μ: velocidade específica de crescimento celular (h^{-1}).

O coeficiente de manutenção celular em relação ao O_2 (m_o) significa a velocidade específica de respiração para a condição de $\mu = 0$, ou seja, a velocidade específica de consumo de O_2 para manter as células viáveis.

A Tabela 9.3 apresenta alguns valores de parâmetros de consumo de oxigênio encontrados na literatura. Deve-se salientar que o parâmetro m_o representa um valor constante, diferentemente de Y_O, que depende das condições de transferência de oxigênio e pode decrescer quando o microrganismo está crescendo sob altas condições de agitação, em virtude de mudanças metabólicas ou danos físicos às células pelas condições hidrodinâmicas (GARCIA-OCHOA et al., 2010).

Tabela 9.3 Parâmetros relacionados com o consumo de oxigênio para alguns microrganismos

Microrganismo	m_o $(g_{O2}/(g_X h))$	Y_O (g_X/g_{O2})	Substrato	Referência
Aspergillus awamori	0,0640	1,55	glicose	Fachini (1988)
Escherichia coli	0,0237	1,44	glicose	Nam e Kim (1994)
Saccharomyces cerevisiae	0,0053	2,15	glicose	Besli, Ttirker e Gul (1995)
Streptomyces clavuligerus	–	0,86	glicerol	Baptista-Neto et al. (2000)
Bacillus thuringiensis	0,0280	1,82	glicose	Rowe et al. (2003)

9.5 TRANSFERÊNCIA DE OXIGÊNIO

O objetivo central de um sistema de agitação e aeração é o fornecimento de oxigênio para a manutenção de uma dada atividade respiratória de uma população de células. Assim, o que se visa é transferir o oxigênio da fase gasosa para a líquida e fazer com que esse oxigênio dissolvido chegue às células suspensas, penetre nessas células e, finalmente, seja consumido na respiração celular.

É, portanto, possível imaginar que existam muitas resistências associadas ao transporte do oxigênio da fase gasosa até o seu consumo final. Na Figura 9.3 estão ilustradas as principais resistências relacionadas a esse fenômeno.

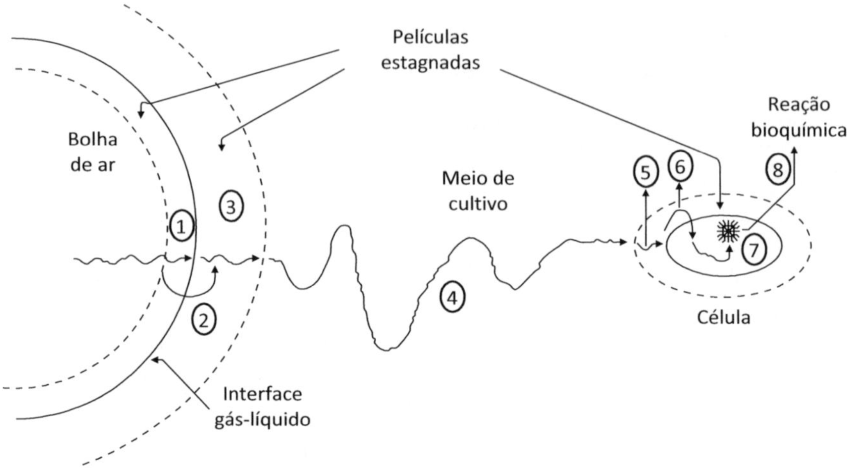

Figura 9.3 Resistências associadas à dissolução e ao consumo do oxigênio.

Conforme sugere a Figura 9.3, essa questão pode ser dividida em três problemas distintos. O primeiro diz respeito à dissolução ou transferência do oxigênio do gás para o líquido, o segundo, ao eventual transporte do oxigênio pelo caldo até a célula, e o terceiro, ao consumo do oxigênio pela respiração celular.

No que se refere à resistência 4, ou seja, aquela associada ao transporte do oxigênio até as células, espera-se que o líquido seja suficientemente agitado, a fim de que possa ocorrer o transporte convectivo e, dessa forma, que essa resistência possa ser desprezada. No caso de líquidos extremamente viscosos essa hipótese pode não se verificar.

No caso da transferência de oxigênio do gás para o líquido, pode-se imaginar uma primeira resistência (1) devida a uma película gasosa estagnada, através da qual o oxigênio deve se difundir. A seguir, pode-se imaginar uma resistência na interface gás-líquido (2) e, finalmente, a resistência associada à película líquida estagnada ao redor da bolha de gás (3).

Dados existentes na literatura permitem imaginar que a resistência devido à película gasosa estagnada pode ser desprezada em virtude da intensa movimentação das moléculas de oxigênio no gás. Da mesma forma, a resistência devido à interface é comumente considerada desprezível, a menos que se empreguem substâncias que possam aderir a essa superfície e, dessa forma, provocar um aumento nessa resistência, como é o caso de alguns antiespumantes. Conclui-se, portanto, que a resistência dominante é aquela associada à película líquida, resistência esta que é função da difusividade do oxigênio no líquido, bem como da espessura dessa película.

No lado do consumo do oxigênio, pode-se imaginar uma resistência devido à película líquida em torno da célula (5), outra devido à resistência imposta pela membrana celular (6), uma devido à difusão do oxigênio no citoplasma (7) e, finalmente, aquela associada à velocidade de respiração pelas células (8).

Tendo em vista as diminutas dimensões das células, bem como a enorme área exposta ao meio líquido, a resistência 5 pode ser desprezada. Da mesma forma, despreza-se a resistência 6, pois a membrana celular não deve opor resistência à difusão do oxigênio. Hoje se entende que o oxigênio penetra na célula por simples difusão, não havendo sistemas de transporte para esse elemento (STANIER et al., 1986; LEHNINGER; NELSON; COX, 1993), fato que inclusive justifica a possibilidade de inibição da atividade de células quando expostas a elevadas concentrações de oxigênio no meio líquido, conforme apontado anteriormente.

No que se refere à resistência 7, pode-se também considerá-la pouco significativa tendo em vista novamente a elevada área exposta pela célula ao meio ambiente. No caso de células eucarióticas, se poderia imaginar alguma dificuldade para o oxigênio atingir as membranas internas das mitocôndrias, onde estão localizados os sistemas enzimáticos responsáveis pela respiração (LEHNINGER; NELSON; COX, 1993). No caso de bactérias, a localização desses sistemas é na membrana citoplasmática, motivo pelo qual não há realmente razão para considerar essa resistência.

Dessa forma, do lado do consumo, a resistência mais significativa ficaria por conta da velocidade de respiração celular (8), ou seja, na dependência da atividade e da concentração dos complexos enzimáticos que efetuam essa reação, além de toda a atividade biológica da célula, o que incide na disponibilidade de elétrons a serem transportados pela cadeia respiratória, com a concomitante utilização do ATP gerado para a síntese de novas moléculas.

No caso de células que crescem na forma de aglomerados celulares (*clumps*) ou *pellets*, como é o caso de bactérias e fungos filamentosos, poderia ainda se considerar uma resistência adicional em termos da difusão do oxigênio para as células mais internas dessas estruturas.

Observa-se, portanto, que a tarefa de projetar adequadamente um sistema de transferência de oxigênio reside em obter uma eficiente dissolução do oxigênio no meio líquido, expondo as células a um ambiente de não limitação por oxigênio, a fim de que estas possam consumir esse substrato de forma plena, dentro das características biológicas próprias de cada espécie. Entre as várias teorias que permitem o equacionamento da transferência de oxigênio, a de maior utilidade para a presente questão é aquela que considera a existência de duas películas estagnadas (WHITMAN, 1923). A Figura 9.4 ilustra a interface gás-líquido com as mencionadas películas.

Conforme salientado, ao se imaginar uma bolha de ar suspensa em um meio líquido, supõe-se a existência de uma película gasosa estagnada entre o seio gasoso homogêneo, com pressão parcial de O_2 constante p_g, e a interface gás-líquido com pressão parcial p_i, película na qual se localiza a resistência ao transporte do oxigênio na fase gasosa, caracterizada pelo inverso do coeficiente convectivo de transferência de oxigênio da película gasosa (k_g), definido pela relação entre a difusividade do oxigênio e a espessura da película estagnada. De acordo com a teoria, na película estagnada de gás a transferência de oxigênio ocorre apenas por efeito difusional e, portanto, depende da existência de um gradiente entre a pressão parcial de O_2 no seio da bolha (p_g) e a pressão parcial de O_2 na interface (p_i).

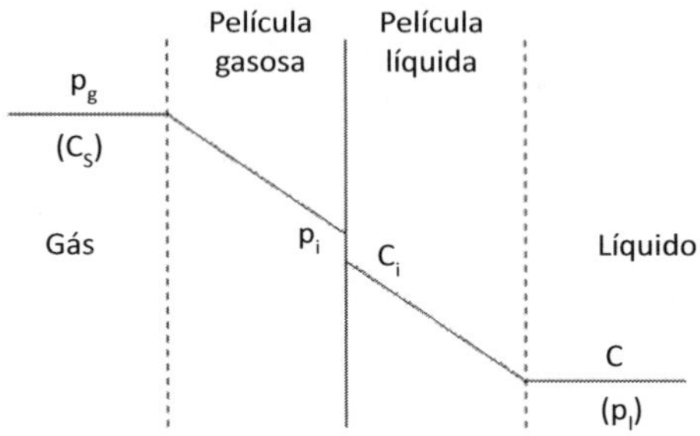

Figura 9.4 Interface gás-líquido com as películas estagnadas.

Igualmente, pode-se supor na fase líquida a existência de uma película estagnada ao redor da bolha, na qual se localiza a resistência ao transporte do oxigênio, caracterizada pelo inverso do coeficiente convectivo de transferência de massa da película líquida (k_L). O fluxo de oxigênio (n_{O_2}) pelas películas e pela interface depende, além dos coeficientes convectivos de transferência de oxigênio, da existência de gradientes de pressão parcial (película gasosa) e de concentração de O_2 (película líquida).

Admitindo transferência de oxigênio no estado estacionário, bem como a existência de perfis lineares de pressão parcial (película gasosa) e de concentração de oxigênio (película líquida), pode-se escrever:

$$n_{O_2} = \frac{gradiente}{resistência} \tag{9.4}$$

em que:

n_{O_2}: fluxo de oxigênio por unidade de área interfacial ($g_{O_2}/(m^2h)$);

resistência: inverso do coeficiente convectivo de transferência de oxigênio.

Ou seja:

$$n_{O_2} = k_g H\left(p_g - p_i\right) = k_L H\left(p_i - p_l\right) = k_g\left(C_S - C_i\right) = k_L\left(C_i - C\right) \tag{9.5}$$

em que:

k_g: coeficiente convectivo de transferência de massa da película gasosa (m/h);

k_L: coeficiente convectivo de transferência de massa da película líquida (m/h);

p_g: pressão parcial de O_2 no seio gasoso (atm);

p_i: pressão parcial de O_2 na interface (atm);

p_l: pressão parcial de O_2 em um gás que estaria em equilíbrio com a concentração de oxigênio C no líquido, segundo a lei de Henry (atm);

H: constante de Henry ($g_{O_2}/(m^3 \text{atm})$);

C_S: concentração de O_2 dissolvido no líquido em equilíbrio com p_g, segundo a lei de Henry (g_{O_2}/m^3);

C_i: concentração de O_2 dissolvido em equilíbrio com p_i (g_{O_2}/m^3);

C: concentração de O_2 no seio líquido (g_{O_2}/m^3).

Como se observa na Equação (9.5), introduziram-se como gradientes as diferenças entre as pressões parciais de O_2 ou estas traduzidas em concentrações por meio da lei de Henry.

Na verdade, não há condições de se conhecer os valores de pressão e concentração na interface gás-líquido (p_i e C_i), podendo-se determinar os valores das concentrações no seio do gás e do líquido. Assim, opta-se por definir um coeficiente global de transferência de oxigênio, o qual corresponderia à soma das resistências das duas películas. Ainda, lembrando que a resistência devido à película gasosa pode ser desprezada, tendo em vista a resistência da película líquida, pode-se considerar $p_i = p_g$ e, como decorrência, $C_i = C_S$.

Dessa forma, a Equação (9.5) pode ser reescrita na forma que segue:

$$n_{O_2} = k_L H\left(p_g - p_l\right) = k_L\left(C_S - C\right) \tag{9.6}$$

Tendo em vista que n_{O_2} está expresso por unidade de área de troca de massa, define-se a área interfacial de transferência de oxigênio (a) como a relação entre a área total de transferência de oxigênio (somatória das áreas de todas as bolhas) ΣA_{bolhas} (m^2) e o volume V (m^3) do líquido no qual as bolhas estão suspensas:

$$a = \frac{\Sigma A_{bolhas}}{V} \tag{9.7}$$

Multiplicando-se ambos os lados da Equação (9.6) pela área interfacial de transferência de oxigênio (a), tem-se que:

$$n_{O_2} a = N_{O_2} = k_L a H\left(p_g - p_l\right) = k_L a\left(C_S - C\right) \tag{9.8}$$

em que:

$n_{O_2} a = N_{O_2}$: velocidade de transferência de O_2 ($g_{O_2}/(m^3 h)$);

$k_L a$: coeficiente volumétrico de transferência de O_2 (h^{-1}).

Realizando um balanço de massa para o O_2 na fase líquida de um dado sistema agitado e aerado sem consumo de oxigênio, tem-se que a variação da concentração de O_2 dissolvido (C) no tempo (t) é igual à velocidade de transferência de O_2 (N_{O_2}):

$$\frac{dC}{dt} = k_L a\left(C_S - C\right) \tag{9.9}$$

Essa equação, apesar de extremamente simples, permite uma exata compreensão de todas as formas de que se dispõe para o controle da concentração de oxigênio dissolvido numa dada fase líquida.

Caso o gás de entrada seja enriquecido com O_2 puro ou se aumente a pressão na cabeça do fermentador (*P*), haverá um aumento da pressão parcial de O_2 na fase gasosa (p_g), pois $p_g = y_{O_2}P$. Qualquer um desses procedimentos levará a um aumento da concentração de saturação de O_2 na fase líquida (C_S), do gradiente de concentração de $O_2 (C_S - C)$ e, por consequência, da velocidade de transferência de O_2 da fase gasosa para a líquida (N_{O_2}). Igualmente, aumentando-se a frequência de agitação (*N*), se estaria rompendo e dispersando mais as bolhas de ar (aumento da área interfacial *a*) e reduzindo a espessura da película líquida (aumento de k_L). Por outro lado, aumento na vazão de aeração (*Q*) proporciona uma maior retenção gasosa ou um maior acúmulo de bolhas de ar no seio líquido (aumento de *a*), ao mesmo tempo que promove um maior arraste do CO_2 gerado no bioprocesso, com consequente aumento de p_g.

As Equações (9.8) e (9.9) permitem ainda entender que a máxima capacidade de transferência de oxigênio de um dado sistema de agitação e aeração é dada pelo produto $k_L a C_S$, ou seja, para a situação de concentração de O_2 nula no meio. Tal situação não tem interesse no que se refere ao cultivo de um dado tipo de célula aeróbia, mas é interessante para a caracterização de um dado sistema de transferência de O_2.

9.5.1 DETERMINAÇÃO DA CAPACIDADE DE TRANSFERÊNCIA DE O_2 – COEFICIENTE VOLUMÉTRICO DE TRANSFERÊNCIA DE O_2 ($k_L a$)

Na realidade, ao se desenvolver uma dada equação que pretende descrever certo fenômeno, sempre ocorre a necessidade da introdução de parâmetros, os quais precisam ser determinados experimentalmente a fim de que a equação desenvolvida possa ter utilidade prática. Igualmente, a caracterização de um dado sistema de transferência de oxigênio, conforme descrito pela Equação (9.9), significa determinar valores do parâmetro $k_L a$, o que é possível por meio de diversas metodologias. Logo, a capacidade de transferência de O_2 de equipamentos pode ser quantificada tanto pela velocidade de transferência de O_2 (N_{O_2}) quanto pelo coeficiente volumétrico de transferência de O_2 ($k_L a$).

Entre os métodos propostos para determinação de $k_L a$, o mais antigo é o denominado "método da oxidação do sulfito", que consiste em transferir oxigênio para uma solução de sulfito de sódio (Na_2SO_3) na presença de um sal de cobalto ou cobre como catalisador. Essa metodologia está claramente descrita no trabalho publicado por Cooper, Fernstrom e Miller (1944).

Alimenta-se ao reator uma solução de Na_2SO_3, adiciona-se sulfato de cobre ($CuSO_4$) e estabelece-se a aeração desejada. Num dado instante dispara-se o cronômetro, colhe-se uma amostra e determina-se a concentração de Na_2SO_3 por iodometria (adicionando-se à amostra uma solução de iodo que oxida o Na_2SO_3 a Na_2SO_4 e titulando-se o iodo em excesso com uma solução de tiossulfato). Após um determinado intervalo de tempo, em que se mantém constante a condição de aeração, colhe-se uma nova amostra e determina-se novamente a concentração de Na_2SO_3 remanescente.

Por meio da estequiometria da reação de oxidação do Na_2SO_3 a Na_2SO_4 pelo O_2, imaginando-se que todo o oxigênio dissolvido (transferido) reage instantaneamente, pode-se conhecer a velocidade de dissolução do oxigênio, ou seja:

$$Na_2SO_3 + 1/2\, O_2 \rightarrow Na_2SO_4$$

Dessa forma, conhecendo-se a massa total de oxigênio que foi transferido para o meio reacional durante o intervalo de tempo entre as duas amostras, tem-se os dados necessários para o cálculo da velocidade de transferência de O_2 (N_{O_2}) pela Equação (9.8). Como a concentração do oxigênio dissolvido (C) na solução relativamente concentrada de sulfito pode ser desprezada, pode-se escrever:

$$N_{O_2} = k_L a H p_g = K_V p_g \qquad (9.10)$$

em que K_V é o coeficiente de absorção de O_2 ($(g_{O_2}/(m^3 h.\text{atm}))$.

Assim, ao se efetuar o cálculo do coeficiente de absorção (K_V), o qual engloba a constante de Henry para a solução submetida à aeração, evita-se a necessidade de conhecer a concentração de oxigênio na saturação (C_S). Caso a concentração de oxigênio dissolvido não seja nula, na Equação (9.10) N_{O_2} deve ser dividido por ($p_g - p_l$), sendo p_l determinado a partir do sinal de um eletrodo de oxigênio.

Uma dúvida adicional seria quanto ao valor de p_g a ser utilizado para o cálculo de K_V, pois o gás que entra tem composição diferente do gás que sai do sistema, uma vez que parte do oxigênio alimentado é transferida para a fase líquida. Uma forma seria considerar o sistema como homogêneo e determinar a fração volumétrica de oxigênio no gás efluente, o qual seria representativo do gás que está trocando massa com a fase líquida. Essa hipótese de homogeneidade é difícil de ser aceita, especialmente para reatores de grande porte, sendo mais conveniente calcular a média logarítmica entre as pressões parciais de oxigênio na entrada e na saída do reator (AIBA; HUMPHREY; MILLIS, 1973), ou seja:

$$p_g = \frac{p_{ge} - p_{gs}}{\ln\left(\dfrac{p_{ge}}{p_{gs}}\right)} \qquad (9.11)$$

em que:

p_{ge}: pressão parcial de O_2 no gás de entrada (atm);

p_{gs}: pressão parcial de O_2 no gás de saída (atm).

Na Equação (9.11), tem-se que:

$$p_{ge} = y_{O_2e}\left(P + \frac{H_L}{10,3}\right) \tag{9.12}$$

em que:

y_{O_2e}: fração molar ou volumétrica de O_2 no gás alimentado no reator ($y_{O_2e} = 0,2095$ para o ar);

P: pressão interna no reator (pressão atmosférica + sobrepressão na cabeça) (atm);

H_L: altura da coluna líquida (m).

E

$$p_{gs} = y_{O_2e}(1-E)P \tag{9.13}$$

Nessa equação, E representa a eficiência da transferência de oxigênio, ou seja:

$$E = \frac{oxigênio\ transferido}{oxigênio\ alimentado} = \frac{N_{O_2}V}{\left(y_{O_2e}\ Q\,10^3/22,4\right)32} \tag{9.14}$$

em que:

V: volume de reação (m^3);

Q: vazão de aeração nas condições normais de temperatura e pressão (CNTP – m^3/h).

No *método de oxidação do sulfito*, é necessário lembrar que se está agitando e aerando uma solução de Na_2SO_3, que tem características distintas de um meio de cultura que se pretende fermentar. A diferença mais importante é que a solução de Na_2SO_3 concentrada é não coalescente, ou seja, as bolhas de ar em seu trajeto entre o fundo e o topo da coluna líquida não se juntam, possibilitando manter uma elevada área interfacial de transferência de massa (a), o que normalmente não ocorre em um meio de cultura. Com isso, de uma forma geral, obtêm-se valores de velocidade de transferência de O_2 (N_{O_2}) maiores que os observados durante um processo fermentativo, ponto este que será novamente abordado mais adiante.

Além disso, deve-se salientar que o *método de oxidação do sulfito* permite a determinação da máxima capacidade de transferência de oxigênio, pois se imagina nula a concentração de oxigênio na solução ($N_{O_2} = k_L a C_S = k_L a H p_g = K_V p_g$). Esse fato deve ser levado em conta quando se empregam dados de transferência obtidos pelo *método de oxidação do sulfito* no projeto de sistemas de agitação e aeração, para os quais $C \neq 0$.

Mais recentemente têm surgido algumas alternativas ao *método de oxidação do sulfito* tradicional. Uma delas consiste em se dispor no reator de um eletrodo para a determinação da concentração de O_2 dissolvido. Coloca-se no reator a solução do catalisador e fixam-se as condições de operação (agitação e aeração) a serem estudadas, o que permite calibrar o eletrodo na posição 100%. Ao se adicionar a solução de Na_2SO_3, mantendo-se a agitação e a aeração, ocorre um rápido decréscimo no sinal do eletrodo até um valor próximo a zero. O sinal permanecerá baixo enquanto existir Na_2SO_3 não oxidado no reator. No instante em que o eletrodo indicar um rápido sinal ascendente, isso será devido ao término do Na_2SO_3. Dessa forma, conhecendo-se a massa de Na_2SO_3 adicionada e o tempo para a sua completa oxidação, tem-se a informação necessária para o cálculo de K_V, com a vantagem de não se necessitar coletar amostras e realizar as titulações com iodo.

Outro avanço na aplicação do método de oxidação do sulfito foi o proposto por Imai, Takei e Matsumura (1987). Esses autores aplicaram o método do sulfito num processo contínuo, alimentando o reator submetido a agitação e aeração com uma solução de sulfito de sódio e catalisador com vazão conhecida, de forma a manter constante a concentração de oxigênio dissolvido indicada por eletrodo. O balanço de massa para o Na_2SO_3 no estado estacionário, conhecendo-se as concentrações na entrada e na saída do reator, permite o cálculo de k_La ou de K_V.

Sem dúvida essa proposta de processo contínuo significa um avanço significativo para o método de oxidação do sulfito, pois permite o emprego de baixas concentrações do reagente, o que resulta em economia para o processo considerando grandes reatores, além de se obterem valores mais compatíveis com os sistemas reais, nos quais ocorre coalescência de bolhas.

Outra estratégia existente para a determinação experimental de k_La é a que utiliza apenas o sinal de resposta de um eletrodo imerso no líquido submetido à aeração. O ensaio típico para a determinação de k_La pelo emprego de um eletrodo específico para a medida da concentração de O_2 em um meio líquido é conhecido como método dinâmico. Consiste inicialmente em borbulhar N_2 no líquido, a fim de eliminar todo o O_2 dissolvido, até que a sonda indique o valor zero. A seguir, em um dado instante, inicia-se a aeração e a agitação nas condições em que se pretende determinar o valor de k_La, passando-se então a registrar o sinal do eletrodo. Esse sinal sairá do valor zero, aumentando até atingir a concentração de saturação de O_2, ou seja, até que o eletrodo indique o valor 100% (sonda previamente calibrada no líquido saturado em O_2).

Nessas condições, a Equação (9.9) pode ser rearranjada e integrada, conhecendo-se a condição inicial ($t = 0$; $C = 0$), pois é possível separar as variáveis:

$$\int_0^C \frac{dC}{(C_S - C)} = \int_0^t k_L a \, dt \tag{9.15}$$

$$\ln\left(1 - \frac{C}{C_S}\right) = -k_L a\, t \tag{9.16}$$

ou

$$\frac{C}{C_S} = \left(1 - e^{-k_L a\, t}\right) \tag{9.17}$$

Observa-se pela Equação (9.16) que, a partir do gráfico de $\ln(1 - C/C_S)$ em função do tempo (t), utilizando-se dados experimentais obtidos no ensaio descrito, deve-se obter uma reta cujo coeficiente angular fornece o valor de $k_L a$. Observa-se também que não há a necessidade de se conhecer o valor absoluto da concentração de saturação de O_2 (C_S), mas apenas das frações (C/C_S), ou seja, o sinal do eletrodo previamente calibrado no intervalo de 0 a 100%, o que simplifica o cálculo da grandeza desejada. Como alternativa ao ajuste linear, pode-se também plotar C/C_S em função do tempo (t) e efetuar o ajuste dos dados experimentais utilizando a Equação (9.17), o que permite determinar o valor de $k_L a$.

No método dinâmico tradicional em que se utiliza N_2 e ar, outra alternativa experimental é realizar o ensaio degrau, promovendo um pequeno aumento na pressão no biorreator (aproximadamente 0,15 atm $\approx$ 15 kPa) pelo fechamento parcial da saída de ar, o que causa uma simultânea mudança na concentração de oxigênio dissolvido (C) com o tempo. Nesse caso, na calibração do eletrodo, o valor inicial da concentração de O_2 dissolvido será fixado na condição sem pressurização, e o valor máximo, na condição pressurizada. Deve-se salientar que o equacionamento para a obtenção de $k_L a$ é o mesmo adotado no método dinâmico tradicional. Como vantagem dessa metodologia proposta por Linek, Sinkule e Beneš (1989), cita-se a economia por não se empregar N_2, principalmente imaginando-se tanques de grandes dimensões. Como limitação, o degrau de concentração de O_2 dissolvido é estabelecido apenas para altas vazões de alimentação de ar, condição mais comum em biorreatores pneumáticos (coluna de bolhas e *airlift*). Vazões baixas ou moderadas vão definir uma condição de regime transiente com variação gradual da pressão parcial de O_2 na fase gasosa, situação não prevista no equacionamento do método dinâmico convencional para a obtenção de $k_L a$.

Independentemente da metodologia adotada, no método dinâmico o valor de $k_L a$ seria exato caso o eletrodo apresentasse um perfeito acompanhamento da variação da concentração de O_2 no líquido, o que pode não ocorrer em virtude do atraso no sinal. Esse atraso ocorre em virtude das resistências à difusão do O_2 dissolvido no seio líquido através da película de líquido estagnado na extremidade do eletrodo, cuja espessura depende da condição de agitação empregada e da membrana do eletrodo, que isola o meio líquido da superfície do catodo (onde o oxigênio é reduzido gerando o fluxo de elétrons).

Com o objetivo de corrigir esse atraso do eletrodo, Aiba, Humphrey e Millis (1973) propuseram que o sinal do eletrodo (C_e) varie no tempo proporcionalmente à diferença entre a concentração real de O_2 (C) e o sinal (C_e), ou seja, de acordo com um modelo de primeira ordem:

$$\frac{dC_e}{dt} = k_e\left(C - C_e\right) \tag{9.18}$$

em que:

C_e: sinal do eletrodo ($C_e = 0$ para $t = 0$ e $C_e = C_S$ para $t = \infty$);

k_e: constante de atraso ou sensitividade do eletrodo ($k_e = 1/\tau_e$) (h^{-1});

τ_e: tempo de reposta do eletrodo (h).

Introduzindo-se na Equação (9.18) o valor de C em função do tempo, Equação (9.17), e integrando-se a equação resultante, obtém-se:

$$\frac{C_e}{C_S} = 1 + \frac{k_L a}{k_e - k_L a} e^{-k_e\, t} - \frac{k_e}{k_e - k_L a} e^{-k_L a\, t} \tag{9.19}$$

Observa-se na Equação (9.19) que, para valores de k_e muito maiores que $k_L a$, essa equação retorna à Equação (9.17), ou seja, não haveria a necessidade de corrigir o sinal do eletrodo. De qualquer forma, é possível ajustar a Equação (9.19) aos dados experimentais ($C_e = f(t)$), obtendo-se o valor correto de $k_L a$, desde que se conheça o atraso do eletrodo (k_e).

O valor de k_e pode ser determinado por meio de um ensaio degrau, ou seja, equilibrando-se o eletrodo em um líquido submetido a borbulhamento com N_2 (eletrodo indicando o valor zero) e, a seguir, retirando-se o eletrodo desse líquido e introduzindo-o imediatamente em um líquido saturado com O_2. Caso se pretenda determinar apenas o atraso do eletrodo sem a interferência da película líquida, a fase líquida deve estar intensamente agitada, ou, ainda, pode-se equilibrar o eletrodo em atmosfera de N_2 gasoso e subitamente transferi-lo ao ar atmosférico, obtendo-se a partir desse instante valores de C_e em função do tempo. Nessas condições tem-se que, desde o instante $t = 0$ do ensaio degrau, $C = C_S$ e, portanto, a Equação (9.18) passa a ser:

$$\frac{dC_e}{dt} = k_e\left(C_S - C_e\right) \tag{9.20}$$

a qual, integrada, fornece:

$$\ln\left(1 - \frac{C_e}{C_S}\right) = -k_e\, t \tag{9.21}$$

A Equação (9.21) mostra que, plotando-se os valores de $\ln\left(1 - C_e / C_S\right)$ em função do tempo, obtidos no ensaio degrau, deve-se obter uma linha reta, cujo coeficiente angular permite a obtenção do valor de k_e. Como sugerido no caso das Equações (9.16) e (9.17), aqui também se pode plotar C_e / C_S em função do tempo (t), a fim de determinar o valor de k_e.

É frequente obter como informação do fabricante do eletrodo que uma sonda razoavelmente rápida permite a obtenção de 90% da resposta em 20 s num ensaio em degrau. De posse dessa informação, atribui-se na Equação (9.21) o valor $C_e / C_S = 0{,}90$ para $t = 20\ s$, o que permite estimar o valor da constante de atraso do eletrodo como $k_e = 0{,}115\ s^{-1}$ ou $k_e = 414{,}5\ h^{-1}$.

Como ilustração, é possível simular as Equações (9.17) e (9.19) a fim de se observar a variação das concentrações de O_2 dissolvido real (C) e medida pelo eletrodo (C_e) em função do tempo, para determinados valores de $k_L a$ e k_e. Tais simulações estão ilustradas na Figura 9.5, na qual se pode ter uma clara ideia a respeito da importância de se efetuar essa correção.

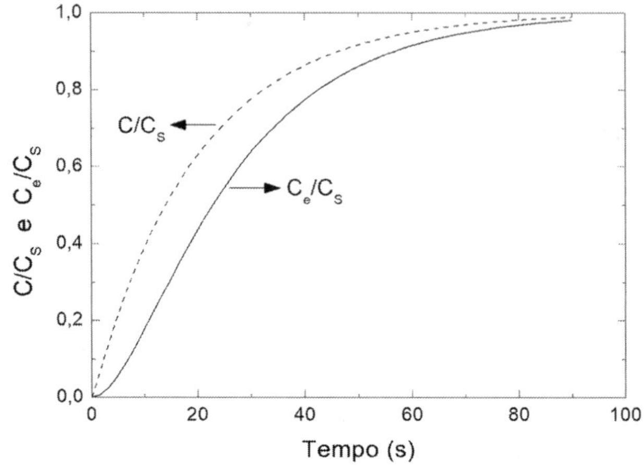

Figura 9.5 Variação no tempo da concentração real relativa de O_2 dissolvido (C/C_S) e do sinal relativo do eletrodo (C_e/C_S) durante a execução do método dinâmico (k_La = 0,050 s^{-1} = 180 h^{-1} e k_e = 0,120 s^{-1} = 432 h^{-1}).

Assim, é possível, a partir das equações anteriores, gerar curvas semelhantes às da Figura 9.5 para distintos valores de k_La. Tal procedimento permite concluir que, com um eletrodo que apresente um k_e da ordem de 400 h^{-1}, podem-se estimar valores de k_La inferiores a 200 h^{-1} com uma razoável precisão, sem a necessidade de efetuar correções. Acima desses valores de k_La, os erros tornam-se muito elevados caso não se realize a correção proposta pela Equação (9.19).

Como já apresentado, o atraso da medida do eletrodo deve-se às resistências às difusões do O_2 através da membrana do eletrodo e na película estagnada de líquido, que depende da condição de agitação empregada, ou seja, quanto mais intensa a agitação, menor a espessura da película estagnada, menor a resistência à difusão e maior o valor de k_e. Logo, numa faixa intermediária de condições de agitação é correto pensar que, para cada valor de frequência de agitação (N), haverá um valor diferente de k_e. Portanto, criteriosamente, para cada condição de operação (agitação e aeração) em que se pretende obter o valor de k_La, deve-se também obter experimentalmente o valor correspondente de k_e, uma vez que, de acordo com a Equação (9.19), sua magnitude afeta a estimativa de k_La.

Isto posto, a caracterização da transferência de oxigênio em biorreatores com base no k_La demandaria uma exaustiva etapa experimental. Uma opção equivocada é obter simultaneamente os valores de k_e e de k_La a partir do ajuste da Equação (9.19) aos dados experimentais C_e em função do tempo (t), uma vez que esses parâmetros estão fortemente correlacionados, ou seja, existirão vários pares de valores de k_e e k_La que ajustam adequadamente a Equação (9.19) aos dados experimentais.

Na busca de contornar esse problema, Cerri et al. (2016) propuseram uma nova abordagem matemática, que permite a estimativa simultânea de k_e e k_La a partir de dados experimentais de C_e em função do tempo (t) obtidos pelo método dinâmico.

Com base nos valores de C/C_S e C_e/C_S do gráfico da Figura 9.5, podem-se plotar as curvas de $-\ln\left(1-C/C_S\right)$ e $-\ln\left(1-C_e/C_S\right)$ em função do tempo (t) (Figura 9.6).

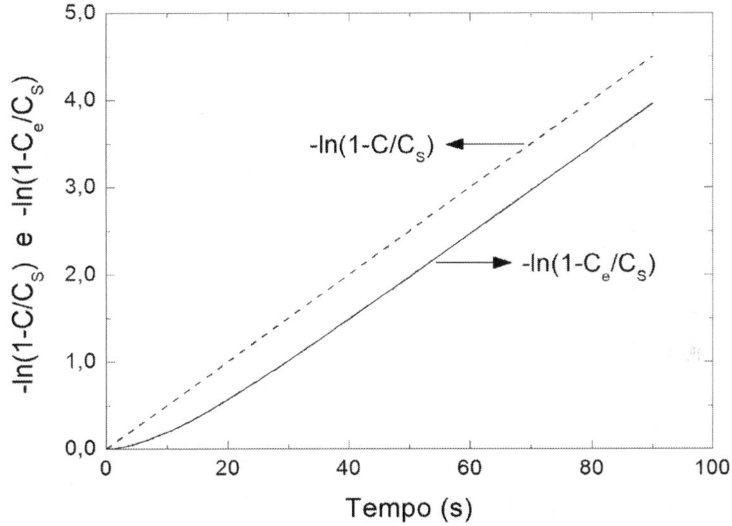

Figura 9.6 Gráficos de $-\ln(1 - C/C_S)$ (linha tracejada) e $-\ln(1 - C_e/C_S)$ (linha sólida) em função do tempo (t) considerando $k_La = 0{,}050\ s^{-1} = 180\ h^{-1}$ e $k_e = 0{,}120\ s^{-1} = 432\ h^{-1}$.

A metodologia baseia-se no fato de no método dinâmico, após decorrido um determinado tempo (≈30 s nesse exemplo), as retas de $-\ln\left(1-C/C_S\right)$ e $-\ln\left(1-C_e/C_S\right)$ em função do tempo (t) serem paralelas. Como, de acordo com a Equação (9.16), o coeficiente angular da reta $-\ln\left(1-C/C_S\right)$ em função de t é igual ao k_La, logo:

$$-\frac{d\ln\left(1-C/C_S\right)}{dt}=-\frac{d\ln\left(1-C_e/C_S\right)}{dt}=k_La \tag{9.22}$$

Aplicando-se a regra da cadeia:

$$\frac{d\ln\left(1-C_e/C_S\right)}{dt}=\frac{d\ln\left(1-C_e/C_S\right)}{d\left(1-C_e/C_S\right)}\frac{d\left(1-C_e/C_S\right)}{d(C_e/C_S)}\frac{d(C_e/C_S)}{dt} \tag{9.23}$$

sabendo-se que:

$$\frac{d\ln\left(1-C_e/C_S\right)}{d\left(1-C_e/C_S\right)}=\frac{1}{C_e/C_S} \tag{9.24}$$

$$\frac{d\left(1-C_e/C_S\right)}{d(C_e/C_S)}=-1 \tag{9.25}$$

Substituindo a Equação (9.17) na Equação (9.18) e rearranjando, tem-se:

$$\frac{d(C_e/C_S)}{dt}=k_e\left(1-C_e/C_S-e^{-k_L a\,t}\right) \tag{9.26}$$

Substituindo as Equações (9.24), (9.25) e (9.26) na Equação (9.23) e a equação resultante na Equação (9.22), tem-se que:

$$k_e=\frac{k_L a}{\left(1-\dfrac{e^{-k_L a\,t}}{1-C_e/C_S}\right)} \tag{9.27}$$

Dessa forma, é possível obter o valor de $k_L a$ sem a interferência de k_e a partir de valores experimentais de C_e em função de t obtidos pelo método dinâmico. Para tal, plota-se o gráfico de $-\ln\left(1-C_e/C_S\right)$ em função de t e obtém-se o valor de $k_L a$ como o coeficiente angular do trecho linear da curva. Nesse trecho, o valor de $k_L a$ será constante, bem como o valor de k_e obtido pela Equação (9.27). Logo, deve-se obter o gráfico e selecionar o trecho linear para obter o valor de $k_L a$.

9.5.2 ANÁLISE CONJUNTA DA TRANSFERÊNCIA E DO CONSUMO DE OXIGÊNIO

Durante um bioprocesso, deve-se transferir continuamente oxigênio da fase gasosa para a fase líquida, de forma a atender à demanda de O_2 dissolvido pela respiração celular. Dessa forma, o balanço de massa de oxigênio na fase líquida é expresso pela Equação (9.28):

$$\frac{dC}{dt}=k_L a\left(C_S-C\right)-Q_{O_2}X \tag{9.28}$$

Cabe lembrar que a cinética de um dado cultivo está contemplada na Equação (9.28), pois Q_{O_2} varia com μ de acordo com a Equação (9.3).

Considerando um bioprocesso descontínuo (batelada), tem-se no instante inicial uma baixa concentração celular (X_0) e, como o cultivo poderá contar com uma fase *lag* ($\mu = 0$), haverá também o mínimo valor para Q_{O_2} ($= m_o$), o que significa a necessidade de baixa transferência a fim de satisfazer a essa pequena demanda de O_2 ($m_o X_0$). No entanto, com o decorrer do tempo, μ aumentará e atingirá o seu máximo valor na fase exponencial, ocorrendo o mesmo em relação a Q_{O_2}. Na sequência do bioprocesso, Q_{O_2} deverá diminuir com a diminuição de μ, mas ainda será observado um aumento em X. Portanto, deve ainda ocorrer um aumento na demanda $Q_{O_2}X$, a qual deverá atingir o máximo valor em instantes posteriores à fase exponencial, passando então a decrescer.

Avaliando a demanda de O_2 ao longo do bioprocesso descontínuo, fica claro que o sistema de transferência deverá ser dimensionado de forma a atender à máxima demanda de O_2, caso se pretenda manter o cultivo em condições não limitantes, em termos de oxigênio dissolvido, durante toda a sua extensão.

Tendo como base esse pressuposto, a Figura 9.7 ilustra duas possibilidades de operação, devendo-se informar que ela foi elaborada a partir de dados experimentais obtidos durante o cultivo de *Aspergillus awamori* (FACHINI, 1988), sendo os valores de Q_{O_2} calculados a partir da Equação (9.3). As escalas estão apresentadas em termos de valores com unidades arbitrárias (ua), pois os absolutos não são necessários dentro da presente discussão.

O primeiro estilo de operação pressupõe a existência de um eletrodo de medida da concentração de O_2 dissolvido (C) no biorreator, sendo o seu sinal empregado para uma ação de controle, a fim de manter constante essa concentração (C_C), variando para tal a frequência de agitação e/ou a vazão de aeração. Nessa situação, como na Equação (9.28) C é constante e dC/dt é nulo, tem-se:

$$k_L a\left(C_S - C_C\right) = Q_{O_2} X \tag{9.29}$$

em que C_C é um valor constante estipulado para C, por exemplo, $C_C = 0{,}20 C_S$ (Figura 9.7) ou $C_C = C_{crit}$ (g_{O_2}/m^3).

Rearranjando a Equação (9.29), tem-se que:

$$k_L a = \frac{Q_{O_2} X}{C_S - C_C} \tag{9.30}$$

Observa-se pela Equação (9.30) que, para manter $C = C_C$, deve-se variar o $k_L a$ proporcionalmente a $Q_{O_2}X$, tendo em vista que a grandeza $C_S - C_C$ é constante, desde que não se varie a pressão parcial de O_2 (p_g) no gás empregado na aeração. Isso pode ser verificado na Figura 9.7, na qual também se pode observar que o máximo valor de $k_L a$ é atingido simultaneamente com o máximo valor de $Q_{O_2}X$.

A consequência imediata dessa estratégia de operação é a necessidade de investimento em sistema de controle, ao lado de uma evidente economia de energia, a fim de manter o processo na condição desejada. De fato, no início é necessário agitar e aerar muito pouco, pois a demanda de O_2 é baixa, conforme indicado anteriormente. Apenas se utilizaria a máxima energia no instante da máxima demanda.

A segunda opção de operação seria calcular o valor de $k_L a$ para o instante de máximo valor de $Q_{O_2}X$, por meio da Equação (9.30), e praticar esse valor, traduzido por uma condição constante de operação (N e Q) desde o início do processo. Nesse caso, C variará com o tempo, atingindo o valor mínimo ($C = C_C$) no instante de máximo $Q_{O_2}X$ (Figura 9.7).

A partir da Equação (9.28), desprezando-se o valor de dC/dt, tem-se que:

$$\frac{C}{C_S} = 1 - \frac{Q_{O_2} X}{k_L a C_S} \tag{9.31}$$

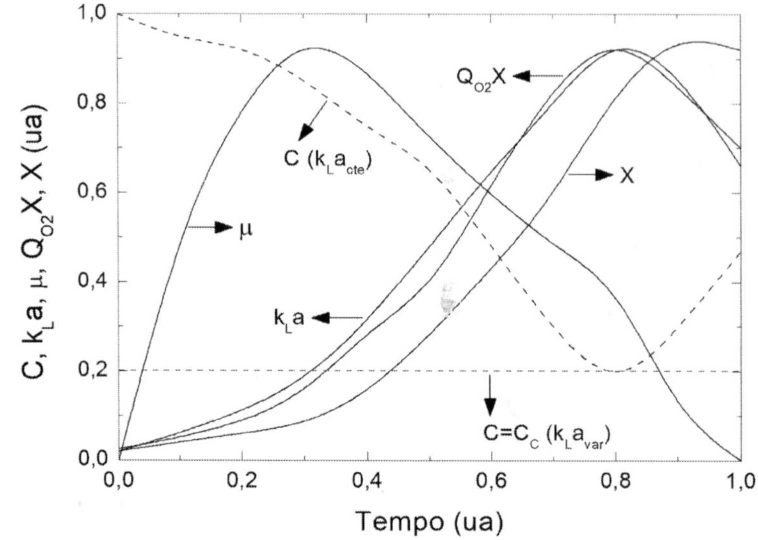

Figura 9.7 Ilustração de duas possíveis formas para projetar um sistema de transferência de O_2: com C constante e k_La variável ($C = C_c(k_La_{var})$) ou com k_La constante e C variável ($C(k_La_{cte})$). Mínimo de C fixado em $C_C = 0{,}20\ C_S$. ua: unidades arbitrárias.

A Equação (9.31) mostra a variação de C (ou C/C_S) em função de $Q_{O_2}X$, ou seja, em função do tempo, para um valor constante de k_La. Obviamente, nessa segunda opção de operação o gasto operacional de energia seria maior. No entanto, o investimento no sistema de controle seria menor.

Na realidade, dificilmente observa-se um valor constante de k_La ao longo de um bioprocesso, mesmo quando mantidas fixas as condições de operação (aeração e agitação), pois a atividade celular provoca alterações nas características do caldo em termos de reologia (viscosidade) e tensão superficial, o que contribui para uma redução de k_La por diminuição da difusividade do O_2, aumento da espessura da película líquida estagnada e aumento da tendência de coalescência de bolhas. Ainda, a necessidade da adição de antiespumante também contribui para a redução de k_La, pois introduz uma resistência adicional na interface gás-líquido.

Todos os fatos apontados indicam a clara necessidade de se determinar os valores de Q_{O_2} e k_La durante os bioprocessos, de forma a se ter dados confiáveis para o correto dimensionamento do sistema de transferência de O_2.

9.5.3 DETERMINAÇÃO DE k_La E Q_{O_2} EM BIOPROCESSOS

As metodologias descritas na Seção 9.5.1 para a determinação de k_La sem a presença de células apresentam especial importância quando se pretende comparar simplesmente o desempenho de diferentes sistemas quanto às suas capacidades de transferir oxigênio. Na presente seção há a preocupação em descrever alguns métodos para a quantificação de k_La e Q_{O_2} durante um bioprocesso, ou seja, na presença de células.

Um dos métodos mais utilizados para realizar essa tarefa é aquele que utiliza um eletrodo para a determinação da concentração de O_2 dissolvido, conhecido como método dinâmico (TAGUCHI; HUMPHREY, 1966). Nele, em um dado instante do bioprocesso aeróbio (t_0), interrompe-se a aeração, de forma a anular a transferência de oxigênio, conforme ilustrado na Figura 9.8. Recomenda-se também reduzir a frequência de agitação (N), a fim de reduzir ao máximo a transferência de O_2 pela superfície do líquido, mas isso deve ser executado com cautela, de forma a evitar a estagnação de líquido na superfície do eletrodo, o que pode causar um atraso exagerado de sinal.

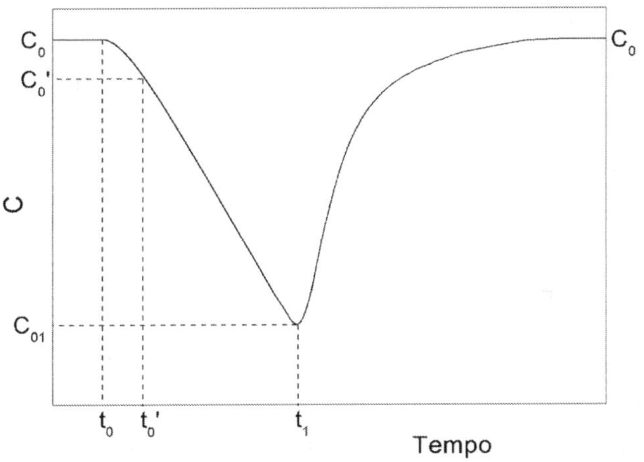

Figura 9.8 Ilustração da variação da concentração de O_2 dissolvido (C) com o tempo, durante a execução do método dinâmico.

Na Figura 9.8, observa-se no primeiro trecho da curva de C *versus* t que, após o desligamento da aeração, a concentração de O_2 dissolvido (C), que apresenta valor C_0 no instante inicial (t_0), diminui até atingir um certo valor C_{01} no instante $t = t_1$. Nesse instante, ou seja, no segundo trecho da curva de C *versus* t, a condição inicial de agitação e aeração praticada anteriormente é retomada, observando-se o aumento da concentração de O_2 dissolvido (C) até atingir-se novamente o valor anterior $C = C_0$.

Tal procedimento deve ser relativamente curto, não demandando mais que alguns minutos para sua execução, tempo este que depende, obviamente, do instante do bioprocesso ou, mais propriamente, da concentração celular (X) nesse momento. Assim, dentro desse curto intervalo de tempo, pode-se supor que não haja alteração da concentração celular (X), bem como se considera constante o valor de Q_{O_2}, não permitindo que a concentração de O_2 atinja valores abaixo da concentração crítica, ou seja, durante a aplicação do método deve-se manter $C > C_{crit}$.

Nessas condições, para o primeiro trecho sem aeração não há transferência de O_2. Logo, de acordo com a Equação (9.28), tem-se que:

$$\frac{dC}{dt} = -Q_{O_2} X \tag{9.32}$$

Integrando-se a Equação (9.32), obtém-se a Equação (9.33):

$$C = C_0 - Q_{O_2} X (t - t_0) \tag{9.33}$$

Conforme se pode observar na Figura 9.8, não há uma relação linear entre C e t desde o instante da interrupção da aeração (t_0), pois há um certo período em que ainda existem bolhas de ar no seio líquido, ocorrendo ainda alguma transferência de O_2. Logo, quando se interrompe a aeração, ocorrerá um pequeno intervalo de tempo até que se atinja a relação linear. Como o produto $Q_{O_2}X$ deve ser constante, deve-se considerar criteriosamente o intervalo de tempo a partir do instante $t_0'(C = C_0')$, sendo que o coeficiente angular da reta é igual a $-Q_{O_2}X$, possibilitando determinar o valor de Q_{O_2} a partir do valor da concentração celular (X) neste instante do cultivo. Uma vez conhecido o valor de $Q_{O_2}X$, é possível efetuar o cálculo de k_La de duas formas distintas.

A primeira delas consiste em imaginar que a concentração de O_2 dissolvido (C) ao longo do bioprocesso varia muito lentamente, esperando-se que, ao final da aplicação do método dinâmico, C retorne ao valor original C_0. Assim, supondo estado estacionário em relação a C, tem-se que $dC/dt = 0$. Substituindo essa condição na Equação (9.28), tem-se que:

$$k_La = \frac{Q_{O_2} X}{C_S - C_0} \tag{9.34}$$

Essa metodologia de cálculo apenas pode ser aplicada nos instantes em que se tenha valores de C_0 razoavelmente menores que o de C_S (por exemplo, valores de $C_0 < 0{,}8C_S$), caso contrário, podem-se obter valores de k_La absurdamente altos, pois se está dividindo $Q_{O_2}X$ por valores muito pequenos da diferença $C_S - C_0$.

A segunda e a mais adequada forma de se obter o valor de k_La consiste em utilizar dados obtidos no trecho ascendente de C em função do tempo (t), com aplicação na íntegra da Equação (9.28), que, rearranjada, gera:

$$\frac{dC}{dt} = k_La\left(C_S - \frac{Q_{O_2} X}{k_La}\right) - k_LaC \tag{9.35}$$

Admitindo-se estado estacionário, a aplicação da Equação (9.35) no patamar que antecede a interrupção da aeração ($C = C_0$) leva à Equação (9.36):

$$C_0 = C_S - \frac{Q_{O_2} X}{k_L a} \tag{9.36}$$

Introduzindo-se a Equação (9.36) na Equação (9.35), tem-se que:

$$\frac{dC}{dt} = k_L a\left(C_0 - C\right) \tag{9.37}$$

Essa equação pode ser integrada, lembrando que para o instante inicial de retomada da agitação e aeração, ou seja, para $t = t_1$, tem-se $C = C_{01}$, obtendo-se:

$$\ln\left(\frac{C_0 - C}{C_0 - C_{01}}\right) = -k_L a\left(t - t_1\right) \tag{9.38}$$

Dessa forma, plotando-se $\ln\left(\frac{C_0 - C}{C_0 - C_{01}}\right) = f\left(t\right)$, conforme proposto pela Equação (9.38), obtém-se uma reta, o que permite o cálculo de $k_L a$ como o coeficiente angular desta. Na realidade, aqui também ocorrerá um certo período transitório, no qual as bolhas de ar ainda não estão ocupando o volume total de reação, de forma a se verificar a relação linear apenas para instantes ligeiramente posteriores à retomada da aeração. A Equação (9.38) também pode ser rearranjada de forma a explicitar a variação de C em função do tempo (t), na forma que segue:

$$C = C_0 - \left(C_0 - C_{01}\right)e^{-k_L a\left(t - t_1\right)} \tag{9.39}$$

Deve-se observar que no equacionamento proposto não se levou em consideração o possível atraso na resposta do eletrodo, conforme efetuado na determinação de $k_L a$ na ausência de células. É óbvio que essa abordagem adicional é agora mais complexa, mas pode ser realizada de algumas maneiras distintas.

Inicialmente, ao se empregar o trecho descendente para o cálculo de $Q_{O_2}X$, é possível imaginar que o atraso da sonda cause determinações com erro. No entanto, desde que se utilizem eletrodos em boas condições e suficientemente rápidos, está demonstrado na literatura, bem como será visto mais adiante, que a reta obtida com o sinal do eletrodo $C_e = f\left(t\right)$ é paralela à reta da concentração real $C = f\left(t\right)$ e, portanto, o coeficiente angular continua a fornecer o valor correto de $Q_{O_2}X$. Para verificar essa informação, sugere-se a leitura dos artigos de Koizumi e Aiba (1984) e de Yang, Mao e Yang (1988).

Alternativamente, pode-se raciocinar segundo proposto por Badino, Facciotti e Schmidell (2000), que consiste em retomar a sugestão de equacionamento proposta por Koizumi e Aiba (1984) considerando que a resposta do eletrodo possa ser descrita segundo a Equação (9.18). Para tanto, retomando a Equação (9.33) com $t_0 = 0$ (instante inicial da interrupção da aeração) e introduzindo o valor de C na Equação (9.18), tem-se que:

$$\frac{dC_e}{dt} = k_e\left(C_0 - Q_{O_2}Xt - C_e\right) \tag{9.40}$$

Essa equação pode ser integrada, obtendo-se:

$$C_e = C_0 - Q_{O_2}X\left(t - \frac{1}{k_e} + \frac{1}{k_e e^{-k_e t}}\right) \tag{9.41}$$

em que C_0 é a concentração real de O_2 antes da interrupção da aeração, coincidente com o sinal do eletrodo, ou seja, $C_0 = C_{e0}$.

A Equação (9.41), embora considere o atraso do eletrodo, não considera o transiente antes mencionado, ou seja, a existência de bolhas de ar nos instantes imediatamente posteriores à interrupção da aeração. Ela ainda prevê, para tempos elevados em que o termo $1/k_e e^{-k_e t}$ é desprezível, uma reta paralela à representada pela Equação (9.33), podendo-se, portanto, estimar o valor de $Q_{O_2}X$ a partir do sinal do eletrodo ($C_e = f(t)$). Igualmente, para valores elevados de k_e (eletrodo de resposta rápida), as Equações (9.33) e (9.41) seriam coincidentes.

Na Figura 9.9 está ilustrado o ajuste da Equação (9.41) a dados experimentais obtidos durante o cultivo de *Aspergillus awamori*, bem como a reta prevista pela Equação (9.33). Pode-se notar o excelente ajuste, apesar de não se considerar o período transiente.

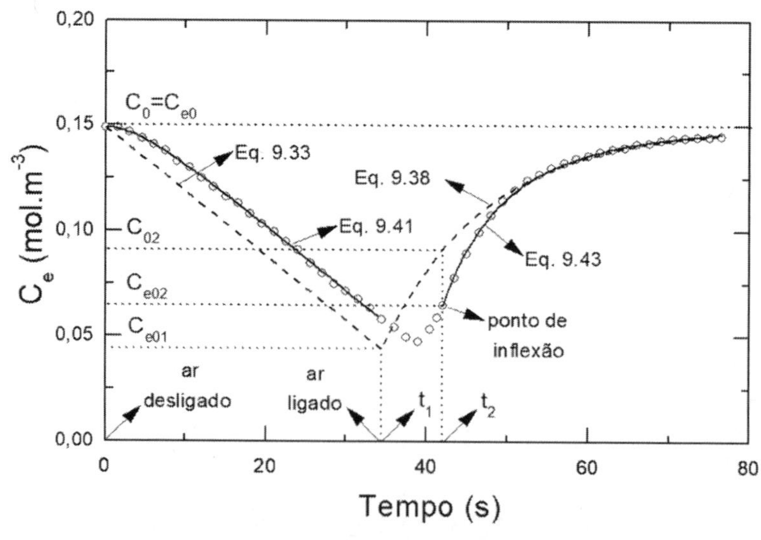

Figura 9.9 Dados experimentais relativos ao método dinâmico (o) aplicado em um dado instante de um cultivo de *Aspergillus awamori*. As curvas traçadas correspondem às equações indicadas no texto.

A fim de efetuar o cálculo de k_La considerando o atraso do eletrodo, pode-se empregar estratégia semelhante à descrita anteriormente, considerando o trecho ascendente da concentração de O_2 dissolvido. Retomando a Equação (9.37) e efetuando-se a integração a partir do instante $t_2 = 0$, cuja concentração real de O_2 dissolvido é C_{02}, tem-se que:

$$C = C_0 - (C_0 - C_{02})e^{-k_L at} \tag{9.42}$$

Pode-se agora substituir esse valor de C na Equação (9.18) e, em seguida, integrar a equação resultante, obtendo-se:

$$C_e = C_{e02}e^{-k_e t} + C_0\left(1 - e^{-k_e t}\right) + \frac{k_e\left(C_0 - C_{e02}\right)}{k_e - k_L a}\left(e^{-k_e t} - e^{-k_L at}\right) \tag{9.43}$$

em que:

C_{e02}: sinal do eletrodo no instante $t_2 = 0$ considerado na integração para a obtenção da Equação (9.43);

C_{02}: concentração real de O_2 no instante $t_2 = 0$;

$C_0 = C_{e0}$: concentração de O_2 antes da interrupção da aeração (concentração real coincide com o sinal do eletrodo).

A Figura 9.9 mostra o ajuste da Equação (9.43) aos dados experimentais obtidos durante um ensaio de cultivo de *Aspergillus awamori*, a partir do qual pode-se estimar os valores de k_La e C_{02} (a qual não é conhecida, pois é a concentração real de O_2 no instante $t_2 = 0$) conhecendo-se os valores de k_e, determinado previamente com ensaio em degrau, C_0 e C_{e02}. O ajuste pode ser realizado por meio da rotina de Marquardt para a estimativa de parâmetros, sendo o instante inicial de integração (t_2) correspondente ao ponto de inflexão da curva ascendente de $C_e = f(t)$, a fim de evitar o período transiente já mencionado. Observe-se também, a partir da Equação (9.43), que o valor de k_La pode ser determinado diretamente a partir do sinal do eletrodo, sem a necessidade do conhecimento do valor absoluto de C_S, pois todos os termos dessa equação podem ser divididos por C_S.

Outra interessante alternativa para determinar k_La e $Q_{O_2}X$ pelo método dinâmico levando em conta o atraso do eletrodo foi elaborada por Mignone e Ertola (1984) e Mignone (1990), a qual deve ser examinada pelo leitor interessado em aprimorar esse tipo de metodologia.

Para a aplicação do método dinâmico há a necessidade de valores relativamente elevados da concentração de O_2 dissolvido no meio no instante em que se pretende aplicar o método (C_0), uma vez que não se deve permitir que C diminua a valores abaixo da concentração crítica de O_2 (C_{crit}), a fim de manter constante o valor de $Q_{O_2}X$ das células presentes. Esse fato limita a aplicação dessa metodologia para instantes de um bioprocesso em que a concentração de O_2 dissolvido estiver baixa, impossibilitando a interrupção da aeração, ação que poderia levar à condição de $C < C_{crit}$.

Além disso, todos os métodos que empregam eletrodos têm o inconveniente da instalação do eletrodo em uma dada posição no interior do reator. Dessa forma, a determinação efetuada é válida para o ponto de medida e, normalmente, extrapola-se o valor de k_La para todo o reator. No caso de biorreatores de pequenas dimensões, essa extrapolação é bastante razoável, tendo em vista a possibilidade de considerá-lo como homogêneo. No entanto, para reatores de porte médio ou grande (milhares de litros), a consideração de reator homogêneo dificilmente é verdadeira, o que torna essas metodologias passíveis de críticas.

Uma alternativa aos eletrodos imersos no líquido é a realização de medidas nos gases afluente e efluente do reator, o que permite a execução de balanços gasosos e a determinação de k_La e Q_{O_2}. Para tanto, necessita-se monitorar com precisão as vazões de entrada e saída de gases no reator, além dos teores de O_2 e CO_2 nesses gases.

Normalmente empregam-se analisadores paramagnéticos e infravermelho para monitorar os teores de O_2 e CO_2 nas correntes gasosas Alternativamente, pode-se também empregar eletrodos para medir o teor de O_2 em um gás efluente, o que conta com a vantagem de serem equipamentos de baixo custo, mas questionados quanto a sua precisão.

Em todo caso, as medidas efetuadas nos gases efluentes são, em princípio, mais recomendáveis, pois podem ser feitas sem assepsia, permitindo calibrações e manutenções dos instrumentos de medida ao longo do cultivo, o que não é possível com os sensores imersos no meio líquido.

Suponha um biorreator de volume útil V que esteja sendo alimentado com uma dada vazão de ar, podendo-se medir os teores de oxigênio na entrada e na saída desse reator. O balanço molar para o O_2 na fase gasosa é representado pela Equação (9.44).

$$y_{O_2e}\dot{n}_e - y_{O_2s}\dot{n}_s = k_La\left(C_S - C\right)V \tag{9.44}$$

em que:

y_{O_2e}: fração molar ou volumétrica de O_2 no gás de entrada (mol_{O_2}/mol);

$\dot{n}_e$: vazão molar de gás na entrada (mol/h);

y_{O_2s}: fração molar ou volumétrica de O_2 no gás de saída (mol_{O_2}/mol);

$\dot{n}_s$: vazão molar de gás na saída (mol/h);

V: volume de líquido no biorreator (m^3).

Por outro lado, o balanço molar para o O_2 na fase líquida fornece:

$$V\frac{dC}{dt} = k_La\left(C_S - C\right)V - Q_{O_2}XV \tag{9.45}$$

Introduzindo-se a Equação (9.44) na Equação (9.45), obtém-se:

$$V\frac{dC}{dt} = y_{O_2e}\dot{n}_e - y_{O_2s}\dot{n}_s - Q_{O_2}XV \tag{9.46}$$

Pode-se supor que, ao longo de um bioprocesso de longa duração, a variação da concentração de O_2 dissolvido em função do tempo seja pequena, o que significa escrever que durante um curto período (alguns minutos, por exemplo) a concentração de O_2 dissolvido permanece praticamente constante, ou seja, $dC/dt = 0$. Logo:

$$Q_{O_2}X = \frac{1}{V}\left(y_{O_2e}\dot{n}_e - y_{O_2s}\dot{n}_s\right) \tag{9.47}$$

Considerando gás ideal, as vazões molares ($\dot{n}$) podem ser escritas em função de vazões volumétricas (Q), da forma que segue:

$$\dot{n} = \frac{PQ}{RT} \tag{9.48}$$

em que:

Q: vazão volumétrica do gás (m^3/h);

P: pressão total do gás (atm);

R: constante universal dos gases ($m^3atm/(molK)$);

T: temperatura absoluta do gás (K).

Assim, a Equação (9.47) é reescrita na forma:

$$Q_{O_2}X = \frac{1}{V}\left(\frac{P_eQ_e}{RT_e}y_{O_2e} - \frac{P_sQ_s}{RT_s}y_{O_2s}\right) \tag{9.49}$$

em que:

P_e: pressão do gás na entrada do biorreator (atm);

T_e: temperatura do gás na entrada do biorreator (K);

Q_e: vazão volumétrica de gás na entrada do biorreator (m^3/h);

P_s: pressão do gás na saída do biorreator (atm);

T_s: temperatura do gás na saída do reator (K);

Q_s: vazão volumétrica de gás na saída do reator (m^3/h).

Por meio da Equação (9.49) é possível calcular $Q_{O_2}X$, desde que se disponha das grandezas nela indicadas. Particularmente, deve-se salientar que, na entrada do gás (em que $y_{O_2e} = 0{,}2095$, caso se esteja empregando ar atmosférico sem enriquecimento com O_2), a pressão total (P_e) consiste na somatória das pressões atmosférica, na cabeça do reator e exercida pela coluna de líquido no biorreator. Essa coluna líquida, que pode ser desprezada para pequenos reatores de bancada, não pode ser desconsiderada para reatores de grande porte, os quais podem ter vários metros de altura (lembrando que 10,33 m de coluna d'água corresponde a 1 atm). Nesse caso, P_e pode ser calculada pela Equação (9.12).

O quociente respiratório ($RQ = Q_{CO_2}/Q_{O_2}$) pode apresentar valores superiores à unidade. No entanto, considerando que as vazões molares de entrada e saída sejam iguais, o que significa imaginar que cada 1 mol de O_2 consumido gere 1 mol de CO_2, ou seja, $RQ = 1$, e que os gases de entrada e saída estejam nas mesmas condições de temperatura e pressão (desprezando-se a coluna líquida), a Equação (9.49) pode ser simplificada para a forma que segue:

$$Q_{O_2}X = \frac{PQ}{RTV}\left(y_{O_2e} - y_{O_2s}\right) \tag{9.50}$$

É óbvio que a Equação (9.50) é bem mais simples que a Equação (9.49), mas é importante prestar atenção nas simplificações introduzidas.

Caso ar atmosférico seja alimentado ao biorreator e se disponha dos valores das frações molares de O_2 e CO_2 no gás efluente (y_{O_2s} e y_{CO_2s}), pode-se efetuar um balanço molar para o nitrogênio (N_2) (componente inerte), obtendo-se:

$$y_{N_2e}\dot{n}_{ar} = 0{,}79\dot{n}_{ar} = y_{N_2s}\dot{n}_s \tag{9.51}$$

em que:

y_{N_2e}: fração molar de N_2 na corrente de entrada (mol_{N_2}/mol);

y_{N_2s}: fração molar de N_2 na corrente de saída (mol_{N_2}/mol);

$\dot{n}_{ar}$: vazão molar de ar na entrada do reator (mol/h).

Sabendo-se que a corrente de saída é composta por O_2, CO_2 e N_2, pode-se escrever que:

$$\dot{n}_s = \frac{0{,}79\dot{n}_{ar}}{1 - y_{O_2s} - y_{CO_2s}} \tag{9.52}$$

Assim, é possível calcular $\dot{n}_s$ desde que se disponha adicionalmente do valor da fração molar de CO_2 na corrente de saída (y_{CO_2s}), não havendo a necessidade de medir essa vazão.

Saliente-se, ainda, que a disponibilidade de y_{CO_2s} (considera-se, normalmente, desprezível o teor de CO_2 no ar de entrada, $y_{CO_2e} = 0$) permite a realização do balanço gasoso para o CO_2 e, portanto, o cálculo de Q_{O_2}, desde que se admita coeficiente respiratório $RQ = 1$, conforme discutido anteriormente. Esta é uma alternativa possível, lembrando a maior robustez dos analisadores de CO_2.

Quanto à determinação de k_La, esta é realizada supondo-se estado estacionário para C, ou seja, por meio da Equação (9.34), lembrando a restrição mencionada sobre a necessidade de uma concentração de O_2 dissolvido razoavelmente distinta da concentração de saturação, a fim de não se superestimar o valor de k_La.

O emprego do balanço gasoso é uma ferramenta bastante conveniente, pois, além das vantagens indicadas anteriormente sobre a efetivação da medida fora do biorreator, ainda se está analisando este integralmente. Adicionalmente, essa metodologia não interfere na operação do biorreator, pois nada é alterado em termos de sua condução, não havendo necessidade de alterar vazão de ar (Q_{ar}) ou frequência de agitação (N).

Trata-se, portanto, de uma medida *on-line* que conta com o inconveniente, como as anteriores, de necessitar do conhecimento de X para se calcular o valor de Q_{O_2}. No entanto, o valor da grandeza $Q_{O_2}X$ já é extremamente útil em termos de controle do processo.

Outro problema dessa metodologia refere-se à quantificação das diferenças entre as frações molares de O_2 e CO_2 nos gases de entrada e saída do biorreator para os instantes iniciais do bioprocesso. De fato, para esses instantes, normalmente a concentração celular é baixa, havendo um baixo consumo de O_2 e, por conseguinte, um gás efluente com composição muito próxima à do gás de entrada. Isso dificulta uma boa estimativa de $Q_{O_2}X$, o que, somado à problemática da determinação de baixas concentrações celulares, impede que se obtenham valores confiáveis de Q_{O_2}.

Essa observação é de importância para o emprego do balanço gasoso de uma forma geral, pois o uso de elevadas vazões de alimentação de ar (comuns na operação de biorreatores pneumáticos) pode também expandir essa dificuldade para todo o bioprocesso, uma vez que se recomenda empregar baixas vazões específicas de alimentação de ar, normalmente inferiores a 1 *vvm*.

Adicionalmente, se a estimativa de $Q_{O_2}X$ é imprecisa em virtude de gases de entrada e de saída com composições muito semelhantes, isso frequentemente significa que $C \cong C_S$, o que também inviabiliza as estimativas de k_La.

Deve-se lembrar que, na discussão do método dinâmico, um sério problema residia nas dificuldades para os instantes adiantados do processo fermentativo, quando a concentração celular é elevada, pois a concentração de O_2 no líquido pode atingir valores reduzidos. No entanto, para os instantes iniciais, tem-se baixos valores de X e elevados valores de C, o que permite a realização do método dinâmico com relativa facilidade.

Adicionalmente, os baixos valores de X causam um decréscimo lento da concentração de O_2 dissolvido quando se interrompe a aeração, o que facilita o monitoramento de C por meio do sinal do eletrodo (C_e). Quando se retoma a aeração, no entanto, verifica-se um rápido aumento em C, o que continua a exigir o emprego das metodologias para a correção do sinal do eletrodo.

Diante do exposto, é possível concluir que o método dinâmico e o balanço gasoso, como duas metodologias distintas para a determinação de Q_{O_2} e k_La, são na realidade complementares. O método dinâmico aplica-se bem no início de bioprocessos descontínuos ou em bioprocessos com baixa concentração celular, enquanto o balanço gasoso encontra melhor aplicação para concentrações celulares mais elevadas.

9.6 CONSUMO DE POTÊNCIA NA AGITAÇÃO E NA AERAÇÃO DE FLUIDOS NEWTONIANOS E NÃO NEWTONIANOS

9.6.1 FLUIDOS NEWTONIANOS

Sabendo-se como é possível determinar experimentalmente os valores de k_La durante um bioprocesso, surge naturalmente o interesse em correlacionar os valores desse coeficiente de transferência com as condições de agitação e aeração empregadas, objetivando o atendimento da demanda do processo $Q_{O_2}X$, como amplamente discutido na Seção 9.5.2.

Em virtude de sua versatilidade, o tanque agitado e aerado ainda é a configuração de biorreator mais utilizada nas escalas de bancada, piloto e industrial (ROYCE, 1992). Nesses equipamentos, a energia é transmitida ao fluido majoritariamente por meio dos impelidores e, portanto, o consumo de potência (energia/tempo) durante a agitação deve-se, quase na sua totalidade, à resistência que o caldo exerce sobre as pás dos impelidores quando estes são rotacionados.

A potência transmitida ao fluido tem forte influência nos processos de transferência de quantidade de movimento, calor e massa do processo, sendo, portanto, uma grandeza de extrema importância no projeto, na operação e na ampliação de escala de fermentadores. A sua determinação pode ser efetuada pelo emprego de dinamômetros, *strain-gage*, ou por balanço térmico, lembrando-se, no entanto, que sempre se busca determinar a potência líquida transmitida ao meio líquido, e não a potência total despendida, uma vez que ocorrem perdas de potência no selo mecânico de entrada do eixo no biorreator, no sistema de redução de velocidade e no próprio motor.

Observando a Figura 9.10, é intuitivo imaginar que, quando se faz girar um dado impelidor imerso em um líquido, a potência (energia/tempo) transmitida ao líquido depende de diversas variáveis. De fato, o tipo de impelidor usado, seu diâmetro (D_i), a frequência de rotação do eixo do agitador (N), o diâmetro do tanque (D_t), a altura da coluna líquida (H_L), a existência ou não de chicanas e sua largura (W_b) e as características do líquido, como densidade (ρ) e viscosidade dinâmica (μ), são exemplos das possíveis variáveis que afetam a potência transferida a um líquido submetido à agitação.

Uma estratégia para abordar esse tipo de situação é o uso da análise dimensional, por meio da qual se busca juntar as variáveis em grupos adimensionais e, a seguir, obter as correlações entre eles. Essa foi a estratégia empregada por Rushton, Costich e Everett (1950a, 1950b), os quais demonstraram que:

$$
\begin{aligned}
\frac{P_0}{\rho N^3 D_i^5} &= f\left(\frac{\rho N D_i^2}{\mu}, \frac{N^2 D_i}{g}, \frac{D_t}{D_i}, \frac{H_L}{D_i}, \frac{C}{D_i}, \frac{W_b}{D_i}, \frac{L_i}{D_i}, \frac{W_i}{D_i}\right) \\
N_P &= f\left(Re, Fr, \frac{D_t}{D_i}, \frac{H_L}{D_i}, \frac{C}{D_i}, \frac{W_b}{D_i}, \frac{L_i}{D_i}, \frac{W_i}{D_i}\right)
\end{aligned}
\tag{9.53}
$$

em que:

N_P: número de potência ($= P_0/(\rho N^3 D_i^5)$) (adimensional);

Re: número de Reynolds ($= \rho N D_i^2/\mu$) (adimensional);

F_r: número de Froude ($= N^2 D_i/g$) (adimensional);

P_0: potência transmitida na agitação do líquido sem gaseificação (W);

N: frequência de rotação do eixo do agitador (rps ou s^{-1});

ρ: densidade do líquido (kg/m^3);

μ: viscosidade dinâmica do líquido (kg/(ms) = Pa s);

g: aceleração da gravidade (m/s^2);

D_i: diâmetro do impelidor (m);

$D_t/D_i, H_L/D_i, C/D_i, W_b/D_i, L_i/D_i, W_i/D_i$: adimensionais ligados à geometria do reator (–);

H_L: altura da coluna de líquido (m);

D_t: diâmetro do tanque (m);

C: distância do impelidor ao fundo do reator (m);

W_b: largura da chicana (m);

L_i: comprimento da pá da turbina (m);

W_i: altura da pá da turbina (m).

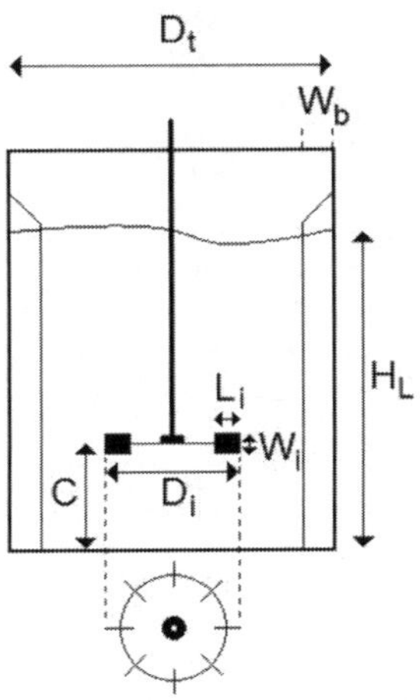

Figura 9.10 Esquema de um tanque agitado por impelidor tipo turbina de seis pás planas, com indicação de dimensões importantes na transmissão de potência ao líquido.

Rushton, Costich e Everett (1950a, 1950b) efetuaram determinações de consumo de potência transmitida para diferentes tipos de impelidores e em diferentes geometrias. Na Figura 9.11 encontram-se dados para os impelidores tipo turbina com disco e seis pás planas (*flat-blade disk turbine*) e para o impelidor tipo hélice marinha (*marine propeller*), os quais são os impelidores mais frequentemente empregados em bioprocessos. Esses dados foram obtidos por meio de variações de D_i, N, ρ e μ em tanques geometricamente semelhantes, providos com chicanas, com relações geométricas indicadas na Tabela 9.4, as quais são definidas como relações-padrão, conforme discutido na Seção 9.2. Em distintas geometrias e para outros tipos de impelidores, as curvas são semelhantes, porém deslocadas em relação às ilustradas na Figura 9.11.

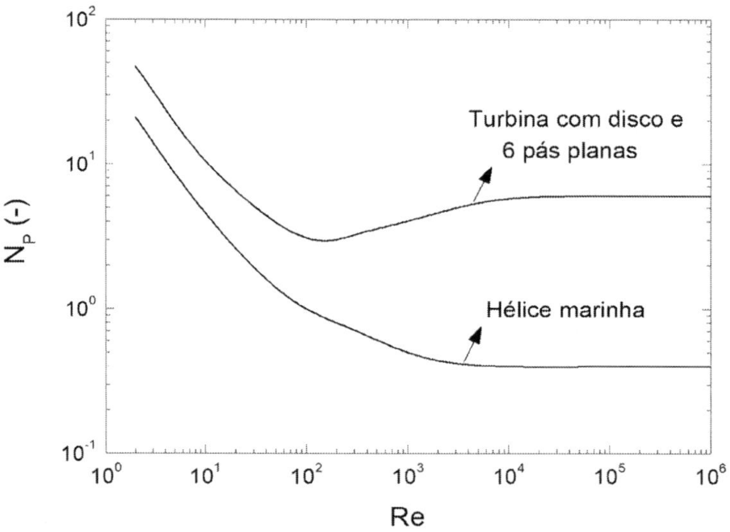

Figura 9.11 Número de potência $(N_P = P_0/(\rho N^3 D_i^5))$ em função do número de Reynolds $(Re = \rho N D_i^2/\mu)$ para impelidores tipo turbina com disco e seis pás planas (*flat-blade disk turbine*) e hélice marinha (*marine propeller*). Dados obtidos para as geometrias indicadas na Tabela 9.4.

Tabela 9.4 Relações geométricas relativas aos dados da Figura 9.11; tanques com quatro chicanas

Impelidor	D_t/D_i	H_L/D_i	C/D_i	L_i/D_i	W_i/D_i	W_b/D_i
Turbina com disco e seis pás planas	3,0	3	1,0	0,25	0,20	0,10
Hélice marinha (passo = D_i)	3,0	3	1,0	–	–	0,10

Para a situação de tanques geometricamente semelhantes dotados de chicanas, as quais evitam a formação de vórtice, não ocorrendo, portanto, a participação do número de Froude (Fr), a Equação (9.53) se resume a:

$$N_P = f(Re) \tag{9.54}$$

Na Figura 9.11 observam-se três distintas regiões de escoamento: a região laminar ($Re < 10$), uma região de transição e, finalmente, a região de escoamento turbulento para elevados valores do número de Reynolds ($Re > 10^4$).

Na região de escoamento laminar, tem-se que:

$$N_P = K_1 Re^{-1} = \frac{K_1}{Re} \tag{9.55}$$

ou seja:

$$P_0 = K_1 N^2 D_i^3 \mu \tag{9.56}$$

Na região de escoamento turbulento:

$$N_P = K_2 = constante \tag{9.57}$$

ou seja:

$$P_0 = K_2 \rho N^3 D_i^5 \tag{9.58}$$

As Equações (9.56) e (9.58) indicam que para o dimensionamento de sistemas de agitação sem gaseificação, na região de escoamento laminar ou de escoamento viscoso, o consumo de potência (P_0) varia proporcionalmente com o quadrado da frequência de agitação e com o cubo do diâmetro do impelidor, além de depender da viscosidade do fluido. Na região de escoamento turbulento ou escoamento não viscoso, na qual frequentemente se procura efetuar os dimensionamentos, o consumo de potência (P_0) é proporcional ao cubo da frequência de rotação e à quinta potência do diâmetro do impelidor, dependendo também da densidade do fluido, e não da viscosidade.

Conforme se pode observar na Figura 9.11, na região turbulenta $N_P = 6{,}0$ para a turbina com disco e seis pás planas está o valor mais elevado entre todas as turbinas estudadas por Rushton, Costich e Everett (1950a, 1950b). Além disso, observa-se que na região de transição há uma tendência de queda do N_P, o que é interessante para um bioprocesso quando ocorre aumento na viscosidade do meio e, portanto, uma redução no número de Reynolds (*Re*). Assim, caso o sistema de agitação tenha sido dimensionado na região turbulenta, operando com uma frequência de rotação (*N*) constante, não haverá risco para o motor com o progresso da fermentação, pelo menos até a região laminar. Essas são duas razões pelas quais frequentemente se emprega turbina com disco e pás planas para a agitação e a transferência de oxigênio num processo aeróbio.

O motivo que determina uma menor transmissão de potência ao líquido por uma turbina tipo hélice marinha (*marine propeller*) é o fato de que esse impelidor impõe ao líquido um escoamento na direção axial para baixo (vide Figura 9.12), enquanto uma turbina com disco e pás planas impõe um escoamento na direção radial (na direção das paredes do tanque; vide Figura 9.13). Assim, são turbinas que podem ter funções distintas em um reator, mas em termos de transferência de potência, sem dúvida, a turbina tipo *flat-blade* é mais efetiva.

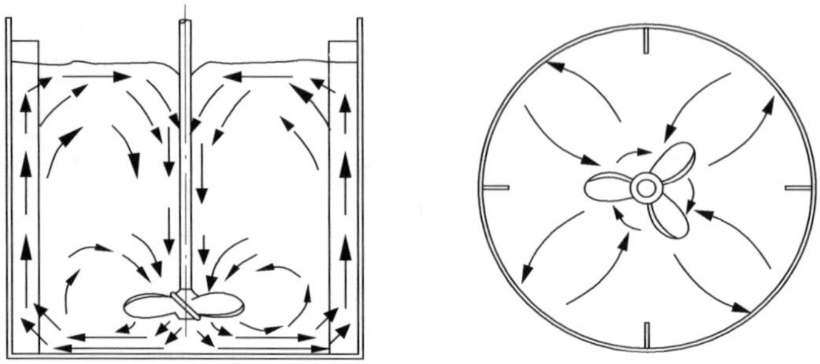

Figura 9.12 Escoamento axial para impelidores tipo hélice marinha (*marine propeller*) em tanque com chicanas.

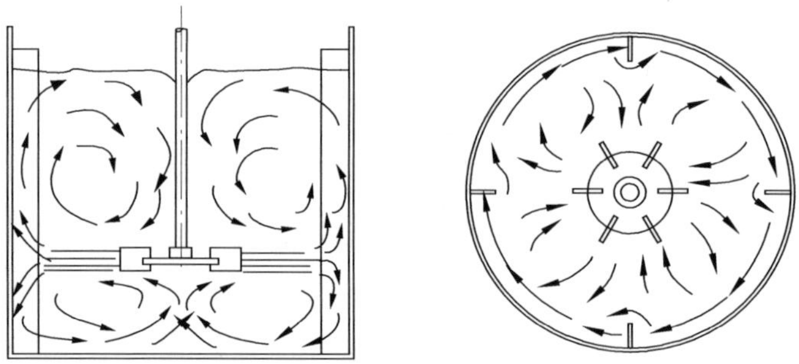

Figura 9.13 Escoamento radial para impelidores tipo turbina com disco e pás planas (*flat-blade disk turbine*) em tanque com chicanas.

Por outro lado, para o impelidor tipo turbina com disco e seis pás planas, Bates, Fondy e Corpstein (1963), bem como Treybal (1980), obtiveram o valor $N_P = 5,0$, enquanto a Ekato (1991), empresa especializada em projetos de sistemas de agitação, apresenta o valor $N_P = 4,6$. Logicamente, deve-se ter cuidado na escolha desse valor para estimativas de consumo de potência em sistemas não gaseificados (P_0), uma vez que a diferença entre o maior e o menor valores apresentados chega a cerca de 35%.

Apenas para se ter uma ideia da importância do tipo de turbina em termos da localização da curva de $N_P = f\left(Re\right)$, dados fornecidos por King, Hiller e Tatterson (1988) permitem concluir que para uma turbina com quatro pás planas, obtém-se $N_P = 2,2$, valor este bem inferior ao mencionado anteriormente (turbina com seis pás planas). Além disso, esses autores observaram uma redução no N_P para valores elevados do Re, em virtude da incorporação de ar da superfície quando se agita a elevadas frequências de rotação (N).

Um problema frequente encontrado nas estimativas de consumo de potência é o fato de se ter um sistema com relações geométricas distintas daquelas do sistema estudado por Rushton, Costich e Everett (1950a, 1950b). Aiba, Humphrey e Millis (1973) propuseram um fator de correção (f_C) para multiplicar o valor do consumo de potência obtido a partir dos diagramas de Rushton, Costich e Everett (1950a, 1950b):

$$f_C = \sqrt{\frac{(D_t/D_i)^* (H_L/D_i)^*}{(D_t/D_i)(H_L/D_i)}} \tag{9.59}$$

em que o asterisco identifica as relações geométricas distintas do sistema-padrão (Rushton). Essa expressão deve, no entanto, ser empregada com a devida cautela, em virtude da interferência da geometria, que às vezes é difícil de ser prevista de forma mais conveniente.

Outra questão importante, tendo em vista a realidade de um bioprocesso, é a frequente necessidade de se empregar mais que um impelidor num mesmo eixo, situação esta não examinada por Rushton, Costich e Everett (1950a, 1950b). Para esses casos, Wang et al. (1979) sugerem que o espaçamento entre impelidores (H_i) esteja localizado na seguinte faixa:

$$D_i < H_i < 2D_i \tag{9.60}$$

Os mesmos autores sugerem definir o número adequado de impelidores como:

$$\frac{H_L - D_i}{D_i} < N.\ de\ impelidores\,(n_i) < \frac{H_L - D_i}{D_i} \tag{9.61}$$

Quanto ao consumo de potência transmitida ao líquido em sistemas com múltiplos impelidores, Bates, Fondy e Corpstein (1963) obtiveram que $P_2/P_1 \cong 2$ para $H_i/D_i > 1,3$, em que os índices P_1 e P_2 indicam as potências transmitidas por um e dois impelidores, respectivamente. Num outro trabalho, Hudcova, Machon e Nienow (1989) encontraram a mesma relação para $H_i/D_i > 1,8$. Quando as turbinas se encontram próximas a $H_i/D_i < 1,8$, o escoamento de líquido causado por cada uma delas interfere no desempenho das outras, não permitindo a máxima transferência de potência. Por outro lado, acima de certo espaçamento entre os impelidores, o qual depende do tipo de turbina empregado, estes passam a operar de forma independente, o que permite estimar a potência transmitida para sistemas com múltiplas turbinas.

Os resultados de literatura sugerem, portanto, que desde que os impelidores estejam devidamente espaçados, o consumo de potência para sistemas com múltiplos impelidores será proporcional ao número deles, ou seja:

$$P_{O_n} = n_i P_0 \tag{9.62}$$

em que:

P_{O_n}: consumo de potência para um sistema não gaseificado com n impelidores;

n_i: número de impelidores;

P_0: consumo de potência para um sistema não gaseificado com um único impelidor.

As informações apresentadas até o momento permitem efetuar estimativas de potência transferida para um líquido por um determinado sistema de agitação quando não se está praticando a aeração (borbulhamento de ar), ou seja, quando há apenas a preocupação com o problema da mistura. Quando o objetivo é a transferência de oxigênio, haverá também a necessidade de aerar o líquido submetido à agitação, fato este que provocará alterações sensíveis na potência transmitida.

Quando há bolhas de ar suspensas num líquido, ocorre uma redução na densidade aparente do sistema, o que deve provocar uma redução na potência transferida em relação ao sistema não aerado. Para analisar esse tipo de situação, mais complexa que a anterior, Ohyama e Endoh (1955) definiram um número adimensional denominado número de aeração (N_A) por meio da seguinte expressão:

$$N_A = \frac{Q/D_i^2}{ND_i} = \frac{Q}{ND_i^3} \tag{9.63}$$

em que:

N_A: número de aeração (adimensional);

Q: vazão volumétrica de alimentação de ar (m^3/s);

ND_i: velocidade da extremidade do impelidor (m/s).

Na literatura são propostos gráficos que expressam a relação entre as potências transferidas nos sistemas gaseificado e não gaseificado (sem aeração) (P_g/P_0) em função do número de aeração (N_A), sendo, portanto, relações entre grandezas adimensionais.

Um exemplo desse tipo de resultado está ilustrado na Figura 9.14 para um sistema com dimensões padronizadas (Tabela 9.4) e com turbinas com seis pás planas distanciadas de $H_i = 3D_i$, condição para a qual as turbinas se comportavam de forma independente (HUDCOVA; MACHON; NIENOW, 1989). A medida da potência transferida foi realizada com dois sistemas *strain-gage*, um deles colocado entre os impelidores e o outro acima deles, de forma a obter os dados de consumo de potência para cada impelidor.

Conforme se pode observar, ocorre uma sensível queda na potência transferida, a qual é função da vazão de ar empregada. Particularmente, a turbina colocada na parte inferior, situada logo acima do aspersor de ar, é a que sofre uma maior perda de potência transferida, justamente por receber diretamente todo o fluxo de ar, tendo a importante tarefa de dispersá-lo. Já a turbina colocada na parte superior conta com uma menor perda de potência transferida, pois ela não recebe todo o fluxo de ar, o qual já foi dispersado. Dessa forma, as duas turbinas juntas também não conseguem transmitir a mesma potência que a observada no sistema sem aeração (P_0), mas o valor de P_g/P_0 é superior ao obtido com apenas um impelidor.

Uma interessante observação foi a efetuada por Martínez, Salvador e Galindo (1992) no que se refere ao emprego de distintos aspersores de ar. Segundo os autores, o uso de anéis no lugar de simples orifícios permite obter uma maior potência transmitida pelo sistema de agitação. Quando empregaram um anel com um diâmetro superior ao do impelidor, obtiveram valores muito maiores da relação P_g/P_0 para uma ampla faixa de valores de N_A. Os resultados comprovam a importância, em termos de transferência de energia, de se evitar que um maior fluxo de ar incida diretamente sobre a turbina, o que em condições extremas leva à inundação da turbina pela fase gasosa (*flooding*), o que impede a transferência de quantidade de movimento ao líquido e as adequadas mistura e transferência de oxigênio.

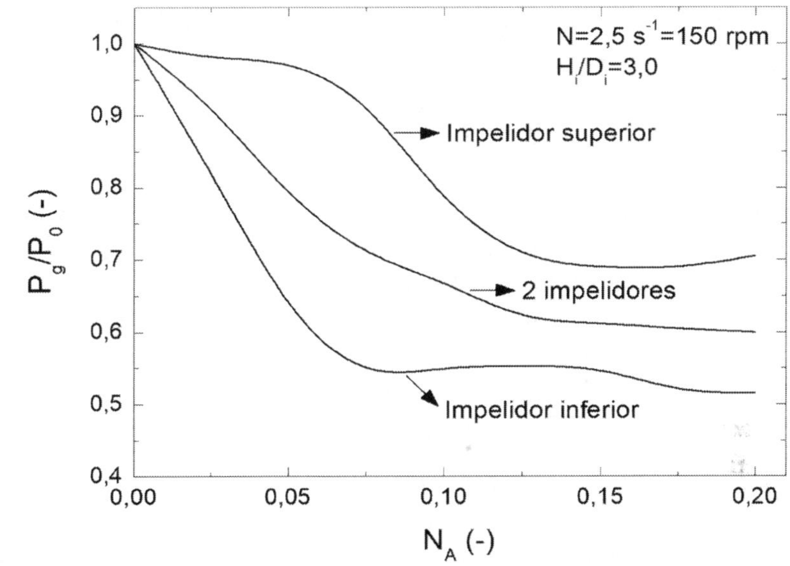

Figura 9.14 P_g/P_0 em função de $N_A = Q/ND_i^3$ para sistema de agitação com duas turbinas tipo Rushton (seis pás planas).

Fonte: adaptada de Hudcova, Machon e Nienow (1989).

Utilizando outra abordagem para estimar o consumo de potência em vasos agitados sob aeração, Michel e Miller (1962) propuseram a correlação dada pela Equação (9.64) para estimar o consumo de potência em sistemas gaseificados (P_g), válida para fluidos newtonianos:

$$P_g = k\left(\frac{P_0^2 N D_i^3}{Q^{0,56}}\right)^{0,45} \tag{9.64}$$

Baseando-se em dados experimentais próprios e naqueles obtidos por Ohyama e Endoh (1955), a correlação foi ajustada, obtendo-se o valor $k = 0,706$, que depende da geometria do sistema. As unidades são as do sistema internacional (SI), ou seja, P_g e P_0 em W, N em rps ou s^{-1}, D_i em m e Q em m^3/s.

A expressão de Michel e Miller (1962), apesar de não relacionar números adimensionais, costuma ajustar-se muito bem a dados experimentais obtidos em sistemas com diferentes geometrias.

Ainda em relação ao projeto de sistemas de agitação e aeração, deve-se salientar que o motor que acionará o sistema deve ser dimensionado segundo uma dada demanda de potência P_g do bioprocesso, adicionada da perda de potência no selo mecânico que conecta o eixo à tampa do biorreator. No entanto, nos instantes iniciais de operação, quando se estiver dissolvendo os nutrientes e promovendo a esterilização, não se estará promovendo a aeração do meio e, caso o biorreator já esteja operando no volume de reação pretendido, a potência que se estará transmitindo será P_0, e não P_g.

Caso se possa prever um sistema de agitação que permita a variação da frequência de rotação (N) segundo a Equação (9.58), deve-se definir um valor de N suficientemente baixo que possibilite a operação sem riscos para o motor. Alternativamente, é possível colocar dobradiças em algumas lâminas das turbinas tipo pás planas (*flat-blade*) (como exemplo, um impelidor de seis pás planas com três delas contendo dobradiças), de forma que, durante a esterilização, faz-se o motor girar na direção de fechamento das pás dotadas de dobradiças, invertendo-se o sentido de rotação do motor tão logo se inicie a aeração do sistema, quando então todas as lâminas se abrirão.

9.6.2 FLUIDOS NÃO NEWTONIANOS

Até este ponto, analisaram-se apenas situações nas quais o interesse reside na agitação e na aeração de fluidos newtonianos, mas sabe-se que durante um bioprocesso é possível que ocorram alterações significativas no caldo, podendo este passar à condição de líquido não newtoniano, como é o caso de processos envolvendo o cultivo de bactérias e fungos filamentosos.

É evidente que essa situação é mais complexa, exigindo um tratamento especial. Portanto, conhecer o comportamento reológico de caldos durante bioprocessos é de fundamental importância, pois as características reológicas desse tipo de fluido variam, principalmente em função da concentração de seus componentes, de sua temperatura e, em certos bioprocessos, das condições de cisalhamento (agitação e/ou aeração) a que são submetidos.

Os microrganismos consomem nutrientes dissolvidos no meio de cultura e, no caso de aeróbios, os convertem em biomassa com maior fator de conversão em relação aos anaeróbios, gerando caldos altamente heterogêneos, dificultando as operações de agitação e aeração e prejudicando os processos de transferência de quantidades de movimento, calor e massa.

Dependendo do tipo de microrganismo, o crescimento celular pode ser moderado, com células pequenas e uniformes, como é o caso de leveduras e bactérias, cujos caldos apresentam, com frequência, comportamento newtoniano. No entanto, o crescimento celular pode gerar partículas grandes e irregulares, resultando em fluidos heterogêneos, como é o caso de caldos fermentativos ocasionados pelo crescimento de fungos ou de bactérias filamentosas, que exibem comportamentos reológicos invariavelmente não newtonianos (TAGUCHI, 1971).

Portanto, em virtude da grande complexidade da reologia de caldos de fermentação, faz-se necessário conhecer e acompanhar o comportamento reológico durante os bioprocessos. A Figura 9.15 ilustra reogramas, ou seja, curvas de tensão de cisalhamento (τ) em função do gradiente de velocidade ou taxa de cisalhamento ($\dot{\gamma}$) de vários fluidos.

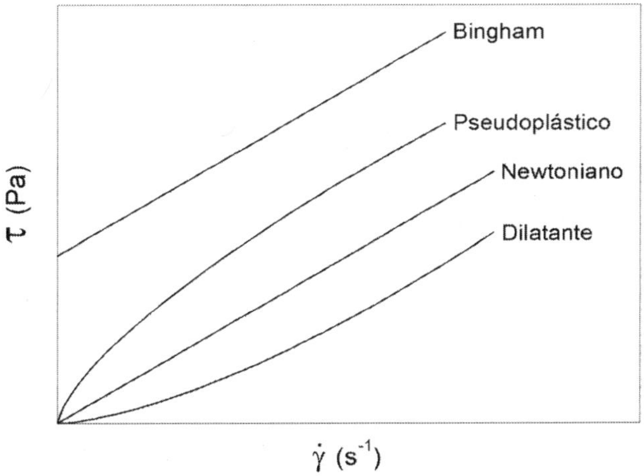

Figura 9.15 Reogramas de fluidos.

O modelo de Herschel-Bulkley é uma equação geral que descreve o comportamento reológico da maioria dos fluidos cujas reologias independem do tempo.

$$\tau = \tau_0 + K\left(\frac{dv}{dy}\right)^n = \tau_0 + K\dot{\gamma}^n \tag{9.65}$$

em que:

τ: tensão de cisalhamento ($N/m^2 = Pa$);

$dv/dy = \dot{\gamma}$: gradiente de velocidade ou taxa de deformação ou de cisalhamento do fluido (s^{-1});

τ_0: tensão inicial de cisalhamento ($N/m^2 = Pa$);

K: índice de consistência (Pas^n);

n: índice de comportamento de escoamento (–).

Como a Equação (9.65) é geral, o comportamento reológico do fluido depende dos valores que os parâmetros reológicos τ_0 e n assumem. Se $\tau_0 = 0$ e $n = 1$, o fluido é denominado newtoniano e:

$$\tau = \mu \frac{dv}{dy} = \mu\dot{\gamma} \tag{9.66}$$

A Equação (9.66), conhecida como a equação da "lei de Newton", apresenta a relação linear entre a tensão (τ) e a taxa de cisalhamento ($\dot{\gamma}$). Nesse caso, o índice de consistência do fluido (K), definido como a constante de proporcionalidade entre τ e $\dot{\gamma}$, corresponde à viscosidade dinâmica do fluido (μ) e depende somente da temperatura à qual o fluido newtoniano líquido é exposto, sendo independente da taxa de cisalhamento ($\dot{\gamma}$).

$$\mu = \frac{\tau}{\dot{\gamma}} \tag{9.67}$$

De maneira geral, todos os fluidos que não seguem a "lei de Newton" são denominados fluidos não newtonianos. A reologia, ciência que estuda a deformação e o escoamento da matéria, reserva dentro do seu amplo espectro de enfoque uma fatia considerável para o estudo do comportamento reológico dos chamados fluidos não newtonianos.

Diferentemente dos newtonianos, a relação entre a tensão (τ) e a taxa de cisalhamento ($\dot{\gamma}$) para fluidos não newtonianos não é linear, sendo a natureza dessa relação o critério utilizado para a classificação dos tipos de fluidos. Entre os diversos tipos, os mais importantes são os fluidos não newtonianos independentes do tempo.

Analisando ainda a Equação (9.65), se $\tau_0 = 0$ e $n \neq 1$, o comportamento do fluido é descrito pela equação da potência:

$$\tau = K\dot{\gamma}^n \tag{9.68}$$

Se $n > 1$, o fluido é denominado dilatante, tendo como exemplos suspensões de amido, silicato de potássio e areia. Se $n < 1$, o fluido é caracterizado como pseudoplástico. A maioria dos fluidos não newtonianos encontra-se nessa categoria, entre os quais se incluem caldos de fermentação envolvendo microrganismos filamentosos.

Definida como a relação entre a tensão (τ) e a taxa de cisalhamento ($\dot{\gamma}$), a viscosidade, no caso aparente (μ_{ap}) para fluidos não newtonianos que seguem a equação da potência, é expressa pela Equação (9.69):

$$\mu_{ap} = \frac{\tau}{\dot{\gamma}} = K\dot{\gamma}^{n-1} \tag{9.69}$$

Se $\tau_0 > 0$ e $n = 1$, o fluido é denominado como de Bingham ou plástico, outro tipo muito comum de fluido não newtoniano independente do tempo, com comportamento reológico expresso pela Equação (9.70).

$$\tau = \tau_0 + \eta\dot{\gamma} \tag{9.70}$$

em que $\eta(= K)$ é o coeficiente de rigidez ou viscosidade plástica (*kg*/(*ms*) = *Pa s*).

Os fluidos de Bingham requerem uma tensão inicial (τ_0) mínima para escoarem, em virtude da estrutura tridimensional rígida que possuem. Sujeitos a tensões menores que τ_0, comportam-se como sólidos. Atingida a tensão mínima, os fluidos de Bingham escoam similarmente aos fluidos newtonianos, apresentando uma relação linear entre τ e $\dot{\gamma}$. Entre os vários fluidos de Bingham, podem ser citados como exemplo o *ketchup* e o suco concentrado de laranja.

Como já citado anteriormente, caldos de fermentação envolvendo microrganismos filamentosos comportam-se como fluidos pseudoplásticos. Nesses casos, tanto o índice de consistência (*K*) quanto o índice de comportamento de escoamento (*n*) variam em função da concentração celular (*X*) e da morfologia celular.

Na Figura 9.16 encontra-se um exemplo de dados de caracterização reológica ao longo de um cultivo de *Aspergillus awamori*, sendo os valores de *K* e *n* plotados em função da concentração celular (SCHMIDELL et al., 1994). Pode-se observar que os valores de *n* e *K* variam ao longo do tempo ou com a concentração celular (*X*), havendo inclusive a possibilidade de ajuste de uma função exponencial entre os valores de *K* em *Pas*^{n} e *X* em *g*/*L* ($K = 0{,}051e^{0{,}31X}$), o que mostra a influência do crescimento das células na alteração das características reológicas do caldo de cultivo, tornando o problema bem mais complexo.

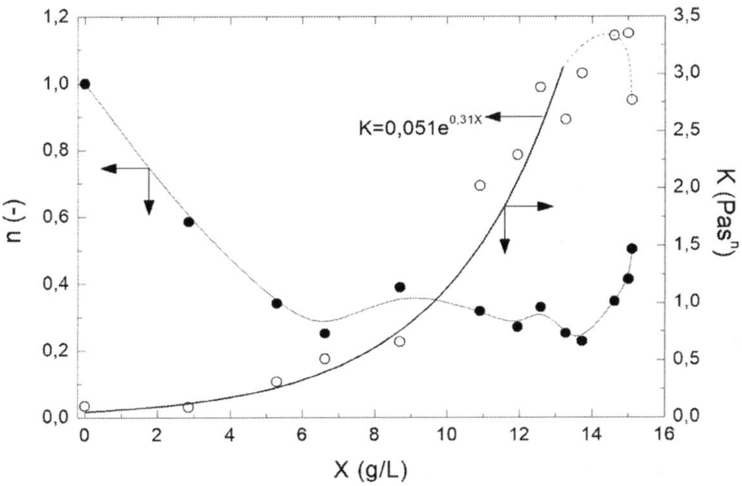

Figura 9.16 Valores do índice de comportamento do escoamento (*n*) e do índice de consistência (*K* em *Pas*^{n}) em função da concentração celular (*X* em g/L) durante cultivo de *Aspergillus awamori*.

Fonte: adaptada de Schmidell et al. (1994).

Para uma melhor compreensão da dificuldade de se agitar um fluido não newtoniano, deve-se lembrar que sua viscosidade, no caso aparente (μ_{ap}), depende do valor da taxa de cisalhamento ($\dot{\gamma}$) a que ele está submetido no tanque por um dado sistema de agitação. As várias publicações nessa linha também fazem uso de diagramas de N_p em função de Re para estimar o consumo de potência durante a agitação de fluidos não newtonianos não gaseificados (P_0), mas com uma ressalva: a viscosidade, no caso aparente (μ_{ap}), é incorporada no número de Reynolds modificado (Re_m):

$$Re_m = \frac{\rho N D_i^2}{\mu_{ap}} \tag{9.71}$$

Em biorreatores cilíndricos providos de chicanas, o fluido agitado escoa sofrendo deformações nas diferentes direções (radial, axial e angular). Define-se, portanto, uma taxa de cisalhamento média ($\dot{\gamma}_m$) a que o fluido está exposto em todo o volume do biorreator, que é a soma das deformações em todas as direções.

Para fluidos não newtonianos que obedecem à equação da potência, como é o caso dos pseudoplásticos, a viscosidade aparente (μ_{ap}) é definida em função da equação reológica do fluido e do gradiente de velocidade médio ($\dot{\gamma}_m$) no biorreator, logo:

$$Re_m = \frac{\rho N D_i^2}{K \dot{\gamma}_m^{n-1}} \tag{9.72}$$

Portanto, para se obter o número de Reynolds modificado (Re_m) na agitação de um fluido não newtoniano não gaseificado (P_0), deve-se quantificar o valor de $\dot{\gamma}_m$ na condição de operação do sistema.

Vários pesquisadores têm abordado esse problema, a maioria deles fazendo uma analogia entre as agitações de fluidos newtonianos e não newtonianos num mesmo tanque cilíndrico, de forma a obter equações de previsão para a taxa de cisalhamento média ($\dot{\gamma}_m$), geralmente em função da condição de agitação (frequência de rotação, N) empregada:

$$\dot{\gamma}_m = k_1 N \tag{9.73}$$

em que k_1 é uma constante de proporcionalidade adimensional que depende do tipo de impelidor e da geometria do sistema, além do tipo de fluido não newtoniano.

Dessa forma, para fluidos não newtonianos cuja reologia segue a equação da potência, pode-se definir o número de Reynolds modificado (Re_m) como:

$$Re_m = \frac{\rho N^{2-n} D_i^2}{K k_1^{n-1}} \tag{9.74}$$

Quanto à constante de proporcionalidade k_1, na literatura são encontrados diversos valores obtidos para tanques cilíndricos que estão, em parte, compilados na Tabela 9.5.

Tabela 9.5 Valores da constante de proporcionalidade k_1 da Equação (9.73)

k_1	Informações	Referência
13	Impelidor tipo turbina de seis pás planas e fluidos pseudoplásticos.	Metzner e Otto (1957)
$11{,}5\left(\dfrac{4n}{3n+1}\right)^{\frac{n}{1-n}}$	Impelidores tipos turbina de seis pás planas, palheta de duas pás planas e hélice marinha, fluidos pseudoplásticos, dilatantes e de Bingham.	Calderbank e Moo-Young (1959)
11,6	Um impelidor tipo turbina de seis pás planas, $1{,}3 \leq D_t/D_i \leq 5{,}5$.	Metzner et al. (1961)
11,4	Dois impelidores tipo turbina de seis pás planas, $1{,}023 \leq D_t/D_i \leq 3{,}5$.	

Na literatura são encontradas outras equações para previsão de $\dot{\gamma}_m$ que relacionam essa variável não apenas com a frequência de rotação (N), mas também com a vazão específica de alimentação de ar ($\phi = Q/V$) e com propriedades reológicas do fluido (KELLY; GIGAS, 2003; SÁNCHEZ-PÉREZ et al., 2006; CAMPESI et al., 2009; BUSTAMANTE; CERRI; BADINO, 2013, 2014).

Resta ainda considerar a questão de fluidos não newtonianos submetidos à aeração, quando então se pode imaginar que, similarmente a fluidos newtonianos, ocorrerá uma redução na potência transferida pelo sistema de agitação, conforme já indicado anteriormente. Sobre esse aspecto, cumpre ressaltar que a equação do tipo proposta por Michel e Miller (1962), Equação (9.64), pode também ser ajustada para prever a potência transmitida a fluidos não newtonianos submetidos a agitação e a aeração (P_g).

Na Figura 9.17 estão ilustradas correlações do tipo da sugerida por Michel e Miller (1962) no que se refere ao consumo de potência durante a agitação e a aeração de fluidos newtonianos e não newtonianos (P_g). Nessa figura, na qual são omitidos os pontos experimentais, para o caso de fluidos newtonianos, a correlação proposta foi ajustada a resultados experimentais obtidos por Michel e Miller (1962) e por Fukuda, Sumino e Kansaki (1968) em biorreatores de volumes muito distintos, variando de 3,5 até 42.000 litros, com uma razoável variação entre as relações geométricas. Inclusive, no caso de biorreatores de maiores dimensões, houve a utilização de duas ou três turbinas nos sistemas de agitação.

Observa-se que a equação indicada na Figura 9.17 para o fluido newtoniano difere da Equação (9.64), especialmente quanto à constante de proporcionalidade, obtendo-se 0,706 na Equação (9.64) e 0,545 na equação da figura.

Para fluidos não newtonianos, os dados referem-se ao trabalho de Taguchi et al. (1968), relativos ao cultivo de *Endomyces sp.*, o qual gera um caldo pseudoplástico. Saliente-se, novamente, que os resultados foram colhidos em biorreatores muito distintos, tanto em volume (20 a 30.000 litros) como em termos de relações geométricas. Apesar de se obter uma equação distinta da anterior, especialmente no que se refere à constante de proporcionalidade, 0,706 na Equação (9.64) e 0,405 na equação indicada na Figura 9.7, os resultados experimentais são muito bem representados pela relação proposta.

De qualquer maneira, fica bastante claro que uma equação com a estrutura proposta por Michel e Miller (1962) é de grande valia, apesar do inconveniente de não relacionar números adimensionais, conforme já mencionado.

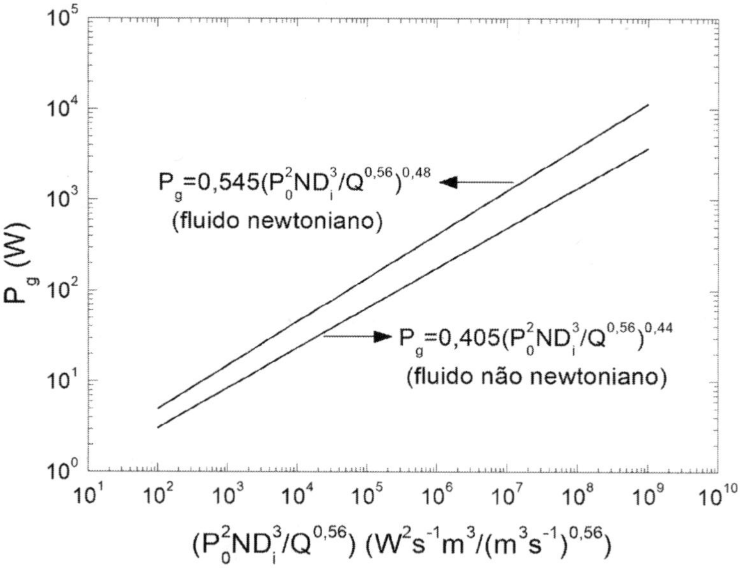

Figura 9.17 Correlação do tipo da proposta por Michel e Miller (1962) entre a potência transmitida pelo sistema agitado e aerado (P_g) e a grandeza $\left(P_0^2 N D_i^3 / Q^{0,56}\right)$ para fluidos newtonianos e não newtonianos (unidades do sistema internacional, SI).

9.7 CORRELAÇÕES PARA O COEFICIENTE VOLUMÉTRICO DE TRANSFERÊNCIA DE OXIGÊNIO ($k_L a$)

Na Seção 9.6 houve a preocupação de analisar o problema da transferência de energia para fluidos newtonianos ou não newtonianos em biorreatores na presença ou ausência de aeração, procurando abordar as possibilidades de se prever essa transmissão de potência dependendo do sistema de agitação e aeração existente, bem como das características do próprio bioprocesso.

Essa preocupação se deve à expectativa de que a agitação e a aeração permitam transferir oxigênio para as células em condições de satisfazer suas necessidades metabólicas ligadas às vias aeróbias, conforme discutido na Seção 9.5.2, Equação (9.28). Resta agora quantificar a influência da transferência de potência ao fluido, bem como das condições de aeração, na transferência de oxigênio do biorreator, quantificação esta que permite o dimensionamento do sistema de agitação e aeração.

Em virtude da importância do coeficiente volumétrico de transferência de oxigênio (k_La) no desempenho e no aumento de escala de biorreatores, várias correlações envolvendo o k_La têm sido publicadas na literatura. A maioria delas tem sido proposta para fluidos newtonianos distintos de caldos fermentativos, portanto, a utilização destas para previsão do k_La em sistemas envolvendo fluidos não newtonianos e contendo eletrólitos, como caldos de fermentação com microrganismos filamentosos, deve ser realizada com certa cautela (JURECIC et al., 1984).

O coeficiente volumétrico de transferência de O_2 (k_La) é função das variáveis de operação, entre elas a frequência de rotação (N) e a vazão volumétrica de alimentação de gás (ar) (Q); da geometria do sistema, como tipo, diâmetro (D_i) e número de impelidores (n_i) e volume de caldo (V); e das propriedades físicas do fluido agitado, como a densidade (ρ) e a viscosidade (μ).

Nas correlações propostas para o coeficiente volumétrico de transferência de O_2 (k_La) na literatura, normalmente o k_La é relacionado com o consumo de potência para o sistema gaseificado por unidade de volume (P_g/V) e com a velocidade superficial do gás (v_S), que relaciona a vazão de alimentação de gás (Q) e a área de seção do biorreator (S), entre outras variáveis:

$$\nu_S = \frac{Q}{S} = \frac{4Q}{\pi D_t^2} \tag{9.74}$$

A primeira correlação desse tipo existente na literatura, ilustrada pela Equação (9.75), foi proposta por Cooper, Fernstrom e Miller (1944) e empregada em sistemas compostos por um único impelidor tipo *vaned disk* (disco ranhurado) e com relação $H_L/D_t = 1$, utilizando como fluido solução de sulfito de sódio (Na_2SO_3).

$$K_V = k_1\left(\frac{P_g}{V}\right)^{a_1}(\nu_S)^{b_1} \tag{9.75}$$

em que:

k_1: constante que depende da geometria do sistema, bem como do sistema de unidades empregado;

P_g: consumo de potência do sistema agitado e aerado;

V: volume de líquido submetido a agitação e aeração;

v_S: velocidade superficial de ar;

a_1 e b_1: constantes empíricas.

Na Figura 9.18 estão ilustrados os dados experimentais obtidos por Cooper, Fernstrom e Miller (1944) e a correlação ajustada, dada pela Equação (9.76):

$$K_V = 25,3\left(\frac{P_g}{V}\right)^{0,95}\left(\nu_S\right)^{0,67} \tag{9.76}$$

em que o coeficiente de absorção de O_2 (K_V) está expresso em $mmol\,O_2L^{-1}h^{-1}atm^{-1}$, vide Equação (9.10), P_g/V em Wm^{-3} e v_S em ms^{-1}. Cabe salientar que a constante de proporcionalidade, no caso igual a 25,3, depende da geometria do sistema, bem como do sistema de unidades empregado.

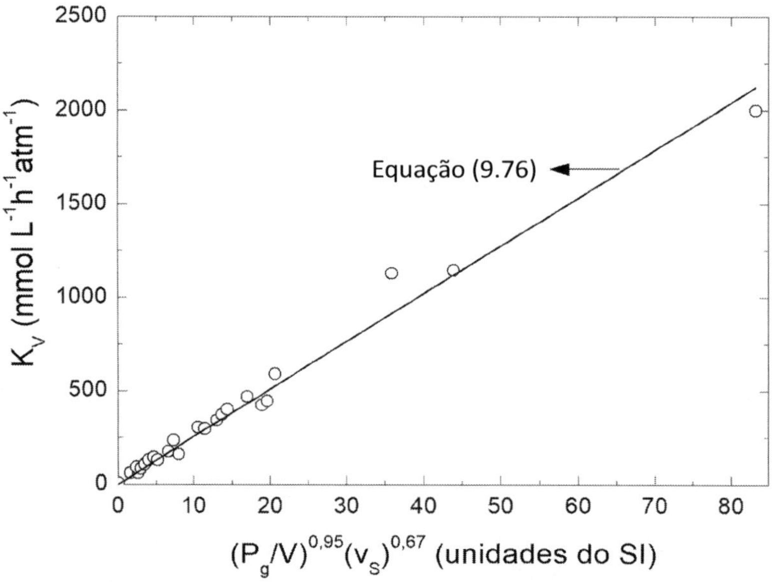

Figura 9.18 Ajuste da correlação de Cooper, Fernstrom e Miller (1944) a dados experimentais de transferência de oxigênio (K_V) em solução de Na_2SO_3 submetida a diferentes condições de agitação e aeração com impelidor tipo disco ranhurado (*vaned disk*).

Na Figura 9.18, os valores de K_V estão expressos em $mmol\,O_2L^{-1}h^{-1}atm^{-1}$, pois a constante de Henry para a água tem um valor próximo da unidade quando expressa em $mmol\,O_2L^{-1}\,atm^{-1}$ (Tabela 9.1). Nessas condições, pela Equação (9.10), os valores de K_V e k_La (em h^{-1}) são muito próximos, caso se possa admitir a situação de transferência de oxigênio para a água.

Nota-se também na Figura 9.18 a existência de valores bastante elevados de K_V, o que sugere a possibilidade de transferências de oxigênio extremamente elevadas. Da mesma forma, o expoente do termo P_g/V é muito elevado, o que confere a esse termo uma importância muito relevante na transferência.

Tais fatos podem ser atribuídos a alguns fatores, sendo um deles o estudo da transferência de oxigênio para uma solução de sulfito de sódio, isto é, para uma solução salina relativamente concentrada, o que confere ao meio a característica de não ocorrer a coalescência de bolhas de ar, além de reduzir a tensão superficial do líquido (característica de soluções salinas), o que tende a facilitar o transporte de oxigênio. Nessa condição, é sempre interessante transmitir elevadas potências à fase líquida (elevadas frequências de rotação do sistema de impelidores), a fim de obter bolhas de pequeno diâmetro que não coalescem com facilidade, o que explica o elevado expoente do termo P_g/V.

Outro importante fator é o emprego de um impelidor de disco ranhurado (*vaned disk*), o qual tem características bastante particulares e não parece encontrar maiores aplicações em bioprocessos.

Van't Riet (1979) propôs as correlações a seguir para k_La com base em resultados experimentais obtidos em vários trabalhos da literatura, relacionados com a transferência de oxigênio em sistemas aquosos numa ampla faixa experimental.

- Sistema ar-água (coalescente)

$$k_La = 0,026\left(\frac{P_g}{V}\right)^{0,40}\left(v_S\right)^{0,50} \tag{9.77}$$

- Sistema ar-solução eletrolítica (não coalescente)

$$k_La = 0,002\left(\frac{P_g}{V}\right)^{0,70}\left(v_S\right)^{0,20} \tag{9.78}$$

Nessas duas correlações, as unidades são as do SI, ou seja, k_La em s^{-1}, P_g em W, V em m^3 e v_S em ms^{-1}. As correlações são válidas para diferentes volumes de trabalho (2 L a 2.600 L) e para vários tipos de impelidores e relações D_i/D_t.

Segundo Kossen e Oosterhuis (1985), os valores dos expoentes da Equação (9.75) variam com a escala de trabalho, observando-se que, à medida que se aumenta o tamanho do biorreator, esses valores aproximam-se daqueles obtidos em sistemas onde ocorre coalescência de bolhas. Uma possível explicação para isso é o fato de, para biorreatores de grandes dimensões, as bolhas terem um maior tempo de residência na fase líquida, ampliando a possibilidade de coalescerem. Na Tabela 9.6 são apresentados valores de a_1 e b_1 da literatura que sustentam essa discussão.

Tabela 9.6 Expoentes a_1 e b_1 da Equação (9.75) segundo a escala de trabalho

Volume do biorreator (m³)	a_1	b_1	Sistema
0,005	0,95	0,67	Não coalescente
0,5	0,60-0,70	0,67	Não coalescente
50	0,40-0,50	0,50	Não coalescente
0,002-2,6	0,40	0,50	Coalescente

Fonte: adaptada de Kossen e Oosterhuis (1985).

Pode-se notar nos dados da Tabela 9.6 que o expoente de v_S (b_1) varia relativamente pouco em comparação com o termo P_g/V (a_1). Outro aspecto que merece ser comentado é que a correlação dada pela Equação (9.75) apenas explicita as influências da potência transferida (P_g/V) e da velocidade superficial (v_S) (a qual inclui a vazão de alimentação de ar, Q) no coeficiente de absorção de O_2 (K_V), deixando de explicitar outras interferências importantes.

Variações da correlação de Cooper, Fernstrom e Miller (1944) também têm sido propostas na literatura. Adicionalmente a P_g/V e v_S, algumas correlações têm incorporado termos como a frequência de rotação (N) e a viscosidade aparente do fluido (μ_{ap}), entre outros.

Richards (1961), utilizando-se dos valores experimentais gerados por Cooper, Fernstrom e Miller (1944), propôs a correlação dada pela Equação (9.79), válida para biorreatores de escala de bancada com volumes variando de 11 a 27 litros:

$$k_L a \propto \left(\frac{P_g}{V}\right)^{0,40} \left(v_S\right)^{0,50} \left(N\right)^{0,50} \tag{9.79}$$

Nas correlações dadas pelas Equações (9.75) e (9.79), as propriedades do fluido agitado não são consideradas. Nesse sentido, Ryu e Humphrey (1972), trabalhando com caldos de fermentação de penicilina, incorporaram a influência da viscosidade aparente do caldo (μ_{ap}) no coeficiente volumétrico de transferência de O_2 ($k_L a$):

$$k_L a \propto \left(\frac{P_g}{V}\right)^{a_2} \left(v_S\right)^{b_2} \left(\mu_{ap}\right)^{c_2} \tag{9.80}$$

em que, da mesma forma, as constantes a_2, b_2, c_2 dependem da geometria do sistema.

À procura de novas variáveis que influenciam o k_La, Kargi e Moo-Young (1985) propuseram a correlação que segue:

$$k_L a \propto \left(\frac{P_g}{V}\right)^{a_3} \left(\nu_S\right)^{b_3} \left(D_{O_2}\right)^{c_3} \left(K\right)^{d_3} \left(\sigma\right)^{e_3} \tag{9.81}$$

em que:

D_{O_2}: difusividade do oxigênio na fase líquida (m^2/s);

K: índice de consistência da fase líquida (Pas^n);

σ: tensão superficial da fase líquida (N/m).

Um segundo tipo de correlação para o coeficiente volumétrico de transferência de O_2 (k_La) baseia-se na análise dimensional. Essa técnica apresenta vantagens, uma vez que as correlações obtidas para um dado sistema podem ser úteis para estimativas de k_La em outros sistemas de diferentes dimensões, desde que a similaridade geométrica e a faixa das variáveis de operação sejam respeitadas.

Entre as diversas correlações propostas na literatura baseadas em grandezas adimensionais, algumas merecem maior atenção, pois têm sido aplicadas com sucesso tanto para fluidos newtonianos quanto não newtonianos, entre os quais se incluem os caldos de fermentação.

Perez e Sandall (1974) aplicaram a sistemas com fluidos pseudoplásticos (soluções de carbopol) a correlação proposta por Sideman, Hortacsu e Fulton (1966), inicialmente desenvolvida para fluidos newtonianos. A correlação dada pela Equação (9.82), baseada em números adimensionais, relaciona o k_La com variáveis de operação, parâmetros geométricos do sistema e, o mais importante, propriedades físicas do gás alimentado e da fase líquida.

$$Sh^* = 21{,}2\left(Re_m\right)^{1,11}\left(Sc\right)^{0,50}\left(\frac{\mu_{ap}\nu_S}{\sigma}\right)^{0,45}\left(\frac{\mu_g}{\mu_{ap}}\right)^{0,69} \tag{9.82}$$

em que os adimensionais Sh^* e Sc são, respectivamente, o número de Sherwood modificado e o número de Schmidt, definidos como:

$$Sh^* = \frac{k_L a D_i^2}{D_{O_2}} \tag{9.83}$$

$$Sc = \frac{\mu_{ap}}{\rho D_{O_2}} \tag{9.84}$$

Yagi e Yoshida (1975) desenvolveram uma correlação geral para estimativas de k_La baseada em adimensionais, válida para fluidos newtonianos e não newtonianos. Para tal, os autores introduziram um termo adimensional conhecido como número de Weissenberg (*We*), que incorpora o comportamento viscoelástico de fluidos poliméricos.

$$Sh^* = 0{,}060\left(Re_m\right)^{1,50}\left(Sc\right)^{0,50}\left(Fr\right)^{0,19}\left(\frac{\mu_{ap}\nu_S}{\sigma}\right)^{0,60}\left(N_A\right)^{-0,32}\left[1+2\left(We\right)^{0,5}\right]^{-0,67} \qquad (9.85)$$

em que *Fr*, N_A e *We* são, respectivamente, número de Froude, número de aeração e número de Weissenberg, esse último dado por:

$$We = \lambda N \qquad (9.86)$$

em que λ é uma propriedade viscoelástica do fluido polimérico definida como tempo característico do material.

Cabe salientar que as correlações baseadas em grandezas adimensionais até aqui apresentadas, Equações (9.82) e (9.85), embora relacionem o k_La com diversas variáveis, não levam em consideração a influência de uma variável muito importante, o consumo de potência em sistemas gaseificados (P_g).

Zlokarnik (1978) sugere, também por via de análise dimensional, uma correlação que prevê a dependência do k_La com grandezas relacionadas com a geometria do sistema, as propriedades físico-químicas do fluido agitado e as condições de operação. A correlação proposta é dada Equação (9.87):

$$k_La\left(\frac{Q}{V_i}\right)^{-1} \propto \left[\left(\frac{P_{gi}}{Q}\right)^*\right]^{a_4}\left(Sc\right)^{b_4}\left(\sigma^*\right)^{c_4}\left(Si\right)^{d_4} \qquad (9.87)$$

em que V_i é o volume agitado por impelidor e as constantes a_4, b_4, c_4 e d_4, bem como a constante de proporcionalidade, dependem da geometria do sistema.

Os adimensionais que aparecem na Equação (9.87) são representados por:

$$\left(\frac{P_{gi}}{Q}\right)^* \propto \frac{P_{gi}/Q}{\rho\left(g\nu_{ap}\right)^{2/3}} \qquad (9.88)$$

em que:

P_{gi}: consumo de potência por impelidor em sistemas agitados e aerados (*W*);

ν_{ap}: viscosidade cinemática aparente ($\nu_{ap} = \mu_{ap}/\rho$);

$$\sigma^* = \frac{\sigma}{\rho\left(g\nu_{ap}^4\right)^{1/3}} \qquad (9.89)$$

Sc é o número de Schmidt, Equação (9.84) e o adimensional *Si*, não definido, relaciona grandezas que determinam o comportamento coalescente das soluções (força e carga iônica).

A maioria das correlações propostas na literatura para estimar o coeficiente volumétrico de transferência de O_2 foi originalmente proposta a partir de dados de k_La obtidos em sistemas com ausência de células, como soluções de sulfito de sódio sem e com adição de polímeros, as quais têm características não coalescentes, o que significa uma situação diversa em relação a bioprocessos que envolvem caldos viscosos, muitos com características não newtonianas.

Ainda, considerando a escala do biorreator, fica evidente a dificuldade de se obterem dados de transferência de oxigênio; seja na ausência de células, quando se quer apenas obter a capacidade de transferência de oxigênio do equipamento, ou durante um bioprocesso real, realizado em biorreatores de dezenas ou até centenas de milhares de litros.

Por essas razões, as correlações para previsão de K_V ou k_La obtidas para bioprocessos em geral, e especificamente em escala industrial, não tão frequentes na literatura, são de primordial importância para a análise da transferência de O_2 e o projeto de biorreatores agitados e aerados.

Na Tabela 9.7 são apresentadas correlações para o coeficiente volumétrico de transferência de O_2 (k_La) a partir de dados obtidos em bioprocessos realizados em diferentes escalas de tanques agitados e aerados.

Tabela 9.7 Correlações para o coeficiente volumétrico de transferência de O_2 (k_La) a partir de dados obtidos em bioprocessos

Microrganismo	Sistema
Endomyces sp.	20-60 L e 3-30 m^3
Bacillus lichenoformis	100 L, 2 turbinas com disco e 4 pás curvas, $D_i/D_t = 0{,}54$ 67,5 m^3, 4 turbinas Rushton, $D_i/D_t = 0{,}33$
Penicillium chrysogenum, P. griseofulvum, Streptomyces aureofaciens, S. flavus, S. erithreus, S. griséus, S. noursei, S. rimosus e *Nocardia mediterranei*	20-100 m^3, 2 impelidores, $0{,}36 \leq D_i/D_t \leq 0{,}38$
Aureobasidium pullulans e *Xanthomonas campestris*	6 L, 2 impelidores
Escherichia coli recombinante ($X > 70$ g. L^{-1})	5 L, 2 turbinas Rushton, $D_i/D_t = 0{,}45$
Xanthomonas campestris	1,5 L, 2 turbinas Rushton, $D_i/D_t = 0{,}42$
Aspergillus awamori	8 L, 2 turbinas com disco e 4 pás planas, $D_i/D_t = 0{,}58$

Correlação (unidades do SI)		Referência
$k_La = 0{,}036\left(\frac{P_g}{V}\right)^{0{,}33}(v_S)^{0{,}56}$ Considerando $H \cong 1$ mmolO_2/(Latm)	(9.90)	Taguchi et al. (1968)
$k_La\left(\frac{Q}{V_i}\right)^{-1} = 0{,}30\left[\left(\frac{P_{gi}}{Q}\right)^*\right]^{0{,}35}(Sc)^{-0{,}30}\left(\frac{\sigma}{\sigma_a}\right)^{-0{,}50}$ σ_a: tensão superficial da água	(9.91)	Jurecic et al. (1984)
$k_La = 0{,}025\left(\frac{P_g}{V}\right)^{0{,}40}(v_S)^{0{,}50}(N)^{0{,}50}\left(\frac{\mu_{ap}}{\mu_g}\right)^{0{,}65}$	(9.92)	Gavrilescu, Roman e Efimov (1993)
$\frac{k_LaD_i^2}{D_{O_2}} = 5{,}40\cdot10^4(Fr)^{0{,}45}\left(\frac{\mu_{ap}}{\mu_a}\right)^{-0{,}33}$	(9.93)	Li et al. (1995)
$\frac{k_LaD_i^2}{D_{O_2}} = 3{,}32\cdot10^3(Fr)^{0{,}23}\left(\frac{\mu_{ap}}{\mu_a}\right)^{-0{,}58}$ μ_a: viscosidade da água	(9.94)	
$k_La = 0{,}0195\left(\frac{P_g}{V}\right)^{0{,}55}(v_S)^{0{,}64}\left(1+2{,}12X+0{,}20X^2\right)^{-0{,}25}$	(9.95)	Shin, Hong e Lee (1996)
$k_La = 6{,}14\cdot10^{-4}\left(\frac{P_g}{V}\right)^{0{,}60}(v_S)^{0{,}50}(\mu_{ap})^{-0{,}50}$	(9.96)	Garcia-Ochoa et al. (2000)
$\frac{k_LaD_i^2}{D_{O_2}} = 11{,}96(Re_m)^{0{,}50}\left(\frac{ND_i}{v_S}\right)^{-0{,}50}\left(\frac{\rho N^2D_i^3}{\sigma}\right)$	(9.97)	
$k_La = 5{,}53\cdot10^{-3}\left(\frac{P_g}{V}\right)^{0{,}53}(v_S)^{0{,}43}(\mu_{ap})^{-0{,}12}$	(9.98)	Badino, Facciotti e Schmidell (2001)
$k_La\left(\frac{Q}{V_i}\right)^{-1} = 1{,}45\left[\left(\frac{P_{gi}}{Q}\right)^*\right]^{0{,}53}(Sc)^{-0{,}21}(\sigma^*)^{-0{,}40}$	(9.99)	

9.8 CISALHAMENTO CELULAR EM BIOPROCESSOS

Em bioprocessos realizados em biorreatores tipo tanque agitado e aerado, a agitação e a aeração têm um papel primordial na mistura e na transferência de oxigênio. No entanto, altos valores de frequência de rotação (N) e de vazão de alimentação de ar (Q) podem ser prejudiciais em cultivos de células que apresentam sensibilidade ao cisalhamento.

Para entendermos o efeito do cisalhamento sobre as células num biorreator, vamos inicialmente analisar o escoamento laminar de um fluido num tanque cilíndrico agitado por um impelidor tipo turbina com disco e seis pás planas, como ilustrado na Figura 9.19.

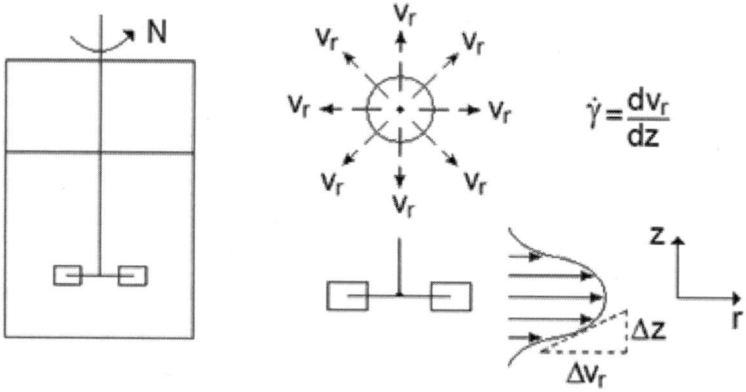

Figura 9.19 Perfil de velocidades na região próxima ao impelidor – definição da taxa de cisalhamento ou gradiente de velocidade aplicada ao fluido ($\dot{\gamma}$).

Esse tipo de impelidor impõe ao fluido um escoamento na direção radial (r), no sentido do eixo até a parede do tanque. No escoamento laminar ou viscoso, em regiões próximas ao impelidor, é possível observar a variação da velocidade com a posição. No plano $z = 0$ paralelo ao impelidor, em virtude do seu movimento, este impõe um valor máximo da velocidade ao fluido na direção r (v_r). Ou seja, nesse plano o fluido está exposto à maior tensão de cisalhamento (τ_{zr}), força tangencial na direção r aplicada sobre uma área definida, o que lhe confere a máxima quantidade de movimento, em virtude do movimento do impelidor. O fluido escoa na direção r e transfere parte da sua quantidade de movimento às camadas adjacentes superior e inferior do fluido na direção z. Tal fato gera uma deformação do fluido, em que cada camada (lâmina) do plano z apresenta uma dada velocidade na direção r (v_r), ou seja, no estado estacionário estabelece-se um perfil de velocidades $v_r = f(z)$. A forma do perfil de velocidades dependerá das condições de operação (N) e da natureza reológica do fluido. Uma vez que a viscosidade de um fluido (μ) está relacionada com sua resistência ao escoamento, fluidos menos viscosos se deformam mais e os mais viscosos se deformam menos.

Uma vez estabelecido o perfil de velocidades $v_r = f(z)$, define-se o gradiente de velocidade ou taxa de cisalhamento (deformação) do fluido ($\dot{\gamma}$) como:

$$\dot{\gamma} = \lim_{\Delta z \to 0} \frac{\Delta v_r}{\Delta z} = \frac{dv_r}{dz} \quad (9.100)$$

São definidos dois gradientes de velocidade ou taxas de cisalhamento do fluido, um máximo ($\dot{\gamma}_{max}$) e um médio ($\dot{\gamma}_m$). $\dot{\gamma}_{max}$ ocorre nas regiões muito próximas aos impelidores e a taxa de cisalhamento média ($\dot{\gamma}_m$) é definida como a média dos valores de $\dot{\gamma}$ entre a extremidade do impelidor e a parede do tanque.

Imaginemos agora um caldo de fermentação contendo células sob condições intensas de agitação. Principalmente nas regiões próximas aos impelidores, existem altas taxas de cisalhamento ($\dot{\gamma}$) incidindo sobre células presentes no ambiente. Alguns microrganismos, por sua própria natureza fisiológica, apresentam parede celular rígida que suporta valores razoáveis de deformação. Já células animais e vegetais são altamente sensíveis ao cisalhamento, uma vez que as do primeiro tipo simplesmente não são dotadas de parede celular, enquanto as do segundo apresentam parede celular extremamente fina e de baixa resistência.

A Figura 9.20 ilustra, de forma idealizada, as consequências da exposição de um microrganismo filamentoso a um perfil de velocidades, em que diferentes regiões do micélio estão submetidas a diferentes valores de velocidades (v), definidas por diferentes valores de tensão de cisalhamento (τ).

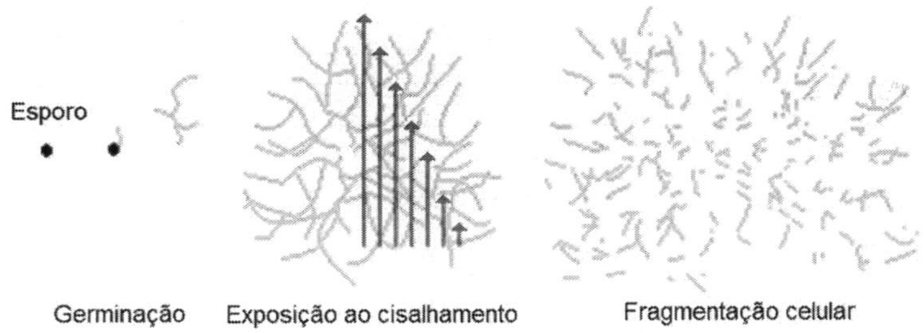

Figura 9.20 Consequências da exposição de um microrganismo filamentoso a uma dada condição de cisalhamento.

A Figura 9.20 ilustra uma situação imaginária em que ocorre a fragmentação das hifas de um microrganismo filamentoso sob condições de escoamento laminar, o que é raro em bioprocessos. Como já abordado, para atender à demanda de O_2 em bioprocessos, deve-se operar o biorreator em condições intensas de agitação (N) e aeração (Q), o que normalmente define condições de regime de escoamento turbulento. Nessa situação ocorre no interior do caldo de fermentação o surgimento de turbilhões, cujas grandezas dependem das condições de operação (N e Q) e das propriedades físicas do fluido agitado (ρ e μ). Nesse caso, o efeito do cisalhamento sobre as células dependerá do tamanho dos turbilhões formados.

Em bioprocessos envolvendo microrganismos filamentosos (fungos e bactérias), observam-se diferentes formas morfológicas, como as ilustradas na Figura 9.21, que dependem da composição do meio de cultura, do pH e das condições de operação do biorreator. Ressalta-se que, além de definir a transferência de oxigênio, as condições de operação do cultivo (*N* e *Q*) definem também as condições de cisalhamento às quais o microrganismo estará exposto e, portanto, a morfologia celular predominante no biorreator, que muitas vezes está associada ao sucesso na produção de um dado composto de interesse.

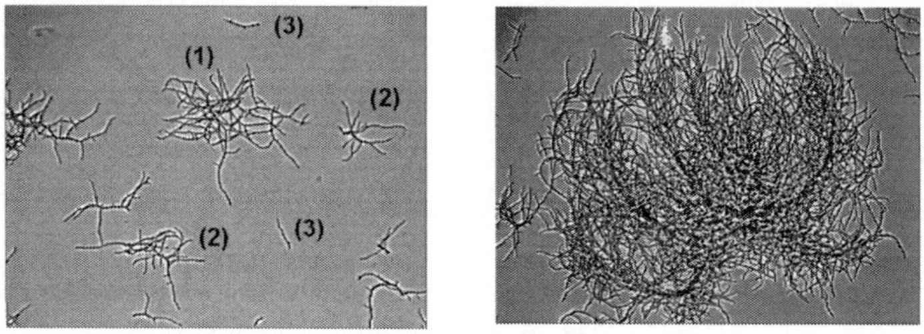

(a) (b)

Figura 9.21 Unidades morfológicas geralmente encontradas em cultivos de microrganismos filamentosos (bactéria *Streptomyces clavuligerus*). (a) Formas dispersas: (1) *clump*; (2) hifas ramificadas; (3) hifas isoladas. (b) *Pellet*.

Fonte: Mendes (2016).

A *teoria da turbulência isotrópica de Kolmogorov* (KOLMOGOROV, 1941) é empregada para estimar o cisalhamento celular, pois permite obter o tamanho da chamada "microescala de Kolmogorov", ou seja, do menor turbilhão formado no interior do biorreator. A determinação da microescala de Kolmogorov (λ) é fundamental, uma vez que o mecanismo responsável pela fragmentação das hifas de microrganismos filamentosos depende da relação entre a dimensão destas e o comprimento da microescala ou do menor turbilhão (LI et al., 2002).

A ocorrência de turbilhões na faixa de 10 μm a 50 μm, inferiores à maioria das formas morfológicas de microrganismos filamentosos, leva a um aumento da interação célula-turbilhão e, consequentemente, gera maiores danos celulares por cisalhamento. Por outro lado, turbilhões maiores, em geral, "carregam" as células, fazendo com que estas sigam o escoamento dos redemoinhos turbulentos, causando menores danos (AYAZI et al., 1994; LI et al., 2002). A Figura 9.22 ilustra a influência do tamanho do turbilhão no cisalhamento de células, junto com as etapas desse cisalhamento, em que *pellets* são transformados em *clumps* e, posteriormente, em hifas ramificadas e isoladas.

A teoria da turbulência isotrópica de Kolmogorov auxilia na melhor compreensão da hidrodinâmica de meios turbulentos, uma vez que utiliza a velocidade de microturbilhões de fluido, a qual é determinada pela energia total dissipada no biorreator, variável de fácil obtenção (MENDES, 2016).

De acordo com a teoria, a turbulência é formada por turbilhões de líquido de diferentes tamanhos, os quais, em virtude da alta instabilidade, se fragmentam em turbilhões menores sucessivamente, promovendo transferência de quantidade de movimento de uma escala de turbulência maior para uma escala menor numa "cascata" de energia. No final da "cascata", a energia restante é dissipada na forma de calor por ação das forças viscosas. De maneira geral, turbilhões maiores (primários e intermediários) não são isotrópicos. Apenas quando são gerados turbilhões suficientemente pequenos, de tamanho λ (escala de Kolmogorov), a isotropia será obtida (MENDES, 2016).

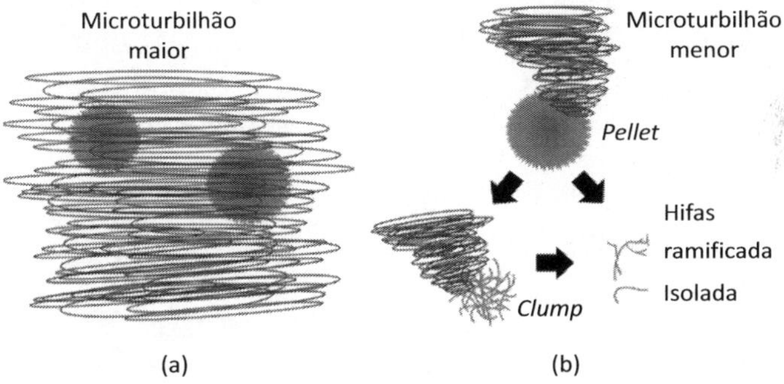

Figura 9.22 Efeito do tamanho do turbilhão no cisalhamento celular: (a) turbilhões maiores que as células "carregam" as células e causam menor cisalhamento; (b) turbilhões menores que as células interagem mais com estas e geram maior cisalhamento.

Fonte: adaptada de Buffo et al. (2016).

A escala de Kolmogorov (λ), que define o tamanho do menor turbilhão presente no biorreator, é avaliada a partir da taxa de dissipação de energia cinética (ε em W/kg) e da viscosidade cinemática do fluido (ν em m^2/s), de acordo com a Equação (9.101):

$$\lambda = \left(\frac{\nu^3}{\varepsilon} \right)^{1/4} \tag{9.101}$$

Rigorosamente, a taxa de dissipação de energia cinética varia em cada ponto do biorreator. Porém, avaliando integralmente, ε pode ser aproximada satisfatoriamente pela dissipação de potência por unidade de massa no biorreator agitado e aerado (COLLIGNON et al., 2010). Logo,

$$\lambda = \left(\frac{\nu^3}{\left(\frac{P_g}{\rho V} \right)} \right)^{1/4} \tag{9.102}$$

Substituindo a viscosidade cinemática (ν) em termos da viscosidade dinâmica (μ) e da densidade do fluído (ρ), λ é expressa pela Equação (9.103) para fluidos newtonianos ou não newtonianos:

$$\lambda = \left(\frac{\mu^3}{\left(\frac{P_g}{V} \right) \rho^2} \right)^{1/4} \tag{9.103}$$

No caso de fluidos não newtonianos cuja reologia obedeça à equação da lei da potência, a viscosidade no caso aparente (μ_{ap}), expressa pela Equação (9.69), quando substituída na Equação (9.103), permite o cálculo da escala de Kolmogorov (λ) em função da taxa de cisalhamento média ($\dot{\gamma}_m$) pela Equação (9.104):

$$\lambda = \left(\frac{\left(K \dot{\gamma}_m^{n-1} \right)^3}{\left(\frac{P_g}{V} \right) \rho^2} \right)^{1/4} \tag{9.104}$$

A taxa de cisalhamento média ($\dot{\gamma}_m$) pode ser estimada de acordo com a teoria apresentada na Seção 9.6.2. Logo, a partir da Equação (9.104) pode-se quantificar a escala de Kolmogorov (λ), ou o tamanho do menor turbilhão existente no biorreator, em função das condições de operação (N e Q), das propriedades físicas do fluido (K, n e ρ) e da potência consumida por unidade de volume (P_g/V).

Buffo et al. (2016) obtiveram valores da escala de Kolmogorov (λ) em biorreator de bancada com fluidos pseudoplásticos (soluções de goma xantana), operando em diferentes condições de agitação e aeração (N e Q), para diferentes associações de dois impelidores. Como ilustração, a Figura 9.23 apresenta os resultados encontrados para a associação de dois impelidores tipo turbina de Rushton, com solução de goma xantana 2,5% m/v.

Observa-se que o tamanho do microturbilhão (λ) diminui tanto com o aumento da frequência de rotação (N) quanto com o aumento da vazão específica de alimentação de ar (ϕ), sendo o efeito de N bem mais pronunciado, uma vez que afeta muito mais o cisalhamento que ϕ. Cabe salientar que quanto mais concentrada a solução de goma xantana, com maiores valores de K e menores valores de n, maiores são os valores de λ para as mesmas condições de agitação e aeração (BUFFO et al., 2016).

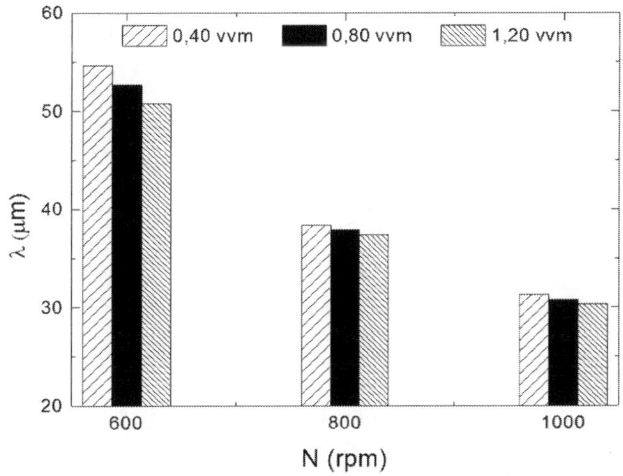

Figura 9.23 Tamanho da escala de Kolmogorov (λ) em função das condições de operação (N e $\phi = Q/V$) em biorreator de bancada de 4 L com dois impelidores tipo turbina de Rushton, utilizando solução de goma xantana 2,5% m/v (K = 1,064 Pas^n, n = 0,26).

9.9 CONSIDERAÇÕES FINAIS

Sem dúvida, um processo biológico aeróbio tem como um dos problemas fundamentais a necessidade do correto dimensionamento do sistema de transferência de oxigênio, sem o qual esse processo dificilmente será competitivo. Críticas aos sistemas aeróbios estão normalmente relacionadas à limitada eficiência do sistema de transferência de oxigênio, bem como às condições inadequadas de cisalhamento impostas às células.

No presente capítulo buscou-se fornecer informações que permitam efetuar esse dimensionamento. A partir da demanda de O_2 em um dado instante ($Q_{O_2}X$), é possível calcular as condições de agitação e aeração, representadas pela potência transferida ao líquido e pela vazão de alimentação de ar que atendem a essa demanda.

Como deve ter ficado claro, foi abordado particularmente o biorreator agitado e aerado, o qual se constitui no modelo mais amplamente empregado nas escalas de bancada, piloto e industrial, mas houve igualmente a preocupação com o estabelecimento dos fundamentos das operações de agitação e aeração. Assim, outros sistemas de transferência de oxigênio podem ser adequadamente analisados observando-se os conceitos aqui desenvolvidos. Atualmente, os biorreatores tipo coluna de bolhas e particularmente os biorreatores *airlift* ganham cada vez mais importância e devem ser considerados como uma alternativa interessante para uma eficiente transferência de oxigênio.

Finalmente, cumpre destacar que as correlações apontadas, apesar de, com alguma frequência, serem válidas para biorreatores de distintas geometrias, devem ser utilizadas com a devida cautela. Na realidade, a melhor condição para um correto dimensionamento é o levantamento de correlações com as condições específicas do processo fermentativo em desenvolvimento. Isso significa um trabalho experimental intenso, além de uma equipe de trabalho suficientemente preparada para essa tarefa, lembrando que este constitui-se no caminho mais seguro para uma perfeita ampliação de escala, objetivo maior de um trabalho de desenvolvimento.

REFERÊNCIAS

AIBA, S.; HUMPHREY, A. E.; MILLIS, N. F. *Biochemical engineering.* 2. ed. Tokyo: University of Tokio Press, 1973.

AYAZI, S.P. et al. Turbulent breakage of filamentous microorganisms in submerged culture in mechanically stirred bioreactors. *Chemical Engineering Science*, v. 49, p. 2621-2631, 1994.

BADINO, A. C.; FACCIOTTI, M. C. R.; SCHMIDELL, W. Improving k_La determination in fungal fermentation, taking into account electrode response time. *Journal of Chemical Technology and Biotechnology*, v. 75, p. 469-474, 2000.

BADINO, A. C.; FACCIOTTI, M. C. R.; SCHMIDELL, W. Volumetric oxygen transfer coefficients (k_La) in batch cultivations involving non-Newtonian broths. *Biochemical Engineering Journal*, v. 8, p. 111-119, 2001.

BAILEY, J. E.; OLLIS, D. F. *Biochemical engineering fundamentals.* 2. ed. New York: McGraw-Hill Book Co., 1986.

BAPTISTA-NETO, A. et al. Phenomenological model of the clavulanic acid production process utilizing *Streptomyces clavuligerus*. *Brazilian Journal of Chemical Engineering*, v. 17, p. 809-818, 2000.

BATES, R. L.; FONDY, P. L.; CORPSTEIN, R. R. An examination of some geometric parameters of impeller power. *Industrial & Engineering Chemistry Process Design and Development*, v. 2, p. 310-314, 1963.

BESLI, N.; TTIRKER, M.; GUL, E. Design and simulation of a fuzzy controller for fed-batch yeast fermentation. *Bioprocess Engineering*, v. 13, p. 141-148, 1995.

BUFFO, M. M. et al. Influence of dual-impeller type and configuration on oxygen transfer, power consumption, and shear rate in a stirred tank bioreactor. *Biochemical Engineering Journal*, v. 114, p. 130-139, 2016.

BUSTAMANTE, M. C. C.; CERRI, M. O.; BADINO, A. C. Comparison between average shear rates in conventional bioreactor with Rushton and Elephant ear impellers. *Chemical Engineering Science*, v. 90, p. 92-100, 2013.

BUSTAMANTE, M. C. C.; CERRI, M. O.; BADINO, A. C. Corrigendum to "Comparison between average shear rates in conventional bioreactor with Rushton and Elephant ear impellers" [Chem. Eng. Sci. 90 (2013) 92-100]. *Chemical Engineering Science*, v. 107, p. 328, 2014.

CALDERBANK, P. H.; MOO-YOUNG, M. B. The prediction of power consumption in the agitation of non-Newtonian fluids. *Transactions of Institution of Chemical Engineers*, v. 37, p. 26-33, 1959.

CAMPESI, A. et al. Determination of the average shear rate in a stirred and aerated tank bioreactor. *Bioprocess and Biosystems Engineering*, v. 32, p. 241-248, 2009.

CERRI, M. O. et al. A new approach for kLa determination by gassing-out method in pneumatic bioreactors. *Journal of Chemical Technology and Biotechnology*, v. 91, n. 12, p. 3061-3069, 2016.

CHISTI, Y.; MOO-YOUNG, M. Fermentation technology, bioprocessing, scale-up and manufacture. In: MOSES, V.; CAPE, R. E. *Biotechnology*: the science and the business. 2. ed. Switzerland: Harwood Academic Publishers, 1994. p. 167-209.

COLLIGNON, M. L. et al. Axial impeller selection for anchorage e dependent animal cell culture in stirred bioreactors: methodology based on the impeller comparison at just--suspended speed of rotation. *Chemical Engineering Science*, v. 65, p. 5929-5941, 2010.

COOPER, C. M.; FERNSTROM, G. A.; MILLER, S. A. Performance of agitated gas--liquid contactors. *Industrial & Engineering Chemistry*, v. 36, p. 504-509, 1944.

DAVIDSON, P. A.; KANEDA, Y.; MOFFATT, K.; SREENIVASAN, K. R. (Ed.). *A voyage through turbulence*. New York: Cambridge University Press, 2011.

EKATO. *Handbook of mixing technology*: general theory selection criteria application. Schopfheim: EKATO Rühr-und Mischtechnik gmbh, 1991.

FACHINI, E. R. *Síntese de amiloglicosidase por Aspergillus awamori NRRL 3112 em cultura submersa*: influência das condições de transferência de oxigênio e da velocidade de respiração. Dissertação (mestrado) – Escola Politécnica, Universidade de São Paulo, São Paulo, 1988.

FUKUDA, H.; SUMINO, Y.; KANSAKI, T. Scale-up of fermenters. II. Modified equations for power requirement. *Journal of Fermentation Technology (Japan)*, v. 46, p. 838-845, 1968.

GARCIA-OCHOA, F.; CASTRO, E. G.; SANTOS, V. E. Oxygen transfer and uptake rates during xanthan gum production. *Enzyme and Microbial Technology*, v. 27, p. 680-690, 2000.

GARCIA-OCHOA, F. et al. Oxygen uptake rate in microbial processes: An overview. *Biochemical Engineering Journal*, v. 49, p. 289-307, 2010.

GAVRILESCU, M.; ROMAN, R. V.; EFIMOV, V. The volumetric oxygen mass transfer coefficient in antibiotic biosynthesis liquids. *Acta Biotechnologica*, v. 13, p. 59-70, 1993.

HUDCOVA, V.; MACHON, V.; NIENOW, A. W. Gas-liquid dispersion with dual Rushton turbine impellers. *Biotechnology and Bioengineering*, v. 34, p. 617-628, 1989.

IMAI, Y.; TAKEI, H.; MATSUMURA, M. A simple Na_2SO_3 feeding method for k_La measurement in large-scale fermentors. *Biotechnology and Bioengineering*, v. 29, p. 982-993, 1987.

JURECIC, R. et al. Mass transfer in aerated fermentation broths in a stirred tank reactor. *The Canadian Journal of Chemical Engineering*, v. 62, p. 334-339, 1984.

KAPPELI, O.; FIECHTER, A. A convenient method for the determination of oxygen solubility in different solutions. *Biotechnology and Bioengineering*, v. 23, p. 1897-901, 1981.

KARGI, F.; MOO-YOUNG, M. Transport phenomena in bioprocess. In: MOO--YOUNG, M. *Comprehensive biotechnology*: principles, applications and regulations of biotechnology in industry, agriculture and medicine. Ontario: Pergamon Press, 1985. v. 2, cap. 2.

KELLY, W.; GIGAS, B. Using CFD to predict the behavior of power law fluids near axial-flow impellers operating in the transitional flow regime. *Chemical Engineering Science*, v. 58, p. 2141-2152, 2003.

KING, R. L.; HILLER, R. A.; TATTERSON, G. B. Power consumption in a mixer. *AIChE Journal*, v. 34, p. 506-509, 1988.

KOIZUMI, J.; AIBA, S. Reassessment of the dynamic k_La method. *Biotechnology and Bioengineering*, v. 26, p. 1131-1133, 1984.

KOLMOGOROV, A. N. Dissipation of energy in the locally isotropic turbulence. *Doklady Akademii Nauk SSSR*, v. 32, p. 16-18, 1941.

KOSSEN, N. W. F.; OOSTERHUIS, N. M. G. Modelling and scaling-up of bioreactors. In: REHM, H. J.; REED, G. *Biotechnology* – a comprehensive treatise in 8 volumes. Weinheim: VHC, 1985. v. 2, p. 571-605.

LEE, Y. H.; TSAO, G. T. Dissolved oxygen electrodes. In: GHOSE, T. K.; FIECHTER, A.; BLAKEBROUGH, N. (ed.). *Advances in Biochemical Engineering*. New York: Springer, 1979. v. 13, p. 35-85.

LEHNINGER, A. L.; NELSON, D. L.; COX, M. M. *Principles of biochemistry*. 2. ed. New York: Worth Publishers, 1993.

LI, G.-Q. et al. Effect of fluid rheological properties on mass transfer in a bioreactor. *Journal of Chemical Technology and Biotechnology*, v. 62, p. 385-391, 1995.

LI, Z. J. et al. Estimation of hyphal tensile strenght in production-scale *Aspergillus oryzae* fungal fermentation. *Biotechnology and Bioengineering*, v. 77, p. 601-613, 2002.

LINEK, V.; SINKULE; J.; BENEŠ, P. Dynamic pressure method for k_La measurement in large-scale bioreactors. *Biotechnology and Bioengineering*, v. 33, p. 1406-1412, 1989.

MARTÍNEZ, A.; SALVADOR, M.; GALINDO, E. Consumo de potencia en fermentadores de 14 litros: implicaciones del uso de turbinas y aspersores de aire no estándar. *Biotecnologia*, v. 2, p. 173-190, 1992.

MENDES, C. E. *Avaliação das condições hidrodinâmicas, de transferência de oxigênio e de cisalhamento em diferentes modelos e escalas de reatores pneumáticos*. Tese (doutorado) – Programa de Pós-Graduação em Engenharia Química, Universidade Federal de São Carlos, São Carlos, 2016.

METZNER, A. B.; OTTO, R. E. Agitation of non-Newtonian fluids. *AIChE Journal*, v. 3, p. 3-10, 1957.

METZNER, A. B. et al. Agitation of viscous Newtonian and non-Newtonian fluids. *AIChE Journal*, v. 7, p. 3-9, 1961.

MICHEL, B. J.; MILLER, S. A. Power requirements of gas-liquid agitated systems. *AIChE Journal*, v. 8, p. 262-266, 1962.

MIGNONE, C. F. The agitation-step method for k_La measurement. *Chemical Engineering Science*, v. 45, p. 1583-1587, 1990.

MIGNONE, C. F.; ERTOLA, R. Measurement of oxygen transfer coefficient under growth conditions by dynamic model moment analysis. *Journal of Chemical Technology and Biotechnology*, v. 34B, p. 121-126, 1984.

NAM, S. W.; KIM, J. H. Indirect estimation of cell mass and substrate concentration using a computer-coupled mass spectrometer. *Journal of Fermentation and Bioengineering*, v. 77, p. 332-334, 1994.

OHYAMA, Y.; ENDOH, K. Power characteristics of gas-liquid contacting mixers. *Chemical Engineering (Japan)*, v. 19, p. 2-11, 1955.

PEREZ, J. F.; SANDALL, O. C. Gas absorption by non-Newtonian fluids in agitated vessels. *AIChE Journal*, v. 20, p. 770-775, 1974.

PIRT, S. J. *Principles of microbe and cell cultivation*. London: Blackwell Scientific Publications, 1975.

RICHARDS, J. W. Studies in aeration and agitation. *Progress in Industrial Microbiology*, v. 3, p. 143-172, 1961.

ROWE, G. E.; MARGARITIS, A.; WEI, N. Specific oxygen uptake rate variations during batch fermentation of *Bacillus thuringiensis* subspecies *kurstaki* HD-1. *Biotechnology Progress*, v. 19, p. 1439-1443, 2003.

ROYCE, P. N. A need to refocus research in the operation of fermenters? *Trends in Biotechnology*, v. 10, p. 232-234, 1992.

RUSHTON, J. H.; COSTICH, E. W.; EVERETT, H. J. Power characteristics of mixing impellers – Part I. *Chemical Engineering Progress*, v. 46, p. 395-404, 1950a.

RUSHTON, J. H.; COSTICH, E. W.; EVERETT, H. J. Power characteristics of mixing impellers – Part II. *Chemical Engineering Progress*, v. 46, p. 467-476, 1950b.

RYU, D. Y.; HUMPHREY, A. E. A reassessment of oxygen transfer rates in antibiotics fermentations. *Journal of Fermentation Technology (Japan)*, v. 50, p. 424-431, 1972.

SÁNCHEZ-PÉREZ, J. A. et al. Shear rate in stirred tank and bubble column bioreactors. *Chemical Engineering Journal*, v. 124, p. 1-5, 2006.

SCHMIDELL, W.; FACCHINI, E. R.; KILIKIAN, B. V. Rheological behavior studies on *Aspergillus sp.* submerged culture. *Revista de Microbiologia*, v. 25, p. 126-128, 1994.

SCHUGERL, K.; LUCKE, J.; OELS, V. Bubble column bioreactors. In: GHOSE, T. K.; FIECHTER, A.; BLAKEBROUGH, N. (ed.). *Advances in Biochemical Engineering.* New York: Springer, 1977. v. 7, p. 1-84.

SCHUMPE, A. Gas solubilities in biomedia. In: REHM, H. J.; REED, G. *Biotechnology* – A comprehensive treatise in 8 volumes. Weinheim: VHC, 1985. v. 2, p. 159-170.

SHIN, C. S.; HONG, M. S.; LEE, J. Oxygen transfer correlation in high cell density culture of recombinant *E. coli. Biotechnology Techniques*, v. 10, p. 679-682, 1996.

SIDEMAN, S.; HORTACSU, H.; FULTON, J. W. Mass transfer in gas-liquid contacting systems. *Industrial & Engineering Chemistry*, v. 58, p. 32-43, 1966.

STANIER, R. Y.; ADELBERG, E. A.; INGRAHAM, J. L. *The microbial word.* New York: Prentice-Hall, 1986.

TAGUCHI, H. Scale-up of glucoamylase fermentation by *Endomyces sp. Journal of Fermentation Technology (Japan)*, v. 46, p. 823-828, 1968.

TAGUCHI, H. The nature of fermentation fluids. *Advances in Biochemical Engineering*, v. 1, p. 1-30, 1971.

TAGUCHI, H.; HUMPHREY, A. E. Dynamic measurement of the volumetric oxygen transfer coefficient in fermentation systems. *Journal of Fermentation Technology (Japan)*, v. 44, p. 881-819, 1966.

TREYBAL, R. E. *Mass transfer operations.* 3. ed. New York: McGraw-Hill, 1980.

VAN'T RIET, K. Review of measuring methods and results in non-viscous gas-liquid mass transfer in stirred vessels. *Industrial & Engineering Chemistry Process Design and Development*, v. 18, p. 357-364, 1979.

VENDRUSCOLO, F. et al. Determination of oxygen solubility in liquid media. *ISRN Chemical Engineering*, v. 2012, article ID 601458, 2012.

WANG, D. I. C. et al. Aeration and agitation. In: *Fermentation and enzyme technology.* New York: John Willey & Sons, 1979. cap. 9.

WHITMAN, W. G. The two-film theory of gas absorption. *Chemical and Metallurgical Engineering*, v. 29, p. 146-148, 1923.

YAGI, H.; YOSHIDA, F. Gas absorption by Newtonian and non-Newtonian fluids in sparged agitated vessels. *Industrial & Engineering Chemistry Process Design and Development*, v. 14, p. 488-493, 1975.

YANG, X. M.; MAO, Z. X.; YANG, S. Z. An improved method for determination of the volumetric oxygen transfer coefficient in fermentation processes. *Biotechnology and Bioengineering*, v. 31, p. 1006-1009, 1988.

ZLOKARNIK, M. Sorption characteristics for gas-liquid contacting in mixing vessels. In: GHOSE, T. K.; FIECHTER, A.; BLAKEBROUGH, N. (ed.). *Advances in Biochemical Engineering.* New York: Springer, 1978. v. 8, p. 133-51.

CAPÍTULO 10
Variação de escala

Alberto Colli Badino Junior
Willibaldo Schmidell

10.1 INTRODUÇÃO

No desenvolvimento de processos químicos, quando são encontradas condições econômicas adequadas de operação em escala de bancada, as quais com frequência correspondem a valores elevados de rendimento e/ou produtividade em produto, há a necessidade de se ampliar a produção até uma escala industrial.

Na grande maioria dos processos, o desenvolvimento natural parte de uma escala de produção menor para uma escala maior. A variação nesse sentido é conhecida como aumento de escala ou *scale-up*. Caso contrário, ou seja, quando se está operando uma instalação industrial e se necessita elaborar ensaios em pequena escala, a fim de verificar certos aspectos do processo com mais versatilidade e economia, tem-se a chamada redução de escala ou *scale-down*. Dessa forma, o estudo da variação de escala de processos examina os problemas associados com a transposição de dados obtidos em equipamentos de escalas de laboratório e piloto para a escala de produção industrial, e vice-versa.

Na Figura 10.1 estão indicadas as várias etapas relacionadas ao desenvolvimento de um processo produtivo, bem como as interações entre elas. Em indústrias nas quais a conversão da matéria-prima em produto se baseia numa conversão biológica, entre todas as etapas que devem ser ampliadas inclui-se a de biotransformação, realizada em biorreatores. Neste capítulo serão apresentadas e discutidas as teorias relacionadas com a variação de escala de biorreatores convencionais. Entende-se por biorreatores convencionais tanques providos de dispersor de gás e sistema de agitação mecânica, constituído de motor, eixo e impelidores.

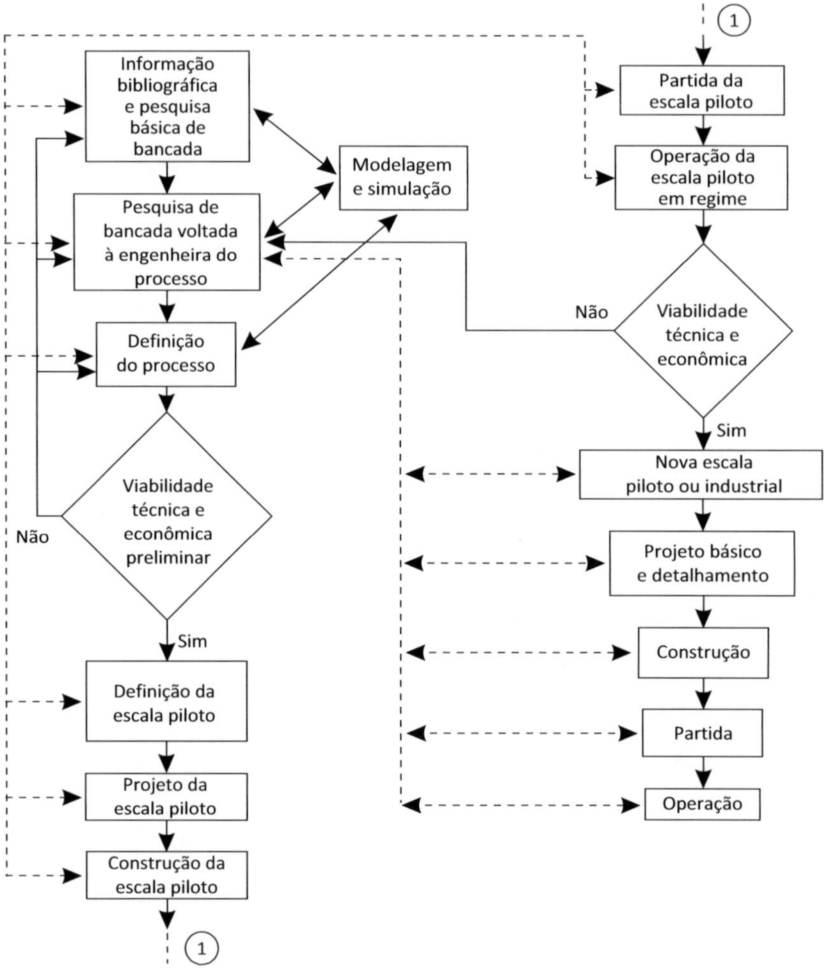

Figura 10.1 Etapas do desenvolvimento de um processo produtivo, com as fases de obtenção de dados e os instantes principais de tomadas de decisão.

O desenvolvimento tradicional de processos fermentativos é usualmente executado em três estágios ou escalas, a saber:

- escala de bancada;
- escala piloto;
- escala industrial.

Na escala de bancada, tendo em vista sua maior flexibilidade e seu menor custo de operação, dados básicos sobre o processo devem ser obtidos dentro do maior nível de detalhes possível. Nessa escala são realizadas tarefas básicas como a seleção do microrganismo e o desenvolvimento do meio de cultura ideal. São também escolhidas as condições de temperatura e pH para o processo, bem como o modo e as condições de operação do biorreator. Caso o processo seja aeróbio, deve-se conhecer a demanda ou a velocidade de consumo de oxigênio, a fim de que se possa dimensionar adequadamente o sistema de transferência de oxigênio, conforme indicado no Capítulo 9. Ainda, esse levantamento de dados deve permitir a elaboração de modelos matemáticos, a fim de se poder visualizar o desempenho do processo em condições não pesquisadas experimentalmente por meio da simulação do modelo, o que também auxilia a avaliação de etapas subsequentes.

Uma vez que se tenha acumulado suficiente experiência sobre o processo fermentativo em questão, e desde que se tenha atingido desempenho adequado do ponto de vista econômico, pretende-se ampliar a escala para um biorreator piloto. Como agora a operação é mais onerosa, deve-se manter constante grande parte das possíveis variáveis, operando com os mesmos meio de cultura, temperatura, pH, modo de cultivo, entre outros. Baseado no conhecimento acumulado do processo, deve-se definir um determinado critério de ampliação de escala, ou seja, uma determinada grandeza que deverá ser a mesma na escala piloto em relação à empregada na escala de bancada. Como exemplo, pode-se avaliar manter constante o cisalhamento no reator, caso as células sejam sensíveis a ele, ou o coeficiente volumétrico de transferência de oxigênio (k_La), no caso de cultivo de células aeróbias.

Assim, com esse critério fixado, opera-se a escala piloto, objetivando, obviamente, a obtenção de desempenho igual ou próximo do observado na escala de bancada. Caso esse desempenho seja adequado, conclui-se que o critério fixado está correto. Caso contrário, deve-se ensaiar um novo critério, novamente escolhido de acordo com o conhecimento do processo. Ainda, caso não se obtenha o sucesso esperado, alguns ensaios complementares devem ser realizados na escala piloto, alterando-se ligeiramente as grandezas fixadas, a fim de melhorar o desempenho do processo, ou seja, um "ajuste fino". No entanto, deve-se lembrar que agora os custos operacionais são mais elevados.

Deve, portanto, ter ficado clara a ideia de que a operação de uma escala piloto objetiva especialmente o teste do critério de ampliação de escala, e não o estudo da influência de fatores básicos como pH, temperatura, composição de meio etc. Sabe-se, porém, que, ao ampliar a escala de trabalho, na maioria das vezes distancia-se da condição de reator homogêneo, frequentemente observada na escala de bancada, fato este que também deverá ser analisado.

Por fim, a escala industrial, em virtude da própria dimensão, visa o lado econômico do processo, ou seja, a produção em grande escala. Na escala industrial procura-se operar o biorreator sob condições similares às ajustadas na escala piloto, as quais permitiram a obtenção de um desempenho adequado do processo.

A Figura 10.2 ilustra a sequência de escalas que compõem o desenvolvimento de processos microbiológicos, lembrando que a estrutura apresentada não é necessariamente rígida, podendo, em muitos casos, existir escalas intermediárias entre as escalas piloto e industrial. A necessidade de vários biorreatores em escala piloto, de diferentes dimensões, dependerá do volume do biorreator industrial, que, por sua vez, é função do produto de interesse.

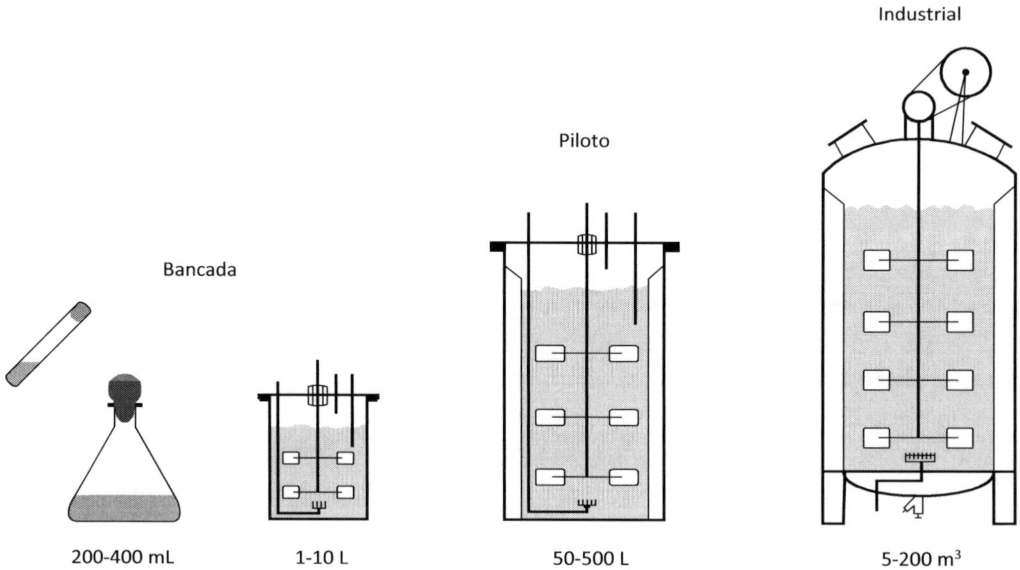

Figura 10.2 Escalas de trabalho no desenvolvimento de processos fermentativos.

No desenvolvimento de uma vacina bacteriana, em que o biorreator final terá algo como algumas centenas de litros, a escala piloto ficará em torno de algumas dezenas de litros. Já para a produção de uma enzima ou antibiótico, em que o biorreator final deverá ter centenas de milhares de litros, é frequente contar com escalas piloto da ordem de milhares e de dezenas de milhares de litros.

É claro que esses biorreatores intermediários não serão apenas utilizados para o desenvolvimento inicial, mas empregados como pré-fermentadores (preparo do inóculo) para o biorreator principal ou para estudos em menor escala quando houver, por exemplo, a necessidade de ensaiar novo microrganismo ou novo lote de matéria-prima.

Portanto, o grande problema da variação de escala está exatamente em reproduzir na escala industrial condições ambientais responsáveis pelo bom desempenho do sistema obtidas nas escalas de bancada e piloto. Particularmente, alguns fatores físicos como grau de mistura, consumo de potência, condições de cisalhamento impostas às células, velocidade de transferência de oxigênio, entre outros, dependem da escala e, por essa razão, devem ser tratados com maior cuidado, buscando-se a definição dos mencionados critérios de ampliação de escala. Saliente-se desde já que, uma vez fixado um dado critério, todos os demais serão distintos nas diferentes escalas, como ficará evidenciado mais adiante.

10.2 CRITÉRIOS PARA A AMPLIAÇÃO DE ESCALA

O procedimento usual de uma ampliação de escala baseia-se em, mantendo-se a semelhança geométrica nos biorreatores de maior escala, selecionar o critério e encontrar as condições de operação na nova escala que, supostamente, reproduziriam as encontradas na escala menor. A Figura 10.3 ilustra o princípio da ampliação de escala e a seleção do valor do critério que maximiza o desempenho do processo.

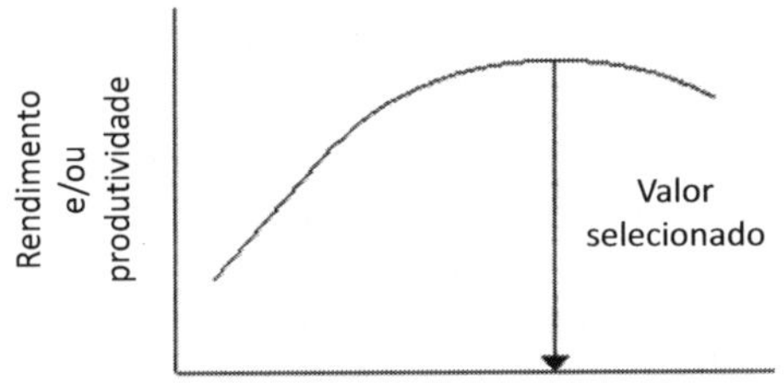

Figura 10.3 Princípio de aumento de escala e seleção do valor do critério.

A seguir estão listados alguns critérios de ampliação de escala normalmente recomendados para biorreatores convencionais. São eles:

- constância da potência no sistema não aerado por unidade de volume de meio (P/V);
- constância do coeficiente volumétrico de transferência de oxigênio ($k_L a$);
- constância da velocidade na extremidade do impelidor (v_{tip});
- constância do tempo de mistura (t_m);
- constância da capacidade de bombeamento do impelidor (F_L/V);
- constância do número de Reynolds (Re);
- constância da pressão parcial ou concentração de O_2 dissolvido (C).

O critério de ampliação de escala a ser fixado varia de processo para processo, pois depende das especificidades de cada um. Einsele (1978) menciona os critérios de ampliação de escala mais utilizados pelas indústrias de fermentação na Europa. A Tabela 10.1 ilustra esses dados.

Tabela 10.1 Critérios de ampliação de escala mais utilizados na Europa

Critério de ampliação de escala	Quantidade de indústrias (%)
k_La	30
P/V	30
v_{tip}	20
C	20

Fonte: Einsele (1978).

Oldshue (1985) cita alguns princípios básicos que devem ser considerados no aumento de escala de biorreatores tipo tanque agitado:

1) É importante identificar qual ou quais propriedades são importantes para otimizar a operação de um sistema agitado. Entre elas, pode-se citar a transferência de massa (k_La), a capacidade de bombeamento (F_L/V), as condições de cisalhamento etc. Uma vez identificadas essas propriedades, o sistema pode ser submetido ao aumento de escala, desde que elas sejam mantidas na nova escala, o que certamente resultará em mudanças em outras variáveis de menor importância, lembrando sempre que a semelhança geométrica deve ser mantida.

2) A maior diferença entre grandes e pequenos tanques é que os grandes tanques apresentam tempo de mistura (t_m) e condição máxima de cisalhamento (na extremidade do impelidor) maiores.

3) Para reações químicas homogêneas, o consumo de potência por unidade de volume (P/V) deve ser usado como "critério de aumento de escala".

4) No aumento de escala de sistemas bifásicos (gás-líquido), em que há transferência de massa entre as fases, como no caso de bioprocessos aeróbios, o coeficiente volumétrico de transferência de massa (k_La) deve ser usado preferencialmente como critério de aumento de escala. Em geral, o k_La é relacionado com P/V.

5) Valores típicos da razão entre os diâmetros do impelidor e do tanque (D_i/D_t) de biorretaores estão na faixa de 0,33 a 0,40. Utilizando-se grandes impelidores, uma mistura adequada deve ser proporcionada por uma frequência de rotação (N) que não danifique fisicamente as células. Em algumas situações, biorreatores não são operados em condições ótimas de transferência de oxigênio, em virtude da sensibilidade de alguns microrganismos ao cisalhamento.

Com base nesse apanhado geral, serão apresentados os critérios de ampliação de escala de fermentadores, bem como serão avaliadas as decorrências nas variáveis frequência de rotação (N) e diâmetro do impelidor (D_i) quando se fixa um determinado critério de ampliação de escala.

Mantendo-se a semelhança geométrica e procedendo-se ao aumento de escala de biorreatores utilizando os critérios de aumento escala, resultarão relações entre as variáveis frequência de rotação do sistema de agitação (N) e diâmetro do impelidor (D_i) das escalas envolvidas no estudo. Na apresentação das relações ND_i entre as diferentes escalas, o índice 1 indica a escala de partida, normalmente a escala menor ou de bancada, e o índice 2 denota a nova escala, piloto ou industrial.

10.2.1 CONSTÂNCIA DA POTÊNCIA POR UNIDADE DE VOLUME (*P*/*V*)

Até meados do século XX, o critério de ampliação de escala de biorreatores mais utilizado, incluindo os de produção de álcool e de ácidos orgânicos, foi o consumo de potência do sistema não aerado por unidade de volume de meio (P/V) (WANG at al., 1979). Esse critério é ainda amplamente utilizado, competindo apenas com o coeficiente volumétrico de transferência de O_2 (k_La).

Conforme visto no Capítulo 9, em tanques cilíndricos com chicanas agitados por impelidores tipo turbina de pás planas (Rushton), nos regimes de agitação laminar e de transição ($Re < 10^4$), tem-se que:

$$N_P = f\left(\frac{1}{Re}\right) \tag{10.1}$$

em que:

N_p: número de Potência ($= P/\left(\rho N^3 D_i^5\right)$) (adimensional);

Re: número de Reynolds ($= \rho N D_i^2/\mu$) (adimensional);

P: potência transmitida na agitação do líquido sem gaseificação (W);

N: frequência de rotação do eixo do agitador (rps ou s^{-1});

ρ: densidade do líquido (kg/m^3);

μ: viscosidade dinâmica do líquido (kg/(ms) = Pa s);

D_i: diâmetro do impelidor (m).

Logo:

$$\frac{P}{\rho N^3 D_i^5} \propto \frac{\mu}{\rho N D_i^2}$$

Sendo as propriedades físicas (ρ e μ) constantes no aumento de escala, tem-se que:

$$P \propto \frac{N^3 D_i^5}{N D_i^2} \text{ ou } P \propto N^2 D_i^3 \tag{10.2}$$

No regime turbulento ($Re > 10^4$), N_p é constante (RUSHTON; COSTICH; EVERETT, 1950a; 1950b), logo:

$$\frac{P}{\rho N^3 D_i^5} = constante \tag{10.3}$$

Portanto:

$$P \propto N^3 D_i^5 \tag{10.4}$$

O volume do tanque (V) é dado por:

$$V = \pi \frac{D_t^2}{4} H_L$$

em que D_t é o diâmetro do tanque (m) e H_L é a altura da coluna de líquido (m).

Como se pretende manter semelhança geométrica na ampliação de escala, sabendo-se que:

$$D_t \propto D_i \text{ e } H_L \propto D_i$$

logo:

$$V \propto D_i^3 \tag{10.5}$$

Dividindo-se as Equações (10.2) e (10.4) pela Equação (10.5), tem-se que:

$$\frac{P}{V} \propto N^2 \rightarrow regime\ laminar \tag{10.6}$$

$$\frac{P}{V} \propto N^3 D_i^2 \rightarrow regime\ turbulento \tag{10.7}$$

Na ampliação de uma escala 1 para uma escala 2, mantendo-se como critério P/V constante, tem-se, para o regime turbulento de agitação:

$$\left(\frac{P}{V}\right)_1 = \left(\frac{P}{V}\right)_2$$

Portanto:

$$N_1^3 D_{i1}^2 = N_2^3 D_{i2}^2 \text{ ou } N_2 = N_1 \left(\frac{D_{i1}}{D_{i2}} \right)^{2/3} \tag{10.8}$$

Como exemplo da utilização desse critério, a Figura 10.4 ilustra um aumento de escala para o processo de produção de penicilina baseado no critério *P/V* constante (GADEN apud WANG et al., 1979).

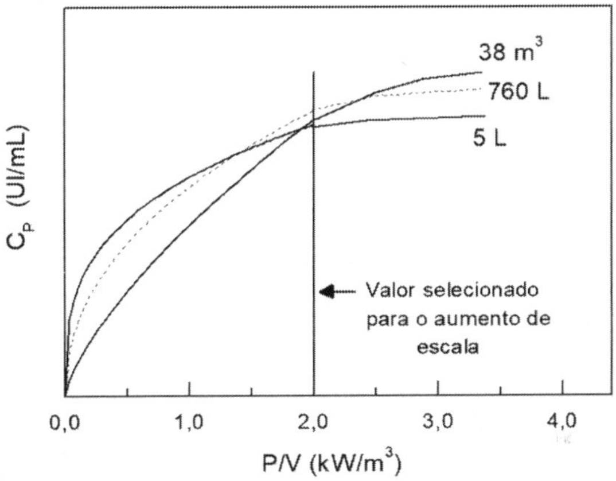

Figura 10.4 Produção de penicilina (C_p em UI/mL) em função da potência por unidade de volume (*P/V*) fornecida em diferentes escalas.

Fonte: adaptada de Wang et al. (1979).

Na Figura 10.4 nota-se um fato interessante, comum em estudos de aumento de escala. Um valor próximo de 2,0 kW/m^3 para o critério *P/V*, obtido a partir de ensaios em escala de bancada (5 L), foi escolhido para realizar o aumento de escala. Pode-se notar que nessa escala, valores razoavelmente maiores para o critério *P/V* não impactam na produção de penicilina. Portanto, esse é o valor de partida escolhido para aumento de escala desse processo. No entanto, deve-se ter em mente que em escalas maiores devem ser realizados ensaios em condições próximas ao valor do critério escolhido na escala de bancada, uma vez que esse procedimento pode culminar num desempenho ainda melhor do processo. Nesse exemplo, o valor de *P/V* em torno de 2,0 kW/m^3 proporciona um desempenho similar para o processo nas três escalas envolvidas. Já valores de *P/V* razoavelmente maiores, embora praticamente não alterem o desempenho do processo na escala de bancada, resultam em razoáveis melhorias em termos de produção de penicilina nas escalas piloto (760 L) e industrial (38 m^3).

Outro exemplo da utilização do critério *P/V* constante num aumento de escala foi reportado por Bourne, Zurita e Heinzle (1992) na produção dos aromas acetoína e 2,3-butanodiol por *Bacillus subtilis* nas escalas de 45 L, 450 L e 4.500 L. A quantidade relativa desses aromas (acetoína/2,3-butanodiol: *Ac/But*) depende fortemente da concentração de oxigênio dissolvido, que, por sua vez, depende da potência aplicada por unidade de volume de caldo (*P/V*).

A Figura 10.5 ilustra a relação *Ac/But* nas três escalas de trabalho em função do critério *P/V*. Observa-se que para um valor de *P/V* próximo a 2,25 kW/m³, a relação *Ac/But* varia em torno de 10 nas três escalas. Para valores superiores de *P/V*, a relação *Ac/But* continua a aumentar, porém os aumentos são mais discretos e com uma tendência de estabilização para as escalas maiores (450 L e 4.500 L). Se o objetivo for maximizar a produção de acetoína (*Ac*), deve-se operar o cultivo com altos valores de *P/V*.

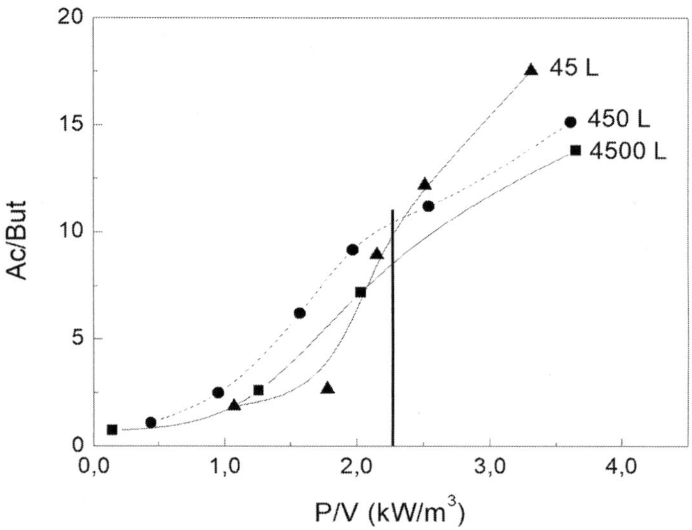

Figura 10.5 Relação entre as produções dos aromas acetoína e 2,3-butanodiol (*Ac/But*) em função da potência por unidade de volume (*P/V*) nas escalas de 45 L, 450 L e 4.500 L.

Fonte: adaptada de Bourne, Zurita e Heinzle (1992).

10.2.2 CONSTÂNCIA DO COEFICIENTE VOLUMÉTRICO DE TRANSFERÊNCIA DE OXIGÊNIO (k_La)

Em bioprocessos que envolvem alta demanda de oxigênio, o coeficiente volumétrico de transferência de oxigênio (k_La) mostra-se como o critério ideal para ampliação de escala.

Conforme visto no Capítulo 9, de acordo com Cooper, Fernstrom e Miller (1944), pode-se escrever que:

$$k_L a \propto \left(\frac{P_g}{V}\right)^A \left(v_S\right)^B \tag{10.9}$$

em que:

k_La: coeficiente volumétrico de transferência de O_2 (s^{-1} ou h^{-1});

P_g: potência transmitida ao fluido sob aeração (W);

V: volume de fluido (m^3);

v_S: velocidade superficial de ar (ms^{-1}).

A velocidade superficial (v_S) é expressa pela equação:

$$\nu_S = \frac{Q}{S} = \frac{4Q}{\pi D_t^2}$$

em que:

Q: vazão volumétrica de ar ($m^3 s^{-1}$);

S: área da secção transversal do tanque $(= \pi D_t^2 / 4)(m^2)$;

D_t: diâmetro do tanque (m).

Cabe ressaltar que correlações desse tipo podem ser utilizadas na ampliação de escala, desde que sejam válidas para as escalas envolvidas. Normalmente, em cultivos com fungos ou bactérias filamentosas, que geram caldos não newtonianos, devem ser utilizadas correlações mais complexas que levem em consideração variações nas propriedades físicas do caldo (vide Capítulo 9).

Na ampliação de uma escala 1 para uma escala 2, mantendo-se o k_La constante, tem-se que:

$$(k_La)_1 = (k_La)_2$$

Logo:

$$\left(\frac{P_g}{V}\right)_1^A (\nu_S)_1^B = \left(\frac{P_g}{V}\right)_2^A (\nu_S)_2^B \tag{10.10}$$

O consumo de potência para o sistema não aerado (P) se relaciona com o consumo de potência para o sistema aerado (P_g) por meio do número de aeração (N_A), ou pela correlação proposta por Michel e Miller (1962) abordada no Capítulo 9, Equação (9.64), ou seja:

$$P_g \propto \left(\frac{P^2 N D_i^3}{Q^{0,56}}\right)^{0,45} \tag{10.11}$$

Sendo $V \propto D_i^3$ e, para o regime turbulento de agitação, $P \propto N^3 D_i^5$, logo:

$$\frac{P_g}{V} \propto \left[\frac{\left(N^3 D_i^5\right)^2 N D_i^3}{D_i^{6,67} Q^{0,56}} \right]^{0,45} \qquad (10.12)$$

Portanto:

$$\frac{P_g}{V} \propto \left(\frac{N^7 D_i^{6,33}}{Q^{0,56}} \right)^{0,45} \propto \frac{N^{3,15} D_i^{2,85}}{Q^{0,25}} \qquad (10.13)$$

Sendo $\nu_S = \dfrac{4Q}{\pi D_t^2}$ e $D_t \propto D_i$, tem-se:

$$\nu_S \propto \frac{Q}{D_i^2} \qquad (10.14)$$

Assim, substituindo-se as Equações (10.13) e (10.14) na Equação (10.10), tem-se que:

$$\left(\frac{N_1^{3,15} D_{i1}^{2,85}}{Q_1^{0,25}} \right)^A \left(\frac{Q_1}{D_{i1}^2} \right)^B = \left(\frac{N_2^{3,15} D_{i2}^{2,85}}{Q_2^{0,25}} \right)^A \left(\frac{Q_2}{D_{i2}^2} \right)^B \qquad (10.15)$$

Portanto:

$$N_2 = N_1 \left(\frac{D_{i2}}{D_{i1}} \right)^{\frac{2B-2,85A}{3,15A}} \left(\frac{Q_2}{Q_1} \right)^{\frac{0,25A-B}{3,15A}} \qquad (10.16)$$

A relação Q_2/Q_1 pode ser obtida de critérios de ampliação de escala para a aeração, que serão abordados posteriormente. Quanto aos valores dos coeficientes A e B, estes devem ser escolhidos de acordo com o tamanho do tanque e do tipo de caldo que o processo gera – coalescente ou não coalescente; vide Tabela 9.6 do Capítulo 9 (VAN'T RIET, 1979). Cabe salientar que se deve buscar, em escala de bancada, correlações de $k_L a$ com as dimensões do tanque e com variáveis de processo, ou seja, obter as constantes A e B para o sistema em desenvolvimento, de modo que se tenha maior segurança na ampliação de escala do bioprocesso.

As Figuras 10.6, 10.7 e 10.8 ilustram aumentos de escala para os processos de produção de estreptomicina, vitamina B12 e inulinase, respectivamente, baseados no critério $k_L a$ constante, em que $k_L a = K_V H$, sendo K_V o coeficiente de absorção de O_2 e H a constante de Henry (Capítulo 9).

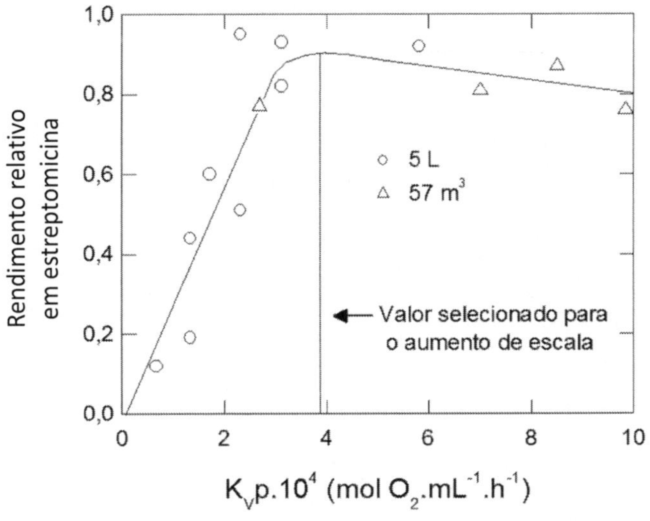

Figura 10.6 Ampliação de escala do processo de produção de estreptomicina utilizando-se como critério k_La constante. K_V: coeficiente de absorção de O_2 (molO_2mL^{-1}h^{-1}atm^{-1}); p: pressão do ar de entrada (atm).

Fonte: adaptada de Karow, Bartholomew e Sfat (1953).

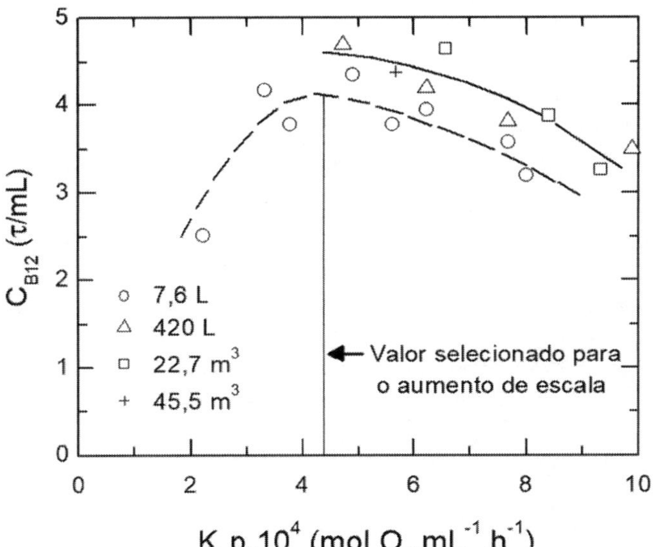

Figura 10.7 Ampliação de escala de um processo de produção de vitamina B12 utilizando-se como critério k_La constante. K_V: coeficiente de absorção de O_2 (molO_2mL^{-1}h^{-1}atm^{-1}); p: pressão do ar de entrada (atm).

Fonte: Bartholomew (1960).

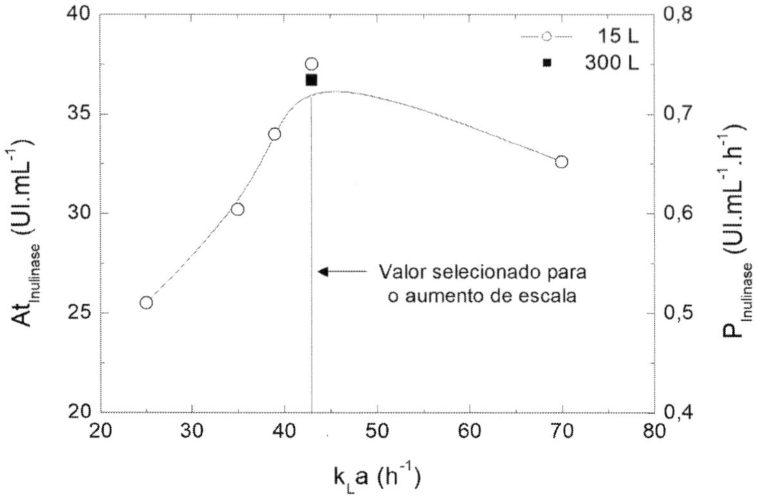

Figura 10.8 Ampliação de escala de um processo de produção de inulinase por *Candida kefyr* utilizando-se como critério k_La constante.

Fonte: Pessoa, Vitolo e Hustedt (1996).

10.2.3 CONSTÂNCIA DA VELOCIDADE NA EXTREMIDADE DO IMPELIDOR (v_{tip})

Outro critério importante na ampliação de escala de fermentadores é a velocidade na extremidade do impelidor (v_{tip}), que se relaciona com a frequência de rotação (N) e com o diâmetro do impelidor (D_i), da forma que segue:

$$v_{tip} = \pi D_i N \tag{10.17}$$

A velocidade na extremidade do impelidor determina o gradiente de velocidade máximo ($\dot{\gamma}_{max}$), que, por sua vez, tem forte influência no diâmetro médio das bolhas, no tamanho dos aglomerados celulares e, principalmente, na viabilidade celular, como é o caso de células sensíveis ao cisalhamento, como bactérias e fungos filamentosos e células de tecidos animal e vegetal. Pela sua importância, muitas indústrias de bioprocessos utilizam esse critério na ampliação de escala de biorreatores. Em geral, uma faixa satisfatória de v_{tip} para a ampliação de escala de cultivos envolvendo microrganismos situa-se entre 250-500 cm/s (WANG et al., 1979).

Segundo a Equação (10.17):

$$v_{tip} \propto ND_i$$

No procedimento de ampliação de uma escala 1 para uma escala 2, mantendo-se v_{tip} constante, tem-se que:

$$\left(v_{tip}\right)_1 = \left(v_{tip}\right)_2$$

Portanto:

$$N_1 D_{i1} = N_2 D_{i2} \quad \text{ou} \quad N_2 = \frac{D_{i1}}{D_{i2}} N_1 \tag{10.18}$$

10.2.4 CONSTÂNCIA DO TEMPO DE MISTURA (t_m)

Uma característica comum observada na ampliação de escala de biorreatores é que fluidos agitados em grandes tanques exibem características não uniformes. Em pequenos biorreatores (< 500 L), principalmente na agitação de fluidos de baixa viscosidade, a mistura é praticamente instantânea (perfeita). Já em grandes tanques (> 5.000 L), a mistura se apresenta deficiente, com a ocorrência de perfis tanto de pH quanto de oxigênio dissolvido ao longo da altura desses tanques. O tempo de mistura (t_m), definido como o período necessário para a completa homogeneização de um fluido agitado quando é adicionada uma pequena quantidade de um fluido distinto (traçador), sob o ponto de vista prático, pode ser utilizado como uma medida do grau de mistura ou de turbulência num vaso agitado.

Norwood e Metzner (1960) relacionaram o fator tempo de mistura (ϕ) com o número de Reynolds (*Re*) para sistemas agitados com um impelidor tipo turbina-padrão de pás planas, sendo a grandeza ϕ definida como:

$$\phi = \frac{t_m \left(N D_i^2\right)^{2/3} g^{1/6} D_i^{1/2}}{H_L^{1/2} D_t^{3/2}} \tag{10.19}$$

em que:

ϕ: fator tempo de mistura (-);

t_m: tempo de mistura (*s*);

N: frequência de rotação (*rps* ou s^{-1});

D_i: diâmetro do impelidor (*m*);

g: aceleração da gravidade (ms^{-2});

H_L: altura de coluna de fluido (*m*);

D_t: diâmetro do tanque (*m*).

Um esboço da curva experimental de ϕ em função de *Re* é ilustrado pela Figura 10.9, que mostra que, para $Re > 10^5$ (regime turbulento), ϕ apresenta um valor constante em torno de 4,2.

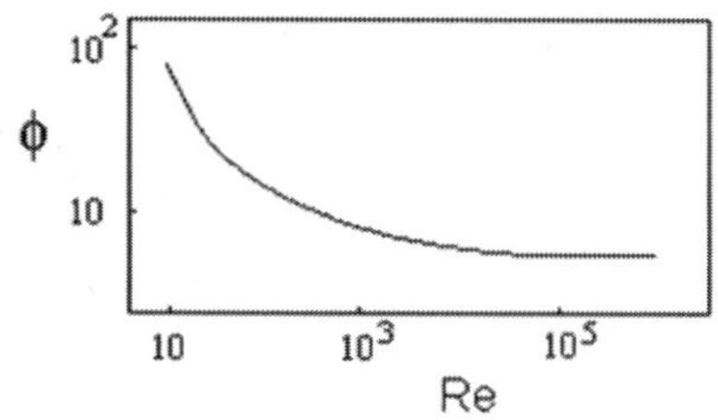

Figura 10.9 Fator tempo de mistura (ϕ) em função do número de Reynolds (*Re*).

Fonte: Norwood e Metzner (1960).

Para valores de $Re > 10^5$ e sabendo-se que H_L e D_t são proporcionais a D_i , tem-se:

$$t_m \propto \frac{D_i^{1/6}}{N^{2/3}} \text{ ou } t_m \propto \left(\frac{D_i}{N^4}\right)^{1/6}$$

Na ampliação de uma escala 1 para uma escala 2, mantendo-se o t_m constante, tem-se que:

$$(t_m)_1 = (t_m)_2$$

$$\left(\frac{D_{i1}}{N_1^4}\right)^{1/6} = \left(\frac{D_{i2}}{N_2^4}\right)^{1/6} \text{ ou } N_2 = \left(\frac{D_{i2}}{D_{i1}}\right)^{1/4} N_1 \tag{10.20}$$

10.2.5 CONSTÂNCIA DA CAPACIDADE DE BOMBEAMENTO DO IMPELIDOR (F_L/V)

No interior de um tanque agitado onde existe um grau adequado de mistura, há também um tempo de circulação característico (t_C). A capacidade de bombeamento (F_L/V), dada pela relação entre a vazão de circulação do fluido no interior do tanque (F_L) e o volume de líquido (V), expressa esse tempo de circulação ($t_C = 1/F_L$). Seria como se as pás do(s) impelidor(es) funcionassem como as de uma bomba centrífuga, impondo ao fluido uma determinada quantidade de movimento.

Sendo:

$$F_L \propto N D_i^3$$

e sabendo-se que $V \propto D_t^3$ e $D_t \propto D_i$, logo:

$$\frac{F_L}{V} \propto \frac{N D_i^3}{D_i^3}$$

Portanto:

$$\frac{F_L}{V} \propto N \tag{10.21}$$

Na translação de uma escala 1 para uma escala 2, mantendo-se (F_L/V) constante, tem-se que:

$$\left(\frac{F_L}{V}\right)_1 = \left(\frac{F_L}{V}\right)_2$$

Logo:

$$N_2 = N_1 \tag{10.22}$$

10.2.6 CONSTÂNCIA DO NÚMERO DE REYNOLDS (*Re*)

Outro critério de ampliação de escala diretamente ligado ao grau de agitação e de mistura no interior de tanques agitados é o número de Reynolds (*Re*), definido como:

$$Re = \frac{\rho N D_i^2}{\mu}$$

Como ρ e μ são constantes na ampliação de escala, tem-se a seguinte proporcionalidade:

$$Re \propto N D_i^2$$

Logo, na ampliação de uma escala 1 para uma escala 2, tem-se que:

$$(Re)_1 = (Re)_2$$

Portanto:

$$N_1 D_{i1}^2 = N_2 D_{i2}^2 \quad \text{ou} \quad N_2 = \left(\frac{D_{i1}}{D_{i2}}\right)^2 N_1 \tag{10.23}$$

10.3 CRITÉRIOS DE AERAÇÃO

Quando se utilizam os critérios de ampliação de escala apresentados anteriormente, na maioria dos casos as equações obtidas apresentam relações entre frequências de rotação (N) e dimensões (D_i) para as duas escalas envolvidas. Essas equações expressam apenas as condições de *agitação* da nova escala, mas não trazem informações sobre as novas condições de *aeração*, quando se trata de bioprocessos aeróbios.

Nesses casos, os *critérios ou regras de aeração* normalmente recomendados (KOSSEN; OOSTERHUIS, 1985) são os que seguem:

- número de aeração (N_A) constante;
- velocidade superficial de ar (v_S) constante;
- vazão específica de alimentação de ar (ϕ_{ar}) constante.

Para o critério número de aeração (N_A) constante, sendo:

$$N_A = \frac{Q}{ND_i^3}$$

tem-se que:

$$\left(N_A\right)_1 = \left(N_A\right)_2 \text{ ou } \left(\frac{Q}{ND_i^3}\right)_1 = \left(\frac{Q}{ND_i^3}\right)_2.$$

Logo:

$$Q_2 = \left(\frac{D_{i2}}{D_{i1}}\right)^3 \left(\frac{N_2}{N_1}\right) Q_1 \tag{10.24}$$

A velocidade superficial de ar (v_S) é definida como:

$$v_S = \frac{4Q}{\pi D_t^2}$$

Sendo $D_t \propto D_i$, tem-se:

$$v_S \propto \frac{Q}{D_i^2}$$

Portanto, para o critério velocidade superficial (v_S) constante, tem-se que:

$$\left(\frac{Q}{D_i^2}\right)_1 = \left(\frac{Q}{D_i^2}\right)_2 \text{ ou } Q_2 = \left(\frac{D_{i2}}{D_{i1}}\right)^2 Q_1 \tag{10.25}$$

No terceiro critério de aeração, a vazão específica de ar (ϕ_{ar}) é definida como:

$$\phi_{ar}\left(vvm\right) = \frac{V_{ar}}{V_{meio}\, min} = \frac{Q}{V} \tag{10.26}$$

Portanto, para o critério vazão específica de ar (ϕ_{ar}) constante, sabendo-se que $V \propto D_i^3$, tem-se que:

$$\left(\frac{Q}{D_i^3}\right)_1 = \left(\frac{Q}{D_i^3}\right)_2 \quad \text{ou} \quad Q_2 = \left(\frac{D_{i2}}{D_{i1}}\right)^3 Q_1 \tag{10.27}$$

Na sequência são apresentadas algumas comparações entre os critérios de ampliação de escala apresentados.

10.4 COMPARAÇÕES ENTRE CRITÉRIOS PARA A AMPLIAÇÃO DE ESCALA

Como um exemplo de utilização dos critérios de ampliação de escala, a Tabela 10.2 ilustra as novas condições de agitação, numa ampliação de escala de 10 L a 5.000 L, de um bioprocesso aeróbio de produção de uma determinada enzima, para vários critérios de ampliação escolhidos. As condições de agitação e aeração na escala de bancada foram, respectivamente, 700 rpm e 0,3 *vvm*, sendo que durante a ampliação foi eleito como critério de aeração vazão específica de ar (ϕ_{ar}) constante.

Tabela 10.2 Variação da frequência de rotação (*N*) numa ampliação de escala (V_1 = 10 L; V_2 = 5.000 L; ϕ_{ar} = 0,3 *vvm*)

Critério de ampliação de escala	*N* (rpm) (*V* = 5.000 L)
P/V	175,9
k_La (A = 0,5 e B = 0,5)	91,3
v_{tip}	88,2
t_m*	1.174,9
F_L/V	700
Re	11,1

* $Re > 10^5$

Observando-se a Tabela 10.2, podem-se notar alguns aspectos interessantes. Por exemplo, a escolha do critério k_La constante praticamente não se diferencia da escolha de v_{tip} constante, mostrando que qualquer um desses critérios poderia ser eleito como base para a ampliação de escala desse processo, sem detrimento para o outro. Pode-se notar ainda que a escolha de qualquer um dos critérios, t_m ou F_L/V constante, recairia em condições extremas de agitação e inaplicáveis para uma escala de 5.000 L.

Quando se realiza uma ampliação de escala com base num dado critério, mantendo-se a semelhança geométrica, outras variáveis importantes do processo também variam na ampliação. Para alguns processos específicos, variações bruscas em outra variável podem até inviabilizar o aumento de escala nas condições preestabelecidas. Um exemplo disso é a ampliação de escala de um processo que envolva células sensíveis ao cisalhamento. Nesse caso, quando se elege um critério de ampliação de escala, deve haver a preocupação com a variável relativa às novas condições de cisalhamento, qual seja, o produto ND_i. Escolhido um dado critério, caso as novas condições de cisalhamento não sejam satisfatórias, deve-se eleger outro critério de ampliação ou, então, ajustar novas condições de agitação e aeração que satisfaçam a essas duas variáveis.

A Tabela 10.3 ilustra as alterações em outros critérios ou variáveis do processo quando se elege um dado critério de ampliação de escala. Nessa ilustração, escolheu-se como escala de partida um fermentador de 60 L e como escala final um fermentador de 7,5 m^3, tendo-se, portanto, uma ampliação escala de 125 vezes o volume inicial.

Tabela 10.3 Relação entre variáveis numa ampliação de escala (V_1 = 60 L; V_2 = 7,5 m^3)

Relações entre variáveis	Critério de ampliação de escala				
	P/V	F_L/V	ND_i	Re	t_m*
N_2/N_1	0,34	1	0,2	0,04	1,5
$(F_L)_2/(F_L)_1$	42,7	125	25	5	187
P_2/P_1	125	3.125	25	0,2	10.449
$(P/V)_2/(P/V)_1$	**1**	25	0,2	0,0016	83,6
$(F_L/V)_2(F_L/V)_1$	0,34	**1**	0,2	0,04	1,5
$(ND_i)_2/(ND_i)_1$	1,7	5	**1**	0,2	7,5
Re_2/Re_1	8,6	25	5	**1**	37,4
$(t_m)_2/(t_m)_1$	2,7	1,3	3,8	0,089	**1**

* $Re > 10^5$

Pelos dados da Tabela 10.3, para o aumento de volume escolhido (125 vezes), a variável consumo de potência (P) mostra-se muito sensível aos critérios t_m e F_L/V constantes, resultando num aumento de mais de 10.000 vezes quando se escolhe o critério t_m constante. Quanto às condições de cisalhamento (ND_i), quando se elege um critério comum de ampliação de escala, como P/V, há um aumento de 70%, chegando-se até um aumento de 7,5 vezes quando t_m constante for o critério escolhido.

Esses exemplos mostram que na ampliação de escala de biorreatores, apesar de toda a teoria envolvida, deve-se ter bom senso na escolha do melhor critério, o que faz da ampliação de escala uma "arte". Deve-se, portanto, atentar para todas as variáveis durante uma ampliação de escala, sendo que tabelas do estilo da Tabela 10.3 apresentam-se como uma ferramenta de muita utilidade para estudos comparativos.

Assim, é interessante detalhar como construir tabelas desse tipo, o que será apresentado a seguir para dois casos tomados como exemplo.

- Variação de ND_i (ou v_{tip}) mantendo-se P/V constante

Para o critério P/V constante, tem-se que:

$$N_1^3 D_{i1}^2 = N_2^3 D_{i2}^2 \tag{10.8}$$

Essa equação pode ser modificada na forma:

$$N_2^2 D_{i2} \underbrace{N_2 D_{i2}}_{(v_{tip})_2} = N_1^2 D_{i1} \underbrace{N_1 D_{i1}}_{(v_{tip})_1}$$

ou

$$(\mathrm{v}_{tip})_2 = \left(\frac{N_1}{N_2}\right)^2 \left(\frac{D_{i1}}{D_{i2}}\right) (\mathrm{v}_{tip})_1 \tag{10.28}$$

A Equação (10.8) pode também ser escrita na forma que segue:

$$\frac{N_1}{N_2} = \left(\frac{D_{i2}}{D_{i1}}\right)^{2/3} \tag{10.8}$$

Logo, substituindo-se na Equação (10.28), tem-se que:

$$(\mathrm{v}_{tip})_2 = \left(\frac{D_{i2}}{D_{i1}}\right)^{1/3} (\mathrm{v}_{tip})_1 \tag{10.29}$$

Sabendo-se que $V \propto D_i^3$, logo:

$$(\mathrm{v}_{tip})_2 = \left(\frac{V_2}{V_1}\right)^{1/9} (\mathrm{v}_{tip})_1 \quad \text{ou} \quad (ND_i)_2 = \left(\frac{V_2}{V_1}\right)^{1/9} (ND_i)_1 \tag{10.30}$$

Na Tabela 10.3, admitindo-se o critério $(P/V)_2/(P/V)_1 = 1$, resulta em:

$$\frac{(ND_i)_2}{(ND_i)_1} = \left(\frac{V_2}{V_1}\right)^{1/9} = \left(\frac{7.500}{60}\right)^{1/9} = 1,7$$

- Variação de *Re* mantendo-se F_L/V constante

Para o critério F_L/V constante, sabe-se que:

$$N_1 = N_2 \tag{10.22}$$

Sendo:

$$Re = ND_i^2$$

pode-se alterar a Equação (10.22) para:

$$N_1\left(\frac{D_{i1}}{D_{i1}}\right)^2 = N_2\left(\frac{D_{i2}}{D_{i2}}\right)^2 \quad \text{ou} \quad \underbrace{N_1 D_{i1}^2}_{(Re)_1}\frac{1}{D_{i1}^2} = \underbrace{N_2 D_{i2}^2}_{(Re)_2}\frac{1}{D_{i2}^2}$$

Logo, tem-se que:

$$(Re)_2 = \left(\frac{D_{i2}}{D_{i1}}\right)^2 (Re)_1 \quad \text{ou} \quad (Re)_2 = \left(\frac{V_2}{V_1}\right)^{2/3} (Re)_1 \tag{10.31}$$

Ou seja, na Tabela 10.3, tomando-se o critério $(F_L/V)_2/(F_L/V)_1 = 1$, resulta em:

$$\frac{(Re)_2}{(Re)_1} = \left(\frac{7500}{60}\right)^{2/3} = 25$$

As demais relações podem ser obtidas de forma análoga.

10.5 REDUÇÃO DE ESCALA

Sempre que se menciona variação de escala, pensa-se em ampliação. No entanto, a operação de redução de escala é muito frequente nas indústrias de bioprocessos.

Em uma instalação já em operação, lembrando que os conhecimentos básicos da área avançam com muita rapidez, há sempre a necessidade de pequenos biorreatores, a fim de que sejam incorporados novos conceitos ao processo em operação. Isso reafirma o que foi mencionado na Seção 10.1, ou seja, o continuado emprego de biorreatores de menor porte na tarefa de pesquisa na empresa.

Outras situações que exigem a operação em menor escala são a introdução de uma nova linhagem de microrganismo responsável pelo bioprocesso e ensaios com novos lotes de matéria-prima.

Jamais se emprega uma nova linhagem que tenha sido isolada ou obtida por mutação diretamente na escala industrial. Na verdade, uma nova linhagem deve ser exaustivamente ensaiada em escalas de laboratório e piloto, a fim de adequar as condições de operação às características desse novo material biológico.

Da mesma forma, como frequentemente se empregam meios de cultura naturais (farinhas diversas, água de maceração de milho, melaço etc.), cuja composição química não é complemente conhecida, há sempre a necessidade de ensaiar novos lotes dessa matéria-prima em biorreatores de menores dimensões, visando observar o desempenho do bioprocesso para evitar surpresas na escala industrial.

Deve-se lembrar, ainda, que a obtenção de resultados não satisfatórios na escala industrial pode ser devida a fatores pouco imaginados, como é o caso de uma distinta destruição de nutrientes durante as esterilizações descontínuas do meio de cultura na escala industrial e nas escalas de bancada ou piloto, em virtude de perfis distintos de temperatura nessas diferentes escalas de trabalho. Essa possibilidade pode ser verificada efetuando-se ensaios típicos de redução de escala.

Para tal, pode-se esterilizar o meio de cultura no biorreator industrial e retirar amostras de forma asséptica para a operação em biorreatores de bancada, efetuando-se a inoculação com o mesmo inóculo empregado na escala industrial. Dessa forma, acompanha-se o desempenho do processo em ambas as escalas e, em paralelo, observa-se o desempenho em reator de bancada cujo meio tenha sido esterilizado *in loco*. Tal operação em igualdade de condições na pequena escala, tendo-se como única variável a esterilização nas distintas escalas, permite observar a influência da operação de esterilização no comportamento do bioprocesso.

Essas observações, ao lado de outras que poderiam ser descritas, tornam clara a necessidade de uma continuada evolução do processo, pois a situação considerada ótima em um dado instante pode deixar de sê-lo com a evolução dos conhecimentos.

10.6 CONSIDERAÇÕES FINAIS

Conforme já salientado, é frequente dizer que a tarefa de ampliação de escala é uma "arte". Isso é assim em virtude da necessidade de se contar com uma experiência específica relativa ao bioprocesso em desenvolvimento. Essa experiência só pode ser obtida por meio da observação de resultados experimentais obtidos em escala de bancada.

Deve-se lembrar que a obtenção de dados em pequena escala significa um custo relativamente reduzido quando comparado com o da construção e da operação de instalações piloto ou industrial. Assim, a decisão sobre a construção e a operação de uma instalação piloto deve ser tomada após se contar com certo grau de segurança, baseado no conhecimento do processo. No entanto, deve-se também lembrar que não existe a disponibilidade de um tempo infinito para se tomar essa decisão, bem como nunca se contará com o total conhecimento do processo, em virtude do tempo que isso demandaria, perdendo-se a oportunidade de lançar um novo produto no mercado. Conclui-se, portanto, que um certo risco sempre estará presente, o que acentua o aspecto de "arte" mencionado.

Um ponto que também deve ser comentado é a frequente heterogeneidade do biorreator industrial de grande porte. Isso significa que o microrganismo poderá ficar exposto a valores diferentes de pH, temperatura e concentração de oxigênio dissolvido ao longo da altura do biorreator, fato este difícil de ser previsto em escalas menores.

Ainda, quando se pensa em ampliar escala, imagina-se o emprego de biorreatores geometricamente semelhantes. No entanto, essa semelhança geométrica é difícil de ser mantida entre as várias escalas, pois isso pode levar a equipamentos com dimensões que poderiam, por exemplo, dificultar o seu transporte para a instalação industrial. Assim, dependendo do volume necessário para uma dada escala de produção, deve-se pensar em projetar um certo número de biorreatores com dimensões mais razoáveis, em vez de um único ou poucos de grandes dimensões, que exigiriam geometrias especiais. Na verdade, deve-se fazer vários exercícios e, dentro da experiência com a construção e a operação desses biorreatores, escolher a situação mais conveniente.

Uma ferramenta com uso crescente no aumento de escala de biorreatores é a fluidodinâmica computacional (*Computational Fluid Dynamics* – CFD), em que modelos de escoamento e de transferência de calor e massa podem ser elaborados e validados em diferentes escalas, tornando a tarefa do aumento de escala mais segura. O uso dessa técnica é justificado pelo desempenho dos computadores atuais, o que permite a obtenção de resultados numéricos de maneira mais rápida e eficiente. A alocação de matrizes gigantescas na memória do computador agora é permitida, implicando a obtenção de resultados mais precisos e refinados.

Além disso, como a técnica baseia-se na resolução numérica de equações conservativas complexas, as respostas obtidas são generalizadas e possibilitam a previsão da operação real de um determinado processo em diferentes escalas. Isso reduz custos de implementação experimental, já que as simulações de modelos validados experimentalmente retornam respostas confiáveis e semelhantes ao que se encontraria na prática em situações não ensaiadas (RODRIGUEZ, 2015).

REFERÊNCIAS

BARTHOLOMEW, W. H. Scale-up of submerged fermentations. In: *Advances in Applied Microbiology*. New York: Academic Press, 1960. v. 2, p. 289-300.

BOURNE, J. R.; ZURITA, E.; HEINZLE, E. Bioreactor scale-up for the oxygen-sensitive culture *Bacillus subtilis*: the influence of stirrer shaft geometry. *Biotechnology Progress*, v. 8, p. 580-582, 1992.

COOPER, C. M.; FERNSTROM, G. A.; MILLER, S. A. Performance of agitated gas-liquid contactors. *Industrial & Engineering Chemistry*, v. 36, p. 504-509, 1944.

EINSELE, A. Scaling-up bioreactors. *Process Biochemistry*, v. 13, p. 13-14, 1978.

KAROW, E. O.; BARTHOLOMEW, W. H.; SFAT, M. R. Oxygen transfer and agitation in submerged fermentations. *Journal of Agricultural and Food Chemistry*, v. 1, p. 302-306, 1953.

KOSSEN, N. W. F.; OOSTERHUIS, N. M. G. Modelling and scaling-up of bioreactors. In: REHM, H. J.; REED, G. *Biotechnology*. Weinheim: VHC Publishers, 1985. v. 2, p. 571-606.

MICHEL, B. J.; MILLER, S. A. Power requirements of gas-liquid agitated systems. *AIChE Journal*, v. 8, p. 262-266, 1962.

NORWOOD, K. W.; METZNER, A. B. Flow patterns and mixing rates in agitated vessels. *AIChE Journal*, v. 6, p. 432-37, 1960.

OLDSHUE, J. Y. Current trends in mixer scale-up techniques. In: ULBRECHT, J. J.; PATTERSON, G. K. *Mixing of liquids by mechanical agitation*. New York: Gordon and Breach Science Publishers, 1985. p. 309-342.

PESSOA, A.; VITOLO, M.; HUSTEDT, H. Use of K_La as a criterion for scaling up the inulinase fermentation process. *Applied Biochemistry and Biotechnology*, v. 57-58, p. 699-709, 1996.

RODRIGUEZ, G. Y. *Avaliação de parâmetros globais de desempenho de biorreatores pneumáticos através de fluidodinâmica computacional.* 77 f. 2015. Tese (doutorado) – Programa de Pós-Graduação em Engenharia Química, Universidade Federal de São Carlos, São Carlos, 2015.

RUSHTON, J. H.; COSTICH, E. W.; EVERETT, H. J. Power characteristics of mixing impellers – Part I. *Chemical Engineering Progress*, v. 46, p. 395-404, 1950a.

RUSHTON, J. H.; COSTICH, E. W.; EVERETT, H. J. Power characteristics of mixing impellers – Part II. *Chemical Engineering Progress*, v. 46, p. 467-476, 1950b.

VAN'T RIET, K. Review of measuring methods and results in non-viscous gas-liquid mass transfer in stirred vessels. *Industrial & Engineering Chemistry Process Design and Development*, v. 18, p. 367-375, 1979.

WANG, D. I. C. et al. Aeration and agitation. In: *Fermentation and enzyme technology*. New York: John Willey & Sons, 1979. cap. 9.

CAPÍTULO 11
Instrumentação, controle e automação de bioprocessos

Antonio José Gonçalves da Cruz

Edson Romano Nucci

11.1 INTRODUÇÃO

A partir do desenvolvimento da indústria de antibióticos, nas décadas de 1940 e 1950, os bioprocessos industriais apresentaram rápido progresso. Inúmeras substâncias de alto valor agregado, como enzimas, peptídeos, aminoácidos, ácidos orgânicos, fármacos, vitaminas, entre muitas outras, são produzidas por rotas bioquímicas, que muitas vezes são a única alternativa para sua obtenção ou se mostram extremamente vantajosas quando comparadas às rotas químicas.

Os bioprocessos são considerados sistemas complexos para se monitorar e controlar pela natureza intrínseca dos sistemas biológicos e de sua interação físico-química com o ambiente em que são cultivados. São sistemas dinâmicos nos quais substratos são consumidos e subprodutos e produtos são formados em diferentes fases do processo. O agente catalisador, um microrganismo (bactéria, levedura, fungo, célula de animal, de inseto ou de planta, por exemplo), possui grande variação em suas características metabólicas ao longo do processo.

Esses processos são realizados em equipamentos denominados biorreatores. Historicamente, o termo foi empregado para designar um reator (convencional ou não convencional) equipado com sistemas eficientes de mistura (agitação e aeração ou somente aeração), para garantir a homogeneidade do processo (SONNLEITNER, 1999). Atualmente, os biorreatores (escala de laboratório, piloto ou industrial) são equipados com um conjunto de elementos de medida (sensores) conectados a sistemas de monitoramento e controle por *hardware* ou por *software*. Assim, podem-se definir os biorreatores como sistemas fechados nos quais microrganismos são cultivados sob condições ambientais controladas, podendo estas ser otimizadas com o objetivo de maximizar a produtividade do bioprocesso.

A crescente busca pelo aproveitamento de substratos presentes em correntes descartadas de outros processos vem estimulando o uso dessas fontes como matéria-prima nos bioprocessos. Nesses casos, as variações na composição dessas correntes exigem o controle de um número maior de variáveis para manter o ambiente reacional em condições ideais para o cultivo dos microrganismos, quando comparado ao uso de matérias-primas sintéticas.

Processos biotecnológicos são dinâmicos e envolvem contínuas mudanças nas condições físico-químicas do meio de cultivo. Muitos processos são realizados em modo descontínuo (batelada) ou semicontínuo (batelada alimentada), o que impõe um regime transiente ao processo. Alguns processos são operados em modo contínuo, o que normalmente os caracteriza como estacionários durante sua operação. Perturbações externas ao processo, como variações na vazão ou na composição da corrente de entrada, são as responsáveis por retirar o sistema do regime permanente.

Comparado com o da indústria petroquímica, o nível de automação dos bioprocessos ainda é relativamente menor. Duas são as razões: a complexidade dos bioprocessos e a falta de sensores que forneçam dados confiáveis de variáveis primárias do bioprocesso em tempo real, embora, com o desenvolvimento da tecnologia a nível de *hardware* e *software*, essa limitação venha sendo gradualmente superada. Contudo, a aplicação da tecnologia moderna de controle nos bioprocessos ainda tem sido dificultada por esses dois grandes obstáculos, havendo grande oportunidade para o desenvolvimento de pesquisas nesse campo.

Para assegurar o bom desempenho em qualquer bioprocesso, é necessária a manutenção de um ambiente bem definido e controlado para o desenvolvimento do microrganismo. Para alcançar esse objetivo, medidas diretas das condições físico-químicas no interior do biorreator (variáveis sencundárias) são mandatórias. Assim, torna-se fundamental implementar a instrumentação em linha do processo de forma a obter o maior número de medidas em tempo real.

Existe um número de variáveis que, tomadas juntas, constituem o que pode ser considerado um conjunto básico para o monitoramento e o controle das condições ambientais do meio reacional com o objetivo de mantê-las mais próximas das ideais para o desenvolvimento do microrganismo. Normalmente, em um bioprocesso aeróbio realizado em um reator do tipo tanque agitado e aerado, o conjunto mínimo de variáveis a serem monitoradas é composto por: temperatura, pH, velocidade de agitação, vazão de ar, concentração de oxigênio dissolvido (OD), pressão no interior do reator, nível, detecção de espuma e concentrações de oxigênio e dióxido de carbono nos gases de exaustão. Todas essas medidas podem ser obtidas em tempo real (medidas *on-line*).

Variáveis como o pH, a concentração de oxigênio na fase líquida e as concentrações de oxigênio e dióxido de carbono nos gases de exaustão fornecem uma medida indireta do metabolismo celular. Variáveis adicionais podem ser medidas de acordo com a disponibilidade e as necessidades de uma situação particular, de forma a aumentar a precisão na estimativa do metabolismo celular.

Além desse mencionado conjunto mínimo, outras variáveis podem ser medidas, e muitas vezes o são, como as variáveis primárias do bioprocesso: a concentração celular, de substrato(s) e de produto(s). Contudo, pelo fato de na maioria das situações essas informações serem obtidas a partir de análises de laboratório (medidas *off-line*) ou ainda por um sistema de amostragem automatizado (medidas *at-line*), o atraso na obtenção dessas informações pode dificultar ou mesmo inviabilizar seu emprego em estratégias de controle.

Com o avanço da tecnologia, as pesquisas nessa área desdobram-se em duas vertentes: no desenvolvimento de sensores mais robustos e confiáveis para obtenção de medidas em linha de variáveis primárias, como a concentração celular, e no desenvolvimento de sensores baseados em modelos (*soft sensors*), que utilizam informações de variáveis secundárias disponíveis e de um modelo matemático para obter estimativas das variáveis primárias. Dessa forma, a partir dessas variáveis é possível obter informações sobre o metabolismo celular.

O uso criterioso e prudente de tais informações pode ajudar a aumentar a compreensão dos fenômenos que ocorrem durante o bioprocesso. A informação é normalmente obtida na forma de dados numéricos. Como já dito, esses dados podem ser adquiridos por meio de elementos de medida, sensores, eletrodos, analisadores e assim por diante. Em alguns casos, as medidas são obtidas diretamente do meio de cultivo em tempo real ou por sistemas de amostragem automatizados, o que pode acarretar atrasos na medida. Em outras situações, as medidas são realizadas em laboratório a partir de amostras coletadas do meio reacional.

A aplicação mais importante das informações obtidas em tempo real é o controle do bioprocesso. Um processo bioquímico pode ser dirigido para um ponto desejado por meio de determinada estratégia de controle. A Figura 11.1 apresenta uma ilustração de um sistema automatizado empregado para realizar cultivos em biorreator convencional em escala de laboratório.

Nesse sistema, as variáveis medidas (temperatura, pH, OD, vazão de ar, pressão, velocidade de agitação, concentrações de oxigênio e dióxido de carbono nos gases de exaustão do biorreator) são adquiridas por um controlador lógico programável (CLP) que se conecta a um sistema de supervisão industrial. O sistema permite a manipulação de variáveis como a vazão de ar, a velocidade de agitação, o acionamento de bombas peristálticas para adição de ácido, base e meio suplementar de modo a possibilitar a implementação de diferentes estratégias de controle. O sistema de supervisão se comunica via rede lógica com um segundo computador, no qual um modelo matemático baseado em redes neurais realiza a estimativa da concentração celular em tempo real (CRUZ, 2000).

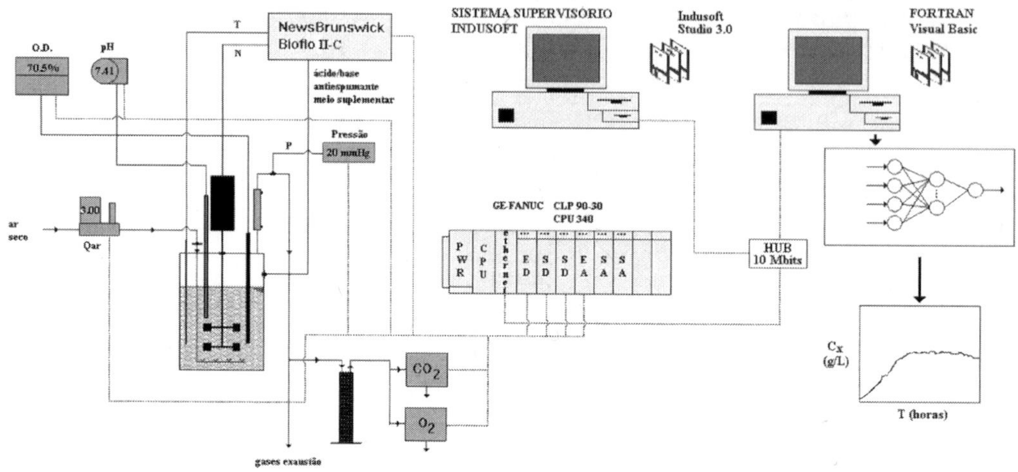

Figura 11.1 Diagrama esquemático de um biorreator convencional automatizado para realização de cultivos em escala de laboratório.

Fonte: Cruz (2000).

Entre os muitos sensores disponíveis, apenas um conjunto pequeno mostra-se adequado para uso em bioprocessos. As razões estão relacionadas com a complexidade do bioprocesso; medir variáveis físicas e químicas, como a temperatura e o pH, por exemplo, é muito mais simples que medir variáveis biológicas, como a concentração celular. A necessidade de manter muitos dos bioprocessos em condições estéreis é outro desafio, uma vez que adiciona exigências aos sensores, como suportar ciclos de esterilização (normalmente empregando vapor). Alguns sensores desenvolvidos para uso nos bioprocessos são complexos, possuem preço elevado, exigem muitos cuidados para sua operação e muitas vezes são incompatíveis com os procedimentos de esterilização, o que dificulta a sua utilização.

Com os avanços da tecnologia, em nível de *hardware* e *software*, os sensores ópticos e espectroscópicos passaram a se mostrar atrativos para uso nos bioprocessos. Esses sensores possuem a característica de serem não invasivos. Os sensores espectroscópicos, por outro lado, normalmente geram grandes quantidades de informações, as quais precisam de interpretação. Com o aumento da velocidade de processamento das informações, a utilização desses sensores têm aumentado.

A partir do ano de 2003 as pesquisas nessa área ganharam novo fôlego, motivadas pela publicação do Process Analytical Initiative (PAT) pela agência de regulamentação americana Food and Drug Administration (FDA) (GANGULY; VOGEL, 2006; GLASSEY et al., 2011). O FDA define o PAT como um mecanismo para projeto, análise e controle de processos de produção farmacêuticos por meio de medidas de parâmetros críticos do processo e atributos de qualidade. Em outras palavras, o FDA passou a facilitar, a partir dessa data, a aprovação de novos processos que utilizassem ferramentas matemáticas como *soft sensors*,[1] detecção de falhas por PCA[2] (*principal components analysis*), análise de grupos[3] (*cluster analysis*), entre outras.

Métodos baseados em princípios ópticos empregando diferentes comprimentos de onda (espectroscopias de ultravioleta, de infravermelho, de infravermelho próximo, de Raman, de fluorescência e de micro-ondas, por exemplo) passaram também a ser onipresentes na instrumentação de bioprocessos. A utilização desses métodos está quase sempre associada ao uso de procedimentos matemáticos (PCA, PLS,[4] PCR[5] e ANN,[6] por exemplo) para interpretação dos dados obtidos, como mencionado no parágrafo anterior.

Esse fato tornou possível maiores grau de instrumentação e nível de automação nos bioprocessos pela implementação de estratégias de controle adicionais. Isso vem permitindo a obtenção de uma maior reprodutibilidade entre os cultivos, o que garante melhor qualidade do produto, maior segurança e otimização da produção, gerando grandes ganhos para os bioprocessos. A Figura 11.2 apresenta o conjunto de variáveis normalmente empregadas no monitoramento e no controle dos biorreatores.

---

[1] *Soft sensor*: termo empregado para designar um tipo de sensor baseado em um algoritmo estimador. Utiliza variáveis medidas em tempo real (como pH, temperatura, oxigênio dissolvido etc.) para estimar variáveis não medidas ou de difícil quantificação em tempo real (como as concentrações celular e de substrato).

[2] PCA (*principal component analysis*): em português, análise de componentes principais. Uma ferramenta estatística normalmente empregada na exploração de conjunto de dados experimentais. PCA emprega uma transformação ortogonal para converter um conjunto de variáveis possivelmente correlacionadas a um conjunto de variáveis linearmente descorrelacionadas, denominadas componentes principais. Essa transformação é definida de forma que o primeiro componente principal tenha a maior variância possível e cada componente seguinte tenha a máxima variância sob a restrição de ser ortogonal aos componentes anteriores.

[3] Análise de grupos (*cluster analysis*): ferramenta matemática que busca identificar estruturas dentro de um conjunto de dados experimentais.

[4] PLS (*partial least square regression*): em português, regressão por mínimos quadrados parciais. Técnica empregada quando se precisa prever um conjunto de variáveis dependentes de um conjunto de variáveis independentes muito grande (os preditores). Usada na análise de dados em quimiometria.

[5] PCR (*principal component regression*): em português, regressão em componentes principais. Técnica multivariada de análise de dados. Empregada na análise de dados em quimiometria.

[6] ANN (*artificial neural networks*): em português, redes neurais artificiais. Técnica de inteligência artificial, baseada em modelo matemático inspirado na estrutura de neurônios, empregada na aquisição de conhecimento por meio da experiência.

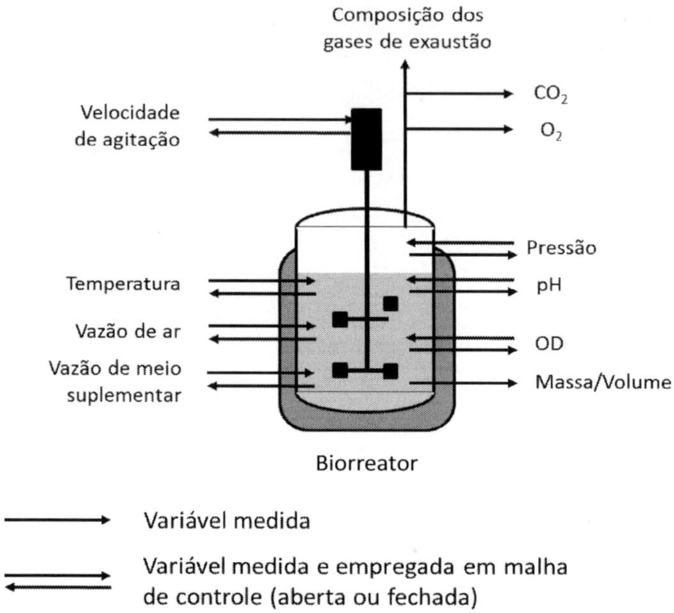

Figura 11.2 Variáveis medidas e controladas em um biorreator convencional.

Fonte: adaptada de Sonnleitner (1999).

11.2 SENSORES EM BIOPROCESSOS

Nos bioprocessos, a quantificação de variáveis pode ser realizada por amostragem manual e posterior análise em laboratório (medidas *off-line*) ou por algum sistema de amostragem e análise (medidas *at-line*). Quando a medida é realizada por amostragem, de forma manual ou automatizada, há sempre um risco de contaminação para o processo. Nessas análises quantificam-se a concentração celular e sua viabilidade, as concentrações de substrato(s) e produto(s) do meio de cultivo, por exemplo. Em tempo real (medidas *on-line*), o sensor empregado pode ser classificado quanto ao seu grau de invasividade: contato direto com o meio reacional (sensor *in-situ* ou *in-line*) ou indireto nas linhas de entrada ou saída do biorreator (sensor *ex-situ*), podendo estar acoplado a algum sistema que garanta a esterilidade do meio reacional (SONNLEITNER, 1999; WHITFORD; JULIEN, 2007).

A Tabela 11.1 apresenta a terminologia comumente empregada para as variáveis medidas nos bioprocessos. A Figura 11.3 apresenta de forma ilustrativa a classificação dessas medidas.

Tabela 11.1 Terminologia empregada para as variáveis medidas nos bioprocessos.

Nível de automação	Descrição
Off-line	Medida realizada por amostragem manual. Não é utilizada para controle de processo.
At-line	Medida realizada por amostragem automática na qual o equipamento de medida encontra-se após o sistema de remoção e separação da amostra. A depender da frequência de amostragem e do tempo decorrido entre a amostragem e sua obtenção, pode ser empregada em estratégias de controle.
On-line	Medida realizada em tempo real. Normalmente é utilizada para monitoramento e controle de processo.
In-situ	Medida realizada em tempo real por sensor que se encontra no interior do biorreator. Normalmente é utilizada para controle de processo.
Ex-situ	Medida realizada em tempo real por sensor que se encontra inserido na linha de entrada ou de saída do biorreator. Normalmente é utilizada para controle de processo.

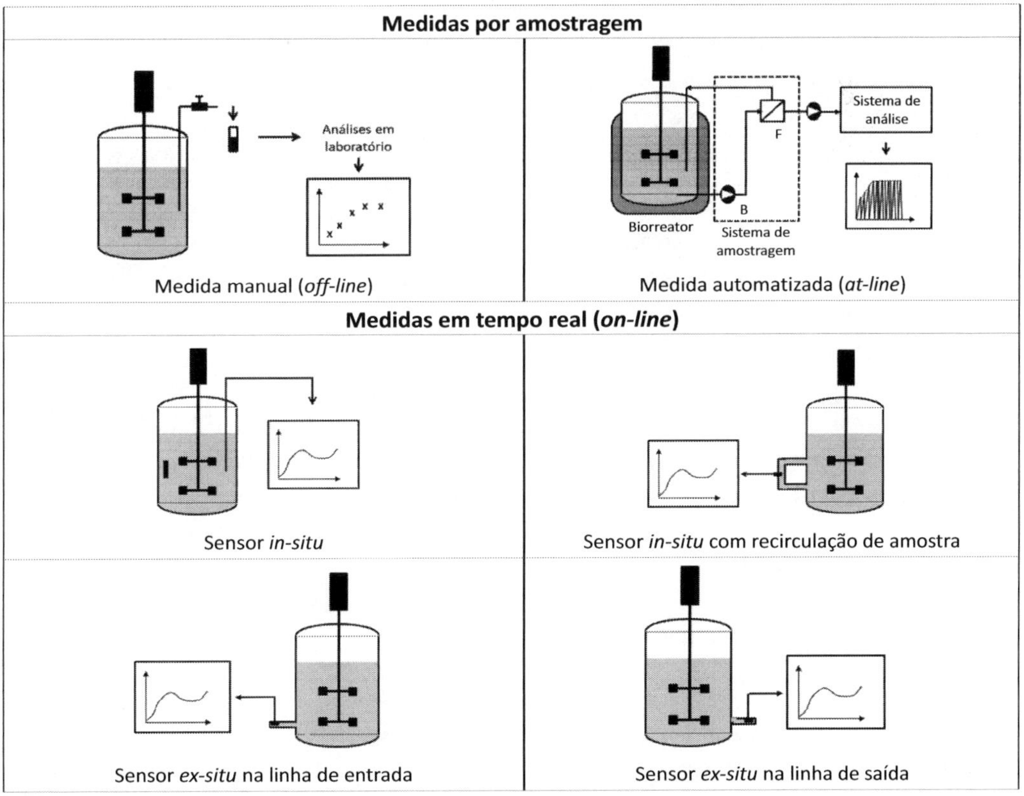

Figura 11.3 Classificação da instrumentação de bioprocessos quanto ao nível de automação e ao grau de invasividade dos sensores.

As medidas por amostragem manual (*off-line*) são realizadas a partir da retirada de amostras (de forma asséptica) do meio reacional. A quantificação é realizada por meio de análises em laboratório, com tempos de resposta que podem variar de minutos a dezenas de horas. Exemplos são a determinação da biomassa por método gravimétrico, a determinação da viabilidade celular e a análise de compostos (substratos e/ou produtos) por cromatografia líquida ou gasosa. Essas variáveis não são normalmente utilizadas em estratégias de controle, embora, se possível, a sua obtenção em tempo real seja de grande importância para o monitoramento e o controle do bioprocesso.

As medidas por amostragem automatizada (*at-line*) são realizadas a partir da retirada de amostras do interior do reator por meio de algum sistema (módulo de filtração, por exemplo). A quantificação é realizada fora do biorreator empregando algum sistema analítico como um cromatógrafo instalado na linha. Nesse caso, a utilização dessas medidas em estratégias de controle dependerá do tempo para sua obtenção, da dinâmica do bioprocesso e da frequência de amostragem, que pode classificar a medida como *quasi on-line*.

Nas medidas realizadas em tempo real, os sensores que estão em contato direto com o meio reacional (*in-situ*) precisam ser não invasivos e, muitas vezes, são separados do meio de cultivo por uma membrana. Apresentam tempo de resposta rápido (pequeno atraso na medida, muitas vezes nem considerado) devido à proximidade com o local da reação. Em virtude da necessidade de assepsia dos bioprocessos, esses sensores precisam ser esterilizados no interior do biorreator (*in-locu*) ou nos sistemas de amostragem por desvio (*by-pass*). São sensores ideais para utilização em estratégias de controle com vistas a melhorar a eficiência e a produtividade do processo. São exemplos os sensores de temperatura, pH, oxigênio dissolvido e dióxido de carbono.

Os sensores que se encontram instalados nas linhas de entrada e/ou saída (*ex-situ*) do biorreator não estão em contato direto com o meio reacional. Para utilizar esses sensores é necessário um sistema para manter a esterilidade do bioprocesso. O tempo de resposta desses sensores dependerá de suas características, da sua localização em relação ao biorreator (os tempos necessários para a filtragem e a secagem de gases, por exemplo, ocasionarão atrasos nas medidas realizadas) e da técnica de medida empregada, podendo variar de segundos a minutos. Normalmente, em virtude da dinâmica lenta dos bioprocessos, esses sensores são também ideais para a utilização em estratégias de controle. Alguns exemplos desses sensores são: medidores de vazão de gases e líquidos, analisadores da concentração de gases (como oxigênio e dióxido de carbono) e biossensores enzimáticos (para quantificação de substratos, metabólitos e produtos) em cultivos semicontínuos e contínuos.

Os sensores utilizados em bioprocessos, sejam eles localizados *in-situ* ou *ex-situ*, precisam possuir algumas características importantes, as quais são apresentadas na Tabela 11.2.

Tabela 11.2 Características dos sensores empregados em biorreatores

Gerais	Confiabilidade	Importante do ponto de vista operacional. Muitas vezes empregam-se sensores redundantes (principalmente em biorreatores de grandes volumes).
	Sensibilidade	Especificação primária na escolha do sensor. É definida como a razão entre a variação do sinal na saída do sensor e a variação da variável medida.
	Linearidade	Característica desejável, embora não essencial. Muitas vezes a variável medida sofre desvios em função de temperatura, composição, pressão. Possibilidade de realizar uma compensação.
	Precisão	Definida como a diferença entre o valor observado e o valor "real".
	Reprodutibilidade	Definida como a probabilidade de obter o mesmo valor em sucessivas medidas realizadas na mesma condição.
	Disponibilidade	Caso seja necessário substituir o sensor, este deve ser de fácil reposição.
Específicas para bioprocessos	Manutenção e limpeza	Facilidade de manutenção e limpeza entre os cultivos.
	Esterilização	Resistir a temperaturas de 120 °C a 130 °C (2,0 bar a 2,8 bar) durante períodos de 20 a 30 minutos. Os biorreatores são esterilizados por calor (vapor).
	Assepsia	Não causar a contaminação do meio de cultivo (rompimento de membrana).
	Inocuidade	Construído em material que não seja tóxico para o microrganismo nem sofra corrosão no meio reacional.

Em geral, as variáveis a serem medidas nos bioprocessos podem ser agrupadas em três categorias (BIECHELE et al., 2015):

- variáveis físicas, como a temperatura, a pressão e a vazão de líquidos e gases;
- variáveis físico-químicas, como o pH, o potencial de oxirredução, a concentração de oxigênio e de dióxido de carbono dissolvidos, a concentração dos gases nas correntes de entrada e saída do biorreator e a concentração de substratos e produtos;

- variáveis biológicas, como a concentração de biomassa, a viabilidade celular e a morfologia celular.

A Figura 11.4 apresenta uma ilustração das variáveis medidas nos bioprocessos agrupadas nessas três categorias. A partir dessas medidas é possível obter informações importantes do bioprocesso, conforme ilustrado na Tabela 11.3.

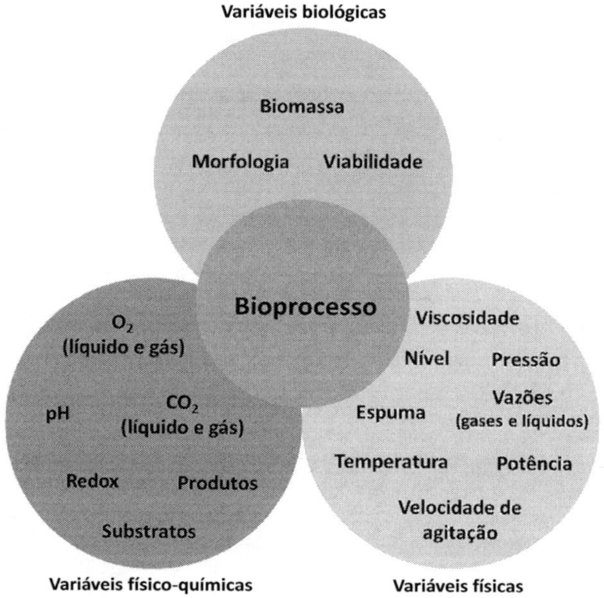

Figura 11.4 Variáveis monitoradas nos bioprocessos agrupadas nas três categorias (físicas, físico-químicas e biológicas).

Tabela 11.3 Medidas realizadas por sensores e informação obtida

Sensor	Informação
pH	Formação de produtos ácidos ou básicos
Oxigênio dissolvido (OD)	Velocidade de transferência de oxigênio
Turbidez	Biomassa
Concentração de O_2 nos gases de exaustão Vazão dos gases de exaustão	Velocidade de consumo de O_2
Concentração de CO_2 nos gases de exaustão Vazão dos gases de exaustão	Velocidade de formação de CO_2
Velocidade de consumo de O_2 Velocidade de formação de CO_2	Quociente respiratório

Detalhes sobre o princípio de funcionamento de um grande número de sensores empregados em bioprocessos são encontrados em textos clássicos (PONS, 1992a, 1992b; SONNLEITNER, 1999). Os próximos itens apresentam a descrição das principais variáveis medidas nos bioprocessos.

11.2.1 VARIÁVEIS FÍSICAS

11.2.1.1 Temperatura

A temperatura é uma das variáveis mais importantes, sendo seu monitoramento e seu controle imprescindíveis em qualquer bioprocesso.

Os microrganismos frequentemente apresentam uma faixa de temperatura ideal, para a qual a sua velocidade de crescimento e formação de produto(s) é ótima. A relação entre a velocidade específica do crescimento celular (μ) e a temperatura pode ser representada pela equação de Arrhenius para uma estreita faixa de temperatura. Assim, a temperatura do meio reacional deve ser monitorada e controlada durante todo o bioprocesso. Também durante os ciclos de esterilização em escala piloto e industrial é importante realizar medidas de temperaturas no interior do biorreator, de modo a assegurar sua adequada assepsia. Nesses casos, o posicionameno dos sensores tem grande importância.

No intervalo entre 0 °C e 120 °C, a temperatura é medida com base na variação da resistência de sensores metálicos (termopares ou termorresistências). Os termopares contêm um fio metálico (liga composta por dois metais, Cu, Ni, Cr, Pt, ou RhFe) dentro de um cilindro metálico para proteção, por onde se faz percorrer uma corrente elétrica constante. Em virtude da variação da resistência com a temperatura, ocorre variação de tensão no fio, sendo esta diretamente relacionada com a temperatura. Já nas termorresistências a medida é baseada na variação linear da resistência ôhmica em função da temperatura. Seu elemento sensor consiste de uma resistência em forma de fio de platina de alta pureza (Pt-100 ou Pt-1000). A resistência (100 ohms a 0 °C) aumenta com o aumento da temperatura. Os termômetros de resistência podem ser utilizados sem calibração e são esterilizáveis a 120,2 °C (2,0 bar).

Por seu baixo custo, os termopares são os sensores de temperatura mais amplamente empregados. Esses medidores possuem resposta rápida e podem ser empregados em ampla faixa de temperatura, contudo, requerem calibrações mais frequentes. Possuem precisão da ordem de ±0,5 °C a ±2,0 °C. Esses sensores são classificados de acordo com o metal empregado na sua construção: J, ferro-constantan; T, cobre-constantan; K, cromel-alumel etc. Cromel é uma liga de níquel e cromo; constantan é uma liga de cobre e níquel; e alumel é uma liga de níquel e alumínio. A escolha do tipo de sensor utilizado dependerá da faixa de temperatura a ser medida e também das condições do ambiente de medida.

Os termômetros baseados em resistência são mais precisos que os termopares na medida da temperatura (±0,1 °C) e não necessitam de calibração periódica, contudo, possuem uma faixa de medida mais estreita.

11.2.1.2 Pressão

A influência da pressão sobre os microrganismos não é significativa desde que essa variação não seja muito grande. Contudo, a variação da pressão no interior do biorreator tem influência direta na solubilidade dos gases (principalmente do O_2 e do CO_2), o que afeta a transferência de massa e, dessa forma, precisa ser considerado. Durante a operação do biorreator, manter uma pressão positiva em seu interior minimiza possíveis contaminações durante o cultivo. A medida da pressão interna do biorreator é importante também durante a etapa de esterilização, para assegurar que condições próprias de assepsia sejam alcançadas (120,2 °C, 2,0 bar). A medida de pressão nas principais linhas de fornecimento de vapor, água e ar é também necessária para monitorar a operação adequada do sistema.

O princípio de medida empregado nesse tipo de sensor consiste em quantificar a deformação de um corpo sólido sob o efeito da pressão. Como o deslocamento produzido é proporcional à pressão, estabelece-se uma relação direta entre a deformação mecânica e o sinal elétrico.

Para realizar essa medida podem-se utilizar indicadores ou transdutores de pressão (normalmente compostos por células de carga, elementos metálicos ou semicondutores que têm a resistência elétrica alterada sob efeito da pressão, ou seja, sensores piezolétricos). Os sensores piezoelétricos baseiam-se na propriedade do elemento sensor, um cristal, que, submetido a uma tensão mecânica, gera uma carga elétrica diretamente proporcional à força aplicada.

Outra opção é o transdutor de pressão capacitivo, que consiste de duas placas capacitivas separadas por uma membrana ou elemento sensor de capacitância. A pressão a ser medida é transmitida por meio de uma membrana isoladora para o elemento sensor, imerso em óleo. A deformação do elemento sensor altera a capacitância entre as duas placas, gerando assim um sinal elétrico, na forma de corrente ou tensão, proporcional à pressão exercida.

Há ainda os extensômeros elétricos (*strain gauges*), formados por um cilindro oco em cuja superfície são colocadas quatro tiras de medição extensométrica de forma transversal em relação ao eixo do cilindro. Essas tiras são compostas por fios metálicos ou outro condutor elétrico. Quando se aplica uma pressão, a parede do cilindro se expande e as tiras aumentam sua resistência elétrica. Essas tiras são ligadas eletricamente formando uma ponte de Wheatstone. Nesse circuito estabelece-se uma tensão fixa e qualquer diferença das resistências gera um sinal elétrico (corrente ou tensão), que está correlacionado diretamente com a pressão.

11.2.1.3 Vazão de gases e líquidos

As medidas de vazão são necessárias para quantificar os gases fornecidos ao biorreator (ar, O_2, N_2, CO_2 etc.) e para controle de O_2 em cultivos aeróbios. Outra aplicação comum é a quantificação do consumo de O_2 e da produção de CO_2, por exemplo, em bioprocessos aeróbios, e o emprego dessas medidas em cálculos para estimar o crescimento celular. Também os medidores de vazão líquida são comuns nos bioprocessos. Porém, estes devem atender a algumas características específicas, especialmente quando há necessidade de esterilidade e quando utilizados com meios de cultura que possuem sólidos em suspensão.

Vários são os dispositivos existentes para realizar essa tarefa, como rotâmetros, medidores de vazão mássica e placas de orifício. O critério para a escolha depende da magnitude da vazão a ser quantificada, da natureza do fluido a ser medido e da necessidade de se monitorar a variável em tempo real. É comum o uso de medidores de vazão com unidade de controle de vazão (válvula e sistema de controle). Outra forma utilizada para determinação da massa (volume) adicionada ao biorreator é o emprego de balanças. Nesses casos pode-se quantificar a variação da massa (volume) do próprio biorreator ou do(s) reservatório(s) que contém(êm) o(s) meio(s) de alimentação.

Nos medidores de vazão de área variável (rotâmetros), o fluido escoa em um tubo cônico vertical, no sentido de baixo para cima, no qual há um flutuador. Como o peso do flutuador é constante, o aumento da vazão acarreta um aumento da área livre de escoamento, uma vez que a perda de carga permanece constante. Dessa forma, a posição do flutuador é uma indicação da vazão. A posição do flutuador pode ser convertida em sinal elétrico proporcional à vazão.

Nos medidores térmicos de vazão, uma fração dos gases passa por um duto, que apresenta uma fonte de calor e dois sensores de temperatura, inseridos antes e depois da fonte de calor. O princípio de medida baseia-se no fato de que a quantidade de energia necessária para manter um perfil de temperatura constante em um fluido é função da vazão mássica. Assim, medindo-se o calor fornecido e a diferença de temperaturas, é possível determinar a vazão mássica.

Em escala de laboratório, é comum empregar bombas peristálticas e de diafragma, por exemplo, para a adição de meios de cultivo em experimentos descontínuos alimentados ou contínuos. Uma prévia calibração dessas bombas se faz necessária.

Medidores de vazão magnéticos consistem de um tubo não magnético coberto com material isolante, com dois eletrodos em lados opostos, responsáveis pela produção de um campo magnético perpendicular ao escoamento. A passagem de líquidos eletricamente condutores por esse dispositivo causa o surgimento de uma força eletromotriz entre os dois eletrodos (lei de Faraday de indução magnética). Essa força eletromotriz é amplificada por um conversor e gera um sinal de corrente linear com a vazão.

A medida da vazão de líquidos pode ser realizada por equipamentos que correlacionam a diferença de pressão gerada por dispositivos mecânicos, como placa de orifício, Venturi e tubo de Pitot. Nesses equipamentos é necessário um transdutor para gerar uma corrente analógica.

Medidores baseados em pequenas turbinas elétricas (*turbine meters*) geram uma força eletromotriz proporcional à velocidade média do fluido. São equipamentos precisos, porém de custo mais elevado, e têm a restrição de não poderem ser utilizados com solução que contém sólidos suspensos. Nesse caso, sensores magnéticos são mais adequados, uma vez que são não invasivos.

Sensores do tipo Doppler também podem ser empregados para medir a vazão de líquidos que apresentam sólidos em suspensão. Nesse tipo de equipamento uma onda ultrassônica (0,5 MHz a 10 MHz) é emitida. Sua reflexão pelas bolhas e pelos sólidos em suspensão é proporcional à vazão do líquido.

11.2.1.4 Velocidade de agitação

A agitação é utilizada para estabelecer a homogeneidade do meio reacional e possibilitar melhor transferência de calor e massa, mantendo uniforme a temperatura e o nível de oxigênio dissolvido necessário em bioprocessos aeróbios. Medir a velocidade de agitação não é um problema: a medida é realizada diretamente do eixo do agitador por sensores ópticos ou magnéticos (tacômetros). Por ser realizada fora do ambiente de cultivo, problemas relacionados com esterilização e eventual contaminação não existem. A medida pode também ser fornecida por inversores de frequência, sendo empregada para controlar a velocidade de motores de corrente alternada.

À medida que o volume dos biorreatores aumenta, as velocidades de agitação utilizadas diminuem. Contudo, a velocidade na ponta do impelidor ($\pi \cdot D \cdot N$) geralmente é mantida constante (WANG et al., 1979). A Tabela 11.4 apresenta valores típicos da velocidade de agitação utilizados em função da escala do biorreator.

Tabela 11.4 Velocidades de agitação em função do volume do biorreator

Volume do biorreator (m^3)	Velocidade de agitação (rpm)
0,003	200-2000
0,01	200-1200
0,05	100-800
0,2	50-400
0,5	50-300
10	25-200

Fonte: adaptada de Wang et al. (1979).

11.2.1.5 Espuma

A formação de espuma durante a realização de cultivos submersos é devida à velocidade de agitação e à aeração empregadas. Esta também dependerá das características do meio reacional (nutrientes utilizados, produtos ou subprodutos sendo formados). Para evitar perdas de meio reacional, ou mesmo o entupimento de alguns sistemas do biorreator, que poderiam levar ao colapso do processo, faz-se necessária a utilização de sistemas que eliminem ou minimizem esse problema.

A espuma pode ser evitada tanto por meios mecânicos (uso de defletores, por exemplo) como por agentes químicos (antiespumantes). Os agentes químicos mais comuns são óleos, emulsões de óleo e água, compostos à base de silicone e parafinas. É preciso uma escolha criteriosa desses agentes, pois eles interferem no crescimento celular e nas condições de transferência de massa na fase líquida. Assim, seu uso, quando necessário, deve ser minimizado.

Normalmente, os sistemas empregados para detecção e controle da formação de espuma consistem de um eletrodo localizado em algum ponto acima do nível de meio reacional no interior do biorreator. Com a formação de espuma, esta fecha o circuito entre o eletrodo e a parede do biorreator, acionando uma bomba ou válvula solenoide que promove a adição de compostos químicos, denominados antiespumantes. A adição desse composto reduz a quantidade de espuma, o que interrompe o circuito, desarmando-o.

11.2.1.6 Nível de líquido

O volume ocupado pelo meio reacional no interior do biorreator é de grande interesse para estabelecer os balanços materiais e controlar a adição de nutrientes. A forma mais simples de medir o nível de líquido é por meio da pressão hidrostática, instalando-se um sensor de pressão no fundo do biorreator. Conhecendo-se a densidade do meio de cultivo e a sobrepressão empregada, é possível medir a pressão e, assim, determinar o volume de meio reacional (a partir das dimensões do biorreator em grandes volumes). Também é possível realizar essa medida empregando um manômetro diferencial. Nesse caso, a sobrepressão empregada não precisa ser conhecida.

Outros sensores podem ser empregados para essa finalidade, como sondas de condutividade, detectores capacitivos, detectores de placas vibracionais, detectores de condutividade térmica e detectores acústicos (ultrassônicos ou por micro-ondas). Informações complementares sobre o funcionamento e a montagem desses sensores no biorreator são encontradas em Pons (1992a).

Em escala de laboratório, o controle de nível em cultivos contínuos pode ser realizado por meio do uso de bombas peristálticas. Uma bomba é empregada para adicionar meio de cultivo ao biorreator, e outra é conectada a uma tubulação inserida no biorreator na altura em que se deseja manter o nível de líquido. Essa última bomba será responsável pela retirada de meio reacional do biorreator, mantendo assim o nível constante.

11.2.1.7 Viscosidade

A informação sobre a reologia ou a viscosidade do meio reacional é relevante para a eficiência na transferência de calor e massa e para a compreensão do comportamento da mistura. Cultivos que empregam células animais, em sua maioria, apresentam comportamento newtoniano. Processos que empregam meios de cultivo com alta concentração de proteínas, que produzem polissacarídeos, que utilizam fungos filamentosos e que são realizados com alta densidade celular normalmente possuem comportamento não newtoniano.

A quantificação da viscosidade ao longo do cultivo é realizada em laboratório, por meio de amostras retiradas do meio reacional. Empregam-se viscosímetros comerciais de cone e placa e cilindros coaxiais, por exemplo. A medida em tempo real, em experimentos em escala de laboratório, é realizada por sistemas que removem uma porção do meio reacional, enviando-a para medição.

11.2.1.8 Potência

Em biorreatores com sistemas de agitação, a potência transferida ao meio reacional pode ser calculada a partir das medidas do torque aplicado ao impelidor e da velocidade de agitação. O torque pode ser medido por dinamômetros ou *strain gauges*, e a velocidade de agitação, por fototacômetros. Em escala industrial, a energia elétrica consumida pelo motor é medida por meio de um wattímetro e está correlacionada com o consumo de potência se as perdas de energia mecânica nas engrenagens e no selo mecânico puderem ser consideradas desprezíveis. Em escala de laboratório, esse procedimento pode gerar imprecisões em função da escala (quanto menor a escala, maior a imprecisão), uma vez que as perdas de energia no selo mecânico normalmente são grandes quando comparadas com a energia transferida para o meio reacional.

11.2.2 VARIÁVEIS FÍSICO-QUÍMICAS

11.2.2.1 pH (acidez/basicidade do meio reacional)

Uma vez que a atividade enzimática e, por consequência, o metabolismo dos microrganismos é muito sensível a alterações de pH, nos bioprocessos realizados em biorreatores (escala de bancada, piloto e industrial) frequentemente ocorrem o monitoramento e o controle dessa variável.

A medida do pH é realizada por eletrodos esterelizáveis classificados como sensores potenciométricos. O princípio de medida é baseado na variação de potencial entre o meio reacional e a superfície de certos vidros (de composição definida) devida à concentração de íons hidrogênio. Esse princípio foi descoberto em 1909 (PONS, 1992b) e segue a equação de Nernst, Equação (11.1). Nessa equação, o potencial elétrico (E) é função de um potencial de referência (E_0), da temperatura absoluta (T), da constante de Faraday (F) e da atividade dos íons hidrogênio (a_{H+}). Em soluções diluídas, a_{H+} é igual à concentração de íons hidrogênio em solução. R é a constante dos gases ideais.

$$E = E_0 + \left(\frac{R \cdot T}{F}\right) \cdot \ln\left(a_{H^+}\right) \tag{11.1}$$

Nesses sensores, a diferença de voltagem presente entre o eletrodo de medida e o eletrodo de referência (de potencial constante e reprodutível) é a medida. O eletrodo de referência mais comum é o de calomelano ($Hg/HgCl_2$). Outro eletrodo de referência muito utilizado é o de Ag/AgCl. Ambos utilizam solução de cloreto de potássio. Esses dois eletrodos são combinados em uma só peça, o que torna seu uso simples (Figura 11.5).

Para uso em bioprocessos essas sondas precisam suportar condições de esterilização a 120,2 °C (2,0 bar) por vários ciclos e também a operação em sistemas pressurizados. Os eletrodos de pH são calibrados empregando soluções tampão de pH padronizadas, contudo, essa calibração ocorre antes da etapa de esterilização do biorreator, e esse é o principal problema dessas sondas. Por isso, em biorreatores industriais, é frequente a utilização dessa medida em redundância.

A variação do pH no meio de cultivo pode fornecer um indicativo da atividade metabólica da cultura, podendo gerar valiosas informações sobre o sistema em estudo. A medida do pH é influenciada pela temperatura, de forma que os eletrodos combinados mais recentes são construídos com um sensor de temperatura integrado, útil para realizar a compensação automática de temperatura nas leituras de pH.

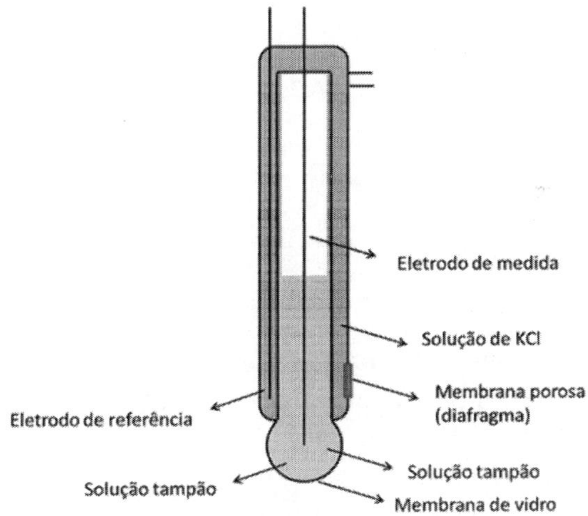

Figura 11.5 Representação esquemática de um eletrodo de pH.

A principal característica dessas sondas é a necessidade de suportarem esterilidade *in locu* e manterem uma estabilidade de operação por períodos prolongados. Após muitos ciclos de operação, o desempenho da sonda diminui, passando a apresentar maior tempo de resposta, em virtude do aumento da resistência elétrica da membrana de vidro. Se no meio de cultivo estiverem presentes proteínas, a membrana porosa (diafragma) necessitará de limpezas periódicas. Nesse caso, soluções contendo proteases podem ser empregadas para limpeza.

O uso de sensores ópticos para medida de pH tem sido reportado na literatura (HANSON et al., 2007; POHLSCHEIDT et al., 2013, DEMUTH et al., 2016). Esses sensores empregam corantes indicadores fluorescentes imobilizados em matrizes poliméricas e fibras ópticas (Figura 11.6).

De forma análoga aos indicadores de pH empregados em soluções aquosas, as formas ácida e básica desses corantes têm propriedades espectrais distintas. Assim, a mudança de pH produz uma alteração no grau de protonação dessas moléculas, a qual é detectada por medidas de absorbância ou fluorescência. Esse tipo de sensor é disponibilizado comercialmente. De acordo com os fabricantes, o sinal desses sensores ópticos é estável por dias ou semanas em bioprocessos.

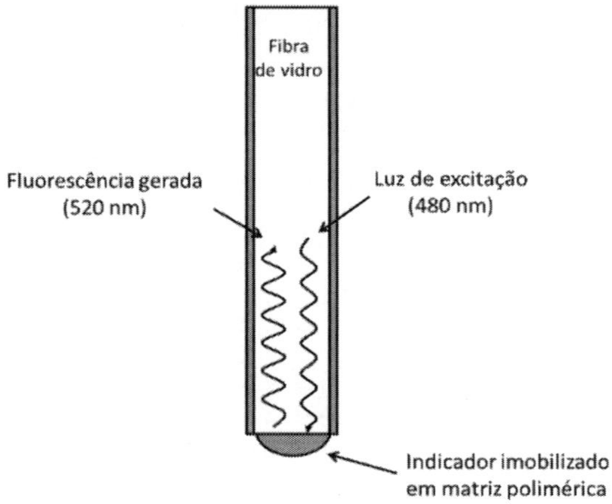

Figura 11.6 Diagrama esquemático de uma sonda óptica de pH.

11.2.2.2 Oxigênio dissolvido

Nos bioprocessos aeróbios, o monitoramento e o controle da concentração de oxigênio são de fundamental importância. O oxigênio apresenta baixa solubilidade nos meios de cultura (em água a 25 °C e ar ambiente com pressão parcial de 0,209 atm, a concentração na saturação é de 8,48 mgO_2/L) e o seu fornecimento por meio da transferência de massa é necessário para evitar limitações ou controlar o desenvolvimento dos bioprocessos.

A medida da concentração de oxigênio dissolvido é realizada em tempo real por sondas imersas no meio de cultivo. São sensores amperométricos baseados no princípio de Clark, no qual uma membrana polimérica permeável e seletiva ao componente de interesse é empregada para separar o eletrodo do meio de cultivo. As sondas medem o potencial polarizador do meio de cultivo (Figura 11.7). Nessas sondas o oxigênio é reduzido no cátodo pela aplicação de um potencial polarizador (entre 600 mV e 750 mV), gerado externamente nas sondas polarográficas ou internamente nas sondas galvânicas.

A membrana separa o eletrólito utilizado no interior da sonda para melhorar sua seletividade do meio reacional. Sua espessura e sua composição têm relação direta com o tempo de resposta do eletrodo (difusão do oxigênio através da membrana). Os fabricantes dispõem de membranas com diferentes características em função da aplicação do sensor. Membranas de silicone e politetrafluoretileno (PTFE) são comumente utilizadas. A velocidade com que o oxigênio se difunde pela membrana é proporcional à sua concentração (ou pressão parcial), podendo a medida ser expressa em porcentagem da pressão de saturação de oxigênio no meio.

A sonda que emprega o princípio galvânico é ilustrada na Figura 11.7a. O cátodo é de prata e o ânodo de chumbo (ou zinco ou cádmio). A corrente elétrica gerada ocorre em virtude das seguintes reações:

- No cátodo: $O_2 + 2\,H_2O + 4e^- \rightarrow 4\,OH^-$
- No ânodo: $2\,Pb \rightarrow 2\,Pb^2 + 4e^-$

Emprega-se no interior da sonda um eletrólito alcalino, para que interferências devidas à presença de dióxido de carbono, que também permeia a membrana, sejam evitadas. Nesse tipo de sonda o ânodo é consumido e a vida útil do eletrodo depende da superfícia anódica.

Nas sondas polarográficas (Figura 11.7b), o cátodo é de platina ou ouro, e o ânodo é um fio de platina imerso em um eletrólito de cloreto de prata. Uma fonte de tensão externa polariza os eletrodos, onde as seguintes reações ocorrem:

- No cátodo: $O_2 + 2\,H_2O + 2e^- \rightarrow H_2O_2 + 2\,OH^-$

  $H_2O_2 + 2e^- \rightarrow 2\,OH^-$
- No ânodo: $4\,Ag + 4Cl^- \rightarrow 4\,AgCl + 4e^-$

Durante a sua utilização, os íons cloreto da solução de eletrólitos são consumidos e essa solução deve ser substituída regularmente.

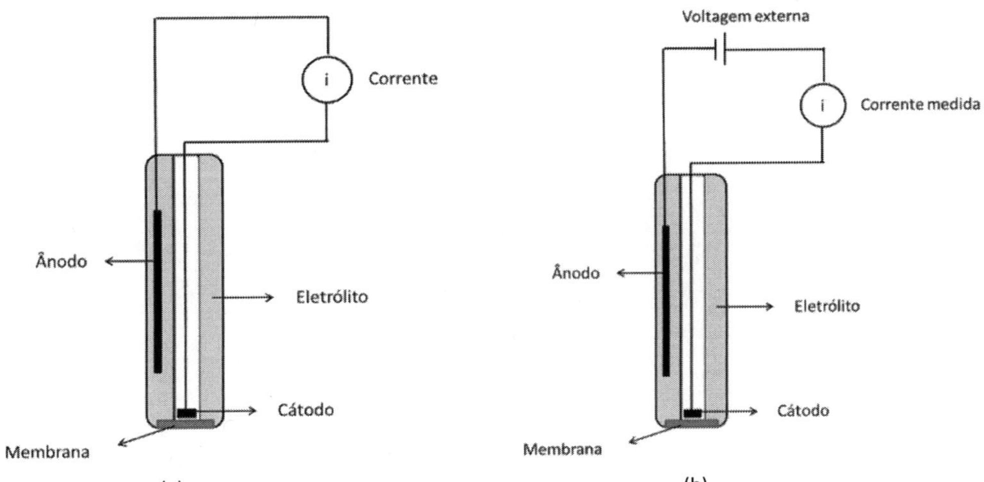

Figura 11.7 Diagrama esquemático de (a) uma sonda galvânica e (b) uma sonda polarográfica.

A corrente gerada nos dois tipos de sonda é da ordem de nanoampères.

A temperatura do meio reacional afeta diretamente a concentração de oxigênio e, dessa forma, a maioria das sondas é construída com um sensor de temperatura, de forma a realizar a compensação pela temperatura.

Para calibração do sensor emprega-se nitrogênio, o qual é aspergido ao meio de cultivo para obter 0% de oxigênio. Para obter 100% de saturação, ar (ou oxigênio), nas condições operacionais do experimento (velocidade de agitação, vazão e composição do gás, pressão de trabalho e temperatura), é aspergido ao meio de cultivo. É possível realizar a calibração empregando apenas um ponto, saturando o meio reacional com oxigênio (100%). O outro ponto é obtido desconectando-se a sonda do aparelho de medida (zero eletrônico). As medidas podem ser expressas em termos de porcentagem da saturação, ou em termos da concentração de oxigênio (neste caso emprega-se a constante de Henry para o cálculo).

Atualmente, sondas ópticas disponíveis comercialmente são utilizadas para determinação da concentração de oxigênio dissolvido. A detecção do oxigênio por meio da luminescência é estudada desde a descrição do princípio do efeito supressor da luminescência pelo oxigênio (KAUTSKY, 1939).

Os sensores ópticos empregam um indicador luminescente aprisionado em uma matriz polimérica (membrana com alta permeabilidade ao oxigênio). Em 1968, o primeiro sensor baseado nesse princípio foi proposto (BERGMAN, 1968). A Figura 11.8 apresenta o princípio óptico de medida do oxigênio dissolvido.

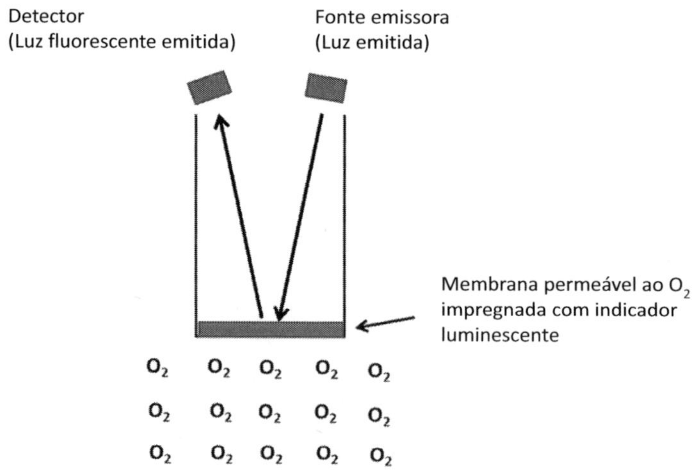

Figura 11.8 Diagrama esquemático de uma sonda óptica para detecção da concentração de oxigênio dissolvido.

O sensor é constituído por um indicador luminescente impregnado em uma membrana, um sistema óptico composto por fonte de excitação (LED ou *laser*), filtros ópticos para seleção do comprimento de onda desejado, fibra óptica e fotodetectores (como fotodiodo ou tubo fotomultiplicador), e um sistema de controle e processamento do sinal. A medida da concentração de oxigênio é baseada na capacidade de determinadas substâncias de sofrer redução na fluorescência com a ação do oxigênio (supressor dinâmico da fluorescência). Por exemplo, se um complexo de rutênio for iluminado com um diodo emissor de luz azul, ele será excitado e emitirá ao fundo uma luz luminescente vermelha com intensidade (ou tempo de vida) dependente diretamente da concentração de oxigênio presente.

Os sensores ópticos apresentam algumas vantagens ante os sensores clássicos, como: são imunes a alterações no pH do meio reacional, possuem tempo de vida mais prolongado e, de acordo com alguns fabricantes, não necessitam de calibração frequente (CHU; LO; SUNG, 2011).

11.2.2.3 Oxigênio e dióxido de carbono na fase gasosa

A medida da concentração de O_2 e CO_2 nas correntes de entrada e saída do biorreator é normalmente realizada. A concentração de O_2 é baseada nas propriedades paramagnéticas dessa molécula. Para o CO_2 empregam-se medidas no comprimento de onda infravermelho. Embora a maioria dos gases absorva radiação na faixa do infravermelho, gases como H_2, N_2 e O_2 não absorvem. Assim, essa característica permite que a quantificação do CO_2 nos gases de exaustão dos biorreatores seja realizada.

A medida da concentração desses gases nas correntes de entrada e saída do biorreator possibilita a realização dos cálculos de importantes variáveis do sistema, como a velocidade de consumo de oxigênio (*oxygen uptake rate* - OUR). A partir da concentração de CO_2, determina-se a velocidade de produção de dióxido de carbono (*carbon production rate* - CPR). A razão entre essas duas variáveis resulta no quociente respiratório (*respiratory quotient* - RQ).

Essas variáveis fornecem importantes informações sobre o estado metabólico e podem ser utilizadas para monitorar e controlar o cultivo. Por exemplo, a concentração celular e as velocidades de crescimento podem ser calculadas a partir da variável OUR (SATO et al., 1983; PETKOV; DAVIS, 1996). A variável RQ é utilizada para controlar a adição de glicose em cultivos de levedura de panificação (WANG; COONEY; WANG, 1979).

Outras técnicas de medição podem ser utilizadas, como a cromatografia gasosa (CG) e espectrometria de massa (ES). Quando esses equipamentos são utilizados, a quantificação de outros compostos voláteis também é possível.

11.2.2.4 Dióxido de carbono na fase líquida

O dióxido de carbono (CO_2) é um dos produtos finais da oxidação completa da(s) fonte(s) de carbono utilizada(s) pelo microrganismo. O efeito da concentração de CO_2 dissolvido no metabolismo celular de cultivos aeróbios é descrito por Onken e Liefke (1989). Segundo esses autores, a presença de CO_2 no meio reacional pode afetar o crescimento de cultivos aeróbios (pressões parciais de CO_2 maiores que 100 mbar inibem o crescimento do microrganismo).

O eletrodo para quantificação do CO_2 dissolvido emprega uma membrana hidrofóbica seletiva na qual as moléculas do gás presentes no meio reacional se difundem até o interior da sonda, de forma similar à sonda de O_2 dissolvido. No outro lado da membrana, as moléculas de CO_2 se dissolvem em uma solução tampão saturada de bicarbonato. A difusão molecular cessa quando o equilíbrio das pressões parciais nos dois lados da membrana é alcançado. A alteração do pH na solução salina está diretamente relacionada com a pressão parcial de CO_2, ou seja, com a concentração de CO_2 no meio reacional. A informação dessa variável é importante em meios altamente viscosos ou em culturas muito sensíveis a níveis de CO_2, como no cultivo de células animais.

Sondas ópticas para quantificação da concentração de CO_2 estão disponíveis comercialmente. O sensor consiste de um pequeno reservatório onde é inserida uma solução também de bicarbonato. A separação desse compartimento do meio reacional é realizada por uma membrana de silicone permeável ao CO_2. A solução tampão contém o composto ácido hidroxipireno tiosulfônico (HPTS), corante fluorescente sensível a alterações de pH. O CO_2 se difunde pela membrana alterando o pH da solução tampão e, à medida que isso ocorre, a fluorescência do corante também muda.

11.2.2.5 Potencial de oxidaçãorredução (potencial *redox*)

O monitoramento do potencial de oxidaçãorredução (*oxidation reduction potential* - ORP) ou ainda potencial *redox* (termo normalmente empregado) do meio de cultivo pode fornecer informações sobre o equilíbrio entre espécies oxidantes (aceptoras de elétrons) e redutoras (doadoras de elétrons) presentes no meio de cultivo. Reações *redox* governam o metabolismo de importantes nutrientes.

Durante um bioprocesso, mudanças do potencial *redox* no meio de cultivo estão relacionadas com as moléculas de nicotinamida adenina dinucleotídeo (NADH), que atuam como doadoras de elétrons, e as moléculas de oxigênio, que são os aceptores de elétrons. Assim, mudanças no potencial *redox* relacionam-se com o nível de atividade intracelular. Intensa atividade intracelular pode contribuir para a redução do potencial *redox*, enquanto um excesso da concentração de oxigênio no meio reacional pode favorecer rotas oxidativas no interior do microrganismo, resultando em aumento do potencial *redox*.

Um sistema típico de oxirredução pode ser descrito pela Equação (11.2). Nessa equação, *n* é o número de elétrons (e^-) envolvidos na reação.

$$forma\ oxidada + n(e^-) \rightleftarrows forma\ reduzida \tag{11.2}$$

O potencial *redox* é medido potenciometricamente com eletrodos feitos de metais nobres, como platina e ouro. A forma construtiva desses sensores é similar à dos eletrodos de pH. A medida do potencial *redox* sofre alteração em função do valor do pH do meio reacional, sendo assim utilizada em conjunto com um medidor de pH (POHLSCHEIDT et al., 2013).

Em condições controladas, a medida do potencial *redox* pode ser muito útil, especificamente em bioprocessos anaeróbios, nos quais pode ser utilizada em substituição à medida da concentração de oxigênio dissolvido como uma indicação da presença de aceptores de elétrons. Em bioprocessos conduzidos em condições de microaeração, em que a medida da concentração de oxigênio dissolvido é sujeita a imprecisões ou não pode ser realizada por medidores convencionais, o potencial *redox* pode ser uma alternativa. Em cultivos aeróbios o valor do potencial *redox* situa-se na faixa de –100 mV a –300 mV. Em processos anaeróbios o valor do potencial *redox* atinge –600 mV (PONS, 1992a).

A aplicação dessa medida em malhas de controle foi descrita na literatura no processo de produção de xilanase empregando *Bacillus amyloliquefaciens* em limitação de oxigênio (SONNLEITNER, 1999). Kukec et al. (2002) realizaram estudos a partir da medida em tempo real do potencial *redox* no processo de produção de vinho em diferentes temperaturas. Os autores observaram que a atividade celular das leveduras ocorreu entre –200 mV e 350 mV. Acima de 350 mV o oxigênio mostrou-se tóxico e inibitório; abaixo de –200 mV a concentração de oxigênio foi muito baixa para a manutenção celular.

Medidas do potencial *redox* são também muito empregadas em processos de tratamento de águas como indicador bacteriológico.

11.2.2.6 Substratos e produtos na fase líquida

Para quantificar substratos empregados como fonte de carbono e também outros produtos e subprodutos presentes no meio reacional, faz-se uso do sobrenadante separado da amostra removida do biorreator após as etapas de centrifugação ou filtração. Métodos enzimáticos e/ou colorimétricos, além de outras técnicas (como bioensaios para antibióticos e cromatografia líquida de alto desempenho, por exemplo), são empregados para quantificar essas variáveis em laboratório ou em sistemas de medida automáticos (analisadores em linha).

11.2.2.6.1 Análises por injeção em fluxo

Sistemas de análise por injeção de fluxo (*flow injection analysis* – FIA) são constituídos por um conjunto de equipamentos como tubos, bombas, válvulas, compartimentos para mistura e reação, sistemas de controle de temperatura e de detecção do(s) analito(s), além de *hardware* específico responsável por controlar os diferentes acessórios que os constituem. Uma reação bioquímica específica para a substância a ser quantificada (na maioria das vezes uma reação enzimática) ocorre no sistema e, tipicamente, emprega-se uma técnica apropriada para medir o(s) produto(s) ou resíduo(s).

Algumas vantagens dos sistemas FIA são: frequência de amostragem, considerada alta quando comparada com as análises realizadas manualmente (*off-line*); uso de pequenos volumes de amostra; amostragem e preparação da amostra realizadas no mesmo sistema; possibilidade de calibração do sistema a qualquer momento, o que garante longos períodos de operação; ocorrência de poucas interferências em virtude da especificidade da análise; confiabilidade do sistema; e flexibilidade para incorporação de novas técnicas analíticas. Existem diversos exemplos na literatura de monitoramento *on-line* empregando sistemas FIA (SALGADO et al., 2000; RHEE; RITZKA; SCHEPER, 2004; KULKARNI; VAIDYA, 2015).

Os sistemas FIA são compostos por três blocos principais, os quais envolvem: 1) *manipulação* e transporte da amostra, que consiste na retirada de amostra do biorreator e o seu condicionamento para análise; 2) *especificação* (por meio da alteração química da espécia em análise), que permite a eliminação de interferências ou outros produtos, de maneira a assegurar a proporcionalidade da propriedade medida com a espécie reagente; 3) *detecção* utilizando algum tipo de transdutor, de forma a gerar um sinal proporcional à espécie a ser quantificada.

De maneira geral, um sistema FIA pode ser entendido como um sistema fechado, miniaturizado, que remove continuamente ou em intervalos periódicos amostras do meio reacional e as transporta, após prévia especificação, até um sistema de detecção. A Figura 11.9 ilustra um sistema FIA genérico.

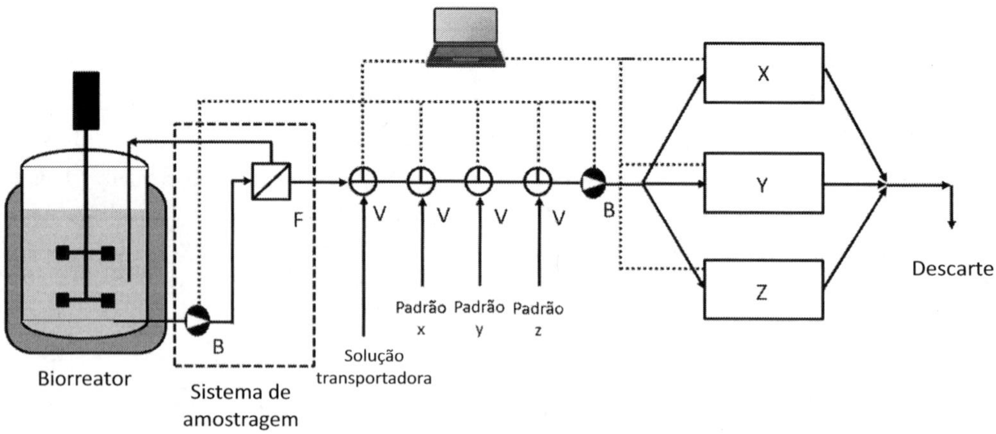

Figura 11.9 Diagrama esquemático de um sistema de análise por injeção em fluxo (FIA). F: filtro; B: bomba; V: válvula de posição; X, Y, Z: detectores específicos para cada composto analisado.

Os principais compostos analisados por FIA são apresentados na Tabela 11.5.

Tabela 11.5 Principais componentes determinados por FIA

Composto	Método	Detector
Sacarose	Glicose oxidase, catalase	Termistor
Glicose	Glicose oxidase	Espectrofotômetro
Galactose	Galactose oxidase	Espectrofotômetro
Lactose	Beta-galactosidase	Espectrofotômetro
Cefalosporina	Penicilinase	Espectrofotômetro
L-leucina	Leucina desidrogenase	Espectrofotômetro
Amônia	Difusão gasosa e vermelho cresol	Colorímetro
Fosfato	Cloreto de titânio (IV) e molibdato (IV)	Colorímetro
Nitrato	Sulfalinamida	Colorímetro
Etanol	Álcool peroxidase e peroxidase	Colorímetro

11.2.2.6.2 Análises por métodos cromatográficos

Métodos baseados na análise por cromatografia líquida de alta eficiência (CLAE) ou cromatografia gasosa (CG) são bem conhecidos e rotineiramente utilizados em pesquisas de laboratório e em processos industriais, para separar, identificar e quantificar compostos químicos e bioquímicos (açúcares, álcoois, ácidos orgânicos, antibióticos, proteínas extracelulares etc.) presentes no meio reacional e nos gases de exaustão. O princípio desses métodos está na separação diferenciada do(s) componente(s) a ser(em) analisado(s) à medida que a mistura passa por duas fases: uma fase móvel e uma fase estacionária que se encontra no interior de uma coluna. A retenção desse(s) componente(s) na coluna será determinada pela sua interação com a fase estacionária, o que resulta em diferentes tempos para que o(s) componente(s) seja(m) detectados(s) na saída da coluna, o que é realizado empregando diferentes tipos de detectores. Os principais componentes de um sistema cromatográfico são: coluna, bomba para acionamento da fase móvel, válvula de injeção, detector(es) e módulo de processamento das informações. A Figura 11.10 traz um diagrama ilustrativo desse sistema.

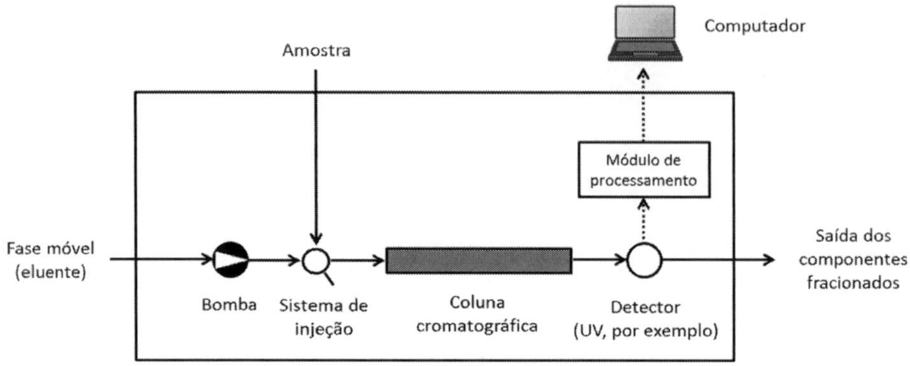

Figura 11.10 Diagrama esquemático de um equipamento de separação por cromatografia.

A utilização desses métodos durante um bioprocesso em uma operação *off-line* e em uma operação com análise em linha (*at-line*) é ilustrada na Figura 11.11. No segundo caso, é necessário um módulo adicional ao sistema cromatográfico para remoção da amostra e filtragem contínua e, a depender da(s) concentração(ões) do(s) componente(s) a ser(em) quantificado(s), existe ainda a necessidade de um sistema de diluição de amostras.

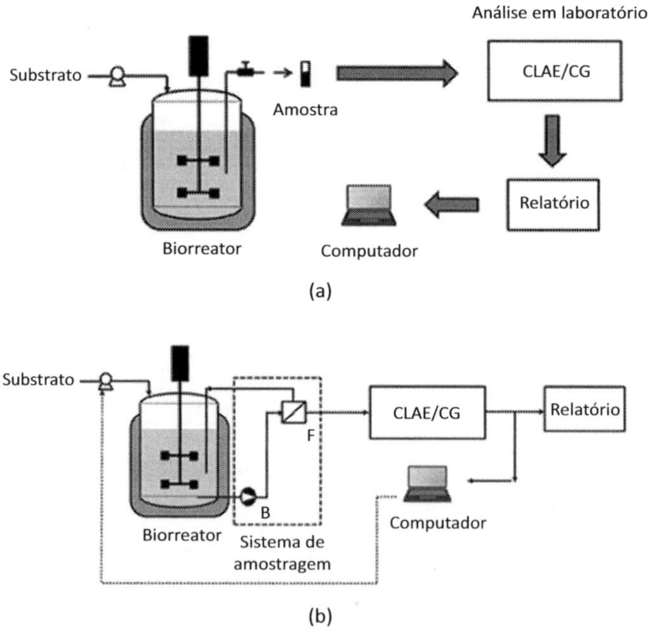

Figura 11.11 Sistema genérico de análise por cromatografia: (a) amostragem *off-line* (amostras removidas manualmente e encaminhadas ao laboratório); (b) amostragem *at-line* (sistema automatizado de remoção e análise de amostras).

Uma das vantagens desses métodos é a utilização de pequenos volumes de amostra. A precisão na quantificação dos componentes é outro aspecto importante. A revisão das diferentes metodologias existentes foge ao escopo deste capítulo e não será apresentada. Informações sobre elas são encontradas na literatura: Clevett (1990), Kilikian e Pessoa Jr. (2005).

Existem sistemas comerciais para aplicações em tempo real, contudo, existe a necessidade de implementação de métodos para amostragem (mais simples para análises por CG e mais complexos para análises por CLAE), conforme ilustrado na Figura 11.11. Para uso em estratégias de controle, devem ser considerados os tempos entre as análises, de amostragem e de condicionamento da amostra, que podem demorar dezenas de minutos. Ainda, a conexão desses sistemas com o biorreator pode ser uma fonte de contaminação.

11.2.2.6.3 Métodos baseados em espectroscopia de massa

A espectroscopia de massa (EM) pode ser empregada principalmente para quantificação em linha de componentes presentes nos gases de exaustão do biorreator (O_2, CO_2, N_2, H_2 e CH_4, por exemplo) ou componentes voláteis (álcoois, acetonas etc). Apesar de se mostrar uma técnica versátil, a sua aplicação em bioprocessos ainda esbarra no elevado custo.

11.2.3 VARIÁVEIS BIOLÓGICAS

A medida da biomassa, ou concentração celular, ao longo de um bioprocesso é fator-chave para o monitoramento e o controle do bioprocesso. A partir do seu valor ao longo do tempo, é possível determinar, entre outras informações, a velocidade de crescimento celular e/ou formação de produtos. Os modelos cinéticos empregados para descrever as velocidades de crescimento celular e formação de produto contêm a concentração celular como variável de estado.

O método clássico e amplamente utilizado para determinação da biomassa é o gravimétrico, que consiste em retirar uma alíquota (volume) conhecida do meio de cultivo durante o processo (de maneira asséptica), separar as células por centrifugação ou filtração, lavá-las e secá-las até atingir massa constante em estufa a 105 °C (o tempo de obtenção da medida pode ser reduzido se a secagem for realizada em micro-ondas). Após a determinação da massa celular na alíquota retirada, pode-se facilmente calcular a concentração celular (caso haja compostos insolúveis no meio de cultivo, estes devem ser retirados por algum procedimento).

A concentração celular pode também ser quantificada por meio da contagem de células (método microscópico) e pela medição da densidade óptica da solução (após adequada diluição). Esse último procedimento implica a utilização de uma curva de calibração relacionando o valor da medida da densidade óptica com a concentração celular.

O número de células viáveis é outra informação relevante que normalmente é obtida por meio de retirada de amostra, diluição e adição de corantes específicos (azul de metileno, por exemplo) para contagem das células viáveis (não coradas) e não viáveis (coradas) empregando câmara de Neubauer com auxílio de microscópio óptico. Contudo, esse procedimento de quantificação inviabiliza a utilização dessa medida para fins de controle do bioprocesso.

Pons (1992b) apresenta um conjunto de características que um sensor empregado para monitorar em tempo real a concentração celular deveria preencher:

- A resposta deve ser contínua e sem atrasos, de forma que a informação possa ser utilizada em estratégias de controle.
- A sensibilidade deve ser da ordem de 0,02 g/L ou 10^7 unidades formadoras de colônia por mL (ufc/mL).
- A sonda deve ser inerte.
- A medida deve ser não destrutiva e nenhum reagente deve ser adicionado ao meio de cultivo.
- A sonda deve ser utilizada em qualquer tipo de meio reacional, mesmo que este contenha sólidos em suspensão (outro que não a biomassa).
- A sonda deve ser fácil de limpar e esterilizável.

Existe uma dificuldade no preenchimento de todos esses critérios, uma vez que uma medida do conteúdo celular em um bioprocesso envolve quantificar:

- o número total de células presentes (a concentração celular, expressa em g/L ou número de células por mL);
- a porcentagem de células viáveis em cada momento do cultivo.

Outras variáveis de interesse podem ser o grau de contaminação do meio reacional, a razão entre as células viáveis e não viáveis e a morfologia celular (informação útil em cultivos que empregam fungos filamentosos e células de animais, por exemplo).

11.2.3.1 Sondas ópticas

O crescimento de microrganismos, como bactérias, leveduras e células animais, em suspensão é acompanhado pela rápida turvação do meio de cultivo. Assim, essa grandeza é um bom indicador para acompanhar a evolução da concentração celular ao longo de bioprocessos.

A medida da densidade óptica, também conhecida como turbidez, é de fácil obtenção e, portanto, muito utilizada para monitorar a concentração celular, seja em medidas realizadas em laboratório, a partir da retirada periódica de amostras ao longo do cultivo (*off-line*), ou em medidas realizadas por sondas localizadas no interior do biorreator (*on-line* e *in-situ*). É importante destacar a necessidade de se ter uma curva de calibração, ou seja, uma equação que relacione a variação da propriedade medida (por exemplo, a transmitância) com a concentração celular do bioprocesso em estudo. Contudo, a informação obtida não permite a diferenciação entre células viáveis e inviáveis (mortas ou inativas). A presença de sólidos em suspensão traz também dificuldades na correta quantificação da biomassa.

Medidas ópticas podem ser realizadas em experimentos em escala de laboratório e também em cultivos industriais. Os sensores ópticos oferecem algumas vantagens, entre elas: são não invasivos e não destrutivos, permitem monitoramento contínuo e em tempo real, e muitas vezes permitem o monitoramento de múltiplos compostos.

Existem vários sensores comerciais disponíveis para esse propósito. O princípio de medida é baseado na transmissão, absorção, reflexão ou espalhamento da luz em faixas de medida nos comprimentos de onda visível e no infravermelho próximo.

A nefelometria é um método que se baseia na medida do espalhamento da luz incidente que atravessa uma amostra. Essa medida é recomendada para baixos valores da concentração celular e o sinal medido é diretamente proporcional a esta.

Na medida de turbidez, ou densidade óptica da solução, um feixe de luz atravessa o meio reacional, sendo a luz transmitida medida em uma célula fotossensível. A intensidade da luz transmitida (I) será função da radiação emitida (I_0), da propriedade do meio, da turbidez (τ) e do caminho percorrido pela luz no aparelho de medida (caminho óptico), b, conforme a Equação (11.3).

$$\tau = \frac{2,03}{b} \cdot \log\left(\frac{I_0}{I}\right) \tag{11.3}$$

A turbidez (τ) do meio dependerá de vários fatores, como número de partículas presentes na suspensão, tamanho e forma dessas partículas, além de outras características do meio. Ela será determinada por dois fenômenos que estão associados à passagem da luz pelo meio e que ocorrem simultaneamente: a absorção e o espalhamento, devido à presença de material particulado em suspensão. A Figura 11.12 apresenta um diagrama simplificado ilustrando os principais fenômenos envolvidos.

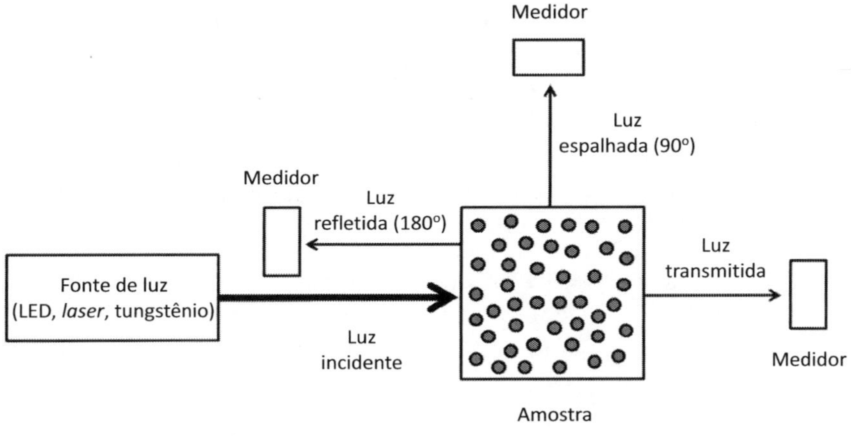

Figura 11.12 Diferentes métodos para determinação da concentração celular pela interação da luz com a matéria.

Existem diversos equipamentos comerciais que podem ser empregados para determinação da concentração celular em tempo real, que se diferenciam basicamente pelo projeto do sensor (célula fotossensível). Assim, podem ser encontrados quatro tipos de aparelhos:

- aparelhos projetados para medir a radiação absorvida pelo meio (absorbância/transmitância);
- aparelhos projetados para medir a intensidade da luz espalhada na mesma direção do feixe de luz (*forward scattering*);
- aparelhos projetados para medir a intensidade da luz espalhada na direção oposta ao feixe de luz (*backward scattering*);
- aparelhos projetados para medir a intensidade da luz transmitida por espalhamento na direção perpendicular à direção do feixe de luz incidente (nefelometria, 90º *backward scattering*).

Para cultivos que apresentem turbidez baixa a moderada, sondas baseadas em transmitância ou nefelometria apresentam melhor desempenho. Em cultivos com alta densidade celular, medidas da luz espalhada (*backward* ou *forward scattering*) são mais indicadas. A escolha do comprimento de onda utilizado dependerá do "diâmetro" do microrganismo cultivado. Se o microrganismo apresentar diâmetro menor que 3 μm, a luz visível é recomendada; para diâmetros maiores, comprimentos de onda próximos do infravermelho são mais apropriados. A maioria dos sensores emprega comprimentos de onda na faixa de 840 nm a 910 nm, uma vez que a maioria dos meios de cultivo absorve pouca luz nessa região (BIECHELE et al., 2015).

11.2.3.2 Sondas capacitivas

A concentração de células viáveis pode ser medida com um sensor de capacitância (MARKX; DAVEY, 1999). A primeira sonda capacitiva comercial surgiu no final dos anos 1980. O princípio de funcionamento desse sensor se baseia no fato de que, em baixas frequências de rádio (0,1-10 MHz), a membrana celular das células viáveis se comporta como um capacitor elétrico. A magnitude da polarização da membrana é diretamente proporcional ao volume encapsulado pela membrana, isto é, a permissividade dielétrica é diretamente proporcional à concentração de biomassa. Assim, a medida em tempo real de capacitância pode ser diretamente relacionada à concentração de biomassa (NEVES et al., 2000).

A permissividade dielétrica de um meio contendo células em suspensão é um indicador da concentração de células viáveis, pois a membrana plasmática sofre polarização sob a influência de um campo elétrico na faixa de frequência entre 0,1 MHz e 10 MHz (NEVES et al., 2000). A capacitância resultante é correlacionada com a fração volumétrica de células, ou seja, com a concentração celular. A variação da permissividade dielétrica da suspensão de células não é apenas função da concentração celular, mas sofre influência da condutividade do meio e do citoplasma celular, do tamanho das células e da espessura da membrana celular. Bolhas presentes no meio reacional causam ruídos nos dados obtidos pelo sensor, que devem ser criteriosamente removidos com auxílio de algum algoritmo (filtragem dos dados).

A capacitância é uma propriedade física da célula e mudanças nas características estruturais e morfológicas durante a fase de crescimento celular podem afetar seu valor.

11.2.3.3 Análise de imagens

A técnica de análise de imagens vem sendo desenvolvida desde a década de 1990 (KONSTANTINOV et al., 1994; THOMAS; PAUL, 1996; PONS et al., 1998) para o monitoramento em tempo real da concentração, da distribuição de tamanho e da morfologia celular, de forma rápida, robusta e econômica. Com o desenvolvimento da eletrônica (*hardware*), das fibras ópticas e dos programas para processamento de imagens em tempo real (*softwares*), a técnica passou a ser considerada uma ferramenta promissora para uso em modernas estratégias de controle de processo e otimização em sistemas especialistas.

Classicamente, a determinação dessas informações é realizada a partir de amostras retiradas do bioprocesso, o que implica a utilização de um sistema de amostragem e um maior tempo envolvido entre a retirada da amostra e o processamento da informação. Por outro lado, o uso de sondas microscópicas *in-situ* fornece um número limitado de informações. O uso da microscopia *in-situ* permite a determinação de variáveis diretas e indiretas da célula em tempo real (sem a necessidade de amostragem).

Höpfner et al. (2010) apresentam uma revisão sobre o uso de sistemas ópticos *in-line* para monitoramento em tempo real de bioprocesso em cultivos empregando células de *Euglena gracilis*. O uso da análise de imagens a partir da microscopia *in-line* possibilitou a visualização de alterações morfológicas das células durante o cultivo.

11.2.3.4 Espectroscopia óptica

Espectrômetros de alta resolução em linha, por meio de procedimentos de retirada de amostra ou por desvio (*by-pass*) a montante ou a jusante, e mesmo sensores *in-situ*, vêm sendo empregados em bioprocessos (ULBER; FRERICHS; BEUTEL, 2003). Esses equipamentos podem empregar diferentes comprimentos de onda, como ultravioleta (UV), infravermelho (IR), infravermelho próximo (NIR) e infravermelho médio (MIR). São características desses equipamentos a velocidade de varredura na faixa de espectro empregada, o baixo custo e a robustez.

Contudo, para o sucesso dessa técnica, foi necessário o avanço no campo da informática, com o advento de computadores com maior velocidade de processamento, possibilitando o desenvolvimento de procedimentos e algoritmos matemáticos mais complexos, como o método dos mínimos quadrados parciais (PLS), a análise por componentes principais (PCA) e as redes neurais artificiais (ANN). Esses algoritmos são empregados para identificar e extrair as informações contidas nos espectros coletados. A Figura 11.13 ilustra as faixas de comprimentos de ondas e os respectivos compostos que podem ser detectados em cada faixa.

A espectroscopia eletrônica (UV-Vis) baseia-se em transições eletrônicas intra-atômicas ou moleculares, responsáveis pela absorção de radiação luminosa na região do ultravioleta (200-400 nm) e do visível (400-740 nm). Embora utilizada há vários anos, essa técnica continua sendo importante para monitoramento em processos químicos e petroquímicos, farmacêuticos e biológicos.

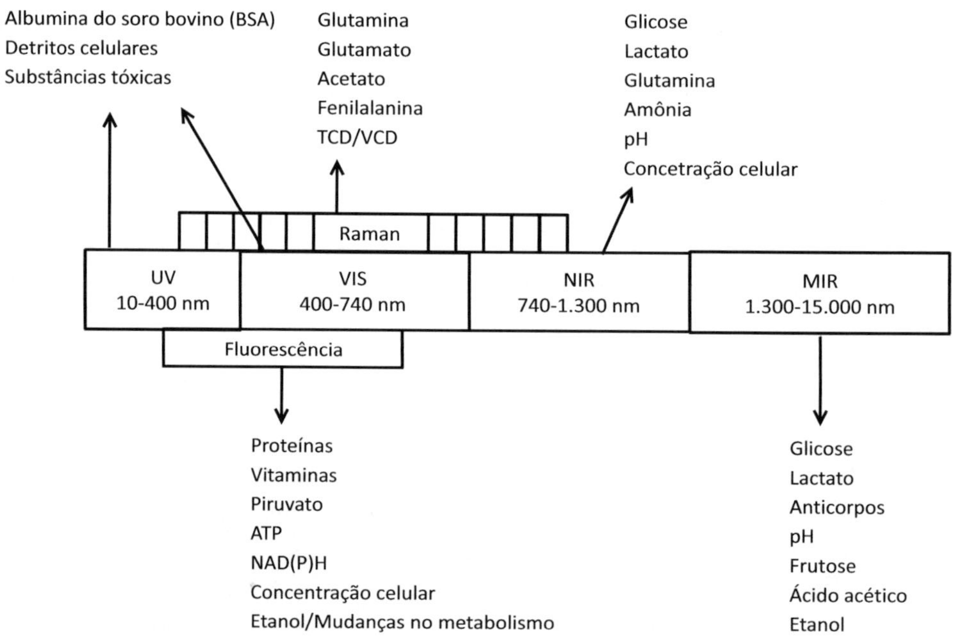

Figura 11.13 Faixa espectral empregada para o monitoramento de variáveis em bioprocessos.

Fonte: adaptada de Biechele et al. (2015).

De modo geral, a espectroscopia UV-Vis tem apresentado aplicações importantes em controle de processos. Técnicas de espectroscopia vibracional (infravermelho próximo, médio e Raman) apresentam como vantagens maior seletividade espectral, melhor associação de bandas e obtenção de espectros mais representativos.

A espectroscopia no infravermelho próximo (*near infrared spectroscopy* – NIRS) compreende a faixa espectral de 740 nm a 1.300 nm. Bandas de absorção relativamente específicas permitem uma seletividade espectral que possibilita determinações de diversos compostos simultaneamente, com auxílio de métodos quimiométricos. Sondas e fibras ópticas de quartzo podem ser empregadas, permitindo análises multiplexadas em pontos distantes de um processo. Uma das principais vantagens da espectroscopia empregando NIR é o baixo custo do equipamento em relação à espectroscopia no infravermelho médio, sendo que a maioria desses sensores é utilizado como sistemas *in-situ* ou *ex-situ* para análises em tempo real.

Instrumentos utilizando transformada de Fourier ou filtros apresentam ampla aplicabilidade em processos industriais, em virtude da alta velocidade das medidas espectrais e da reduzida (ou nenhuma) preparação de amostras. Em vista disso, entre as técnicas espectroscópicas, a que utiliza comprimento de onda na faixa do NIR é a que tem apresentado o maior número de aplicações no monitoramento de processos de alimentos, farmacêuticos, polímeros, ambiental, combustíveis e, mais recentemente, em bioprocessos.

A região do infravermelho médio (MIR) apresenta maior seletividade devido à região de impressão digital (*fingerprint*). Nessa região (1.300 nm a 15.000 nm) a técnica vem sendo também empregada para identificação de componentes em diversos processos, mas em escala menor em relação ao uso do NIR. Instrumentos que empregam transformadas de Fourier têm se tornado comum. Essa associação vem permitindo, além de varreduras rápidas, maior precisão e melhor relação sinal-ruído nas medidas. Em contrapartida ao NIR, os sensores empregando a região MIR utilizam principalmente o sistema ATR (*attenuated total reflectance*), nos modos não invasivo (onde a janela transparente é o próprio cristal de ATR). Inicialmente, a forte sobreposição espectral na região da impressão digital restringiu o uso dessa técnica em determinações com muitos componentes. Atualmente, com a utilização de métodos matemáticos de análise multivariada, determinações simultâneas em sistemas complexos vêm sendo desenvolvidas.

Rodrigues et al. (2018) descreveram metodologia desenvolvida para o monitoramento de fermentações realizadas em modo batelada alimentada para produção de etanol. A técnica foi baseada na combinação da espectroscopia de infravermelho médio por transformada de Fourier (FT-MIR, *Fourier transform mid-infrared*) com o método de regressão multivariada dos mínimos quadrados parciais. Nos experimentos, os autores utilizaram mostos contendo sacarose comercial e substratos industriais empregados por destilarias brasileiras, no caso, caldo e melaço de cana-de-açúcar e caldo de sorgo sacarino. Os resultados mostraram que a técnica foi capaz de monitorar em tempo real os principais compostos durante a fermentação, que são: sacarose, glicose, frutose, etanol, glicerol e células.

Veloso et al. (2019) empregaram a mesma técnica para o acompanhamento da concentração de etanol e dos açúcares redutores totais (ART) em experimentos realizados em batelada alimentada empregando a levedura *Saccharomyces cerevisiae*. Os autores utilizaram um espectrômetro equipado com uma sonda de fibra óptica (ReactIR 45 m, Mettler-Toledo AutoChem) para realizar as medidas, coletando os espectros na faixa de 3.000 nm a 15.000 nm (256 varreduras por amostra, com resolução de 4,2 nm), a cada 20 minutos ao longo da fermentação. As faixas espectrais usadas para obter os modelos de calibração foram 8.970-9.820 nm para etanol e 8.470-10.990 nm para ART (essas regiões continham as bandas de absorção características dos analitos), mostrando a viabilidade de uso da técnica no monitoramento em tempo real. O uso da técnica no setor industrial tem grande potencial para contribuir para a redução de custos e a melhoria do controle do processo.

11.2.4 SENSOR BASEADO EM MODELO

O termo sensor baseado em modelo (*soft sensor*) surgiu no final da década de 1990 para designar um tipo de sensor baseado em um algoritmo estimador (CHÉRUY, 1997). Esse sensor utiliza informações de medidas realizadas em tempo real (variáveis secundárias) para estimar uma variável não medida ou de difícil quantificação em tempo real (variável primária). Bull (1985) cogitava a possibilidade de estimar as variáveis-chave ou de estado a partir de métodos indiretos, por exemplo, pelo uso de modelos. Esses modelos deveriam ser elaborados empregando o conhecimento adquirido do bioprocesso (elaboração de uma base de dados). Essas correlações seriam então utilizadas para gerar estimativas de variáveis do processo, em tempo real, empregando um computador dedicado.

Os primeiros *soft sensors* foram desenvolvidos para inferência em tempo real da concentração celular e de produtos, e da velocidade específica de crescimento celular. Uma boa revisão sobre o tema é apresentada por Luttmann et al. (2012).

O reconhecimento da necessidade de medidas em linha tem estimulado o desenvolvimento de novos sensores para variáveis de interesse nos bioprocessos. Como foi apresentado nas seções anteriores, muitos dos sensores disponíveis comercialmente ainda não disponibilizam informações quantitativas com a precisão desejada. Dessa forma, muitos estudos de estimativa de variáveis em tempo real são baseados em medidas de vazões e de concentrações de oxigênio e dióxido de carbono nos gases de saída, pois seus respectivos sensores estão comercialmente disponíveis e apresentam resposta rápida e de confiabilidade alta. Nesses processos, o estado do sistema não pode ser medido, mas é monitorado pelas variáveis secundárias (SILVA, 2003).

Medidas das concentrações de oxigênio e dióxido de carbono nos gases de saída podem ser usadas em conjunto com modelos matemáticos do processo para deduzir os valores de variáveis e parâmetros não medidos. Balanços dos elementos C, H, N, O e outros podem também ser usados em conjunto com as medidas dos gases de saída para estimar algumas quantidades não diretamente medidas, como concentração de biomassa e produto. Medidas de vazão dos gases de entrada e saída e suas respectivas composições podem ser usadas para calcular, por exemplo, o coeficiente volumétrico de transferência de oxigênio ($k_L a$). O fato é que uma grande quantidade de informações adicionais pode ser obtida a partir das medidas disponíveis.

11.3 CONTROLE AUTOMÁTICO APLICADO A BIOPROCESSOS

Um processo controlado pode ser geralmente definido como a integração de quatro elementos básicos (Figura 11.14):

- *o processo/bioprocesso*;

- *os sensores*, que medem propriedades físicas, químicas ou bioquímicas do bioprocesso em estudo (essas variáveis são as entradas ou saídas do processo);
- *os atuadores*, que manipulam as entradas do processo, as quais, por sua vez, alteram a condição de operação;
- *o controlador* (regido por uma lei de controle) que comanda a alteração dos atuadores.

Para a determinação da lei de controle, um aspecto fundamental a ser considerado é a definição do objetivo de controle. Dado um objetivo, a lei estabelecida é implementada por um algoritmo de cálculo que utiliza variáveis medidas. A integração de todos esses elementos define um sistema ou estratégia de controle a ser aplicado a qualquer processo químico ou bioprocesso.

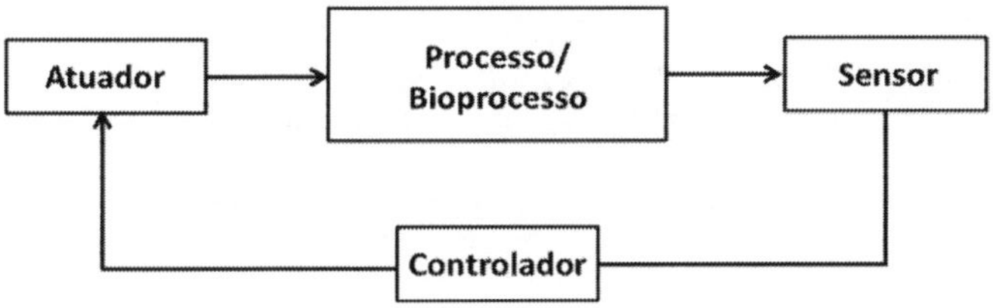

Figura 11.14 Elementos básicos de um sistema de controle.

Quando comparados aos processos químicos, os bioprocessos são muito mais complexos, uma vez que envolvem um grande número de reações bioquímicas dinâmicas, além de processos de transporte. Obter medidas em linha de parâmetros fisiológicos e bioquímicos não é uma tarefa fácil, sendo muitas vezes impossível. Além disso, os microrganismos têm seus próprios mecanismos intracelulares regulatórios por meio dos quais realizam suas próprias regulação e otimização. Em um bioprocesso, o que se manipula é o ambiente extracelular, de forma que este afete favoravelmente o mecanismo intracelular.

Um sistema de controle deve atender a três objetivos gerais, ou a uma combinação desses objetivos, que são:

- suprimir a influência de perturbações externas no bioprocesso e manter as saídas em valores desejados constantes (problemas regulatórios) ou forçá-las a seguir trajetórias desejadas (problemas servo);
- assegurar a estabilidade do bioprocesso;
- otimizar o desempenho do bioprocesso, definido por alguma medida como rendimento, produtividade ou lucro (problemas de otimização).

Esses objetivos são alcançados impondo-se várias restrições, como: a) segurança; b) regulamentações ambientais; c) limitação de recursos; e d) restrições operacionais.

11.3.1 CLASSIFICAÇÃO DAS VARIÁVEIS

Do ponto de vista da teoria de controle de processos químicos, as variáveis – temperatura, vazão de gases e líquidos, pH, oxigênio dissolvido (OD), velocidade de agitação, pressão etc. – associadas a um bioprocesso são divididas em dois grupos:

- *variáveis de entrada*: quando denotam o efeito da vizinhança sobre o bioprocesso;
- *variáveis de saída*: quando denotam o efeito do bioprocesso sobre as vizinhanças.

A Figura 11.15 ilustra um biorreator do tipo tanque agitado e aerado e as principais variáveis medidas. Nesse exemplo, as variáveis são classificadas em:

- *variáveis de entrada*: vazão de ácido, vazão de base, vazão de ar, velocidade de agitação, vazão de água fria/quente, pressão.
- *variáveis de saída*: temperatura do meio reacional, temperatura da água (jaqueta de refrigeração), pH, oxigênio dissolvido (OD), vazão dos gases de exaustão, concentração de O_2 e CO_2 nos gases de exaustão, pressão.

Observe que a variável pressão pode ser considerada uma entrada ou uma saída. Se existir uma válvula de controle na corrente de saída, de modo que a pressão possa ser manipulada por um controlador, essa variável é uma entrada, uma vez que a abertura da válvula é ajustada externamente; do contrário, a pressão é uma variável de saída.

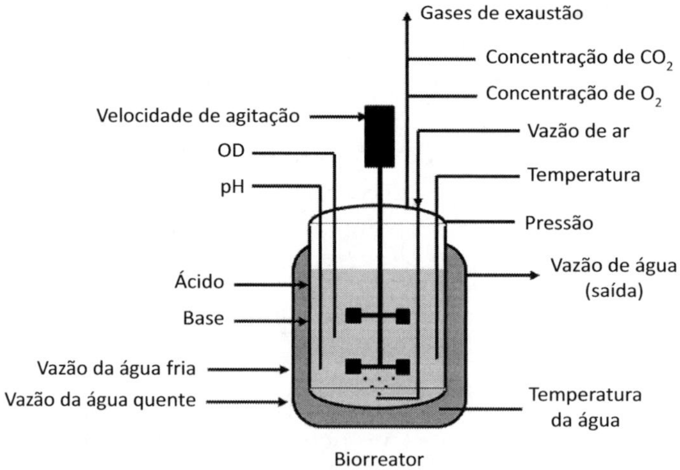

Figura 11.15 Biorreator do tipo tanque agitado e aerado.

As variáveis de entrada são classificadas em duas categorias:

- *variáveis manipuladas*: quando seus valores podem ser manipulados livremente por um operador ou por um sistema de controle.

- *perturbações*: quando seus valores não são resultantes de ajuste pelo operador ou por um sistema de controle.

As variáveis de saída são classificadas em duas categorias:

- *variáveis medidas*: quando seus valores são conhecidos por medição direta.
- *variáveis não medidas*: quando seus valores não são ou não podem ser medidos diretamente.

No biorreator ilustrado na Figura 11.15, se na linha de entrada de ar é instalada uma válvula de controle, então a vazão de ar é classificada como uma variável manipulada. Se forem instaladas válvulas de controle nas linhas de água fria e quente da jaqueta do biorreator, essas variáveis também são classificadas como manipuladas.

As variáveis temperatura, pH, oxigênio dissolvido (OD), vazão dos gases de exaustão, concentração de O_2 e CO_2 nos gases de exaustão e pressão são as variáveis de saída medidas.

De acordo com a mensurabilidade, as perturbações são classificadas em duas categorias: perturbações medidas e perturbações não medidas. A Figura 11.16 ilustra todas essas classes de variáveis em um processo/bioprocesso.

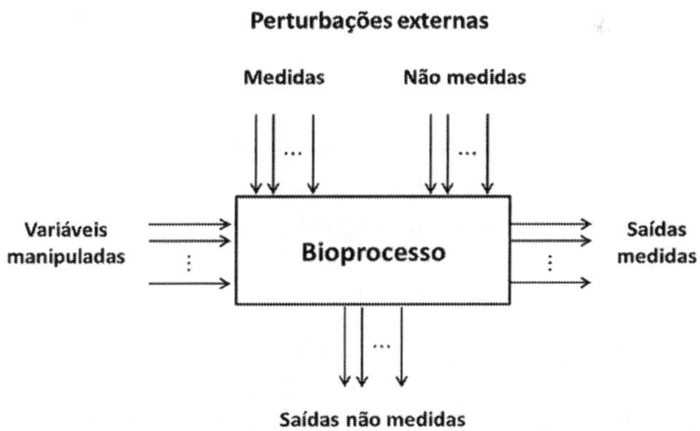

Figura 11.16 Classificação das variáveis de entrada e saída em um processo/bioprocesso.

11.3.2 CONFIGURAÇÃO DE CONTROLE

Uma configuração de controle é a estrutura de informação utilizada para conectar as medidas disponíveis às variáveis manipuladas em um bioprocesso.

Basicamente, são três as configurações gerais de controle:

- controle por realimentação (*feedback control*);
- controle por pré-alimentação (*feedforward control*);
- controle inferencial.

11.3.2.1 Controle por realimentação (*feedback control*)

Neste tipo de controle uma variável de processo é medida por um sensor e seu valor é transferido para um sistema de controle. O controlador compara o valor desse sinal com o valor desejado (*set-point*). Dependendo do resultado dessa comparação, o controlador decide o que fazer para manter a variável medida no valor desejado por meio da manipulação do valor de uma variável na entrada do sistema (Figura 11.17). Assim, no controle por realimentação, a variável é medida depois que a perturbação afetou o sistema.

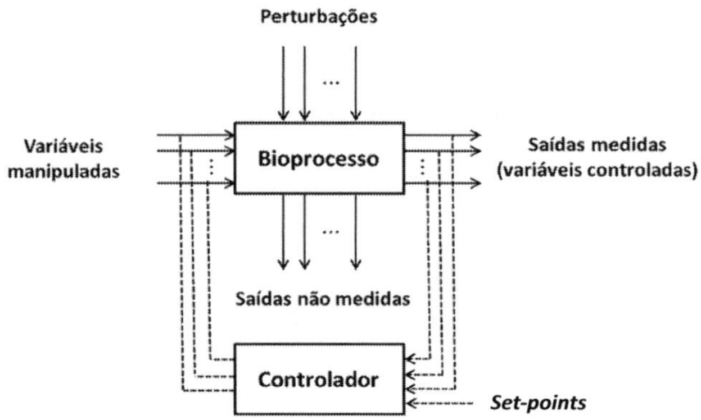

Figura 11.17 Estrutura geral da configuração de um sistema de controle por realimentação.

O conceito do controle por realimentação pode ser ilustrado da seguinte forma: imagine um operador ao qual foi atribuída a tarefa de regular a concentração de oxigênio dissolvido no interior de um biorreator durante o cultivo de um microrganismo aeróbio, conforme ilustrado na Figura 11.18. As fontes de distúrbio possíveis são a concentração de oxigênio na linha de alimentação de ar e o aumento da velocidade de consumo de oxigênio pelo microrganismo devido ao metabolismo celular, causando a dimininuição da concentração de oxigênio no meio de cultivo. Para compensar esses distúrbios, o operador manipulará a vazão de entrada de ar de acordo com a leitura da concentração de oxigênio dissolvido. Se o valor dessa variável for menor que o valor desejado, o operador aumentará a vazão de alimentação de ar, caso contrário, ele deverá diminuir essa vazão. Em ambas as situações, o objetivo é eliminar a diferença entre as duas variáveis (a variável medida e o *set-point*). Observe que, nesse esquema de controle, a atuação ocorre somente após o efeito da perturbação ter sido observado pelo operador (leitura da variável oxigênio dissolvido).

A vantagem do controle por realimentação reside em ser uma técnica simples que compensa todas as perturbações. Para qualquer perturbação que afete a variável controlada, tão logo esta desvie de seu *set-point*, o controlador ajustará sua saída para retorná-la ao valor desejado. A malha de controle *feedback* não conhece (nem precisa conhecer) qual perturbação entra no processo, ela apenas tenta manter a variável controlada no *set-point* e, ao fazê-lo, compensa todas as perturbações.

A desvantagem do controle *feedback* é que ele pode compensar uma perturbação somente após a variável controlada ter sido desviada do seu *set-point*. Isto é, a perturbação deve propagar por todo o processo antes que o esquema de controle *feedback* possa compensá-la.

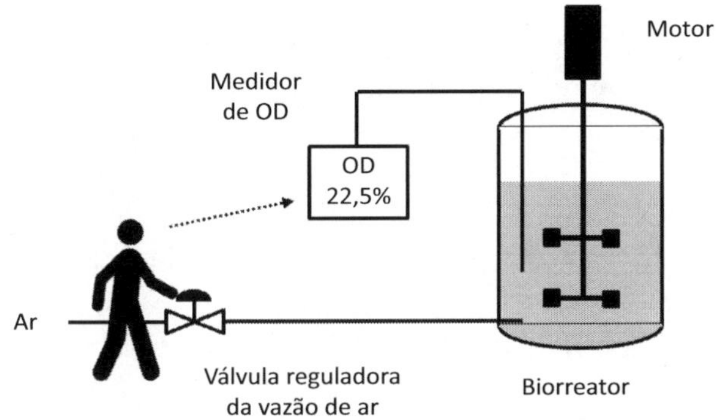

Figura 11.18 Controle por *feedback* manual da variável oxigênio dissolvido (OD).

Os controles de temperatura, oxigênio dissolvido (OD) e pH, implementados na maioria dos biorreatores disponíveis comercialmente, são exemplos desse tipo de controle. Essas malhas de controle são ilustradas na Figura 11.19.

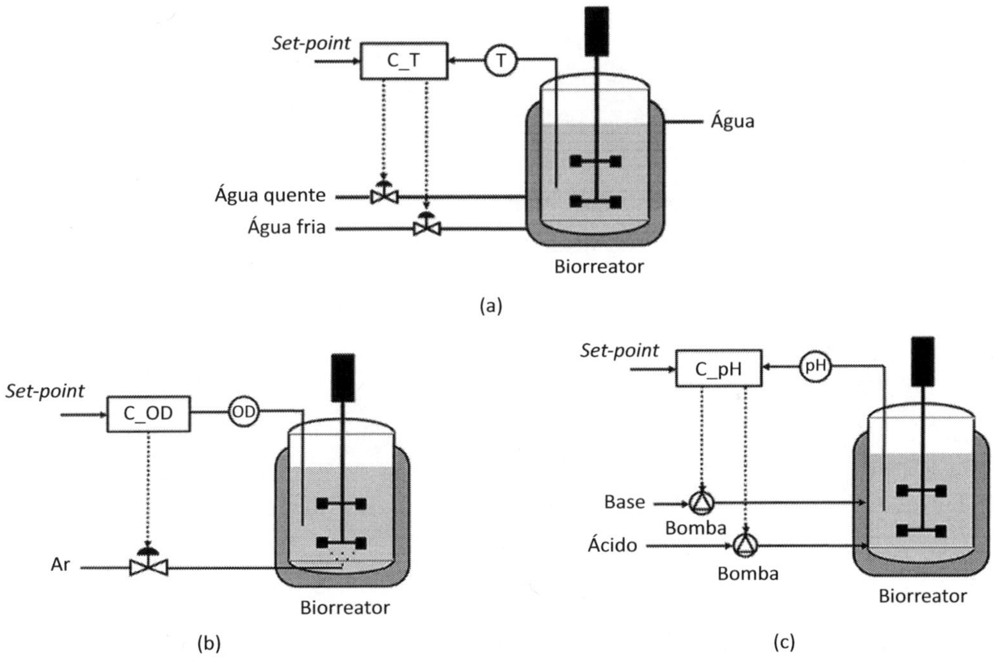

Figura 11.19 Malhas de controle por realimentação para: (a) temperatura; (b) oxigênio dissolvido (OD); e (c) pH em biorreator.

Nos três casos, os sensores de temperatura (T), OD e pH fornecem os valores das variáveis de estado (saídas do processo). Essas informações são levadas aos controladores de temperatura, oxigênio dissolvido e pH (C_T, C_OD e C_pH), onde está implementada uma lei de controle que visa à manutenção dos valores dessas variáveis em referências definidas (*set-points*). A lei de controle fornece o sinal para as válvulas nas linhas de água quente e fria, para a válvula na linha de entrada de ar e para as bombas dosadoras de ácido ou base, os atuadores, que, respectivamente, alimentam água quente ou fria à jaqueta de refrigeração, aumenta ou diminui a vazão de ar e adicionam quantidade de álcali ou ácido necessária para manutenção das variáveis de saída controladas (T, OD e pH) nos seus respectivos *set-points*. Sistemas desse tipo, que mantêm o processo em uma referência fixa, são também denominados regulatórios. São controles em malha fechada, pois as medidas retornam para serem comparadas com os valores de referência, e a atuação é baseada nessa diferença, conforme é ilustrado no diagrama de blocos da Figura 11.20.

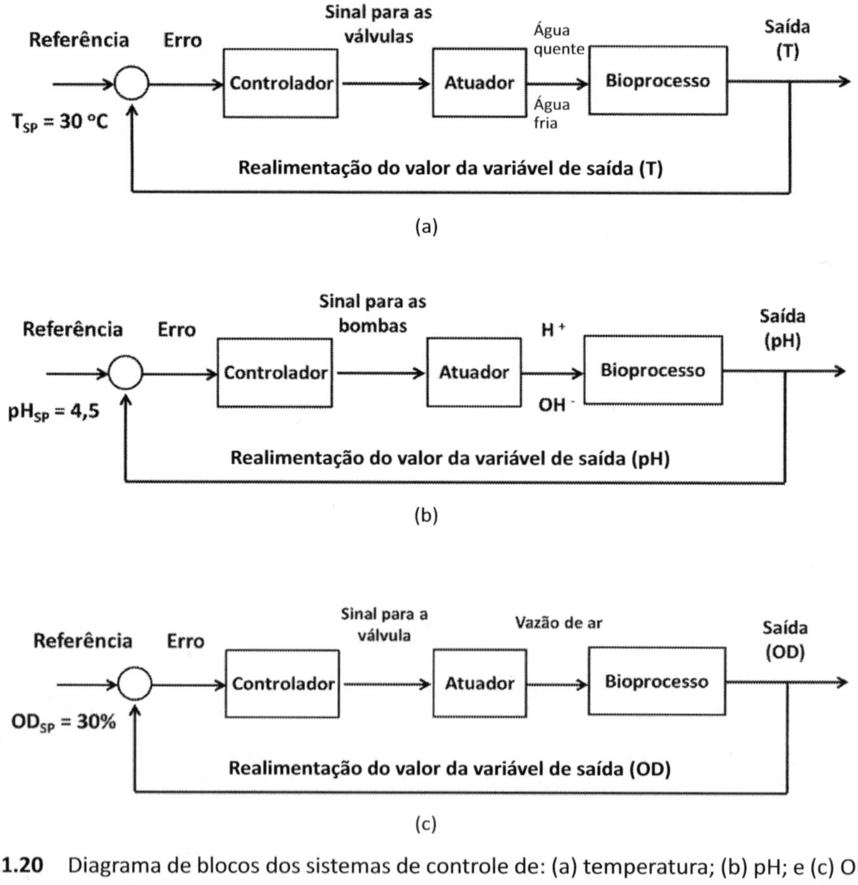

Figura 11.20 Diagrama de blocos dos sistemas de controle de: (a) temperatura; (b) pH; e (c) OD (sistemas regulatórios). A título de ilustração, os valores de referência (*set-points*) para T, pH e OD são 30 °C, 4,5 e 30%, respectivamente.

Nos bioprocessos, o controle por realimentação regulatório em malha fechada é realizado principalmente para controle das variáveis ambientais do cultivo – temperatura, pressão, pH e oxigênio dissolvido (OD), por exemplo. Em geral, utilizam-se malhas de controle independentes, de uma entrada e uma saída, denominadas SISO (*single input single output*) com controladores PID ou *on-off* (liga-desliga).

O termo PID significa controlador proporcional-integral-derivativo, sendo o algoritmo de controle mais difundido na indústria de processos químicos. Nesse tipo de algoritmo o valor da variável manipulada (m) será função do sinal erro (ε), que é a diferença entre o valor medido e o valor de referência estabelecido (*set-point*). Esse erro será ponderado por três parcelas associadas ao ganho proporcional (K_p), ao ganho integral ($1/T_i$) e ao ganho derivativo (T_d), conforme a Equação (11.4).

Diz-se controlador *on-off* quando o sinal do atuador é do tipo liga-desliga, não havendo sinais intermediários. Esse tipo de controle pode ser considerado um caso especial do controle proporcional, em que o valor da constante proporcional (K_p) do controlador é infinito. Contudo, no controle *on-off*, a ação de controle é limitada pelo elemento final de controle. São exemplos de elementos finais de controle válvulas solenoides, bombas de vazão fixa e resistências de aquecimento de potência fixa. Técnicas de controle, como da Figura 11.20, são descritas em detalhes em referências clássicas como Stephanopoulos (1984) e Seborg, Edgard e Mellichamp (1989). Nessas mesmas referências encontram-se as técnicas para sintonia dos parâmetros do controlador.

$$m = K_p \cdot \varepsilon + \frac{1}{T_i} \cdot \int_0^t \varepsilon \cdot dt + T_d \cdot \frac{d\varepsilon}{dt} \tag{11.4}$$

Para o controle automático de variáveis de cultivo, são utilizadas também configurações em cascata, que combinam dois controladores individuais, formando malhas de controle mais sofisticadas que aumentam o desempenho do sistema de controle. O sistema em cascata é aplicado, por exemplo, no controle de temperatura do meio de cultivo. A Figura 11.21 ilustra uma configuração em cascata para controle de temperatura do biorreator.

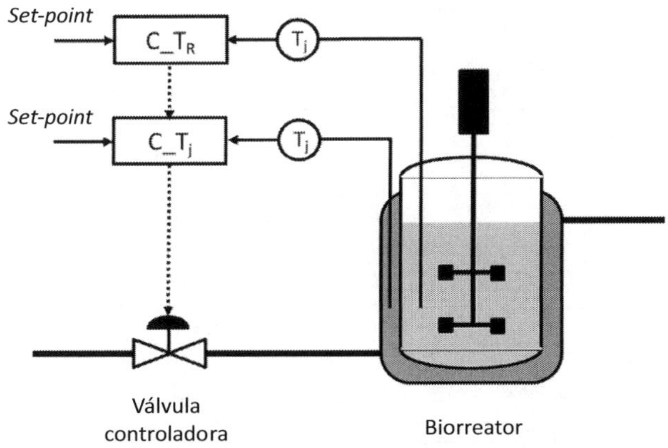

Figura 11.21 Controle em cascata da temperatura do biorreator.

Nessa configuração, a temperatura do reator (T_R) é medida e manipula-se a vazão de água de refrigeração/aquecimento. O valor do erro de temperatura (desvio em relação à referência) será a entrada do primeiro controlador (denominado mestre), que determina o valor de referência para o segundo controlador (denominado servo). Esse controlador recebe a medida da temperatura da jaqueta (T_j) e calcula o desvio estabelecido com a nova referência (erro). A vazão de água de refrigeração/aquecimento é então manipulada para minimizar esse erro. A Figura 11.22 ilustra o diagrama de blocos da malha de controle em cascata para o controle da temperatura.

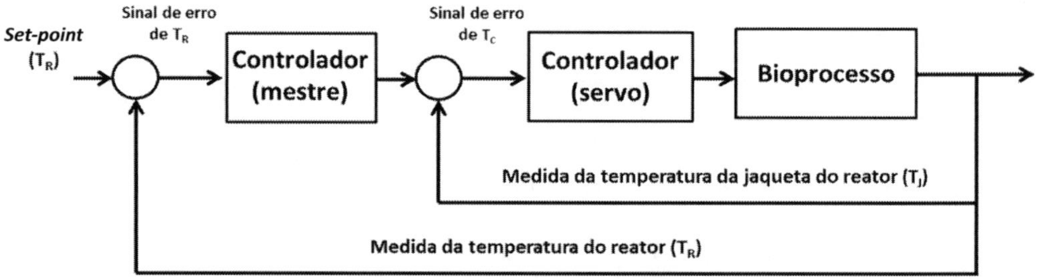

Figura 11.22 Diagrama de blocos para o controle em cascata da temperatura do biorreator.

Outro controle em cascata, encontrado em biorreatores comerciais para uso em laboratório, está disponível para o controle de oxigênio dissolvido. Nesse caso, mais de uma variável é manipulada: a frequência de agitação e a vazão de ar. Quando o atuador em uma das malhas atinge o valor máximo, por exemplo, a vazão de ar, o controlador mestre ativa a outra malha e passa a controlar a concentração de oxigênio dissolvido manipulando a velocidade de agitação. A Figura 11.23 ilustra essa configuração.

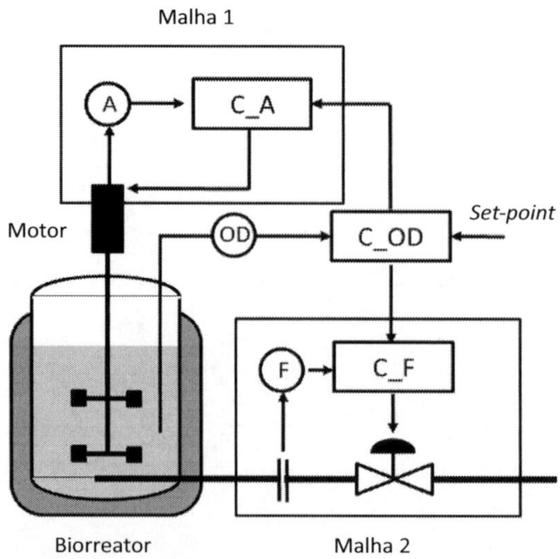

Figura 11.23 Controle em cascata de oxigênio dissolvido.

As configurações de controle apresentadas nas Figuras 11.21 e 11.23 são mais sofisticadas, pois, partindo de malhas simples, com uma entrada e uma saída, chega-se a configurações que permitem a incorporação de duas medidas e a atuação sobre duas outras variáveis. No entanto, estão limitadas às poucas variáveis de entrada e saída. A incorporação de mais variáveis medidas e manipuladas só é possível com estratégias de controle mais abrangentes, em que diversas relações entre as entradas e as saídas são consideradas. Tais configurações são denominadas configurações de múltiplas entradas e múltiplas saídas (*multiple inputs, multiple outputs* - MIMO).

11.3.2.2 Controle por pré-alimentação (*feedforward control*)

A configuração de controle por pré-alimentação utiliza medidas diretas das perturbações para ajustar os valores das variáveis manipuladas. Na estratégia *feedforward*, as perturbações são medidas e aplica-se uma ação de controle corretiva em antecipação ao efeito esperado. Este é o melhor controle, pois elimina o efeito da perturbação. Contudo, para implementar essa estratégia, as perturbações precisam ser medidas e seus efeitos conhecidos *a priori*. O objetivo é manter os valores das variáveis de saída controladas nos níveis desejados. Essa configuração de controle é ilustrada na Figura 11.24.

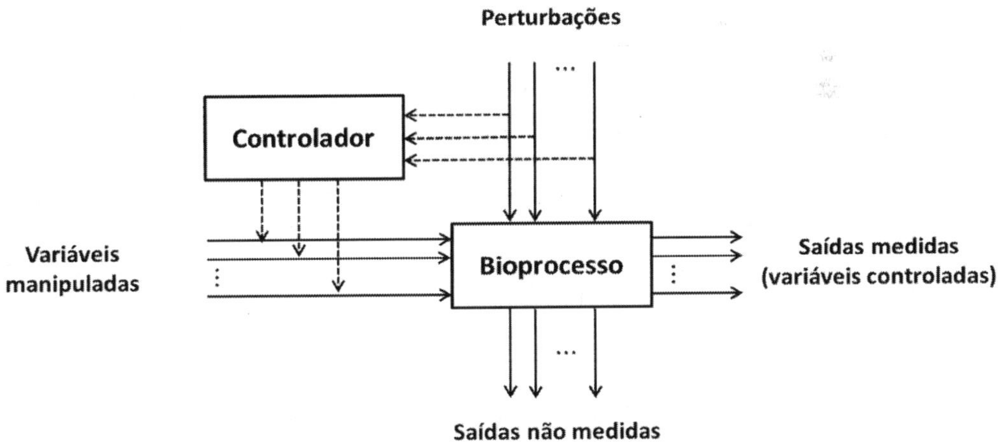

Figura 11.24 Estrutura geral da configuração de controle por pré-alimentação.

O conceito do controle por pré-alimentação pode ser ilustrado em um biorreator operado na forma contínua. Imagine o mesmo operador da Seção 11.3.2.1, ao qual agora é atribuída a tarefa de regular a concentração de oxigênio dissolvido no interior desse biorreator onde é cultivado um microrganismo aeróbio (Figura 11.25). Nessa situação, ele dispõe da medida da vazão de ar na entrada do biorreator. Acompanhando atentamente a leitura dessa variável, ele manipula a velocidade de agitação de acordo com as variações na vazão de ar, de forma a manter a concentração de oxigênio dissolvido na referência desejada (*set-point*). O operador deverá tentar compensar os distúrbios assim que perceber variações nessa medida (vazão de ar), ou seja, antecipar suas ações de modo que a concentração de oxigênio dissolvido não seja afetada.

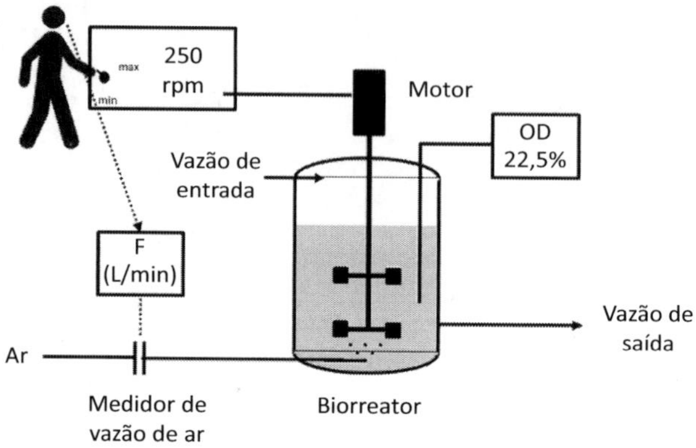

Figura 11.25 Controle *feedforward* manual da variável oxigênio dissolvido em cultivo contínuo em biorreator.

A estratégia de controle por pré-alimentação é raramente utilizada sozinha. Ela é empregada em conjunto com a estratégia de controle por realimentação, pois sem o controle *feedback* não existe uma forma de corrigir os erros causados pela dificuldade em prever os efeitos das perturbações nas variáveis de saída. A combinação dos controles *feedback* e *feedforward* é ilustrada na Figura 11.26.

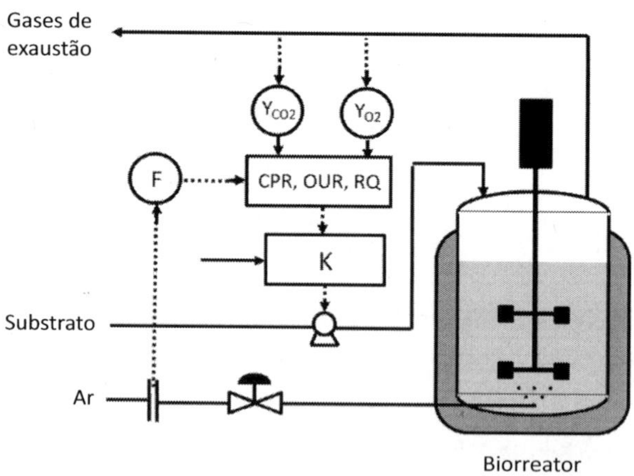

Figura 11.26 Controles *feedback* e *feedforward*.

Esse tipo de controle é empregado em processos aeróbios, uma vez que as medidas combinadas da vazão de ar na entrada do biorreator e das concentrações de oxigênio e dióxido de carbono nos gases de exaustão permitem avaliar a atividade de células viáveis e, dessa forma, caracterizar e controlar sua atividade. As principais determinações realizadas nesses casos são a velocidade de consumo de oxigênio (*OUR*), a velocidade de produção de dióxido de carbono (*CPR*) e a razão entre *CPR* e *OUR*, denominada coeficiente respiratório (*RQ*). *OUR*, *CPR* e *RQ* são calculadas por meio de balanços materiais para O_2 e CO_2 no biorreator, Equações (11.5) a (11.7).

$$OUR = \frac{1}{V} \cdot \left(F_{saída} \cdot Y_{O_2}^{saída} - F_{entrada} \cdot Y_{O_2}^{entrada} \right) \tag{11.5}$$

$$CPR = \frac{1}{V} \cdot \left(F_{saída} \cdot Y_{CO_2}^{saída} - F_{entrada} \cdot Y_{CO_2}^{entrada} \right) \tag{11.6}$$

$$RQ = \frac{CPR}{OUR} \tag{11.7}$$

em que:

V: volume de meio no interior do biorreator;

$F_{entrada}$, $F_{saída}$: vazões molares de entrada e saída do biorreator;

$Y_{O_2}^{entrada}$, $Y_{O_2}^{saída}$: frações molares de O_2 na corrente gasosa na entrada e na saída do biorreator;

$Y_{CO_2}^{entrada}$, $Y_{CO_2}^{saída}$: frações molares de CO_2 na corrente gasosa na entrada e na saída do biorreator.

Essas variáveis são facilmente calculadas em função da disponibilidade dos sensores de vazão de ar e de composição de O_2 e CO_2 e da rapidez da medida. Tippmann et al. (2016) realizaram experimentos em batelada alimentada para produção de farneseno e santaleno empregando *Saccharomyces cerevisiae.* Foi empregada alimentação exponencial tendo por base a estrutura de controle *feedforward feedback*. A velocidade de alimentação de meio suplementar foi controlada com base no monitoramento em tempo real da variável quociente respiratório (RQ), uma medida indireta do metabolismo celular. Assim, foi possível ajustar a vazão de alimentação por meio de um controle proporcional integral (PI) mantendo a variável RQ no valor de referência adotado (1,0) durante a fase de alimentação. A bomba era acionada quando a variável RQ era menor que 1,0 e desligada quando maior que 1,0, para evitar a formação de etanol no processo. Apesar do liga e desliga da bomba durante a fase de alimentação (para manter a variável RQ em 1,0), a oscilação no valor do RQ teve sua amplitude levemente aumentada ao longo do tempo; contudo, o valor ficou abaixo de 1,4.

11.3.2.3 Controle inferencial

O controle inferencial utiliza medidas secundárias (uma vez que as variáveis controladas não podem ser medidas) para ajustar os valores das variáveis manipuladas. O objetivo dessa estratégia de controle é manter as variáveis controladas nos valores desejados. Essa configuração de controle é ilustrada na Figura 11.27.

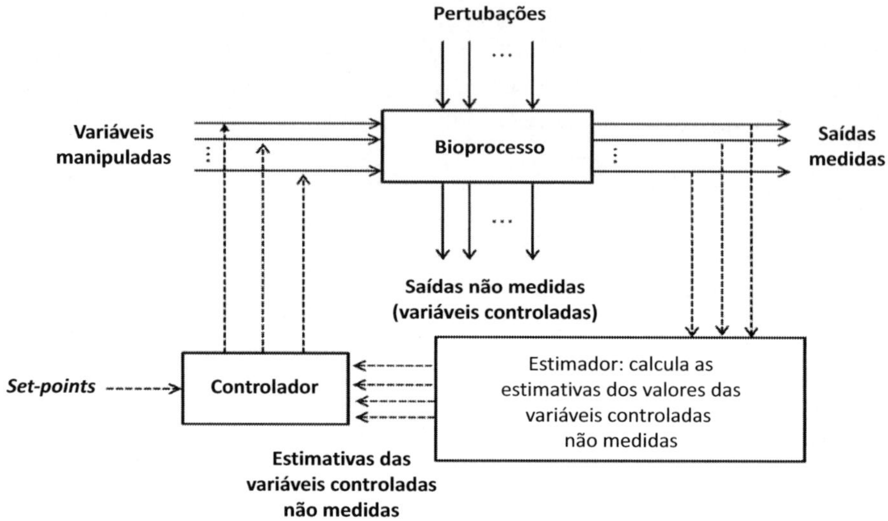

Figura 11.27 Estrutura geral da configuração de controle inferencial.

O estimador usa os valores das saídas medidas disponíveis juntamente com o modelo matemático do bioprocesso (por exemplo, modelo baseado em equações de balanços de massa e energia) para estimar os valores das variáveis controladas não medidas. Essas estimativas são usadas pelo controlador para ajustar os valores das variáveis manipuladas.

A Figura 11.28 ilustra novamente um operador executando sua tarefa. Dessa vez ele está atento ao valor da concentração de CO_2 na corrente de saída dos gases de exaustão. De sua experiência no processo, ele sabe que em um cultivo realizado no modo batelada o valor dessa variável aumenta com o tempo, atingindo um valor máximo. A partir desse momento, a fração molar de CO_2 começa a diminuir, indicando que a fonte de carbono no meio de cultivo está próxima à exaustão. Esse instante é o momento de acionar a bomba de alimentação de meio suplementar.

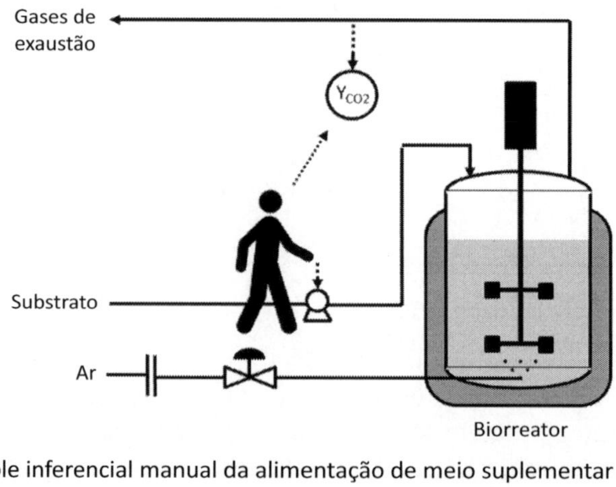

Figura 11.28 Controle inferencial manual da alimentação de meio suplementar em biorreator.

11.4 AUTOMAÇÃO DE BIOPROCESSOS

A utilização de computadores para controle de bioprocessos acelerou-se a partir da década de 1990. O aumento da capacidade de processamento e a redução de custo dos computadores causou enorme impacto nas aplicações em tempo real em biorreatores. A maior integração entre profissionais de diferentes áreas de pesquisa (microbiologistas, bioquímicos, técnicos de bioprocessamento, engenheiros de controle, engenheiros químicos e matemáticos) vem viabilizando a implementação, em processos reais, de modernos algoritmos para identificação de tendências, inferência de variáveis (*soft sensors*), estimativa de parâmetros e controle dos bioprocessos.

Dessa forma, a automação de bioprocessos passou a ser uma imposição do ambiente altamente competitivo em que se inserem os processos produtivos baseados em biotecnologia. Incluindo monitoramento do processo, identificação de falhas, controle por computador e otimização, de preferência em tempo real, a automação de bioprocessos é um campo de pesquisa que continua em plena expansão. O desenvolvimento da tecnologia digital tornou possível, tanto na indústria quanto no laboratório, a instalação de novos acessórios de aquisição de dados, os quais permitem, junto com os sistemas de aquisição de dados, o acompanhamento da evolução do bioprocesso em tempo real, bem como tratamento e análise simultâneos desses dados. A maioria das ferramentas e técnicas de controle comerciais empregadas nos processos químicos industriais passou a ser aplicada nos bioprocessos (ALFORD, 2006).

A vantagem de operar um bioprocesso automatizado reside no fato de possibilitar a obtenção em tempo real de informações sobre o estado metabólico do cultivo, a detecção de problemas de desvios de variáveis do processo e a tomada de ações imediatas que busquem a correção de falhas durante o processo. Em laboratório, tem-se a possibilidade de realizar estudos no desenvolvimento e na validação de algoritmos para o controle do processo empregando diferentes abordagens. Essa área de pesquisa vem experimentando contínuo crescimento. Alford (2006) escreveu sobre a evolução da indústria de bioprocessos desde a década de 1970, abordando aspectos relativos às várias etapas envolvidas (no preparo de pré-inóculo e inóculo, produção e *dowstream*), a medidas, técnicas de controle, otimização de processo e outras funcionalidades dos sistemas de automação.

11.4.1 EXEMPLOS DE SISTEMAS AUTOMATIZADOS

Esta seção apresenta alguns exemplos de sistemas automatizados empregados no monitoramento e no controle de bioprocessos.

11.4.1.1 Produção de enzima

A produção da enzima penicilina G acilase (PGA) é de grande importância para a indústria farmacêutica. Essa enzima atua como catalisador na rota enzimática de produção do ácido 6-aminopenicilânico (6-APA), componente-chave na síntese de antibióticos semissintéticos. Silva et al. (2008) e Nucci et al. (2009) estudaram a produção dessa enzima empregando o microrganismo *Bacillus megaterium*. Experimentos foram realizados em biorreator de 2 L operado nos modos batelada e batelada alimentada. A temperatura foi controlada em 30 °C, a aeração em 1 vvm e a concentração de oxigênio dissolvido entre 0% e 20% da saturação por meio da manipulação da velocidade de agitação (controle PID). Um sistema de aquisição de dados (National Instruments®) foi utilizado e as variáveis eram adquiridas e armazenadas em intervalos de 10 segundos (temperatura, pH, vazão de ar, concentração de oxigênio dissolvido, velocidade de agitação, concentração de oxigênio e dióxido de carbono nos gase de exaustão). O aparato experimental é ilustrado na Figura 11.29.

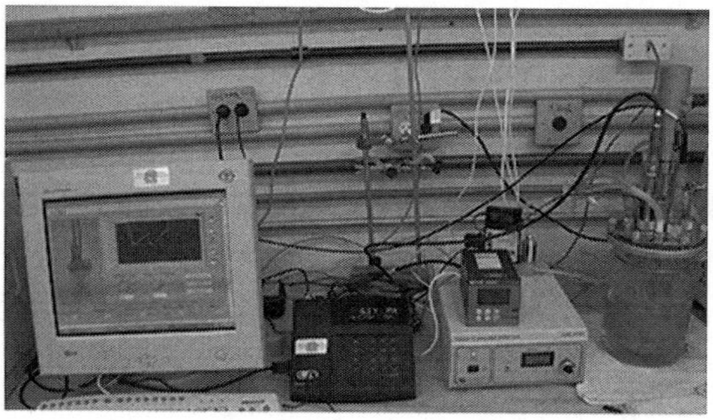

Figura 11.29 Aparato experimental utilizado nos experimentos de produção da enzima PGA por *Bacillus megaterium*.

Fonte: Nucci (2007).

No decorrer do experimento, variáveis como a concentração celular e de enzima são obtidas por análises em laboratório (*off-line*). Nesse trabalho, os autores utilizaram informações de variáveis do processo obtidas em tempo real e algoritmos baseados em rede neural para inferir a concentração celular e em lógica difusa (*fuzzy*) para identificar o momento de finalizar o cultivo.

A partir de um balanço gasoso são calculados as velocidades de consumo de oxigênio (OUR) e de produção de dióxido de carbono (CPR) e o quociente respiratório (RQ). O sistema realiza a estimativa das concentrações de células e de enzima (rede neural) e infere o grau de certeza na parada do cultivo (lógica difusa).

A tela implementada no sistema de supervisão para acompanhamento em tempo real do cultivo é ilustrada na Figura 11.30.

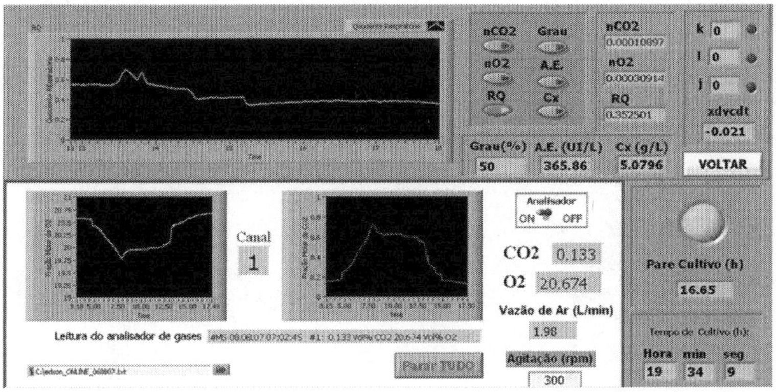

Figura 11.30 Tela do sistema de supervisão ilustrando as principais variáveis medidas, calculadas ao longo do bioprocesso.

Fonte: Nucci (2007).

A Figura 11.31 mostra os valores experimentais da atividade enzimática e a inferência realizada pelo algoritmo *fuzzy* da variável "Pare cultivo" com grau de certeza na faixa de 0% a 100%. Nesse experimento o intervalo de tempo para finalização do cultivo foi estimado pelo algoritmo *fuzzy* entre 11,0 e 12,5 horas, com 81% de certeza. Observa-se na figura que as análises de laboratório encontraram a maior concentração de enzima em 12 horas de cultivo (346 ± 10 IU/L).

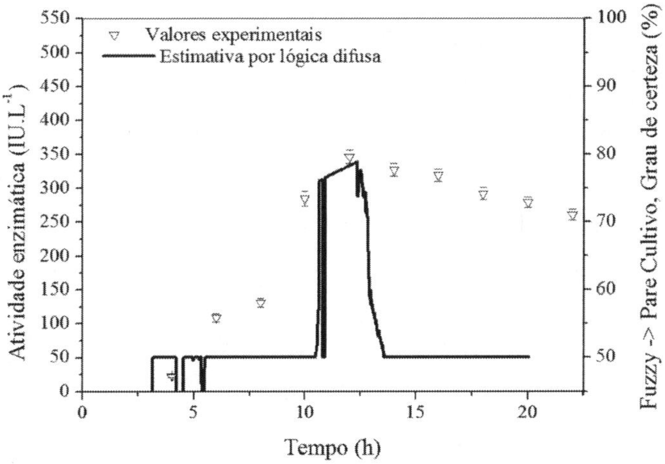

Figura 11.31 Estimativa baseada em lógica difusa para o intervalo de tempo para finalização do experimento em cultivo de *Bacillus megaterium*.

Fonte: Nucci (2007).

O resultado da inferência da concentração celular e da atividade enzimática por redes neurais é ilustrado na Figura 11.32.

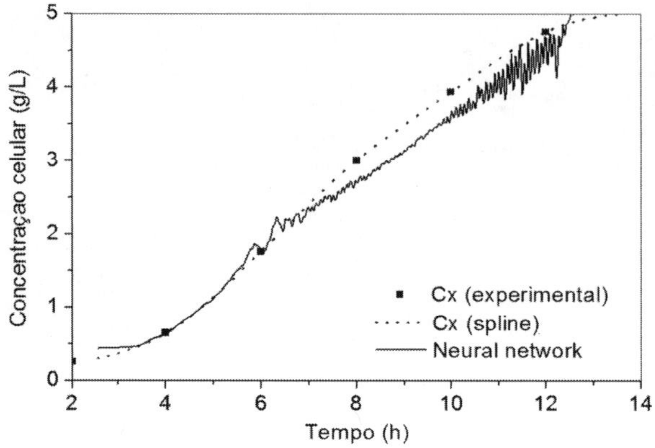

(a)

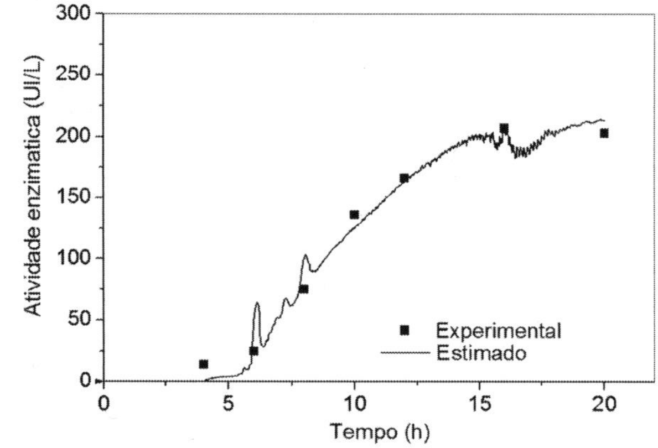

(b)

Figura 11.32 Estimativa (a) da concentração celular e (b) da atividade enzimática de PGA em cultivo de *Bacillus megaterium*.

Fonte: Silva (2003).

11.4.1.2 Cultivo da levedura *Saccharomyces cerevisiae*

Reis et al. (2009) realizaram experimentos em condições aeróbias utilizando a levedura *Saccharomyces cerevisiae* com o objetivo de avaliar uma estratégia de controle baseada em algoritmo empregando lógica difussa (algoritmo *fuzzy*) em sistema automatizado.

O algoritmo foi implementado no programa computacional MatLab (*toolbox Fuzzy Inference System* – FIS). Depois de implementado o conjunto de regras de inferência do algoritmo *fuzzy*, este foi exportado para um arquivo de texto. A rotina desenvolvida foi inserida no programa de supervisão (LabVIEW). Como variáveis para o algoritmo *fuzzy* foram utilizados o valor da variável calculada RQ e a derivada da concentração de dióxido de carbono nos gases de exaustão do biorreator em relação ao tempo. A saída do algoritmo calculava a vazão da bomba de alimentação de meio suplementar.

A Figura 11.33a ilustra os valores experimentais das concentrações de células, glicose e etanol obtidas no experimento. A Figura 11.33b mostra o comportamento da variável controlada (RQ) e da vazão da bomba de meio suplementar ao longo do experimento.

O experimento teve início com uma concentração de glicose da ordem de 0,5 g/L, o que causou o desvio do metabolismo da levedura para produção de etanol (pico inicial no valor da variável RQ) (Figura 11.33a). O controlador *fuzzy* foi ativado após decorridos 30 minutos do início do bioprocesso. Observa-se na Figura 11.33b que o valor de RQ mantém-se próximo do *set-point* (1,0) e sem oscilação no período entre 0,5 e 2,5 horas. Nesse intervalo de tempo a variável manipulada (vazão da bomba de meio suplementar) não apresentou oscilações. Após esse intervalo, embora o controle *fuzzy* mantivesse a variável controlada próxima do valor de seu *set-point*, este foi alcançado às custas de oscilações na variável manipulada. Nesse experimento o valor da concentração de etanol não ultrapassou 0,2 g/L.

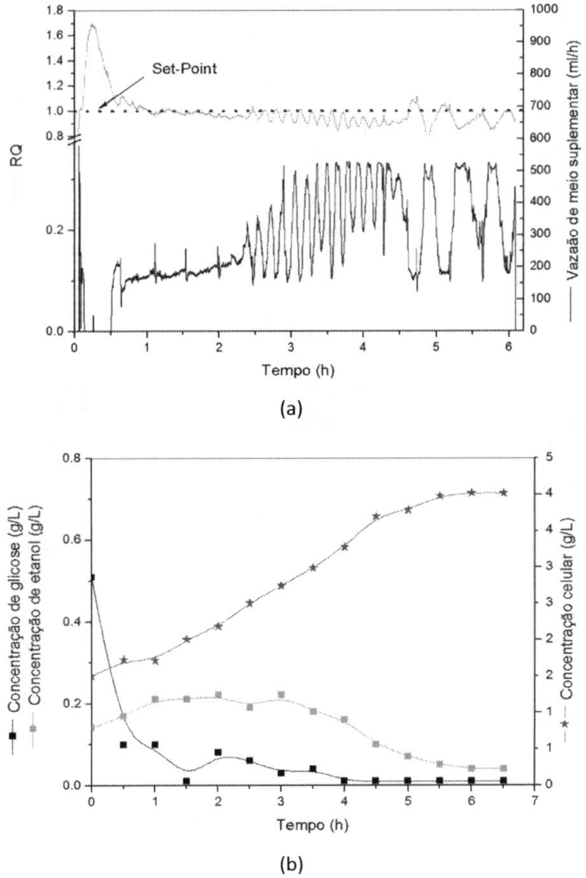

Figura 11.33 (a) Valores experimentais das concentrações celular, de glicose e de etanol ao longo do experimento em batelada alimentada; (b) variação da variável controlada (RQ) e da variável manipulada (vazão de meio suplementar) ao longo do experimento.

Fonte: Reis et al. (2009).

11.4.1.3 Cultivo de alta densidade celular

O modo mais empregado para realizar cultivos de alta densidade celular é a batelada alimentada com vazão exponencial para o fornecimento de meio suplementar. Além disso, o microrganismo mais utilizado para a expressão de proteínas heterólogas é a *Escherichia coli* recombinante. Nesses cultivos, dificuldades operacionais são comuns tanto na fase de crescimento como na fase de expressão da proteína. É preciso evitar a inibição devido ao acúmulo de substratos tanto na primeira quanto na segunda fase.

Isso requer um controle preciso da vazão de alimentação de meio suplementar, adequando a demanda em cada momento do cultivo, o que pode estar sujeito a grandes variações após a indução devido ao estresse metabólico associado à expressão das proteínas heterólogas. Para essa finalidade, foi desenvolvido um programa de supervisão e controle denominado SUPERSYS_HCDC (HORTA et al., 2011), o qual foi avaliado em cultivos de alta densidade empregando a bactéria *E. coli* para expressão de proteína utilizada na produção de vacina contra o *Streptococcus pneumoniae.*

O sistema é composto, além dos controles clássicos de temperatura, pH e oxigênio dissolvido, de sistema para identificação de fases ao longo do cultivo (algoritmos baseados em redes neurais, lógica difusa e lógica pura). O controle automático de vazão de alimentação de meio suplementar é realizado com base no cálculo da velocidade específica de crescimento celular, informação obtida a partir de dados de sensor capacitivo.

A Figura 11.34 ilustra a instrumentação empregada no biorreator. As telas implementadas no sistema de supervisão encontram-se ilustradas na Figura 11.35.

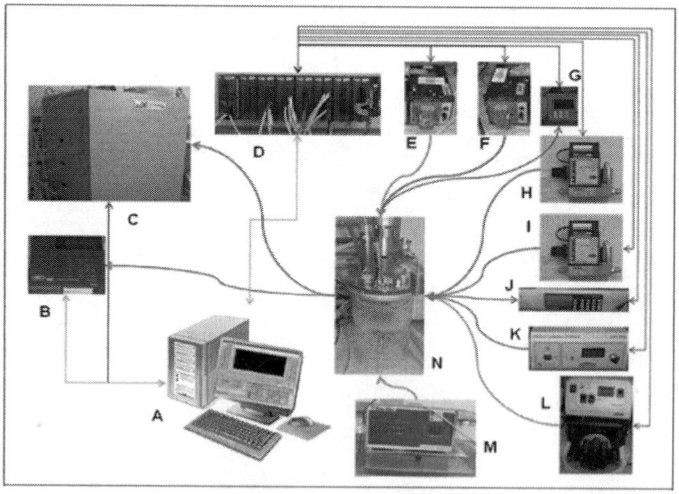

Figura 11.34 Instrumentação empregada em biorreator de escala de laboratório para realização de cultivos aeróbios. A: Computador com o programa de supervisão e controle (SUPERSYS_HCDC); B: pHmetro; C: analisador de gases (O_2 e CO_2); D: sistema de aquisição de dados; E e F: bombas para adição de ácido e base; G: analisador de oxigênio dissolvido; H e I: medidores-controladores de vazão de ar e oxigênio; J: sensor de biomassa (capacitivo); K: medidor-controlador da velocidade de agitação; L: bomba de alimentação de meio suplementar; M: banho termostatizado.

Fonte: Horta et al. (2011).

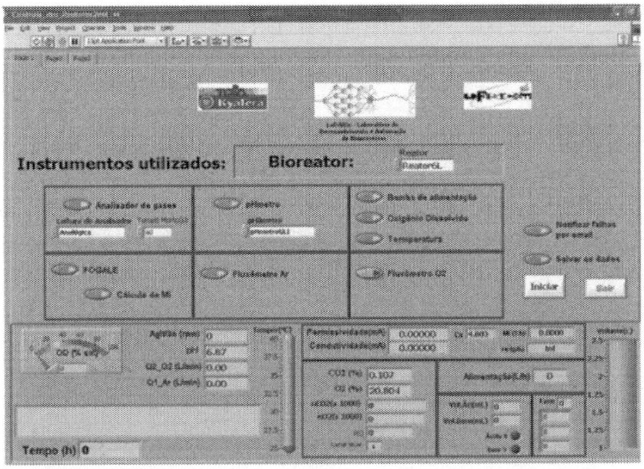

(a)

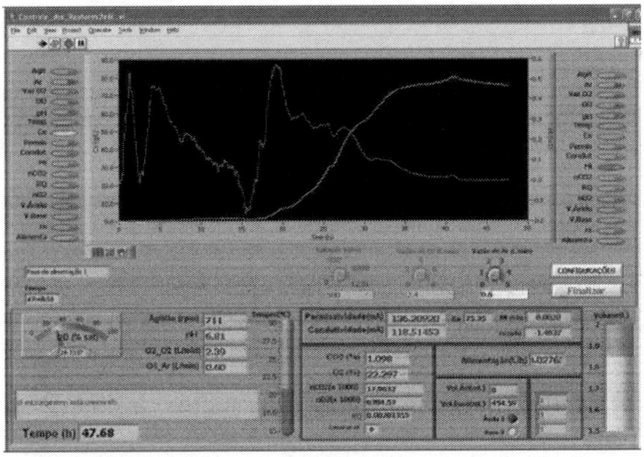

(b)

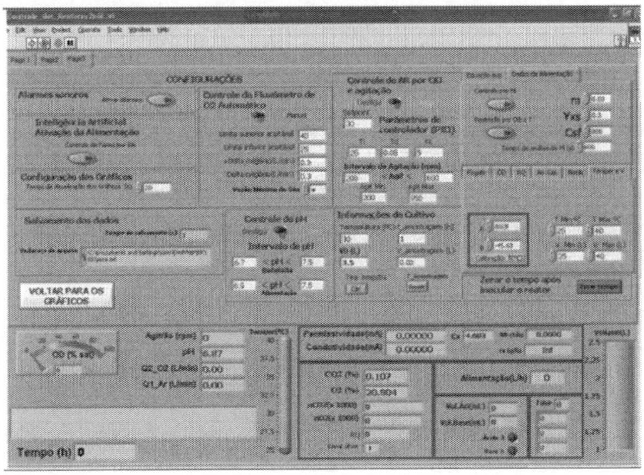

(c)

Figura 11.35 Telas do sistema de supervisão e controle SUPERSYS_HCDC. (a) Tela inicial de escolha das configurações dos instrumentos a serem utilizados; (b) tela gráfica; (c) tela de configurações e ativação dos controles automáticos.

Fonte: Horta et al. (2011).

Neste sistema, além de serem calculadas variáveis como as velocidades de produção de dióxido de carbono (CPR) e de consumo de oxigênio (OUR) e o quociente respiratório (RQ), que fornecem importantes informações acerca do estado metabólico do cultivo, o controle da alimentação de meio suplementar é realizado empregando técnicas de inteligência computacional. O controle de acionamento automático da bomba que fornece meio suplementar está vinculado ao reconhecimento da fase em que o cultivo se encontra. Esse reconhecimento é realizado por meio de três algoritmos diferentes baseados em redes neurais, lógica difusa e lógica pura. Em todos esses algoritmos, dados fornecidos pelos sensores instalados no biorreator são empregados para obter as estimativas em tempo real. O detalhamento de todas as funcionalidades do aplicativo, malhas de controle e algoritmos de inferência encontra-se em Horta et al. (2011).

A Figura 11.36 ilustra as principais variáveis obtidas a partir de análises de laboratório (*off-line*), de sensores instalados no biorreator (*in-situ, ex-situ, at-line*) e do cálculo por meio de equações de balanço (*soft sensor*). Na Figura 11.36a ilustram-se a vazão de meio suplementar (F), a concentração de substrato (Cs), medida em análise de laboratório, a concentração de oxigênio dissolvido (OD) e a permissividade do meio reacional (Perm), sendo essa última informação provida por meio de sonda capacitiva. Na Figura 11.36b encontram-se os valores da velocidade de agitação (Agit) e do quociente respiratório (RQ).

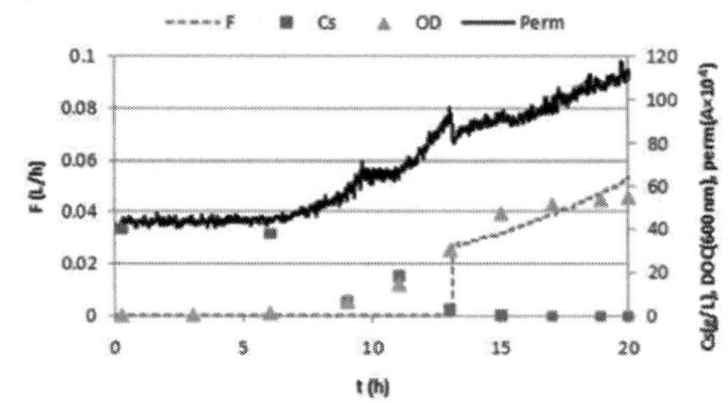

(a)

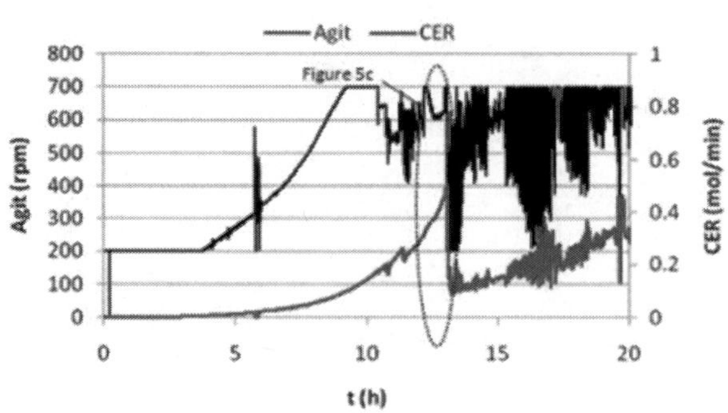

(b)

Figura 11.36 Dados experimentais do cultivo do microrganismo *E. coli* recombinante para obtenção da proteína PspA3.

Fonte: Horta (2011).

REFERÊNCIAS

ALFORD, J. S. Bioprocess control: Advances and challenges. *Computers and Chemical Engineering*, v. 30, p. 1464-1475, 2006.

BERGMAN, I. Rapid-response atmospheric oxygen monitor based on fluorescence quenching. *Nature*, v. 218, p. 396, 1968.

BIECHELE, P. et al. Sensor systems for bioprocess monitoring. *Eng. Life Sci.*, v. 15, p. 469-488, 2015.

BULL, D. N. Instrumentation for fermentation process control. In: MOO-YOUNG, M. *Comprehensive Biotecnology*. Oxford: Pergamon Press, 1985. v. 3, p. 149-163.

CHÉRUY, A. Software sensors in bioprocess engineering. *Journal of Biotechnology*, v. 52, p. 193-199, 1997.

CHU, C.-S.; LO, Y.-L.; SUNG, T.-W. Review on recent developments of fluorescent oxygen and carbon dioxide optical fiber sensors. *Photonic Sensors*, v. 1, n. 3, p. 234-250, 2011.

CLEVETT, K. J. High-performance liquid chromatography. In: TWORK, J. V.; YACYNYCH, A. M. *Sensors in bioprocess control*. New York: Marcel Dekker, 1990. p. 47-94.

CRUZ, A. J. G. *Estudos de produção de cefalosporina C com acompanhamento em linha de variáveis do processo*. Tese (doutorado) – Universidade Federal de São Carlos, São Carlos, 2000.

DEMUTH, C. et al. Novel probes for pH and dissolved oxygen measurements in cultivation from milimitre to bechtop scale. *Appl. Microbiol Biotechnol*, v. 100, p. 3853-3863, 2016.

GANGULY, J.; VOGEL, G. Process analytical technology (PAT) and scalable automation for bioprocess control and monitoring – a case study. *Pharmaceutical Engineering*, p. 1-9, jan./fev. 2006.

GLASSEY, J. et al. Process analytical technology (PAT) for biopharmaceuticals. *Biotechnol. J.*, v. 6, p. 369-377, 2011.

HANSON, M. A. et al. Comparisons of optical pH and dissolved oxygen sensors with traditional electrochemical probes during mammalian cell culture. *Biotechnology and Bioengineering*, v. 97, n. 4, 1 Jul. 2007.

HÖPFNER, T. et al. A review of non-invasive optical-based image analysis systems for continuous bioprocess monitoring. *Bioprocess Biosyst. Eng.*, v. 33, p. 247-256, 2010.

HORTA, A. C. L. *Sistema automático de supervisão e controle de cultivos de alta densidade celular de E. coli recombinante*. Tese (Doutorado) – Universidade Federal de São Carlos, São Carlos, 2011.

HORTA, A. C. L. et al. *SUPERSYS_HCDC*: Programa de computador para monitoramento e controle de biorreator para cultivos de alta densidade celular, Programa de Computador. Número do registro: 11006-6, 2011.

KAUTSKY, H. Quenching of luminescence by oxygen. *Trans. Faraday Soc.*, v. 35, p. 216-219, 1939.

KILIKIAN, B. V.; PESSOA JR., A. *Purificação de produtos biotecnológicos*. Barueri: Manole, 2005. v. 1.

KONSTANTINOV, K. et al. Real time biomass concentration monitoring in animal cell cultures. *TIBTECH*, v. 12, p. 324-333, 1994.

KUKEC, A. et al. The role of on-line redox potential measurement in Sauvignon blanc fermentation. *Food Technology and Biotechnology*, v. 40, n. 1, p. 49-55, 2002.

KULKARNI, A. A.; VAIDYA, I. S. Flow injection analysis: an overview. *Journal of Critical Reviews*, v. 2, n. 4, p. 19-24, 2015.

LUTTMANN, R. et al. Soft sensors in bioprocessing: a status report and recommendations. *Biotechnol. J.*, v. 7, p. 1040-1048, 2012.

MARKX, G. H.; DAVEY, C. L. The dielectric properties of biological cells at radiofrequencies: applications in biotechnology. *Enzyme and Microbial Technology*, v. 25, p. 161-171, 1999.

NEVES, A. A. et al. Real time monitoring biomass concentration in *Streptomyces clavuligerus* with industrial media using a capacitance probe. *Journal of Biotechnology*, v. 84, p. 45-52, 2000.

NUCCI, E. R. *Inteligência computacional aplicada ao processo de produção de penicilina G acilsase*. Tese (Doutorado) – Universidade Federal de São Carlos, São Carlos, 2007.

NUCCI, E. R. et al. On-line Monitoring of Penicillin G Acylase (PGA) Production Using a Fuzzy Logic Algorithm. *Chemical Product and Process Modeling*, v. 4, n. 4, artigo 12, 2009.

ONKEN, U.; LIEFKE, E. Effect of total and partial pressure (oxygen and carbon dioxide) on aerobi microbial processes. *Advances in Biochemical Engineering*, v. 40, p. 138-169, 1989.

PETKOV, S. B.; DAVIS, R. A. On-line biomass estimation using a modified oxygen utilization rate. *Bioprocess Engineering*, v. 15, p. 43-45, 1996.

POHLSCHEIDT, M. et al. Bioprocess and fermentation monitoring. In: FLICKINGER, M. C. (ed.). *Upstream industrial biotechnology*: equipment, process design, sensing, control, and cGMP operations. Hoboken: John Wiley & Sons, 2013. v. 2, p. 1471-1491.

PONS, M. N. Physical and chemical sensors – Actuators. In: PONS, M. N. *Bioprocess monitoring and control*. Munich: Hanser Publishers, 1992a. cap. 1.

PONS, M. N. Measurements of biological variables. In: PONS, M. N. *Bioprocess monitoring and control*. Munich: Hanser Publishers, 1992b. cap. 2.

PONS, M. N. et al. Physiological investigations by image analysis. *Journal of Biotechnology*, v. 65, p. 3-14, 1998.

REIS, G. B. et al. Utilização de um controlador fuzzy no processo de produção de levedura de panificação. In: XVII Simpósio Nacional de Fermentação. *Anais*... 2009. p. 1-6.

RHEE, J. I.; RITZKA, A.; SCHEPER, T. On-line monitoring and control of substrate concentrations in biological processes by flow injection analysis systems. *Biotechnology and Bioprocess Engineering*, v. 9, n. 3, p. 156-165, 2004.

RODRIGUES, K. C. S. et al. Real-time monitoring of bioethanol fermentation with industrial musts using mid-infrared spectroscopy. *Ind. Eng. Chem. Res.*, v. 57, p. 10823-10831, 2018.

SALGADO, A. M. et al. Colorimetric method for the determination of ethanol by Flow Injection Analysis. *Biotechnology Letters*, v. 22, p. 327-330, 2000.

SATO, K. et al. Growth estimation of candida lipolytica from oxygen uptake in a solid state culture with forced aeration. *J. Ferment. Technol.*, v. 61, n. 6, p. 623-629, 1983.

SEBORG, D. E.; EDGARD, T. F.; MELLICHAMP, D. A. *Process dynamics and control.* New Jersey: John Wiley & Sons, 1989.

SILVA, R. G. *Inferência de variáveis do processo de produção de penicilina G acilase por* Bacillus megaterium *ATCC 14945.* Tese (doutorado) – Universidade Federal de São Carlos, São Carlos, 2003.

SILVA, R. G. et al. Artificial neural networks to infer biomass and product concentration during the production of penicillin G acylase from *Bacillus megaterium. J. Chem. Technol. Biotechnol.*, v. 83, p. 739-749, 2008.

SONNLEITNER, B. Instrumentation of Biotechnology Process. *Advances in Biochemical Engineering/Biotechnology*, v. 66, p. 1-56, 1999.

STEPHANOPOULOS, G. *Chemical process control*: an introduction to theory and practice. Englewood Cliffs: Prentice-Hall, 1984.

THOMAS, C. R.; PAUL, G. C. Applications of image analysis in cell biology. *Current Opinion Biotechnology*, v. 7, p. 35-45, 1996.

TIPPMANN, S. et al. Production of farnesene and santalene by *Saccharomyces cerevisiae* using fed-batch cultivations with RQ-controlled feed. *Biotechnology and Bioengineering*, v. 113, n. 1, p. 72-81, 2016.

ULBER, R.; FRERICHS, J.-G.; BEUTEL, S. Optical sensor systems for bioprocess monitoring. *Anal. Bioanal. Chem.*, v. 376, p. 342-348, 2003.

VELOSO, I. I. K. et al. Fed-batch ethanol fermentation at low temperature as a way to obtain highly concentrated alcoholic wines: Modeling and optimization. *Biochemical Engineering Journal*, v. 141, p. 60-70, 2019.

WANG, D. I. C. et al. *Fermentation and enzyme technology.* New York: John Wiley & Sons, 1979.

WANG, H. Y.; COONEY, C. L.; WANG, D. I. C. On-line gas analysis for material balances and control. *Biotechnology and Bioengineering Symposium*, n. 9, p. 13-23, 1979.

WHITFORD, W.; JULIEN, C. Analytical technology and PAT. *BioProcess International*, Supplement, p. 32-41, jan. 2007.

CAPÍTULO 12

Recuperação de produtos obtidos em bioprocessos (*downstream processing*)

Beatriz Vahan Kilikian

Adalberto Pessoa Junior

12.1 INTRODUÇÃO

Produtos obtidos a partir de células microbianas ou animais devem ser isolados em relação aos meios de cultivo e adequadamente acondicionados para comercialização e uso. O isolamento precisa garantir a estabilidade do produto para que este realize a ação biológica desejada. Essa necessidade se deve ao fato de o meio de cultura agregar contaminantes como água, moléculas orgânicas e inorgânicas, metabólitos extracelulares e intracelulares oriundos de células mortas e fragmentos celulares.

Dada a diversidade da natureza da molécula desejada – que vai desde ácidos orgânicos e polissacarídeos, passando por antibióticos, hormônios e aminoácidos, até peptídeos e proteínas –, associada à diversidade de localização na célula – se fora dela, se dentro ou se associada à parede – e, ainda, à variedade de usos – de simples aditivos em detergentes até vacinas –, esse isolamento requer diversas operações unitárias e suas combinações, especificamente desenvolvidas para cada caso.

Conceitualmente, o processo de isolamento pode ser dividido em quatro blocos principais: separação entre meio de cultivo e células; concentração e/ou purificação de baixa resolução, a qual compreende a separação da molécula-alvo em relação a moléculas com características físico-químicas significativamente diferentes; purificação de alta resolução, a qual compreende a separação de classes de moléculas com características físico-químicas semelhantes, por exemplo, proteínas; e, finalmente, operações para acondicionamento do produto. Além disso, para produtos associados às células, é necessário rompê-las após a clarificação. A Figura 12.1 apresenta um diagrama das etapas de purificação e a Tabela 12.1 apresenta as principais operações unitárias em cada um dos quatro blocos da purificação.

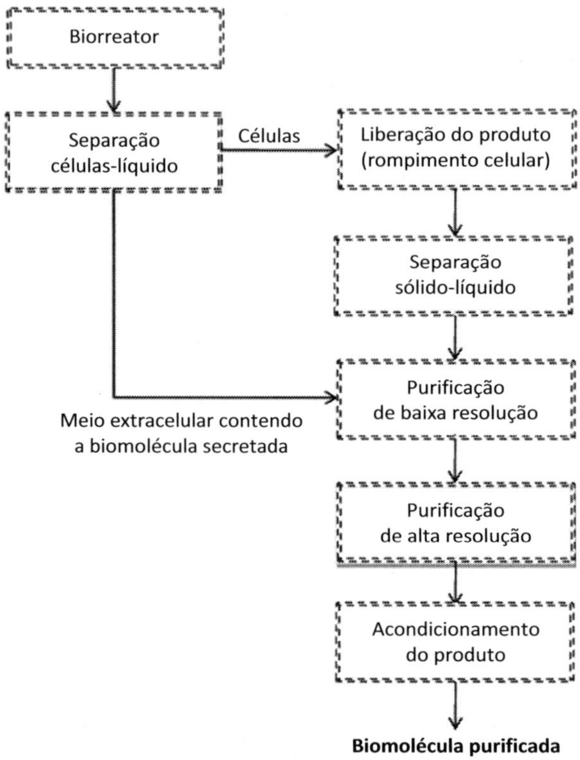

Figura 12.1 Etapas do processo de purificação.

A efetivação de cada bloco do processo de purificação não necessariamente compreende uma única operação. Exemplos: após uma centrifugação, pode haver a necessidade de uma filtração tangencial para remoção total de sólidos, para posterior cromatografia em leito empacotado; após precipitação por adição de sal, pode ser necessária uma diafiltração para ajuste da força iônica a valores adequados à adsorção numa cromatografia. Por outro lado, para produtos como ácidos orgânicos ou enzimas industriais, cuja aplicação não requer elevado grau de pureza, operações cromatográficas nem sempre são necessárias. Entretanto, em qualquer situação, a minimização do número de etapas é fundamental para a viabilidade do processo. Por exemplo, se a cada operação unitária o rendimento em produto for de 90%, a aplicação de nove operações levará a um rendimento final de apenas 40%. A minimização do número de etapas também colabora para reduzir o custo final do produto, pois a purificação pode representar 80% do custo. O número de etapas do processo pode ser reduzido mediante combinação de diferentes objetivos numa única etapa, por exemplo, clarificando e purificando simultaneamente por meio da adsorção em leito expandido (Seção 12.5.6).

Tabela 12.1 Operações unitárias do processo de purificação de produtos biotecnológicos

Etapa do processo	Operações unitárias	Princípio
Clarificação	Filtração convencional	Tamanho das células
Clarificação	Centrifugação	Tamanho e densidade das células
Clarificação	Filtração tangencial (membranas)	Tamanho de partículas
Clarificação	Floculação	Hidrofobicidade de partículas
Rompimento de células	Homegeneização	Cisalhamento
Rompimento de células	Ultrassom	Cisalhamento
Rompimento de células	Moagem em moinho de bolas	Cisalhamento
Rompimento de células	Rompimento químico ou enzimático	Hidrólise, solubilização ou desidratação de moléculas que compõem a parede ou membrana celular
Purificação de baixa resolução	Precipitação	Solubilidade
Purificação de baixa resolução	Ultrafiltração (membranas)	Massa molar, raio hidrodinâmico e forma das moléculas
Purificação de alta resolução	Cromatografia de troca iônica	Tipo e densidade de carga na superfície da biomolécula
Purificação de alta resolução	Cromatografia de afinidade biológica ou química	Adsorção em sítios específicos da superfície de uma proteína
Purificação de alta resolução	Cromatografia de interação hidrofóbica	Hidrofobicidade
Purificação de alta resolução	Cromatografia de exclusão molecular	Massa molar
Tratamentos finais	Cristalização	Solubilidade e propriedades do equilíbrio líquido-sólido
Tratamentos finais	Liofilização	Propriedades do equilíbrio líquido-sólido
Tratamentos finais	Secagem	Propriedades do equilíbrio líquido-sólido

Por fim, deve-se mencionar a introdução de modificações genéticas no microrganismo, com o objetivo de aumentar a resolução na purificação. As características de biomoléculas que norteiam a seleção das operações de purificação, bem como as rotinas analíticas pelas quais tais características são determinadas, estão apresentadas na Seção 12.9.

12.2 SEPARAÇÃO CÉLULAS-LÍQUIDO

A purificação dos produtos oriundos de células microbianas, animais ou vegetais tem início após o cultivo, numa etapa em que se separam as células do meio aquoso, resultando uma suspensão densa em células e um meio líquido não mais turvo como a suspensão inicial, razão pela qual o meio passa a ser denominado clarificado. Considerando o meio com células como se fosse um líquido com sólidos em suspensão, aplicam-se as operações unitárias industriais clássicas, a saber: filtração, convencional ou tangencial, e centrifugação.

A filtração convencional é aplicada, sobretudo, a suspensões de fungos filamentosos, os quais não sedimentam numa centrifugação, pois apresentam densidade próxima à densidade da água e, numa filtração tangencial, causam entupimento das membranas. Das dimensões das leveduras, entre 1 μm e 8 μm de diâmetro, e, sobretudo, da sua densidade superior à da água, de cerca de 1,05 g/cm^3, resulta sedimentação eficiente num campo centrífugo, enquanto suspensões de bactérias exigem maior energia para sedimentar por apresentarem dimensão de apenas 0,1 μm a 1,0 μm, sendo frequentemente dirigidas à filtração tangencial, bem como as células animais, sobretudo pela possibilidade de manutenção de assepsia.

A seguir descrevem-se a filtração convencional e a centrifugação, duas operações unitárias de clarificação amplamente aplicadas em escala industrial. A operação de clarificação baseada no uso de membranas e a filtração tangencial estão descritas na Seção 12.4.2.

12.2.1 FILTRAÇÃO

Na filtração convencional alimenta-se a suspensão de células na direção perpendicular à membrana filtrante com concomitante deposição de células e obtenção de meio filtrado ou clarificado. A camada de células depositada sobre a membrana é a torta de filtração. Pode-se impor pressão positiva à suspensão de células direcionada à membrana, ou impor vácuo ao reservatório do meio clarificado. A resistência oferecida pela torta de filtração à passagem da suspensão de células é diretamente proporcional à compressibilidade das células e à pressão, uma vez que existe sinergia entre a pressão de filtração e a compressão da torta.

Os fundamentos da filtração são descritos pela lei de Darcy, a qual correlaciona a velocidade do líquido que permeia a membrana filtrante com a diferença entre a pressão exercida na suspensão de células e a pressão no filtrado, por vezes denominada perda de carga através do leito, além das características da suspensão e da membrana filtrante, de acordo com a Equação (12.1).

$$v = \frac{k\Delta P}{\mu l} \tag{12.1}$$

em que:

v: velocidade superficial do líquido (m/s);

k: permeabilidade do leito (m^2);

ΔP: diferença de pressão através do leito (N/m^2);

l: espessura do leito de sólidos (m);

μ: viscosidade do filtrado (kg/m.s);

l/k: resistência do leito de filtração, isto é, da membrana de filtração e da torta de células depositadas.

Para uma determinada diferença de pressão através do leito, a velocidade de filtração, v, é máxima tão somente no instante inicial da operação, pois o contínuo aumento da espessura da torta de filtração impõe aumento da resistência oferecida pelo leito, resultando redução de v. A velocidade de filtração pode ser determinada pela Equação (12.2), na qual se tem: A = área de filtração (m^2); V = volume de filtrado ou clarificado (L); t = tempo de filtração (s).

$$v = \frac{1}{A}\frac{dV}{dt} \tag{12.2}$$

A Equação (12.3) descreve a resistência global, l/k, como a soma das resistências da membrana filtrante (R_M) e da torta de filtração (R_C).

$$\frac{1}{k} = R_M + R_C \tag{12.3}$$

A resistência da torta de filtração, R_C, depende da concentração de células na suspensão, X (g/L), do volume de filtrado, V (L), obtido até um certo instante; da área da membrana de filtração, A (m^2); e da resistência específica da torta de filtração, α (m/g), de acordo com a Equação (12.4).

$$R_C = \alpha X \frac{V}{A} \tag{12.4}$$

A filtração de sólidos incompressíveis em meios líquidos de reduzida viscosidade é simples, resultando tortas cuja resistência específica, α, apresenta valor constante independente do valor da diferença de pressão, ΔP, da filtração. Células, por outro lado, são sólidos compressíveis que sofrem alteração da estrutura em função de ΔP, resultando variação da resistência específica, α, de acordo com a Equação (12.5), na qual se tem: α' = constante relacionada a densidade, tamanho e forma da célula; s = compressibilidade da torta (adimensional que varia de 0 a 1,0).

$$\alpha = \alpha'(\Delta P)^s \tag{12.5}$$

A Equação (12.5) ilustra a necessidade de operar a filtração a valores adequados de ΔP, a fim de evitar a redução da porosidade da torta de filtração, implicando a redução da permeabilidade do leito e da velocidade superficial do líquido, v, além do aumento da perda do produto e até mesmo o entupimento da membrana de filtração em razão da penetração de sólidos nos poros e consequente aumento da resistência à filtração subsequente. A parcela da resistência relativa à membrana filtrante, R_M, pode ser desprezada quando comparada à resistência oferecida pela torta formada por células, R_C.

A título de ilustração, tem-se que na filtração de uma cepa de *Streptomyces* na concentração de 15 g/L, com viscosidade, μ, de 1,1 cP (1,1 × 10^{-3} Pa), sob ΔP de 20 in Hg (0,668 atm), o valor de α é de 2,4 × 10^{11} cm/g.

Combinando-se as Equações (12.1) a (12.4), tem-se a Equação (12.6), que estima a velocidade de filtração dada por $(1/A)(dV/dt)$ num determinado instante. Conhecida a diferença de pressão, ΔP, a viscosidade do filtrado, μ, a resistência específica da torta de filtração, α, a concentração de células na suspensão, X, a área de meio filtrante, A, e a resistência do meio filtrante, R_M, determina-se velocidade de filtração para um dado volume de filtrado, V.

$$\frac{1}{A}\frac{dV}{dt} = \frac{\Delta P}{\mu\left(\alpha X \frac{V}{A} + R_M\right)} \tag{12.6}$$

A velocidade de filtração, $(1/A)(dV/dt)$, sofrerá redução ao longo do tempo, dado que ocorre aumento da camada de células sobre a membrana filtrante, XV. Para manter constante a velocidade de filtração, é necessário aumentar ΔP e compensar o incremento em XV. A forma mais comum de operar filtros convencionais, entretanto, é o valor constante de ΔP com consequente redução na velocidade de filtração.

O valor de α pode ser determinado em ensaios de laboratório, tratando os resultados na forma integrada da Equação (12.6), para a qual se considera que no instante zero (t = 0) o volume de filtrado é nulo (V = 0) e num instante t qualquer o volume filtrado é V, obtendo-se então a Equação (12.7), que representa uma reta, visto que os termos K e B são determinados por valores constantes na filtração sob ΔP constante de acordo com as Equações (12.8) e (12.9).

$$\frac{At}{V} = K\left(\frac{V}{A}\right) + B \tag{12.7}$$

em que:

$$K = \frac{\mu \alpha X}{2\Delta P} \qquad (12.8)$$

$$B = \frac{\mu R_m}{\Delta P} \qquad (12.9)$$

Sob valor constante de ΔP, determina-se o volume filtrado num dado intervalo de tempo, t, pela Equação (12.7), ou o tempo necessário à filtração de certo volume, V. A Figura 12.2 representa a reta da Equação (12.7), na qual o valor de α para uma determinada pressão é dado pelo coeficiente angular, K. O coeficiente linear, B, permite determinar R_M, a resistência da membrana de filtração, que depende do valor de ΔP. De posse de um conjunto de retas como as da Figura 12.2, obtidas para diferentes valores de ΔP, tem-se um conjunto de valores de α cuja disposição segundo a função linear dada pela Equação (12.10), linearização da Equação (12.5), resulta no valor da constante α', relacionada ao tamanho e à forma das células e à compressibilidade da torta, s, como ilustrado na Figura 12.3, cujos coeficientes linear e angular representam $\log \alpha'$ e s, respectivamente.

$$\log \alpha = \log \alpha' + s \log \Delta p \qquad (12.10)$$

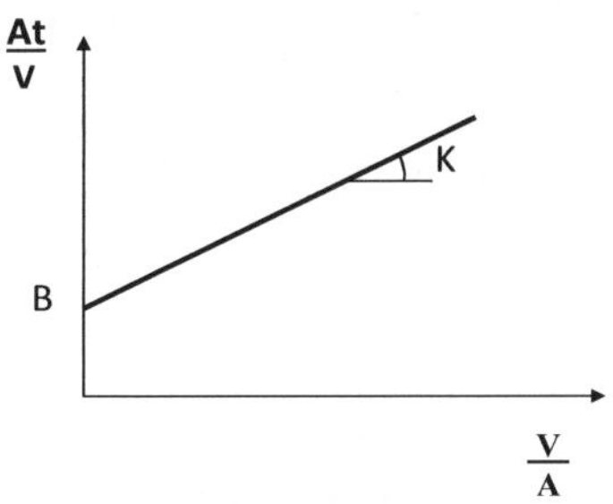

Figura 12.2 Filtração através de membrana de área A, para determinação de R_M e α, a partir de K e B definidos nas Equações (12.8) e (12.9).

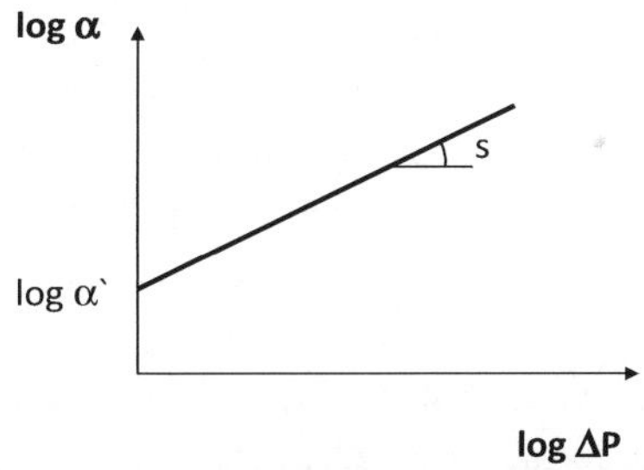

Figura 12.3 Resistência específica (α) da torta de filtração em função da redução de pressão (ΔP).

Frequentemente se busca estimar o tempo necessário à obtenção de um volume V de filtrado através de uma dada área, A, de membrana filtrante, sob uma dada pressão. Tal tempo é dado pela Equação (12.11), resultante da combinação das Equações (12.1) a (12.5).

$$t = \frac{\mu\alpha' X}{2\Delta P^{1-s}}\left(\frac{V}{A}\right)^2 \tag{12.11}$$

Quando a variável que impera no projeto do filtro é o tempo da operação, a área de filtro, A, deve ser ajustada à produtividade desejada, isto é, à velocidade de obtenção do clarificado, embora isso resulte em aumento do custo da filtração. Tem-se, portanto, que a adoção de práticas que visem à redução do valor necessário da área A, ou mesmo que resultem em aumento da velocidade de filtração, é importante no projeto da filtração.

Atua-se na velocidade de filtração por meio das seguintes variáveis: viscosidade do filtrado, μ; diferença de pressão através do leito de filtração, [ΔP]; massa da torta de filtração (produto X.V da Equação (12.11)); e resistência específica da torta, α.

A diluição da suspensão a ser filtrada resulta na redução da sua viscosidade, entretanto, ocorre aumento do volume a ser filtrado. Encerrar a etapa de cultivo de bolores antes que a lise das células se intensifique, causando aumento da viscosidade do meio como resultado da secreção do citoplasma, beneficia não só a filtração subsequente, como também evita as dificuldades inerentes à movimentação de suspensões de elevada viscosidade.

Incrementos à diferença de pressão através do leito, embora aumentem a velocidade de filtração, alteram características físicas da torta, com o correspondente aumento do valor de α, resistência específica da torta, e até mesmo do valor de R_M, resistência associada à membrana de filtração.

É possível manter uma camada mínima da torta de filtração utilizando equipamentos que efetuam sua contínua remoção. A título de ilustração, se numa determinada filtração sob valor constante de ΔP a massa de torta de filtração sofrer redução da ordem de cem vezes, o tempo necessário à filtração sofrerá igual redução na obtenção de um determinado volume de filtrado. O equipamento frequentemente empregado na filtração com contínua remoção da torta é o filtro rotativo a vácuo, que será descrito adiante.

A redução da resistência específica da torta de filtração, α, dá-se por meio dos seguintes recursos: interferência na densidade e na forma de bolores, por meio da manipulação das condições de cultivo; aumento do tamanho das células por meio de pré-tratamento na etapa do cultivo com adição de polieletrólitos que promovem agregação das células ou aquecimento da suspensão, de modo a provocar agregação das células e desnaturação de suas proteínas, tornando-as menos compressíveis; aplicação de auxiliares de filtração que logrem aumento da porosidade da torta e redução da compressibilidade, s.

Considerando-se as duas condições extremas de compressibilidade da torta de filtração, isto é, $s = 0$ e $s = 1$, o tempo necessário à filtração de suspensão de células, de acordo com a Equação (12.11), será cinquenta vezes maior que o tempo para filtração de suspensão de sólidos incompressíveis. O significativo impacto do valor da compressibilidade, s, no tempo da filtração indica a importância da inclusão do auxiliar de filtração.

12.2.1.1 Auxiliares de filtração

São auxiliares de filtração comuns a perlita, rocha vulcânica expandida, e a terra diatomácea, também denominada *kieselguhr*, resultado da fusão dos resíduos de plantas aquáticas sedimentadas. A redução da compressibilidade do leito resulta da adsorção das células – micélio e bactérias – sobre as partículas do auxiliar, formando um conjunto sólido cuja compressibilidade, s, é menor que aquela das células isoladamente. Além disso, evita-se o entupimento da membrana, pois o conjunto de células e partículas do auxiliar tem dimensão maior que os poros da membrana, obtendo-se, portanto, dois efeitos positivos no desempenho da filtração, ilustrados na Figura 12.4.

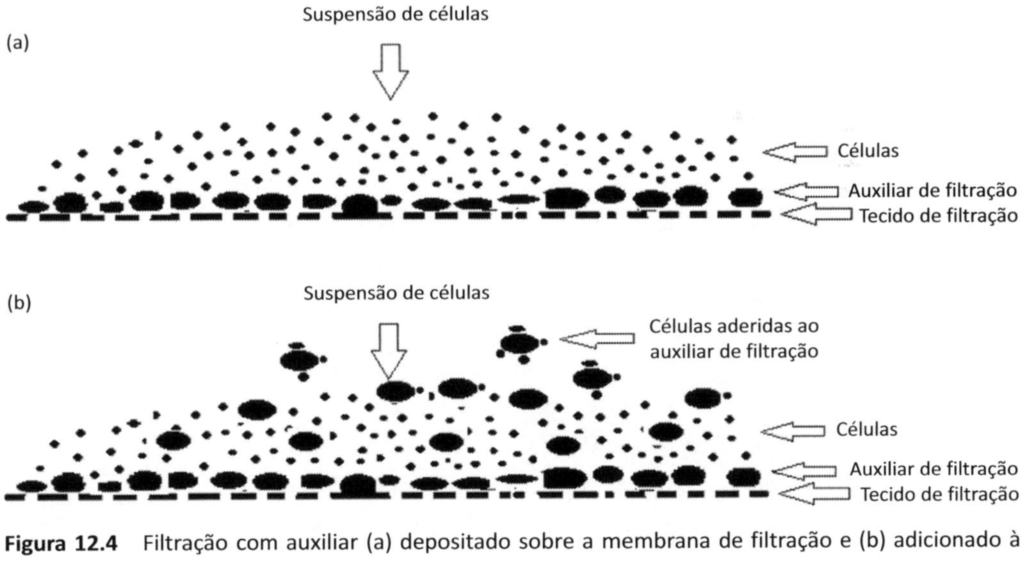

Figura 12.4 Filtração com auxiliar (a) depositado sobre a membrana de filtração e (b) adicionado à suspensão de células.

A Figura 12.4 ilustra também a prática comum de depósito de camada fina dos auxiliares sobre a membrana de filtração. Dado que o diâmetro dos poros das membranas filtrantes se situa na faixa de 10 µm a 1.000 µm, seu emprego invariavelmente depende do uso do auxiliar para viabilizar a retenção de bactérias e fungos, cuja dimensão é inferior a 10 µm, conforme mostra a Figura 12.5. Claro está que, para produtos intracelulares, as etapas posteriores de purificação da molécula-alvo ficam prejudicadas ou mesmo inviabilizadas quando o material celular encontra-se aderido às partículas dos auxiliares.

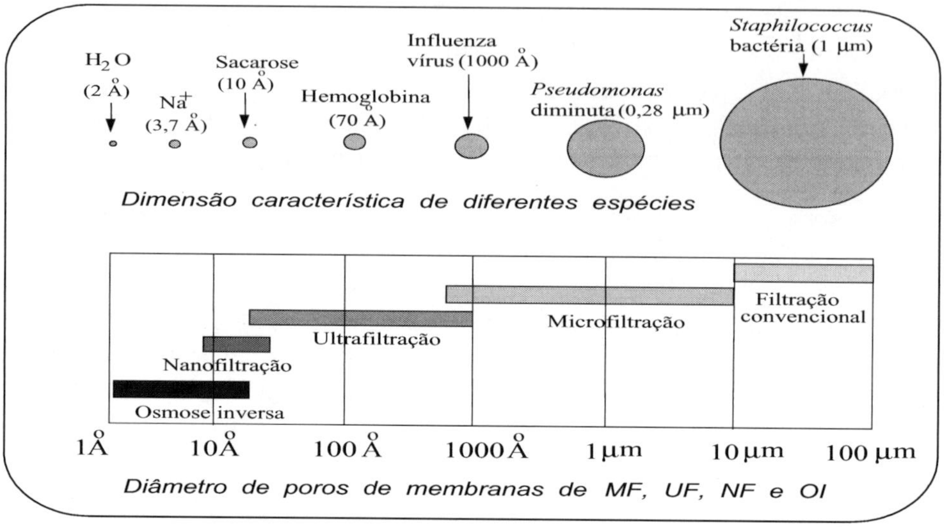

Figura 12.5 Diâmetro de poros de membranas de osmose inversa, nanofiltração, ultrafiltração, microfiltração e filtração convencional. Tamanho de bactérias, vírus, proteína hemoglobina, sacarose, sódio e água.

Fonte: Belter, Cussler e Hu (1988).

A seleção do auxiliar de filtração pode ser feita em ensaios em escala de laboratório. Em frascos contendo igual volume da suspensão a ser filtrada, acrescentam-se massas determinadas do auxiliar, agita-se a suspensão por tempo determinado, após o que se obtêm velocidade de sedimentação das células, turbidez do sobrenadante e características do sedimento, sobretudo a compressibilidade da torta, *s*. Reduções do tempo de filtração da ordem de cinco a vinte vezes devem ser alcançadas, ao custo do incremento na viscosidade, μ, variável diretamente relacionada ao tempo da filtração, de acordo com a Equação (12.11).

12.2.1.2 Filtro rotativo a vácuo

A Figura 12.6 apresenta corte da vista elevada do filtro rotativo a vácuo (FRV), um tambor horizontal oco de diâmetro entre 0,5 m e 3 m, recoberto por malha metálica e membrana de filtração, a qual, por sua vez, é coberta com camada de 5 cm a 10 cm do auxiliar de filtração. O tambor gira a velocidades de 0,1 rpm a 2 rpm, ficando parcialmente submerso na suspensão, a qual é brandamente agitada para evitar sedimentação das células e por vezes acrescida do auxiliar de filtração. A suspensão de células é alimentada pela parte externa do tambor e a pressão reduzida no seu interior promove a filtração, durante a qual a fina camada de células é compactada. Os jatos de lavagem removem o meio contendo a molécula-alvo dos poros da torta de filtração. Entre as zonas de lavagem e descarga, a torta é desidratada pelo vácuo que cessa antes da zona de raspagem da torta. Removida a torta, alcança-se novamente a zona de filtração, sendo este, portanto, um regime contínuo de filtração de elevada capacidade, da ordem de 100 L/m^2.h a 200 L/m^2.h, frequentemente utilizado na clarificação de meios com bolores.

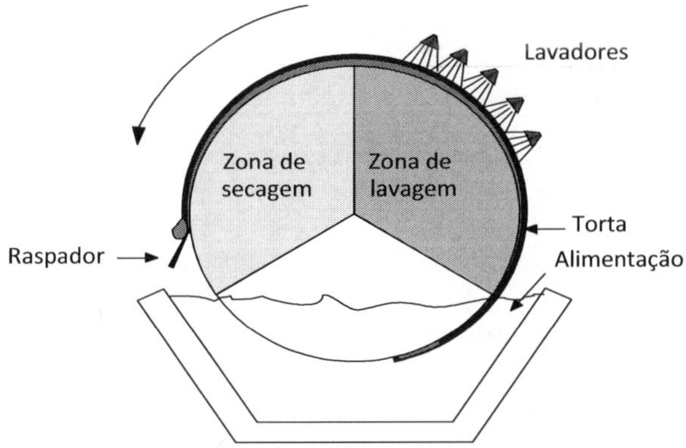

Figura 12.6 Representação esquematizada do filtro rotativo a vácuo.

O tempo para filtração de uma suspensão de células é determinado na Equação (12.12), semelhante à Equação (12.11), à exceção de t_f, que corresponde ao tempo de submersão do filtro, o qual é uma fração do tempo para uma revolução do tambor, t_c, Equação (12.13).

$$t_f = \frac{\mu\alpha' X}{2\Delta P^{(1-s)}} \frac{V^2}{A^2} \tag{12.12}$$

$$t_f = \beta t_c \tag{12.13}$$

12.2.2 CENTRIFUGAÇÃO

Sólidos como bactérias e leveduras suspensas num fluido líquido sedimentam em virtude da diferença de densidade entre o fluido e a célula. Na centrifugação promove-se a aceleração dessa sedimentação por ação de um campo gravitacional centrífugo.

Supondo-se um objeto tubular oco que gira em torno do seu próprio eixo, tem-se o estabelecimento de uma força centrípeta, isto é, uma força que representa a atração da parede do objeto em direção ao eixo central. A força contrária que se estabelece é a força centrífuga, que direciona o conteúdo do tubo, líquido, gás ou sólidos, à parede do tubo. O campo gravitacional centrífugo que assim se estabelece é proporcional à velocidade angular aplicada ao tubo.

Da centrifugação resulta suspensão de células mais concentrada em relação à original, enquanto da filtração, descrita anteriormente, obtém-se uma torta relativamente seca, o que constitui vantagem dessa última operação unitária em relação à centrifugação. Todavia, a filtração gera grandes volumes de torta, dificulta a manutenção de ambiente preservado de microrganismos contaminantes e demanda significativa mão de obra.

Para produtos intracelulares a centrifugação é alternativa atraente em relação à filtração, pois não demanda os auxiliares que virão a ser agregados ao conteúdo celular, o que é indesejável, e pode ser realizada em equipamento fechado e esterilizável, evitando a agregação de contaminantes do meio ambiente. Em processos biotecnológicos, a centrifugação também é empregada na remoção dos fragmentos de tecido celular resultantes do rompimento de células (Seção 12.3) e na recuperação de solutos precipitados (Seção 12.4.1).

12.2.2.1 Fundamentos

A sedimentação de partículas sólidas, sobretudo esféricas, num meio contínuo e infinito – gás ou líquido – é sujeita a duas forças: a aceleração pela força de flutuação em função da diferença de densidade entre sólido e fluido, sujeita à força da gravidade; e a redução da aceleração em função do atrito entre sólido e fluido. Quando da igualdade das duas forças, a velocidade de sedimentação do sólido é constante e dada pela lei de Stokes, descrita na Equação (12.14), segundo a qual se determina v_g, a velocidade de sedimentação sob ação da gravidade (m/s), em função da diferença de densidade entre célula, ρ_s, e meio líquido, ρ (g/cm^3), da viscosidade do meio líquido, μ (cP), da força motriz dada por g (9,8 m/s^2), e do diâmetro da partícula sólida, d (m).

$$v_g = \frac{d^2}{18\mu}(\rho_s - \rho)g \tag{12.14}$$

Na centrifugação a força motriz é dada por w^2r, sendo w a rotação angular (rad/s) e r a distância radial desde o centro da centrífuga até a célula (m), ampliada em comparação a g, da qual resulta v_c (m/s), Equação (12.15), velocidade de sedimentação da partícula num campo centrífugo. A rotação angular, w, é dada por $(2\pi N)/60$, em que N é a velocidade rotacional (rpm).

$$v_c = \frac{d^2(\rho_s - \rho)w^2 r}{18\mu} \tag{12.15}$$

Num campo centrífugo, a sedimentação tem a ação da gravidade incrementada e, neste caso, essa ação é dada pela força centrífuga F_c, descrita pela Equação (12.16). Nessa equação o numerador é o quadrado da velocidade angular da centrífuga multiplicada pelo raio do equipamento (w^2r), e o denominador é g, aceleração padrão da gravidade. O resultado desse quociente será o número de incrementos em g, aceleração da gravidade, que é aplicado em uma dada centrifugação, *nxg*.

$$F_c = \frac{w^2 r}{g} \tag{12.16}$$

A densidade, ρ_s, e o diâmetro, d, típicos de leveduras são da ordem de 1,05 g/cm^3 e 8 μm, respectivamente, suficientes para clarificação eficiente na centrifugação de suas suspensões, geralmente submetidas a F_c de 1.000 xg a 2.000 xg. Para bactérias faz-se necessário cerca de 5.000 xg, dado que d, diâmetro da bactéria, pode chegar a 1 μm, e a densidade é da ordem de 1,01 g/cm³, do que resulta elevada demanda de energia, requerendo, portanto, comparação com o custo da filtração tangencial.

12.2.2.2 Centrífugas

Em processos biotecnológicos é comum utilizar centrífugas de discos, F_c entre 5.000 xg e 15.000 xg, ou tubulares, F_c de 13.000 xg a 17.000 xg, apresentadas na Figura 12.7.

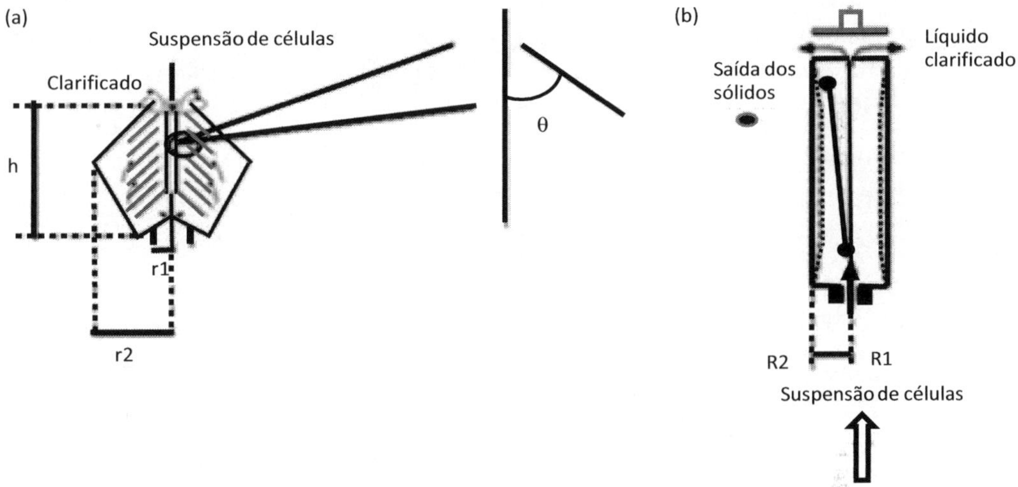

Figura 12.7 Representação esquematizada da (a) centrífuga de discos, com detalhe ampliado do ângulo entre um disco e o eixo central do equipamento, e da (b) centrífuga tubular.

Na centrífuga tubular, a suspensão de células é alimentada pela base do equipamento através de um orifício projetado de modo a controlar a direção e as características do fluxo, denominado *nozzle*. A ação da força centrífuga, F_c, imposta pela rotação do tubo, resulta em movimento vertical ascendente da suspensão com velocidade maior para o líquido, por sua menor densidade, ρ, em comparação à da célula, ρ_s. A clarificação da suspensão se dá quando a diferença entre as velocidades permite às células se chocarem com a parede do equipamento e sedimentarem, o que define o tempo mínimo de residência da suspensão, t_r, na centrífuga, dado pela razão entre o volume interno da centrífuga e a vazão de alimentação da suspensão, Equação (12.17).

$$Q = \frac{V}{t_r} \tag{12.17}$$

A capacidade das centrífugas tubulares é limitada a algumas dezenas de litros em virtude de restrições mecânicas pelo valor elevado de F_c e da necessidade de manuseio por operar no modo descontínuo. É frequente sua aplicação na remoção de partículas virais na produção de vacinas e na separação de fragmentos de tecido celular oriundos da homogeneização de células.

Centrífugas de discos processam continuamente até 200 m^3/h em virtude de sua elevada área superficial para sedimentação das células, resultante da inclusão dos discos e do curto percurso a ser percorrido pelas células no meio líquido até o choque com os discos e a sedimentação. Operam com diferenças de densidade entre células e líquido a partir de 0,01 kg/m^3 ($\rho_s - \rho$) e diâmetros de células de no mínimo 0,5 μm, o que inclui bactérias.

A suspensão microbiana é alimentada pelo centro da base do equipamento, o que força a sua ascensão. Dada a pequena espessura da camada de suspensão entre os discos, as células são rapidamente direcionadas para a parede pela força centrífuga e sedimentam sobre os discos, enquanto o líquido continua sua ascensão até ser coletado na extremidade superior. A descarga dos sólidos se dá através de orifícios, em regime contínuo ou intermitente.

Em função da natureza descontínua e contínua de operação das centrífugas tubular e de discos, respectivamente, a primeira aplica-se a suspensões com no máximo 30 g/L de células, enquanto na segunda suspensões com até 250 g/L podem ser tratadas.

No projeto de centrífugas, a vazão de alimentação da suspensão, Q (m^3/h), possível de ser aplicada e que resulte em clarificação é determinada por equações desenvolvidas com base em conceitos fundamentais da sedimentação e na trajetória da célula microbiana no equipamento considerado: centrífuga tubular, Equação (12.18), ou centrífuga de discos, Equação (12.19). Na Equação (12.18), l é a altura da centrífuga (m) e R o raio (m). Na Equação (12.19), n é o número de discos, R_1 e R_2 correspondem respectivamente aos raios medidos desde o eixo axial até as extremidades exterior e interior do disco (m), e θ é o ângulo de inclinação do disco em relação ao eixo axial, conforme apresenta a Figura 12.7. Deve-se notar nas Equações (12.18) e (12.19) que a vazão Q depende das características geométricas e de operação do equipamento e do valor de v_g, intrínseco da suspensão em questão.

$$Q = v_g\left[\frac{2\pi l(R_2^2 - R_1^2)w^2}{g}\right] \tag{12.18}$$

$$Q = v_g\left[\frac{2\pi n w^2}{3g}(R_2^3 - R_1^3)\cot\theta\right] \tag{12.19}$$

Os termos entre colchetes nas Equações (12.18) e (12.19) têm unidade de área, permitindo analogia simples com a Equação (12.20), equação fundamental de uma sedimentação, na qual A representa a área superficial de sedimentação, cuja variação incide em Q de forma direta. A Equação (12.21) é semelhante à Equação (12.20), sendo que se substituiu A por Σ, fator sigma, empregado pelos fabricantes de centrífugas para caracterização dos equipamentos.

$$Q = v_g . A \tag{12.20}$$

$$Q = v_g[\Sigma] \tag{12.21}$$

A Tabela 12.2 apresenta as principais características de centrífugas. Dado que o valor de v_g é intrínseco à célula e o valor da vazão de clarificado, Q, em geral é imposto ao projeto, as centrífugas industriais podem ser comparadas quanto ao valor de Σ que melhor satisfaz o valor de Q desejado.

Tabela 12.2 Características de centrífugas de discos e tubulares empregadas na clarificação de suspensões microbianas

Tipo de centrífuga	Faixa de valores de F_c (*nxg*)	Limite de valores de concentração celular ($g.L^{-1}$)	Regime de operação	Vazão	CIP e SIP*
Centrífuga de discos	5.000 xg a 20.000 xg	Até 250	Descontínuo ou contínuo	Até 200 m^3/h	Sim
Centrífuga tubular	13.000 xg a 17.000 xg	Até 30	Descontínuo, refrigerado	Até dezenas de litros	Sim

* CIP: *cleaning-in-place;* SIP: *sterilization-in-place.*

12.2.2.3 Ampliação de escala

Dois critérios são empregados no projeto de ampliação de escala da centrifugação: o primeiro é qualitativo e baseia-se na manutenção do valor de $F_c xt$, (F_c, Equação (12.16); t, tempo), da escala de laboratório; o segundo, quantitativo, baseia-se no valor do fator sigma, Σ, da Equação (12.21) e, portanto, depende da velocidade v_g, valor intrínseco ao conjunto célula-meio. Para os dois critérios de ampliação de escala, os testes em escala de laboratório são, portanto, essenciais.

Para o critério $F_c xt$, por exemplo, se 3.000 xg durante 5 minutos são suficientes para a obtenção de sedimento e sobrenadante aceitáveis, 1.500 xg durante 10 minutos na centrífuga industrial deverão ser aplicados. Por esse critério, contorna-se a questão da limitação do valor de F_c nas centrífugas comerciais em razão de limitações mecânicas. Na centrifugação em regime contínuo, a variável tempo, t, neste critério é o tempo de residência, t_r, o qual pode ser variado por meio da vazão de alimentação da suspensão a ser clarificada.

O exemplo que segue ilustra a aplicação do critério $F_c xt$ constante: na escala 1, laboratório, uma suspensão de bactérias demanda 10 minutos de centrifugação sob F_c de 4.829 xg em equipamento de raio de 0,1 m; na escala de operação real, escala 2, deve-se aproveitar uma centrífuga cujo raio é de 2 m, operando a N de 2.000 rpm. Determinam-se o tempo necessário a essa operação e a velocidade de rotação da centrífuga da escala 1 conforme segue.

- Centrífuga da escala 1

$$(F_C t)_1 = 4.829 \times 10 = 4.8290 \text{ min}$$

$$Fc = \frac{w^2 r}{g} = \frac{w^2 0,1}{9,8} = 4.829$$

$$w = 687,93 \text{ rad/s}$$

$$N = \frac{687,93.60}{2\pi} = 6.569 \text{ rpm}$$

- Centrífuga da escala 2

Transformar N (rpm) em w (rad/s)

$$w = N\left(\frac{\text{rotação}}{\text{min}}\right)\frac{2\pi \text{ radiano}}{\text{rotação}}\frac{1 \text{ min}}{60 \text{ s}}$$

$$F_{C2} = (2.000 \times \frac{2\pi}{60})^2 \times \frac{1,0}{9,8} = 4.457\, xg$$

Aplicação do critério $F_c xt$:

$$(F_C t)_1 = (F_C t)_2$$

$$48.290 = 4.457 t_2$$

$$t_2 = 10,8 \text{ min}$$

Na ampliação da dimensão de uma centrífuga, é possível reduzir o valor da velocidade de rotação angular, w, mantendo-se o valor de F_c, o que é apropriado às centrífugas comercialmente disponíveis, cujos valores de w são inferiores aos aplicados na operação de centrífugas de laboratório.

O segundo critério de ampliação de escala, quantitativo, baseia-se na ampliação do fator sigma, Σ, Equação (12.21), de modo a satisfazer Q, sendo v_g intrínseco da suspensão a ser clarificada. Conhecida a vazão de clarificado, Q_1, eficientemente tratada na centrífuga 1, Σ_1, para a nova vazão, Q_2, deve-se ampliar o fator sigma para Σ_2 de acordo com a Equação (12.22), portanto, na mesma proporção da ampliação do valor de Q.

$$\Sigma_2 = \Sigma_1 \frac{Q_2}{Q_1} \tag{12.22}$$

Fabricantes de centrífugas apresentam o fator sigma de seus equipamentos, o que leva à escolha de uma dada centrífuga, fazendo com que a aplicação desse critério seja útil ao ajuste às disponibilidades comerciais. Sugere-se a aplicação dos dois critérios de ampliação de escala no mesmo projeto, pois o fator sigma auxilia na escolha da centrífuga e o critério de $F_c xt$ estima o tempo de centrifugação, *t*, que no caso de regime contínuo corresponde ao tempo de residência.

12.2.2.4 Auxiliares de centrifugação

A indução da agregação das células microbianas com base nas características iônicas da superfície – coagulação – aumenta a dimensão (d) e a densidade (ρ_c) dos sólidos suspensos, do que resulta maior velocidade de centrifugação, de acordo com as Equações (12.14) e (12.15). Tal agregação pode ser induzida pelo pH ou por adição de eletrólitos à suspensão, como sais polivalentes ou moléculas sintéticas.

12.2.2.5 Aplicação da centrifugação no processo de fermentação alcoólica

O caso mais importante no Brasil de aplicação da centrifugação é na produção de etanol pela levedura *Saccharomyces cerevisiae*. A viabilização dessa produção depende da reciclagem da levedura aos fermentadores para manutenção de elevada concentração celular no meio de cultivo e na seletividade da centrifugação, mantendo bactérias em suspensão, enquanto leveduras e outros sólidos maiores como flocos e bagacilho sedimentam. A rejeição das bactérias, principal classe de contaminantes, é fundamental no sucesso da fermentação alcoólica, pois, do contrário, elas seriam recicladas aos reatores, causando redução do rendimento da transformação da sacarose a etanol, entre outros.

12.2.2.6 Observações quanto aos ensaios em escala de laboratório

A efetividade dos resultados obtidos em laboratório depende do uso de suspensões microbianas com características semelhantes àquelas ao final do cultivo na produção, o que pode ser alterado por células rompidas, contaminações ou alterações da composição nutritiva, modificando, consequentemente, viscosidade e compressibilidade. Também a temperatura de realização dos testes é importante, já que altera a viscosidade do meio. Diferenças em relação a esse parâmetro não são raras, visto que cultivos microbianos são conduzidos a temperaturas superiores à ambiente.

12.3 ROMPIMENTO CELULAR

Parcela importante dos bioprodutos corresponde a moléculas acumuladas intracelularmente, como proteínas, enzimas e anticorpos. Soma-se a isso o fato de que os avanços nas técnicas de recombinação de DNA apontam na direção de estudos relacionados à síntese de novas moléculas intracelulares, em procariotos e eucariotos, o que leva à necessidade adicional de avanços nas técnicas de rompimento celular. Os métodos de rompimento celular podem ser subdivididos em mecânicos, não mecânicos ou físicos, químicos e enzimáticos.

12.3.1 FATORES QUE AFETAM O ROMPIMENTO CELULAR

Considerando que o rompimento celular agrega etapas e custos adicionais ao processo de purificação e reduz o rendimento final da molécula-alvo, especial atenção deve ser dada à seleção do método que será empregado, considerando os fatores apresentados na Tabela 12.3.

Tabela 12.3 Fatores que afetam o rompimento celular

Dependentes do organismo	Dependentes do produto final
Tipo de célula	Sensibilidade ao calor
Estado fisiológico, frequentemente relacionado à velocidade de crescimento	Tempo de rompimento
Tamanho da célula	Sensibilidade a tensões de cisalhamento
Forma da célula	Custo do processo
Meio de cultivo utilizado	Localização na célula

As diferenças na composição química e no tamanho de organelas e células resultam em diferentes graus de resistência ao rompimento celular. Na prática, observa-se que células envolvidas apenas por membranas, como células de animais e hibridomas, são frágeis e, portanto, se rompem sob baixas tensões de cisalhamento, requerendo pouca energia. Células microbianas, ao contrário, apresentam estrutura de parede celular robusta e de difícil rompimento. Ao se comparar a parede e a membrana das bactérias Gram(+) e Gram(-), verifica-se que as Gram(+) apresentam uma camada mais espessa de peptidoglicano, que é uma das principais barreiras ao rompimento da parede. Os peptidoglicanos compõem uma rede de até cinquenta camadas de mureína, resultando em células com parede mais rígida que as bactérias Gram(-), que apresentam apenas uma camada de mureína. Células de leveduras e de fungos filamentosos são mais difíceis de serem rompidas que as de bactérias, pois possuem paredes celulares mais rígidas e mais resistentes ao rompimento celular em função da presença de polissacarídeos, como glicanos, quitinas, proteínas e glicoproteínas. A estrutura da parede celular de fungos e leveduras apresenta espessura de 100 nm a 200 nm e representa entre 15% e 25% da massa celular.

O tipo de célula, seu estado fisiológico e as condições do cultivo também influenciam a eficiência do rompimento. Células de maior tamanho são menos resistentes ao rompimento, porque é menor a quantidade de glucana presente na parede celular. A maioria dos meios de cultivo comumente utilizados industrialmente é rica em componentes nitrogenados e pode causar problemas nas operações unitárias subsequentes de purificação. Por outro lado, o uso de meios simples e, portanto, mais fáceis de serem processados durante a purificação pode causar problemas, pois alterações na morfologia da célula podem ocorrer no caso de deficiência de nutrientes no meio de cultivo. Durante a fase exponencial do crescimento, as células se multiplicam com elevadas velocidades e novas estruturas de peptidoglicano são rapidamente formadas, com participação da enzima N-acetilmuramoil-L-alanina amidase, tornando a parede celular menos espessa e mais frágil. Já durante as fases estacionária e *lag* a rotatividade da parede é menos frequente e, portanto, esta é mais robusta.

Considerando-se a imposição de tensão de cisalhamento para o rompimento de células, há de considerar a sensibilidade da molécula-alvo a essas tensões. Por exemplo, quando do rompimento celular por homogeneizadores a alta pressão, a tensão de cisalhamento resultante da brusca queda da pressão durante a passagem da suspensão de células pelo orifício de saída, além de promover o rompimento, pode ocasionar danos à molécula-alvo, com a possibilidade de perda total de sua função biológica.

Na maioria dos equipamentos utilizados na operação de rompimento, a força motriz gera energia que se dissipa na forma de calor, o que ocasiona a elevação da temperatura do meio. O controle direto ou indireto de temperaturas é necessário a fim de garantir a termoestabilidade do produto biotecnológico. O tempo de operação e os custos energético e de investimento são fatores a serem considerados na seleção do método de rompimento. A combinação desses três parâmetros é de grande importância na viabilidade do processo de purificação dos produtos biotecnológicos, visto que engloba custos fixos e variáveis.

Devem-se considerar como aspectos importantes na seleção do método de rompimento celular a ser empregado:

a) a adaptabilidade do método ao tipo de célula produtora da biomolécula desejada;

b) a adequabilidade à estabilidade da molécula;

c) a obtenção de custos fixos e variáveis reduzidos;

d) a maximização do rendimento do processo global (alta produtividade).

12.3.2 ROMPIMENTO MECÂNICO

Os métodos mecânicos, de um modo geral, são os mais empregados tanto em escala piloto quanto industrial no rompimento de células microbianas. Baseiam-se na ação de forças físicas como a compressão e o cisalhamento, ocasionadas, por exemplo, por turbulência e/ou cavitação. Entre os diferentes equipamentos disponíveis estão os ultrassons, os moinhos de pérolas e os homogeneizadores, sendo esse último o mais utilizado no rompimento celular em escala industrial.

12.3.2.1 Homogeneizador a alta pressão

Este equipamento é constituído de pistões projetados para aplicar altas pressões (da ordem de 350 MPa) e forçar a passagem da suspensão celular por um orifício estreito. A suspensão passa por esse orifício em alta velocidade, é submetida a uma brusca despressurização e colide contra uma superfície rígida e imóvel dentro de uma câmara à pressão atmosférica. A redução instantânea da pressão associada ao impacto provoca o rompimento celular. Além disso, nessa alta velocidade de escoamento ocorre cavitação e elevada tensão de cisalhamento, portanto, a torção e a deformação das células auxiliam o rompimento.

Na Figura 12.8 estão representados dois esquemas genéricos de homogeneizadores de alta pressão, horizontal e vertical. Os modelos de homogeneizadores a alta pressão disponíveis no mercado apresentam características similares às apresentadas na Figura 12.8; variam em tamanho, capacidade de produção (volume de células rompidas por unidade de tempo), tipo de válvula de homogeneização, pressão de trabalho e número de pistões. Esses equipamentos são indicados para romper, principalmente, bactérias e algumas leveduras.

No homogeneizador a alta pressão, o rompimento celular é afetado por fatores como: pressão de operação, velocidade de alimentação, temperatura, frequência de oscilação do pistão e sua distância em relação à base. De forma geral, a fração de células rompidas é proporcional à pressão na alimentação. Na prática utilizam-se pressões que variam de 5.000 psi a 20.000 psi, velocidades de alimentação da ordem de 180 m/s a 280 m/s e concentrações celulares de 450 g/L a 750 g/L (massa úmida). O rompimento ocorre sob condições de alta pressão e, portanto, há aumento da temperatura do meio durante o processamento. Em função disso, é fundamental que o equipamento possua um sistema eficiente de refrigeração, principalmente nos casos em que a molécula-alvo é termossensível. Para se ter uma ideia da variação da temperatura em processos que utilizam esse tipo de equipamento, o calor gerado no processo pode aumentar a temperatura da suspensão em 1,5 °C para cada 1.000 psi na pressão de operação, o que significa que, se o equipamento for operado a 10.000 psi, a temperatura da suspensão aumentará em cerca de 15 °C em apenas um ciclo de rompimento. Para processos de recuperação de conteúdo intracelular proteico, recomenda-se a redução da temperatura de operação ($0\ °C < T < 4\ °C$) imediatamente antes e após o processo, de forma a evitar a desnaturação das proteínas.

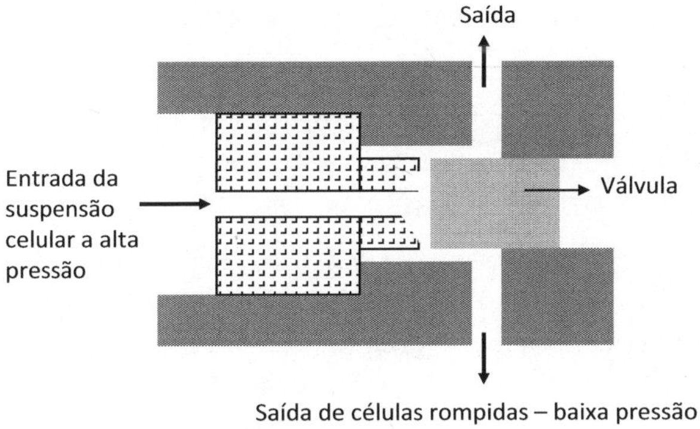

(a)

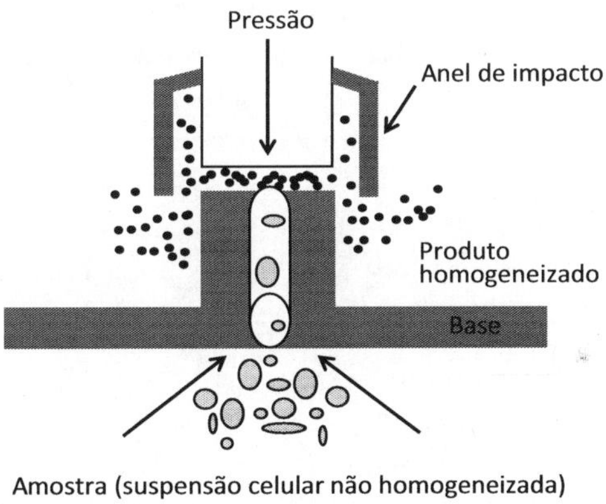

(b)

Figura 12.8 Esquema genérico de homogeneizadores a alta pressão com câmaras (a) horizontal e (b) vertical. Destaque para a válvula de passagem da suspensão contendo as células a serem rompidas.

Em processos de rompimento com homogeneizador a alta pressão, é necessário realizar experimentos que permitam a extrapolação dos resultados para outras condições de operação, como tempo de processamento, pressão de trabalho, temperatura etc. Um modelo matemático de primeira ordem, Equação (12.23), representa a variação da eficiência desse processo de rompimento em função do número de passagens (N) pela válvula do homogeneizador e da diferença de pressão (ΔP em N/m^2), fixados temperatura e tipo de célula.

$$\ln = \frac{R_m}{R_m - R} = k\left(\Delta P\right)^{\alpha} N \tag{12.23}$$

em que:

R_m: concentração máxima de proteína disponível para ser liberada (kg/m^3);

R: concentração de proteína liberada (kg/m^3);

k: constante de velocidade (depende da temperatura, da concentração e do tipo de célula) (1/h);

α: constante de resistência das células ao rompimento (depende do tipo de célula e das condições de crescimento e pode variar de 0,86 a 2,9). Por exemplo: $\alpha = 2{,}9$ para suspensão de *Saccharomyces cerevisiae*; $\alpha = 2{,}2$ para suspensão de *Escherichia coli*.

As duas constantes da Equação (12.23), α e k, são dependentes do tipo de célula e das condições específicas do crescimento. Na maioria dos processos experimentais, considera-se que a constante de resistência será independente da pressão de operação, embora, na realidade, possa ocorrer algum tipo de variação com o gradiente de pressão.

De acordo com a Equação (12.23), a quantidade da biomolécula liberada é dependente da pressão aplicada ao processo, o que sugere que o aumento de pressão operacional será benéfico para a eficiência do processo de rompimento celular. Em teoria, o rompimento total de uma suspensão celular poderia ser alcançado com uma simples etapa de homogeneização caso a pressão exercida no processo fosse suficientemente alta, entretanto, na prática, isso raramente ocorre. A eficiência do processo de rompimento pode ser melhorada, principalmente quando não é possível aumentar a pressão de trabalho, pela recirculação da suspensão celular, o que deve, entretanto, ser confrontado com a elevação do custo do processo, o aumento da fração degradada da molécula-alvo e a geração de fragmentos celulares muito pequenos.

Na aplicação do rompimento celular por homogeneização a alta pressão em escala ampliada ou industrial, determinados parâmetros devem ser idênticos àqueles definidos na escala de bancada, a saber: velocidade linear de alimentação da suspensão; pressão e temperatura de operação; geometria da válvula e do orifício de passagem do fluido; taxa de reciclo; viscosidade do fluido; e concentração celular na alimentação. Embora essa metodologia seja amplamente utilizada em escala industrial, os procedimentos de ampliação de escala não se encontram bem definidos. Adicionalmente, importa destacar que o homogeneizador nem sempre é o equipamento mais adequado para realizar o rompimento celular, principalmente quando se objetiva recuperar produtos biotecnológicos intracelulares em fungos filamentosos, pois as hifas bloqueiam a válvula de descarga. Nesse caso, o equipamento mais adequado é o moinho de bolas.

Além do rompimento celular por homogeneizador a alta pressão, podemos destacar outros métodos importantes, mecânicos ou não mecânicos, como:

- *Prensa francesa*: realiza extrusão por pressão, um processo mecânico em que o material é forçado a passar através de uma matriz e ter sua forma alterada. O equipamento consiste em um cilindro de aço inoxidável contendo um êmbolo/pistão situado em um de seus extremos e uma válvula de saída com um pequeno orifício no outro extremo. Esse tipo de rompimento pode atingir rendimento de até 90%, mas, apesar dessa alta eficiência, este não é um método que pode ser utilizado em grande escala, não somente porque os volumes de trabalho são pequenos, mas também por operar em forma descontínua.
- *Moinhos de bolas*: são compostos por uma câmara cilíndrica fechada, horizontal ou vertical, denominada câmara de rompimento, por vezes acoplada a um

sistema de refrigeração, cujo conteúdo é agitado por agitadores internos ou pela rotação da própria câmara. Na câmara de rompimento são adicionadas esferas de vidro, metal ou cerâmica e as células em suspensão. Ao longo do eixo de rotação podem estar distribuídos discos ou hastes que giram e provocam atrito entre as esferas e as células intactas. Esse atrito ocasiona o rompimento celular pela força de cisalhamento gerada entre as esferas de vidro e a parede celular das células.

- *Choque osmótico*: é o procedimento mais simples e um dos mais utilizados entre as técnicas físicas. As células a serem rompidas são transferidas de um meio isotônico para um meio hipotônico, como a água destilada. Resulta um rápido fluxo de água para o interior das células em razão da semipermeabilidade da membrana celular, seguido de imediata expansão do volume da célula e sua ruptura.
- *Congelamento/descongelamento*: células submetidas a repetidos ciclos de congelamento e descongelamento podem ser rompidas, pois ocorre formação de cristais de gelo intracelulares que podem perfurar a célula e provocar seu total rompimento ou lesioná-la, formando poros permeáveis ao produto.
- *Termólise*: células em suspensão podem ser rompidas por ação de calor combinada com o tempo de aplicação. Em função de sua simplicidade, o processo é dos mais convenientes no rompimento celular em larga escala e é amplamente utilizado na produção de proteínas de algas, fungos filamentosos, leveduras e bactérias.
- *Rompimento químico*: baseia-se na adição de agentes químicos como detergentes, solventes orgânicos ou álcalis, que promovem a dissolução de lipídeos da parede e da membrana celulares, com consequente desestruturação ou até mesmo destruição dessas estruturas. São métodos simples, baratos e efetivos que podem ser utilizados em larga escala, no entanto, podem degradar os produtos de interesse.
- *Rompimento com enzimas*: algumas enzimas são capazes de hidrolisar a parede de células microbianas, de tal forma que sua adição a suspensões celulares resulta na liberação do conteúdo intracelular. Os métodos enzimáticos de rompimento são adequados para a recuperação de biomoléculas sensíveis a temperatura, tensão de cisalhamento ou pressões de trabalho geradas pelos métodos mecânicos. A lise enzimática é considerada um processo altamente seletivo, suave e efetivo, mas, em contrapartida, bastante dispendioso.

12.3.3 CURVA DE ROMPIMENTO CELULAR

Considerando que o rompimento celular depende de uma série de fatores, faz-se necessário obter uma curva de rompimento para a avaliação de parâmetros como concentração ou atividade biológica da molécula-alvo liberada, concentração de proteínas totais no homogeneizado celular e número de células intactas, o qual pode ser obtido por meio de contagem de células totais ou densidade ótica. De forma a ilustrar os parâmetros, apresenta-se na Figura 12.9 um modelo de curva de rompimento celular.

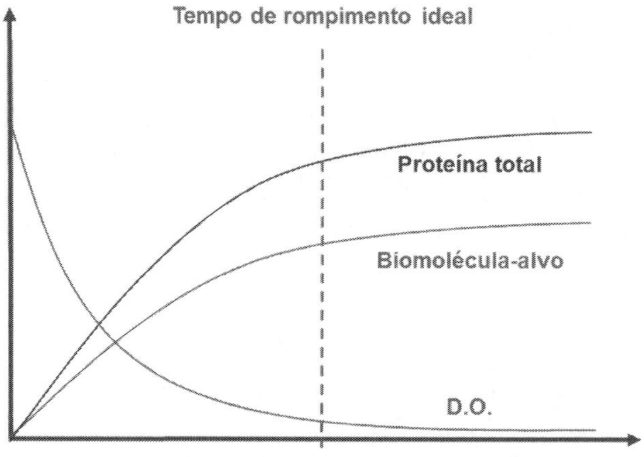

Figura 12.9 Diagrama modelar de um processo de rompimento celular: variação da densidade ótica (D.O.), da concentração de molécula-alvo e da concentração de proteína total liberada.

Verifica-se na Figura 12.9 que no decorrer do processo de rompimento celular ocorre redução do número de células intactas, dada pela redução da densidade ótica (D.O.) e, consequentemente, pelo aumento do teor de proteína total e da concentração da molécula-alvo no meio processado. Assim, como o objetivo geral dos processos de rompimento é recuperar determinada molécula-alvo, é importante definir como tempo de rompimento ideal aquele que permita a maior massa de molécula-alvo liberada no homogeneizado celular.

É importante destacar que a definição das melhores condições de rompimento celular, independentemente da operação unitária ou do método não mecânico a ser utilizado, deve ser previamente otimizada, e a construção da curva de rompimento é o procedimento mais indicado.

12.3.4 PRESERVAÇÃO DO PRODUTO BIOTECNOLÓGICO DURANTE A OPERAÇÃO DE ROMPIMENTO CELULAR

Após o rompimento celular, uma quantidade e uma variedade significativas de produtos intracelulares são liberadas, inclusive proteases, que podem hidrolisar a proteína desejada. Portanto, em diversos processos é essencial reduzir a temperatura de operação e ainda adicionar inibidores de proteases para reduzir seus efeitos deletérios. O inibidor de proteases mais comumente utilizado é o fluoreto de fenil metil sulfonil (PMSF) preparado em isopropanol ou etanol.

Além da possibilidade de degradação da molécula-alvo, podem ocorrer problemas difusionais com a liberação de ácidos nucleicos e proteínas estruturais, os quais geram aumento da viscosidade do homogeneizado e, consequentemente, dificultam seu processamento e seu manuseio nas etapas de purificação conseguintes, como filtração ou cromatografia. A adição de nucleases ou proteases, ou o ajuste do pH a valor adequado, podem ser estratégias para melhorar as características reológicas do meio, desde que não resultem em perda da molécula de interesse.

12.4 CONCENTRAÇÃO

Ao final das etapas de cultivo e clarificação, as moléculas obtidas se encontram em baixas concentrações. Concentrar o meio clarificado em relação à molécula de interesse, isto é, remover água do meio, resulta em redução do volume a ser submetido às operações subsequentes de purificação e, portanto, redução de custos, ou mesmo na solução para comercialização de produtos que não exigem pureza, por exemplo, quando se trata de enzima para composição de detergentes.

Nesta seção são apresentadas operações unitárias para redução do teor de água com aumento da concentração da molécula-alvo e, muitas vezes, sua pré-purificação. São estas a precipitação e a ultrafiltração.

12.4.1 PRECIPITAÇÃO

A precipitação se dá por meio de perturbação química ou física na solução, tal que proteínas, ácidos nucleicos e pequenos metabólitos tornem-se insolúveis e, portanto, passíveis de serem isolados em operações de separação sólido-líquido. É uma operação unitária de fácil escalonamento, pois emprega equipamentos comuns que podem ser operados em regime contínuo. Um grande número de agentes de precipitação pode ser utilizado, muitos de baixo custo ou usados em baixas concentrações. A perda da conformação tridimensional de proteínas funcionais, entretanto, é uma desvantagem que inviabiliza essa operação quando não é possível recuperar a forma original, pois a ação biológica específica depende do arranjo espacial.

Partindo-se do princípio de que proteínas em solução assim se encontram em virtude de a) interações com o solvente e b) ocorrência de forças de repulsão entre cargas na superfície da proteína e cargas em solução ou mesmo em outras moléculas, a interferência sobre esses fatores, visando à redução da solubilidade da proteína, pode resultar em precipitação, a qual pode ser dividida em dois grupos: a) alteração da composição do solvente, por exemplo, adição de sais a altas concentrações, como sulfato de amônio, solventes orgânicos (etanol, éter ou acetona) ou polímeros não iônicos, como o polietileno glicol; e b) mudança de carga resultante da adição de ácidos, bases, precipitantes catiônicos ou aniônicos, ou interações da proteína com íons metálicos.

Em soluções aquosas a precipitação é promovida por aumento (*salting-out*) ou diminuição (*salting-in*) da concentração de sais; adição de solventes orgânicos ou polieletrólitos, polímeros não iônicos; aumento da temperatura; ou ajuste do pH. A Tabela 12.4 apresenta agentes de precipitação de proteínas e seu modo de ação.

Tabela 12.4 Agentes de precipitação de proteínas e modo de ação

Precipitante	Fundamento
Sais neutros (*salting-out*)	Interações hidrofóbicas pela redução da camada de hidratação da proteína.
Polímeros não iônicos	Exclusão da proteína da fase aquosa por meio de redução da água disponível para sua solvatação.
Calor	Interações hidrofóbicas e interferência das moléculas de água nas ligações de hidrogênio.
Polieletrólitos	Ligação com a molécula de proteína e floculação.
Precipitação isoelétrica	Neutralização da carga global da proteína pela alteração do pH do meio.
Sais metálicos	Formação de complexos.
Solventes orgânicos	Redução da constante dielétrica do meio aumentando as interações eletrostáticas intermoleculares.

Na precipitação por *salting-out*, a adição de sal a elevada concentração, 1,5 M a 3,0 M, reduz a disponibilidade de moléculas de água por meio da solvatação dos íons do sal, resultando em exposição das regiões hidrofóbicas da proteína, que podem interagir e se agregar. Como resultado desse mecanismo, verifica-se que proteínas com mais e maiores regiões hidrofóbicas precipitam em concentração salina menor que aquelas menos hidrofóbicas.

A proteína precipitada por *salting-out* em geral não é desnaturada, pois sua atividade é recuperada após dissolução do precipitado. Além disso, os sais estabilizam as proteínas contra desnaturação, proteólise ou contaminação bacteriana.

São mais eficientes os sais que apresentam elevada solubilidade, por aumentarem a tensão superficial do solvente, resultando menor grau de hidratação das zonas hidrófobas e, portanto, maior probabilidade de interação entre essas zonas. A eficiência relativa de sais neutros no *salting-out* foi definida em 1888 por Hofmeister, que propôs a seguinte série liotrópica: $SCN^- > ClO_4^- > NO_3^- > Br^- > Cl^-$ > acetato > citrato > $HPO_4^{-2} > SO_4^{-2} > PO_4^{-3}$.

Sulfato de amônio é o sal mais utilizado em razão da elevada solubilidade, por sofrer pouca variação entre 0 °C e 30 °C, e pela menor densidade de sua solução em comparação à do precipitado, o que viabiliza a separação deste por centrifugação. A solução saturada de sulfato de amônio é de 4,05 M a 20 °C (533 g/L), com densidade de 1,235 g/cm^3, sendo a densidade média de um agregado proteico de 1,29 g/cm^3. O sulfato de amônio tem ação estabilizante sobre proteínas, porém exibe elevada corrosividade em virtude da acidez.

Ao contrário do *salting-out*, pode ocorrer o *salting-in*, precipitação quando a força iônica é reduzida, por exemplo, menor que 0,15 M, que é o valor típico do interior das células. A baixa interação entre cargas da superfície da proteína e em solução, somada à insuficiência de forças eletrostáticas repulsivas entre elas, resulta em interação entre moléculas de proteínas.

Na precipitação por ação de solventes orgânicos, o efeito principal é a redução da atividade da água pela diminuição da constante dielétrica do meio, com consequente redução da camada de hidratação e aumento das forças eletrostáticas de atração entre moléculas de proteínas. Os diferentes mecanismos de precipitação, *salting-out* e *salting-in*, resultam em agregados com características diferentes, de tal forma que, na precipitação por atração eletrostática, eles são mais densos e, portanto, sedimentam mais facilmente, ainda mais porque a densidade do meio é reduzida para menos de 1,0 g/mL, podendo até dispensar a centrifugação.

A precipitação por ação de solventes orgânicos tem como vantagens a possibilidade de operação asséptica, a rapidez e, na comparação com a precipitação com sulfato de amônio, uma eficiente recuperação do precipitado. Outra vantagem é a possibilidade de recuperação e reciclagem do solvente ao processo, além de suas propriedades bactericidas. Finalmente, tem-se que pequenas proporções de solvente orgânico (10% v/v) não afetam outros métodos de separação, com exceção de adsorções que dependam de interações hidrofóbicas.

Além da redução da interação iônica da proteína com o solvente, ocorre interação do solvente orgânico com zonas hidrofóbicas internas da proteína, o que pode causar alteração irreversível da conformação desta. A redução da temperatura até valores da ordem de 0 °C ou menores minimiza esse efeito, pois, sob reduzida flexibilidade da molécula, reduz-se a capacidade de penetração do solvente. A precipitação e a centrifugação subsequente devem ambas ocorrer sob resfriamento. Os solventes mais utilizados são metanol, etanol e acetona, contudo, pode-se aplicar n-propanol, i-propanol e 2-metoxietanol, além de éteres ou cetonas.

A precipitação pode ser conduzida por etapas, quando então é denominada precipitação fracionada, a qual explora as diferentes solubilidades das biomoléculas por meio do ajuste sucessivo da concentração do precipitante, principal variável. O fracionamento mais comum é em "dois cortes". Na primeira etapa, geralmente, removem-se as proteínas menos solúveis e, na etapa seguinte, eleva-se a concentração do precipitante para promover a precipitação de um segundo conjunto de moléculas, mais solúveis. Embora resoluções elevadas como na cromatografia não sejam alcançadas, ocorre concomitante aumento da concentração da molécula-alvo.

Na ampliação de escala da precipitação são mantidas as mesmas condições da escala experimental quanto a temperatura, pH, concentração do agente de precipitação, condições para crescimento do precipitado e, sobretudo, cisalhamento resultante da agitação.

A precipitação de proteínas pode ser realizada em regime descontínuo ou contínuo em reatores do tipo CSTR (*continuous stirred tank reactor*, ou reator contínuo com tanque agitado) ou tubular (*plug-flow*, ou reator de fluxo pistonado).

12.4.2 FILTRAÇÃO TANGENCIAL

Na filtração tangencial, também denominada filtração em fluxo cruzado (*cross flow filtration*), a solução de alimentação escoa paralelamente à superfície da membrana filtrante enquanto o permeado ou filtrado é transportado transversalmente, conforme ilustra a Figura 12.10. Realizada sob pressão aplicada ao meio alimentado, é a operação unitária frequentemente empregada para a clarificação de suspensões microbianas. O escoamento tangencial à superfície do meio filtrante sob velocidade linear elevada, entre 0,2 m/s e 5 m/s, minimiza o acúmulo de sólidos na superfície das membranas, como mostrado na Figura 12.10.

A filtração tangencial é atraente por demandar baixo consumo de energia, porém os custos da membrana são, em geral, elevados. A força motriz que promove a filtração é a diferença de pressão existente entre os lados interno e externo da membrana, denominada pressão transmembranar ou pressão de transmembrana (PTM), dada pela Equação (12.24).

$$PTM = \left(\frac{\left(P_{alimentação} + P_{concentrado}\right)}{2} - P_{permeado} \right) \tag{12.24}$$

Na Equação (12.24), $P_{alimentação}$ e $P_{concentrado}$ são os valores de pressão na alimentação e na saída do concentrado, respectivamente, e $P_{permeado}$ corresponde ao valor da pressão no lado do permeado.

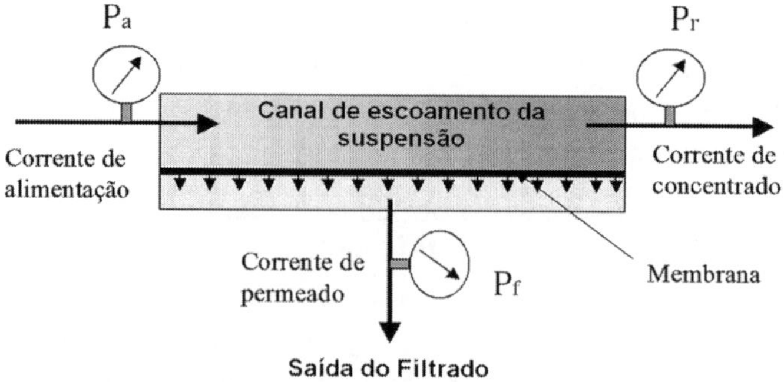

Figura 12.10 Esquema de uma filtração tangencial. Pa: pressão na alimentação; Pr: pressão do retido ou concentrado; Pf: pressão do filtrado ou permeado.

Fonte: Pessoa e Kilikian (2005).

Durante o processo de filtração tangencial ocorre a formação de um gradiente de concentração ou polarização de células ou solutos na direção da superfície da membrana, o qual reduz o fluxo inicial de permeado através da membrana, que se estabiliza na sequência da operação. A polarização de concentração nos sistemas operados em fluxo tangencial é um fenômeno que se estabelece rapidamente no início da operação e, uma vez mantida a velocidade de escoamento, não mais se altera com o tempo. No decorrer do processo ocorre o estreitamento dos poros da membrana como resultado da penetração de solutos, fenômeno denominado *fouling*, um problema parcialmente reversível. O aumento da velocidade linear e, até certo ponto, da pressão minimiza o efeito da polarização de concentração e do *fouling*.

O material das membranas dependerá do meio a ser filtrado e do desempenho da filtração avaliado experimentalmente, inclusive quanto à capacidade de reúso da membrana após sucessivos ciclos de filtração e lavagem. O material também dependerá da aplicação final da molécula a ser purificada, se farmacêutica, alimentícia ou industrial. Quanto à configuração, as membranas apresentam-se geralmente na geometria de placas planas ou cilindros, também conhecida como fibras ocas, sendo essa última configuração mais tolerante à polarização de concentração por operar sob fluxo turbulento. O diâmetro médio dos poros da membrana escolhida deve considerar a finalidade da operação, se clarificação ou concentração de solutos.

A clarificação é geralmente efetuada por microfiltração (MF), uma filtração clássica que utiliza membranas sintéticas microporosas cujo tamanho dos poros varia entre 0,05 μm e 10 μm. Por essa razão, é utilizada principalmente para reter partículas em suspensão em misturas aquosas. As membranas de MF são totalmente permeáveis aos compostos solúveis, independentemente do valor de sua massa molar. As aplicações mais importantes da microfiltração nos processos biotecnológicos são a filtração para esterilização de líquidos e gases e a clarificação de mostos fermentados em substituição à filtração tradicional. Muitos produtos da indústria de alimentos, incluindo vinhos, são clarificados pelo processo de microfiltração.

Na concentração de soluções e suspensões contendo moléculas como proteínas e DNA, utilizam-se membranas microporosas com poros com diâmetro variando entre 1 nm e 500 nm, portanto, menores que os poros das membranas utilizadas em microfiltração (aproximadamente 2 kDa a 750 kDa). Nesse caso, a operação é chamada ultrafiltração e é capaz de reter macromoléculas em solução, sendo, no entanto, permeável a todos os solutos de baixa massa molar. O tamanho do poro define, em princípio, a capacidade seletiva da membrana. Enquanto as membranas de microfiltração são caracterizadas comercialmente pelo tamanho médio de seus poros, as membranas de ultrafiltração são especificadas pela massa molar "de corte" (*cut-off*). O "corte" de uma membrana de ultrafiltração é definido como o valor da massa molar de uma macromolécula que sofre 95% de rejeição pela membrana. A ultrafiltração é amplamente utilizada em processos biotecnológicos, tanto na purificação como na concentração de proteínas e enzimas. Na indústria de alimentos, em particular na de laticínios, a ultrafiltração tem sido empregada na pré-concentração de leite e na recuperação de proteínas do soro de queijo.

Moléculas ainda menores que proteínas podem ser separadas por nanofiltração (poros entre 0,1 nm e 2 nm). Esse termo, de utilização mais recente, refere-se aos processos de separação com membranas cuja massa molar de corte está entre 300 Da e 2.000 Da. A nanofiltração apresenta características intermediárias entre a ultrafiltração e a osmose inversa. As membranas de nanofiltração podem ser consideradas membranas de ultrafiltração "fechada" (poros pequenos) ou membranas de osmose inversa aberta (baixa rejeição a sais). A pressão utilizada na nanofiltração também é intermediária entre os valores utilizados na ultrafiltração e na osmose inversa (cujas membranas são permeáveis apenas ao solvente, normalmente a água, retendo praticamente todas as espécies solúveis e materiais em suspensão), ou seja, entre 5 atm e 25 atm. Uma importante aplicação da nanofiltração é a concentração de soluções contendo antibióticos a partir de mostos fermentados e previamente microfiltrados.

Logicamente, quanto menor o diâmetro dos poros, maiores são os valores de pressão transmembranar necessários para a operação e, consequentemente, maior é o consumo de energia.

12.4.2.1 Diafiltração

A diafiltração é um modo alternativo de operação de sistemas de microfiltração, ultrafiltração, nanofiltração e mesmo osmose inversa e pode ser entendida como um processo de purificação a volume constante. A operação consiste em adicionar continuamente, na solução a ser processada, solvente puro ou uma solução tampão, numa vazão equivalente à vazão de permeado que sai do sistema. A diafiltração é utilizada quando se deseja eliminar componentes de menor tamanho ou de menor massa molar de uma dada mistura.

12.4.2.2 Ampliação de escala

A ampliação de escala do processo de filtração tangencial limita-se à ampliação da área de membrana filtrante para uma dada configuração de filtro, pois, se mantidas a PTM e a velocidade linear da suspensão alimentada, o fluxo de filtrado é mantido. Para a operação em escala industrial, os módulos de filtro podem ser arranjados de forma a serem operados em regime contínuo, dispostos em paralelo ou em série. Um possível arranjo é o de módulos em série, no qual a fração do meio líquido que não atravessou a membrana em um dado estágio é alimentada em um segundo estágio de filtração para, assim, sucessivamente ter sua concentração aumentada como resultado da eliminação de água e moléculas de reduzida massa molar em cada estágio.

12.5 PROCESSOS CROMATOGRÁFICOS

12.5.1 INTRODUÇÃO À CROMATOGRAFIA

Nos processos cromatográficos, proteínas, peptídeos e anticorpos em solução são retidos num material poroso e posteriormente deslocados por ação de outro meio líquido, a fase móvel ou eluente. A configuração física é a de um leito de material poroso empacotado numa coluna (fase estacionária), através do qual a fase móvel é bombeada. O deslocamento gradual e diferencial dos solutos resulta na sua separação.

A fase estacionária pode ser constituída por sílica porosa, polímeros orgânicos sintéticos e polímeros de carboidratos que se apresentam em partículas esféricas de aproximadamente 100 μm embebidas em solvente, portanto denominada gel.

A prévia aplicação de operações como a precipitação ou a filtração tangencial para redução do volume do meio originado na etapa de cultivo é relevante para a economicidade da cromatografia, geralmente lenta e dependente de materiais adsorventes de custo elevado.

A Figura 12.11 ilustra os estágios de uma cromatografia, iniciada pela injeção da mistura de solutos à fase estacionária empacotada, seguida da injeção da fase móvel sob vazão e pressão controladas. Os tempos de retenção das moléculas A, B e C são dados respectivamente por t_{rA}, t_{rB} e t_{rC}, que correspondem aos instantes de máxima concentração.

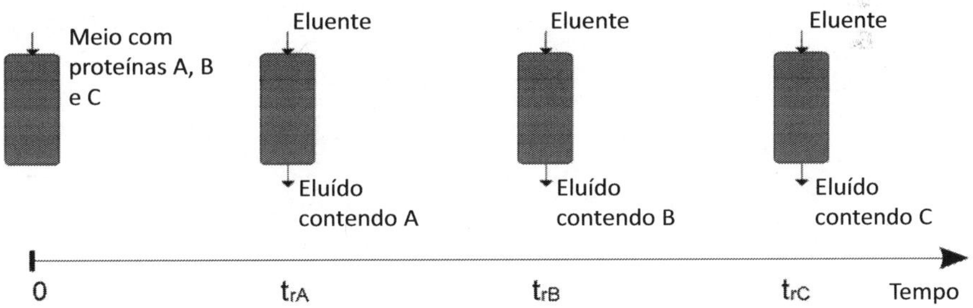

Figura 12.11 Processo cromatográfico: t_{rA}, t_{rB} e t_{rC} são os tempos de retenção das moléculas A, B e C, respectivamente.

O gráfico da Figura 12.12, chamado de cromatograma, tem por abscissa o volume de eluente que passou pela coluna, denominado volume de retenção, V_r, ou o tempo de retenção, t_r, dos diferentes solutos no eluente que sai da coluna, identificados por um detector de absorbância (UV, visível ou fluorescência) ou índice de refração, cujo sinal é representado na ordenada. Proteínas, aminoácidos, policetídeos e lipídeos são detectados por absorbância (UV) em comprimentos de onda de 206 nm a 215 nm para ligações peptídicas e 280 nm para aminoácidos aromáticos. Açúcares e ácidos orgânicos são detectados pelo índice de refração. As concentrações das moléculas A, B e C são determinadas pela área embaixo das respectivas curvas comparada à área de uma curva de calibração obtida com a molécula pura. As grandezas $W_{1/2}$, largura da curva à metade de sua altura, e h_p altura máxima da curva, indicadas na curva da molécula B, são empregadas no cálculo de parâmetros que quantificam a eficiência da separação das moléculas. A curva da molécula C representa a separação mais eficiente comparada às moléculas A e B.

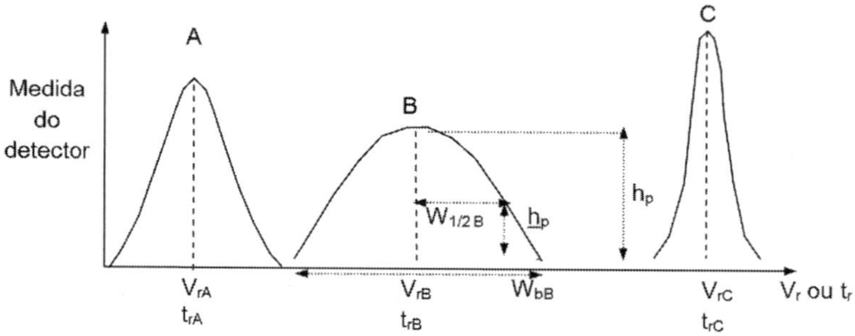

Figura 12.12 Cromatograma e algumas variáveis características.

Na purificação de bioprodutos por cromatografia, ocorre difusão do soluto através de uma película estagnada que envolve as partículas do adsorvente e dentro dos poros das partículas, seguida, finalmente, da etapa de adsorção física ou química. Enquanto a adsorção física compreende as interações eletrostáticas com os átomos superficiais do sólido, regida pelas forças de Van der Waals, na adsorção química os elétrons são reordenados numa reação química. Da primeira resultam multicamadas adsorvidas, enquanto da segunda resulta camada monomolecular, embora na prática os fenômenos envolvidos na adsorção não se limitem a uma mesma natureza.

Os modelos isotérmicos de Langmuir e Freundlich descrevem razoavelmente a adsorção e a dessorção quando em equilíbrio, o que não retrata exatamente o que ocorre na cromatografia, uma vez que tais modelos foram desenvolvidos para reações em condições idealizadas. Para o desenvolvimento de modelos apropriados à configuração de leito empacotado e outras, entretanto, deve-se partir dos modelos clássicos.

A capacidade adsortiva ou eficiência de colunas cromatográficas é objetivamente determinada por meio da curva de ruptura – *breakthrough* –, a qual avalia tal capacidade em condição dinâmica semelhante à condição real, ao contrário dos modelos isotérmicos. A configuração do aparato experimental deverá ser como aquela da situação real. Uma solução contendo a molécula a ser isolada na concentração denominada C_0 é bombeada através da coluna cromatográfica até que a sua concentração na solução de saída, C, seja idêntica à entrada, ou seja, $(C/C_0) = 1$.

A Figura 12.13 apresenta duas curvas de ruptura de forma qualitativa, que representam duas capacidades de adsorção de uma dada molécula para o mesmo limite de concentração da molécula, C, na saída da coluna, dado por $C/C_0 = 0{,}1$. A área demarcada corresponde à massa da molécula adsorvida no leito da coluna, a qual é maior na curva (b).

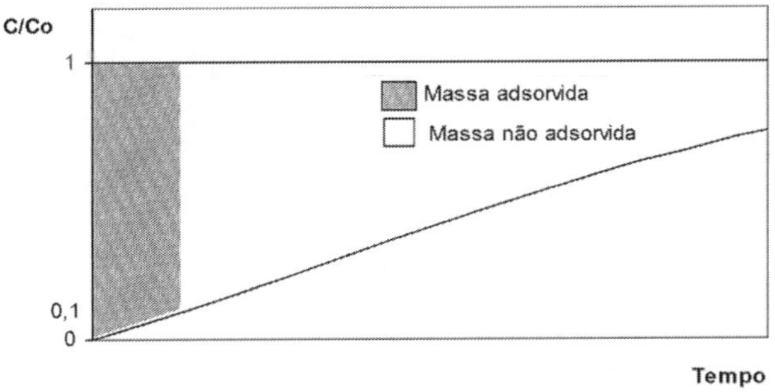

(a)

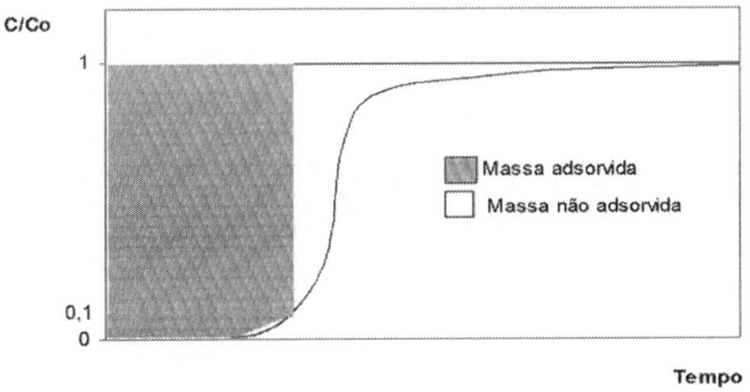

(b)

Figura 12.13 Curvas de ruptura (a) e (b) com diferentes capacidades adsortivas.

Com os dados da Figura 12.13 determina-se a eficiência da coluna, φ, por meio da Equação (12.25), que corresponde à relação entre a massa adsorvida, Q_{ads}, e a massa total aplicada, $Q_{aplicado}$, quando a concentração na saída corresponde a 10% da concentração de entrada.

$$\varphi = \frac{Q_{ads}(C/Co = 0,1)}{Q_{aplicado}(C/Co = 0,1)} \tag{12.25}$$

Nas Seções 12.5.2 a 12.5.5 descrevem-se as cromatografias de exclusão molecular, troca iônica, interação hidrofóbica e afinidade. Na Seção 12.5.6 descrevem-se as particularidades da variante da cromatografia conduzida com o leito expandido, em oposição à disposição empacotada do leito, e, finalmente, na Seção 12.5.7 são vistos os critérios de ampliação de escala da cromatografia.

12.5.2 EXCLUSÃO MOLECULAR

A cromatografia de permeação em gel ou de exclusão molecular é um dos métodos mais eficazes na separação de biomoléculas em função da massa molar. O princípio é que as moléculas são separadas em função de diferenças na massa molar e/ou volume efetivo em solução, o que requer fase estacionária de porosidade definida. Uma mistura de proteínas dissolvidas em meio líquido tamponante adequado flui, por gravidade ou sob pressão, através da fase estacionária constituída por material polimérico poroso hidratado e inerte, caracterizado por uma dada faixa de fracionamento. Numa mistura de moléculas de tamanhos menores e maiores que os poros da fase estacionária, as moléculas menores penetram nos poros, passando a mover-se ao longo da coluna em velocidade menor que as moléculas que não penetram, que são, portanto, as primeiras a serem excluídas da coluna no eluente.

A cromatografia de exclusão molecular pode ser empregada na separação de grupos de moléculas e no isolamento de uma dada molécula. A separação de grupos de moléculas de determinada faixa de tamanho é utilizada na remoção de contaminantes, ou na dessalinização e na troca de soluções tamponantes.

As matrizes que constituem a fase estacionária são caracterizadas pelo fabricante em função da faixa de fracionamento (dada em kDa, tendo proteínas globulares por referência), do diâmetro das partículas e do volume específico (mL/g de massa seca) que assumem quando hidratadas. A escolha da matriz deve considerar a massa molar da proteína de interesse e dos principais contaminantes. Já o diâmetro das partículas deve considerar a escala do processo, pois, embora maiores resoluções de separação sejam alcançadas com as menores partículas, tais partículas provocam aumento do tempo de retenção, t_r, das moléculas e, portanto, do tempo de processo. Em escala industrial, empregam-se partículas de tamanho maior em comparação às separações preparativas ou analíticas, de modo a permitir maiores velocidades superficiais do eluente. Matrizes para cromatografia de exclusão molecular são comercializadas principalmente pela Sephadex®, compreendendo a série denominada Sephadex, além da Pall Corporation com a linha Ultrogel® e a Biorad com a linha Biogel.

Os fatores que afetam a resolução da separação por exclusão molecular são: diâmetro médio e distribuição dos tamanhos das partículas da fase estacionária; densidade do empacotamento do gel na coluna; velocidade superficial do eluente; viscosidade do meio a ser tratado e do tampão; e razão entre os volumes de amostra e da coluna.

À redução da razão entre os volumes de amostra e da coluna corresponde aumento da resolução de separação, sendo recomendado que o volume de amostra corresponda a 0,5% a 2% do volume total do leito. Dessa forma, frequentemente verifica-se a operação de exclusão molecular no final do processo de purificação, quando o volume de meio já foi reduzido e contém poucos componentes, sendo que moléculas de tamanhos similares foram eliminadas. Na separação de grupos de moléculas, quando há acentuada diferença no tamanho, podem-se aplicar volumes de amostra correspondendo a 25% a 30% do volume da coluna.

A concentração de proteína e a viscosidade no meio a ser tratado são variáveis relacionadas entre si e que afetam o desempenho da separação. De modo geral, concentrações de proteína da ordem de até 70 mg/mL são aceitáveis.

No projeto da operação de exclusão molecular numa escala ampliada em relação à de bancada, deve ser mantido o tipo de gel, a altura da coluna, a concentração proteica no meio a ser tratado e a razão entre os volumes de amostra e coluna. Já a vazão do eluente deve ser incrementada na mesma proporção do aumento do diâmetro da coluna, de modo a manter a velocidade superficial do eluente igual à da escala experimental. Outra solução é a multiplicação do número de colunas de igual tamanho àquela da escala experimental, quando o gel empregado é sensível às forças mecânicas da escala ampliada, com a vantagem da versatilidade de manutenção de uma ou mais colunas sem o prejuízo da continuidade da operação nas demais. Colunas cromatográficas comerciais com diâmetros de 2 m e altura de leito de 40 cm a 50 cm são comumente empregadas.

O eluente selecionado não deve interagir com a fase estacionária e, sobretudo, deve manter estável a proteína de interesse. A força iônica do eluente é geralmente elevada, de 0,05 M a 0,50 M, pela adição de um sal, ou o pH é ajustado em valores ácidos, para evitar interações iônicas entre solutos e a fase estacionária.

Emprega-se a exclusão molecular ainda na troca do meio onde se encontra a molécula-alvo, na determinação da massa molar de uma molécula proteica e na distribuição de massas molares. Na troca de meio basta adotar fase estacionária com um diâmetro dos poros tal que a molécula-alvo seja excluída e a fase estacionária fique com reduzida área superficial, para minimizar processos adsortivos e propiciar elevada velocidade superficial do eluente, a qual chega a valores entre 500 cm/h a 6.000 cm/h nessa aplicação. Comparada à diálise, a exclusão molecular é mais rápida, porém resulta em meio mais diluído.

A determinação de massa molar é uma aplicação analítica frequente na qual a coluna é previamente alimentada com solutos de massas molares conhecidas e formas geométricas similares à da molécula-alvo. Obtém-se uma curva de calibração na qual a abscissa é o logaritmo da massa molar das moléculas aplicadas como padrão e a ordenada é o correspondente coeficiente de distribuição, K_d, o qual representa a fração da fase estacionária através da qual a molécula se difunde, variável determinada a partir dos volumes de fase estacionária, coluna e eluição da molécula. Conhecido o valor de K_{av} da molécula-alvo, determina-se sua massa molar.

12.5.3 TROCA IÔNICA

A cromatografia de troca iônica está baseada num processo de adsorção química no qual uma matriz, com carga positiva ou negativa, adsorve partículas de carga oposta. A troca iônica é comumente utilizada para purificar proteínas, pois, em comparação com outros métodos, apresenta as seguintes características: é simples, apresenta fácil ampliação de escala, alta resolução e alta capacidade de adsorção. Tem ainda diversas aplicações analíticas e preparativas, tanto em pesquisa como em processos industriais.

Na troca iônica há uma etapa de adsorção reversível de moléculas de solutos eletricamente carregados a grupos com cargas opostas, imobilizadas em uma matriz sólida. Os solutos adsorvidos são subsequentemente eluídos após serem trocados por outros íons com o mesmo tipo de carga, porém com maior afinidade pela fase estacionária.

São os diferentes graus de afinidade eletrostática entre a fase estacionária e os íons da fase móvel que regem esse tipo de cromatografia. As etapas básicas da cromatografia de troca iônica estão ilustradas na Figura 12.14.

O princípio básico da cromatografia de troca iônica é a competição entre íons de interesse e contaminantes pelos grupos carregados da matriz. As moléculas de proteína possuem, em sua superfície, grupamentos com cargas positivas e negativas. As cargas positivas são oriundas, sobretudo, dos aminoácidos histidina, lisina, arginina e das aminas terminais. As cargas negativas são resultado da presença dos ácidos aspártico e glutâmico e de grupamentos carboxílicos terminais. A carga líquida de uma proteína depende da proporção entre suas cargas positivas e negativas e varia em função do pH. O pH no qual o número de cargas positivas é igual ao de cargas negativas é denominado ponto isoelétrico (pI). Acima do pI as proteínas possuem carga líquida negativa, enquanto abaixo sua carga líquida é positiva.

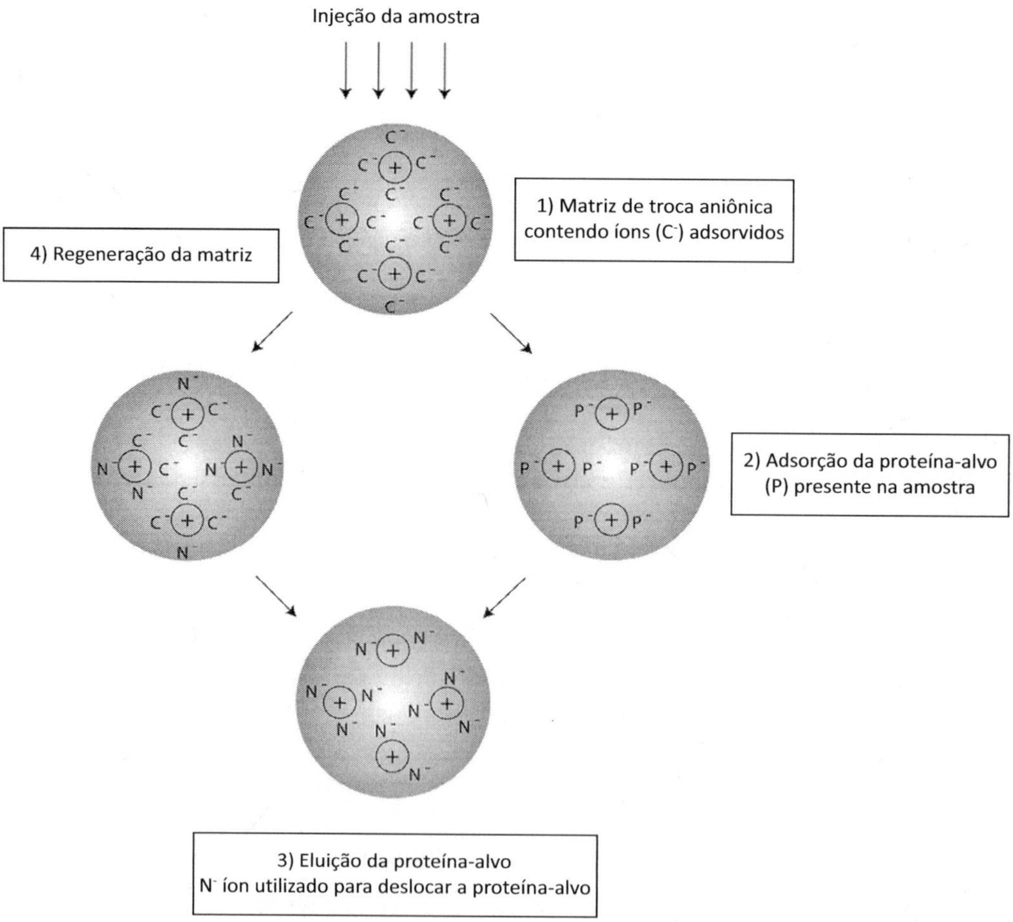

Figura 12.14 Etapas da purificação de uma proteína (P) por troca aniônica. Dessorção (eluição) e regeneração podem ser realizadas utilizando o mesmo contraíon.

A separação de proteínas é feita em função das diferenças no equilíbrio entre os íons da fase móvel e da fase estacionária. Para uma efetiva purificação por troca iônica, a fase estacionária deve ser capaz de se ligar a proteínas que estejam carregadas positiva ou negativamente. As matrizes de troca iônica que contêm grupos positivamente carregados são denominadas trocadores aniônicos e adsorvem proteínas com carga líquida negativa. As matrizes denominadas trocadores catiônicos são negativamente carregadas e adsorvem proteínas com carga positiva. Os contraíons, também denominados íons de substituição, são íons de baixa massa molar que se ligam à fase estacionária ou às proteínas solúveis na fase móvel. Para que a proteína se ligue à fase estacionária, os contraíons devem ser eletroliticamente dissociados. Os cátions Na^+ e H^+ são contraíons comumente encontrados em trocadores catiônicos e os ânions Cl^- e OH^- são os mais utilizados em trocadores aniônicos. Esses íons podem ser classificados de acordo com as forças de interação com seus respectivos grupos ionogênicos. Como exemplo, tem-se que os íons cloreto (Cl^-) substituiriam os íons hidróxido (OH^-) em um trocador aniônico. Portanto, antes da utilização, o trocador iônico deve ser condicionado com um contraíon adequado à aplicação desejada.

O processo de purificação por troca iônica tem como objetivo a adsorção da proteína-alvo ou dos contaminantes à matriz, com posterior eluição. Determinada a capacidade da matriz, selecionados o pH e a força iônica para melhor adsorção e eluição de uma proteína, deve-se definir a forma mais apropriada de operar o processo, como é o caso da adsorção por processo descontínuo. O fracionamento proteico por processo descontínuo é simples e ideal para tratamento de grandes volumes. Nesse caso, a eluição da biomolécula poderá ser feita também de modo descontínuo.

A eluição da coluna cromatográfica pode ser feita usando o próprio tampão utilizado no preparo desta. Nesse caso, as proteínas que adsorveram na matriz de troca iônica serão eluídas após aumento da força iônica, pela inclusão de novas espécies iônicas ou pela mudança do pH. É comum conduzir a eluição ao se promover o aumento da concentração de um sal, como o NaCl, pois com isso se aumenta a competição e se reduz a interação entre o grupo trocador e as biomoléculas a serem eluídas.

A eluição de uma determinada proteína pode ser conduzida de diversas formas. Quando o objetivo é concentrá-la, a eluição pode ser feita com um pequeno volume de eluente. Outra forma muito comum é quando a separação da proteína se dá em função das diferenças de velocidade de migração na coluna entre todos os componentes presentes na amostra. A eluição por etapas é usada para purificar e concentrar biomoléculas. Ela é dividida de tal forma que em cada etapa ocorra mudança no pH e na força iônica, com eluição da biomolécula-alvo de uma só vez em um pequeno volume. Na eluição por gradiente, a força iônica ou o pH do eluente varia continuamente em função do tempo, resultando eluição sequencial das proteínas em função da interação delas com a matriz. Os gradientes são obtidos por misturas de tampões de tal forma que a concentração do sal no eluente seja crescente. Essa mistura pode ser feita por aparelhos programados para proporcionar um gradiente previamente definido e com boa reprodutibilidade. A eluição por gradiente com aumento de pH pode ser empregada em trocadores catiônicos de forma a tornar as proteínas menos carregadas positivamente e, portanto, mais facilmente dessorvidas da matriz, enquanto o gradiente de redução de pH pode ser usado para trocadores aniônicos, uma vez que as proteínas adsorvidas tornam-se menos negativas. No caso da eluição por variação do pH, a estabilidade da proteína deve ser avaliada.

12.5.3.1 Regeneração e estocagem

Para que a coluna possa ser empregada em um novo processo de purificação, ela precisa ser regenerada, isto é, ser reequilibrada com o eluente inicial. A regeneração de trocadores iônicos envolve a remoção dos contaminantes ligados à matriz. A condição de equilíbrio é alcançada fazendo-se passar pela coluna um volume de eluente de cinco a dez vezes a sua capacidade. Desse modo, ocorre troca de íons, com eliminação daqueles contidos nos eluentes anteriormente utilizados. A regeneração pode ser conduzida na própria coluna usada na purificação da biomolécula. A remoção de proteínas fortemente ligadas à matriz é inicialmente alcançada com o uso de NaCl 2 M, seguida, em alguns casos, por uma lavagem alcalina. Trocadores iônicos estocados na forma úmida são suscetíveis à degradação microbiana, em particular aqueles com com matrizes contendo polissacarídeos. Para evitar esse problema, a estocagem desses tipos de trocadores deve ser feita na presença de agentes antimicrobianos, como o etanol a 70%.

12.5.4 INTERAÇÃO HIDROFÓBICA

A cromatografia de interação hidrofóbica (CIH) se baseia na associação entre proteínas e ligantes hidrofóbicos imobilizados em suporte sólido. Esses ligantes são obtidos pela fixação de grupos hidrofóbicos de cadeia curta (butil, octil, fenil) a braços ou espaçadores, os quais, por sua vez, estarão ligados à superfície do suporte sólido.

As proteínas, embora sejam solúveis em água, possuem em sua estrutura grupos que conferem à molécula certa hidrofobicidade, variando esta de intensidade segundo a quantidade desses grupos. Em função disso, a adsorção requer frequentemente a presença de íons *salting-out* como o sulfato de amônio, pois diminuem a disponibilidade de moléculas de água na solução e aumentam as interações hidrofóbicas. Uma das teorias para a interação hidrofóbica baseia-se no conceito das forças de atração de Van der Waals, que ocorrem entre as proteínas e os ligantes imobilizados, ou seja, as forças de atração aumentam na presença de sais que favorecem o *salting-out*. A influência dos diferentes sais sobre as interações hidrofóbicas segue o comportamento das séries de Hofmeister para precipitação de proteínas em soluções aquosas.

As proteínas são compostas por cadeias de aminoácidos com grupos laterais, alguns dos quais são hidrofóbicos: alanina, valina, prolina, leucina e isoleucina, por possuírem cadeias hidrocarbonadas; e fenilalanina, tirosina e triptofano, por apresentarem anéis aromáticos. Em soluções aquosas as proteínas ordenam-se de modo a atingir a mínima energia livre, colocando muitos dos seus grupos hidrofóbicos voltados para o interior da molécula e os grupos com carga voltados para o exterior. Alguns grupos hidrofóbicos que ficam expostos originam regiões hidrofóbicas disponíveis para associação com outros grupos hidrofóbicos, por exemplo, os grupos hidrofóbicos de uma matriz cromatográfica. A concentração salina promove a exposição dos sítios interativos na superfície da proteína. A Figura 12.15 apresenta uma representação esquemática da molécula de proteína, indicando moléculas hidrofóbicas que compõem as suas superfícies hidrofóbicas.

O emprego da operação unitária de cromatografia por adsorção de interação hidrofóbica é ideal quando realizado imediatamente após a operação de precipitação com sal. Quando a eluição da proteína-alvo se dá num gradiente de força iônica decrescente, pode-se associar na sequência uma cromatografia por troca iônica. A operação das colunas de CIH é similar à troca iônica, ou seja: a) a coluna é equilibrada; b) a molécula-alvo é adsorvida à matriz; c) a molécula-alvo é eluída; d) a coluna é regenerada para remoção de proteínas remanescentes; e) a coluna é reequilibrada para ser reutilizada num novo ciclo de operação.

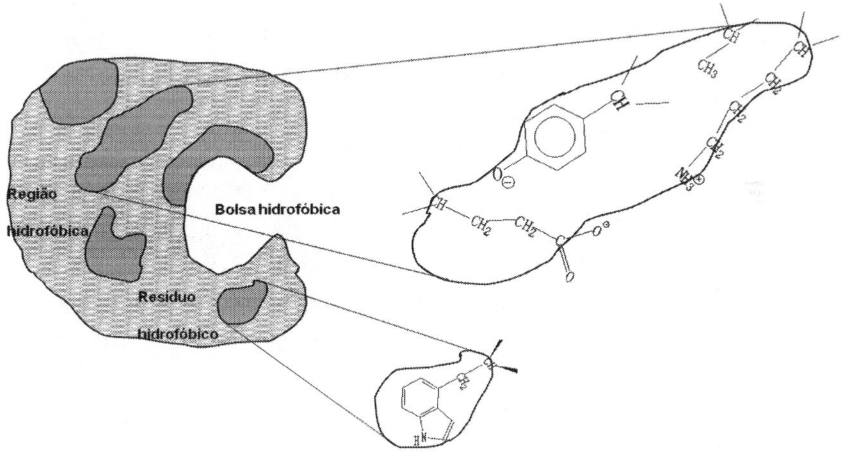

Figura 12.15 Representação esquemática da molécula de proteína indicando áreas hidrofóbicas (zonas mais escuras) e, nos detalhes, exemplos de moléculas hidrofóbicas que compõem as superfícies hidrofóbicas de proteínas.

As proteínas são eluídas da matriz hidrofóbica por redução da força da ligação hidrofóbica alcançada após mudanças na fase móvel, como alteração do tipo e da concentração de sal ou alteração do pH. O emprego de detergentes suaves pode mudar a estrutura da proteína o suficiente para que ela seja liberada da matriz. Como a interação hidrofóbica está baseada numa reação fraca de adsorção, as frações proteicas obtidas usualmente são biologicamente ativas. Os principais parâmetros a considerar para seleção da composição do leito para CIH e otimização das condições de separação são os seguintes: tipo de ligante e grau de substituição; tipo de matriz; tipo e concentração do sal; pH; temperatura; e aditivos.

Os suportes mais frequentemente utilizados são carboidratos fortemente hidrofílicos, por exemplo, agarose com ligações cruzadas ou polímeros sintéticos. Para obter o mesmo tipo de resultado utilizando uma matriz de agarose ou um suporte polimérico, é necessário modificar as condições de adsorção e eluição. Utilizando o mesmo tipo de ligante, a seletividade da fase estacionária pode mudar em função do tipo de suporte.

A influência do pH nas interações hidrofóbicas é complexa. Em termos gerais, o aumento no pH debilita as interações hidrofóbicas, provavelmente como resultado do aumento na força dos grupos com carga elétrica, enquanto o decréscimo no pH resulta em aumento aparente das interações hidrofóbicas. Nesses casos, as proteínas que não se ligam ao adsorvente a pH neutro podem se ligar a pH ácido. Por outro lado, proteínas alcalinas, como lisozima e citocromo C, ligam-se fracamente em ligantes hidrofóbicos quando estão presentes em meios com valores baixos de pH, mas a retenção de proteínas aumenta a valores de pH acima de 8,0. O pH é, portanto, um importante parâmetro na otimização da cromatografia de interação hidrofóbica e deve ser estudado em cada caso particular de separação. Deve-se ter em mente, entretanto, que a máxima estabilidade de enzimas ocorre a faixas de pH determinadas, e eventuais prejuízos a essa estabilidade acarretam perda da atividade enzimática. Assim, embora o pH possa favorecer a adsorção de uma proteína, é necessário verificar a estabilidade desta, pois é possível que o pH ótimo para adsorção não preserve a estabilidade.

A retenção de proteína melhora quando se aumenta a temperatura, enquanto sua diminuição auxilia a eluição da proteína. A estabilidade das enzimas, por sua natureza proteica, é suscetível à temperatura, geralmente diminuindo à medida que esta aumenta, o que limita o uso desse parâmetro como coadjuvante nos processos de purificação. Na prática, costumam-se usar baixas temperaturas para minimizar a perda de atividade enzimática.

Alguns aditivos podem ser utilizados na CIH para melhorar a solubilidade ou modificar a conformação da proteína, além de promover a eluição. Os mais utilizados são: etanol e etileno glicol; Triton X-100; e soluções aquosas de sais caotrópicos, como o tiocianato. A porção não polar de álcoois e detergentes consegue deslocar as proteínas ligadas em virtude da competição pelos ligantes da fase estacionária hidrofóbica. Quando detergentes iônicos estão ligados ao meio hidrofóbico, o processo de separação torna-se um misto de troca iônica e CIH, pela presença de grupos carregados do detergente. Os sais caotrópicos promovem a dessorção das proteínas ligadas, pois alteram a estrutura organizada da água e/ou das proteínas ligadas. A Figura 12.16 mostra o princípio da CIH.

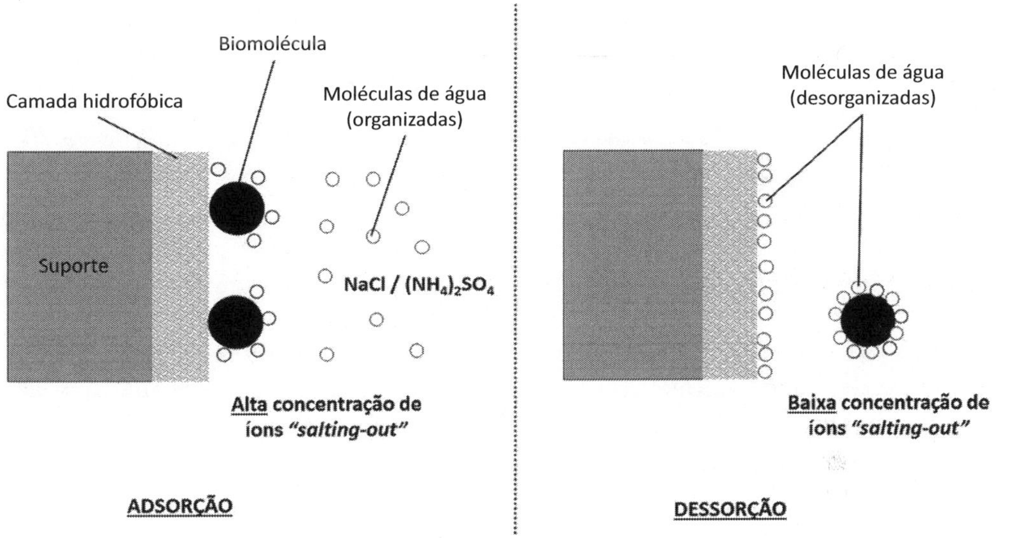

Figura 12.16 Princípio da cromatografia de interação hidrofóbica.

Fonte: adaptada de Ghosh e Wang (2006).

12.5.5 AFINIDADE

A cromatografia de afinidade distingue-se dos outros métodos cromatográficos por basear-se, principalmente, nas propriedades biológicas ou funcionais das espécies que interagem: a proteína a ser separada e a fase estacionária. Ocorrem interações altamente específicas, como: enzima-substrato; enzima-inibidor; antígeno-anticorpo. Um dos componentes dessa interação (denominado ligante) é imobilizado num suporte insolúvel que é uma matriz porosa, e o outro componente é seletivamente adsorvido nesse ligante, previamente imobilizado. O componente adsorvido é subsequentemente eluído em meio a uma solução que enfraquece a interação previamente estabelecida.

A cromatografia de afinidade pode ser aplicada em qualquer estágio do processo de purificação, entretanto, geralmente é realizada após a redução dos contaminantes por métodos mais baratos. A purificação resultante é de alta resolução e a recuperação do material ativo é geralmente elevada, pois é um método de alta especificidade, podendo resultar a purificação necessária em apenas uma etapa, separando formas nativas de formas desnaturadas de uma mesma proteína e removendo pequenas quantidades da proteína de interesse em meio a elevada quantidade de proteínas contaminantes. Como desvantagens, além do elevado custo, tem-se a baixa capacidade de adsorção em comparação com as cromatografias de troca iônica ou de interação hidrofóbica e o menor número de ciclos de operação, causado pela fragilidade de muitos dos ligantes utilizados nesses adsorventes.

A cromatografia de afinidade compreende os seguintes estágios: adsorção reversível da proteína pelo adsorvente, e possível adsorção de impurezas dentro dos poros da matriz ou nos ligantes da superfície da matriz; lavagem para redução da concentração das impurezas dentro das partículas porosas da matriz; recuperação da molécula-alvo adsorvida por meio da dissociação do complexo adsorvido-ligante (estágio de eluição); e, finalmente, regeneração do adsorvente pelo contato com a solução tampão inicial.

A eluição da molécula-alvo ligada à fase estacionária ou matriz pode ser seletiva, quando ocorre interferência nas interações bioespecíficas das proteínas, ou não seletiva, quando se vale de alterações de pH, força iônica, sais e, em alguns casos raros, temperatura. Frequentemente, o método utilizado é o da eluição não seletiva, o qual reduz a intensidade da ligação entre o ligante e a proteína adsorvida, resultando na dissociação do complexo. Uma forma de eluição seletiva é o uso de solução com alta concentração de moléculas contendo grupos químicos semelhantes ao da proteína adsorvida, resultando competição entre as proteínas adsorvidas e os grupos na solução, presentes em excesso, e, finalmente, eluição.

Um caso específico, mas bastante utilizado, é a cromatografia de afinidade por íons metálicos imobilizados, também conhecida por IMAC (*immobilized metal-ion affinity chromatography*). O princípio dessa técnica é a afinidade que íons metálicos imobilizados em uma matriz sólida apresentam por certos grupamentos químicos expostos na superfície de uma biomolécula em solução. No caso de proteínas em solução, essa afinidade será regida pela interação, na forma de ligações de coordenação reversíveis, entre os resíduos de alguns aminoácidos (principalmente histidinas e cisteínas em sua forma reduzida) e os íons metálicos imobilizados na superfície da matriz. As matrizes cromatográficas utilizadas em IMAC são semelhantes às utilizadas em cromatografia de afinidade, mas possuem em sua superfície agentes quelantes responsáveis pela imobilização dos íons metálicos. Os agentes quelantes mais utilizados são o ácido iminodiacético (IDA) e o ácido nitrilotriacético (NTA), mas outros, como o ácido aspártico carboximetilado (CM-Asp) e o tris-2 (aminoetil) amina (TREN), também têm sido estudados.

A intensidade da interação entre uma proteína presente em solução e a matriz de IMAC será função de diferentes fatores, como o número de resíduos (por exemplo, histidinas) expostos na superfície da proteína, o tipo de íon metálico imobilizado (Ni^{2+}, Co^{2+}, Cu^{2+}, Zn^{2+} etc.), além do tipo de agente quelante responsável pela imobilização do íon metálico (IDA, NTA etc.). Por exemplo, é comum que uma proteína contendo um único resíduo de histidina exposto seja adsorvida em uma matriz contendo íons cobre imobilizados. No entanto, caso o íon imobilizado seja o níquel ou o cobalto, apenas proteínas contendo vários (dois ou mais) resíduos de histidina serão adsorvidas. Aproveitando-se desse mecanismo de adsorção seletiva de proteínas em matrizes de IMAC, os biólogos moleculares criaram vetores de expressão de proteínas recombinantes que levam à inserção de sequências de resíduos de histidina (geralmente seis) na estrutura das proteínas recombinantes. Essas "caudas de histidina" facilitam a purificação das proteínas recombinantes, uma vez que aumentam fortemente a afinidade dessas proteínas por matrizes contendo níquel ou cobalto imobilizado, facilitando assim a adsorção seletiva em detrimento das demais impurezas.

12.5.5.1 Imunoafinidade

A cromatografia de imunoafinidade baseia-se no reconhecimento de epítopos antigênicos por anticorpos. A alta especificidade e a afinidade dos anticorpos com seus antígenos fazem da cromatografia de imunoafinidade uma poderosa ferramenta para isolar um determinado composto a partir de amostras complexas, com uma seletividade que não é em geral conseguida por outros métodos cromatográficos. Esse tipo de cromatografia consegue inclusive discriminar formas alteradas ou parcialmente degradadas da forma nativa de uma proteína utilizando clones que produzem anticorpos que se ligam apenas às formas não nativas e que não interagem com a proteína intacta.

Consiste em geral de três etapas. Na primeira, a amostra contendo o produto a ser purificado é aplicada a uma coluna com anticorpos imobilizados. Em virtude da especificidade da interação antígeno-anticorpo, apenas o produto de interesse se liga ao imunoadsorvente. Em seguida, uma etapa de lavagem com tampões suaves, como fosfato salina (PBS) pH 7,2, remove o material não retido (impurezas presentes no fluido da coluna e aquelas ligadas inespecificamente ao imunoadsorvente). Finalmente, na etapa de eluição, o produto de interesse é removido da coluna utilizando um solvente que reduz a afinidade do antígeno em relação ao anticorpo.

Esse tipo de cromatografia é aplicado para purificação, por exemplo, do hormônio de crescimento recombinante produzido em *Escherichia coli*. Nesse caso, o anticorpo usado na coluna de imunoafinidade é seletivo para as impurezas derivadas da célula hospedeira, enquanto o hormônio passa pela coluna sem ser retido. O aumento de pureza chega a cerca de 300 vezes em apenas uma única etapa de purificação, com a vantagem de que o hormônio não estará exposto a condições drásticas de eluição.

Uma grande variedade de biomoléculas, naturais ou recombinantes, incluindo hormônios, imunoglobulinas, enzimas e citoquinas, tem sido purificada por cromatografia de imunoafinidade em escala de laboratório. Embora essa cromatografia com anticorpos monoclonais seja altamente eficiente, dadas sua versatilidade, sua alta afinidade e sua seletividade, sua utilização em larga escala não é frequente, pois o alto custo decorrente de uma produção desses anticorpos para uso industrial e a impossibilidade em muitos casos de reusar uma mesma coluna a tornam economicamente inviável. Uma alternativa recente para essa limitação tem sido o uso, embora ainda limitado, de anticorpos recombinantes com a especificidade desejada, como é o caso de fragmentos funcionais de anticorpos (Fv e Fab) expressos em bactéria. Entretanto, o avanço da ciência tanto no campo dos anticorpos, melhorando as suas propriedades de ligação e resistência à degradação, quanto no de suportes novos com características mais eficientes e da química de acoplamento tem viabilizado cada vez mais a utilização da cromatografia de imunoafinidade em larga escala.

12.5.6 ADSORÇÃO EM LEITO EXPANDIDO

Na adsorção em leito expandido (ALE) é possível aplicar meios não clarificados, ao contrário dos convencionais leitos empacotados descritos nas Seções 12.5.1 a 12.5.4, que exigem meios isentos de partículas sólidas. Esse procedimento viabiliza, em uma única operação, a clarificação de uma suspensão, ou de um homogeneizado de células, e a purificação da molécula-alvo. Além disso, a maior difusividade na ALE reduz o tempo do processo.

No leito expandido as partículas adsorventes distribuem-se em função de seu tamanho e sua densidade, resultando camadas definidas e reduzido grau de mistura no sentido axial. Combinam-se assim as propriedades hidrodinâmicas do leito fluidizado com a estratificação estável do leito empacotado.

A Figura 12.17 apresenta a sequência de etapas na ALE, na qual a adsorção se dá com o leito expandido, enquanto a eluição ocorre com o leito empacotado, para maior resolução na separação das moléculas dessorvidas.

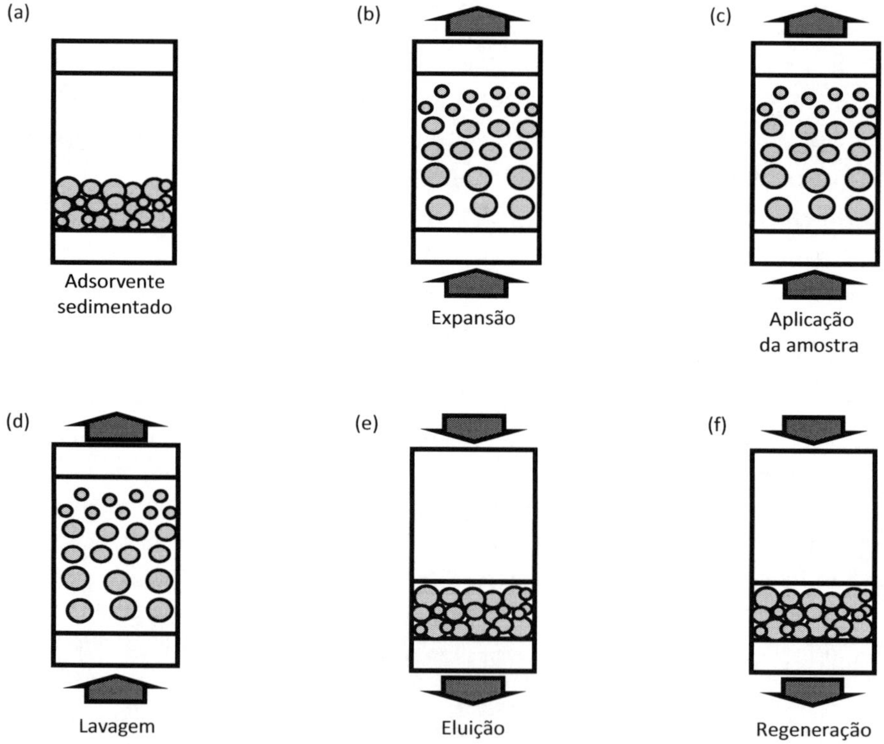

Figura 12.17 Etapas da adsorção em leito expandido: (a) leito sedimentado; (b) expansão e estabelecimento de equilíbrio; (c) aplicação do meio; (d) lavagem; (e) eluição e (f) regeneração do leito empacotado.

12.5.6.1 Caracterização do leito expandido

A caracterização da ALE baseia-se no grau de expansão do leito, *GE*, em função da velocidade linear do fluido, *U*, e na distribuição do tempo de residência. *GE* é a razão entre as alturas do leito expandido, *H*, e empacotado, H_0, dada pela Equação (12.26), cujo valor deve situar-se entre 2 e 3 para resultar porosidade suficiente à passagem de células e seus fragmentos.

$$GE = \frac{H}{H_O} \tag{12.26}$$

Ajusta-se *GE* por meio da velocidade linear do fluido, *U*, a qual varia entre 100 cm/h e 300 cm/h e é dada pela razão entre a vazão de alimentação, *Q* (m^3/h), e a área da seção transversal da coluna, *A* (m^2), conforme a Equação (12.27):

$$U = \frac{Q}{A} \tag{12.27}$$

A Equação (12.28), denominada equação de Richardson-Zaki, determina o valor de *U* necessário a um dado valor de *GE* e a consequente porosidade do leito, ε. U_T é a máxima velocidade do fluido que mantém o leito expandido e estável, portanto, é um parâmetro, e o índice de Richardson-Zaki, *n*, relaciona-se à viscosidade do fluido e à presença de células, variando entre 3 e 6.

$$\frac{U}{U_T} = \varepsilon^n \tag{12.28}$$

De acordo com a forma linearizada da equação de Richardson-Zaki, Equação (12.29), conhecidos os pares de valores de ε e *U*, determina-se LnU_T pelo coeficiente linear e *n* pelo coeficiente angular. É possível então determinar o valor de *U* para alcançar um dado *GE*.

$$\text{Ln}U = \text{Ln}U_T + n\text{Ln}\varepsilon \tag{12.29}$$

A distribuição do tempo de residência (DTR) caracteriza o escoamento dentro da coluna: fluxo pistonado (*plugflow*), mistura perfeita (*backmixing*) ou comportamento intermediário entre esses dois casos. O desejado é o fluxo pistonado, posto que corresponde ao mínimo grau de mistura no sentido axial, o que favorece a cinética de adsorção proteína-adsorvente. DTR é obtida utilizando-se técnica do tipo estímulo e resposta com base na adição de um traçador. Por meio da DTR determina-se *N*, número de pratos teóricos, de cuja relação com *U*, *H* e ε, Equação (12.30), resulta o coeficiente de dispersão axial, D_{axl}, o qual varia entre 10 cm^2/s e 10^{-3} cm^2/s, mas, frequentemente é de 0,1 cm^2/s.

$$N = \frac{UH}{2\varepsilon D_{axl}} \tag{12.30}$$

12.5.6.2 Metodologia experimental

Na prática, é necessário saber o valor de *U*, velocidade superficial do fluido, a ser aplicado para alcançar um dado *GE*, grau de expansão do leito, pois a eficiência da adsorção está associada a *GE*. A relação entre *U* e *GE* é específica a cada caso, pois depende da viscosidade do meio, da presença ou não de células, da distribuição do tamanho e da densidade das células.

Quando se aplica o meio bruto, isto é, com células, o GE para um dado valor de U é maior que aquele verificado em meio clarificado, isto é, isento de células, do que resulta redução da eficiência de purificação da molécula-alvo, dado que a fluidização do leito será menos estável. A maior expansão do leito é consequência da maior viscosidade do meio com células e, sobretudo, em meios com células rompidas, da presença de nucleotídeos e fragmentos da parede e da membrana celulares.

Inicia-se o desenvolvimento em laboratório com o meio clarificado e o leito empacotado, determinando-se assim o desempenho nas condições ótimas de adsorção e eluição, e a capacidade de adsorção da molécula-alvo pelo adsorvente. Seguem-se ensaios com o meio clarificado no leito expandido e, finalmente, ensaios com o meio bruto, isto é, com células ou seus fragmentos, quando o objetivo também é a clarificação do meio, além da separação da molécula-alvo. Dessa forma, é possível avaliar a influência da presença das células na resolução da separação entre molécula-alvo e impurezas.

A vantagem do emprego da ALE para meios perfeitamente clarificados reside no aumento da produtividade em comparação ao leito empacotado, isto é, da velocidade de obtenção da molécula-alvo purificada. Para cada condição deve-se determinar a eficiência na purificação e no rendimento em molécula-alvo, em função das seguintes variáveis: *GE*, *U*, DTR e o correspondente D_{axl}. Os resultados dos experimentos em escala de laboratório permitirão decidir pela exequibilidade da ALE ou não.

A adsorção se dá com os mesmos ligantes empregados na cromatografia convencional, quais sejam: troca iônica com sulfapropil (SP), dietilaminoetil (DEAE) e ácido iminodiacético (IDA); afinidade por IgG; hidrofobicidade por *Streamline Phenyl*. Esses ligantes são acoplados a uma matriz, em geral agarose, tornando-a funcional. O interior das partículas de agarose pode ser constituído por núcleos de quartzo, zircônia, aço inoxidável ou tungstênio, responsáveis por elevar a densidade da partícula para 2,5 kg/L a 3,5 kg/L. Essas partículas densas e diminutas, com diâmetro entre 20 µm e 300 µm, mantêm o fluxo elevado em regime praticamente pistonado.

12.5.6.3 Ampliação de escala

Na ampliação de escala da ALE desenvolvida em escala de laboratório, aumenta-se o diâmetro da coluna na mesma proporção do aumento do volume de meio a ser tratado, mantendo-se a altura do leito expandido, H, e a velocidade linear, U, para garantir a expansão estável do leito. Há casos de ampliação de escala até dezenas de litros ou alguns poucos milhares, em reatores de ALE com diâmetro de 20 cm a 1 m.

12.5.6.4 Aplicações da ALE

A literatura apresenta aplicações bem-sucedidas da ALE na purificação de moléculas obtidas em bactérias, leveduras e células animais. Atualmente emprega-se a ALE na purificação de proteínas para a indústria de alimentos, como as do soro de queijo e dos fluxos de descarte da produção de biodiesel de milho, soja e sementes de uva.

Quando do emprego da centrifugação para clarificação, pode-se aplicar a ALE para eliminar a clarificação adicional por meio de microfiltração necessária à subsequente purificação em leito empacotado.

A ALE é particularmente importante na produção de proteínas para uso terapêutico e diagnóstico quando aplicada a meios com células ou seus fragmentos, por causa da redução no tempo do processo e da viabilidade de adsorção nesses meios viscosos, por exemplo, aqueles oriundos da produção de proteínas heterólogas associadas às células de *E. coli*.

12.5.7 AMPLIAÇÃO DE ESCALA DE PROCESSOS CROMATOGRÁFICOS

O objetivo principal da purificação em larga escala é reproduzir o desempenho do processo (resolução, tempo e rendimento) que foi desenvolvido em pequena escala. Porém, a ampliação de escala é necessária à produção de quantidades suficientes para atender ao mercado consumidor.

Inicialmente, é necessário definir o que exatamente significa um processo de purificação em pequena ou larga escala. Os processos de purificação em escala laboratorial rendem microgramas ou miligramas do produto. Em escala piloto essas quantidades são de miligramas a gramas, e na purificação em larga escala a quantidade pode variar de gramas a quilogramas, pois depende do uso final.

A ampliação de escala de alguns processos cromatográficos é semelhante, como troca iônica, interação hidrofóbica e afinidade. A fase estacionária e o grau de empacotamento empregados na escala de laboratório devem ser mantidos na escala ampliada. Também se adotam altura de coluna, velocidade linear de alimentação (vazão volumétrica dividida pela área de corte transversal da coluna), concentração da molécula a ser purificada e soluções de tratamento idênticas àquelas da escala de laboratório. Assim, a ampliação da capacidade da coluna para o processamento de volumes ampliados de meio é obtida mediante aumento do seu diâmetro.

O aumento de escala de um processo cromatográfico significa, na prática, aumentar o diâmetro da coluna de tal forma que passe a comportar o volume adicional de amostra a ser purificada. A ampliação da largura da coluna pode provocar alterações no empacotamento da fase estacionária, pois uma elevada massa de material adsorvente estará distante da parede da coluna, a qual auxilia na manutenção do empacotamento do leito. O resultado pode ser a deformação, principalmente na parte central do leito, cujo achatamento induzirá o fluxo preferencial do líquido através dessa parte, alterando a resolução do processo cromatográfico. É por essa razão que frequentemente as colunas industriais apresentam altura de leito da ordem de 30 cm e diâmetro da ordem de 1 m. Porém, há casos em que o diâmetro da coluna atinge 2 m. De modo geral, os maiores volumes de colunas cromatográficas são de 700 L a 2.000 L, como acontece na purificação das proteínas do soro de queijo ou da albumina do plasma humano. Caso se deseje aumentar ainda mais a produção, recomenda-se aumentar o número de colunas.

12.6 NOVAS TECNOLOGIAS PARA PURIFICAÇÃO

12.6.1 CROMATOGRAFIA EM REGIME CONTÍNUO

Dentre as tecnologias de purificação de biomoléculas recentemente aplicadas a produtos biotecnológicos, destaca-se a cromatografia contínua, pois apresenta maiores produtividades, aproveitamento do adsorvente e, sobretudo, resolução na separação de moléculas estruturalmente muito parecidas, cuja separação é ineficiente ou inviável na cromatografia de leito fixo. A cromatografia contínua já é aplicada há décadas nas indústrias petroquímicas, de química fina e no processamento de açúcares.

Embora a cromatografia líquida convencional seja de amplo uso nas indústrias farmacêuticas, de química fina e de produtos biotecnológicos, são desvantagens expressivas a descontinuidade do processo e a diluição do produto, provavelmente decorrente da subutilização do adsorvente, pois observam-se partes do leito fixo com todos os solutos, outras com apenas um soluto e outras sem solutos.

A operação da cromatografia em regime contínuo dá-se em leito móvel verdadeiro (LMV) ou leito móvel simulado (LMS). LMV é o sistema tradicional no qual a fase sólida adsorvente escoa em direção oposta à fase líquida, aumentando a força motriz, o que melhora a transferência de massa. A manutenção uniforme do escoamento da fase sólida e o desgaste devido ao atrito são dificuldades do LMV. O LMS é a resposta a essas dificuldades, pois simula o movimento da fase sólida por meio do emprego de várias colunas conectadas na forma de um circuito, nas quais se alimenta o meio a ser tratado em diferentes pontos de entrada, sucessivamente, os quais estão sob controle de um programa, bem como as saídas.

O sistema LMS é aplicado na separação de misturas binárias importantes, cujos solutos são proteínas, moléculas quirais e açúcares. Moléculas quirais dispõem de um átomo de carbono ligado a quatro substituintes diferentes, sendo que a mudança de posição de dois dos grupos substituintes conduz a uma simetria geométrica da molécula, que a cromatografia convencional de leito fixo não consegue distinguir e separar. A mudança de posição dos substituintes resulta num enantiômero, que é uma molécula "espelhada", simetricamente igual à original, com capacidade de desviar a luz para a esquerda (enantiômero levógiro) ou para a direita (enantiômero dextrógiro). Os medicamentos quirais produzidos sinteticamente constituem uma mistura racêmica, pois apresentam os isômeros, sendo que uma das moléculas é a desejada e a outra apresenta atividade biológica reduzida, nula ou, na pior situação, nociva ao paciente. Misturas mais complexas como as ternárias também são passíveis de separação por LMS ou LMV.

12.6.2 CROMATOGRAFIA CONTÍNUA ACOPLADA AO BIORREATOR

O acoplamento da cromatografia em regime contínuo, LMV ou LMS, ao biorreator de produção da molécula-alvo é útil quando metabólitos inibidores das funções microbianas são acumulados no meio de cultura. Nesse caso, a contínua remoção de tais metabólitos inibidores do meio de cultura, seja o produto desejado ou não, no sistema de leito móvel permite elevado grau de aproveitamento dos nutrientes, dado que o meio retorna ao reator. Em se tratando da molécula-alvo ou produto, claro está que teve início aí a purificação simultânea à produção.

Reatores enzimáticos também são beneficiados pela tecnologia de cromatografia contínua, quando a reação catalisada resulta em moléculas inibidoras ou quando o ponto de equilíbrio da reação prejudica o rendimento, sobretudo na produção de moléculas quirais. São exemplos importantes as reações catalisadas por aldolases, as quais resultam isômeros, cuja velocidade compromete a produtividade do processo.

12.6.3 COLUNA MONOLÍTICA

CIM® (*Convective Interaction Media*), denominada coluna monolítica, é uma coluna cromatográfica constituída de uma única peça, homogênea, que forma uma rede de grandes poros interligados, nos quais o transporte de massa é governado pela convecção, promovendo separações rápidas com elevada capacidade de adsorção, sobretudo se comparada às tecnologias convencionais, na purificação de partículas ou moléculas de alta massa molar, como vírus e DNA. Nas matrizes cromatográficas convencionais, o transporte de massa entre a fase móvel e a fase estacionária é governado pela difusão, um processo lento, especialmente para moléculas de elevada massa molar cuja mobilidade é reduzida.

A matriz é um material rígido, polimerizado (a partir dos monômeros metacrilato glicidil e etileno metacrilato) e quimicamente estável que contém grupos epóxis que podem ser modificados para a preparação de matrizes de troca iônica, interação hidrofóbica e afinidade. O elevado diâmetro dos poros, de 1,5 μm a 2,0 μm, permite que as biomoléculas tenham acesso a todos os pontos de adsorção. A estabilidade mecânica é provida pela elevada porosidade, 60%, ao se utilizarem fluxos elevados, sem que ocorra perda de pressão.

Suas principais aplicações são a purificação de moléculas de elevada massa molar, como endotoxinas, imunoglobulina M (IgM) e DNA plasmidial, provenientes de sobrenadante de culturas de células animais ou partículas virais ou pseudovirais. Monolitos também são eficientes na purificação de proteínas de menor massa molar, como eritropoietina, anticorpo monoclonal e fatores de coagulação recombinantes. A ampliação de escala do processo é fácil, dado que a estrutura e especialmente a distribuição dos poros são semelhantes qualquer que seja o tamanho da coluna.

12.7 TRATAMENTOS FINAIS

O grau de pureza necessário a um produto biotecnológico depende de sua aplicação final. A simples secagem de microrganismos cultivados para produção de proteína celular é suficiente para sua comercialização. Caldos enzimáticos parcialmente purificados podem ser utilizados como catalisadores em conversões químicas industriais, por exemplo, na produção de xarope de frutose utilizando a enzima glicose isomerase. No entanto, um grau de pureza elevado é necessário para grande parte dos produtos biotecnológicos, especialmente aqueles de uso farmacêutico. Além disso, é comum que os produtos sejam comercializados na forma seca (sólidos cristalinos ou amorfos) e, para tanto, recorre-se a tratamentos finais como a cristalização ou liofilização.

A liofilização pode ser definida como um processo de secagem de um produto previamente congelado em que a maior parte da água é removida por sublimação. Aplica-se à remoção de qualquer solvente, mas em biotecnologia o interesse fundamental se prende à água. Nesse processo o material é congelado e, em seguida, submetido à baixa pressão para sublimação da água livre, com consequente concentração dos solutos. Como resultado, as propriedades físico-químicas – pH, força iônica, viscosidade, ponto de congelamento, tensão superficial e interfacial – da fase não congelada alteram-se significativamente. Os materiais liofilizados são apresentados na forma de pó e as atividades biológicas se mantêm estáveis por muito mais tempo quando comparadas com a conservação em solução aquosa. Por esse motivo, muitas proteínas comerciais estão disponíveis na forma liofilizada. Porém, se a liofilização não for adequadamente planejada, poderá ocorrer desnaturação proteica. Embora seja uma técnica amplamente empregada na conservação de muitos materiais, em sua maioria biológicos, há uma série de fatores envolvidos na liofilização que devem ser manipulados de forma a obter-se um material de boa qualidade.

Soluções proteicas são facilmente desnaturadas (muitas vezes irreversivelmente) por numerosos eventos que podem afetar a sua estabilidade, como: aquecimento, agitação, congelamento, mudanças no pH e exposição a interfaces ou agentes desnaturantes, resultando geralmente na perda da eficácia clínica e no aumento do risco de efeitos colaterais adversos. Mesmo se a estabilidade física for mantida, as proteínas podem ser degradadas por reações químicas, por exemplo, hidrólise e desamidação, muitas das quais são mediadas pela água (CARPENTER; IZUTSU; RANDOLPH, 1999). O aumento da estabilidade de proteínas pode ser obtido por meio da remoção da água (desidratação).

A liofilização é o método mais comumente utilizado para a preparação de proteínas desidratadas, as quais devem apresentar estabilidade adequada por longo período de armazenagem em temperaturas ambientes. A liofilização é um processo de secagem constituído de três etapas: congelamento, secagem primária e secagem secundária. A finalidade do congelamento é a imobilização do produto a ser liofilizado, interrompendo reações químicas e atividades biológicas. O material, previamente congelado, é desidratado por sublimação seguida pela dessorção, utilizando-se baixas temperaturas de secagem a pressões reduzidas. A estrutura e a forma do produto, bem como a taxa de sublimação, são determinadas pelo processo de congelamento. A estrutura não deve ser alterada durante o processo de liofilização para se evitar a ocorrência de danos irreversíveis ou perda do produto, sendo o congelamento uma das etapas mais críticas do processo (MURGATROYD et al., 1997).

Um parâmetro importante que precisa ser definido durante o congelamento é a sua velocidade. O grau de desnaturação proteica induzida pelo congelamento é uma função complexa, tanto da velocidade de congelamento como da temperatura final obtida. Os efeitos relacionados com as velocidades de congelamento na estabilidade das proteínas variam de forma significativa. A liofilização pode causar diversas mudanças estruturais no espectro das proteínas. Estudos recentes com espectroscopia no infravermelho têm documentado que os problemas relacionados com o congelamento e a desidratação induzidos pela liofilização podem levar ao desdobramento molecular da proteína. Deve-se, portanto, enfatizar que a liofilização não pode ser considerada um processo inofensivo, necessitando de total controle e conhecimento de todas as etapas envolvidas.

O mecanismo da liofilização induz à obtenção de produtos que em sua maioria estão no estado amorfo. Em virtude da natureza amorfa da proteína e dos agentes estabilizantes geralmente usados (açúcares ou polióis), as formulações liofilizadas exibem frequentemente o fenômeno da transição vítrea, um importante parâmetro para o desenvolvimento do ciclo de liofilização. A transição vítrea de um produto liofilizado pode ser estudada e aplicada para melhorar o processamento, a qualidade e a estabilidade do produto (CHEN; OAKLEY, 1995). Sob temperatura abaixo da transição vítrea, a matriz do soluto encontra-se no estado de um sólido amorfo vítreo. Durante a liofilização, se a temperatura de congelamento ultrapassar a T_g', a solução amorfa concentrada ficará menos viscosa, podendo causar o colapso do produto. A concentração do soluto da matriz aumenta progressivamente durante o processo em virtude de perda de água. A matriz torna-se mais rígida e a T_g aumenta. O produto pode, então, tolerar o aumento da temperatura sem sofrer o colapso. A determinação dos parâmetros do processo de liofilização está diretamente relacionada com as características térmicas da formulação e a análise térmica por calorimetria exploratória diferencial (DSC) é um método conveniente para se avaliar essas características (CHEN; OAKLEY, 1995).

Outra operação unitária bastante utilizada em processos de recuperação e purificação de biomoléculas é a cristalização. A cristalização é o processo de formação, por agregação, de cristais de moléculas presentes em soluções homogêneas supersaturadas. Trata-se de técnica comumente empregada na fase final dos processos de purificação de proteínas, particularmente as enzimas. A cristalização é de grande importância em processos biotecnológicos, pois permite a estocagem estável. Compostos cristalizados são estáveis, pois as moléculas são imobilizadas. Soluções proteicas cristalizadas contaminadas por proteases têm sua atividade preservada, uma vez que a enzima também cristaliza. Após a cristalização, o produto pode ser recuperado por filtração ou centrifugação, seguida de secagem.

12.8 INTEGRAÇÃO DE ETAPAS NA OBTENÇÃO DE PRODUTOS BIOTECNOLÓGICOS

Na integração de etapas do processo de obtenção de produtos biotecnológicos, os objetivos de duas ou mais operações unitárias são alcançados numa só etapa, com consequente aumento do rendimento da molécula-alvo. Além disso, alterações no processo no seu *upstream*, como modificações genéticas da célula e na formulação de meios de cultura que minimizem a agregação de contaminantes, resultam de uma visão global do processo, de forma a integrá-lo. Conforme foi descrito na Seção 12.1, a redução do número de etapas resulta em menor perda da molécula-alvo no processo. A seguir serão discutidas algumas alternativas de integração de etapas no *upstream*, etapas do cultivo microbiano e aquelas que o antecedem, e no *downstream*, etapas de isolamento e purificação da molécula-alvo do processo.

12.8.1 MEIO DE CULTIVO

O meio de cultivo pode agregar contaminantes em variedade e concentração significativas, sobretudo se componentes complexos forem empregados, como: melaço, solução residual da produção de açúcar cristalizado que contém sólidos em suspensão e moléculas orgânicas que agregam cor ao meio; milhocina, água remanescente da maceração do milho rica em aminoácidos e vitaminas, entretanto, seus aminoácidos podem ser contaminantes; soro residual da fabricação de queijo, fonte rica em lactose (4,8%), ácidos lático e cítrico, proteínas globulina e albumina, lipídeos, sais minerais, ureia, nitrogênio orgânico, vitaminas do complexo B, piridoxina, ácido pantotênico, ácido fólico e biotina, e o espectro completo de aminoácidos, o que faz desse componente complexo uma fonte de contaminantes.

12.8.2 MODIFICAÇÕES NA ESTRUTURA DA MOLÉCULA-ALVO

As ferramentas da engenharia genética permitem redefinir a estrutura química de uma molécula a fim de lhe conferir propriedades importantes a sua produção, sua purificação e seu uso. A Figura 12.18 ilustra uma proteína genérica de fusão, assim denominada por conta da cauda a ela agregada por meio de uma sequência de nucleotídeos específica adicionada ao gene original. A agregação da cauda tem por objetivo conferir propriedades como proteção contra ação de proteases e adsorção eficiente nas purificações cromatográficas, por exemplo, uma cauda constituída da proteína IgG permite adsorção por afinidade biológica.

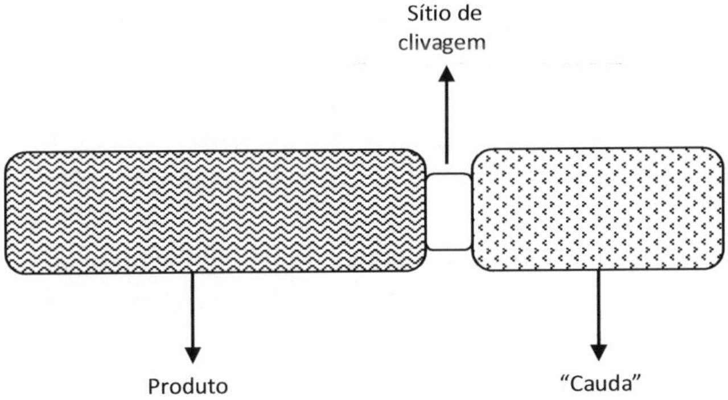

Figura 12.18 Proteína de fusão com propriedades facilitadoras da purificação. A "cauda" pode apresentar propriedades analíticas, de separação e de proteção contra proteases.

No estudo de Wilkinson et al. (1995), um peptídeo com ação diurética e hipotensiva, de 2 kDa de massa molar, foi transformado em uma molécula de fusão pela introdução de cauda constituída de proteína natural de *E. coli*, a tioredoxina, de 11.700 Da, e uma sequência de seis histidinas. A primeira modificação resulta em aumento do nível de produção em *E. coli* e a segunda tornou a molécula passível de purificação por adsorção de afinidade com íons níquel imobilizados na matriz cromatográfica. A partir da fase líquida com as células rompidas, a molécula-alvo foi purificada unicamente por meio de adsorção da histidina ao níquel na resina cromatográfica, seguida de hidrólise do sítio de clivagem por enzima específica, a fim de se obter o peptídeo livre da cauda. Caudas podem conferir outras características, como hidrofobicidade via sequência de aminoácidos hidrofóbicos, para adsorção por hidrofobicidade.

As propriedades bioquímicas também podem ser exploradas nas modificações estruturais de biomoléculas. A vitamina biotina e a avidina, proteína da clara do ovo, apresentam elevada afinidade, razão pela qual a avidina é utilizada como ligante de afinidade na purificação de enzimas às quais uma cauda de biotina é adicionada. Por exemplo, a enzima β-galactosidase (β-Gal) pode ser "biotinizada" em um sítio específico na modificação pós-traducional, por meio da enzima biotina ligase naturalmente presente em *E. coli*. Para a purificação do complexo β-galactosidase-biotina, filtra-se o meio em uma membrana de polietersulfona contendo avidina imobilizada, o que possibilita a aplicação imediata da enzima em reator de membrana, na hidrólise de lactose.

12.8.3 SELEÇÃO DE HOSPEDEIROS PARA A SÍNTESE DE MOLÉCULAS DE INTERESSE

Genes de moléculas de interesse são combinados aos de hospedeiros específicos, por exemplo, microrganismos GRAS (geralmente reconhecidos como seguros) para cultivos em larga escala seguros e de fácil purificação.

Embora apresentem deficiência na execução de modificações pós-traducionais, as bactérias são preferencialmente escolhidas como hospedeiras na síntese de proteínas heterólogas, uma vez que os protocolos de purificação de seus produtos estão aprovados pelo Food and Drug Administration (FDA) americano – pois as impurezas e os subprodutos da célula são conhecidos. Uma desvantagem notável da *E. coli* é sua inabilidade para secretar proteínas para o espaço extracelular, acumulando-as no citoplasma. Daí a importância de estratégias para a secreção de proteínas heterólogas em bactérias para o meio extracelular. Estudos para modificações genéticas dos sistemas de transporte da membrana citoplasmática e da parede celular em *E. coli* vêm sendo realizados com o objetivo de aumentar a eficiência de transporte de proteínas homólogas e heterólogas para fora da bactéria.

Proteínas heterólogas em *E. coli* podem ser endereçadas ao espaço periplásmico, entre a membrana citoplasmática e a parede celular, mediante a introdução de uma cauda à estrutura da molécula, que atua como sinalizadora para enzimas de transporte localizadas na membrana citoplasmática. A extração da molécula-alvo localizada no espaço periplásmico pode ser efetuada por meio da expansão da membrana citoplasmática e da redução do volume do espaço periplásmico, com consequente expulsão das moléculas do seu interior para o meio extracelular. A expansão da membrana citoplasmática pode ser induzida por meio de redução da força iônica do meio aquoso extracelular, com consequente diluição do citoplasma para o equilíbrio da pressão osmótica. Adicionalmente, a secreção das moléculas do espaço periplásmico pode ser facilitada pela lise parcial da parede extracelular por ação de enzimas líticas. Tal forma de extração seletiva, apenas das moléculas do espaço periplásmico, é vantajosa sobre a lise completa da célula que ocorre nas operações de homogeneização, pois o número e a concentração dos contaminantes a serem eliminados na purificação serão reduzidos.

Proteínas que necessitam de modificações pós-traducionais são produzidas em eucariotos, de leveduras e bolores a células animais. Entretanto, seguindo a mesma lógica de escolha do organismo de maior facilidade de cultivo, esta recairá sobre determinadas leveduras reconhecidamente GRAS, quando a síntese for eficientemente realizada, em detrimento de bolores e, sobretudo, células animais cujo crescimento é extremamente mais lento em comparação a fungos e bactérias.

As leveduras frequentemente empregadas na síntese de proteínas heterólogas são *Saccharomyces cerevisiae*, *Kluyveromyces lactis*, *Pichia pastoris* e *Yarrowia lipolytica*, com dezenas de sistemas de expressão, muitos em uso comercial. Essas espécies de leveduras apresentam facilidade de cultivo até elevadas concentrações celulares. Sua genética, seu metabolismo e sua fisiologia são amplamente conhecidos e secretam as moléculas-alvo para o ambiente extracelular.

As operações unitárias escolhidas determinarão o rendimento e a produtividade global do processo. Por exemplo, se no cultivo de levedura produtora de molécula exigente de purificação por cromatografia o meio apresentar bactérias contaminantes, a clarificação deverá ser capaz de remover os dois tipos de células. A filtração tangencial deverá ser considerada, pois uma centrifugação eficiente somente para leveduras demandará mais uma etapa de clarificação para as bactérias, com consequente redução no rendimento da molécula-alvo.

12.9 MONITORAMENTO DO PROCESSO DE PURIFICAÇÃO

Ao longo das etapas do processo de isolamento e purificação de biomoléculas presentes em um meio de cultura, é necessário dispor de rotinas de análise que permitam determinar a fração da molécula-alvo recuperada em cada etapa, além do fator de purificação, FP, que quantifica o isolamento da molécula-alvo em relação a outras moléculas e, por vezes, a ausência de contaminantes específicos. Claro deve estar que parte da massa de molécula-alvo produzida durante o cultivo será perdida ao longo do processo de purificação.

As rotinas de análise devem ser estabelecidas durante os estudos para o desenvolvimento do processo de purificação, antes mesmo do estabelecimento do processo em escala produtiva, pois, por estarem elas baseadas nas propriedades físico-químicas das biomoléculas, seus resultados serão fundamentais para a seleção das operações de purificação adequadas ao meio a ser tratado contendo a biomolécula específica, a qual pode ser ácido orgânico, antibiótico, anticorpo, polissacarídeo, hormônio, aminoácido, peptídeo ou proteína.

Quando a molécula-alvo é conhecida, suas propriedades físico-químicas também o são, o que permite selecionar as rotinas analíticas capazes de identificá-la e quantificá-la. Entretanto, quando não se dispõe das propriedades físico-químicas da molécula-alvo, é preciso iniciar o estudo caracterizando a referida molécula. Nessa fase é comum o emprego da cromatografia denominada "preparativa", que resulta em frações volumétricas do eluente contendo apenas uma molécula, o que viabiliza a posterior caracterização desta. Dependendo do princípio de isolamento da fase estacionária, se por massa molar ou adsorção, dá-se início à caracterização da molécula-alvo na cromatografia preparativa. Por exemplo, se a coluna preparativa é de exclusão molecular, tem-se que impurezas de massa molar significativamente distinta em relação à da molécula-alvo podem ser eliminadas por cromatografia de exclusão molecular ou ultrafiltração, na escala real da purificação. Para a estimativa da massa molar pode-se empregar a rotina descrita na Seção 12.5.1 ou injetar num gel de eletroforese moléculas de massas molares conhecidas junto com as frações obtidas na exclusão molecular.

Grandes diferenças entre as solubilidades da molécula-alvo e de impurezas são um indicativo de que a precipitação deve ser explorada. Uma forma simples de avaliar a solubilidade de proteínas é submetê-las à precipitação com $(NH_4)_2SO_4$. As proteínas que demandarem menor concentração do sal para precipitarem totalmente são as de menor solubilidade. Assim, é possível ordenar as moléculas fracionadas na exclusão molecular preparativa por solubilidade.

A opção pela cromatografia de troca iônica deve considerar a capacidade de uma determinada resina catiônica ou aniônica de adsorver as moléculas-alvo e impurezas. Essa capacidade é determinada por meio de curvas de titulação eletroforética nas quais se determina a velocidade de migração de uma proteína, denominada mobilidade, em um campo elétrico sob determinadas condições de temperatura, pH e composição do gel. Trata-se de uma eletroforese em um gel que apresenta gradiente de pH entre um cátodo e um ânodo, estando o cátodo sob valor de pH maior em relação ao ânodo. As proteínas, por apresentarem caráter anfotérico, terão carga positiva sob valores de pH abaixo de seu ponto isoelétrico e carga negativa sob valores de pH acima do ponto isoelétrico. Dessa forma, onde quer que as proteínas estejam em relação ao gradiente de pH, elas migrarão em direção ao seu ponto isoelétrico em conformidade com sua carga. Proteínas com mobilidades eletroforéticas, isto é, distâncias percorridas, significativamente diferentes na região de valores de pH abaixo do pI provavelmente serão eficientemente separadas em uma fase estacionária constituída de resina trocadora de cátions.

Para uma proteína altamente hidrofóbica, uma cromatografia de interação hidrofóbica provavelmente será eficaz no isolamento e na purificação, e também na quantificação, por meio de cromatografia de grau analítico. Na cromatografia de grau analítico efetuam-se análises quantitativas de biomoléculas em pequenas colunas de aço inoxidável, de comprimento entre 3 cm e 60 cm, diâmetro de 0,2 mm a 8 mm e pressões elevadas, entre 35 atm e 500 atm, razão pela qual a cromatografia analítica é conhecida como HPLC (*High Pressure Liquid Chromatography*). A fase estacionária apresenta partículas de dimensões entre 1 µm e 10 µm, resultando leito altamente empacotado, o qual, quando submetido à passagem da fase móvel em determinada velocidade superficial, alcança elevada resolução na separação dos solutos. Os sistemas cromatográficos de grau analítico são baseados nos mesmos fundamentos descritos anteriormente nas Seções 12.5.1 a 12.5.4.

Quando se trata de quantificar proteínas com atividade catalítica, isto é, enzimas, lança-se mão da medida da atividade enzimática, que é, por definição, a velocidade inicial da reação específica catalisada pela enzima, determinada em condições padronizadas de pH, temperatura, força iônica e concentração do substrato, portanto, condições reprodutíveis. Define-se uma unidade de atividade enzimática como a quantidade de produto liberado ou substrato consumido (µmol) em 1 minuto nas condições da reação. É comum expressar a atividade enzimática especificamente em relação a um volume, A (U/L).

Para a quantificação de antígenos e anticorpos frequentemente emprega-se o método imunoenzimático de Elisa (*Enzyme linked imunosorbent assay*), o qual é conduzido em pequenas placas dotadas de dezenas de poços, nas quais se promovem as condições necessárias à formação de sanduíches de uma imunoglobulina, por exemplo, a molécula que se deseja quantificar (antígeno ou anticorpo) e um conjugado constituído do anticorpo ou antígeno ligado a uma enzima. Finalmente, a agregação do substrato da enzima e a promoção das condições necessárias à efetivação da reação catalisada pela enzima levam à quantificação indireta da molécula-alvo, com base na quantificação do produto da reação enzimática por método espectrofotométrico.

Alternativamente à detecção de antígenos ou anticorpos por Elisa, pode-se empregar o método de *Western Blot*, por meio do qual se determina o nível relativo da molécula-alvo em relação a outras proteínas. O fundamento desse método consiste em separar as proteínas em um gel não desnaturante, transferi-las para um papel de nitrocelulose, e então ligar a proteína-alvo ao seu anticorpo ou antígeno específico e, em seguida, a um marcador radioativo. A banda é visualizada pela exposição do papel de nitrocelulose a um filme de raios X.

Moléculas de reduzida massa molar, por exemplo, antibióticos e policetídeos, podem ser analisadas por cromatografia analítica desde que se disponha de amostras puras, isto é, padrão, a fim de estabelecer as condições de análise e as curvas de calibração. Quando as moléculas puras não são comercialmente disponíveis, é possível isolá-las a partir de amostras brutas, por meio de sucessivas extrações em solventes orgânicos.

Menos quantitativo, porém altamente difundido, é o método de estimativa de potência de antibióticos e lantibióticos com base na inibição causada ao crescimento de uma bactéria específica. Um determinado meio solidificado em placa de Petri, previamente inoculado com uma bactéria sensível, recebe um determinado volume da solução contendo o antibiótico, e a placa é incubada. Avalia-se a potência do antibiótico ou lantibiótico pela medida do diâmetro do halo de inibição formado ao redor da bactéria, que estima a concentração do antibiótico ou lantibiótico em AU por mL (unidades arbitrárias por mililitro).

As rotinas analíticas devem ser aplicadas em cada etapa do processo de purificação, gerando dados para a determinação da fração da molécula-alvo recuperada por etapa ou rendimento, η, e fator de purificação, FP, isto é, quanto da molécula-alvo foi isolada em relação a outras moléculas ao longo do processo. Para a determinação do η deve-se conhecer o volume de meio em cada etapa, conforme se apresenta na Equação (12.31), em que C_{Xn} é a concentração da molécula-alvo na etapa n do processo, C_{X0} é a concentração da mesma molécula no meio inicial, e V_0 e V_n representam respectivamente os volumes de meio inicial e na etapa *n*. A determinação de FP requer uma definição prévia da pureza, sendo uma das mais comuns a relação entre a concentração da molécula-alvo, C_X, e a concentração de todas as moléculas no sistema, C_T, conforme a Equação (12.32). A Equação (12.33) define FP para uma dada etapa do processo em relação à etapa anterior, na qual P_n é a pureza da molécula-alvo no estágio n, e P_{n-1} é a pureza da mesma molécula no estágio anterior. Analogamente, determina-se o FP do processo completo, substituindo P_{n-1} por P_0, pureza no meio inicial, na Equação (12.33).

$$\eta = \frac{C_{Xn} \cdot V_n}{C_{X0} \cdot V_0} \times 100 \tag{12.31}$$

$$P = \frac{C_X}{C_T} \tag{12.32}$$

$$FP = \frac{P_n}{P_{n-1}} \tag{12.33}$$

Frequentemente, C representa a concentração de proteínas, dado que estas constituem a maioria das biomoléculas de interesse – peptídeos, enzimas, antígenos, anticorpos e hormônios – e também as principais impurezas. É comum, portanto, fazer uso de rotinas de determinação de concentração de proteínas. A totalidade de um conjunto de diferentes proteínas pode ser quantificada pelos métodos de Lowry--Folin-Ciocalteau, de Bradford, do biureto-reagente alcalino de cobre, absorção de raios UV a 280 nm (aminoácidos aromáticos) ou a 205-220 nm (peptídeos), e do ácido bis-cincrônico. Cada uma dessas rotinas tem seus fundamentos e suas limitações, sobretudo em relação a moléculas interferentes, portanto, os resultados obtidos não podem ser diretamente comparados. Além disso, mesmo que se adote uma única metodologia, o resultado obtido somente expressará a verdadeira concentração de proteínas se a curva de calibração for determinada com solução de proteínas de composição idêntica à solução-alvo, o que não é possível.

Uma avaliação qualitativa da concentração de proteínas em uma mistura pode ser alcançada por meio de eletroforese, rotina comum no acompanhamento de processos de purificação.

A eletroforese consiste na separação das proteínas por ação de um campo elétrico que força o movimento das moléculas eletricamente carregadas através de um gel de poliacrilamida ou agarose. As proteínas apresentam mobilidade em conformidade com sua carga total, sua massa molar e a intensidade do campo elétrico. Segue-se a detecção, a qual compreende a coloração das proteínas distribuídas sobre o gel, geralmente com o corante *Coomassie Brilliant Blue*, embora outros corantes possam ser utilizados. Como resultado, visualiza-se uma sequência de traços (bandas) azuis e supõe-se que a cada banda corresponda uma proteína. A introdução de padrões permite estimar a massa molar das proteínas da amostra, bem como identificar a banda correspondente à proteína-alvo. O número de bandas obtidas está diretamente relacionado à pureza da amostra e, portanto, uma completa purificação corresponde a uma única banda, relativa à molécula-alvo. Ainda, a intensidade da cor de cada banda está diretamente associada à concentração da referida molécula na mistura injetada.

12.10 CONSIDERAÇÕES FINAIS

Analisar o processo de produção e purificação de um produto biotecnológico como se fosse uma unidade requer experiência da equipe envolvida no seu desenvolvimento. Geneticistas e microbiologistas atuam no desenvolvimento da célula produtora, químicos e bioquímicos na questão das análises para quantificações e avaliações de pureza, e engenheiros no desenvolvimento das etapas de cultivo, purificação e ampliação de escala. As dificuldades surgidas nas etapas de purificação podem requerer modificações na genética celular ou nas condições de cultivo, fazendo do desenvolvimento do processo um exercício iterativo. O adequado desenvolvimento de processos de purificação de produtos biotecnológicos é, portanto, multidisciplinar e exige diálogo contínuo entre os profissionais envolvidos.

REFERÊNCIAS

BECHTOLD, M. et al. Integrated operation of continuous chromatography and biotransformations for the generic high yield production of fine chemicals. *Journal of Biotechnology*, n. 124, p. 146-162, 2006.

BELTER, P. A.; CUSSLER, E. L.; HU, W. *Bioseparations*: downstream processing for biotechnology. New York: John Wiley & Sons, 1988.

CARPENTER, J. F.; IZUTSU, K.; RANDOLPH, T. W. Freezing- and drying-induced structural changes in proteins and their inhibition by stabilizing additives. In: REY, L.; MAY, J. C. (ed.). *Pharmaceutical Freeze-Drying*. New York: Marcel Dekker, 1999.

CHANG, Y. K.; CHASE, H. A. Development of operating conditions for protein using expanded bed techniques: the effect of the degree of bed expansion on adsorption performance. *Biotechnology and Bioengineering*, v. 49, n. 5, p. 512-526, Mar. 1996.

CHEN, T.; OAKLEY, D. M., Thermal-analysis of proteins of pharmaceutical interest. *Thermochimica Acta*, v. 248, p. 229-244, 1995.

CIOLA, R. *Fundamentos da cromatografia a líquido de alto desempenho*. São Paulo: Blucher, 1998.

COLLINS, C. H.; BRAGA, G. L.; BONATO, P. S. *Fundamentos de cromatografia*. Campinas: Unicamp, 2006.

DE LUCA, L. et al. A study of the expansion characteristics and transient behaviour of expanded beds of adsorbent particles suitable for bioseparations. *Bioseparation*, v. 4, p. 311-318, 1994.

ENFORS, S. O. et al. Impact of genetic engineering on downstream processing of proteins produced in *E. coli*. *Advances in Biochemical Engineering*, v. 43, p. 31-42, 1990.

GAGNON, P. et al. Chromatographic behavior of IgM:DNA complexes. *Journal of Chromatography A.*, n. 1218, p. 2405-2412, 2011.

GHOSH, R.; WANG, L. Purification of humanized monoclonal antibody by hydrophobic interaction membrane chromatography. *Journal of Chromatography A.*, v. 1107, n. 1-2, p. 104-109, 2006.

GOSLING, I. S. et al. The role of adsorption isotherms in the design oh chromatographic separations for downstream processing. *Chem. Eng. Res. Des.*, v. 67, p. 232-242, 1989.

HARRIS, E. L. V.; ANGAL, S. *Protein purification methods*: a practical approach. Oxford: IR Press, 1994.

HARRIS, E. L. V.; ANGAL, S. *Protein purification applications*: a practical approach. Oxford: IR Press, 1995.

HARRISON, R. G. *Protein purification process*. New York: Marcel Dekker, 1994.

HART, R. A. et al. Large scale, in situ isolation of periplasmic IGF-I from *E. coli*. *Nature*, v. 12, p. 1113-1117, 1994.

HEEL, T. et al. Dissection of an old protein reveals a novel application: domain D of *Staphylococcus aureus* Protein A (sSpAD) as a secretion – tag. *Microbial Cell Factories*, v. 9, p. 92-92, 2010.

KUNII, D.; LEVENSPIEL, O. *Fluidization engineering*. 2. ed. Boston: Butterworth-Heinemann, 1991.

LUCARINI, A. C.; KILIKIAN, B. V. Comparative study of Lowry and Bradford Methods: interfering substances. *Biotechnology Techniques*, v. 13, p. 149-154, 1999.

MONTVILLE, T. J.; ROGERS, A. M. Improved diffusion assay for nisin quantification. *Food Biotechnology*, v. 5. p. 161-168, 1991.

MURGATROYD, K. et al. *Good pharmaceutical freeze-drying practice*. Boca Raton: CRC Press, 1997.

PYLE, D. L. *Separations for biotechnology*. London: Elsevier Science Publishers, 1990.

SANTANA, C. C. et al. Simulated moving-bed adsorption for separation of racemic mixtures. *Brazilian Journal of Chemical Engineering*, v. 21, n. 1, p. 127-136, 2004.

SCOPES, R. K. *Protein Purification*: principles and practice. 3. ed. New York: Springer; Verlag, 1994.

WHEELWRIGHT, S. M. *Protein purification*: design and scale up of downstream processing. Munich; New York: Carl Hanser Verlag GmbH, 1991.

WILKINSON, D. L. et al. Purification by immobilized metal affinity chromatography of human atrial natriuretic peptide expressed in a novel thioredoxin fusion protein. *Biotechnology Progress*, v. 11, p. 265-269, 1995.

CAPÍTULO 13
Uso de enzimas em reatores

Michele Vitolo

13.1 INTRODUÇÃO

Conversões bioquímicas podem ser feitas em reatores, usando-se microrganismos, organelas celulares ou enzimas isoladas como catalisadores. No que tange às enzimas, tanto as extracelulares quanto várias intracelulares encontram-se amplamente disponíveis e são usadas em diversos processos industriais, como *α-amilase* (panificação, cervejaria, têxtil, entre outros), *glicoamilase* (produção de xaropes de glicose), *pectinase* (enologia, bebidas não alcoólicas) e *glicoseoxidase* (reagente e produção de massas com ovos, entre outros).

O custo da fermentação, associado aos custos relacionados com o isolamento da enzima e, nos casos pertinentes, a sua imobilização, deve ser cuidadosamente avaliado diante das potenciais vantagens de se utilizar um processo enzimático. Quando comparadas aos microrganismos, as enzimas isoladas poderão fornecer maior rendimento em um dado produto, já que substâncias colaterais contaminantes, resultantes do metabolismo e/ou da lise celular, não seriam formadas. No caso particular da imobilização, há a possibilidade de modificar as características cinéticas da enzima.

A escolha entre as formas solúvel e insolúvel de uma enzima depende da natureza do processo de conversão e da estabilidade operacional das duas formas. Pela sua natureza, alguns processos, como panificação e amaciamento de carnes, tornam inviável a recuperação das enzimas se estas forem usadas na forma solúvel e adicionadas nos diferentes estágios dos processos. Contudo, embora em algumas situações a escolha seja afetada pelo fato de ser possível a remoção da enzima imobilizada do produto final, garantindo, dessa forma, uma menor contaminação proteica, e/ou pela possibilidade de mudança da cinética da reação, é inegável que a estabilidade operacional do sistema imobilizado apresentaria um peso ponderável na decisão entre enzima solúvel *versus* enzima insolúvel.

13.2 ENZIMAS SOLÚVEIS

Enzimas na forma solúvel começaram a ser usadas nas primeiras décadas do século XX em processos em que a presença delas no produto final não implicava violar preceitos de legislação relacionados com a segurança do produto final.

Na panificação industrial, por exemplo, as enzimas hidrolíticas (α-amilase e protease) adicionadas em uma das etapas da obtenção da massa de pão são inativadas durante o cozimento no forno. Na produção da cerveja, as enzimas do malte e outras propositalmente adicionadas durante o processo de preparo do mosto (*mashing*) são completamente inativadas na etapa de fervura em presença do lúpulo (ingrediente que dá o amargor típico da bebida). Na fase de maturação da cerveja adiciona-se papaína para evitar a turvação do produto em baixa temperatura, a qual deverá estar presente na cerveja em quantidade não superior a 50 ppm. A baixa concentração da enzima no produto final implica que a quantidade adicionada pelo fabricante para obter o efeito desejado deve ser bem controlada. A referida exigência implica aumentar o período de maturação da cerveja em vários dias, antes do seu engarrafamento. Para contornar essa questão, tem-se introduzido o uso de papaína imobilizada, a qual, devidamente empacotada em uma coluna (reator de leito fixo, como será discutido adiante), é atravessada pela cerveja, cujas proteínas responsáveis pela turvação são hidrolisadas sem que a protease apareça no produto final.

As enzimas usadas na forma solúvel, geralmente de origem extracelular, que não devem estar presentes no produto final, podem, a princípio, ser removidas por sistema de ultrafiltração. Como o reator usado neste caso é do tipo descontínuo (batelada), à medida que o reator é esvaziado, o conteúdo é passado pelo sistema de ultrafiltração, obtendo-se o produto final isento de qualquer resquício de enzima.

O acoplamento do reator batelada com um módulo de ultrafiltração ensejou o surgimento de um novo design de reator denominado reator com membrana, o qual permite o uso da enzima solúvel desde que o corte molecular da membrana de ultrafiltração seja menor que a massa molar da enzima usada. Como será discutido mais adiante, esse tipo de reator possibilita usar a enzima tanto na forma solúvel quanto na imobilizada, bastando para tal que se utilize a membrana adequada, ou seja, de ultrafiltração (enzima solúvel) ou de microfiltração (enzima insolúvel).

Diante do exposto, pode-se afirmar que o reator com membrana, que, como será discutido, é do tipo contínuo com leito fluidizado, representa o divisor entre os usos das enzimas nas formas solúvel e imobilizada.

13.3 IMOBILIZAÇÃO DE ENZIMAS: ASPECTOS FUNDAMENTAIS

Considerando uma célula intacta qualquer, verifica-se que existem centenas de macromoléculas (ácidos nucleicos, proteínas, polissacarídeos, lipoproteínas, entre outras) dispostas dentro de um volume extremamente pequeno, o que obrigatoriamente deve provocar um forte inter-relacionamento entre elas. Tanto isso é verdade que, entre as mais de 3 mil enzimas conhecidas, a maioria encontra-se associada a membranas. Por conseguinte, as enzimas, em seu meio natural, agem como típicos catalisadores heterogêneos, isto é, encontram-se insolubilizadas. Foi a partir dos anos 1960 que as pesquisas se intensificaram no sentido de estabelecer métodos eficientes para ligar enzimas, por meios físicos ou químicos, a suportes inertes insolúveis.

13.3.1 MÉTODOS DE IMOBILIZAÇÃO

Em princípio, os métodos de imobilização podem ser classificados em quatro tipos básicos, sem, no entanto, esquecer a possibilidade de combinação entre eles, originando muitos subtipos de sistemas imobilizados.

13.3.1.1 Separação por membranas

Neste método a enzima encontra-se fisicamente separada do meio de reação por uma película (membrana) semipermeável, a qual permite a livre passagem de substrato e produto, sendo o trânsito através dela governado pelas leis da difusão.

13.3.1.1.1 Encapsulamento

A enzima é imobilizada no interior de esferas, cujo envoltório é constituído por um polímero geliforme e semipermeável. O procedimento clássico consiste em se dissolver a enzima em uma solução aquosa de alginato de sódio, que é gotejada sobre uma solução aquosa contendo íons bivalentes (Ca^{+2}, Ba^{+2}, por exemplo). Tão logo a gota de alginato de sódio entra em contato com a solução salina, forma-se uma esfera, dentro da qual as moléculas de enzima ficam retidas, cuja membrana é constituída pelo polímero de alginato de cálcio. Este método tem como limitações as massas molares da enzima aprisionada – em geral não deve ser inferior a 200 kDa – e do substrato, que deve ser bem baixa (VITOLO, 2019a, 2019b).

13.3.1.1.2 Membranas fibrosas semipermeáveis

Este método de imobilização consiste no confinamento da enzima numa dada região da solução, por meio de uma membrana semipermeável (diâmetro dos poros da ordem de 200 nm). Nesse caso não há riscos de desnaturação da enzima, pois não são empregados reagentes químicos. No entanto, as limitações relacionadas à difusão são intensas.

13.3.1.1.3 Nanoencapsulamento

Basicamente consiste na preparação de um sistema emulsionado, em que a enzima está confinada no interior de micelas. Assim, misturando-se em um recipiente adequado a solução aquosa de enzima com hexametilenodiamina, fase orgânica, emulsificante e "sebacoylchloride" (Sigma-Aldrich; código: 236365), obtém-se após algum tempo gotículas da solução enzimática envolvidas por uma película semipermeável, resultante da polimerização da diamina com "sebacoylcloride". O tamanho das nanocápsulas e as propriedades da membrana resultam dos fatores: composição da mistura, concentração dos reagentes, agitação e tempo de reação.

Em média as gotículas possuem diâmetro da ordem de 80 nm, tendo a membrana 0,02 nm de espessura e os seus poros diâmetro de, aproximadamente, 35 Å. Em virtude da pequena espessura da película envolvente e do alto valor da relação área/volume, as limitações difusionais impostas a substrato e produtos são menores que no caso anterior.

Atualmente, podem ser confeccionadas nanocápsulas ainda menores (diâmetro entre 2 nm e 5 nm) utilizando uma combinação de gel de alginato de cálcio e quitosana. Em linhas gerais, o procedimento seria (FONTE et al., 2012): dissolver a biomolécula em água deionizada, adicionando a seguir alginato de sódio – por exemplo, alginato de sódio com baixo teor de ácido gulurônico (F_G = 0,39; MM: 291 kDa) – perfazendo a concentração de 0,63 g/L; adicionar solução de $CaCl_2$ 18 mM, mantendo agitação mínima de 800 rpm por 60 minutos; gotejar sobre a solução geliforme de alginato de cálcio a solução de quitosana 0,7 g/L (quitosana 85% desacetilada com MM de 5 kDa, 50 kDa ou 500 kDa), mantendo a agitação de 800 rpm por 90 minutos. Uma vez concluída a adição da quitosana, deixar o sistema agitando por mais 30 minutos, a fim de que as nanocápsulas adquiram consistência e possam ser recuperadas por centrifugação (20.000 xg/45 minutos). As nanopartículas são armazenadas em geladeira (2-8 °C) até o momento do uso.

13.3.1.1.4 Entrelaçamento em triacetato de celulose

Este método pode ser considerado um caso particular do processo de nanoencapsulamento, e consiste no seguinte: a solução aquosa contendo a enzima é dispersa em uma solução de triacetato de celulose em cloreto de metileno, a mistura é extrudada através de finos orifícios e recolhida em um recipiente contendo tolueno. Como o triacetato de celulose é insolúvel nesse solvente, forma-se então um coágulo fibroso em cujas fibras as moléculas da enzima ficam retidas.

13.3.1.2 Entrelaçamento em polímeros

Em linhas gerais, consiste no aprisionamento das moléculas de enzima entre as malhas de um polímero geliforme, o qual é preparado da seguinte maneira: num recipiente adequado são colocados a enzima, um agente bifuncional (por exemplo, bisacrilamida), um monômero (por exemplo, 2-hidroximetilacrilamida) e uma substância geradora de radicais livres (por exemplo, persulfato de amônio). Depois de certo tempo ocorre a gelificação e, em seguida, o gel é dividido em partículas de dimensões conhecidas. A eficiência do entrelaçamento, a permeabilidade do gel e sua resistência mecânica dependerão da composição da mistura reagente e da natureza do monômero utilizado.

13.3.1.3 Adsorção

Este método consiste na união entre a molécula enzimática e um suporte inerte por meio de ligações eletrostáticas, estabelecidas entre grupos de cargas opostas. É um processo simples, suave e não deletério para a maioria das enzimas, sendo desprezíveis os efeitos difusionais. Os suportes para adsorção podem ser orgânicos (derivados da DEAE-celulose, Dowex®) ou inorgânicos (celite, bentonita e alumina).

13.3.1.4 Formação de ligações covalentes

A enzima é ligada ao suporte inerte mediante ligações químicas covalentes, que são, normalmente, estabelecidas entre os aminogrupos primários e o anel fenólico dos aminoácidos constituintes da enzima e os grupos reativos do suporte (-CHO; -NCS, entre outros). Em geral, as reações são feitas em meio aquoso, a uma temperatura entre 0 °C e 25 °C e pH próximo à neutralidade. A escolha das condições dependerá da estabilidade da enzima e do suporte ante o pH de formação das ligações covalentes, bem como da estabilidade das ligações suporte-enzima ante o pH de uso do sistema imobilizado.

13.3.2 TIPOS DE SUPORTE

Na literatura existem inúmeros materiais inertes que podem ser usados para imobilizar enzimas. A natureza física desses suportes pode variar de materiais geliformes e resinas em geral até superfícies sólidas (lâminas de aço e pérolas de vidro, por exemplo), sendo essas últimas, geralmente, recobertas com alguma substância capaz de interagir com a enzima.

A diversidade de suportes para a imobilização de biomoléculas em geral e de enzimas em particular é enorme. Mesmo quando se considera uma categoria de suportes, digamos as resinas de troca iônica, a diversidade mantém-se elevada. Em todo caso, vamos destacar dentre as resinas de troca iônica – entendendo-se por troca iônica o intercâmbio reversível de íons entre um sólido e um líquido, durante o qual não ocorre alteração substancial na estrutura da fase sólida (resina) – aquelas formadas pela copolimerização do estireno com o divinilbenzeno, que ostentam o nome comercial de Dowex®.

As resinas tipo Dowex® merecem destaque como suportes para imobilização, haja vista suas características de fácil regeneração/recuperação, estabilidade, atoxicidade, disponibilidade no mercado, diversidade de aplicações ao longo das últimas décadas (na catálise heterogênea, em operações unitárias industriais de purificação, concentração, fracionamento, entre outras), condições operacionais brandas no uso, alta capacidade trocadora de íons e de retenção de biomoléculas protéicas (TOMOTANI, 2002).

Em linhas gerais, a imobilização por adsorção de enzimas em Dowex® segue o esquema trifásico (TOMOTANI, 2002): a) *hidratação*: 100 mg de Dowex® são suspendidos em 25 mL de água deionizada, deixando-se a suspensão em agitação (100 rpm) por 24 horas a 32 °C, sendo, no final, a resina recuperada por centrifugação (4000 x*g*/30 min); b) *imobilização*: a resina hidratada é introduzida em 25 mL de solução contendo a enzima a imobilizar, sendo, a seguir, o sistema mantido em agitação (150 rpm) a 32 °C por 4 horas; c) *recuperação do sistema Dowex-enzima*: após 4 horas de contato suporte-enzima, a suspensão é centrifugada (4000 x*g*/30 min) e o precipitado é recuperado e lavado três vezes com água deionizada. O sistema Dowex-enzima é suspendido em um pequeno volume de água deionizada e armazenado a 5 °C até o momento do uso.

O desenvolvimento de novas resinas trocadoras de íons mantém-se em franco progresso dia após dia. Recentemente, só para dar um exemplo, foi descrita a preparação de microesferas constituídas pela combinação do estireno com o 2,3-(2-hidroxi-3--metacriloiloxipropoxi)naftaleno, cujas superfícies foram enriquecidas com grupos tiólicos provenientes da reação de clorosulfonação seguida da reação de redução com cloreto de estanho di-hidratado (PODKOSCIELNA, 2014).

13.3.3 EFEITOS CAUSADOS PELA IMOBILIZAÇÃO

A escolha do método de imobilização e do tipo de suporte dependerá, essencialmente, de dois fatores: a) das características peculiares da enzima; b) das condições de uso da enzima imobilizada. Dada a variabilidade desses fatores, pode-se afirmar que não existe um método geral de imobilização nem um suporte universal.

Geralmente as condições de imobilização para uma dada enzima só poderão ser estabelecidas empiricamente. O procedimento consiste em imobilizar a enzima em vários suportes por meio de diferentes métodos, avaliando-se, a seguir, a atividade do sistema imobilizado. Logicamente, o binômio suporte-método mais adequado será aquele que propiciar maior atividade após a imobilização. Como se pode depreender da Tabela 13.1, imobilizar a esterase de *Bacillus subtilis* em dietilaminoetil celulose (DEAE-celulose) por adsorção seria o melhor procedimento.

Tabela 13.1 Atividade da esterase de *B. subtilis* imobilizada em vários suportes por diferentes métodos

Suporte	Método	(UI/g)*
Acetato de celulose	Entrelaçamento	45
Poliacrilamida	Entrelaçamento	50
Pérolas de vidro	Ligação covalente	200
DEAE-Sephadex A25	Adsorção	650
DOWEX-1X1	Adsorção	820
DEAE-celulose	Adsorção	4.200

* Atividade esterásica/g de suporte.

Ao se agregar uma enzima a um material inerte, por mais suave que seja o procedimento, é razoável esperar algum tipo de efeito sobre sua atividade catalítica, a qual está intimamente relacionada com a estrutura da macromolécula. Na Tabela 13.2, na qual são mostradas as características cinéticas da invertase solúvel e da invertase imobilizada em três suportes diferentes, fica clara a interferência da imobilização sobre a atividade catalítica da enzima, obtendo-se, por exemplo, uma V_{max} menor para a invertase imobilizada comparativamente à enzima solúvel.

Tabela 13.2 Comparação dos valores de alguns parâmetros cinéticos entre as formas solúvel e imobilizada da invertase

Suporte (tipos)	Parâmetros		
	^1K_M (mM)	$^2V_{max}$ (U)*	^3E_a (kJ/mol)
–**	26,0	1,10	27,8
Alginato de cálcio	8,1	0,25	24,4
Quitina de krill	52,2	0,74	51,9
Polietileno	32,2	0,32	37,5

* U = mg de açúcares redutores/minuto. ** Invertase solúvel. ^1K_M = concentração de substrato para se alcançar a metade da velocidade máxima possível nas condições de reação (V_{max}). $^2V_{max}$ = velocidade máxima. ^3E_a = energia de ativação.

Nos itens seguintes salientam-se os efeitos que a imobilização pode causar.

13.3.3.1 Efeitos estéricos e conformacionais

Quando a enzima é ligada ao suporte, pode sofrer alguma mudança na conformação, o que poderá abalar sua eficiência catalítica. Além disso, como o processo de interação enzima-suporte é quase sempre aleatório, poderá suceder que a região do sítio ativo se torne menos acessível ao substrato (impedimento estérico), o que acarreta também uma queda na atividade. Esses efeitos são de difícil quantificação e, para minimizá-los, o único modo é padronizar o melhor possível os procedimentos de imobilização.

13.3.3.2 Efeitos do microambiente

Quando a molécula enzimática é ligada a um suporte sólido inerte, ela fica sujeita a uma circunvizinhança algo diferente do que quando se acha livre. Esse fato poderá se refletir sobre os valores dos parâmetros cinéticos.

Os efeitos da circunvizinhança, que dependem da natureza física e química do suporte, podem acarretar uma distribuição desigual de substrato, produto e cofatores entre a região vizinha ao sistema imobilizado e o resto da solução. Um exemplo dessa influência é o caso das interações eletrostáticas e/ou hidrofóbicas entre o suporte e as espécies químicas de baixo peso molecular, o que torna os parâmetros cinéticos dependentes da concentração destas.

O comportamento cinético de uma enzima presa a um suporte carregado pode diferir daquele apresentado pela enzima livre, mesmo que os efeitos difusionais estejam ausentes. Isso pode ser atribuído ao fato de que a concentração de espécies químicas carregadas (substrato, íons, produto etc.) nas proximidades da enzima imobilizada é diferente daquela do resto da solução, em virtude das interações eletrostáticas daqueles elementos com as cargas do suporte (VITOLO, 2015).

A partição dos íons hidrônio (H_3O^+) entre as proximidades da enzima imobilizada (microambiente) e o resto da solução segue a equação:

$$a_i = a_o.e^{-Z.\psi/k.T} \tag{13.1}$$

em que:

a_i: $\gamma_i.[H_3O^+]_i$ = atividade do íon hidrônio no microambiente;

a_o: $\gamma_o.[H_3O^+]_o$ = atividade do íon hidrônio no seio da solução;

Z: carga elétrica do $[H_3O^+] = 1$;

γ_i: coeficiente de atividade do $[H_3O^+]$ no microambiente;

γ_o: coeficiente de atividade do $[H_3O^+]$ no seio da solução;

ψ: potencial eletrostático do suporte carregado;

k: constante de Boltzman;

T: temperatura absoluta.

Substituindo a_i e a_o, respectivamente, por $\gamma_i.[H_3O^+]_i$ e $\gamma_o.[H_3O^+]_o$, fazendo $\gamma_i = \gamma_o = 1$ (solução diluída) e aplicando o logaritmo neperiano em ambos os membros da Equação (13.1), tem-se:

$$-Ln[H_3O^+]_i - \{-Ln[H_3O^+]_o\} = (\psi/k.T) \quad (13.2)$$

Considerando a definição: pH = $-Ln[H_3O^+]$ e substituindo na Equação (13.2), tem-se:

$$pH_i - pH_o = \psi/k.T \quad (13.3)$$

em que:

pH_i: pH do microambiente;

pH_o: pH do seio da solução.

Da Equação (13.3) observa-se que:

a) Suporte aniônico: $\psi < 0$, logo $\psi/K.T < 0$, daí $pH_i < pH_o$

b) Suporte catiônico: $\psi > 0$, logo $\psi/K.T > 0$, daí $pH_i > pH_o$

13.3.3.3 Efeitos de difusão

Quando a enzima é imobilizada sobre ou dentro de um suporte sólido, o substrato deve se difundir do seio da solução até o sítio ativo da enzima. Assim, quando a velocidade de difusão do substrato é menor que a velocidade de transformação pela enzima, a velocidade observada é mais baixa que a esperada para uma dada concentração de enzima em solução, visto que nem todas as moléculas de enzima estarão em contato com o substrato, isto é, não se atinge a saturação.

Esse fenômeno pode ser quantitativamente expresso pelo chamado fator de efetividade (*f*). Esse fator é definido como a razão entre a velocidade observada (v') e a esperada (v):

$$f = v' \div v \quad (13.4)$$

Se a reação enzimática obedece ao modelo de Michaelis-Menten, então:

$$v = (S.V_{max})/(S + K_M) \quad (13.5)$$

em que:

v: velocidade da reação (g/L.min);

S: concentração de substrato (g/L);

V_{max}: velocidade máxima da reação (g/L.min);

K_M: concentração de substrato (g/L) frente à qual v = $(V_{max}/2)$.

Substituindo a Equação (13.4) na (13.5) e rearranjando, tem-se:

$$\frac{1}{v'} = \left(\frac{K_M}{f} \times \frac{1}{V_{max}}\right) \times \left(\frac{1}{S}\right) + \left(\frac{1}{V_{max}} \times \frac{1}{f}\right) \tag{13.6}$$

Como f é função da concentração do substrato, a Equação (13.6) não necessariamente será uma relação linear.

Os efeitos de difusão podem ser de dois tipos, a saber, externo e interno. O efeito de difusão externo é devido ao fato de que o substrato deve ser transportado do seio da solução até a superfície de catálise, devendo, por conseguinte, atravessar uma camada líquida. É claro que a transformação somente ocorre após o substrato ter alcançado a superfície do catalisador, sendo que o consumo de substrato através da membrana líquida pode ser imaginado como resultado de gradiente linear.

Assim, quando uma enzima é ligada a uma superfície sólida impermeável, a qual pode ser considerada igualmente acessível ao substrato em toda a sua extensão, a velocidade unidirecional de fluxo de substrato (J_s) do seio da solução para a superfície catalítica pode ser descrita pela relação:

$$J_s = h_s \,.\, (S_0 - S) \tag{13.7}$$

em que:

h_s: coeficiente de transporte para o substrato (s^{-1});

S_0: concentração de substrato no seio da solução (g/L);

S: concentração de substrato na superfície catalítica (g/L).

Em uma superfície de catálise, o fluxo de substrato para a superfície e sua transformação pela enzima ocorrem simultaneamente até que o equilíbrio seja alcançado. Nessa condição, os dois processos ocorrem com a mesma velocidade. É possível demonstrar que, para uma enzima que obedece ao modelo descrito pela Equação (13.5), a manutenção do citado equilíbrio está atrelada ao fluxo contínuo de substrato do seio da solução para a superfície catalítica. Esse fluxo contínuo, por sua vez, é regido por uma constante (k') de primeira ordem dada pela equação:

$$k' = (h_s.V_{max})/(h_s + V_{max}/K_M) \tag{13.8}$$

Por conseguinte, no caso de o transporte de massa ser rápido, tem-se que $h_s >> V_{max}/K_M$ e $k' = V_{max}$. Contudo, quando o transporte de massa é lento, isto é, a reação é controlada pela difusão, tem-se que $h_s << V_{max}/K_M$ e $k' = h_s.K_M$.

Os efeitos difusionais externos podem ser minimizados tanto pelo aumento da agitação, caso do reator continuamente agitado, quanto pelo aumento do fluxo de substrato, caso do reator tipo pistonado.

O efeito de difusão interno resulta da movimentação do substrato no interior do meio catalítico poroso. Nesse caso a difusão ocorre simultaneamente com a reação, o que provoca um comportamento não linear das variações dos gradientes de concentração do substrato no interior do sistema imobilizado. A quantificação desse tipo de difusão é muito complexa, fugindo ao escopo do presente texto. Segundo Pitcher (1975), a dificuldade em se estabelecerem relações que envolvam simultaneamente a difusão e a cinética da reação reside no fato de que a forma e a natureza físico-química das partículas nas quais as moléculas de enzima estão presas devem fazer parte das equações.

13.4 REATORES ENZIMÁTICOS

A princípio, quando se dispunha apenas de enzimas na forma livre e solúvel, o único tipo de reator utilizável era o de batelada. Contudo, com a introdução das enzimas imobilizadas, surgiu a possibilidade do uso de outros tipos de reatores.

Pode-se dizer, pela análise da literatura, que o número de reatores possíveis e preconizados é no mínimo igual ao de estudiosos do setor. No entanto, a maioria deles é inviável economicamente, quer por exigirem grandes dimensões, quer por apresentarem baixas percentagens de conversão.

13.4.1 TIPOS DE REATOR

13.4.1.1 Reator de batelada

Este tipo pode ser usado em processos nos quais, terminada a reação, a enzima imobilizada pode ser separada da mistura final com relativa facilidade (filtração ou decantação, por exemplo).

13.4.1.2 Reator de leito fixo

Neste tipo de reator a enzima imobilizada é empacotada, permanecendo estacionária, enquanto a solução de substrato é bombeada através dela.

13.4.1.3 Reator de leito fluidizado

A enzima imobilizada neste caso encontra-se em suspensão no interior do reator, sendo a solução de substrato bombeada através dela. A velocidade de fluxo da solução de substrato é alta o suficiente para impedir a deposição das partículas no fundo do reator, e baixa o suficiente para evitar que estas sejam arrastadas no efluente.

13.4.1.4 Reator agitado contínuo

Neste caso há entrada e saída contínua de fluido. Eventualmente certa quantidade de enzima pode ser arrastada no efluente, devendo-se, por isso, acoplar na saída um sistema que permita recuperá-la (filtração, por exemplo).

Uma variante deste tipo de reator é aquela na qual se adapta a ele um dispositivo constituído por membrana de micro ou ultrafiltração. O conjunto passa a ser chamado de *biorreator com membrana.*

O biorreator com membrana (BM) pode ser configurado de dois modos distintos, a saber, reator continuamente agitado (RCA) ao qual se acopla uma membrana ou um recipiente cilíndrico desprovido de sistema de agitação contendo grande número de membranas de filtração tangencial do tipo fibra oca dispostas em um arranjo tipo feixe. Esse último tipo de BM é conhecido pelo nome *hollow-fiber-reactor* (HFR).

No caso de BM, exceto o tipo HFR, o arranjo biocatalisador/membrana pode ser de dois tipos. Em um deles o biocatalisador não está ligado à membrana, a qual, neste caso, atua como uma unidade de separação, impedindo o escape do biocatalisador no permeado. No outro tipo, o biocatalisador encontra-se unido à membrana, a qual atua tanto como sítio de catálise quanto como unidade de separação. Quando não há interação entre o biocatalisador e a membrana, tem-se as situações em que a membrana está em um módulo acoplado em série ao biorreator (caso de um reator continuamente agitado (CSTR) típico), sendo o biocatalisador impelido e removido continuamente de sua superfície (caso em que o biocatalisador é reciclado ao CSTR), ou o biocatalisador é confinado dentro do módulo com a membrana (caso em que não há reciclo do biocatalisador).

Existe também o arranjo em que o CSTR tem uma membrana como integrante de sua base (nesta configuração o sistema funciona como CSTR e módulo de separação simultaneamente, sem a necessidade de reciclo). Quando existe união entre o biocatalisador e a membrana, pode-se ter o biocatalisador aprisionado na membrana, depositado na forma de gel sobre a superfície desta ou ligado por interação química (adsorção, ligação iônica ou ligação covalente). Para esse caso, pode-se também dispor de um único sistema CSTR/módulo de separação (TOMOTANI, 2006).

Os biorreatores com membrana aparecem como alternativa viável aos reatores tradicionais de enzimas imobilizadas (leito fixo, CSTR tradicional, leito fluidizado), já que o biocatalisador não precisa estar necessariamente ligado a um suporte insolúvel (PRAZERES; CABRAL, 1994). Nesse último aspecto, diferencia-se do reator agitado tradicional (CSTR-TRAD), embora mantenha todos os atributos favoráveis desse tipo de reator contínuo.

Lembra-se que o BM, em princípio, permite integrar em uma única etapa a conversão catalítica, a separação/concentração do produto e a recuperação do biocatalisador. Esses aspectos podem promover significativos aumento de produtividade e redução de custos por ocasião da ampliação de escala (TOMOTANI, 2006). O BM apresenta as seguintes vantagens: catálise homogênea, ausência de limitações difusionais, estéricas e conformacionais, alta atividade por unidade de volume, possibilidade de se trabalhar em condições assépticas, produtividade constante garantida pela constância da dosagem da enzima e possibilidade de uso de sistemas multienzimáticos (TOMOTANI, 2006).

Os primeiros estudos sobre os biorreatores com membrana tiveram início em 1970, resumindo-se na tentativa de hidrolisar o amido à glicose usando α-amilase retida em um sistema de filtração convencional. O principal problema observado relacionou-se à concentração de polarização da membrana, acarretando diminuição do fluxo ao longo do tempo e perda da enzima. O BM só começou a se tornar viável após os avanços ocorridos na tecnologia de membranas, as quais passaram a ser produzidas com espessura adequada, diâmetro e formato dos poros uniformes (microfiltração: 0,1-0,5 μm; ultrafiltração: 0,001-0,1 μm; nanofiltração: menor que 2 nm), além das suas características químicas definidas (hidrofílicas, hidrofóbicas, neutras ou carregadas), as quais resultam da natureza dos materiais empregados, a saber, polímeros orgânicos (por exemplo, polisulfonas, celulose, acetato de celulose, politetrafluoretileno) e inorgânicos (SHIN; KANG, 2003; TOMOTANI, 2006).

O BM configurado como CSTR pode ser usado na obtenção de ciclodextrinas, fruto-oligossacarídeos, catecol, ésteres, entre outros (ROMERO et al., 2004). Recentemente demonstrou-se que o BM pode ser usado em reações de oxidorredução catalisadas por desidrogenases, enzimas que requerem coenzimas (NAD, NADP, NADH, NADPH, entre outras) como cofator, sendo necessário executar, concomitantemente à reação de interesse, o reciclo entre as formas oxidada e reduzida ou vice-versa da coenzima presente no meio de reação (ANDREOTTI, TOMOTANI, VITOLO, 2010; TOMOTANI, VITOLO, 2012).

Giorno e Drioli (2000) identificaram o uso do BM nos setores agroalimentar (na hidrólise da pectina por pectinase em sucos de fruta, na enologia, na remoção da lactose do soro e/ou do leite integral e na modificação de óleos e gorduras), químico-farmacêutico (entre outros exemplos, citam-se as conversões dos ácidos fumárico e L-aspártico, respectivamente, em ácido L-aspártico e L-alanina, a obtenção do ibuprofeno a partir de seu ciano-éter e a obtenção de oligonucleotídeos a partir de DNA) e biomédico (órgãos artificiais para uso extracorpóreo). Recorda-se também que o BM configurado dessa maneira foi objeto de uma das primeiras patentes visando ao seu uso industrial em processo contínuo para a produção de L-aminoácidos (metionina e valina), estando a aminoacilase retida em uma membrana de ultrafiltração (TOMOTANI, 2006).

O BM configurado como HFR mostrou-se útil no caso de se usar como biocatalisador uma célula íntegra (animal ou microbiana). Além disso, o HFR está sendo preconizado no tratamento de águas residuais, usando lodo ativado como "biocatalisador", ou, ainda, como simples sistema de microfiltração, bem como de ultrafiltração para a sanitização da água, e, quando combinado com o tratamento biológico prévio da biomassa, sua conjunção com o uso da membrana mostrou-se muito mais eficiente (TOMOTANI, 2006).

Embora o transporte através da membrana possa se dar por difusão (a separação se baseia apenas no gradiente de concentração estabelecido entre as duas faces da membrana) ou por convecção (resultante do estabelecimento de gradiente de pressão ou temperatura através da membrana), os BM mais usados, que requerem fluxos elevados, valem-se desse último mecanismo de transporte (TOMOTANI, 2006).

A direção do fluxo do BM e a travessia do fluido através da membrana podem ser paralelos (ambos perpendiculares à superfície da membrana) ou perpendiculares entre si (o fluido alimentado tangencia a superfície da membrana e a travessia se dá perpendicularmente à superfície desta) (CURCIO; CALABRÓ; IORIO, 2002). Esse último padrão de operação do BM é o mais indicado para evitar o fenômeno da polarização da membrana (BYHLIN; JONSSON, 2003). Caso se faça o reciclo do efluente, a eficiência do BM é ainda maior. Atualmente, os custos das membranas não afetam substancialmente o custo global do reator, porque são bastante estáveis e podem ser regeneradas várias vezes.

Apesar de a retenção de enzimas por membranas e a imobilização em suportes sólidos serem consideradas duas técnicas distintas de retenção do biocatalisador, a linha divisória entre elas não é nítida, sobretudo quando se imagina a membrana como uma superfície de imobilização, sendo o BM, nesse caso, considerado um tipo especial de reator para enzimas imobilizadas.

Finalmente, os biorreatores de membrana podem ser utilizados em escala de laboratório para monitoramento contínuo da atividade de enzimas, avaliando-se a desativação por pH ou pela temperatura em condições operacionais. Pode ser útil também na identificação de mecanismos de inibição enzimática (D'ADDEZIO et al., 2013). Em escala industrial, são úteis na recuperação e na reutilização de biocatalisadores solúveis, na separação dos produtos e como técnica de reator de enzimas imobilizadas com elevada área superficial.

13.4.2 FATORES A CONSIDERAR NA ESCOLHA DO REATOR

13.4.2.1 Uso e custo do reator

Basicamente, o modo de operação do reator estará na dependência do *output* desejado. Nos casos em que o *output* é baixo, deve-se dar preferência ao reator tipo batelada, que representa um sistema barato e flexível (no sentido de poder ser usado em diferentes processos).

No caso do reator contínuo de qualquer tipo, o seu emprego usualmente será planejado para um processo específico, o que eleva o custo do investimento inicial. Contudo, um reator desse tipo apresenta as seguintes vantagens: custo de mão de obra reduzido, possibilidade de automação e constância das condições de reação.

13.4.2.2 Reutilização da enzima

A decisão de se reutilizar ou não a enzima dependerá de considerações de ordem técnica e de custo. Com exceção de algumas enzimas extracelulares (por exemplo, amilases e proteases), as demais são instáveis para uso prolongado em reatores, podendo a imobilização, nesses casos, tornar-se uma alternativa atraente.

Considerando os custos totais referentes à enzima livre, ao suporte e à imobilização, é possível calcular o número de reutilizações em um reator batelada ou o tempo requerido (no caso do reator contínuo) que tornariam o custo do processo da mesma ordem de grandeza daquele apresentado pelo uso da enzima na forma solúvel. A economicidade da reutilização estará na dependência da relação custo do catalisador/ custo total do processo. É claro que a reutilização limitará a escolha do reator àquele que propiciar o modo de retenção do catalisador mais eficiente.

13.4.2.3 Requisitos operacionais

Os requisitos operacionais do processo podem limitar severamente a escolha do reator. Lembrando que a maioria das reações bioquímicas requer controles de temperatura e pH, então um reator tipo tanque agitado poderá ser usado. Algumas vezes, no entanto, é necessário fornecer substrato ao sistema de reação de um modo intermitente, como no caso em que o substrato em elevada concentração inibe a enzima. Isso pode ser conseguido usando-se um reator tubular. No caso de tanques agitados operados de forma contínua, devem-se utilizar vários deles em série. Caso no fluido de alimentação existam sólidos insolúveis, então o reator de leito fixo não pode ser usado.

Finalmente, em processos contínuos pode ser necessária a adição de uma nova quantidade de enzima, para suprir a perda de atividade catalítica durante o processo contínuo prolongado. No caso do reator contínuo agitado, tal acréscimo poderá ser feito a qualquer momento, sem a necessidade de interromper o processo, o que não é possível na maioria dos outros tipos de reatores, cujo funcionamento deverá forçosamente ser interrompido.

13.4.3 CINÉTICA DE REATORES ENZIMÁTICOS

O estabelecimento das equações de processo para cada tipo de reator citado envolve a aplicação do conceito de balanço material, o qual deverá ser criteriosamente adaptado ao reator selecionado.

Tomando como premissas a idealidade do fluxo no interior do reator, a irreversibilidade da reação catalisada por uma única enzima, a ausência de quaisquer tipos de efeitos inibitórios, a formação de 1 mol de produto a partir de 1 mol de substrato e, finalmente, que a cinética da catálise segue o modelo de Michaelis-Menten, Equação (13.5), tem-se as seguintes equações de processo para os reatores tipo batelada e contínuos (tubular e continuamente agitado):

- Reator tipo batelada

$$t = (x.S_0/V_{max}) - (K_M / V_{max}).Ln\ (1\text{-}x) \quad (13.9)$$

- Reator contínuo do tipo tubular operando em regime permanente

$$t_r = (x.S_0 / V_{max}) - [K_M.Ln\ (1\text{-}x)] / V_{max} \quad (13.10)$$

- Reator contínuo do tipo tanque continuamente agitado

$$(x.S_0) + K_M.[x / (1\text{-}x)] = V_{max}/ Q = (V_{max}.t_r / V_r) \quad (13.11)$$

em que:

t: tempo de reação (h);

S_0: concentração inicial de substrato (g/L);

S: concentração de substrato em um instante qualquer (g/L);

t_r: (V_r/Q) = tempo de residência (h);

x (conversão): $(S_0 - S) / S_0$;

Q: vazão volumétrica de alimentação (L/h);

V_r: volume do reator (L).

Embora a Equação (13.10) seja semelhante à do reator tipo batelada, Equação (13.9), deve ser lembrado que nessa última t é o tempo total de reação, enquanto t_r é o tempo de residência de uma "partícula" dentro do reator. Caso não ocorra mistura durante o escoamento pelo reator (condição tida como ideal) e Q permaneça constante durante a passagem da mistura reagente pelo reator, então t_r seria de fato o tempo de residência de cada partícula no reator. Como a não idealidade é regra, então o tempo de residência representará um valor de permanência médio da "partícula" dentro do reator.

A equação de processo estabelecida para o reator tipo tanque continuamente agitado, Equação (13.11), é válida para o reator com membrana em que a enzima solúvel ou imobilizada está homogeneamente dispersa na massa líquida reagente dentro do reator.

13.3.4 DESEMPENHO DOS REATORES ENZIMÁTICOS

A não idealidade do reator enzimático, que acaba afetando seu desempenho geral, está essencialmente relacionada ao padrão de fluxo heterogêneo em seu interior, que, como consequência, leva à ineficiência da interação enzima-substrato. Por sua vez, o padrão de fluxo no interior do reator depende fundamentalmente do tipo de leito que o constitui, a saber, fixo (reator pistonado) ou fluidizado (coluna ou tanque continuamente agitado).

No caso do reator contínuo de leito fixo (reator pistonado), o desempenho operacional é afetado em maior ou menor grau por três fatores: retromistura, transportes de matéria (difusão) e/ou energia (transferência de calor) e empacotamento do material particulado constituinte do leito.

A retromistura – entendida como frente disforme ("turbilhonada") de propagação do fluido através do leito, causada sobretudo pela fricção entre a fase líquida (caracterizada por sua viscosidade intrínseca) e os grânulos da fase sólida – implica uma indisponibilidade permanente de substrato em quantidade suficiente para saturar a enzima, que está distribuída uniformemente pelo leito, levando-a a atuar a uma velocidade inferior à máxima nas condições operacionais fixadas para a reação.

A quantificação do efeito de retromistura, geralmente, é feita levando em conta a situação particular de tipo de reator/característica da reação executada. Como regra geral, pode-se afirmar que enzimas imobilizadas que requerem um só substrato de massa molar pequena e produzem também um produto de massa molar comparável podem ser mantidas em condições de saturação (concentração de substrato pelo menos cem vezes superior ao K_M) durante toda a duração do processo. Nesse caso, a ocorrência da retromistura tem efeito desprezível sobre o rendimento global do processo. Porém, na situação em que $0{,}2 < S_0/K_M < 100$, ou seja, a enzima não está saturada com o substrato, então a retromistura passa a influir no rendimento do processo.

Kobayashi e Moo-Young (1971) derivaram uma expressão que descreve o efeito da retromistura no desempenho de um reator empacotado contendo enzima imobilizada. Como simplificações básicas desse modelo, os autores negligenciaram o efeito da resistência da transferência de massa através da película envolvente das partículas de enzima imobilizada, bem como a ocorrência de partição do substrato entre as fases líquida e sólida devido a efeitos eletrostáticos:

$$(D_c/u.L_c).[d^2(1-x)/dz^2] - [d(1-x)/dz] - \{ [k.E.\tau.S_0(1-e).(1-x)] \div [S_0.e.K_M+e.(1-x).(S_0)^2] \} = 0 \quad (13.12)$$

em que:

u: velocidade intersticial do substrato;

L_c: altura da camada de sistema imobilizado dentro do reator;

D_c: coeficiente de dispersão;

x: conversão;

z: parâmetro adimensional referente ao comprimento do reator;

k: constante de velocidade;

E: concentração da enzima;

τ: tortuosidade do percurso da frente fluida;

S_0: concentração inicial de substrato;

e: volume morto do reator (espaços vazios).

A limitação devida à transferência externa de massa em reatores de leito fixo tem sido verificada para vazões de fluxo menores que 1-2 cm^3/min. Para vazões maiores, tal efeito é minimizado, porém começa a surgir o problema do aumento da pressão sobre o leito fixo.

As limitações difusionais internas para um sistema imobilizado podem ser diminuídas por meio dos seguintes procedimentos: a) redução do quociente atividade enzimática/volume de suporte; b) aumento da concentração de substrato; c) diminuição da espessura ou diâmetro das partículas do suporte. A última possibilidade enumerada é inexequível, uma vez que as menores dimensões das partículas do suporte foram estabelecidas no momento da imobilização.

O "fator de eficiência" (razão entre as velocidades de reação em presença e na ausência de efeitos difusionais) para partículas num reator continuamente agitado (RCA) pode ser obtido diretamente a partir da discussão dos efeitos difusionais, uma vez que a concentração de substrato é constante com o tempo. Num reator batelada (RB) ou reator tubular (RT), a concentração de substrato, e daí o fator de eficiência, variam com o tempo ou a distância. Lee e Tsao (1974) calcularam os valores médios do fator de eficiência em tais condições, usando o logaritmo da média entre as concentrações inicial e final de substrato como parâmetro estimativo. Como a concentração de substrato em um RCA é igual à concentração de substrato no fluido de saída, fica claro que a limitação difusional imposta pela porosidade das partículas da enzima imobilizada será mais séria no RCA que no RT e no RB, nos quais a concentração de substrato varia dentro de uma faixa bem estabelecida.

A transferência de calor em reatores de enzimas imobilizadas assume um papel extremamente relevante quando a reação deve ser realizada em temperatura bem controlada. De um modo geral, a transferência térmica é boa no caso de reatores de leito fluidizado e batelada, sendo problemática para os de leito fixo.

No planejamento de reatores com leito fixo devem-se levar em conta também as eventuais variações da pressão durante o processo. Quanto menores forem as partículas da matriz, maior será a queda de pressão. Partículas menores que 50 mesh (*U.S. standard sieve*) são de uso impraticável em reatores operando em grande escala.

Os reatores de leito fluidizado geralmente não apresentam os problemas de não idealidade discutidos, uma vez que a agitação adequada do leito garante homogeneidade do padrão de fluxo dentro do reator. Seguramente, o único fator que pode interferir no rendimento do processo é o efeito de difusão interna, que surgiria no caso de o suporte da enzima ser um material poroso. Nesse caso, as moléculas de enzima estariam dispersas tanto na superfície quanto nos interstícios internos das partículas do suporte, obrigando as moléculas de substrato a se difundirem no interior do material particulado para poder interagir com a enzima. Lembra-se também que o produto formado no interior das partículas deve percorrer o caminho inverso.

No caso particular de o suporte ser constituído por material eletricamente não neutro, ou seja, capaz de gerar um campo eletrostático, no qual as moléculas de enzima imobilizadas se encontram mergulhadas, então pode ocorrer o efeito de partição de substâncias iônicas (íons hidrônio e moléculas de substrato e/ou produto), já discutido.

Assim, os fenômenos de difusão interna e de partição podem se associar, aumentando sobremaneira o comportamento operacional não ideal do reator enzimático. Salienta-se que a combinação citada se constituiria em um forte complicador para a operacionalização de reator enzimático com leito fixo.

Quanto aos efeitos estéricos e conformacionais originados da aleatoriedade da interação enzima-suporte, já discutidos, estes podem afetar indistintamente o rendimento dos reatores enzimáticos.

13.4.5 INIBIÇÃO ENZIMÁTICA E DESEMPENHO DO REATOR

É comum a enzima, durante a catálise, sofrer inibição, tanto pelo substrato quanto pelo produto, quando essas substâncias se encontram acima de uma dada concentração. Só para citar um exemplo, Pitcher (1975) determinou que a galactose é um inibidor competitivo sobre a ação da lactase de levedura, sendo o K_i (constante de inibição) da ordem de 0,70 mM. Esses inibidores enzimáticos podem ser divididos basicamente em irreversíveis e reversíveis.

Um inibidor irreversível forma um composto covalente com a enzima, não podendo, por esse motivo, ser separado por meios físicos, embora em alguns casos possa ser removido por métodos químicos. Há situações em que se planejam inibidores irreversíveis específicos para determinadas enzimas, com o intuito de eliminá-las quando estiverem contaminando uma preparação enzimática comercial ou quando seus efeitos forem indesejáveis ao processo no qual serão utilizadas.

O inibidor reversível, por sua vez, pode ser do tipo, incompetitivo, não competitivo ou competitivo.

Os inibidores reversíveis incompetitivos (V_{max} e K_M diminuem) não apresentam interesse industrial, uma vez que seus efeitos se manifestam apenas sobre enzimas que requerem pelo menos dois substratos, as quais não são usadas em processos industriais no momento.

Os inibidores reversíveis não competitivos (V_{max} diminui e K_M se mantém) causam uma inibição que independe da concentração do substrato, já que o inibidor se liga a uma região da molécula enzimática diferente da do sítio ativo. Em termos industriais, esse tipo de inibidor apresenta potencial de uso, já que poderia ser adicionado a um processo com o intuito de diminuir a atividade enzimática no momento que o grau de conversão do substrato atingisse determinado valor.

Os inibidores reversíveis competitivos são compostos que atuam ao nível do sítio de ligação da enzima. Tais compostos devem ser estruturalmente semelhantes ao substrato natural da enzima. Uma vez que o substrato e o inibidor se combinam reversivelmente na mesma região da molécula enzimática, o grau de inibição dependerá das forças de ligação e das concentrações relativas de ambos. Como a competição se dá desse modo, então é esperado que para altas concentrações de substrato a inibição deva ser eliminada. Em termos cinéticos, para esse tipo de inibição a velocidade máxima (V_{max}) deve permanecer inalterada, enquanto o K_M aumenta. Os inibidores competitivos de ocorrência mais comum são os produtos resultantes da própria reação, sendo exemplos notórios a inibição da galactose sobre a lactase e da glicose sobre a celulase. Tal inibição pode ser eliminada em um processo industrial, por meio da separação do produto por ultrafiltração. Do ponto de vista industrial, sem dúvida alguma, a inibição competitiva é a de maior importância entre todos os mecanismos inibitórios conhecidos.

Um caso particular de inibição, que merece ser lembrado, é aquele exercido pelo próprio substrato da enzima. Essa situação ocorre quando a enzima possui, digamos, dois sítios ativos e muito próximos, a ponto de uma molécula de substrato ligada a um deles poder afetar as propriedades ligantes do outro. Demonstra-se que esse tipo de inibição pode ser quantificado pela equação:

$$v = (V_{max}. S) \div [S + K_s + (S^2/K_s)] \quad (13.13)$$

Substituindo a Equação (13.13) nas respectivas equações de projeto dos diferentes reatores (RB, RT e RCA), tem-se as equações de processo:

$$RB: t.V_{max} = x.S_0 - K_M.Ln\,(1\text{-}x) + [(S_0)^2/2.K_s].\,(2x - x^2) \quad (13.14)$$

$$RT: t_r.V_{max} = x.S_0 - K_M.Ln\,(1 - x) + [(S_0)^2/2.K_s].\,(2x - x^2) \quad (13.15)$$

$$RCA: (V_{max}/Q) = x.S_0 + K_M.x(1 - x) + [(S_0)^2/2.K_s].\,(2x - x^2) \quad (13.16)$$

A inibição por substrato, quando ocorre, é bem mais séria no reator tubular (pistonado) que no contínuo agitado, porque nesse último a enzima está operando numa concentração de substrato idêntica ao efluente. Demonstra-se que, em certas condições severas de inibição por substrato, o reator agitado contínuo pode apresentar mais de um estado estacionário em condições operacionais específicas e, em consequência, alguns valores de conversão (x) não podem ser obtidos.

A inibição por substrato pode ser minimizada num reator batelada introduzindo-se o substrato de forma intermitente; em um reator tubular (pistonado), pela alimentação do substrato em vários pontos ao longo do reator; e, num reator agitado contínuo, pelo uso de vários reatores dispostos em série, cada qual sendo alimentado continuamente com substrato.

A inibição por produto pode se dar por quaisquer dos mecanismos inibitórios mencionados. Não sendo possível neste ponto uma abordagem completa do assunto, recomenda-se a leitura do livro de Segel (1975). Apenas para efeito de ilustração, as equações de processo ante a inibição competitiva pelo produto (K_{ip} = constante de inibição referente ao produto) para os tipos de reatores citados seriam:

$$RB: [1 - (K_M/K_{ip})]x.S_0 - [1 + (S_0/K_{ip})].K_M.Ln\,(1 - x) = t.V_{max} \quad (13.17)$$

$$RT: [1 - (K_M/K_{ip})]x.S_0 - [1 + (S_0/K_{ip})].K_M.Ln\,(1 - x) = t_r.V_{max} \quad (13.18)$$

$$RCA: x.S_0 + K_M.[x.(1 - x)] + (K_M.x^2.S_0) / [K_{ip}.(1 - x)] = V_{max}/Q \quad (13.19)$$

13.4.6 DESEMPENHO DO REATOR ENZIMÁTICO COM O TEMPO

Durante a operação de um reator enzimático, a produtividade pode diminuir por várias razões. A enzima no reator perderá atividade com o tempo, em virtude de desnaturação e inibição. A desnaturação poderá ser consequência de calor, espumação e/ou cisalhamento. A inibição da enzima poderá ser causada por inibidores naturalmente existentes no mosto ou formados durante o seu pré-tratamento. As contribuições relativas dessas causas de perda de atividade dependerão das condições operacionais. Por exemplo, a β-galactosidase covalentemente ligada a uma lâmina porosa mantinha-se estável quando a temperatura era mantida a 25 °C, porém a 50 °C a inativação térmica tornou-se o fator dominante (LILLY; DUNNILL, 1972). É importante lembrar que muitas enzimas são mais termoestáveis em presença de seus substratos.

Além dos efeitos mencionados, pode-se também perder rendimento por meio da contaminação microbiana. A contaminação do reator por microrganismos pode ser minimizada ou eliminada trabalhando-se a temperaturas superiores a 40 °C e pH adequado. Nos casos em que isso não é possível ou é inadequado, o fluido de alimentação deve ser pré-tratado (por exemplo, filtração esterilizante). Harper, Okos e Blaisdell (1974) estudaram o problema da contaminação microbiana em colunas contendo β-galactosidase imobilizada em vidro poroso e alimentadas continuamente com soro de leite. A pH = 6,6 o crescimento microbiano era rápido, mas poderia ser eliminado se as colunas fossem operadas continuamente a pH = 3,5 e a 50-60 °C, intercalando-se ciclos de limpeza e sanitização a cada 72 horas.

A atividade aparente de uma enzima num reator diminuirá se o padrão de fluxo no reator variar ou se houver modificação na distribuição da enzima no interior do reator. Por exemplo, com uma barreira de retenção na saída do reator (como filtro ou membrana de ultrafiltração), a enzima poderá se acumular neste ponto. A deposição de gorduras, gomas e/ou polissacarídeos sobre as partículas de enzima imobilizada também reduzirá a atividade enzimática.

Existem também diversas maneiras pelas quais a enzima pode ser perdida pelo sistema. Uma vez que muitos suportes são polímeros hidrofílicos, eles podem se solubilizar com o tempo. Isso foi observado com vidro poroso não tratado com óxido metálico (por exemplo, TiO_2 ou SiO_2). É importante que o polímero hidrofílico usado como suporte tenha estrutura homogênea, a fim de minimizar a solubilização gradual.

Para enzimas imobilizadas por adsorção, o desprendimento poderá ocorrer com o tempo. A adsorção inicial é usualmente feita em condições nas quais o equilíbrio favorece a ligação. Entretanto, a exposição continuada da enzima imobilizada ao fluido contendo o substrato poderá provocar o desprendimento, reduzindo assim a capacidade catalítica do reator. A velocidade de desprendimento aumentará em função da presença de altas concentrações de sais e/ou substrato.

Outro fator de perda de atividade do reator enzimático é o desgaste sofrido pelas partículas contendo a enzima por causa do atrito, quer entre elas, quer com elementos estruturais do reator (agitador, chicanas).

O planejamento inadequado da adição de ácido ou álcali para controlar o pH da reação pode provocar a formação de um gradiente de pH no seio do sistema imobilizado, causando a inativação localizada da enzima, bem como a hidrólise do substrato e/ou produto.

Geralmente, o desempenho ótimo do reator está vinculado à atividade enzimática total presente. No entanto, a atividade por unidade de volume do reator pode ser importante. Se o substrato e o produto são instáveis nas condições operacionais, então uma alta concentração de enzima diminuirá o tempo de residência tanto do substrato quanto do produto, reduzindo, desse modo, as perdas. Para enzimas imobilizadas, alta atividade por unidade de volume pode ser obtida tanto pelo aumento da atividade por peso de suporte como pelo aumento da quantidade de suporte dentro do reator. A ligação de mais enzima pode requerer um aumento na área superficial do suporte, significando aumento da porosidade ou redução no tamanho da partícula para suportes não porosos.

Devem ser lembrados também os processos em que a enzima é empregada na forma solúvel, exceto quando se utiliza reator com membrana, nos quais ela pode ser inativada pelo simples aumento da temperatura do reator, desde que o produto não seja termolábil (TOMOTANI, 2006).

Finalmente, as principais causas de redução do desempenho de um reator enzimático podem ser, em linhas gerais, sumarizadas como: a) *perda de enzima pelo reator*: desintegração e/ou solubilização do suporte; desprendimento da enzima; b) *interação enzima-substrato deficiente*: padrão de fluxo irregular no interior do reator; formação de películas na superfície das partículas do suporte contendo a enzima; c) *perda da atividade enzimática*: inibição; desnaturação; ataque microbiano.

13.4.7 ESTRATÉGIA OPERACIONAL DE REATORES COM ENZIMAS IMOBILIZADAS

Em geral, o objetivo de uma dada estratégia operacional é minimizar o custo global do processo por meio da otimização da quantidade total de substrato convertido por unidade de atividade enzimática. Para tanto, a estratégia usada consiste em regulação da velocidade de produção e variação da temperatura, do tamanho ou do número de reatores.

A produção total (P_t) de um reator durante um período (t_p) de operação com uma enzima imobilizada, cujo decaimento da atividade é exponencial, pode ser determinada pela equação (PITCHER, 1975):

$$P_t = (F.t_{1/2})/\text{Ln}2.\{1 - \exp\{(-\text{Ln } 2).t_p/t_{1/2}\} \qquad (13.20)$$

em que:

F: vazão de alimentação;

$t_{1/2}$: tempo de meia-vida.

Se, ao reduzir a velocidade do fluxo de entrada para manter uma dada conversão, isso levar a variações inaceitáveis em termos de rendimento de processo, então devem-se utilizar vários reatores em série, cujos tempos de partida ou de recarga com enzima imobilizada sejam alternados. O uso do número adequado de reatores permite manter o rendimento do processo no nível desejado. O número de reatores requerido para manter a produção dentro de limites preestabelecidos é função do tempo de uso do sistema imobilizado (seria o número de meias-vidas durante o qual o reator é operado antes do sistema imobilizado ser trocado). Essa relação pode ser expressa pela equação:

$$R_p = \exp(H.\text{Ln } 2/N) \qquad (13.21)$$

em que:

R_p: razão entre a menor e a maior velocidade de produção;

H: número de meias-vidas de uso do sistema imobilizado;

N: número de reatores.

Para finalizar, deve ser lembrada a estratégia de manter-se a conversão desejada ao longo do tempo por meio do aumento controlado da temperatura do processo. A ideia baseia-se na tentativa de contrabalançar a perda de atividade com o aumento da agitação molecular que sempre acompanha o aumento da temperatura.

13.5 EXEMPLOS DE PROCESSOS ENZIMÁTICOS

13.5.1 ISOMERIZAÇÃO DA GLICOSE

A isomerização enzimática da glicose em frutose é executada em escala industrial no mundo inteiro, sobretudo nos Estados Unidos. O produto comercial obtido (*high fructose corn syrup* – HFCS) contém, em base seca, 42% ou 55% de frutose. Cerca de 70% do HFCS produzido no mundo é usado na concentração de 55% em frutose, sendo enriquecido por técnica cromatográfica a partir da mistura equimolecular de glicose e frutose formada pela ação da glicoseisomerase (GI) sobre a glicose proveniente da hidrólise do amido. O HFCS 55% é usado como adoçante em bebidas não alcoólicas, enquanto o HFCS 42% (resultante diretamente da ação da GI sobre a glicose) é usado em panificação, laticínios e enlatados. Em virtude da alta higroscopicidade da frutose, o HFCS não pode substituir a sacarose na manufatura de bombons rígidos.

O aparecimento em 1974 da GI imobilizada e o grande interesse da indústria de refrigerantes pelo HFCS fizeram com que o processo de isomerização da glicose fosse aceito pelas principais indústrias processadoras de materiais amiláceos do Ocidente. Um grande salto no consumo do HFCS ocorreu em 1978, quando foi introduzido o processo de enriquecimento do HFCS em frutose por meio da separação cromatográfica da mistura glicose e frutose, aumentando o índice de dulçor desse xarope.

A glicoseisomerase (GI) é uma enzima intracelular de origem microbiana (por exemplo, *Actinoplanes missouriensis*, *Bacillus coagulans*, *Streptomyces rubiginosus* e

Streptomyces phaechromogenes), que catalisa a conversão de glicose em frutose e obedece à seguinte equação de velocidade:

$$v = [V_f.(S) / K_{Ms} - V_r.(P)/K_{Mp}] \,/\, [1 + (S) / K_{Ms} + (P) / K_{Mp}] \tag{13.22}$$

em que:

V_f: velocidade máxima da reação no sentido da formação da frutose;

V_r: velocidade máxima da reação no sentido da formação da glicose;

K_{Ms} e K_{Mp}: respectivamente, constantes de Michaelis-Menten em relação à glicose e à frutose.

A Equação (13.22) pode ser escrita na forma a seguir, quando se leva em consideração a condição de equilíbrio:

$$v = \{V_f.[(S) - (S)_{eq}]\} \,/\, \{(S) + K_{Ms}.[1 + (P) / K_{Mp}]\} \tag{13.23}$$

Da Equação (13.23) fica evidenciada a ação inibitória competitiva do produto sobre a GI. Ou seja, a velocidade inicial de isomerização depende do afastamento em relação ao ponto de equilíbrio no qual o sistema se encontra.

A unidade de atividade para a GI é a IGICU (*immobilized glucose isomerase column unit*), definida como a quantidade de sistema imobilizado que produz 1 micromol de frutose/minuto, em condições de processo definidas.

É fato que o processo de imobilização constitui-se em segredo do fabricante. Porém, um processo viável de imobilização da GI é: as células microbianas são separadas do caldo de fermentação, em geral por centrifugação, e após lavagem são rompidas em moinho tipo Manton-Gaulin. A GI é recuperada do extrato celular rompido por filtração/centrifugação e concentrada por ultrafiltração. A enzima solúvel é, finalmente, ligada ao suporte. O processo de imobilização consiste em misturar a GI solúvel com DEAE-celulose, TiO_2 e poliestireno. No final, o material sólido é moído e tamisado (400-800 μm). Um modo alternativo seria promover a adsorção de poliamina sobre alumina e, a seguir, tratar com glutaraldeído e adicionar a GI, que por meio de seus aminogrupos se liga aos grupos carbonila do dialdeído.

Em alguns casos, o suporte pode ser reaproveitado diversas vezes, pela remoção da enzima residual com a introdução de nova carga de GI. Por exemplo, a DEAE-celulose pode ser regenerada lavando-se alternadamente com água e com solução de NaOH (2%) até a remoção de toda a proteína e impurezas. Nova GI é, então, ligada por uma operação descontínua ou contínua, até reconstituir 95% da atividade isomerásica inicial. Uma variante seria adicionar a GI periodicamente por meio da corrente de alimentação do reator, sendo que a enzima vai se ligando ao suporte à medida que a isomerização transcorre. Esse procedimento, conhecido por *on-column loading*, apresenta como vantagens principais: controle rigoroso da vazão das colunas, facilidade de operação, baixo custo da isomerização e operação ininterrupta por mais de dois anos. Nesse processo emprega-se GI concentrada (3500-4500 IGICU/g), e o suporte usado possui as seguintes propriedades: incompressibilidade, volume invariável e resistência a altas pressões operacionais. No *on-column loading* a solução de substrato deve ter as seguintes especificações: 94% de glicose em base seca 40-45% de matéria seca, condutividade < 40 µS/cm, concentração de cálcio < 1,5 ppm e ausência de oxigênio dissolvido.

Para otimizar a isomerização, devem ser mantidos sob controle os seguintes parâmetros:

a) *Pureza da solução substrato*: o fluido de alimentação deve ser isento de material insolúvel, que pode se acumular sobre as partículas do leito fixo, causando a inativação da enzima e o aumento da pressão através da coluna. A passagem da solução substrato por coluna de troca iônica é necessária para remover Ca^{+2}, que é um inibidor da GI, mas se encontra presente na solução de glicose, porque é usado como estabilizante da α-amilase, usada nos estágios iniciais da hidrólise do amido, do qual provém o xarope de glicose (XG) a ser isomerizado.

b) *Sólidos solúveis*: deve ser mantido em torno de 45%. Valores acima do referido causam aumento da viscosidade do XG, dificultando a difusão pelo leito fixo e provocando queda no rendimento da isomerização. Valor inferior, no entanto, facilitaria a contaminação microbiana.

c) *Temperatura*: é um parâmetro importante na otimização da produtividade e na manutenção da vida útil da coluna. A faixa recomendável situa-se entre 55 °C e 61 °C. Temperatura mais baixa favorece a contaminação, e temperatura mais alta, embora estimule a atividade da GI, tende a reduzir a produtividade após longos períodos de operação, em virtude da inativação da enzima. Recomenda-se o uso de temperatura alta apenas quando se deseja um aumento de produtividade em curto espaço de tempo (por exemplo, quando o desempenho do reator cai abaixo de um dado valor).

d) *pH*: embora dependa da origem da GI utilizada, a faixa considerada adequada estaria entre 7,5 e 8,2. A atividade enzimática aumenta à medida que o pH aumenta, mas a produtividade ao longo do tempo diminui como resultado da instabilidade da enzima quando exposta a um pH não favorável por longos períodos. O ideal seria manter o pH o mais baixo possível, a fim de reduzir a formação de produtos colaterais e manter alta produtividade. Pequenas quantidades de ácidos orgânicos são formadas durante a isomerização, devendo-se, portanto, ajustar o pH do XG com tampão de carbonato de sódio.

e) *Oxigênio*: deve estar ausente no XG, para evitar a perda de atividade da GI devida à oxidação dos resíduos de cisteína. Em geral, adiciona-se SO_2 na concentração entre 1-2 mM para contornar esse problema.

f) *Magnésio*: a presença de Mg^{+2} é importante, pois é um ativador e estabilizador da GI. Recomenda-se uma concentração de sal de magnésio entre 0,5 mM e 5 mM. Para eliminar o efeito adverso causado pela presença de Ca^{+2}, a quantidade de Mg^{+2} adicionada é pelo menos vinte vezes maior. A GI é inibida pelos íons de cobre, zinco, níquel, mercúrio e prata.

g) *Tempo de reação*: a vazão de alimentação do reator (tempo de residência entre 0,5 e 5 horas) é controlada de tal modo a obter um efluente com 42-45% de frutose (base seca), ou seja, um pouco abaixo do valor da concentração de equilíbrio possível para esta reação, Equação (13.23), visando não só reduzir o tempo total de processo, mas também o possível efeito inibitório da frutose sobre a GI imobilizada. Pela Equação (13.23) fica claro que $[(S) - (S)_{eq}] > 0$ implica que o processo seja direcionado no sentido da glicose para a frutose.

Todos os parâmetros do processo mencionado devem ser controlados ao mesmo tempo, a fim de otimizar a conversão glicose/frutose. Caso um deles caia fora das faixas recomendadas, uma queda temporária ou definitiva do desempenho do reator pode acontecer. Redução temporária de produtividade pode resultar de variação moderada do pH, diminuição da temperatura, aumento da concentração de sólidos, excesso de Ca^{+2} e/ou falta de Mg^{+2}. Uma vez corrigido um ou mais desses problemas, consegue-se recuperar o desempenho do reator. Problemas sérios aparecem quando a temperatura supera 65 °C e o pH cai abaixo do valor mínimo (7,0) ou supera o valor máximo (8,2). A principal desvantagem do reator tubular (coluna) é que vários meses de atividade enzimática potencial podem ser perdidos em virtude de flutuações indesejáveis do pH e da temperatura.

No processo de isomerização observa-se que a atividade da GI imobilizada decai exponencialmente com o tempo de operação, mesmo quando se usa um XG devidamente tratado. Esse decaimento seria devido à desnaturação da enzima resultante das oscilações de temperatura e/ou pH. Se os parâmetros de reação são mantidos dentro dos limites recomendados pelo fabricante, evidentemente a eficiência da operação será mantida por muitos meses, até que a atividade da enzima seja reduzida a 10-20% da atividade inicial.

Para manter constante a concentração de frutose no efluente, a vazão de alimentação deve ser compatível com a atividade enzimática real. Operando-se com um só reator, flutuações amplas no teor de frutose do efluente são observadas. Para reduzir esse efeito, usam-se vários reatores em série e/ou em paralelo, contendo GI imobilizada em atividade por diferentes tempos. Por exemplo, com um conjunto de oito reatores pode-se manter a variação do fluxo do xarope efluente em torno de 13%.

O HFCS contendo 42% de frutose e 51-54% de glicose é tratado sucessivamente com carvão ativo e resina trocadora de íons, para remover coloração, *off-flavors*, sais e outras impurezas. A seguir é concentrado até 70% de sólidos totais, sendo mantido entre 27 °C e 32 °C, para evitar a cristalização da frutose.

Os xaropes contendo concentrações de frutose maiores que 42% são preparados passando-se o HFCS 42% (contendo 50% de sólidos totais em base seca) através de adsorvente catiônico, onde a maior parte da frutose é retida. O eluato, constituído por 80-90% de glicose, 5-10% de frutose e oligossacarídeos, é reciclado para os estágios de sacarificação ou de isomerização. A frutose adsorvida é eluída com água, obtendo-se uma solução que contém 80-90% de frutose e 7-19% de glicose. Essa solução enriquecida em frutose é misturada com o HFCS a 42%, quando se deseja HFCS com teor de frutose entre 45% e 85%, ou então é concentrada para se obter a frutose na forma cristalizada.

Finalmente, as perspectivas de desenvolvimento no setor da produção de HFCS são no sentido de: a) reduzir os custos da isomerização por meio do barateamento do preço da enzima, que deverá passar pelo melhoramento genético das cepas produtoras de GI; b) aumentar o rendimento em frutose, que poderia ser conseguido pelo uso de GI termoestável (por exemplo, que resista à temperatura de 90 °C); c) combinar os processos de liquefação, sacarificação e isomerização pelo uso das enzimas correspondentes (α-amilase, glicoamilase e GI) numa única etapa; d) usar o HFCS como matéria-prima para a síntese do manitol, usando o cobre/sílica como catalisador; e) aperfeiçoar o processo da separação cromatográfica.

13.5.2 HIDRÓLISE DA LACTOSE

A lactose é o principal constituinte, em termos de sólidos totais, do leite integral, do soro de leite e do leite desnatado, correspondendo, respectivamente, a 40%, 75% e 50% dos sólidos.

A lactose pode ser hidrolisada por via ácida ou enzimática. A vantagem da hidrólise enzimática reside no fato de que a reação se processa a temperatura relativamente baixa (ao redor de 40 °C), permitindo uma maior economia energética, além de não se formarem produtos colaterais.

A lactase (EC.3.2.1.23) decompõe a lactose em glicose e galactose, ressalvando-se que esse monossacarídeo inibe reversivelmente a enzima, conforme a equação:

$$v = [V_{max}.(S)] / \{(S) + K_M.[1 + (P) / K_i]\} \quad (13.24)$$

A lactase (β-galactosidase) é obtida de vários microrganismos, sendo os preparados comerciais obtidos de leveduras (*Kluyveromyces fragilis; K. lactis*) e de fungos (*Aspergillus Níger; A. oryzae*). As lactases dessas duas fontes diferem basicamente no pH de atividade ótima, já que as de levedura têm pH ótimo entre 6,0 e 7,0, enquanto as de fungos, entre 4,0 e 5,0. Por isso, as lactases de levedura e fúngicas são recomendadas para deslactosar o leite integral (pH = 6,8) e o soro de leite (pH = 4,6), respectivamente.

As lactases são inativadas por íons de metais pesados (Cu^{+2}; Zn^{+2}; Hg^{+2}) e as de levedura, em particular, são inibidas por Ni^{+2} e Ca^{+2}. Por outro lado, K^{+}, Mg^{+2} e Mn^{+2} são ativadores nas concentrações de 10^{-2} M a 10^{-1} M, 10^{-3} M a 10^{-4} M e 10^{-4} M a 10^{-5} M, respectivamente.

A unidade lactásica é definida como a quantidade de enzima que libera 1 μmol de glicose/min em condições definidas. Caso se utilize o substrato sintético ortonitrofenil-beta-D-galactopiranosídeo (ONPG), a unidade seria a quantidade de enzima que hidrolisa 1 μmol de ONPG/min.

Os processos de deslactosação de maior interesse industrial são:

a) *Deslactosação do soro de leite*

SORO → PASTEURIZAÇÃO → AJUSTE DO pH → HIDRÓLISE DA LACTOSE (80-90%) → DESMINERALIZAÇÃO → PASTEURIZAÇÃO → EVAPORAÇÃO → XAROPE (70% DE SÓLIDOS TOTAIS)

b) *Deslactosação do leite integral*

Pode ser feita de duas maneiras:

b.1)

LEITE → TRATAMENTO A ALTA TEMPERATURA POR CURTO PERÍODO (UHT) → ADIÇÃO DE LACTASE ESTÉRIL → EMBALAGEM ASSÉPTICA → HIDRÓLISE DENTRO DA EMBALAGEM → LEITE DESLACTOSADO E TRATADO POR UHT

b.2)

LEITE → PASTEURIZAÇÃO → LACTASE (80% DE HIDRÓLISE) → PASTEURIZAÇÃO → LEITE DESLACTOSADO E PASTEURIZADO

Weetall, Pitcher e Ford (1974) imobilizaram a lactase fúngica (*A. niger*) em partículas porosas de SiO_2 (30/45 mesh; 370 angstrons de diâmetro) para deslactosar soro de leite. O coeficiente de imobilização foi da ordem de 80%, tendo cada grama de suporte ligado 620 U de atividade lactásica total. A energia de ativação para a reação catalisada pela lactase imobilizada foi da ordem de 8 kcal/mol, enquanto, para a enzima solúvel, foi de 11 kcal/mol. O pH ótimo da lactase imobilizada foi igual a 4,5, e o da enzima solúvel, 6,0, indicando que o suporte empregado possuía uma densidade de carga residual positiva. O K_M e o K_i para a lactase solúvel foram iguais a 0,11 M e 0,67 mM, respectivamente, enquanto para o sistema lactase-SiO_2 foram, respectivamente, iguais a 0,071 M e 3,27 mM. A meia-vida da lactase imobilizada foi de aproximadamente 70 dias; além disso, o soro de leite deveria ser desmineralizado e desproteinizado antes de ser introduzido no reator (diâmetro = 4 polegadas; carregado com 3 kg de lactase-SiO_2). Os autores estabeleceram para o reator utilizado a seguinte equação de processo:

$$t.V_{max}=[S_0 - S].[1 - (K_M/K_i)] + Ln[(S_0)/(S)].\{[(S_0.K_M)/K_i] + K_M\} \tag{13.25}$$

Como resultado do desenvolvimento, os autores descreveram o funcionamento de uma planta de deslactosação de soro de leite com capacidade de processar 10.000 lb de lactose por dia, sendo de 50% a hidrólise da lactose inicial. O deslactosador é operado com lactose-SiO_2 (300 U/g) a 35 °C, sendo o balanço de massa governado pela Equação (13.25).

13.5.3 CONVERSÃO DA SACAROSE EM FRUTOSE E ÁCIDO GLICÔNICO

A sacarose (α-D-glicopiranosil β-D-frutofuranosídeo) é um dissacarídeo não redutor constituído por dois monossacarídeos unidos covalentemente entre si por uma ligação O-glicosídica (tipo α,β), formada quando o grupo hidroxila-α (em posição equatorial com respeito ao C1) de uma molécula de glicose (na forma cíclica) reage com a hidroxila-β (em posição axial com respeito ao C2) de uma molécula de frutose (na forma cíclica). A hidrólise pode ser feita pelas enzimas α-glicosidase ou invertase, sendo essa última a mais utilizada. Da hidrólise da sacarose resulta uma mistura equimolar de glicose e frutose.

A sacarose extraída da cana-de-açúcar, denominada simplesmente açúcar, constitui-se em produto importante na pauta de exportação do Brasil – a quantidade exportada, em geral, é da ordem de 35 a 40 milhões de toneladas por ano –, tornando o setor sucroalcooleiro nacional um dos mais fortes em escala mundial. Apesar de a sacarose ser um produto comercial *per se*, sua transformação em outros derivados também de interesse comercial pode contribuir para a diversificação do setor, além de, no caso de baixa demanda de mercado (nacional e/ou mundial), evitar o acúmulo nas usinas de açúcar. O armazenamento por longos períodos – indesejável por ocupar espaço dos armazéns, além dos custos envolvidos, e causar deterioração do produto, já que ele é altamente higroscópico – implica perdas financeiras por parte dos usineiros. Por conseguinte, dos vários derivados possíveis, será focada resumidamente a conversão enzimática da sacarose em frutose e ácido glicônico, produtos importados em maior ou menor grau pelo Brasil e amplamente empregados nos segmentos industriais farmacêutico, químico e de alimentos (SILVA, 2010).

Serão descritas resumidamente a hidrólise da sacarose pela invertase, a oxidação da glicose em ácido glicônico pela glicose oxidase e a conversão direta da sacarose em frutose e ácido glicônico pelo uso simultâneo das enzimas citadas. Todas essas reações foram executadas em biorreator com membrana em escala laboratorial. Os ajustes iniciais das reações foram feitos em biorreator com membrana (Bioengineering® AG, Wald, Alemanha) de 10 mL de capacidade operacional, autoclavável, podendo operar à pressão de até 6 bar, tendo como acessórios uma bomba dosadora de alta precisão (vazão entre 1 mL/h e 500 mL/h com variação de ±0,5 mL/h), filtro esterilizante e dispositivo para pressurizar o sistema e para aprisionar bolhas eventualmente formadas ao longo da linha de alimentação do substrato. A seguir, as condições de reação estabelecidas no BM descrito foram reproduzidas em biorreator tipo célula de ultrafiltração com capacidade nominal de 300 mL, diâmetro da membrana de 76 mm, área efetiva da membrana de 40 cm^2 e pressão máxima de 6 bar.

13.5.3.1 Hidrólise da sacarose

O BM é carregado com 10 mL de solução tamponada de invertase solúvel (1,64 mg de proteína/mL; 140 U) ou invertase imobilizada (1,64 mg de proteína/100 mg de

Dowex®-1X4-200), sendo, a seguir, alimentado continuamente por 2 horas com solução tampão acetato 10 mM (pH 5,5). Findo o período de preparo do biorreator, passa-se a alimentá-lo de modo contínuo com solução tamponada de sacarose (50 mM) a uma vazão específica de 0,8 h^{-1}, sendo as demais condições mantidas invariáveis a 30 °C, pH 5,5 e 100 rpm. Amostras são colhidas a cada hora por meio de coletor de frações convencional. Na Figura 13.1 apresentam-se os rendimentos da hidrólise da sacarose com a invertase nas formas solúvel e imobilizada, os quais foram da ordem de 100%. A velocidade de reação (r), expressa como $mmol_{produto}/h.mg_{proteína}$, foi calculada por meio da equação:

$$r = [Q.(P)/(1000.m_{proteína})] \tag{13.26}$$

em que:

Q: vazão volumétrica na saída do reator (mL/h);

$m_{proteina}$: massa de invertase expressa como proteína total solúvel (mg);

(*P*): concentração de produto formado, equivalente aos açúcares redutores totais, que, por sua vez, são expressos em glicose (mmol).

D'Addezio et al. (2014) alertam para o fato de que tanto a natureza química do material da membrana quanto o corte molecular podem afetar o desempenho hidrolítico da invertase quando se utiliza biorreator com membrana. Pelo senso comum, se a massa molar da enzima for, digamos, de 200 kDa – caso da invertase –, uma membrana com corte molecular de até 150 kDa seria suficiente para reter a enzima dentro do BM. No entanto, os citados autores, usando membranas de polietersulfona com corte molecular entre 10 kDa e 100 kDa, obtiveram velocidades de reação, respectivamente, iguais a 6,31 e 0,316 mmol de glicose/min.$mg_{proteína}$. Segundo os autores, os desvios observados para as velocidades de reação resultariam das diferentes intensidades de adsorção entre as membranas e as moléculas de enzima. Isso seria devido ao fato de tanto a enzima quanto as superfícies das membranas possuírem grupos químicos ionizáveis (eletricamente carregados). Quanto maior o corte molecular da membrana, mais intensa seria a inserção das moléculas da enzima nos interstícios da matriz polimérica. Como consequência, a macromolécula da enzima sofreria estresse estrutural, que poderia se refletir diretamente sobre o sítio ativo e/ou catalítico, e tudo isso se traduziria em restrições estéricas e/ou conformacionais, levando à ineficiência da interação invertase-sacarose. A eventual interação entre os grupos ionizados da proteína e da matriz poderia contribuir para a redução do desempenho catalítico da invertase, haja vista que o íon fructosil, carregado positivamente, é um intermediário do mecanismo de hidrólise, o qual poderia ter sua carga parcialmente neutralizada por grupos opostos da membrana, permanecendo mais tempo ligado ao sitio catalítico e, em consequência, a entrada de nova molécula de sacarose seria desacelerada. Ou seja, esse fenômeno no final levaria à diminuição do *turnover* da invertase. Dessa discussão resulta que a escolha do corte molecular da membrana seria uma condição necessária, mas não suficiente para garantir tanto a retenção da enzima dentro do biorreator quanto seu desempenho catalítico. Essa situação pode ser estendida para outras enzimas que eventualmente sejam usadas no BM.

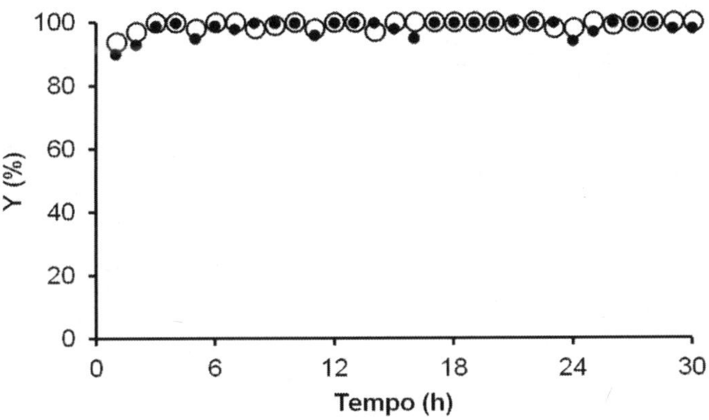

Figura 13.1 Conversão contínua da sacarose em função do tempo pela ação da invertase solúvel (•) e imobilizada (o). Os parâmetros mantidos constantes foram: pH = 5,5, 30 °C, agitação = 100 rpm, concentração de sacarose = 100 mM e D = 0,8 h^{-1}. As velocidades de reação foram iguais a 0,5 mmol/h.mg_{enzima} e 0,31 mmol/h.mg_{enzima}, respectivamente, para as invertases solúvel e imobilizada.

13.5.3.2 Oxidação da glicose

O BM é carregado com 10 mL de solução tamponada de glicose oxidase solúvel (0,22 mg de proteína/mL; 0,76 U) ou glicose oxidase imobilizada (0,22 mg de proteína/100 mg de Dowex®-1X4-200), sendo, a seguir, alimentado continuamente por 2 horas com solução tampão acetato 10 mM (pH 5,5). Findo o período de preparo do biorreator, passa-se a alimentá-lo de modo contínuo com solução tamponada de glicose (2,5 mM) a uma vazão específica de 6 h^{-1}, sendo as demais condições mantidas invariáveis a 30 °C, pH 5,5 e 100 rpm. Amostras são colhidas a cada hora por meio de coletor de frações convencional. Na Figura 13.2 apresentam-se os rendimentos da oxidação da glicose com a glicose oxidase nas formas solúvel e imobilizada. Observa-se da figura que o rendimento médio, na fase de regime estacionário, foi da ordem de 60% para ambas as formas da glicose oxidase. A velocidade de reação (r), expressa como $mmol_{glicose}$/h.$mg_{proteína}$, foi calculada por meio da Equação (13.26).

A oxidação da glicose em ácido glicônico pela glicose oxidase (GO) não alcança o valor máximo em virtude da característica particular da enzima, que é constituída por 16% de carboidratos, duas cadeias polipeptídicas idênticas ligadas por pontes de dissulfeto, possuindo cada subunidade um íon Fe^{+2} e uma molécula de FAD (flavina dinucleotídeo) (TOMOTANI, 2006). O mecanismo reconhecido para a ação da GO consiste da conversão da β-D-glicose em gliconolactona com a simultânea redução do FAD para $FADH_2$. A seguir, o $FADH_2$ é reoxidado pelo oxigênio molecular, produzindo água oxigenada como subproduto. O problema é que a água oxigenada, apesar de sua presença efêmera dentro do reator, atua como agente oxidante, provocando a oxidação do íon ferroso para férrico, mais estável. A GO-Fe^{+3} continua capaz de oxidar a glicose em ácido glicônico, mas com eficiência menor. Em processo contínuo na condição de estado estacionário, o sistema será constituído por uma mistura de moléculas

GO-Fe^{+2} e GO-Fe^{+3}, com capacidade de conversão glicose/ácido glicônico reduzida, no caso citado, da ordem de 60% (Figura 13.2).

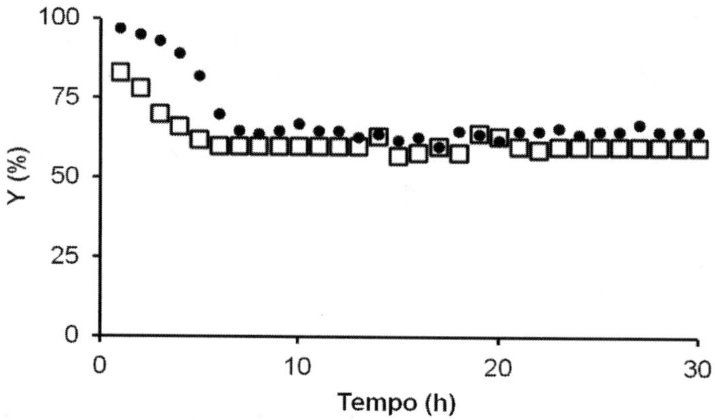

Figura 13.2 Conversão contínua da glicose em função do tempo pela ação da glicose oxidase nas formas solúvel (•) e imobilizada (□). Os parâmetros mantidos constantes foram: pH = 5,5, 30 °C, agitação = 100 rpm, concentração de glicose = 2,5 mM e D = 6 h^{-1}. As velocidades de reação foram iguais a 0,391 mmol/h.mg_{enzima} e 0,178 mmol/h.mg_{enzima}, respectivamente, para as GO solúvel e imobilizada.

13.5.3.3 Conversão da sacarose em frutose e ácido glicônico com o uso simultâneo de invertase e glicose oxidase

O BM (tipo célula de ultrafiltração) é carregado com 150 mL de solução tamponada contendo invertase (1,64 mg proteína/mL) e GO (0,22 mg proteína/mL) solúveis ou 150 mL de suspensão tamponada com invertase (1,64 mg/100 mg resina) e GO (0,22 mg/100 mg resina) imobilizadas. O BM é alimentado continuamente por 2 horas com solução tampão acetato 10 mM (pH 5,5). Findo o período de preparo do biorreator, passa-se a alimentá-lo de modo contínuo com solução tamponada de sacarose (2,5 mM) a uma vazão específica de 0,6 h^{-1}, sendo as demais condições mantidas invariáveis a 30 °C, pH 5,5 e 100 rpm. Amostras são colhidas a cada 2 horas por meio de coletor de frações convencional. Na Figura 13.3 apresentam-se os rendimentos da conversão da sacarose em frutose e ácido glicônico utilizando GO e invertase solúveis – neste caso a membrana é de 100 kDa – ou GO e invertase imobilizadas, usando-se membrana de ultrafiltração (100 kDa) ou de microfiltração (5 μ). Observa-se da citada figura que o rendimento médio, na fase de regime estacionário, foi da ordem de 60% para o caso das enzimas imobilizadas e do BM munido de membrana de ultrafiltração e acima de 80% para os outros dois casos. O provável maior fluxo de matéria por meio do BM, conseguido com a membrana de microfiltração e maior volume operacional, minimizou os possíveis efeitos adversos causados pela água oxigenada sobre a GO, além de a oferta de glicose para a ação da GO ser extemporânea, ou seja, em relação à GO a glicose não ficaria disponível de uma só vez, evitando o acúmulo de água oxigenada no meio de reação.

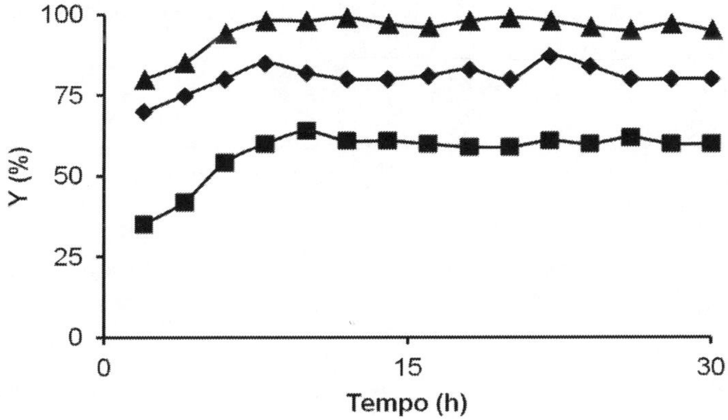

Figura 13.3 Conversão contínua da sacarose em função do tempo pela ação simultânea da invertase e da glicose oxidase ambas na forma solúvel (▲), ambas imobilizadas e BM com membrana de 100 kDa (■) e ambas imobilizadas e BM com membrana de 5 μ (♦). Parâmetros mantidos constantes: 30 °C, pH = 5,5, agitação = 100 rpm, concentração inicial de sacarose = 2,5 mM, D = 0,6 h^{-1}, volume operacional = 150 mL, tipo de BM: célula de ultrafiltração.

REFERÊNCIAS

ANDREOTTI, D. Z.; TOMOTANI, E. J.; VITOLO, M. The use of dehydrogenases for regenerating β-nicotinamide adenine coenzymes through discontinuous and continuous processes. In: EUROPEAN BIOMASS CONFERENCE AND EXHIBITION, 18., Lyon, 2010. *Proceedings...* Florence: Eta-Florence, p. 1367-1370, 2010.

BYHLIN, H.; JONSSON, A. S. Influence of adsorption and concentration polarization on membrane performance during ultrafiltration of a non-ionic surfactant. *Desalination*, London, v. 151, n. 1, p. 21-31, Jan. 2003.

CURCIO, S.; CALABRÓ, V.; IORIO, G. Monitoring and control of TMP and feed flow rate pulsatile operations during ultrafiltration in a membrane module. *Desalination*, London, v. 146, n. 3, p. 217-222, Sept. 2002.

D'ADDEZIO, F. et al. Using a membrane reactor for sucrose hydrolysis: the effect of reactor's design on invertase stability. *Journal of Environmental Science and Engineering A*, El Monte, v. 2, n. 9, p. 582-592, Sept. 2013.

D'ADDEZIO, F. et al. Sucrose hydrolysis by invertase using a membrane reactor: effect of membrane cut-off on enzyme performance. *Brazilian Journal of Pharmaceutical Sciences*, São Paulo, v. 50, n. 2, p. 257- 259, Jan./June 2014.

FONTE, P. et al. Chitosan-based nanoparticles as delivery systems of therapeutic proteins. In: VOYNOV, V.; CARAVELLA, J. A. (ed.). *Therapeutic proteins*: methods and protocols. 2. ed. New York: Humana Press, 2012. p. 182-198.

GIORNO, L.; DRIOLI, E. Biocatalytic membrane reactors: applications and perspectives. *Trends Biotechnology*, London, v. 18, n. 8, p. 339-349, Aug. 2000.

HARPER, W. J. E.; OKOS, E.; BLAISDELL, J. L. Food and product considerations in the application of immobilized enzymes. In: PYE, E. K.; WINGARD, L. B. *Enzyme engineering*. New York: Plenum Press, 1974. v. 2. p. 287-292.

KOBAYASHI, T.; MOO-YOUNG, M. Backmixing and mass transfer in the design of immobilized-enzyme reactors. *Biotechnology and Bioengineering*, New York, v. 13, n. 6, p. 893-910, Nov. 1971.

LEE, Y. Y.; TSAO, G. T. Mass transfer characteristics of immobilized enzymes. *Journal of Food Science*, New York, v. 39, n. 4, p. 667-672, July 1974.

LILLY, M. D.; DUNNILL, P. Engineering aspects of enzyme reactors. *Biotechnology and Bioengineering Symposium*, New York, v. 3, n. 3, p. 221-227, Oct. 1972.

PITCHER, W. H. Design and operation of immobilized enzyme reactors. In: MESSING, R. A. *Immobilized enzymes for industrial reactors*. London: Academic Press, 1975. p. 151-199.

PODKOSCIELNA, B. New ion exchangers based on copolymers 2,3-(2-hydroxy-3--methacryloyloxypropoxy)naphthalene-styrene. *Separation Science and Technology*, Boston, v. 49, n. 11, p. 1672-1678, July 2014.

PRAZERES, D. M. F.; CABRAL, J. M. S. Enzymatic membrane bioreactors and their applications. *Enzyme Microbial and Technology*, London, v. 16, n. 9, p. 738-749, Sept. 1994.

ROMERO, L. et al. Biorreactores enzimáticos de membrana: aplicaciones. In: HUERTA-OCHOA, S. (ed.). *Tópicos em Biotecnologia*: reactores enzimáticos. Iztapalapa: Universidad Autonoma Metropolitana, 2004.

SEGEL, I. H. *Enzyme kinetics*. New York: Wiley-Interscience, 1975.

SHIN, H. S.; KANG, S. T. Characteristics and fates of soluble microbial products in ceramic membrane bioreactor at various sludge retention times. *WaterResearch*, London, v. 37, n. 1, p. 121-127, Jan. 2003.

SILVA, A. R. *Conversão multienzimática da sacarose em frutose e ácido glicônico usando reatores descontínuo e contínuo*. Dissertação (mestrado) – Faculdade de Ciências Farmacêuticas da Universidade de São Paulo, São Paulo, 2010.

TOMOTANI, E. J. *Imobilização da invertase em resina de troca iônica (tipo DOWEX®)*: seu uso na modificação da sacarose. Dissertação (mestrado) – Faculdade de Ciências Farmacêuticas da Universidade de São Paulo, São Paulo, 2002.

TOMOTANI, E. J. *Bioconversão de sacarose em ácido glicônico e frutose usando reator com membrana*. Tese (doutorado) – Faculdade de Ciências Farmacêuticas da Universidade de São Paulo, São Paulo, 2006.

TOMOTANI, E. J.; VITOLO, M. Biocatalytic approach for the production of value--added compounds and cofator regeneration using the membrane reactor. In: EUROPEAN BIOMASS CONFERENCE AND EXHIBITION, 20., Milan, 2012. *Proceedings...* Florence: Eta-Florence, 2012. p. 1976-1979.

VITOLO, M. Enzimas: as proteínas catalisadoras. In: VITOLO, M. (ed.). *Biotecnologia farmacêutica*: aspectos sobre aplicação industrial. São Paulo: Blucher, 2015. p. 203-228.

VITOLO, M. Calcium-alginate beads as carriers for biocatalyst encapsulation. *World Journal of Pharmaceutical Research*, Nagpur, v. 8, n. 10, p. 1-17, Oct. 2019a.

VITOLO, M. Encapsulation of invertase in barium alginate beads. *World Journal of Pharmaceutical Research,* Nagpur, v. 8, n. 10, p. 222-233, Oct. 2019b.

WEETALL, H. H.; PITCHER, W. H.; FORD, J. R. The preparation, characterization and scale-up of a lactase system immobilized to inorganic supports for the hydrolysis of acid whey. *Biotechnology and Bioengineering*, New York, v. 16, n. 3, p. 295-313, Mar. 1974.

CAPÍTULO 14
Reatores com células imobilizadas

Raquel de Lima Camargo Giordano

José Geraldo da Cruz Pradella

14.1 INTRODUÇÃO

Biorreatores se caracterizam por terem as conversões catalisadas por enzimas da maquinaria celular, podendo essas células estar vivas ou mortas. Portanto, rigorosamente são sempre reatores heterogêneos, pois o sistema enzimático intracelular, realmente responsável pela catálise das transformações das espécies químicas, está separado do meio aquoso pela membrana plasmática lipídica – ou, ocasionalmente, alojado na própria membrana. Entretanto, quando as células estão suspensas, esses sistemas são usualmente tratados como pseudo-homogêneos do ponto de vista do substrato, em virtude do pequeno volume celular e da alta solubilidade dos substratos. Em uma analogia com reatores químicos convencionais, a complexidade decorrente da multiplicação celular pode ser modelada com o equacionamento de um reator químico autocatalítico.

Biorreatores com células imobilizadas têm como principal característica a manutenção das células confinadas no reator. Se o biocatalisador for a célula viva, ela estará em reprodução, ou seja, a transformação-alvo estará ocorrendo simultaneamente à multiplicação celular. Outra situação possível, entretanto, ocorre quando, do ponto de vista do bioprocesso, pode-se utilizar apenas uma cadeia enzimática existente na célula, responsável por uma biotransformação-alvo. Nesse caso, a célula pode ser cultivada para aumento da massa de catalisador, separada, lavada, eventualmente tratada para sua desativação ou permeabilizacão e, em seguida, imobilizada em forma inativa. Obviamente, não ocorrerá a reprodução celular, o que poderá ser um problema se a enzima intracelular de interesse tiver curta meia-vida, já que não poderá ser ressintetizada. Contudo, a técnica vem sendo bastante utilizada em casos nos quais a enzima visada é relativamente estável. Um exemplo comercial de sucesso desse método de imobilização é a produção de xarope de frutose-glicose catalisada por glicoseisomerase imobilizada.

Segundo Bhosale, Rao e Deshpande (1996), o fato de a enzima ser intracelular faz com que esse seja o método de escolha da maioria das aplicações industriais da enzima, como Sweetzyme IT (Novo-Nordisk), que consiste de células de *Streptomyces murinus* e *Bacillus coagulans* extrudadas e entrecruzadas com glutaraldeído. Bučko et al. (2016) ressaltam que o uso da célula inteira como biocatalisador, no caso de oxidações mediadas por mono-oxigenases Baeyer-Villiger (BVMO), por exemplo, pode evitar a necessidade de caras etapas de regeneração de cofatores e problemas de instabilidade da enzima depois da sua purificação. Se a linhagem natural cresce vagarosamente ou mostra patogenicidade, a imobilização da célula hospedeira contendo BVMO recombinantes pode ser feita.

A imobilização pode ser baseada na ligação das células entre si, com um suporte, por simples retenção mecânica ou por encapsulamento.

O confinamento das células permite grande aumento das concentrações celulares no sistema, passando dos tradicionais 5-10 g/L dos sistemas com células suspensas (quando o biorreator opera em modo batelada) para até 50-100 g/L quando as células estão imobilizadas, região em que, segundo Lee (1996), já se pode considerar o cultivo como de alta densidade celular. Evidentemente, isso eleva as velocidades de transformação e, consequentemente, as produtividades do processo. A Tabela 14.1 compara valores típicos de concentrações celulares e produtividades (ou eficiência de remoção de contaminantes) para alguns processos operados com células livres e imobilizadas.

Uma estimativa das máximas concentrações celulares que podem ser atingidas em um reator com células suspensas permite analisar melhor os dados da Tabela 14.1. Um reator totalmente cheio com células úmidas (ocupando 1 L) alcançará 200 g de massa seca/L, considerando-se 80% de umidade nas células. Já para células animais, o volume ocupado por um determinado número de células variará com o diâmetro e a forma delas. Assim, uma população de 10^6–10^7 cel/mL pode variar de $1{,}92 \times 10^8$ cel/mL (de 10 μm de diâmetro) a 7×10^6 cel/mL (de 30 μm de diâmetro) e, se tiver forma diferente de esfera, pode ocupar um volume unitário maior, implicando uma concentração final menor. Um quilo de alga úmida rende por volta de 0,1 kg de alga seca. Uma densidade celular típica em um cultivo de alga (*Chlorellavulgaris*) é 30 g de massa seca/L (JAVANMARDIAN; PALSSON, 1991). Logo, 30 g de massa seca ocuparão cerca de 30% do volume do reator (CHANG et al., 2014).

Células animais, contudo, são principalmente imobilizadas para produção de biossensores e para regeneração de tecidos. Um interessante exemplo é a imobilização de células endoteliais da veia umbilical humana (HUVEC), 14-15 μm, para detecção de alcaloides bioativos em extratos de *L. chuanxiong*. Microesferas de POEMA6 (poli (oligo) etilenoglicolmetacrilato), ativadas com grupos amino, se ligam a RDG (peptídeo ArgGlyAsp). As células são imobilizadas pela afinidade entre RDG e a integrina das células (LI et al., 2015).

Tabela 14.1 Comparação de produtividades na geração de produto (g/L/h) ou remoção de contaminantes (%) entre processos catalisados por diferentes tipos de células, livres ou imobilizadas em diversos suportes

Produto/ suporte	Microrganismo	Condição	$C_{celular}$ [1]	Produtividade	Referência
Butanol/ PVA criogel	*Clostridium acetobutylicum*	Livre[2] Imob[2]	43 43	0,005 0,04	Efremenko et al. (2011)
Etanol/ resíduo seda	*Saccharomyces cerevisiae*	Livre[3] Imob[3]	7,4 14,6	0,20 1,62	Rattanapan, Limtong e Phisalaphong (2011)
Etanol/gel de pectina	*Saccharomyces cerevisiae* + glicoamilase	Livre[2] Imob[2] Imob[4]	4 15 15	4,6 8,3 5,9	Aboutboul (1991); Giordano, Trovati e Schmidell (2008)
Ác. láctico/ fibras	*Lactococcus lactis* TCC 19435	Livre[1] Imob[2]	5 20	0,5 1,0	Shi et al. (2012)
Ác. láctico/ zeólita	*Lactobacillus rhamnosus* ATCC 7469	Livre[2] Imob[3]	log 8,4 log 9 (UFC/L)	0,66 1,32	Djukić-Vuković et al. (2013)
Remoção fenólicos/ poliuretana	*Klebsiella pneumoniae* ATCC 13883T	Livre[2] Imob[2]	$3x10^{10}$ $1,2x10^{11}$ (n° cel./L)	60% 100%	Kadakol, Kamanavalli e Shouche (2011)
L-lisina/ alginato Ca	*Corynebacterium glutamicum* MH 20-22 B	Livre[2] Imob[2]	17 17	0,37 0,33	Razak e Viswanath (2015)
Protease/ vários suportes	*Bacillus subtilis* PE-11	Livre[2] Imob em[3]: Alginato Carragena Ágar	0,3 0,6 0,6 0,6	8,44 15,11 13,68 12,4	Adinarayana, Jyothi e Ellaiah (2005)
Hidroxitirosol/ alginato	*Pseudomonas aeruginosa*	Livre[3] Imob[3]	1,2 12,5	0,5 0,6	Bouallagui e Sayadi (2006)
Imunoglobulina humana/ gel de colágeno	Recombinante BHK	Livre[2] Imob[2]	$8,2\times10^{6}$ 7×10^{6}cel/ mL do reator	0,35	Yamaguchi et al. (1997)
Remoção nutrientes: (N,P)/flocos de quitosana	*Synechococcus Elongatus (alga)* 2,7 µm	Livre[2]	$3,4\times10^{8}$	NH_3: 54% Nitrito: 45% P: 89%	Aguilar-May e Sánchez-Saavedra (2009)
		Imob[2] = 0	$3,1\times10^{8}$	NH_3: 29% Nitrito: 39% P: 78%	

[1] $C_{celular}$ = concentração celular no reator (g_{seca}/L ou, quando indicado, n° células/L ou UFC/L). UFC = unidade formadora de colônia. [2] Batelada. [3] Batelada repetida. [4] Contínuo.

Além das vantagens mostradas na Tabela 14.1, a imobilização das células permite reúso destas por tempo mais longo e com manuseio mais fácil, aumenta a estabilidade dos plasmídeos quando a célula é recombinante, diminui o risco de contaminação no processo e facilita a separação do produto (MAN et al., 2015). Essas vantagens, contudo, são acompanhadas por uma mudança no padrão reacional, que pode implicar diminuição da velocidade por grama de célula em relação ao sistema com células em suspensão, onde o volume reacional é o líquido onde se encontram as células.

Isso ocorre porque o volume ocupado pelos grumos das células floculadas, pelo suporte onde estão adsorvidas ou aderidas as células ou pela matriz porosa passa a ser o verdadeiro espaço onde ocorrerá a transformação-alvo. Os grumos, a membrana ou o suporte vão gerar uma barreira antes não existente à difusão do substrato para o acesso à célula, em razão da formação de uma camada líquida estagnada ao redor da estrutura, e também pelo caminho adicional percorrido pelos substratos dentro do suporte para alcançar a célula (no caso de ligação ou envolvimento em suporte macroporoso).

A resistência mecânica do suporte escolhido definirá as características do reator a ser utilizado. Assim, suportes com baixa resistência a cisalhamento não são indicados para uso em reatores agitados com pás. Os que possuem alta resistência à compressão, como aqueles à base de sílica, são indicados para operação em leito fixo. Se as células estiverem envolvidas por um gel, deve-se ter preocupação também com sua ruptura (por exemplo, em razão de bolhas de CO_2 quando a concentração do gás gerado ultrapassar seu limite de solubilidade), com possível escape das células (HUSSAIN et al., 2015).

A imobilização, assim, aumenta a complexidade do processo, requerendo maiores conhecimento teórico e cuidado experimental para obtenção de dados e interpretação de resultados. Apesar disso, fica claro que essa técnica é uma alternativa atraente. Apenas entre 2010 e 2020, mais de mil aplicações de processos com células imobilizadas podem ser encontradas na literatura, nas mais variadas áreas. Elas vêm sendo intensamente empregadas: em biorremediação, na biossorção de metais pesados e na destoxificação de compostos; em biotransformações, como fotofermentações, produção de combustíveis e químicos básicos; em biossensores; e em aplicações biomédicas como regeneração de órgãos e busca de novos medicamentos.

Neste capítulo, serão comentados em mais detalhes os principais métodos de imobilização de células que vêm sendo utilizados nos últimos anos. Será dado destaque aos problemas que podem surgir com o emprego desses processos, como os decorrentes da resistência à transferência de massa, entre outros, e serão dados exemplos de aplicações representativas desse sistema.

14.2 TÉCNICAS DE IMOBILIZAÇÃO

O confinamento das células pode ser obtido por quatro principais formas:

- por ligação a superfícies micro, meso e macropororosas;
- por imobilização natural, usando uma eventual capacidade intrínseca das células para se aglutinarem e aderirem, como no caso da formação de biofilme e da floculação;
- por retenção mecânica entre membranas microfiltrantes;
- por envolvimento em matrizes macroporosas.

Os materiais que entrarão em contato com as células devem ter as seguintes características: a) não toxidez às células, se vivas; b) alta área disponível para contato; c) resistência a ataques químicos e microbianos; d) pouca sensibilidade às solicitações mecânicas, seja de compressão por peso, de tensões de cisalhamento, ou de eventuais pressões internas e externas de gases; e) alta difusividade de substratos e produtos. Esses materiais podem ser polímeros naturais, como polissacarídeos e proteínas, ou sintéticos, como álcool polivinílico (PVA). Os suportes podem ainda ser combinados ou modificados quimicamente para melhoria de suas propriedades.

É importante ter em mente o tamanho e a forma das células que se pretende imobilizar. Entre os unicelulares, bactérias, as menores células vivas, costumam ter 0,2 μm de diâmetro e 2-8 μm de comprimento; leveduras podem atingir até 40 μm, embora tenham tipicamente 3-4 μm, enquanto a maioria das células animais tem entre 1 μm e 100 μm. Já os fungos pluricelulares, como bolores, formam hifas, compartilhando várias organelas, e, dessa forma, podem até se tornar visíveis a olho nu. Fica claro, de todo modo, que a imobilização de células requer suportes com poros na ordem de micras para se ter um grande número de células imobilizadas por volume de suporte, e que a porosidade da membrana ou da matriz que será utilizada para reter mecanicamente a célula precisa ser compatível com o seu volume.

Quando não se busca a imobilização da célula viva, frequentemente se utilizam reagentes bifuncionais, como glutaraldeído, para entrecruzamento das células e/ou delas com um suporte. Isso garante ligação covalente entre célula e suporte, evitando escape celular. Esses reagentes costumam ser tóxicos, pois são altamente reativos e podem bloquear grupos com funções essenciais às células, inativando-as. A sua utilização com células vivas requer, assim, grande cuidado.

14.2.1 IMOBILIZAÇÃO POR LIGAÇÃO DE CÉLULAS A SUPORTES MICRO, MESO E MACROPOROSOS

A interação das células com suportes dependerá da estrutura da superfície de ambos. Se a imobilização for por adsorção, apenas forças físicas fracas, com energias menores que 10 cal/mol, como ligações iônicas, forças de Van der Waals, ligações de hidrogênio e interações hidrofóbicas, serão responsáveis pela atração entre a superfície das células e a do suporte. É importante, assim, buscar conhecer a superfície da célula que se deseja imobilizar para permitir a escolha adequada do suporte.

A carga elétrica da superfície de bactérias suspensas em meio aquoso é em geral negativa em valores fisiológicos de pH. Nas Gram(+), essa carga é devida principalmente aos fosfatos contidos em ácidos teicoicos existentes na camada de peptoglicana da parede celular. Esses ácidos são polímeros de glicerol unidos por ligação fosfodiéster. Nas Gram(-), ela é devida aos fosfatos contidos na porção central dos lipopolissacarídeos presentes na membrana externa das células. O pHpzc, valor de pH em que a superfície apresenta densidade de carga zero, é uma importante grandeza que determina as interações entre bactéria e suportes. Moreno-Castilla et al. (2003) estimaram para *E. coli* (bactéria Gram(-)) um valor de pHpzc igual a 3; Ding et al. (2014), para *Streptomyces sporoverrucosus* (um actinomiceto), um pHpzc de 6,5; e Amin et al. (2016), para *Pleurotuseryngii* (fungo), um valor de 5,75.

Interações hidrofóbicas do suporte com as células podem ocorrer com a bicamada lipídica da membrana externa e com a porção lipídica de lipopolissacarídeos. Por outro lado, a hidrofilia também pode ser importante, conferida principalmente pelas glicanas das peptoglicanas da parede celular e dos lipolissacarídeos. Segundo Katsikogianni e Missirlis (2004), em geral, bactérias com características hidrofóbicas e hidrofílicas preferem superfícies com propriedades hidrofóbicas e hidrofílicas, respectivamente, e as superfícies hidrofóbicas parecem ser mais suscetíveis à colonização.

Um exemplo de adsorção de célula em suportes macroporosos, em que apenas um determinado sistema enzimático presente na célula tem interesse, é dado no estudo de síntese de aminas quirais em solventes orgânicos, reportado por Andrade, Kroutil e Jamison (2014). Nesse sistema, *E. coli* superexpressando ω-transaminase é imobilizada, junto com o cofator piridoxal 5'-fosfato, em esferas de metacrilato macroporoso, para transferir aminogrupos de isopropilamina para metoxiacetona, em meio de metil tert-butil éter, em leito fixo, em operação contínua. A imobilização de *E. coli* a metacrilato é explicada pelos autores por ligações de hidrogênio entre a superfície da célula e o polímero metacrilato.

Bactérias facultativas sob condições anóxicas podem usar NO_3 como aceptor terminal de elétron, ou seja, realizar denitrificação biológica. Um exemplo de atuação da célula viva imobilizada é descrito por Bautista-Toledo et al. (2015). *E. coli*, imobilizada por adsorção em suportes inorgânicos micro e mesoporosos, heterotroficamente utiliza etanol como fonte de carbono para realizar a denitificação biológica de água poluída com nitritos e nitratos. Os melhores resultados foram obtidos em suporte mesoporoso não ácido, com total denitrificação sendo alcançada em todos os casos.

14.2.2 IMOBILIZAÇÃO NATURAL

14.2.2.1 Formação de biofilme

A formação de biofilme é um processo constituído de duas fases. Na primeira, ocorre uma clássica interação por adsorção entre célula e suporte. Araújo et al. (2010)

realizaram estudos termodinâmicos sobre adesão bacteriana a diferentes superfícies, visando entender quais forças controlam esse fenômeno, para poder prever a formação ou não de biofilmes. Segundo esses autores, do ponto de vista do microrganismo, a hidrofobicidade e o potencial zeta são parâmetros importantes na capacidade de adesão a um determinado material. Do ponto de vista do material, a natureza da superfície determinará a área de contato disponível, enquanto a natureza química será responsável pela direção da interação que ocorrerá com a célula. Assim, o entendimento da termodinâmica da adesão microbiana e o conhecimento dos parâmetros físico-químicos das superfícies permitirão prever se haverá ou não adesão do microrganismo a uma superfície. A Tabela 14.2 mostra alguns dos dados de energia livre obtidos por esses autores para interação entre microrganismos e alguns materiais, ambos imersos em água.

Tabela 14.2 Exemplos de dados obtidos de energia livre (ΔG) de interação entre microrganismos e diferentes materiais (i) imersos em água (w)

Microrganismos ou materiais	ΔG_{iw} (mJ/m²)
Pseudomonas aeruginosa 14	–27,9
Lactobacillus lactislactis 8	–24,6
Staphylococcus sciuri 45	–27,5
Enterococcus faecalis 70	–21,9
Borracha	–57,8
Vidro	–14,8
Aço inoxidável 316	–58,1
Polimetilmetacrilato	–18,9

Fonte: adaptada de Araújo et al. (2010).

As bactérias mostradas na Tabela 14.2 foram consideradas hidrofóbicas. A borracha e o aço inox foram os materiais mais hidrofóbicos, e o vidro e o metacrilato, as superfície mais hidrofílicas. Os autores calcularam então a energia livre de adesão entre a bactéria e os materiais em meio aquoso, a fim de predizer qual superfície possuiria maior habilidade para a formação de biofilmes. Para os dados apresentados na Tabela 14.2, os autores concluíram que a adesão seria termodinamicamente favorável ao aço inoxidável SS 316 e à borracha e menos favorável nas superfícies de polimetilmetacrilato e vidro.

O que distingue o biofilme dos outros processos de imobilização por adsorção é a segunda fase, quando se estabelecerão interações moleculares entre as células e o material ao qual se aderirão. Essa interação será mediada pela proteína adesina, iniciando-se a formação da matriz extracelular, responsável pela estabilidade do filme. Segundo Lasa (2006), essa matriz representa 85% do volume do filme, enquanto as células, quase 15%. Assim que as células aderem ao material, inicia-se a proliferação e o acúmulo em camadas da matriz extracelular, culminando com uma comunidade bacteriana que se mantém sob a matriz produzida. Dessa colônia, alguns microrganismos se descolarão e serão transportados para áreas vizinhas, espalhando-se sobre a superfície do biomaterial. Embora a matriz tenha composição complexa e variável, os principais componentes de sua estrutura são exopolissacarídeos, como a celulose e a poli-beta-1,6-N-acetilglicosamina, e proteínas de superfície.

14.2.2.2 Floculação

Floculação é a forma mais simples e barata de imobilização. O controle dos princípios que regem essa técnica é importante principalmente na indústria cervejeira, que a utiliza para separação do microrganismo.

Na floculação, ocorre uma aglutinação reversível e assexual de milhares de células formando grumos, que se separam do meio líquido por sedimentação ou elevação à superfície. Algumas células, como leveduras, possuem essa capacidade. A ocorrência desse fenômeno nas leveduras requer a presença das proteínas floculina, que se ligam à parede celular externa e, seletivamente, a resíduos de manose presentes na parede celular de células adjacentes. Íons cálcio são necessários para ativar essas proteínas.

Do ponto de vista das células, a agregação permite que a comunidade seja protegida por uma camada externa de células "de sacrifício". Esse é um mecanismo de proteção contra estresse que pode ser comparado ao que ocorre no encapsulamento da levedura em gel, o quarto método de imobilização que será enfocado neste capítulo (SUN et al., 2007). É interessante notar que, na formação de biofilme, a matriz extracelular pode também estar exercendo um papel similar de proteção contra estresse (VERSTREPEN et al., 2003; MORAES et al., 2013).

14.2.3 IMOBILIZAÇÃO POR RETENÇÃO MECÂNICA ENTRE MEMBRANAS

Nesse método, as células são retidas em filtros de membranas macro/ultraporosas. Leveduras selecionadas, confinadas entre membranas de microfiltração, têm sido empregadas com sucesso na produção de vinho (NEDOVIĆ et al., 2015). Entretanto, membranas filtrantes de porosidade controlada são caras, têm alto custo operacional e severas limitações para transferência de massa, que podem ser agravadas até o entupimento de poros por crescimento de células durante a operação. Essa técnica de imobilização deve, portanto, ser usada apenas quando rigorosa separação entre células e produto for requerida.

Quanto ao material, usualmente são empregadas membranas já tradicionalmente usadas para micro e ultrafiltração (celulose), mas também podem ser usadas membranas de cerâmica, silicone e outros materiais. Um arranjo bastante utilizado dessa técnica é o denominado biorreator de membrana de fibra porosa (*hollow fiber membrane bioreactor*), que é constituído de arranjo de tubos de fibras porosas com uma determinada porosidade (usualmente 0,22 μm ou 0,45 μm) envoltas e sustentadas por uma carcaça, semelhantes ao bem conhecido arranjo tubo-carcaça de trocadores de calor. Chang et al. (2004), contudo, descreveram problemas relacionados com o supercrescimento de *S. cerevisiae* e de *E. coli*, quando esses microrganismos foram confinados na região da carcaça de biorreator de membrana de fibra porosa, mesmo utilizando meios de cultura limitantes do crescimento celular. Além disso, num biorreator de membrana, para fungo aeróbio, usando um arranjo de duplo tubos, um de polipropileno para nutrientes líquidos e outro de silicone para fornecimento de oxigênio, o supercrescimento da massa celular confinada na carcaça do biorreator distorceu os tubos, tornando inviável a operação contínua do sistema. Os autores apontam que esse tipo de processo só poderia ser possível com utilização de membranas mais resistentes, por exemplo, confeccionadas em material cerâmico ou aço. Mas esses autores destacam, também, que a técnica pode ter aplicação bem-sucedida na área de engenharia de tecidos.

14.2.4 IMOBILIZAÇÃO POR ENVOLVIMENTO EM UMA MATRIZ POLIMÉRICA

O envolvimento físico de células em uma matriz polimérica de gel hidrofílico é um dos métodos mais estudados de imobilização. Esse método viabiliza manter a célula presa entre as malhas da rede polimérica e, geralmente, permite um fácil fluxo de nutrientes e metabólitos através dos poros da matriz. Células costumam ser muito maiores que moléculas, logo, a difusão dessas últimas através desses poros deve ser próxima da molecular. Contudo, a propagação de células localizadas na superfície e seu fácil desprendimento são desvantagens desse tipo de imobilização, pois parte do substrato convertido será eliminado com essa biomassa, com consequente queda no rendimento produto/substrato convertido para o processo. Esse fato é exemplificado no trabalho de Giordano, Trovati e Schmidell (2008), que operaram reator de leito fixo de forma estável por 226 dias, para a produção contínua de etanol a partir de amido liquefeito. O catalisador era composto de esferas de gel de pectina contendo *S. cerevisiae* coimobilizada com a enzima amiloglicosidase previamente imobilizada covalentemente em sílica. Uma concentração da ordem de $1{,}5 \times 10^{10}$ células livres viáveis/L_{reator} era sempre observada no efluente, enquanto a concentração imobilizada média final por litro de reator era cerca de vinte vezes maior ($3{,}3 \times 10^{11}$ células imobilizadas viáveis/L_{reator}).

O envolvimento das células se baseia no uso de sistemas poliméricos solúveis em água, que gelificam principalmente por interação iônica ou por efeito térmico. Podem-se atingir altas densidades celulares, com manutenção de alta viabilidade durante o procedimento de imobilização, pois ele ocorre geralmente sob condições brandas.

O método permite ainda controle do tamanho das partículas imobilizadoras, uma variável importante para minimizar os efeitos de transporte de massa. Expressivos aumentos na produtividade do processo podem ser obtidos com a redução do tamanho da partícula do suporte, quando o atraso difusional está afetando a velocidade aparente da reação. Trovati, Giordano e Giordano (2009), operando o mesmo processo estudado por Giordano, Trovati e Schmidell (2008), mas reduzindo o diâmetro da sílica de 100 μm para 60 μm e da partícula de gel de pectina de 3-4 mm para 1-1,5 mm, conseguiram elevar a produtividade do processo de 5,8 $g.L^{-1}h^{-1}$ para 11,7 $g.L^{-1}h^{-1}$, com 97% de conversão de amido e 92% do rendimento teórico em etanol, operando estavelmente por 275 horas.

O protocolo de produção do biocatalisador não varia muito com o material utilizado. Um exemplo de procedimento é dado na Figura 14.1.

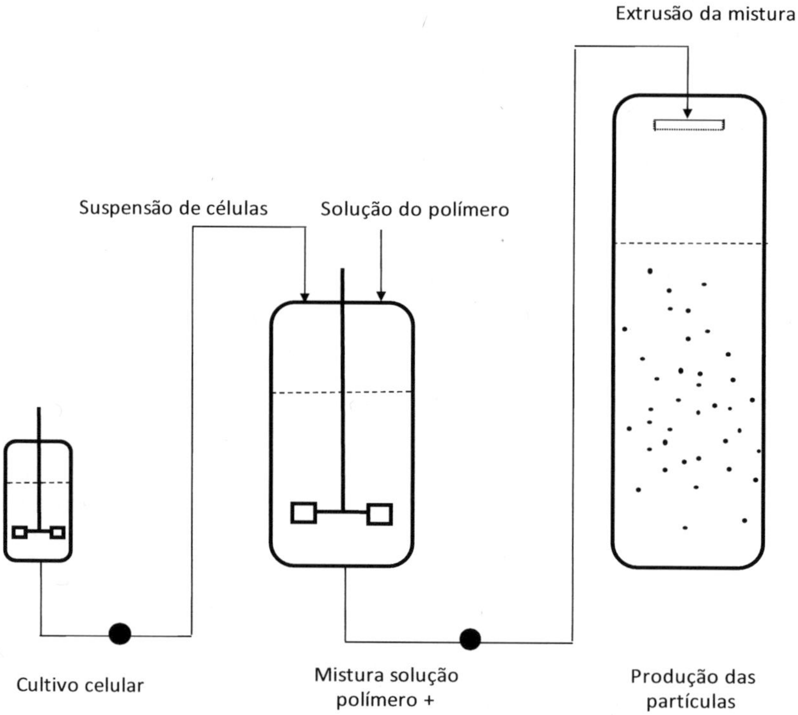

Figura 14.1 Procedimento geral para imobilização de células por envolvimento

Conforme mostrado na Figura 14.1, em linhas gerais, a suspensão de células pré-cultivadas é misturada a uma solução aquosa do polímero sob agitação. Essa suspensão é então extrudada, através de um orifício de diâmetro definido, sobre uma solução aquosa do íon que induz à formação de gel. Um jato lateral de ar pode ser utilizado para controlar o tempo de queda da gota e, consequentemente, o tamanho da partícula a ser formada. A solução do íon deve estar sob agitação. A estrutura interna da matriz polimérica formada dependerá da concentração do polímero, da concentração do íon na solução e do tempo de cura.

Uma vez formadas as partículas contendo em seu interior as células imobilizadas, estas são transferidas para o biorreator. Alternativamente, a gelificação pode ser efetuada no próprio reator onde se efetuará o bioprocesso.

14.2.4.1 Gelificação por interação iônica

Os principais materiais utilizados são os polissacarídeos alginato, κ-carragenana, pectina e quitina/quitosana.

O envolvimento de células em gel de alginato é o mais popular dos métodos descritos na literatura. Derivado de algas, o alginato é um copolímero de ácido D-manurônico (Man) e ácido L-gulurônico (Gul) ligados na posição 1,4. Os monômeros são arranjados ao longo do polímero como segmentos de blocos Man, Gul e Man-Gul e comercializados como alginato de sódio, um sal solúvel em água. Quando a solução aquosa de alginato de sódio entra em contato com cátions multivalentes, como Ca^{2+}, há o deslocamento do cátion Na^{+} e a formação de ligações cruzadas das cadeias poliméricas de alginato através dos grupos Gul, ensejando a constituição de uma estrutura tridimensional e a formação do gel de alginato e de água.

A forma do contato entre a solução de alginato de sódio, contendo as células suspensas, e a solução do cátion multivalente, as concentrações das soluções e o tempo de contato permitem a preparação de biocatalisadores de diferentes formatos e estrutura interna, de membranas a esferas de diferentes diâmetros. Os cátions multivalentes tóxicos às células devem ser evitados. As preparações mais comumente utilizadas empregam cátions de baixa toxicidade bivalentes como Ca^{2+}, Ba^{2+} e Sr^{2+} (WIJFFELS, 2001).

Kierstan e Bucke (1977) foram pioneiros em propor a imobilização de células e organelas em bioprocessos, e usaram a matriz de alginato de cálcio como agente de imobilização. A produção de etanol a partir de soluções de glicose catalisada por *S. cerevisiae*, imobilizada em alginato de cálcio, foi demonstrada ao longo de um total de 23 dias. A semivida dessa preparação foi de 10 dias.

Carragenana é um polímero também derivado de alga. É constituído de galactopiranosila e 3-6-anidro-galactopiranosila ligados alternadamente nas posições 1,3 e 1,4. Os vários arranjos e conteúdos monoméricos dão origem a vários tipos de carragenana. A solução aquosa do tipo κ-carragenana forma gel hidrofílico termicamente reversível quando em presença de sais de potássio, césio e rubídio, sendo a solução aquosa de KCl a mais utilizada (PRADELLA, 1987). Wada et al. (1980) foram os primeiros pesquisadores a propor a utilização do gel de κ-carragena imobilizando células de levedura para fermentação alcoólica contínua.

Pectina é um polissacarídeo constituído de uma cadeia principal linear de unidades repetidas de ácido D-galacturônico ligadas na posição 1,4, parcialmente esterificadas com unidades metoxil, interrompidas por unidades de L-ramnose ligadas na posição 1,2, às quais estão ligadas cadeias laterais formadas por açúcares neutros. Genericamente, as pectinas são subdivididas em duas classes, com alto grau (>50%) e com baixo grau de metoxilação (BRANDÃO; ANDRADE, 1999). As pectinas com baixo grau de metoxilação (< 50%) possuem considerável poder gelificante em presença de cátions e têm sido propostas como agente de imobilização de microrganismos, formando gel com Ca^{2+} (NAVARRO; RUBIO; CALLIERI, 1983; NAVARRO et al., 1984; GIORDANO; TROVATI; SCHMIDELL, 2008; TROVATI; GIORDANO; GIORDANO, 2009) e Al^{3+}(BERGER; RUHLEMANN, 1988). A preparação do biocatalisador à base de pectina segue protocolo similar ao usado para alginato. Enquanto concentrações típicas para alginato situam-se na faixa de 1-2%, pectina usualmente requer concentrações um pouco maiores, de 4-6%, embora isso dependa do grau de metoxilação.

A quitina é o principal componente da carapaça de crustáceos, resíduo de seu processamento industrial. É um polissacarídeo insolúvel em água constituído por unidades de 2-acetoamino-2-deoxi-β-D-glucana ligadas na posição 1,4. A deacetilação desse polímero por tratamento com solução concentrada de NaOH gera unidades de glicosamina nos pontos de acetilação, um novo material, denominado quitosana, agora solúvel a pH abaixo do pK do grupo amino. Nessa condição o grupo amino encontra-se protonado, tornando o polímero hidrofílico e, portanto, solúvel em solução aquosa ácida. Essa solução, colocada em contato com solução alcalina, terá o grupo amino desprotonado, provocando a aproximação das cadeias poliméricas, com formação de um gel e com água aprisionada na rede polimérica. A preparação de biocatalisador de quitosana requer, assim, solubilização de quitosana a pH ácido, adição de células e gotejamento, por exemplo, em solução alcalina.

14.2.4.2 Gelificação por efeito térmico

O polissacarídeo agarose é derivado de algas marinhas e constituído de unidades monoméricas de agarobiose, um dissacarídeo de D-galactose e 3,6-anidro-L-galactopiranose. Ágar é uma mistura de agarose e agaropectina. Agaropectina é uma mistura heterogênea de unidades de D-galactose e L-galactose fortemente modificadas com grupos laterais ácidos, como sulfato e piruvato. Ágar e agarose formam hidrogel por termogelificação, após aquecimento para dissolução de solução aquosa dos polímeros a 50-60 °C e resfriamento ou incorporação em não solvente (por exemplo, óleo vegetal) à temperatura ambiente (WIJFFELS, 2001).

A gelatina é obtida de uma proteína animal, o colágeno, sendo, portanto, um polímero de aminoácidos. É obtida na forma solúvel por meio da hidrólise parcial dessa proteína estrutural, que ocorre por extração a quente. Quando resfriada forma um gel sólido, termorreversível. Sua viscosidade varia com a concentração e o grau de hidrólise do colágeno. Sendo solúvel em temperaturas biológicas, esse suporte requer entrecruzamento químico para se manter sólido, geralmente com glutaraldeído. Uma vez que esse reagente é letal para células vivas, esse suporte costuma ser mais utilizado em casos nos quais se está interessado apenas em uma ou mais enzimas presentes no microrganismo. Assim, ele é cultivado e posteriormente imobilizado em gelatina na presença do agente de entrecruzamento. Proteínas têm alta densidade (1,2 g/cm^3). Sendo uma proteína estrutural, o colágeno também tem alta resistência mecânica, ainda reforçada pelo entrecruzamento. O suporte resultante tem boas propriedades mecânicas, sendo um dos utilizados comercialmente na isomerização industrial de glicose a frutose (BHOSALE; RAO; DESHPANDE, 1996). As propriedades cinéticas e de transferência de massa durante a isomerização de frutose a glicose catalisada por esse suporte foram estudadas por Giordano, Giordano e Cooney (2000).

14.3 TIPOS DE REATORES E CARACTERÍSTICAS DO SUPORTE

Bioprocessos que utilizam células vivas para transformação de um substrato *S* a produto(s) de interesse *P* geralmente seguem a Equação (14.1) geral:

$$_aS + {}_nX \dashrightarrow {}_mX + {}_bP \quad (14.1)$$

em que *X* é o agente de transformação de *S*, ou seja, as células vivas. Considera-se que $m > n$, ou seja, durante a transformação de *S* em produto de interesse *P*, também existe produção de *X* às custas do consumo do substrato *S*. Assim, a velocidade de produção do produto *P*, de acordo com Luedeking e Piret (1959), deverá ser expressa pela equação:

$$\frac{dP}{dt} = \alpha\frac{dX}{dt} + \beta X \quad (14.2)$$

Dessa maneira, o aumento da velocidade da produção de interesse *P* (e, por conseguinte, da produtividade do sistema) está ligado ao aumento da concentração de células no sistema e da velocidade de reprodução das células vivas (se o produto for associado ao crescimento celular). Além disso, é importante minimizar o desvio do fluxo do substrato *S* em direção às células vivas *X* e, assim, maximizar o rendimento do processo em direção ao produto de interesse *P*.

O uso de alta densidade celular em sistemas de células livres geralmente é conseguido com a operação em processo descontínuo alimentado e com o reciclo de células. A operação em modo contínuo é preconizada como um avanço no desenho dos bioprocessos (vide Capítulo 7). Operações com alta vazão específica de alimentação (*D*) com células livres (ou seja, baixos tempos de residência que implicariam alta produtividade) só podem ser efetuadas com reciclo celular, uma vez que *D* está limitado pela velocidade específica máxima de crescimento celular, μ_{max}, que é propriedade biológica inerente da população celular cultivada. Por outro lado, o reciclo celular sempre é uma operação complicada em grande escala por razões técnicas e econômicas. É de nosso conhecimento que somente o processo de fermentação alcoólica a partir de matérias-primas açucaradas utiliza o reciclo de células.

Assim, o processo com célula imobilizada supera esses gargalos, já que consegue operar em vazão específica de alimentação acima do valor de μ_{max} com alta concentração celular *X*, elevando, de acordo com a Equação (14.2), a velocidade de biossíntese do produto de interesse *P* sem o uso do complicado reciclo celular.

A formação de produtos, por outro lado, muitas vezes é deletéria ao metabolismo celular, implicando diminuição da velocidade de biossíntese do produto e da atividade metabólica como um todo. Uma forma de minimização desse efeito, em bioprocesso contínuo com células livres, é o uso de uma cascata de reatores de tanques agitados (RTA) em série, aproximando-se o fluxo do sistema ao de um reator tubular (RT). Como será visto adiante, a configuração dos reatores utilizados em sistema com células imobilizadas se aproxima mais facilmente do RT, mitigando o efeito da inibição pelo produto.

O confinamento de espaço a que a célula imobilizada é submetida parece influenciar positivamente a distribuição de fluxo dos nutrientes no sentido da minimização da velocidade de reprodução, em benefício de um aumento de rendimento de produtos metabólicos (JUNTER et al., 2002; WILLAERT; BARON; NEDOVIC, 2004). Abordaremos esse aspecto no decorrer deste capítulo. Outro aspecto de interesse tecnológico é que aparentemente existe uma melhoria de estabilidade genética de células alteradas geneticamente quando operadas em sistemas com células imobilizadas (BARBOTIN, 2001; MAN et al., 2015; KRIAA et al., 2015).

A imobilização das células, contudo, traz novos problemas ao sistema reacional: a transferência de calor e massa para os sistemas de células imobilizadas, a produção de zonas estagnantes dentro do reator ensejando gradientes de concentração e temperatura, a formação de caminhos preferenciais e a estabilidade mecânica dos suportes de imobilização em operações de longo termo são as principais dificuldades operacionais dos sistemas com células imobilizadas.

Dessa maneira, ao levar em conta todos esses fenômenos, há um aumento de complexidade no projeto de biorreatores e, portanto, uma solução generalizada para esses sistemas não é possível em razão das peculiaridades dos métodos de imobilização empregados e de sua influência na fisiologia das células microbianas a eles submetidos.

14.3.1 REATORES UTILIZADOS

Existem dois tipos básicos de biorreatores: o reator de tanque agitado (RTA) e o reator tubular (RT). De maneira geral, existem as seguintes possibilidades de operação desses reatores com células imobilizadas:

a) reator de tanque agitado (RTA), processo batelada;

b) reator de tanque agitado (RTA), processo contínuo;

c) reator de tanque agitado (RTA) em uma série de *n* tanques, processo contínuo;

d) reator tubular (RT), processo contínuo.

A Figura 14.2 apresenta os principais tipos e modos de operação dos reatores usados em células imobilizadas.

A operação em modo batelada é normalmente efetuada em reator de tanque agitado. Nesse caso, a concentração do substrato e dos produtos da reação variam com o tempo e o regime é dito não estacionário. Dentro do volume ocupado pela reação (perfil da concentração no espaço, Figura 14.2), a concentração idealmente não varia para um determinado tempo da reação.

As operações em modo contínuo podem ser efetuadas em reator de tanque agitado, reator de tanque agitado em uma série de *n* tanques e reator tubular. Nesses casos é possível alcançar o regime estacionário e, como tal, a concentração do substrato e a dos produtos não variam com o tempo. Entretanto, dentro do volume ocupado pela reação (perfil da concentração no espaço, Figura 14.2), a concentração deve variar para RTA em uma série de *n* tanques em processo contínuo e RT em processo contínuo.

Note que a concentração de substrato ao longo do tempo para o sistema RTA em batelada é similar ao perfil de S ao longo do comprimento para o sistema RT. O perfil de *S* no espaço do sistema de RTA em série tende ao perfil de *S* no RT e se aproxima deste à medida que o número *n* de reatores da cascata de RTA aumenta.

Desde o princípio do uso da técnica de imobilização de células, diversos tipos de biorreatores têm sido propostos. Entretanto, diferentemente do que acontece com o reator de mistura completa caracterizado pelo RTA (vide Capítulos 6 e 7) para o cultivo de células livres, um consenso sobre a melhor configuração não se formou para os sistemas com células imobilizadas.

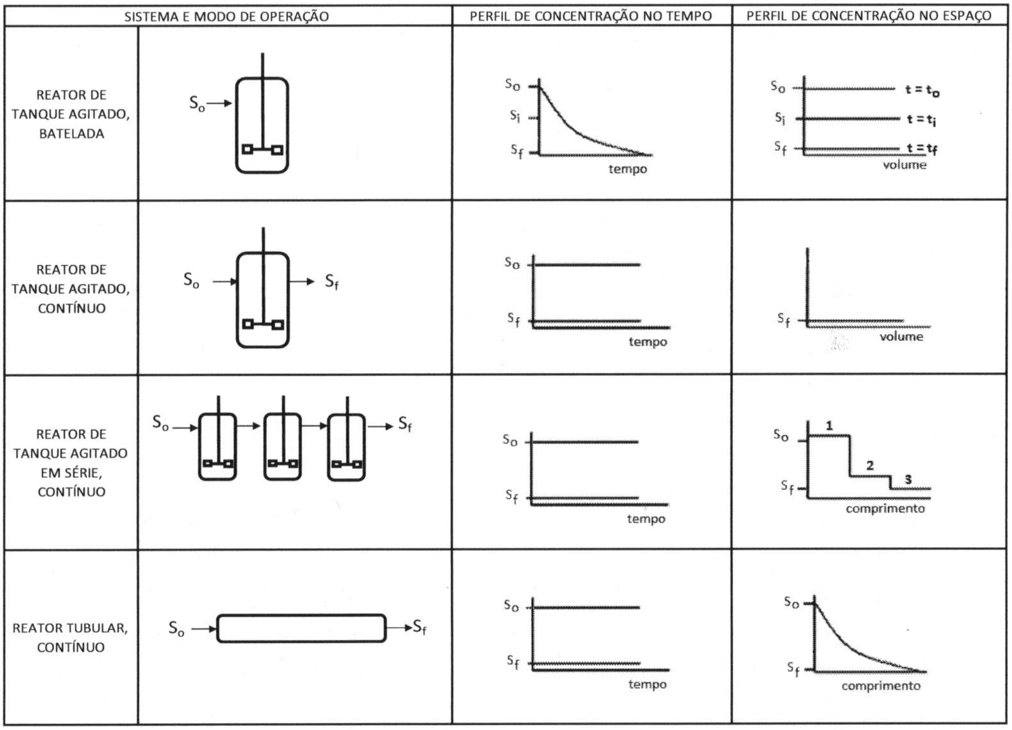

Figura 14.2 Tipos básicos e modo de operação de reatores usados em sistemas com células imobilizadas; b: sistema operado em modo batelada, regime não estacionário; c: sistema operado em modo contínuo, regime estacionário.

Fonte: adaptada de Buchholz, Kasche e Bomscheuer (2009).

A grande maioria dos estudos com células imobilizadas recai, principalmente, em duas grandes categorias: reatores de leito fixo e reatores de leito fluidizado ou expandido.

O reator de leito fixo (Figura 14.3a) é um sistema composto de tubulação de seção circular ou retangular, geralmente munida de camisa externa para controle de temperatura, que contém em seu interior um leito fixo de partículas aonde as células microbianas vão se aderir, no caso da imobilização por adsorção, ou um leito de partículas com células imobilizadas em gel hidrofílico, no caso da imobilização por envolvimento. Esses sistemas são normalmente montados de forma vertical e o meio de cultura, ou o substrato a ser convertido, é bombeado de modo ascendente através do leito fixo de células. Os componentes do meio de cultura são então convertidos em produtos, na medida em que se efetiva sua passagem através do leito.

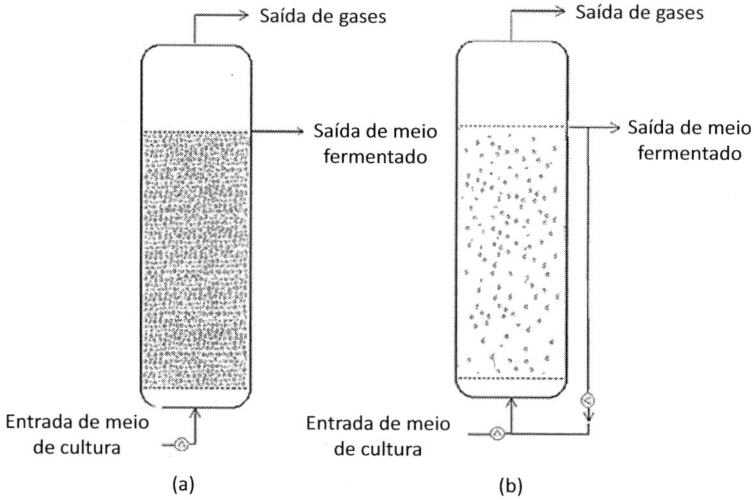

Figura 14.3 Representação esquemática de (a) reator de leito fixo e (b) reator de leito expandido.

Quando operados em modo contínuo, esses reatores tendem a se comportar como o RT, tendo a concentração de substrato e produtos constante ao longo do tempo e, respectivamente, decrescente e crescente no comprimento do reator (Figura 14.2). Essa configuração aproxima seu fluxo interno de um RT, que é uma configuração que maximiza cinéticas de processo que possuem inibição pelo produto (vide Capítulo 11 do Volume 1), como é a produção de etanol, butanol, ácido láctico, ácido acético, entre outros importantes produtos da biotecnologia industrial.

Além disso, o reator de leito fixo possui a vantagem de ser de simples operação, baixo investimento e baixa demanda de energia. Sua capacidade de comportar alta densidade celular no volume reacional conduz a altos valores de produtividade volumétrica de produto, rendimento em produto e grau de conversão de substrato, o que o credencia como um sistema de potencial interesse para minimização dos custos de *commodities* bioquímicas.

O tempo de residência do fluido no leito fixo (τ), dado pela razão volume efetivo do reator (V_{ef})/vazão volumétrica de alimentação (F), e a concentração de substrato na entrada do reator (*So*) são os fatores mais importantes na definição do desempenho do sistema. O volume efetivo do reator (V_{ef}) é dado pelo produto da porosidade do leito (ε) pelo volume total do leito (V_t). A porosidade do leito (ε) é a fração de volume do reator efetivamente ocupada pela fase líquida do sistema.

Entretanto, o sistema possui dificuldades relativas ao controle de importantes variáveis do bioprocessamento, como o pH e o oxigênio dissolvido. Outra dificuldade pode estar associada ao sobrecrescimento das células no leito fixo, influenciando na formação de caminhos preferenciais ao longo do leito, o que pode levar a desvios da idealidade do sistema e consequente perda de controle da variável tempo de residência e do desempenho do reator.

O reator de leito fluidizado ou expandido (Figura 14.3b) é um sistema composto de tubulação de seção circular ou retangular, munido de camisa ou serpentina externa para controle de temperatura, contendo em seu interior um leito de partículas de células aderidas, no caso da imobilização por adsorção, ou um leito de partículas de células imobilizadas em gel hidrofílico, no caso da imobilização por envolvimento. Este é também, a princípio, o sistema de escolha para a imobilização por floculação.

A expansão (ou fluidização) do leito se dá pelo bombeamento para dentro do sistema de meio de cultura fresco, a uma dada concentração de substrato (S_0). A expansão do leito também pode ser efetuada pela injeção de ar comprimido (ou outro gás, geralmente requerido pelo bioprocesso em operação) na base do reator e/ou pelo reciclo (geralmente parcial) do efluente do reator.

Nesse caso, o sistema desvia-se do fluxo ideal constituído pelo RT e se aproxima de um RTA, possuindo as características cinéticas indicadas para esse tipo de reator, quando operado em modo contínuo ou em batelada (Figura 14.2). Esse sistema possui, geralmente, valores de porosidade do leito (ε) superiores ao leito fixo, abrigando, dessa forma, uma quantidade menor de partículas com células imobilizadas dentro do volume de reação, possuindo, em princípio, desempenho inferior ao leito fixo. Entretanto, o leito expandido é usado principalmente para contornar as principais dificuldades do leito fixo, como o controle de variáveis ambientais (pH, oxigênio dissolvido, temperatura) e o entupimento causado pelo sobrecrescimento da biomassa. Também possui uma melhor definição de fluxo de fluido e estabilidade do sistema em operações de longa duração. O controle de difusão interparticular (vide a Seção 14.3.3) também é mais eficiente em reatores de leito expandido.

14.3.2 EFEITOS FISIOLÓGICOS DAS CÉLULAS IMOBILIZADAS

A imobilização de células microbianas tem um profundo efeito no comportamento metabólico em comparação com as células livres. Além disso, também pode ocorrer variação das concentrações locais de substratos e produtos metabólicos e de forças de cisalhamento em função da matriz de imobilização, contribuindo para o efeito na fisiologia celular. Alguns aspectos serão aqui exemplificados e maiores detalhes podem ser encontrados na literatura (JUNTER et al., 2002; WILLAERT; BARON; NEDOVIC, 2004). A Tabela 14.3 sumariza e exemplifica os principais efeitos fisiológicos atribuídos à imobilização de células.

14.3.2.1 Velocidade de crescimento

A velocidade de crescimento pode ser afetada pela imobilização. Existem muitas citações na literatura de diminuição da velocidade específica de crescimento de células imobilizadas em relação às células livres.

Essa diminuição é atribuída principalmente às limitações de transferência de massa de substratos (fontes de carbono, oxigênio, entre outras) impostas pelas estruturas de imobilização (vide a Seção 14.3.3). Entretanto, mesmo para sistemas com baixo nível de limitação difusional, a diminuição da velocidade de crescimento é descrita em virtude da diminuição da atividade de água e do aumento da pressão osmótica de solutos, principalmente na imobilização por envolvimento em gel hidrofílico.

Por outro lado, as matrizes de imobilização podem exercer um efeito protetor nas células imobilizadas, ocorrendo, ao contrário, um aumento da velocidade específica de crescimento. Células sensíveis à tensão de cisalhamento exercida por impelidores e bolhas de ar em tanques mecanicamente agitados, como as de mamíferos e plantas e de microrganismos filamentosos como fungos e actinomicetos, podem se beneficiar do uso da imobilização. A proteção das células a baixos níveis de pH e altas concentrações de inibidores ou substratos na fase externa da matriz de imobilização também tem sido descrita como causa principal da elevação da velocidade de crescimento das células imobilizadas.

14.3.2.2 Metabolismo

Efeitos no consumo de substrato e na formação de metabólitos têm sido verificados em células imobilizadas. A velocidade de consumo da fonte de carbono ($-r_S$), geralmente um substrato limitante do bioprocesso, está ligada à produtividade (massa de produto/volume de reação*tempo) do produto de interesse biotecnológico. Assim, o efeito da imobilização em $-r_S$ é de importância para a compreensão e a exploração do potencial dos sistemas com células imobilizadas.

O uso de técnica de ressonância nuclear magnética para obtenção de informações do cultivo de células de *S. cerevisiae* imobilizadas em gel hidrofílico de alginato de cálcio e células livres foi descrito por Galazzo, Shanks e Bailey (1987). O estudo revelou que o pH citoplasmático dessas células era menor que o de células de levedura cultivadas em suspensão. As células imobilizadas apresentaram um significativo aumento nas atividades das enzimas fosfofrutoquinase e hexoquinase da via glicolítica, com consequente elevação da produtividade em etanol. Da mesma forma, *S. cerevisiae* imobilizada em agarose apresentou o dobro do valor de $-r_S$ em relação às células livres, embora sua velocidade de crescimento tenha diminuído pela metade (LOHMEIER-VOGEL; MCINTYRE; VOGEL, 1996).

Outras modificações de resposta fisiológica de células imobilizadas podem estar vinculadas a aumento da velocidade de consumo e da resistência à inibição de substratos, alterações na estrutura da membrana e do material genético e no perfil de secreção de metabólitos (JUNTER et al., 2002; WILLAERT; BARON; NEDOVIC, 2004). Alguns exemplos ilustrativos são apresentados na Tabela 14.3.

Tabela 14.3 Respostas fisiológicas observadas em células imobilizadas

Organismo/ substrato	Tipo de imobilização	Resposta metabólica	Referências
Escherichia coli/lactose	Envolvimento em alginato de Sr	Aumento da velocidade de consumo de lactose e de produção de acetato	Inanç, Miller e Dibiasio (1996)
Sacharomyces cerevisiae/glicose	Adsorção em DEAE-celulose	Aumento do fluxo de glicose e de secreção de metabólitos	Van Iersel et al. (2000)
Sacharomyces cerevisiae/glicose	Ligação covalente a gel de metacrilato	Aumento da resistência a etanol/alteração da composição da membrana	Jirku (1999)
Pseudomonas sp./ solvente industrial (BTEX)	Adsorção (colonização) em tecidos fibrosos	Aumento da capacidade de biodegradação de BTEX	Shim e Yang (1999)
Bacillus sp./ dimetilftalato (DMF)	Adsorção em espuma de poliuretano	Aumento da concentração inibitória de DMF	Niazi e Karegoudar (2001)

14.3.3 EFEITOS DIFUSIVOS

Um dos aspectos mais importantes dos sistemas com células imobilizadas é o efeito que as limitações de transporte de massa de reagentes e produtos pode impor sobre a cinética das transformações bioquímicas realizadas pelas partículas. Essas resistências são devidas ao filme de fluido que se forma ao redor das partículas (difusão interparticular) e ao transporte condutivo por meio das partículas (difusão intraparticular).

Assim, a eficiência (η) de uma partícula que contém células imobilizadas é definida como a relação entre a velocidade real de reação (r_p) e a velocidade reacional máxima possível, na ausência de qualquer limitação de transporte de massa (r_{max}), dada por:

$$\eta = r_p/r_{max} \tag{14.3}$$

A difusão interparticular depende das condições hidrodinâmicas do fluido ao redor das partículas, ou seja, velocidade do fluido, diâmetro da partícula e propriedades físicas do fluido como viscosidade e densidade. A transferência de massa de uma molécula (substrato ou produto) através do filme de fluido que se forma ao redor de uma partícula é diretamente proporcional à diferença de concentração dessa molécula no seio do fluido e na superfície externa da matriz imobilizadora. O coeficiente de transporte de massa, neste caso contido no adimensional denominado número de Sherwood ($Sh = k_x.D/c.D_s$), está relacionado com o número de Reynolds ($Re = D\upsilon\rho/\mu$) e com o número de Schmidt ($Sc = \mu/\rho D_s$) por meio da seguinte equação:

$$Sh = a.Re^n.b.Sc^m \tag{14.4}$$

em que:

D: diâmetro da partícula (m);

υ: velocidade do fluido ($m.s^{-1}$);

ρ: densidade do fluido ($kg.m^{-3}$);

μ: viscosidade do fluido ($kg.m^{-1}.s^{-1}$);

k_x: coeficiente de transferência de massa através do filme ($mol.m^{-2}.s^{-1}$);

D_s: difusividade do substrato S ($m^2.s^{-1}$);

c: concentração molar ($mol.m^{-3}$);

a, n, m: constantes da Equação (14.4).

É claro que os suportes que possuem maior difusividade efetiva também devem ser privilegiados, pois podem ocasionar menor limitação difusional e, por conseguinte, maior fluxo molar de substrato através da partícula.

A Tabela 14.4 reúne valores de D_S para alguns suportes comumente utilizados como matriz de imobilização de células. Importa saber os valores de D_S dos solutos em água para efeito comparativo. Para glicose, etanol, sacarose e lactose esses valores a 25 °C são, respectivamente, $6{,}9 \times 10^{-10}$ $m^2.s^{-1}$; $12{,}8 \times 10^{-10}$ $m^2.s^{-1}$; $5{,}6 \times 10^{-10}$ $m^2.s^{-1}$ e $4{,}9 \times 10^{-10}$ $m^2.s^{-1}$. De certa forma, os coeficientes de difusividade através de matrizes de gel não são muito menores que em água e, assim, não há imposição da difusão dos solutos através do suporte carreador das células. Também tem sido demonstrado que as difusividades de solutos (glicose, sacarose, lactose) e produtos (lactato, etanol) nas matrizes de gel de alginato ou κ-carragenana tendem a aumentar com o aumento de temperatura entre 10 °C e 37 °C (WILLAERT; BARON; NEDOVIC, 2004).

Assim, o efeito do transporte de massa intraparticular pode ser creditado, em grande parte, à formação de um gradiente de concentração que, inevitavelmente, se forma quando agregados de células microbianas se produzem artificialmente, como é o caso da imobilização por envolvimento, sendo, a nosso ver, o controle do diâmetro da partícula a forma mais fácil de se minimizar a difusão intraparticular, como proposto por Luong (1985).

Quando há formação de biofilmes ou flocos, que são os outros métodos de imobilização já discutidos, a densidade populacional é também bastante elevada, podendo alcançar valores acima de 30 g/L até cerca de 200 g/L. Nestes agregados celulares, entretanto, o coeficiente de difusividade de fontes de carbono como glicose e acetato e de oxigênio pode ser bastante reduzido em relação à água, alcançando valores da ordem de, por exemplo, 53-58% (para O_2 em *pellets* de *A. niger*), 27-52% (para glicose em flocos de cultura mista) e 11% (para acetato em flocos de bactérias metanogênicas) (WILLAERT, 2009).

O controle da difusividade neste caso é mais complicado, uma vez que a manipulação do tamanho (ou da espessura) do agregado celular é pouco conhecida, além de o valor de D_{ef} ser bastante influenciado pelas condições ambientais (pH e temperatura) e nutricionais (por exemplo, relação C/N) do sistema.

Tabela 14.4 Valores típicos de difusão efetiva de solutos em matriz de gel polimérico

Soluto	Gel	Concentração (%)	Temperatura (°C)	Difusividade (m^2/s)
Glicose	Alginato de Ca	2	25	$6{,}10.10^{-10}$
Etanol	Alginato de Ca	2	25	$1{,}00.10^{-9}$
Sacarose	Gelatina	0	5	$2{,}85.10^{-10}$
Sacarose	Gelatina	3,8	5	$2{,}09.10^{-10}$
Sacarose	Gelatina	5,7	5	$1{,}86.10^{-10}$
Sacarose	Gelatina	7,6	5	$1{,}35.10^{-10}$
Lactose	Gelatina	25	5	$0{,}37.10^{-10}$
L-triptofano	Alginato de Ca	2	30	$6{,}67.10^{-10}$

Fonte: adaptada de Lee (2009).

14.3.4 ESTABILIDADE MECÂNICA DOS SUPORTES

Segundo Nedović et al. (2015), comparando-se com o expressivo conhecimento já existente sobre a genética de alguns microrganismos, como *E. coli* e *S. cerevisiae*, o que se sabe sobre a resistência mecânica de células é muito pouco. Embora propriedades mecânicas venham sendo investigadas usando diferentes técnicas, desde aspiração com micropipeta até microscopia de força atômica, a previsão do rompimento celular devido a estresse de escoamento se baseia principalmente em informações empíricas.

Usando uma técnica de micromanipulação desenvolvida para romper células individuais, Smith et al. (2000) determinaram o módulo médio para rompimento da parece celular de *S. cerevisiae*. Os valores obtidos foram 11,1 ± 0,6 N/m e 12,9 ± 0,7 N/m para as fases exponencial e estacionária, respectivamente.

Hidrogéis são materiais sabidamente de baixa resistência mecânica. Drury, Dennis e Mooney (2004) fornecem dados de resistência mecânica para hidrogel de alginato. Segundo esses autores, os módulos de compressão variam de <1 kPa a >1.000 kPa; o módulo de cisalhamento entre 0,02-40 kPa; e o módulo de tensão na faixa de 1-55 kPa, conforme composição do polímero, condição de formação e densidade de entrecruzamento. Lekka et al. (2004) mediram o módulo de Young para partículas de gel de alginato sem células (0,8-0,9 mm), obtendo a faixa de 1-20 kPa, dependendo da composição. Nedović et al. (2015) relatam também que medidas de Stammen et al. (2001) mostraram que gel de alginato é mais fraco que outros suportes usados para imobilização de células, como álcool polivinílico.

Parece haver consenso na literatura de que a presença de células enfraquece o gel. O crescimento celular no gel não deve ser um fenômeno simples. Células de levedura, por exemplo, são relativamente grandes, com cerca de 5 µm, e também se comportam como um material elástico, com módulo de Young de 1-2 MPa (SVALDO-LANERO et al., 2006). Portanto, são muito mais rígidas que o gel, e o seu crescimento deverá ir deformando o gel até provocar o rompimento das cadeias poliméricas no entorno das células, possivelmente gerando um novo espaço para crescimento celular. Nedović et al. (2015) relatam vários trabalhos experimentais que corroboram essa hipótese.

14.4 APLICAÇÕES INDUSTRIAIS DE SISTEMAS COM CÉLULAS IMOBILIZADAS

O tratamento de águas residuárias urbanas e industriais e a biorremediação são aplicações de sucesso de células imobilizadas em grande escala. O fato de usar populações mistas parece tornar o biofilme uma técnica muito conveniente para tratamento de resíduos. Geralmente, a população é suportada num material inerte e os biorreatores são do tipo leito fixo (estáticos) ou leito expandido (material movimentado por agitação ou fluxo de ar). Várias aplicações são analisadas em detalhes na revisão de Calderón et al. (2013), que analisam recentes avanços e perspectivas futuras no uso de biofilmes.

Chang et al. (2014) revisaram vários trabalhos sobre aplicações comerciais de reatores de membrana, reportando que o uso comercial deles para tratamento de águas residuárias é corrente há vários anos. Os módulos de membranas são usados em sistemas de reatores da ordem de 3.000 m^3, com eficiências de remoção de BOD (demanda bioquímica de oxigênio) duas a três vezes maiores que as de processos de lodo ativado convencionais, não requerendo tanques de sedimentação. São intensivamente usados para tratamento de águas residuárias municipais e industriais com vazão de 48.000 m^3/dia (80 mil pessoas) ou mais. Reportam também que o grave problema de limpeza das membranas tem sido resolvido de forma simples com retro-lavagem química. Os autores ainda mencionam um sistema de biorreator usando células imobilizadas operando com sucesso em plantas comerciais, utilizando tecnologia de floculação. O sistema está sendo aplicado em uma planta de produção de etanol, que deve ser, segundo eles, a maior planta comercial com célula imobilizada atualmente em operação comercial.

A manutenção de alta concentração celular no reator, com consequente aumento da velocidade de reação e da produtividade, a facilidade de separação do produto e o efeito protetor da imobilização, entre outras vantagens, têm mantido constante a busca de soluções para os problemas que acompanham a utilização da tecnologia de imobilização de células em grande escala.

Um dos melhores exemplos para ilustrar essa busca é mostrado na revisão de Nedović et al. (2015), ao reportar exemplos de utilização industrial de células imobilizadas na produção de cerveja. A fermentação do mosto no processo tradicional, com células suspensas, é feita em batelada, em tanque sem agitação, sendo a etapa mais consumidora de tempo no processo industrial. É um processo, pois, que se beneficia grandemente da possibilidade de uso de alta densidade celular em operação contínua, característica dos sistemas com célula imobilizada. Contudo, embora o processo contínuo permita que um grande volume de cerveja possa ser produzido em pouco tempo, é também necessário que ocorram as demais reações responsáveis pelo aroma e pelo sabor da cerveja. Na fermentação primária ocorre a formação de etanol, mas também deve ocorrer formação de ésteres e álcoois superiores, que serão responsáveis pela formação do aroma e do sabor. Deverá ainda ocorrer a formação de diacetil e outros subprodutos voláteis indesejáveis, cuja redução é o objetivo principal da fermentação secundária. A redução de diacetilacetoína, um produto de aroma neutro, pode ser feita rapidamente pela levedura, mas ela requer a prévia transformação de α-acetolactato a diacetil, o que pode ser obtido por aquecimento entre os dois estágios de fermentação. A operação contínua dificulta atingir o mesmo perfil de fermentação que se obtém na batelada. Um ponto de grande importância é que na batelada há um consumo preferencial de alguns aminoácidos, padrão este que é difícil de mimetizar no processo contínuo. Essas dificuldades fizeram com que apenas poucos processos com células imobilizadas tenham conseguido ser levados para a indústria.

Um exemplo claro dessa dificuldade foi o caso da empresa Kirin Brewery Company, no Japão, que implantou em pequena escala industrial (1.850 hL/ano) um sistema de três biorreatores: no primeiro, tanque agitado aerado, contínuo, havia fermentação com leveduras suspensas e crescimento de leveduras. Estas eram separadas por centrifugação, imobilizadas e utilizadas num segundo reator, de leito fixo, para completar a fermentação principal. A seguir a cerveja era aquecida para converter α-acetolactato em diacetil e parcialmente em acetoína. Finalmente, a cerveja era alimentada a um terceiro reator de leito fixo com célula imobilizada para maturação, com total redução do diacetil, num tempo total de residência de 72-96 horas. As células foram inicialmente imobilizadas em alginato de cálcio, mas este foi substituído por vidro poroso, por causa da baixa resistência mecânica do gel de alginato. Esse processo foi descontinuado em virtude da demora no início do processo (2 semanas), dos altos custos energéticos e das perdas de cerveja na centrifugação (INOUE, 1995).

Um caso mais bem-sucedido foi o sistema Meura Delta, uma combinação de estágios com células livres e imobilizadas, da empresa belga Meura Delta, que vem sendo usado pela cervejaria Aubel (MENSOUR et al., 1997) e por uma microcervejaria no Canadá. O caso de maior sucesso, contudo, parece ser o processo desenvolvido pela VTT Technical Research Centre da Finlândia, que vem usando desde 1984 levedura imobilizada para maturação da cerveja (ANDRIES et al., 2000). O sistema de maturação contínuo desenvolvido, denominado Sinebrychoff Brewery, foi implementado industrialmente, com capacidade de 1 milhão hL/ano.

REFERÊNCIAS

ABOUTBOUL, H. *Modelagem matemática do processo simultâneo de sacarificação e fermentação alcoólica de farinha de mandioca*. Tese (doutorado) – Escola Politécnica da Universidade de São Paulo, São Paulo, 1991.

ADINARAYANA, K.; JYOTHI, B.; ELLAIAH, P. Production of Alkaline Protease with Immobilized Cells of *Bacillus subtilis* PE-11 in Various Matrices by Entrapment Technique. *Pharm. Sci. Tech.*, v. 6, n. 3, p. 391-397, 2005.

AGUILAR-MAY, B.; SANCHEZ-SAAVEDRA, M. P. Growth and removal of nitrogen and phosphorus by free-living and chitosan-immobilized cells of the marine cyanobacterium *Synechococcuselongatus*. *J. Appl. Phycol.*, v. 21, n. 3, p. 353-360, 2009.

AMIN, F. et al. Biosorption of Mercury(II) from Aqueous Solution by Fungal Biomass *Pleurotuseryngii*: Isotherm, Kinetic, and Thermodynamic Studies. *Environ. Progr. Sustain. Energy*, v. 35, n. 5, p. 1274-1282, 2016.

ANDRADE, L. H.; KROUTIL, W.; JAMISON, T. F. Immobilization of *E. coli* cells Containing Both ω-Transaminase and PLP. *Org Lett.*, v. 16, p. 6092-6095, 2014.

ANDRIES, M. et al. Results on semi-industrial continuous top fermentation with the Meura-Delta immobilized yeast fermenter. *Brauwelt. Int.*, v. 2, p. 134-136, 2000.

ARAÚJO, E. A. et al. Aspectos coloidais da adesão de micro-organismos. *Quim. Nova*, v. 33, p. 1940-1948, 2010.

BARBOTIN, J.-N. Plasmid stability in immobilized cells. In: WIJFFELS, R. H. (ed.). *Immobilized Cells*. Berlin: Springer, 2001. p. 235-246.

BAUTISTA-TOLEDO, M. I. et al. Influence of the physicochemical properties of inorganic supports on the activity of immobilized bacteria for water denitrification. *J. Environ. Manage.*, v. 156, p. 81-88, 2015.

BERGER, R.; RUHLEMANN, I. Stable ionotropic gel for cell immobilization using high molecular-weight pectic acid. *Acta Biotechnologica*, v. 8, p. 401-405, 1988.

BHOSALE, S. H.; RAO, M. B.; DESHPANDE, V. Molecular and industrial aspects of glucose isomerase. *Microbiol. Rev.*, v. 60, n. 2, p. 280-300, 1996.

BOUALLAGUI, Z.; SAYADI, S. Production of high hydroxytyrosol yields via tyrosol conversion by *Pseudomonas aeruginosa* immobilized resting cells. *J. Agric. Food Chem.*, v. 54, p. 9906-9911, 2006.

BRANDÃO, E. M.; ANDRADE, C. T. Influência de fatores estruturais no processo de gelificação de pectinas de alto grau de metoxilação. *Polímeros: Ciência e Tecnologia*, v. 9, n. 3, p. 38-44, 1999.

BUCHHOLZ, K.; KASCHE, V.; BOMSCHEUER, U. T. (ed.). *Biocatalysis and Enzyme Technology.* Hoboken: Wiley, 2009.

BUČKO, M. et al. Baeyer-Villiger oxidations: biotechnological approach. *Appl. Microbiol. Biotechnol.*, v. 100, p. 6585-6599, 2016.

CALDERÓN, K. et al. Archaeal Diversity in Biofilm Technologies Applied to Treat Urban and Industrial Wastewater: Recent Advances and Future Prospects. *Int. J. Mol. Sci.*, v. 14, p. 18572-18598, 2013.

CHANG et al. Multi-stage continuous highcell density culture systems: a review. *Biotechnol. Adv.*, v. 32, p. 514-525, 2014.

DING, C. et al. Biosorption behavior and mechanism of thorium on *Streptomyces sporoverrucosus* dwc-3. *J. Radioanal. Nucl. Chem.*, v. 301, p 237-245, 2014.

DJUKIĆ-VUKOVIĆ, A. P. et al. Lactic acid production on liquid distillery stillage by *Lactobacillus rhamnosus* immobilized onto zeolite. *Biores. Technol.*, v. 135, p. 454-458, 2013.

DRURY, J. L.; DENNIS, R. G.; MOONEY, D. J. The tensile properties of alginate hydrogels. *Biomaterials*, v. 25, p. 3187-3199, 2004.

EFREMENKO, E. N. et al. Biocatalysts based on immobilized cells of microorganisms in the production of bioethanol and biobutanol. *Catalysis in Industry*, v. 3, p. 41-46, 2011.

GALAZZO J. L.; SHANKS, J. V.; BAILEY J. E. Comparison of suspended and immobilized yeast metabolism using ^{31}P Nuclear Magnetic Ressonance spectroscopy. *Biotechnol. Tech.*, v. 1, p. 1-6, 1987.

GIORDANO, R. L. C.; GIORDANO, R. C.; COONEY, C. L. Analysis of a Taylor-Poiseuille flow reactor-II: reactor modelling and performance assessment using glucose-fructose isomerization as test reaction. *Chem. Eng. Science* v. 55, n.18, p. 3611-3626, 2000.

GIORDANO, R. L. C.; TROVATI, J.; SCHMIDELL, W. Continuous production of ethanol from starch using glucoamylase and yeast co-immobilized in pectin gel. *Appl. Biochem. and Biotechnol.*, v. 147, p. 47-61, 2008.

HUSSAIN, A. et al. Operational parameters and their influence on particle-side mass transfer resistance in a packed bed bioreactor. *AMB Expr.*, v. 5, p. 51-58, 2015.

INANÇ, E.; MILLER, J. E.; DIBIASIO, D. Effect of oxygen supply on metabolism of immobilized and suspended *Escherichia coli*. *Biotechnol. Bioeng.*, v. 23, p. 697-702, 1996.

INOUE, T. Development of a two-stage immobilized yeast fermentation system for continuous beer brewing. In: VAN WIJNGAARDEN, M. (ed.). *Proceedings of the 25th EBC Congress*. Oxford: Oxford University Press, 1995. p. 25-36.

JAVANMARDIAN, M.; PALSSON, B. O. High-density photoautotrophic algal cultures: design, construction, and operation of a novel photobioreactor system. *Biotechnol. Bioeng.*, v. 38, n. 10, p. 1182-1189, 1991.

JIRKU, V. Whole cell immobilization as a means of enhancing ethanol tolerance. *J. Ind. Microbiol. Biotechnol.*, v. 3, p. 147-151, 1999.

JUNTER, G. A. et al. Immobilized-cell physiology: current data and the potentialities of proteomics. *Enzyme Microb. Technol.*, v. 31, n. 3, p. 201-212, 2002.

KADAKOL, J. C.; KAMANAVALLI, C. M.; SHOUCHE, Y. Biodegradation of Carbofuran phenol by free and immobilized cells of *Klebsiella pneumoniae* ATCC13883T. *World J. Microbiol. Biotechnol.*, v. 27, p. 25-29, 2011.

KATSIKOGIANNI, M.; MISSIRLIS, Y. F. Concise review of mechanisms of bacterial adhesion to biomaterials and techniques used in estimating bacteria – material interactions. *Eur. Cells Mat.*, v. 8, p. 37-57, 2004.

KIERSTAN, M.; BUCKE, C. The immobilization of microbial cells, subcellular organelles and enzymes un calcium alginate gels. *Biotechnol. Bioeng.*, v. 19, p. 387-397, 1977.

KRIAA, M. et al. Improved stability and reusability of cotton-immobilized recombinant *Escherichia coli* producing US132 cyclodextringlucanotransferase *Ann. Microbiol.*, v. 65, p. 383-391, 2015.

LASA, I. Towards identification of the common features of bacterial biofilm development. *Int. Microbiol.*, v. 9, p. 21, 2006.

LEE, J. M. *Biochemical Engineering.* [S.l.]: Ebooks Chemical Engineering, 2009.

LEE, S. Y. High cell-density culture of Escherichia coli. *Trend. Biotechnol.*, v. 14, n. 3, p. 98-105, 1996.

LEKKA, M. et al. Hydrogel microespheres: influence of chemical composition on surface morphology, local elastic properties, and bulk mechanical characteristics. *Langmuir*, v. 20, p. 9968-9977, 2004.

LI, Q. et al. Screening bioactive compounds from *Ligusticum chuanxiong* by high density immobilized human umbilical vein endothelial cells. *Anal. and Bioanal. Chem.*, v. 407, n. 19, p. 5783-5792, 2015.

LOHMEIER-VOGEL, E. M.; MCINTYRE, D. D.; VOGEL, H. J. Phosphorus-31 and Carbon-13 nuclear magnetic resonance studies of glucose and xylose metabolism in cell suspensions and agarose immobilized culture of *Pichia stipitis* and *Saccharomyces cerevisiae*. *Appl. Env. Microbiol.*, v. 62, p. 2832-2838, 1996.

LUEDEKING, R.; PIRET, E. L. A kinetic study of the lactic acid fermentation. Batch process at controlled pH. *J. Biochem. Microbiol. Technol.*, v. 1, p. 393-412, 1959.

LUONG, J. H. T. Cell immobilization in κ-carrageenan for ethanol production. *Biotechnol. Bioeng.*, v. 27, n. 12, p. 1652-1661, 1985.

MAN, R. C. et al. Effects of the immobilization of recombinant *Escherichia coli* on cyclodextringlucanotransferase (CGTase) excretion and cell viability. *Biochem. Eng. Journal*, v. 98, p. 91-98, 2015.

MENSOUR, N. A. et al. New developments in the brewing industry using immobilized yeast cell bioreactors. *J. Inst. Brew.*, v. 103, p. 363-370, 1997.

MORAES, M. N. et al. Mecanismos de adesão bacteriana aos biomateriais. *Revista Médica de Minas Gerais*, v. 23, n. 1, p. 96-101, 2013.

MORENO-CASTILLA, C. et al. Influence of support surface properties on activity of bacteria immobilized on activated carbons for water denitrification. *Carbon*, v. 41, p. 1743-1749, 2003.

NAVARRO, A. R.; RUBIO, M. C.; CALLIERI, D. A. S. Production of ethanol by yeasts immobilized in pectin. *Eur. J. Appl. Microbiol. Biotechnol.*, v. 17, n. 3, p. 148-151, 1983.

NAVARRO, A. et al. Horizontal reactor for the continuous production of ethanol by yeasts immobilized in pectin. *Biotechnol. Lett.*, v. 6, n. 7, p. 465-470, 1984.

NEDOVIĆ, V. et al. Aroma formation by immobilized yeast cells in fermentation processes. *Yeast*, v. 32, p. 173-216, 2015.

NIAZI, J. H; KAREGOUDAR, T. B. Degradation of dimethylphtalate by cells of *Bacillus* sp. immobilized in calcium alginate and polyurethane foam. *Journal of Env. Science Health*, v. 36, p. 1135-1144, 2001.

NIELSEN, J.; VILLADSEN, J.; LIDÈN, G. *Bioreaction Engineering Principles.* 2. ed. Berlin: Springer, 2003.

PRADELLA, J. G. C. *Estudo da fermentação alcoólica contínua de melaço de cana-de-açúcar com células imobilizadas.* Tese (doutorado) – Escola Politécnica da Universidade de São Paulo, São Paulo, 1987.

RATTANAPAN, A.; LIMTONG, S.; PHISALAPHONG, M. Ethanol production by repeated batch and continuous fermentations of blackstrap molasses using immobilized yeast cells on thin-shell silk cocoons. *Applied Energy*, v. 88, p. 4400-4404, 2011.

RAZAK, M. A.; VISWANATH, B. Optimization of fermentation upstream parameters and immobilization of *Corynebacterium glutamicum* MH 20-22 B cells to enhance the production of L-lysine. *Biotech*, v. 5, p. 531-540, 2015.

SHI, Z. et al. Efficient production of l-lactic acid from hydrolysate of Jerusalem artichoke with immobilized cells of *Lactococcuslactis* in fibrous bed bioreactors. *Enzyme Microb. Tech.*, v. 51, p. 263-268, 2012.

SHIM, H.; YANG, S.-T. Biodegradation of benzene, toluene, ethylbenzene, and o-xylene by a coculture of *Pseudomonas putida* and *Pseudomonas fluorescens* immobilized in a fibrous-bed bioreactor. *J. Biotechnol.*, v. 67, p. 99-112, 1999.

SMITH, A. E. et al. The mechanical properties of *Saccharomyces cerevisiae*. *Proc. Natl. Acad. Sci. USA*, v. 97, p. 9871-9874, 2000.

Stammen J. A. et al. Mechanical properties of a novel PVA hydrogel in shear and unconfined compression. *Biomaterials*, v. 22, p. 799-806, 2001.

SUN, Z. J. et al. Probing the role of microenvironment for microencapsulated *Sacchromyces cerevisiae* under osmotic stress. *J. Biotechnol.*, v. 128, p. 150-161, 2007.

SVALDO-LANERO, T. et al. Mechanical properties of single living cells encapsulated in polyelectrolyte matrixes. *J. Biotechnol.*, v. 124, p. 723-731, 2006.

TROVATI, J.; GIORDANO, R. C.; GIORDANO, R. L. C. Improving the performance of a continuous process for production of ethanol from starch. *Appl. Biochem. Biotechnol.*, v. 156, p. 76-90, 2009.

VAN IERSEL, M. F. M. et al. Influence of yeast immobilization on fermentation and aldehyde reduction during the production of alcohol-free beer. *Enzyme Microb. Tech.*, v. 26, p. 602-607, 2000.

VERSTREPEN, K. J. et al. Yeast flocculation: what brewers should know. *Appl. Microbiol. Biotechnol.*, v. 61, n. 3, p. 197-205, 2003.

WADA, M. et al. Continuous production of ethanol using immobilized growing yeast cells. *Eur. J. Appl. Microbiol. Biotechnol.*, v. 10, p. 275-287, 1980.

WIJFFELS, R. H. (ed.). *Immobilized Cells*. Berlin: Springer, 2001.

WILLAERT, R. Cell immobilization: engineering aspects. In: FLICKINGER, M. C. (ed.). *Encyclopedia of Industrial Biotechnology*: Bioprocess, Bioseparation, and Cell Technology. Hoboken: John Wiley & Sons, 2009. p. 1-29.

WILLAERT, R.; BARON, G. V.; NEDOVIC, V. Diffusive mass transfer in immobilized cell system. In: NEDOVIC, V.; WILLLIAERT, R. (ed.). *Fundamentals of Cell Immobilization Biotechnology*. Dordrecht: Kluwer Academic Pub, 2004. p. 359-387.

YAMAGUCHI, M. et al. Changes in monoclonal antibody productivity of recombinant BHK cells immobilized in collagen gel particles. *Cytotechnol*, v. 23, p. 5-12, 1997.

CAPÍTULO 15
Fermentação em estado sólido

Rodrigo de Oliveira Moraes
Vanildo Luiz Del Bianchi
Regina de Oliveira Moraes Arruda
Deise Maria Fontana Capalbo
Iracema de Oliveira Moraes

15.1 INTRODUÇÃO

Bioprocessos, que acontecem com frequência na natureza, ocorrem principalmente em virtude da presença de nutrientes e de determinadas condições ambientais propícias ao crescimento de microrganismos. Quem já não viu uma laranja coberta por uma camada verde ou negra de mofos? Um pão embolorado? Ou um sapato mofado após ter sido deixado em um lugar úmido? Contudo, se houver um controle do processo, esse desenvolvimento microbiano "indesejável" pode ser uma ferramenta potencialmente interessante na obtenção de diversos produtos, como enzimas, biomassa microbiana, culturas iniciadoras (inóculos), além de alimentos, medicamentos, pigmentos, entre outros.

Essa forma de processo é denominada "fermentação em estado sólido" (FES), "fermentação em meio sólido" (FMS) ou simplesmente "fermentação semissólida" (FSS). O termo bioprocesso é o mais correto de ser empregado, uma vez que trata tanto de processos aeróbios quanto anaeróbios. Porém, o termo "fermentação" tornou-se predominante ao se referir a esse tipo de sistema, seja nas publicações nacionais ou internacionais.

Comumente elaborado em países do Oriente e do continente africano, visando à produção de alimentos, esse processo vem ganhando adeptos, ano após ano, entre pesquisadores da Europa e do continente americano, em virtude das peculiaridades que serão aqui abordadas.

Complementando a definição de Durand, De la Broise e Blachère (1988), mas ressalvando que o substrato não tem de ser necessariamente insolúvel em água, pois ocorrem exemplos em que o substrato líquido (como uma solução de sacarose e de sais nutrientes ou melaço) está umedecendo uma matriz sólida inerte (como sabugo de milho ou bagaço de cana), o cultivo em estado sólido pode ser definido como

> processo que se refere à cultura de microrganismos sobre ou dentro de partículas em matriz sólida (substrato ou material inerte), onde o conteúdo de líquido (meio umidificante ou substrato) nela absorvido está em um nível de atividade de água que, por um lado, assegure o crescimento e o metabolismo das células e, por outro, não exceda à máxima capacidade de ligação da água com a matriz sólida (DEL BIANCHI; MORAES; CAPALBO, 2001, p. 247).

A FES também pode ser definida como o processo microbiano que ocorre em materiais sólidos capazes de conter ou absorver água, sem que exista água drenada.

Por essa definição, eliminam-se algumas confusões criadas por autores que colocavam como FES, erroneamente, os sistemas de filtro biológico aeróbio, utilizados em processos de tratamento de águas residuais, e o sistema de "fermentação" acética para obtenção de vinagre com recirculação do meio, nos quais há a percolação de nutrientes líquidos através de uma matriz sólida inerte e insolúvel, na qual estão imobilizados os microrganismos.

Os autores sugerem que não seja utilizada a definição "processo que ocorre na ausência de água livre", difundido por diversas referências bibliográficas, uma vez que "água livre" é justamente o que permite o crescimento microbiano e as reações químicas e bioquímicas. Um material sem água livre é um material totalmente seco.

O termo cultivo em superfície deve ser usado com cautela, pois pode se referir tanto à FES quanto ao processo em que há o crescimento microbiano sobre a superfície líquida estática de um substrato, como a antiga forma de produção de vinagre em barris (processo Orleans).

Deve-se ressaltar também a importância da cultura em meio ágar como processo laboratorial de FES, usualmente empregada em microbiologia para seleção, manutenção e identificação de microrganismos, além da produção de inóculo em bioprocessos.

Neste capítulo serão descritos, de maneira sucinta, tópicos de interesse à compreensão desse processo, mais especificamente tipos de microrganismos, características dos substratos, formas de reatores, principais monitoramentos e/ou controles comumente utilizados, vantagens e desvantagens em relação ao processo submerso, além de exemplificar alguns casos relatados por pesquisadores em artigos científicos.

O estudo sobre produção de cogumelos comestíveis, mesmo empregando os meios em estado sólido para o crescimento e a produção enzimática, não será examinado, pois é tratado no Capítulo 20 do Volume 4 desta série.

15.2 HISTÓRICO DO PROCESSO DA FES

Pelos primeiros exemplos citados neste capítulo, pode-se concluir que a ocorrência do processo em estado sólido é, com certeza, mais antiga que o próprio homem, sendo, portanto, muito difícil precisar o início dessa prática pela atividade humana. Sabe-se, contudo, que várias formas de alimentos utilizando esse processo microbiano fazem parte da dieta de diversos povos há muitos séculos.

São citados exemplos de alimentos que necessitavam, de alguma forma, do processo em estado sólido há milênios. Um exemplo é a produção, na China, de molho de soja em 1000 a.C. e de *chiang* (similar ao *miso*) entre 2500 e 500 a.C., os quais são obtidos a partir da modificação enzimática do meio utilizando-se o *koji*, que consiste em uma massa umidificada de um cereal cozido (na maior parte dos casos, arroz) na qual houve o crescimento de microrganismos (em geral, *Aspergillus oryzae*) e a consequente produção de um complexo enzimático com atividade diastásica (HESSELTINE, 1977).

Uma das primeiras referências que se tem sobre o cultivo em meio sólido no Ocidente, no início do século XX, nos Estados Unidos, está associada ao nome do pesquisador Jokiche Takamine na produção de *mold bran*, similar ao *koji*, que utilizava farelo de trigo no lugar do arroz no cultivo de outros fungos para a obtenção de um complexo enzimático (UNDERKOFLER et al., 1947; SHURTLEFF; AOYAGI, 2012). Esse estudo, que visava substituir o malte na indústria de destilados, teve prosseguimento entre 1937 e 1949, com o objetivo de produzir álcool etílico a partir de milho. Utilizaram, para esse processo, reatores dos tipos tambores rotativos, tambores estáticos ou simples bandejas, sendo estudadas as vantagens e as desvantagens de cada um destes (CANNEL; MOO-YOUNG, 1980; HESSELTINE, 1977; THIEMANN, 1985). Há também citações de experiências para produção de ácido cítrico em cultivo em estado sólido até 1936, com o interesse nesses estudos retornando a partir de 1975 (KUMAR; LONSANE, 1987).

Assim, até a metade do século XX, e sempre se referindo a esta parte do planeta, dominaram, para o caso de bioprocessos em estado sólido, as pesquisas em torno da produção de enzimas microbianas e ácidos orgânicos.

Principalmente para aumentar a produção de penicilina, durante o período da Segunda Guerra Mundial, houve a opção de desenvolver os processos que envolviam o cultivo microbiano em meio líquido em tanques profundos, negligenciando os processos em estado sólido (HESSELTINE, 1977). As pesquisas se voltaram quase que exclusivamente para o desenvolvimento de reatores para os processos em fase líquida, com muito poucos estudos empregando o substrato sólido.

No Oriente, contudo, mais especificamente no Japão, o processo tradicional, que era realizado em bandejas de madeira ou bambu, no qual os cereais, como arroz e trigo ou trigo e soja, eram inoculados e cultivados com o *koji*, foi sendo aperfeiçoado. Projetaram-se incubadoras automatizadas com inoculação, controle das condições ambientais, agitação controlada do meio e recuperação do produto final, utilizando-se também linhagens mutantes melhoradas. Esses fatos conduziram o Japão à obtenção de uma tecnologia cada vez mais avançada em termos de produção por cultivo em estado sólido.

Nos países do Ocidente, diversos estudos estão sendo realizados utilizando-se substrato sólido, tanto na obtenção de bioprodutos como no desenvolvimento de reatores ou para o conhecimento do metabolismo e das condições do processo. Em níveis industriais, o processo submerso continua sendo o principal sistema de geração de produtos, sendo insignificante o número de empresas que utilizam o processo em estado sólido para estes fins. Em 1995, realizou-se na França o II International Symposium on Solid State Fermentation, e dele resultou a publicação do livro *Advances in solid state fermentation* (ROUSSOS et al., 1997), apresentando a história, a evolução e as perspectivas do processo em diferentes partes do mundo.

15.3 MICRORGANISMOS COMUMENTE UTILIZADOS

Os processos em estado sólido podem utilizar tanto microrganismos que ocorrem naturalmente, como nos casos de ensilagem ou compostagem, como na forma de culturas puras, em que se enquadra a maior parte das pesquisas nesta área, ou, mais raramente, na forma de culturas mistas inoculadas.

Em virtude dos baixos níveis de água no sistema, os fungos filamentosos têm recebido a maioria das atenções nas pesquisas, pois apresentam melhor capacidade de crescimento nessas condições. Como exemplos, podem ser citados, entre muitos outros, o uso de culturas de *Rhizopus* e *Penicillium* (enriquecimento proteico e/ou produção de alimentos), *Aspergillus* (produção de enzimas e diversos bioprodutos) e *Metarhizium* (bioinseticidas).

Estudos com outros microrganismos têm sido efetuados nesse tipo de sistema: entre as bactérias, *Bacillus thuringiensis*, na produção de esporos para obtenção de bioinseticidas, *Bacillus* e *Pseudomonas*, na produção de enzimas e biossurfactantes, e *Zymomonas mobilis*, na geração de álcool; entre as leveduras, *Saccharomyces*, *Pichia* e *Pachysolen*, na produção de álcool; entre as algas, *Spirulina*, na produção de biomassa.

Como todo processo fermentativo, a escolha do microrganismo adequado é uma peça-chave no sucesso da produção desejada. Por exemplo, a α-amilase pode ser produzida por diferentes linhagens de culturas microbianas. A linhagem de *Aspergillus niger* tem a capacidade de produzir diferentes tipos de enzimas, dependendo da indução e/ou do substrato utilizado. Assim, as atividades de prospecção, isolamento e melhoramento genético devem ser sempre efetuadas para o contínuo aperfeiçoamento do processo de produção. Os microrganismos de interesse tecnológico costumam ser mantidos em coleções de culturas, como a Coleção de Culturas Tropical (www.cct.org.br) da Fundação André Tosello, que mantém um catálogo on-line com cerca de 8 mil linhagens e suas principais características e aplicações (MORAES; MORAES; ARRUDA, 2012).

Nesse sentido, o cultivo em estado sólido tem se mostrado apto a realizar vários tipos de transformações, por fungos, leveduras, bactérias ou algas. O que determinará a escolha da linhagem mais apropriada será o estudo detalhado do processo, visando obter o melhor meio de cultura e as melhores condições operacionais do cultivo, principalmente no que se refere à temperatura e à umidade do sistema.

15.4 SUBSTRATOS: CARACTERÍSTICAS E COMPOSIÇÃO

Ao iniciar esta seção, é necessário reforçar a ideia de que o termo fermentação em estado sólido remete a dois tipos de materiais insolúveis em água nos quais os microrganismos poderão crescer: quando o suporte sólido atua, ele próprio, como fonte de nutrientes e quando os nutrientes são solúveis em água e os microrganismos estão aderidos em uma matriz sólida, inerte ou não, que absorverá o meio de cultura líquido.

A maioria dos processos revistos em literatura utiliza o principio em que o suporte sólido atua também como fonte de nutrientes. Em relação ao segundo caso, podem ser citadas: a produção de esporos de *Aspergillus niger* em sabugo de milho umedecido com solução de sacarose para a formação de inóculo na produção de ácido cítrico; o emprego de uma solução de glicose e de nutrientes umedecendo bagaço de cana para a produção de ácido lático; o uso de partículas de polpa de madeira que permite melhor ventilação em meio de arroz ou farelo de trigo para produção de enzimas; a obtenção de álcool etílico em bagaço de cana umedecido com melaço.

É possível notar, pelos exemplos citados, que o substrato pode estar tanto *in natura* quanto processado, dependendo da facilidade de se obterem determinadas matérias-primas ou dos resultados que se deseja conseguir. Bagaço de cana pode ser abundante em determinadas regiões, bem como o sabugo de milho ou a palha de arroz podem ser em outras. Partículas de argila ou esponja sintética podem também ser utilizadas como matriz sólida inerte insolúvel, pois não exercem influência sobre o consumo de substrato e facilitam a separação entre a massa microbiana e o meio de cultura.

De forma geral, os materiais utilizados são provenientes de matérias-primas, produtos e/ou resíduos agroindustriais, sendo que, dependendo do produto que se deseja obter, esses últimos têm tido a preferência nas pesquisas, em virtude do baixo ou nenhum valor comercial.

Pode-se também incorporar solução nutriente ao substrato sólido, visando adequá-lo melhor às condições nutricionais do microrganismo para o cultivo desejado: no estudo realizado para a produção de biossurfactante por *Bacillus amyloliquefaciens*, ao meio composto de farelo de trigo foram adicionados manipueira (como fonte de nutrientes) e óleo de cozinha (como indutor da produção); outro exemplo é a adição de soro de queijo (como fonte de proteínas) para avaliar o aumento da liberação de compostos fenólicos de borra de café por *Penicillium purpurugenum*.

O substrato (ou a matriz sólida) deve ter algumas características que possibilitem o maior rendimento do processo. A principal peculiaridade é o alto grau de acessibilidade do microrganismo a todo o meio e, para tanto, entre as características mais importantes, destacam-se a porosidade, o tamanho e o formato das partículas.

Quanto à porosidade, a principal qualidade dessa característica é a capacidade de absorção de água, que facilita o transporte de enzimas e metabólitos entre o meio e os microrganismos.

Em relação ao tamanho da partícula, um problema se apresenta: por um lado, quanto menor o tamanho, maior a área superficial e, consequentemente, maior o grau de transformação; por outro, o processo necessita de espaços entre as partículas que permitam a circulação do ar e a dissipação de gases e calor produzidos, os quais poderiam vir a prejudicar o rendimento do processo. Esse item é importante para a definição da altura da camada e da granulometria do substrato que devem ser empregadas no processo.

Segundo estudo de Pandey (1991), partículas de farelo de trigo e farinha de milho (em uma proporção de 9:1) com diâmetros entre 425-500 μm e 500-600 μm, respectivamente, resultaram em uma maior produção de amiloglicosidase. Echevarria et al. (1991) obtiveram o melhor rendimento de enriquecimento proteico de *Aspergillus niger* utilizando partículas de cana-de-açúcar com 1,4 mm. Budiatman e Lonsane (1987 apud DEL BIANCHI; MORAES; CAPALBO, 2001) utilizaram resíduo fibroso do processamento de mandioca com diâmetro entre 3 mm e 5 mm para a produção de pectinase.

O formato das partículas também é um item que deve ser observado, pois a compactação do meio e o impedimento de circulação de gases podem acarretar a redução do rendimento do processo.

Em boa parte dos estudos, o substrato precisa de um pré-tratamento para se adequar às condições necessárias ao crescimento e à produção de metabólitos pelas células. Assim, para facilitar a atuação dos microrganismos sobre o meio, podem ser empregados os processos de:

- esmagamento, quebra, moagem e peneiramento, visando adequar o meio à granulometria mais adequada ao processo;
- suplementação de nutrientes e correção de pH, para corrigir o teor de algum nutriente ou adequar às melhores condições de crescimento microbiano;
- hidrólise ácida ou alcalina de material celulósico, visando facilitar a atuação enzimática;
- embebição, para ajustar o teor de umidade inicial do processo;
- vaporização ou aquecimento, visando à gelatinização ou ao inchamento do substrato;
- adição de agente sequestrante, com o objetivo de retirar íons metálicos do meio, que podem diminuir o rendimento do processo;
- assepsia, pasteurização ou esterilização, que visam à diminuição ou eliminação de possíveis contaminações.

Nesse último caso, porém, além de ser uma etapa de consumo muito grande de energia, a esterilização pelo calor pode causar modificações nas características do substrato, como textura ou qualidade nutricional, que podem refletir na formação de uma massa compacta ou granular, no ressecamento da massa e, às vezes, na adesão da massa à parede do fermentador. A adição de uma quantidade maior de inóculo possibilita evitar ou abrandar o problema de contaminações, dispensando a esterilização do meio, como na obtenção de algumas enzimas e de etanol.

Diversas matérias-primas e, entre estas, principalmente, diversos tipos de resíduos agroindustriais podem ser empregados no cultivo em estado sólido. A escolha de cada meio dependerá do produto final que se deseja obter:

- celulose, hemicelulose e lignina, oriundas de biomassa vegetal e/ou esterco de animais, para produção de compostos orgânicos;
- farelo e palha de trigo, farinha e farelo de soja, farinha, manipueira e resíduos sólidos do processamento da mandioca, palha e quirera de arroz, bagaço de cana e melaço, para produção de enzimas;
- sorgo, polpa de beterraba, quirera de milho, bagaço de maçã, bagaço de uva, quirera de arroz, melaço e cana-de-açúcar, para produção de álcool;
- resíduos de banana, farinha, manipueira e resíduos sólidos do processamento de mandioca, espiga de milho, bagaço de laranja, cana-de-açúcar, bagaço de cana, bagaço de maçã, melaço, vinhaça, farelo e palha de trigo, grão-de-bico, beterraba, polpa de café, polpa de batata-doce, arroz cozido, folha de bordo (*maple leaf*), para enriquecimento proteico;
- bagaço de cana, água de maceração de milho, lactose, sacarose e farelo de trigo, para produção de antibióticos;
- grãos de milho, alfafa, aveia, sorgo, soja, trigo, amendoim, milho e arroz, para verificação de produção de toxinas;
- farelo de trigo, beterraba, bagaço de cana e melaço, para produção de ácidos orgânicos;
- soja (*hamanatto*, *tempeh*, *miso*, *natto*, *shoyu*), pasta de amendoim (*ontjom*), peixe (*katsuobushi*) e mandioca (*gari*, *kokonte*, *lafun*), para elaboração de alimentos e condimentos orientais e africanos;
- sacarose, polpa de beterraba, grãos de argila, farinha de mandioca e solução nutriente, para determinação de cinéticas de processos.

Uma revisão sobre o processo FES, que aborda esses e outros substratos, foi elaborada por Bhargav et al. (2008).

Na atividade em larga escala, dependendo do processo para obtenção de um bioproduto, pode ser gerado um resíduo. Este pode ser usado para a geração de biogás por digestão anaeróbia, a fabricação de ração animal, caso o microrganismo ou os compostos produzidos sejam não patogênicos ou tóxicos, ou de compósitos, chapas e papéis, ou, simplesmente, ser disposto de forma adequada em aterros sanitários ou no solo.

15.5 SISTEMAS E REATORES PARA A FERMENTAÇÃO EM ESTADO SÓLIDO

A forma mais empregada é o processo em batelada, no qual, basicamente, o meio é adicionado ao reator, ocorrendo então a inoculação do microrganismo no substrato e sua incubação por um determinado período em condições definidas. A seguir, o produto obtido pode ser extraído pela suspensão do meio com água, soluções tampão ou solventes (como no caso da produção de enzimas, ácidos, álcool, entre outros), ou simplesmente seco e armazenado (como na produção de bioinseticidas ou proteína microbiana). Outros processos, porém, podem ser utilizados para melhorar a eficiência ou a produtividade.

Sistemas semicontínuos são empregados quando não há a total exaustão de nutrientes do meio de cultivo, ou quando a matriz é inerte. Após a extração do produto, pode-se efetuar uma nova alimentação de meio de cultura líquido à matriz sólida ainda agregada de biomassa celular para um novo ciclo, permanecendo assim a matriz sólida junto com a massa microbiana durante sucessivos processos dentro do reator empregado.

Para batelada alimentada, podem-se acrescentar porções de substrato (líquido ou sólido) ao meio de cultivo ao longo do processo, visando diminuir possíveis efeitos inibidores à massa microbiana.

Em um processo contínuo, o reator, com deslocamento constante (como uma esteira, uma rosca sem fim ou uma superfície rotativa) e controle das variáveis do sistema (temperatura, umidade, tempo de cultivo), opera ininterruptamente recebendo o substrato inoculado e retirando o bioproduto ao final do processo.

Outro item que deve também ser analisado refere-se à escolha dos reatores e, neste caso, deve-se levar em conta os objetivos do cultivo, a análise dos custos iniciais e operacionais do processo, a manipulação do sistema (carga/recarga, limpeza, manutenção) e a possibilidade de monitoramento e/ou controle de diversos parâmetros, se houver necessidade.

Para a ampliação de escala do reator, depois de verificar que os objetivos propostos em pequena escala foram alcançados, deve-se avaliar quais parâmetros não são compatíveis com a escala industrial (como os efeitos da espessura da camada na compactação do substrato, a heterogeneidade da umidade ao longo do sistema, a eficiência da aeração e da dissipação de calor e dos gases formados).

Dentre os diferentes tipos de reatores, seguem exemplos de alguns dos mais comumente empregados:

- *Reatores de vidro*: por ser o processo em estado sólido ainda não muito difundido, geralmente se restringem a pesquisas realizadas em nível de laboratório. Assim, os primeiros reatores de vidro que devem ser citados são:

- frascos de Erlenmeyer, pela facilidade de manuseio durante as pesquisas;
- frascos de Fernbach, também bastante utilizados, inclusive em nível industrial, para a produção de esporos, pela ampla área superficial que fornecem para o desenvolvimento dos microrganismos;
- frascos de Roux (garrafas de cultura), muito empregados pelas mesmas vantagens expostas anteriormente, por ambos.

Esses "reatores", embora excelentes para pequena escala, deixam a desejar quando se pensa em uma ampliação de escala do processo. Assim, outros tipos de reatores têm sido propostos para amenizar os problemas de aeração, troca de calor e umidade.

- Bandejas: as primeiras a surgirem foram bandejas rasas. Construídas em estrutura de madeira, bambu, alumínio ou outros materiais, de diversos tamanhos (mas com a altura da camada de substrato variando basicamente entre 2 cm e 7 cm), elas podem possuir fundo não perfurado, o que significaria uma atuação muito parecida com a dos erlenmeyers, porém com uma área superficial de troca e uma capacidade de alocar substrato muito maiores. Podem também ter seu fundo perfurado, o que lhes confere uma maior eficiência na circulação de ar por todo o substrato, e não somente na parte superior exposta ao ambiente.

Para a disposição das bandejas, deve-se ter um local apropriado para o desenvolvimento do processo como apresenta Moraes (2004) (Figura 15.1). Podem ser utilizadas salas com estantes, fazendo-se uso de ar natural ou aeração forçada, desde que haja o controle de temperatura e umidade. As bandejas podem ser também dispostas em estufas que possuam uma adaptação para a entrada de aeração forçada.

Figura 15.1 FES em bandejas no interior de câmara de cultivo.

Fonte: Moraes (2004).

São muito utilizadas, principalmente na produção de *koji* e de *tempeh*. Instalações desse tipo requerem um elevado número de trabalhadores e de bandejas manipuladas diariamente.

- Tanques circulares (Figura 15.2): consistem de superfícies circulares rotatórias inseridas em um espaço com ambiente controlado, podendo ter diferentes diâmetros, nas quais o substrato inoculado, em alturas específicas para cada meio, é homogeneizado por agitadores helicoidais, sob aeração constante, sendo retirado do sistema em um tempo determinado do processo, após completar uma volta em torno do eixo central.

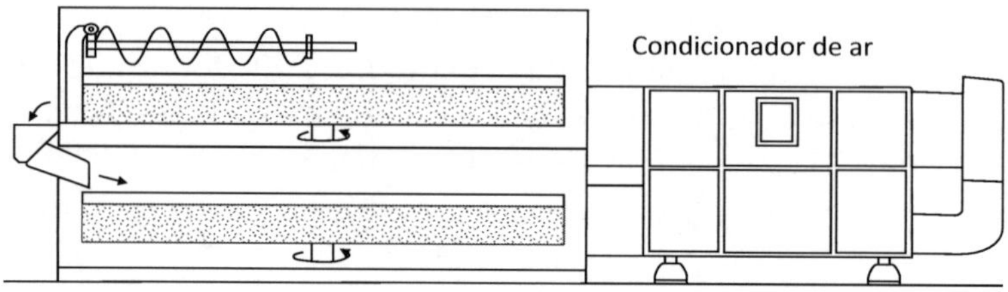

Figura 15.2 Tanques circulares.

Fonte: adaptada de Thiemann (1985).

- Esteira rolante (Figura 15.3): é uma variante do fermentador de bandejas. As etapas de inoculação e incubação do material esterilizado são realizadas em longas esteiras de deslocamento contínuo e de fundo perfurado por onde circula ar úmido. De acordo com as necessidades de cada produto, pode ser realizada também uma agitação ocasional.

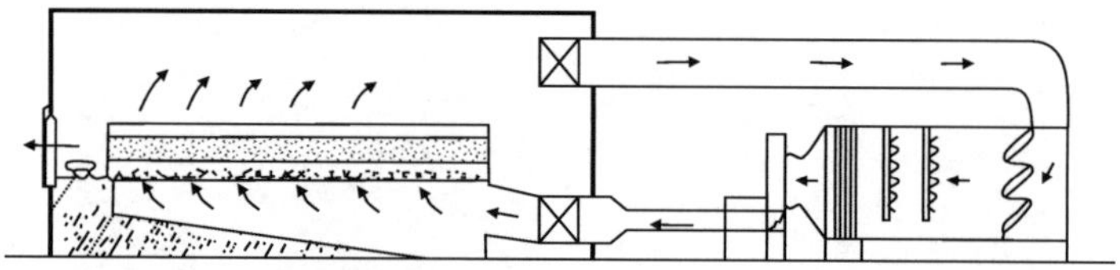

Figura 15.3 Esteira rolante.

Fonte: adaptada de Thiemann (1985).

- Tubular horizontal: também denominado tambor rotativo (Figuras 15.4 e 15.5). O substrato é esterilizado e resfriado diretamente no tambor. A rotação do reator pode ser ocasionada tanto por um eixo central, no qual está fixado um número variável de pás (tubular com agitação interna), como pela movimentação de roletes sobre os quais o biorreator, dotado de chicanas para aumentar a homogeneização do sistema, está localizado (tubular com agitação externa). A rotação pode variar de acordo com as características do microrganismo e do meio de cultivo empregados. A aeração da massa é realizada pela passagem de ar esterilizado e umidificado através do reator, objetivando também o controle da temperatura interna.

Figura 15.4 Reator tubular horizontal com agitação interna (Universidade Estadual Paulista "Júlio de Mesquita Filho", *campus* de São José do Rio Preto).

Figura 15.5 Tambor rotativo angular com agitação interna – betoneira (Probiom Tecnologia).

A Probiom Tecnologia desenvolveu um reator tipo tambor rotativo angular. Visando avaliar a ampliação de escala desse sistema, estudos sobre a transferência de calor e de massa de reatores tubulares com agitação externa foram efetuados, utilizando-se bagaço de cana e farelo de trigo como substratos. Como dificuldades a serem suplantadas tem-se o custo de energia (caso seja necessária a constante agitação do sistema), a manutenção da integridade do micélio e a heterogeneidade do meio.

- Tubular vertical: também denominado biorreator tipo coluna. Esses reatores podem ser construídos em vidro ou aço inox, com dimensões e capacidades variáveis. O controle da temperatura deve ser feito pela passagem de ar através do meio, embora possa ser utilizada jaqueta em torno do reator (Figura 15.6). Em virtude da baixa condutividade térmica do material sólido utilizado, porém, somente a utilização de jaquetas não é suficiente para controlar a temperatura interna.

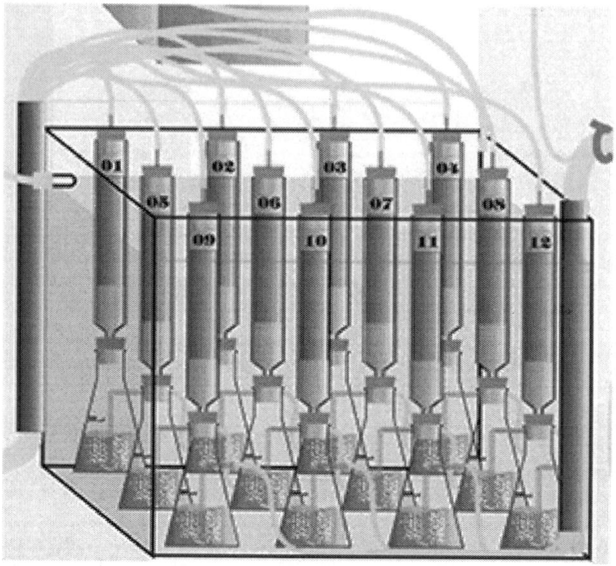

Figura 15.6 Reator tubular vertical – colunas de Raimbault (Probiom Tecnologia).

Esse tipo de reator apresenta, como vantagens, espaço reduzido, rapidez de carga e descarga e volume útil praticamente equivalente ao volume total. Como desvantagens, a compactação da massa, a dificuldade de dissipação de calor e o teor de umidade da massa não uniforme ao longo do equipamento (CASCIATORI et al., 2013).

Em relação a reatores alternativos, são usados sacos plásticos termorresistentes (Figura 15.7), como na produção de *tempeh* e, principalmente, de biopesticidas (*Metarhizium, Bacillus thuringiensis*). Moraes e Arruda (2001) desenvolveram uma metodologia de tratamento térmico utilizando micro-ondas para a pasteurização do substrato dentro do reator de plástico.

Figura 15.7 Reator alternativo – bolsa plástica termorresistente (Probiom Tecnologia).

15.6 CONTROLES E MONITORAMENTO DO PROCESSO

Como em todo bioprocesso, o controle de determinados parâmetros se faz necessário para a obtenção de produtos com características constantes e uniformes.

Em relação aos conhecimentos de engenharia de bioprocessos, importantes para a compreensão desta seção, Ramana Murthy, Karanth e Raghava Rao (1993) apresentam uma resenha a respeito de transferência de massa, transferência de calor, cinética das reações, medidas experimentais de crescimento de biomassa e de controle de temperatura e concentração de gases, além da influência do substrato e do biorreator no processo fermentativo.

O controle e/ou o monitoramento da umidade, da temperatura e do pH do meio, da velocidade e da frequência de agitação, das condições de transferência de oxigênio e de nutrientes, das características do substrato, além das características e da estimativa de crescimento do microrganismo, são os principais aspectos que devem ser observados em bioprocessos em estado sólido.

15.6.1 UMIDADE

A natureza do substrato, as necessidades do microrganismo utilizado e o tipo de produto final desejado são os principais fatores que determinam o grau de umidade que o substrato deverá ter no início e ao longo da fermentação. Um substrato apropriadamente umedecido deve ter um filme superficial de água visando facilitar a dissolução e a transferência de massa de nutrientes e de oxigênio. Entre as partículas, porém, devem existir espaços que permitam a difusão de gases e a dissipação de calor.

Se o nível de umidade for elevado, implicará o decréscimo da porosidade do substrato, da difusão de oxigênio no interior do meio e, consequentemente, das trocas gasosas, além de aumentar o risco de contaminação.

Em níveis de umidade menores que o necessitado, haverá maior dificuldade na difusão de nutrientes, resultando em um crescimento do microrganismo menor que o possível e esperado e, consequentemente, uma menor produção do produto desejado (lembrando que, em teor de umidade abaixo de 12%, não há desenvolvimento microbiano).

O teor de umidade vai depender muito do substrato que está sendo empregado. Com 75% de umidade, o farelo de trigo já estaria pastoso, enquanto o bagaço de cana ainda manteria as características de meio umedecido para o bom andamento do processo. Para o grão de amendoim, qualquer aumento de umidade seria facilmente perceptível.

O teor de umidade na FES pode variar entre 18% e 85%, sendo estipulado em função do poder de absorção do substrato. Como exemplo, cita-se o processo *koji* (cultura de fungos sobre arroz cozido), em que o substrato é moderadamente umedecido durante o cozimento a vapor (de 35% a 40% de umidade) e mantido úmido pela passagem de ar com 80% a 90% de umidade relativa para o desenvolvimento fúngico em sua superfície. Na produção de toxinas, o microrganismo necessita de 18% a 30% de umidade; para o crescimento microbiano, tendo a lignocelulose como substrato, se necessita de 70% a 80%; e, se o microrganismo utilizado é uma bactéria, a umidade costuma ser superior a 60%.

A Figura 15.8 apresenta a taxa de produção de proteínas de *Aspergillus niger* de acordo com a umidade inicial do meio de cultura. Pode-se observar que, conforme há o aumento da umidade do meio de 35% para 55%, aumenta a produção de proteínas no processo, bem como diminui o tempo em que se dá a fase logarítmica e o ponto máximo de obtenção do bioproduto desejado.

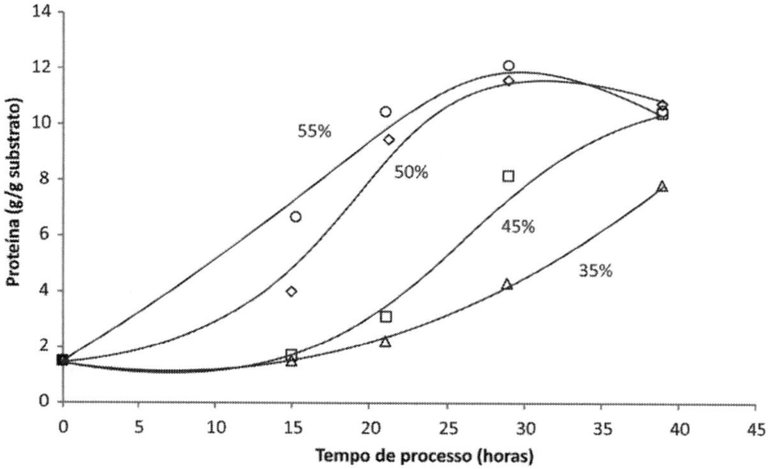

Figura 15.8 Influência do teor de umidade no crescimento de *Aspergillus niger*.

Fonte: adaptada de Del Bianchi, Moraes e Capalbo (2001).

Durante o processo, haverá perda de umidade devida à evaporação e às atividades metabólicas microbianas. Essa perda poderá ser reposta ou evitada pela adição de água esterilizada em intervalos constantes de tempo ou pela manutenção da umidade atmosférica entre 90% e 97% por meio de injeção contínua de ar úmido no fermentador ou da instalação de umidificadores.

Além do conceito de umidade, pode ser importante analisar a existente no sistema. Bhargav et al. (2008) e Pelizer e Moraes (2012) apresentam abordagens da importância da atividade de água no bioprocesso semissólido.

15.6.2 ATIVIDADE DE ÁGUA

Esta grandeza fornece a quantidade de água livre à disposição dos microrganismos. Ela é definida como a razão entre a pressão de equilíbrio de vapor do substrato e a da água pura, à mesma temperatura. A atividade de água (a_w) influencia o desenvolvimento microbiano e os processos bioquímicos. Cada microrganismo tem um nível de a_w mínimo para que possa efetuar suas atividades metabólicas. Em termos gerais, os fungos possuem uma a_w mínima de 0,7, enquanto para as leveduras o valor situa-se em 0,8 e, para as bactérias, 0,9 (RAMANA MURTHY; KARANTH; RAGHAVA RAO, 1993).

Em Pandey (1992) são citados exemplos em que, durante um processo em estado sólido para fungos filamentosos, altas atividades de água favorecem a esporulação, enquanto em baixas atividades há o favorecimento de crescimento micelial ou germinação dos esporos. A atividade de água também influencia a produção de aromas em queijos, sendo encontrado que o ponto ótimo de produção situa-se na faixa de a_w = 0,98. Narahara et al. (1982) citam que o desenvolvimento de *Aspergillus oryzae* em arroz cozido cessa em valores inferiores a a_w = 0,90. Yang (1988) indica que, para o enriquecimento proteico de resíduos de batata-doce com leveduras amilolíticas, os valores de a_w devem se situar entre 0,98 e 0,99.

Propriedades higroscópicas dos substratos de interesse para a FES são aspectos-chave tanto para simulações como para as etapas de laboratório. Geralmente, em processos FES, o conteúdo de umidade no substrato está muito acima da umidade de equilíbrio, o que, por sua vez, afeta o metabolismo microbiano. No estudo realizado por Casciatori et al. (2013), isotermas de sorção térmica e cinética de dessorção de água foram definidas para polpa e casca de laranja, utilizadas como substrato para produção de pectinases e fitases. O estudo utilizou informações experimentais e modelos não lineares. Os resultados mostraram que, durante o processo, a secagem acontece mesmo em umidades relativamente elevadas. Esse e outros resultados são fundamentais para modelagens de transferência hídrica e de massa que acontecem em FES, auxiliando engenheiros a projetarem reatores e ampliarem escalas de produção para o processo em estudo.

15.6.3 TEMPERATURA

Em virtude das atividades metabólicas dos microrganismos, dependendo da altura da camada de substrato e da movimentação de gases dentro do sistema, uma grande quantidade de calor pode ser produzida durante o processo fermentativo. Por exemplo, pode ocorrer um gradiente de temperatura ao longo da altura do meio de cultura em um reator sem dissipação de calor, com uma camada de substrato de 5 cm de profundidade, na produção de *tempeh*.

Como a temperatura afeta diretamente a germinação dos esporos, o crescimento celular, a esporulação dos microrganismos e a formação de produto, o calor produzido deverá ser imediatamente dissipado, para que o aumento da temperatura não prejudique a fermentação desejada. Isso pode ser efetuado com a introdução de ar comprimido através do meio de cultura, com o controle da temperatura da sala ou do equipamento onde ocorre a fermentação, ou pelo sistema de camisas em torno do fermentador com circulação de água refrigerante.

No processo de compostagem, que utiliza grandes leiras de difícil oxigenação interna, a temperatura interior chega a atingir valores de 60 °C a 70 °C, necessitando ser revolvida frequentemente.

A Figura 15.9 apresenta a taxa de produção de proteínas de *Aspergillus niger* em relação à temperatura empregada no processo.

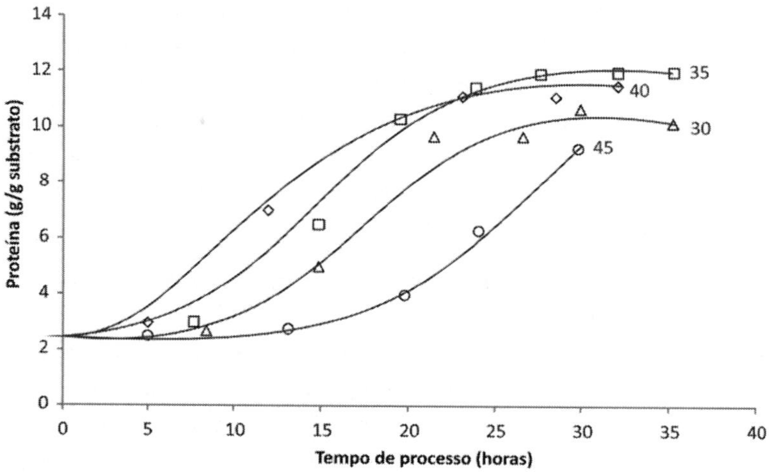

Figura 15.9 Influência da temperatura no crescimento de *Aspergillus niger*.

Fonte: adaptada de Raimbault e Alazard (1980).

A taxa de crescimento microbiano é função da temperatura. Os microrganismos geralmente crescem entre 25 °C e 35 °C, mas há aqueles capazes de crescer abaixo de 0 °C e outros acima de 93 °C, contanto que haja água em estado líquido. Apesar dessas diferenças, todos crescem apenas dentro de um intervalo de no máximo 30 °C e têm suas velocidades específicas de crescimento aumentadas lentamente até atingir um valor máximo, a partir do qual diminuem rapidamente.

Para microrganismos mesófilos, como o *Aspergillus niger*, a temperatura ideal situa-se na faixa de 30 °C. Para termófilos, como o *Myceliophthora* ou o *Thermomyces*, os cultivos se dão na faixa de 50 °C.

É importante salientar, contudo, que as temperaturas de crescimento e de produção de determinado bioproduto podem ser bem diferentes e merecem um estudo para a melhoria do sistema.

15.6.4 pH

Há uma dificuldade no monitoramento *on-line* e no controle do pH durante o processo em estado sólido, devida à heterogeneidade e à consistência do material. Como tentativa de amenizar o efeito de uma variação brusca do potencial hidrogeniônico, utilizam-se substratos com boa capacidade tamponante ou se adicionam soluções tampão durante a etapa de umidificação do substrato.

15.6.5 AERAÇÃO

Para um microrganismo aeróbio se desenvolver em FES, é necessária uma grande área superficial do meio de cultura em contato com o ar. Na maior parte dos processos, tanto em nível laboratorial como industrial, a oxigenação do meio é realizada pela introdução de ar estéril, sob pressão, no equipamento de fermentação.

Dependendo da quantidade de ar introduzida e de sua umidade relativa, pode ocorrer uma secagem não desejada do substrato. Assim, torna-se necessária a presença de umidificadores de ar antes de sua introdução no reator.

Há diferentes maneiras para se obter uma melhor distribuição do ar através do substrato, permitindo uma melhor transferência de oxigênio: utilização de material poroso medianamente granulado ou fibroso, uso de pequena espessura da camada de substrato, utilização de bandejas ou reatores com fundo perfurado, ou ainda agitação do substrato.

Essa quantidade de ar estéril a ser introduzida no processo fermentativo vai depender da natureza dos microrganismos, da quantidade de calor metabólico que se deseja dissipar, da espessura da camada de substrato, da quantidade de CO_2 e de outros metabólitos voláteis a serem eliminados e da necessidade de oxigênio para a síntese dos produtos. Em comparação com a fermentação submersa, esta necessita de quatro a cinco vezes mais oxigênio que a fermentação em estado sólido. Para se avaliar a taxa de consumo de oxigênio e de formação de outros gases, podem-se utilizar tanto analisadores de O_2 e CO_2 como cromatógrafos a gás.

15.6.6 AGITAÇÃO

O emprego da agitação em um processo em estado sólido pode fornecer uma melhor homogeneização quanto à distribuição do inóculo e do umidificante, impedir a formação de agregados e favorecer tanto a transferência gasosa, pela exposição de partículas de substrato à atmosfera do fermentador, como a troca de calor dentro do meio. No caso de processos utilizando fungos filamentosos, porém, a agitação pode interferir na formação dos esporos e no desenvolvimento natural do microrganismo, em virtude da fragmentação mecânica do micélio.

15.6.7 ESTIMATIVA E CARACTERÍSTICA DE CRESCIMENTO

A sequência de um crescimento microbiano em meio de cultura envolve: a adaptação do microrganismo às novas condições ambientais (fase *lag*); o aumento da velocidade de crescimento celular até atingir seu valor máximo (fase *log*); a etapa denominada estacionária, quando a população microbiana se mantém estável em virtude da equiparação entre o crescimento e a morte de células; e a fase de declínio, na qual a concentração celular diminui. A duração de cada etapa vai depender das condições do bioprocesso, do microrganismo empregado e do produto que se deseja obter.

A determinação direta da biomassa microbiana é dificultada por determinados aspectos. No caso de fungos filamentosos, estes possuem a capacidade de penetrar nos espaços inter- e intragranulares por meios mecânicos ou enzimáticos, com a firme fixação das hifas na superfície do substrato e posterior ramificação e penetração intensas na parede celular do substrato pela atuação de enzimas extracelulares produzidas e excretadas pelos microrganismos. Por isso, são utilizados métodos indiretos, como a extração alcalina da proteína micelial do complexo celulose-fungo; a estimativa da quantidade de ATP ou de glicosamina do microrganismo; a estimativa da quantidade de proteínas por infravermelho; a determinação da atividade da lacase extracelular ou de outras enzimas; a determinação contínua da quantidade de CO_2 e O_2 presente na atmosfera do reator por analisadores de gases ou por absorção do CO_2 em NaOH; a redução de dimetilsulfóxido (DMSO) para dimetilsulfeto (DMS) (DESGRANGES et al., 1991). No caso de microalgas, Pelizer e Moraes (2014) estabeleceram um método direto para determinar a biomassa em FES de *Spirulina platensis*.

15.7 EXTRAÇÃO DE PRODUTOS

Às vezes não é necessário separar o produto do substrato, como em alimentos orientais, biopesticidas ou enriquecimento proteico. Quando a separação for necessária, existem alguns métodos de extração, porém poucas informações estão disponíveis.

Para a extração de produtos de microrganismos que crescem em grãos, é usada a separação mecânica (agitação vigorosa) seguida de aeração e recuperação usando ciclone. Por outro lado, é mais usual a utilização de diluentes e/ou solventes, como água corrente, água destilada, solução diluída de sais e solução tampão, para extração de enzimas, ou metanol e clorofórmio para extração de biossurfactantes. Assim, devem ser levados em conta a quantidade do diluente/solvente, o pH, a concentração de sais e o método de extração.

Ramakrishna et al. (apud DEL BIANCHI; MORAES; CAPALBO, 2001) realizaram pesquisa visando recuperar amiloglicosidase produzida por *Aspergillus niger*, em meio composto por farelo de trigo, farinha de milho e solução nutriente, utilizando os métodos de percolação e recuperação em sistemas multiestágios em contracorrente. Concluíram, por esse estudo, que:

a) na percolação, o rendimento da extração é o mesmo tanto utilizando a proporção 1:10 como 1:100 entre meio e diluente – nesse caso, o rendimento máximo de extração foi de 82%;

b) a recuperação com agitação é cerca de 8% maior em relação ao processo estático – ainda assim, tende a restar 17% da enzima produzida na matriz sólida;

c) a utilização de solução salina, na faixa de 0,5% a 5%, não afetou a taxa de extração;

d) o sistema utilizando cinco estágios, com o diluente circulando continuamente através deles, mostrou-se mais vantajoso, pelo fato de o extrato enzimático obtido estar mais concentrado, eliminando, por vezes, a necessidade de processo de concentração que poderia interferir na atividade enzimática.

15.8 VANTAGENS E DESVANTAGENS DO PROCESSO EM ESTADO SÓLIDO

O processo em estado sólido apresenta as seguintes vantagens operacionais em relação ao processo submerso:

- possibilidade de uso de matérias-primas insolúveis (normalmente subprodutos agroindustriais) como substrato, as quais podem necessitar, em muitos casos, somente de correções de umidade e/ou de balanço de nutrientes;
- condições de assepsia mais amenas, devido à baixa atividade de água, o que acarreta pré-tratamento do substrato e condução do processo mais simplificados;
- a utilização de agitação contínua raramente é necessária, podendo ser empregada, ocasionalmente, apenas para homogeneização do substrato com os microrganismos;
- dependendo das características do meio e do tipo de reator empregado, a aeração, natural ou forçada, é facilmente fornecida ao sistema, em virtude dos interstícios existentes entre as partículas do substrato;
- sendo necessária a estocagem do produto semiprocessado ou final, a área poderá ser bem menor que a similar em processo submerso, além de poder dispensar refrigeração;
- menor produção de resíduos líquidos a serem tratados ou dispostos, reduzindo os custos de capital investido e de operação da planta de tratamento construída, bem como os impactos ambientais.

Especificamente para casos de produção usando fungos filamentosos, cujas condições naturais de crescimento ocorrem em baixa atividade de água, têm-se as seguintes vantagens:

- em virtude da menor quantidade de água empregada, o volume do reator será menor que para a operação similar em processo submerso, reduzindo os custos de operação e de capital investido, bem como o espaço ocupado;
- dependendo do produto que se deseja, a baixa quantidade de água empregada reduz os custos de capital investido e de energia consumida na recuperação;
- maiores rendimentos na obtenção de produtos de utilização industrial;

- estudo de casos que somente ocorrem em condições semelhantes ao processo em estado sólido, como a produção de toxinas por determinados fungos filamentosos em grãos;
- o produto final encontra-se mais concentrado, o que permite em alguns casos, como na produção de bioinseticidas ou ração animal, o processo direto de secagem e embalagem, ou mesmo a utilização direta, como no caso de alguns alimentos orientais. Roussos et al. (1992) utilizaram resíduos para ensilagem;
- maior rendimento do processo.

O processo FES apresenta as seguintes desvantagens em relação ao processo submerso:

- dependendo das características do meio e do tipo de reator empregado, pode ser difícil dissipar tanto o calor produzido como os gases gerados durante o processo, o que conduzirá, no primeiro caso, a uma elevação da temperatura em pontos localizados e, no geral, a quedas sensíveis no rendimento;
- dificuldades intrínsecas na ampliação de escala do sistema devidas a heterogeneidade do substrato, dissipação de calor e gases gerados, manipulação do meio e do produto final, e monitoramento e controle do processo;
- complexidade no acompanhamento e no controle de parâmetros operacionais, como pH, temperatura, umidade, aeração e crescimento de microrganismos;
- de acordo com o processo, pode haver a necessidade de um controle mais rigoroso das condições ambientais nos locais de produção, principalmente quando houver o emprego de fungos filamentosos;
- reduzida oferta de publicações técnicas e de exemplos concretos, em especial em ampliação de escala.

15.9 EXEMPLOS DE CASOS

Esta seção é dedicada à apresentação de alguns estudos referentes à exploração do processo em estado sólido para a obtenção de bioprodutos por diversos autores. Não se trata de esgotar o tema, e sim de dar subsídios para quem quiser começar a utilizar esse processo em suas pesquisas. A maioria desses processos não ultrapassa a escala piloto conforme Del Bianchi, Moraes e Capalbo (2001).

15.9.1 ALIMENTOS ORIENTAIS

Foi estudada a produção de *tempeh*, um tradicional alimento da Indonésia, a partir de *Rhizopus oligosporum*, em meio a base de trigo ou soja, em diferentes temperaturas por 24 a 48 horas. Por esse processo, o sabor desagradável da soja torna-se mais aceitável, e o alimento, mais facilmente digerível pela ação das enzimas lipolíticas, proteolíticas e amilolíticas produzidas, além do aumento ocorrido nos níveis de niacina e riboflavina ao longo do bioprocesso (MARTINELLI FILHO; HESSELTINE, 1969).

15.9.2 ENRIQUECIMENTO PROTEICO

Foram estudadas linhagens de *Aspergillus niger, A. oryzae, Trichoderma reesei, Rhizopus oligosporus* e *Saccharomyces diastaticus*. Os meios de cultura incluíram bagaço de cana-de-açúcar, polpa de batata-doce, arroz cozido, farinha de mandioca, quirera de milho, polpa de café, bagaço de laranja e palha de trigo com inóculo na ordem de 10^7 esporos por grama de meio. Os estudos foram conduzidos em pH inicial entre 2,5 e 5,0, umidades entre 40% e 80%, temperaturas de 28 °C a 38 °C, com vazão de aeração entre 4,3 e 8 litros por quilograma de meio por minuto.

Também foram realizados estudos a partir de resíduos agrícolas celulósicos – palha de centeio, folha de bordo (*maple*) –, com pré-tratamento com H_2SO_4 e NH_4OH, ou NaOH a 121 °C para hidrólise do material. Após essa etapa, adicionou-se solução salina e inoculou-se com *Candida utilis, Aerobasidium pululans, Trichoderma viride* e *Chaetomium cellulolyticum* a um teor de umidade de 75% a 78% e temperatura entre 25 °C e 37 °C (DEL BIANCHI; MORAES; CAPALBO, 2001).

15.9.3 PRODUÇÃO DE ÁCIDOS ORGÂNICOS

a) *Ácido láctico*: a produção pode ser obtida a partir de *Rhizopus oryzae*, entre os fungos, e pelas bactérias *Lactobacillus casei, L. helveticus* e *Streptococcus thermophilus*. Como meio de cultura foram utilizadas partículas de bagaço de cana de tamanho entre 0,8 nm e 2 mm, ou torta de filtro (resíduo da indústria de álcool), embebidas em soluções de glicose e de carbonato de cálcio. Foi obtido um rendimento similar ao do processo submerso, na faixa de 77%.

b) *Ácido giberélico*: foram utilizadas linhagens de *Gibberella fujikuroi* em meio de cultivo composto de farelo de trigo, amido solúvel e solução de sais minerais, com o ajuste do teor de umidade. A produção foi feita a 28 °C por um período de 6 a 7 dias, utilizando-se os processos tanto em batelada como em batelada alimentada.

c) *Ácido cítrico*: o microrganismo utilizado para esta produção foi, em todos os estudos, *Aspergillus niger*. Bagaço de cana, torta de filtro do processamento de cana-de-açúcar ou bagaço de maçã foram utilizados como matriz inerte, com a adição de melaço ou sacarose (teor de açúcar variando de 8,5% a 14%) e solução de nutrientes (nitrogênio, fósforo e potássio). O processo foi conduzido entre 28 °C e 30 °C, com teor de umidade entre 65% e 88% e pH entre 5,5 e 5,8. Inoculando-se com uma suspensão de $2{,}0 \times 10^6$ esporos/g meio, de 4 a 6 dias, obteve-se uma conversão de 80% (DEL BIANCHI; MORAES; CAPALBO, 2001; PESSOA Jr.; EBINUMA, PEREIRA, 2019).

15.9.4 PRODUÇÃO DE ENZIMAS

a) *Fitase*: utilizou-se uma cultura de *Aspergillus carbonarius* em meio composto por farinha de canola e fosfato inorgânico. A fitase é usada para a redução de níveis de ácido fítico em farinha de semente de canola (subproduto do processamento de óleo a partir dessa matéria-prima). O período de fermentação foi de 72 horas em 53% a 60% de umidade. A adição de oleato de sódio (1%) e Tween-80 ao meio aumentou a produtividade do processo.

b) *α-amilase*: para a produção desta enzima termoestável, utilizaram-se diversas linhagens de *Bacillus*, como *B. coagulans*, *B. megaterium* ou *B. licheniformis*, em meio de farelo de trigo, com granulometria entre 0,4 cm e 0,8 cm, pH inicial 7,0 a 40 °C. A atividade enzimática foi ampliada em até 85% quando o teor de umidade inicial do meio passou de 95% para 65%. Lonsane e Ramesh (1990) apontam vantagens econômicas na produção com bactérias termoestáveis e no uso para a hidrólise do amido.

c) *Pectinase*: foram empregadas culturas de *Aspergillus* sp., *A. carbonarius* e *A. niger* em resíduo fibroso de processamento de mandioca, farelo de trigo e/ou bagaço de cana acrescidos de pectina mais sacarose, glicose ou ácido galacturônico, com granulometria entre 3 nm e 5 mm, 70% de umidade e 30 °C. Em termos de atividade enzimática, a FES foi onze vezes superior à fermentação submersa.

d) *Celulases*: foi observada a atividade celulolítica de extratos enzimáticos obtidos a partir de *Trichoderma reesei*, *T. viride*, *Penicillium citrinum*, *P. chrysogenum* e *Fusarium oxysporum*, tendo como substrato palha de trigo, bagaço de cana, cascas de arroz e fibra de coco em pH inicial de 5,8, umidade de 80% e temperatura entre 25 °C e 30 °C, por 7 a 14 dias. A produção em meio sólido foi três vezes superior à submersa. Thiemann (1985) estudou a produção de enzimas por FES, com destaque às celulases.

e) *Enzimas proteolíticas*: verificou-se a produção de enzimas proteolíticas a partir de *Bacillus amyloliquefaciens*, *Aspergillus awamori* e *A. oryzae*, entre 30 °C e 37 °C, pH inicial de 7,9 e umidade de 35%, utilizando arroz cozido, farelo de trigo e farinha de soja. Del Bianchi (1990) estudou a produção de proteases por FES, utilizando fungos.

f) *Amiloglicosidase*: foi produzida por *Rhizopus oryzae*, *Aspergillus oryzae* e *A. niger* em meio de farinha de mandioca, farelo de trigo e farelo de arroz, com temperatura entre 28 °C e 30 °C, umidade de 55% e pH 4,7. A produtividade em meio sólido foi 32 vezes superior àquela em meio líquido.

g) *Extratos enzimáticos* (celulases, hemicelulases, xilanase, CMCase, β-glicosidase e avicelase): produzidos pelos fungos *Chaetomium* sp., *Humicola grisea* var. *thermoidea* e *Thermomucor indicae-seudaticae* por FES, foram comparados com a fermentação submersa. A produção das enzimas foi fortemente influenciada pela fonte de carbono e pelo tipo de processo utilizados. No cultivo com *Chaetomium* sp. e *T. indicae-seudaticae*, a FES mostrou-se mais eficiente para a produção de xilanase, CMCase e β-glicosidase, enquanto a submersa foi melhor para a produção de avicelase. Com *H. grisea* var. *thermoidea*, a FES mostrou-se mais eficiente para a produção de CMCase, avicelase e β-glicosidase, enquanto a submersa foi melhor para a produção de xilanase (ZANCHETTA, 2012).

15.9.5 PRODUÇÃO DE ÁLCOOL ETÍLICO

As principais linhagens de microrganismos estudadas na produção de álcool etílico via FES são *Saccharomyces cerevisiae* e *Schwanniomyces castelli*, entre as leveduras, e a bactéria *Zymomonas mobilis*. O emprego de cada uma delas depende principalmente do substrato a ser utilizado: no caso de *Saccharomyces* e *Zymomonas*, o meio de cultura deve ser composto basicamente por açúcares (cana-de-açúcar, beterraba, sorgo, vagem de alfarroba) ou amidos pré-sacarificados (milho e cevada); para *Schwanniomyces castelli*, pode ser utilizado amido diretamente, uma vez que este microrganismo produz enzimas com capacidade amilolítica. Para este microrganismo, utilizou-se amido solúvel embebido em bagaço de cana. O teor de umidade do meio variou de 70% a 77,3%, a temperatura de 25 °C a 35 °C e o pH de 4,0 a 5,7. O etanol foi obtido em um período de 16 a 30 horas, a partir de inóculos variando de $1{,}0 \times 10^7$ a $7{,}5 \times 10^8$ células/g de meio. Utilizaram-se partículas com tamanhos de 0,5 mm a 5 mm, e a eficiência de conversão a etanol situou-se na faixa de 80% a 95% (DEL BIANCHI; MORAES; CAPALBO, 2001; LIMA, 2019a, 2019b; RABELO; PRADELLA; IENCZAK, 2019).

15.9.6 PRODUÇÃO DE ANTIBIÓTICOS

a) *Penicilina*: com o emprego de *Penicillium chrysogenum*, em meio de bagaço de cana umidificado com solução nutriente à base de glicose, lactose e água de maceração de milho, obtiveram-se maiores rendimento e produtividade volumétrica em menor período de fermentação, em comparação com o processo submerso. Utilizaram-se $5{,}0 \times 10^6$ esporos por grama de meio, a 26 °C, pH inicial de 5,5 e umidade inicial de 70% a 73%, em 46 horas de processo (BARRIOS-GONZALEZ et al., 1988).

b) *Iturina*: para a produção deste antifúngico por *Bacillus subtilis*, utilizou-se farelo de trigo, verificando-se que a produtividade foi de cinco a seis vezes maior que em meio líquido (PIEDRAHITA-AGUIRRE, 2013).

15.9.7 PRODUÇÃO DE ESPOROS (CULTURAS INICIADORAS)

Esporos de *Trichoderma harzianum* (potencial gerador de celulases, biopesticidas, antibióticos, compostos flavorizantes e proteína microbiana) foram obtidos em suporte inerte (bagaço de cana) e substrato composto por farinha de mandioca e solução nutriente, a 29 °C, umidade de 75%, ao final de 6 dias a uma taxa de aeração de 300 litros de ar por quilograma de meio por hora. A partir de um inóculo de $3{,}0 \times 10^7$ esporos/g de meio, foram gerados até $5{,}0 \times 10^{10}$ esporos/g de meio, cinco vezes mais que a produção em meio ágar (ROUSSOS et al., 2001; MORAES; ARRUDA; MORAES, 2019; FAT; CCT, 2020).

15.9.8 PRODUÇÃO DE BIOPESTICIDAS

a) Foram produzidos esporos do fungo entomopatogênico *Beauveria brongniartii* em grãos de milho pré-tratados, alcançando a concentração de 4,8 × 10^8 conídios por grama de grãos.

b) Estudou-se a ação do farelo fúngico, obtido a partir da fermentação de *Stilbella aciculosa* em farelo de trigo, contra *Rhizoctonia solani*.

c) Esporos de *Coniothyrium minitans*, um parasita com potencial de controlar a doença de planta causada pelo fungo *Sclerotinia sclerotiorum*, foram produzidos em diferentes tipos de substratos, alcançando uma concentração da ordem de 10^8 esporos por grama de meio de cultura (DE VRIJE et al., 2001). Oostra, Tramper e Rinzema (2000), para biofungicida similar, estudaram a ampliação de escala da produção usando aveia como substrato.

d) Moraes et al. (2009) estudaram a produção por FES de *Trichoderma stromaticum* para a produção de um biopesticida para controle do microrganismo causador da vassoura de bruxa.

e) Verificou-se a produção de esporos de *Bacillus thuringiensis* a partir de resíduos da indústria de processamento de mandioca, alcançando um alto rendimento no processo, superior ao da cultura submersa, e também, a partir de cama de frango, a produção de esporos de *B. thuringiensis* e *Pseudomonas fluorescens* (ADAMS; EITEMAN; HANEL, 2002). Capalbo e Moraes (1997) e Moraes et al. (1995) estudaram a produção de endotoxinas de *B. thuringiensis israelensis* e *kurstaki* em diversos resíduos agroindustriais. No Volume 3 desta coleção, encontra-se um capítulo específico sobre produção de biopesticidas (MORAES et al., 2019).

f) O estudo da produção de *Spirulina (Artrospira) platensis* por FES foi realizado por Pelizer, Carvalho e Moraes (2015) e por Pelizer e Moraes (2009) utilizando bagaço de cana-de-açúcar. Um capítulo específico sobre produção visando a alimentos se encontra neste volume, e um com vistas à produção de biocombustíveis, no Volume 3 desta coleção.

15.9.9 BIOPLÁSTICOS (PLÁSTICOS BIODEGRADÁVEIS)

Revisão apresentada por Shindu, Pandey e Binod (2015) discute os desenvolvimentos em FES para a produção de poli-hidroxialcanoatos (PHA), poliésteres biossintetizados por bactérias, quanto à escolha de substratos e metodologias aplicáveis, desde a seleção de cepas até os processos de separação dos produtos de interesse gerados na fermentação, abordando várias questões para a sua comercialização. Doi e Steinbüchel (2002) também indicam que a produção de PHA pode ser realizada por FES.

15.9.10 OCORRÊNCIA DE TOXINAS

Com o objetivo de compreender a ocorrência de toxinas em matérias-primas agroindustriais e melhorar a qualidade dos produtos posteriormente gerados, são efetuados estudos em FES simulando as condições encontradas nas etapas de transporte, processo e armazenamento.

Diferentes espécies de *Fusarium* são potenciais produtores de toxinas, como fusarina C, fumonisina, deoxinivalenol e 3-acetildeoxinivaleol. Da mesma forma, linhagens de *Aspergillus* produzem aflatoxina e ocratoxina, principalmente *A. flavus*, *A. parasiticus* e *A. ocraceus*. Estudos conduzidos entre 25 °C e 29 °C, com umidade entre 18% e 31%, utilizaram como meio sólido forragens de alfafa e aveia, grãos de sorgo, soja, trigo, amendoim, milho e arroz (HESSELTINE, 1977).

REFERÊNCIAS

ADAMS, T. T.; EITEMAN, M. A.; HANEL, B. M. Solid state fermentation of broiler litter for production of biocontrol agents. *Bioresource Technology*, v. 82, n. 1, p. 33-41, 2002.

BARRIOS-GONZÁLEZ, J. et al. Penicillin production by solid state fermentation. *Biotechnology Letters*, v. 10, p. 793-98, 1988.

BHARGAV, S. et al. Solid state fermentation: an overview. *Chem. Biochem. Eng.*, v. 22, n. 1, p. 49-70, 2008.

CANNEL, E.; MOO-YOUNG, M. Solid-state fermentation systems. *Process Biochemistry*, v. 15, p. 2-7, 1980.

CAPALBO, D. M. F.; MORAES, I. O. Use of agroindustrial residues for bioinsecticide endotoxin production by *Bacillus thuringiensis var. israelensis* or *kurstaki* in Solid State Fermentation. In: ROUSSOS, S. et al. *Advances in Solid State Fermentation*. Dordrecht: Kluwer Academic Publishers, 1997. p. 475-482.

CASCIATORI, F. P. et al. Hygroscopic properties of orange pulp and peel. *Journal of Food Process Engineering*, v. 36, p. 803-810, 2013.

DEL BIANCHI, V. L. *Produção de enzimas proteolíticas ácidas por fermentação fúngica em meio sólido*. 1990. 96 f. Dissertação (mestrado em Engenharia de Alimentos) – Faculdade de Engenharia de Alimentos, Universidade de Campinas, Campinas, 1990.

DEL BIANCHI, V. L.; MORAES, I. O.; CAPALBO, D. M. F. Fermentação em estado sólido. In: AQUARONE, E. et al. *Biotecnologia industrial*: engenharia bioquímica. São Paulo: Blucher, 2001. v. 2. (Série Biotecnologia Industrial).

DESGRANGES, C. et al. Biomass estimation in solid state fermentation. II. On-line measurements. *Applied Microbiology and Biotechnology*, v. 35, p. 206-209, 1991.

DE VRIJE, T. et al. The fungal biocontrol agent *Coniothyrium minitans*: production by solid-state fermentation, application and marketing. *Applied Microbiology and Biotechnology*, v. 56, n. 1-2, p. 58-68, 2001.

DOI, Y.; STEINBÜCHEL, A. Polyesters III – Applications and commercial products. In: DOI, Y.; STEINBÜCHEL, A. (ed.). *Biopolymers*. Weinheim: Wiley-VCH, 2002.

DURAND, A.; DE LA BROISE, D.; BLACHÈRE, H. Laboratory scale bioreactor for solid state processes. *Journal of Biotechnology*, v. 8, p. 59-66, 1988.

ECHEVARRIA, J. et al. Optimization of solid state fermentation of sugar cane by *Aspergillus niger* considering particles size effect. *Acta Biotechnologica*, v. 11, p. 15-22, 1991.

FAT/CCT – FUNDAÇÃO ANDRÉ TOSELLO/COLEÇÃO DE CULTURAS TROPICAL. *Catálogo on line de microrganismos*. Disponível em: <www.fat.org.br>. Acesso em: 9 set. 2020.

FREIRE, D. M. G.; SANT'ANNA Jr., G. L. Produção de enzimas microbianas, In: LIMA, U. A. (org.). *Coleção Biotecnologia Industrial*: processos fermentados e enzimáticos. 2. ed. São Paulo: Blucher, 2019. p. 371-394. (v. 3).

GOMEZ, J.G.C. Produção de poliésteres bacterianos. In: LIMA, U. A. (org.). *Coleção Biotecnologia Industrial*: processos fermentados e enzimáticos. 2. ed. São Paulo: Blucher, 2019. p. 653-682. (v. 3).

HESSELTINE, C. W. Solid state fermentation – Part 1. *Process Biochemistry*, v. 12, n. 6, p. 24-27, 1977.

JEFFREYS, G. A. Mold enzymes produced by continuous tray method. *Food Industries*, v. 20, n. 1, p. 82-84, 1948.

KUMAR, P. K. R.; LONSANE, B. K. Potential of fed-batch culture in solid state fermentation for production of gibberellic acid. *Biotechnology Letters*, v. 9, p. 179-82,1987.

LIMA, U. A. Produção de etanol com matérias primas sacarinas. In: *Coleção Biotecnologia Industrial*: processos fermentados e enzimáticos. 2. ed. São Paulo: Blucher, 2019a. p. 19-70. (v. 3).

LIMA, U. A. Álcool de matérias-primas amiláceas. In: *Coleção Biotecnologia Industrial*: processos fermentados e enzimáticos. 2. ed. São Paulo: Blucher, 2019b. p. 71-106. (v. 3).

LONSANE, B. K.; RAMESH, M. V. Production of bacterial thermostable alfa-amylase by solid-state fermentation: a potencial tool for achieving economy in enzyme production and starch hydrolysis. *Advances in Applied Microbiology*, v. 35, p. 1-56, 1990.

MARTINELLI FILHO, A.; HESSELTINE, C. W. Tempeh fermentation: package and tray fermentations. Food Technology, v. 78, n. 5, p. 167-70, 1964.

MORAES, I. O. et al. Produção de bioinseticidas. In: LIMA, U. A. (org.). *Coleção Biotecnologia Industrial*: processos fermentados e enzimáticos. 2. ed. São Paulo: Blucher, 2019. p. 601-630. (v. 3).

MORAES, I. O.; ARRUDA, R. O. M.; MORAES, R. O. Produção de microrganismos. In: LIMA, U. A. (org.). *Coleção Biotecnologia Industrial*: processos fermentados e enzimáticos. 2. ed. São Paulo: Blucher, 2019. p. 631-652. (v. 3).

MORAES, I. O.; ARRUDA, R. O. M. Study of microwaves for pasteurization of substrate to apply in solid state fermentation. In: WELTI-CHANES, J.; BARBOSA-CÁNOVAS,

G. V.; AGUILERA, J. M. (org.). *Proceedings of the eight International Congress on Engineering and Food*. Pensilvania: Technomic Publishing Company, 2001. p. 1998-2001.

MORAES, I. O.; MORAES, R. O.; ARRUDA, R. O. M. Brazilian biodiversity in a culture collection devoted to the identification and preservation of microorganisms useful in environmental, industrial and applied microbiology. In: MENDES-VILAS, A. *Microbes In Applied Research - Current Advances and Challenges*. Singapura: World Scientifique Publishing, 2012. p. 367-372.

MORAES, I. O. et al. Biotechnology in food production: the case of *Bacillus thuringiensis* production using cassava liquid waste as a fermentation substrate. In: *Proceedings of World Congress Of Food Science And Technology*. Budapeste: IUFoST, 1995.

MORAES, I. O. et al. Obtenção de *Trichoderma stromaticum* por fermentação em estado sólido, visando o controle da vassoura de bruxa. In: *Anais da X Reunião Brasileira sobre Controle Biológico de Doenças de Plantas*. Recife: UFRPE, 2009.

MORAES, R. O. *Estudo da produção de beta-galactosidase por fermentação em substrato sólido em colunas de Raimbault*. 108 f. 1999. Dissertação (Mestrado em Engenharia Química) - Universidade Estadual de Campinas, Campinas, 1999.

MORAES, R. O. *Estudo da Produção de Trichoderma stromaticum em Fermentação em Substrato Sólido*. 153 f. 2004. Tese (Doutorado em Tecnologia Bioquímico-Farmacêutica) - Universidade de São Paulo, São Paulo, 2004.

NARAHARA, H. et al. Growth and enzyme production in a solid state culture of *Aspergillus oryzae*. *J. Ferment. Technol.*, v. 60, p. 311-319, 1982.

OOSTRA, J.; TRAMPER, J.; RINZEMA, A. Model-based bioreactor selection for large-scale solid-state cultivation of *Coniothyrium minitans* spores on oats. *Enzyme and Microbial Technology*, v. 27 n. 9, p. 652-663, 2000.

PANDEY, A. Effect of particle size of substrate on enzyme production in solid-state fermentation. *Bioresource Technology*, v. 37, p. 169-172, 1991.

PANDEY, A. Recent process developments in solid-state fermentation. *Process Biochemistry*, v. 27, p. 109-117, 1992.

PESSOA Jr., A.; EBINUMA, V. C. S.; PEREIRA, J. F. B. Produção de ácidos orgânicos. In: LIMA, U. A. (org.). *Coleção Biotecnologia Industrial*: processos fermentados e enzimáticos. 2. ed. São Paulo: Blucher, 2019. p. 177-208. (v. 3).

PELIZER, L. H.; MORAES, I. O. Development of solid-state cultivation process for *Spirulina platensis* production. *New Biotechnology*, v. 255, p. 223-224, 2009.

PELIZER, L. H.; MORAES, I. O. Influence of water activity on production of *Bacillus thuringiensis* by solid state fermentation. *Journal of Food Science and Engineering*, v. 2, p. 326-335, 2012.

PELIZER, L. H.; MORAES, I. O. A method to estimate the biomass of *Spirulina platensis* cultivated on a solid medium. *Braz. J. Microbiol.*, v. 45, n. 3, p. 933-936, 2014.

PELIZER, L. H.; CARVALHO, J. C. M.; MORAES, I. O. Protein production by *Arthrospira (Spirulina) platensis* in solid state cultivation using sugarcane bagasse as support. *Biotechnology Reports*, v. 5, p. 70-76, 2015.

PIEDRAHITA-AGUIRRE, C. A. *Estudo da produção de iturina por Bacillus subtilis, em fermentação semi-sólida utilizando como substrato farelos de soja, arroz, trigo e casca de arroz.* 133 f. 2013. Tese (Doutorado em Engenharia de Alimentos) – Universidade Estadual de Campinas, Campinas, 2013.

PROBIOM TECNOLOGIA. *Parque de equipamentos.* Disponível em: <www.probiom.com.br>. Acesso em: 20 fev. 2019.

RABELO, S. C.; PRADELLA, J. G. da C.; IENCZAK, J. L. Produção de etanol de segunda geração. In: LIMA, U. A. (org.). *Coleção Biotecnologia Industrial*: processos fermentados e enzimáticos. 2. ed. São Paulo: Blucher, 2019. p. 107-150. (v. 3).

RAIMBAULT, M.; ALAZARD, D. Culture method to study fungi growth in solid fermentation. *Eur. J. Appl. Microbiol. Biotechnol.*, v. 9, p. 199-209, 1980.

RAMANA MURTHY, M. V.; KARANTH, N. G., RAGHAVA RAO, K. S. M. S. Biochemical Engineering aspects of solid-state fermentation. *Advances in Applied Microbiology*, v. 38, p. 99-146, 1993.

ROUSSOS, S. et al. Strategies for large scale inoculum development for solid state fermentation system: conidiospores of Trichoderm a harzianum. *Biotechnology Techniques*, v. 5, p. 415-420, 1991.

ROUSSOS, S. et al. Potential of ensiling for efficient management of spent residue from solid state fermentation system. *Biotechnology Techniques*, v. 6, p. 87-90, 1992.

ROUSSOS, S. et al. (ed.). *Advances in solid state fermentation.* Dordrecht: Kluwer Academic Publishers, 1997.

SHURTLEFF, W.; AOYAGI, A. *Jokichi Takamine (1854-1922) and Caroline H. Takamine (1866-1954)*: biography and bibliography. Lafayette: Soyinfo Center, 2012.

SINDHU, R.; PANDEY, A.; BINOD P. Solid-state fermentation for the production of poly(hydroxyalkanoates). *Chem. Biochem. Eng.*, v. 29, n. 2, p. 173-181, 2015.

THIEMANN, J. E. Produção de enzimas por fermentação em substrato semi-sólido com especial referência às celulases. In: *Anais do Seminário de Hidrólise Enzimática de Biomassas.* Maringá: UEM, 1985. p. 107-131.

UNDERKOFLER, L. A. et al. Commercial production and use of mold bran. *Cereal Chemistry*, v. 24, p. 1-22, 1947.

WANG, H. L., HESSELTINE, C. W. Wheat tempeh. *Cereal Chemistry*, v. 43, p. 563-70, 1969.

YANG, S. S. Protein enrichment of sweet potato residue, with amylolytic yeasts by solid-state fermentation. *Biotechnology and Bioengineering*, v. 32, p. 886-890, 1988.

ZANCHETTA, A. *Produção de celulases fúngicas por fermentação em estado sólido e submersa utilizando biomassa lignocelulósica.* 2012. 100 f. Dissertação (Mestrado em Microbiologia) – Instituto de Biociências, Letras e Ciências Exatas, Universidade Estadual Paulista "Júlio de Mesquita Filho", São José do Rio Preto, 2012.

CAPÍTULO 16

Operação de instalações industriais

Urgel de Almeida Lima

16.1 INTRODUÇÃO

Uma indústria bioprocessadora é identificada pelo exercício de trabalho econômico que envolve ação de microrganismos ou transformações enzimáticas, sem a participação direta de micróbios. As ações são desenvolvidas no sentido de multiplicar os agentes ou produzir metabólitos úteis nos setores de saúde, produtos químicos, combustível ou prazer. Como exemplos, podemos citar a produção de antibióticos, vitaminas, solventes, ácidos, álcool e bebidas.

Anteriormente, os bioprocessos eram, de forma geral, denominados "fermentações", reservadas aos processos anaeróbios. Depois, fermentação passou a significar outras atividades microbianas, como multiplicação celular e produção de proteína, e atividades dependentes apenas da ação de enzimas, como preparação do chá preto da Índia. Atualmente, está sendo preferida a nomenclatura de bioprocesso, tanto para as fermentações como para as atividades em que não há participação direta de microrganismos.

Para qualquer matéria-prima ou finalidade do bioprocesso, há processos de assimilação, desassimilação com crescimento de microrganismo, ou transformação do substrato e da matéria-prima. Em atividade de assimilação, moléculas simples são transformadas em complexas, como proteínas, lipídeos e carboidratos, constituintes de células, e em substâncias de estrutura ou composição complexa como antibióticos e vitaminas. Por desassimilação, os microrganismos decompõem meios que encerram carboidratos e produzem etanol, butanol, ácidos lático e butírico e butanediol.

Por ação direta de enzimas (da própria matéria-prima ou de origem microbiana), há transformação do material para obtenção de um produto de consumo ou intermediário, útil em um processo mais complexo de alteração da matéria-prima. São exemplos a oxidação do suco celular das folhas de chá pelas oxidases na produção do chá preto e a ação das enzimas do malte na produção de mostos para obtenção de cerveja, outros fermentados e destilados.

Nem sempre as condições de crescimento são ótimas para obtenção da substância desejada, que, em certos casos, pode ser produzida em uma operação e, em outros, em mais de uma. Em virtude das diferentes características das substâncias produzidas e das exigências específicas dos agentes dos bioprocessos, cada indústria ou processo opera em condições peculiares. Por consequência, operações e controles industriais variam amplamente, para conseguir máxima produção no menor tempo e com o mínimo de custo.

Nas estações de tratamento de esgotos domésticos ou de efluentes industriais, as condições de operação e controle são diferentes das empregadas em destilarias de álcool, vinícolas e cervejarias. Nas fábricas de antibióticos e vitaminas, as indústrias trabalham em rigorosas condições de assepsia e, em determinadas seções, sob esterilidade. Essa ampla diferença de condições não permite abordar detalhadamente todos os tipos de indústria em um único capítulo, motivo pelo qual as operações são tratadas de forma geral. Esclarecimentos específicos podem ser obtidos por consulta a outros capítulos desta mesma coleção.

16.2 CONDIÇÕES GERAIS PARA EXECUÇÃO DE BIOPROCESSO

Qualquer indústria, pequena, média ou grande, é operada segundo uma sequência básica: controle da matéria-prima, preparo do substrato, inoculação e controle do processo. Por inoculação, entende-se a adição de um microrganismo ou uma enzima. É preciso deixar as enzimas naturais atuarem ou criar condições ótimas para que os organismos naturalmente presentes atuem com o melhor rendimento ou ótima produtividade.

16.2.1 MATÉRIA-PRIMA

A maioria das indústrias bioprocessadoras usa matérias-primas que contêm açúcares fermentescíveis ou substâncias que são transformadas neles, que são consumidos para o crescimento dos microrganismos ou transformados em metabólitos úteis. Há, também, microrganismos que metabolizam outros materiais que não são açúcares para obtenção de metabólitos. Nessa categoria estão incluídos o etanol, para obtenção de ácido acético ou vinagre, e os hidrocarbonetos, para produção de proteína celular alimentícia.

A matéria-prima de qualquer processo deve ser obtida com as melhores características de composição e conservação. Melaços e açúcar invertido comercial devem ser armazenados em tanques apropriados, à prova de umidade e infiltrações, para evitar diluição e contaminação posterior ao armazenamento. Açúcar deve ser estocado em armazéns e silos, de forma a não absorver umidade. Cereais precisam ser fornecidos como grãos inteiros, secos, isentos de infestação, não mofados e livres de impurezas metálicas e mecânicas de qualquer tipo; devem ser peneirados, ventilados e armazenados em silos ou armazéns, onde são mantidos livres de infestações, contaminações e umidade. Raízes, como mandioca, precisam ser usadas logo após a colheita; se transformadas em raspas (desidratadas), devem ser tratadas como os cereais. A cana-de-açúcar deve ser colhida e moída o mais rapidamente possível, armazenada em pátios ou galpões, em quantidade não superior a um período diário de moagem, mais algumas horas como fator de segurança, para cobrir falhas no abastecimento. Materiais celulósicos, cascas, palha e madeira precisam ser protegidos de umidade e contaminações microbianas.

16.2.2 PREPARO DOS SUBSTRATOS

Os substratos devem ser adequados ao desenvolvimento do microrganismo e à finalidade de sua atividade, que é produzir uma substância útil ou decompor material prejudicial ao ambiente. Além de serem compostos de materiais necessários às exigências do microrganismo, para seu melhor desempenho, devem estar condicionados em termos de pH, acidez, temperatura, assepsia e esterilidade.

As exigências são similares, dentro de outras limitações, para o bom desempenho de processos que não envolvem um micróbio, mas os agentes que fazem as transformações durante o bioprocesso. Um exemplo é o estabelecimento de condições para o desenvolvimento do malte: absorção de umidade, manutenção de condições de temperatura e oxigenação do meio, para a perfeita germinação do cereal, e liberação das enzimas que causam a transformação do amido em açúcares. Outro exemplo é a preparação das folhas de chá para a reação enzimática de oxidação dos taninos, erroneamente considerada como fermentação.

O substrato (meio ou mosto) é preparado de acordo com a matéria-prima a ser usada. Materiais amiláceos são hidrolisados, xaropes e melaços são diluídos, uvas e outras frutas, beterraba e cana-de-açúcar são submetidas a operações para extrair o suco, que é corrigido por diluição ou adição de açúcar, acrescentado de nutrientes, aquecido ou resfriado, conforme o caso. Os hidrocarbonetos, que não são solúveis em água, são adicionados a um meio sintético, apropriado para receber o agente do bioprocesso.

16.2.3 PREPARO DO INÓCULO

Inóculo é uma quantidade de células suficiente para dar início a um processo microbiano de forma rápida e econômica. Também é adequado definir a quantidade (massa ou volume) de uma enzima necessária para desenvolver um processo enzimático. A enzima pode ter origem microbiana ou existir na própria matéria-prima a ser transformada. No caso de beneficiamento do chá, não se conhece citação sobre a adição de folhas pré-desenvolvidas para agir como inóculo. As enzimas já existem e o preparo das folhas as libera para o processo.

Teoricamente, se existe um substrato esterilizado, basta uma única célula para dar início ao processo e dar continuidade a ele por obra da multiplicação celular durante os procedimentos. Entretanto, o fator tempo é importante. Quanto mais células forem postas em contato com o substrato, mais rápido é o processo e mais econômico também. É importante em um bioprocesso industrial que esteja disponível um volume de inóculo pronto para produzir o metabólito sem usar parte da fonte de carbono para multiplicação celular. Outro fator importante é colocar o inóculo em contato com o substrato no momento de sua maior atividade. Na indústria, como prática corrente, é usual empregar uma parte de inóculo para dez de substrato a fermentar. É costume basear a inoculação em número de células ativas no meio, geralmente na casa de milhões por mL ou por g.

Os bioprocessos que envolvem fermentação podem ser executados com culturas puras ou por inóculos naturais decorrentes da flora microbiana encontrada na matéria-prima. A cultura é pura quando possui um tipo de microrganismo derivado de uma única estirpe. É razoavelmente fácil de obter em condições de laboratório, mas difícil de manter em condições industriais, nas quais nem sempre há certeza de ocorrência de apenas uma estirpe do microrganismo em trabalho. A conservação das culturas puras obedece a critérios específicos para cada grupo de microrganismo.

A maneira de conservar as culturas é importante, sobretudo no caso de fungos filamentosos. A simples repicagem sucessiva em meios sólidos não é totalmente satisfatória em grande número de casos. Esses microrganismos podem mudar de comportamento, e não é raro que, após algumas repicagens, percam as características que lhes permitiam sintetizar o produto que deles se espera obter. Para contornar esse inconveniente, são usadas técnicas para manter sua capacidade de metabolizar determinado produto. Entre tais técnicas estão a liofilização e a conservação de células ou esporos secos sobre areia ou solo esterilizado.

A preparação dos inóculos de qualquer tipo de microrganismo segue um esquema geral (Volume 3, Capítulo 1), com modificações peculiares a cada um. A cultura pura da micoteca é passada de um tubo de cultura para outro com meio de ágar sólido, com técnica apropriada para cada caso. Daí, vai para um frasco com meio líquido e, desse, para outros, com volumes crescentes de meio de fermentação a cada frasco, até atingir o volume necessário para os fermentadores. Se são muito grandes, há necessidade de ampliar o volume de inóculo em pré-fermentadores, mantendo-se cuidados de laboratório. Os pré-fermentadores geralmente são equipados com dispositivos de esterilização, aeração, agitação, controle de pH, adição de inóculo, tomadas de amostras e controle de temperatura. Seu número e sua capacidade variam de acordo com a capacidade dos fermentadores e da fábrica.

Nos bioprocessos que envolvem fermentação de fécula e de picles, bem como nas digestões anaeróbias de esgotos e despejos industriais, não há inóculos definidos. Provêm de uma flora microbiana inerente ao material ou ao local, que se desenvolve de acordo com as condições do ambiente.

16.2.4 RECINTOS DOS BIOPROCESSOS

Anteriormente, seriam salas de fermentação, que na maioria das indústrias eram salas fechadas, ou edificações fechadas com técnica de construção específica. Ainda são assim em instalações industriais destinadas a produzir metabólitos para setores de saúde ou alimentação.

Higiene é o asseio e a limpeza de locais, recipientes, instrumentos, equipamentos, acessórios, bombas, registros e canalizações, visando eliminar materiais que possam carrear contaminantes. É operação que antecede a assepsia, a qual, no sentido mais restrito, é o estabelecimento de condições que evitam o desenvolvimento de microrganismos prejudiciais. A aplicação de detergentes, germicidas e desinfetantes é capaz de preencher as exigências.

Esterilidade pode ser definida como o impedimento completo da capacidade de crescimento das células. Essa condição é atingida por aquecimento até a inativação ou destruição dos sistemas enzimáticos e a destruição ou desnaturação das proteínas. Também ocorre pelo uso de germicidas que exercem efeito tóxico por combinação com grupos reativos das proteínas.

Nos bioprocessos de produção de ácido acético, lavagens frequentes e assepsia do local comumente são suficientes para manter boas condições de operação. A temperatura elevada do processo (entre 38 °C e 45 °C) e o baixo pH são elementos importantes para controlar ou impedir o crescimento de contaminantes, como *Acetobacter xylinum* e anguílulas.

Já nos bioprocessos de produção de antibióticos, vitaminas, acetona e butanol é preciso executar rigorosa técnica de assepsia e esterilidade, porque as infecções se instalam com facilidade. Nas fermentações de penicilina, infectantes produtores de penicilinase destroem o produto, baixam ou anulam seu rendimento. Na fermentação de acetona butanólica, bacteriófagos destroem o inóculo. Os fagos são arrastados pela poeira; sua eliminação ou redução pelo uso de filtros de ar e pela esterilização do ar reduz o perigo de contaminação. A assepsia da mão de obra e das vestimentas completa as exigências.

Paralelamente, é inútil exigir esterilidade dos meios para produção de fécula fermentada e de picles, embora seja recomendada boa assepsia das instalações. A assepsia rigorosa e a esterilidade nos equipamentos de digestão anaeróbia de esgotos domiciliares e resíduos orgânicos de indústrias são supérfluas, mas não é dispensada a assepsia e a higiene dos locais de trabalho.

Nas destilarias de etanol de grande capacidade, o recinto de fermentação fica a céu aberto. As dornas são fechadas e providas de todos os acessórios necessários para higiene e assepsia dos recipientes de fermentação. Estes são instalados de forma a permitir o asseio a seu redor e o alcance de acessórios, registros, bombas e canalizações de forma fácil, para manter as melhores condições de sanitização.

16.3 OPERAÇÃO DE UMA INDÚSTRIA BIOPROCESSADORA

Admitindo que o projeto industrial satisfaz a todos os requisitos exigidos para a produção econômica de determinada substância, por via de um bioprocesso, os fermentadores (ou reatores) são colocados em operação após uma série de ações preliminares.

As primeiras ações dizem respeito a escolha, aquisição, recepção, condicionamento e armazenamento da matéria-prima e sua transformação em substratos. Em continuação, ou concomitantemente, deve-se atentar a obtenção, manutenção e manejo do agente de fermentação, no qual está inserido o preparo do inóculo. Finalmente, o preparo do setor onde ocorre o bioprocesso, que inclui a verificação da instalação correta dos dispositivos para transporte e transferências dos substratos, a limpeza, assepsia ou esterilização, a preparação dos fermentadores e a checagem das condições de manejo e dos acessórios imprescindíveis à operação do bioprocesso. Tubulações, registros, bombas, centrífugas, tanques, sistemas de fornecimento de água, eletricidade e vapor e instalações elétricas devem estar adequados e em funcionamento, com mínimas possibilidades de perda de energia e sem vazamentos.

16.3.1 OPERAÇÃO DE FERMENTADORES OU REATORES

A operação tem início pela limpeza de tubulações, bombas, válvulas, registros e acessórios e por sua esterilização, quando exigida.

16.3.1.1 Esterilização dos meios

Na indústria, a forma mais usada de esterilização é por aquecimento, que atua de maneira diversa sobre os organismos. Uns são mais resistentes, outros, menos; as formas vegetativas são menos resistentes que os esporos.

A termorresistência varia de acordo com a relação entre temperatura e tempo de aplicação do calor, a concentração inicial de esporos ou células e as condições prévias do desenvolvimento da população. As células são menos resistentes na fase de crescimento logarítmico; o máximo de resistência é encontrado na fase estacionária. Os esporos secos resistem mais ao calor. A composição do substrato, a temperatura de incubação, a idade do microrganismo e seu desenvolvimento também influem na esterilização.

A variação do comportamento em relação ao calor é notada em amplo intervalo de temperatura e na maneira de aplicá-lo, úmido ou seco. O vapor saturado ou superaquecido é usado nas esterilizações industriais (Capítulos 3 e 4 deste volume). O calor em meio úmido é mais efetivo que em ambiente seco. Alguns microrganismos morrem quando submetidos a 120 °C em autoclave (calor úmido) por 20 a 30 minutos e resistem a 160 °C-180 °C por 3 a 4 horas em forno (calor seco).

O meio exerce influência de forma diversa sobre cada microrganismo, em decorrência de composição, umidade e pH; nos meios completos, há maior resistência. Esporos crescidos em areia ou solo são mais resistentes que os desenvolvidos em ágar. Alguns sais, como o de magnésio e fosfatos, auxiliam a resistência. Os ácidos diminuem a resistência ao calor, bem como longa exposição a produtos de metabolismo. Em meio ácido, os microrganismos são mais sensíveis, mas próximo da neutralidade apresentam máxima resistência. A alcalinidade reduz a resistência.

A esterilização dos substratos é feita nos recipientes onde ocorre o bioprocesso ou separadamente. Quando realizada em separado, o meio é esterilizado por fluxo contínuo através de aparelhos próprios e encaminhado para os fermentadores ou reatores, esterilizados à parte. A esterilização em fluxo contínuo colabora para reduzir a corrosão dos recipientes, pois diminui a residência do meio quente e seu contato com o equipamento.

16.3.1.1.1 Influência do calor sobre o substrato

A esterilização por calor pode causar alteração na composição do substrato, em razão da decomposição de constituintes (ureia) e da interação entre outros (reações de escurecimento indesejáveis). A decomposição leva à perda de capacidade nutricional; a interação, ao aparecimento de substâncias inibidoras.

Comumente, as temperaturas de decomposição são inferiores às de esterilização, e a forma de evitar isso é provocar aquecimento rápido ao máximo de temperatura e o resfriamento imediato a baixas temperaturas. A tendência é o uso de técnicas para atingir altas temperaturas em período curto, que façam fluir o substrato sob pressão para o fermentador por meio de uma unidade de esterilização. A operação de aquecimento e resfriamento é completada em alguns segundos. Esse tratamento é adequado para substratos livres de suspensões sólidas e passíveis de aquecimento até 150 °C-160 °C praticamente sem sofrer alterações de composição. Quando há sólidos em suspensão, as temperaturas são mais baixas, ao redor de 135 °C por 5 minutos ou 121 °C por 10 a 20 minutos.

O aquecimento é feito por injeção direta de vapor ou, de forma indireta, por meio de placas, tubulações como serpentinas ou caixas tubulares. Quando há injeção direta de vapor, é necessário levar em consideração a diluição causada ao meio por motivo de sua condensação. Esse método ainda apresenta inconvenientes, como arraste de óleo mineral e outras impurezas para o meio, que também pode ser contaminado com odores estranhos.

A esterilização em fluxo contínuo é vantajosa, quando comparada com a esterilização estacionária, porque permite melhor aproveitamento do calor com menor gasto de vapor e maior maneabilidade do processo, a qual é importante quando se precisa coordenar o trabalho em diversas escalas de fermentadores ou reatores. Outras vantagens são permitir o dimensionamento de tubulações e bombas com maior precisão e facilitar a automação dos procedimentos.

Quando há risco de interação entre os componentes do substrato ou de decomposição de alguns por ação do calor, recomenda-se esterilização por partes e sua reunião posterior em condições de perfeita assepsia.

16.3.1.1.2 Aeração

A injeção de ar nos recipientes de execução do bioprocesso é usada para suprir de oxigênio a operação e eliminar metabólitos voláteis indesejados ou possivelmente inibidores. Também se usa para reduzir o risco de contaminação com a manutenção interna de pressão positiva e para operações de transferência de líquido entre recipientes. A transferência de líquidos por pressão de ar reduz o uso de bombas, a complexidade mecânica e os riscos de contaminação.

Para vencer a pressão hidrostática no recipiente, emprega-se ar comprimido. Para manter pressão de 1,5-2 kgf/cm^2 no dispersor, é preciso manter pressão de 2,5-3 kgf/cm^2 na saída do compressor. O aumento do volume do meio exige aumento proporcional na pressão de saída do ar e dos dispersores. Alguns microrganismos são inativados em pressão de 8 kgf/cm^2.

A compressão aquece o ar a temperaturas que variam de acordo com a pressão exercida. Para compensar o aquecimento, a distribuição do ar é executada depois de resfriamento, para evitar que elevação da temperatura interfira na atividade do agente do bioprocesso. O aumento da temperatura por compressão pode desinfetar o ar ou reduzir o número de contaminantes.

Em certas instalações industriais, é necessário esterilizar o ar e filtrá-lo, mas essa operação não é simples. Usualmente ele é submetido a lavagens, passagens por substâncias químicas, aquecimento e exposição a irradiações e precipitações eletrostáticas. Os processos em seu todo não são perfeitos, porque os procedimentos intermediários também não o são; é possível encontrar arrastamento de substâncias químicas que interferem no bioprocesso (Capítulo 5 deste volume).

Na prática, os microrganismos estão unidos a gotículas ou partículas na corrente de ar que entra no compressor; alguns são retidos nos filtros de entrada, outros ficam na água condensada retirada do compressor, e há ainda os que são arrastados com gotículas de óleo ou permanecem no ar comprimido. São retirados por filtração, a única forma econômica de fazer esse procedimento.

Nos filtros, os poros são muito pequenos e, ali, são depositados microrganismos com impurezas, até o bloqueio da passagem do ar. Pré-filtrações sequenciais auxiliam a reduzir o número de microrganismos existentes. As camadas filtrantes devem ser esterilizadas e dispostas de maneira a evitar a formação de canais, por onde podem passar livremente partículas contaminadas. Óleo e umidade reduzem o desempenho das camadas filtrantes.

16.3.2 CONTROLE OPERACIONAL DO BIOPROCESSO

Os diversos fatores que interferem no desempenho do bioprocesso devem ser constantemente supervisionados, para que seja desenvolvido com o máximo de rendimento técnico e econômico. Temperatura, pressão, fluxo de ar, pH e formação de espumas devem estar constantemente sob observação e comando.

16.3.2.1 Temperatura, pressão e fluxo de ar

Nos pequenos equipamentos de laboratório, geralmente há maior perda de calor por irradiação e evaporação que o calor produzido pela exotermia do processo. Para compensar a perda e manter a temperatura adequada aos agentes do bioprocesso, são usadas serpentinas ou camisas para aquecer ou resfriar o substrato. O controle pode ser automático.

Nos grandes fermentadores, a área de irradiação decresce proporcionalmente ao aumento de volume. Quando a temperatura interna aumenta, precisa ser reduzida. Se os dispositivos de aquecimento trabalham com água fria, funcionam como resfriadores. A temperatura pode ser medida, registrada e corrigida contínua e automaticamente. Controladores de vazão de ar podem regular seu fluxo; a pressão interna deve ser preferencialmente superior à externa, para evitar qualquer entrada de ar exterior sem esterilização.

16.3.2.2 Oxigênio dissolvido

Nos processos aeróbios, que necessitam de injeção de ar no substrato para atender às exigências dos microrganismos, esse suprimento de oxigênio deve ser entregue adequadamente. O oxigênio dissolve em água e sua dissolução depende da temperatura e da presença de outras substâncias também dissolvidas. A determinação do oxigênio dissolvido no substrato para o bioprocesso é feita por meio de eletrodos que medem continuamente o potencial gerado pelo oxigênio. Seu conhecimento permite a correção da aeração, quando há necessidade de alterar o suprimento do gás.

16.3.2.3 Agitação

Os bioprocessos aeróbios, além do fornecimento de oxigênio, precisam de boa distribuição de ar no interior do fermentador ou reator. A agitação causa dispersão uniforme das bolhas de ar e dos nutrientes, que não ficam concentrados em zonas determinadas. A avaliação do desempenho da agitação é feita pelo gasto de energia, medido ou registrado por meio da variação da potência consumida pelos agitadores. A variação do consumo de energia é causada pela alteração da densidade e da viscosidade do meio, bem como pela resistência oposta pelas células, geralmente crescente com o progresso do bioprocesso. A medida da variação da potência é apropriada para o controle dessa operação.

16.3.2.4 pH

Existem eletrodos esterilizáveis que podem ser instalados para medição do pH nos recipientes de execução do bioprocesso. Acoplados a sistemas registradores e distribuidores de álcali ou ácido, corrigem o meio automaticamente. Há necessidade de avaliar com regularidade a precisão das medidas, para compensar possíveis alterações causadas por esterilizações frequentes.

Nem sempre há necessidade de elevar ou reduzir o pH durante o bioprocesso, mesmo que esteja diferente do valor inicial. Entretanto, há processos que só apresentam desempenho adequado em relação ao produto se a reação do meio for mantida dentro do intervalo de pH apropriado. Por exemplo, no desdobramento de carboidratos para produção de levedura alimentar, o carboidrato pode estar presente em excesso. Assim, deve ser adicionada amônia para manter constante o pH de crescimento.

Em certos processos, a correção adequada não é a do pH, mas a adição de nutrientes para prolongar a fase produtiva. Na obtenção de griseofulvina, o pH tende a se elevar. A adição controlada de glicose mantém alta a relação de produção por vários dias e concorre para que os mais altos teores sejam atingidos na produção do antibiótico. Na produção de ácido fumárico, o pH decresce com a formação do metabólito; o controle pode ser feito pela adição de carbonato de cálcio insolúvel, que vai precipitando o fumarato de cálcio à medida que o ácido é formado, e o pH é mantido estável.

16.3.2.5 Espumas

As espumas têm origem na aeração, na agitação e no desenvolvimento de gases no interior dos substratos em bioprocessamento. Seu aspecto é diverso nos diferentes meios, em razão de suas características reológicas.

Reduzir a formação de espumas pela diminuição da intensidade de aeração, da agitação, ou de ambas, pode reduzir a produtividade e o rendimento. Contornar a formação de espumas por redução de volume de meio nos recipientes de bioprocessamento deixa grande espaço vazio e torna-se antieconômico, porque reduz a capacidade de produção ou a eficiência da fábrica. Outras formas de reduzir a formação de espumas são diluir os substratos e modificar as características reológicas dos meios naturais, por meio da precipitação de coloides e sua decantação seguida de filtração.

As espumas dificultam as operações de assepsia e desinfecção. Por isso, devem ser evitadas ou eliminadas, e a maneira mais efetiva é a adição de antiespumantes, automaticamente de preferência. Os antiespumantes são fabricados à base de silicone, álcoois superiores e agentes de ação de superfície dispersos em óleos. Os produtos à base de silicone são usados em menor proporção que os outros.

O momento e a quantidade de antiespumante a adicionar são importantes. Alguns são metabolizados, como já exposto, ao passo que outros afetam a capacidade de transferência do oxigênio. Uma característica importante, desejada no antiespumante, é poder ser facilmente eliminado no momento de separar o metabólito do substrato bioprocessado.

16.3.2.6 Gases de exaustão

Os gases que saem do recipiente de bioprocessamento (CO_2 ou O_2) permitem medir o grau de desenvolvimento do microrganismo. A existência de outros gases indica anormalidade do processo, que deve ser corrigida.

16.3.2.7 Reologia

O meio a ser processado possui características reológicas, que mudam à medida que o processo progride. As mudanças são causadas por aumento do número de células, aumento da temperatura, aparecimento e aumento do metabólito. As modificações afetam a agitação, a aeração e outros fatores, que devem ser corrigidos quando for acusada anormalidade.

16.3.2.8 Acessórios

Os acessórios, aqui compreendidos como equipamentos de medição, tubulações, registros, centrífugas, filtros e outros, devem estar muito limpos e instalados de forma a receber e escoar facilmente a água de lavagem, acompanhada ou não de detergentes ou antissépticos. Da mesma forma, devem ser projetados para ser esterilizados, receber aquecimento por vapor e permitir o escoamento dos condensados.

As transferências de líquidos a fermentar, efluentes de qualquer natureza e inóculos devem ser feitas, preferencialmente, por gravidade ou pressão de ar, para evitar a circulação por bombas, o que diminui a eficiência da assepsia. As bombas devem ser facilmente desmontáveis e permitir lavagem e esterilização.

16.4 OPERAÇÃO DE UM BIOPROCESSO ASSÉPTICO

A operação asséptica é a que contém apenas o microrganismo destinado a produzir a substância desejada. Ela é caracterizada pela inoculação de uma cultura pura sobre um substrato esterilizado. Em uma indústria que opera com um bioprocesso dessa natureza, há locais estéreis e não estéreis; estes devem se comunicar por meio de corredores ou câmaras estanques, providas de portas duplas e arejadas com ar filtrado e esterilizado.

As contaminações ocorrem em qualquer fase do processo se o manuseio não for o mais técnico possível. Para que não ocorram, é necessário que as salas, o equipamento e seus acessórios, tubulações, válvulas, registros e bombas sejam passíveis de esterilização.

As tubulações, tanto quanto possível, não devem ter conexões rosqueadas, mas flanges, para evitar a retenção de resíduos. Os flanges devem ter juntas de material resistente às esterilizações e não apresentar porosidade capaz de reter sujidades e microrganismos. Os recipientes não podem apresentar cavidades nem pontos mortos capazes de reter resíduos. Por isso, as soldas devem ser lisas e a superfície, sobretudo a interna, polida. Devem ter porta de visita que permita a limpeza interna perfeita e esteja localizada de forma a manter o mínimo contato com o meio a processar.

O transporte de líquidos deve ser feito, preferencialmente, por pressão de ar. As bombas devem ser totalmente desmontáveis e permitir limpeza completa.

Recipientes e tubulações esterilizados são fechados ou separados por selos de vapor, e também podem ser mantidos constantemente sob pressão positiva com ar estéril. As tubulações estéreis não devem ter isolamento térmico, ainda que isso represente perda ou gasto extra de energia, para permitir a detecção de vazamentos, que são risco de contaminação.

Em um processo asséptico, os detalhes devem ser respeitados. As salas de lavagem de acessórios e vidraria de preparo de reagentes e nutrientes têm de ser perfeitamente lavadas e desinfetadas. Qualquer material que contiver resíduo de processos ou contato com microrganismos tem de ser esterilizado antes da lavagem. Depois de eliminados os restos de meios de cultura e soluções nutritivas, o local deve ser perfeitamente limpo e esterilizado.

A inoculação de pré-fermentadores ou germinadores (também denominados semeadores por alguns autores) é feita com inóculo contido em frascos. Para transferir esse inóculo, os germinadores devem possuir um sistema de válvulas e conexões que permitam sua esterilização e seu resfriamento para a passagem do inóculo sem risco de contaminação. Para a transferência de meio processado dos germinadores para outros recipientes de processamento, deve haver uma tubulação esterilizável por vapor com dispositivo de escoamento do condensado.

As tomadas de amostras são feitas por meio de dispositivos especiais esterilizáveis, que, após a retirada da amostra, não oferecem risco de contaminação do meio no recipiente de bioprocessamento.

Em uma indústria de bioprocesso com operação asséptica, há fases distintas, em locais de diferentes características. As salas estéreis são classificadas em três tipos:

- *Salas de preparação*: são locais em que a limpeza é extrema. Janelas fechadas, paredes e pisos de fácil lavagem e desinfecção, com comunicação com o exterior por meio de antecâmaras ou portas duplas, arejadas com insuflação de ar filtrado. Nelas, são lavados vidraria e equipamento, preparados meios e feitos exames de microscopia, repicagens, primeiras inoculações, incubações e outros trabalhos típicos de laboratórios microbiológicos. A contaminação ambiental é rotineiramente examinada por meio de exposição de placas ao ambiente por 15 minutos. O crescimento de seis colônias é considerado aceitável.

- *Salas semiestéreis*: de construção simples, porém própria para lavagens e desinfecções frequentes, são salas para trabalhos assépticos, como distribuição de meios de cultura esterilizados para placas de Petri, tubos de cultura e frascos. Essas transferências são feitas sobre mesas ou balcões de tampo de fórmica ou de aço inoxidável, de fácil limpeza e desinfecção. Nessas salas, a higiene do operador e das suas vestimentas é importante. É comum a instalação de lâmpadas ultravioleta que permanecem acesas todo o tempo e só são apagadas quando outras lâmpadas de serviço forem acesas. Os testes de esterilidade realizados por exposição de placas de Petri ao ambiente por 15 minutos devem resultar em até duas colônias por placa.
- *Salas estéreis*: são construídas e mantidas com mais rigor que as anteriores. Nelas são feitos os trabalhos que precisam de maior cuidado asséptico, como inoculação de meios com culturas reservas e suas repicagens.

Para trabalhar nessas salas, o cuidado com a assepsia dos colaboradores deve merecer grande atenção. Os técnicos de qualquer categoria devem entrar nas salas após tomarem banho, vestirem roupa branca e colocarem touca para proteger os cabelos.

16.5 EXEMPLO DE OPERAÇÃO EM INDÚSTRIA DE BIOPROCESSAMENTO

Foram escolhidas as tarefas próprias das destilarias de etanol. O primeiro passo em uma destilaria de aguardente ou de álcool é obter os mostos e ter um inóculo bem preparado (Volume 3, Capítulo 1).

16.5.1 PREPARO DOS SUBSTRATOS

Os mostos (substratos) das destilarias de aguardente e das destilarias autônomas de álcool são preparados com caldo de cana. Já nas destilarias anexas às usinas de açúcar, são feitos com melaços, ou caldo e melaço, dependendo da maneira como está a fabricação do açúcar no momento.

Os inóculos são preparados com leveduras de panificação ou culturas selecionadas. Os melaços são diluídos com água até uma concentração adequada, sem outros tratamentos.

As canas estão sempre acompanhadas de terra, folhas e outras impurezas decorrentes de sua própria natureza e das operações de corte, carga, transporte e descarregamento. A colheita mecânica e o corte dos colmos em toletes diminuem esse inconveniente. A colheita da cana inteira e a queima para eliminar a palha sujavam mais o material e obrigavam o uso de métodos diferentes para ter matéria-prima limpa. A lavagem era um desses métodos, mas nem sempre os colmos ficavam perfeitamente limpos. Após a moagem, o caldo costuma ainda conter terra, por isso, deve ser decantado antes do processamento. Nas destilarias bem equipadas e evoluídas, o caldo é parcialmente clarificado por aquecimento e decantação, o que leva à obtenção de substrato limpo, que fermenta bem, espuma menos e contém menos microrganismos.

Após a clarificação, o mosto é resfriado à temperatura adequada e adicionado, ou não, de nutrientes, como sais de amônio e de fósforo. A adição de nutrientes depende das condições de maturação da matéria-prima ou da variedade. Geralmente os mostos oferecem reação adequada para o bioprocesso.

16.5.2 CONDUÇÃO E SUPERVISÃO DO BIOPROCESSO

A primeira fermentação começa com o contato do mosto (substrato) com o inóculo. Por maior que seja o número de leveduras trazidas pelo inóculo, as primeiras fermentações em geral são lentas, porque ainda ocorre multiplicação do microrganismo. Ao final, o mosto sujeito à ação das leveduras, ou vinho, é encaminhado às centrífugas para separar parte das leveduras, ou à destilaria, de acordo com o sistema de fermentação empregado. As leveduras separadas por centrifugação voltam aos tanques do bioprocesso após tratamento adequado com ácido sulfúrico, para purificação por eliminação de parte da população bacteriana.

A observação prática da marcha do bioprocesso é acompanhada pela verificação criteriosa de sua regularidade e sua pureza a partir de alguns fatores. Dentre eles, são muito importantes: tempo da operação, cheiro, aspecto da espuma, presença de drosófilas, temperatura, densidade do substrato, açúcares totais contidos no mosto e residuais no vinho, teor de álcool no vinho e acidez.

16.5.2.1 Temperatura

Segundo a literatura, a temperatura mais favorável à vida da levedura alcoólica oscila entre 20 °C e 30 °C. Esses limites dependem da linhagem (raça) da levedura e podem variar para mais e para menos. Entretanto, as condições reinantes durante a safra de etanol diferem dos limites citados. O bioprocesso é exotérmico e eleva a temperatura dos mostos a valores mais altos, muitas vezes próximos dos favoráveis ao desenvolvimento de bactérias acidulantes.

Como o fenômeno do bioprocesso é progressivo, o aumento da temperatura do mosto também é e atinge o ponto máximo quando o processo é mais ativo. A curva de temperatura varia de acordo com a concentração dos açúcares, a intensidade do bioprocesso e o volume da dorna.

Nos dias de baixa temperatura a alteração não é muito significante, mas nos dias quentes é comum a temperatura ultrapassar 35 °C. Evitar essa elevação é crucial para a operação; desse modo, os substratos devem ser resfriados com água fria, por meio de trocadores de calor, mas em muitos casos a água de refrigeração vinda de fontes de abastecimento (cursos, açudes) apresenta temperatura superior a 30 °C. Quando as destilarias usam água de recirculação, o problema pode ser mais grave. Os resfriadores ao ar livre nem sempre oferecem rebaixamento suficiente da temperatura, porque trabalham com troca de calor com a atmosfera também quente. O volume de água consumido, o volume de álcool produzido e seu baixo preço parecem não justificar investimento em equipamentos de maior eficiência de resfriamento. Por essa razão, as destilarias procuram trabalhar com leveduras que fermentem bem em temperaturas altas. O problema é que o microrganismo é mesófilo, e ainda não se encontrou um organismo geneticamente modificado que atenda a essa necessidade. Em consequência, há problemas com infecções do substrato durante o bioprocesso, que exigem constante e eficiente supervisão.

Além disso, aceita-se que acima de 35 °C há perda de álcool e enfraquecimento gradativo da atividade da levedura. Com relação à perda de álcool por evaporação, há certa dúvida, pois 35 °C é um valor bem inferior ao da temperatura de ebulição do etanol puro e também de um líquido hidroalcoólico (vinho) com 8% de álcool em volume. Dornas fechadas devem recuperar o etanol por lavagem dos gases, que certamente arrastam álcool.

A redução do poder fermentativo por aumento de temperatura e diminuição de rendimento no bioprocesso é fato preocupante. O bioprocesso desenvolvido em temperatura mais alta que a recomendada pela atividade vital das leveduras deve ser evitado, pois facilita o desenvolvimento de germes prejudiciais, que podem sobrepujar as leveduras. Em decorrência, diminui o rendimento industrial e prejudica a qualidade do destilado.

Variações de temperatura durante o trabalho na destilaria pressupõem irregularidades de maior ou menor gravidade. Por exemplo, a lenta elevação da temperatura durante o bioprocesso pode ocorrer em razão de um meio insuficientemente aquecido, da má qualidade do inóculo (pureza, número de células vivas), da quantidade excessiva de açúcar em relação ao número de células, de bruscas quedas de temperatura e do aparelhamento insuficiente para corrigir o defeito.

16.5.2.2 Tempo de fermentação

O tempo depende do sistema adotado e de como é contabilizado. Nos processos descontínuos, é contado diferentemente segundo a destilaria, podendo ter início na inoculação do mosto ou depois de a dorna estar completamente cheia. A maneira de adicionar o meio afeta a marcha do bioprocesso. Em uma mesma instalação, com mosto e inóculo nas mesmas condições, o enchimento total da dorna de forma lenta e contínua mantém baixa a concentração de açúcar e propicia fermentação mais rápida. O enchimento rápido da dorna com a carga de mosto, de uma única vez, aumenta o tempo.

Nos processos contínuos, a alteração da vazão modifica o tempo de residência do substrato em contato com o inóculo, mas é mais difícil considerar o tempo como fator de controle.

A dilatação do tempo do bioprocesso pode ser em razão de excessiva riqueza sacarina do mosto, deficiência do inóculo em relação ao volume de mosto, qualidade da levedura, mau preparo do substrato, excesso de acidez, baixa temperatura e outros. Redução pronunciada pode ser atribuída a excessiva diluição do substrato, fermentação incompleta e temperatura do processo muito elevada, entre outras causas.

16.5.2.3 Cheiro

A intensidade do odor evolui na mesma ordem das fases do bioprocesso e atinge o máximo durante a fase tumultuosa. Embora seja difícil definir qual cheiro deve ser sentido durante a marcha do processo para julgá-lo puro, é possível afirmar que deve ser sempre agradável, ativo, penetrante, persistente, embora variável com a natureza do mosto.

Quase sempre o cheiro tende ao de maçãs, característico de bioprocesso sadio. A percepção de odores como vinagre, produtos de laticínios, fumo, cebola, ácido sulfídrico, entre outros estranhos, indica bioprocesso defeituoso, variável com a natureza e a intensidade da infecção.

16.5.2.4 Aspecto da espuma

A aparência da espuma muda de acordo com a natureza do substrato, a estirpe da levedura e a temperatura do bioprocesso, entre outros fatores. Entretanto, para o mesmo mosto e a mesma levedura, as espumas formadas apresentam aspecto típico e característico.

Nos substratos de melaço, em condições normais, há formação de espuma clara e brilhante, que recobre toda a área ocupada pelo meio. É constituída de bolhas gasosas pequenas, regulares e com movimento rápido para o centro da dorna, como em convecção. Acompanham as fases do processo, sendo pouco intensas no início, máximas durante a fase tumultuosa e diminuindo até desaparecer por completo no final.

As fermentações irregulares formam bolhas de grande diâmetro, persistentes, pouco intensas, de cor e movimentação irregulares.

Nos mostos de caldo de cana cru, o aspecto é muito diverso e varia segundo linhagem da levedura, preparo do substrato, maturação da cana-de-açúcar, intensidade da extração do caldo, entre outros. Essa diversidade dificulta a descrição. Entretanto, a presença de irregularidades no bioprocesso é visível por conta de viscosidade, persistência e dimensões das bolhas.

Nos caldos clarificados, o aspecto é parecido com o das fermentações de mostos de melaço.

16.5.2.5 Redução dos açúcares

A concentração dos açúcares no substrato em bioprocesso pode ser observada por meio de análise química ou, como é feito na prática, pela densidade do mosto.

O progresso da fermentação acusa redução regular da densidade, que é medida por meio de areômetros graduados em densidade ou por escalas como a de Brix, utilizada no Brasil.

A redução dos açúcares pode ser representada por uma curva, tanto pela análise química como pela densidade. A queda da densidade deve ser rápida e regular nos bioprocessos puros. Nos substratos de caldo de cana, o bioprocesso é considerado finalizado quando o substrato acusar zero Brix. Nos mostos de melaço, a escala marca de 3 °Brix a 7 °Brix, dependendo da concentração inicial e da pureza do melaço.

O estacionamento ou a redução muito lenta da densidade indicam anormalidade, que pode ser traduzida por infecção, queda brusca da temperatura, inóculo fraco, levedura inadequada, entre outras causas.

16.5.2.6 Acidez no mosto

O desenvolvimento de acidez no mosto durante o bioprocesso é indicação preciosa da marcha do processo, permitindo aquilatar sua pureza.

Em um bioprocesso regular, o vinho não deve acusar grande alteração da acidez final em relação à inicial. Em um bioprocesso normal, regular, rápido e puro, a acidez pouco muda durante a fase inicial, aumenta na fase tumultuosa e tem maior acréscimo na fase complementar. Quando a acidez de um bioprocesso subsequente acusar valor crescente em relação ao precedente, é sinal de irregularidade.

16.5.2.7 Outros fatores a considerar

Entre os acidentes que cooperam para a alteração da acidez estão a formação de ácidos acético e láctico e a formação de produtos gomosos, como levânio e dextrânio.

A ocorrência de floculação nas leveduras indica uma séria irregularidade. As causas da floculação têm sido muito discutidas, mas não há explicação segura sobre elas. Há afirmações de que a floculação ocorre por causas genéticas e outras contam que é causada por formação de ácido láctico.

O aparecimento de drosófilas (mosca-do-vinagre) nos locais de fermentação ou sobre substratos em bioprocesso indica infecção por bactérias acéticas.

É razoavelmente comum ocorrer o enegrecimento de aparelhos de cobre em destilarias de aguardente de cana e a geração de odor desagradável de compostos de enxofre em bioprocessos malconduzidos. É comumente aceito que esse último seja produzido por mercaptanas, cuja origem reside em possível ocorrência de bactérias sulforredutoras nos substratos em fermentação.

REFERÊNCIAS

AIBA, S.; HUMPHREY, A. E.; MILLS, N.F. *Engenharia bioquímica*. Campinas: Fundação Centro Tropical de Pesquisa e Tecnologia de Alimentos, 1971.

ALMEIDA, J. R. Matéria-prima. In: SEMANA DE FERMENTAÇÃO ALCOÓLICA. FERMENTAÇÃO DO MEL FINAL, 2., 1961, Piracicaba. *Anais*... Piracicaba: Instituto Zimotécnico, 1961. v. 2, p. 172-187 (mimeografado).

AYRES, G. C. M. Fatores físicos e químicos que influem sobre a fermentação alcoólica. In: SEMANA DE FERMENTAÇÃO ALCOÓLICA. 1., 1960, Piracicaba. *Anais*... Piracicaba: Instituto Zimotécnico, 1960. v. 1, p. 103-118 (mimeografado).

AYRES, G. C. M. Influência de antissépticos na fermentação de melaço. In: SEMANA DE FERMENTAÇÃO ALCOÓLICA. FERMENTAÇÃO DO MEL FINAL, 2., 1961, Piracicaba. *Anais*... Piracicaba: Instituto Zimotécnico, 1961. v. 2, p. 188 (mimeografado).

BLAKEBROUGH, N. Industrial fermentations. In: BLAKEBROUGH, N. *Biochemical and Biological Engineering Science.* London: Academic Press, 1967. v. 1.

BORZANI, W. O emprego de antibióticos como desinfetante em fermentações alcoólicas. *Bol. Dep. Quim. Esc. Politécnica*, São Paulo, v. 2, p. 1-14, 1956.

BORZANI, W. Preparo dos pés de fermentação para melaço. In: SEMANA DE FERMENTAÇÃO ALCOÓLICA. FERMENTAÇÃO DO MEL FINAL, 2., 1961, Piracicaba. *Anais*... Piracicaba: Instituto Zimotécnico, 1961. v. 2, p. 172-187 (mimeografado).

BUTLIN, K. R. Aspects of microbiology. In: BLAKEBROUGH, N. *Biochemical and Biological Engineering Science.* London: Academic Press, 1967. v. 1.

FINN, R. K. Agitation and aeration. In: BLAKEBROUGH, N. *Biochemical and Biological Engineering Science.* London: Academic Press, 1967. v. 1.

FRIEDLANDER, S. K. Aerosol filtration by fibrous filters. In: BLAKEBROUGH, N. *Biochemical and Biological Engineering Science.* London: Academic Press, 1967. v. 1.

GALLI, F. Acidentes da fermentação alcoólica. In: SEMANA DE FERMENTAÇÃO ALCOÓLICA. 1., 1960, Piracicaba. *Anais*... Piracicaba: Instituto Zimotécnico, 1960. v. 2, p. 234-241 (mimeografado).

LIMA, U. A. Sistemas de fermentação alcoólica. In: SEMANA DE FERMENTAÇÃO ALCOÓLICA. 1., 1960, Piracicaba. *Anais*... Piracicaba: Instituto Zimotécnico, 1960a. v. 2, p. 242-253 (mimeografado).

LIMA, U. A. Verificação prática da pureza e da marcha da fermentação alcoólica. In: SEMANA DE FERMENTAÇÃO ALCOÓLICA. 1., 1960, Piracicaba. *Anais*... Piracicaba: Instituto Zimotécnico, 1960b. v. 2, p. 221-226 (mimeografado).

LIMA, U. A. Operação de instalações industriais de fermentação. In: SCHMIDELL, W. Preparação dos mostos. In: SEMANA DE FERMENTAÇÃO ALCOÓLICA. 3., 1962, Piracicaba. *Anais*... Piracicaba: Instituto Zimotécnico, 1962. v. 1, p. 89-103 (mimeografado).

LIMA, U. A. Produção de etanol. In: LIMA, U. A.; AQUARONE, E.; BORZANI, W. *Tecnologia das fermentações*. São Paulo: Blucher, 1975. p. 48-69.

LIMA, U. A. Produção de etanol. In: LIMA, U. A.; AQUARONE, E.; BORZANI, W.; SCHMIDELL, W. *Biotecnologia industrial*. São Paulo: Blucher, 2001b. v. 3, p. 1-43.

LIMA, U. A.; AQUARONE, E.; BORZANI, W. *Biotecnologia industrial*. São Paulo: Blucher, 2001a. v. 2, p. 425-440.

CAPÍTULO 17
Construção de equipamentos para bioprocessos

Josef Ernst Thiemann

Sérgio Luiz Moreira

17.1 INTRODUÇÃO

O desenvolvimento dos equipamentos de bioprocessos, tal como são concebidos atualmente, foi lento e em grande parte empírico. Os primeiros produtos obtidos por fermentação, por exemplo, vinho, cerveja, queijos, iogurte, vinagre, chucrute etc., processavam-se satisfatoriamente mesmo sob condições precárias de assepsia. A natureza específica do substrato empregado, o crescimento vigoroso do microrganismo utilizado, ou ainda a ação inibidora do produto final contribuíram, separadamente ou em conjunto, para o bom andamento dos processos fermentativos. A passagem desses processos artesanais de fermentação a escalas comerciais mais evoluídas aportou avanços no desenvolvimento dos equipamentos utilizados.

Um primeiro passo no melhoramento e na maior sofisticação dos bioprocessos ocorreu com a introdução de culturas puras na produção de cerveja. Contudo, foi realmente com os trabalhos pioneiros de Chaim Weizmann (2007), durante os anos de 1914-1918 na Inglaterra, desenvolvendo processo submerso anaeróbio de produção de acetona-butanol, que o conceito e as condições de fermentação controlada se firmaram. Podemos considerar a fermentação acetona-butanol como o marco inicial da fermentação industrial em grande escala empregando condições de total assepsia. As condições de estrita anaerobiose, essenciais ao desenvolvimento do *Clostridium acetobutylicum*, serviam ao mesmo tempo de proteção contra um grande número de contaminantes ambientais aeróbios, mas não impediam a contaminação da fermentação por bacteriófagos, que passaram a ser um dos problemas mais sérios (HASTING, 1971). Ainda hoje, com todos os avanços, as melhorias e a sofisticação, a infecção fágica de fermentações de antibióticos pode apresentar sérios problemas, que são eliminados unicamente com a seleção e a introdução de cepas fago-resistentes.

É muito difícil imaginarmos hoje a multitude de problemas que se apresentaram na implantação das primeiras fermentações industriais e para os quais soluções satisfatórias tinham de ser encontradas rapidamente para garantir o sucesso de um processo.

Para realizar a fermentação acetona-butanol, reatores adequados não estavam disponíveis, e tentativas de adaptar os reatores utilizados na fermentação alcóolica dotando-os com tampas simplesmente eram inviáveis pela impossibilidade de proceder a uma esterilização adequada com vapor. A construção de grandes reatores em aço-carbono, com fundo e tampa torriesféricos esterilizáveis com vapor sob pressão e tubulações também esterilizáveis para adição de inóculo e antiespumante, coleta de amostras, descarga e saída dos gases formados durante a fermentação etc., foi um passo gigante. Apesar de os reatores utilizados na fermentação acetona-butanol não serem dotados de sistema de agitação (as grandes quantidades de gás produzidas durante o processo fermentativo mantinham o conteúdo dos reatores em contínua agitação e homogeneização), eles permitiram acumular uma gama considerável de *expertise* na condução e na construção de equipamentos, beneficiando o desenvolvimento de outros processos fermentativos (leveduras de panificação, ácido cítrico e outros ácidos orgânicos, enzimas etc.).

Assim, no início da década de 2020, o cenário estava pronto para um novo e decisivo desenvolvimento no campo dos bioprocessos, qual seja, a adaptação e o aperfeiçoamento das técnicas de cultivo submerso, aeróbio e sob condições estéreis à produção de penicilina e, logo a seguir, de outros antibióticos, aminoácidos e à transformação de esteroides (BLAKEBOROUGH, 1973).

A introdução da penicilina durante a Segunda Guerra Mundial iniciou uma corrida para a descoberta de novos antibióticos e evidenciou nitidamente a necessidade de intensos trabalhos integrados de microbiologistas, geneticistas, bioquímicos e engenheiros para completar com sucesso as etapas requeridas para planejamento, *layout* e construção das plantas de bioprocessos e dos equipamentos. Em setembro de 1943 foi iniciada, em Terre Haute, Estados Unidos, a primeira planta industrial de fermentação de penicilina com fermentadores de aço-carbono com 54 m^3, dotados de sistema de agitação, aeração e outros aperfeiçoamentos necessários à condução do novo processo fermentativo (CALLAHAN, 1944).

Nas décadas subsequentes, muita atenção foi dedicada a problemas relacionados com a substituição dos processos contínuos e de batelada alimentada, utilização de novos substratos como hidrocarbonetos e estudos de novas configurações de reatores, agitadores, filtração do ar, controle dos processos etc.

Desde 2000, o desenvolvimento quase que explosivo do mercado de produtos biotecnológicos, advindo dos resultados práticos do emprego das tecnologias do DNA recombinante, influenciou novamente a concepção dos equipamentos de bioprocessos, principalmente no que diz respeito ao conceito de esterilidade e contenção ambiental e ao emprego de células animais ou humanas para a produção de biofármacos (KOPP; THALMANN, 1990).

17.2 CARACTERÍSTICAS BÁSICAS DE REATORES PARA BIOPROCESSOS

Para satisfazer a função primária de um biorreator, que é fornecer condições ambientais adequadas ao crescimento dos microrganismos, uma série de parâmetros deve ser considerada e incorporada a ele durante a sua fase de projeto e construção.

Os seguintes pontos devem ser observados:

a) O reator deve ser capaz de manter-se estéril por muitos dias, trabalhar sem problemas por longos períodos e satisfazer todas as exigências legislativas de contenção ambiental.

b) As exigências metabólicas dos microrganismos quanto a aeração e agitação devem ser plenamente satisfeitas, mantendo-se, porém, a sua integridade física.

c) A potência absorvida deve ser a menor possível.

d) Um eficiente sistema de controle de temperatura deve estar disponível.

e) Um sistema de controle de pH deve estar disponível.

f) Um sistema de retirada de amostras à prova de contaminação, tanto do conteúdo do biorreator como do meio ambiente, deve ser parte integrante do equipamento.

g) Perdas por evaporação devem ser mantidas ao mínimo.

h) Um eficiente sistema de controle dos gases de saída do fermentador deve estar disponível.

i) O reator deve exigir o mínimo de mão de obra para sua operação, sua limpeza e sua manutenção.

j) O reator deve preencher, sempre que possível, a característica de multipropósito, contudo, a regulamentação de contenção ambiental e a possibilidade de contaminações cruzadas podem ser fatores limitantes.

k) O reator deve ter as superfícies internas polidas e todas as suas conexões, na medida do possível, devem ser soldadas, e não flangeadas ou rosqueadas.

l) Na medida do possível, o reator deve manter uma geometria similar à dos reatores menores ou maiores, a fim de facilitar a ampliação de escala do processo.

Sem dúvida, os itens a e b são os mais críticos e também os mais difíceis de satisfazer.

Um grande número de diferentes concepções de reatores tem sido descrito na literatura, contudo, somente algumas têm se mostrado satisfatórias e encontraram aplicação industrial.

O tipo de reator mais difundido é baseado no modelo de tanque cilíndrico vertical, agitado mecanicamente ou não, provido de sistema de aquecimento e resfriamento e demais controles necessários ao processo. As Figuras 17.1 e 17.2 mostram esquemas das características típicas de um reator desse tipo agitado mecanicamente e as suas relações dimensionais (Tabela 17.1).

Entre outras configurações de reatores, duas em particular – o *airlift* e o *tower fermenter* – têm encontrado aplicações comerciais.

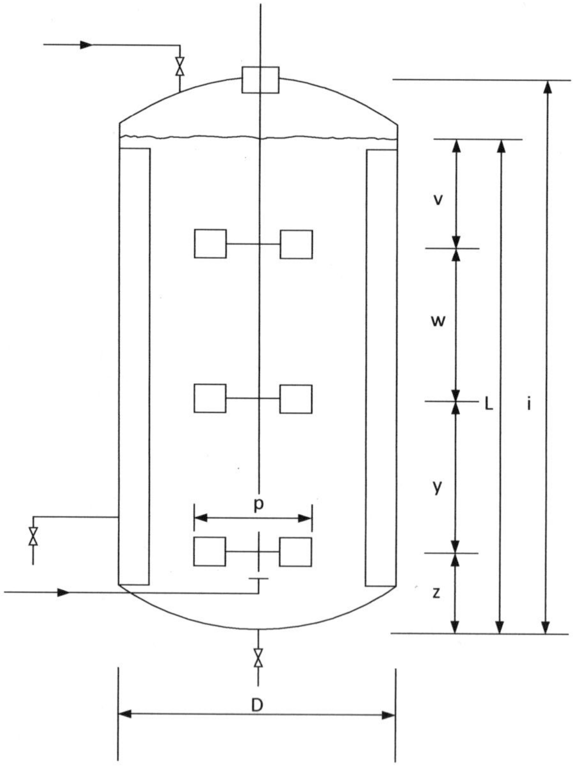

Figura 17.1 Diagrama de biorreator com turbinas múltiplas.

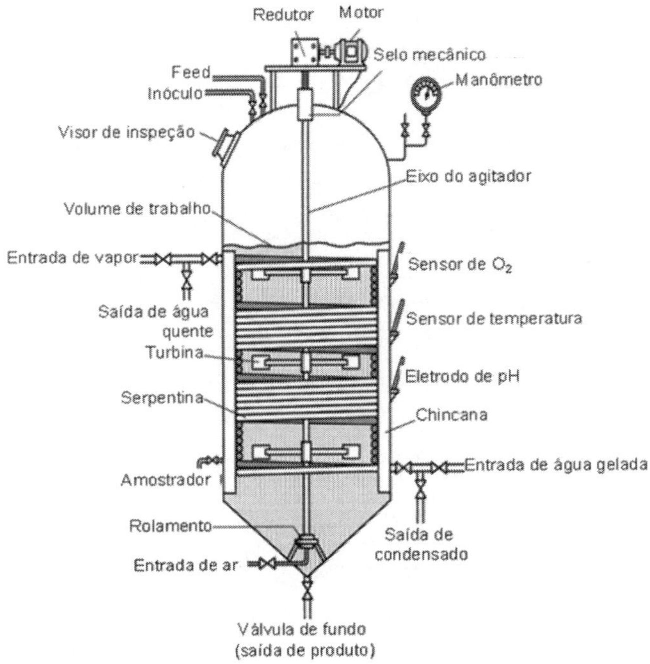

Figura 17.2 Visão geral de um biorreator.

Tabela 17.1 Relações geométricas mais utilizadas em biorreatores agitados mecanicamente

Dimensões	Steel e Maxon (1961)	Blakeborough (1973)	Páca, Ettler e Grégr (1976)	Aiba, Humphrey e Millis (1973)
L/*D* (diâmetro)	0,73	1,0-1,5	1,7	–
Diâmetro da turbina (*P*/*D*)	0,40	0,33	0,33	0,4
Largura da chincana/*D*	0,10	0,08-0,010	0,098	0,095
Altura do agitador/*D*	–	0,33	0,37	0,24
P/*V*	–	–	0,74	–
P/*W*	–	–	0,77	0,85
P/*Y*	–	–	0,77	0,85
P/*Z*	–	–	0,91	2,10
H/*D*	–	–	2,95	2,20

O planejamento faz parte do projeto de construção de uma planta de bioprocessos como um todo. Para uma adequada elaboração do projeto, diversas etapas devem ser cumpridas.

17.2.1 CRITÉRIOS PRIMÁRIOS DO PROJETO

Esta etapa representa a coleta de todos os dados relativos ao projeto, englobando aqueles referentes ao processo biológico a ser desenvolvido, bem como à planta a ser construída. Dados do processo incluem informações sobre a cinética do processo, balanços térmicos das reações, condições de assepsia necessárias, propriedades fisiológicas do(s) microrganismo(s), necessidade de matérias-primas e suas características etc.

Todas essas informações e outras pertinentes ao processo fazem parte do *know-how* acumulado durante a fase experimental desenvolvida em nível de laboratório e planta-piloto. Quanto aos dados relacionados com o projeto da nova planta, estes se relacionam fundamentalmente com localização, capacidade instalada prevista, disponibilidade ou não de água, vapor e eletricidade, volume e características dos efluentes e tratamento destes etc.

17.2.2 FLUXOGRAMA DO PROCESSO

A elaboração de um fluxograma detalhado do processo, baseado nos dados acumulados e estabelecidos na definição dos critérios primários, é fundamental. No fluxograma, todos os equipamentos necessários ao processo são lançados em escala, com sua exata localização na planta.

Um diagrama das tubulações e da instrumentação é elaborado, nele sendo inclusas e detalhadas todas as linhas de processo, válvulas, dimensões, tipos, bitolas, materiais de construção, características, enfim, todas as informações necessárias ao *procurement* devem estar disponíveis.

Adicionalmente, a validação do projeto e de sua operabilidade prática requer a simulação do processo com uso de modelos apropriados ao bioprocesso, previamente às etapas subsequentes de construção. Embora a modelagem e a simulação de processos tenham crescido muito nos últimos anos, simuladores comerciais para bioprocessos ainda se encontram em desenvolvimento.

17.2.3 DESENHO MECÂNICO

A partir dos dados levantados na definição dos critérios primários do projeto e do fluxograma do processo, o desenho mecânico vai detalhar as especificações de todo o projeto, incluindo, entre outros:

- cálculo da pressão dos reatores;
- cálculo dos trocadores de calor;
- cálculo das estruturas metálicas;
- análise da expansão térmica das tubulações;

- cálculo dos agitadores;
- especificação das tubulações;
- especificação dos acabamentos internos dos reatores;
- especificação dos critérios de assepsia e esterilidade;
- especificação dos materiais de construção;
- especificação e dimensionamento da rede elétrica.

Com essas informações e esses cálculos, são elaborados os desenhos definitivos com os diversos cortes e elevações, onde necessários, compreendendo, entre outros:

- *layout* da planta;
- *layout* dos equipamentos;
- *layout* das tubulações;
- *layout* de águas pluviais, esgotos etc.

Do exposto, fica claro que os bioprocessos não diferem muito de processos químicos usuais no que diz respeito à elaboração dos projetos, salvo pela característica biológica destes, que deve ser levada em consideração em todas as etapas do planejamento, principalmente nos itens: assepsia, esterilidade e limpeza (LUNDELL; LAINO, 1976; SCHULZE; SCHULZE, 1988).

A manutenção da esterilidade depende não somente de um acurado processo de esterilização, como também, em grande parte, dos corretos planejamento e execução do projeto. Frequentemente, a causa do desenvolvimento de contaminações pode ser encontrada em falhas no projeto construtivo, tanto do biorreator como dos equipamentos ancilares, bem como das tubulações e das válvulas utilizadas.

Com a introdução de microrganismos recombinantes e o seu uso cada vez mais generalizado pelas indústrias de biotecnologia, o conceito de esterilidade foi ampliado, incluindo atualmente também aspectos de biossegurança e de contenção ambiental. Antes do emprego de microrganismos recombinantes, a maior preocupação era evitar a introdução no reator de microrganismos estranhos ao processo; atualmente existe a preocupação adicional de evitar a contaminação do meio ambiente com formas viáveis do microrganismo produtor (STANBURY; WHITAKER; HALL, 1995).

As primeiras regulamentações sobre o manuseio e o uso de microrganismos recombinantes e medidas para o controle dos riscos envolvidos foram elaboradas pelo National Institute of Health (NIH) dos Estados Unidos e, gradativamente, adotadas e implantadas pela maioria dos países, inclusive o Brasil (FEDERAL REGISTER, 1984; MINISTÉRIO DA PESQUISA E TECNOLOGIA, 1986; FLICKINGER; SANSONE, 1984). Para estabelecer o nível adequado de contenção ambiental necessário ao uso de microrganismos recombinantes, as condições devem ser analisadas cuidadosamente, a fim de levantar os pontos que podem ser fonte de contaminação ambiental.

De acordo com a maior ou menor gravidade do risco, são estabelecidos pela Comissão Técnica Nacional de Biossegurança (CTNBio) quatro classes para os agentes biológicos, considerando: virulência, modo de transmissão, estabilidade do agente, concentração e volume, origem do material potencialmente infeccioso, disponibilidade de medidas profiláticas eficazes, disponibilidade de tratamento eficaz, dose infectante, tipo de ensaio e fatores referentes ao trabalhador. Assim, foram estabelecidos os respectivos níveis de biossegurança, os quais preveem requisitos básicos a serem adotados não somente nos laboratórios ou plantas industriais, como também na construção dos equipamentos de bioprocessos (Tabela 17.2).

Tabela 17.2 Principais requisitos para os níveis de biossegurança

Requisitos	Níveis de biossegurança			
	1	2	3	4
Isolamento do laboratório	N	N	S	S
Sala completamente vedada para a descontaminação	N	N	S	S
Áreas de escritórios designados à administração e pesquisa fora das instalações de biocontenção	N	N	S	S
Local para acondicionamento de roupas e objetos pessoais fora das áreas de biocontenção	R	S	S	S
Refeitório fora da área de biocontenção	S	S	S	S
Símbolo de risco biológico afixado na porta de entrada e nas áreas de manipulação de agentes biológicos	N	S	S	S
Execução das atividades laboratoriais em dupla	N	N	R	S
Sistema para higienização e segurança: pias para lavagem das mãos com acionamento mecânico ou automático, chuveiro e lava-olhos	S	S	S	S
Ventilação				
Adução do ar	N	R	S	S
Sistema de ventilação controlada	N	R	S	S
Exaustor com filtros de alta eficiência (*high efficiency particulated air* – Hepa)	N	N	S	S
Entrada com porta dupla	N	N	S	S
Sistema de portas com travamento mecânico ou automático	R	R	S	S

(*continua*)

Tabela 17.2 Principais requisitos para os níveis de biossegurança (*continuação*)

Requisitos	Níveis de biossegurança			
	1	2	3	4
Câmara de vácuo (pressão negativa na área de biocontenção)	N	N	S	S
Câmara de vácuo com ducha	N	N	N	S
Antecâmara	N	N	S	-
Antecâmara com chuveiros/duchas	N	N	S	N
Tratamento dos efluentes	R	R	S	S
Incineração dos resíduos após a esterilização	N	N	R	S
Autoclave				
In loco	N	R	S	S
Em área separada, nas dependências do laboratório	N	N	R	S
Contendo duas portas	N	N	R	S
Cabine de segurança biológica				
Classe I	R	R	–	–
Classe II	R	S	S	–
Classe III	–	–	R	S
Circuito interno de imagem	N	N	R	S
Registro pelas autoridades sanitárias nacionais	N	N	S	S
Roupas de proteção com pressão positiva e ventilação	N	N	N/S*	S
Uso de equipamentos de proteção individual (EPI)	S	S	S	S
Cumprimento das boas práticas laboratoriais (BPL)	S	S	S	S
Incineração dos resíduos após a esterilização	N	N	N	S

N – uso não mandatório; S – uso é mandatório; R – uso é recomendável.

* Se houver risco de produção de aerossóis, é exigido o uso do traje de pressão positiva e ventilação associado à utilização de CSB classe II.

Fonte: adaptada de Penna, Aquino e Castanheira (2010, apud SANGIONI et al., 2013).

Tudo indica que, no futuro, não será mais feita distinção entre microrganismos recombinantes e não recombinantes. O caráter fundamental será se o microrganismo é ou não patogênico ou potencialmente patogênico, independentemente de sua constituição genética.

17.3 CONSTRUÇÃO DO BIORREATOR

17.3.1 MATERIAIS DE CONSTRUÇÃO

A escolha dos materiais de construção dos equipamentos de bioprocessos é de vital importância, e deve ser feita levando em consideração as condições particulares às quais os materiais serão expostos (COWAN; THOMAS, 1988). Ao contrário das condições encontradas na indústria química, nas indústrias de biotecnologia as variações de temperatura e pressão utilizadas são bastante limitadas e o pH é mantido geralmente próximo ao neutro. Contudo, as exigências de operações assépticas são mais rigorosas e condicionam profundamente a escolha dos materiais de construção.

Para reatores de volume limitado (1-20 L) (reatores de bancada) é perfeitamente possível o emprego de vidro. A utilização de vidro apresenta uma série de vantagens: superfícies lisas, facilidade de limpeza, não toxicidade, resistência à corrosão e facilidade de inspeção visual.

Três tipos básicos de biorreatores de bancada são utilizados (Figura 17.3):

1) Reatores em vidro com fundo arredondado ou chato e a tampa superior em inox ligada ao corpo por uma flange. O vidro de borossilicato utilizado pode ser esterilizado em autoclave. O inconveniente é a baixa resistência a choques e pressão. Segundo Cowan e Thomas (1988), o diâmetro máximo para reatores de vidro é de 60 cm.

2) Reatores cilíndricos confeccionados em aço inoxidável. Geralmente esses reatores possuem sistema de aquecimento por resistência elétrica, o volume nominal é inferior a 20 L e a esterilização é *in situ*.

3) Reatores do tipo *single-use*.

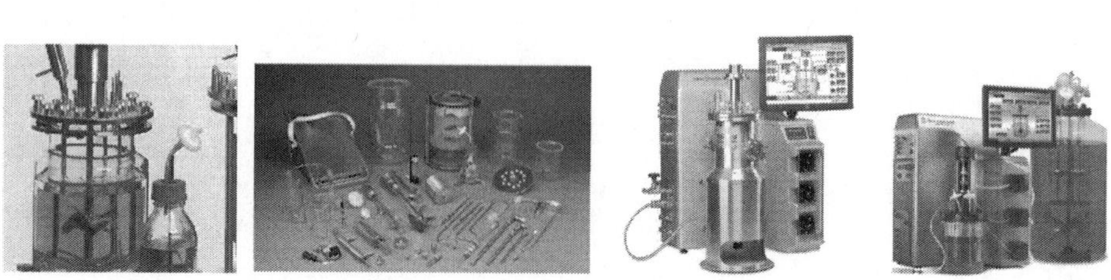

(a) (b) (c) (d)

Figura 17.3 Biorreatores de bancada: (a) biorreator com corpo de vidro, tampa superior em inox com entrada dos sensores de pH, oxigênio, temperatura e coleta de amostra; (b) partes de fermentadores de bancada de vidro; (c) biorreator com corpo em inox 316 L esterilizável *in situ* de 20 L; (d) reatores do tipo *single-use*, previamente esterilizados por radiação gama (New Brunswick Scientific da Eppendorf).

Reatores piloto e industriais, nos quais os volumes podem variar de 50 L a 500 m^3 ou mais (Figura 17.4), podem ser construídos em aço inoxidável 316. Na construção desses reatores os materiais utilizados devem ser avaliados em função de capacidade de resistir às pressões de esterilização, resistência à corrosão, toxicidade dos produtos resultantes de uma eventual corrosão e custo do material.

Aço mole com menos de 0,25% de carbono foi utilizado na construção de biorreatores de grande porte para a produção de penicilina, sem efeitos tóxicos (WALKER; HOLDSWORTH, 1958).

Apesar de o aço inoxidável 316 ser considerado o material mais adequado, ele não resolve todos os problemas. Na produção de ácido cítrico, a pH 1 ou 2, pode ocorrer corrosão, e os metais pesados liberados podem interferir negativamente no processo. Esse problema é mais acentuado em reatores menores (1.000 L) em virtude da relativamente elevada relação entre área exposta/volume. O emprego de inox 317 contendo 3-4% de molibdênio é aconselhável nesses casos (COWAN; THOMAS, 1988).

Existem várias classes de aço inox, como também diversos sistemas de classificação – a mais utilizada no Brasil é a da American Iron and Steel Institute (AISI).

Figura 17.4 Biorreatores industriais para produção de biofármacos (Samsung Biologics).

A Tabela 17.3 relaciona a composição dos aços inoxidáveis mais comumente empregados.

Tabela 17.3 Composição nominal (%) de alguns tipos de aços inoxidáveis AISI

Tipo de aço	Composição nominal (%)				
	Carbono	Cromo	Níquel	Titânio	Molibidênio
304	0,08	18-20	8-11	–	–
304 L	0,03	18-20	8-11	–	–
321	0,08	17-19	9-12	≥ 5 x C	–
316	0,08	16-20	10-14	–	2-3
316 L	0,03	16-20	10-14	–	2-3

Em biorreatores que utilizam células animais, a eliminação de uma possível liberação de metais pesados, devido à corrosão dos metais utilizados, é extremamente importante, pois pode ser a causa de insuspeitáveis problemas. A integridade das superfícies metálicas deve ser garantida a todo custo, pois a corrosão de aços inoxidáveis tem causado acúmulo de níquel e cromo em produtos como o plasma sanguíneo.

Atualmente o material mais utilizado na construção de biorreatores é, sem dúvida, o AISI 316, que possui uma boa resistência ao ataque pelos íons cloreto, presentes em praticamente todos os meios de fermentação.

A Tabela 17.4 mostra vários sistemas internacionais correspondentes ao AISI 316.

Tabela 17.4 Sistemas de classificação utilizados para o inox 316

Alemanha DIN	França AFNOR	Reino Unido BS	Japão JIS	Suécia SS	EUA AISI
X2 Cr NiMo	Z6 CND 17.11	316S16	SUS 316	2347	316
17122	Z2 CND 18.13	316S11	SUS 316L	2348	316L
X2CrNiMo 17132	Z2 CND 17.12	316S12	–	–	–
G-XCrNiMo1810	Z2 CND 19.10M	–	–	–	–
–	Z2 CND 17.12AZ	316S61	SUS 316LN	–	316LN
X2CrNiMo 17122	Z2 CND 17.13	316S11	SCS 16	2353	316L
X2CrNiMo 18143	–	316S12	SUS 316L	–	–

Fonte: adaptada de Stanbury, Whitaker e Hall (1995).

A suscetibilidade dos aços inoxidáveis, principalmente os menos nobres, por exemplo, AISI 304, ao ataque pelos íons cloreto é extremamente importante no projeto de equipamentos auxiliares, como em depósitos de ácido para controle do pH. O aço AISI 316 é adequado para soluções de ácido sulfúrico até 20% à temperatura ambiente. Para soluções de ácido clorídrico, recipientes de plástico, fibra de vidro ou reatores vitrificados são recomendados.

17.3.2 OUTROS MATERIAIS

17.3.2.1 Cobre

Este material foi largamente empregado no passado pelas cervejarias. Apesar da toxicidade, a resistência adquirida pelas leveduras a esse metal pode chegar a 30 ppm (COWAN; THOMAS, 1988). A tendência à formação de depósitos sobre a superfície exposta do cobre, reduzindo o seu contato com o mosto, pode ser outro fator importante na redução da toxicidade deste metal. Atualmente o cobre está tendo cada vez menos uso em cervejarias, sendo substituído pelo aço inoxidável.

17.3.2.2 Alumínio

Os ingredientes dos meios usados em bioprocessos podem atacar o alumínio, razão pela qual ele raramente é empregado na construção de biorreatores. Na fermentação de ácido cítrico pelo processo estático, foram utilizadas bandejas de alumínio. Contudo, alumínio de altíssima pureza (<99,9%) é largamente utilizado nas indústrias de alimentos e farmacêutica.

17.3.2.3 Níquel

Ligas de níquel apresentam elevadas resistências à corrosão e térmica. Monel 400 (66% níquel, 33% cobre) é resistente a condições redutoras e o seu uso complementa o do aço inoxidável; contudo, existem condições na indústria de alimentos em que o cobre da liga é atacado, ocasionando escurecimento do produto.

Bombas de adição de ácidos minerais fortes são às vezes fabricadas em Hastelloy C. Ligas mais complexas do Monel são extremamente resistentes à corrosão.

17.3.2.4 Titânio

De custo muito elevado, sendo, portanto, empregado somente em situações muito especiais. A grande vantagem das ligas de titânio é a de não serem sujeitas ao tipo de corrosão chamado de *pitting* (buraco) quando em contato com soluções contendo íons cloreto. Por essa razão, encontra algumas aplicações na indústria de alimentos, em que pode ocorrer contato com salmouras a temperaturas acima de 80 °C. É resistente também aos ácidos acético, lático, cítrico etc.

17.3.2.5 Vidro

Como já mencionado anteriormente, o vidro borossilicato é largamente empregado na construção de reatores de bancada. Em biorreatores piloto e industrial, o seu uso fica fundamentalmente restrito à instalação de visores.

17.3.2.6 Plásticos

Os plásticos, de um modo geral, são resistentes à corrosão, porém a resistência a solventes de alguns tipos de plásticos é bastante limitada. A sua resistência a impactos, mais baixa que a dos metais, pode ser melhorada pela incorporação de fibras de vidro. Existe uma grande variedade de plásticos – os mais importantes e algumas de suas propriedades estão descritos na Tabela 17.5.

Tabela 17.5 Propriedades de alguns dos plásticos mais importantes

Material	Custo	Resistência à tração (MPa)	Temperatura máxima de trabalho (sem carga) (°C)	Resistência química
Polietileno	Baixo	20-37	120	Boa
Polipropileno	Baixo	33-38	150	Boa
PVC (rígido)	Baixo	25-32	110	Boa
PTFE	Alto	07-28	290	Excelente
Nylon 6.6	Baixo	62-83	150	Absorve umidade
ABS (GP)	Baixo	41	90	Boa

Fonte: adaptada de Kutz (2011).

Os plásticos e os plásticos reforçados são mais frequentemente utilizados nas indústrias alimentícias, em tubulações para a transferência de produtos e recipientes para estocagem. Nas indústrias de fermentação não encontram aplicação significativa na construção dos reatores (exceto o PTFE em válvulas, buchas para haste de agitadores etc.), porém têm aplicação na construção de reservatórios de algumas matérias-primas.

17.3.2.7 Aço-carbono

O ferro é normalmente utilizado sob a forma de ligas com carbono, resultando em vários tipos de aço-carbono (Tabela 17.6).

Tabela 17.6 Conteúdo em carbono de diversos tipos de aço

Tipo	Concentração de carbono (% peso)	Aplicações
Aço mole	0,03-0,25	Chapas
Aço-carbono conc. média	0,25-0,80	Estruturas
Aço-carbono conc. alta	0,80-2,00	Ferramentas
Ferro-gusa	>2,00	Fundição

Fonte: adaptada de Cowan e Thomas (1988).

Aços moles com menos de 0,25% de carbono foram utilizados na construção dos primeiros reatores empregados na produção de antibióticos (penicilina) (HASTING, 1966; STEFANIAK et al., 1946). Atualmente o aço-carbono é menos frequentemente utilizado em biorreatores em virtude das especificações mais rigorosas quanto à limpeza e à não contaminação do produto, e também por reduzir a flexibilidade na utilização do equipamento, pois muitos bioprocessos são suscetíveis a altas concentrações de ferro. O emprego do aço-carbono tem se restringido à construção de alguns equipamentos auxiliares: estruturas metálicas, tubulações de água, de vapor e de resfriamento, entre outros.

17.3.3 VEDAÇÕES ASSÉPTICAS

Os vários bioprocessos utilizados pelas indústrias biotecnológicas até recentemente foram desenvolvidos tendo em vista mais a prevenção da contaminação dos processos pelo meio ambiente que o contrário (HAMBLETON et al., 1991). Contudo, muitos processos biotecnológicos têm o potencial de gerar aerossóis, que, contendo microrganismos ou produtos de origem microbiológica, podem representar uma fonte de perigo em potencial, tanto para os operadores como para o meio ambiente.

Aerossóis podem se formar nos procedimentos de inoculação, amostragem, pressão em cúpula, saída dos gases, sendo liberados por selos mecânicos, guarnições, flanges ou conexões, transferência de líquidos, operações de recuperação do produto fermentado etc.

Para garantir a manutenção da esterilidade e das condições de contenção ambiental, atenção especial deve ser dada à construção e ao tipo de material de vedação empregado na junção entre as diversas partes, que pode ser entre vidro/vidro, vidro/metal ou metal/metal.

As especificações do material utilizado nas juntas de vedação são extremamente importantes, pois os selos estáticos (guarnições) formam frequentemente a única barreira de que se dispõe para evitar a perda do produto em processamento e, por consequência, também a quebra das condições de contenção ambiental. Vedações estáticas de vidro e metal, largamente utilizadas em biorreatores de bancada, onde o corpo do reator é de vidro e a tampa superior e/ ou inferior é de metal, podem ser de vários tipos (Figura 17.5).

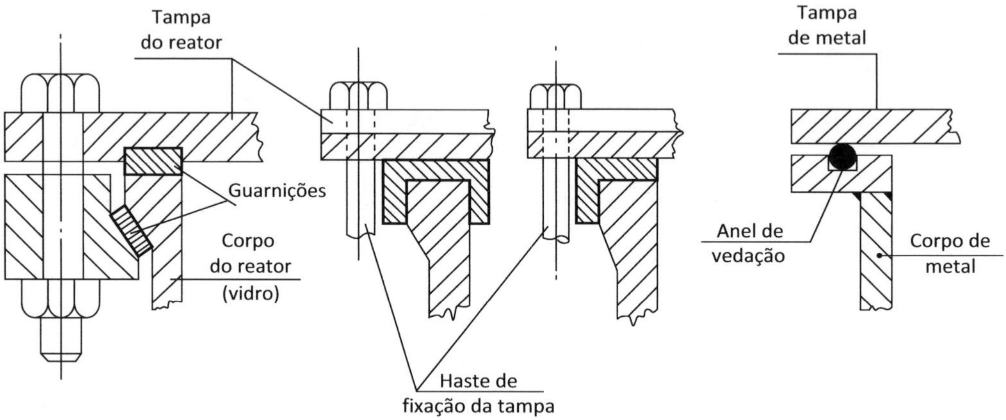

Figura 17.5 Vedações estáticas entre vidro/metal e metal/metal.

Para vedações metal com metal, a utilização de anéis de vedação ("O" *ring*) é sempre a mais indicada, podendo estes serem simples ou duplos e, neste caso, ainda providos de um selo interno de vapor (Figura 17.6). Selos duplos e com circulação de vapor foram preconizados por Hambleton et al. (1991) como garantia adicional para sistemas de elevada periculosidade. Sob condições normais, o selo de vedação simples, quando utilizado criteriosamente e com inspeções detalhadas e periódicas a fim de identificar eventual degradação do material, é plenamente adequado para a maioria dos casos. Existe atualmente uma grande variedade de borrachas sintéticas, com resistência térmica superior contra ácidos e álcalis e vários solventes e óleos (Tabela 17.7).

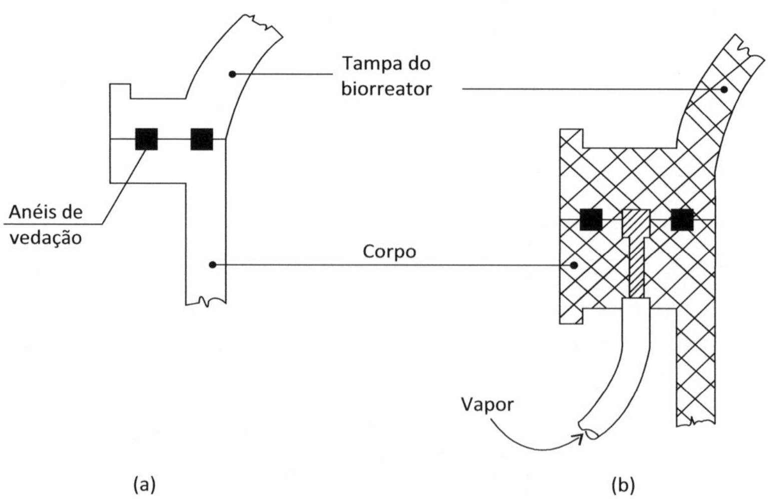

Figura 17.6 Sistema de vedação em fermentadores piloto entre tampa e corpo: (a) selo estático com anel de vedação duplo; (b) anel de vedação duplo com circulação de vapor entre os anéis.

Tabela 17.7 Polímeros sintéticos utilizados em guarnições

Nome ou sigla	Tipo de polímero	Aplicação	Limites de temperatura (°C)
SBR	Estireno-butadieno	No processamento de leite, cerveja, sucos de frutas. Inadequado para óleos e gorduras	–40 a 95
Nitrila	Acronitrila butadieno	No processamento de alimentos, leite, cremes, óleos lubrificantes. Atacado pelo ácido nítrico	–15 a 135
Butil	Copolímeros de isobutileno e isopreno	Em soluções concentradas de soda cáustica e ácidos sulfúrico e nítrico. Inadequado para solventes e óleos minerais	–35 a 150
EPDM	Terpolímero de etilenopropileno	Para altas temperaturas e vapor. Inadequado para trabalhos com gorduras e solventes alifáticos e aromáticos	–35 a 155
Neoprene	Cloropreno	Em uso geral, boa resistência também contra gorduras e óleos	–30 a 100
Viton	Copolímero hexafluoro-propileno e vinil fluoreto	De custo altíssimo, altamente resistente a muitos solventes orgânicos e lubrificantes	–5 a 200
Silicone	Metil-etilvinil siloxano	Não adequado para o uso de vapor. Resistência a materiais altamente corrosivos (por exemplo, hipoclorito de sódio) e elevadas temperaturas. Atacado pelo ácido nítrico e alguns solventes orgânicos	–50 a 175

17.3.4 DETALHES CONSTRUTIVOS

A espessura do material de construção do corpo do reator varia de acordo com o seu dimensionamento. Para reatores de 30-40 m^3 de capacidade, normalmente são usadas chapas de 7 mm de espessura para o corpo cilíndrico e de 10 mm para as calotas hemisféricas superior e inferior (STANBURY; WHITAKER; HALL, 1995).

17.3.4.1 Solda e tratamento do aço inoxidável

O aço inoxidável, apesar da baixa concentração de carbono (<0,08%, ou no caso do aço inoxidável classe “L”, <0,03%), sofre transformações nos pontos de solda. Nas temperaturas elevadas que ocorrem nesses pontos, o cromo combina com o carbono formando precipitados, reduzindo assim a resistência à corrosão. O problema pode ser evitado utilizando aço inoxidável estabilizado pela adição de titânio (por exemplo, 321), que se combina preferencialmente com o carbono (COWAN; THOMAS, 1988). O emprego do argônio nas soldas, impedindo uma oxidação excessiva nesses pontos, garante a sua integridade, reduzindo o perigo de corrosão.

17.3.4.2 Chicanas ou quebra-vórtice

A colocação de chicanas, quebra-vórtice ou *baffles* em biorreatores agitados mecanicamente é fundamental para aumentar a turbulência e, por conseguinte, a oxigenação do meio.

Normalmente são utilizadas quatro chicanas equidistantes umas das outras. A largura das chicanas normalmente é de 10% do diâmetro do reator. Especial atenção deve ser dada à fixação das chicanas ao corpo do fermentador, devendo-se deixar entre este e a chicana um espaço de 1 cm a 2 cm, a fim de evitar a formação de zonas de estagnação.

As chicanas podem ou não ser soldadas diretamente ao corpo do biorreator, a depender do tipo de processo e da dimensão deste. Por exemplo, em grandes reatores industriais agitados mecanicamente e fermentações de características reológicas não newtonianas, as chicanas podem ser aparafusadas a suportes reforçados, soldados à parede do fermentador, conferindo maior resistência a deformações, maior facilidade na manutenção e fácil remoção para limpeza. Contudo, em processos biofarmacêuticos, é interessante o uso de chicanas fixas, em virtude da dimensão do biorreator e da facilidade de limpeza.

17.3.4.3 Camisas e serpentinas

Tanto as camisas como as serpentinas, que podem ser internas ou externas, neste caso sob a forma de semitubos, têm a finalidade de fornecer calor durante a esterilização, bem como retirar calor durante a fase de resfriamento e manutenção da temperatura de fermentação. As camisas são cada vez menos utilizadas na construção de reatores, pela sua reduzida eficiência na transferência de calor devida à circulação irregular do vapor ou da água de refrigeração nelas.

As serpentinas internas permitem uma boa troca térmica e eficiente circulação do fluido em alta velocidade. Têm, porém, alguns inconvenientes:

a) reduzem significativamente o volume útil do fermentador;

b) dificultam a sua limpeza interna;

c) dificultam a mistura eficiente do meio em fermentadores agitados mecanicamente;

d) podem ser um foco adicional de contaminação por defeito nas soldas (*pitting*), às vezes difíceis de detectar.

Atualmente é cada vez mais difundido o emprego de serpentinas externas, feitas de semitubos helicoidais soldados externamente à parede do reator.

Essa solução apresenta uma série de vantagens:

a) permite o emprego de semitubos construídos em AISI 304;

b) elimina o perigo de contaminação;

c) permite a construção das serpentinas em seções, o que é importante quando o fermentador deve ser esterilizado com volume abaixo da capacidade nominal; evita-se, desse modo, que ingredientes venham a ser queimados, reduzindo consideravelmente as incrustações na parte superior do reator.

A eficiência das trocas térmicas, tanto para esterilização como refrigeração, pode ser aumentada significativamente equipando as chicanas com circulação interna de vapor e/ou solução refrigerante, caso se deseje.

17.3.4.4 Difusores de ar

O suprimento de ar aos fermentadores é feito por difusores ou dispersores de ar de vários tipos, sendo os de tubo aberto simples, em forma de L ou anel de distribuição, colocados sempre abaixo da última turbina, os mais frequentemente utilizados (Figura 17.7). Os difusores de ar em anel apresentam o inconveniente de exigir uma manutenção constante, pois podem entupir facilmente quando se utilizam meios ricos em materiais em suspensão, como farelos proteicos (amendoim, soja, algodão etc.) ou amiláceos (fubá, farelo, arroz etc.).

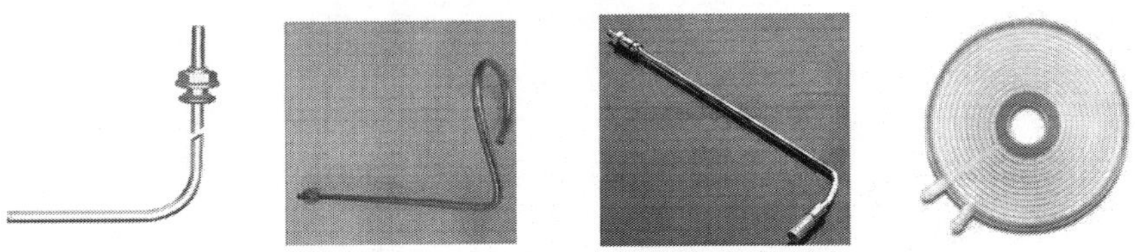

(a) (b) (c) (d)

Figura 17.7 Tipos de difusores de ar: (a) tubo aberto em "L"; (b) tubo aberto curvo; (c) tubo em "L" com difusor; e (d) disco com microfuros para difusão de ar (Combisparger, Sartorius).

Para reduzir esse risco e facilitar a limpeza periódica dos difusores, eles são construídos em segmentos flangeados e dotados de furos maiores na parte inferior do anel para facilitar a saída de material em suspensão. O emprego de difusores de material poroso em bioprocessos industriais é descartado, em virtude da obstrução dos poros tanto pelo meio de cultivo como pelo crescimento do próprio microrganismo.

Difusores de ar em biorreatores sem agitação mecânica têm sido empregados em alguns casos na produção de levedura e, mais largamente, em fermentadores *airlift*.

Como já mencionado, os difusores de tubo aberto são os mais frequentemente utilizados em biorreatores agitados. Nesses casos, o tubo difusor deve ser, de preferência, afixado centralmente sob a turbina e o mais distante possível desta, a fim de reduzir o perigo de inundar a turbina em uma grande bolha de ar, com a consequente queda na eficiência da transferência de oxigênio.

17.3.4.5 Agitadores (turbinas ou *impellers*)

As funções do agitador ou agitadores em biorreatores são múltiplas: homogeneização do meio, mistura das fases gasosa e aquosa, dispersão do ar, transferência de oxigênio e calor, suspensão de sólidos; enfim, objetivam manter as condições ambientais no meio de fermentação o mais uniformes possível.

A função principal, que afeta o desenho do reator destinado a fermentações aeróbias, é aumentar a eficiência com que o complexo agitadores/difusores consegue transferir o oxigênio aos microrganismos. A disponibilidade de oxigênio é geralmente mais crítica que a de outros substratos.

Para obter as elevadas transferências de oxigênio necessárias, diferentes tipos de turbinas têm sido utilizadas. Destes, a turbina de disco com seis pás planas de Rushton é o tipo mais frequentemente utilizado. A relação entre os diâmetros da turbina e do reator (D/T) é um fator importante que determina a eficiência da agitação e, por conseguinte, também da aeração. Turbinas de Rushton com essa relação superior a ⅓ promovem uma agitação mais eficiente, requerendo, porém, um consumo de energia mais elevado.

Em reatores piloto ou industriais, normalmente a partir de volumes de 1 m^3, há a necessidade de utilizar duas ou mais turbinas. Nesses casos, a turbina mais próxima ao fundo do reator fica a uma distância deste de ⅓ a ½ vez o diâmetro dos biorreatores. Nos casos de turbinas múltiplas, o espaçamento entre elas é importante para se obter o máximo efeito de bombeamento e transferência de oxigênio, com um mínimo de potência consumida.

As Figuras 17.8 e 17.9 mostram os tipos mais comuns de turbinas utilizadas em biorreatores. Nas turbinas constituídas por um disco rígido, é conveniente que este seja construído em duas partes, para facilitar a montagem e a desmontagem no eixo.

Normalmente são dotadas de furos ou rasgos em posições simétricas, a fim de permitir a colocação de pás adicionais ou mudar o posicionamento delas, de modo a aumentar ou diminuir o diâmetro da turbina. O eixo, na posição de fixação das turbinas, deve ser provido de uma fenda de cerca de 20-30 cm para permitir o deslocamento da turbina ao longo do eixo. A turbina é afixada por meio de chavetas.

As turbinas de disco rígido e pás planas, normalmente conhecidas como turbinas Rushton, têm sido consideradas as mais adequadas, por apresentarem melhor tempo de mistura, boa capacidade de trabalhar com elevados volumes de ar e boas características de transferência de calor, quando comparadas com os outros tipos de turbinas (Figura 17.8a).

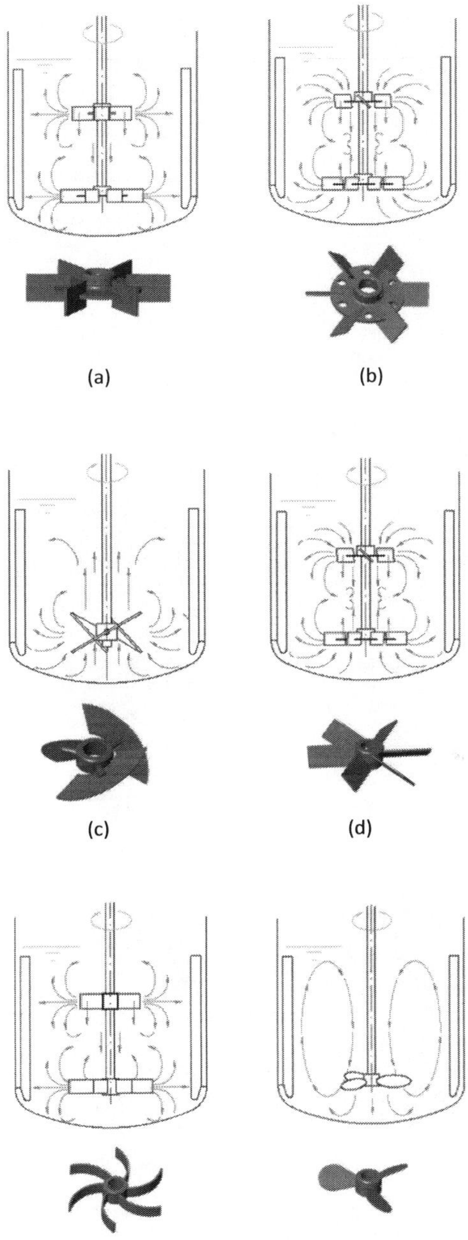

Figura 17.8 Tipos de turbinas e simulação fluidodinâmica: (a) disco rígido com pás planas; (b) disco rígido com pás de inclinação de 45°; (c) Lightning; (d) turbina aberta com pás de inclinação de 45°; (e) turbina com pás curvas; (f) turbina tipo hélice marinha.

Fonte: Jagani, Hebbar e Gang (2010).

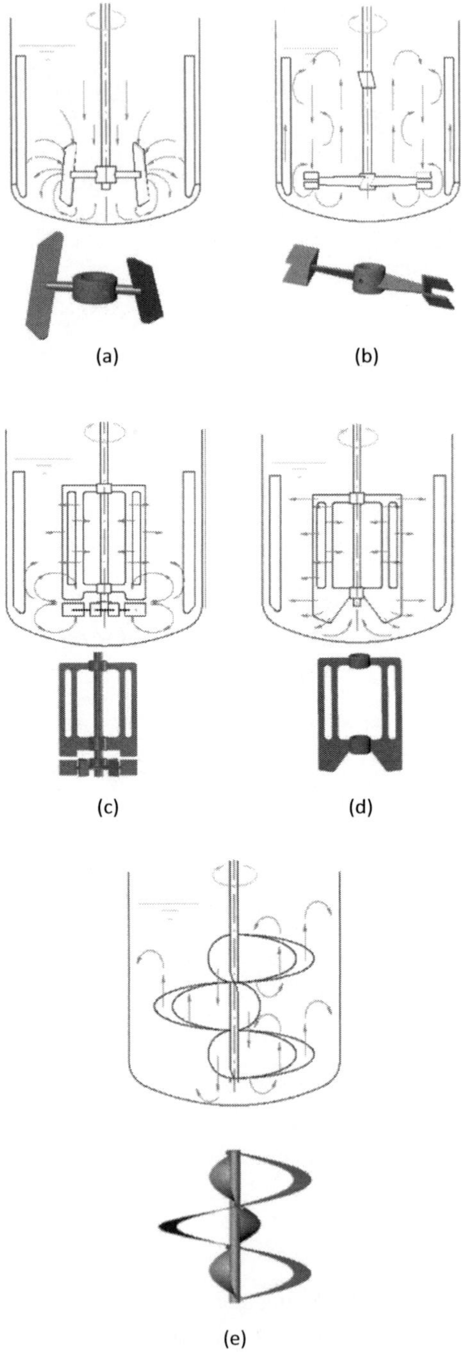

Figura 17.9 Tipos de turbinas e simulação fluidodinâmica: (a) *large pitch blade impeller*; (b) Intermig; (c) *gate with turbine*; (d) *maxblend*; (e) *helical ribbon*.

Fonte: Jagani, Hebbar e Gang (2010).

São três as características importantes para a boa performance de uma turbina operando em bioprocessos aeróbios:

1) *Tempo de mistura*: é o tempo necessário para obter uma perfeita homogeneização do meio. Esse tempo aumenta progressivamente à medida que aumenta o tamanho do reator e pode chegar a algumas dezenas de segundos em reatores de grande volume (por exemplo, 100 m^3). O aumento do tempo de mistura resulta em variações na concentração de O_2 dissolvido, no pH e nos nutrientes em bioprocessos com batelada alimentada. A não homogeneidade do meio de fermentação pode afetar seriamente a performance do processo.

2) *Dispersão de altos volumes de ar*: quando uma turbina não consegue mais dispersar eficientemente o volume de ar que recebe, diz-se que ela está inundada (*flooded*), passando a trabalhar dentro de uma grande bolha de ar. A agitação torna-se essencialmente ineficiente. Uma especificação típica para o projeto da turbina é ela ser capaz de dispersar eficientemente volumes de ar idênticos (0,5-1 vvm: volume de ar/volume de líquido/minuto) aos utilizados em escala de laboratório. Para alcançar esses valores de dispersão durante a ampliação de escala, seria necessário um aumento progressivo da potência instalada por unidade de volume, o que implicaria também aumento adequado da agitação.

3) *Transferência de calor*: mantendo constante a performance, a evolução da temperatura de um bioprocesso aumenta proporcionalmente ao volume do fermentado. Assim, com o aumento dos volumes, a manutenção da temperatura dentro dos limites do processo necessita de um adequado fluxo do meio junto às superfícies de refrigeração, que depende, novamente, de uma agitação que satisfaça essa exigência. A clássica turbina Rushton é incapaz de satisfazer concomitantemente a todas essas exigências (tempo de mistura, volumes de ar, transferência de calor). Convém lembrar que em um bioprocesso a agitação constitui uma parte importante do custo de produção industrial. Ela influi diretamente em: dimensionamento do motor, sistema de acoplamento, tipo e construção das turbinas, fiação elétrica, dimensionamento da subestação, suprimento de água de refrigeração do reator etc. Com o aumento no dimensionamento do motor, todas essas variáveis e os seus custos também aumentam. Por essa razão, atenção especial deve ser dada à eficiência do consumo de energia e da transferência de massa do sistema de agitação dos reatores.

A recente introdução de novos desenhos de agitadores, permitindo uma melhor homogeneização e uma maior transferência de massa com baixa potência, absorvida principalmente em bioprocessos viscosos, traz novas perspectivas de solução ao difícil problema de promover uma eficiente agitação em reatores industriais, com sensível redução no consumo de energia.

As turbinas Lightning, do tipo *hidrofoil* (Figura 17.8c), se caracterizam por elevada capacidade de bombeamento (tempos de mistura reduzidos), baixa potência absorvida e eficiente dispersão do ar. Como essas turbinas são de fluxo axial descendente, quando é introduzido ar, este forma um fluxo ascendente, podendo ocorrer vibrações capazes de ocasionar problemas mecânicos que comprometam a sua integridade. A potência absorvida por parte dessas turbinas é sensivelmente inferior à das turbinas Rushton, ao passo que a transferência de O_2 é significativamente aumentada (BUCKLAND; GWEBONYO; DI MASI, 1988).

O agitador Intermig (Figura 17.9b), desenvolvido pela empresa alemã Ekato, é de construção mais complexa. Como a potência absorvida é muito baixa, utilizam-se geralmente duas turbinas Intermig com D/T de 0,6 a 0,7 em lugar de uma Rushton de relação 0,3. Para aeração, é utilizado difusor em anel perfurado com diâmetro igual ao diâmetro interno da turbina. A turbina Intermig efetua dois tipos de trabalho: a parte central efetua o bombeamento de fluxo ascendente, ao passo que as aletas posicionadas nas extremidades impulsionam o líquido para o fundo. O tempo de mistura é menor que aquele obtido com turbinas Rushton. Com as turbinas Intermig podem também ocorrer fortes vibrações e flutuações no tanque em meios muito viscosos.

17.3.4.6 Vedação dos eixos

A vedação adequada da entrada do eixo é um dos problemas maiores e de mais difícil solução no projeto de um biorreator, que deve operar por longos períodos sob condições de completa assepsia. Quanto à posição de entrada do agitador, esta pode ser pela parte superior, a mais frequentemente utilizada, ou pelo fundo do biorreator, escolha esta que pode ser vantajosa quando há necessidade de maior espaço livre na tampa superior. A entrada pelo fundo permite o uso de eixos mais curtos, que dispensam guia e estão menos sujeitos a vibrações, mesmo em alta velocidade.

A entrada da haste do agitador pela parte superior do biorreator necessita da instalação de uma guia do eixo na parte inferior do reator, para evitar vibrações deste. A ponta do eixo está sujeita a fortes desgastes, que serão tanto maiores quanto maior for a concentração de sólidos em suspensão. Para facilitar a manutenção do eixo, é conveniente encamisar a sua extremidade e adotar a bucha de teflon de ranhuras, para facilitar a eliminação de material abrasivo em suspensão do meio.

Os sistemas de vedação dos eixos de agitação evoluíram e se aperfeiçoaram durante os anos. Rivett, Johnson e Peterson (1950) foram os primeiros a descrever um sistema de vedação para biorreatores de laboratório (Figura 17.10), consistindo basicamente em um jogo de rolamentos fixados ao eixo e ao corpo do biorreator. Como proteção contra contaminações, o rolamento inferior era coberto por uma saia metálica fixada ao eixo. O sistema desenvolvido por Chain, Paladino e Ugolino (1954) no Instituto Superior de Sanitá, em Roma, já apresentava substanciais melhoramentos e encontra ainda hoje aplicações.

Os tipos de vedação mais utilizados para eixos de agitadores são: de gaxeta, de selo mecânico e de acoplamento magnético.

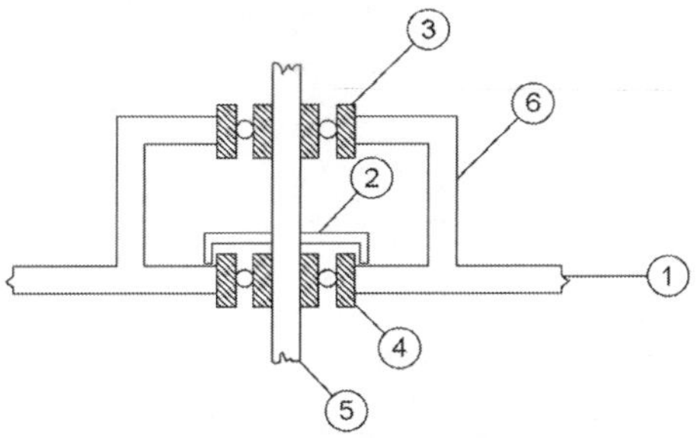

Figura 17.10 Sistema simples de vedação da haste do agitador. 1: Tampa superior do biorreator; 2: saia de proteção do rolamento inferior; 3 e 4: rolamentos superior e inferior, respectivamente; 5: haste do agitador; 6: castelo.

Fonte: Rivett, Johnson e Peterson (1950).

17.3.4.7 Vedação dos eixos

Este tipo é largamente utilizado na vedação de eixos pela indústria química. Tem sido também utilizado em biorreatores. Nas construções mais simples o eixo é vedado por diversas camadas de anéis de amianto ou algodão teflonado, fortemente prensadas contra o eixo pelo preme-gaxeta.

A fim de reduzir o desgaste dos anéis, é conveniente submeter a parte do eixo em contato com estes a tratamento térmico e polimento. Sistemas mais elaborados utilizam duas gaxetas separadas por espaço pelo qual circula vapor. Para biorreatores autoprotetores, como os usados na produção de antibióticos, esse tipo de vedação tem dado bons resultados. A grande dificuldade reside na baixa penetração térmica do material de empacotamento e na necessidade de substituição frequente.

17.3.4.8 Selo mecânico

A necessidade de uma elevada garantia de esterilidade e de contenção ambiental, principalmente com o emprego cada vez mais generalizado de microrganismos recombinantes, tornou o selo mecânico, tanto em biorreatores experimentais como industriais, um item quase obrigatório.

O selo mecânico é composto de duas partes: uma parte estacionária fixa ao corpo do biorreator e a outra móvel, que gira juntamente com o eixo. As duas partes são mantidas pressionadas por meio de molas. As superfícies de contato são trabalhadas com precisão, sendo que a deslizante é composta geralmente de carvão grafitado, e a fixa, de aço inox.

Os selos mecânicos podem ser simples ou duplos. Geralmente, os selos mecânicos duplos, localizados na parte externa do reator, são dotados de circulação de vapor ou condensado, cujas finalidades são lubrificação do selo e contenção ambiental. A Figura 17.11 mostra esquematicamente as partes fundamentais dos selos mecânico e magnético, sua instalação e os seus detalhes construtivos.

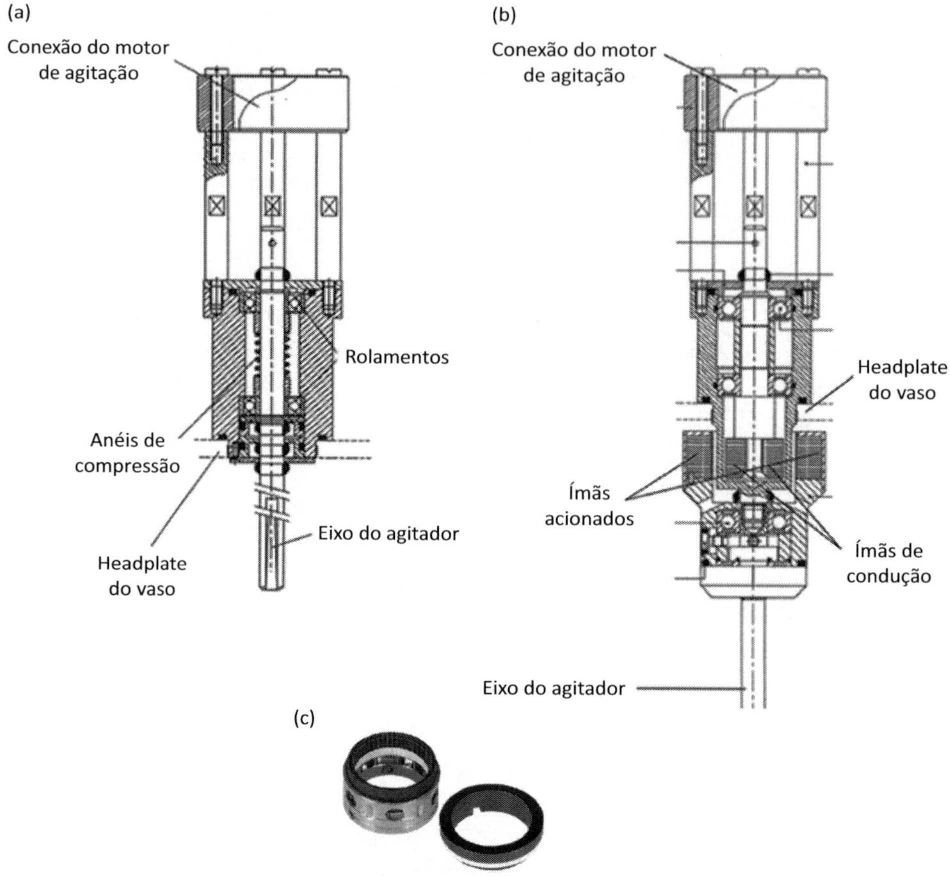

Figura 17.11 Vista geral da haste de agitador, com sistema de vedação e entrada superior com selos (a) mecânico e (b) magnético. (c) Selo mecânico em suas duas partes, fixa e móvel (John Crane Type 9).

17.3.4.9 Agitadores magnéticos

A grande vantagem da utilização de agitadores magnéticos em biorreatores é a eliminação total da mais importante porta de entrada de contaminantes, que é a abertura para a passagem do eixo do agitador.

Basicamente, o agitador magnético consiste em um conjunto de dois ímãs: um externo ao reator e o outro interno, que é acionado pelo externo (Figura 17.12). O emprego desse tipo de agitação está limitado a reatores de pequeno volume (100-300 L) e de baixa viscosidade. É, contudo, a solução ideal quando o seu emprego é viável, por exemplo, em reatores para o cultivo de células animais e/ou vegetais.

Finalizada a construção de um novo equipamento de bioprocessos, piloto ou industrial, ele deve ser submetido a teste de pressão hidráulica, a frio, de pelo menos três vezes a pressão de esterilização do reator. Os testes hidráulicos devem ser qualificados e validados. Qualquer modificação introduzida *a posteriori*, por exemplo, entradas adicionais não previstas no projeto construtivo e que impliquem a confecção de novos furos no corpo do reator, requer uma nova inspeção. Em vista disso, é sempre conveniente suprir o biorreator, já no momento de sua construção, de entradas adicionais.

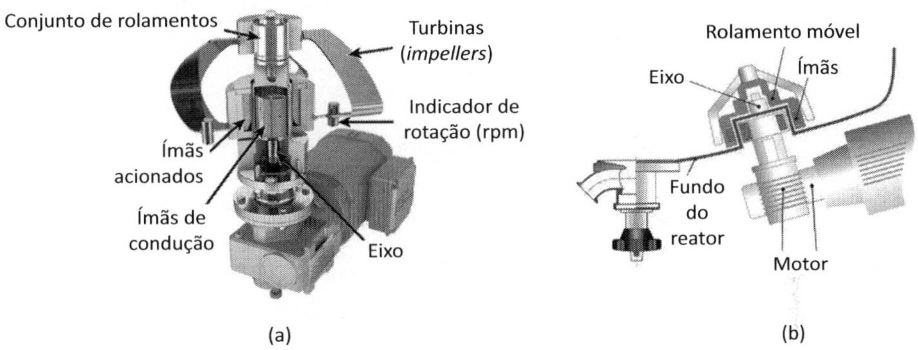

Figura 17.12 (a) *Layout* do agitador magnético com as partes principais; (b) diagrama de acoplamento magnético (Asepco).

17.4 OBTENÇÃO E MANUTENÇÃO DAS CONDIÇÕES DE ESTERILIDADE E BIOSSEGURANÇA

Para que um bioprocesso possa operar sob as condições de assepsia e segurança biológica exigidas, não basta que a atenção seja dirigida exclusivamente ao projeto de construção do reator e de seu sistema de aeração e agitação. Um bioprocesso, para ser completo, necessita de uma série de equipamentos adicionais tanto a montante como a jusante, como: válvulas, linhas de transferência de inóculo, nutrientes, antiespuma e amostragem, sondas diversas etc., que devem ser projetados e construídos de tal modo que ofereçam as condições de segurança e esterilidade exigidas ao processo e aos operadores.

Para manter as condições de assepsia e contenção ambiental, a seguinte sequência de operações é necessária durante um processo fermentativo:

1) esterilização do biorreator;
2) esterilização do suprimento de ar e dos gases de exaustão;
3) aeração e agitação;
4) adição de inóculo, nutrientes e outros suprimentos;
5) amostragem;
6) controle de espuma;
7) monitoramento e controle de parâmetros;
8) sanitização e limpeza de equipamentos, linhas e suas partes.

No projeto de uma planta de bioprocessos é importante ter claramente definido o seu propósito, isto é, se ela se destina à produção de um produto específico ou deverá ser multipropósito e, portanto, flexível e adaptada para executar com segurança diversos processos, inclusive com microrganismos ou células recombinantes. Havendo uma liberação acidental, deverão existir normas adequadas para combater a ocorrência.

17.4.1 ESTERILIDADE DO FERMENTADOR

O projeto construtivo do biorreator deve ser tal que permita a sua esterilização por admissão direta de vapor sob pressão por um tempo suficientemente longo. A esterilização pode ser feita juntamente com o meio, ou este pode ser esterilizado em separado por filtração e adicionado assepticamente ao biorreator esterilizado com vapor.

Todo biorreator possui um número maior ou menor de entradas e saídas, que são uma fonte em potencial de contaminações quando não esterilizadas adequadamente e quando ocorrerem falhas de projeto. Como norma, todas as tubulações devem ser mantidas o mais simples possível, com perfeita drenagem, de modo a evitar possíveis acúmulos de materiais e pontos cegos onde o vapor chega com dificuldade. Sempre que possível, devem-se seguir regras importantes que têm salvado muitos bioprocessos de contaminações e evitado problemas desnecessários:

a) melhor dobrar que soldar (por exemplo, curvas);

b) melhor soldar que rosquear ou flangear.

Perde-se em flexibilidade e facilidade na substituição de peças danificadas, mas ganha-se em segurança e até mesmo em produtividade.

17.4.2 ESTERILIZAÇÃO DO SUPRIMENTO DE AR

A grande maioria dos bioprocessos é aeróbia e necessita de suprimento de grandes quantitativos de ar estéril. À primeira vista, o problema de suprir um bioprocesso industrial, por exemplo, de 50 m^3, com ar estéril pode parecer de fácil solução. Contudo, suprir um fermentador industrial com 25 m^3 ou mais de ar estéril por minuto, durante 72 horas ou mais, pode trazer dificuldades. Atualmente, a disponibilidade de filtros absolutos facilita muito a solução do problema, além de proporcionar maior segurança.

Antes da introdução dos filtros absolutos (Pall Corporation, Filtron, Millipore, 3M etc.) para a esterilização do ar, utilizavam-se filtros de profundidade, contendo como material filtrante carvão animal (perigo de explosão), fibras de vidro ou lã de vidro. A Figura 17.13 mostra tipos convencionais de filtro em profundidade, com as várias conexões de ar, vapor e condensado. Esses filtros, quando não perfeitamente secos, perdem rapidamente a sua eficiência, permitindo a passagem de contaminantes.

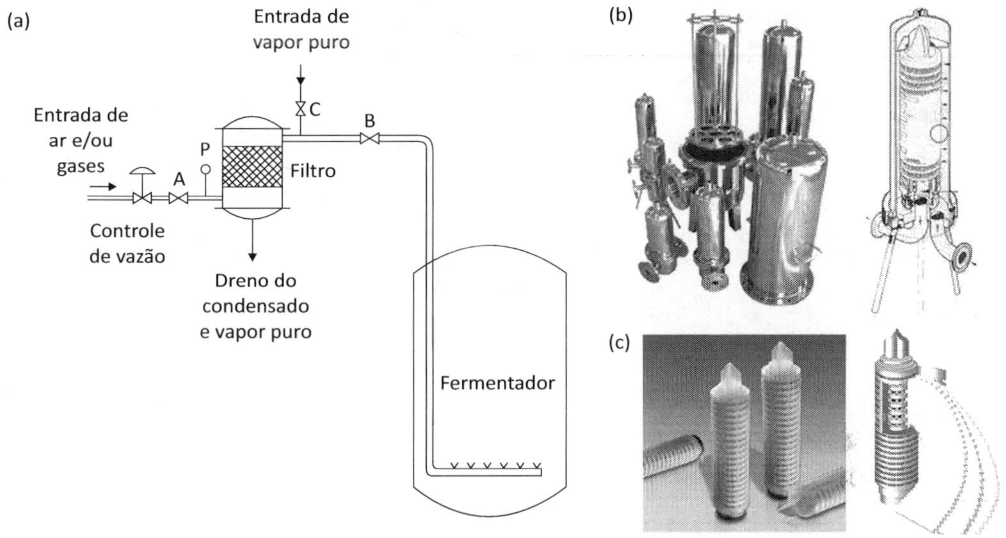

Figura 17.13 (a) Conjunto de sistema de filtro de ar em profundidade e biorreator; (b) carcaças para os filtros (*housing*); e (c) elementos filtrantes (Pall).

Em biorreatores industriais, acima de 100 m^3, o material filtrante mais largamente utilizado é a lã de vidro fortemente compactada (200 g de lã/L de filtro).

Para conservar o material filtrante seco, a carcaça do filtro pode ser mantida sob aquecimento. O material filtrante seco garante que as forças eletrostáticas responsáveis pela atração e pela captura das células microbianas estejam atuantes, retardando assim a sua passagem. O calor causa, porém, um sério inconveniente, que é a quebra das fibras de vidro nos filtros confeccionados com lã de vidro, que estão em contato com a superfície aquecida destes. Isso cria canais preferenciais de passagem do ar, reduzindo a eficiência do filtro. Para retardar a formação dessas vias preferenciais e estender a vida útil do filtro, a sua construção interna, conforme mostrado na Figura 17.14, tem significativa importância. Um inconveniente adicional dos filtros de profundidade é a elevada resistência à passagem do ar que oferecem.

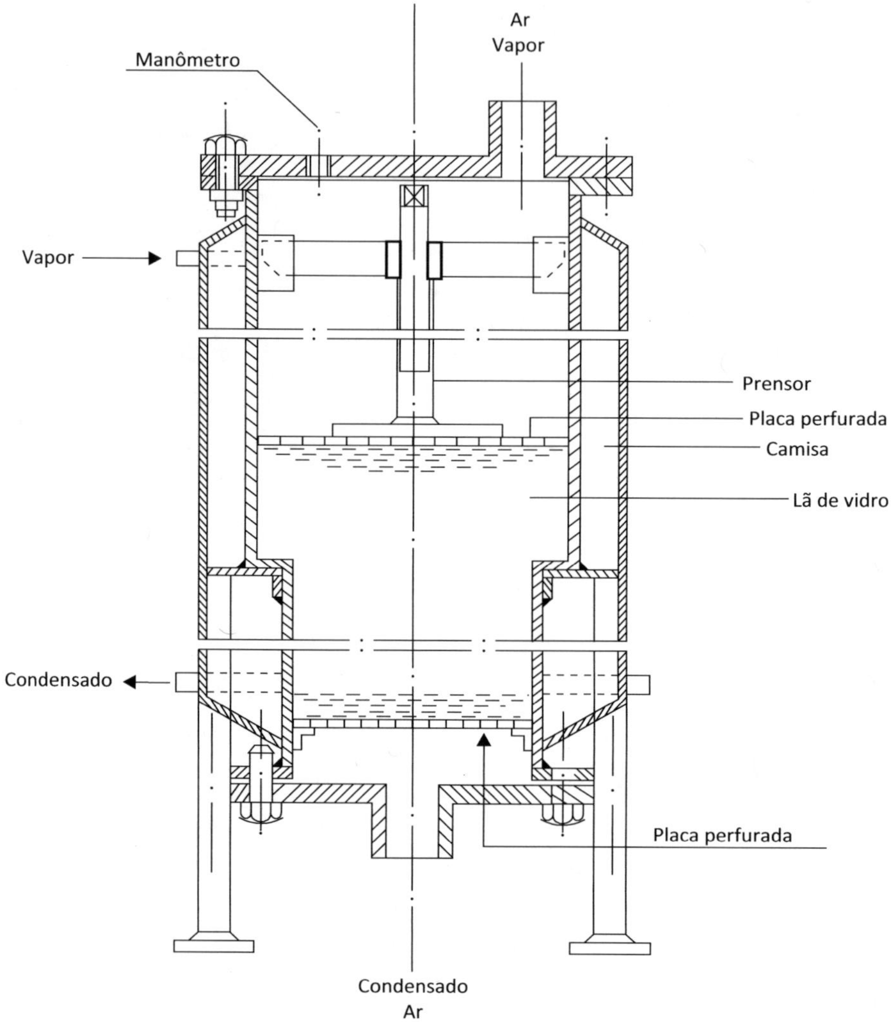

Figura 17.14 Filtro de ar com lã de vidro e ressalto interno para reduzir a formação de canais preferenciais (Biobrás S.A.).

17.4.3 ESTERILIZAÇÃO DOS GASES DE EXAUSTÃO

Considerando as elevadas taxas de aeração que normalmente são utilizadas em biorreatores, a formação de aerossol é impossível de ser evitada, como também o arraste de partículas de espuma com os gases de exaustão. Para evitar que os filtros colocados na saída dos biorreatores sejam rapidamente obstruídos, equipamentos adequados devem ser intercalados entre o reator e os filtros para remover líquidos e partículas sólidas arrastadas.

A Figura 17.15 mostra esquematicamente um sistema de proteção dos gases de saída para garantir a contenção ambiental. O separador de ciclone elimina as partículas sólidas (espuma), ao passo que o filtro de coalescência retira as gotículas de aerossol. Todo o material contaminado é encaminhado ao tanque de contenção, onde é esterilizado antes de ser descarregado. A utilização de dois filtros absolutos em série é uma garantia a mais da manutenção da esterilidade, para o caso de haver falha em um deles. A integridade dos filtros é testada após cada operação realizando o teste da bolha (GIORGIO; WU, 1986).

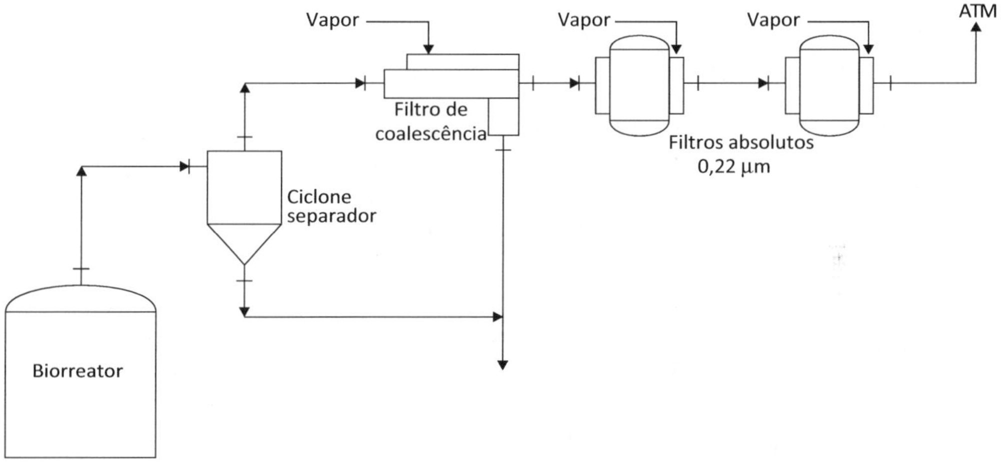

Figura 17.15 Sistema de contenção ambiental para saída do ar dos biorreatores.

17.4.4 LINHAS DE ADIÇÕES (INÓCULO, NUTRIENTES E OUTROS)

Diversos sistemas têm sido descritos para a transferência de inóculo que satisfazem plenamente as exigências de boas prática de fabricação (BPF). Condição essencial para evitar a ocorrência de contaminação durante o procedimento de inoculação, seja ele a partir de material proveniente do laboratório ou de outro biorreator industrial, é que exista a possibilidade de manter as linhas de transferência sob vapor e passagem de ar estéril, para o seu resfriamento antes da passagem do inóculo.

A Figura 17.16 mostra válvulas de adição lateral ao biorreator, que permitem transferência estéril de inóculo, adição estéril de nutrientes, adição de soluções de controle de pH e antiespumante durante o bioprocesso.

Figura 17.16 Linhas de adição lateral para transferência de inóculo, adição de nutrientes e outros, com válvulas pneumáticas de atuação automática.

Adicionalmente, sistemas retráteis vaporizáveis para eletrodos e sensores são comumente usados não só para garantir as medidas de contenção biológica, mas também para permitir eventual substituição de eletrodos ou sensores durante o processo, caso haja necessidade. Esses sistemas retráteis vaporizáveis também protegem o processo de contaminações.

17.4.5 LINHAS DE AMOSTRAGEM

Na construção das linhas de amostragem, cuidados similares aos empregados nas linhas de transferência devem ser tomados, de modo a evitar a contaminação do biorreator. A Figura 17.17a mostra um dos sistemas mais simples, porém eficiente. Este modelo é aplicável a bioprocessos exigindo apenas BPF, pois não evita a formação de aerossol nem considera o descarte do meio residual da linha de amostragem para um tanque de contenção apropriado. Para biorreator de bancada, o sistema de retirada de amostras da Figura 17.17a é simples e eficiente. Nos bioprocessos em que especial atenção tem de ser dedicada à contenção ambiental (níveis 1, 2, 3 e 4 de biossegurança), o sistema de amostragem tem de ser projetado de acordo com estas exigências. Nos níveis de contenção 1 e 2, a linha deve ser projetada de modo tal que as amostras possam ser retiradas, com a eventual dispersão do microrganismo ao meio ambiente reduzida a um mínimo. Para os níveis de biossegurança 3 e 4, as exigências de contenção ambiental são maiores, sendo necessário que todo o sistema de amostragem seja mantido em um ambiente fechado, por exemplo, como mostra a Figura 17.17b; ao final da amostragem, a linha de amostragem é esterilizada por 15 minutos com vapor puro a 1,3 bar.

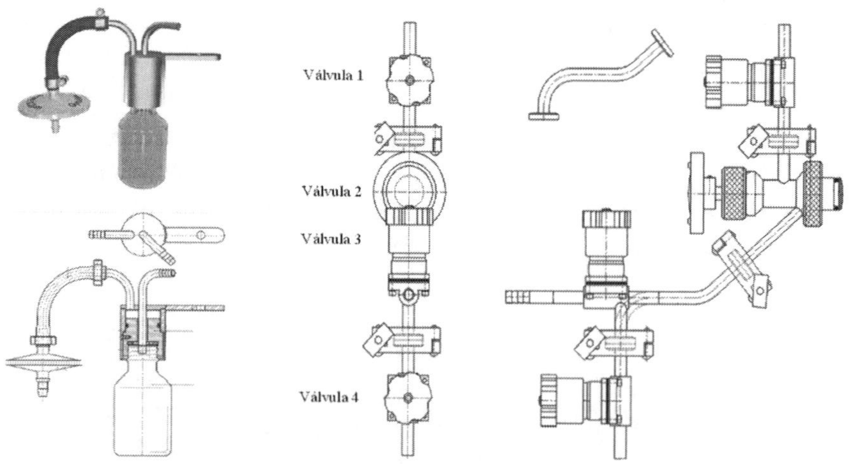

(a) (b)

Figura 17.17 Sistemas de amostragem: (a) manual; (b) esterilizável, com contenção de condensados: válvula 1: entrada de vapor puro no sistema de amostragem, válvula 2: amostragem do biorreator (conecta diretamente com o interior do vaso), válvula 3: amostrador, o qual permite a coleta do material no recipiente apropriado, e válvula 4: condensado e saída do vapor puro, a qual conecta ao sistema de bioatenuação.

Ainda, dependendo da avaliação técnica de biossegurança, a amostragem pode ser realizada numa cabine adaptada ao biorreator, colocada sob pressão negativa, com filtros Hepa na entrada e na saída do ar, ou ainda por amostragens em sistema fechado do tipo *single-use*, o que propicia que o material biológico não seja exposto ao ambiente.

17.4.6 SISTEMA DE BIOATENUAÇÃO

Durante o bioprocesso, os condensados das diversas linhas que podem estar contaminados com o microrganismo são coletados em reservatório especialmente dedicado à bioinativação (Figura 17.18), onde são atenuados antes de ser eliminados para a estação de tratamento de resíduos líquidos. Esse sistema deve estar qualificado e validado para operação em concordância às normas de biossegurança previstas pela agência reguladora.

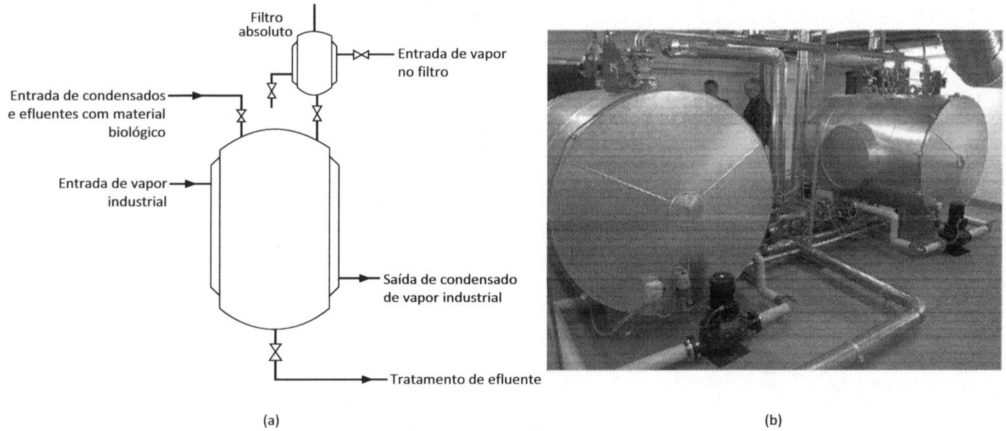

Figura 17.18 (a) Reator de bioinativação; e (b) sistema de bioatenuação para descontaminação em bateladas, com reatores de atuação alternada.

Fonte: Mattila (2011).

17.5 VÁLVULAS E PURGADORES DE VAPOR

Em um biorreator industrial, diversos tipos de válvulas são utilizados para o controle do fluxo de líquidos e gases, porém somente alguns tipos especiais podem ser empregados em pontos nos quais seja fundamental a manutenção da esterilidade e da integridade do produto e do meio ambiente. Na escolha do tipo mais apropriado de válvula a ser utilizado no biorreator, alguns pontos devem ser analisados:

1) Ela preenche adequadamente as necessidades?

2) É adequada para manter as condições de assepsia e contenção ambiental ao longo do processo?

3) É capaz de resistir por longo tempo às condições de trabalho do processo (pH, temperatura e pressão)?

4) É resistente à corrosão?

5) A sua instalação é por meio de rosca, flange ou solda?

6) A relação custo-benefício é favorável?

A seguir, tem-se uma descrição dos tipos de válvulas mais frequentemente utilizados e onde podem ser empregados.

17.5.1 VÁLVULA DE ESFERA

Estas válvulas são apropriadas para operações assépticas, podendo trabalhar sob elevadas temperaturas e pressões. Apresentam um excelente desempenho quando se deseja uma vedação estanque de líquidos, vapor ou gases (Figura 17.19).

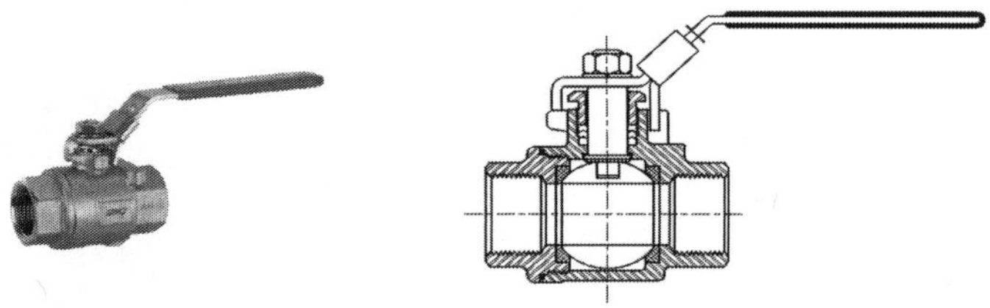

(a)

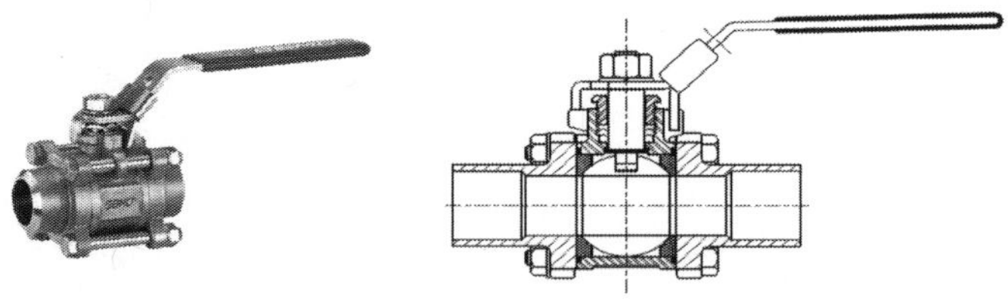

(b)

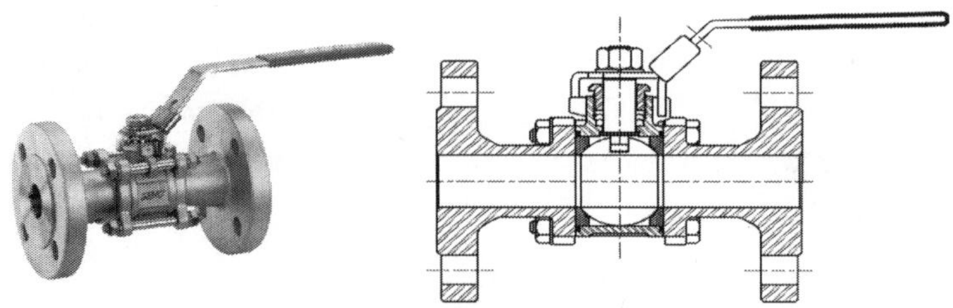

(c)

Figura 17.19 Válvulas de esfera: (a) rosqueada; (b) soldada; (c) flangeada (GEMÜ).

17.5.2 VÁLVULA DE GAVETA

É uma válvula adequada para a instalação em linhas de vapor e água. Deve ser usada inteiramente aberta ou fechada, não sendo adequada para regulação do fluxo em virtude do fenômeno de cavitação, que pode desgastar rapidamente a válvula. Não é adequada para o uso em linhas onde devem ser mantidas condições assépticas (Figura 17.20).

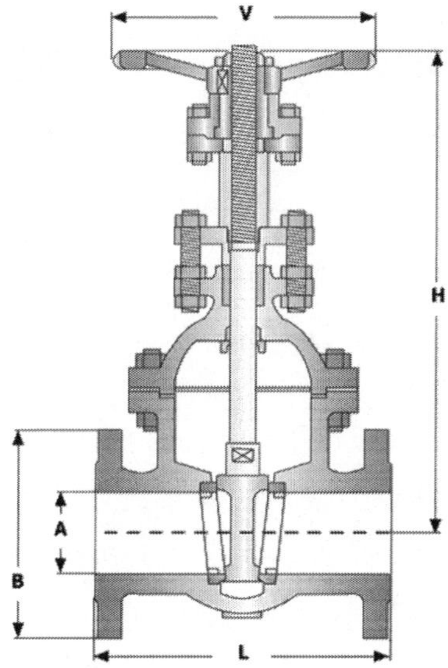

Figura 17.20 Válvula de gaveta.

17.5.3 VÁLVULA GLOBO

O assento do disco metálico de vedação pode ser de bronze ou de teflon, que dá uma melhor vedação. É muito utilizada para regular o fluxo de vapor ou água. É imprópria para linhas onde devem ser mantidas condições assépticas (Figura 17.21).

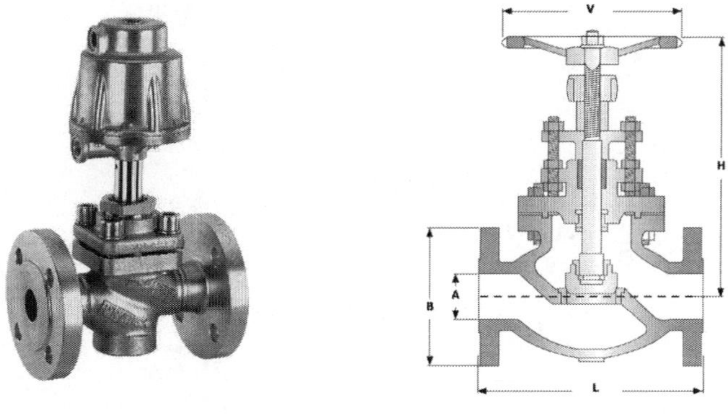

(a) (b)

Figura 17.21 (a) Válvula globo de atuação pneumática; (b) geometria da válvula (GEMÜ).

17.5.4 VÁLVULA DE PISTÃO

Tem construção similar à da válvula globo, sendo o fluxo controlado por um pistão contendo dois anéis de vedação. Tem sido empregada, com certo sucesso, em linhas exigindo condições de assepsia. Contudo, como não se pode excluir o vazamento de material pela haste, o uso desse tipo de válvula não é aconselhável (Figura 17.22).

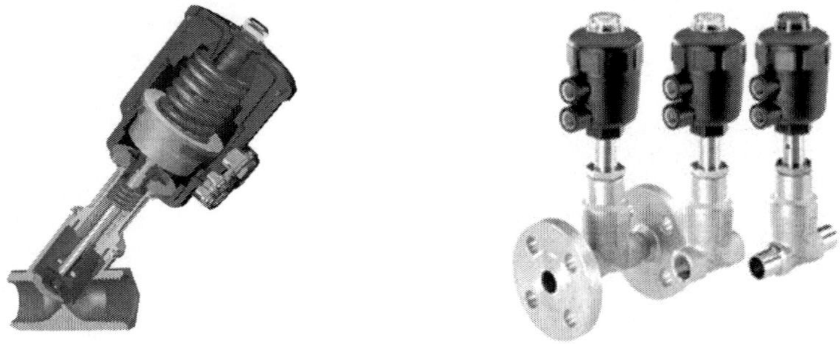

(a) (b)

Figura 17.22 Válvula de pistão: (a) *layout* (VM Brasil); e (b) conexões flangeada, rosqueada e soldada (Burket).

17.5.5 VÁLVULA DE AGULHA

Muito utilizada em casos em que é necessário o controle preciso do fluxo de vapor ou de líquidos. O seu emprego em situações que exigem assepsia é desaconselhável (Figura 17.23).

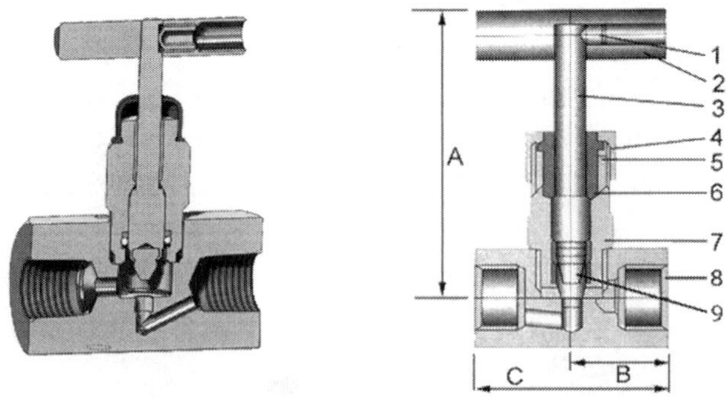

Figura 17.23 Válvula de agulha. 1: Parafuso de ajuste; 2: manípulo; 3: haste; 4: porca da preme-gaxeta; 5: preme-gaxeta; 6: gaxeta; 7: castelo; 8: corpo.

17.5.6 VÁLVULAS DIAFRAGMA OU DE MEMBRANA

São de construção bastante simples e compõem-se de três unidades: corpo, diafragma e castelo. Dispensam gaxeta na haste, são de fácil manutenção e tem vida útil muito longa. O material mais indicado para a membrana é o teflon, por sua elevada resistência à temperatura. Essa válvula também é indicada para trabalho em condições assépticas (Figura 17.24).

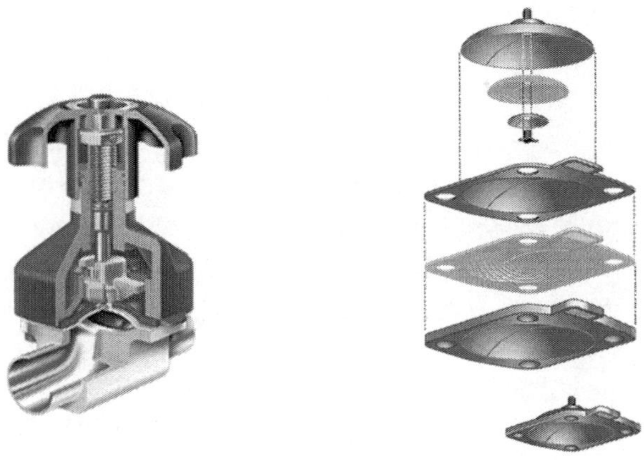

(a) (b)

Figura 17.24 (a) Válvula diafragma; e (b) diafragma (Saunders).

17.5.7 VÁLVULA DE FUNDO

É fundamental que a válvula de fundo do reator apresente características próprias de projeto que garantam uma efetiva manutenção da esterilidade do meio, mesmo nos casos em que se faz necessária a transferência ou retirada parcial do fermentado durante o processo. Para isso, ela não deve apresentar pontos que permitam o acúmulo de resíduos do meio, pontos mortos de difícil esterilização e, quando fechada, deve ser plana com a superfície interna do reator.

17.5.8 VÁLVULAS CONTROLADORAS DE PRESSÃO

Em uma planta industrial de bioprocessos, os suprimentos mais importantes – vapor puro, vapor industrial, água gelada para refrigeração, água purificada, água potável, ar comprimido e outros gases – frequentemente devem ser fornecidos às várias partes da instalação a pressões e vazões diversas. A regulação e a manutenção dessas pressões e vazões, dentro de limites especificados pelo processo, são obtidas pela instalação de válvulas redutoras da pressão e válvulas de manutenção da pressão.

As válvulas redutoras de pressão têm a capacidade de manter a pressão reduzida a jusante dentro de valores definidos, independentemente da variação da pressão a montante.

17.5.9 VÁLVULAS DE SEGURANÇA E DISCOS DE RUPTURA

A incorporação de válvulas de segurança ou de disco de ruptura ao biorreator que, durante o processo operacional, deve ser esterilizado sob pressão é uma condição fundamental de segurança. Obviamente, tratando-se de microrganismos que exigem contenção ambiental, devem existir condições que permitam a inativação segura do material contaminado liberado.

17.5.10 PURGADORES

Para assegurar condições ótimas de operação, todas as linhas de vapor devem ser dotadas de eficientes purgadores, a fim de evitar o acúmulo de condensado nas linhas. O condensado, quando não contaminado, pode ser reaproveitado na caldeira ou desprezado; no caso de conter microrganismos ou células, deve ser forçosamente enviado ao sistema de bioatenuação para sua inativação.

17.6 BIORREATORES SEM AGITAÇÃO MECÂNICA

Os três tipos de reatores desprovidos de agitação mecânica que encontraram uma aplicação mais significativa são:

1) biorreator em torre (*tower bioreactor*);
2) biorreator de coluna de bolhas (*bubble column*);
3) biorreator com tubo ascendente interno ou externo (*airlift*).

17.6.1 BIORREATOR EM TORRE (*TOWER BIOREACTOR*)

Este tipo de biorreator (Figura 17.25) foi utilizado por algum tempo na Inglaterra para a produção contínua de cerveja, sendo mais tarde abandonado em virtude da produção excessiva de biomassa. Encontrou aplicação mais generalizada na Nova Zelândia (TURNER, 1989).

Esse sistema de fermentação pode ser considerado parcialmente fechado, pois muito poucas células de levedura saem do sistema, em vista da sua acentuada característica floculante. Mosto fresco é introduzido na extremidade inferior do reator, sendo progressivamente fermentado durante o seu fluxo ascendente. A parte superior do fermentador, de diâmetro cerca de duas vezes maior que o do corpo, reduz a velocidade do fluxo, facilitando a sedimentação das células. A grande vantagem do processo contínuo de produção de cerveja com fermentador de torre é a redução do tempo de fermentação, que cai para 4 a 8 horas contra 1 semana para o processo de batelada.

Com o desenvolvimento do fermentador cilindrocônico, descrito inicialmente por Natham (1930) e desenvolvido por Ulenberg, Gerritson e Huisman (1972), o tempo de fermentação de cerveja pelo processo em batelada pôde ser reduzido para 48 horas. Considerando o tempo necessário para dar início à fase de fermentação contínua utilizando o fermentador de torre, que é de mais de 9 dias, verifica-se que o processo de batelada em fermentador cilindrocônico se tornou mais vantajoso, e atualmente o fermentador contínuo não é mais utilizado na produção de cerveja. Nesse tipo de fermentador, a relação altura/diâmetro é de 3:1, podendo atingir alturas de até 20 m.

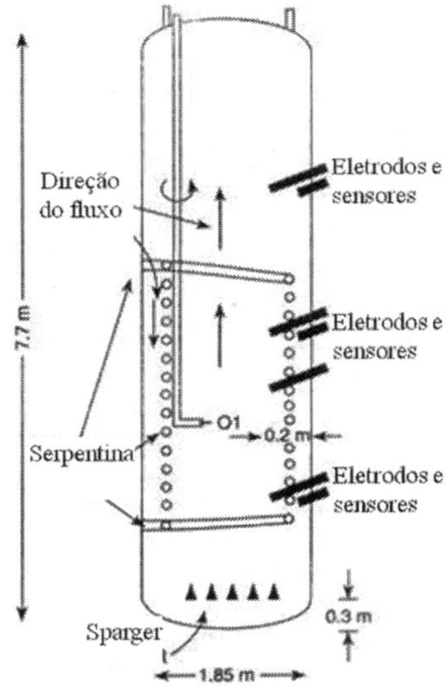

Figura 17.25 Diagrama de biorreator em torre.

17.6.2 BIORREATOR DE COLUNA DE BOLHAS (*BUBBLE COLUMN*)

Do ponto de vista construtivo, é o tipo mais simples de biorreator, sendo formado por um cilindro com fundo e tampa abauladas, com serpentinas de resfriamento internas (ou externas), e entrada de ar pelo fundo através de vários difusores (Figura 17.26a).

Esse tipo de fermentador tem sido utilizado para a produção dos mais diversos produtos, desde ácido cítrico até antibióticos. Esses reatores mantêm uma relação altura/diâmetro de 4:1 a 5:1, podendo atingir mais de 20 m de altura.

Quando esses tipos de biorreator têm no seu interior serpentinas de resfriamento, como geralmente é o caso, passam a funcionar mais como *airlift fermenters*, e não como *bubble column fermenters*.

17.6.3 BIORREATOR *AIRLIFT*

Este tipo de biorreator é composto fundamentalmente de um corpo cilíndrico contendo no seu interior outro cilindro, em cuja base é injetado o ar (Figuras 17.26b e 17.26c) através de difusor, que pode ser de diversos tipos construtivos: anel, tubos abertos etc. A fluidodinâmica geralmente é através de *loop* interno, proveniente de injeção de ar central ou periférico ao cilindro interior, contudo, um *loop* externo também pode ser usado na configuração desse fermentador.

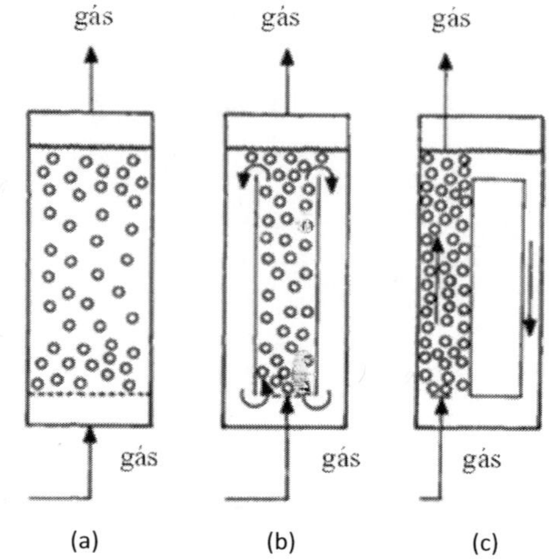

Figura 17.26 *Design* de biorreatores dos tipos: (a) coluna de bolhas; (b) *airlift* com injeção de ar internamente ao cilindro central; e (c) *airlift* com injeção de ar externamente ao cilindro central.

Fonte: Wang e Zhong (2007).

A injeção de ar no cilindro central produz uma corrente ascendente do líquido devida à sua menor densidade (excesso de bolhas de ar no meio) com relação ao meio não aerado, que passa a circular em sentido contrário, isto é, descendente.

O fermentador *airlift* se caracteriza, portanto, por extrema simplicidade, baixo investimento e, comparado com fermentadores agitados mecanicamente, maior facilidade para a ampliação de escala, menor consumo de energia e fácil adaptação ao cultivo de células sensíveis ao cisalhamento (*shear stress*) (Figura 17.27).

Figura 17.27 Biorreatores *airlift* (a, b) de bancada (MARTÍNEZ; SILVA, 2013); (c, d) industriais (NICOLELLA; VAN LOOSDRECHT; HEIJNEN, 2000).

Uma característica adicional, em comparação com reatores agitados mecanicamente, é a sua maior eficiência de circulação do líquido em menor tempo – que aumenta pouco com o aumento de escala (CHEN, 1990).

Importantes características construtivas do fermentador *airlift* são a sua relação altura/diâmetro, que pode variar entre 5:1 e 10:1, e a relação entre os diâmetros do tubo central e do reator, que varia entre 0,6-0,8. Essa relação é importante para maximizar a circulação do meio e, portanto, obter um menor tempo de mistura (CHEN, 1990).

Além do diâmetro do tubo central, a sua construção é igualmente importante, como ficou claro nos resultados experimentais de Wu e Wu (1990) e nos estudos de biorreatores industriais por Carrington et al. (1992). Utilizando em lugar do tubo central rígido um tubo construído com tela de diversas aberturas: 3, 6, 12 e 24 mesh, constataram Wu e Wu que, com tela 24 mesh, ocorria uma mistura radial entre o fluxo ascendente e o descendente, favorecendo um aumento significativo do k_La, indicando uma melhor transferência de oxigênio. Resultados similares foram obtidos por Carrington e colaboradores em biorreatores industriais, onde o papel do tubo rígido central era desempenhado pelos tubos de resfriamento.

17.7 CONSIDERAÇÕES DE SANITIZAÇÃO E LIMPEZA PARA CONSTRUÇÃO DOS EQUIPAMENTOS DE BIOPROCESSOS

A limpeza e a lavagem dos equipamentos de bioprocessos devem ser consideradas durante o projeto de concepção do biorreator. Biorreatores de laboratório e bancada apresentam maior facilidade para sanitização e limpeza. Os componentes principais dos equipamentos são desmontados e cuidadosamente limpos, sendo este o tipo de limpeza mais completo e eficaz. Contudo, é quase impossível desmontar e reconstruir um biorreator industrial para realização da limpeza.

Biorreatores industriais normalmente utilizam sistemas de limpeza *in loco*, como o *clean in place* (CIP), realizado em sistema integrado ao equipamento por meio de uma pequena estação de limpeza interligada ao biorreator, o qual contém tanques reservatórios para sanitizantes, ácido, base e água para enxágue.

Comumente o sistema CIP dispõe de bombas de circulação, tanques e automação, com sensores indicativos do estado de limpeza em cada uma das etapas. Os sensores podem ser instalados em linha, no retorno da água de enxágue para mensurar parâmetros como pH e condutividade; adicionalmente, pontos de coleta podem ser instalados para retirada de amostras e análises *off-line*, para verificação de resíduos de produto, detergentes ou microrganismos remanescentes.

A lavagem propriamente dita dos biorreatores é conduzida por meio de administração controlada dos sanitizantes e sucessivos enxágues (volume, concentração, tempo de exposição e vazão). O ingresso das soluções sanitizantes ao biorreator é feito por linha específica, dimensionada e fabricada de acordo com o grau de exigência do processo e das normas específicas para fabricação. A linha de sanitizantes é conectada ao biorreator, o qual contém peças apropriadas para maior eficiência na limpeza do equipamento por meio da dispersão radial do sanitizante, sob pressão, ao interior do biorreator – *spray ball*. Existem muitos modelos e dimensões de *spray ball* e sua escolha dependerá do tipo de processo e do grau de limpeza necessário (farmacêutico, veterinário, agrícola, ambiental etc.).

A limpeza dos biorreatores nem sempre é contemplada no projeto de construção, contudo, é um dos passos mais importantes para assegurar que o bioprocesso tenha sucesso. A limpeza garantirá pouca ou nenhuma chance de contaminação microbiana durante o processo subsequente. Assim, é estranho admitir que, apesar da grande importância da lavagem e da limpeza no sucesso de qualquer bioprocesso, pequenas considerações são dadas durante a fase de concepção e implementação do biorreator, sendo comumente consideradas etapas posteriores ao final do processo.

A lavagem e a limpeza não só mostram importância na redução de contaminações microbianas, aumentando a eficiência do processo de esterilização, mas na redução do *setup* da etapa de processo, isto é, o tempo de espera do biorreator até tornar-se apto para produção de um próximo lote. Uma limpeza efetiva economiza tempo, custo de produção e trabalho.

O procedimento de sanitização e limpeza do biorreator é um trabalho altamente complexo, o qual requer execução e supervisão qualificadas por operadores com conhecimentos em microbiologia. O profissional responsável pelo CIP deve ter conhecimentos relacionados a:

1) design do biorreator, para retirada e reposição de peças, válvulas, filtros, eletrodos, sensores etc.;
2) materiais de construção e partes acopladas, a fim de evitar possíveis desgastes de partes e peças devido a reações que causam corrosão, que podem ocorrer durante a lavagem, a limpeza e a esterilização;
3) "pontos mortos" dentro do biorreator, que são suscetíveis à formação de biofilmes;
4) uso de sanitizantes, surfactantes, ácidos e bases corretos, nos devidos volume, concentração, vazão e tempo de exposição – além disso, os sanitizantes geralmente são tóxicos, o que exige um grau de segurança maior durante a manipulação;
5) verificação da efetividade da limpeza, usando análises físico-químicas e microbiológicas.

Aconselha-se realizar a lavagem do biorreator ao final do processo, após o caldo de fermentação ser drenado, para evitar que o equipamento não fique por período prolongado com resíduos do caldo fermentado, que podem secar e aderir a partes internas, tubulações e conexões, exigindo um investimento maior de tempo, trabalho, energia e sanitizantes para limpeza.

Um procedimento operacional padrão deve ser elaborado, e o processo, validado, garantindo que o biorreator tenha alcançado um elevado nível de limpeza.

17.8 BIORREATORES *SINGLE-USE*

O uso de biorreatores *single-use*, em que uma *bag* substitui o convencional reator confeccionado em aço inox, surgiu pela primeira vez no mercado na década de 1990 (Figura 17.28). Atualmente, um grande número de fornecedores disponibiliza a tecnologia e, como tal, a inovação está sendo impulsionada pelas necessidades do uso cada vez mais frequente dessa tecnologia. O interesse pelo uso de sistemas *single-use* soma algumas vantagens, como agilidade no preparo do reator, facilidade no manuseio e na operação, dispensa de um procedimento complexo de limpeza, além de proporcionar economia no uso de utilidades e rápida instalação. Quando o bioprocesso é finalizado, uma nova *bag* pode ser instalada no sistema e preenchida com meio de cultura, com rápida estabilização da temperatura, sondas calibradas, e posteriormente inoculação. As *bags* fornecidas são irradiadas com raios gama, eliminando assim a necessidade de uma etapa de esterilização, obrigatoriamente aplicada aos reatores inox. Não há validações de limpeza ou de esterilização a serem realizadas, uma vez que cada lote recebe uma nova *bag*.

Figura 17.28 Biorreatores *single-use*, do tipo *wave* (à esquerda) e SUB (*single-use bioreactor*, à direita) (Sartorius).

Contudo, a tecnologia está limitada a determinados processos biológicos, não sendo possível utilizar biorreatores *single-use* para fermentações bacterianas de alta densidade celular, porque a transferência de oxigênio é insuficiente. De modo geral, esses sistemas têm sido aplicados à cultura de células de mamíferos e de insetos.

O desafio que essa tecnologia enfrenta é aumentar a taxa de transferência de oxigênio e disponibilizar a capacidade de refrigeração suficientemente ao biorreator *single-use*.

17.9 CULTIVO DE CÉLULAS ANIMAIS

O interesse no cultivo de células animais, por exemplo, Vero, BHK ou CHO, se deve à necessidade de produção em escala ampliada de anticorpos monoclonais, vacinas e outros fármacos de difícil obtenção por vias que não a fermentativa.

Existe uma diferença muito grande entre uma fermentação que utiliza células animais e uma que utiliza bactérias ou fungos como microrganismo produtor:

- células animais são nutricionalmente mais exigentes;
- células animais, sendo destituídas de parede celular, são mais sensíveis ao cisalhamento;
- o seu tempo de duplicação é longo, geralmente de 12 a 48 horas;
- a densidade celular obtida é baixa, da ordem de 10^6-10^7 células por mL.

Quanto ao modo de crescer, o que naturalmente condiciona o tipo de reator e tecnologia a ser utilizado, as células animais podem ser diferenciadas em:

a) células que necessitam de um suporte para o seu desenvolvimento;

b) células capazes de crescer em suspensão, independentemente de suporte.

Um dos maiores problemas do cultivo de células animais e/ou vegetais reside na sua extrema sensibilidade ante o cisalhamento, causado fundamentalmente pela agitação. A sensibilidade das células ao cisalhamento pode ser tal que a própria introdução de gás (ar ou mistura de gases), em virtude do borbulhamento, pode danificá-las. O emprego de aeração superficial elimina esse inconveniente, porém a sua eficiência quanto à transferência de oxigênio é baixa (BECK; STIFEL; STINNETT, 1987).

Quer as células empregadas sejam dependentes de suporte ou não, há sempre a necessidade de se manter o meio em agitação, a fim de garantir a homogeneização tanto dos nutrientes quanto dos gases, como também para a manutenção uniforme da temperatura. Os agitadores utilizados no cultivo de células animais se caracterizam pela ampla superfície de contato, assegurando adequadas homogeneização e manutenção do material de suporte em suspensão mesmo em baixa rotação (60-80 rpm). As demais características construtivas seguem muito de perto os preceitos adotados para reatores utilizados no cultivo de microrganismos recombinantes. A seguir enumeramos apenas alguns aspectos mais relevantes.

17.9.1 VEDAÇÃO DA HASTE DO AGITADOR

A vedação da haste com selo mecânico duplo, como descrito anteriormente, é plenamente satisfatória. Como a velocidade de agitação é baixa, a lubrificação dos selos pode ser feita pela passagem de ar ou condensado estéril, sendo mais aconselhável o último, por ser mais eficiente na remoção de calor. Acoplamentos magnéticos são altamente eficientes, uma vez que, geralmente, os fermentados são de baixa viscosidade e de volume reduzido. Podem, porém, apresentar o inconveniente de contribuir para a destruição de células por abrasão pelo sistema de agitação. A haste do agitador pode ser tanto de entrada superior como inferior. Normalmente, porém, são de entrada superior, pois desse modo é evitada a entrada de partículas do suporte no selo em contato com o meio, o que pode causar desgaste desnecessário (BECK; STIFEL; STINNETT, 1987).

17.9.2 CONTROLE DA ESPUMA

O meio utilizado no cultivo de células animais, contendo geralmente considerável proporção de soro bovino, é propenso à formação de espuma. Para reduzir ao máximo a formação de espuma, é importante que o sistema de agitação, os tipo das turbinas e sistemas de difusão do ar sejam bem projetados. O emprego de sistemas mecânicos de destruição da espuma não é satisfatório, pois destrói inevitavelmente também as células presentes na espuma. Já o emprego de antiespumante tem de ser cuidadosamente avaliado, pois pode apresentar sérios efeitos tóxicos ou então causar problemas na purificação posterior do produto.

17.9.3 ESTERILIZAÇÃO

Normalmente, em fermentações bacterianas, a operação de esterilização do reator e do meio é efetuada concomitantemente. Somente alguns ingredientes, mais termossensíveis ou que interajam com outros ingredientes, são esterilizados em separado. O meio utilizado no cultivo de células animais é geralmente termossensível. Nesse caso, o reator é esterilizado contendo um pouco de água, que ao final é eliminada ou utilizada na preparação do meio, o qual é adicionado esterilizado por filtração em membranas de 0,45 μm e, a seguir, de 0,2 μm.

17.9.4 SUBSTÂNCIAS TÓXICAS

Células animais são mais sensíveis a contaminantes químicos que bactérias ou fungos. A presença de metais pesados, em especial, deve ser evitada, pois pequenas quantidades já podem afetar significativamente seu desenvolvimento. Por essas razões, água, vapor, gases e nutrientes que entram na composição do meio devem ser de alto grau de pureza.

Igual importância deve ser dada aos recipientes de estocagem dos ingredientes líquidos e ao sistema de distribuição, a fim de minimizar a possibilidade de liberação de metais pesados. O contato do meio com peças de cobre, bronze, aço inox de qualidade inferior, aço-carbono etc., às vezes presentes em válvulas e serpentinas de aquecimento, pode ser fonte de contaminação por metais pesados e, portanto, eles não devem ser utilizados na construção de reatores. Nunca é demais lembrar que alguns tipos de aço inoxidável, sob certas condições, liberam para o meio metais pesados (COWAN; THOMAS, 1988).

Cuidados especiais devem ser tomados também com a qualidade dos gases introduzidos durante a fermentação, principalmente no que diz respeito à presença de contaminantes (óleo) dos compressores.

Para alguns tipos de células, o crescimento em fermentadores *airlift* se mostrou altamente vantajoso (BIRCH et al., 1985; PROPST; VON WEDEL; LUBINICKI, 1989).

REFERÊNCIAS

AIBA, S.; HUMPHREY, A. E; MILLIS, N. F. *Biochemical Engineering*. 2. ed. New York: Academic Press, 1973.

BECK, C.; STIFEL, H.; STINNETT, T. Cell culture bioreactors. *Chem. Engineer.*, v. 16, n. 94, p. 121-129, 1987.

BIRCH, J. R. et al. The large-scale cultivation of hybridoma cells producing monoclonal antibodies. In: FEDER, J. E.; TOLBET, W. R. (ed.). *Large-scale mammanlian cell culture*. Orlando: Academic Press, 1985. p. 1-18.

BLAKEBOROUGH, N. Fundamentals of fermenter design. *Pure Appl. Chem.*, v. 36, p. 305-315, 1973.

BUCKLAND, B. C.; GWEBONYO; K.; DI MASI, D. et al. Improved performance in viscous mycelial fermentations by agitator retrofitting. *Biotechnol. Bioeng.*, v. 31, p. 737-742, 1988.

CALLAHAN, J. R. Large scale production by deep fermentation. *Chem Metal. Eng.*, v. 51, p. 94-98, 1944.

CARRINGTON, R. et al. Oxygen transfer in air agitated fermenters. In: LADISH, M. R.; BOSE, A. (ed.). *Harnessing biotechnology for the 21st Century*. Washington, D.C.: American Chemical Society, 1992. p. 183-188.

CHAIM Weizmann Lab, Dept. of Organic Chemistry. Weizmann Institute. Archived from the original on 11 May 2007.

CHAIN, E. B.; PALADINO, S.; UGOLINO, F. et al. A laboratory fermenter for vortex and sparger aeration. *Rend. Inst. Sup. Sanitá*, Roma, v. 17, p. 61-120, 1954.

CHEN, N. Y. The design of airlift fermenters for use in biotechnology. *Biotechnol. Genetic. Eng. Rev.*, v. 8, p. 379-396, 1990.

COWAN, C. T.; THOMAS, C. R. Material of construction in the biological process lndustries. *Process Biochemistry*, v. 23, p. 5-11, 1988.

FEDERAL REGISTER. *Guidelines for research recombinant DNA molecules*. [S.l.], 1984. v. 49.

FLICKINGER, M. C.; SANSONE, E. B. Pilot and production-scale containment of cytotoxic and oncogenic fermentation process. *Biotechnol. Bioeng.*, v. 26, p. 860-870, 1984.

GIORGIO, R. J.; WU, J. J. Design of large-scale containment facilities for recombinant DNA fermentations. *Trends in Biotechnol.*, v. 4, p. 60-65, 1986.

HAMBLETON, P. et al. A high containment polymodal pilot-plant fermenter-design concepts. *J. Chem. Tech. Biotechnol.*, v. 50, p. 167-180, 1991.

HASTING, J. J. H. Problems in Antibiotic Production. *Chemistry and Industry*, v. 1, p. 11-16, 1966.

HASTING, J. J. H. Development of the Fermentation Industries in Great Britain. *Adv. Appl. Microbiol.*, v. 16, p. 1-45, 1971.

JAGANI, H.; HEBBAR, K.; GANG, S. S. et al. An overview of fermenter and the design considerations to enhance its productivity. *Pharmacology online*, v. 1, p. 261-301, 2010.

KOPP, T. H.; THALMANN, E. Konstrukstionsmerkmale Qualifizierter Ferment System. *Pharm. Ind.*, v. 52, p. 226-229, 1990.

KUTZ, M. Processing and Materials. In: *Applied Plastics Engineering Handbook*. New York: Elsevier, 2011.

LUNDELL, R.; LAINO, P. Engineering of fermentation plants. *Process Biochemistry*, v. 11, p. 13-17, 1976.

MARTÍNEZ, M. M.; SILVA, E. M. E. Airlift bioreactors: hydrodynamics and rheology application to secondary metabolites production. In: NAKAJIMA, H. (ed.). *Mass transfer* – advances in sustainable energy and environment oriented numerical modeling. Vienna: IntechOpen, 2013.

MATTILA, J. Engineering and design considerations for thermal inactivation of bio-hazardous waste streams. *Pharmaceutical Engineering*, v. 31, n. 6, p. 1-7, 2011.

MINISTÉRIO DA PESQUISA E TECNOLOGIA. *Richtlinien zum Schutz vor Gefahren durch in-vitro neukombinierte Nukleinsauren*. Köln, 1986.

NATHAN, L. Improvements in the fermentation and maturation of beer. *J. Inst. Brewing*, v. 36, p. 538-550, 1930.

NICOLELLA, C.; VAN LOOSDRECHT, M. C. M.; HEIJNEN, S. J. Particle-based biofilm reactor technology. *Trends in Biotechnology*, v. 18, p. 312–320, 2000.

PÁCA, J.; ETTLER, P.; GRÉGR, V. Hydrodynamic behaviour and oxygen transfer rate in pilot plant fermentor. *J. Appl. Chem. Biotechnol.*, v. 26, p. 309-317, 1976.

PROPST, C. L.; VON WEDEL, R. J.; LUBINICKI, A. S. Using mammalian Cells to Produce Products. In: NEWAY, J. O. (ed.). *Fermentation process development of industrial organisms*. New York: Dekker, 1989. p. 221-276.

RIVETT, R. W.; JOHNSON, M. J.; PETERSON, W. H. Laboratory fermenter for aerobic fermentations. *Ind. Eng. Chem.*, v. 42, p. 188-190, 1950.

SANGIONI, L. A. et al. Princípios de biossegurança aplicados aos laboratórios de ensino universitário de microbiologia e parasitologia. *Ciência Rural*, Santa Maria, v. 43, n. 1, p. 91-99, 2013.

SCHULZE, R.; SCHULZE, T. Anforderungen an Ausrustungen und Anlagen fur Biotechnologie. *Wiss. Z. Tech. Univ. Magdeburg*, v. 32, p. 91-94, 1988.

STANBURY, P. F.; WHITAKER, A.; HALL, S. J. *Principles of fermentation technology*. 2. ed. Burlington: Elsevier Science, 1995.

STEEL, R.; MAXON, W. D. Power requeriments of a typical actinomycete fermentor. *Ind. Eng. Chem.*, v. 53, p. 739, 1961.

STEFANIAK, J. J. et al. Pilot Plant equipment for submerged production of penicillin. *Ind. Eng. Chem.*, v. 38, n. 7, p. 666-671, 1946.

TURNER, M. K. Categories of large-scale containment for manufacturing processes with recombinant organisms. *Biotechnology and Genetic Engineering Reviews*, v. 7, p. 1-43, 1989.

ULENBERG, G. H.; GERRITSON, H.; HUISMAN, J. Experiences with a grant cylindro-conical tank. *Master Brew. Assoc. Amer.*, v. C.9, p. 117-122, 1972.

WALKER, J. A. H.; HOLDSWORTH, H. Equipment design. In: STEEL, R. (ed.). *Biochemical Engineering*. London: Heywood, 1958. p. 223-273.

WANG, S. J.; ZHONG, J. J. Bioreactor engineering. In: YANG, S. T. (ed.). *Bioprocessing for value-added products from renewable resources*. Amsterdam: Elsevier, 2007. p. 131-162.

WU, W. T.; WU, J. Y. Air lift reactor with draught tube. *J. Ferm. Bioeng.*, v. 70, p. 359-361, 1990.

CAPÍTULO 18

Tratamento biológico de resíduos

Hugo Moreira Soares

Camila Michels

18.1 INTRODUÇÃO

A água, essencial para reações bioquímicas e, consequentemente, para a vida, está perdendo qualidade em sua forma natural em virtude da atividade humana, pela geração de efluentes domésticos e industriais.

As águas residuárias possuem composição variada, podendo conter matéria orgânica, nutrientes, sais e moléculas recalcitrantes, dependendo do que está sendo produzido nos processos fabris. Portanto, devem ser tratadas antes de serem lançadas ao corpo hídrico receptor, minimizando a contaminação das águas.

Para atender à legislação vigente, Resolução n. 430/2011 do Conselho Nacional do Meio Ambiente (Conama), o efluente deve ser submetido ao tratamento físico-químico e/ou biológico. Neste capítulo serão encontrados os principais fundamentos e processos para o tratamento biológico de resíduos líquidos, visando à remoção de matéria orgânica e nitrogênio, por meio da apresentação das bases teóricas que suportam esses processos, as quais fornecerão subsídios ao leitor no que se refere às alternativas de caminhos a serem seguidos.

A utilização de microrganismos nos processos de tratamento de resíduos é feita há mais de um século. Esta área vem se desenvolvendo de forma acelerada, à medida que a microbiologia vem desvendando os mistérios do comportamento dos microrganismos na natureza. A biotecnologia aplicada ao tratamento de resíduos vem sendo utilizada principalmente para remoção da matéria orgânica. No entanto, outros poluentes também podem ser removidos pela ação direta ou indireta dos microrganismos.

Incluem-se entre os processos mais conhecidos a remoção de nitrogênio, fósforo e enxofre, além da remoção de metais pesados pelos processos de biolixiviação e biossorção. Contaminantes orgânicos tóxicos, antes considerados recalcitrantes ou até mesmo não biodegradáveis, vêm mostrando-se passíveis de serem transformados biologicamente, principalmente em virtude da evolução e da otimização dos processos de tratamento. Os microrganismos têm a capacidade de metabolizar diferentes compostos, ou seja, extrair destes as fontes nutricionais e energéticas necessárias para o seu crescimento e as suas funções metabólicas.

O tratamento biológico de resíduos emprega a ação conjunta de diferentes espécies de microrganismos submetidas a determinadas condições controladas, o que resulta na transformação dos compostos agressivos ao meio ambiente em compostos menos agressivos, ou até na sua mineralização. Em geral, as diferentes espécies de microrganismos presentes nos processos biológicos de tratamento atuam conjuntamente, formando uma verdadeira cadeia alimentar com interações nutricionais facultativas e obrigatórias.

É importante ressaltar que as bases teóricas que suportam a engenharia de bioprocessos, aplicadas à produção de produtos biotecnológicos industriais, são também empregadas no tratamento biológico, porém com algumas particularidades. Geralmente, os substratos utilizados são resíduos de baixo valor agregado que são descartados pela atividade produtiva, com características de composição química complexa. Na maioria dos casos, em função dessa complexidade do substrato, utilizam-se consórcios de microrganismos de várias espécies, obtidos de ambientes naturais, e estes são cultivados mantendo-se a competição natural entre eles, para que se estabeleçam as predominâncias relativas entre as espécies que mais se adaptam ao sistema.

Dessa forma, frequentemente se expressa a concentração de poluentes e a concentração celular como um conjunto. Por exemplo, uma forma comum de expressar os constituintes orgânicos é a demanda química de oxigênio (DQO), e a forma mais comum de expressar a concentração celular é a determinação dos sólidos suspensos voláteis (SSV). Com base nisso, determinam-se os parâmetros cinéticos de crescimento dos microrganismos, conversão de substratos e formação de produtos, ferramentas necessárias para fazer os projetos dos reatores e operar o sistema adequadamente. Deve-se estar atento ao fato de que, como são medidas de um conjunto de substâncias químicas e espécies de microrganismos, nem todos participam da conversão em estudo, além de existirem reações paralelas que provocam sinergia ou antagonismo. Esses parâmetros cinéticos têm uma variabilidade muito grande, podendo chegar a valores com uma ou mais ordens de grandeza de diferença. Esse grau de incerteza dos valores das constantes cinéticas faz com que boa parte dos projetos de sistemas de tratamento biológico seja empírica, recorrendo a valores da experiência prática reportada na literatura.

Por fim, deve-se considerar que o conceito de tratamento de resíduos vem mudando em função das novas formas de equacionar os problemas ambientais causados pelo seu descarte. Essa atividade sempre foi associada a gastos financeiros adicionais ao processo produtivo, encarecendo o produto final. Portanto, os investimentos nesses sistemas sempre foram o mínimo necessário para atender aos parâmetros estabelecidos pelos órgãos de controle de poluição. Porém, com a crescente escassez dos recursos naturais e o impacto ambiental das atividades produtivas, surgem os conceitos de minimização de geração de resíduos, valorização dos resíduos e reúso de insumos, que vêm mudando a forma de equacionar esses problemas.

Utilizando-se técnicas suportadas por esses conceitos, os resíduos passam a compor a matriz financeira do setor produtivo, minimizando os gastos com seus tratamentos e, muitas vezes, gerando um saldo positivo no balanço econômico, barateando o produto final. Assim, muitos processos utilizados apenas para degradar resíduos, convertendo-os a compostos inertes (por exemplo, CO_2, N_2), vêm sendo substituídos por outros que possuem algum valor agregado (por exemplo, CH_4, fertilizante, algas). Todos os resíduos podem ser tratados de várias formas diferentes e a mais adequada dependerá dos interesses específicos de cada caso.

É interessante que o leitor tenha conhecimento a respeito de metabolismo e cinética microbianos (vide o Volume 1 da presente coleção) para compreender o que será abordado neste capítulo. Inicialmente serão vistos conceitos e grandezas básicos para uma completa compreensão dos processos biológicos de tratamento de efluentes.

18.2 CARACTERIZAÇÃO DE EFLUENTES DOMÉSTICOS E INDUSTRIAIS E VARIÁVEIS DE PROCESSO

Para projetar ou escolher o melhor tratamento para o efluente gerado por determinado processo, deve-se caracterizar esse resíduo quanto às suas propriedades físico-químicas, orgânicas e microbiológicas. Existem diversos métodos analíticos para determinar uma grandeza, sendo que cada um apresenta vantagens e desvantagens. A escolha geralmente leva em consideração custo, disponibilidade de equipamentos e possíveis interferentes na determinação. Sempre se deve ter em mente que muitos compostos relevantes ambientalmente, como metais pesados, aromáticos e outros compostos recalcitrantes, são encontrados em concentrações da ordem de micrograma/litro ou menores, necessitando de técnicas mais avançadas como absorção atômica, cromatografia e espectrometria de massa. Estas não serão abordadas aqui, devendo ser procuradas técnicas específicas para cada composto; não há uma bibliografia que englobe todos esses métodos.

A seguir serão descritas as principais grandezas de caracterização das águas. Mais informações podem ser obtidas em literatura específica (APHA, 2005; METCALF; EDDY, 2016; VOGEL, 1981).

18.2.1 CARACTERÍSTICAS FÍSICO-QUÍMICAS

Entre essas características estão temperatura, pH, oxigênio dissolvido, cor, turbidez, alcalinidade, nitrogênio, fósforo, sólidos totais, entre outros.

18.2.1.1 Temperatura, pH e oxigênio dissolvido (OD)

A temperatura pode ser medida por simples termômetros; já o pH e o OD exigem sensores mais sofisticados, existindo inúmeras opções no mercado, que devem ser escolhidos de acordo com a faixa de medição pretendida, o tipo de fluido e as condições ambientais existentes.

18.2.1.2 Cor

Está relacionada com a existência de material dissolvido no meio, tendo sua origem na decomposição de matéria orgânica e/ou na dissolução de ferro e manganês. Pode ser medida por análise colorimétrica ou visual.

18.2.1.3 Turbidez

Indica a presença de material particulado (sólidos em suspensão) que provoca um espalhamento da luz quando a amostra é submetida a um feixe de luz. Em geral, é produzida pela dissolução de rochas, argilas, algas, microrganismos ou matéria orgânica em suspensão (demanda bioquímica de oxigênio – DBO), portanto, pode indicar a contaminação da água por microrganismos patogênicos ou compostos tóxicos. Esta é medida por um turbidímetro.

18.2.1.4 Alcalinidade

É a quantidade de íons hidroxila (OH^-), bicarbonatos (HCO_3^-) e carbonatos (CO_3^{2-}) que podem reagir para neutralizar os prótons (H^+) dissolvidos no meio. Seu conhecimento é essencial para reações biológicas, pois a alcalinidade auxilia a tamponar o meio reacional. É influenciada pela transferência de CO_2 na água e pela dissolução de algumas rochas. É determinada por meio de métodos titulométricos, utilizando um ácido padronizado (APHA, 2005).

18.2.1.5 Nitrogênio

O nitrogênio pode estar em efluentes como nitrogênio orgânico, íon amônio (NH_4^+) ou amônia livre (NH_3), nitrito (NO_2^-) e nitrato (NO_3^-). Em geral, é proveniente da decomposição de proteínas e da reação de nitrificação. Pode ser determinado por métodos cromatográficos, colorimétricos, potenciométricos e por titulação (APHA, 2005). Para verificar a concentração de nitrogênio orgânico é utilizado o método Kjeldahl, que transforma todo o nitrogênio orgânico em íons amônio, podendo estes ser determinados por colorimetria ou titulação. Portanto, esse método quantifica o nitrogênio orgânico e o NH_4^+ presentes no meio. Uma das maneiras mais comuns para determinação do íon amônio é o método colorimétrico Nessler (VOGEL, 1981), no qual há reação do íon com iodo e mercúrio, formando um complexo de cor alaranjada. O nitrito pode ser reduzido a óxido nitroso pelo sulfato ferroso, em meio ácido, desenvolvendo uma cor esverdeada. O nitrato pode ser determinado por sua complexação com ácido salicílico, formando um composto amarelado (CATALDO et al., 1975). A concentração desses compostos (NH_4^+, NO_2^- e NO_3^-) pode ser relacionada com a absorbância medida em um espectrofotômetro, em diferentes comprimentos de onda.

18.2.1.6 Fósforo

Aparece em águas por dissolução de rochas, decomposição de matéria orgânica, detergentes, fertilizantes, entre outros. Pode estar como ortofosfato, polifosfato e fósforo orgânico (VON SPERLING, 2005) e ser determinado por cromatografia iônica e pelo método chamado vanadomolibdofosfórico (APHA, 2005), no qual uma série de reações ocorre para a formação de molibdofosfórico, que possui coloração amarelada, sendo determinado por colorimetria.

18.2.1.7 Sólidos

São largamente utilizados para a caracterização de águas residuárias. Referem-se às frações dos componentes dissolvidos e suspensos, orgânicos e inorgânicos. Dividem-se em sólidos totais (ST), sólidos suspensos (SS) e sólidos dissolvidos (SD), podendo ser fixos (SF) ou voláteis (SV). Os sólidos voláteis ou sólidos suspensos voláteis (SSV) correspondem à fração orgânica e, frequentemente, são utilizados para estimar a concentração de biomassa no reator. Os sólidos fixos se referem aos compostos inorgânicos presentes, e para sua determinação é utilizada uma série de secagens em estufa e mufla. Os métodos gravimétricos detalhados podem ser facilmente encontrados em literatura da área (APHA, 2005).

18.2.2 CARACTERÍSTICAS ORGÂNICAS

Para determinar a fração orgânica em águas, são realizadas principalmente determinações gravimétricas (sólidos voláteis), demanda química de oxigênio (DQO) e demanda bioquímica de oxigênio ($DBO_{5,20}$). Os métodos para determinação dos sólidos foram descritos anteriormente, e a seguir serão descritos brevemente os demais.

18.2.2.1 Demanda química de oxigênio (DQO)

Indica a quantidade de oxigênio necessária para oxidar compostos químicos orgânicos, sejam eles recalcitrantes ou biodegradáveis, levando-os a CO_2 e H_2O. É baseada na oxidação da matéria orgânica por dicromato de potássio, em meio ácido, com sulfato de prata como catalisador, a 140 °C, por 2 horas. Após esse período, há desenvolvimento de cor que pode ser medido por espectrofotômetro. A unidade da

DQO é mgO_2/L (APHA, 2005; METCALF; EDDY, 2016). Para obter uma estimativa da DQO experimental, pode-se calcular a DQO teórica por meio da estequiometria da equação química de oxidação do composto. No exemplo a seguir temos a oxidação do ácido acético:

$$C_2H_4O_2 + 2O_2 \rightarrow 2CO_2 + H_2O \tag{18.1}$$

60 g de ácido acético → 2x32 g O_2

1 g de ácido acético → y g O_2

y = 1,07 g O_2/g de ácido acético

18.2.2.2 Demanda bioquímica de oxigênio ($DBO_{5,20}$)

Diferentemente da DQO, este método vai indicar a quantidade de oxigênio necessária para degradar apenas a matéria orgânica biodegradável presente na amostra, também expressa em mgO_2/L, porém sempre menor que a DQO. Para realizar este método, deve-se dispor de um volume conhecido de amostra em um frasco específico para DBO. Esse líquido deve ser inoculado com microrganismos (caso a amostra seja proveniente de águas conhecidamente contaminadas por bactérias, como o esgoto sanitário, esta etapa pode ser eliminada). Após a inoculação os frascos são incubados a 20 °C por 5 dias (APHA, 2005). A determinação do oxigênio dissolvido deve ser feita em uma amostra no primeiro dia e no quinto dia de incubação. A diferença vai indicar a quantidade de oxigênio necessária para oxidar a matéria orgânica presente. Ressalta-se que essas condições para determinação de DBO visam permitir que somente as bactérias heterotróficas consumam o oxigênio, em detrimento das autotróficas nitrificantes. Para melhor compreensão sugere-se a leitura de bibliografia específica (METCALF; EDDY, 2016).

A biodegradabilidade de um efluente pode ser estimada por meio da relação DBO/DQO. Se essa relação estiver acima de 0,4, considera-se que a fração biodegradável é elevada e o tratamento biológico é indicado. Entre 0,4 e 0,3, são necessários mais ensaios para verificar a biodegradabilidade da amostra. Se abaixo de 0,3, indica que a fração da matéria orgânica de baixa biodegradabilidade é elevada e, portanto, o tratamento biológico é pouco recomendável.

18.2.3 CARACTERÍSTICAS MICROBIOLÓGICAS

As análises para verificar a composição microbiológica de um efluente visam, em geral, detectar a presença de organismos patogênicos, que indicam a contaminação fecal da água. O principal indicador dessa contaminação é a *E. coli*. Para tal, são utilizados métodos clássicos de microbiologia como número mais provável (NMP) e membrana filtrante (MF) com substrato definido, gerando fluorescência sob luz ultravioleta (UV) (MADIGAN et al., 2010).

18.2.4 VARIÁVEIS UTILIZADAS PARA O CONTROLE DOS PROCESSOS

Além das medidas de variáveis ambientais, uma série de outras grandezas devem ser determinadas para o controle apropriado do processo.

18.2.4.1 Vazão volumétrica

A vazão volumétrica (Q, indicada em m^3/h ou L/min), associada à concentração de matéria orgânica do efluente, é uma grandeza importante para o cálculo da carga aplicada ao sistema. A vazão deve ser equalizada para evitar as flutuações de carga no reator.

18.2.4.2 Concentração celular

Tendo em vista que os processos de tratamento biológico são realizados em sua maioria de forma contínua, a concentração celular (X) é utilizada para verificar a capacidade do sistema em degradar a carga orgânica aplicada ao reator. O método mais utilizado para quantificar essa grandeza é a determinação da concentração de sólidos suspensos voláteis (gSSV/L). Quanto maior for a capacidade de um reator de reter biomassa, maior será a sua capacidade de absorver a carga aplicada.

18.2.4.3 Tempo de retenção hidráulica

O tempo de retenção (ou detenção) hidráulica (TRH) é o tempo que um elemento de volume leva para percorrer todo o volume do reator (V). Observe na Equação (18.2) que o TRH é inversamente proporcional à vazão.

$$TRH = \frac{V}{Q} \tag{18.2}$$

em que:

THR: tempo de retenção hidráulica (d – dias);

V: volume do tanque (m^3);

Q: vazão volumétrica (m^3/d).

18.2.4.4 Tempo de retenção celular

O tempo de retenção (ou detenção) celular (TRC) pode ser definido da mesma forma que o TRH, porém o seu entendimento é um pouco mais complexo. O TRC é o tempo de permanência da massa celular no reator e, para determiná-lo, há necessidade de se fazer um balanço de massa do sistema. Para exemplificar, será demonstrado brevemente o balanço para um sistema de lodos ativados (Figura 18.1), cujo conceito será abordado na Seção 18.5 (METCALF; EDDY, 2016).

$$TRC = \frac{V \cdot X}{(Q - Q_d) \cdot X_e + Q_d \cdot X_r} \quad (18.3)$$

em que:

X_0: concentração celular na entrada do tanque de aeração (gSSV/L);

X_e: concentração celular no efluente tratado (gSSV/L);

X: concentração celular no tanque de aeração (gSSV/L);

X_r: concentração celular no reciclo (gSSV/L);

S_0: concentração da matéria orgânica na alimentação (g/L);

S: concentração da matéria orgânica (g/L);

V: volume do tanque de aeração (L);

Q_d: vazão de descarte de lodo (L/min);

Q: vazão afluente ao sistema (L/min);

Q_r: vazão de reciclo de lodo (L/min);

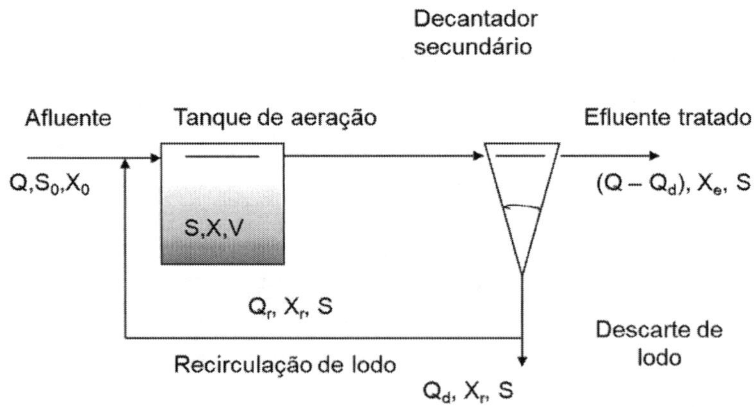

Figura 18.1 Esquema do processo de lodos ativados com as correntes de entrada, saída e recirculação.

Quando o reator for de mistura completa e sem reciclo, o balanço é feito entre a entrada e a saída do tanque de aeração, tornando o *TRC* igual ao *TRH*.

18.2.4.5 Carga orgânica volumétrica

A carga orgânica volumétrica (q_v) é a concentração do substrato alimentado (S_0) por unidade de volume de reator (V), multiplicada pela vazão volumétrica de alimentação

(Q). Essa grandeza mede a capacidade de um reator de tratar um determinado efluente, servindo como referência de projeto e de comparação entre reatores de diferentes concepções.

$$q_v = \frac{Q \cdot S_0}{V} = \frac{S_0}{TRH} \tag{18.4}$$

em que q_v é a carga orgânica volumétrica (kg DQO/m^3 · d).

18.2.4.6 Carga orgânica específica

A carga orgânica específica (q_e) é definida como a carga orgânica volumétrica (q_v) dividida pela concentração celular (X). Esta grandeza é importante para verificar as condições de alimentação a que os microrganismos estão expostos (substrato limitante ou excedente). Também é conhecida como relação alimento/microrganismo (A/M) ou, do inglês, *food/microorganism* (F/M).

$$q_e = \frac{q_v}{X} = \frac{Q \cdot S_0}{X \cdot V} \tag{18.5}$$

em que q_e é a carga orgânica específica (kg DQO/(kg.SSV.d)).

18.2.4.7 Atividade dos microrganismos

A atividade de um microrganismo pode ser medida pela quantidade de substrato consumido, ou de biomassa produzida, ou de produto gerado, por unidade de tempo. No caso do consumo de substrato, a unidade da atividade é expressa por kgDQO/(kgSSV.dia), que é a mesma da carga orgânica específica, porém mede exatamente a capacidade máxima daquele consórcio de microrganismos em degradar um substrato específico em condições ideais (atividade máxima). A diferença entre elas é que a carga orgânica específica é aquela que está sendo aplicada, na prática, durante a operação dos reatores, enquanto a atividade é uma medida realizada em laboratório em condições ideais de cultivo dos microrganismos.

18.2.4.8 Eficiência do sistema

A eficiência (E) do sistema de tratamento pode ser expressa em termos de percentual (%) de remoção do substrato e depende de qual composto está sendo removido – matéria orgânica na forma de *SV*, *DQO*, *DBO* ou íon amônio (NH_4^+).

Como exemplo de cálculo de eficiência, pode-se citar a remoção da *DQO*, mas o raciocínio é análogo para qualquer outro poluente. A matéria orgânica consumida (diferença entre a introduzida e a remanescente) é relacionada à quantidade introduzida no reator, obtendo-se a fração removida.

$$E = \frac{DQO_{e-}DQO_s}{DQO_e} \cdot 100 \tag{18.6}$$

em que:

E: eficiência de remoção (%);

DQO_e: concentração de *DQO* entrando no sistema;

DQO_s: concentração de *DQO* saindo no sistema.

18.3 PROCESSOS BIOLÓGICOS DE REMOÇÃO DE MATÉRIA ORGÂNICA

Os processos biológicos para remoção de matéria orgânica são variados e buscam novas tecnologias que visam otimizar a operação dos reatores. Adicionalmente, alguns fatores devem ser compreendidos para que a operação desses sistemas seja mais adequada, atendendo à legislação ambiental. A seguir serão abordados tópicos básicos de bioquímica, microbiologia e termodinâmica, cujo conhecimento é necessário para compreender os sistemas abordados nesse capítulo.

18.3.1 MICROBIOLOGIA E BIOQUÍMICA DOS PROCESSOS DE TRATAMENTO BIOLÓGICO

Todos os microrganismos necessitam de uma fonte de carbono e uma fonte de energia para realizar suas funções metabólicas e promover o crescimento celular. Além dessas, os microrganismos necessitam de fontes nutricionais fundamentais para compor seus constituintes celulares. A composição química do meio é essencial para esses processos biológicos, sendo um fator determinante na predominância das populações de microrganismos que participarão dele.

18.3.1.1 Fontes de carbono e de energia

A grande maioria dos processos biológicos de tratamento está associada ao crescimento dos microrganismos envolvidos. Ou seja, à medida que os substratos vão sendo consumidos (degradados), os microrganismos crescem proporcionalmente em massa. Para tal, são necessárias uma fonte de carbono e uma fonte de energia para sintetizar os compostos do material celular. A Figura 18.2 ilustra a degradação dos substratos e a proporcionalidade entre a produção de células e a energia necessária para sintetizar os compostos dessa nova célula, sendo que parte dos produtos pode ser utilizada para a produção de energia (ATP) para o crescimento celular (MADIGAN et al., 2010).

Quanto à fonte de carbono, os microrganismos podem utilizar o carbono proveniente da matéria orgânica (heterotróficos) ou o carbono inorgânico (CO_2), quando se encontra dissolvido na água (autotróficos).

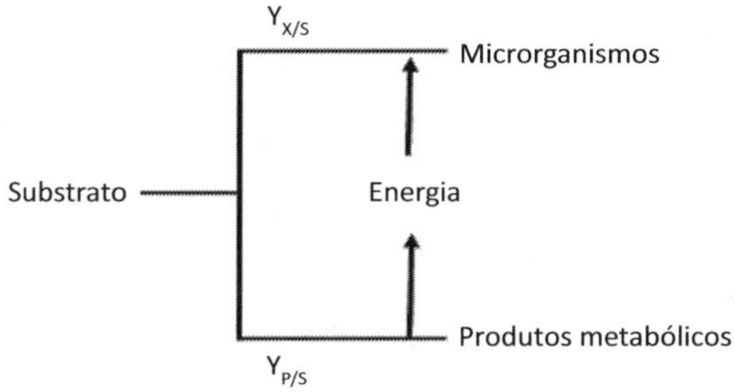

Figura 18.2 Representação da degradação dos substratos pelos microrganismos para gerar energia e crescimento celular. $Y_{X/S}$: fator de conversão de substrato em biomassa; $Y_{P/S}$: fator de conversão de substrato em produto).

Quanto à fonte de energia, duas são as formas básicas de obtenção: por meio da luz solar (microrganismos fotossintetizantes) ou por meio da energia de reações químicas de oxirredução (quimiossintetizantes), de compostos orgânicos (organotróficos) ou inorgânicos (litotróficos).

Todas as reações de formação de produtos metabólicos são reações de oxirredução (*redox*), podendo o poluente a ser removido participar delas como doador ou receptor de elétrons.

- *Compostos doadores de elétrons* (ou de hidrogênio): são compostos passíveis de oxidação, perdendo elétrons em reações *redox*. Por exemplo: matéria orgânica, S^{2-}, NH_4^+, NO_2^-.
- *Compostos receptores de elétrons* (ou de hidrogênio): são compostos passíveis de redução, recebendo os elétrons dos doadores em reações *redox*. Por exemplo: matéria orgânica, O_2, CO_2, SO_4^{2-} e NO_3^-.

Em muitos casos, denominam-se as famílias dos microrganismos pelo tipo de reação de oxidação ou de redução que eles utilizam. Em sistemas de tratamento biológico de resíduos, em que existem várias espécies de microrganismos convivendo no mesmo ambiente, seleciona-se a espécie mais adequada ao processo em função do tipo de doador ou aceptor de elétrons fornecido ao sistema (processo chamado de enriquecimento).

18.3.1.2 Fontes de nutrientes

Além do carbono, outros elementos químicos são fundamentais para sustentar o crescimento dos microrganismos, denominados nutrientes. Os microrganismos utilizam uma gama grande de elementos químicos que devem estar presentes no sistema, e a maioria das águas residuárias possui, além do seu conteúdo orgânico, uma composição bastante diversificada, contendo a maioria dos compostos necessários para sustentar o crescimento dos microrganismos, não havendo necessidade de uma suplementação. No entanto, deve-se estar atento a aqueles necessários em quantidades maiores, os quais são denominados macronutrientes (MADIGAN et al., 2010). A composição elementar média de uma bactéria é $C_{25}H_{35}O_{10}N_5P$.

Nota-se que, além do C, o nitrogênio e o fósforo são os elementos essenciais para a formação da célula, e, desse modo, é necessário que se verifiquem as concentrações proporcionais desses nutrientes em função da quantidade de matéria orgânica que se deseja degradar. Por exemplo, no caso de bactérias, a relação molar de C:N:P de 25:5:1 é a proporção que deveria ser obtida para atender as necessidades para o crescimento celular.

No entanto, deve-se considerar que nem todo o carbono será utilizado para a composição celular, podendo uma fração deste ser utilizada para geração de energia. Da mesma forma, nem todo o nitrogênio está sob a forma disponível para os microrganismos. Por isso, uma série de relações C:N pode ser encontrada na literatura, indicando ser a relação ideal para sustentar o crescimento dos microrganismos sem limitações nutricionais. Na realidade, essas relações são obtidas da prática, referindo-se àqueles casos em particular, devendo-se ter cuidado na extrapolação destas quando se estuda um caso específico.

Além dos macronutrientes, outros elementos químicos são necessários em pequenas quantidades para suportar o crescimento celular. Esses elementos denominam-se micronutrientes (S, Na, K, Fe, Mg e Ca), e aqueles em quantidades muito pequenas denominam-se traços (Ni, Co, Zn, Bo, Mo, Se etc.). Além destes, há também a necessidade de alguns compostos orgânicos que podem ou não estar presentes nas águas residuárias, ou podem ser sintetizados pelos próprios microrganismos, chamados de fatores de crescimento (por exemplo, vitaminas, aminoácidos etc.) (MADIGAN et al., 2010). Esses compostos também devem ser suplementados ao sistema, caso haja escassez no efluente bruto.

18.3.2 ASPECTOS BIOQUÍMICOS DO METABOLISMO

Uma das grandes divisões dos processos de tratamento biológico de resíduos está baseada no aceptor final de elétrons. Processos que utilizam o oxigênio como aceptor final de elétrons são chamados de processos aeróbios (*respiração aeróbia*). Por outro lado, aqueles que não utilizam o oxigênio são chamados de anaeróbios, os quais, dependendo do aceptor final de elétrons, podem ser divididos em:

- *Processos fermentativos*: utilizam compostos orgânicos que participam do processo, ou seja, subprodutos da própria fermentação são empregados como aceptores de elétrons e, por isso, também podem ser chamados de aceptores internos.
- *Processos anóxicos* (*respiração anaeróbia*): utilizam outros compostos inorgânicos ou orgânicos que não o oxigênio ou subprodutos do processo como aceptores finais de elétrons. Ou seja, podem ser chamados de aceptores externos (CO_3^{2-}, NO_3^-, Fe^{3+}, SO_4^{2-}).

A Figura 18.3 apresenta um fluxograma ilustrativo dos diferentes processos em função do aceptor final de elétrons. Como pode ser observado, nos processos aeróbios são gerados 38 ATP por cada mol de glicose degradado, enquanto nos anaeróbios essa geração de energia é muito inferior, pois, além de a energia ficar contida nos produtos gerados (álcoois, ácidos, metano etc.), a resultante das etapas subsequentes é consumidora de energia, podendo gerar até mesmo menos de 1 ATP por mol de glicose. Além disso, nem toda a energia contida em 1 mol de glicose é armazenada na forma de ATP, ficando grande parte dela dissipada no ambiente, principalmente sob a forma de calor (processos exotérmicos). Isso demonstra a capacidade de microrganismos aeróbios de extrair uma maior quantidade de energia de um substrato comparativamente com os anaeróbios.

Outro fator importante a ser considerado é relativo à termodinâmica das reações envolvidas (NELSON; COX, 2011). A energia consumida ou gerada pela oxidação da matéria orgânica, nos processos heterotróficos, varia conforme os tipos de doador (substrato) e de aceptor de elétrons utilizados, sendo que os processos que mais geram energia são os aeróbios (aceptor de elétrons: O_2), seguidos pelos que utilizam NO_3^-, SO_4^{2-} e CO_2 como aceptores finais de elétrons. Essa maior capacidade de extração de energia do substrato dos processos aeróbios implica um desenvolvimento mais acelerado de uma população de microrganismos, porém não uma maior velocidade específica de conversão de substrato em produto (MADIGAN et al., 2010).

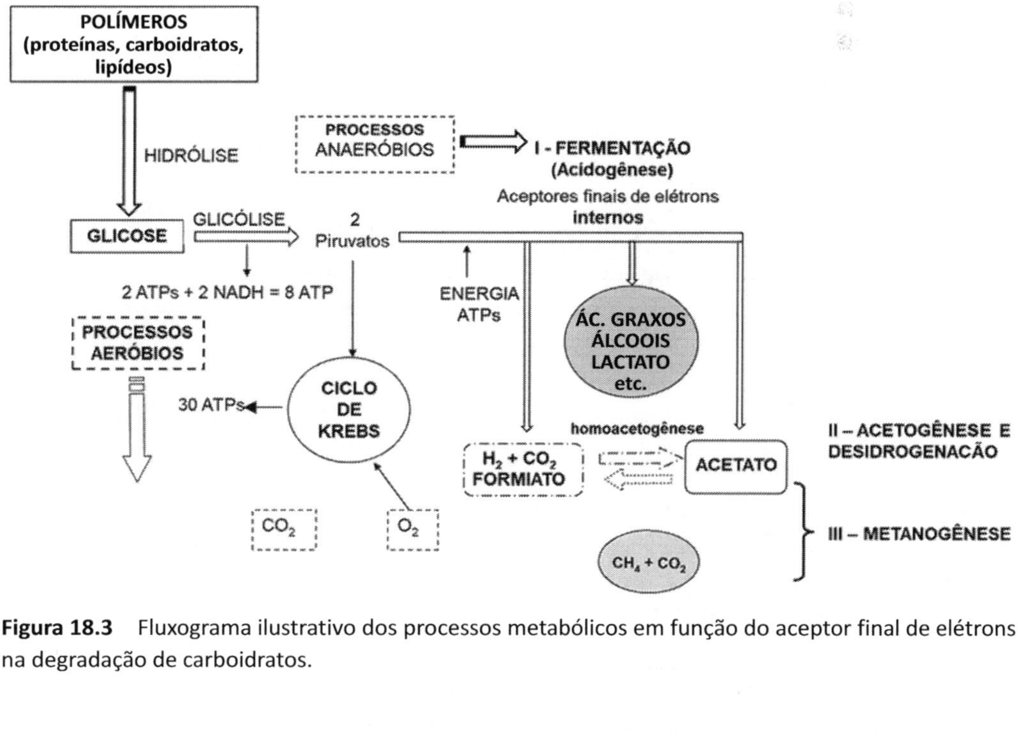

Figura 18.3 Fluxograma ilustrativo dos processos metabólicos em função do aceptor final de elétrons na degradação de carboidratos.

18.4 INTERAÇÕES MICROBIANAS NOS PROCESSOS DE TRATAMENTO BIOLÓGICO

18.4.1 PROCESSOS AERÓBIOS

Nos processos aeróbios participam diversos microrganismos, sendo os principais tipos encontrados: bactérias heterótroficas (utilizam carbono orgânico como fonte de carbono) e autotróficas (utilizam carbono inorgânico, CO_2, como fonte de carbono), protozoários e micrometazoários. Nesses sistemas as bactérias são os consumidores primários, ou seja, são responsáveis pela degradação da matéria orgânica e de outros compostos presentes no efluente. Os protozoários utilizam as bactérias como base nutricional, as quais, por sua vez, constituirão a base nutricional dos micrometazoários (METCALF; EDDY, 2016).

A microfauna existente é um bom indicador do estágio de depuração do processo, uma vez que sua natureza varia com a concentração e o tipo de matéria orgânica, com a concentração de O_2 e com a concentração das várias espécies de microrganismos presentes no sistema.

O bom desenvolvimento dessa comunidade microbiana está atrelado à formação de aglomerados de microrganismos (flocos), o que é importante para separação do lodo biológico formado do efluente tratado. A floculação bacteriana é consequência direta da operação do biorreator, que promove condições de estresse nutricional, conduzindo à menor atividade de parte das células no sistema, ou induzindo o metabolismo endógeno celular. A baixa atividade das bactérias, bem como a auto-oxidação das células, o que em certo grau auxilia na diminuição da massa celular, contribuem para a produção de polissacarídeos que são essenciais para a estrutura do floco.

Um dos problemas mais comuns em lodos ativados é o crescimento em abundância de bactérias filamentosas. Surge como efeito de algum desequilíbrio operacional do sistema, ou da existência de outros metabolismos como as espécies autotróficas *Nitrosomonas* sp. e *Nitrobacter* sp., responsáveis pela nitrificação da amônia. As bactérias filamentosas em excesso formam uma macroestrutura semelhante a uma rede, que interfere na sedimentação e na compactação do floco bacteriano e compete com as demais espécies bacterianas pelo substrato orgânico.

18.4.2 PROCESSOS ANAERÓBIOS

Quando o oxigênio não estiver presente no meio, outros aceptores de elétrons serão utilizados para a degradação do substrato. A gênese do metano ocorre a partir da degradação de compostos orgânicos complexos em etapas, destacando-se: hidrólise, acidogênese, acetogenese e metanogênese. Nos processos anaeróbios, ou nos sistemas de biodigestão anaeróbia, a degradação da matéria orgânica envolve a atuação de microrganismos procarióticos anaeróbios facultativos e obrigatórios, cujas espécies pertencem ao grupo de bactérias hidrolítico-fermentativas, acetogênicas produtoras de hidrogênio e árqueas metanogênicas.

A bioconversão da matéria orgânica poluente com produção de metano requer a cooperação entre culturas bacterianas. Na atividade microbiana anaeróbia em biodigestores, como também em hábitat natural com formação de metano (sedimentos aquáticos, sistema gastrintestinal de animais superiores, pântanos etc.), o que se observa é a ocorrência da oxidação de compostos complexos, resultando nos precursores do metano, acetato e hidrogênio.

Os organismos da biodigestão anaeróbia apresentam um elevado grau de especialização metabólica. A eficiência do processo anaeróbio depende, portanto, das interações positivas entre as diversas espécies bacterianas, com diferentes capacidades de degradação. Os intermediários metabólicos de um grupo de bactérias podem servir como nutrientes ao crescimento de outras espécies. Assim, observa-se a ocorrência de várias reações de degradação dos compostos orgânicos e a sua dependência da presença do hidrogênio formado no sistema. A interação entre essas espécies de microrganismos deve ocorrer em perfeita harmonia, para evitar o acúmulo de ácidos orgânicos e álcoois no meio em fermentação, que, em concentrações elevadas, são tóxicos aos próprios microrganismos. A Tabela 18.1 apresenta a estequiometria de algumas reações da biodigestão anaeróbia e as variações de energia livre dessas reações sob condições-padrão de ocorrência.

Observe que algumas reações não seriam possíveis ($\Delta G^{0'} > 0$) caso não houvesse outras que deslocassem seu equilíbrio. As principais reações que promovem o deslocamento do equilíbrio são as que consomem o hidrogênio (reações 5 e 10 da Tabela 18.1). A remoção do hidrogênio nos sistemas anaeróbios é feita pela ação de bactérias anaeróbias hidrogenotróficas, representadas por espécies árqueas metanogênicas e redutoras do íon sulfato. A cooperação entre as bactérias produtoras e consumidoras de hidrogênio, sob condições anaeróbias, é denominada "transferência de hidrogênio entre espécies".

Tabela 18.1 Estequiometria de algumas reações da biodigestão anaeróbia e variações de energia livre de Gibbs dessas reações

Reações	$\Delta G^{0'}$ (kcal/reação)	G' (kcal/reação)
1. Conversão da glicose em metano e dióxido de carbono $C_6H_{12}O_6 + 3H_2O \rightarrow 3CH_4 + 3HCO_3^- + 3H^+$	−96,5	−95,3
2. Conversão da glicose em acetato e hidrogênio $C_6H_{12}O_6 + 4\ H_2O \rightarrow 2CH_3CQO^- + 2\ HCO_3^- + 4H^+ + 4H_2$	−49,3	−76,1
3. Metanogênese do acetato $CH_3COO^- + H_2O \rightarrow CH_4 + HCO_3^-$	−7,4	−5,9
4. Metanogênese do hidrogênio e do dióxido de carbono $4H_2 + HCO_3^- + H^+ \rightarrow CH_4 + 3H_2O$	−32,4	−7,6

(*continua*)

Tabela 18.1 Estequiometria de algumas reações da biodigestão anaeróbia e variações de energia livre de Gibbs dessas reações (*continuação*)

Reações	ΔG⁰' (kcal/reação)	G' (kcal/reação)
5. Acetogênese do hidrogênio e do dióxido de carbono $4H_2 + 2HCO_3^- + H^+ \rightarrow CH_3COO^- + 4H_2O$	–25,0	–1,7
6. Oxidação de aminoácido Leucina + $3H_2O \rightarrow$ isovalerato + $HCO_3^- + NH_4^+ + 2H_2$	+1,0	–14,2
7. Oxidação do butirato a acetato $CH_3CH_2CH_2COO^- + 2H_2O \rightarrow 2CH_3COO^- + H^+ + 2H_2$	+11,5	–4,2
8. Oxidação do propionato a acetato $CH_3\ CH_2COO^- + 3H_2O^- \rightarrow CH_3COO^- + HCO_3^- + H^+ + 3H_2$	+18,2	–1,3
9. Oxidação do benzoato a acetato $C_7\ H_5\ O_2^- + 7H_2O \rightarrow 3CH_3COO^- + HCO_3^- + 3H^+ + 3H_2$	+21,4	–3,8
10. Desalogenação redutiva $H_2 + CH_3\ Cl \rightarrow CH_4 + H^+ + Cl^-$	–39,1	–29,0

ΔG0': energia livre da reação em separado; ΔG': energia livre da reação em conjunto com as outras reações no processo de digestão anaeróbia. Os cálculos de AG' foram realizados sob as condições "típicas" em um biodigestor anaeróbio, 37 °C e pH 7,0.

Fonte: adaptada de Speece (1996).

18.4.3 INFLUÊNCIA DE FATORES AMBIENTAIS NA ATIVIDADE DOS MICRORGANISMOS

Como comentado anteriormente, a predominância e a atividade dos microrganismos estão diretamente relacionadas aos fatores ambientais. Certamente, a composição química do meio é de extrema importância nesses processos, merecendo aprofundamento. Porém, esta é uma matéria extensa que traria uma dispersão do enfoque principal. Portanto, aqui será apresentada a interferência dos principais fatores ambientais que devem ser controlados na condução dos processos biológicos de tratamento: pH e temperatura.

18.4.3.1 pH

O pH altera as cargas dos sítios ativos das enzimas modificando suas estruturas e, consequentemente, causando perda de suas especificidades. Além disso, o pH interfere no equilíbrio das reações bioquímicas e em uma série de funções metabólicas. Existem microrganismos que possuem uma faixa mais ampla de sobrevivência que outros, no entanto, a grande maioria deles tem a atividade ótima em valores de pH em torno da neutralidade.

Em sistemas de tratamento biológico de resíduos, nos quais existe uma série de microrganismos atuando na forma de consórcios, deve-se buscar a faixa de pH que propicia o crescimento máximo da maior parte dos microrganismos envolvidos, ou daqueles mais exigentes (faixas mais estreitas), ou mesmo daqueles que crescem numa velocidade menor, para que não haja um desequilíbrio do sistema. Este é o caso típico dos microrganismos metanogênicos na digestão anaeróbia, devendo-se procurar as melhores condições para otimizar o seu crescimento. A faixa ótima de pH para a metanogênese é entre 6,8 e 7,2, no entanto, a operação de biodigestores na faixa de 6,5 a 7,5 é satisfatória (SPEECE, 1996).

18.4.3.2 Temperatura

A temperatura altera as propriedades físicas do meio, interfere na cinética das reações, altera a conformação da estrutura das enzimas e interfere nas funções básicas dos microrganismos (mobilidade, transporte de íons etc.). Cada microrganismo possui uma faixa ótima de temperatura, podendo as bactérias, por exemplo, ser divididas em psicrofílicas (<15 °C), mesofílicas (entre 15 e 45 °C) e termofílicas (>45 °C e <80 °C).

Geralmente, as termofílicas sobrevivem nas outras faixas de temperatura mais baixas e as mesofílicas sobrevivem em temperaturas psicrofílicas, porém com suas atividades reduzidas. O inverso não é verdadeiro, uma vez que a perda da atividade em função de temperaturas mais altas está associada a modificações na estrutura enzimática das células que podem levar à sua desnaturação.

A Figura 18.4 apresenta a faixa de temperatura para bactérias metanogênicas mesofílicas. Observe que, após aumento exponencial da atividade com o aumento da temperatura, ao atingir o seu máximo, logo em seguida essa atividade cai bruscamente. Observe também que, em temperaturas abaixo de 20 °C, a atividade das metanogênicas mesofílicas está abaixo de 20%. Por esse motivo, a digestão anaeróbia somente deve ser utilizada se houver condições de manter o sistema acima de 18-20 °C, seja por condições climáticas favoráveis, seja por aquecimento do biodigestor utilizando fontes externas de energia.

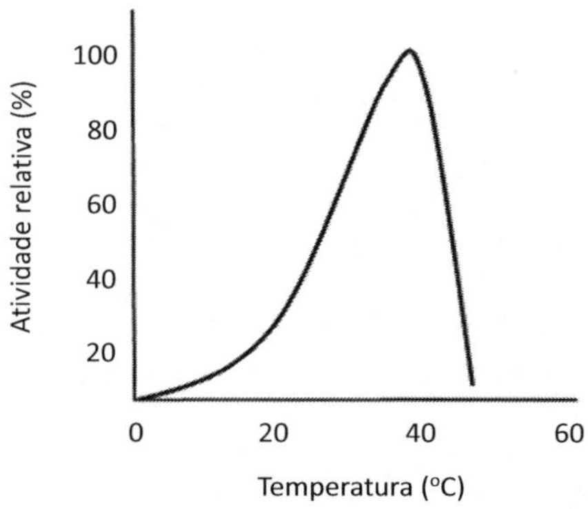

Figura 18.4 Variação da atividade de bactérias metanogênicas mesofílicas em função da variação de temperatura.

Para efeitos comparativos, a Figura 18.5 apresenta as atividades dos microrganismos aeróbios e anaeróbios em diferentes temperaturas. Observe que a atividade dos microrganismos aeróbios é reduzida em torno de 30% quando a temperatura cai de 20 °C para 10 °C e, mesmo assim, mantém-se elevada em baixas temperaturas. Por outro lado, os microrganismos anaeróbios reduzem sua atividade em aproximadamente 60% quando a temperatura cai de 35 °C para 25 °C.

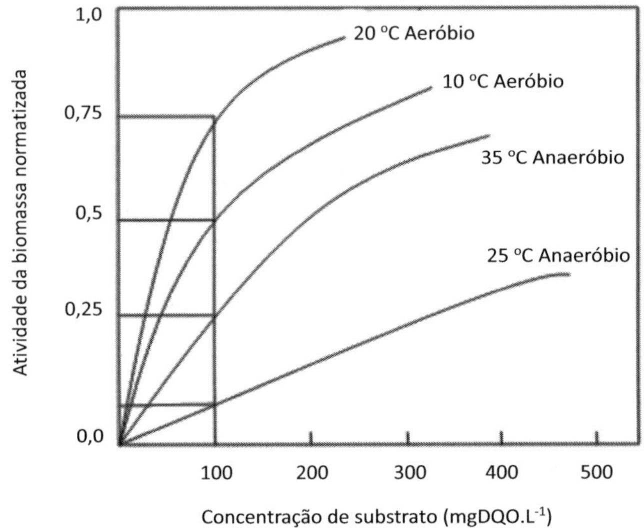

Figura 18.5 Atividade dos microrganismos aeróbios e anaeróbios mesofílicos em diferentes temperaturas.

Fonte: adaptada de Speece (1996).

18.4.4 ASPECTOS CINÉTICOS DO METABOLISMO

Os microrganismos envolvidos nos processos biológicos de remoção de nutrientes (nitrogênio e fósforo) e de matéria orgânica podem ser representados pela cinética de crescimento microbiano, acompanhando curvas de consumo de substrato e produção de produtos, conforme descrito no Capítulo 11 do Volume 1 desta coleção. Porém, como se trata de culturas mistas, os parâmetros cinéticos são característicos do conjunto dos microrganismos envolvidos. Nas Tabelas 18.2 e 18.3 são apresentados alguns parâmetros cinéticos típicos dos microrganismos envolvidos nos processos de lodos ativados e de digestão anaeróbia, respectivamente.

Para efeitos de comparação da cinética dos microrganismos aeróbios e anaeróbios vamos considerar que as unidades expressas em DQO e DBO possuem valores iguais, ou seja, são equivalentes.

Tabela 18.2 Sumário de valores de constantes cinéticas para o processo de lodos ativados (processo aeróbio)

Coeficiente	Unidade	Valores	
		Faixa	Típico
K_s	mgDBO/L	20-60	30
$Y_{X/S}$	gSSV/gDQO	0,4-0,6	0,45
b	d^{-1}	0,06-0,15	0,1

b: velocidade específica de decaimento; K_s: constante de saturação; μ_{max}: velocidade específica máxima de crescimento celular; $Y_{X/S}$: fator de conversão de substrato em células.

Fonte: adaptada de Metcalf e Eddy (2016).

Tabela 18.3 Sumário de valores de constantes cinéticas para vários substratos orgânicos utilizados em processos mesofílicos de digestão anaeróbia

Substrato	Processo	K_s (mgDQO/L)	$Y_{X/S}$ (gSSV/gDQO)	b (d^{-1})
Carboidratos	Acidogênese	22,5-630	0,14-0,17	6,1
Ácidos de cadeia longa	Oxidação anaeróbia	105-3.180	0,04-0,11	0,01-0,015
Ácidos de cadeia curta	Oxidação anaeróbia	12-500	0,025-0,047	0,01-0,027
Acetato	Metanogênese acetoclástica	11-421	0,01-0,054	0,004-0,037

b: velocidade específica de decaimento; K_s: constante de saturação; μ_{max}: velocidade específica máxima de crescimento celular; $Y_{X/S}$: fator de conversão de substrato em células.

Fonte: adaptada de Speece (1996).

18.4.4.1 Constante de saturação (K_s)

Um dos modelos da cinética de crescimento dos microrganismos é dado pela equação de Monod, Equação (18.7), que já foi demonstrada e discutida no Capítulo 11 do Volume 1 desta coleção. Brevemente, ela descreve o crescimento microbiano pela utilização de um único substrato, portanto, deve ser utilizada com cuidado, pois nos tratamentos de efluentes o meio é complexo, contendo vários compostos.

$$\mu_x = \mu_{max} \frac{S}{S + K_S} \tag{18.7}$$

em que:

μ_x: velocidade específica de crescimento (d^{-1});

μ_{max}: velocidade específica máxima de crescimento (d^{-1});

K_s: constante de saturação (mg DQO/L);

S: concentração do substrato (mg DQO/L).

O conhecimento da constante de saturação (K_s) é de grande valia para a compreensão da capacidade de determinado processo consumir certo substrato (por isso também é chamada de constante de afinidade pelo substrato). A concentração dos substratos disponíveis para os microrganismos interfere diretamente nas suas atividades. Segundo a equação de Monod, quando não há limitação de substrato (substrato em excesso) em processos contínuos em estado estacionário, os microrganismos são capazes de crescer com a sua velocidade máxima ($S >> K_s$). Nos processos de tratamento de efluentes, deseja-se minimizar a concentração dos nutrientes (C, N etc.) a níveis máximos estipulados pela legislação, de tal forma que a situação de limitação de substrato é atingida ($S << K_s$).

Como exemplo, DBO_5 de 60 mg/L (substrato) é um valor comum a ser exigido para lançamento de esgotos sanitários após seu tratamento e, portanto, é a concentração que deve ser mantida no interior do reator. O valor típico de K_s para os microrganismos na degradação da matéria orgânica em um processo aeróbio mesofílico é de 30 mgDBO/L (Tabela 18.2). Portanto, o valor da velocidade específica de crescimento (μ_x), comumente expressa como atividade do microrganismo, é de 0,67 da atividade máxima (μ_{max}) que ele poderia atingir caso o substrato não fosse limitante. Ou seja, ainda possui boa atividade para promover a degradação, atingindo facilmente a concentração final de 60 mgDBO/L.

- Aeróbios:

$$\mu_x = \mu_{max} \frac{60}{60 + 30} = 0{,}67\mu_{max} \tag{18.8}$$

Por outro lado, os valores da constante de saturação dos microrganismos nos processos anaeróbios, com exceção das árqueas metanogênicas acetotróficas, são pelo menos uma ordem de grandeza maiores (Tabela 18.3). Por exemplo, as acetogênicas possuem valores típicos médios que podem chegar a 300 mgDQO/L, levando a velocidade específica de crescimento a menos de 0,167 de sua atividade máxima.

- Anaeróbios:

$$\mu_x = \mu_{max} \frac{60}{60 + 300} = 0{,}167\mu_{max} \tag{18.9}$$

A consequência dessa diferença está na dificuldade em um processo anaeróbio de atingir concentrações muito baixas no efluente final, como a de 60 mg DBO/L ou DQO/L.

18.4.4.2 Fator de conversão de substrato em células ($Y_{X/S}$)

Como visto, os microrganismos aeróbios são capazes de extrair mais energia do substrato quando comparados com os anaeróbios. Essa maior capacidade é traduzida no fator de conversão de substrato em células ($Y_{X/S}$). Enquanto os microrganismos aeróbios apresentam valores de 0,45 gVSS/gDQO (aproximadamente 45% da matéria orgânica é convertida a células), os anaeróbios acidogênicos apresentam valores de 0,15 gVSS/gDQO (aproximadamente 15% da matéria orgânica é convertida a células). Já as arqueas metanogênicas acetoclásticas apresentam valores ainda menores, de 0,03 (aproximadamente 3% da matéria orgânica é convertida a células). Ou seja, os processos aeróbios podem chegar a produzir vinte vezes mais lodo biológico que os anaeróbios.

Esse fato tem uma implicação direta na escolha do processo a ser utilizado: quando a produção de microrganismos (lodo biológico) for conveniente, utilizam-se processos aeróbios; por outro lado, quando for inconveniente, utilizam-se processos anaeróbios.

18.4.4.3 Velocidade específica de decaimento (b)

Por último, em termos de velocidade de decaimento (b), alguns organismos anaeróbios decaem numa velocidade aproximadamente dez vezes menor quando comparados com as bactérias aeróbias. Esse fator implica que um lodo anaeróbio pode ser conservado sem alimentação por períodos mais longos que os aeróbios. Isso tem importância fundamental na retomada de processos após um período de parada para manutenção, ou em casos de processos sazonais.

18.5 SISTEMAS DE TRATAMENTO

18.5.1 SISTEMAS AERÓBIOS

18.5.1.1 Lodos ativados e suas variações

Entre os processos aeróbios, o processo de lodos ativados é um dos mais aplicados e também o de maior eficiência. É o mais utilizado em localidades de grande concentração urbana em virtude das cargas orgânicas suportadas.

O sistema consiste basicamente em uma câmara de aeração, onde se desenvolvem os microrganismos (reator biológico) e ocorrem as reações que conduzem à metabolização dos compostos biodegradáveis, seguida de um decantador para remover os sólidos em suspensão do efluente final e, ao mesmo tempo, recircular parte do lodo decantado para o tanque de aeração, com o intuito de controlar a concentração de biomassa no reator. Nesse processo é essencial que se tenha boa mistura e boa aeração para que os microrganismos tenham sua atividade otimizada (concentração de oxigênio acima de 2 mgO_2/L).

A Figura 18.6 mostra um esquema simplificado de tratamento por lodos ativados em um reator de mistura completa, em que o termo afluente se refere à água residuária no seu estado bruto e o termo efluente se refere à água residuária tratada.

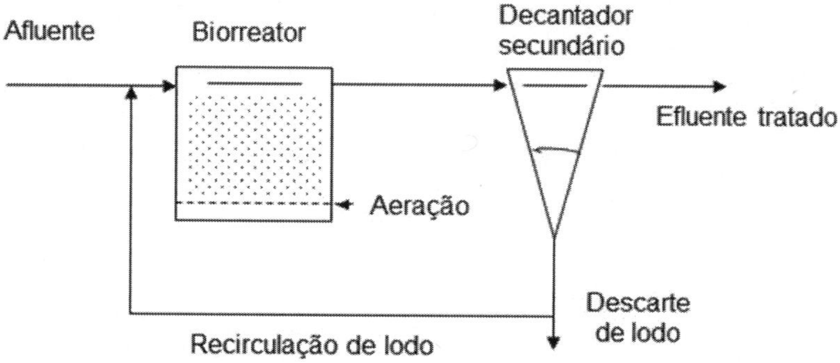

Figura 18.6 Esquema simplificado de tratamento por lodos ativados em reator de mistura completa.

Em virtude da necessidade de separar as fases sólida e líquida no efluente do reator, é de fundamental importância para o bom funcionamento do processo que o lodo gerado no reator possua boas características de sedimentação, ou seja, que os microrganismos se aglomerem formando flocos bacterianos. Para esgoto doméstico, a literatura é relativamente abundante, indicando faixas operacionais do processo que asseguram boa sedimentabilidade do lodo, viabilizando o processo (VON SPERLING, 2016). Já para efluentes industriais, em virtude de sua especificidade, deve ser realizado um trabalho experimental para assegurar um projeto criterioso, de forma a se obter uma boa sedimentação do lodo.

A recirculação do lodo é importante no controle do tempo de residência celular dentro do reator, pois geralmente o tempo de residência hidráulica é inferior ao tempo de duplicação dos microrganismos, podendo levar à "lavagem" destes do reator. A quantidade de lodo recirculada para o reator é normalmente expressa como a razão de recirculação ($r = Q_r/Q$), que é uma relação entre as vazões de recirculação e de entrada. Essa recirculação de lodo, em conjunto com a carga orgânica e o tempo de retenção hidráulica, dará as características desejáveis ao processo.

Os lodos ativados podem ser classificados em convencionais, de aeração prolongada ou de alta carga, dependendo das condições operacionais aplicadas. As características operacionais de cada uma dessas formas do processo de lodos ativados estão apresentadas na Tabela 18.4.

Tabela 18.4 Características operacionais do processo de lodos ativados tratando esgotos sanitários

Grandeza	Aeração prolongada	Convencional	Alta carga
F/M (kgDBO$_5$/(kgSSV.d))	0,05-0,15	0,2-0,5	1-5
q_v (kgDBO$_5$/(m^3.d))	0,1-0,5	1-5	2-6
X (kgSSV/m^3)	3-6	2-4	1,5-3
$TRH = V/Q$ (h)	18-24	3-8	1-2
Razão de recirculação (r)	0,1-1,5	0,8-1,2	0,4-0,8
Eficiência (%Rem DBO$_5$)	> 90	80-95	50-70

Fonte: adaptada de Lippel (2010).

Percebe-se nessa tabela que as faixas de valores apresentadas para as variáveis de processo só se aplicam quando a concentração do substrato é baixa, ou seja, efluentes diluídos, como o esgoto sanitário (150-350 mg DBO/L). Isso se deve ao fato de o processo ser limitado pela transferência de oxigênio para o sistema. Portanto, a busca pelo aumento da transferência do oxigênio no meio é fundamental para operar esses sistemas com maior carga, mantendo a eficiência do processo. Uma das formas de se aumentar o coeficiente de transferência de oxigênio (k_La) é diminuindo o diâmetro da bolha de ar injetado no meio, ou utilizando oxigênio puro.

A variante operacional de *aeração prolongada* é também definida como um processo de oxidação total. A ideia básica do processo de aeração prolongada é reduzir o máximo possível o excesso de lodo produzido. Essa redução da concentração de lodo é alcançada pelo simples aumento do tempo de aeração, ou seja, pelo aumento do tempo de residência celular no reator. Dessa forma, o excesso de lodo é consumido por respiração endógena. Se operada de forma adequada, a planta de tratamento de efluentes por aeração prolongada não produz efeitos deletérios ao meio ambiente (odor), podendo, portanto, ser instalada em locais de grande concentração populacional.

Um exemplo de aplicação de processo com aeração prolongada é o reator de mistura completa, chamado de *valos de oxidação*. Apesar de sua operação ser característica de reatores homogêneos, esse tipo de reator, em virtude de sua elevada relação comprimento/largura (8 a 12), tem uma hidrodinâmica voltada ao reator com fluxo tubular. Um desenho esquemático desse tipo de reator é apresentado na Figura 18.7.

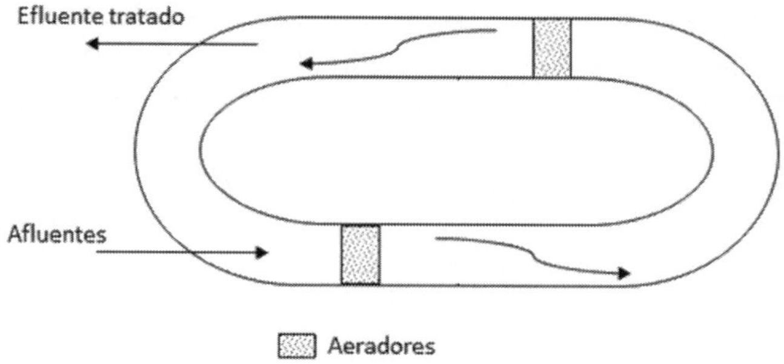

Figura 18.7 Desenho esquemático do sistema de valos de oxidação.

Outra variante dos lodos ativados é o sistema de *estabilização por contato*. Esse processo é baseado no fato de que os compostos orgânicos são primeiro adsorvidos no floco bacteriano para posterior metabolização pelos microrganismos. Como a adsorção é um processo mais rápido que a biodegradação, ele é feito em um reator com baixo tempo de residência para posterior degradação em outro tanque, após a separação sólido/líquido promovida pelo decantador secundário. A Figura 18.8 apresenta um desenho esquemático do processo de estabilização por contato.

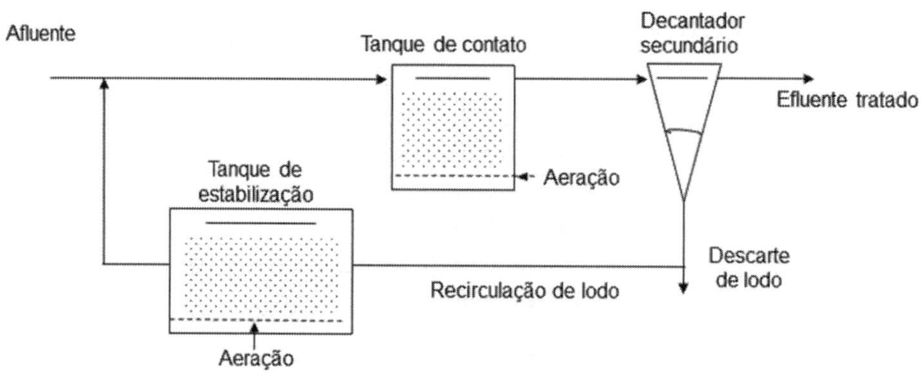

Figura 18.8 Desenho esquemático do sistema de estabilização por contato.

Algumas outras variantes do processo de lodos ativados estão descritas na literatura, mas são apenas variações nas formas de alimentação e/ou de fornecimento de oxigênio para o sistema.

Um desses processos que se destaca é o sistema de *poço profundo*. O diferencial desse sistema está na forma de aeração e agitação, utilizando o princípio do sistema de *airlift*, ou seja, a aeração é realizada em uma seção do reator, permitindo uma maior velocidade ascensional da mistura ar/líquido, enquanto o restante do reator permite o retorno do líquido para a zona de aeração. Além disso, esses reatores são projetados com uma relação diâmetro/altura menor que 1, podendo chegar a profundidades de 150 m. Essa característica veio no sentido de aumentar a eficiência da transferência de oxigênio e de resolver problemas de disponibilidade de área para construção da planta de tratamento. A Figura 18.9 apresenta um desenho esquemático do sistema de poços profundos, composto por dois pontos de aeração, um dentro da coluna central, onde é adicionado o afluente (efluente bruto), e outro no entorno deste. Essa configuração promove maior eficiência na aeração.

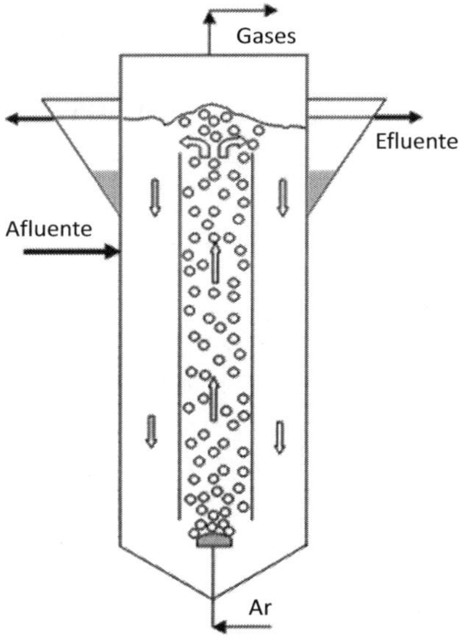

Figura 18.9 Desenho esquemático do sistema de poços profundos.

18.5.1.2 Biorreatores com membrana (MBR)

Uma evolução do sistema de lodos ativados são os biorreatores com membranas (MBR). Nesse sistema, a separação do lodo biológico do efluente final é realizada por um sistema de filtração com membranas, evitando as intempéries da separação com decantação nos lodos ativados. O sistema de filtração com membranas pode ser posicionado dentro ou fora do meio reacional, conforme indicado nas Figuras 18.10a e 18.10b, respectivamente.

Esses sistemas possuem grandes vantagens quando comparados com os sistemas de lodos ativados, principalmente com relação à qualidade do efluente em termos de sólidos em suspensão e à eficiência de remoção de matéria orgânica, quando operados adequadamente. Outra grande vantagem desse sistema é a obtenção de um efluente livre de patógenos (porém não estéril), em virtude de o diâmetro médio dos poros das membranas ser inferior ao das bactérias (0,5-2 μm) (MADIGAN et al., 2010).

A desvantagem desse sistema está associada aos custos envolvidos, tanto na aquisição, na limpeza e na manutenção das membranas quanto nos gastos operacionais de energia. Porém, essa questão deve ser analisada caso a caso, verificando-se a relação custo-benefício.

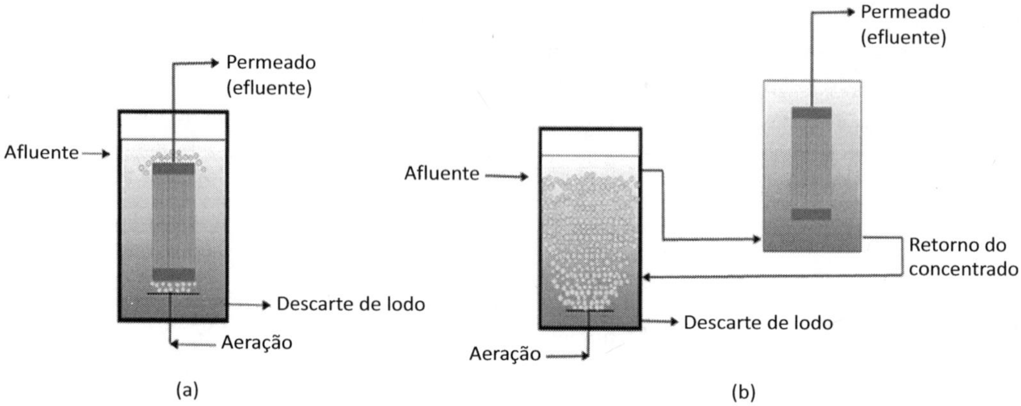

Figura 18.10 Desenho esquemático do sistema de biorreatores com membrana: (a) membrana interna; (b) membrana externa.

18.5.1.3 Filtro biológico

Os filtros biológicos consistem em tanques preenchidos com um material suporte inerte (pedra, plástico etc.), também chamado de leito, que permanece estacionário, nos quais os microrganismos crescem tanto nos espaços vazios quanto aderidos ao leito fixo, formando uma película de biofilme na sua superfície, o que propicia uma alta retenção de biomassa no reator. Por essa razão, é desejável que o material inerte tenha uma grande área superficial por unidade de volume, favorecendo uma maior quantidade de biomassa aderida que resulte, consequentemente, numa maior capacidade de tratamento.

A biomassa aderida ao suporte na forma de biofilme possui espessura variável, dependendo das condições hidrodinâmicas aplicadas ao sistema. Normalmente a espessura desses biofilmes varia na faixa de 0,1 mm a 2 mm. Dependendo da espessura dessa camada, pode haver o desenvolvimento de uma subcamada anaeróbia junto à superfície do suporte e uma subcamada aeróbia, externa àquela. Segundo alguns autores, a espessura da subcamada aeróbia seria da ordem de algumas centenas de micrômetros (100-200 μm), sendo a maior parte da biomassa praticamente isenta de oxigênio, pela grande resistência à difusão do oxigênio ao longo de toda a espessura da camada. As bactérias heterotróficas predominam na película oxigenada, enquanto as autotróficas predominam na película anóxica. Espessuras maiores têm efeito adverso tanto na operação do filtro, proporcionando maior probabilidade de colmatação do leito, quanto na eficiência de remoção do substrato, decorrente de menores velocidades de transferência de substrato, oxigênio e metabólitos.

Normalmente, o efluente bruto (afluente ao sistema) é distribuído por pulverização uniforme sobre o recheio usando um distribuidor rotativo, passando de forma descendente através do recheio, sendo coletado no fundo e direcionado para o corpo hídrico receptor (Figura 18.11). A aeração é realizada por convecção natural em contracorrente ao fluxo de líquido, percorrendo o leito ascendentemente, entrando no sistema por aberturas nas laterais do tanque. A matéria orgânica em solução contida no efluente bruto, bem como o oxigênio necessário para a sua oxidação biológica, difunde-se através da camada de biofilme e é por ele metabolizada, com a consequente redução da DBO e a evolução de gases e demais produtos do metabolismo aeróbio. A insuficiência de aeração em determinadas zonas do reator pode causar atividade dos microrganismos anaeróbios, promovendo a produção de gases característicos desse processo, como metano e gás sulfídrico.

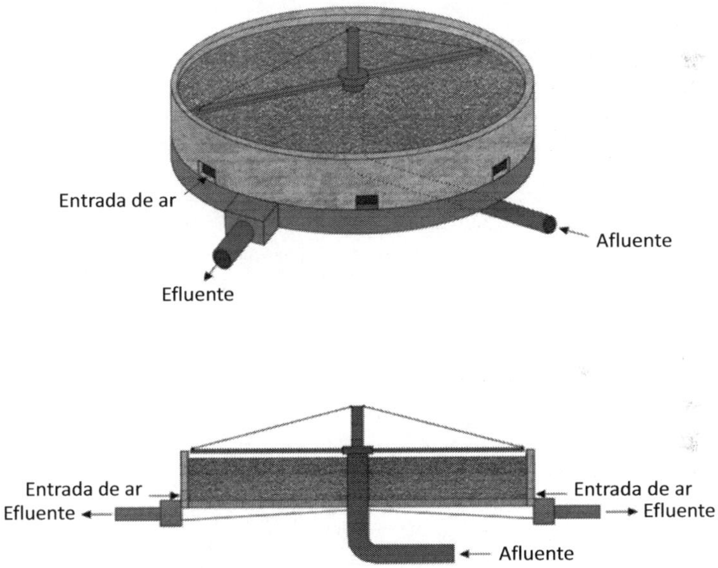

Figura 18.11 Desenho esquemático do filtro biológico convencional.

18.5.1.4 Reator de leito móvel com biofilme (MBBR)

No sentido de resolver os problemas de colmatação, comuns nos filtros biológicos, desenvolveu-se o reator de leito móvel com biofilme, ou seja, utilizando suportes de bactérias com densidade ligeiramente inferior à da água (materiais poliméricos) adicionados em um percentual que varia de 50% a 90% do volume útil do reator, sem empacotamento, deixando-os livres no meio, o que evita a aglomeração de biomassa no interior do reator, permanecendo apenas o biofilme aderido aos suportes. Outra diferença desse sistema é a aeração submersa, aumentando a transferência de oxigênio para o meio. A Figura 18.12 apresenta um desenho esquemático do reator MBBR, com aeração submersa e suporte bacteriano no formato de pequenos cilindros, semelhante aos anéis de Raschig.

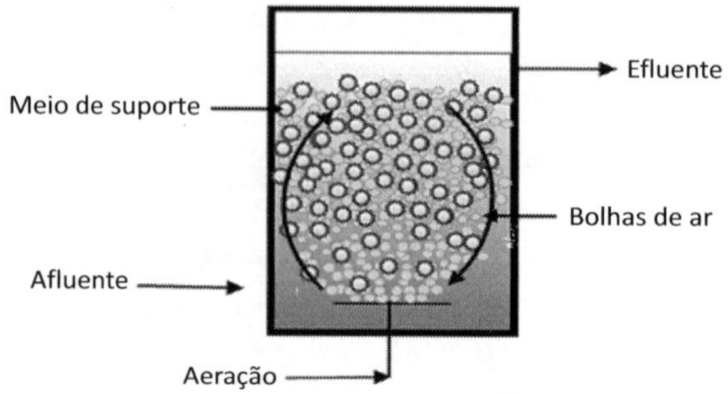

Figura 18.12 Desenho esquemático do reator de leito móvel com biofilme.

18.5.1.5 Biodiscos

Os biodiscos são reatores que estão baseados no mesmo princípio de biofilmes descrito para os filtros biológicos. Os biofilmes desenvolvem-se em discos de material inerte, que são colocados paralelamente em um eixo central que gira dentro de uma calha. Os discos são parcialmente submergidos no efluente bruto dentro da calha e, à medida que vão girando, uma parte fica exposta ao ar e outra submersa. Quando a parte submersa é exposta ao ar, um filme de líquido permanece percolado na superfície do biofilme, ocorrendo a oxidação pelos microrganismos. A Figura 18.13 apresenta um desenho esquemático de um reator de biodiscos.

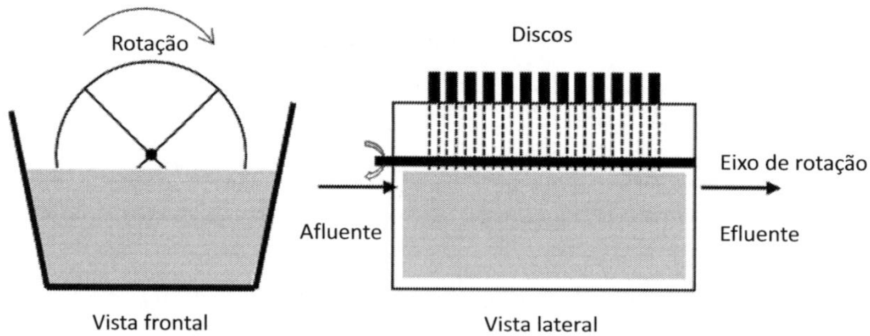

Figura 18.13 Desenho esquemático do reator de biodiscos.

18.5.2 SISTEMAS ANAERÓBIOS

A história da aplicação de sistemas anaeróbios de tratamento de esgotos sanitários teve início na década de 1880 com os relatos de Jean Louis Mouras, sendo patenteada a fossa Moura. A partir daí, houve uma evolução no projeto desse sistema, chegando-se ao que hoje conhecemos por fossa séptica ou tanque séptico. Datam da mesma década os biodigestores indiano e chinês, que utilizam o conceito da fossa séptica, porém acoplados a sistemas de coleta do biogás gerado para posterior uso. Hoje em dia esses dois sistemas, indiano e chinês, são utilizados para tratamento de resíduos agrícolas e chamados de biodigestores rurais.

Com o desenvolvimento dos sistemas aeróbios de tratamento do esgoto, especialmente os filtros biológicos e os lodos ativados na década de 1910, a evolução dos sistemas anaeróbios ficou limitada ao desenvolvimento de biodigestores para o tratamento dos lodos primário e secundário gerados nos processos aeróbios (METCALF; EDDY, 2016).

Na década de 1970, houve a primeira crise do petróleo e os governos incentivaram o desenvolvimento dos processos de geração de energias alternativas, nas quais o biogás, advindo da digestão anaeróbia, se incluía. Concomitantemente à questão energética, os despejos realizados pelas indústrias tornaram-se significativos quanto aos impactos causados ao meio ambiente. A partir de então, vários sistemas de tratamento anaeróbio foram desenvolvidos, tanto para esgotos domésticos quanto industriais. Com o desenvolvimento das pesquisas na área, se obteve um conhecimento mais aprofundado dos processos bioquímicos e da microbiologia que os envolvia, permitindo, em conjunto com a engenharia, desenvolver reatores com maior eficiência e com capacidade para absorver maiores cargas orgânicas.

O elevado desempenho dos biodigestores anaeróbios modernos, denominados não convencionais, é consequência de organização e seleção eficientes dos microrganismos anaeróbios e sua retenção no reator. Os microrganismos fisicamente organizados em aglomerados bacterianos, grânulos biológicos ou biofilmes ficam facilmente retidos dentro do sistema. Além disso, os reatores anaeróbios não têm homogeneização mecânica, apenas uma pequena agitação pela produção do biogás, não chegando a se caracterizar como reatores de mistura completa, sendo hidrodinamicamente mais voltados a um reator pistonado. A presença de um material que suporte a adesão dos microrganismos não é obrigatória em alguns reatores, como no caso do lodo granulado dos reatores de fluxo ascendente e da manta de lodo.

18.5.2.1 Tanques sépticos

Os tanques sépticos (fossas sépticas) são reatores de fluxo horizontal onde ocorrem os fenômenos de sedimentação dos sólidos em suspensão, provenientes dos esgotos sanitários, formando uma camada de lodo no fundo do tanque; flotação de óleos, graxas e outros materiais leves, que formam uma camada de escuma na parte superior do tanque; e digestão anaeróbia do lodo sedimentado. O tanque não é provido de agitação mecânica nem de aquecimento para controle da temperatura. O tempo de residência hidráulico é relativamente curto, não permitindo uma eficiente degradação da matéria orgânica solúvel, apenas do lodo depositado no fundo.

Normalmente são empregados como solução individual em áreas urbanas desprovidas de rede coletora pública de esgoto, bem como para atender a conjuntos residenciais, vilas e comunidades com pequenas vazões – para detalhes de projetos vide as normas da ABNT (1993, 1997).

18.5.2.2 Digestores de lodo

Os digestores de lodo são reatores providos de sistema de mistura, podendo se aproximar ao regime hidrodinâmico de reatores continuamente agitados (CSTR), e providos ou não de sistema de aquecimento e controle de temperatura, conforme desenho esquemático apresentado na Figura 18.14.

A característica principal desse tipo de reator é a operação com material orgânico particulado, de mais difícil biodegradação, o que implica operar o sistema com tempos de residência elevados para promover a hidrólise e a solubilização dos sólidos. Portanto, são comuns aplicações de tempos de residência hidráulica superiores a 15 dias, podendo chegar a 60 dias, dependendo das características do resíduo. Outra característica é a aplicação do processo para resíduos concentrados, podendo-se chegar a operar o sistema com 20% de sólidos voláteis (200 gSSV/L), porém o mais típico é a operação com 5% a 10% SV. Nesse sentido, a operação do sistema em temperaturas termofílicas (~50 °C) auxilia o processo de hidrólise da matéria orgânica, promovendo maiores velocidade de degradação do substrato e produtividade de biogás.

Atualmente, com a busca por fontes alternativas de energia, esses reatores vêm sendo utilizados não só para lodos de estações de tratamento de esgotos, mas também para o tratamento de resíduos agrícolas, podendo ser alimentados com diferentes tipos de resíduos em regime de codigestão.

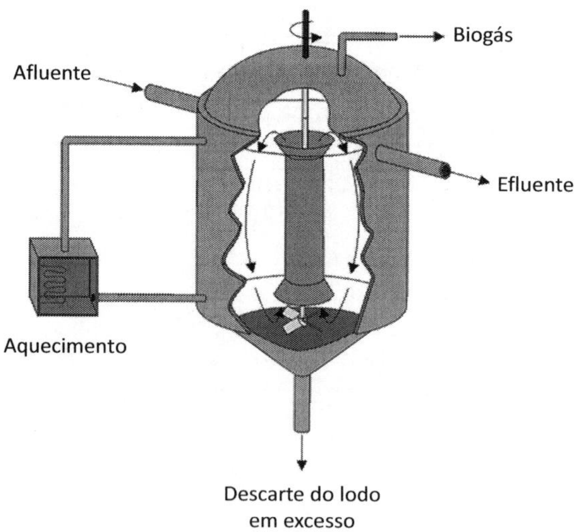

Figura 18.14 Desenho esquemático do digestor de lodo com mistura e aquecimento.

18.5.2.3 Filtro anaeróbio

Na busca de fontes alternativas de energia, no final da década de 1960, foi desenvolvido o primeiro sistema de tratamento anaeróbio de alta carga para a produção de biogás, o qual foi designado como filtro anaeróbio (AF). Dessa forma, ocorreu o aparecimento de uma nova geração de biodigestores, tratando efluentes com matéria orgânica solúvel e atingindo cargas orgânicas hidráulicas superiores àquelas aplicadas em sistemas de lodos ativados.

Os filtros anaeróbios são conceitualmente iguais aos filtros biológicos aeróbios operados na ausência de oxigênio, ou seja, são reatores que possuem um leito de material inerte (brita, anéis plásticos etc.) que serve de suporte para a aderência dos microrganismos na forma de biofilme, mantendo o leito estacionário. Para tal, estes operam preferencialmente inundados com a fase líquida, para minimizar a transferência de oxigênio, podendo ser operados com fluxo ascendente, descendente ou horizontal, com ou sem recirculação. A Figura 18.15 apresenta um desenho esquemático dos filtros anaeróbios de fluxo ascendente e descendente, ambos contendo anéis de Raschig como material suporte.

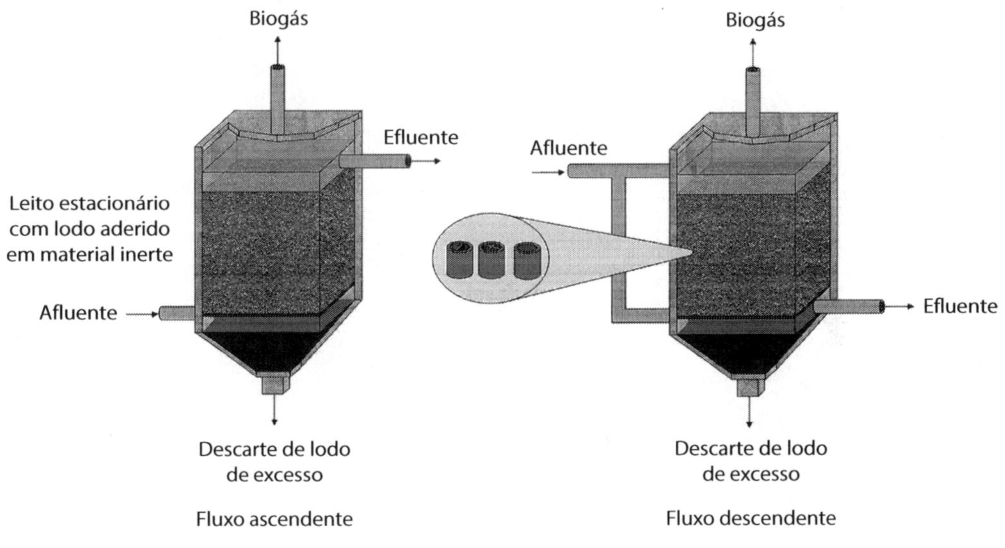

Figura 18.15 Desenho esquemático de filtros anaeróbios.

Os filtros anaeróbios também apresentam problemas de colmatação, porém após períodos de operação superiores àqueles praticados nos filtros biológicos (aeróbios). Da mesma forma que os sistemas aeróbios, esses reatores também evoluíram para operação na forma de leito móvel.

18.5.2.4 Reator anaeróbio de fluxo ascendente com manta de lodo

Os reatores anaeróbios de fluxo ascendente com manta de lodo (*upflow anaerobic sludge blanket* – UASB) foram concebidos na década de 1970 por Gatze Lettinga e colaboradores na Holanda. No Brasil, o reator UASB também é conhecido por outras denominações, como RAFA, DAFA, RAFAALL, RALF etc. Por suas características técnicas e econômicas, é o reator com maior êxito de aplicação entre os anaeróbios, com centenas de sistemas em escala real tratando esgotos industriais e sanitários.

O reator UASB consiste de um tanque alimentado pelo fundo, de fluxo ascendente, no qual os microrganismos crescem dispersos, sem a necessidade de um material de suporte, formando flocos ou grânulos densos com alta resistência mecânica que permanecem no reator, por sedimentação. Na sua parte superior há um separador trifásico (sólido-líquido-gás), onde ocorre a remoção do gás produzido, bem como a sedimentação e o retorno automático do lodo à câmara de digestão. Em virtude da agitação natural provocada pelo próprio fluxo hidráulico ascendente e pelos gases gerados na digestão da matéria orgânica, o reator dispensa qualquer dispositivo adicional de mistura. A Figura 18.16 apresenta um desenho esquemático dos reatores UASB.

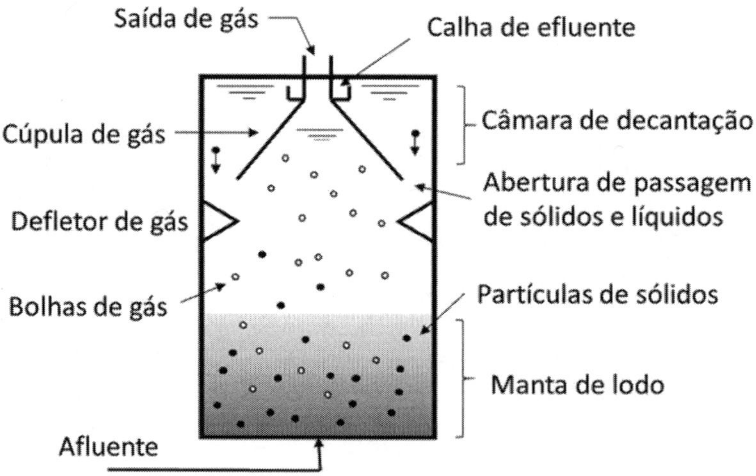

Figura 18.16 Desenho esquemático do reator anaeróbio de fluxo ascendente com manta de lodo.

O reator UASB pode ser aplicado diretamente para o tratamento de uma grande variedade de efluentes, sejam de natureza simples ou complexa, de baixa ou de alta concentração, solúveis ou com material particulado. Sua configuração permite o desenvolvimento e a retenção de uma grande quantidade de biomassa ativa, conferindo-lhe um elevado tempo de retenção celular. Adicionalmente, em virtude das adequadas agitação e mistura hidráulica, que favorecem um melhor contato biomassa-esgoto, pode acomodar altas cargas orgânicas volumétricas, com tempo de retenção hidráulica relativamente curto.

É importante ressaltar que as cargas orgânicas volumétricas aplicadas nos reatores UASB tratando efluentes industriais podem chegar a 15 kgDQO/(m^3.d), aproximadamente cinco a dez vezes superiores às cargas aplicadas aos reatores de lodos ativados convencionais (2-5 kgDQO/(m^3.d)). A diferença básica para isso é a capacidade desse tipo de reator de reter lodo e manter em seu interior cinco a dez vezes mais lodo ativo.

Por consequência, os volumes dos reatores UASB são também de cinco a dez vezes menores que os de lodos ativados.

18.5.2.5 Reator anaeróbio de leito expandido (LE) ou fluidificado (LF)

Consiste de um tanque vertical, em geral cilíndrico e de fluxo ascendente, onde os microrganismos crescem aderidos a um fino material inerte de suporte, com área superficial muito grande, que permanece suspenso no reator. Para promover a expansão do leito, pode ser necessária a recirculação do efluente tratado com o objetivo de manter a velocidade ascensional do líquido superior à velocidade de sedimentação das partículas. Dependendo do grau de expansão do leito o reator é chamado de leito expandido (LE) ou leito fluidificado (LF) (LIPPEL, 2010).

Os reatores de leito expandido ou fluidificado possibilitam que uma alta concentração de biomassa seja mantida no reator. Adicionalmente, em virtude da fina espessura do biofilme, que permite uma alta transferência de massa, praticamente não existe limitação do tipo de substrato. Consequentemente, podem ser aplicados para tratar efluentes diluídos, como esgotos sanitários, com tempo de retenção hidráulica relativamente pequeno (4-6 horas).

Com base nos reatores UASB e LE, e utilizando lodo granular anaeróbio, desenvolveram-se outros reatores de alta carga, como o reator de manta de lodo granular expandida (EGSB) e, posteriormente, o reator de circulação interna (IC), ambos patenteados pela Paques BV.

18.5.3 SISTEMAS DE LAGOAS DE ESTABILIZAÇÃO

Os sistemas de tratamento de efluentes em lagoas de estabilização envolvem uma sequência de lagoas que, dependendo da concentração do efluente e da área de contato entre a lâmina d'água e o ar atmosférico, promove a degradação da matéria orgânica em processos combinados, variando de anaeróbio, quando a transferência de oxigênio é muito restrita, a aeróbio, quando o oxigênio consegue penetrar até a camada mais profunda da lagoa. Nessa concepção, a transferência de oxigênio é realizada por convecção natural pelo contato do ar atmosférico com a lâmina d'água da lagoa, sem a introdução de uma aeração forçada.

Quando o efluente bruto chega à estação de tratamento, sua concentração é elevada, levando ao consumo do oxigênio dissolvido pela atividade microbiana e atingindo rapidamente a condição de anaerobiose. A transferência de oxigênio por convecção natural não é suficientemente rápida para suprir a demanda dos microrganismos, estabelecendo-se então um processo predominantemente anaeróbio. Após sofrer essa primeira etapa de degradação, o efluente da lagoa em anaerobiose entra em uma segunda lagoa com uma matéria orgânica menos concentrada, permitindo assim que o oxigênio do ar atmosférico penetre em camadas mais inferiores da lagoa, promovendo um processo misto de degradação utilizando bactérias aeróbias, facultativas e anaeróbias. A predominância do processo dependerá da concentração do efluente e da lâmina d'água dessa lagoa. Havendo necessidade, uma ou mais lagoas poderão ser adicionadas, repetindo o mesmo princípio descrito anteriormente, até que se atinja uma concentração de matéria orgânica suficientemente baixa, permitindo que a transferência de oxigênio atinja as camadas mais profundas da lagoa.

Seguindo esse princípio, uma sequência natural de lagoas seria uma primeira anaeróbia, seguida de uma denominada facultativa (onde ocorrem os processos mistos) e de uma terceira aeróbia. Outras lagoas poderão ser adicionadas na sequência para remoção de matéria orgânica mais recalcitrante e de nutrientes, como o nitrogênio e o fósforo, caso estejam presentes. Essas lagoas subsequentes são chamadas de lagoas de maturação. Uma proposta teórica de sequência de lagoas de estabilização é apresentada na Figura 18.17.

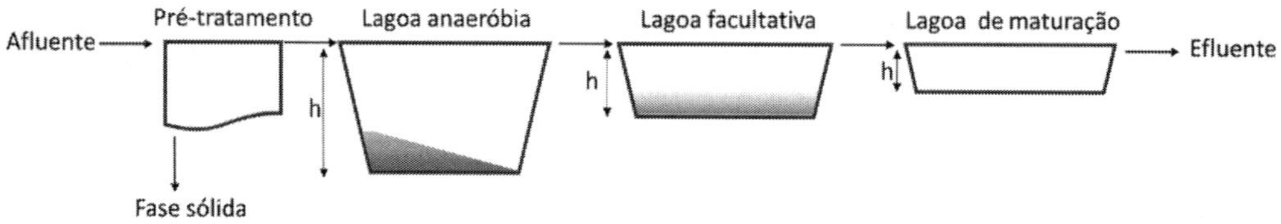

Figura 18.17 Desenho esquemático da sequência de lagoas de estabilização.

Observe que, nesse desenho representativo, a relação entre a profundidade da lagoa (h) e a área de exposição ao ar (a) vai diminuindo à medida que a predominância vai migrando de processo anaeróbio para aeróbio, sendo estas as principais variáveis utilizadas em seus projetos. Lagoas anaeróbias possuem profundidade de 4-6 m e carga orgânica de 0,1-0,4 kg $DBO_5/(m^3d)$, já as lagoas aeróbias ou de maturação têm profundidades de 0,8-2 m, dependendo das características do efluente. Recomenda-se que o projeto envolva uma carga superficial total das lagoas de 50 kgDBO_5/(d.ha) (SABESP, 2009).

Alternativamente, a fim de diminuir o número de lagoas para realizar o tratamento adequado do efluente, uma lagoa facultativa poderá ser aerada, aumentando a eficiência da transferência de oxigênio para o meio, sendo denominada *lagoa aerada*.

18.5.4 VANTAGENS E DESVANTAGENS DOS PROCESSOS AERÓBIOS E ANAERÓBIOS PARA REMOÇÃO DE MATÉRIA ORGÂNICA CARBONÁCEA

Vale ressaltar algumas das principais vantagens e desvantagens do processo anaeróbio em comparação com o aeróbio, que foram apresentadas neste capítulo, para auxiliar na decisão do tipo de processo a se optar no momento de fazer um projeto para uma planta de tratamento.

Principais *vantagens* dos processos anaeróbios comparados com os aeróbios:

- operação mais estável, por não haver necessidade de aeração nem sedimentação do lodo na forma de floco em decantador secundário;
- menor quantidade de biomassa produzida em virtude de menor aproveitamento da energia contida no substrato, diminuindo custos de disposição final do lodo produzido;
- menor quantidade de nutrientes requerida para crescimento celular, reduzindo os custos com insumos;
- reator de menor volume em virtude das altas cargas orgânicas aplicadas, reduzindo área de implantação e custos fixos de instalação;
- saldo energético positivo pela produção de CH_4 e não necessidade de aeração;
- possibilidade de operar o sistema sazonalmente em virtude da manutenção da atividade dos microrganismos por um período mais longo sem alimentação.

Principais *desvantagens* dos processos anaeróbios comparados com os aeróbios:

- longos períodos de iniciação dos sistemas para desenvolver uma biomassa ativa em virtude da baixa conversão de substrato em células;
- necessidade de manter alta a alcalinidade em virtude da produção de ácidos orgânicos voláteis como intermediários da biodegradação, implicando aumento dos custos operacionais;
- menor percentual de remoção da matéria orgânica devido à menor afinidade pelo substrato, resultando em um efluente de pior qualidade para o qual, dependendo das condições, poderá ser necessário adicionar um sistema de polimento final;
- menores velocidades de conversão a temperaturas mais baixas;
- produção de compostos que causam mau cheiro, como ácidos orgânicos e H_2S.

18.6 REMOÇÃO DE NITROGÊNIO

Nitrogênio e fósforo são nutrientes naturais presentes em ambientes aquáticos, necessários para o pleno desenvolvimento e equilíbrio da fauna e da flora. O nitrogênio, especificamente, é o composto mais abundante no ar que respiramos; está presente nas proteínas e nos ácidos nucleicos, sendo essencial para a síntese celular. No entanto, o crescimento populacional e, consequentemente, da demanda por alimentos e bens de consumo gerou desequilíbrio dos ciclos naturais, havendo acúmulo de formas nitrogenadas no meio ambiente. A agricultura, com o uso de fertilizantes e extensas plantações de leguminosas (soja e feijão), e a pecuária, com grandes rebanhos de animais produzindo dejetos com alta concentração de compostos nitrogenados, são exemplos de processos que contribuem para o desequilíbrio do ciclo natural do nitrogênio (CANFIELD; GLAZER; FALKOWSKI, 2010).

O efeito deletério desses compostos ao meio ambiente é bem estabelecido na literatura. Entre as principais consequências da presença de N em rios e lagos, pode-se mencionar a redução da concentração de oxigênio dissolvido (OD) devida à oxidação da amônia e o crescimento excessivo de algas (processo de eutrofização). A redução do OD, por sua vez, acarreta a redução da diversidade da fauna local, gerando a morte de peixes, moluscos e pequenos crustáceos. O nitrito (NO_2^-) e o nitrato (NO_3^-) podem contaminar águas de abastecimento, superficiais ou subterrâneas, ocasionando riscos à saúde de quem a consome. Esses compostos, especialmente o nitrito, podem ligar-se às hemácias, prejudicando o transporte de oxigênio na corrente sanguínea. Se mulheres grávidas ou lactantes ingerirem água contaminada, pode-se ocasionar o desenvolvimento da "síndrome do bebê azul" em seus filhos (CAMARGO; ALONSO, 2006).

As formas nitrogenadas mais encontradas em efluentes domésticos e industriais são o íon amônio (NH_4^+), a amônia (NH_3), o nitrito (NO_2^-) e o nitrato (NO_3^-). A forma amoniacal presente depende do pH, no equilíbrio $NH_4^+ \leftrightarrow NH_3 + H^+$. Para pH levemente ácido, próximo a 7, predomina íon amônio e, para pH maior que 8,5, predomina NH_3 (MADIGAN et al., 2010). Em esgotos domésticos, por exemplo, a concentração fica em torno de 25 mg N-NH_3/L; em efluentes industriais, varia conforme o processo produtivo. A suinocultura, por exemplo, produz dejetos com até 8,75 g/L de nitrogênio total.

A legislação atual – Resolução n. 357 (CONAMA, 2005), complementada e alterada pela Resolução n. 430 (CONAMA, 2011) – limita o lançamento de nitrogênio amoniacal em 20 mg N/L para nitrito e nitrato, porém também deve respeitar a classe de enquadramento do corpo hídrico receptor, em geral não passando de 10 mg N/L. Para atingir níveis tão restritivos, é necessário aplicar sistemas de tratamento aos efluentes contaminados com esse nutriente. Esses processos podem ser físico-químicos ou biológicos. Somente o último será abordado neste capítulo.

Em linhas gerais, os processos de remoção de nitrogênio possuem duas etapas, sendo que a primeira visa converter formas inorgânicas reduzidas (NH_4^+) em formas mais oxidadas (NO_2^- e NO_3^-), em aerobiose, no processo chamado nitrificação. Na segunda etapa o nitrato é convertido em nitrogênio gasoso (N_2). Essa etapa ocorre na ausência do oxigênio e é conhecida como desnitrificação. Ocorre ainda a utilização de compostos nitrogenados para o crescimento celular. Uma bactéria típica possui em média 12% de nitrogênio em relação à massa seca, portanto, parte do nitrogênio também é removido do efluente para a produção de biomassa.

Tais processos podem ocorrer em reatores específicos ou de maneira concomitante aos processos de remoção de matéria orgânica, como o processo de lodos ativados.

18.6.1 CONCEITOS BÁSICOS DE NITRIFICAÇÃO E DESNITRIFICAÇÃO

A nitrificação convencional é a primeira etapa existente em plantas de tratamento de efluentes e consiste em transformar o nitrogênio da forma amoniacal em nitrato, por meio de um processo biológico oxidativo. Ela é pesquisada extensivamente, pois é limitante para a remoção de nitrogênio, sendo a mais afetada pelas condições ambientais e pela presença de compostos inibitórios (CARUCCI; CAPPAI; PIREDDA, 2006).

A nitrificação é realizada pelas bactérias oxidadoras de amônia (BOA) e pelas bactérias oxidadoras de nitrito (BON). As BOA, como o próprio nome já diz, são responsáveis pela conversão do amônio ao nitrito, sendo que o principal gênero responsável por esse processo é *Nitrosomonas*. A transformação do nitrito até nitrato fica a cargo das BON, sendo que *Nitrobacter* é o gênero mais abundante nessa fase. Ambos os grupos de bactérias são autotróficos, ou seja, utilizam o CO_2 como fonte de carbono, e quimiolitotróficas, pois utilizam compostos inorgânicos para obtenção de energia (MADIGAN et al., 2010), com baixo crescimento celular. As equações estequiométricas que regem o processo, considerando o crescimento celular, foram descritas por Bernet e Spérandio (2009):

- Nitritação:

$$55NH_4^+ + 76O_2 + 109HCO_3^- \rightarrow C_5H_7NO_2 + 54NO_2^- + 57H_2O + 104H_2CO_3 \quad (18.10)$$

- Nitratação:

$$54NO_2^- + 0{,}13NH_4^+ + 26{,}32O_2 + 0{,}13HCO_3^- + 0{,}54H_2CO_3 \rightarrow 0{,}13C_5H_7NO_2 + 54NO_3^- + 0{,}41H_2O \quad (18.11)$$

Somando essas duas equações, tem-se:

$$55NH_4^+ + 76O_2 + 109HCO_3^- \rightarrow C_5H_7NO_2 + 54NO_2^- + 57H_2O + 104H_2CO_3 +$$

$$54NO_2^- + 0{,}13NH_4^+ + 26{,}32O_2 + 0{,}13HCO_3^- + 0{,}54H_2CO_3 \rightarrow 0{,}13C_5H_7NO_2 + 54NO_3^- + 0{,}41H_2O$$

$$55{,}13\ NH_4^+ + 102{,}32O_2 + 109{,}13HCO_3^- \rightarrow 1{,}13C_5H_7NO_2 + 54NO_3^- + 57{,}41H_2O + 103{,}46H_2CO_3$$

Dividindo essa equação pelo coeficiente do íon amônio, tem-se a equação global:

$$NH_4^+ + 1{,}86O_2 + 1{,}98HCO_3^- \rightarrow 0{,}021C_5H_7NO_2 + 0{,}98NO_3^- + 1{,}88H_2CO_3 + 1{,}041H_2O \quad (18.12)$$

Pela equação estequiométrica global, Equação (18.12), percebe-se que é necessário 1,86 mol de O_2 para oxidar 1 mol de NH_4^+. Dividindo esses valores e convertendo para base mássica, obtém-se que são necessários 4,25 gO_2/gN_NH_4. O baixo crescimento celular associado a bactérias autotróficas é confirmado pela equação estequiométrica: a cada grama de nitrogênio amoniacal (14 $gN\_NH_4^+/molNH_4^+$) ocorre a geração de apenas 0,17 g de células: 1 mol de NH_4^+ forma 0,021 mol de $C_5H_7NO_2$ ((0,021 mol × 113 g $C_5H_7NO_2$)/14$gN_NH_4^+$ = 0,17 $gSSV/gN\_NH_4^+$).

Observa-se também que o processo consome alcalinidade (HCO_3^-), reduzindo o pH do meio. Como citado anteriormente, a nitrificação é sensível a mudanças ambientais. Se observarmos as reações que regem esse processo, podemos verificar que concentração de oxigênio, alcalinidade, pH e concentração de substrato são fatores que podem afetar a oxidação da amônia a nitrito e posteriormente a nitrato. Além desses, temperatura e compostos tóxicos também podem influenciar o processo.

A temperatura ideal para a nitrificação está entre 28 °C e 36 °C (BERNET; SPÉRANDIO, 2009), sendo que as BOA crescem mais rapidamente que as BON acima de 32 °C, portanto, caso a temperatura seja mantida acima disso, haverá uma seleção das BOA. O equilíbrio entre as formas NH_4^+/NH_3 ($NH_3+H^+ \leftrightarrow NH_4^+$) e HNO_2/NO_2^- ($HNO_2 \leftrightarrow NO_2^- + H^+$) é regido pelo pH, sendo que esses compostos são tanto inibitórios como substratos para as bactérias. A amônia livre (NH_3) é o verdadeiro substrato das BOA e deve estar em concentrações suficientes para que o processo ocorra. Isso acontece com pH entre 7,5 e 8,5. Fora dessa faixa a quantidade de NH_4^+ já começa a inibir a atividade nitrificante. O HNO_2 é o verdadeiro substrato das BON, e sua concentração inibitória ocorre em pH abaixo de 6. É importante salientar que as BOA são inibidas entre 10 e 150 mg NH_3/L e para as BON esse valor é bem menor, entre 0,1 e 1 mg NH_3/L, indicando que as oxidadoras de nitrito apresentam maior inibição que as oxidadoras de amônio. Portanto, para sistemas em que se deseja a nitrificação parcial, conforme será abordado mais adiante, busca-se trabalhar em pH um pouco mais básico.

Trata-se de um processo aeróbio, sendo que a concentração de oxigênio dissolvido também é um fator a ser monitorado. As bactérias oxidadoras de nitrito apresentam a constante de saturação pelo oxigênio (K_o, também chamada de constante de afinidade) de 1,1 mgO_2/L, e as bactérias oxidadoras de amônia, de 0,3 mgO_2/L. Isso significa que as primeiras necessitam de valores mais elevados de OD para sobreviver, diferentemente das BOA, que se desenvolvem bem em baixas concentrações de OD (CANZIANI et al., 2006).

A desnitrificação é essencial no tratamento de efluentes, pois a nitrificação não elimina o nitrogênio, apenas transforma a amônia para outra molécula com potencial igualmente tóxico. Na desnitrificação ocorre a redução do nitrogênio até nitrogênio gasoso, uma forma mais estável que é liberada na atmosfera sem causar danos ao meio ambiente e ao homem. Diferentemente da nitrificação, é realizada, majoritariamente, por bactérias heterotróficas, sendo um processo anóxico, ou seja, ocorre na ausência de oxigênio, destacando-se a *Pseudomonas* dentre as bactérias capazes de realizar a desnitrificação.

As reações que governam o processo podem ser exemplificadas com qualquer molécula orgânica (etanol, acetato, glicose, compostos presentes em esgotos domésticos); aqui serão demonstradas com metanol. Ressalta-se que a velocidade de desnitrificação está relacionada com a fonte de carbono: quanto mais simples a molécula, mais rápido será seu consumo. Com fontes complexas, como as presentes em efluentes industriais, a velocidade de remoção de N será menor. Com isso, pode-se prever que a relação entre carbono e nitrogênio (C/N) influenciará a eficiência da desnitrificação. Como exemplo, a relação C/N para tratar esgotos domésticos é 5,7, e valores maiores que esse pouco afetam a desnitrificação (ZHAO et al., 2008). Porém, valores distintos podem ser encontrados para diferentes condições e efluentes.

As Equações (18.13) e (18.14) correspondem a equações estequiométricas de desnitrificação, levando em consideração o crescimento celular ($C_5H_7NO_2$), utilizando o acetato como doador de elétrons e fonte de carbono. O processo tem como intermediário o nitrito e produz alcalinidade, o que pode equilibrar o decréscimo do pH gerado pela nitrificação.

- Desnitrificação via nitrato:

$$NO_3^- + H^+ + 0{,}33\ NH_4^+ + 1{,}45CH_3COO^- \rightarrow 0{,}5N_2 + 0{,}33C_5H_7O_2N + 1{,}60H_2O + 1{,}12HCO_3^- + 0{,}12CO_2 \quad (18.13)$$

- Desnitrificação via nitrito:

$$NO_2^- + H^+ + 0{,}24\ NH_4^+ + 0{,}98CH_3COO^- \rightarrow 0{,}5N_2 + 0{,}24C_5H_7O_2N + 1{,}24H_2O + 0{,}74HCO_3^- + 0{,}008CO_2 \quad (18.14)$$

Comparando as duas equações, verifica-se que, a cada grama de nitrogênio na forma de nitrato que é reduzido (N_NO_3^-, 14 gN_NO_3^-/molNO_3^-), formam-se 2,66 g de célula, representada por $C_5H_7O_2N$, ou seja, (37,29/14) = 2,66 gSSV/gN_NO_3^- removidos. Com raciocínio análogo, para a Equação (18.14), via nitrito, produz-se 1,94 gSSV/gN-NO_2^- (27,12 gSSV/14g_NO_2^- = 1,94 gSSV/gN_NO_2^-). Além disso, há diminuição de aproximadamente 32% da matéria orgânica utilizada, calculada em base molar, na desnitrificação via nitrito em relação ao processo com nitrato.

As bactérias capazes de realizar a desnitrificação são, em geral, aeróbias facultativas, pois algumas espécies podem deixar de utilizar o nitrato como aceptor de elétrons da cadeia respiratória quando a concentração de OD estiver acima de 0,2 mgO_2/L. Portanto, este é um fator que deve ser controlado. A faixa ótima de pH está entre 7 e 7,5, mas pode ocorrer entre 6,5 e 8,5. A faixa de temperatura ideal está entre 25 °C e 35 °C (CUERVO-LÓPEZ et al., 2009).

18.6.2 PROCESSOS DE NITRIFICAÇÃO E DESNITRIFIÇÃO

Existem inúmeras configurações de reatores para realizar a nitrificação e a desnitrificação. Podem ser processos convencionais, em que ambas ocorrem, ou os chamados "novos processos", em que há modificações para reduzir custos e melhorar a eficiência.

18.6.2.1 Processo convencional

Os processos convencionais consistem em tanques em série, com a nitrificação e a desnitrificação em dois reatores separados, sendo um aerado (nitrificante) e outro anóxico (desnitrificante). A configuração mais simples possui o reator anóxico, seguido de outro aeróbio e, por último, o sedimentador para recuperar o lodo e retornar parte dele ao processo (vide Figura 18.18). O anóxico antes do aeróbio pode parecer um pouco estranho em primeira análise, já que é necessário converter a amônia em nitrato antes da desnitrificação. Porém, essa conformação é utilizada para evitar que o excesso de matéria orgânica prejudique a nitrificação e para permitir que as bactérias desnitrificantes tenham acesso ao carbono orgânico. Para melhorar a eficiência do processo é realizada uma recirculação interna, na qual o efluente do reator nitrificante (aeróbio) retorna para o reator anóxico, aumentando a concentração de nitrato nesse tanque. A concentração de microrganismos nos reatores é controlada pela recirculação de lodo do decantador secundário para o tanque anóxico.

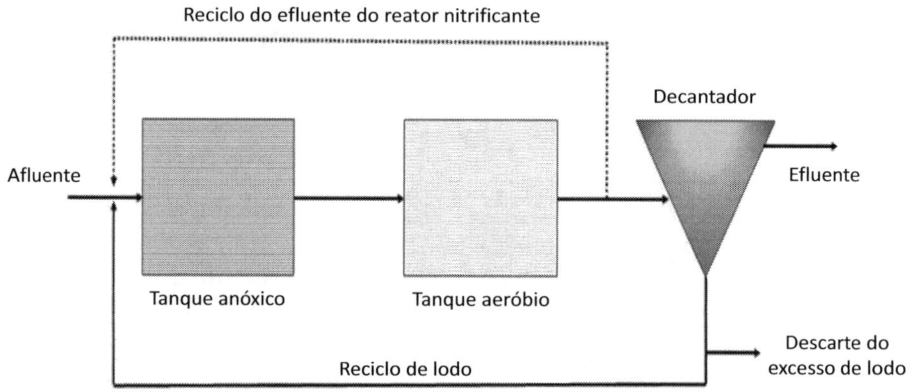

Figura 18.18 Esquema simplificado de nitrificação e desnitrificação.

Esse processo convencional, no entanto, apresenta algumas desvantagens. Caso o efluente tenha baixa relação C/N, haverá necessidade de adição de fonte externa de matéria orgânica, aumentando os custos operacionais. Há necessidade também de oxigenação intensa para conversão da NH_4^+ até NO_3^-, elevando despesas com aeração, e de longos períodos de retenção hidráulica para atingir altos níveis de remoção (ADAM-GUILLERMIN et al., 2008).

Visando otimizar os processos e reduzir custos, algumas alternativas foram propostas. Uma delas é a chamada nitrificação e desnitrificação simultânea (NDS), na qual flocos bacterianos ou biofilmes presentes em sistema aeróbios, por exemplo, lodos ativados, podem nitrificar e desnitrificar ao mesmo tempo. Isso ocorre pela presença de zonas anóxicas no centro do floco ou próximo ao material suporte do biofilme. O oxigênio que consegue permear através dessa massa bacteriana é consumido pelas bactérias próximas à superfície, não havendo presença de oxigênio nos locais supracitados, o que gera condições ideais para a desnitrificação (ADAM-GUILLERMIN et al., 2008). A NDS pode acontecer em reatores únicos, operados em bateladas sequenciais, com aplicação de períodos aerados e não aerados (15 minutos aerados/45 minutos sem aeração a cada hora de reação) ou com aeração controlada (YAN et al., 2016).

18.6.2.2 Novos processos de remoção de nitrogênio

Os novos processos têm em comum o fato de realizar nitrificação parcial, Equação (18.10), formando apenas nitrito e reduzindo o gasto energético com aeração. A desnitrificação via nitrito reduz a quantidade de matéria orgânica necessária como doadora de elétrons para a redução até nitrogênio gasoso, gerando economia no consumo de carbono orgânico. Com isso, os chamados novos processos podem ter reatores com volumes menores e tratar efluentes com maiores cargas de compostos nitrogenados.

Para que a nitrificação cesse em nitrito e a formação de nitrato seja minimizada, deve-se enriquecer a comunidade nitrificante em bactérias oxidadoras de amônia como a *Nitrosomonas*. Conforme explicado na seção sobre nitrificação, algumas condições ambientais podem ser modificadas para favorecer o crescimento dessa comunidade: manter o pH entre 8 e 8,5 para facilitar a formação de amônia livre, a temperatura entre 32-34 °C e os níveis de oxigênio limitantes beneficiam o crescimento das BOA. Com essas informações, foram desenvolvidos alguns processos: Sharon, Canon, Oland e Anammox, cada qual com sua particularidade, que serão abordados brevemente neste texto. Para mais informações, recomenda-se pesquisa em literatura específica (BERNET; SPÉRANDIO, 2009; METCALF; EDDY, 2016).

O processo Sharon (*Single Reactor High Activity Ammonia Removal Over Nitrite*) foi proposto por Hellinga et al. (1998) e utiliza apenas um reator para remover o nitrogênio. É operado em bateladas sequenciais, com períodos de aeração intermitente, sem descarte de lodo. Nesse processo o efluente bruto é adicionado ao reator e a aeração é iniciada, provocando a nitrificação parcial (convertendo a amônia até nitrito), que provocará a redução do pH. Em seguida, após cessar a aeração, ocorre a desnitrificação, que produz alcalinidade, aumentando o pH e gerando um equilíbrio dentro do tanque. Muitas vezes, é necessário adicionar matéria orgânica para desnitrificação, mas em menor quantidade que no processo convencional, já que esta parte do nitrito, Equação (18.14). É usado para tratar efluentes brutos com elevada concentração de amônia (900 $mgN\_NH_4^+/L$) e pode ser utilizado como etapa de um processo de tratamento mais complexo, além de pré-tratamento para o processo Anammox.

O processo Anammox (*Anaerobic Ammonium Oxidation*) é completamente anaeróbio, claramente observado pela primeira vez em instalações desnitrificantes localizadas na Holanda, por Mulder et al. (1995). É um processo biológico, autotrófico, em que NH_4^+ é completamente oxidado a N_2, tendo o nitrito (NO_2^-) como aceptor de elétrons – vide a Equação (18.15) de Van Dongen, Jetten e Van Loosdrecht (2001). Observe que a molécula que representa a biomassa ($CH_2O_{0,5}N_{0,15}$) é diferente das demais mostradas neste texto. Isso acontece pois os microrganismos responsáveis por esse processo são completamente distintos dos demais, assim, não é possível utilizar a mesma composição molecular.

$$NH_4^+ + 1{,}32NO_2^- + 0{,}066\,HCO_3^- \rightarrow 1{,}02\,N_2 + 0{,}26\,NO_3^- + 0{,}066CH_2O_{0,5}N_{0,15} + 2{,}03\,H_2O \quad (18.15)$$

Até hoje não foi possível isolar uma cultura pura de bactérias Anammox; sabe-se que elas pertencem ao filo Planctomycetes e seis gêneros já foram cultivados em laboratório em meios de cultivo específicos, entre eles *Candidatus kuenenia*, *Candidatus brocardia* e *Candidatus jettenia* (ALI; OKABE, 2015). São microrganismos muito sensíveis à presença de oxigênio, porém sua atividade é recuperada após a exposição ao gás. Essa capacidade de manter a mesma atividade após exposição ao oxigênio torna possível a realização da nitrificação parcial para formação de nitrito e do processo Anammox em apenas um reator. Deve-se tomar cuidado com a concentração de nitrito, pois, além de substrato, ele é um composto inibitório, portanto deve-se ter um rígido controle da nitrificação parcial (LACKNER et al., 2014).

Apesar de ser um processo que requer atenção para que ocorra de forma adequada, apresenta várias vantagens que o tornam um atrativo em escala industrial. Verificando a Equação (18.15), nota-se que não há necessidade de adição de matéria orgânica, eliminando-se completamente custos associados a isso. Há redução de 60% do O_2 consumido, pois é necessário realizar a nitrificação parcial para formação de nitrito. Além disso, as bactérias Anammox têm baixo crescimento celular, reduzindo em até 90% a quantidade de biomassa produzida, evitando gastos excessivos com sua disposição final. Entretanto, por esse mesmo motivo, os períodos de partida do reator são extremamente longos.

É possível encontrar reatores operando em escala industrial, principalmente em sistemas integrados com dois estágios. Um dos mais aplicados é o processo Sharon + Anammox, visando atingir a nitrificação parcial no primeiro e a completa remoção de N no segundo, podendo ser realizado em apenas um ou dois tanques. Em 2014 havia aproximadamente cem plantas em escala industrial instaladas, sendo que 50% delas eram compostas por reatores operados em bateladas sequenciais. Desses, 80% utilizam a tecnologia DEMON®, que controla a aeração por meio do pH (WETT, 2006). Portanto, para que haja um bom funcionamento dos reatores Anammox, deve-se investir em controle de processos, monitorando-se oxigênio dissolvido, pH, concentração dos substratos, entre outros. Somente assim será possível operá-lo de maneira eficiente e com a redução de custos associados à aeração e à adição de matéria orgânica.

Oland (*Oxygen Limited Autotrophic Nitrification Denitrification*) é um processo de remoção de nitrogênio baseado em rotas metabólicas que são realizadas por microrganismos em condições adversas àquelas consideradas ideais para a sobrevivência da espécie. Kuai e Verstraete (1998) mostraram que, em situações de limitação de oxigênio, algumas bactérias nitritantes, em especial *Nitrosomonas europaea*, são capazes de eliminar o nitrogênio diretamente sem a presença de outros grupos bacterianos, por meio do íon amônio. Para atingir níveis muito baixos de oxigênio dissolvido, necessários para limitar a oxidação da amônia, o reator deve ser operado em bateladas sequenciais com controle de pH para acionar a agitação. Quando o pH está acima de 7,2, a agitação inicia e é desligada abaixo de 7,0, havendo transferência de oxigênio apenas pela superfície.

As reações que envolvem esse processo estão descritas nas Equações (18.16) e (18.17). Ressalta-se que inicialmente a amônia é oxidada até nitrito e este, em seguida, serve como aceptor de elétrons, em virtude da limitação de O_2 disponível. Lembra-se que no processo convencional de nitrificação o oxigênio é o único aceptor de elétrons, e isso não ocorre neste caso.

No processo Oland também há redução de custos por ser autotrófico e haver menor necessidade de aeração. Atualmente alguns estudos sugerem a utilização de biodiscos no processo Oland, pois o nível de oxigenação é limitado pela imersão do disco no meio líquido e pela velocidade de rotação (COURTENS et al., 2014). Em virtude da dificuldade em controlar a rota metabólica das BOA, o seu uso em escala industrial de tratamento de efluentes é limitado.

$$NH_4^+ + 1{,}5O_2 \rightarrow NO_2^- + H_2O + 2H^+ \quad (18.16)$$

$$NH_4^+ + NO_2^- \rightarrow N_2 + 2H_2O \quad (18.17)$$

O processo Canon (*Completely Autotrophic Nitrogen-removal Over Nitrite*) é capaz de remover nitrogênio em apenas um tanque, com limitação de oxigênio. Neste caso, as bactérias oxidadoras de amônia e as bactérias Anammox convivem em simbiose, por meio do controle rígido da aeração (SLIEKERS et al., 2002). As BOA consomem o pouco oxigênio que é dissolvido para converter a amônia em nitrito, Equação (18.10), tornando o meio anaeróbio, o que permite que as bactérias Anammox entrem em ação, convertendo a amônia residual em nitrogênio gasoso, com o nitrito como aceptor de elétrons, Equação (18.15).

Esse processo pode ser utilizado para remover nitrogênio de águas residuárias com baixa concentração de matéria orgânica, pois é completamente autotrófico e, como os demais, possui reduzida necessidade de oxigênio para que o processo ocorra. Pode-se encontrar na literatura a realização do processo Canon em reatores tipo *airlift*, reatores com membranas e reatores com biofilmes (SLIEKERS et al., 2002; WANG et al., 2013). O processo Canon vem ganhando espaço para tratar efluentes com moléculas de difícil degradação, porém ainda é difícil encontrar exemplos de sua aplicação em escala industrial.

Além desses processos, o nitrogênio pode ser removido pela ação de algas em um processo chamado ficorremediação, por *wetlands*, ou ainda em células combustíveis microbianas, onde ocorre a remoção simultânea de carbono e nitrogênio, além de poder gerar energia (SUN et al., 2016).

Observa-se que os chamados novos processos de remoção de nitrogênio têm várias vantagens em relação ao convencional, principalmente relacionadas à redução de custos e à possibilidade de degradação de efluentes mais concentrados. Entre os processos citados, o Anammox e o Sharon são os que mais apresentaram aplicabilidade em escala industrial, em geral, como pré-tratamento ou polimento de plantas com efluentes que contêm outros compostos além dos nitrogenados. Apesar do desenvolvimento das ferramentas de biologia molecular voltadas para o tratamento de efluentes, ainda são necessárias maiores pesquisas para entender completamente a microbiota envolvida e seus caminhos metabólicos, preferenciais ou não.

REFERÊNCIAS

ABNT. *NBR 7.229*: Projeto, construção e operação de sistemas de tanques sépticos. Rio de Janeiro, 1993.

ABNT. *NBR 13.969*: Tanques sépticos – unidades de tratamento complementar e disposição final dos efluentes líquidos – projeto, construção e operação. Rio de Janeiro, 1997.

ADAM-GUILLERMIN, C. et al. *Reviews of environmental contamination and toxicology*. New York: Springer, 2008. v. 192.

ALI, M.; OKABE, S. Anammox-based technologies for nitrogen removal: advances in process start-up and remaining issues. *Chemosphere*, v. 141, p. 144-153, 2015.

APHA. *Standard methods for the examination of water and wastewater*. 21. ed. Washington, DC: American Public Health Association, 2005.

BERNET, N.; SPÉRANDIO, M. Environmental technologies to treat nitrogen pollution: principle and engineering. In: CERVANTES, F. J. (ed.). *Environment technologies to treat nitrogen pollution*. London: IWA Publishing, 2009. p. 23-40.

CAMARGO, J. A.; ALONSO, A. Ecological and toxicological effects of inorganic nitrogen pollution in aquatic ecosystems: a global assessment. *Environment International*, v. 32, n. 6, p. 831-849, 2006.

CANFIELD, D. E.; GLAZER, A. N.; FALKOWSKI, P. G. The evolution and future of Earth's nitrogen cycle. *Science*, v. 330, p. 192-196, 2010.

CANZIANI, R. et al. Effect of oxygen concentration on biological nitrification and microbial kinetics in a cross-flow membrane bioreactor (MBR) and moving-bed biofilm reactor (MBBR) treating old landfill leachate. *Journal of Membrane Science*, v. 286, n. 1-2, p. 202-212, 2006.

CARUCCI, A.; CAPPAI, G.; PIREDDA, M. Biodegradability and toxicity of pharmaceuticals in biological wastewater treatment plants. *Journal of Environmental Science and Health*, Part A, v. 41, n. 9, p. 1831-1842, 2006.

CATALDO, D. A. et al. Rapid colorimetric determination of nitrate in plant tissue by nitration of salicylic acid 1. *Communications in Soil Science & Plant Analysis*, v. 6, n. 1, p. 71-80, 1975.

CONAMA – Conselho Nacional do Meio Ambiente. *Resolução n. 357*. 2.005.

CONAMA – Conselho Nacional do Meio Ambiente. *Resolução n. 430*. 2.011.

COURTENS, E. N. P. et al. Control of nitratation in an oxygen-limited autotrophic nitrification/denitrification rotating biological contactor through disc immersion level variation. *Bioresource Technology*, v. 155, p. 182-188, 2014.

CUERVO-LÓPEZ, F. D. M. et al. Principles of denitrifying processes. In: CERVANTES, F. J. (ed.). *Environmental technologies to treat nitrogen pollution*. London: IWA Publishing, 2009. p. 41-59.

HELLINGA, C. et al. The SHARON process: an innovative method for nitrogen removal from ammonium rich waste water. *Water Science & Technology*, v. 37, n. 9, p. 135-142, 1998.

KUAI, L.; VERSTRAETE, W. Ammonium removal by the oxygen-limited autotrophic nitrification- denitrification system. *Applied and Environmental Microbiology*, v. 64, n. 11, p. 4500-4506, 1998.

LACKNER, S. et al. Full-scale partial nitritation/anammox experiences – An application survey. *Water Research*, v. 55, p. 292-303, 2014.

LIPPEL, G. S. J. *Tratamento biológico de efluentes*: fundamentos e aplicações. Rio de Janeiro: Interciência, 2010.

MADIGAN, M. T. et al. *Microbiologia de Brock*. 12. ed. Porto Alegre: Artmed, 2010.

METCALF, L.; EDDY, H. P. *Tratamento de efluentes e recuperação de recursos*. 5. ed. Porto Alegre: AMGH, 2016.

MULDER, A. et al. Anaerobic ammonium oxidation discovered in a denitrifying fluidized bed reactor. *FEMS Microbiology Ecology*, v. 16, n. 3, p. 177-183, 1995.

NELSON, D. L.; COX, M. M. *Princípios de bioquímica de Lehninger*. 6. ed. Porto Alegre: Artmed, 2011.

SABESP. *Norma Técnica Sabesp n. 230*. São Paulo, 2009.

SLIEKERS, A. O. et al. Completely autotrophic nitrogen removal over nitrite in one single reactor. *Water Research*, v. 36, n. 10, p. 2475-2482, 2002.

SPEECE, R. E. *Anaerobic biotechnology for industrial wastewater*. Nashville: Archae Press, 1996.

SUN, H. et al. Performance and recent improvement in microbial fuel cells for simultaneous carbon and nitrogen removal: a review. *Journal of Environmental Sciences (China)*, v. 39, p. 242-248, 2016.

VAN DONGEN, U.; JETTEN, M. S. M.; VAN LOOSDRECHT, M. C. M. The SHARON®-Anammox® process for treatment of ammonium rich wastewater. *Water Science & Technology*, v. 44, n. 1, p. 153-160, 2001.

VOGEL, A. I. *Análise inorgânica quantitativa*. 4. ed. Rio de Janeiro: Guanabara Dois, 1981.

VON SPERLING, M. *Introdução à qualidade das águas e ao tratamento de esgotos*. 3. ed. Belo Horizonte: UFMG, 2005. v. I.

VON SPERLING, M. *Lodos ativados*. 4. ed. Belo Horizonte: UFMG, 2016.

WANG, Z. et al. Start up of a gravity flow CANON-like MBR treating surface water under low temperature. *Chemical Engineering Journal*, v. 217, p. 466-474, 2013.

WETT, B. Solved upscaling problems for implementing deammonification of rejection water. *Water Science and Technology*, v. 53, n. 12, p. 121-128, 2006.

YAN, L. et al. Simultaneous nitrification and denitrification by EPSs in aerobic granular sludge enhanced nitrogen removal of ammonium-nitrogen-rich wastewater. *Bioresource Technology*, v. 202, p. 101-106, 2016.

ZHAO, C. H. et al. Influence of wastewater composition on biological nutrient removal in UniFed SBR process. *Water Science and Technology*, v. 58, n. 4, p. 803-810, 2008.

CAPÍTULO 19
Avaliação econômica de bioprocessos

Marcos D. B. Watanabe

Antonio Bonomi

19.1 INTRODUÇÃO

Como grande parte das tecnologias desenvolvidas pelo homem ao longo da história, a biotecnologia é inicialmente experimentada em pequenas escalas. Uma vez que um fenômeno desejável ocorre em um reator de laboratório, por exemplo, a sua replicação em grande escala é, usualmente, um dos principais objetivos dos agentes envolvidos no desenvolvimento da tecnologia. Esse tipo de raciocínio, bastante simples e intuitivo, já leva em conta a importância da viabilidade econômica na tomada de decisão. Imagina-se que, no início do desenvolvimento de uma nova tecnologia, devem-se minimizar os riscos e os custos de desenvolvimento, já que os resultados são incertos. No entanto, uma vez que a tecnologia tem seu potencial de sucesso demonstrado em pequena escala (viabilidade técnica), cria-se a expectativa de sua ampliação. Espera-se que, quanto maior a produção, maior poderá ser o benefício econômico trazido pela tecnologia – haja vista as maiores receitas obtidas por meio da venda de seus produtos, além da chamada economia de escala. Por outro lado, um empreendimento de maior dimensão também gera maiores custos de produção devido ao investimento em equipamentos de maior porte e à quantidade crescente de matérias-primas e insumos industriais utilizados, sem contar os riscos inerentes ao financiamento de um projeto de grandes proporções. Dessa forma, saber se uma determinada tecnologia "vale a pena" do ponto de vista econômico é, em outras palavras, avaliar se ela é economicamente viável.

Considerando a importância desse tipo de tomada de decisão, o presente capítulo tem como objetivo principal apresentar ao leitor os principais instrumentos da engenharia econômica que dão suporte à quantificação da viabilidade econômica de um projeto. A taxa interna de retorno, o valor presente líquido e o tempo de retorno serão apresentados neste capítulo e permitirão avaliar um projeto, bem como comparar alternativas. Outro aspecto relevante introduzido neste capítulo é a análise de risco. Ela mostrará que toda análise que é realizada está sujeita a incertezas, que podem impactar o processo de tomada de decisão. Tal análise será aplicada em um estudo de caso comparando duas tecnologias distintas de produção de etanol a partir da cana-de-açúcar.

19.2 FUNDAMENTOS DA AVALIAÇÃO DE VIABILIDADE ECONÔMICA

19.2.1 ESTUDOS PRELIMINARES

Uma vez que uma tecnologia é concebida e seu potencial de replicação em maiores escalas é identificado, a avaliação de sua viabilidade econômica será necessária para antecipar as consequências econômicas dessa decisão. Nesse contexto, alguns estudos precisam ser realizados com o intuito de fornecer informações essenciais ao processo decisório sobre continuar ou não o desenvolvimento desse projeto. Nesta seção, será mostrada de maneira breve a ideia por trás dos estudos de mercado, engenharia, localização e escala, com o propósito de mostrar a abrangência de áreas envolvidas em uma avaliação de viabilidade econômica.

Seja uma tecnologia para produção de um biopolímero, um novo processo de produção de biocombustível ou qualquer outro tipo de produto envolvendo uma biotecnologia, avaliar se o produto gerado apresenta mercado consumidor é uma etapa crucial quando se cogita a hipótese de ampliação de escala. Como ilustra a Tabela 19.1, esse tipo de estudo tem como foco identificar os compradores potenciais dos produtos, entender onde eles estão geograficamente localizados, estimar a quantidade que poderá ser vendida e avaliar qual o preço que os clientes estão dispostos a pagar. Esse tipo de análise evita que os ganhos esperados com a venda de um produto estejam equivocados, o que colocaria em risco a viabilidade econômica do projeto.

Como no conhecimento sobre o mercado, um estudo detalhado de engenharia precisa ser elaborado, a fim de gerar um levantamento de estrutura física, equipamentos, instalações industriais e projetos de edificações, bem como o plano detalhado do processo produtivo. Dessa forma, um conjunto descritivo dará suporte ao estudo de viabilidade por meio do levantamento de dados sobre balanços de massa e energia, equipamentos, matérias-primas, principais insumos e utilidades, embalagens, mão de obra, entre outros necessários ao processo produtivo. Nesse estudo também são descritas as atividades e as estruturas administrativas que dão suporte aos processos industriais.

Tabela 19.1 Estudos preliminares necessários para a avaliação de viabilidade econômica

Tipos de estudo	Razão principal
Estudo de mercado	Dimensionamento do mercado consumidor. Embasa as estimativas de receitas do empreendimento pelo entendimento do potencial de venda do produto.
Estudo de engenharia	Descrição detalhada de estrutura física, processos produtivos e administrativos na geração do produto. Dá suporte às estimativas de custos de produção e investimento na planta.
Estudo de localização	Localização da região ideal para recebimento de matérias-primas, insumos e comercialização do produto final. Influencia a estimativa dos custos de produção e investimento, bem como da receita.
Estudo de escala	Estimativa da escala industrial ótima, priorizando a maximização do resultado econômico do negócio. Influencia a estimativa de investimento, custos de produção e receita.

Outro estudo também importante é o de localização, porque ele leva em conta a logística do empreendimento. Basicamente, a posição geográfica ideal de uma planta é aquela que reduz os custos de aquisição de matérias-primas e insumos industriais em virtude da proximidade com os centros fornecedores principais. Ao mesmo tempo, leva em conta que a localidade deve estar situada de forma estratégica, considerando tanto a proximidade com redes de distribuição do produto quanto com o mercado consumidor, de maneira a facilitar o escoamento do produto acabado. A localização afeta principalmente os custos de produção – com a compra de matérias-primas e insumos industriais –, mas também poderá afetar os investimentos na planta industrial – por exemplo, por meio de condições específicas do local, como incentivos para facilitar a implantação da unidade industrial.

O estudo de escala é parte fundamental do estudo de viabilidade. Nessa avaliação, é verificada a escala ideal do negócio. Considerando que o empreendimento é de natureza privada, geralmente, a escala de produção ideal visa maximizar o resultado econômico. No caso de empreendimentos com fins públicos, por outro lado, a ênfase pode ser dada na minimização dos custos de produção. Diferentemente dos estudos de mercado, localização e engenharia, o de escala visa a mais que o levantamento de informações. Ele faz uso de dados quantitativos dos estudos anteriores – suficientes para estimar receitas e custos de produção – com a finalidade de encontrar o volume de produção ideal da planta.

19.2.2 RECEITAS E DESEMBOLSOS

Uma vez que os estudos de mercado, localização, engenharia e escala estejam disponíveis, serão necessárias duas etapas que finalizarão o processo de preparação dos dados de uma avaliação econômica: o estudo de receitas e desembolsos relacionados ao projeto e o estudo do investimento necessário para construir a planta industrial. Essas duas etapas serão apresentadas em maiores detalhes, pois são elas que geram as informações de entrada para a análise que será realizada.

Uma definição elementar em uma avaliação econômica é a de que as receitas representam entradas e os desembolsos operacionais, por outro lado, representam saídas de recursos em um empreendimento. Inicialmente é importante realizar as seguintes definições sobre receitas:

- *Receita bruta*: é calculada multiplicando-se o preço de venda do produto (pago ao produtor) pela quantidade comercializada.
- *Receita líquida*: é a receita bruta descontada de tributos sobre as vendas, como a contribuição ao Programa de Integração Social (PIS), a Contribuição para Financiamento da Seguridade Social (Cofins) e impostos estaduais como o Imposto sobre Circulação de Mercadorias e Serviços (ICMS). Para cada tipo de produto e localidade haverá uma alíquota diferente, sendo necessária uma pesquisa prévia para seu cálculo.

Como exemplo do cálculo de receitas brutas e líquidas, mostra-se a Tabela 19.2, que ilustra uma empresa cuja receita bruta anual é de R$ 1 milhão, mas que desembolsa 12% de ICMS, além de 1,65% do PIS e 7,60% da Cofins. Como mostra a tabela, a receita líquida pode ser calculada subtraindo-se os valores pagos referentes a impostos e tributos do valor da receita bruta.

Tabela 19.2 Exemplo de quantificação da receita líquida

Item	Valor (R$)
Receita bruta	**1.000.000**
(-) ICMS	120.000
(-) PIS	16.500
(-) Cofins	76.000
= Receita líquida	**787.500**

Além das receitas da empresa, os desembolsos operacionais precisam ser detalhados. Basicamente, os custos referem-se aos desembolsos necessários para a continuidade dos processos envolvidos diretamente na produção de um produto. Podem ser divididos em:

- *Custos variáveis*: são aqueles que variam proporcionalmente com o nível de produção. Quanto maior o volume produzido, maior será o custo variável. Alguns exemplos: custo com matéria-prima, insumos industriais, utilidades, embalagens e mão de obra direta (por exemplo, empacotadores).

- *Custos fixos*: relacionados à operação industrial, não dependendo da quantidade de produto gerado. Ou seja, independentemente do volume produzido, tais custos permanecem os mesmos. Alguns exemplos são manutenção anual de equipamentos, mão de obra indireta (por exemplo, gerente de vendas), limpeza e serviços de vigilância da planta, entre outros.

Como mostra a Tabela 19.3, os custos variáveis e fixos podem ser detalhados conforme o grau desejado. No exemplo a seguir, os custos variáveis são uma somatória dos custos com matérias-primas, insumos químicos, embalagens e mão de obra direta. No entanto, mais níveis poderiam ser adicionados, como o custo de embalagens de papelão e plástico.

Tabela 19.3 Ilustração dos custos fixos e variáveis de uma empresa

Item	Valor (R$)
Custos variáveis	**200.000**
Matérias-primas	100.000
Insumos químicos	25.000
Embalagens	25.000
Mão de obra direta	50.000
Custos fixos	**100.000**
Manutenção	10.000
Mão de obra indireta	50.000
Limpeza e segurança da planta industrial	30.000
Outros	10.000
Custos fixos e variáveis	**300.000**

Deve-se ressaltar que, além de custos, também existem despesas do empreendimento. Estas são os desembolsos ligados indiretamente à atividade produtiva. Dividem-se em:

- *Despesas variáveis*: referem-se aos desembolsos que dão suporte indireto à atividade produtiva e que variam com o nível de produção. Por exemplo, despesas com comissões da equipe de vendas, as quais aumentam caso haja maior produção e, assim, maior faturamento.
- *Despesas fixas*: são aquelas que dão suporte ao processo produtivo e que não variam com o nível de produção. Como exemplo, têm-se as despesas operacionais com salários e contas (luz, água e telefonia) do setor administrativo.

Para uma melhor compreensão de como agrupar todas as informações levantadas em uma única estrutura, o exemplo ilustrado na Tabela 19.4 mostra uma forma típica de organização das informações. Nela, receitas e desembolsos estão descritos na forma de estrutura vertical pra cálculo do fluxo de caixa líquido. Observa-se que, no topo da estrutura, estão as receitas do empreendimento. Nas linhas inferiores, estão subtrações em relação à receita total, posicionadas de forma a gerar indicadores de interesse a uma empresa, como: lucro bruto, Ebitda (*earnings before interest, taxes, depreciation and amortization*, ou lucro antes de juros, impostos, depreciação e amortização), Ebit (*earnings before interest and taxes*, ou lucro antes de juros e tributos) e lucro líquido. O Ebitda é um indicador que mede a capacidade de geração de caixa da empresa, enquanto o Ebit mostra qual o verdadeiro lucro contábil da empresa após considerar os impostos, a depreciação e a amortização de investimentos.

Tabela 19.4 Estrutura, com valores ilustrativos, para cálculo do fluxo de caixa

Item	Valor ($)
Receita bruta	**1.000.000**
(-) ICMS, PIS, Cofins	212.500
= Receita líquida	**787.500**
(-) Custos variáveis	200.000
(-) Custos fixos	100.000
= Lucro bruto	**487.500**
(-) Despesas operacionais	100.000
= Ebitda	**387.500**
(-) Depreciação	100.000
= Ebit	**287.500**
(-) IRPJ e CSLL	97.750
= Lucro líquido	**189.750**
(+) Depreciação	100.000
= Fluxo de caixa líquido	**289.750**

Como mostrado na Tabela 19.4, duas despesas que merecem atenção são aquelas referentes ao Imposto de Renda de Pessoa Jurídica (IRPJ) e à Contribuição Social sobre o Lucro Líquido (CSLL). Diferentemente dos impostos pagos sobre as vendas dos produtos, o IRPJ e a CSLL incidem sobre o lucro da empresa. Ou seja, para o cálculo mostrado na Tabela 19.4, a Equação (19.1) foi utilizada:

$$Imposto = Alíquota \times Lucro\ Tributável \quad (19.1)$$

O lucro tributável corresponde à base de cálculo sobre a qual incidirá a alíquota dos impostos. Pode-se dizer que este é resultante do lucro operacional (equivalente ao valor do Ebitda, nesse caso) subtraído do valor da depreciação, como mostra a Equação (19.2):

$$Lucro\ Tributável = Lucro\ Operacional - Depreciação \quad (19.2)$$

Portanto, a base de cálculo para obtenção do lucro tributável depende do entendimento da depreciação, um conceito da contabilidade que expressa a finitude dos bens operacionais (como máquinas, equipamentos, prédios e veículos) por meio da perda de sua utilidade ao longo do tempo. Normalmente, a legislação vigente permite depreciar 10% do valor da compra de máquinas e equipamentos ao ano (até um período de dez anos). Veículos podem ser depreciados em 20% ao ano durante 5 anos. Imóveis são geralmente depreciados em 20 anos.

A taxa de depreciação anual (i_d) é obtida considerando o valor percentual total (100%) dividido pelo tempo de depreciação (t), como mostra a expressão de depreciação linear, Equação (19.3):

$$i_d = \frac{100\%}{t} \quad (19.3)$$

A quota de depreciação será determinada mediante aplicação da taxa de depreciação sobre o valor do bem em reais. Portanto, a depreciação anual é calculada multiplicando-se o valor total dos bens operacionais (V_b) pela taxa de depreciação (i_d), como mostra a Equação (19.4):

$$\text{depreciação} = V_b \times i_d \quad (19.4)$$

Retomando-se a ideia de cálculo dos impostos sobre a renda tributável, é possível substituir a Equação (19.2) na (19.1), obtendo-se a Equação (19.5):

$$\text{IRPJ + CSLL = alíquota (lucro operacional – depreciação)} \quad (19.5)$$

Então, substitui-se a Equação (19.4) na (19.5), obtendo-se a Equação (19.6):

$$\text{IRPJ + CSLL = alíquota [lucro operacional} - (V_b \times i_d)] \quad (19.6)$$

Assumindo que as alíquotas de IRPJ e CSLL correspondem a 25% e 9%, respectivamente, o valor total dos impostos seria de 34% sobre o lucro tributável. Assim, para finalizar o cálculo mostrado na Tabela 19.4, assume-se que o valor investido em máquinas e equipamentos é de R$ 1.000.000 e que a taxa de depreciação é de 10% ao ano. Substituindo-se tais valores na Equação (19.6), obtém-se:

(IRPJ + CSLL) = 0,34 × [R$ 387.500 – (R$ 1.000.000 x 0,10)]

(IRPJ + CSLL) = 0,34 × [R$ 387.500 – (R$ 100.000)]

(IRPJ + CSLL) = R$ 97.750

Assim que o valor pago com os impostos é obtido, é possível calcular o lucro líquido (LL) da empresa, como mostra a sequência de elementos na Tabela 19.4. Para o cálculo do LL, subtrai-se do Ebit (lucro antes de juros e impostos) o valor pago com impostos. Por fim, uma vez que o LL é encontrado, pode-se incorporar novamente o valor da depreciação, de forma a obter o fluxo de caixa líquido (FCL), como explicitado na última linha da Tabela 19.4. Essa soma é realizada porque a depreciação não é uma saída concreta de dinheiro do caixa (e sim uma saída contábil) e, portanto, deve ser incorporada para que se obtenha o valor disponível em caixa. Como será mostrado nas seções seguintes, o FCL – que é a ultima linha da Tabela 19.4 – será utilizado na análise de viabilidade econômica.

19.2.3 INVESTIMENTO

A etapa faltante para que a análise de viabilidade econômica seja possível é o estudo do investimento. Com o valor do investimento no projeto, são obtidas todas as entradas e saídas de recursos do projeto, podendo ser feita uma avaliação global de sua viabilidade. O investimento em um projeto *greenfield* – ou seja, aquele novo projeto ainda em fase de planejamento e que não fará utilização de uma estrutura física preexistente – pode ser entendido como tendo duas componentes principais: investimento em capital fixo e investimento em capital de giro.

19.2.3.1 Investimento em capital fixo

No estudo de investimento em capital fixo, são cotados os valores de máquinas, equipamentos, obras civis e outros bens e serviços necessários para montagem da estrutura física da unidade produtiva. Ressalta-se que esse tipo de estudo pode ser elaborado considerando diversos níveis de detalhamento. O maior nível de detalhe é obtido quando se conhecem as especificações técnicas dos equipamentos principais e auxiliares a serem adquiridos, bem como as suas posições no *layout* da planta e as descrições das estruturas auxiliares, como instalações elétricas, tubulação e instrumentação. Por outro lado, para um estudo preliminar, uma estimativa menos precisa seria baseada em correlações de grandezas já conhecidas do projeto.

Um exemplo seria estimar o investimento em uma usina de produção de açúcar e álcool baseando-se em correlações com a quantidade de cana-de-açúcar processada ou com o volume de etanol e/ou a massa de açúcar produzidos anualmente. Informações de mercado mostram que o investimento médio para a montagem da parte industrial de uma usina é de cerca de US$ 90 por tonelada de cana-de-açúcar processada (MARKESTRAT, 2014). Esse tipo de abordagem para cálculo de investimento, obviamente, acarreta maiores erros pela agregação de múltiplas variáveis em um valor médio.

A Tabela 19.5 mostra um exemplo de estudo de investimento realizado para uma usina que produz açúcar, etanol e eletricidade excedente. Nesse exemplo, os investimentos relativos em equipamentos e demais estruturas físicas da planta foram calculados de forma detalhada e, posteriormente, agrupados em áreas principais. Sabe-se que, para um estudo de investimento detalhado, tais valores precisam ser discriminados por equipamento, e suas cotações, mensuradas em reais para que sejam contabilizados na análise do fluxo de caixa. Para efeito didático, no exemplo da Tabela 19.5, as informações foram apresentadas em valores percentuais relativos ao investimento total em capital fixo por área. Os valores foram calculados baseando-se nos dados da Biorrefinaria Virtual de Cana-de-Açúcar, em desenvolvimento pelo Laboratório Nacional de Ciência e Tecnologia do Bioetanol (BONOMI et al., 2015).

Tabela 19.5 Ilustração das componentes do investimento em capital fixo em uma usina de açúcar e álcool, produzindo excedente de eletricidade

Áreas principais	Participação no FCI* (%)
Edifícios auxiliares, urbanização e gerais**	13%
Recepção e preparo da cana	4%
Extração de caldo	7%
Tratamento e concentração de caldo	6%
Produção de açúcar	7%
Produção de etanol	13%
Geração e distribuição de vapor e energia elétrica	45%
Sistema de água e ar comprimido	5%

* FCI: *Fixed capital investment* ou investimento em capital fixo.
** Referem-se a outros custos, como terraplanagem, seguros, engenharia e contingências.

Cada uma das áreas principais consideradas na Tabela 19.5 poderia ser desmembrada em subcategorias, em que o nível máximo de detalhe seriam os custos de cada um dos equipamentos. A área de produção de etanol, por exemplo, foi calculada por meio do somatório de custos com área de fermentação, equipamentos do sistema de destilação, concentração de vinhaça, desidratação (para obter etanol anidro), além de sistemas auxiliares como tubulações, instalações elétricas, sistemas de automação e bombas. O valor percentual apresentado na Tabela 19.5 mostra que a área de produção de etanol contribui com 13% do investimento total em capital fixo.

Observa-se também que um dos principais custos dessa usina está relacionado ao processo de cogeração (produção de energia térmica e elétrica), representado pelos investimentos na área de geração e distribuição de vapor e eletricidade. Nesse exemplo, o somatório das duas áreas corresponde a 45% do investimento total em capital fixo, haja vista os custos elevados de caldeiras e turbinas de grande porte fabricadas com tecnologias mais modernas, que permitem maiores pressões de operação.

É importante destacar que, em alguns casos, as cotações de alguns equipamentos podem estar indisponíveis, principalmente quando se deseja utilizar um equipamento cujas dimensões não estejam descritas em especificações técnicas de potenciais fornecedores. Nesse caso, é comum recorrer ao catálogo de equipamentos e estimar o seu custo baseado em valores relacionados a outro equipamento semelhante, utilizando uma relação logarítmica para correlacionar capacidade e custo de um equipamento. Estimativas satisfatórias podem ser obtidas usando o fator exponencial (n) sobre a razão de capacidade do equipamento. Como mostra a Equação (19.7), uma correlação pode ser feita entre o custo do equipamento que desejamos estimar (A) e o de um equipamento similar (B) cujos custo e capacidade são conhecidos:

$$\text{Custo } A = \text{Custo } B.\left(\frac{Capac.\ equip.\ A}{Capac.\ equip.\ B}\right)^{n} \tag{19.7}$$

Em geral, para destilarias de açúcar e álcool, bem como outras indústrias químicas e de alimentos que lidam com diversos processos biotecnológicos, um fator comumente utilizado – no caso da indisponibilidade de valores específicos – é 0,6. Essa correlação demonstra que, caso um equipamento "A" tenha o dobro da capacidade do equipamento "B", o custo de "A" não será o dobro de "B". Utilizando a Equação (19.7), é possível observar que o custo de "A" será de, aproximadamente, 1,5 vez o custo do equipamento "B", mostrando o benefício da chamada "economia de escala":

$$\boxed{\begin{aligned}&\text{Custo } A = \text{Custo } B.(2)^{0,6}\\&\text{Custo } A = 1,52.\ \text{Custo } B\end{aligned}}$$

Caso existam dados mais específicos sobre o fator "n" na literatura – cujos valores variam de 0,3 a 1,3 dependendo do tipo de equipamento (PETERS; TIMMERHAUS, 1991; PERRY; CHILTON, 1997) – ou, ainda, caso seja possível obter informações com especialistas e fornecedores, estes podem ser utilizados com o intuito de minimizar os erros nessa etapa do estudo.

19.2.3.2 Investimento em capital de giro

Por fim, o estudo de capital de giro leva em consideração a necessidade de uma reserva de dinheiro para custear o primeiro ciclo de produção do empreendimento. Esse ciclo se refere ao período entre o início da operação da planta e o momento em que há recebimento por meio das vendas do produto. O capital de giro, portanto, ficará alocado dentro do empreendimento financiando os primeiros custos e despesas, como pagamento dos fornecedores de matérias-primas e insumos, salários de colaboradores e outras despesas. Uma vez que a produção é finalizada, o capital de giro estará incorporado no produto terminado ou nos estoques. Assim que o produto é vendido, o capital alocado no estoque transforma-se em dinheiro em caixa. Dessa forma, reinicia-se o ciclo de giro do capital.

Da mesma forma que o investimento em capital fixo, o capital de giro pode ser calculado considerando diversos níveis de detalhe. Um estudo detalhado é obviamente o mais desejável, e para isso é necessário um esquema claro que mostre a duração aproximada de cada uma das etapas do ciclo de produção. Por exemplo, é necessário mensurar o período entre o pedido de fabricação por um cliente e a aquisição de insumos e matérias-primas, bem como uma previsão sobre o tempo decorrido entre a venda do produto e o recebimento efetivo das vendas.

Em um estudo preliminar, no entanto, detalhes sobre os períodos do ciclo produtivo nem sempre estão disponíveis e torna-se necessário realizar estimativas sobre o capital de giro baseando-se em correlações com outras variáveis do projeto. Peters e Timmerhaus (1991), por exemplo, observam que a maior parte dos empreendimentos da indústria química utiliza um capital de giro de aproximadamente 10% a 20% do investimento em capital fixo. No caso de usinas de açúcar e álcool, o valor de 5% a 10% é também uma correlação aceitável em projetos *greenfield*.

19.3 ANÁLISE DE FLUXO DE CAIXA

A partir dos dados de investimento e dos valores de fluxo de caixa líquido – mostrados nas seções anteriores –, é possível organizar as informações na estrutura de fluxo de caixa. A viabilidade econômica pode ser avaliada ao projetar os fluxos de saídas e entradas de caixa ao longo do tempo de duração do projeto. A Figura 19.1 mostra a representação gráfica de um projeto com investimento inicial (I_0) que ocorre no ano zero, cujos fluxos de caixa líquido (FC_n) são observados ao longo do tempo (n anos). É possível observar que a seta que representa o investimento aponta para baixo, indicando saída de recursos. Por outro lado, os fluxos de caixa que apontam para cima indicam que o valor resultante da receita menos custos e despesas foi positivo.

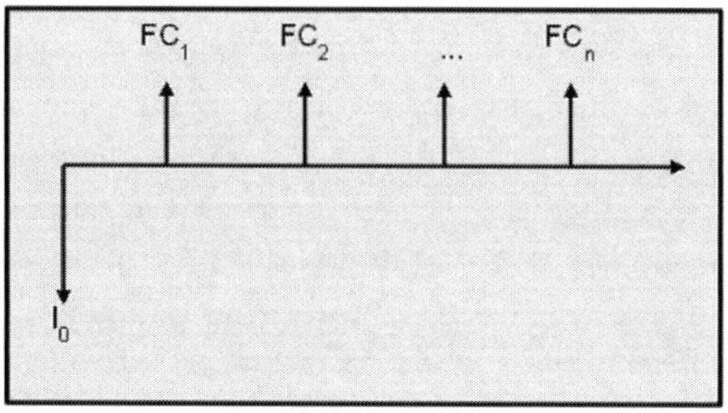

Figura 19.1 Representação gráfica do investimento e dos fluxos de caixa líquidos do empreendimento. I_0: investimento inicial; FC_1: fluxo de caixa no ano 1; FC_2: fluxo de caixa no ano 2; FC_n: fluxo de caixa no ano n.

Após calcular o investimento e o FCL conforme as seções anteriores, é possível avaliar a viabilidade econômica. Tome como exemplo a Tabela 19.6 e a Figura 19.2, que ilustram uma empresa cujo investimento total (capital fixo e capital de giro) foi da ordem de R$ 1.000 em um projeto cuja duração será de cinco anos. Por meio do estudo das receitas e dos desembolsos, observou-se que o fluxo de caixa líquido será, ao longo dos anos, sempre de R$ 300.

Tabela 19.6 Estrutura alternativa em tabela com a projeção de fluxo de caixa

Tempo (anos)	Fluxo de caixa (R$)
0	–1.000
1	300
2	300
3	300
4	300
5	300

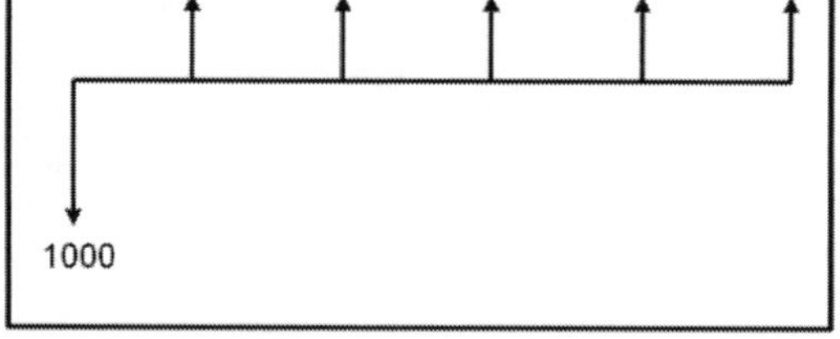

Figura 19.2 Representação gráfica do investimento e dos fluxos de caixa líquidos de um projeto com 5 anos de duração.

Para analisar se esse exemplo ilustrado é um empreendimento viável economicamente, pode-se lançar mão de métodos variados. Outras métricas são também utilizadas nos estudos de viabilidade, no entanto, maior detalhamento será dado às seguintes, que são as mais comumente avaliadas:

- *Valor presente líquido (VPL)*: mensura a viabilidade econômica de um projeto com base na quantidade de riqueza gerada. Se o valor do VPL for positivo, o projeto agrega valor aos investidores e é viável economicamente. No VPL, o valor monetário é a grandeza levada em conta.
- *Taxa interna de retorno (TIR)*: a viabilidade do empreendimento é mensurada por uma taxa que contabiliza o retorno sobre o investimento realizado. Para decidir se o negócio é viável, a TIR deve ser comparada a uma taxa mínima de atratividade (TMA), que é definida previamente. Por esse método, o projeto será viável se a TIR for maior ou igual à TMA. No método da TIR, a unidade usualmente utilizada é a taxa percentual anual.
- *Tempo de retorno (*payback*)*: a viabilidade econômica é mensurada tendo como referência o tempo de recuperação do investimento. Para que seja viável, o projeto deverá ter um *payback* inferior ou igual ao tempo de retorno estipulado pelos investidores. Frequentemente, a unidade utilizada é a medida do tempo em anos ou meses.

19.3.1 VALOR PRESENTE LÍQUIDO

O método do VPL consiste em transportar os fluxos de caixa – positivos e negativos – para um mesmo referencial de tempo, com o intuito de somá-los e tomar uma decisão ao observar o resultado final. Esse método leva em consideração a existência de uma taxa de desconto que incide sobre os fluxos de caixa projetados para o futuro, de modo a descontar ou "desvalorizar" fluxos monetários do futuro quando da sua equivalência em relação a um valor do presente.

Por exemplo, considerar uma taxa de desconto de 10% ao ano significa dizer que receber uma nota de R$ 100 somente no ano que vem equivale a ter um valor de R$ 90,91 hoje. Esse efeito ocorre mesmo em um mundo em que não haja o efeito da inflação, pois somente se refere ao valor do dinheiro no tempo. Na realidade, a existência da taxa de desconto revela a preferência humana por ter o dinheiro no presente e não no futuro, pois existem oportunidades de investimento hoje que podem não se repetir depois.

A equivalência para valor presente pode ser descrita por uma expressão que reflete a visão de juros compostos. Também há a equivalência baseada em juros simples, mas esta é raramente utilizada em situações de análise de projetos de investimento. Considerando os juros compostos, suponha um valor no futuro (VF_j) que está "j" períodos distante do presente e será convertido em um valor presente (VP) considerando a taxa de desconto (i), como mostra a Equação (19.8):

$$VP = \frac{VF_j}{\left(1+i\right)^j} \tag{19.8}$$

Utilizando essa expressão, pode-se calcular qual seria a equivalência, em valor presente, de uma entrada de R$ 100 somente daqui a um ano (j = 1), considerando uma taxa de desconto de 10% ao ano (i = 0,10):

$$\boxed{VP = \frac{100}{\left(1+0,10\right)^1} = \frac{100}{1,1} = 90,91}$$

Essa lógica é aplicada ao método do VPL, pois se torna necessário considerar uma taxa de desconto sobre todos os fluxos de caixa de modo a fazer a equivalência de todos os valores de anos futuros em relação ao ano inicial do empreendimento. Por convenção, adota-se o ano inicial do projeto como o ano zero, que ocorre quando o investimento é realizado. É comum utilizar a Equação (19.9) para fazer a equivalência dos fluxos de caixa, para então fazer o somatório desses valores e obter o VPL:

$$VPL = \sum_{j=0}^{n} \frac{FCj}{\left(1+i\right)^j} \tag{19.9}$$

em que:

n: duração total do empreendimento (anos);

j: período (ano);

FC_j: fluxo de caixa do ano j;

i: taxa de desconto (% ao ano).

Voltando ao exemplo da Figura 19.2, pode-se aplicar a Equação (19.9) considerando o investimento de R$ 1.000 que ocorre no ano zero e fluxos de caixa de R$ 300 ao longo de 5 anos. Para este exemplo, uma taxa de desconto de 10% ao ano foi considerada. Observe que, quanto mais distante do ano zero, menor o valor presente dos fluxos: no quinto ano, o valor presente referente ao montante de R$ 300 é de apenas R$ 186,28.

$$VPL = \frac{(-1000)}{\left(1+0,10\right)^0} + \frac{300}{\left(1+0,10\right)^1} \frac{300}{\left(1+0,10\right)^2} + \frac{300}{\left(1+0,10\right)^3} + \frac{300}{\left(1+0,10\right)^4} + \frac{300}{\left(1+0,10\right)^5}$$

$$VPL = -1000 + 272,73 + 247,93 + 225,39 + 204,90 + 186,28$$

$$VPL = \text{R\$ } 137,24$$

Observa-se que o VPL do empreendimento foi de R$ 137,24. Ou seja, é possível afirmar que esse projeto seria viável economicamente, pois o VPL é maior que zero. Isso significa que as receitas do projeto são suficientes para remunerar o investimento e todos os custos e despesas do projeto, desde que a taxa de desconto seja de 10% ao ano.

19.3.2 TAXA INTERNA DE RETORNO

O método da TIR é aquele que expressa o retorno econômico do projeto por meio de uma taxa percentual. Para que se compreenda esse conceito, mostra-se o caso mais simples de um projeto com apenas dois períodos. No ano zero, o investimento é de R$ 1.000 e, após um ano, obtém-se um fluxo de caixa livre de R$ 1.200, como mostra a Figura 19.3.

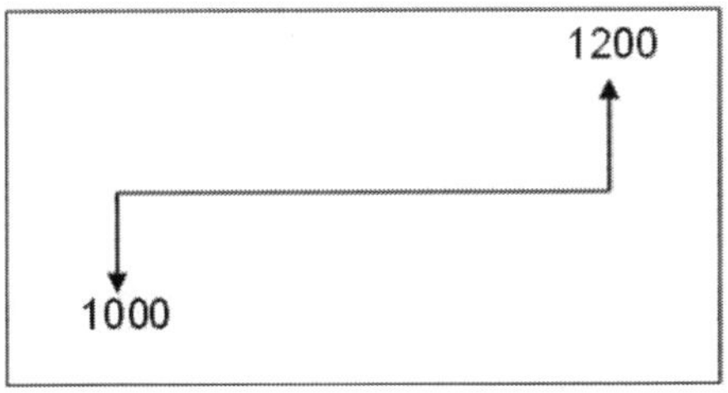

Figura 19.3 Exemplo de fluxo de caixa com dois períodos.

Nesse caso, o retorno percentual sobre o investimento é obtido dividindo-se o valor retornado pelo investimento realizado, como mostra a Equação (19.10):

$$Taxa\ de\ retorno = \frac{Recebimento - investimento}{investimento} \tag{19.10}$$

Aplicando os valores do exemplo na Equação (19.10):

$$Taxa\ de\ Retorno = \frac{1200 - 1000}{1000} = \frac{200}{1000} = 0,20 = 20\%$$

Nesse caso, observa-se que a taxa de retorno do projeto foi de 20% em um período de um ano, o que equivale dizer que o projeto foi remunerado a uma taxa de 20% ao ano. Sabe-se, porém, que, na maior parte dos projetos de investimento, o tempo de duração é superior a um ano, sendo necessário um método geral que quantifique a TIR para um número de períodos qualquer.

É possível quantificar a TIR para um número indefinido de períodos observando o conceito de valor presente líquido (VPL). Por definição, a taxa interna de retorno de um projeto é aquela que, se aplicada a todos os fluxos de caixa do empreendimento, retorna valor de VPL igual a zero. Isso pode ser comprovado observando novamente os valores do exemplo anterior. A taxa de retorno do projeto foi de 20% ao ano. Utilizando a fórmula de cálculo de VPL como mostrada pela Equação (19.9), pode-se afirmar que, ao substituir o valor da taxa de desconto (i) por 20%, o VPL obtido será nulo:

$$VPL = \frac{(-1000)}{(1+0,20)^0} + \frac{1200}{(1+0,20)^1} = \frac{-1000}{1} + \frac{1200}{1,2} = -1000 + 1000 = 0$$

Pode-se constatar, portanto, que a TIR é aquela que, se aplicada sobre os fluxos de caixa do projeto com um número "n" de períodos, fornecerá VPL igual a zero, como mostra a Equação (19.11):

$$\sum_{j=1}^{n} \frac{FC_j}{(1+TIR)^j} = 0 \tag{19.11}$$

Voltando ao exemplo da empresa cujo investimento inicial era de R$ 1.000, com fluxos de caixa de R$ 300 ao longo de 5 anos de projeto, é possível calcular o valor da TIR desse projeto utilizando a Equação (19.11), que resulta em:

$$0 = \frac{(-1000)}{(1+TIR)^0} + \frac{300}{(1+TIR)^1} + \frac{300}{(1+TIR)^2} + \frac{300}{(1+TIR)^3} + \frac{300}{(1+TIR)^4} + \frac{300}{(1+TIR)^5}$$

Assim, deve-se encontrar uma taxa que, ao ser substituída nessa expressão, resulte em valor zero. No caso desse exemplo, a solução é 0,15. Ou seja, a TIR é de 15% ao ano. Esse cálculo pode ser feito de maneira manual, em um método de tentativa e erro, até que o valor da TIR satisfaça a condição de valor somado nulo. Outra possibilidade – menos exaustiva – é utilizar calculadoras financeiras ou planilhas eletrônicas que já contenham a função TIR para resolver a equação de taxa interna de retorno.

Para avaliar a viabilidade do projeto, os investidores dependem de um valor de referência que os possibilite decidir se a TIR encontrada é aceitável. Essa referência é a TMA, que é a taxa de retorno mínima esperada com a execução do projeto. Por exemplo, se os investidores assumem 10% ao ano como uma TMA satisfatória, pode-se dizer que um empreendimento de TIR igual a 15% é economicamente atrativo. É importante destacar que a TMA pode assumir diversos valores, dependendo do setor em que se insere o projeto, bem como dos custos de oportunidade do capital investido. Usualmente, utiliza-se o método *Capital Asset Pricing Model* (CAPM), ou modelo de precificação de ativos financeiros, para calcular a taxa mínima de atratividade.

19.3.3 TEMPO DE RETORNO

O método do tempo de retorno, também conhecido como *payback*, é o mais simples de ser compreendido porque a resposta procurada é mensurada pelo tempo. O *payback* quantifica o período necessário para que o fluxo de caixa acumulado passe de sua condição devedora para credora. Pode-se calcular o *payback* simples ou descontado. A diferença entre os dois é que o segundo leva em consideração uma taxa de desconto (como o método de VPL).

Retomando o exemplo do empreendimento com investimento de R$ 1.000 e fluxos de caixa (FC) de R$ 300 ao longo de 5 anos, é possível observar o comportamento do fluxo de caixa acumulado na Tabela 19.7, tanto para o caso simples quanto para o descontado (considerando taxa de desconto de 10% a.a.).

Tabela 19.7 Ilustração dos fluxos de caixa simples e descontado

Período (anos)	FC simples (R$)	FC acumulado simples (R$)	FC descontado (R$)	FC acumulado descontado (R$)
0	–1.000	–1.000	–1.000	–1.000
1	300	–700	273	–727
2	300	–400	248	–479
3	300	**–100**	225	–254
4	300	**200**	205	**–49**
5	300	500	186	**137**

Para calcular o fluxo de caixa acumulado dos diversos períodos, soma-se o valor do fluxo de caixa acumulado de um dado ano com o valor do FC do ano anterior. Por exemplo, para o fluxo acumulado simples do ano 1, inicia-se o cálculo com o valor de R$ 300 mais o do ano zero (–R$ 1.000), obtendo –R$ 700. Posteriormente, soma-se o valor obtido de –R$ 700 com o valor de R$ 300, obtendo o valor de –R$ 400, e assim por diante. Da mesma forma, calcula-se o fluxo de caixa acumulado considerando a taxa de desconto.

A Tabela 19.7 mostra que, para o fluxo de caixa simples, o tempo de retorno ocorre entre o terceiro e o quarto anos, porque é nesse momento que o fluxo de caixa acumulado deixa o valor negativo e assume valor positivo. Já no caso do fluxo de caixa descontado, o tempo de retorno ocorre um pouco depois, entre os anos quatro e cinco.

Para que se encontrem os valores do *payback* simples e descontado com maior precisão, é necessário interpolar os valores de fluxo de caixa acumulado considerando os períodos (em anos). O resultado dessa interpolação pode ser entendido de forma visual observando-se a Figura 19.4, que mostra a evolução do fluxo de caixa acumulado ao longo do tempo. Pode-se entender que o momento exato do *payback* ocorre quando a linha de FC acumulado cruza o eixo das abscissas, indicando o período em que este se iguala a zero. De maneira mais precisa, o *payback* simples ocorre após 3,33 anos do início do empreendimento, e o *payback* descontado após 4,26 anos.

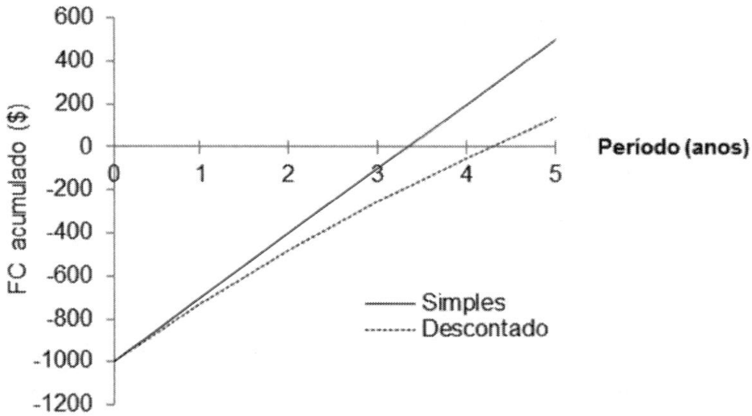

Figura 19.4 Ilustração dos períodos de *payback* simples e descontado.

De forma similar ao método da TIR, o resultado do *payback* precisa ser comparado com um valor de referência. Por exemplo, se os investidores entendem que o retorno do investimento em um tempo de 5 anos é aceitável, pode-se afirmar que o projeto mostrado na Figura 19.4 é viável por esse ponto de vista, pois tanto o *payback* simples quanto o descontado ocorreram antes do período de retorno estipulado.

19.4 ANÁLISE DE RISCO

Os valores utilizados na avaliação de viabilidade econômica estão sujeitos a incertezas. Por exemplo, ao afirmar no estudo de mercado que o preço de venda de um produto é de R$ 1 a unidade, sabe-se que, na realidade, os preços praticados poderão variar em virtude de uma série de fatores. Caso haja aumento da demanda por esse produto em um cenário de pouca oferta, por exemplo, o preço se elevará. Por outro lado, caso haja aumento súbito da oferta do produto ou redução na demanda do mercado, os preços poderão atingir um patamar menor que o esperado.

As incertezas observadas nos preços também se estendem a quaisquer outras variáveis do modelo que procura prever a viabilidade econômica de um projeto anteriormente à sua implementação. Dessa maneira, considerar as incertezas existentes em variáveis como investimento, custos das matérias-primas, produção industrial, taxa de desconto, entre outros, significa admitir a presença do risco nas tomadas de decisão sobre a viabilidade do projeto.

19.4.1 DISTRIBUIÇÃO DE PROBABILIDADES

A análise de risco é importante porque projeta as incertezas envolvidas das principais variáveis de um modelo preditivo, a fim de estimar o impacto do risco nos resultados. Usualmente, tais incertezas são representadas na forma de distribuições de probabilidades. A escolha de uma distribuição depende do nível de informação que se tem sobre determinada variável. O tipo mais simples de distribuição é a uniforme, na qual a variável pode assumir qualquer valor entre um limite máximo e um mínimo, como mostra a Figura 19.5. Nesse caso, a probabilidade é a mesma para todos os valores do intervalo. Essa distribuição é geralmente aplicada a uma variável aleatória, simplesmente por falta de informação mais precisa.

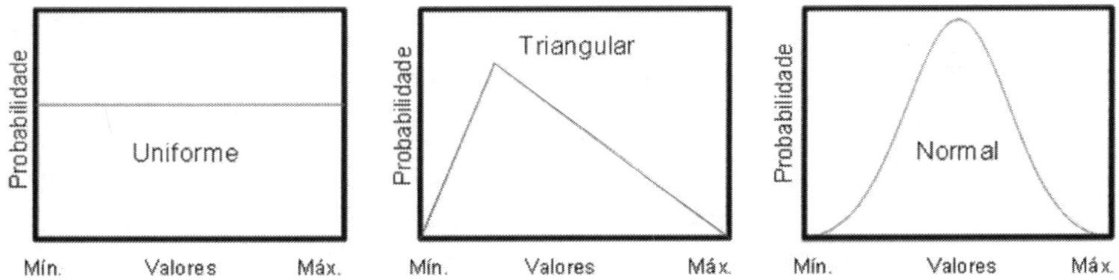

Figura 19.5 Exemplos de tipos de distribuições de probabilidade na análise de incertezas.

No caso da distribuição triangular, por exemplo, além dos valores máximo e mínimo, existe algum tipo de informação adicional sobre o valor mais provável. Dessa forma, a distribuição assume a forma de um triângulo, em que as probabilidades crescem ao se aproximar do ponto mais provável e decrescem ao se aproximar tanto do valor mínimo quanto do máximo. Além das distribuições uniforme e triangular, as variáveis podem assumir outras distribuições como a curval normal, que é geralmente aplicada a uma variável aleatória para a qual existe informação estatística sobre a sua média e o desvio-padrão.

19.4.2 SIMULAÇÃO E ANÁLISE DO RISCO

Em uma simulação aplicada à análise de risco, os valores simulados das variáveis são selecionados aleatoriamente dentro do intervalo do conjunto de valores para uma dada distribuição de probabilidade. Uma das formas de geração de valores aleatórios é a utilização do método de Monte Carlo, que pode ser adaptado em planilhas eletrônicas de cálculo. Os resultados de uma simulação são computados e registrados a cada rodada. Em cada rodada haverá um resultado diferente, porque os valores de entrada das variáveis de risco são selecionados aleatoriamente a partir das distribuições de probabilidades anteriormente definidas.

A análise de risco depende da interpretação dos resultados obtidos durante a fase de simulação. Dessa forma, diferentes gráficos podem ser exibidos (TIR, VPL e *payback*) a fim de comparar cenários propostos, bem como encontrar as variáveis mais influentes sobre os resultados de interesse. Exemplos das saídas da análise de risco, como os gráficos *boxplot*, serão mostrados na Seção 19.5, em que são comparadas duas destilarias produzindo etanol de cana-de-açúcar.

19.5 ESTUDO DE CASO: VIABILIDADE ECONÔMICA DE DESTILARIAS

As tomadas de decisão no mundo real são comparativas. No caso da avaliação da viabilidade econômica, geralmente, diversas alternativas de projetos são apresentadas com o intuito de melhor aplicar o capital investido. No caso da biotecnologia industrial, as diversas rotas biotecnológicas podem levar a níveis semelhantes de produção e qualidade do produto obtido. No entanto, os impactos nos custos operacionais e de investimento podem favorecer uma determinada rota sob o ponto de vista econômico.

A fim de aplicar os conceitos apresentados anteriormente, será mostrado um estudo comparativo entre dois projetos de investimento em destilarias de etanol de cana-de-açúcar. O primeiro refere-se a uma usina autônoma típica de etanol no Brasil – que aqui chamaremos de destilaria básica –, cujo rendimento de produção de etanol é satisfatório (ver Tabela 19.8). No entanto, não há produção de excedente de energia elétrica em virtude do baixo nível tecnológico dos equipamentos industriais, como caldeiras de relativa baixa pressão de operação. O segundo caso apresenta uma destilaria de etanol com o dobro da escala da anterior, com rendimento de etanol idêntico ao anterior, no entanto, produzindo também excedente de energia elétrica. Esse tipo de empreendimento – que chamaremos de destilaria otimizada – vem ganhando espaço no setor sucroalcooleiro pela possibilidade de diversificação das receitas por meio da venda da eletricidade. É preciso lembrar que esse empreendimento recebe palha de cana-de-açúcar, nesse caso recolhida pelo sistema de fardos, que correspondem a aproximadamente 50% da palha total disponível no campo.

Tabela 19.8 Principais características dos projetos avaliados

Característica	Destilaria básica	Destilaria otimizada
Capacidade anual de moagem	2 MTC[a]	4 MTC
Processamento de palha	–	0,18 MT[b]
Integração energética	Não	Sim
Pressão das caldeiras	22 bar	65 bar
Consumo de vapor	500 kg/TC	340 kg/TC
Produção de etanol	85 L/TC	85 L/TC
Eletricidade excedente	–	185 kWh/TC

[a] MTC: milhões de toneladas de cana-de-açúcar processada.

[b] MT: milhões de toneladas de palha seca. Fração de recolhimento de 50% da palha disponível no solo, em fardos.

Fonte: elaboração própria, com base em Bonomi et al. (2015).

19.5.1 PREMISSAS ECONÔMICAS DA AVALIAÇÃO

Para essa avaliação, algumas premissas econômicas foram adotadas. Como mostra a Tabela 19.9, alguns parâmetros comuns a ambos os projetos são a duração do empreendimento de 25 anos, com depreciação linear dos equipamentos em um período de 10 anos, e a taxa de desconto (ou TMA) adotada de 12% ao ano, que é um valor razoável para projetos de investimento em usinas do setor sucroalcooleiro no Brasil (PINTO, 2010; RANGEL; VIEIRA; LOPES, 2010). Os preços considerados na análise foram obtidos ao longo da última década para etanol anidro e eletricidade (CEPEA, [s.d.]; MME, [s.d.]; CCEE, [s.d.]), corrigidos de acordo com o índice nacional de preços ao consumidor amplo (IPCA) (IBGE, [s.d.]). Em relação ao custo da biomassa – tanto da cana-de-açúcar quanto da palha –, tais valores foram obtidos na Biorrefinaria Virtual de Cana-de-Açúcar para julho de 2014, em desenvolvimento pelo Laboratório Nacional de Ciência e Tecnologia do Bioetanol (BONOMI et al., 2015), e atualizados para a data de julho de 2019.

Tabela 19.9 Principais parâmetros econômicos considerados na avaliação

Item	Valor	Referência
Tempo do projeto	25 anos	Consideração
Taxa de desconto	12% ao ano	Consideração
Depreciação	10 anos, linear	Consideração
Preço do etanol anidro	R$ 1,91/L	CEPEA ([s.d.])
Preço da eletricidade	R$ 210/MWh	MME ([s.d.]); CCEE ([s.d.])
Custo da cana	R$ 87/ton	BONOMI et al. ([s.d.])
Custo da palha seca	R$ 110/ton	BONOMI et al. ([s.d.])
Atualização de preços	IPCA	IBGE ([s.d.])

19.5.2 ESTUDO DE INVESTIMENTO

Para esse exemplo, foram levantados os custos de investimento associados a ambos os projetos, como são mostrados na Tabela 19.10, baseados em resultados da Biorrefinaria Virtual de Cana-de-Açúcar (BONOMI et al. 2015). Sabe-se que a capacidade de processamento de cana na destilaria otimizada é o dobro da observada na destilaria básica. Verifica-se que a economia de escala é observada em algumas áreas, como é o caso da extração do caldo e do sistema de água e ar comprimido.

Já para outras áreas, principalmente na produção de etanol e cogeração, a lógica do fator de escala não é aplicável por lidar com tecnologias com níveis de avanço diferentes. A área de produção de etanol da destilaria otimizada, por exemplo, apresenta investimento superior não só devido à maior escala, mas também ao uso de peneiras moleculares na desidratação do etanol. Apesar de demandar mais investimento que a tecnologia básica (baseada na desidratação azeotrópica), as peneiras moleculares permitem uma economia de vapor no processo (da ordem de 50% a 66% comparada ao processo tradicional) que impactará positivamente as receitas da destilaria otimizada (maior produção de eletricidade excedente).

Tabela 19.10 Investimento *greenfield* em destilarias – valores em milhões de R$

Áreas	Destilaria básica	Destilaria otimizada
Edifícios auxiliares, urbanização e gerais	61	171
Recepção e preparo da cana	23	48
Extração de caldo	56	93
Tratamento e concentração de caldo	39	65
Produção de etanol	118	258
Geração e distribuição de vapor	104	379
Geração e distribuição de energia elétrica	19	215
Sistema de água e ar comprimido	46	72
Total	467	1.300

Fonte: elaboração própria, com base em Bonomi et al. (2015), atualizado para julho de 2019.

Na Tabela 19.10, deve-se destacar que a capacidade de produção de energia elétrica excedente na destilaria otimizada explica a maior dimensão do investimento total na área de cogeração de energia. Como é possível observar, as áreas relacionadas com os investimentos são as de geração e distribuição tanto de vapor quanto de energia elétrica, em virtude da aquisição de caldeiras mais modernas (escala e pressão de operação superiores) e da necessidade de turbinas para a cogeração de eletricidade. Sabe-se que esse investimento é consideravelmente alto, mas, por outro lado, permite a exportação de alto excedente de eletricidade, o que também impacta positivamente as receitas da destilaria otimizada.

É importante ressaltar que, nesse estudo, considerou-se que todo o investimento foi realizado apenas utilizando capital próprio, sem necessidade de financiamento – também denominado capital de terceiros. Dessa forma, pode-se dizer que a TMA considerada de 12% ao ano reflete o custo do capital próprio.

19.5.3 ESTUDO DE RECEITAS E DESEMBOLSOS OPERACIONAIS

As receitas das destilarias diferem de maneira significativa em virtude das escalas de produção de etanol e também da possibilidade de comercialização da eletricidade na destilaria otimizada. Utilizando os valores de preços de etanol e eletricidade mostrados anteriormente, é possível estimar as receitas do empreendimento, como mostra a Tabela 19.11.

Tabela 19.11 Estudo de receitas e desembolsos operacionais – valores em milhões de R$

Item	Destilaria básica	Destilaria otimizada
Receita líquida	**332**	**807**
(-) Custos variáveis	179	376
(-) Custos fixos	27	52
Lucro bruto	**125**	**378**
(-) Despesas operacionais	–	–
Ebitda	**125**	**378**
(-) Depreciação	47	130
Ebit	**79**	**248**
(-) IRPJ e CSLL	27	84
Lucro líquido	**52**	**164**
(+) Depreciação	47	130
Fluxo de caixa líquido*	**99**	**294**

* Valor do fluxo de caixa livre durante os primeiros dez anos, quando existe a depreciação do investimento. Do 11º ao 25º ano, o capital fixo já foi depreciado, e os fluxos de caixa projetados se alteram de R$ 99 e R$ 294 milhões para R$ 83 e R$ 250 milhões, respectivamente.

Na Tabela 19.11 também estão descritos os principais desembolsos operacionais, como os custos variáveis (devido à aquisição de cana-de-açúcar e insumos industriais) e fixos (como mão de obra e manutenção). Tais valores foram calculados de acordo com a base de dados da Biorrefinaria Virtual de Cana-de-Açúcar (BONOMI et al., 2015).

19.5.4 ANÁLISE DE VIABILIDADE ECONÔMICA

Como os dados de investimento e a projeção dos fluxos de caixa de cada um dos empreendimentos estão disponíveis, é possível proceder ao estudo de viabilidade econômica. Os principais parâmetros avaliados foram taxa interna de retorno, valor presente líquido e o *payback* simples.

É possível observar que ambos os projetos são viáveis economicamente pelos resultados da análise de fluxo de caixa (Tabela 19.12). A taxa interna de retorno, em ambos os empreendimentos, é superior à taxa mínima de atratividade – definida como 12% ao ano. Da mesma forma, os valores de VPL foram positivos em ambos os projetos.

Tabela 19.12 Estudo de viabilidade econômica dos projetos de investimento

	Destilaria básica	Destilaria otimizada
TIR (% ao ano)	15,6%	16,7%
VPL (milhões de R$)	131	486
VPL/investimento	0,28	0,37
Payback simples (anos)	5,2	4,9

Caso fosse necessário decidir pela execução de apenas um projeto, pode-se considerar que a destilaria otimizada é a melhor opção. Essa decisão fica clara quando se observa a TIR e o VPL dividido pelo investimento (0,37), que são superiores aos valores calculados para a destilaria básica. Além disso, o tempo de retorno do investimento é mais rápido para o cenário de destilaria otimizada, o que reforça a mesma tomada de decisão.

19.5.5 ANÁLISE DE RISCO NA AVALIAÇÃO ECONÔMICA

Para demonstrar a utilidade da análise de risco aplicada à avaliação econômica de projetos, as incertezas em relação ao preço de comercialização do etanol e da eletricidade serão inseridas na discussão, de modo que as receitas do empreendimento estejam sujeitas ao risco. Dessa maneira, foram consideradas distribuições de probabilidade triangulares, considerando os valores mínimo, máximo e mais provável de cada um dos preços. Obviamente, trata-se apenas de um exercício didático, pois, na prática, todos os componentes de uma análise de fluxo de caixa, como investimento em equipamentos, custos de biomassa, entre outros custos operacionais, estão sujeitos a variações.

A Tabela 19.13 mostra uma distribuição dos preços do etanol anidro e da eletricidade, obtidos por informações de séries históricas de preços. Os valores assumidos nas distribuições triangulares para os preços de etanol anidro e eletricidade se baseiam em valores máximos e mínimos observados ao longo da década de 2010 (CEPEA, [s.d.];

MME, [s.d.]; CCEE, [s.d.]). No caso da eletricidade, os valores refletem os preços do ambiente de contratação regulada (ACR). No ACR, os preços da eletricidade são fixados em leilões que os asseguram durante a execução dos contratos de longo prazo. Também existem outras possibilidades de comercialização de energia elétrica, como os mercados de ambiente de contratação livre (ACL) e de curto prazo (mercado spot). Nos cálculos a seguir, considerou-se que a usina apenas comercializa sua eletricidade por meio de leilões no ACR.

Tabela 19.13 Distribuições de probabilidade baseadas em preços da década de 2010 (valores a preços constantes de julho de 2019)

Variável	Mínimo	Mais provável	Máximo
Preço do etanol anidro (R$/L)	1,65	1,91	2,15
Preço da eletricidade (R$/MWh)	150	209	250

19.5.5.1 Resultados da análise de risco

Após a simulação utilizando o método de Monte Carlo, os resultados da análise de risco para TIR, VPL e *payback* simples foram obtidos, como mostra a Figura 19.6. É possível observar as distribuições dos resultados da análise de risco no formato *boxplot*. Um *boxplot* (ou gráfico de *box-whisker*) mostra uma caixa para uma faixa definida interna da distribuição e linhas para os limites externos da distribuição. Uma linha interna na caixa marca a localização da média, mediana ou moda da distribuição.

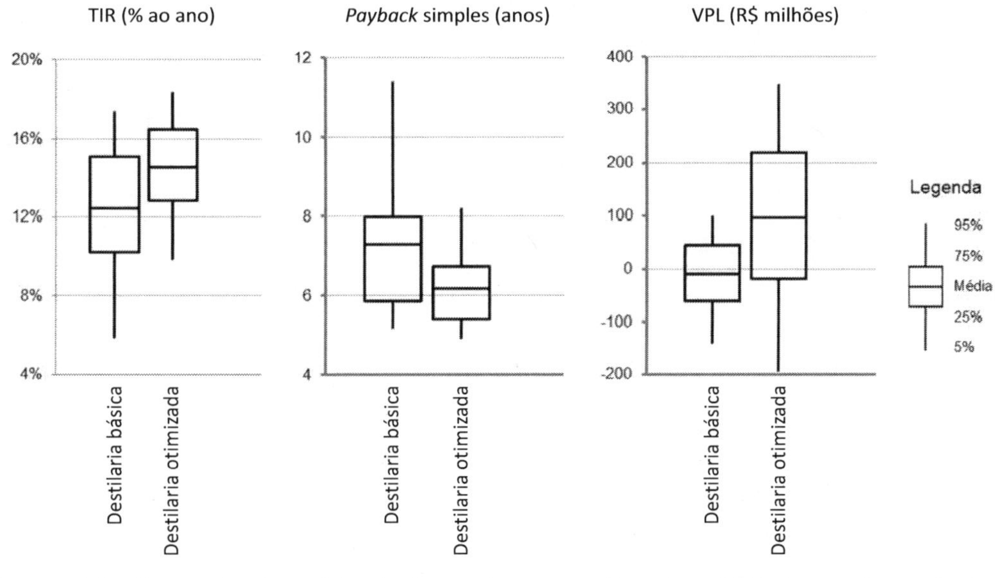

Figura 19.6 Resultados da análise de risco aplicada à análise de viabilidade econômica de duas destilarias.

Na Figura 19.6 é mostrado um retângulo que contém 50% dos valores do conjunto de dados simulados. Já os comprimentos das linhas fora do retângulo informam sobre a "cauda" da distribuição. Juntas, as linhas acima e abaixo representam mais 40% do conjunto de dados. Ou seja, pode-se dizer que 90% do conjunto de resultados da análise de risco estão representados na figura.

Observando os resultados mostrados da Figura 19.6, verifica-se que há maior probabilidade de que a destilaria otimizada apresente valores superiores de TIR quando comparada à básica, sendo que a totalidade dos dados de TIR de ambas as destilarias encontram-se acima do valor de 12% da TMA – haja vista a posição do retângulo e das linhas de "cauda". Ou seja, levando-se em consideração os riscos dos preços tanto do etanol quanto da eletricidade, a destilaria otimizada ainda seria a melhor opção de projeto. Além disso, o maior tamanho do retângulo e das "caudas" da TIR da destilaria básica indicam maior incerteza nos resultados e valores mais baixos, com mínimos próximos da TMA.

Em relação ao gráfico de *payback* representado na Figura 19.6, a conclusão é a mesma, ou seja, a probabilidade de que o tempo de retorno da destilaria otimizada seja menor que o da destilaria básica é maior. As maiores dimensões do retângulo e das "caudas" do *payback* para a destilaria básica também mostram maior incerteza quanto aos resultados, principalmente no sentido de obter tempos de retorno mais longos, o que não é desejável.

Na análise do VPL, é importante destacar que, por ser um projeto de maior escala, as variações nos preços de venda causaram um maior impacto nessa métrica para a destilaria otimizada. Isso pode ser observado na amplitude das linhas acima e abaixo do retângulo de VPL (Figura 19.6). Esse fato ocorre porque a maior escala de produção faz com que a variação dos preços de venda gere um maior impacto nas receitas, que, por sua vez, aumentam a amplitude do VPL da destilaria otimizada. Apesar de ambos os cenários estarem em condições de viabilidade, pode-se constatar que o projeto com maiores chances de obter VPL superiores ainda é a destilaria otimizada. Isso pode ser notado pelo fato de grande parte dos resultados – especialmente do retângulo, que representa 50% do conjunto de dados – encontrar-se acima do valor de VPL de R$ 300 milhões. Já para a destilaria básica, mesmo a amplitude sendo menor, o valor de VPL médio é pouco superior aos R$ 100 milhões.

19.6 CONSIDERAÇÕES FINAIS

O presente capítulo mostrou a teoria e um exemplo de aplicação da análise da viabilidade econômica de um projeto envolvendo um bioprocesso. Foi possível observar que os critérios de tomada de decisão foram baseados nas métricas de TIR, VPL e *payback*, que são mais comumente utilizadas nesse tipo de estudo.

É importante ressaltar que a avaliação econômica é uma tarefa essencial para a tomada de decisão envolvendo alternativas de projetos de investimento. Como em qualquer esforço de modelagem, a confiabilidade do resultado final dependerá, essencialmente, da qualidade dos dados de entrada do modelo. Por isso, a inserção das incertezas por meio da análise de risco pode contribuir para uma visão crítica sobre resultados, melhorando a compreensão sobre os gargalos do projeto e aumentando a probabilidade de sucesso do empreendimento.

REFERÊNCIAS

BONOMI, A. et al. *Virtual biorefinery*: an optimization strategy for renewable carbon valorisation. New York: Springer, 2015.

CCEE – Câmara de Comercialização de Energia Elétrica. [s.d.] Disponível em: <http://www.ccee.org.br>. Acesso em: 4 jul. 2019.

CEPEA – Centro de Estudos Avançados em Economia Aplicada. [s.d.] Disponível em: <http://www.cepea.esalq.usp.br>. Acesso em: 4 jul. 2019.

IBGE – Instituto Brasileiro de Geografia e Estatística. *Índice Nacional de Preços ao Consumidor Amplo – IPCA e Índice Nacional de Preços ao Consumidor – INPC.* [s.d.] Disponível em: <http://www.ibge.gov.br/>. Acesso em: jul. 2019.

MARKESTRAT. *A dimensão do setor sucroenergético.* Mapeamento e quantificação da safra 2013/2014. Coord. e org. Marcos Fava Neves e Vinicius Gustavo Trombin. Ribeirão Preto: Markestrat, Fundace, FEA-RP/USP, 2014.

MME – Ministério das Minas e Energia. *Leilões de energia.* [s.d.] Disponível em: <http://www.mme.gov.br/programas/leiloes_de_energia/>. Acesso em: jul. 2014.

PERRY, J. H.; CHILTON, C. H. *Chemical Engineers' Handbook.* 7. ed. New York: McGraw-Hill, 1997.

PETERS, M. S.; TIMMERHAUS, K. D. *Plant design and economics for chemical engineers.* 4. ed. New York: McGraw-Hill, 1991.

PINTO, F. H. P. B. *Etanol celulósico: um estudo de viabilidade econômico-financeira.* Dissertação (Mestrado) – Escola de Economia de São Paulo da Fundação Getulio Vargas, Empresa Brasileira de Pesquisa Agropecuária e Escola Superior de Agricultura "Luiz de Queiroz" da Universidade de São Paulo, 2010.

RANGEL, L. C.; VIEIRA, J. R.; LOPES, R. S. Cogeração e comercialização de excedentes de eletricidade em uma usina sucroalcooleira. *Perspectivas Online*, v. 4, n. 13, p. 1-19, 2010.

CAPÍTULO 20
Análise e controle de fluxos metabólicos

Luismar Marques Porto

Itamar Leite de Oliveira

20.1 INTRODUÇÃO

O Capítulo 9 do Volume 1 desta coleção aborda os principais conceitos, o histórico e os fundamentos do que se define genericamente como engenharia metabólica, dando ênfase à combinação de ferramentas clássicas de manipulação genética e de análise de fluxos com ferramentas acessórias, enfatizando estratégias de adaptação do sistema celular em questão por meio de técnicas de engenharia evolutiva e/ou engenharia metabólica inversa.

Conforme vimos nesse capítulo, o que diferencia o que chamamos de engenharia metabólica de outros conceitos e fundamentos mais tradicionais, como o de engenharia bioquímica, é o uso de técnicas de manipulação da expressão gênica do organismo-alvo, visando a um projeto racional que cumpra um ou mais dos seguintes objetivos (ver Tabela 9.1 do Volume 1):

- produção de proteínas heterólogas;
- ampliação da gama de substratos utilizáveis pelo organismo;
- obtenção de novos produtos por inclusão de novas vias metabólicas;
- degradação de xenobióticos;
- melhoramento da fisiologia celular;

- eliminação ou redução da formação de subprodutos indesejados;
- melhoramento do rendimento ou da produtividade de compostos de interesse.

O contínuo avanço das técnicas ômicas, do poder computacional e da tecnologia da informação, aliado a custos relativos decrescentes, produz impactos diretos na acessibilidade a dados de sequenciamento e manipulação de ácidos nucleicos, na identificação de metabólitos intracelulares, na capacidade de modelagem detalhada de estruturas de macromoléculas, bem como na determinação de suas funções e suas dinâmicas de interação e sinalização. As técnicas clássicas de engenharia metabólica são agora apenas parte de um grande arsenal de estudos de biologia de sistemas (*systems biology*) que pode levar a projetos de máxima racionalização, com sistemas ou mesmo organismos inteiramente construídos de forma sintética (*synthetic biology*) para atender a um ou mais dos fins relacionados.

Este capítulo descreve algumas técnicas clássicas de engenharia metabólica, a saber, *a análise e o controle de fluxos metabólicos*, utilizando exemplos simples que permitem a introdução de princípios fundamentais. Onde possível, alertamos o leitor para situações mais complexas, de interesse industrial.

20.2 ELEMENTOS DE ENGENHARIA METABÓLICA

Podemos examinar um sistema biológico sob vários ângulos e graus de complexidade ou granulometria. Qualquer que seja nosso objeto de estudo, no entanto, sabemos que podemos aplicar os princípios físicos que regem qualquer sistema, e nossa análise parte em geral de um balanço de massa, restrição que pode ser imposta de diversas formas. Da mesma maneira, podemos utilizar o princípio de conservação da energia e a segunda lei da termodinâmica como restrições que orientam a nossa análise, mas estes não serão aqui considerados. O simples balanço de massa já nos confere um ponto de partida de grande utilidade, quando devidamente aplicado e analisado, como veremos nos exemplos ao longo deste capítulo.

Em termos de granulometria, podemos identificar nosso sistema de interesse de acordo com três níveis, em ordem crescente de complexidade (ver Figura 20.1).

O nível de abstração mais alta corresponde ao modelo caixa preta ou *black box model*. Este é o modelo de menor complexidade, e o que exige a menor quantidade de informação para sua descrição e sua solução. O sistema – uma cultura de levedura, por exemplo – é descrito apenas como um operador que transforma a entrada S_1, digamos um substrato (por exemplo, glicose), em duas saídas P_1 e P_2 (por exemplo, biomassa e etanol). Os dados de interesse podem ser as respectivas concentrações e os fluxos (velocidades de consumo e produção).

Um modelo mais realista é o que podemos chamar de um modelo "cinza". Neste caso, S_1 pode ser um dos vários substratos considerados, um dos elementos de um vetor **S** de concentrações (por exemplo, glicose, oxigênio, amônia); P_1 e P_2 podem ser produtos de interesse, exportados pela célula (por exemplo, etanol e glicerol), ou apenas dois elementos de um vetor **P** de produtos extracelulares. Os elementos X_1, X_2, X_3 e X_4

representam metabólitos intracelulares, cujos fluxos v_i correspondentes são em geral as variáveis de interesse, que podem ser convenientemente calculadas quando se tem uma descrição adequada das reações bioquímicas envolvidas, suas estequiometrias, e um conjunto de dados experimentais que restringe as possíveis soluções para o sistema de equações resultantes do modelo.

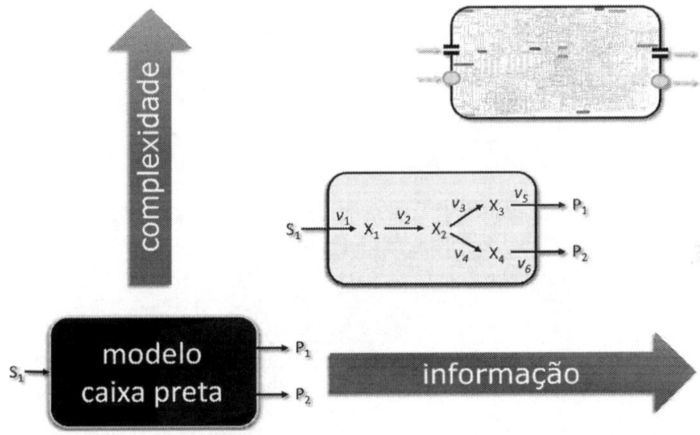

Figura 20.1 Granulometria da abordagem metabólica mostrada num diagrama informação x complexidade. À medida que a complexidade do modelo aumenta, necessitamos de mais informação fisiológica e dados experimentais, e os modelos caixa preta dão lugar a modelos de análise intracelular e de escala genômica de reconstrução metabólica. O sistema celular de maior grau de complexidade, no topo direito da figura, assume fluxos de informação também associados a canais apropriados, mostrados como condições no contorno da membrana celular, além da simples entrada e saída de reagentes e produtos.

À medida que nosso grau de abstração diminui e passamos a descrever o sistema de forma mais detalhada, aumenta a complexidade tanto experimental quanto computacional. O modelo "colorido" resultante pode não ser facilmente tratável e/ou não possuir as necessárias condições de fechamento. Muitas vezes precisamos recorrer a experimentos mais dispendiosos e sofisticados, por exemplo, o uso de carbono 13, para termos informação suficiente para resolver os fluxos desejados. Neste caso, não apenas a complexidade do modelo aumenta como também a sofisticação dos métodos operacionais, analíticos e computacionais.

Neste capítulo, exemplificamos o uso dos modelos com alguns tons de cinza, e comentamos brevemente sobre o uso de carbono marcado (^{14}C para método radiorespirométrico) em experimentos de engenharia metabólica que usam uma paleta de cores mais avançada (^{13}C e isotopômeros).

Situações ainda mais complexas podem surgir em virtude de não linearidades intrínsecas do sistema, como nos casos de reações bilineares, reversíveis e/ou resultantes da sobreposição de redes de sinalização e regulação. Neste capítulo não iremos além das redes metabólicas, que descreveremos com base em vias simples e nas relações estequiométricas das vias metabólicas envolvidas.

20.2.1 A MATRIZ ESTEQUIOMÉTRICA, AS VIAS E AS REDES METABÓLICAS

O elemento central das análises de engenharia metabólica é a *matriz estequiométrica*, que representa o conjunto de informações que organiza espécies bioquímicas e suas reações em uma estrutura matricial básica que servirá para a análise de vias metabólicas específicas e/ou de redes metabólicas de interesse, cujos elementos básicos são os compostos de interesse (espécies bioquímicas) e as reações e os processos de transporte em que estão envolvidos. De forma simplificada, a matriz estequiométrica resume as proporções em que cada componente participa dos processos bioquímicos, envolvidos na modelagem metabólica escolhida.

As n reações bioquímicas e as m espécies consideradas, com seus respectivos coeficientes estequiométricos, compõem os elementos da assim chamada matriz estequiométrica, **S**, que, por sua vez, é a representação computacional de uma rede de reações bioquímicas.

A interseção de uma linha com uma coluna na matriz estequiométrica indica se certa espécie faz parte ou não de uma reação em particular e, de acordo com o sinal do elemento da matriz, isto é, de seu coeficiente estequiométrico, pode-se saber se este é um reagente (valor negativo) ou um produto (valor positivo) da reação. Pela magnitude do coeficiente sabe-se a quantidade relativa consumida ou produzida em uma determinada reação. Note que a estequiometria relaciona o número de mols de uma espécie bioquímica envolvida em uma reação, mas não informa nada sobre a sua velocidade. A matriz estequiométrica é constante, isto é, invariável, e é determinada pela constituição genética do organismo (PALSSON, 2006).

Palsson (2006) define uma matriz estequiométrica total, **S**, conforme a estrutura mostrada na Figura 20.2, em que as linhas tracejadas (horizontal e vertical) delimitam partições na matriz. Observe que a matriz está intencionalmente subdividida, partilhada para representar separadamente reações que ocorrem no interior do sistema (normalmente uma célula) ou componentes que cruzam sua fronteira (isto é, membrana celular).

$$\text{Matriz estequiométrica total: } \mathbf{S} = \begin{array}{c} \\ x_i \\ \\ b_l \end{array} \overset{\begin{array}{cc} v_j & \quad v_k \end{array}}{\left(\begin{array}{c|c} & \\ \hline 0\ 0 & \\ 0\ 0 & \end{array}\right)}$$

Figura 20.2 Representação da matriz estequiométrica total, **S**, com quatro partições, separando reações intracelulares (v_j) de reações de transporte transmembrana (v_k), e os componentes bioquímicos internos (metabólitos intracelulares), x_i, dos externos, b_l (substratos ou produtos).

Nesta forma de representação separam-se as reações internas (v_j) das reações de fronteira (v_k), bem como os compostos internos (x_i) dos externos (b_l). Muitas vezes, por conveniência, considera-se para algumas análises a célula como um sistema fechado, e trabalha-se apenas com os metabólitos internos, o que reduz a matriz **S** à matriz **N**($m \times n$), conforme representado na Figura 20.3. Neste caso, a concentração dos compostos externos (b_l), se necessário e factível, é considerada constante em todas as análises.

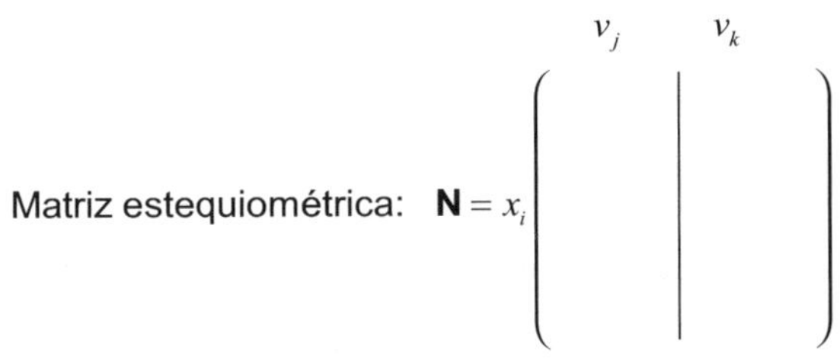

Figura 20.3 Representação da matriz estequiométrica intracelular, **N**($m \times n$), que considera apenas os n metabólitos internos à célula sendo transformados por m reações.

A matriz estequiométrica é uma representação sucinta da via metabólica de interesse. Os elementos dessa matriz são constituídos pelo vetor coluna $\mathbf{x}(m \times 1)$ dos metabólitos intracelulares e pelos fluxos representados pelo vetor coluna $\mathbf{v}(n \times 1)$, conforme as Equações (20.1), nas quais o sobrescrito T representa a operação transposta.

$$\begin{aligned} \mathbf{x} &= \left(x_1, x_2, \cdots, x_m\right)^T \\ \mathbf{v} &= \left(v_1, v_2, \cdots, v_n\right)^T \end{aligned} \tag{20.1}$$

A título de exemplo, a Figura 20.4 apresenta uma pequena rede metabólica (com duas vias) com quatro metabólitos internos e três externos. As setas em (a) representam as reações bioquímicas, das quais três são de fronteira, isto é, de transporte, e outras três são internas, ou seja, de transformação intracelular. A matriz estequiométrica total correspondente é mostrada em (b). Observe que, para efeitos descritivos e para facilitar o preenchimento da matriz, foram conferidas etiquetas às linhas e às colunas, que também permitem a visualização da mencionada partição. O que interessa para os cálculos, todavia, são apenas os valores dos coeficientes da matriz estequiométrica, ou seja, os coeficientes estequiométricos.

Embora exemplificado para uma via metabólica simples, o conceito de matriz estequiométrica (total ou simplificada) se aplica a situações mais complexas, com muitas reações e espécies bioquímicas, podendo abranger centenas ou até mesmo milhares de reações. Técnicas de reconstrução de modelos metabólicos em escala genômica podem ser adotadas para facilitar a geração da matriz. Gargalos comuns, no entanto, são a adequada anotação do genoma, o preenchimento de lacunas no modelo e o conhecimento exato da fisiologia do organismo em questão. Thiele e Palsson (2010) oferecem um protocolo com 96 passos, descrevendo os detalhes da reconstrução metabólica a partir do genoma anotado, bem como os tempos estimados para a realização de cada etapa e as ferramentas computacionais que podem ser utilizadas.

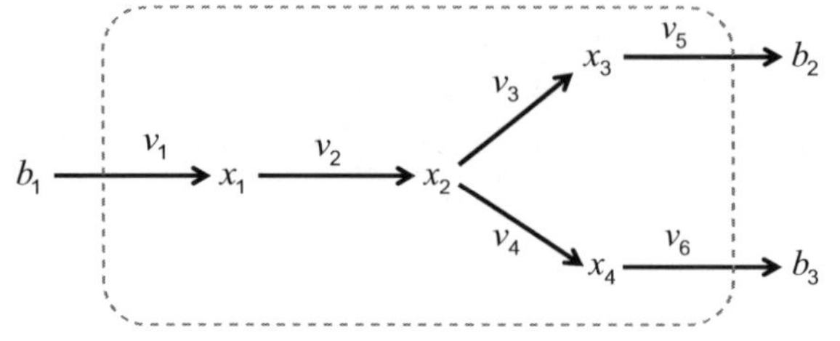

(a)

	v_1	v_2	v_3	v_4	v_5	v_6
x_1	1	−1	0	0	0	0
x_2	0	1	−1	−1	0	0
x_3	0	0	1	0	−1	0
x_4	0	0	0	1	0	−1
b_1	−1	0	0	0	0	0
b_2	0	0	0	0	1	0
b_3	0	0	0	0	0	1

(b)

Figura 20.4 (a) Rede metabólica esquemática em que b_l representa os metabólitos externos, v_2, v_3 e v_4 são as reações internas, e v_1, v_5 e v_6 são as reações de fronteira (transporte). A linha pontilhada define o contorno celular, sendo x_i os metabólitos internos e b_l os externos (b_2 e b_3 são produtos e b_1 é substrato). (b) Matriz estequiométrica total da via metabólica mostrada em (a), com identificação das concentrações nas linhas e das velocidades, ou seja, fluxos, nas colunas.

A decisão sobre o que e como modelar, no entanto, depende do conhecimento que se tem do organismo em questão, das condições em que ele se encontra (condições ambientais ou de operação) e do que queremos analisar. Definir um modelo representativo pode não ser uma tarefa trivial, e deve-se conhecer a fisiologia celular em detalhes se um modelo de sucesso é pretendido. Para a modelagem das vias metabólicas, o ponto de partida pode ser algum estudo anterior sobre o mesmo organismo, ou um mapa metabólico obtido a partir do genoma anotado do organismo. A coleção de bases de dados BioCyc (https://biocyc.org/) e as ferramentas associadas Pathway Tools (http://brg.ai.sri.com/ptools/) são bons pontos de partida. Os mapas da Kyoto Encyclopedia of Genes and Genomes (KEGG), por exemplo, podem ser também de grande utilidade para se inferir – a partir das enzimas codificadas nos genes sequenciados do organismo – quais reações são cineticamente realizáveis. A Figura 20.5 é apenas um dos mapas disponíveis que caracterizam o metabolismo da levedura *Saccharomyces cerevisae.*

Observe que nesse mapa a via das pentoses fosfato e o ciclo dos ácidos tricarboxílicos (ciclo do citrato), também conhecido como ciclo do ácido cítrico ou ciclo de Krebs aparecem apenas de forma esquemática, condensada. Observe também que o eventual destino da glicerona fosfato (ou di-hidroxiacetona fosfato), que pode ser a formação de glicerol em condições anaeróbicas, não é explicitado neste mapa. Para tal, é necessário acessar o metabolismo do glicerato (Figura 20.6).

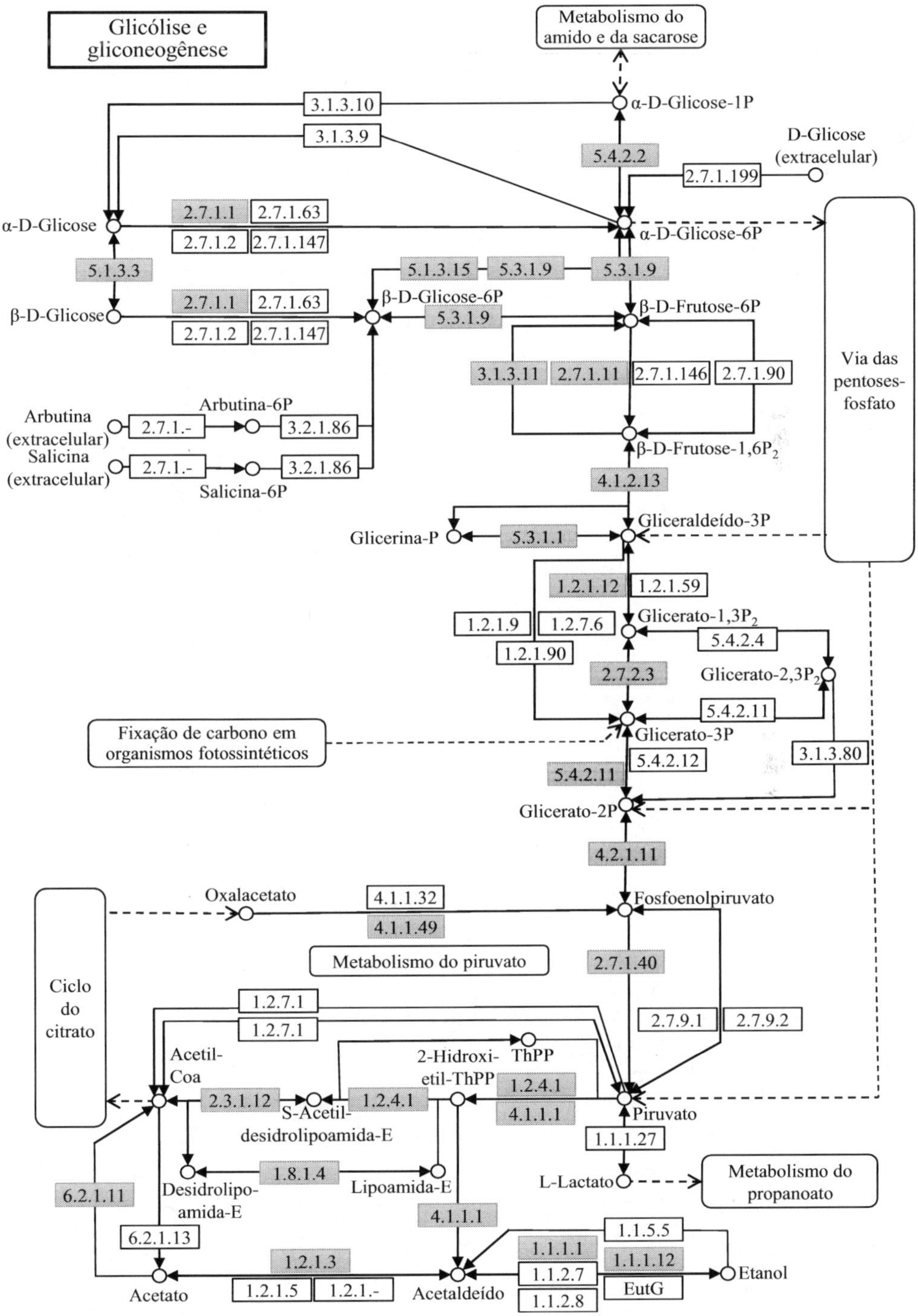

Figura 20.5 Mapa de vias metabólicas obtido na KEGG para o metabolismo central da *Saccharomyces cerevisae*, mostrando detalhes da glicólise/gliconeogênese. Enzimas (reações) presentes na levedura aparecem destacadas por um retângulo sombreado.

Fonte: KEGG. Disponível em: <http://www.genome.jp/kegg-bin/show_pathway?sce00010>. Acesso em: 1 dez. 2020.

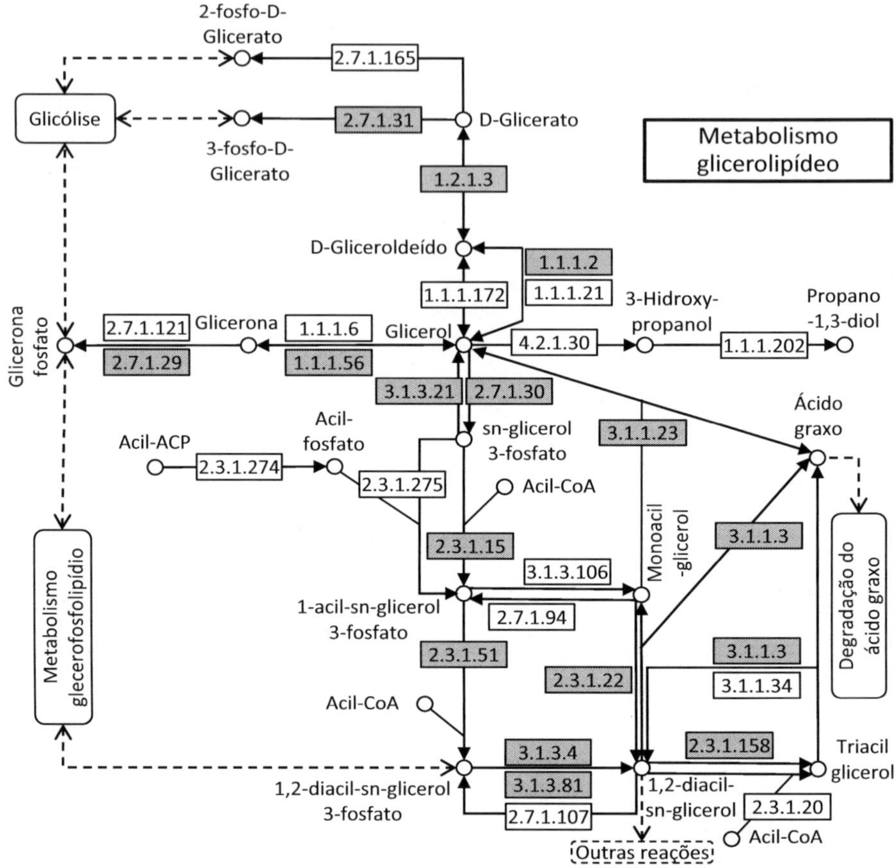

Figura 20.6 Mapa metabólico envolvendo a produção de glicerol em *S. cerevisae*.

Fonte: KEGG. Disponível em: <http://www.genome.jp/kegg-bin/show_pathway?org_name=sce&mapno=00561>. Acesso em: 1 dez. 2020.

20.2.2 ESTEQUIOMETRIA DE REAÇÕES CELULARES E INTRACELULARES

Sobretudo quando tratamos de cultura de células de microrganismos, pode ser conveniente agrupar todas as reações de síntese de biomassa e utilizar a composição média (seca, livre de cinzas) com base em C-mol (carbomol). Um C-mol é o valor de massa molar da fórmula estrutural do componente por átomo de carbono. Por exemplo, um mol de glicose, de fórmula $C_6H_{12}O_6$, equivale a 180 g, ou seja, para a glicose temos 180 $g{\cdot}mol^{-1}$ glicose. Portanto, para 1 C-mol de glicose teremos 180/6 = 30 g, ou 30 $g{\cdot}C\text{-}mol^{-1}$ glicose, já que a glicose possui seis carbonos. Mesmo para pequenas redes, pode ser conveniente representar a estequiometria com base em C-mol, e podemos tomar o C-mol de biomassa como base estequiométrica. Para isso precisamos da composição média da biomassa, *X*. Quando a composição é desconhecida, um bom valor de referência é a fórmula $CH_{1,8}O_{0,5}N_{0,2}$. Isso significa que estamos considerando

1,8 átomo de hidrogênio para cada átomo de carbono na biomassa; da mesma forma, 0,5 átomo de oxigênio e 0,2 de nitrogênio estão presentes para cada átomo de carbono. Quando escrevemos o balanço de carbono com base em 1 C-mol de biomassa, o coeficiente estequiométrico da biomassa é igual a 1.

Pode também ser conveniente separar os compostos em biomassa, X, e os substratos (S_i) e os produtos extracelulares (P_i) dos metabólitos intracelulares, $X_{met,\,i}$. Se tivermos N substratos, M produtos e K intermediários (intracelulares), a estequiometria de cada reação pode ser escrita na forma:

$$\gamma_{jx}X + \sum_{i=1}^{N}\alpha_{ji}S_i + \sum_{i=1}^{M}\beta_{ji}P_i + \sum_{i=1}^{K}g_{ji}X_{met,i} = 0 \tag{20.2}$$

em que γ_{jx}, α_{ji}, β_{ji} e g_{ji} são os coeficientes estequiométricos da j-ésima reação. Escrita na forma matricial, essa equação se torna:

$$\gamma X + AS + BP + NX_{met} = 0 \tag{20.3}$$

em que o vetor γ e as matrizes A, B e N são as matrizes estequiométricas contendo os coeficientes estequiométricos; S, P e X_{met} representam os vetores dos componentes. As linhas nas matrizes estequiométricas correspondem às reações (uma linha para cada reação), enquanto as colunas representam os componentes (uma coluna para cada componente).

EXEMPLO 20.1 – METABOLISMO ANAERÓBIO DA *S. CEREVISAE*[1]

Quando utilizamos modelos metabólicos detalhados, pode ser tedioso converter todos os componentes à sua base C-mol e, portanto, podemos utilizar a fórmula-padrão ou mesmo os nomes dos compostos.

O primeiro passo no processo de descrever as reações do modelo é o transporte de glicose através da membrana celular, que, nesse caso, se dá por difusão facilitada (isto é, o processo é auxiliado por um complexo enzimático, mas a favor do gradiente de concentração). Esse transporte converte o substrato glicose em seu equivalente intracelular, que abreviaremos por GLU.

A glicose intracelular é imediatamente convertida a glicose-6-fosfato (G6P) pela ação da enzima hexoquinase (ou hexocinase). Utilizando coeficientes estequiométricos negativos para quem desaparece e positivos para quem se forma na reação, o seu balanço de massa pode ser escrito como:

$$-\mathrm{GLU} - \sim\mathrm{P} + \mathrm{G6P} = 0 \tag{20.4}$$

---

[1] Este e outros exemplos, bem como parte do desenvolvimento teórico de análise de fluxo metabólico (AFM) e análise de controle metabólico (ACM), foram adaptados do material didático de Nielsen (2001). Material não publicado.

Utiliza-se o símbolo ~P para representar um grupo fosfato de alta energia que é transferido na reação.

Parte da G6P é utilizada na formação de biomassa. Veja que ignoramos o NH_3 ou outra fonte de nitrogênio, restringindo assim nosso modelo exclusivamente ao balanço de carbono. Assumimos que temos as proporções de formação de CO_2 e cofatores, que escreveremos como "H_2", por simplicidade.

$$X + 0{,}1\,CO_2 + 0{,}1\,"H_2" - \frac{11}{6}G6P - {\sim}P = 0 \tag{20.5}$$

Assumiremos que o restante é convertido por glicólise a di-hidroxiacetona fosfato (DHAP) e gliceraldeído-3-fosfato (G3P) em três etapas enzimáticas envolvendo frutose-6-fosfato (F6P) e frutose-1,6-bifosfato (FBP):

$$-G6P + F6P = 0 \tag{20.6}$$

$$-F6P + {\sim}P + FBP = 0 \tag{20.7}$$

$$-FBP + DHAP + G3P = 0 \tag{20.8}$$

Todas essas reações são etapas importantes do metabolismo central de carboidratos e estão descritas em detalhes em qualquer compêndio moderno de bioquímica.

Em condições aeróbias, etanol e dióxido de carbono são os principais subprodutos do metabolismo da levedura. Em baixa concentração de glicose, isto é, baixo fluxo pela via glicolítica, há oxidação completa da glicose a CO_2; no entanto, quando em condições de alto fluxo glicolítico, a oxidação do piruvato torna-se limitante, o que aumenta a formação de etanol, imposto como forma de balancear as cargas (observe que os elétrons de alta energia presentes no "H_2" precisam reoxidar os cofatores para dar continuidade ao metabolismo). Em condições anaeróbias, todavia, etanol é o principal subproduto, mas há ainda a formação de algum glicerol, que age como um receptor de equivalentes redutores formados nas vias de biossíntese (Figura 20.6).

A propósito, os equivalentes redutores, por exemplo, NADH, NADPH e $FADH_2$, não são mostrados explicitamente nos mapas da KEGG, mas estão disponíveis nos registros de entrada para a reação, quando é o caso, e podem ser obtidos pelos links dos números EC (Enzyme Commission), neste caso 1.1.1.156, ou da enzima correspondente (Figura 20.7).

Entrada	R01039 Reação
Nome	glicerol:NADP+ 2-oxidoredutase (formação de glicerona)
Definição	Glicerol + NADP+ <=> Glicerone + NADPH + H+
Equação	C00116 + C00006 <=> C00184 + C00005 + C00080
	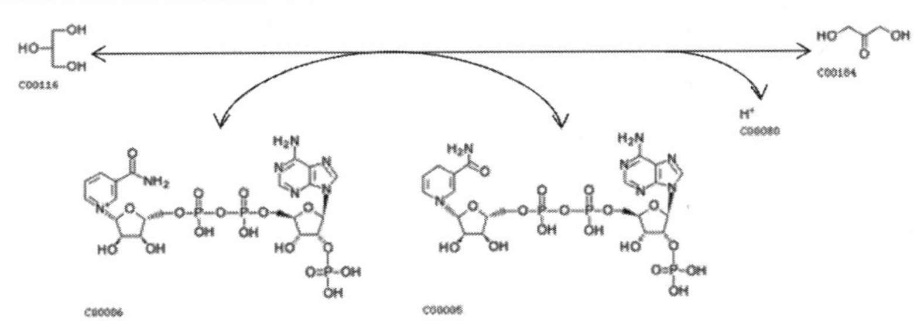
Classe da reação	RC00001 C00005_C00006 RC00029 C00116_C00184
Enzima	1.1.1.156
Via	rn00561 Metabolismo Glycerolipídeo rn01100 Vias Metabólicas
Ortologia	K18097 glicerol 2-desidrogenase (NADP+) [EC:1.1.1.156]
Outros BDs	RHEA: 12756

Figura 20.7 Registro de reação, conforme base de dados da KEGG, mostrando o uso de NADPH na conversão de glicerona a glicerol no metabolismo da levedura *S. cerevisae*. Note que essa reação é reversível.

Fonte: KEEG (s. d.).

A di-hidroxiacetona fosfato (glicerona-fosfato) pode tanto ser convertida a glicerol (GLY) em uma reação de duas etapas, via glicerol-3-fosfato (GLYP):

$$-\text{DHAP} - \text{"H}_2\text{"} + \text{GLYP} = 0 \tag{20.9}$$

$$-\text{GLYP} + \text{GLY} = 0 \tag{20.10}$$

como pode ser prontamente convertida a G3P:

$$-\text{DHAP} + \text{G3P} = 0 \tag{20.11}$$

A partir daí, piruvato (PIR) é formado pelas cinco reações restantes da glicólise envolvendo os metabólitos 1,3-difosfogliceraldeído (DPG), 3-fosfogliceraldeído (3PG), 2-fosfogliceraldeído (2PG) e fosfoenolpiruvato (PEP):

$$-\text{G3P} + \text{DPG} + \text{"H}_2\text{"} = 0 \tag{20.12}$$

$$-\text{DPG} + 3\text{PG} + {\sim}\text{P} = 0 \tag{20.13}$$

$$-3\text{PG} + 2\text{PG} = 0 \tag{20.14}$$

$$-2PG + PEP = 0 \quad (20.15)$$

$$-PEP + PIR + \sim P = 0 \quad (20.16)$$

O piruvato é convertido a etanol (EtOH) em duas etapas, via acetaldeído (ACA):

$$-PIR + ACA + CO_2 = 0 \quad (20.17)$$

$$-ACA - "H_2" + EtOH = 0 \quad (20.18)$$

Podemos tratar o CO_2 como um produto extracelular, pois ele se difunde livremente pela membrana plasmática. Os outros produtos, no entanto, estão sujeitos a reações de transporte, e então temos

$$-GLY + glicerol = 0 \quad (20.19)$$

$$-EtOH + etanol = 0 \quad (20.20)$$

Observe que estamos utilizando os nomes dos compostos em letras minúsculas para representar os produtos extracelulares.

Devemos ainda considerar o dispêndio de energia para a manutenção celular, o que pode ser escrito como

$$-\sim P = 0 \quad (20.21)$$

Os termos da equação estequiométrica, Equação (20.3), podem então ser escritos como:

$$\gamma X = \begin{pmatrix}0 & 0 & 1 & 0 & 0 & 0 & 0 & 0 & 0 & 0 & 0 & 0 & 0 & 0 & 0 & 0 & 0 & 0 & 0\end{pmatrix}^T X \quad (20.22)$$

$$\mathbf{AS} = \begin{pmatrix} -1 & 0 & 0 & 0 & 0 & 0 & 0 & 0 & 0 & 0 & 0 & 0 & 0 & 0 & 0 & 0 & 0 & 0 & 0 \end{pmatrix}^T (\text{glicose}) \tag{20.23}$$

$$\mathbf{BP} = \begin{pmatrix} 0 & 0 & 0 \\ 0 & 0 & 0 \\ 0{,}1 & 0 & 0 \\ 0 & 0 & 0 \\ 0 & 0 & 0 \\ 0 & 0 & 0 \\ 0 & 0 & 0 \\ 0 & 0 & 0 \\ 0 & 0 & 0 \\ 0 & 0 & 0 \\ 0 & 0 & 0 \\ 0 & 0 & 0 \\ 0 & 0 & 0 \\ 0 & 0 & 0 \\ 1 & 0 & 0 \\ 0 & 0 & 0 \\ 0 & 0 & 1 \\ 0 & 1 & 0 \\ 0 & 0 & 0 \end{pmatrix} \begin{pmatrix} CO_2 \\ \text{etanol} \\ \text{glicerol} \end{pmatrix}$$

$$\mathbf{NX}_{met} = \begin{pmatrix}
1 & 0 & 0 & 0 & 0 & 0 & 0 & 0 & 0 & 0 & 0 & 0 & 0 & 0 & 0 & 0 & 0 \\
-1 & 1 & 0 & 0 & 0 & 0 & 0 & 0 & 0 & 0 & 0 & 0 & 0 & 0 & 0 & -1 & 0 \\
0 & -1{,}1/6 & 0 & 0 & 0 & 0 & 0 & 0 & 0 & 0 & 0 & 0 & 0 & 0 & 0 & -1 & 0{,}1 \\
0 & -1 & 1 & 0 & 0 & 0 & 0 & 0 & 0 & 0 & 0 & 0 & 0 & 0 & 0 & 0 & 0 \\
0 & 0 & -1 & 1 & 0 & 0 & 0 & 0 & 0 & 0 & 0 & 0 & 0 & 0 & 0 & -1 & 0 \\
0 & 0 & 0 & -1 & 1 & 1 & 0 & 0 & 0 & 0 & 0 & 0 & 0 & 0 & 0 & 0 & 0 \\
0 & 0 & 0 & 0 & -1 & 0 & 1 & 0 & 0 & 0 & 0 & 0 & 0 & 0 & 0 & 0 & -1 \\
0 & 0 & 0 & 0 & 0 & 0 & -1 & 1 & 0 & 0 & 0 & 0 & 0 & 0 & 0 & 0 & 0 \\
0 & 0 & 0 & 0 & -1 & 1 & 0 & 0 & 0 & 0 & 0 & 0 & 0 & 0 & 0 & 0 & 0 \\
0 & 0 & 0 & 0 & 0 & -1 & 0 & 0 & 1 & 0 & 0 & 0 & 0 & 0 & 0 & 0 & 1 \\
0 & 0 & 0 & 0 & 0 & 0 & 0 & 0 & -1 & 1 & 0 & 0 & 0 & 0 & 0 & 1 & 0 \\
0 & 0 & 0 & 0 & 0 & 0 & 0 & 0 & 0 & -1 & 1 & 0 & 0 & 0 & 0 & 0 & 0 \\
0 & 0 & 0 & 0 & 0 & 0 & 0 & 0 & 0 & 0 & -1 & 1 & 0 & 0 & 0 & 0 & 0 \\
0 & 0 & 0 & 0 & 0 & 0 & 0 & 0 & 0 & 0 & 0 & -1 & 1 & 0 & 0 & 1 & 0 \\
0 & 0 & 0 & 0 & 0 & 0 & 0 & 0 & 0 & 0 & 0 & 0 & -1 & 0 & 0 & 0 & 0 \\
0 & 0 & 0 & 0 & 0 & 0 & 0 & 0 & 0 & 0 & 0 & 0 & 0 & -1 & 1 & 0 & -1 \\
0 & 0 & 0 & 0 & 0 & 0 & 0 & -1 & 0 & 0 & 0 & 0 & 0 & 0 & 0 & 0 & 0 \\
0 & 0 & 0 & 0 & 0 & 0 & 0 & 0 & 0 & 0 & 0 & 0 & 0 & 0 & -1 & 0 & 0 \\
0 & 0 & 0 & 0 & 0 & 0 & 0 & 0 & 0 & 0 & 0 & 0 & 0 & 0 & 0 & -1 & 0
\end{pmatrix} \begin{pmatrix} \text{GLU} \\ \text{G6P} \\ \text{F6P} \\ \text{FBP} \\ \text{DHAP} \\ \text{G3P} \\ \text{GLYP} \\ \text{GLY} \\ \text{DPG} \\ \text{3PG} \\ \text{2PG} \\ \text{PEP} \\ \text{PIR} \\ \text{ACA} \\ \text{EtOH} \\ \sim \text{P} \\ \text{"}H_2\text{"} \end{pmatrix}$$

Tipicamente, as matrizes estequiométricas são do tipo esparsas, isto é, possuem muitos elementos com valor zero. Veremos mais à frente que esse modelo pode ser simplificado, mas antes vamos utilizar essas matrizes para cálculo das velocidades de reação, isto é, os fluxos. Essas estequiometrias definem a quantidade relativa produzida ou consumida de cada composto nas n reações definidas no sistema. Para calcular as velocidades de produção ou consumo precisaremos também da velocidade da reação direta, isto é, a velocidade de reação para a qual o seu coeficiente estequiométrico é 1.

É conveniente expressar as velocidades específicas em termos de C-mol e agrupar as velocidades em cada uma das n reações num vetor, que chamaremos de **notação vetorial**. Podemos, assim, combinar as matrizes estequiométricas dadas anteriormente e o vetor vetorial para obter as velocidades de formação de biomassa, consumo de substrato, formação de produtos e transformação dos metabólitos internos. Lembre-se de que, da forma como as matrizes estequiométricas estão escritas, as linhas correspondem às reações e as colunas denotam os componentes. Portanto, se as matrizes forem transpostas, as linhas corresponderão aos componentes, enquanto as colunas se referirão às reações. Se multiplicarmos as matrizes transpostas pelo vetor velocidade, obteremos um vetor coluna contendo as velocidades de formação para cada composto, isto é, podemos determinar as respectivas velocidades e, assim, o conjunto de fluxos, o **fluxoma**, com as seguintes operações:

$$\left.\begin{aligned} r_x &= \gamma^T \mathbf{v} = \mu \\ \mathbf{r}_S &= -\mathbf{A}^T \mathbf{v} \\ \mathbf{r}_P &= \mathbf{B}^T \mathbf{v} \\ \mathbf{r}_{met} &= \mathbf{N}^T \mathbf{v} \end{aligned}\right\} \Rightarrow \text{Fluxoma} \qquad (20.24)$$

Note que a velocidade de formação da biomassa, r_x, coincide com a velocidade de crescimento, μ, quando utilizada na mesma base (massa seca de biomassa livre de cinzas). Observe também que podem ser necessárias algumas restrições para que as Equações (20.24) possam ser resolvidas, com zero grau de liberdade. Nas seções seguintes discutiremos algumas condições necessárias para se garantir uma solução única para o sistema de equações resultante da modelagem. Antes disso, porém, veremos como simplificar o modelo de cultura anaeróbia da levedura sem que percamos informações relevantes para nossa análise.

EXEMPLO 20.2 – REPRESENTAÇÃO GRÁFICA DE UM MODELO SIMPLIFICADO DE CULTURA ANAERÓBIA DE LEVEDURA

A Figura 20.8 é uma representação simplificada do metabolismo da levedura *Saccharomyces cerevisae*, sob condições anaeróbias. Nessa representação, assumimos que a via das pentoses fosfato foi utilizada exclusivamente para biossíntese e, portanto, reunida na reação de produção de biomassa (células). As vias restantes são: glicólise (glicose a piruvato), formação de glicerol a partir de di-hidroxiacetona fosfato, e formação de etanol a partir de piruvato. Observe que apenas os nós onde há presença de bifurcação relevante de vias estão representados. Vias lineares foram devidamente agrupadas e representadas como uma única reação.

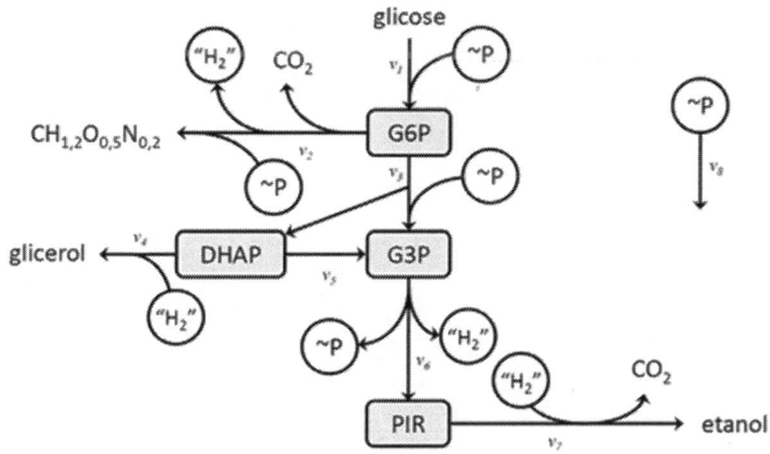

Figura 20.8 Representação das vias metabólicas (rede simplificada) do metabolismo anaeróbio de *S. cerevisae*. G6P: glicose-6-fosfato; G3P: gliceraldeído-3-fosfato; DHAP: di-hidroxiacetona fosfato; G3P: gliceraldeído-3-fosfato; PIR: piruvato; "H_2": cofator, forma reduzida (p. ex., NADH); ~P: grupo fosfato (p. ex., ATP). Os componentes glicose, glicerol e etanol são produtos extracelulares, e $CH_{1,2}O_{0,5}N_{0,2}$ representa 1 C-mol de biomassa seca, livre de material inorgânico.

Na construção desse modelo, ignoramos a formação/consumo de água e íons hidrogênio e utilizamos uma designação genérica para grupamento fosfato transferível (~P) e equivalente redutor ("H_2"), que corresponde a um par de elétrons de alta energia. Assumimos também que fosfato mineral e nitrogênio estão em excesso, não sendo componentes limitantes, e podem, portanto, ser seguramente ignorados. Isso nos deixa com apenas um substrato, glicose, e três produtos, etanol, glicerol e gás carbônico (CO_2).

A Figura 20.9 apresenta uma pequena, mas significativa modificação do metabolismo do carboidrato. Considera-se neste caso que a via das pentoses pode contribuir também para a via glicolítica, e não apenas para a síntese de biomassa.

Parte do fluxo v_9, o fluxo pela via das pentoses fosfato (PPP), é desviado originalmente da via glicolítica (EMP, Embden-Meyerhof-Parnas), v_{10}, mas retorna a ela contribuindo para o *pool* de F6P e G3P. Lembre-se de que para cada molécula de F6P que é prontamente transformada a FBP (frutose-1,6-bifosfato), não mostrada na figura, são formadas duas moléculas de três carbonos (DHAP e G3P). Parte ou praticamente a totalidade do DHAP pode ir a G3P e PIR, dependendo do organismo em questão e de sua demanda fisiológica, "embaralhando" a distribuição dos carbonos alimentados por meio da glicose (ou outro substrato).

É possível, em princípio, determinar os fluxos pelas diferentes vias seguindo-se o destino dos átomos do substrato até seu destino final. Para isso, no entanto, precisamos utilizar técnicas de identificação de maior "resolução", por exemplo, a marcação isotópica, a análise de isotopômeros e/ou a análise de macromoléculas e seus constituintes, a fim de determinar a distribuição dos átomos na rede metabólica, levantando, do balanço de elementos e/ou isótopos e das análises experimentais quantitativas, as indeterminações do sistema de equações resultantes.

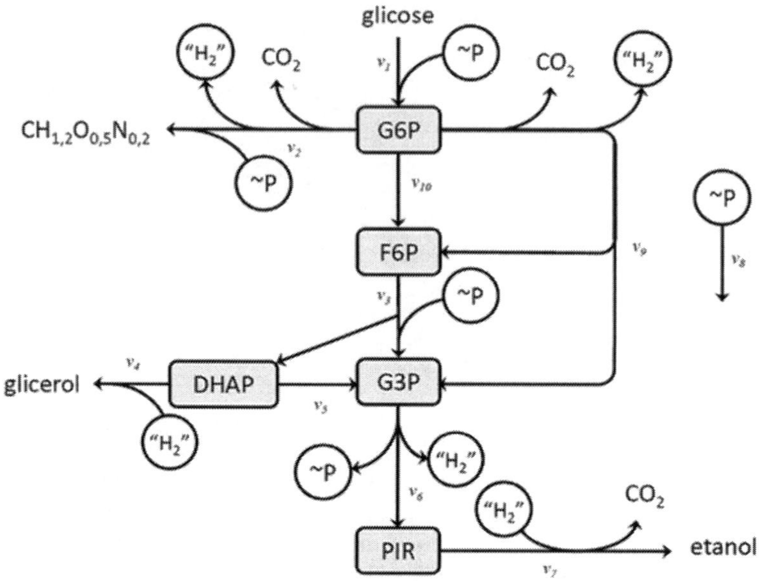

Figura 20.9 Representação das vias metabólicas (rede simplificada, considerando o fluxo através da via das pentoses) do metabolismo anaeróbio de *S. cerevisae*. G6P: glicose-6-fosfato; F6P: frutose-6-fosfato; DHAP: di-hidroxiacetona fosfato; G3P: gliceraldeído-3-fosfato; PIR: piruvato; "H_2": cofator, forma reduzida (p. ex., NADH); ~P: grupo fosfato (p. ex., ATP). Os componentes glicose, glicerol e etanol são produtos extracelulares, e $CH_{1,2}O_{0,5}N_{0,2}$ representa 1 C-mol de biomassa, X.

20.3 MARCAÇÃO ISOTÓPICA

Fluxos metabólicos podem ser monitorados, inclusive em tecidos vivos, usando precursores marcados com ^{13}C ou outro isótopo radioativo e analisados por espectroscopia de ressonância magnética nuclear, algumas vezes com o auxílio de outras técnicas analíticas quantitativas. Em uma molécula de glicose, por exemplo, pode-se marcar o carbono de diferentes posições e seguir o destino de um átomo de carbono individual, o que permite que a análise de fluxos seja estendida a cada um dos carbonos marcados, diferenciando cada um dos isotopômeros alimentados e/ou resultantes do metabolismo.

Isotopômero é um isômero de isótopo, ou seja, uma substância com as mesmas estrutura e composição química, porém com isótopos diferentes nas mesmas posições atômicas. É uma molécula que em geral conserva suas propriedades químicas e bioquímicas, porém com isótopo alternativo em um ou mais átomos de sua estrutura. Por exemplo, $^{12}CH_4$, $^{13}CH_4$, $^{14}CH_4$ e CH_2D_2 são alguns dos possíveis isotopômeros do metano (D = deutério, um isótopo do hidrogênio). Todavia, normalmente estamos interessados em informação posicional de um dos elementos químicos, pois isso permite que o balanço de elementos nos traga informações sobre o desvio metabólico de interesse (bifurcação de via). Dezenas ou mesmo centenas de isotopômeros são possíveis para a mesma substância, dependendo do número de seus átomos, e seu nível de presença (concentração intra ou extracelular) depende, entre outros fatores, do grau de mistura provocado pela retroalimentação de elementos circulantes nas diferentes vias de uma rede metabólica. Para *n* átomos de uma substância, temos pelo menos 2^n possíveis isotopômeros (2 é base quando temos marcação *versus* não marcação, considerando apenas um único isótopo).

Como dito anteriormente, estamos em geral interessados em marcação posicional e precisamos considerar como essa ordem é afetada e seguida no processo analisado, para efeitos de modelagem/simulação e determinações experimentais. Na glicólise a ordem dos átomos é conservada durante as reações, exceto pela troca nas hexoses, quando passam a trioses. Com métodos de marcação isotópica, pode-se analisar as interconexões entre diferentes vias metabólicas, o que é de grande interesse industrial quando se trabalha em projeto racional de metabolismo.

Os experimentos são em geral muito custosos, tanto do ponto de vista dos insumos quanto do tempo e do esforço teórico-computacional e experimental envolvidos. Para determinadas análises, idealmente devemos ter experimentos contínuos, em regime estacionário (operação em quimiostato). Todavia, simulações baseadas em modelos que captem a essência do metabolismo de interesse podem apontar previamente os experimentos mais relevantes e contribuir para modificações genéticas mais promissoras, acelerando substancialmente o desenvolvimento de novas linhagens celulares. Com as técnicas de edição e manipulação genômica introduzidas pelos sistemas CRISPR-Cas9 e semelhantes, essas possibilidades são cada vez mais factíveis mesmo em nível sistêmico, tornando a engenharia genômica cada vez mais realizável e abrindo importantes janelas de inovação tecnológica.

Entre a glicólise (EMP) e a via das pentoses fosfato (PPP), pode-se verificar a distribuição de um dado elemento pelas diferentes vias e estimar sua contribuição para a produção de energia pelo ciclo do ácido cítrico (ciclo de Krebs, via TCA), ou a incorporação do átomo marcado em determinados aminoácidos, o que pode auxiliar na otimização de proteínas heterólogas, por exemplo.

O uso eficiente da marcação isotópica depende de dois fatores importantes: a) do conhecimento detalhado de cada reação, ao nível de destinação posicional de cada um dos elementos químicos para os quais estamos utilizando a marcação isotópica; e b) de métodos analíticos capazes de capturar essas informações.

A Figura 20.10 demonstra como podemos seguir o destino de cada carbono, aqui exemplificado pelas reações das enzimas transcetolase e transaldolase que ocorrem na via das pentoses fosfato. Observe que neste caso conhecemos o destino de cada átomo de carbono em cada uma das reações. Atenção à nomenclatura das moléculas, isto é, à numeração que se lhes dá, de acordo com as convenções que adotamos para designar os átomos em cada molécula.

A Figura 20.11 mostra a marcação dos átomos na frutose-1,6-bifosfato e seus destinos nas moléculas de di-hidroxiacetona fosfato e gliceraldeído-3-fosfato produzidas na via EMP (glicolítica).

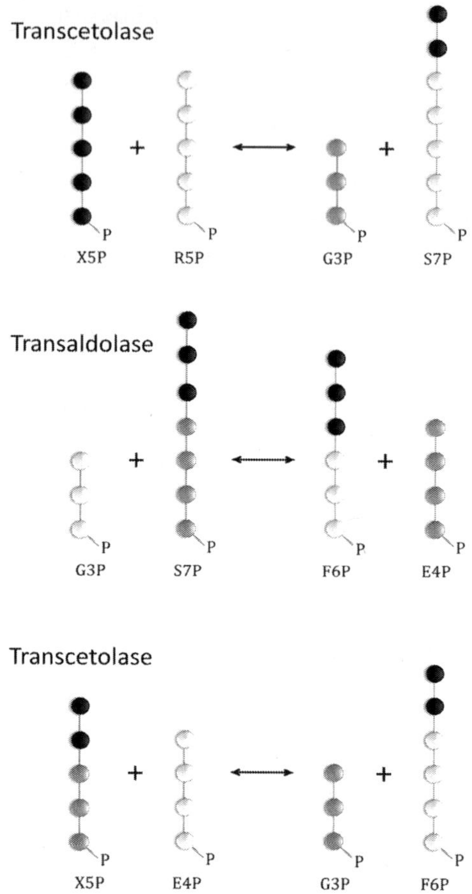

Figura 20.10 Reações da via das pentoses fosfato catalisadas pelas enzimas transcetolase e transaldolase mostrando o destino de cada carbono. X5P: xilulose-5-fosfato; R5P: ribose-5-fosfato; G3P: gliceraldeído-3-fosfato; S7P: sedoeptulose-7-fosfato; E4P: eritrose-4-fosfato; F6P: frutose-6-fosfato.

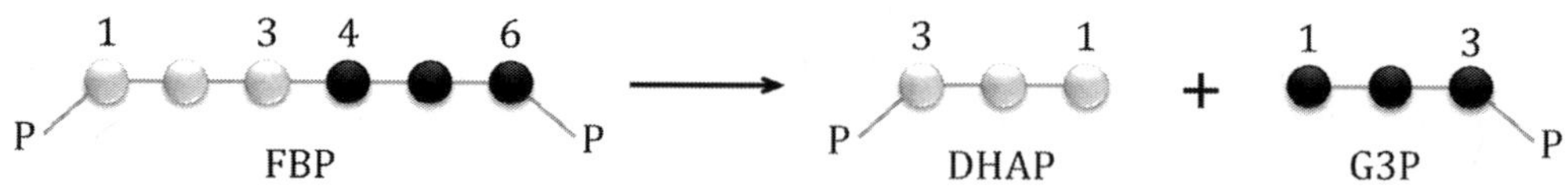

Figura 20.11 Inversão de numeração na conversão de hexoses para trioses, conforme ocorre na glicólise. FBP: frutose-1,6-bifosfato; DHAP: di-hidroxiacetona-fosfato; G3P: gliceraldeído-3-fosfato.

Observe que o que chamávamos de carbono 4 na molécula FBP é agora o que chamamos de carbono 1 na molécula G3P. O que era carbono 1 passou a ser o carbono 3 na DHAP. Isso é particularmente importante quando se pretende montar as matrizes de mapeamento atômico relacionando cada um dos átomos, desde sua origem até seu destino, nos balanços de isotopômeros. Esse é um assunto relativamente complexo, encontrado em textos mais especializados, e que não será tratado aqui em maior profundidade.

EXEMPLO 20.3 – USO DO MÉTODO RADIORRESPIROMÉTRICO PARA AVALIAÇÃO DE FLUXOS NO METABOLISMO CENTRAL

Uma abordagem comum para se medir o fluxo de carbono por meio da via PPP é medir a evolução do $^{14}CO_2$ com células incubadas com [1-^{14}C]glicose (isto é, glicose marcada na primeira posição, cabono 1, com o isótopo radioativo ^{14}C). O CO_2 do gás de exaustão é capturado como $CaCO_3$ borbulhando-se o gás em uma solução alcalina e a quantidade de substância radioativa é determinada por cintilação. A produção de $^{14}CO_2$ no ciclo TCA complica um pouco o cálculo e é necessária uma correção, por exemplo, medindo-se a evolução do $^{14}CO_2$ de células incubadas com [6-^{14}C]glicose.

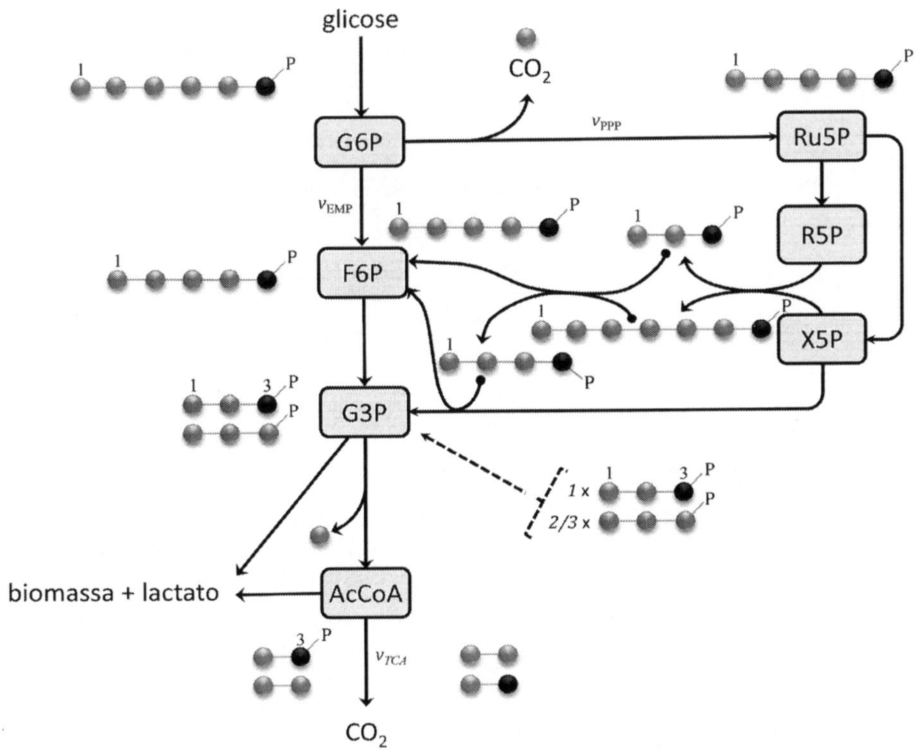

Figura 20.12 Reações da via das pentoses mostrando o destino do carbono marcado na posição 6 da glicose-6-fosfato (ou 5 das pentoses fosfato). Note que a distribuição do G3P do *pool* da via PPP é de três carbonos marcados para cada dois não marcados (isto é, razão de 1 para 2/3). Dos carbonos que entram no TCA como Acetil-CoA, metade é marcada, independentemente de ter ou não passado pela via das pentoses.

A via das pentoses fosfato é composta de uma ramificação oxidativa e outra não oxidativa. O ramo oxidativo é estritamente irreversível e converte G6P a ribulose-5-fosfato (Ru5P), extraindo o carbono C-1 da G6P no processo. Portanto, se marcarmos a glicose no carbono 1, ou seja, utilizando [1-^{14}C]glicose, como este é o carbono transformado em gás carbônico no início da via PPP, com ele irá também todo o carbono marcado.

A velocidade de formação de CO_2 radioativo, considerando que o carbono que se transforma em pentose é desprovido de carbono marcado, é dada por:

$$\nu_{^{14}CO_2} = \nu_{PPP} + \nu_{TCA} f_{G3P} = \nu_{PPP} + \nu_{TCA} \frac{\nu_{EMP}}{2\nu_{EMP} + \frac{5}{3}\nu_{PPP}} \tag{20.25}$$

Nessa equação, a fração de G3P com carbono marcado, f_{G3P}, é a razão entre o C3 marcado formado (1 na via EMP) e o G3P total formado (2 na via EMP e 5/3 na via PPP). Veja onde o carbono está marcado na posição 6 da glicose.

Por outro lado, se marcarmos a glicose na posição C6, ou seja, incubando a cultura com [6-^{14}C]glicose, a velocidade de formação de $^{14}CO_2$ é dada por:

$$\nu_{^{14}CO_2} = \nu_{PPP} + \nu_{TCA} f_{G3P} = \nu_{PPP} + \nu_{TCA} \frac{\nu_{EMP} + \nu_{PPP}}{2\nu_{EMP} + \frac{5}{3}\nu_{PPP}} \tag{20.26}$$

Rearranjando as Equações (20.25) e (20.26) e usando $v_{PPP} + v_{EMP} = v_{\text{glicose}}$, podemos finalmente encontrar uma estimativa para o fluxo pela via das pentoses:

$$\nu_{PPP} = \frac{r^{(1)}_{^{14}CO_2} - r^{(6)}_{^{14}CO_2}}{1 - \dfrac{r^{(6)}_{^{14}CO_2}}{r_{\text{glicose}}}} \tag{20.27}$$

Experimentos precisam validar os valores previstos dentro de limites considerados aceitáveis. Como salientado, esta é apenas uma estimativa, visto que estamos ignorando os eventuais "reciclos" de carbono que tendem a subestimar o verdadeiro fluxo PPP. Modelos mais avançados devem considerar a reversibilidade das reações, bem como o destino de cada carbono para outras reações e vias não consideradas em nosso modelo.

O que vimos é um exemplo simplificado que estima os fluxos com base no balanço de átomos de carbono marcados em determina posição, como no método radiorrespirométrico que mede a evolução do $^{14}CO_2$ radioativo produzido pela cultura de células. Neste tipo de modelo de marcação fracional, consideramos o estado de marcação de átomos individuais de forma independente uns dos outros. Dependendo da complexidade da via, pode ocorrer que o número de incógnitas seja maior que o de equações e/ou outras informações que podemos ter para resolver o sistema. É conveniente, nesses casos, obter informação adicional pela análise do estado de marcação dos átomos vizinhos.

O método radiorrespirométrico, neste caso, não nos é útil, visto que a quantificação do CO_2 não nos fornece informação posicional adicional. O uso de ^{13}C-glicose pode, no entanto, permitir a quantificação de metabólitos intracelulares por análise de ressonância magnética nuclear, ^{13}C NMR, e cromatografia acoplada à espectrometria de massa, CG-MS e LC-MS/MS. Algumas das dificuldades inerentes ao método, como a manutenção do regime estacionário e o custo dos experimentos, aliadas à necessidade de alta densidade celular para se ter um sinal satisfatório, podem ser contornadas com o uso de pequenos biorreatores e de medidas indiretas, considerando a integração (acúmulo) de sinais computada por meio da análise de aminoácidos em proteínas e nucleotídeos em DNA/RNA.

É digno salientar que o uso de isotopômeros permite o balanço de cada isotopômero individualmente, e isso certamente pode levar a um nível considerável de redundância, dependendo da abordagem adotada. Para um composto contendo *n* átomos de carbono, existem 2^n diferentes possíveis estados de marcação. A glicose, por exemplo, possui 64 isotopômeros distintos só para marcação com ^{13}C. O carbono não é, naturalmente, o único elemento que pode ser marcado. Para alguns estudos, o uso de nitrogênio ($^{15}NH_3$ em metabolismo de plantas) ou fósforo marcados, por exemplo, pode ser de grande interesse industrial, agropecuário e ambiental.

20.4 ANÁLISE MATEMÁTICA DE REDES METABÓLICAS ALTERNATIVAS

O papel fundamental dos métodos matemáticos e computacionais é extrair informações, e relações entre elas, da grande quantidade de dados obtidos das novas tecnologias de alto rendimento aplicadas às ciências ômicas (genômica, proteômica, transcriptômica, entre outras) com vistas a aumentar a compreensão do funcionamento da fisiologia dos organismos vivos. Esses conhecimentos podem ser aplicados para o desenvolvimento de processos e produtos biotecnológicos e, principalmente, na saúde humana. Nesta seção, serão abordados alguns recursos e métodos matemáticos e computacionais para as análises de redes metabólicas.

20.4.1 INFORMAÇÕES ESTRUTURAIS CONTIDAS NA MATRIZ ESTEQUIOMÉTRICA

A matriz estequiométrica intracelular **N** (Figura 20.3) contém informações importantes sobre a estrutura da rede formada pelas vias metabólicas consideradas. A partir dessa matriz podem-se determinar:

- os fluxos possíveis no regime estacionário (espaço de fluxos admissíveis) ou fluxoma;
- trechos não ramificados da via;
- relações de conservação.

Podem-se determinar ainda outras matrizes a partir da matriz estequiométrica **N**, como as matrizes de ligação de metabólitos e de ligação (*link*) de fluxos. A Seção 20.7 detalha o uso dessas matrizes na análise de controle metabólico.

20.4.2 ESPAÇO NULO DA MATRIZ ESTEQUIOMÉTRICA

Em condições fisiológicas especiais, em um dado intervalo de tempo, é possível considerar operação em processo contínuo em regime estacionário. No laboratório isso pode ser imposto na operação de quimiostatos. No regime estacionário não há variação da concentração dos metabólitos internos, pois a soma das velocidades de formação de um dado metabólito iguala a soma das velocidades de reação de consumo desse metabólito (rigorosamente falando, é necessário também considerar desprezível o efeito de diluição de um metabólito, ou seja, a diminuição de sua concentração intracelular, em função do crescimento celular). Assim, no regime estacionário, pode-se escrever:

$$\mathbf{NV} = 0 \tag{20.28}$$

em que **N** é a matriz estequiométrica intracelular (Figura 20.3) e **V** é o vetor de fluxo da rede metabólica, Equação (20.1). Nessa equação é definido um sistema de equações lineares com variáveis v_i (fluxos) que tem solução não trivial somente se *posto* (**N**) < *n*.

Determina-se como matriz *kernel* **K** (espaço nulo à direita, ou simplesmente espaço nulo) a matriz que satisfaz a equação **NK** = **0** (REDER, 1988). A matriz **K** contém todos os *n* – *posto* (**N**) vetores-base do espaço nulo de **N**. A escolha da matriz **K** não é única, uma vez que qualquer conjunto de *n* – *posto* (**N**) vetores linearmente independentes com dimensão $n \times 1$ também satisfaz essa equação. Todas as possíveis distribuições de fluxos no regime estacionário podem ser expressas como uma combinação linear das colunas k_i de **K** (SCHILLING et al., 1999), como mostra Equação (20.29).

$$\mathbf{v} = \sum_{i=1}^{n-posto(\mathbf{N})} \alpha_i \mathbf{k}_i \tag{20.29}$$

Os coeficientes α_i na Equação (20.29) devem ter unidade de fluxo, por exemplo, $mM{\cdot}min^{-1}$. Na Figura 20.13a é exibida uma rede metabólica com quatro metabólitos e seis reações. O posto da matriz **N**(4×6) correspondente é igual ao seu número de linhas (= 4). Assim, a dimensão do espaço nulo é 2 = (6 – 4); logo, há duas colunas na matriz *kernel* **K** (Figura 20.13b).

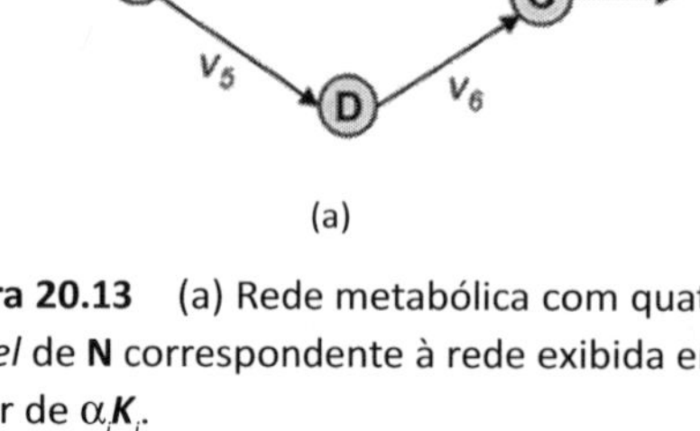

(a)

$$\mathbf{K} = \begin{pmatrix} 1 & 0 \\ 1 & -1 \\ 1 & -1 \\ 1 & 0 \\ 0 & 1 \\ 0 & 1 \end{pmatrix}$$

(b)

$$\mathbf{v} = (2)\begin{pmatrix} 1 \\ 1 \\ 1 \\ 1 \\ 0 \\ 0 \end{pmatrix} + (1)\begin{pmatrix} 0 \\ -1 \\ -1 \\ 0 \\ 1 \\ 1 \end{pmatrix} = \begin{pmatrix} 2 \\ 1 \\ 1 \\ 2 \\ 1 \\ 1 \end{pmatrix}$$

(c)

Figura 20.13 (a) Rede metabólica com quatro metabólitos e seis reações (PALSSON, 2006); (b) matriz *kernel* de **N** correspondente à rede exibida em (a); e (c) distribuição de fluxos **v** como uma combinação linear de $\alpha_i K_i$.

Os dois vetores colunas da Figura 20.13b formam uma base para o espaço nulo de **N**. Por exemplo, fazendo-se $\alpha_1 = 2$ e $\alpha_2 = 1$, pela Equação (20.29) determina-se uma distribuição de fluxos **v** como uma combinação linear de $\alpha_i \mathbf{K}_i$ – Figura 20.13c.

O problema com a matriz **K** é que o fluxo nas reações irreversíveis pode dar um valor negativo. O exemplo da Figura 20.13a mostra que todas as reações são irreversíveis e, portanto, é desejável que os vetores-base tenham apenas valores positivos (SCHUSTER; DANDEKAR; FELL, 1999). Esse fato é mais bem representado na Figura 20.14, na qual o segundo vetor da matriz **K** tem sentido oposto ao das reações. Na próxima seção será visto como calcular esses vetores-base sem violar a condição de irreversibilidade.

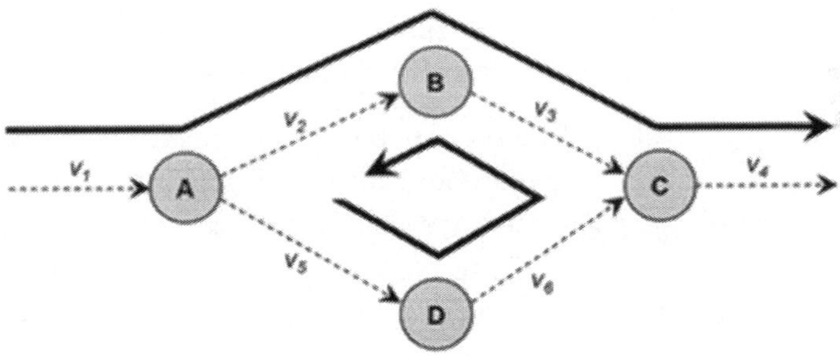

Figura 20.14 Vetores-base do espaço nulo da matriz estequiométrica representados como uma distribuição de fluxos na rede.

Fonte: Palsson (2006).

O conjunto de vetores colunas de **K** que possuem o mesmo valor em cada linha forma um ramo linear na rede metabólica (KLIPP et al., 2005). Portanto, analisando a matriz **K** da Figura 20.13b constata-se que os pares de reações (2, 3) e (5, 6) formam um ramo linear da via. Isso pode ser conferido nas Figuras 20.13a e 20.14.

20.4.3 MODOS ELEMENTARES DE FLUXOS E VIAS EXTREMAS

A análise de modo elementar é uma ferramenta para avaliar o metabolismo de um determinado organismo com base em sua rede metabólica. Um modo elementar é definido como o menor subconjunto de enzimas em uma rede que opera conjuntamente para manter o regime estacionário. Por essa definição, portanto, os modos elementares decompõem a rede de reações em um conjunto de subconjuntos distintos que conecta os metabólitos externos (SCHUSTER; DANDEKAR; FELL, 1999).

Como visto na seção anterior, os vetores-base do espaço nulo (base linear) podem conter valores negativos para as reações irreversíveis, o que não é viável termodinamicamente. Particionando o vetor **v** em reações reversíveis ($\mathbf{v}_{rev}$) e irreversíveis ($\mathbf{v}_{irr}$) e restringindo $\mathbf{v}_{irr}$ para que seja positivo, obtém-se a Equação (20.30) (SCHILLING; LETSCHER; PALSSON, 2000; SCHUSTER et al., 2002; PALSSON, 2006).

$$\mathbf{v}_{irr} > 0 \tag{20.30}$$

O problema agora é encontrar um conjunto de vetores com dimensão $n \times 1$ que satisfaça as Equações (20.28) e (20.30) simultaneamente. Para resolver esse problema é usada a teoria matemática de análise convexa (SCHUSTER; DANDEKAR; FELL, 1999). Essa abordagem é usada por diversos algoritmos para determinar as vias possíveis. As análises fazem uso de dois conceitos fundamentais: *vias extremas* (SCHILLING; LETSCHER; PALSSON, 2000) e *modos elementares* (SCHUSTER et al., 2002; URBANCZIK; WAGNER, 2005). Ambos os algoritmos retornam as arestas de um cone – a base convexa – como vias da rede metabólica.

Na Figura 20.15 são exibidas uma rede metabólica e seus respectivos vias extremas (VE) e modos elementares (ME). Nessa figura, cada VE ou ME indica uma via para a biossíntese de um produto a partir de um substrato, e o sentido das reações irreversíveis não é violado. Vale lembrar que a estequiometria também é calculada para uma via definida como uma via extrema ou um modo elementar.

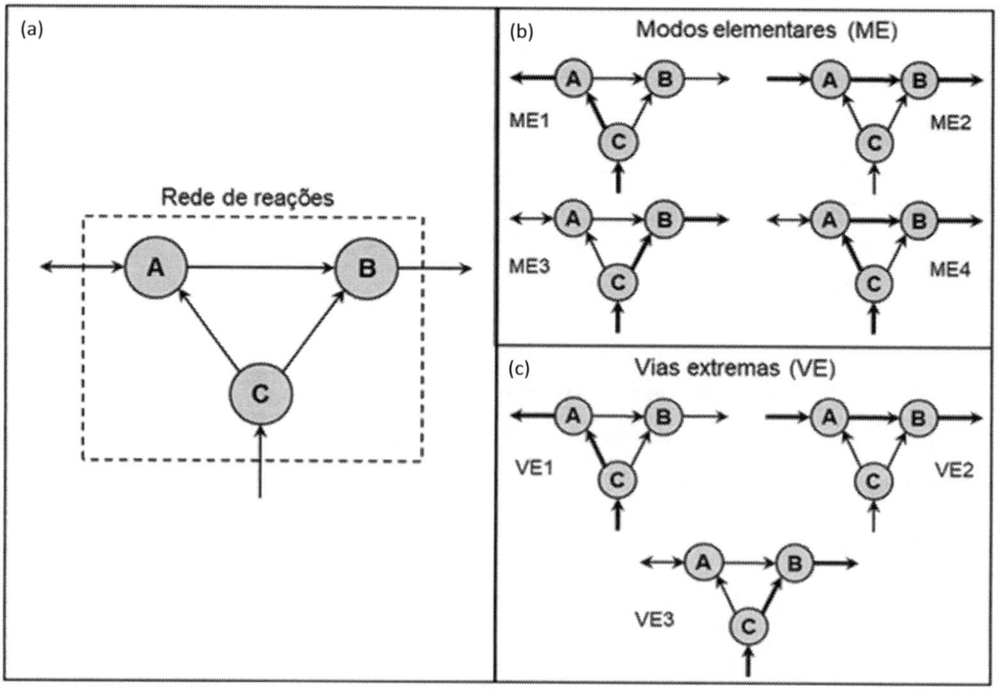

Figura 20.15 (a) Uma rede metabólica e (b) seus modos elementares e (c) suas vias extremas correspondentes.

Fonte: Palsson (2006).

Geralmente existem para uma determinada via mais ME que VE. A diferença entre os dois tipos de vias está na representação das reações de fronteira (SCHILLING; LETSCHER; PALSSON, 2000). Se essas reações são todas irreversíveis, os ME e as VE são equivalentes. Se as reações de fronteira são reversíveis, há mais ME que VE, como na Figura 20.15.

A determinação das VE e dos ME para pequenas redes metabólicas é relativamente simples. Entretanto, à medida que o tamanho da rede aumenta, o número de VE e ME cresce de forma exponencial. Portanto, a determinação das VE e dos ME relacionados a uma rede é um problema NP (não polinomial) (KLAMT; STELLING, 2002). *Grosso modo*, um problema pertencente à classe NP é um problema cujo tempo computacional para encontrar sua solução cresce exponencialmente em função do seu tamanho (no caso, número de reações da rede metabólica).

Os modos elementares podem ser usados para compreender as vias metabólicas em uma rede, testar um conjunto de enzimas com vistas à produção de um determinado metabólito de interesse, detectar vias não redundantes, reconstruir o metabolismo a partir do genoma anotado e analisar o efeito de enzimas deficientes (SCHILLING et al., 1999; SCHUSTER; FELL; DANDEKAR, 2000; STELLING et al., 2002; BARRETT; PRICE; PALSSON, 2006). É importante observar que o número de modos elementares aumenta progressivamente com o tamanho do modelo, o que limita esse tipo de análise atualmente a modelos relativamente pequenos.

20.4.4 CONSIDERAÇÕES GERAIS SOBRE A MODELAGEM ESTEQUIOMÉTRICA

A Equação (20.28) fornece um conjunto de restrições que ligam os fluxos na rede metabólica e restringem o espaço de possíveis distribuições de fluxos a um hiperplano, subespaço $\Re^n$, onde os eixos correspondem aos fluxos das reações numa rede (Figura 20.16). Contudo, aos fluxos das reações irreversíveis é imposta a restrição de não negatividade – Equação (20.30).

Uma vez que essas restrições são de desigualdade, o sistema resultante não pertence ao escopo da álgebra linear. No entanto, pela análise convexa, mostra-se que o espaço da distribuição de fluxos formado pelas Equações (20.28) e (20.30) é um cone poliédrico convexo, conforme mostra a Figura 20.16.

Finalmente, podem-se impor os valores de velocidades máximas derivados das enzimas ou da capacidade de transporte como mais uma restrição:

$$\mathbf{v} \leq \mathbf{v}_{max} \tag{20.31}$$

Se essa informação estiver disponível para todos os fluxos da rede, o espaço de possíveis soluções fica limitado (na verdade, é suficiente que cada aresta do cone tenha seu fluxo restrito). Em termos matemáticos, o cone poliédrico convexo foi convertido em um politopo (Figura 20.16).

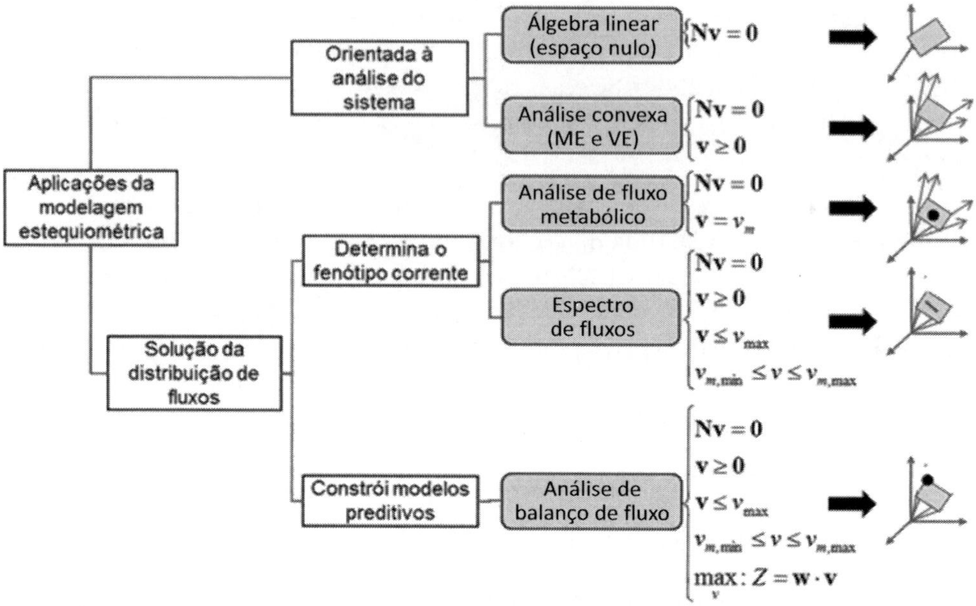

Figura 20.16 Esquema das diferentes aplicações de análise estequiométrica. Esta análise pode ser classificada em duas principais categorias: aquelas que focam as propriedades das possíveis distribuições de fluxos no espaço como um todo (por exemplo, ME e VE) e aquelas que determinam uma distribuição de fluxo particular (por exemplo, ABF e AFM).

Fonte: Llaneras e Picó (2008).

As Equações (20.28), (20.30) e (20.31) representam a restrição invariante no tempo mais comum; elas definem um espaço dentro do qual está qualquer distribuição de fluxo viável. Assim, definem um modelo da capacidade do metabolismo que está sendo estudado.

É possível incorporar mais restrições para restringir mais ainda o espaço de distribuição de fluxos, inclusive variante no tempo, ou até mesmo prever a própria distribuição de fluxos. Por exemplo, redes lógicas podem ser incorporadas como restrições reguladoras (COVERT; SCHILLING; PALSSON, 2001).

20.4.5 SIMULAÇÃO DINÂMICA

Serão descritos nesta seção os dois principais métodos de simulação dinâmica de redes bioquímicas e de regulação: determinístico e estocástico. No primeiro, são calculados, ao longo de um intervalo de tempo, os níveis de concentração dos compostos que formam a rede; no segundo determina-se o número de moléculas dos compostos da rede ao longo do tempo.

20.4.5.1 Simulação determinística

A variação da concentração dos metabólitos ao longo do tempo é realizada pelo balanço de massa dinâmico, dado pela Equação (20.32), para os m metabólitos internos da rede (KLIPP et al., 2005).

$$\frac{dx_i}{dt} = \sum_{j=1}^{n} \alpha_{ij} v_j \quad \text{para} \quad i = 1, \ldots, m \tag{20.32}$$

Na Equação (20.32), α_{ij} é o coeficiente estequiométrico do metabólito interno i na reação j. Essa equação representa um conjunto de m equações diferenciais ordinárias (EDO). Cada uma das velocidades v_i deve ter uma expressão matemática que determina a velocidade dessa reação em função dos parâmetros cinéticos e das concentrações dos: reagentes, produtos (se for uma reação reversível) e moduladores (inibidores e ativadores).

Escrevendo a Equação (20.32) em notação matricial, obtém-se a Equação (20.33), em que **N** é a matriz estequiométrica correspondente aos metabólitos internos – Figura 20.3. Essa equação, que descreve o balanço de massa dos diversos metabólitos, é a base para qualquer simulação de redes metabólicas.

$$\frac{d\mathbf{x}}{dt} = \mathbf{N} \cdot \mathbf{v} \tag{20.33}$$

A velocidade da reação (v_i) é dada em função dos níveis de concentração dos metabólitos e dos valores dos parâmetros (parâmetros cinéticos, efetores externos, nível da enzima, entre outros fatores) que aparecem na equação cinética da reação, Equação (20.34).

$$v_j = f(\mathbf{x}, \mathbf{p}) \quad \text{para} \quad j = 1, 2, \ldots, n \tag{20.34}$$

Nessa equação, o vetor $\mathbf{p}(w \times 1)$ contém w parâmetros cinéticos.

20.4.5.2 Simulação estocástica

O uso de EDO para descrever processos bioquímicos faz certas suposições que nem sempre são justificadas. Uma delas é que as variáveis possuem valores contínuos. Isso é uma simplificação, já que as quantidades de moléculas biológicas têm uma natureza discreta (MCADAMS; ARKIN, 1997; YU et al., 2006). Se o número de moléculas é suficientemente grande, não há problema com as EDO, mas, se o número de moléculas envolvido na simulação é da ordem de dezenas ou centenas, essa natureza discreta deve ser levada em consideração. Outra suposição importante no uso das equações diferenciais é que estas tratam o processo descrito como determinístico, isto é, as EDO não levam em consideração as flutuações aleatórias (MCADAMS; ARKIN, 1997). Novamente, essa suposição não se sustenta para sistemas com pequenas quantidades de moléculas.

A solução para ambas as limitações é usar simulação estocástica, que calcula explicitamente a variação, ao longo do tempo, do número de moléculas das espécies envolvidas em uma reação química. A seguir é apresentado um algoritmo que descreve a simulação estocástica para um conjunto de reações químicas, baseado no trabalho de Gillespie (1977).

Dado um vetor de N espécies moleculares $\mathbf{S} = \{S_1, \cdots, S_N\}$ com uma população inicial $\mathbf{X}_0 = \{X_{01}, \cdots, X_{0N}\}$ e um vetor de M reações químicas $\mathbf{R} = \{R_1, \cdots, R_M\}$, o algoritmo de simulação estocástica prediz a evolução no tempo da população $\mathbf{X} = \{X_1, \cdots, X_N\}$ num intervalo de tempo de t_0 (tempo inicial) a t_{fim} (tempo final). Cada reação R_i é definida pela sua constante de velocidade c_i e sua estequiometria, representada por dois vetores de coeficientes r_i e p_i, em que cada r_{ik} ou p_{ik} é o coeficiente estequiométrico do k-ésimo reagente ou produto da i-ésima reação, i = 1,2,..., M. Num dado intervalo de tempo infinitesimal dt, a probabilidade de ocorrer a reação R_i, dado o estado atual **X**, é $a_i dt$. A função a_i é chamada de propensidade e é calculada por meio do produto da constante c_i e do número de combinações possíveis entre os reagentes da reação R_i. Por exemplo, sejam as reações:

$$R_1 : S_1 + S_2 \xrightarrow{c_{i1}} S_3 \qquad \text{tem - se} \quad a_1 = c_1 X_1 X_2$$

$$R_2 : 2S_4 \xrightarrow{c_{i2}} S_5 \qquad \text{tem - se} \quad a_2 = c_2 \frac{X_4(X_4 - 1)}{2}$$

Na reação R_1, o número de combinações entre as moléculas dos reagentes é $X_1 X_2$ e, na reação R_2, é $X_4(X_4 - 1)/2$. Uma fórmula genérica para o cálculo da propensidade é dada pela Equação (20.35), em que $\begin{pmatrix} X_k \\ r_{ik} \end{pmatrix}$ é o coeficiente binomial (ULLAH et al., 2006).

$$a_i = c_i \prod_{k=1}^{N} \begin{pmatrix} X_k \\ r_{ik} \end{pmatrix} \tag{20.35}$$

A partir da população inicial $\mathbf{X}_0$, o algoritmo de simulação estocástica simula a evolução de cada estado **X** respondendo às seguintes perguntas:

- Em que tempo τ a próxima reação ocorrerá?
- Qual será a próxima reação (índice j) a ocorrer?

A Equação (20.36) responde à primeira pergunta:

$$\tau = \frac{1}{a_0} \ln\left(\frac{1}{r_1}\right) \tag{20.36}$$

O índice j da próxima reação a ocorrer é dado pelo menor inteiro que satisfaz a Equação (20.37):

$$\sum_{k=1}^{j} a_k > r_2 a_0 \tag{20.37}$$

A população é atualizada pela Equação (20.38):

$$X(t+\tau) = X(t) - r_i + p_i \tag{20.38}$$

Nas Equações (20.36) e (20.37), os símbolos r_1 e r_2 são números aleatórios uniformemente distribuídos entre 0 e 1, e a_0 é definido pela Equação (20.39):

$$a_0 = \sum_{i=1}^{N} a_i \tag{20.39}$$

A seguir, no Quadro 20.1, é exibido o algoritmo conhecido como método direto (GILLESPIE, 1977).

Quadro 20.1 Algoritmo do método direto proposto por Gillespie (1977)

1. Inicializar t, X_0 e o gerador de números aleatórios.
2. Computar a propensidade a_i para cada reação R_i usando a Equação (20.35) (i = 1...M) e a_0 a partir da Equação (20.39).
3. Gerar 2 números aleatórios r_1 e r_2.
4. Determinar τ de acordo com a Equação (20.36).
5. Determinar o menor inteiro i (índice da reação ocorrida) que satisfaz a Equação (20.37).
6. Fazer t = t + τ, e atualizar X(t) usando r_i e p_i, Equação (20.38).
7. Se $t > t_{fim}$ ou $a_0 = 0$, então **pare**; se não vá para o passo 2.

Esse algoritmo, no entanto, é ineficiente em termos de tempo de execução. Há outras abordagens que visam a um melhor desempenho do algoritmo de simulação estocástica que o leitor pode querer verificar (GIBSON; BRUCK, 2000; RAO; ARKIN, 2003; BURRAGE; TIAN; BURRAGE, 2004; TURNER; SCHNELL; BURRAGE, 2004; MCCOLLUM et al., 2006).

As constantes de velocidades usadas para simulação estocástica e as usadas para simulação determinística são relacionadas, mas não idênticas. As constantes determinísticas dependem de concentração, e as estocásticas, do número de moléculas. A análise dimensional mostra como as constantes de velocidades clássicas, para as reações de primeira e segunda ordem, podem ser transformadas apropriadamente para serem usadas em simulações estocásticas (GILLESPIE, 1977).

Considere uma reação de primeira ordem, $X \xrightarrow{k} P$. A velocidade da reação, v, é dada por $v = kX$, em que k é a constante de velocidade. A dimensão de v em uma descrição determinística é $\frac{mol}{L \cdot s} = \frac{1}{s}\frac{mol}{L}$ e para a estocástica é $\frac{\text{moléculas}}{s} = \frac{1}{s}$. A dimensão da constante de velocidade k é, em ambos os casos, $1/s$. Portanto, não há necessidade de conversão para a simulação entre as duas abordagens.

Agora imagine uma substância P que é produzida pela reação das moléculas X e Y, esquematicamente, $X+Y \xrightarrow{k} P$. A velocidade da reação é dada por $v = kXY$. A dimensão da equação determinística é $\frac{mol}{L \cdot s} = \frac{L}{s \cdot mol} \frac{mol^2}{L^2}$ e, no caso estocástico, é $\frac{\text{moléculas}}{s} = \frac{1}{s \times \text{moléculas}}(\text{moléculas})$ (KLIPP et al., 2005). Para converter a constante de velocidade de $\frac{L}{s \cdot mol}$ para $\frac{1}{s \times \text{moléculas}}$, o valor numérico tem de ser dividido pelo volume da reação e pela constante de Avogadro (para converter mols em moléculas). Por exemplo, uma constante de velocidade de 1 $M^{-1}s^{-1}$, que foi medida em um volume de 10^{-15} L, é convertida para o valor $1{,}66 \times 10^{-9}$ $\text{moléculas}^{-1}s^{-1}$. De forma geral, deve-se usar a fórmula:

$$c = \frac{k}{A \cdot V} \tag{20.40}$$

em que c é a constante estocástica, k a constante determinística (de segunda ordem), A é o número de Avogadro e V é o volume da reação.

20.5 ANÁLISE DE FLUXO METABÓLICO (AFM)

A análise de fluxo metabólico (em inglês, *metabolic flux analysis* – MFA) é um método utilizado para a determinação estequiométrica dos fluxos internos de uma rede metabólica no regime estacionário (STEPHANOPOULOS; ARISTIDOU; NIELSEN, 1998). Dessa forma, na AFM são calculados os fluxos não medidos, geralmente os fluxos celulares internos, dados alguns fluxos (isto é, velocidades de reação) medidos experimentalmente; estes são geralmente externos, considerando-se o envoltório celular como fronteira. A Equação (20.28), que estabelece que $\mathbf{N} \cdot \mathbf{v} = \mathbf{0}$, forma a base para a análise de fluxo metabólico.

Considere $\mathbf{v_x}$ os fluxos desconhecidos – a serem calculados – e $\mathbf{v_m}$ os fluxos medidos. Logo, pode-se reescrever a Equação (20.28) segundo o particionamento adequado para se obter:

$$\begin{bmatrix} \mathbf{N}_x \\ \mathbf{N}_m \end{bmatrix} \begin{bmatrix} \mathbf{v}_x \\ \mathbf{v}_m \end{bmatrix} = \mathbf{0} \tag{20.41}$$

Rearranjando a Equação (20.41) e isolando, na equação resultante, o termo $\mathbf{N_x v_x}$, tem-se uma expressão para os fluxos não medidos:

$$\mathbf{N}_x \cdot \mathbf{v}_x = -\mathbf{N}_m \cdot \mathbf{v}_m \tag{20.42}$$

A Equação (20.42) forma uma sistema de equações lineares que pode ser (NIELSEN; VILLADSEN, 1994):

- *determinado*, se $\mathbf{N_x}$ for quadrada e não singular, ou seja, $\mathbf{N_x}$ não pode ter linhas LD (linearmente dependentes). Assim, a solução é dada por:

$$\mathbf{v_x} = -\mathbf{N_x}^{-1} \cdot (\mathbf{N}_m \cdot \mathbf{v}_m) \tag{20.43}$$

- *sobredeterminado*, se o número de fluxos medidos for maior que o grau de liberdade do sistema. Neste caso, a matriz $\mathbf{N_x}$ não é quadrada e não pode ser invertida. Usa-se, então, um dos métodos do PQM (problema de mínimos quadrados) ou a pseudoinversa (PENROSE, 1955). Com isso, pode-se reescrever a Equação (20.42):

$$\mathbf{v_x} = -(\mathbf{N_x})^{\#} \cdot (\mathbf{N}_m \cdot \mathbf{v}_m), \tag{20.44}$$

  em que $(\mathbf{N_x})^{\#}$ representa a pseudoinversa da matriz $\mathbf{N_x}$;

- *indeterminado*, quando a quantidade de fluxos medidos é menor que o grau de liberdade do sistema, ou seja, o número de variáveis é maior que o número de equações do sistema. Assim, a Equação (20.42) possui infinitas soluções. Uma forma de se determinar uma solução única para esse caso é definir uma função objetivo – que deve ser linear – e otimizar essa função de forma a obter um problema de programação linear, caso similar ao descrito na seção seguinte. Também pode-se encontrar $\mathbf{v_x}$ usando um dos métodos do PQM ou a pseudoinversa, Equação (20.44). Nestes casos, $\mathbf{v_x}$ é uma solução exata e com a menor distância da origem.

Para mais detalhes sobre a AFM, bem como para exemplos de seu uso, recomenda-se a leitura de Nielsen e Villadsen (1994) e Stephanopoulos, Aristidou e Nielsen (1998).

20.6 ANÁLISE DE BALANÇO DE FLUXO (ABF)

A análise de balanço de fluxo (em inglês, *flux balance analysis* – FBA), por vezes chamada de análise baseada em restrições, investiga a capacidade teórica e os modos de operação do metabolismo envolvendo restrições na análise da estequiometria do modelo considerado (VARMA; PALSSON, 1994a).

A ABF assume que a rede metabólica atingirá o regime estacionário restrito pela estequiometria, Equação (20.28). Nessa equação, $\mathbf{N} \in \Re^{m \times x}$ é a matriz estequiométrica e $\mathbf{v} \in \Re^{n \times 1}$ é o vetor de fluxos, sendo m e n, respectivamente, o número de metabólitos e de reações (fluxos) da rede. Esse sistema, na grande maioria das vezes, é indeterminado e possui várias soluções, o que implica a formação de um espaço de soluções (KAUFFMAN; PRAKASH; EDWARDS, 2003). Pode-se adicionar mais restrições a esse espaço especificando-se valores máximos ou mínimos para os fluxos da rede, restringindo dessa forma as possíveis soluções:

$$v_{\min j} \leq v_j \leq v_{\max j} \quad \text{com} \quad j = 1, \ldots, n \tag{20.45}$$

Uma ilustração dessas restrições é apresentada na Figura 20.17. Cada uma das restrições impostas à rede reduz o espaço de distribuição dos fluxos. Essas restrições confinam os fluxos do regime estacionário a um conjunto de soluções viáveis – observe que a Equação (20.28) tem infinitas soluções quando $n > m$ ou quando $n = m$ e *posto* (**N**) $< m$; todavia, usualmente não se consegue uma única solução para a distribuição dos fluxos.

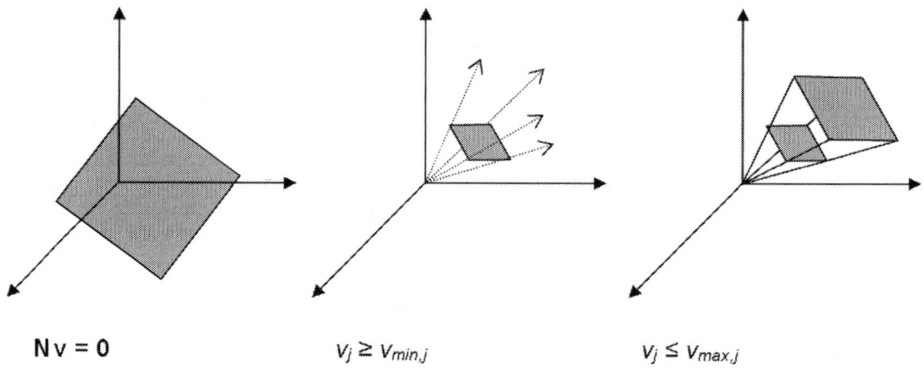

Figura 20.17 Ilustração das restrições aplicadas a uma rede metabólica. Todas as restrições impostas à rede determinam o espaço de distribuição de fluxo permissível; com isso, cada uma reduz o tamanho do espaço-solução.

Para aquelas reações que não possuem valores máximos e/ou mínimos conhecidos, atribuem-se, para as reações irreversíveis, $v_{min} = 0$ e $v_{max} = \infty$ e, para as reversíveis, $v_{min} = -\infty$ e $v_{max} = \infty$; dessa forma, a direção das reações (restrições termodinâmicas) é respeitada. Essas restrições definem a capacidade da rede metabólica (EDWARDS; COVERT; PALSSON, 2002). Há várias soluções para os fluxos no espaço considerado; o objetivo da ABF é encontrar uma solução, nesse espaço, que otimize uma função objetivo (VARMA; PALSSON, 1994a).

A determinação de uma distribuição de fluxos em particular é formulada como um problema de programação linear (VARMA; PALSSON, 1994b). Geralmente o objetivo é maximizar a velocidade de crescimento ou otimizar (maximizar ou minimizar) alguns dos n fluxos da rede metabólica (LLANERAS; PICÓ, 2008).

Por exemplo, considere que aestratégia é maximizar uma função objetivo Z que está sujeita à estequiometria e às restrições de capacidade. A função Z é definida por:

$$Z = \sum_{j=1}^{n} w_j v_j \rightarrow \max \tag{20.46}$$

em que w_j representam os pesos para as reações individuais. Alguns exemplos usuais de funções objetivos são: maximização da produção de ATP, minimização do consumo de nutrientes, maximização do rendimento de um produto desejado, maximização da velocidade de crescimento, ou uma combinação destas.

20.7 ANÁLISE DE CONTROLE METABÓLICO (ACM)

Um dos objetivos da análise de controle metabólico é medir a sensibilidade das variáveis – fluxos e concentrações (controlados) – no regime estacionário em relação às variações dos parâmetros (controladores, como a atividade enzimática) das reações (FELL, 1992). Essas sensibilidades são propriedades globais, uma vez que dependem de todas as interações dentro do sistema celular. Além disso, deve-se relacionar tais propriedades globais às propriedades locais de cada reação.

O termo controle é usado aqui no sentido de ser capaz de influenciar alguma coisa. Quando se diz que uma enzima (reação) controla o fluxo em uma via metabólica, significa que uma variação na atividade da enzima resulta numa variação do fluxo. Isso não significa que a enzima exerce um controle completo, ou nenhum controle, sobre o fluxo ou sobre a concentração dos metabólitos na rede (FELL, 1997). Todas as reações exercem um controle sobre a via à qual pertencem, algumas com maior ou menor grau que outras. Os coeficientes de controle (sensibilidade) representam uma forma de medida desse grau de controle (influência) sobre uma via metabólica (KACZER; BURNS, 1973).

O relacionamento entre as variáveis (fluxos e concentrações, controlados) e os parâmetros (controladores) que afetam a atividade das enzimas num sistema é não linear e não pode ser obtido analiticamente.

Em ACM são definidos três coeficientes de controle adimensionais, um local (coeficiente de elasticidade) e dois globais (coeficientes de controle de fluxo e de concentração), que serão descritos a seguir.

20.7.1 COEFICIENTE DE ELASTICIDADE

A atividade de uma enzima é diretamente influenciada por metabólitos específicos (substratos, produtos, inibidores e ativadores). Esses metabólitos são aqueles que aparecem na equação da cinética promovida pela enzima. O coeficiente de elasticidade (CE) quantifica a sensibilidade da velocidade local (atividade) de uma enzima a pequenas variações dos metabólitos que influenciam, de alguma forma, a sua atividade (KACZER; BURNS, 1973). Note que esse conceito é aplicado a cada enzima separadamente (local).

A elasticidade mede quão reativa é uma reação às mudanças em seu ambiente. Como a elasticidade é expressa em termos de mudanças fracionárias, também é possível obter um valor aproximado para ela considerando mudanças percentuais. Por exemplo, se a concentração do substrato de uma reação particular for aumentada em 5% e sua velocidade em 3,5%, então o coeficiente de elasticidade será 5/3,5 = 1,43. No entanto, a elasticidade é definida para mudanças infinitesimais, e não variações percentuais finitas. Logo, à medida que os valores percentuais diminuem, a aproximação finita torna-se cada vez mais próxima da verdadeira. Haverá tantos CE para uma determinada reação quanto forem os seus reagentes, produtos e outros efetores. Para espécies que aumentam a velocidade da reação (substratos ou ativadores), a elasticidade é positiva e, para aquelas que a diminuem (produtos ou inibidores), a elasticidade é negativa. Portanto, os reagentes geralmente têm elasticidades positivas, e os produtos, negativas (Figura 20.18).

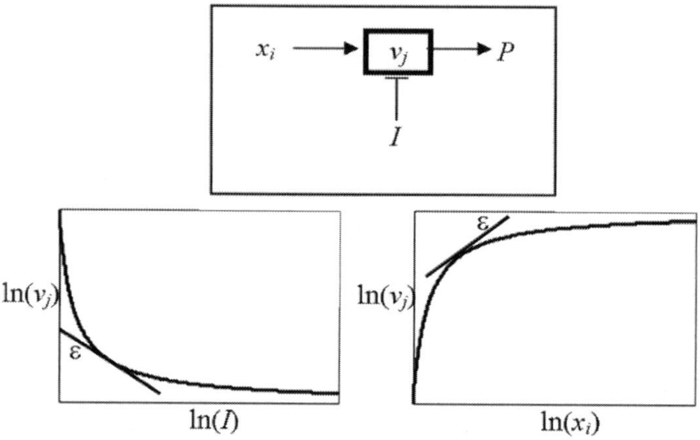

Figura 20.18 Coeficientes de elasticidade ($\varepsilon_{x_i}^{v_j}$ e $\varepsilon_I^{v_j}$) de uma reação v_j em relação ao substrato x_i e a um inibidor *I*.

Formalmente, o coeficiente de elasticidade, $\varepsilon_{x_i}^{v_j}$, é definido pela Equação (20.47) (STEPHANOPOULOS; ARISTIDOU; NIELSEN, 1998) e representa o coeficiente angular da curva no ponto correspondente ao regime estacionário. Esse coeficiente indica a sensibilidade local da atividade enzimática a uma variação da concentração da espécie x_i.

$$\varepsilon_{x_i}^{v_j} = \frac{\delta v_j / v_j}{\delta x_i / x_i} = \frac{x_i}{v_j}\frac{\partial v_j}{\partial x_i} = \frac{\partial \ln(v_j)}{\partial \ln(x_i)} \tag{20.47}$$

Cada número $\varepsilon_{x_i}^{v_j}$ determina o CE da *j*-ésima enzima em relação ao *i*-ézimo metabólito. Analisando essa última equação, percebe-se que o CE é a inclinação da tangente à curva obtida traçando-se o gráfico de ln(v_j) contra ln(x_i) – Figura 20.18. O CE descreve uma propriedade isolada de uma unidade funcional (enzima) do sistema, não informando nada sobre o comportamento global deste. Esse coeficiente será usado para determinar os coeficientes de controle.

O CE está relacionado com a capacidade de resposta da enzima a alterações na concentração do metabólito ou de um agente regulador. Há diferentes formas para calcular a elasticidade: numéricas, algébricas e experimental. Os métodos numéricos e algébricos dependem de se conhecer a expressão cinética da velocidade da reação. No Exemplo 20.4, tais coeficientes são calculados algebricamente.

20.7.2 COEFICIENTES DE CONTROLE DE FLUXO E DE CONCENTRAÇÃO

Os coeficientes de controle são uma medida de como a variação do nível de uma enzima afeta o fluxo (coeficiente de controle de fluxo) ou a concentração (coeficiente de controle de concentração) de um metabólito (FELL, 1992). Ambos os coeficientes são definidos em relação a um regime estacionário de referência com níveis de enzima E_i, níveis de metabólitos x_i e fluxo global J_k constantes. Todos os coeficientes são adimensionais. O *coeficiente de controle de fluxo* (CCF) é definido na Equação (20.48) e o *coeficiente de controle de concentração* (CCC) pela Equação (20.49) para uma via com n reações e m metabólitos.

$$\text{CCF}: C_j^{J_k} = \frac{E_j}{J_k}\frac{dJ_k}{dE_j} = \frac{d\ln\left(J_k\right)}{d\ln\left(E_j\right)} \quad \text{para } k, j = 1,\cdots,n \tag{20.48}$$

$$\text{CCC}: C_j^{X_i} = \frac{E_j}{X_i}\frac{dX_i}{dE_j} = \frac{d\ln\left(X_i\right)}{d\ln\left(E_j\right)} \quad \text{para } j = 1,\cdots,n \text{ e } i = 1,\cdots,m \tag{20.49}$$

O coeficiente de controle de fluxo quantifica o efeito de uma alteração na atividade enzimática sobre o fluxo metabólico por uma via.

As relações entre esses coeficientes são conhecidas como teorema da soma e teorema da conectividade (KACZER; BURNS, 1973). De acordo com o teorema da soma, a soma dos CCF de uma via é igual a 1 e a soma dos CCC é igual a 0.

$$\sum_{i=1}^{n} C_i^J = 1, \text{ em que } n \text{ representa o número de enzimas (reações)} \tag{20.50}$$

$$\sum_{i=1}^{n} C_i^{X_j} = 0 \text{ para } j = 1,\cdots, n, \text{ em que } n \text{ é o número de metabólitos} \tag{20.51}$$

Os teoremas de conectividade relacionam o CE aos coeficientes de controle CCC e CCF.

$$\sum_{i=1}^{n} C_i^J \varepsilon_{X_j}^{v_i} = 0 \text{ para } j = 1,\cdots,m \tag{20.52}$$

Para um mesmo metabólito, X_j, temos:

$$\sum_{i=1}^{n} C_i^{X_j} \varepsilon_{X_j}^{v_i} = -1 \text{ para } j \in \left\{1,\cdots,m\right\} \tag{20.53}$$

E para metabólitos diferentes:

$$\sum_{i=1}^{n} C_i^{X_l} \varepsilon_{X_j}^{v_i} = 0 \text{ para } j,l \in \{1,\cdots,m\},\ j \neq l \tag{20.54}$$

Combinados, esses cinco teoremas formam um sistema de equações lineares que permite a determinação dos coeficientes de controle (propriedade global) a partir dos coeficientes de elasticidade (propriedade local) (KACZER; BURNS, 1973). Para uma via metabólica linear (Exemplo 20.4), pode-se obter o seguinte sistema:

$$\mathbf{E} = \begin{pmatrix} 1 & 1 & \cdots & 1 \\ \varepsilon_{X_1}^{1} & \varepsilon_{X_1}^{2} & \cdots & \varepsilon_{X_1}^{L} \\ \vdots & \vdots & \ddots & \vdots \\ \varepsilon_{X_{L-1}}^{1} & \varepsilon_{X_{L-1}}^{2} & \cdots & \varepsilon_{X_{L-1}}^{L} \end{pmatrix} \begin{pmatrix} C_1^J & -C_1^{X_1} & \cdots & -C_1^{X_{L-1}} \\ C_2^J & -C_2^{X_1} & \cdots & -C_2^{X_{L-1}} \\ \vdots & \vdots & \ddots & \vdots \\ C_L^J & -C_L^{X_1} & \cdots & -C_L^{X_{L-1}} \end{pmatrix} = \begin{pmatrix} 1 & 0 & \cdots & 0 \\ 0 & 1 & \cdots & 0 \\ \vdots & \vdots & \ddots & \vdots \\ 0 & 0 & \cdots & 1 \end{pmatrix}$$

ou, em notação matricial, **EC** = **I**.

Os produtos **C**ε = **R** são também conhecidos como coeficiente de resposta. Assim, esses coeficientes estão relacionados de uma maneira simples: a capacidade de resposta (**R**) de uma via a um fator externo que afeta uma determinada enzima é uma função da sensibilidade da via a mudanças na atividade dessa enzima (CCF) e do quão sensível é a enzima específica a mudanças no fator controlador externo (CE) (NELSON; COX, 2014).

EXEMPLO 20.4 – CÁLCULO DOS COEFICIENTES A PARTIR DAS EQUAÇÕES CINÉTICAS PARA VIA LINEAR

Considere uma via metabólica linear simples, sem bifurcação:

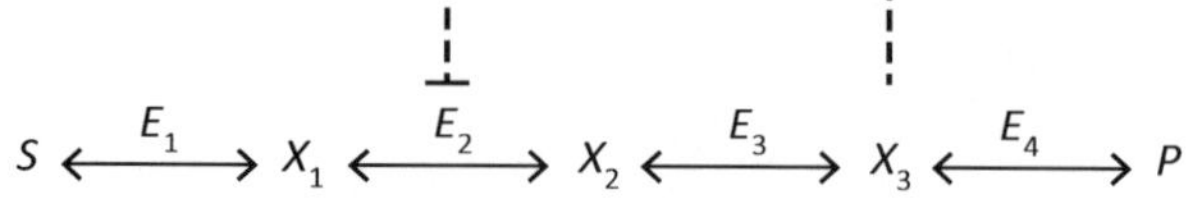

Para operação em um quimiostato, o regime estacionário é definido pelos *parâmetros do sistema*: atividades enzimáticas (E_i) e níveis de substrato (S) e produto (P). O fluxo no regime estacionário, J, e o nível de metabólitos, X_1, X_2 e X_3, são denominados *variáveis do sistema*. O termo atividade enzimática diz respeito, na verdade, à quantidade de enzima *ativa*. A pergunta que se pode fazer é: qual a atividade enzimática que deveria ser aumentada para aumentar o fluxo J nessa via?

Como é normalmente o caso, vamos supor que o metabólito final (X_3) exerce uma ação de inibição não competitiva por retroalimentação na primeira reação intracelular da via, neste caso, a reação catalisada por E_2 (ver expressão v_2). Será assumido que as velocidades das reações são dadas pelas seguintes expressões cinéticas de Michaelis-Menten reversíveis:

$$\nu_1 = E_1 k_{cat1} \frac{S/K_{mS} - X_1/K_{eq1}}{1 + S/K_{mS} + X_1/K_{m1}} \qquad \nu_2 = E_2 k_{cat2} \frac{X_1/K_{m1} - X_2/K_{eq2}}{\left(1 + X_1/K_{m1} + X_2/K_{m2}\right)\left(1 + X_3/K_I\right)}$$

$$\nu_3 = E_3 k_{cat3} \frac{X_2/K_{m2} - X_3/K_{eq3}}{1 + X_2/K_{m2} + X_3/K_{m3}} \qquad \nu_4 = E_4 k_{cat4} \frac{X_3/K_{m3} - P/K_{eq4}}{1 + X_3/K_{m3} + P/K_{m4}}$$

em que:

v_i: velocidade da reação *i*;

E_i: concentração total (constante) da *i*-ésima enzima;

k_{cati}: constante de velocidade da reação *i*;

K_{mi}: constante de Michalis-Menten da reação *i*;

K_{eqi}: constante de equilíbrio da reação *i*;

K_I: constante de equilíbrio enzima/inibidor (X_3).

Para cada reação *i*, a velocidade máxima está implícita, $V_{maxi} = E_i k_{cati}$.

Lembre-se de que se deseja responder à seguinte questão: qual é a reação (enzima) limitante para que possamos maximizar o fluxo? Como foram dadas as velocidades (fluxos), pode-se determinar as elasticidades diretamente, derivando as expressões cinéticas. Reescreve-se a equação para v_1 na forma a seguir:

$$\nu_1 = \frac{E_1 k_{cat1}}{K_{mS}} \frac{1}{1 + \dfrac{S}{K_{mS}} + \dfrac{X_1}{K_{m1}}} \left(S - \frac{X_1}{K_{eq1}} \right)$$

Para se obter a expressão analítica do coeficiente de elasticidade, a expressão cinética da reação deve ser transformada para a forma logarítmica e as variáveis de concentração devem ser substituídas usando-se a igualdade $y = e^{\ln y}$:

$$\ln\nu_1 = \ln \frac{E_1 k_{cat1}}{K_{mS}} - \ln\left(1 + \frac{e^{\ln S}}{K_{mS}} + \frac{e^{\ln X_1}}{K_{m1}} \right) + \ln\left(e^{\ln S} - \frac{e^{\ln X_1}}{K_{eq1}} \right)$$

em que ln(y) denota o logaritmo natural de y. Diferenciando parcialmente em relação a ln(X_1) e usando novamente a identidade $y = e^{\ln y}$ de forma inversa:

$$\varepsilon_{X_1}^{v_1} = \frac{\partial \ln(v_1)}{\partial \ln(X_1)} = \frac{\partial}{\partial \ln(X_1)}\left[\ln\frac{E_1 k_{cat1}}{K_{mS}} - \ln\left(1+\frac{e^{\ln S}}{K_{mS}}+\frac{e^{\ln X_1}}{K_{m1}}\right)+\ln\left(e^{\ln S}-\frac{e^{\ln X_1}}{K_{eq1}}\right)\right]$$

$$\varepsilon_{X_1}^{v_1} = \frac{\partial \ln(v_1)}{\partial \ln(X_1)} = 0 - \frac{\frac{e^{\ln X_1}}{K_{m1}}}{1+\frac{e^{\ln S}}{K_{mS}}+\frac{e^{\ln X_1}}{K_{m1}}} + \frac{e^{\ln S}}{e^{\ln S}-\frac{e^{\ln X_1}}{K_{eq1}}} = -\frac{\frac{X_1}{K_{m1}}}{1+\frac{S}{K_S}+\frac{X_1}{K_{m1}}} + \frac{S}{S-\frac{X_1}{K_{eq1}}}$$

Nessa derivação, fez-se uso do fato de que o ln nos permite separar os termos de multiplicação e divisão. As elasticidades para as outras reações podem ser calculadas de forma semelhante. Observe que isso é também verdadeiro para v_3 porque o termo de inibição é independente do produto de E_2 (isto é, X_2). Por meio da mesma abordagem usada para derivar a expressão para $\varepsilon_{X_1}^{v_1}$, determinam-se as expressões para $\varepsilon_{X_1}^{v_2}$, $\varepsilon_{X_2}^{v_2}$ e $\varepsilon_{X_3}^{v_2}$:

$$v_2 = \frac{E_2 k_{cat2}}{K_{m1}} \frac{1}{\left(1+\frac{X_1}{K_{m1}}+\frac{X_2}{K_{m2}}\right)\left(1+\frac{X_3}{K_I}\right)}\left(X_1-\frac{X_2}{K_{eq2}}\right)$$

$$\ln v_2 = \ln\frac{E_2 k_{cat2}}{K_{m1}} - \ln\left(1+\frac{X_1}{K_{m1}}+\frac{X_2}{K_{m2}}\right) - \ln\left(1+\frac{X_3}{K_I}\right)+\ln\left(X_1-\frac{X_2}{K_{eq2}}\right) \tag{20.55}$$

$$\ln v_2 = \ln\frac{E_2 k_{cat2}}{K_{m1}} - \ln\left(1+\frac{e^{\ln X_1}}{K_{m1}}+\frac{e^{\ln X_2}}{K_{m2}}\right) - \ln\left(1+\frac{e^{\ln X_3}}{K_I}\right)+\ln\left(e^{\ln X_1}-\frac{e^{\ln X_2}}{K_{eq2}}\right)$$

Finalmente, para v_2 temos o termo de inibição e, portanto, também uma dependência da elasticidade em relação a um não substrato/produto. De novo, usando a identidade $y = e^{\ln y}$ e derivando parcialmente em relação a ln(X_1), ln(X_2) e ln(X_3):

$$\varepsilon_{X_1}^{\nu_2} = \frac{\partial \ln(\nu_2)}{\partial \ln(X_1)} = -\frac{\dfrac{X_1}{K_{m1}}}{1+\dfrac{X_1}{K_{m1}}+\dfrac{X_2}{K_{m2}}} + \frac{X_1}{X_1 - \dfrac{X_2}{K_{eq2}}}$$

$$\varepsilon_{X_2}^{\nu_2} = \frac{\partial \ln(\nu_2)}{\partial \ln(X_2)} = -\frac{\dfrac{X_2}{K_{m2}}}{1+\dfrac{X_1}{K_{m1}}+\dfrac{X_2}{K_{m2}}} - \frac{\dfrac{X_2}{K_{eq2}}}{X_1 - \dfrac{X_2}{K_{eq2}}} \qquad (20.56)$$

$$\varepsilon_{X_3}^{\nu_2} = \frac{\partial \ln(\nu_2)}{\partial \ln(X_3)} = -\frac{\dfrac{X_3}{K_I}}{1+\dfrac{X_3}{K_I}}$$

Os demais coeficientes devem ser calculados da mesma forma. Escolhendo-se valores arbitrários relativos (normalizados) para as constantes cinéticas:

$$k_{cat1} = 2,0;\ k_{cat2} = 5,0;\ k_{cat3} = k_{cat4} = 1,0$$

$$K_{eq1} = K_{eq2} = K_{eq3} = K_{eq4} = 1,0$$

$$K_{mS} = K_{m1} = K_{m2} = K_{m3} = K_{m4} = 1,0;\ K_I = 0,1$$

Considera-se que o regime estacionário esteja estabelecido para os seguintes parâmetros do sistema:

$$S = 1,0;\ P = 0,01;\ E_1 = E_2 = E_3 = E_4 = 1,0$$

Por intermédio do princípio da conservação da massa, pode-se desenvolver o seguinte conjunto de equações diferenciais ordinárias para as quatro reações:

$$dX_1/dt = \nu_1 - \nu_2$$

$$dX_2/dt = \nu_2 - \nu_3$$

$$dX_3/dt = \nu_3 - \nu_4$$

A solução fisiologicamente significativa para as variáveis do sistema (X_1; X_2; X_3; J) para os parâmetros cinéticos e de sistema fornecidos no regime estacionário pode ser encontrada por solução numérica do sistema de equações:

$$0 = v_1 - v_2,\ 0 = v_2 - v_3,\ 0 = v_3 - v_4,\ \Rightarrow v_1 = v_2 = v_3 = v_4 = J$$

que nos fornece:

$$\left(X_1; X_2; X_3; J\right) = \left(0{,}7643; 0{,}5156; 0{,}2197; 0{,}1705\right)$$

A matriz de elasticidades desse sistema é dada por

$$\mathbf{E} = \begin{pmatrix} 1 & 1 & 1 & 1 \\ \varepsilon_{X_1}^{v_1} & \varepsilon_{X_1}^{v_2} & 0 & 0 \\ 0 & \varepsilon_{X_2}^{v_2} & \varepsilon_{X_2}^{v_3} & 0 \\ 0 & \varepsilon_{X_3}^{v_2} & \varepsilon_{X_3}^{v_3} & \varepsilon_{X_3}^{v_4} \end{pmatrix}$$

e, portanto, para os parâmetros dados, temos

$$\mathbf{E} = \begin{pmatrix} 1 & 1 & 1 & 1 \\ -3{,}5189 & 2{,}7389 & 0 & 0 \\ 0 & -2{,}3002 & 1{,}4453 & 0 \\ 0 & -0{,}6872 & -0{,}8690 & 0{,}8690 \end{pmatrix}$$

e os coeficientes de controle correspondentes podem ser encontrados da seguinte forma:

$$\begin{pmatrix} C_{v_1}^J & -C_{v_1}^{X_1} & -C_{v_1}^{X_2} & -C_{v_1}^{X_3} \\ C_{v_2}^J & -C_{v_2}^{X_1} & -C_{v_2}^{X_2} & -C_{v_2}^{X_3} \\ C_{v_3}^J & -C_{v_3}^{X_1} & -C_{v_3}^{X_2} & -C_{v_3}^{X_3} \\ C_{v_4}^J & -C_{v_4}^{X_1} & -C_{v_4}^{X_2} & -C_{v_4}^{X_3} \end{pmatrix} = \mathbf{E}^{-1} \begin{pmatrix} 1 & 0 & 0 & 0 \\ 0 & 1 & 0 & 0 \\ 0 & 0 & 1 & 0 \\ 0 & 0 & 0 & 1 \end{pmatrix} = \begin{pmatrix} 0{,}135 & 0{,}245 & 0{,}187 & 0{,}155 \\ 0{,}173 & -0{,}049 & 0{,}240 & 0{,}200 \\ 0{,}276 & -0{,}078 & -0{,}309 & 0{,}318 \\ 0{,}414 & -0{,}117 & -0{,}118 & -0{,}674 \end{pmatrix}$$

Nos cálculos anteriores, fizemos uso de $\mathbf{EC} = \mathbf{I} \therefore \mathbf{C} = \mathbf{E}^{-1}\mathbf{I}$. A soma da primeira coluna da matriz é ~1 e das demais é ~0. Em virtude de erros numéricos, as somas não são exatamente iguais a 0 e 1. Dessa forma, o resultado satisfaz os teoremas da soma e da conectividade.

Para esse caso simples, os coeficientes de controle revelam efeitos óbvios. Por exemplo, cada enzima exerce um controle negativo sobre todos os metabólitos precedentes e um controle positivo sobre todos os metabólitos adiante na via. Menos óbvio é o fato de que a enzima sob controle retroalimentado do produto final (E_2) exerce um controle limitado sobre o fluxo global da via. Em vez disso, a última enzima (E_4) exerce um controle substancial. Em outras palavras, se quisermos aumentar o fluxo através da via, devemos considerar primeiramente um aumento na expressão da enzima E_4 em vez da E_2.

Este é de fato um achado importante da análise de controle de fluxo metabólico. Em muitas vias metabólicas, a primeira reação da via está sob um controle metabólico substancial (em geral alostérico) e, portanto, raramente representa um alvo ideal para superexpressão. No exemplo dado, vemos que é mais importante remover o inibidor (X_3) via reação E_4. Se expressarmos a E_4 em 5 vezes (400%), $E_4 = 5$, podemos recalcular e resolver as variáveis do sistema para encontrar

$$\left(X_1; X_2; X_3; J\right) = \left(0{,}6527; 0{,}4681; 0{,}0664; 0{,}2618\right)$$

Pode ser observado que o aumento no fluxo relativo é:

$$J/J_0 = 0{,}2618/0{,}1705 = 1{,}54$$

Portanto, um aumento de 54%. Poderíamos esperar o aumento previsto pela definição:

$$C_4^J = \frac{d\ln(J)}{d\ln(E_e)} \Rightarrow \ln\frac{J}{J_0} = C_4^J \ln\frac{E_4}{E_{4,0}} \Rightarrow \frac{J}{J_0} = \left(\frac{E_4}{E_{4,0}}\right)^{C_4^J} = 5^{0{,}4142} = 1{,}95$$

Nossa "falha" preditiva (54% no lugar de 95%) é devida ao fato de que estamos usando uma teoria de perturbação linear que nos diz apenas o que ocorre nas vizinhanças de nosso regime estacionário inicial. No regime estacionário final (com $E_4 = 5$ no lugar de 1), as elasticidades e, portanto, os coeficientes de controle mudam completamente.

Em síntese, os principais achados da análise de controle metabólico podem ser assim resumidos (NELSON; COX, 2014):

- a velocidade do fluxo metabólico por uma via se distribui entre várias enzimas na via;
- o CCF é uma medida determinada experimentalmente do efeito da concentração de uma enzima sobre o fluxo por uma via multienzimática. É uma característica do sistema como um todo, e não de uma enzima em particular;
- o CE de uma enzima é uma medida determinada experimentalmente de sua capacidade de resposta a alterações na concentração de um metabólito ou de uma molécula reguladora;
- o coeficiente de resposta, R, é uma medida determinada experimentalmente da alteração no fluxo por uma via em resposta a um hormônio regulador ou a um segundo mensageiro. É uma função de C e de ε, $R = C\varepsilon$;
- algumas enzimas reguladas controlam o fluxo ao longo de uma via, enquanto outras reequilibram o nível dos metabólitos em resposta a alterações no fluxo. A primeira atividade é de controle; a segunda, de reequilíbrio e regulação;
- a ACM prevê que o fluxo na direção de um produto específico é aumentado de maneira mais eficiente pela elevação da concentração de todas as enzimas da via. Isso é confirmado experimentalmente.

20.8 FERRAMENTAS COMPUTACIONAIS

Embora a engenharia metabólica pressuponha a manipulação genética do organismo, análises *in silico*, isto é, computacionais, são um requisito desejável, pois permitem o estudo de alternativas concorrentes antes de se promoverem as alterações genéticas necessárias; além disso, as análises *in silico* podem promover *insights* que, de outra forma, poderiam passar despercebidos ao experimentalista. A identificação de gargalos em vias de interesse, bem como a identificação de genes/enzimas-chave para o aumento da formação de algum metabólito, podem ser mais facilmente realizadas pela análise *in silico*, com ferramentas de engenharia metabólica.

Existem inúmeras ferramentas computacionais para engenharia metabólica, e o número de *toolboxes*, *softwares* e bases de dados interativas aumenta continuamente. O leitor interessado deve consultar periódicos especializados como o *Metabolic Engineering* e o primeiro número de cada ano do periódico *Nucleic Acids Research, Database Issue*, para uma lista atualizada de bases de dados e de ferramentas de bioinformática, engenharia metabólica e áreas afins. Para uma discussão sucinta sobre algumas das ferramentas disponíveis de engenharia metabólica, incluindo breves discussões sobre reconstrução metabólica, visualização de rede, engenharia de ácidos nucleicos e proteínas, análise de fluxos metabólicos, prospecção de vias, análise de redes pós-estruturais e otimização de culturas, veja Copeland et al. (2012). A lista de ferramentas disponíveis, embora não exaustiva, é extensa. Por exemplo, o *website* Omic Tools (http://omictools.com) compila milhares de ferramentas para análise de dados biológicos.

REFERÊNCIAS

BARRETT, C. L.; PRICE, N. D.; PALSSON, B. O. Network-level analysis of metabolic regulation in the human red blood cell using random sampling and singular value decomposition. *BMC Bioinformatics*, v. 7, p. 132, 2006.

BURRAGE, K.; TIAN, T. H.; BURRAGE, P. A multi-scaled approach for simulating chemical reaction systems. *Progress in Biophysics & Molecular Biology*, v. 85, n. 2-3, p. 217-234, 2004.

COPELAND, W. B. et al. Computational tools for metabolic engineering. *Metabolic Engineering*, v. 14, n. 3, p. 270-280, 2012.

COVERT, M. W.; SCHILLING, C. H.; PALSSON, B. Regulation of gene expression in flux balance models of metabolism. *Journal of Theoretical Biology*, v. 213, n. 1, p. 73-88, 2001.

EDWARDS, J. S.; COVERT, M.; PALSSON, B. Metabolic modelling of microbes: the flux-balance approach. *Environmental Microbiology*, v. 4, n. 3, p. 133-140, 2002.

FELL, D. A. Metabolic control analysis: a survey of its theoretical and experimental development. *Biochemical Journal*, v. 286, n. 31, p. 313-330, 1992.

FELL, D. A. *Understanding the Control of Metabolism* (Frontiers in Metabolism). Brookfield: Ashgate Publishing, 1997.

GIBSON, M. A.; BRUCK, J. Efficient exact stochastic simulation of chemical systems with many species and many channels. *Journal of Chemical Physics A*, v. 104, n. 9, p. 1876-1889, 2000.

GILLESPIE, D. T. Exact stochastic simulation of coupled chemical-reactions. *Journal of Physical Chemistry*, v. 81, n. 25, p. 2340-2361, 1977.

KACZER, H.; BURNS, J. A. The control of flux. *Journal of Society of Experimental Botany*, v. 27, n. 256, p. 65-104, 1973.

KAUFFMAN, K. J.; PRAKASH, P.; EDWARDS, J. S. Advances in flux balance analysis. *Current Opinion in Biotechnology*, v. 14, n. 5, p. 491-496, 2003.

KEGG. *Reaction*: R01039. Kyoto: Kanehisa, (s. d.). Disponível em: <https://www.genome.jp/dbget-bin/www_bget?rn:r01039>. Acesso em: 7 dez. 2020.

KLAMT, S.; STELLING, J. Combinatorial complexity of pathway analysis in metabolic networks. *Molecular Biology Reports*, v. 29, n. 1-2, p. 233-236, 2002.

KLIPP, E. et al. *Systems biology in practice*: concepts, implementation and application. Weinheim: Wiley-VCH, 2005. v. xix.

LLANERAS, F.; PICÓ, J. Stoichiometric modelling of cell metabolism. *Journal of Bioscience and Bioengineering*, v. 105, n. 1, p. 1-11, 2008.

MCADAMS, H. H.; ARKIN, A. Stochastic mechanisms in gene expression. *Proceedings of National Academy of Science*, v. 94, n. 3, p. 814-819, 1997.

MCCOLLUM, J. M. et al. The sorting direct method for stochastic simulation of biochemical systems with varying reaction execution behavior. *Computational Biology and Chemistry*, v. 30, n. 1, p. 39-49, 2006.

NELSON, D. L.; COX, M. M. *Princípios de bioquímica de Lehninger*. 6. ed. Porto Alegre: Artmed, 2014.

NIELSEN, J. H.; VILLADSEN, J. *Bioreaction engineering principles*. New York: Plenum Press, 1994. v. xxiv.

PALSSON, B. *Systems biology*: properties of reconstructed networks. Cambridge; New York: Cambridge University Press, 2006. v. xii.

PENROSE, R. A generalized inverse for matrices. *Proceedings of Cambridge Philosophy Society*, v. 51, n. 3, p. 406-413, 1955.

RAO, C. V.; ARKIN, A. P. Stochastic chemical kinetics and the quasi-steady-state assumption: application to the Gillespie algorithm. *Journal of Chemical Physics*, v. 118, n. 11, p. 4999-5010, 2003.

REDER, C. Metabolic control theory: a structural approach. *Journal of Theoretical Biology*, v. 135, n. 2, p. 175-201, 1988.

SCHILLING, C. H.; LETSCHER, D.; PALSSON, B. O. Theory for the systemic definition of metabolic pathways and their use in interpreting metabolic function from a pathway-oriented perspective. *Journal of Theoretical Biology*, v. 203, n. 3, p. 229-248, 2000.

SCHILLING, C. H. et al. Metabolic pathway analysis: basic concepts and scientific applications in the post-genomic era. *Biotechnology Progress*, v. 15, n. 3, p. 296-303, 1999.

SCHUSTER, S.; DANDEKAR, T.; FELL, D. A. Detection of elementary flux modes in biochemical networks: a promising tool for pathway analysis and metabolic engineering. *Trends in Biotechnology*, v. 17, n. 2, p. 53-60, 1999.

SCHUSTER, S.; FELL, D. A.; DANDEKAR, T. A general definition of metabolic pathways useful for systematic organization and analysis of complex metabolic networks. *Nature Biotechnology*, v. 18, n. 3, p. 326-332, 2000.

SCHUSTER, S. et al. Reaction routes in biochemical reaction systems: algebraic properties, validated calculation procedure and example from nucleotide metabolism. *Journal of Mathematical Biology*, v. 45, n. 2, p. 153-181, 2002.

STELLING, J. et al. Metabolic network structure determines key aspects of functionality and regulation. *Nature*, v. 420, n. 6912, p. 190-193, 2002.

STEPHANOPOULOS, G. N.; ARISTIDOU, A. A.; NIELSEN, J. *Metabolic engineering*: principles and methodologies. San Diego: Academic Press, 1998. v. xvii.

THIELE, I.; PALSSON, B. O. A protocol for generating a high-quality genome-scale metabolic reconstruction. *Nature Protocols*, v. 6, n. 1, p. 93-121, 2010.

TURNER, T. E.; SCHNELL, S.; BURRAGE, K. Stochastic approaches for modelling in vivo reactions. *Computational Biology and Chemistry*, v. 28, n. 3, p. 165-178, 2004.

ULLAH, M. et al. Deterministic modelling and stochastic simulation of biochemical pathways using Matlab. *Systems Biology, IEE Proceedings*, v. 153, n. 2, p. 53-60, 2006.

URBANCZIK, R.; WAGNER, C. An improved algorithm for stoichiometric network analysis: theory and applications. *Bioinformatics*, v. 21, n. 7, p. 1203-1210, 2005.

VARMA, A.; PALSSON, B. O. Metabolic flux balancing: basic concepts, scientific and practical use. *Nature Biotechnology*, v. 12, n. 10, p. 994-998, 1994a.

VARMA, A.; PALSSON, B. O. Stoichiometric flux balance models quantitatively predict growth and metabolic by-product secretion in wild-type Escherichia coli W3110. *Applied Environment Microbiology*, v. 60, n. 10, p. 3724-3731, 1994b.

YU, J. et al. Probing gene expression in live cells, one protein molecule at a time. *Science*, v. 311, n. 5767, p. 1600-1603, 2006.

Sobre os autores

Adalberto Pessoa Junior

Docente da disciplina Biotecnologia Farmacêutica na Faculdade de Ciências Farmacêuticas da Universidade de São Paulo (FCF-USP) desde 1998. Engenheiro de alimentos pela Universidade Federal de Viçosa (UFV), em Minas Gerais, com mestrado e doutorado em Tecnologia Bioquímico-Farmacêutica pela USP, doutorado-sanduíche na Alemanha no Gesellschaft für Biotechnologische Forschung e período sabático como pesquisador no Massachusetts Institute of Technology (MIT), nos Estados Unidos. Atuou como professor visitante estrangeiro no Institute of Pharmaceutical Sciences, King's College de Londres, na Inglaterra. É livre-docente e professor titular na FCF-USP. Foi vice-diretor da FCF-USP; coordenador do Programa de Pós-Graduação em Tecnologia Bioquímico-Farmacêutica; presidente da Comissão de Pós-Graduação; editor-chefe do periódico *Brazilian Journal of Microbiology* (*BJM*); presidente da Sociedade Brasileira de Microbiologia (SBM); vice-presidente da Associação Latino-Americana de Microbiologia (Alam); coordenador da Rede Brasileira de Biotecnologia Farmacêutica; professor do curso de mestrado em Energías Renovables na Universidad Autónoma de Guadalajara, no México. Membro do corpo docente do colégio de doutorado em Engenharia Química da Università degli studi di Genova, na Itália. Professor do doutorado em Biologia Molecular e Biotecnologia Aplicada da Universidad de La Frontera, no Chile; pesquisador em projeto sobre produção de L-asparaginase (biofármaco antileucêmico) com a Universidad Nacional Mayor de San Marcos, no

Peru; e coordenador do convênio de duplo doutorado com o King's College. Possui mais de dez patentes; tem mais de 270 artigos e dois livros publicados. Supervisionou dezenas de mestres, doutores e pós-doutores na área de processos fermentativos e enzimáticos e na de desenvolvimento de processos de purificação de bioprodutos de interesse farmacêutico.

Alberto Colli Badino Junior

Possui graduação (1988) e mestrado (1991) em Engenharia Química pela Universidade Federal de São Carlos (UFSCar) e doutorado (1997) em Engenharia Química pela Universidade de São Paulo (USP). É docente da UFSCar desde 1989 e professor titular desde 2015. Atua na área de engenharia bioquímica, com ênfase em análise e desenvolvimento de biorreatores (hidrodinâmica e transferência de oxigênio em biorreatores convencionais e pneumáticos) e processos bioquímicos (bioprocessos aeróbios, processos alternativos de produção de etanol 1G e fermentação extrativa). Publicou mais de noventa artigos em periódicos indexados, dois livros e cinco capítulos de livros. É autor de seis patentes concedidas e uma licenciada. Orientou 23 dissertações de mestrado, 21 teses de doutorado e supervisionou seis projetos de pós-doutorado.

Aldo Tonso

Bacharel, mestre, doutor e livre-docente em Engenharia Química pela Universidade de São Paulo (USP), com dois anos de estágio (doutorado-sanduíche) na Bayer Corp., nos Estados Unidos. Atua na área de engenharia de bioprocessos, principalmente dedicado a estudos de biorreatores e respiração celular, com ênfase em cultivo de células animais e monitoramento de bioprocessos. Publicou mais de trinta trabalhos indexados (Web of Science, fator h 10), resultado de projetos com células BHK-21, S2 e Sf9 para produção de glicoproteína da raiva e baculovírus e com a enzima quimioterapêutica asparaginase com *Pichia pastoris*. Formou até o momento dezessete mestres e doutores. Auxiliou na organização de eventos como o Encontro Brasileiro sobre o Ensino de Engenharia Química (ENBEQ) e o Seminário Latino-Americano de Tecnologia de Cultivos Celulares (SLATCC) e colaborou com a Feira Brasileira de Ciências e Engenharia (Febrace), a Feira de Tecnologias, Engenharias e Ciências de Mato Grosso do Sul (Fetec-MS) e a International Science and Engineering Fair (Isef).

Antonio Bonomi

Engenheiro químico (1971) pela Escola de Engenharia Mauá. Ph.D. em Engenharia Química (1977) pela University of Minnesota, nos Estados Unidos. Pesquisador sênior do programa de sustentabilidade do Laboratório Nacional de Biorrenováveis (LNBR) do Centro Nacional de Pesquisa em Energia e Materiais (CNPEM) desde 2008, onde desenvolve atividades na área de modelagem, simulação e avaliação técnica, econômica, ambiental e social de biorrefinarias. Pesquisador sênior do Instituto de

Pesquisas Tecnológicas do Estado de São Paulo (IPT) de 1983 a 2008, onde atuou em diferentes áreas: processos biotecnológicos, modelagem matemática e simulação, metrologia em química, entre outras. Diretor do setor de biocombustíveis da Associação Brasileira de Engenharia Automotiva (AEA) de 2005 a 2009. Superintendente de qualidade de produtos da Agência Nacional do Petróleo, Gás Natural e Biocombustíveis (ANP) de 2000 a 2003. Orientador em programas de pós-graduação acadêmica nas áreas de Engenharia Química, Biotecnologia e Bioenergia.

Antonio José Gonçalves da Cruz

Graduado em Engenharia Química (1993) pela Universidade Federal de São Carlos (UFSCar), mestre (1996) e doutor (2000) em Engenharia Química pela mesma universidade. É docente do Departamento de Engenharia Química da UFSCar desde 1998, onde exerceu as funções de chefe de departamento (2004-2005), coordenador do curso de graduação (2008-2010) e membro do Conselho Superior da Universidade (2005-2006; 2007-2009); desde 2009, é coordenador do curso de pós-graduação desse departamento. Atuou como diretor convidado da Associação Brasileira de Engenharia Química (ABEQ) (2008-2010; 2013-2014). Ministra disciplinas na área de processos químicos em cursos de graduação. Atua no programa de pós-graduação em Engenharia Química da UFSCar desde 2002, onde já orientou mais de vinte mestrados e quinze doutorados em temas relacionados a modelagem, simulação e controle de processos (bio)químicos. É pesquisador do Conselho Nacional de Desenvolvimento Científico (CNPq) na modalidade bolsista produtividade (CA-EQ), nível 2 (2016-2018; 2019-atual). Publicou mais de setenta artigos em periódicos indexados nacionais e internacionais, quatro livros e doze capítulos de livros. Suas linhas de pesquisa atuais contemplam o estudo da biorrefinaria de produção de etanol de primeira e segunda gerações (estudos experimentais e de simulação), com foco na avaliação técnico-econômica e ambiental, e de processos alternativos de produção de etanol, incluindo a fermentação extrativa.

Beatriz Vahan Kilikian

Graduada em Engenharia Química, tem mestrado e doutorado em Processos Bioquímicos, área na qual atuou como pesquisadora de 1981 a 2012. Foi professora da Escola Politécnica da Universidade de São Paulo (USP) de 1983 a 2012, onde deu aulas no curso de graduação em Engenharia Química e orientou trinta alunos de iniciação científica. Atuou como professora no curso de pós-graduação, onde ministrou aulas sobre separação e purificação de moléculas microbianas e orientou vinte alunos de pós-graduação. Publicou 33 artigos completos em periódicos, um livro com coautoria de Adalberto Pessoa Junior (*Purificação de produtos biotecnológicos*, Manole, 2005) e oito capítulos de livros. Depositou uma patente nos Estados Unidos em 2014. Os tópicos estudados na área de processos bioquímicos são: desenvolvimento de processos de cultivo em meio sólido, em biorreator, com vistas à ampliação de escala do processo; desenvolvimento de processos de cultivo microbiano em meio submerso; purificação de produtos microbianos; biorremediação de águas contaminadas com metais pesados. Em tais tópicos, os objetos de pesquisa foram as seguintes moléculas: células microbianas selvagens ou geneticamente modificadas, enzimas, etanol, pigmentos microbianos, proteína heteróloga, 1,3-propanodiol e goma xantana. Os projetos de pesquisa enunciados foram financiados por Fundação de Amparo à Pesquisa do Estado de São Paulo (Fapesp), Financiadora de Estudos e Projetos (Finep), Banco Nacional de Desenvolvimento Econômico e Social (BNDES), Vale, Braskem, Grupo Ultra e Germinal Indústria e Comércio de Produtos Químicos, via Fundação de Apoio à Universidade de São Paulo (FUSP). Dos seis projetos de pesquisa financiados pela Fapesp dos quais participou, foi responsável pela coordenação de cinco.

Camila Michels

Professora com bacharelado em Engenharia Química (2008) pela Universidade Federal de Santa Maria (UFSM). Tem mestrado (2011) e doutorado (2016) em Engenharia Química pela Universidade Federal de Santa Catarina (UFSC), com ênfase em bioprocessos. Parte de sua pesquisa de doutorado foi realizada na Rice University, nos Estados Unidos, onde obteve conhecimento sobre técnicas de biologia molecular aplicadas ao tratamento de efluentes. Tem experiência em pesquisa relacionada ao tratamento de efluentes em escala de bancada, com ênfase em remoção de nitrogênio, poluentes emergentes, genômica e nanopartículas. Publicou cinco artigos científicos em jornais internacionais. Participa de projetos de pesquisa e extensão da Fundação de Amparo à Pesquisa e Inovação do Estado de Santa Catarina (Fapesc), com empresas como BR Distribuidora e Petrobras. Atualmente, é supervisora do Laboratório de Tratamento Biológico de Efluentes e professora (dedicação exclusiva) do Departamento de Engenharia Química e Engenharia de Alimentos da UFSC.

Celso Santi Junior

Bacharel em Ciências Biológicas com ênfase em biotecnologia pela Universidade Católica de Santos. Tem mestrado e doutorado em Biotecnologia Industrial pela Escola de Engenharia de Lorena da Universidade de São Paulo (EEL-USP). Em 2020, conclui MBA em Gestão Empresarial pela Fundação Getulio Vargas (FGV). Atuou como pesquisador em biotecnologia na Cristália Produtos Químicos Farmacêuticos. Foi docente na Fundação Universitária Vida Cristã (Funvic), em Pindamonhangaba (São Paulo), onde ministrou aulas de enzimologia para o curso de Farmácia. Atualmente é coordenador de pesquisa, desenvolvimento e inovação em novos negócios na SuperBAC Biotechnology Solutions. Ao longo de sua carreira, atuou em desenvolvimento e *start-up* de bioprocessos em escala piloto e industrial para a produção de microrganismos e biomoléculas; prospecção e coordenação de parcerias para codesenvolvimento e *business-to-business* (B2B); coordenação de times de pesquisa e desenvolvimento (P&D); gerenciamento de projetos de inovação; desenvolvimento e melhoria de produtos para as seguintes áreas: ambiental, *home* e *petcare*, biorremediação (óleo e gás) e aquacultura.

Deise Maria Fontana Capalbo

Possui graduação (1978), mestrado (1982) e doutorado (1989) em Engenharia de Alimentos pela Universidade Estadual de Campinas (Unicamp). Foi professora adjunta na Unicamp e na Pontifícia Universidade Católica de Campinas entre 1983 e 1985. É pesquisadora da Empresa Brasileira de Pesquisa Agropecuária (Embrapa), na unidade de pesquisa em meio ambiente, em Jaguariúna (São Paulo). Tem experiência na área de microbiologia, com ênfase em microbiologia industrial e de fermentação, principalmente em: *Bacillus thuringiensis* e seus processos de produção, *Clonostachys roseum* e processo produtivo em substrato sólido e líquido, *Trichoderma stromaticum*, entre outros agentes de controle biológico. Desde 2005, dedica-se também a estudos de avaliação de impactos ambientais de agentes microbianos utilizados como pesticidas. Atua, desde 1998, na área de biossegurança de plantas geneticamente modificadas, especialmente nos assuntos relativos a impactos ambientais de transgênicos sobre a microbiota do solo.

Edson Romano Nucci

Graduado em Matemática (2001) pela Universidade Federal de São Carlos (UFSCar), mestre (2003) e doutor (2007) em Engenharia Química pela mesma universidade. É docente do Departamento de Química, Biotecnologia e Engenharia de Bioprocessos da Universidade Federal de João del-Rei (UFSJ), *campus* Alto Paraopeba (Minas Gerais), desde 2010, onde exerceu as funções de membro do colegiado de curso de Engenharia de Bioprocessos (2012-2014), coordenador de curso (2014-2016; 2016-2018) e vice-coordenador de curso (2018-2019). Na graduação ministra as seguintes disciplinas: Modelagem e Dinâmica de Bioprocessos, Instrumentação e Controle de Bioprocessos, Planejamento de Experimentos, Sistemas Inteligentes e Métodos Numéricos. Atua no programa de pós-graduação em Engenharia Química da UFSJ desde 2014, onde já orientou oito mestrados em temas relacionados a modelagem, simulação e controle de processos (bio)químicos. Publicou artigos em periódicos indexados nacionais e internacionais. Suas linhas de pesquisa atuais contemplam estudo de processos e controle ambiental, modelagem e simulação de bioprocessos.

Edvaldo Rodrigo Morais

Graduado em Engenharia Química (1998) pela Universidade Metodista de Piracicaba (Unimep). Mestre (2004) e doutor (2007) em Engenharia Química pela Universidade Estadual de Campinas (Unicamp). Bolsista de pós-doutorado (2008-2012) da Fundação de Amparo à Pesquisa do Estado de São Paulo (Fapesp) na Faculdade de Engenharia Química da Unicamp. Pesquisador do Laboratório Nacional de Biorrenováveis (LNBR) – laboratório integrante do Centro Nacional de Pesquisa em Energia e Materiais (CNPEM) – desde 2012. Na Unicamp, desde 2016, é professor colaborador do Programa Integrado de Pós-Graduação em Bioenergia, envolvendo a Universidade de São Paulo (USP), a Unicamp e a Universidade Estadual Paulista "Júlio de Mesquita Filho" (Unesp). Tem experiência na área de engenharia química, com ênfase em modelagem, simulação e otimização de processos químicos e biotecnológicos. Dos temas mais recentes de sua pesquisa, destacam-se a estimativa de parâmetros cinéticos de processos biotecnológicos e o uso de algoritmos evolutivos para solução de problemas de otimização.

Hugo Moreira Soares

Possui graduação em Engenharia Química (1980) pela Universidade Federal do Rio de Janeiro (UFRJ), mestrado em Engenharia Química (1990) pela Universidade de São Paulo (USP), doutorado em Engenharia Ambiental (1995) pela University of Massachusetts, nos Estados Unidos, e pós-doutorado (2009) na Universidade de Aachen, na Alemanha. Atualmente é professor titular do Departamento de Engenharia Química e Engenharia de Alimentos da Universidade Federal de Santa Catarina (UFSC). Já ocupou vários cargos administrativos na UFSC, como: chefe de departamento, coordenador de curso de graduação, pró-reitor adjunto de pós-graduação e pró-reitor de pós-graduação. Atualmente, coordena o Núcleo Ressacada de Meio Ambiente (Rema) e é presidente da Sociedad Latinoamericana de Biotecnología Ambiental y Algal (Solabiaa). Atua na área de tratamento biológico de resíduos, principalmente nos temas: tratamento de efluentes industriais, digestão anaeróbia, remoção biológica de nutrientes (C, N e S), recuperação avançada de petróleo por métodos microbianos (*microbial enhanced oil recovery*, MEOR) e biocélulas combustíveis. Orientou 58 alunos de pós-graduação em mestrados e doutorados e possui 44 artigos publicados em revistas.

Iracema de Oliveira Moraes

Possui graduação em Engenharia de Alimentos (1970) pela Universidade Estadual de Campinas (Unicamp) e graduação em Matemática (1962) pela Pontifícia Universidade Católica de Campinas. Especialização em Fermentation Technology (1974) pelo Massachusetts Institute of Technology (MIT), nos Estados Unidos. Mestrado (1973) e doutorado (1976) em Engenharia de Alimentos pela Unicamp. É livre-docente desde 1981, professora adjunta desde 1984 e professora titular concursada da Unicamp desde 1986. É diretora-presidente da Probiom Tecnologia. Curadora da Coleção de Culturas Tropical da Fundação André Tosello. É docente e coordenadora dos setores de engenharia de alimentos da Universidade Estadual Paulista "Júlio de Mesquita Filho" (Unesp), em São José do Rio Preto, e de engenharia química da Universidade Guarulhos (UnG), ambas no estado de São Paulo. Também é orientadora de mestrado e doutorado na Unesp; co-orientadora na Faculdade de Engenharia Química da Unicamp; orientadora de mestrado e doutorado na Faculdade de Ciências Farmacêuticas da Universidade de São Paulo (USP). Atua como pesquisadora da Fundação André Tosello, da qual é membro fundador. É diretora administrativa da Associação Brasileira de Engenheiras e Arquitetas; membro do comitê internacional Women in Engineering (WiE) da World Federation Engineering Organization; membro e ex-presidente (dois mandatos) da Associação Brasileira de Engenheiros de Alimentos (Abea); membro e ex-vice-presidente da Sociedade Brasileira de Ciência e Tecnologia de Alimentos (sbCTA). Atuou como conselheira regional do Conselho Regional de

Engenharia e Agronomia de São Paulo (CREASP), por oito mandatos de três anos cada, e conselheira federal do Conselho Federal de Engenharia, Arquitetura e Agronomia (Confea). Tem experiência na área de ciência e tecnologia de alimentos, com ênfase em engenharia de alimentos, atuando principalmente nos temas: *Bacillus thuringiensis*, processos fermentativos, fermentação submersa, fermentação em estado sólido, substratos e reatores alternativos, bactérias entomopatogênicas, obtenção de inoculantes, enzimas, biopesticidas (bioinseticidas, bio-herbicidas e biofungicidas) e outros bioprodutos, incluindo o cultivo de microalgas e a obtenção de biocombustíveis de terceira geração. Membro da comissão de avaliadores e especialistas do Ministério da Educação (MEC) e do Conselho Estadual de Educação do estado de São Paulo.

Itamar Leite de Oliveira

Professor associado – em regime de dedicação exclusiva – na Universidade Federal de Juiz de Fora (UFJF) desde 2009, lotado no Departamento de Ciência da Computação. Atua na graduação e na pós-graduação em Ciência da Computação. Possui bacharelado em Matemática e Informática (1994) pela UFJF, mestrado em Ciência da Computação (1997) e doutorado em Engenharia Química (2008), esses dois últimos títulos obtidos na Universidade Federal de Santa Catarina (UFSC). Tem experiência na área de ciência da computação e matemática computacional, com ênfase em biologia computacional. Ministra disciplinas e orienta alunos em dissertações de mestrado e trabalhos de conclusão de curso nos temas: programação genética, análise estrutural de redes metabólicas e reguladoras, engenharia metabólica, simulação dinâmica (determinística e estocástica) e linguagens formais e autômatos.

José Geraldo da Cruz Pradella

Engenheiro químico (1975) pela Escola de Engenharia Mauá , mestre em Engenharia de Alimentos (1980) pela Universidade Estadual de Campinas (Unicamp), doutor em Engenharia Química (1987) pela Escola Politécnica da Universidade de São Paulo (USP) e pós-doutor em Polímeros Biodegradáveis (1992) pela Universidade de Montreal, no Canadá. Professor associado do Instituto de Ciência e Tecnologia (ICT) da Universidade Federal de São Paulo (Unifesp), em São José dos Campos (São Paulo). Trabalhou como especialista em bioprocessos no Centro de Pesquisa de Química dos Renováveis da Braskem. Foi pesquisador sênior do Laboratório Nacional de Ciência e Tecnologia do Bioetanol (CTBE) do Centro Nacional de Pesquisa em Energia e Materiais (CNPEM); assessor de pesquisa e desenvolvimento (P&D) e responsável pela planta-piloto de produção de vacinas do Centro de Biotecnologia do Instituto Butantan. Pesquisador sênior e chefe do agrupamento de biotecnologia do Instituto de Pesquisas Tecnológicas do Estado de São Paulo (IPT) e professor adjunto do Departamento de Engenharia Química da Universidade Federal de São Carlos (UFSCar). Tem experiência na área de engenharia química, com ênfase em P&D de bioprocessos, atuando principalmente nos seguintes temas: desenvolvimento de bioprocessos usando organismos geneticamente modificados (OGM) em biorreator, com destaque para produção de celulases, biopolímeros e biofármacos; cultivo em alta densidade celular; projeto e ampliação de escala de biorreatores. É orientador do programa de pós-graduação em Biotecnologia da UFSCar.

Josef Ernst Thiemann

Ao longo de seus 50 anos de carreira, acumulou títulos e dezenas de cursos em grandes instituições como o Massachusetts Institute of Technology (MIT). Atuou no desenvolvimento de fermentações de antibióticos (rifamicina, tetraciclina, penicilina) e de enzimas (alfa-amilase, amiloglicosidase e celulase), no desenvolvimento de fermentações e pesquisa de novos antibióticos e outros produtos de fermentação (aminoácidos e esteroides); no controle microbiológico a base de antibióticos. Foi responsável pela produção de tetraciclina, oxitetraciclina, eritromicina e rifamicina, pela organização do Laboratório de Microbiologia Industrial e elaboração de projeto de Planta Piloto de Fermentação de Sisomicina, pelo desenvolvimento da produção de Insulina por Engenharia Genética no laboratório de Biologia Molecular da Universidade de Brasília, pela elaboração dos projetos, da montagem e posta em marcha da Bioferm e foi pesquisador do Cristália durante dez anos, onde participou de pesquisas para a obtenção da colagenase animal-free.

Kellen Zanfonato

Possui graduação em Engenharia de Alimentos pela Universidade Federal do Rio Grande (FURG), mestrado e doutorado em Engenharia de Alimentos pela Universidade Federal de Santa Catarina (UFSC). Realizou pós-doutorado no Laboratório de Engenharia Bioquímica da UFSC. Parte do doutorado foi desenvolvida no Massachusetts Institute of Technology (MIT). Tem experiência na área de engenharia bioquímica, microbiologia de alimentos, biologia molecular e em posições estratégicas e de gestão em pesquisa em desenvolvimento.

Luismar Marques Porto

Professor titular (aposentado) do programa de pós-graduação em Engenharia Química da Universidade Federal de Santa Catarina (UFSC), onde ingressou em 1982 como bolsista de produtividade pelo Conselho Nacional de Desenvolvimento Científico e Tecnológico (CNPq). É Ph.D. em Engenharia Química pela Northwestern University, nos Estados Unidos, com pós-doutorado em Engenharia Biológica pela University of Queensland, na Austrália, Engenharia Biomédica pelo Biomedical Engineering Center da Harvard University e do Massachusetts Institute of Technology (MIT), nos Estados Unidos, e Biomateriais pela Universität Friedrich-Alexander Erlangen-Nürnberg, na Alemanha. Foi também professor e pesquisador visitante no México e na França. Recebeu diversos prêmios de inovação no estado de Santa Catarina e, como supervisor, conquistou o Prêmio Capes de melhor tese de doutorado do Brasil. Também foi agraciado com a Comenda do Conselho Regional de Engenharia e Agronomia de Santa Catarina (Crea-SC) e do Conselho Federal de Engenharia e Agronomia (Confea) por serviços prestados à engenharia catarinense. Tem ampla experiência acadêmica e é fundador de quatro empresas de inovação tecnológica, bem como consultor de empresas na área de engenharia de processos em geral, incluindo processos industriais, biotecnológicos e biomédicos.

Marcos D. B. Watanabe

Graduado em Engenharia de Alimentos (2005) pela Universidade Estadual de Campinas (Unicamp), onde obteve os graus de mestre e doutor no Departamento de Engenharia de Alimentos, pesquisando sustentabilidade da produção de alimentos. Em 2013, realizou pós-doutorado na Carnegie Mellon University (CMU), nos Estados Unidos, e no Laboratório Nacional de Biorrenováveis (LNBR) do Centro Nacional de Pesquisa em Energia e Materiais (CNPEM), onde atualmente é pesquisador. Dos temas de sua pesquisa, destacam-se análise técnico-econômica, avaliação de projetos aplicado ao contexto de biorrefinarias, análise insumo-produto, avaliação de ciclo de vida ambiental e social. Suas publicações mais recentes envolvem estudo da viabilidade econômica da produção de etanol celulósico, bioeletricidade, tecnologias de recolhimento de palha, tecnologias de mecanização e conversão da cana-de-açúcar em bioenergia e bioprodutos.

Maria Filomena de Andrade Rodrigues

Atua no Instituto de Pesquisas Tecnológicas do Estado de São Paulo (IPT). Graduada em Farmácia e Bioquímica pela Universidade de São Paulo (USP). Tem mestrado em Ciências Biológicas (Microbiologia) pela USP. Possui doutorado (sanduíche) em Ciências Biológicas (Microbiologia) pela USP e pelo Instituto de Microbiologia da Westfälische Wilhelms-Universität Münster, na Alemanha. Orientadora de mestrado e doutorado em Biotecnologia. Pesquisadora sênior do IPT no Laboratório de Biotecnologia Industrial, atuando em desenvolvimento de projetos com os seguintes temas: plásticos biodegradáveis, enzimas microbianas, genética de microrganismos, biorremediação, biofármacos e outros, em parceria com empresas, com formação de recursos humanos, produção de publicações científicas e patentes na área de biotecnologia. É integrante da Comissão Interna de Biossegurança do IPT.

Michele Vitolo

Graduado em Farmácia e Bioquímica (1974) pela Faculdade de Ciências Farmacêuticas da Universidade de São Paulo (FCF-USP). Mestre em Tecnologia Bioquímico-Farmacêutica (1979) e Ph.D. em Bioquímica (1983) pela USP. Realizou pós-doutorado (1986-1987) na Università degli Studi di Napoli Federico II, na Itália. É professor titular da USP desde 1992. Atua em biotecnologia nas áreas de enzimologia industrial e microbiologia aplicada com foco em processos fermentativos com leveduras, sistemas multienzimáticos em reator com membrana, obtenção e uso de enzimas industriais. Na FCF-USP ministra aulas para os cursos de graduação (aplicação de enzimas na indústria alimentícia e biotecnologia farmacêutica) e de pós-graduação (uso industrial de enzimas e aplicação de enzimas e células imobilizadas). Formou mais de três dezenas de mestres e doutores e publicou mais de duzentos artigos em revistas científicas indexadas.

Raquel de Lima Camargo Giordano

Graduada, mestre e doutora em Engenharia Química pela Escola Politécnica da Universidade de São Paulo (USP). Fez pós-doutorado (1996-1997) no Massachusetts Institute of Technology (MIT), nos Estados Unidos. É pesquisadora 1A do Conselho Nacional de Desenvolvimento Científico e Tecnológico (CNPq) e professora titular sênior do Departamento de Engenharia Química da Universidade Federal de São Carlos (UFSCar), onde atua desde 1980. Suas atividades de pesquisa centram-se na área de engenharia bioquímica, atuando desde o doutorado em processos bioquímicos e microbiológicos com enzimas imobilizadas nas seguintes linhas: produção e separação de penicilina G acilase expressada por microrganismos selvagens e recombinantes; síntese e purificação de antibióticos beta-lactâmicos (penicilina G e vários semissintéticos); imobilização e aplicação de enzimas penicilina G acilase e D-hidantoinase (antibióticos), proteases, lipases, celulases e xilanases; e utilização de rejeitos proteicos e lignocelulósicos para produção de hidrolisados proteicos, biocombustíveis e xilo-oligossacarídeos, entre outros produtos. Nessas linhas, coordenou quatro grandes projetos temáticos interinstitucionais e diversos individuais, orientou trinta mestres e 23 doutores, supervisionou treze pós-doutorados, publicou 121 trabalhos em revistas internacionais da área e depositou sete patentes (três internacionais), obtendo, em 2019, o índice H 25.

Regina de Oliveira Moraes Arruda

Possui graduação em Engenharia Agronômica (1986) pela Faculdade de Agronomia e Zootecnia "Manoel Carlos Gonçalves", mestrado em Engenharia Agrícola (1993) pela Universidade Estadual de Campinas (Unicamp) e doutorado em Ciências Farmacêuticas (1999) pela Universidade de São Paulo (USP). É professora adjunta da Universidade Guarulhos (UnG), onde coordena o curso de mestrado em Análise Geoambiental. Atua nas graduações de Química, Farmácia e Medicina Veterinária. É consultora técnica da empresa Probiom Tecnologia. Tem experiência na área de microbiologia aplicada, principalmente nos seguintes temas: qualidade microbiológica da água e saúde pública, cianobactérias, *Bacillus thuringiensis*, controle biológico, *Spirulina platensis*.

Rodrigo de Oliveira Moraes

Possui graduação em Engenharia de Alimentos (1996) pela Universidade Estadual Paulista "Júlio de Mesquita Filho" (Unesp), mestrado em Engenharia Química (1999) pela Universidade Estadual de Campinas (Unicamp) e doutorado em Ciências Farmacêuticas (2004) pela Universidade de São Paulo (USP). É professor assistente na Faculdade de Jaguariúna (São Paulo). Atua como coordenador da Fundação André Tosello, vice-presidente e diretor técnico da Probiom Tecnologia, e professor visitante da pós-graduação do Instituto de Tecnologia de Alimentos (Ital), todos em Campinas (São Paulo). Tem experiência na área de engenharia química, com ênfase em operações industriais e equipamentos, principalmente nos seguintes temas: fermentação em estado sólido, bioprocessos, biorreatores e formulação.

Sergio Luiz Moreira

Graduado em Ciências Biológicas pela Universidade Católica de Santos e doutor em Biotecnologia Industrial pela Universidade de São Paulo (USP). Consultor e gestor de pesquisa, desenvolvimento e inovação em biotecnologia industrial, prestando assistência a empresas e organizações nos segmentos de agricultura, farmácia, nutrição, bioenergia e ambiente, com foco na estruturação ou melhoria da eficiência de pesquisas, produção e comercialização e proposta de valor orientada ao lançamento de inovação em produtos biológicos e soluções em biotecnologia. Tem experiência com: aceleração na consolidação de negócios voltados a bioprocessos, incluindo provas de conceito, otimização de centros de pesquisa, laboratórios, campos experimentais, plantas-piloto e industriais; escalonamento de bioprocessos e *start-up* de plantas industriais, incluindo dimensionamento e qualificação de equipamentos, treinamento de equipes de produção e atendimento às boas práticas de fabricação (BPF), produção de lotes-piloto e validações; planejamento estratégico alinhado com as áreas da companhia (gestão, produção, qualidade, regulação, desenvolvimento de mercado, comercial, financeira, marketing e propriedade intelectual). Atua com cooperação de desenvolvimento junto a instituições públicas de pesquisa, desenvolvimento e inovação (PD&I) e em instalações de biossegurança níveis 1, 2 e 3.

Urgel de Almeida Lima

Nascido em 1929, graduou-se em Agronomia pela Universidade de São Paulo (USP), onde também obteve seu doutorado e demais títulos universitários. Fez especialização em Destilarias e Fermentações Industriais na França e na Espanha. Colaborou como professor em suas especialidades na hoje Faculdade de Ciências Agronômicas da Universidade Estadual Paulista "Júlio de Mesquita Filho" (Unesp), *campus* de Botucatu (São Paulo). Foi pesquisador e vice-diretor da Escola Superior de Agricultura "Luiz de Queiroz" (Esalq-USP). Lecionou na Faculdade de Ciências Farmacêuticas (FCF) da USP, onde também foi orientador de dissertações de mestrado e teses de doutorado.

Foi professor na Escola de Engenharia Mauá do Instituto Mauá de Tecnologia, em São Caetano do Sul (São Paulo), onde ministrou aulas de Tecnologia dos Produtos Agropecuários e de Fermentações. Foi membro fundador, membro do conselho diretor e, posteriormente, diretor da Fundação de Estudos Agrários Luiz de Queiroz (Fealq). Participou de comissões especializadas em desenvolvimento do uso de etanol como combustível alternativo no período de atividade do Programa Nacional do Álcool (Proálcool) e foi consultor de empresas nacionais e estrangeiras em tecnologias agroindustriais. É professor aposentado da USP e continua a dar sua colaboração técnica à Esalq, a outras universidades e a empresas agrozootécnicas. É autor de artigos e livros técnico-científicos.

Vanildo Luiz Del Bianchi

Professor assistente doutor da Universidade Estadual Paulista "Júlio de Mesquita Filho" (Unesp), *campus* São José do Rio Preto (São Paulo). Possui graduação em Engenharia Química (1980), bacharelado (1985) e licenciatura (1986) em Ciências Sociais, mestrado em Engenharia de Alimentos (1990) e doutorado em Agronomia (Energia na Agricultura) (1998) pela Universidade Estadual Paulista (Unicamp). Tem experiência na área de ciência e tecnologia de alimentos, com ênfase em engenharia bioquímica, atuando principalmente nos seguintes temas: tratamento (aeróbio e anaeróbio) de águas residuárias agroindustriais (principalmente manipueira), aproveitamento de resíduos agroindustriais, bioprocessos, fermentação em estado sólido, produção de enzimas, bioinseticidas, bebidas fermentadas e biossurfactantes. Foi chefe do Departamento de Engenharia e Tecnologia de Alimentos (2002-2003; 2006-2007) da Unesp, vice-presidente (2009) e presidente (2010) do Fórum de Vice-Diretores da Unesp, vice-diretor (2007-2011) do Instituto de Biociências Letras e Ciências Exatas de São José do Rio Preto da Unesp, vice-coordenador do programa de pós-graduação em Engenharia e Ciência de Alimentos (2015-2017) da Unesp e coordenador, pelo lado brasileiro, dos acordos de cooperação internacional entre Unesp, Instituto Tecnológico de Orizaba, no México, e Universidad de Antioquia, na Colômbia.

Walter Borzani

Formado em Engenharia Química (1947) pela Escola Politécnica da Universidade de São Paulo (USP), militando em seguida no Departamento de Engenharia Química da USP na área de processos fermentativos. Participou também em outras instituições: Instituto Tecnológico da Aeronáutica (ITA), Faculdade de Engenharia Industrial (FEI), Faculdade de Ciências Farmacêuticas da USP (FCF-USP), Escola de Engenharia Mauá (EEM), Instituto de Pesquisas Tecnológicas do Estado de São Paulo (IPT), Companhia Ambiental do Estado de São Paulo (Cetesb), Centro de Desenvolvimento Biotecnológico (CDB) de Joinville, em Santa Catarina, e Fundação de Amparo à Pesquisa do Estado de São Paulo (Fapesp). Publicou cerca de duzentos artigos científicos em revistas nacionais e internacionais, tendo também orientado muitos mestres e doutores na área de engenharia química.

Willibaldo Schmidell

Possui graduação em Engenharia Química (1966) pela Universidade de São Paulo (USP), tendo sido contratado como docente no mesmo departamento em 1967. Concluiu o doutorado em Engenharia Química pela USP em 1971. Aposentou-se em 1998 como professor titular do Departamento de Engenharia Química da Escola Politécnica da USP, tendo militado em universidades particulares até o ano de 2001. Em 2002, tornou-se professor visitante no Departamento de Engenharia Química e Engenharia de Alimentos da Universidade Federal de Santa Catarina (UFSC), onde permaneceu até 2018. Em 1975, fundou o Agrupamento de Biotecnologia do Instituto de Pesquisas Tecnológicas do Estado de São Paulo (IPT), atual Laboratório de Biotecnologia Industrial; foi consultor e desenvolveu pesquisas para várias empresas nesse agrupamento até 1995. Tem experiência na área de engenharia química, com ênfase em processos bioquímicos, atuando principalmente nos temas: cultivo de *Aspergillus* para produção de enzimas, fermentação alcoólica de amiláceos, transferência de oxigênio em biorreatores, tratamento biológico de águas residuárias, entre outros processos biológicos de interesse industrial. É autor de artigos científicos publicados em revistas nacionais e internacionais.